Der polizeiliche Einsatz von Bodycams

Internationales und Europäisches Strafverfahrensrecht

Herausgegeben von Hans-Heiner Kühne und Robert Esser

Band 15

PL ACADEMIC RESEARCH

Lena Donaubauer

Der polizeiliche Einsatz von Bodycams

Eine Untersuchung aus kriminologischer, verfassungsrechtlicher und menschenrechtlicher Perspektive

PL ACADEMIC RESEARCH

Bibliografische Information der Deutschen Nationalbibliothek
Die Deutsche Nationalbibliothek verzeichnet diese Publikation in der Deutschen Nationalbibliografie; detaillierte bibliografische Daten sind im Internet über http://dnb.d-nb.de abrufbar.

Zugl.: Passau, Univ., Diss., 2017

D 739
ISSN 1611-275X
ISBN 978-3-631-72753-9 (Print)
E-ISBN 978-3-631-72793-5 (E-PDF)
E-ISBN 978-3-631-72794-2 (EPUB)
E-ISBN 978-3-631-72795-9 (MOBI)
DOI 10.3726/b11440

PL Academic Research ist ein Imprint der Peter Lang GmbH.

Peter Lang – Frankfurt am Main · Bern · Bruxelles · New York · Oxford · Warszawa · Wien

Diese Publikation wurde begutachtet.

www.peterlang.com

RiStBV	Richtlinien für das Strafverfahren und das Bußgeldverfahren
RL	Richtlinie
Rn.	Randnummer
RR	Rechtsprechungs-Report
RReg St	Revisionsregister in Strafsachen
RStGB	Reichsstrafgesetzbuch
RUM	Rumänien
S	Schweden
S.	Satz
S.	Seite
SächsPolG	Polizeigesetz des Freistaates Sachsen
SEK	Spezialeinsatzkommando
SH	Schleswig-Holstein
SLO	Slowakische Republik
sog.	sogenannte(r)
SOG LSA	Gesetz über die öffentliche Sicherheit und Ordnung des Landes Sachsen-Anhalt
SpanZPO	Spanische Zivilprozessordnung
SPG	Sicherheitspolizeigesetz (Österreich)
SPolG	Saarländisches Polizeigesetz
Ss	Revisionen in Strafsachen und Rechtsbeschwerden in Bußgeldsachen
SSW	Satzger, Schluckebier, Widmaier
StA	Staatsanwaltschaft
StR	Revision in Strafsachen
StÄndG	Strafrechtsänderungsgesetz
StGB	Strafgesetzbuch
StGB-CH	Schweizerisches Strafgesetzbuch
StPO	Strafprozessordnung
StRR	StrafRechtsReport
StV	Strafverteidiger
StVG	Straßenverkehrsgesetz
StVSt	Strafverfolgungsstatistik
StVO	Straßenverkehrsordnung
SVR	Straßenverkehrsrecht
SZ	Süddeutsche Zeitung
ThürPAG	Thüringer Gesetz über die Aufgaben und Befugnisse der Polizei
TKG	Telekommunikationsgesetz
TMG	Telemediengesetz
TRK	Türkei

u.	und
u.a.	unter anderem
UAbs.	Unterabsatz
u.Ä.	und Ähnliches
UA FEK	Untersuchungsausschuss Führung, Einsatz Kriminalitätsbekämpfung
UK	Großbritannien
UN	United Nations
UNCAT	Übereinkommen gegen Folter und andere grausame, unmenschliche oder erniedrigende Behandlung oder Strafe v. 10.12.1984
Urt.	Urteil
usw(.)	und so weiter
v.	vom
VAnw	Volksanwaltschaft
VBlBW	Verwaltungsblätter für Baden-Württemberg
VerfGBbg	Verfassungsgericht des Landes Brandenburg
VersG	Versammlungsgesetz
VG	Verwaltungsgericht
VGH	Verwaltungsgerichtshof
vgl.	vergleiche
VO	Verordnung
VollzB	Vollzug des Polizeiaufgabengesetzes; Bek. des Bayerischen Staatsministerium des Innern v. 28.8.1978 (MAbl S. 629), zuletzt geändert durch Bek. v. 2.12.2002 (AllMBl 2003, S. 4)
Vorb.	Vorbemerkungen
VV	Verwaltungsvorschrift
VwGO	Verwaltungsgerichtsordnung
VwVfG	Verwaltungsverfahrensgesetz
VwVG	Verwaltungsvollstreckungsgesetz
VwZG	Verwaltungszustellungsgesetz
z.B.	zum Beispiel
ZD	Zeitschrift für Datenschutz
ZD-Aktuell	Newsdienst ZD-Aktuelle
ZG	Zeitschrift für Gesetzgebung
Ziff.	Ziffer
ZIS	Zeitschrift für internationale Strafrechtsdogmatik
ZPD	Zentraler Psychologischer Dienst
ZPO	Zivilprozessordnung

ZRP	Zeitschrift für Rechtspolitik
ZSE	Zentrale Serviceeinheit
ZStW	Zeitschrift für die gesamte Strafrechtswissenschaft
z.T.	zum Teil
ZUM	Zeitschrift für Urheber- und Medienrecht
ZYP	Zypern

1. Kapitel: Einführung

Big brother is watching you![1]

Die Straße gehört dem Volk! Gehört sie heute dem Überwachungseifer und der Fürsorge wohlmeinender Staatsorgane?[2]

§ 1 Einordnung der Thematik

Bereits in seinem 1949 erschienenen Roman „1984" hat *George Orwell* die Dystopie eines totalitären Überwachungsstaates dargestellt.[3] Der Leitsatz *„Big brother is watching you"*, der die Bewohner Ozeaniens ständig an die fortlaufende Beobachtung erinnern soll, wurde Synonym für permanente und lückenlose staatliche Überwachung. Seit die Diskussion über die Videoüberwachung im Allgemeinen und die Überwachung mit mobilen Geräten im Besonderen auch Deutschland erreicht hat, ist die Vision von *George Orwell* aktueller und brisanter denn je,[4] sodass folgende Frage unausweichlich ist:

Videoüberwachung – Wunderwerk der Technik und der neue heilige Gral der Kriminalitätsbekämpfung?[5]

In Deutschland hat die polizeiliche Videoüberwachung öffentlicher Plätze[6] seit Mitte der 1990er Jahre erheblich an Bedeutung gewonnen; Überwachungsmaßnahmen sind mittlerweile Teil der allgemeinen Präventionskonzepte. Unfallschwerpunkte und Verkehrsknotenpunkte werden mit Videokameras beobachtet. Videoüberwachungsmaßnahmen in Banken, Kaufhäusern und Tankstellen sind keine Seltenheit. Sogar am Arbeitsplatz wird die Videoüberwachung zur Arbeitnehmerkontrolle eingesetzt.[7] Maßnahmen der Videoüberwachung sind keine Neuheit. Bereits 1958

---

1 Zu deutsch: *„Der Große Bruder sieht dich an!"* (*Orwell* 1984, S. 5); *Gössner* befürchtet nicht die Entwicklung eines *„Großen Bruders"*. Vielmehr stellen zahlreiche *„kleine Brüder"* die Gefahr in der heutigen Überwachungsgesellschaft dar (*Gössner* Überwachungsstaat, S. 18 f.).

2 *Von Zezschwitz* in: Videoüberwachung, S. 12.

3 *Orwell* 1984.

4 Auch *van Elsberg* stellt sich die Frage, ob ein Orwell'scher Überwachungsstaat entstehen wird bzw. ob sich die bestehenden Verhältnisse im Sinne der *„Truman Show"* weiter entwickeln (*van Elsbergen* in: Sicherheitsdiskurse, S. 116); *Vahle* DVP 2000, 396.

5 *Ackerschott* in: Kameras gegen Gewalt, S. 34.

6 Zum Begriff der öffentlichen Räume bzw. Plätze: *Müller* in: Kameras gegen Gewalt, S. 97 ff.

7 Zum Ganzen: *Tammen* RDV 2000, 15; *Bausch* Videoüberwachung, S. 6; *„Die Arbeitswelt als Kontrollraum"* bei *Gössner* Überwachungsstaat, S. 105 ff.; Einsatzbereiche von Videotechnik bei *Lang* Private Videoüberwachung, S. 33 ff.; Übersicht

wurden beispielsweise in München Verkehrsschwerpunkte videoüberwacht.[8] Die Videoüberwachung des öffentlichen Raums begann 1994 mit der Installation einer Kamera in Flensburg.[9] Mit Beschluss v. 23.2.2007 hatte das BVerfG zum ersten Mal zur Videoüberwachung öffentlicher Plätze Stellung genommen.[10] Dabei ging es um die Überwachung des sog. Karavan-Denkmals durch Videotechnik. Das Gericht hatte sich hierbei nicht nur mit einer geeigneten Ermächtigungsgrundlage für die Videoüberwachung öffentlicher Plätze auseinanderzusetzen, sondern darüber hinaus mit dem Recht auf informationelle Selbstbestimmung. Das BVerwG hatte sich in seinem Urteil v. 25.1.2012 mit den rechtlichen Grenzen der Videoüberwachung zu beschäftigen.[11] Schwerpunkte waren hierbei der Eingriff in das Recht auf informationelle Selbstbestimmung und die Prüfung der Rechtsgrundlage einer polizeilichen Videoüberwachung.[12]

Auch in der StPO wurden Befugnisse geschaffen, die erhebliche Eingriffe in die Freiheitsrechte darstellen können. Durch das Gesetz zur Bekämpfung des illegalen Rauschgifthandels und anderer Erscheinungsformen der Organisierten Kriminalität (OrgKG) v. 15.7.1992[13] wurden verdeckte Ermittlungsmethoden zum Teil gesetzlich geregelt. Es wurden unter anderem die Telefonüberwachung auf weitere Delikte ausgedehnt sowie die Rasterfahndung und die polizeiliche Beobachtung eingeführt.[14] Das Gesetz zur Verbesserung der Bekämpfung der Organisierten Kriminalität v. 4.5.1998[15] machte einen weiteren Schritt in Richtung Überwachungsstaat à la „1984“, wonach fortan das nicht öffentlich gesprochene Wort innerhalb einer Wohnung abgehört und aufgezeichnet werden durfte.[16]

---

des visuell-akustischen Instrumentariums der Polizei bei *Geiger* Verfassungsfragen, S. 59 ff.; Videotechnik in Geschäftsräumen, bei Tankstellen und Verkehrsbetrieben, am Geldautomaten und am Arbeitsplatz wird dem privaten und nicht dem öffentlichen Bereich zugeordnet (*Kloepfer/Breitkreutz* DVBl. 1998, 1149 f.); zu den zahlreichen Videoüberwachungsmöglichkeiten auch bei *Gössner* Überwachungsstaat, S. 7 f.

8 *Bausch* Videoüberwachung, S. 7; *Geiger* Verfassungsfragen, S. 59; Übersicht zur ersten öffentlichen Videoüberwachung in Deutschland bei *Reuband* NK 2001, 5 f.; vgl. auch zur Videoüberwachung in Deutschland: *Müller* in: Kameras gegen Gewalt, S. 116 ff.; Überblick über die historische Entwicklung der Videoüberwachung, speziell in München: *Tillich* Videoüberwachung, S. 112 ff.; in Österreich begann die Videoüberwachung 1962 mit der Beobachtung und Lenkung des Verkehrs (*Müller* in: Kameras gegen Gewalt, S. 118).

9 *Müller* in: Kameras gegen Gewalt, S. 116.

10 BVerfG, Beschl. v. 23.2.2007 – 1 BvR 2368/06 = NVwZ 2007, 688.

11 BVerwG, Urt. v. 25.1.2012 – 6 C 9/11 = NVwZ 2012, 757.

12 BVerwG, Urt. v. 25.1.2012 – 6 C 9/11 = NVwZ 2012, 757, 758.

13 BGBl. 1992 I, S. 1302.

14 *Schnorr* ZRP 2001, 291, 292; *Hilger* NStZ 1992, 457.

15 BGBl. 1998 I, S. 845.

16 *Schnorr* ZRP 2001, 291; BeckOK-StPO/*Hegmann* § 100c Rn. 1 ff.; zu weiteren geheimpolizeilichen Sondereingriffsbefugnissen: *Gössner* Überwachungsstaat, S. 16.

Auch die Polizei hat sich seit jeher der jeweils verfügbaren technischen Hilfsmittel bedient, um Straftaten zu verhindern bzw. aufzuklären.[17] Seit im April 2015 in South Carolina ein Polizist[18] das (fliehende) Opfer *Walter Scott* erschossen, ein Augenzeuge diesen Vorfall mit einer Handykamera gefilmt hat[19] und Medien infolgedessen mit zunehmendem Interesse von Polizeigewalt und Gewalt gegen Polizisten berichten, hat auch in Deutschland die Videoüberwachung, welche Straftaten verhindern oder zumindest Beweise für ein zukünftiges gerichtliches (Straf-) verfahren liefern soll, Hochkonjunktur. Insbesondere eine neue technische Errungenschaft erfreut sich in diesem Zusammenhang vor allem – und nur? – in den Reihen der Polizei größter Beliebtheit: Überwachungsmaßnahmen durch sog. *Bodycams.*

Bodycams sind in letzter Zeit vermehrt in das Zentrum der (medialen) Aufmerksamkeit gerückt. Obwohl erst seit einiger Zeit von Bodycams in Deutschland berichtet wird, erprobte die **Polizei** in **Hessen** bereits im Mai 2013 im bundesweit ersten Pilotprojekt den Einsatz von Bodycams. Das Projekt war auf 12 Monate festgelegt. Die Kameras kamen im Frankfurter Brennpunktviertel Alt-Sachsenhausen zum Schutz der Polizisten zum Einsatz. Schon wenige Monate später glaubte der frühere hessische Innenminister *Boris Rhein* bereits eine erste positive Zwischenbilanz ziehen zu können: Bodycams würden deeskalierend wirken, es könne eine gesteigerte Kooperationsbereitschaft des „Problemklientels“ verzeichnet werden und die Anzahl der Widerstandshandlungen gegen Polizeibeamte habe sich im Vergleich zum Jahr 2012 von vierzehn auf acht reduziert.[20] Im Oktober 2014 verkündete der hessische Innenminister *Peter Beuth* aufgrund der positiven Ergebnisse, dass der Einsatz der Bodycam ab 2015 auf das gesamte Bundesland ausgeweitet werden soll.[21] Trotz aller Kritik erklärte er im November 2015 den landesweiten Einsatz von Bodycams. Insgesamt 72 Bodycams mit entsprechenden Westen stehen der hessischen Polizei von nun an zur Verfügung.[22] Mit Inkrafttreten der Gesetzesänderung zum 1.11.2015 wurde überdies in § 14 Abs. 6 HSOG eine rechtliche Grundlage geschaffen, wonach unter bestimmten Voraussetzungen Personen nun auch mittels *Ton*übertragung kurzfristig technisch erfasst, offen beobachtet und aufgezeichnet

---

17 *Geiger* Verfassungsfragen, S. 45.

18 In der vorliegenden Arbeit wird aus Gründen der besseren Lesbarkeit der Begriff Polizist/Polizeibeamter/Polizeivollzugsbeamter/Polizeibediensteter geschlechtsneutral und damit stellvertretend für beide Geschlechter verwendet.

19 http://www.sueddeutsche.de/panorama/video-zum-fall-walter-scott-die-entscheidenden-sekunden-fehlen-1.2429092 (Stand: Dezember 2016).

20 https://innen.hessen.de/presse/pressemitteilung/innenminister-boris-rhein-bodycam-verhindert-gewalt-gegen-polizeibeamte (Stand: Dezember 2016).

21 https://innen.hessen.de/presse/pressemitteilung/body-cams-werden-ab-kommendem-jahr-ganz-hessen-eingesetzt-0 (Stand: Dezember 2016).

22 http://www.welt.de/regionales/hessen/article149008982/Polizei-geht-landesweit-mit-Schulterkameras-auf-Streife.html (Stand: Dezember 2016).

werden dürfen. Ergänzende Tonaufnahmen[23] sollen zu einem verbesserten Schutz der hessischen Polizisten beitragen.

Bayern hat Informationen über die Technik in Hessen einholen lassen[24] und kritisch geprüft, ob ein entsprechender Einsatz unter rechtlichen und fachlichen Gesichtspunkten in Zukunft überhaupt möglich sein kann. Nach Einschätzung des Bayerischen Landesbeauftragten für den Datenschutz *Thomas Petri* würde eine flächendeckende Erfassung sämtlicher Polizeieinsätze gegen Verfassungsrecht verstoßen. Da eine Videoüberwachung stets einen Grundrechtseingriff darstelle, sei nach dem Grundgesetz eine Rechtfertigung erforderlich. Eine vollständige Aufzeichnung sämtlicher Polizeieinsätze würde auf der einen Seite zu einer übermäßigen Kontrolle der Polizisten führen. Auf der anderen Seite würde man den öffentlichen Raum mit einer unangemessenen Vorratsdatenspeicherung überziehen.[25] Aufgrund der positiven Erfahrung in Hessen werden dennoch ab Dezember 2016 einige *Landespolizisten* in Bayern Kameras an ihrer Uniform tragen. Pilotversuche gibt es in München, Augsburg und Rosenheim.[26] Während 2014 „dem Bestehen einer belastbaren Rechtsgrundlage eine besondere Bedeutung"[27] beigemessen wurde, erklärte Landespolizeipräsident *Schmidbauer* Ende 2015, dass die „Body-Cam nur dort eingesetzt [wird], wo auch eine stationäre Videoüberwachung zulässig ist [, sodass] für das Pilotprojekt auch keine Änderung des Polizeiaufgabengesetzes notwendig [sei]."[28] Seit 19.2.2016 erprobt die *Bundespolizei* in München den Einsatz von Körperkameras. Die Testphase ist zunächst auf ein Jahr angelegt.[29] Die Kameras werden nur an öffentlichen Orten eingesetzt; vorwiegend am Hauptbahnhof, Ostbahnhof und am Pasinger Bahnhof. Wie in Hessen sollen die Kameras Gewalttäter abschrecken und zur Beweissicherung im Strafverfahren dienen.[30]

In **Hamburg** wurde durch das Sechste Gesetz zur Änderung des Gesetzes über die Datenverarbeitung der Polizei v. 30.1.2015 eine rechtliche Grundlage für den

---

23 Vgl. https://innen.hessen.de/presse/pressemitteilung/body-cam-gesetzesaenderung-erlaubt-neben-bild-nun-auch-tonaufnahme (Stand: Dezember 2016).

24 Pressemitteilung des hessischen Innenministeriums v. 1.10.2014, https://innen.hessen.de/presse/pressemitteilung/body-cams-werden-ab-kommendem-jahr-ganz-hessen-eingesetzt-0 (Stand: Dezember 2016).

25 *Petri* 26. Tätigkeitsbericht, S. 79.

26 http://www.sueddeutsche.de/bayern/sicherheit-bayerische-polizei-testet-body cams-1.3231348 (Stand: Dezember 2016); *Parma* DÖV 2016, 809, 815, 816.

27 LT-Drs. 17/935 v. 2.4.2014, S. 2.

28 http://www.stmi.bayern.de/med/pressemitteilungen/pressearchiv/2015/443/index.php (Stand: Dezember 2016).

29 http://www.mittelbayerische.de/bayern-nachrichten/bundespolizei-erprobt-body cams-21705-art1343698.html (Stand: Dezember 2016).

30 http://www.sueddeutsche.de/muenchen/muenchner-hauptbahnhof-bundespolizei-filmt-kuenftig-einsaetze-mit-bodycams-1.2869838 (Stand: Dezember 2016).

Vorwort

Die vorliegende Arbeit wurde im Wintersemester 2016/2017 von der Juristischen Fakultät der Universität Passau als Dissertation angenommen. Rechtsprechung und Literatur konnten bis Mitte Dezember 2016 berücksichtigt werden.

Ganz herzlich danken möchte ich meinem Doktorvater, Herrn Professor *Dr. Robert Esser*. Er hat die vorliegende Untersuchung angeregt und mich bei der Verwirklichung meines Promotionsvorhabens maßgeblich unterstützt. Für die großartige Betreuung meiner Promotion und die zügige Erstellung des Erstgutachtens gebührt ihm mein größter Dank. Dank gebührt auch Herrn Professor *Dr. Martin Asholt* für die rasche Erstellung des Zweitgutachtens sowie Herrn Professor *Dr. Holm Putzke* für die Übernahme des Vorsitzes in der Prüfungskommission.

Meinem Bruder *Sebastian Donaubauer* bin ich zu besonderem Dank verpflichtet. Er stand mir immer zur Seite und munterte mich stets mit Worten und Taten auf. Auf diese Weise leistet er (unbewusst) einen wesentlichen Beitrag zum Gelingen dieser Arbeit.

Von ganzem Herzen möchte ich auch meinen Eltern *Angelika* und *Manfred Donaubauer* danken, die mich nicht nur während des Studiums, sondern auch während der Promotionsphase unermüdlich unterstützt haben. Ihnen ist diese Arbeit gewidmet.

Inhalt

Abkürzungsverzeichnis

A	Österreich
a.A.	andere Ansicht
Abl.	Amtsblatt
Abl.EU	Amtsblatt der Europäischen Union
Abs.	Absatz
a.E.	am Ende
AEMR	Allgemeine Erklärung der Menschenrechte v. 10.12.1948
AE PolG	Alternativentwurf einheitlicher Polizeigesetze des Bundes und der Länder
AEUV	Vertrag über die Arbeitsweise der Europäischen Union
a.F.	alte Fassung
AfP	Archiv für Presserecht
AG	Amtsgericht
AKH	Arbeitskreis Kölner Hochschulen
Alt.	Alternative
a.M.	am Main
Art.	Artikel
ASE	Aserbaidschan
B	Belgien
BAG	Bundesarbeitsgericht
BayBO	Bayerische Bauordnung
BayDSG	Bayerisches Datenschutzgesetz
BayObLG	Bayerisches Oberstes Landesgericht
BayPAG	Bayerisches Polizeiaufgabengesetz
BayPAG-E	Entwurf Bayerisches Polizeigesetz
BayVBl.	Bayerische Verwaltungsblätter
BayVerfGHE	Entscheidungen des Bayerischen Verfassungsgerichtshofes
BayVersG	Bayerisches Versammlungsgesetz
BayVwVfG	Bayerisches Verwaltungsverfahrensgesetz
BbgPolG	Brandenburgisches Polizeigesetz
BDK	Bund Deutscher Kriminalbeamter
BDSG	Bundesdatenschutzgesetz
BeckOK	Beck'scher Onlinekommentar
BeckRS	Beck-Rechtsprechung
Bek.	Bekanntmachung
ber.	berichtigt

BerGer	Berufungsgericht
Beschl.	Beschluss
Bet.	Betroffener
Bf.	Beschwerdeführer
BGB	Bürgerliches Gesetzbuch
BGBl.	Bundesgesetzblatt
BGH	Bundesgerichtshof
BGHSt	Entscheidungen des Bundesgerichtshof in Strafsachen
BKA	Bundeskriminalamt
BPolG	Bundespolizeigesetz
Brem	Bremen
BremPolG	Bremisches Polizeigesetz
BR-Drs.	Bundesratsdrucksache
BT-Drs.	Bundestagsdrucksache
BT-Prot.	Bundestagsprotokoll
BUL	Bulgarien
BVerfG	Bundesverfassungsgericht
BVerfGG	Bundesverfassungsgerichtsgesetz
BVerwG	Bundesverwaltungsgericht
BVerwGE	Entscheidungen des Bundesverwaltungsgerichts
B-VG	Bundes-Verfassungsgesetz (Österreich)
bzgl.	bezüglich
bzw.	beziehungsweise
ca.	circa
CH	Schweiz
CPT	Committee for the Prevention of Torture
CR	Computer und Recht
D	Deutschland
DAR	Deutsches Autorecht
DAV	Deutscher Anwaltsverein
ders.	derselbe
d.h.	das heißt
dies.	dieselben
DK	Dänemark
DÖD	Der öffentliche Dienst
DÖV	Die Öffentliche Verwaltung
DPolG	Deutsche Polizeigewerkschaft
Drs.	Drucksache
DSGVO	Datenschutz-Grundverordnung

Einsatz mobiler Überwachungsgeräte geschaffen.[31] Im Vordergrund soll auch in Hamburg der Schutz der Polizisten vor gewalttätigen Übergriffen stehen.[32] Aufgrund des geänderten Gesetzes über die Datenverarbeitung der Polizei darf diese nun bei der Durchführung von Maßnahmen zur Gefahrenabwehr oder zur Verfolgung von Straftaten oder Ordnungswidrigkeiten in öffentlich zugänglichen Bereichen personenbezogene Daten durch den offenen Einsatz technischer Mittel zur Anfertigung von Bild- und Tonaufzeichnungen erheben, wenn dies nach den Umständen zum Schutz von Vollzugsbediensteten oder Dritten gegen eine Gefahr für Leib oder Leben erforderlich ist. Aufzeichnungen sind hingegen unzulässig in Bereichen, die der Ausübung von Tätigkeiten von Berufsgeheimnisträgern nach § 53 Abs. 1 StPO dienen (§ 8 Abs. 5 S. 1, 2 HmbPolDVG). Die Maßnahmen dürfen auch dann durchgeführt werden, wenn Dritte unvermeidbar betroffen werden. Bild- und Tonaufzeichnungen sind spätestens nach vier Tagen zu löschen, soweit sie nicht für Zwecke der Strafverfolgung benötigt werden, § 8 Abs. 5 S. 3 i.V.m. § 8 Abs. 4 S. 2, 4 HmbPolDVG entsprechend. Das Videobeweissystem soll während der bis Ende 2016 laufenden Pilotphase zunächst nur an Freitagen und Samstagen zum Einsatz kommen.[33]

Seit dem 1.7.2015 tragen einige rheinland-pfälzische Polizisten Körperkameras bei Polizeieinsätzen. In **Rheinland-Pfalz** gab es vorerst einen Probebetrieb in den Städten Koblenz und Mainz.[34] Das Pilotprojekt wurde von Wissenschaftlern der Universität Tier rechtswissenschaftlich begleitet.[35] Obgleich das Pilotprojekt mittlerweile offiziell beendet ist, werden die Kameras vorerst weiter verwendet. Derzeit werden die Ergebnisse des Projekts beraten.[36]

Durch die Novellierung des § 27 SPolG sollte eine geeignete Ermächtigungsgrundlage für einen Einsatz der Bodycam im **Saarland** geschaffen werden. Nach § 27 Abs. 3 S. 1 SPolG kann die Vollzugspolizei in öffentlich zugänglichen Räumen personenbezogene Daten kurzzeitig speichern (*Vorabaufnahme*) und durch die offene Anfertigung von Bild- und Tonaufzeichnungen erheben, soweit dies zum Schutz von Polizeivollzugsbeamten oder Dritten zur Abwehr einer konkreten Gefahr erforderlich ist.

Der Landtag forderte am 20.5.2014 die Landesregierung in **Nordrhein-Westfalen** auf, den Einsatz von Bodycams umgehend bei der Polizei Nordrhein-Westfalen in

---

31 Sechstes Gesetz zur Änderung des Gesetzes über die Datenverarbeitung der Polizei v. 30.1.2015 (GVBl. Hamburg, Nr. 5, 6.2.2015, S. 21).

32 http://www.hamburg.de/pressearchiv-fhh/4366188/2014-09-02-bis-pm-bodycam/ (Stand: Dezember 2016).

33 http://www.heise.de/newsticker/meldung/Polizei-Hamburg-mit-Bodycams-Achtung-Aufnahme-2718291.html (Stand: Dezember 2016).

34 *Parma* DÖV 2016, 809, 812.

35 https://www.uni-trier.de/index.php?id=14187&no_cache=1&tx_ttnews%5Btt_news%5D=18936&tx_ttnews%5BbackPid%5D=56387 (Stand: Dezember 2016).

36 http://www.swr.de/landesschau-aktuell/rp/bodycams-bei-rheinland-pfaelzischer-polizei-kleine-kamera-grosse-wirkung/-/id=1682/did=17571116/nid=1682/1fczfyf/ (Stand: Dezember 2016).

einem Modellversuch zu erproben und – gegebenenfalls bereits im Vorfeld – die für den Einsatz erforderlichen Voraussetzungen zu schaffen.[37] Datenschützer äußerten sich zum Einsatz der Bodycam sehr skeptisch. Eine geeignete Rechtsgrundlage sowie eine neutrale empirische Bewertung der Ergebnisse aus Hessen wurden zunächst vermisst. Man befürchtete, dass die Ausweitung der Videoüberwachung ein bedenkliches Signal an die Gesellschaft bedeuten würde. Das Misstrauen in die Polizei und die Distanz zur Polizei könnten infolge einer erweiterten Technisierung,[38] insbesondere durch den vermehrten Einsatz der Videoüberwachungstechnologie wachsen. Zum Teil wurde das Zahlenmaterial aus Hessen auch als „dürftig" und „nicht schlüssig" empfunden.[39] Überdies hielt man die Zahlen aus Hessen für nicht verallgemeinerungsfähig, da anhand dieser nicht klar belegt werden könne, inwieweit die Kameras tatsächlich zu einem Rückgang der Übergriffe an Polizisten geführt haben. Insbesondere gehe aus dem Zahlenmaterial nicht hervor, ob auch andere bzw. weitere zusätzliche Umstände zu einer Verringerung der körperlichen Angriffe beigetragen haben. Dennoch haben die Fraktion der SPD und die Fraktion Bündnis 90/Die Grünen im Juni 2016 einen Gesetzentwurf zur Änderung des Polizeigesetzes des Landes Nordrhein-Westfalen in den Landtag eingebracht. Der neue § 15c PolG NRW (*Datenerhebung durch den Einsatz körpernah getragener Aufnahmegeräte*) enthält eine Rechtsgrundlage für die offene Anfertigung von Ton- und Bildaufzeichnungen mittels körpernah getragener Aufnahme- und Speichergeräte.[40] Derzeit befindet sich das Gesetz noch in Beratung.

In **Bremen** legte der Senat im Juni 2016 einen Gesetzesvorschlag zur Änderung des Bremischen Polizeigesetzes vor. Demnach darf der Polizeivollzugsdienst personenbezogene Daten bei Anhalte- und Kontrollsituationen im öffentlichen Verkehrsraum nach dem BremPolG oder anderen Rechtsvorschriften mittels Aufzeichnungen kurzzeitig verdeckt technisch erfassen und soweit dies nach den Umständen zum Schutz von Polizeivollzugsbeamten, von Betroffenen oder von Dritten erforderlich ist, offen erheben und aufzeichnen.[41] Der Gesetzentwurf wurde angenommen.[42] Seit Anfang November 2016 erproben nun auch Polizisten in Bremen für ein Jahr den Einsatz von Bodycams.[43]

---

37 LT-Drs. 16/5923 v. 20.5.2014 (Antrag der Fraktion der CDU, Einsatz von Mini-Schulterkameras (*Body-Cams*) bei der Polizei Nordrhein-Westfalen erproben).

38 So auch bei *Geiger* Verfassungsfragen, S. 54; *Schneider* Kriminalistik 2000, 290, 293.

39 http://www.landtag.nrw.de/portal/WWW/GB_II/II.1/Pressemitteilungen-Informationen-Aufmacher/Pressemitteilungen-Informationen/Pressemitteilungen/2015/01/1301_Ausschussmeldung_BodyCam.jsp (Stand: Dezember 2016).

40 Gesetzentwurf der Fraktion der SPD und der Fraktion Bündnis 90/Die Grünen – Viertes Gesetz zur Änderung des Polizeigesetzes des Landes Nordrhein-Westfalen (LT-Drs. 16/12361 v. 28.6.2016); umfassend hierzu auch S. 477 ff.

41 BremBürgerschafts-Drs. 19/634 v. 7.6.2016, S. 2.

42 GVBl. Bremen, Nr. 53, 23.6.2016, S. 322.

43 http://www.focus.de/regional/bremen/bremen-polizei-polizei-bremen-startet-probelauf-der-body-cam_id_6151275.html (Stand: Dezember 2016).

Auch in **Baden-Württemberg** gab es Überlegungen, ein Projekt zum Einsatz von Bodyams zu starten. Anfang 2016 hat Innenminister *Gall* als Reaktion auf die Vorfälle in der Silvesternacht mit sexuellen Übergriffen einen 5-Punkte-Plan zur Stärkung der Inneren Sicherheit vorgelegt, den die Polizei Baden-Württemberg umsetzt.[44] Dieser Plan beinhaltet auch den polizeilichen Einsatz von Bodycams. Eine besondere Rechtsgrundlage zur Datenerhebung durch Bodycams gibt es in Baden-Württemberg bislang noch nicht. Die Fraktion GRÜNE und die Fraktion der CDU brachten jedoch einen Gesetzentwurf zur Änderung des Polizeigesetzes ein.[45]

In **Berlin** testet die Bundespolizei seit Anfang 2016 am Hauptbahnhof und am Ostbahnhof für die Dauer von sechs Monaten zwei verschiedene Typen der Bodycam, um Angriffe auf Einsatzkräfte zu verhindern.[46] Der Senat des Landes Berlin verfolgt derzeit keine konkreten Planungen zum polizeilichen Einsatz von Bodycams.[47]

Während Bodycams nach Intention aller Bundesländer[48] zur Verringerung der körperlichen Angriffe auf Polizisten eingesetzt werden sollen, verfolgen sie in anderen Staaten, insbesondere in den USA, einen anderen Zweck: Der Einsatz von Bodycams soll dort zur Eindämmung der Polizeigewalt beitragen, welche in den letzten Jahren drastisch zugenommen hat.[49] Bereits in der ersten Jahreshälfte 2015 waren mehr als 600 Bürger durch Polizeischüsse getötet worden.[50] Die Bodycam

---

44 https://www.baden-wuerttemberg.de/de/service/presse/pressemitteilung/pid/gesetzentwurf-zur-einfuehrung-der-bodycam/ (Stand: Dezember 2016).

45 LT-Drs. 16/334 v. 19.7.2016, S. 2 (§ 21 Abs. 4 PolG BW soll wie folgt lauten: *Der Polizeivollzugsdienst kann bei der Durchführung von Maßnahmen zur Gefahrenabwehr oder zur Verfolgung von Straftaten oder Ordnungswidrigkeiten an öffentlich zugänglichen Orten Personen mittels körpernah getragener Bild- und Tonaufzeichnungsgeräte kurzfristig technisch erfassen, wenn Tatsachen die Annahme rechtfertigen, dass dies zum Schutz von Polizeibeamten oder Dritten erforderlich ist. Die eigentliche Aufzeichnung ist zulässig, wenn Tatsachen die Annahme rechtfertigen, dass dies zur Abwehr einer Gefahr für Leib oder Leben von Polizeibeamten oder Dritten erforderlich ist. Die Erhebung personenbezogener Daten kann auch dann erfolgen, wenn Dritte unvermeidbar betroffen sind*).

46 http://www.dpolg.berlin/aktuelles/news/dpolg-berlin-die-berliner-polizei-muss-probelauf-fuer-bodycams-starten/ (Stand: Dezember 2016).

47 *Parma* DÖV 2016, 809, 818 m.w.N.

48 Überblick über den Einsatz von Bodycams in weiteren Bundesländern: *Parma* DÖV 2016, 809.

49 http://www.heise.de/newsticker/meldung/Body-Cams-Big-Brother-fuer-Polizisten-oder-fuer-Buerger-2063280.html (Stand: Dezember 2016).

50 Natürlich ist die „Schießwütigkeit" amerikanischer Polizisten hoch und nicht mit der Lage in Deutschland vergleichbar. Dennoch: In Deutschland werden in etwa sieben Personen pro Jahr durch Polizeischüsse getötet (SZ v. 20./21.6.2015, S. 5); in den Jahren 1980/1981 kamen insgesamt 28 Menschen durch Polizeikugeln ums Leben. Darstellung der Fälle bei *Gössner/Herzog* Der Apparat, S. 184 ff.; Todesschuss-Statistik (Häufigkeit des polizeilichen Todesschusses) von 1971 bis 1981 bei *Gössner/Herzog* Der Apparat, S. 193; Übersicht über polizeilichen Schusswaffeneinsatz von 1985

soll folglich als Kontrollinstrument der Polizei dienen.[51] In Deutschland wird dagegen der Aspekt des Bürgerschutzes vor exzessiver polizeilicher Gewalt nahezu vollkommen ausgeblendet. Insgesamt fällt auf, dass die steigende Gewalt auf Seiten der Polizei nicht in den Mittelpunkt gerückt bzw. verneint wird und der Einsatz der Bodycam zum Schutz der Bevölkerung vor der Polizei zum Teil für nicht erforderlich und überzogen erachtet wird. Es ist nicht nachvollziehbar, warum Polizisten – präventiv und repressiv – vor körperlicher Gewalt besonders geschützt werden sollen, der Bürger hingegen keinen Schutz vor Polizeigewalt, welche bisweilen kein Ausnahmephänomen mehr darstellt,[52] genießen soll. Ist die körperliche Unversehrtheit eines Polizisten mehr wert als die eines anderen Menschen und ist infolgedessen ein Polizist schützenswerter? Kann der besondere (tatsächliche) Schutz der Polizisten durch Bodycams wegen (angeblicher) Zunahme der körperlichen Angriffe gerechtfertigt werden? Bodycams sollen primär Polizisten schützen. Ob sie in ihrer jetzigen Funktionsweise – vorzugsweise – auch zum Schutz des Bürgers vor Polizeigewalt beitragen können, gilt es unter anderem in der vorliegenden Arbeit herauszuarbeiten.

> Wenn geschrien wird „Es lebe der Fortschritt!" – frage stets: „Fortschritt wessen?"[53]

Nicht nur in tatsächlicher, sondern auch in strafrechtlicher Hinsicht sollen Polizisten besonders vor körperlichen Angriffen geschützt werden. Hessen will Polizisten eine besondere Sicherheit durch das Strafrecht zuteilwerden lassen. Ein neu zu schaffender § 112 StGB-E soll Polizisten generell, d.h. unabhängig von der Vornahme einer Vollstreckungshandlung vor tätlichen Angriffen schützen.[54] Auch das Saarland regt die Einführung eines Straftatbestandes, welcher Polizisten besonders schützen soll an.[55] Im 3. Kapitel wird aufgrund dessen kritisch hinterfragt, ob die Einführung derartiger Straftatbestände sinnvoll im Kampf gegen gewalttätige Angriffe auf Polizisten sein kann oder ob darin nur eine Symbolwirkung zu erblicken ist.

Die vermehrte Medienaufmerksamkeit bezüglich steigender (Polizei-)Gewalt[56] hat zur Folge, dass die rechtliche Diskussion über die „mobile Videoüberwachung"

---

bis 2000: *Ohlemacher/Schacht u.a.* Gewalt gegen Polizeibeamte, S. 133; 2015 haben Polizisten in Deutschland zehn Menschen erschossen und 22 durch Kugeln verletzt. Insgesamt richteten sie in 40 Fällen die Dienstwaffen gezielt auf Menschen und drückten ab (http://www.rp-online.de/panorama/deutschland/polizisten-erschossen-in-2015-zehn-menschen-aid-1.6277759) (Stand: Dezember 2016).

51 *Zander* Body-Cams, S. 12.

52 Polizeiliche Rechtsübertretungen treten vermehrt auf: *Drescher* Polizisten außer Kontrolle?, S. 14; so auch *Behr* in: Organisation mit Gewaltlizenz, S. 221; *Bosch* in: Grundrechte-Report 2016, S. 75.

53 *Lec* Gedanken, S. 18 (Stanisław Jerzy Lec, 1909–1966, polnischer Lyriker und Aphoristiker).

54 BR-Drs. 165/15 v. 14.4.2015.

55 BR-Drs. 187/15 v. 28.4.2015.

56 Zum Ausmaß der Darstellung von Gewalt in den Medien vgl. *Hauser* Kriminalistik 1994, 28.

mittlerweile in fast allen Bundesländern angelangt ist. Während in den USA und in Großbritannien[57] der Einsatz von Bodycams schon umfangreich getestet worden ist, gibt es in Deutschland hinsichtlich einer geeigneten Ermächtigungsgrundlage zum Teil erhebliche Probleme. Unter anderem sind Regelungen aus dem Landespolizeirecht, dem VersG, dem BDSG und der StPO in der vorliegenden Arbeit auf ihre Tauglichkeit zu untersuchen. Ob eine bereits vorhandene Regelung – wie z.B. Art. 31 Abs. 1 Nr. 1 BayPAG oder Art. 32 Abs. 2 S. 1 Nr. 1 BayPAG – für den Einsatz von Bodycams in Bayern hinsichtlich Tatbestand und Rechtsfolge geeignet und ausreichend ist oder ob eine neue Vorschrift geschaffen werden muss, wird den Schwerpunkt dieser Abhandlung darstellen. Datenschutzrechtliche Hürden, welche stets bei Videoüberwachungsmaßnahmen im Allgemeinen zu nehmen sind, stellen sich freilich auch beim Einsatz polizeilicher Bodycams in den Weg.

Der Einsatz von Bodycams *kann* einen weiteren Schritt in Richtung einer Totalüberwachung bedeuten. Auf der anderen Seite könnten Bodycams bei Polizeieinsätzen dazu beitragen, Gefahren für Leib oder Leben von Polizisten oder Dritten bereits im Vorfeld abzuwehren und deeskalierend auf potentielle Straftäter und zunächst unbeteiligte Dritte, welche sich oftmals in das Geschehen einmischen, zu wirken. Sollten Bodycams ihren präventiven Zweck nicht erfüllen, könnten entsprechende Bildaufnahmen als Beweismittel in Strafverfahren eingeführt und verwertet werden. Bei Videoüberwachungsmaßnahmen im Allgemeinen und speziell bei der Überwachung mit Bodycams muss es daher erlaubt sein, sich die zu Frage stellen, ob Bürger tatsächlich einen Teil ihrer Freiheit opfern müssen, um ein Stück mehr an Sicherheit zu erhalten. Und wenn man diese Frage bejahen kann, muss weiter geklärt werden, ob Bodycams bei Polizeieinsätzen tatsächlich zu mehr Sicherheit beitragen können und ob dieses Mehr an Sicherheit die Einbuße an individueller Freiheit rechtfertigen kann.

§ 2 Aufbau der Darstellung

Zu Beginn der Arbeit wird ein Überblick über Technik und Funktionsweise der Bodycam gegeben. Dadurch sollen die weiteren Ausführungen greifbar und insbesondere die rechtlichen Fragestellungen zum Einsatz von Bodycams nachvollziehbar

---

57 Großbritannien ist der Spitzenreiter der (herkömmlichen) Videoüberwachung. 1985 wurde die erste Videokamera im öffentlichen Raum installiert, um Kriminalität zu kontrollieren (vgl. hierzu *Müller* in: Kameras gegen Gewalt, S. 114 ff.); 2000 gab es Schätzungen zufolge ca. 500.000 öffentliche Überwachungskameras (*Ott* in: Kameras gegen Gewalt, S. 17); 2001 waren es rund eine Million Kameras. 2007 ist von 4 Millionen Kameras, welche öffentlich zugängliche Räume filmen, die Rede (*Klauser* in: Sicherheitsdiskurse, S. 61); Schon 2001 gab es in Großbritannien Überlegungen, mobile Kameras einzusetzen (*Reuband* NK 2001, 5, 9); zur Videoüberwachung in Großbritannien vgl. *Gras* NK 2001, 12; *Leopold* spricht im Zusammenhang mit der Videoüberwachung in Großbritannien von einer *„faktisch flächendeckenden Videoüberwachung öffentlicher Orte“* (*Leopold* in: Innere Sicherheit als Gefahr, S. 187).

gemacht werden. Auch faktische Schwierigkeiten, welche sich bei der Anwendung von Bodycams ergeben, werden dargestellt. Des Weiteren werden im 2. Kapitel Zwecke und Ziele des Bodycam-Einsatzes herausgearbeitet. Hierbei ist zwischen präventiven, repressiven Zwecken und der vorbeugenden Bekämpfung von Straftaten zu unterscheiden. Ferner wird der Einsatz der Bodycam mit der – in Russland weit verbreiteten – Dashcam[58] verglichen. Ein Vergleich dieser beiden technischen Errungenschaften ist vor allem hinsichtlich bereits bestehender deutscher Rechtsprechung zum Einsatz von Dashcams interessant. Dabei wird im Folgenden nicht nur die strafprozessuale, zivilrechtliche und verwaltungsgerichtliche Rechtsprechung dargestellt, sondern auch die höchstrichterliche Rechtsprechung zur privaten Videoüberwachung unter Miterfassung des öffentlichen Raums wird Gegenstand der Ausführungen sein.

Gegenstand des 3. Kapitels ist die körperliche Gewalt *gegen* Polizeibeamte. In diesem Abschnitt ist zu analysieren, ob die Debatte um die Gewalt gegen Polizisten (zu) hitzig und emotionsgeladen geführt wird, oder ob das permanente „Geplärre" des Polizeiapparats seine Berechtigung hat. Da die Verwendung von Bodycams in erster Linie der Eigensicherung von Polizisten dient, wird anhand verschiedener Statistiken und Untersuchungen zu klären sein, ob unmittelbar körperliche Angriffe auf Polizeibeamte tatsächlich zugenommen haben. Gefahrenquellen, die bei der Gewaltdiskussion und der Verwendung von Statistiken bestehen, sollen in diesem Kapitel ebenfalls angesprochen werden. Ferner soll dargestellt werden, wie das Strafrecht bereits auf die Gewalt gegen Polizisten reagiert hat bzw. welche Gesetzesänderungen gefordert werden. Insbesondere der Gesetzantrag des Landes Hessen[59] und des Saarlandes[60] sollen auf ihre Tauglichkeit zum besonderen Schutz von Polizisten hin untersucht werden. Am Ende des Kapitels wird der Frage nachgegangen, ob Bodycams ein geeignetes, präventives Mittel darstellen können, um die Gewalt gegenüber Polizisten zu reduzieren.

Da Gewalt *gegen* Polizisten nicht ohne Gewalt *durch* Polizisten dargestellt werden kann, steht anschließend die exzessive, unrechtmäßige Gewaltanwendung durch Polizisten im Mittelpunkt. Dazu werden Statistiken untersucht, die möglicherweise Aufschluss über Art und Häufigkeit exzessiver Gewaltanwendung von Polizeibeamten geben können. Zudem soll aufgezeigt werden, warum Polizisten die Grenze der Legalität – bewusst oder unbewusst – überschreiten. Das Phänomen der prophylaktischen Widerstandsanzeigen durch Polizisten im Falle unrechtmäßiger Gewaltanwendung wird ebenfalls Teil des 4. Kapitels sein. Ferner wird der Umgang der Justiz und des Polizeiapparats mit illegitimer polizeilicher Gewalt kritisch betrachtet. Maßnahmen zur Vermeidung von Polizeigewalt, wie beispielsweis eine Kennzeichnungspflicht von Polizeibeamten oder die Errichtung

58 http://www.sueddeutsche.de/auto/videokameras-im-auto-wann-die-dashcam-zum-einsatz-kommen-darf-1.2449705 (Stand: Dezember 2016).
59 BR-Drs. 165/15 v. 14.4.2015.
60 BR-Drs. 187/15 v. 28.4.2015.

unabhängiger Beschwerdestellen sollen an dieser Stelle auf ihre Effektivität hin untersucht werden. Dabei ist überdies zu überprüfen, ob der Einsatz von Bodycams zur Eindämmung der polizeilichen Gewalt beitragen kann.

Im 5. Kapitel werden die rechtlichen Rahmenbedingungen für den polizeilichen Einsatz von Bodycams dargestellt. Fraglich ist, ob hierfür eine gesetzliche Regelung notwendig ist. In diesem Rahmen wird die Grundrechtsrelevanz der mobilen Kamera einer eingehenden Untersuchung unterzogen, wobei das Recht auf informationelle Selbstbestimmung, das Recht am eigenen Wort und das Recht am eigenen Bild als spezielle Ausprägungen des allgemeinen Persönlichkeitsrechts nach Art. 2 Abs. 1 i.V.m. Art. 1 Abs. 1 GG im Fokus stehen. Auch der Grundrechtsverzicht bzw. eine (konkludente) Einwilligung in die Grundrechtseinschränkungen sowie die verfassungsrechtliche Rechtfertigung sind Bestandteile dieses Kapitels. Im Anschluss daran wird auf die Gesetzgebungskompetenz für Regelungen des Einsatzes von Bodycams eingegangen. Einen wesentlichen Teil des Kapitels bildet die Prüfung der Tauglichkeit bereits vorhandener Regelungen, wobei unter anderem Vorschriften aus dem BayPAG, dem BDSG und strafprozessuale Ermächtigungsnormen heranzuziehen sind. Auch eine rechtliche Untersuchung der Vorschriften für den Einsatz von technischen Mitteln zur Eigensicherung von Polizisten in Hessen, Rheinland-Pfalz, Hamburg und im Saarland erfolgt an dieser Stelle.

Sodann wird der nationale Bereich verlassen und der Einsatz von Bodycams aus menschenrechtlicher Perspektive betrachtet. Im Spannungsverhältnis stehen hierbei Art. 8 EMRK, Art. 3 EMRK und Art. 6 EMRK. Bei Art. 8 EMRK stehen das Recht auf Achtung des Privatlebens, insbesondere das Recht am eigenen Bild, das Recht auf Schutz personenbezogener Daten und der Schutz vor staatlicher Überwachung im Fokus der Ausführungen. Ferner werden Art. 3 EMRK und die Rechtsprechung des EGMR zur polizeilichen Gewaltanwendung unter einem *materiell-rechtlichen Aspekt* geprüft. Auch die aus Art. 3 EMRK resultierenden Aufklärungs- und Dokumentationspflichten (*verfahrensrechtlicher Aspekt*) bilden einen Teil der Untersuchung. Abschließend wird geprüft, ob die vorsorgliche Beweiserhebung durch Bodycams zu einem Verstoß gegen Art. 6 EMRK führt. Dabei wird auch der Frage nachgegangen, ob eine Inaugenscheinnahme der Bodycam-Aufzeichnung im Strafverfahren und eine damit unter Umständen verbundene vorauseilende Geständnisneigung einen Verstoß gegen den „nemo-tenetur"-Grundsatz darstellen. Abschließend werden unter anderem Vorschriften der GRC und des IPbpR unter dem Aspekt eines Bodycam-Einsatzes untersucht.

Im 7. Kapitel werden schließlich die wesentlichen Ergebnisse der Arbeit zusammengefasst und ein eigener Gesetzesvorschlag zum Einsatz von Bodycams erarbeitet.

Die Abhandlung schließt mit der Frage, ob es eine absolute Sicherheit jemals geben kann und welcher Bedeutung dem Begriff der Freiheit beizumessen ist.

2. Kapitel: Die polizeiliche Bodycam – Bilder sagen mehr als Worte

Im 2. Kapitel dieser Abhandlung werden Begriff, Technik und Funktionsweise der Bodycam besprochen. Dabei werden nicht nur Zwecke und Ziele der „mobilen Überwachung“ dargestellt, sondern auch die zahlreichen faktischen Probleme, welche der Einsatz der Bodycam mit sich bringt. Abschließend werden sog. *Dashcams* einer genaueren Betrachtung unterzogen, da diese ebenfalls Beweise für ein zukünftiges gerichtliches Verfahren liefern können. Insbesondere soll dabei die aktuelle deutsche Rechtsprechung dargestellt werden.

§ 1 Begriff, technische Grundlagen und faktische Probleme des polizeilichen Einsatzes der Bodycam

Die folgenden Ausführungen sollen einen Überblick über die technische Funktionsweise und die tatsächlichen Problemen polizeilicher Bodycams liefern. Zudem sollen sie Begriffe erhellen, um den Untersuchungsgegenstand der vorliegenden Arbeit greifbar zu machen.

I. Begriff

Bodycams sind mobile Kameras, die etwa die Größe einer Zigarettenschachtel haben[61] und an der Schulter oder im Brustbereich von Polizisten befestigt werden. Primär sollen sie dem Schutz von Polizisten[62] vor körperlichen Angriffen dienen:

> Bei der deutschen Argumentation zur Body-Cam als Schutzinstrument der Polizei steht an erster Stelle die Überlegung, dass ein potentieller Angreifer bei Erblicken der Body-Cam abgeschreckt wird, da die Dokumentation seines Verhaltens im Nachhinein als Beweismittel gegen ihn verwendet werden könnte. Dadurch kommt es zu weniger Angriffen auf Polizisten.[63]

Der Begriff „Bodycam“ setzt sich aus den beiden englischen Begriffen *body* (deutsch: Körper) und *cam* (Kurzform von camera; deutsch: Kamera) zusammen und lässt sich wörtlich als „Körperkamera“ übersetzen. Zum Teil wird der Begriff „Schulterkamera“ verwendet, wobei sich aber beide Begriffe nicht durchgesetzt haben.

61 *Zander* Body-Cams, S. 15.

62 Zum Einsatz von Videotechnik zum Schutz von Polizeibeamten: *Söllner* LKV 2016, 304, 306.

63 *Zander* Body-Cams, S. 12.

Im deutschen Sprachgebrauch hat sich stattdessen der englischstammige Begriff „Bodycam" etabliert.[64]

Am 10.2.2014 wollte sich die MK-Wirtschaftsdienst GmbH das Wort „Bodycam" als Wortmarke schützen lassen. Die Anmeldung wurde jedoch wegen § 8 Abs. 2 Nr. 1 und Nr. 2 MarkenG zurückgewiesen,[65] da Marken unter anderem von einer Eintragung ausgeschlossen sind, denen für die Ware jegliche Unterscheidungskraft fehlt.[66] Am 4.8.2010 meldete die Idee Direkt GmbH das Wort „BODYCAM" verbunden mit dem Logo der GmbH zur Eintragung im Register an. Seit Anfang 2011 ist dies rechtlich geschützt.[67] Auch BODYCAM by PRO-VISION ist als Wort-/ Bildmarke seit 2015 als geschützte Marke im Register eingetragen.[68]

Schreibweisen des Begriffs „Bodycam" existieren unterschiedliche. Gebräuchlich sind Body-Cam, body-cam und bodycam bzw. Bodycam. Durch die Schreibeweise mit Bindestrich soll deutlich bleiben, dass es sich um ein „zusammengesetztes Kunstwort und nicht um einen existierenden englischen Begriff"[69] handelt. Im deutschsprachigen Raum hat sich jedoch ebenfalls die Schreibeweise „Bodycam" durchgesetzt.

Im Rahmen dieser Untersuchung wird auf die einheitliche Schreibweise *„Bodycam"* zurückgegriffen.

II. Videoüberwachung – Videobeobachtungsmaßnahmen und Videoaufzeichnung

Zunächst muss, sofern man von der „Videoüberwachung"[70] im Allgemeinen spricht, angemerkt werden, dass diese zum einen die Video*beobachtung* ohne Speicherung des Bildmaterials umfassen kann und zum anderen die Video*aufzeichnung*, bei der die Bildaufnahmen gespeichert werden.[71] Eine diesbezügliche Unterscheidung ist wichtig, da eine Speicherung des Bildmaterials im Vergleich zu bloßen Videobeobachtungsmaßnahmen[72] den schwereren Eingriff in das Recht auf informationelle

---

64 Siehe nur *Zander* Body-Cams, S. 14.

65 Aktenzeichen: 3020140142953, https://register.dpma.de/DPMAregister/marke/register/3020140142953/DE (Stand: Dezember 2016).

66 Umfassend zu § 8 Abs. 1 Nr. 1 und Nr. 2 MarkenG: *Ingerl/Rohnke* MarkenG § 8 Rn. 108 ff., 196 ff.

67 Aktenzeichen: 3020100465670, https://register.dpma.de/DPMAregister/marke/register/3020100465670/DE (Stand: Dezember 2016).

68 Aktenzeichen: 013599626, https://register.dpma.de/DPMAregister/marke/register HABM?AKZ=013599626&CURSOR=2 (Stand: Dezember 2016).

69 So jedenfalls *Zander* Body-Cams, S. 15.

70 Siehe auch *Held* Intelligente Videoüberwachung, S. 20.

71 Vgl. *Bausch* Videoüberwachung, S. 3 ff.

72 In der Regel erfolgen Videobeobachtungsmaßnahmen nach dem sog. *Kamera-Monitor-Prinzip*, wobei Kameras mit einer Zentrale verbunden sind, an die die

Selbstbestimmung darstellt und somit erhöhte Anforderungen an eine Rechtfertigung zu stellen sind.

Bereits an dieser Stelle muss geklärt werden, ob eine Videoüberwachung mit Bodycams lediglich eine reine Beobachtungsmaßnahme darstellt oder ob (stets) auch eine Aufzeichnung des streitigen Geschehens erfolgt.

In Hamburg können Polizisten an öffentlich zugänglichen Orten eine Person nur dann mittels Bodycam offen beobachten und das Geschehen aufzeichnen, wenn dies nach den Umständen zum Schutz von Polizeivollzugsbeamten oder Dritten wegen einer Gefahr für Leib oder Leben erforderlich ist, vgl. § 14 Abs. 6 HSOG. Dies bedeutet zunächst, dass nicht der komplette Polizeieinsatz aufgezeichnet wird, sondern lediglich Situationen, aus denen eine Gefahr für Leib oder Leben der Polizisten oder Dritter resultieren kann.[73] Obwohl es eine Vielzahl unterschiedlicher Bodycams und Hersteller[74] gibt, liegen dieser Abhandlung folgende Funktionsweisen zugrunde: Zum einen gibt es Bodycams, die das Datenmaterial zunächst nicht dauerhaft speichern. Stattdessen werden die Sequenzen in einem Zwischenspeicher für einen zuvor bestimmten Zeitraum gespeichert. Nur wenn der Polizist die Speicherfunktion aktiviert, werden die Aufzeichnungen nicht überspielt, sondern *rückwirkend dauerhaft* gespeichert (*Pre-Recording*).[75] Die aufgezeichneten Daten werden, nach Ablauf einer bestimmten Frist, gelöscht, sofern das Material nicht für eine Strafverfolgung benötigt wird.[76] Zum anderen gibt es Bodycams, welche nicht über die sog. *Pre-Recording-Funktion* verfügen. Diese Kameras werden in der Regel bei *drohenden* Gefahren für Leib oder Leben des Polizisten oder Dritter aktiviert und zeichnen somit erst ab diesem Zeitpunkt das gesamte Geschehen auf. Zu einer „Vorabaufnahme“ kommt es hierbei nicht.[77]

Bilder übermittelt und von Personen überwacht werden. Bei Auffälligkeiten kann eingegriffen werden (*Bausch* Videoüberwachung, S. 15).

73 *Wilmink* Polizeispiegel 2014, 20.

74 Beispielsweise AXONBody des Herstellers Taser, das System RS3-SX des Herstellers Reveal Media Inc. (http://www.polizeipraxis.de/themen/waffen-und-geraetetechnik/detailansicht-waffen-und-geraetetechnik/artikel/da-schau-her.html) (Stand: Dezember 2016) und das Videoaufzeichnungssystem zepcam T1 (http://www.eurosec-gmbh.de/fileadmin/user_upload/PDF/ZEP/Zepcam-T1_live_de.pdf) (Stand: Dezember 2016).

75 http://www.polizeipraxis.de/nc/themen/waffen-und-geraetetechnik/detailansicht-waffen-und-geraetetechnik/artikel/body-cam-eine-erfolgsgeschichte-nimmt-ihren-lauf.html?tx_ttnews%5BsViewPointer%5D=1 (Stand: Dezember 2016).

76 So in Hessen: http://www.polizei-dein-partner.de/themen/gewalt/gesellschaft/detailansicht-gesellschaft/artikel/bodycams-bei-der-polizei-hessen.html (Stand: Dezember 2016); auch in Hamburg wird diese Technik eingesetzt: http://www.shz.de/hamburg/meldungen/polizei-in-hamburg-setzt-bodycams-ein-id9933841.html (Stand: Dezember 2016).

77 Z.B. Kleine Anfrage der Abgeordneten Katharina Raue (Bündnis 90/Die Grünen) (3713) v. 8.9.2015 und Antwort des Ministeriums des Innern, für Sport und Infrastruktur (Rheinland-Pfalz), LT-Drs. 16/5638 v. 30.9.2015, S. 2 (keine *Pre-Recording-Funktion*; Aufzeichnung erfolgt erst mit dem Betätigen der Aufnahmevorrichtung). Nach

Um einer vollständigen Darstellung gerecht zu werden, werden in der vorliegenden Arbeit nicht nur Video*aufzeichnungs*maßnahmen, sondern auch Video*beobachtungs*maßnahmen einer rechtlichen Analyse unterzogen.

III. Technische Grundlagen

Obgleich der Schwerpunkt der Untersuchung auf der *rechtlichen* Betrachtung des Bodycam-Einsatzes liegt, dürfen die technischen Voraussetzungen ebenfalls nicht unerwähnt bleiben. In Hessen begann am 30.5.2013 beim Polizeipräsidium Frankfurt a.M. ein einjähriges Pilotprojekt; mittlerweile werden Bodycams landesweit eingesetzt. Da Hessen die „mobile Videoüberwachung" bislang am umfangreichsten getestet hat, sollen im Folgenden die technischen Grundlagen anhand der in Hessen und Rheinland-Pfalz eingesetzten Bodycam „Zepcam T 1 XT"[78] erläutert werden.[79]

Bereswill, Polizeipräsident der Stadt Frankfurt a.M., hat in dem Abschlussbericht über die Erfahrungen des Einsatzes von Bodycams folgende positive Eigenschaften des Kamerasystems „Zepcam T1 XT" hervorgehoben:[80]

- Einsetzbar im rauen Outdoor-Bereich
- Hochauflösende CCD-Farb-Zylinderkamera mit Tag/Nacht-Funktion für schlechte Lichtverhältnisse (Empfindlichkeit: 0,05 Lux) und kabelintegriertem Mikrofon, die gute Bildqualität auch unter kritischen Bedingungen gewährleistet
- Anpassung der Brennweite (Aufnahmeradius); sie kann mit wenigen Handgriffen durch die Nutzer durchgeführt werden
- Objektiv mit Anti-Beschlag-System
- Fernbedienung am Handgelenk (via bluetooth) steuert die freie und unkomplizierte Bedienung des Aufzeichnungsgerätes
- Nutzung von verschlüsselten Mikro-SD-Karten zur Speicherung der Videoaufzeichnungen

---

Kipker stellt das „*Pre-Recording [...] den kameraführenden Beamten bei verfassungskonformer Ausführung [...] vor ein praktisches Dilemma. Zu empfehlen ist hier, zur Gänze auf das Pre-Recording zu verzichten und anstelle dessen nur eine dauerhafte Speicherung der Videoaufnahmen zu ermöglichen, dafür aber die tatbestandlichen Voraussetzungen hinreichend eng zu fassen*" (*Kipker* Stellungnahme SPolG, S. 16 f.).

78 Siehe hierzu auch: http://www.zepcam.com/product/zepcam-t1-xt.aspx (Stand: Dezember 2016).

79 Sachstandsbericht „*Auswertung der Pilotprojekte zum Einsatz von Body-Cams*" anlässlich der 59. Sitzung des UA FEK, TOP 2.4, S. 3, http://www.innenministerkonferenz.de/IMK/DE/termine/to-beschluesse/2015-12-03_04/anlage6.pdf?__blob=publicationFile&v=2 (Stand: Dezember 2016); kompakte Übersicht der verschiedenen body cam-Systeme: *Zander* Body-Cams, S. 15 f.

80 Abschlussbericht über die Erfahrungen des Einsatzes der mobilen Videoüberwachung gemäß § 14 Abs. 6 HSOG im Rahmen der Maßnahmen „Alt-Sachsenhausen" sowie im Bereich des 1. Polizeireviers des Polizeipräsidiums Frankfurt am Main (SH LT-Umdruck 18/3586, S. 3 f.).

- GPS Option mit einer Genauigkeit von 5 Metern
- Login über Anwender ID Login und Geräte PIN-Code-Login
- Im Bild erkennbar sind Wasserzeichen, Anwender ID-Nummer, Zeit, Datum und GPS-Daten
- Wasserfestigkeit nach IP67 (stoß-, staub- und wasserresistent)
- Optionale Sendeeinheit über 3G und WLAN
- Geschraubte Kabelverbindungen inklusive „safety-quick-disconnect", um ein Verletzungsrisiko beim Abriss zu verringern
- „Pre-recording"-Funktion[81] (Zeit einstellbar)
- Datenübertragung erfolgt per USB-Anschluss über Administrator- bzw. Controller-Account

Nach Auffassung des Frankfurter Polizeipräsidenten hat sich das Kamerasystem der Firma „Zepcam" als sehr nutzerfreundlich erwiesen. Die Handhabung sei auch mit Handschuhen unproblematisch möglich. Insgesamt sei die Kamera hinsichtlich Handhabung und Anwendung unkompliziert. Allenfalls die Akkukapazität konnte nicht vollumfänglich überzeugen.[82] Die hessischen Polizeibeamten sind insgesamt von dem derzeit eingesetzten Kamerasystem überzeugt.

Ebenfalls getestet worden ist eine Kamera der Firma Reveal Media.[83] Dieses Gerät konnte jedoch „unter anderem aufgrund der geringen Akku-Laufzeit, der fehlenden Datensicherheit sowie dem geringeren Aufnahmewinkel nicht überzeugen."[84]

IV. Faktische Schwierigkeiten beim Einsatz von Bodycams

Obwohl der Gebrauch von Bodycams bei Polizeieinsätzen auf den ersten Blick durchaus vielversprechend erscheint, stellen sich dennoch zahlreiche faktische Probleme. Hauptziele des Einsatzes optisch-akustischer Technik sind die Kriminalprävention durch Abschreckung, die Beweissicherung durch Dokumentation von Rechtsgutsverletzungen und die Stärkung des Sicherheitsgefühls der Bevölkerung.[85] Auch Bodycams werden in erster Linie eingesetzt, um potentielle Straftäter unmittelbar positiv zu beeinflussen und dadurch Gewalttaten, insbesondere körperliche Angriffe

---

81 Zur *Pre-Recording-Funktion* siehe auch *Kipker* Stellungnahme HSOG, S. 5 ff.; *ders.* Stellungnahme SPolG, S. 9 ff.

82 Abschlussbericht über die Erfahrungen des Einsatzes der mobilen Videoüberwachung gemäß § 14 Abs. 6 HSOG im Rahmen der Maßnahmen „Alt-Sachsenhausen" sowie im Bereich des 1. Polizeireviers des Polizeipräsidiums Frankfurt am Main (SH LT-Umdruck 18/3586, S. 13 f.).

83 Siehe: http://www.revealmedia.com/ (Stand: Dezember 2016).

84 Abschlussbericht über die Erfahrungen des Einsatzes der mobilen Videoüberwachung gemäß § 14 Abs. 6 HSOG im Rahmen der Maßnahmen „Alt-Sachsenhausen" sowie im Bereich des 1. Polizeireviers des Polizeipräsidiums Frankfurt am Main (SH LT-Umdruck 18/3586, S. 14).

85 Auch der private Einsatz von Videotechnik verfolgt diese Ziele (*Lang* Private Videoüberwachung, S. 72 f.); *Geiger* Verfassungsfragen, S. 46.

gegenüber Polizisten abzuwenden. Dass die Erreichung dieses Ziels nicht gänzlich unproblematisch ist, soll unter anderem Gegenstand folgender Ausführungen sein.

1. *Solidarisierungseffekt bzw. Deindividuation*

Ein Problem, welche sich generell bei Polizeieinsätzen zeigt, ist der Eintritt eines sog. *Solidarisierungseffekts* bzw. einer *Deindividuation*. Zur Veranschaulichung dieser Problematik soll folgender Beispielsfall dienen:

> Im Eingangsbereich einer Diskothek findet zwischen mehreren Männern eine Schlägerei statt. Sobald Polizeibeamte am Einsatzort eintreffen, finden sie eine zunächst unübersichtliche Lage vor, welche sich nicht selten aus dem Umstand ergibt, dass neugierige Gäste aus der Diskothek herausströmen und sich mit den Schlägern solidarisieren. Die Folge ist der Eintritt eines sog. Solidarisierungseffekts.[86]

Behr spricht hierbei vom „Aufbegehren des (oft: nichtbeteiligten) Bürgers gegen die Maßnahmen der Polizisten".[87] Dabei mischen sich – so *Behr* – nichtbeteiligte Bürger in das Geschehen ein, legen die Angst vor der Polizei ab und interpretieren dies fälschlicherweise als Zivilcourage. Das Hinzutreten weiterer Personen führt zur Bildung einer immer größer werdenden Gruppe, was wiederum zur Erhöhung des Gewaltrisikos und zur Eskalation der Situation führen kann.[88] Sozialpsychologische Forschungen haben gezeigt, dass in Gruppen eine sog. *Deindividuation* und eine gewisse Gruppendynamik auftreten können. Dies führt dazu, dass Menschen aus der Anonymität der Gruppe heraus häufiger zu gewalttätigen Übergriffen neigen und die Gewaltbereitschaft bei einer Konfrontation erhöht wird, da Gruppensituationen zum einem gegenseitigen Aufheizen und einem enthemmten Verhalten führen. Dies hat bisweilen die Inkaufnahme negativer Konsequenzen für die Beteiligten zur Folge.[89] Der Einzelne versucht anschließend das negative Verhalten seinerseits durch Rechtfertigungen zu neutralisieren und gibt die Verantwortung an die Gruppe als Gesamtheit ab. Auch *Waechter* betont in seinem Beitrag zur Videoüberwachung öffentlicher Räume im Zusammenhang mit Versammlungen im Sinne der §§ 12a, 19a VersG die Gefährlichkeit kollektiven Handelns und das Phänomen der Massenpsychologie.[90]

---

86 Vgl. *Wilmink* Polizeispiegel 2014, 20.

87 *Behr* in: Empirische Polizeiforschung XIV, S. 193; *ders.* in: Gewalt und Gewalten, S. 84.

88 Vgl. Befragung von Polizeibeamten zum Zusammenhang zwischen Gelagen im öffentlichen Raum und vermehrten Übergriffen: *Hermanutz/Heyn* in: Gewalt gegen Polizisten, S. 65 f.

89 *Baier/Ellrich* in: Empirische Polizeiforschung XIV, S. 27; vgl. auch *Behrendes* in: Organisation mit Gewalt, S. 167; *Barczak* NVwZ 2011, 852; vgl. zur Deindividuation: *Thinnes* Kennzeichnungsplicht, S. 92 ff.; in Gruppen verhalten sich Personen prinzipiell anders, als wenn sie als Person mit Personen agieren (*Schwind* Kriminalistik 1996, 161, 162).

90 *Waechter* NdsVBl. 2011, 77.

Die verminderte eigene Verhaltenskontrolle in derartigen Gruppensituationen ist nicht nur beim polizeilichen Gegenüber zu beobachten, sondern auch in den eigenen Reihen der Polizei. Vor allem bei Großveranstaltungen, wie beispielsweise bei Demonstrationen treten Polizisten mit einheitlichen Uniformen in geschlossenen Einheiten auf. Die Uniform trägt unter anderem dazu bei, dass eine Deindividuation eintritt und der einzelne Polizeibeamte in der Masse der Anonymität verschwindet. In dieser geschlossenen Gruppe will der Einzelne akzeptiert und respektiert werden. Um Akzeptanz zu erfahren, kann es zu rechtswidriger übermäßiger Polizeigewalt kommen. Der einzelne Polizeibeamte sieht sich dabei selbst nicht als Delinquent, da er sich ja entsprechend den Gruppenregeln verhält.[91] Das Verschwinden in der Anonymität beinhaltet zugleich eine Reduktion des Entdeckungsrisikos. Dies hat wiederum zur Folge, dass der Einzelne seltener zur Verantwortung gezogen wird, was freilich zu einer Begünstigung exzessiver polizeilicher Gewaltanwendung führen kann.[92]

2. Bodycam-Einsatz zum Schutz vor sog. Polizeigewalt

Im Zusammenhang mit der Deindividuation und der damit einhergehenden exzessiven polizeilichen Gewaltanwendung, stellt sich sogleich das nächste Problem, nämlich der mangelnde Schutz durch Bodycams vor sog. *Polizeigewalt.*

Das Grundsatzproblem der Bodycam zum Schutz vor sog. *Polizeigewalt* liegt in ihrer Handhabung. Die Kamera zeichnet den Polizeieinsatz nicht permanent auf. Dies liegt unter anderem daran, dass Akku und SD-Karte hierfür nicht leistungsfähig genug sind.[93] Stattdessen entscheidet der filmende Polizist im Einzelfall selbständig und nach eigenem Ermessen darüber, ob er die Kamera aktiviert. Dies bedeutet auch, dass der Betroffene keinen Anspruch auf Aufzeichnung der Situation hat.

Auch *Kipker* moniert die fehlende inhaltliche Ausdehnung des Schutzzweckes der Bodycam dahingehend, dass auch das polizeiliche Gegenüber als Betroffener vom Bodycam-Einsatz profitieren könnte:

> Es ist [...] schwer nachvollziehbar, warum die rechtspolitische Debatte um die Body-Cams in Deutschland von Beginn an nur unter der primären Zwecksetzung des Schutzes der Vollzugspolizei geführt wurde und der ebenso berechtigte Schutz des Bürgers vor möglichen rechtswidrigen polizeilichen Eingriffen nahezu vollständig außer Acht gelassen wird, wo sich ein solcher Schutzzweck doch gedanklich aufdrängt und sich auch verhältnismäßig leicht implementieren ließe.[94]

---

91 Durch das Befolgen von Gruppenregeln wird das eigene Verantwortungsgefühl gemindert (*Schwalbe* in: Neue Wege, neue Ziele, S. 197).

92 Vgl. hierzu *Thinnes* Kennzeichnungspflicht, S. 96 f.

93 *Wilmink* Polizeispiegel 2014, 20.

94 *Kipker* Stellungnahme SPolG, S. 20.

Wie im Rahmen dieser Untersuchung noch zu erörtern sein wird, stellt illegitime polizeiliche Gewalt bisweilen kein Ausnahmephänomen mehr dar.[95] Der Polizist, der übermäßig Gewalt anwendet, wird die Kamera in aller Regel nicht einschalten, da polizeiliche Gewaltanwendung innerhalb des Polizeiapparats oftmals verschwiegen wird: Fehler dürfen nicht geschehen bzw. sie dürfen zumindest nicht von der Gesellschaft wahrgenommen werden.[96] Wird die Gewaltanwendung des Polizisten nicht bildlich fixiert, stehen sich folglich die Aussage des Polizisten und des Opfers polizeilicher Gewaltanwendung gegenüber. Polizisten kommt im Strafverfahren eine besondere Glaubwürdigkeit zu, wenn das polizeiliche Gegenüber keine objektiven Beweismittel zur Hand hat und sie Gewaltanwendung bestreiten.[97] Dann werden Verfahren gegen Polizisten in der Mehrzahl der Fälle eingestellt.[98] Die Gründe für die unrechtmäßige polizeiliche Gewaltanwendung und die besondere Glaubwürdigkeit von Polizisten sind vielseitig und werden im Rahmen der Arbeit noch ausführlich besprochen.

Durch das selektive Ein- bzw. Ausschalten der Kamera kann die Allgemeinheit also nicht effektiv vor exzessiver polizeilicher Gewaltanwendung geschützt werden. Durch den Bodycam-Einsatz wird allein ein Schutz *von* Polizisten vor gewalttätigen Personen angestrebt. Beweise, welche im Verfahren gegen mutmaßlich gewalttätige Polizisten eingeführt werden und die (verbreitete) Polizeigewalt aufklären könnten, können Bodycams mangels dauerhafter Aufzeichnung des Polizeigeschehens nicht liefern. Eine permanente Aufzeichnung würde zwar zur Lösung dieses Problem beitragen, schafft aber zur gleichen Zeit eine neue Problemlage: Ein pausenloses Aufzeichnen des Polizeieinsatzes würde eine Speicherung personenbezogener Daten von unbeteiligten Dritten in nicht unerheblichem Umfang bedeuten und unter anderem gegen das Gebot der Datensparsamkeit verstoßen (vgl. § 3a BDSG).

---

95 *Ertl* ist der Ansicht, dass Polizeigewalt aber auch kein Massenphänomen ist. Jedoch ist zu vermuten, dass die Dunkelziffer höher als gedacht ist, sodass das Problem nicht vernachlässigt werden darf (*Ertl* DÖV 2016, 23, 27); polizeiliche Rechtsübertretungen sind nicht selten: *Drescher* Polizisten außer Kontrolle?, S. 14; so auch *Behr* in: Organisation mit Gewaltlizenz, S. 221; *Bosch* in: Grundrechte-Report 2016, S. 75.

96 *Herrnkind* in: Organisation mit Gewaltlizenz, S. 131; so auch bei *Thinnes* Kennzeichnungspflicht, S. 112; *Korell* und *Liebel* sprechen von dem System einer unfehlbaren Polizei (*Korell/Liebel* Polizeiskandal – Skandalpolizei, S. 131); BT-Drs. 18/7616 v. 19.2.2016, S. 16; *Schulz* in: Kriminalitätsbekämpfung, S. 276.

97 Zur hohen Glaubwürdigkeit von Polizisten: *Manzoni* Gewalt zwischen Polizei und Bevölkerung, S. 67 f.; *Ehresmann* Straftaten gegen Polizeibeamte, S. 240; *Eisenberg* Beweisrecht Rn. 1455.

98 *Manzoni* Gewalt zwischen Polizei und Bevölkerung, S. 66; *Singelnstein* NK 2014, 15, 25 (die Einstellungsquoten liegen sehr weit über dem Durchschnitt; die Anklagequote ist äußerst gering).

3. *Verdrängung der Kriminalität*

Bislang kommen Bodycams vorwiegend in sozialen Brennpunkten und nur selektiv zum Einsatz. Eine flächendeckende Verwendung gibt es in noch keinem Bundesland.[99] Wie bei der konventionellen Videoüberwachung[100] könnte auch bei der Überwachung durch Bodycams das unerwünschte Verdrängungs- bzw. Verlagerungsargument gegen den Abschreckungseffekt und der Senkung von Straftaten sprechen. *Randhahn* spricht hierbei von einem sog. *„Totschlagsargument“*.[101] Es liegt in der Tat nahe, dass sich ein Teil der potentiellen Täter von Videoüberwachungsmaßnahmen nicht endgültig von einer Tatbegehung abbringen lassen, sondern künftig an anderen Orten Straftaten begehen wird.[102] Auch *Gössner* und *König* sehen die Problematik der Verdrängung und die daraus resultierende Kettenreaktion mit dem Ruf nach vermehrter Überwachung an den ursprünglich nicht überwachten Teilen der Stadt.[103]

> Nun mag man darauf ganz kühl antworten wollen, genau die Verdrängung von diesem einem Ort sei ja auch gewollt gewesen, was anderswo geschehe, sei ohnehin nachrangig. Die Polizei jedenfalls wird sich in ihrer Gesamtverantwortung für die Entwicklung in einer Stadt mit dieser Antwort nicht zufrieden geben können.[104]

Eine Verdrängung bedeutet aber nicht zwingend, dass sich eine Szene komplett an einen anderen Ort verlagert. Verdrängung kann hingegen auch bedeuten, dass sich eine ehemals verfestigte Szene in Einzelteile zersplittert und somit auflöst. Dadurch können Bodycams, die zwar primär die körperliche Unversehrtheit von Polizisten schützen sollen, jedenfalls mittelbar dazu beitragen, dass das Sicherheitsgefühl der Bevölkerung[105] an früheren sozialen Brennpunkten wieder gestärkt wird. Die Verbesserung des individuellen Sicherheitsgefühls ist zwar objektiv schwer zu belegen, dennoch wird sie häufig als Pro-Argument für den Einsatz von Videoüberwachungsmaßnahmen im Allgemeinen angeführt.[106]

---

99 Zwar gibt es in Hessen bereits eine landesweite Ausdehnung von Bodycams, allerdings sind auch dort nur 72 Kameras in Betrieb, http://www.welt.de/regionales/hessen/article149008982/Polizei-geht-landesweit-mit-Schulterkameras-auf-Streife.html (Stand: Dezember 2016).

100 Vgl. hierzu *Post* Videoüberwachung, S. 130 ff.; *Keller* Kriminalistik 2000, 187, 190; *Held* Intelligente Videoüberwachung, S. 126.

101 *Randhahn* Polizeiliche Videoüberwachung, S. 104.

102 Die verschiedenen Formen der Verschiebung bei *Füllgrabe* Kriminalistik 2000, 383, 384 (es gibt aber auch keine wissenschaftliche Belege dafür, dass Täter andere Ziele verfolgen, wenn sie ihr ursprünglich bevorzugtes Ziel nicht mehr angreifen können); *Stolle/Hefendehl* KrimJ 2002, 257, 263.

103 *Gössner* Überwachungsstaat, S. 31; *König* Videoüberwachung, S. 233.

104 *Leopold* in: Innere Sicherheit als Gefahr, S. 191.

105 Allgemein zum Sicherheitsgefühl: *Müller* in: Kameras gegen Gewalt, S. 102 ff.

106 *Ackerschott* in: Kameras gegen Gewalt, S. 51; *Müller* in: Kameras gegen Gewalt, S. 70.

Auch *Belina* betont in seinem Beitrag zur Videoüberwachung des öffentlichen Raums, dass eine Videoüberwachung lediglich zu einer Veränderung der Rahmenbedingungen führt. Wer Straftaten begehen will, wird das künftig nicht mehr an videoüberwachten Plätzen tun. Videoüberwachungsmaßnahmen können potentielle Straftäter somit nicht von der Begehung von Straftaten abhalten. Die Folge ist die Verdrängung der Kriminalität in nicht videoüberwachte Bereiche der Stadt.[107] Ebendiese Ansicht vertritt *Gras*. Aufgrund einer Videoüberwachung verschiebe sich die Kriminalität in nicht überwachte Gebiete. Potentielle Täter werden vorsichtiger, übten sich allerdings nicht in Verzicht.[108] Bei der herkömmlichen Videoüberwachung vertreten *Kreutzträger* und *Osterholz* den Standpunkt, dass Videoüberwachung eher der Kontrolle diene und zu einer Verlagerung der Kriminalität führe, als dass tatsächlich zur Straftatenbekämpfung beigetragen werden könne.[109] Ebenso spricht *Robrecht* im Rahmen von Videoüberwachungsmaßnahmen die „Gefahr der Ausbildung einer Festungsmentalität" und das „Vermeidungsverhalten" an.[110] Ihm zufolge bestehe die Gefahr, dass die Kriminalität räumlich verlagert werde und es somit lediglich zu einer Suggestion von Sicherheit komme.[111]

Hinsichtlich einer Verlagerung bzw. Verdrängung der Kriminalität unterscheidet sich die Argumentation zur herkömmlichen Videoüberwachung von der zur Überwachung durch Bodycams. Bodycams sind mobile Kameras, welche überall dort im Einsatz sein können, wo sich der Polizist auf Streife befindet. Somit gibt es keinen Bereich, der nicht generell videoüberwacht werden kann und in welchen die Kriminalität zurückgedrängt werden könnte. Stattdessen müssen potentielle Täter jederzeit und überall im öffentlichen Bereich damit rechnen, auf einen Polizisten mit einer Bodycam zu treffen und gefilmt zu werden. Somit kann das Argument der Verdrängung der Kriminalität beim Einsatz von Bodycams keine Früchte tragen.

Darüber hinaus muss man sich die Frage stellen, ob die Polizei mit der Videoüberwachung durch Bodycams die Kriminalität verwaltet bzw. reguliert, da Polizeibeamte selbst und nach eigenem Ermessen entscheiden können, wann die Kamera aktiviert wird, mit der Folge der Aufnahme bzw. Aufzeichnung des Geschehens. Polizisten aktivieren die Bodycam z.B. erst, wenn strafrechtlich relevantes Verhalten droht. Von einer Verwaltung bzw. Regulierung der Kriminalität kann hierbei nicht gesprochen werden, zumal klare Vorgaben hinsichtlich einer Aktivierung der Videoüberwachung bestehen. Ferner müssen die beim Einsatz von Bodycams gefilmten Personen bewusst und gezielt auf die Überwachungsmaßnahme hingewiesen

---

107 *Belina* in: E-Government, S. 120.

108 *Gras* NK 2001, 12, 14.

109 *Kreutzträger/Osterholz* in: Sicherheitsdiskurse, S. 92.

110 *Robrecht* NJ 2000, 348.

111 Auch im Rahmen des Leipziger Pilotprojekts konnte eine Verlagerung der Rauschgiftszene auf einen nicht videoüberwachten Bereich verzeichnet werden (*Ott* in: Kameras gegen Gewalt, S. 19 f. mit weiteren Beispielen); neben der räumlichen Verlagerung gibt es noch weitere Ausweichtaktiken (siehe *Ackerschott* in: Kameras gegen Gewalt, S. 49).

werden, wodurch gerade kein *panoptisches Prinzip* verfolgt wird.[112] Stattdessen weiß der Einzelne von der offenen Videoüberwachung und muss folglich nicht eine dauerhafte Beobachtung befürchten. Dadurch kann gerade eine Verwaltung bzw. Regulierung der Kriminalität ausgeschlossen werden. Die Beobachtung im Rahmen des Bodycam-Einsatzes ist zudem auf einen gewissen Zeitraum begrenzt, welchen der Betroffenen überschauen kann und infolgedessen sein Verhalten nicht generell und dauerhaft abändern bzw. anpassen wird.

4. Deeskalierende Wirkung

Von Vertretern der Polizei wird behauptet, Bodycams hätten einen deeskalierenden Effekt, trügen zur Entlastung der angespannten Lage bei und könnten körperliche Gewaltanwendungen gegen Polizisten eindämmen.[113] Diesbezüglich kann man im Abschlussbericht über die Erfahrungen des Einsatzes der „mobilen Videoüberwachung" gemäß § 14 Abs. 6 HSOG im Rahmen der Maßnahmen „Alt-Sachsenhausen" sowie im Bereich des 1. Polizeireviers des Polizeipräsidiums Frankfurt a.M. Folgendes lesen:

> Nach dem Empfinden der Beamtinnen und Beamten ist eine deutlich gestiegene Kooperationsbereitschaft der polizeilichen Problemklientel bei Personenkontrollen feststellbar. Personen(-gruppen), die vormals in Kontrollsituationen tendenziell aggressiv und unkooperativ auf die Beamtinnen und Beamten reagierten, verhalten sich beim Einsatz der „Body-Cam" deutlich gelassener und friedlicher. Für die eingesetzten Beamtinnen und Beamten bedeutet dies eine spürbare Entlastung in der an sich angespannten Kontrollsituation und einen Gewinn an Sicherheit im Umgang, auch mit problematischem polizeilichem Gegenüber.[114]

Man muss sich aber die Frage stellen, ob der Einsatz von Bodycams tatsächlich deeskalierend wirken kann oder nicht vielmehr einen Beitrag zur Eskalation des Geschehens leistet und unter Umständen die ohnehin bereits angespannte Stimmung weiter anheizt,[115] da die Videoüberwachung als „unbegründeter Vorwurf von

---

112 Anders hingegen *Plöse/Eick* in: Grundrechte-Report 2016, S. 60 (*„Nicht die einzelne Polizeikraft tritt dem Bürger gegenüber, vielmehr trifft ihn der panoptische Blick der Staatsmacht. Dass ausgerechnet dieser Effekt dazu führen soll, das polizeiliche Gegenüber zu angemessener direkter Kommunikation anzuhalten, das ist schon eine, durch Technikfetischismus genährte, staatsautoritäre Volte"*).

113 Z.B. http://www.polizei-dein-partner.de/themen/gewalt/gesellschaft/detailansicht-gesellschaft/artikel/bodycams-bei-der-polizei-hessen.html (Stand: Dezember 2016).

114 Abschlussbericht über die Erfahrungen des Einsatzes der mobilen Videoüberwachung gemäß § 14 Abs. 6 HSOG im Rahmen der Maßnahmen „Alt-Sachsenhausen" sowie im Bereich des 1. Polizeireviers des Polizeipräsidiums Frankfurt am Main (SH LT-Umdruck 18/3586, S. 8).

115 Vgl. auch *Arzt* Stellungnahme, S. 4; auch *Plöse* und *Eick* zweifeln an einer deeskalierenden Wirkung von Bodycams (*Plöse/Eick* in: Grundrechte-Report 2016, S. 59).

Gewaltbereitschaft und Kriminalität aufgefasst werden könnte".[116] Bürger fühlen sich unter einen Generalverdacht gestellt, was wiederum dazu führen kann, dass das Verhältnis zwischen Bürger und Polizei im Einzelfall verhärtet und Aggressivität geschürt wird.[117] Anspannungen können sich bisweilen durch Aggressionen und der Begehung von Straftaten lösen. Dies hätte zur Konsequenz, dass die eigentlich angestrebte deeskalierende Wirkung der Bodycam in ihr Gegenteil verkehrt wird und statt einer Eindämmung der Straftaten gegen Polizisten eine Erhöhung eben jener zu verzeichnen wäre. Unter diesem Gesichtspunkt ist die präventive Wirkung von Bodycams stets mit kritischem Blick zu betrachten.[118] Eine eskalierende Wirkung kann mangels aussagekräftigen und repräsentativen Statistiken bislang auch nicht entkräftet werden.

Des Weiteren muss man sich fragen, ob Personen, die spontan handeln und/oder alkoholisiert[119] sind, sich tatsächlich von Bodycams abschrecken lassen. Diese Frage hat durchaus ihre Daseinsberechtigung, da anerkannt ist, dass Alkoholkonsum die Hemmschwelle auch gegenüber Vertretern des Staates herabsetzen kann.[120] Ausweislich der PKS aus dem Jahre 2015 wurden insgesamt 38.240 aufgeklärte Fälle von Gewaltkriminalität[121] ausgeübt unter Alkoholeinfluss registriert;[122] 2014 wies die PKS 39.830 solcher Fälle aus.[123] 2013 waren es insgesamt 42.144 Gewalttaten,[124] 2012 46.302 Gewalttaten[125] und 2011 wurden 47.165 aufgeklärte Gewalttaten registriert.[126] Auch das Delikt „Widerstand gegen die Staatsgewalt", begangen unter Alkoholeinfluss, stand in den letzten Jahren hoch im Kurs: 2015 wies die PKS 11.767 aufgeklärte Fälle aus.[127] 2014 wurden 12.422 aufgeklärte Fälle erfasst;[128] 2013 waren

---

116 *Kipker/Gärtner* NJW 2015, 296, 297.

117 http://www.sueddeutsche.de/muenchen/neue-technik-bei-der-polizei-testversuch-mit-bodycams-1.2752473 (Stand: Dezember 2016).

118 Siehe auch *Plöse/Eick* in: Grundrechte-Report 2016, S. 59.

119 Der Anteil unter Alkoholeinfluss verübter Angriffe ist zwischen 2005 und 2008 von 67,7 % auf 76,8 % gestiegen (*Ellrich/Baier/Pfeiffer* Polizeibeamte als Opfer von Gewalt, S. 190); laut Pressemitteilung des Hessischen Ministerium des Innern und für Sport standen 2013 46 % der hessischen Tatverdächtigen bei Angriffen unter Alkoholeinfluss (https://innen.hessen.de/presse/pressemitteilung/body-cams-werden-ab-kommendem-jahr-ganz-hessen-eingesetzt-0) (Stand: Dezember 2016).

120 *Pütter* Bürgerrechte & Polizei 2010, 3, 10.

121 Gewaltkriminalität beinhaltet: Mord i.Z.m. Raubdelikten, Totschlag, Tötung auf Verlangen, Vergewaltigung, sexuelle Nötigung, Beraubung von Taxifahrern, Körperverletzung mit Todesfolge, gefährliche Körperverletzung, schwere Körperverletzung, Verstümmelung weiblicher Genitalien.

122 PKS BKA 2015, S. 41.

123 PKS BKA 2014, S. 35.

124 PKS BKA 2013, S. 33.

125 PKS BKA 2012, S. 38.

126 PKS BKA 2011, S. 86.

127 PKS BKA 2015, S. 41.

128 PKS BKA 2014, S. 35.

es 12.866 aufgeklärte Fälle,[129] 2012 14.786[130] und 2011 konnten 14.119 aufgeklärte Fälle verzeichnet werden.[131] Unter Alkoholeinfluss werden also am häufigsten Gewaltstraftaten begangen, gefolgt vom Widerstand gegen die Staatsgewalt.[132] Dass Alkohol die Hemmschwelle deutlich herabsetzt, ist zudem wissenschaftlich bewiesen:[133] Der Botenstoff Gammaaminobuttersäure[134] hemmt die Erregbarkeit des präfrontalen Kortex, was zu Einbußen der Emotions- und Verhaltenskontrolle führen kann.[135] Einbußen der Emotions- und Verhaltenskontrolle können dazu führen, dass der Täter nicht mehr rational über sein (kriminelles) Handeln nachdenkt. Da alkoholisierte Menschen die Folgen ihres Handelns in der Regel nicht mehr überblicken (können), wird der Einsatz von Bodycams sie nicht von der Begehung von Straftaten abhalten können, unabhängig davon, ob es sich bei dem potentiellen Opfer um einen Vertreter des Staates handelt oder nicht.[136] Ferner können sich nicht nur bei einem alkoholisierten, sondern auch bei einem spontan handelnden Täter Schwierigkeiten hinsichtlich einer deeskalierenden Wirkung ergeben. Wer spontan handelt, agiert emotionsgeladen und ohne über Konsequenzen hinreichend nachzudenken. *Stührmann* führte bereits in den sechziger Jahren zur Tatmotivation aus:

> Der Widerstand tritt häufig als „Delikt der Erregung und Verärgerung", als „eine Reaktion psychopathisch und querulatorisch Veranlagter" auf. Ein vorgefaßter Plan liegt nicht vor. Die Tat entspringt vielmehr generell der Augenblicksituation. Sie ist im allgemeinen Reaktion auf unerwartete und unangenehme Maßnahmen der Beamten.[137]

Auch der deutsche Rechtswissenschaftler und Kriminologe *Wilhelm Sauer* nahm an, dass bei Widerstandsdelikten der Charakter eines Augenblicksdelikts überwiegt.[138] Sobald Emotionen dominieren, wird eine kleine Kamera den Täter nicht

---

129 PKS BKA 2013, S. 33.

130 PKS BKA 2012, S. 38.

131 PKS BKA 2011, S. 86.

132 Vgl. zum Alkoholeinfluss zum Zeitpunkt des Angriffs: *Ohlemacher/Schacht u.a.* Gewalt gegen Polizeibeamte, S. 14; siehe auch *Elsner/Laumer* Gewalt gegen Polizeibeamte in Bayern, S. 71 f.

133 *Zwei-Phasen-Wirkung* des Alkohols: In der ersten Phase treten die angenehmen Hauptwirkungen wie Enthemmung und Stimmungshoch ein. Die zweite Phase beinhaltet langfristige, unangenehme Nachwirkungen wie Unlust und Gereiztheit (*Lindenmeyer* Lieber schlau als blau, S. 54 f.).

134 Gammaaminobuttersäure (Abk.: GABA): Im Organismus gebildete Substanz, die die Synapsen im Gehirn blockiert (Duden, S. 311).

135 Vgl. http://www.spiegel.de/wissenschaft/mensch/alkohol-kann-enthemmen-und-aggressiv-machen-a-835028-2.html (Stand: Dezember 2016); *„Nüchtern hätte man eine solche Tat nicht begangen"* (*Stührmann* Widerstand gegen die Staatsgewalt, S. 42); *Ohlemacher/Schacht u.a.* Gewalt gegen Polizeibeamte, S. 81.

136 Auch *Plöse/Eick* in: Grundrechte-Report 2016, S. 59.

137 *Stührmann* Widerstand gegen die Staatsgewalt, S. 42.

138 *Sauer* Kriminalsoziologie, S. 295.

abschrecken und von der Straftatenbegehung abhalten können.[139] Eine deeskalierende bzw. abschreckende Wirkung wird dem Einsatz der Bodycam auch nicht hinsichtlich einer zusätzlichen Tonaufnahme[140] mit Blick auf Beleidigungsdelikte zugesprochen werden können. Da Beleidigungen in aller Regel sehr spontan und wenig durchdacht geäußert werden, dürfte hier die deeskalierende Wirkung der Bodycam wenig erfolgversprechend sein. Auch der bayerische Datenschutzbeauftragte *Petri* steht der deeskalierenden Wirkung, die im Rahmen des hessischen Pilotversuchs stets betont wird, kritisch gegenüber.[141] Seiner Ansicht nach ist das Zahlenmaterial, wonach ein Rückgang von mehr als einem Drittel der Gewaltdelikte verzeichnet werden konnte, nicht aussagekräftig und kann folglich nicht als Beweis der deeskalierenden Wirkung herangezogen werden. Des Weiteren kritisiert *Petri*, dass die Polizisten im Rahmen des Pilotversuchs zu dritt und nicht zu zweit aufgetreten sind. Von daher könne der Rückgang der Gewaltkriminalität auch auf die gestiegene Polizeipräsenz und nicht auf den Einsatz polizeilicher Bodycams zurückgeführt werden. Wenn versucht wird, Zweifel an der Geeignetheit von Bodycams für einen verbesserten Schutz der Polizisten mit der hessischen Statistik zu beseitigen, dann stellt diese jedenfalls kein adäquates Mittel dar.[142]

Bodycams weisen also nicht nur beim Schutz vor Polizeigewalt eine große Schwachstelle auf, sondern werden wohl auch beim betrunkenen oder spontan handelnden Täter trotz ihrer vielfach proklamierten deeskalierenden Wirkungsweise an ihre Grenzen stoßen müssen. Ob Tonaufnahmen zu einer Verringerung von Beleidigungsdelikten beitragen können, ist ebenfalls mehr als fraglich, da diese in der Regel spontan begangen werden. Tonaufnahmen können aber jedenfalls zur Sicherstellung einer umfassenden Dokumentation des Polizeieinsatzes beitragen. Ohne Bodycams die Möglichkeit einer deeskalierenden Wirkung absprechen zu wollen, sollten ihre Schwachstellen bei einem Einsatz jedoch immer im Auge behalten werden.

§ 2 Zwecke und Ziele von Bodycams

Im folgenden Abschnitt sollen Zwecke und Ziele polizeilicher Bodycams analysiert werden. Dabei muss zwischen präventiven, möglichen repressiven Zwecken und den Zwecken zur vorbeugenden Bekämpfung von Straftaten unterschieden werden. Da die Gesetzgebungskompetenz für eine gesetzliche Regelung des Einsatzes von der Zwecksetzung der Bodycam abhängt, müssen daher die jeweiligen Ziele bereits

---

139 So auch bei der allgemeinen Videoüberwachung (*Ott* in: Kameras gegen Gewalt, S. 22); Taten unter Alkoholeinfluss und Spontanakte entziehen sich einer rationalen Tatabwägung (*Leopold* in: Innere Sicherheit als Gefahr, S. 191).

140 ZD-Aktuell 2015, 04822.

141 http://www.sueddeutsche.de/bayern/pilotversuch-bayerische-polizei-filmt-einsaetze-mit-bodycams-1.2754559 (Stand: Dezember 2016).

142 *Kipker* und *Gärtner* berufen sich ausschließlich auf die Statistik aus Hessen und glauben, damit alle Zweifel an der Geeignetheit der Bodycam ausräumen zu können (*Kipker/Gärtner* NJW 2015, 296, 297).

im Vorfeld festgelegt und definiert werden. Auf dieser Grundlage kann die spätere Gesetzgebungskompetenz des Bundes oder der Länder für eine entsprechende Regelung im Gesetz ermittelt werden.[143]

I. Gefahrenabwehr (Prävention)

Voir pour savoir, savoir pour prévoir, prévoir pour prévenir.[144]

In der gesellschaftspolitischen Debatte wird als Argument für die Einführung der „mobilen Videoüberwachung" die Eigensicherung der Polizisten angeführt; die körperliche Unversehrtheit und das Leben jener sollen vor Übergriffen durch die präventive Abschreckungsmaßnahme geschützt werden.[145] Ziel der seit den 1980er Jahren populären Präventivmaßnahmen ist es, tätig zu werden, bevor etwas passiert.[146] Gründe für die immer umfassender werdenden Formen der Kriminalprävention sieht *Reuband* in der Kriminalitätsbedrohung und der Kriminalitätsfurcht des Bürgers.[147] Obwohl der Vorrang der Prävention vor der Repression kriminalpolitisch nicht bestritten wird, sind noch nicht auf allen Ebenen die dazu erforderlichen Rahmenbedingungen in Form von finanziellen Ressourcen, Gesetzen und Maßnahmen geschaffen worden.[148]

1. *Polizeirecht als Recht der Gefahrenabwehr*

Polizeirecht ist im Kern das Recht der Gefahrenabwehr.[149] Die Polizei hat die Aufgabe, die allgemein oder im Einzelfall bestehenden *Gefahren* für die öffentliche Sicherheit oder Ordnung *abzuwehren*, Art. 2 Abs. 1 BayPAG. Der Schutz privater

---

143 Unterschiede zwischen der Gefahrenabwehr und der Strafverfolgung ergeben sich auch hinsichtlich des Rechtsschutzes und des Rechtswegs (*Albers* Determination polizeilicher Tätigkeit, S. 20).

144 *August Comte* (1798–1857).

145 Z.B. *Arzt* Stellungnahme, S. 2; *Wilmink* Polizeispiegel 2014, 20, 21; http://www.polizei-dein-partner.de/themen/gewalt/gesellschaft/detailansicht-gesellschaft/artikel/bodycams-bei-der-polizei-hessen.html (Stand: Dezember 2016); auch *Held* bejaht die abschreckende Wirkung einer Video-Beobachtung (*Held* Intelligente Videoüberwachung, S. 42); Prävention als vorrangiges Ziel der Videoüberwachung (*Kreutzträger/Osterholz* in: Sicherheitsdiskurse, S. 91).

146 *Behr* in: Empirische Polizeiforschung XIV, S. 188; vom Ende der 1960er Jahren prägten bereits erste Ideen einer umfassenden Prävention die Ausrichtung der Polizei (*Albers* Determination polizeilicher Tätigkeit, S. 108); *Gössner* spricht von einem präventiven Sicherheitsstaat. *„Die Polizei soll schon vor dem potentiellen Täter am Tatort sein oder dessen Umfeld ausschnüffeln dürfen, möglichst bevor dieser überhaupt einen Tatplan gefasst hat"* (*Gössner* bei *Zurawski* in: Sicherheitsdiskurse, S. 11).

147 *Reuband* NK 2001, 5, 6.

148 *Marks/Steffen* Kriminalistik 2014, 419, 422.

149 Gefahrenabwehr als originäre Aufgabe der Polizei: *Kugelmann* Polizei- und Ordnungsrecht, 1/11; Komm-PAG/POG/*Schmidbauer* Art. 2 PAG Rn. 2, 6; *Berner/Köhler/Käß*-PAG, Art. 2 Rn. 3; Gefahrenabwehr als ausgeprägte Form der behördlichen

Rechte obliegt der Polizei nach dem BayPAG nur dann, wenn gerichtlicher Schutz nicht rechtzeitig zu erlangen ist und wenn ohne polizeiliche Hilfe die Verwirklichung des Rechts vereitelt oder wesentlich erschwert werden würde, Art. 2 Abs. 2 BayPAG.

Unter dem Begriff der polizeilichen Gefahr ist eine Situation zu verstehen, in der bei ungehindertem Geschehensablauf ein Zustand oder ein Verhalten mit hinreichender Wahrscheinlichkeit zu einem Schaden für die Schutzgüter der öffentlichen Sicherheit oder Ordnung führen kann (*konkrete Gefahr*).[150] Für die Aufgabeneröffnung gemäß Art. 2 Abs. 1 BayPAG ist bereits eine Sachlage ausreichend, aus der nach allgemeiner Lebenserfahrung Gefahren im Einzelfall entstehen können (*abstrakte Gefahr*).[151] Die Eingriffsbefugnisse der Polizei zur Gefahrenabwehr ergeben sich aus dem Polizeirecht des jeweiligen Bundeslandes. Dabei sind entweder die Eingriffsgeneralklausel (vgl. Art. 11 BayPAG) oder Spezialvorschriften wie beispielsweise Art. 14, 17, 58 ff. BayPAG einschlägig.

Zu den von der Polizei zu schützenden Gütern zählen die öffentliche Sicherheit und die öffentliche Ordnung. Unter der *öffentlichen Sicherheit* sind die Unversehrtheit von Leben, Gesundheit, Freiheit, Ehre und Vermögen des Einzelnen sowie der Bestand und das Funktionieren des Staates und seiner Einrichtungen zu verstehen.[152] Als weiteres Schutzgut nennt das Gesetz die *öffentliche Ordnung*, welche die ungeschriebenen Regeln des Allgemeinwesens, die von einer bestimmten Bevölkerungsgruppe in einem bestimmten Gebiet zu einer bestimmten Zeit für ein gedeihliches Zusammenleben als sozialethisch notwendig und daher unerlässlich angesehen werden, umfasst.[153]

Sofern Maßnahmen der Videoüberwachung[154] eine abschreckende Wirkung haben,[155] könnte der Eintritt einer Gefahr im Vorfeld abgewendet werden. Dies gilt es nachfolgend zu klären. Außer Acht gelassen wird zunächst, auf welche Rechtsgrundlage die allgemeine Videoüberwachung bzw. die Videoüberwachung mit Bodycams gestützt werden können. Die nachfolgenden Ausführungen sollen lediglich aufzeigen, ob Videoüberwachungsmaßnahmen prinzipiell in der Lage sind, präventive Wirkung zu entfalten.

Verwaltung, als Vollzugstätigkeit der Exekutive, deren Werkzeug die Anwendung legaler körperlicher Gewalt ist (bei *Korinek/Finszter* Kriminalistik 2000, 521).

150 *Schenke* POR, Rn. 69; *Kugelmann* Polizei- und Ordnungsrecht, 5/96 ff.; *Ahlers* Grenzbereich, S. 15; Komm-PAG/POG/*Schmidbauer* Art. 2 PAG Rn. 11.

151 Bayerisches Polizei- und Sicherheitsrecht/*Gallwas/Lindner* S. 48; *Albers* Determination polizeilicher Tätigkeit, S. 43.

152 *Kugelmann* Polizei- und Ordnungsrecht, 5/32 ff.; *Schenke* POR, Rn. 53.

153 *Schenke* POR, Rn. 63; Praxishandbuch POR/*Pewestorf* S. 24 Rn. 59.

154 Vgl. zum Begriff der Videoüberwachung: *Bausch* Videoüberwachung, S. 3 ff.

155 Im 19. Jhdt. ging man noch davon aus, dass allein die Existenz einer Polizei eine abschreckende Wirkung hat und potentielle Straftäter dadurch von der Straftatenbegehung abgehalten werden (*Schneider* Kriminalistik 2000, 362).

a) Präventive Wirkung von Videoüberwachungsmaßnahmen im Allgemeinen

Offene Videoüberwachungsmaßnahmen im Allgemeinen können einen kriminalpräventiven Zweck im Sinne der Gefahrenabwehr verfolgen.[156]

Befürworter der präventiv-polizeilichen Videoüberwachung verweisen stets auf die steigende Kriminalität und die Erfolge, welche mit der Videoüberwachung erzielt werden können.[157] Generalpräventive Videoüberwachungsmaßnahmen im öffentlichen Raum werden vorrangig zur Bekämpfung von Kriminalität eingesetzt.[158] Der offene Einsatz von Videotechnik kann nicht nur Kriminalität bekämpfen, indem Straftaten oder Ordnungswidrigkeiten[159] verhütet werden. Vielmehr führt eine Verhütung von Straftaten zudem zum Schutz von Rechtsgütern.[160] Bei der Verhütung von Diebstahlsdelikten ist beispielsweise das Rechtsgut „Eigentum" anzuführen. Ferner kann der Schutz der „körperlichen Unversehrtheit" und des „Lebens" durch die offene Videotechnik erzielt werden. Potentielle Täter können durch Maßnahmen der Videoüberwachung von der Begehung von Straftaten abgehalten werden. Die Videoüberwachung erhöht das Entdeckungsrisiko. Dadurch schreckt der potentielle Täter eher vor einer Straftatenbegehung zurück.[161] Dieser Abschreckungseffekt führt neben der Verhütung von Straftaten dazu, dass Gefahren für die öffentliche Sicherheit abgewendet werden können und die Wahrscheinlichkeit abnimmt, selbst Opfer einer Straftat zu werden.[162] *Lang* spricht zutreffend davon, dass die Videoüberwachung als „situative Präventionsmaßnahme eingeordnet [wird], die im räumlich-zeitlichen Sachzusammenhang mit einem Angriff auf das Rechtsgut steht".[163] Durch Videoüberwachungsmaßnahmen, insbesondere durch die Überwachung nach einem sog. *Kamera-Monitor-Prinzip* können Polizisten in der Regel schneller eingreifen und bereits begonnene Gewaltdelikte verhindern.[164] Dadurch

156 Zu den Wirkungen situativer Kriminalprävention und der Evaluationsstudie zur Videoüberwachung in Deutschland: *Ackerschott* in: Kameras gegen Gewalt, S. 53 ff.

157 *Büllesfeld* Polizeiliche Videoüberwachung, S. 56; *Ackerschott* in: Kameras gegen Gewalt, S. 48.

158 *König* Videoüberwachung, S. 192; kritisch *Büllesfeld* Polizeiliche Videoüberwachung, S. 62; *Post* Videoüberwachung, S. 116 f.; *Lang* Private Videoüberwachung, S. 72; Auswirkungen der öffentlichen Videoüberwachung für Rauchgift-, Eigentums- und Gewaltdelikte bei *Ott* in: Kameras gegen Gewalt, S. 19 ff.

159 Vertretern der Broken-Windows-Theorie zufolge können Videoüberwachungsmaßnahmen nicht nur eine Kriminalprävention leisten, sondern dazu beitragen, dass Ordnungsverstöße verhindert werden (*Post* Videoüberwachung, S. 129).

160 *Lang* Private Videoüberwachung, S. 72, 106.

161 *König* Videoüberwachung, S. 191; bei *Ott* in: Kameras gegen Gewalt, S. 10; *Müller* in: Kameras gegen Gewalt, S. 131; so auch *Stöber* NJW 2015, 3681 (Videoüberwachung durch *Private*).

162 So auch *Müller* in: Kameras gegen Gewalt, S. 129.

163 *Lang* Private Videoüberwachung, S. 72.

164 *Ott* in: Kameras gegen Gewalt, S. 28 f.

können zumindest mit sog. *aktiven Videobeobachtungsmaßnahmen*[165] Gefahren abgewehrt und der Eintritt von Rechtsgutsverletzungen verhindert werden. Auch nach *Müller* baut die Videoüberwachung auf dem Konzept der situativen Kriminalprävention auf. Dem liegt der Gedanke zugrunde, dass ein rational denkender Mensch mit Blick auf eine Straftatenbegehung Kosten und Nutzen analysiert und abwägt. Führt eine Abwägung dazu, dass mehr Kosten als Nutzen aus der Begehung einer Straftat resultieren, wird der potentielle Täter Abstand nehmen. Es wird nicht mehr der Täter isoliert betrachtet, sondern es wird am „Kontext der Straftat, indem die, die Kriminalität begünstigenden Gelegenheitsstrukturen verändert werden“[166] angesetzt. Um die begünstigenden Gelegenheitsstrukturen zu verändern, können Videoüberwachungsmaßnahmen zur Erhöhung des Entdeckungsrisikos eingesetzt werden. Um das Entdeckungsrisiko zu erhöhen, muss der potentielle Täter durch entsprechende Hinweisschilder auf die Kameras hingewiesen werden. Nur offene Videoüberwachungsmaßnahmen können zu einer Abschreckung führen.[167]

Offene Videotechnik kann Gefahren für Rechtsgüter abwehren.[168] Der tatsächliche Nutzen von Videoüberwachungsmaßnahmen fällt aber geringer aus als vermutet.[169] Ausführungen zu den (zahlreichen) Schwachstellen der Videoüberwachung im Allgemeinen, welche den generellen präventiven Nutzen einschränken, würden den Rahmen dieser Arbeit sprengen. Diesbezüglich wird auf Spezialliteratur verwiesen.[170] Eines sollte an dieser Stelle aber nicht unerwähnt bleiben: Sowohl ein Anstieg als auch eine Reduktion der registrierten Kriminalität können für Erfolge der allgemeinen Videoüberwachungsmaßnahmen sprechen.[171]

b) Einsatz von Bodycams zur Gefahrenabwehr

Nachdem festgestellt worden ist, dass herkömmliche Videoüberwachungsmaßnahmen nicht nur Kriminalität bekämpfen, sondern auch Gefahren für geschützte Rechtsgüter abwehren können, muss geprüft werden, ob dies ebenfalls für den Einsatz von Bodycams gilt.

Bereits durchgeführte Modellversuche haben gezeigt, dass Polizeibeamte durch das Tragen von Bodycams besser vor körperlichen Angriffen geschützt werden können.[172] Im Rahmen des Pilotprojekts in Hessen wurde darüber hinaus festgestellt,

---

165 Aktive Videoüberwachung ist die Übertragung von Aufnahmen auf Monitore. Diese werden ständig beobachtet (*Ott* in: Kameras gegen Gewalt, S. 16).

166 *Müller* in: Kameras gegen Gewalt, S. 130.

167 *Müller* in: Kameras gegen Gewalt, S. 131.

168 Zur ambivalenten Bilanz der Videoüberwachung: *Ott* in: Kameras gegen Gewalt, S. 28 ff.

169 So *Ackerschott* in: Kameras gegen Gewalt, S. 62.

170 Vgl. *König* Videoüberwachung, S. 205 ff.; *Post* Videoüberwachung, S. 126 ff.; *Ackerschott/Müller/Ott* in: Kameras gegen Gewalt.

171 Siehe hierzu *Ott* in: Kameras gegen Gewalt, S. 18.

172 http://www.op-online.de/lokales/nachrichten/offenbach/mini-kamera-soll-polizei-schuetzen-offenbach-3515776.html (Stand: Dezember 2016); http://www.zeit.de/

dass nicht nur gewaltbereite Straftäter ihr Verhalten mäßigen, sondern dass Bodycams auch das bereits erwähnte Solidarisierungsverhalten unbeteiligter Dritter eindämmen können.[173]

> Die ersten Zwischenergebnisse stimmen mich positiv. Der Einsatz der mobilen Kameras reduziert zudem das problematische Solidarisierungsverhalten zunächst unbeteiligter Personen erheblich. Auch gewaltbereite Personen mäßigen ihr Verhalten deutlich, nachdem sie den Schriftzug Videoüberwachung entdeckt haben, den jeder Polizist mit einer mobilen Kamera tragen muss. Insofern ist der Einsatz der Body-Cam bisher sehr erfolgreich und zeigt in Alt-Sachsenhausen die gewünschte Wirkung.[174]

Aufgrund der positiven Resonanz wurde im Oktober 2014 bekanntgegeben, dass der bisher auf Frankfurt, Offenbach und Wiesbaden beschränkte Modellversuch auf das gesamte Bundesland Hessen ausgeweitet werden solle.[175] Im November 2015 erklärte der hessische Innenminister *Peter Beuth*, dass Hessens Polizei künftig landesweit mit Bodycams auf Streife gehen werde. Insgesamt 72 Bodycams und entsprechende Westen stehen der hessischen Polizei nun zur Verfügung.[176]

aa) Tendenziell vorhandene Deeskalationswirkung

Bodycams zeichnen den Polizeieinsatz nicht fortlaufend auf. Stattdessen aktivieren Polizisten die Kamera beispielsweise erst bei drohenden Gefahren für Leib oder Leben der Polizisten oder der Allgemeinheit. Sobald potentielle Straftäter die Kamera wahrnehmen und realisieren, dass ihr Verhalten beobachtet wird, werden sie in ihrem Verhalten zurückhaltender und besonnener. Diese deeskalierende Wirkung kann zum Entschärfen einer angespannten Situation führen.[177] Dies kann dazu führen, dass sich der potentielle Straftäter Gedanken über mögliche Folgen einer Straftat macht, seine Aggressivität nachlässt und er den Polizisten nicht körperlich angreift. Bodycams können daher der Gefahrenabwehr dienen. Sie können die körperliche Unversehrtheit und das Leben des Polizisten vor Gefahren schützen. Hierbei sollte man sich aber erneut die „Schwachstelle" der polizeilichen Bodycam bei betrunkenen oder

---

gesellschaft/zeitgeschehen/2015-04/koerperkameras-polizei-bodycam-hessen-north-carolina (Stand: Dezember 2016).

173 Siehe auch *Arnd* Kriminalistik 2016, 104, 106; Abschlussbericht über die Erfahrungen des Einsatzes der mobilen Videoüberwachung gemäß § 14 Abs. 6 HSOG im Rahmen der Maßnahmen „Alt-Sachsenhausen" sowie im Bereich des 1. Polizeireviers des Polizeipräsidiums Frankfurt am Main (SH LT-Umdruck 18/3586, S. 8).

174 So der frühere hessische Innenminister Boris Rhein, https://innen.hessen.de/presse/pressemitteilung/innenminister-boris-rhein-body-cam-verhindert-gewalt-gegen-polizeibeamte (Stand: Dezember 2016).

175 https://innen.hessen.de/presse/pressemitteilung/body-cams-werden-ab-kommen dem-jahr-ganz-hessen-eingesetzt-0 (Stand: Dezember 2016).

176 http://www.welt.de/regionales/hessen/article149008982/Polizei-geht-landesweit-mit-Schulterkameras-auf-Streife.html (Stand: Dezember 2016).

177 *Wilmink* Polizeispiegel 2014, 20, 21.

spontan handelnden Tätern in Erinnerung rufen: Eine deeskalierende Wirkung mit der Folge der Gefahrenabwehr wird man der Bodycam in diesen Fällen absprechen müssen, da der potentielle Täter die Folgen seines Handelns nicht (mehr) durchschaut bzw. durchschauen kann und sich vom potentiellen Täter hin zum Täter entwickelt. Diese Schwachstelle besteht jedoch nicht nur bei polizeilichen Bodycams, sondern ist indes auch bei der herkömmlichen Videoüberwachung zu verzeichnen. Insbesondere „betrunkene Schläger“ und „hitzköpfige Messerstecher“ handeln im Affekt und nicht mehr rational. Daher kann in diesen Fällen der Videoüberwachung keine präventive Wirkung zugeschrieben werden.[178]

Eine durchaus kritisch zu betrachtende Deeskalationswirkung mit der Folge der Gefahrenabwehr kann nicht nur wegen einer Beobachtung des polizeilichen Gegenübers eintreten. Ein Entschärfen der Gefahrensituation könnte auch deswegen festgestellt werden, weil die Bodycam gerade keinen Gegenstand darstellt, der vom polizeilichen Gegenüber mit Gewalt in Verbindung gebracht wird. Aggressive Hinweisreize wie Waffen, Pfeffersprays oder Körperschutzausstattungen können hingegen einen bereits bestehenden Konflikt verschärfen, da diese Gegenstände unbewusst mit aggressivem Verhalten in Verbindung gesetzt werden und davon ausgegangen wird, dass aggressives, gewalttätiges Verhalten angebracht ist.[179] Durch die Einführung von Bodycams können daher nicht nur unmittelbar Gefahren für die Rechtsgüter der Polizisten abgewehrt werden. Auch der Fortentwicklung polizeilicher Einsatzmittel wird mittelbar Rechnung getragen.

Da die Videoüberwachungsmaßnahme aufgrund eines prinzipiell vorhandenen Deeskalationseffekts jedenfalls Gefahren für die körperliche Unversehrtheit und das Leben der Polizisten abwehren kann, ist eine präventive Wirkung zu bejahen. Der potentielle Täter erkennt, dass eine mögliche kriminelle Aktivität beobachtet wird, was zur Abschreckung beitragen kann.[180]

> Crime doesn't pay.[181]

Um einen derartigen Abschreckungseffekt mit der Folge der Gefahrenabwehr überhaupt erzielen zu können, müssen jedoch die potentiellen Störer und die im Umfeld miterfassten (unbeteiligten) Dritten auf die polizeiliche Videoaufnahme hingewiesen werden.[182] Zum einen können Polizisten mündlich auf die

---

178 So auch bei *Müller* in: Kameras gegen Gewalt, S. 132.

179 *Baier/Ellrich* in: Empirische Polizeiforschung XIV, S. 27; *Manzoni* Gewalt zwischen Polizei und Bevölkerung, S. 34.

180 Abschreckung potentieller Täter kann – zumindest bei herkömmlicher Videoüberwachung – den Bürgern ein Sicherheitsgefühl vermitteln (vgl. nur *Robrecht* NJ 2000, 348); Bodycam als Präventionsmaßnahme, als technologischer Peacemaker? (*Plöse/Eick* in: Grundrechte-Report 2016, S. 57).

181 *Stolle/Hefendehl* KrimJ 2002, 257, 259.

182 Abschreckungseffekt nur, wenn die Maßnahme der Videoüberwachung offen durchgeführt werden (*Keller* Kriminalistik 2000, 187, 188); Bodycams erfassen nicht nur potentielle Störer, sondern auch Personen, denen die Aufzeichnung

Aufnahme aufmerksam machen. Zum anderen befindet sich auf der vom Polizeibeamten zu tragenden Weste die Aufschrift „Videoüberwachung“.[183] Nur durch diese Aufschrift haben unbeteiligte Dritte die Möglichkeit, die bevorstehende oder bereits laufende Aufzeichnung auf mittlere Entfernung zu erkennen und den Aufzeichnungsbereich zu verlassen. Nur wenn auch Dritte Kenntnis von der Aufzeichnung haben, können sie von ihren Rechten bezüglich des gespeicherten Materials Gebrauch machen.[184]

bb) Einseitiger Schutz der Polizisten

Der Einsatz der „mobilen Videoüberwachung“ soll nicht die Gefahren, welche der Bevölkerung durch die Polizisten und deren unverhältnismäßigen Übergriffen drohen, abwehren. Sie soll primär zur Eindämmung der (angeblichen) Zunahme[185] der gewalttätigen Angriffe *gegenüber* Polizeibeamten zum Einsatz kommen.[186] Die Gewalt gegen den Polizeiapparat wird vermehrt als Problem wahrgenommen und löst zunehmend hitzige Debatten aus.[187] Situationen, in denen Polizeivollzugsbeamte mit Bürgern in Kontakt treten, sind grundsätzlich besonders konfliktanfällig, da die Polizei in der Regel nur dann tätig wird, wenn ein Gesetzesverstoß unmittelbar bevorsteht oder tatsächlich schon eingetreten ist.[188] Ob tatsächlich eine Zunahme der körperlichen Gewalt gegen Polizisten zu verzeichnen ist, welche den Einsatz von Bodycams erforderlich macht, wird ausführlich im 3. Kapitel erörtert. Im Rahmen der bisherigen Ausführungen zur Gefahrenabwehr wurde bislang lediglich die Abwehr von Gefahren für Schutzgüter der Polizisten thematisiert. Es wäre aber zu einseitig, wenn nicht sogar fehlerhaft, das Thema „Gewalt gegenüber

---

nicht gilt, aber dennoch von ihr betroffen sind, weil sie sich (zufällig) in der unmittelbaren räumlichen Nähe zu der eigentlich gefilmten Person befinden (vgl. *Randhahn* Polizeiliche Videoüberwachung, S. 59).

183 http://www.polizeipraxis.de/nc/themen/waffen-und-geraetetechnik/detailansicht-waffen-und-geraetetechnik/artikel/body-cam-eine-erfolgsgeschichte-nimmt-ihren-lauf.html?tx_ttnews%5BsViewPointer%5D=1 (Stand: Dezember 2016); zum Problem einer bloßen Aufschrift siehe Ausführungen zur „Hinweispflicht nach § 6b Abs. 2 BDSG“ auf S. 429 ff.

184 Zu den Unterrichtungspflichten und ihren Grenzen: *Albers* Determination polizeilicher Tätigkeit, S. 336 ff.

185 *Hunecke* KritV 2014, 267, 270: Die PKS, welche jährlich vom BKA in Wiesbaden herausgegeben wird, zeigt dass der Widerstand und die Gewalt gegen Polizeivollzugsbeamte weitgehend konstant sind. Trotzdem spricht die Polizei von einer stetigen Zunahme der Gewalt gegen Polizeibeamte; *Ohlemacher/Werner* in: Empirische Polizeiforschung XIV, S. 8; *Prasse/Pfeiffer* in: Empirische Polizeiforschung XIV, S. 47 (hierbei geht es jedoch nur um die angebliche Zunahme der Gewalt in Niedersachsen).

186 Vgl. nur *Kipker/Gärtner* NJW 2015, 296 (*„Selbstschutz der Polizeivollzugsbeamten“*).

187 *Behr* in: Empirische Polizeiforschung XIV, S. 186.

188 *Baier/Ellrich* in: Empirische Polizeiforschung XIV, S. 24.

Polizisten“ isoliert darzustellen. Stattdessen muss auch die Thematik der Gewalt der Polizisten gegenüber der Bevölkerung untersucht werden. Polizisten ist es zwar unter bestimmten Voraussetzungen erlaubt, Gewalt in Form unmittelbaren Zwangs anzuwenden (z.B. Art. 65 BayPAG), jedoch wird diese Befugnis oftmals überschritten und missbraucht.[189] Dies kann eine Verwirklichung des Straftatbestandes Körperverletzung im Amt gemäß § 340 StGB darstellen.[190] Mitunter legen sie bestimmte, auf den Bürger negativ wirkende Verhaltensmuster an den Tag indem sie Macht und Dominanz zur Schau stellen.[191] Dieses offenkundige Zeigen von Macht und Dominanz führt häufig dazu, dass es bei polizeilichen Einsätzen nicht mehr um die Klärung des eigentlichen Problems geht, sondern um das Kämpfen an sich. Dies wiederum kann die körperliche Gewalt gegen, bisweilen auch die Gewalt durch die Polizisten verstärken.[192] Ob die Verwendung von Bodycams bei Polizeieinsätzen tatsächlich eine effektive Präventivmaßnahme zur Eindämmung der sog. Polizeigewalt sein kann, wird im Rahmen dieser Arbeit, insbesondere im 4. Kapitel zu erörtern sein. Ein potentieller Straftäter, der im Rahmen eines Polizeieinsatzes gefilmt wird, mag aus Angst vor Videoaufnahmen auf gewalttätiges Verhalten und Widerstand gegen Polizeibeamte verzichten, sodass in Folge auch Beamte davon abgehalten werden, körperliche Gewalt anzuwenden oder zur Waffe zu greifen. Daher ist es wahrscheinlich eine Mischung aus beiden Faktoren, die zum Verhindern der sog. Polizeigewalt führen kann: Wenn sich der mit der Polizei konfrontierte Bürger friedvoller und besonnener verhält, werden Polizisten umsichtiger agieren. Dass nicht nur ein respektloses Auftreten des polizeilichen „Klientels“ zur unrechtmäßigen Gewaltanwendung durch Polizisten führt, sondern eine Vielzahl von Erklärungsfaktoren für die Polizeigewalt existiert, wird ebenfalls im 4. Kapitel aufgezeigt.

cc) Zwischenergebnis

Durch die abschreckende Wirkung, welchen Bodycams in zahlreichen Situationen zugesprochen werden kann, können Gefahren für Rechtsgüter – zumindest für Rechtsgüter der Polizisten – abgewehrt werden (sog. *Prävention*).[193] Zur Gefahrenabwehr

---

189 Zum Anstieg der Misshandlungsvorwürfe durch Polizisten: *Korell/Liebel* Polizeiskandal – Skandalpolizei, S. 125 ff.; *Behr* in: FS für Asmus, S. 59.

190 *Singelnstein* NK 2014, 15, 16, 25.

191 *Reuter* Polizei und Gewalt, S. 84 f. (Äußerung eines Polizeivollzugsbeamten: *„Hier herrscht Darwinismus – der Stärkere gewinnt. Daher müssen wir uns bemühen, immer die Stärkeren zu sein.“* Ein anderer Polizeivollzugsbeamter bezeichnet seine Arbeit als *„Arbeit an der Front“*); *Behr* in: Empirische Polizeiforschung XIV, S. 181 (vor allem junge Polizisten identifizieren sich oft mit der *„Figur des starken Staates“*); *ders.* Die Polizei 2010, 317, 318.

192 *Reuter* Polizei und Gewalt, S. 85.

193 Solange noch kein Rechtsverstoß vorliegt, spricht man von Prävention (*Kugelmann* Polizei- und Ordnungsrecht, 5/172); *Klar* Datenschutzrecht, S. 42; VGH Mannheim, Urt. v. 21.7.2003 – 1 S 377/02 = NVwZ 2004, 498, 499.

ist bereits eine reine Beobachtungsmaßnahme ohne Aufzeichnung des Geschehens geeignet. Dies liegt zuvörderst daran, dass potentielle Täter lediglich einer Beobachtung unmittelbar gegenüberstehen und ihr Verhalten dementsprechend anpassen können. Es kann aber nicht gänzlich ausgeschlossen werden, dass der Einzelne gerade *wegen* einer Aufzeichnung Abstand von einer Straftatbegehung nimmt, da er durch die Aufzeichnung identifizierbar wird und einer gezielten Strafverfolgung ausgesetzt werden kann. Eine präventive Wirkung kann somit auch durch eine Erhöhung des Verfolgungsdrucks ausgelöst werden.[194]

2. Ergebnis

Polizeirecht ist das Recht der *Gefahrenabwehr.* Nach Art. 2 Abs. 1 BayPAG hat die Polizei die Aufgabe, die allgemein oder im Einzelfall bestehenden Gefahren für die öffentliche Sicherheit oder Ordnung abzuwehren.

Polizeiliche Videoüberwachungsmaßnahmen im Allgemeinen erhöhen das Entdeckungsrisiko. Dies kann dazu führen, dass potentielle Täter von einer Straftatbegehung Abstand nehmen. Das erhöhte Entdeckungsrisiko und der daraus resultierende Abschreckungseffekt können nicht nur Straftaten verhüten, sondern zugleich Gefahren für die öffentliche Sicherheit abwehren. Voraussetzung hierfür ist, dass die Überwachung offen erfolgt.

Auch der polizeiliche Einsatz von Bodycams im Besonderen kann eine abschreckende Wirkung haben. Modellversuche haben gezeigt, dass Polizisten durch das Tragen von Bodycams besser vor körperlichen Angriffen geschützt werden. Um einen derartigen Abschreckungs- und Deeskalationseffekt erzielen zu können, muss der Einsatz der Bodycam ebenfalls offen erfolgen. Der tendenziell vorhandene deeskalierende Effekt wird jedoch nicht beim betrunkenen oder spontan handelnden polizeilichen Gegenüber eintreten können, da dieser die Folgen seines Handelns regelmäßig nicht (mehr) durchschaut.

II. Strafverfolgung (Repression)

Von der klassischen polizeilichen Aufgabe der Gefahrenabwehr ist die Repression zu trennen. Diese ist durch die Verfolgung von bereits begangenen Straftaten bzw. Ordnungswidrigkeiten gekennzeichnet.[195]

---

194 *Waechter* NdsVBl. 2001, 77, 78.

195 *Berner/Köhler/Käß*-PAG, Art. 2 Rn. 42; *Gusy* Polizei- und Ordnungsrecht, S. 8; *Kugelmann* Polizei- und Ordnungsrecht, 1/29 ff.; Praxishandbuch POR/*Pewestorf* S. 6 Rn. 11; *Albers* Determination polizeilicher Tätigkeit, S. 92 f.

1. *Strafverfolgung im Allgemeinen*

Während das Polizeirecht präventive Eingriffe rechtfertigt, unterliegen repressive Eingriffe hingegen dem Strafprozessrecht bzw. dem OWiG.[196] Die Verfolgung von Straftaten ist der Polizei durch §§ 163 Abs. 1, 161 StPO übertragen.[197] Ordnungswidrigkeiten werden hingegen nur dann nach den Vorschriften der StPO durchgeführt, wenn das OWiG hierfür keine Sonderregelungen enthält (vgl. § 46 Abs. 1 OWiG). Für die Polizei gilt ebenso wie für die Staatsanwaltschaft das sog. *Legalitätsprinzip*, welches die Behörden und Bediensteten des Polizeidienstes als „verlängerten Arm der Staatsanwaltschaft" verpflichtet einzuschreiten, wenn sie vom Anfangsverdacht einer Straftat Kenntnis erlangen.[198] Untätigkeit durch Nichtmeldung wäre hingegen als Strafvereitelung im Amt gemäß § 258a StGB zu werten.[199] Die Befugnisse der Beamten des Polizeidienstes zur Durchsetzung des Legalitätsprinzips ergeben sich aus den einzelnen Bestimmungen der StPO. So dürfen sie beispielsweise, soweit es für die Zwecke der Durchführung des Strafverfahrens oder für die Zwecke des Erkennungsdienstes notwendig ist, Lichtbilder und Fingerabdrücke des Beschuldigten auch gegen seinen Willen aufnehmen und Messungen und ähnliche Maßnahmen an ihm vornehmen (§ 81b StPO). Beamte des Polizeidienstes können, wenn jemand einer Straftat verdächtig ist, die zur Feststellung seiner Identität erforderlichen Maßnahmen treffen (§ 163b Abs. 1 S. 1 StPO). Nach der StPO stehen der Polizei noch weitere Befugnisse zur Verfolgung von Straftaten zur Verfügung. Diese Befugnisse finden sich unter anderem in §§ 81a, 81c, 100c, 110a, 127 Abs. 1 und Abs. 2, 163a, 163c, 163d sowie in 164 StPO.[200]

Gefahrenabwehr und Strafverfolgung sind rechtlich zwei Bereiche, die strukturell zu trennen sind,[201] deren Abgrenzung zuweilen jedoch Schwierigkeiten bereitet, da sich polizeiliche Maßnahmen vielfach nicht eindeutig einem der Bereiche „Prävention" oder „Repression" zuordnen lassen. Die Grenze ist oftmals fließend. Es gibt zahlreiche Maßnahmen der Polizei, die ihre Rechtsgrundlage in der StPO haben, zugleich aber auch auf eine Rechtsgrundlage im Polizeigesetz gestützt werden können. Als Beispiel können hierfür § 163b Abs. 1 StPO und Art. 13 BayPAG genannt werden. Ist jemand einer Straftat verdächtig, so können die Staatsanwaltschaft und

---

196 *Gusy* Polizei- und Ordnungsrecht, S. 82; *Berner/Köhler/Käß*-PAG, Art. 2 Rn. 42.

197 Vgl. Komm-PAG/POG/*Schmidbauer* Art. 2 PAG Rn. 45; *Gusy* Polizei- und Ordnungsrecht, S. 72; *Albers* Determination polizeilicher Tätigkeit, S. 20.

198 BeckOK-StPO/*von Häfen* § 163 Rn. 1; Komm-PAG/POG/*Schmidbauer* Art. 2 Rn. 45; Art. 11 PAG Rn. 95; KK-StPO/*Griesbaum* § 163 Rn. 1; *Pfeiffer* § 163 StPO Rn. 1; *Schenke* POR, Rn. 93, 413; Bayerisches Polizei- und Sicherheitsrecht/*Gallwas/Lindner* S. 96.

199 *Ahlers* Grenzbereich, S. 37; *Linssen/Kammigan/Pfeiffer* Kriminalistik 2014, 18, 21.

200 Eine Übersicht über die wichtigsten Befugnisse der Polizei zur Verfolgung von Straftaten findet sich bei Komm-PAG/POG/*Schmidbauer* Art. 2 PAG Rn. 46 und *Schenke* POR, Rn. 414.

201 *Albers* Determination polizeilicher Tätigkeit, S. 20.

die Beamten des Polizeidienstes die zur Feststellung seiner Identität erforderlichen Maßnahmen treffen (§ 163b Abs. 1 S. 1 StPO). Die polizeilichen Bestimmungen über die Identitätsfeststellung außerhalb der Strafverfolgung bleiben davon unberührt,[202] sodass gemäß Art. 13 Abs. 1 BayPAG die Polizei nach den in Nr. 1 bis Nr. 6 genannten Voraussetzungen die Identität einer Person feststellen kann. Die Polizei kann die zur Feststellung der Identität erforderlichen Maßnahmen treffen (Art. 13 Abs. 2 S. 1 BayPAG). Sie kann den Betroffenen insbesondere anhalten, ihn nach seinen Personalien befragen und verlangen, dass er mitgeführte Ausweispapiere zur Prüfung aushändigt. Der Betroffene kann zudem festgehalten werden, wenn die Identität auf andere Weise nicht oder nur unter erheblichen Schwierigkeiten festgestellt werden kann, Art. 13 Abs. 2 S. 2, 3 BayPAG. Als weiteres Beispiel können §§ 94 ff. StPO und Art. 25 BayPAG angeführt werden. Gemäß § 94 Abs. 1 StPO können Gegenstände, die für die Untersuchung von Bedeutung sein können in Verwahrung genommen oder in anderer Weise sichergestellt werden. In Art. 25 BayPAG wird das Pendant der Beschlagnahme, die Sicherstellung, geregelt. Die Sicherstellung soll im Gegensatz zur Beschlagnahme der Gefahrenabwehr dienen. Schaltet sich in einem der genannten Fälle die Staatsanwaltschaft ein, so führt dies nicht zu einem Vorrang dieser. Vielmehr sind Polizei und Staatsanwaltschaft nebeneinander zuständig.[203] In dieser sog. *Kollisionslage* ist zwar die Polizei der Staatsanwaltschaft weisungsunterworfen (§ 161 StPO i.V.m. § 152 GVG), sie behält aber ihre nach dem Polizeigesetz bestehenden Befugnisse zur Gefahrenabwehr.[204]

Obwohl eine Abgrenzung von Prävention und Repression mit Schwierigkeiten verbunden ist, ist eine strikte Trennung für die Praxis von großer Bedeutung, zumal aus den jeweiligen Regelungen auseinanderstrebende Konsequenzen für die Gesetzgebungskompetenz des Bundes bzw. der Länder folgen. Außerdem ist eine Unterscheidung der beiden Bereiche für den Rechtsschutz gegen Grundrechtseingriffe der Polizei bedeutsam.[205] Abhängig davon, ob eine präventive oder repressive polizeiliche Maßnahme ergriffen worden ist, richten sich Rechtsschutz und Rechtsweg nach §§ 40 Abs. 1, 42 ff., 113 VwGO bzw. nach §§ 23 ff. EGGVG.[206]

---

202 *Pfeiffer* § 163b StPO Rn. 1.

203 BeckOK-StPO/*Engelstätter* RiStBV Anlage A Gemeinsame Richtlinien der Justizminister/-senatoren und der Innenminister/-senatoren des Bundes und der Länder über die Anwendung unmittelbaren Zwanges durch Polizeibeamte auf Anordnung des Staatsanwalts Rn. 8.

204 BeckOK-StPO/*Engelstätter* RiStBV Anlage A Gemeinsame Richtlinien der Justizminister/senatoren und der Innenminister/-senatoren des Bundes und der Länder über die Anwendung unmittelbaren Zwanges durch Polizeibeamte auf Anordnung des Staatsanwalts Rn. 9.

205 *Krey* Deutsches Strafverfahrensrecht I, S. 82, 84.

206 *Albers* Determination polizeilicher Tätigkeit, S. 20.

2. Einsatz polizeilicher Bodycams als Maßnahme der Strafverfolgung?

Auch wenn bei der Diskussion um Bodycams immer wieder der präventive Effekt in Form der Eigensicherung betont wird, muss man sich dennoch fragen, ob neben einer Abschreckung potentieller Straftäter auch ein repressiver Zweck verfolgt werden kann.

Die polizeiliche Videoüberwachung durch Bodycams soll primär zur Verhütung von Straftaten im Allgemeinen und zur Eindämmung der körperlichen Angriffe gegenüber Polizeibeamten im Besonderen eingesetzt werden.[207] Sie soll damit in erster Linie Gefahren für die Rechtsgüter „körperliche Unversehrtheit" und „Leben" der Polizisten abwehren. Die polizeiliche Bodycam ist präventiv ausgerichtet. Ziel der „mobilen Videoüberwachung" ist es tätig zu werden, bevor etwas passiert. Die Kamera soll unter anderem aktiviert werden, wenn strafrechtlich relevantes Verhalten *droht*, d.h. bevor es tatsächlich zu einer Straftat gekommen ist. Die „mobile Videoüberwachung" erfolgt daher nicht *aus Anlass* einer konkreten Tat.[208] Jedenfalls wird die polizeiliche Bodycam aber nicht eingesetzt, *um* eine konkrete Straftat aufzuklären.[209] Die typische Zwecksetzung der Strafverfolgung scheidet somit aus. Eine unter Umständen in Betracht kommende Vorsorge für eine Strafverfolgung ist gerade noch keine Strafverfolgung.[210]

3. Ergebnis

Wenngleich im Ergebnis der repressive Zweck der mobilen Videoüberwachungsmaßnahme verneint werden muss, wird dadurch aber die Frage aufgeworfen, ob insbesondere Videoaufzeichnungen der sog. Strafverfolgungs*vorsorge* zugerechnet werden können. Da Videoaufzeichnungen als objektives Beweismaterial dienen und zur Überführung des Täters bzw. zu Aufklärung der Tat im Allgemeinen beitragen können, ist dieser Frage im Folgenden nachzugehen.

---

207 Siehe nur http://www.polizei-dein-partner.de/themen/gewalt/gesellschaft/detailansicht-gesellschaft/artikel/bodycams-bei-der-polizei-hessen.html (Stand: Dezember 2016).

208 Auch bei einer sog. *Zwischenspeicherfunktion*, also bei einer rückwirkenden Aufzeichnung des Geschehens für den Fall, dass es tatsächlich zu einem strafrechtlich relevanten Verhalten gekommen ist, war *Anlass* der Videoüberwachung nicht die konkrete Tat.

209 So auch zur Videoüberwachung des öffentlichen Raumes: *Held* Intelligente Videoüberwachung, S. 42; *Müller* hingegen ordnet im Rahmen der allgemeinen Videoüberwachung die Verwendung der aufgezeichneten Bilder als Beweismittel und die Erleichterung der Tatverfolg als Repression ein (*Müller* in: Kameras gegen Gewalt, S. 77).

210 So auch *Bausch* Videoüberwachung, S. 121.

III. Vorbeugende Bekämpfung von Straftaten

Auch das Ziel des Einsatzes bietet Differenzierungen: Neben Gefahrenabwehr- und vorsorge stehen Strafverfolgung und deren Vorsorge.[211]

Die allgemeine Videoüberwachung befindet sich in einem Spannungsverhältnis zwischen Prävention und Repression, zwischen Kriminalitätsverhütung und Strafverfolgung.[212] Dieses gefährliche Spannungsverhältnis werde *Stolle* und *Hefendehl* zufolge durch den Begriff der vorbeugenden Verbrechensbekämpfung zum Ausdruck gebracht. Die Gefährlichkeit ergebe sich aus dem Verschwimmen der Ermächtigungsgrundlagen. Es bestünden Unsicherheiten in der Anwendbarkeit des Polizeigesetzes bzw. der Strafprozessordnung.[213] *Erb* spricht hierbei von dem „unscharfen Begriff der vorbeugenden Verbrechensbekämpfung" und dem „diffusen Bereich der sog. vorbeugenden Verbrechensbekämpfung".[214] Eine Abgrenzung ist aber von erheblicher Bedeutung, da sich aufgrund der Kompetenzverteilung des Grundgesetzes entweder die Kompetenz des Bundes oder der Länder ergibt.

Die Gefahrenabwehr ist primäres Aufgabenfeld der Polizei.[215] Die Polizei wird jedoch nicht nur präventiv tätig, sondern ergreift auch repressive Maßnahmen zur Verfolgung von Straftaten und Ordnungswidrigkeiten.[216] Eine Abgrenzung zwischen Prävention und Repression gestaltet sich vor allem dann schwierig, wenn sich polizeiliche Maßnahmen an der Nahtstelle zwischen Gefahrenabwehr und Strafverfolgung befinden.[217] An dieser Grenze findet sich vornehmlich die vorbeugende Bekämpfung von Straftaten,[218] welche die Verhütung von Straftaten und die Strafverfolgungsvorsorge umfasst. Sie ist von einem präventiven und einem repressiven Aspekt geprägt.[219]

---

211 *Held* Intelligente Videoüberwachung, S. 32.

212 *Büllesfeld* Polizeiliche Videoüberwachung, S. 50 ff.; *Ackerschott* ist der Ansicht, dass der Einsatz von Kameras auch einen repressiven Zweck verfolgt, da *„Verbrechen beobachtet, aufgezeichnet und dementsprechend besser verfolgt bzw. aufgeklärt werden können"*. Den Begriff der vorbeugenden Bekämpfung von Straftaten verwendet er hingegen nicht (*Ackerschott* in: Kameras gegen Gewalt, S. 49 f.).

213 *Stolle/Hefendehl* KrimJ 2002, 257, 260.

214 LR-StPO/*Erb* Vorb. § 158 Rn. 9.

215 *Kugelmann* Polizei- und Ordnungsrecht, 1/11 ff.; *Gusy* Polizei- und Ordnungsrecht, S. 38.

216 *Schenke* POR, Rn. 29.

217 *Gusy* Polizei- und Ordnungsrecht, S. 73; Praxishandbuch POR/*Söllner* S. 119 Rn. 15; *Roggan* zufolge lässt die Befugnis zur herkömmlichen Videoüberwachung die Grenze zwischen Prävention und Repression verschwimmen (*Roggan* NVwZ 2001, 134, 139); *Braun/Albrecht* DÖV 2015, 937, 938.

218 *Kugelmann* Polizei- und Ordnungsrecht, 5/172 ff.

219 Praxishandbuch POR/*Söllner* S. 119 Rn. 16; *Kugelmann* Polizei- und Ordnungsrecht, 5/172 ff.; *Albers* Determination polizeilicher Tätigkeit, S. 121; *Graulich* NVwZ 2014,

Im Rahmen der vorbeugenden Verbrechensbekämpfung wird ein polizeiliches Tätigwerden im Vorfeld einer konkreten Gefahr angestrebt.[220] Bis zum Erlass der neuen Polizeigesetze der 1980er und 1990er Jahre sollte die Polizei erst dann tätig werden, wenn eine konkrete Gefahr bzw. ein konkretisierbarer Tatverdacht vorlagen. Das Vorfeld war bis dahin dagegen den Nachrichtendiensten – Verfassungsschutz, Bundesnachrichtenschutz – vorbehalten.[221] Obwohl sich der Begriff der vorbeugenden Straftatenbekämpfung in zahlreichen Lehrbüchern und Aufsätzen wiederfindet,[222] erfolgt der Sprachgebrauch dennoch nicht einheitlich.[223] *Schenke* beispielsweise ist der Auffassung, dass der Begriff der vorbeugenden Bekämpfung von Straftaten unglücklich gewählt worden ist. Seiner Ansicht nach werde damit verwischt, dass zwischen der Strafverfolgungsvorsorge einerseits und der Abwehr konkreter Gefahren bzw. der Gefahrenvorsorge andererseits wesentliche Unterschiede bestehen.[224]

Ob Videoüberwachungsmaßnahmen mit Bodycams nicht nur einer Gefahrenabwehr, sondern auch der Verhütung von Straftaten bzw. der Strafverfolgungsvorsorge zugeordnet werden können, ist Gegenstand der nachfolgenden Untersuchung.

1. Verhütung von Straftaten

Die Straftatenverhütung hat seit den 1970er Jahren zunehmend an Wert gewonnen. Insbesondere Vertreter des Polizeiapparats stufen das Verhüten von Straftaten mit technischen Mitteln als besonders erfolgsversprechend ein. Dies liegt daran, dass es für sinnvoller erachtet wird, Straftaten gar nicht erst entstehen zu lassen, als

685; zum Begriff der vorbeugenden Bekämpfung von Straftaten: *Trurnit* VBlBW 2011, 458, 459.

220 *Notzon* Rückgriff auf polizeiliche Befugnisse, S. 52.

221 *Kniesel* Kriminalistik 1996, 229, 231.

222 Vgl. z.B. *Kugelmann* Polizei- und Ordnungsrecht, 5/161 ff.; Praxishandbuch POR/*Söllner* S. 119 Rn. 16; *Graulich* NVwZ 2014, 685; *Pieroth/Schlink/Kniesel* POR, § 5 Rn. 4 ff.; *Krey* Deutsches Strafverfahrensrecht I, S. 84; *Kniesel* Kriminalistik 1996, 229 f.; *Gössner* Überwachungsstaat, S. 13.

223 *Kugelmann* Polizei- und Ordnungsrecht, 5/174 ff.; *Albers* Determination polizeilicher Tätigkeit, S. 204; *Geiger* Verfassungsfragen, S. 50; LR-StPO/*Erb* Vor §158 Rn. 12; *Müller* versteht den Begriff als Entfaltung präventiver Wirkung, indem Gefahren abgewehrt und potentielle Straftäter abgeschreckt bzw. im Voraus diszipliniert werden (*Müller* in: Kameras gegen Gewalt, S. 77).

224 *Schenke* POR, Rn. 12.

nachträglich verfolgen zu müssen.[225] Auch im Hinblick auf den Opferschutz[226] und die Verbesserung des Sicherheitsgefühls ist es zweckmäßig Straftaten nicht zur Entstehung gelangen zu lassen.[227]

a) *Straftatenverhütung im BayPAG*

Die Polizei kann die notwendigen Maßnahmen treffen, um eine im einzelnen Fall bestehende Gefahr für die öffentliche Sicherheit oder Ordnung abzuwehren, soweit nicht die Art. 12 bis 48 BayPAG die Befugnisse der Polizei besonders regeln (Art. 11 Abs. 1 BayPAG). Eine Maßnahme im Sinne des Art. 11 Abs. 1 BayPAG kann die Polizei aber nur dann treffen, wenn sie notwendig zur Verhütung oder Unterbindung von Straftaten, Ordnungswidrigkeiten oder verfassungsfeindlichen Handlungen ist (Art. 11 Abs. 2 S. 1 BayPAG). Die Legaldefinition der Straftaten findet sich in Art. 11 Abs. 2 S. 2 BayPAG. Nach dieser Vorschrift sind Straftaten im Sinne des BayPAG rechtswidrige Taten, die den Tatbestand eines Strafgesetzes verwirklichen. Ordnungswidrigkeiten sind hingegen rechtswidrige Taten, die den Tatbestand einer Ordnungswidrigkeit verwirklichen (Art. 11 Abs. 2 S. 3 BayPAG). Unter Maßnahmen im Sinne von Art. 11 Abs. 2 S. 1 BayPAG fallen sämtliche Maßnahmen, die in einen antizipierten Geschehensablauf eingreifen und dadurch den Eintritt einer Gefahr im Vorfeld verhüten und daher zur präventiven Aufgabe der Gefahrenabwehr gehören.[228] Unter Verhüten im Sinne dieser Vorschrift ist das Verhindern einer in naher Zukunft bevorstehenden Tatbestandsverwirklichung einer Straftat zu verstehen.[229] Durch das Verhüten von Straftaten sollen Rechtsgutsverletzungen in einem Stadium verhindert werden, in dem es noch nicht zu einem

225 *Geiger* Verfassungsfragen, S. 48 f.; Komm-PAG/POG/*Schmidbauer* Art. 11 PAG Rn. 86; zum Teil wird vertreten, dass die Polizei eine „unmögliche Aufgabe" besitzt: Sie will zwar Straftaten verhüten bzw. Täter ermitteln. Die Ursache des Verbrechens (Armut, Arbeitslosigkeit, Kulturkonflikte) wird sie aber nie bekämpfen können (*Schneider* Kriminalistik 2000, 290); auch andere gesellschaftlichen Gruppen müssen sich bei der Bekämpfung der Kriminalität ihrer Verantwortung bewusst sein. So kann es beispielsweise nicht Aufgabe der Polizei sein, soziale Defizite aufzuheben (*Beese* Kriminalistik 1996, 653); *Kniesel* hält den Begriff der Kriminalitätsbekämpfung generell unglücklich gewählt, da Kriminalität nicht bekämpft, sondern allenfalls kontrolliert werden kann. Daher verwendet er bevorzugt den Begriff der Kriminalitätskontrolle (*Kniesel* Kriminalistik 1996, 229).

226 *„Kriminalprävention ist der beste Opferschutz!"* (*Marks/Steffen* Kriminalistik 2013, 363, 364, 367).

227 *Marks/Steffen* Kriminalistik 2014, 419, 422.

228 *Graulich* NVwZ 2014, 685 f. (z.B. Schleierfahndung und Fälle der Videoüberwachung); *Albers* Determination polizeilicher Tätigkeit, S. 124; *Kugelmann* Polizei- und Ordnungsrecht, S. 5/175; Komm-PAG/POG/*Schmidbauer* Art. 11 PAG Rn. 94.

229 *Berner/Köhler/Käß*-PAG, Art. 11 Rn. 24.

strafwürdigen Unrecht gekommen ist.[230] Da jeder Verstoß gegen Strafgesetze eine Gefahr für das Schutzgut der öffentlichen Sicherheit darstellt, ist das Verhüten von Straftaten ebenfalls im Gefahrbegriff enthalten.[231] Art. 11 BayPAG stellt lediglich eine polizeiliche Generalklausel dar. Die Vorschrift greift nur für die Fälle ein, für welche eine Spezialbefugnis zum polizeilichen Einschreiten nicht einschlägig ist.[232] Die Befugnis der Polizei, Maßnahmen zur Verhütung von Straftaten treffen zu können, findet sich nicht nur in der polizeilichen Generalklausel wieder. Vielmehr werden Maßnahmen zur Straftatenverhütung auch gesondert an unterschiedlichen Stellen in den Polizeigesetzen niedergelegt. Sofern die Voraussetzungen der jeweiligen Befugnisnormen erfüllt sind, können die Polizeibehörden die entsprechenden Maßnahmen zur Straftatenverhütung treffen.[233]

b) Bodycam als Maßnahme zur Straftatenverhütung

Bodycams können drohende Gefahren – zumindest – für Rechtsgüter der Polizisten abwehren.

Fraglich ist aber, ob die „mobile Videoüberwachung" auch Straftaten verhüten, also eine in naher Zukunft bevorstehende Straftatbestandsverwirklichung verhindern kann. Dies ist nicht unproblematisch, zumal Kameras nicht unmittelbar in den Geschehensablauf eingreifen. Trotz eines Bodycam-Einsatzes kann eine unmittelbar bevorstehende Straftat begangen werden, dies vor allem dann, wenn der Straftäter spontan handelt oder unter Alkoholeinfluss steht. Hier wird die Bodycam an ihre Grenzen stoßen, da ein Einschüchterungs- bzw. Abschreckungseffekt bei diesem Personenkreis kaum zu erreichen sein mag. Prinzipiell setzen Bodycams aber, wie herkömmliche offene Videoüberwachungsmaßnahmen auf die Verhütung von Straftaten aufgrund eines Einschüchterungs- bzw. Abschreckungseffekts, ohne einen unmittelbaren Eingriff in den Geschehensablauf vorauszusetzen. Auch *Waechter* bejaht die Möglichkeit der Vorsorge für die Verhütung von Straftaten bei einer herkömmlichen Videoüberwachung durch Entfaltung eines Abschreckungseffekts.[234] Durch das erhöhte Risiko entdeckt zu werden, sollen potentielle Straftäter von der Tatbegehung abgehalten werden. Zudem soll die dadurch drohende Strafverfolgung eine abschreckende Wirkung haben.[235] Repressive Maßnahmen in Form

---

230 Komm-PAG/POG/*Schmidbauer* Art. 34 PAG Rn. 176; siehe auch *Kugelmann* Polizei- und Ordnungsrecht, 5/163.

231 Praxishandbuch POR/*Söllner* S. 120 Rn. 18.

232 Komm-PAG/POG/*Schmidbauer* Art. 11 PAG Rn. 1 f.

233 *Kugelmann* Polizei- und Ordnungsrecht, 5/175.

234 *Waechter* NdsVBl. 2001, 77, 78.

235 *Roggan* NVwZ 2001, 134, 138; auch *Siegel* sieht in der herkömmlichen Videoüberwachung vornehmlich einen Abschreckungseffekt mit dem Ziel einer Kriminalitätsabsenkung (*Siegel* NVwZ 2012, 738, 740); *Klar* Datenschutzrecht, S. 42; *Stolle/Hefendehl* KrimJ 2002, 257, 259.

der Strafverfolgung können zur Folge haben, dass ein präventiver Effekt in Gestalt der Straftatenverhütung entfaltet wird.

Lässt man die Konstellationen des unter Alkoholeinfluss stehenden bzw. spontan handelnden Täters außer Betracht, dann können Bodycams dazu beitragen, Straftaten, welche in naher Zukunft begangen werden sollen, zu verhüten, da die Videoüberwachung den Täter einschüchtert und abschreckt. Der Täter nimmt von einer Tatbestandsverwirklichung Abstand. Die Bodycam bezweckt vorrangig eine Eindämmung der körperlichen Angriffe gegenüber Polizeibeamten, wonach im Wesentlichen Straftaten nach §§ 223 ff. StGB und gegebenenfalls nach §§ 211 ff. StGB verhindert werden sollen. Der Hessische Landtag hat im September 2015 zudem die Änderung des HSOG beschlossen, wodurch eine Rechtsgrundlage für ergänzende Tonaufzeichnungen geschaffen worden ist. Dadurch soll das „verbale Aggressionspotenzial gedämpft und im Zweifelsfall dokumentiert“[236] werden können. Durch Tonaufzeichnungen können folglich nicht nur Straftaten gegen die körperliche Unversehrtheit bzw. das Leben verhütet werden, sondern auch Beleidigungsdelikte gemäß §§ 185 ff. StGB könnten im Vorfeld abgewendet werden.

Da bereits die Abwehr von Gefahren für Rechtsgüter der Polizisten bejaht worden ist, muss ebenfalls die Verhütung von Straftaten anerkannt werden, da eine Trennung der beiden Begrifflichkeiten auch in Fällen des Bodycam-Einsatzes nicht denkbar ist. Damit unterfällt die Verhütung von Straftaten durch die abschreckende Wirkung der „mobilen Videoüberwachung“ dem Bereich der vorbeugenden Straftatenbekämpfung in Form der Verhütung von Straftaten und ist damit Bestandteil der Prävention und der Gefahrenabwehr im Sinne des Art. 2 Abs. 1 BayPAG.[237] Zur Straftatenverhütung scheint die Video*beobachtung* ausreichend zu sein. Eine Video*aufzeichnung* kann aber aufgrund einer Erhöhung des Verfolgungsdrucks und dem daraus resultierenden erhöhten Risiko eines Strafverfahrens auch dazu führen, dass eine präventive Wirkung entfaltet wird. Dies kann ebenfalls zur Folge haben, dass Straftaten verhütet werden.[238]

---

236 https://innen.hessen.de/presse/pressemitteilung/body-cam-gesetzesaenderung-erlaubt-neben-bild-nun-auch-tonaufnahme (Stand: Dezember 2016).

237 Vgl. Praxishandbuch POR/*Söllner* S. 119 Rn. 15 f.; so ausdrücklich BVerfG, Urt. v. 27.7.2005 – 1 BvR 668/04 = NJW 2005, 2603; *Held* Intelligente Videoüberwachung, S. 42; Verhütung von Straftaten trägt präventiven Charakter: *Kugelmann* Polizei- und Ordnungsrecht, 5/175.

238 Vgl. *Waechter* NdsVBl. 2001, 77, 78; *Erb* spricht davon, dass die Verfolgung von Straftaten generell eine gewisse Reflexwirkung entfaltet, sodass künftige Straftaten verhütet werden können. Daher kommt auch dem Strafverfahren – ohne erhöhten Verfolgungsdruck aufgrund des aufgezeichneten Datenmaterials – eine präventive Wirkung zu. Nichtsdestotrotz bleibt die Verhütung von Straftaten Aufgabe des Polizeirechts (LR-StPO/*Erb* Vor § 158 Rn. 9).

2. *Strafverfolgungsvorsorge*

> Maßnahmen der Strafverfolgungsbehörden, namentlich der Polizei, die an einen Anfangsverdacht anknüpfen, können den Zweck verfolgen, Erkenntnisse für später aufzuklärende Straftaten bereitzustellen.[239]

Die Verhütung von Straftaten wird flankiert durch die Vorsorge für die Verfolgung gleichwohl begangener Straftaten. Ob die mobile Videoüberwachung in Form des Bodycam-Einsatzes eine Vorsorge für die Verfolgung von Straftaten anstrebt, ist fraglich.

a) *Strafverfolgungsvorsorge im Allgemeinen*

Die sog. Strafverfolgungsvorsorge oder antizipierte Repression[240] erfolgt zeitlich in präventiver Hinsicht, während sie gegenständlich das repressiv ausgerichtete Strafverfahren betrifft.[241] Sie hat eine „Zwitterstellung": Wie die Gefahrenabwehr ist sie zukunftsbezogen ausgerichtet und wie die Strafverfolgung zielt sie auf die Verurteilung von Straftaten ab.[242]

Die Vorsorge für die Verfolgung von Straftaten umfasst sämtliche Maßnahmen der staatlichen Sicherheitsbehörden, welche die Aufklärung von Delikten, die in Zukunft erwartet werden, ermöglichen bzw. erleichtern sollen.[243] Vor allem die Speicherung von Informationen und Daten zum Zwecke der Verfolgung einer in Zukunft möglicherweise verwirklichten konkreten Straftat und damit zur Verwertung in einem künftigen Strafverfahren wird unter die Strafverfolgungsvorsorge subsumiert.[244] Die Strafverfolgungsvorsorge „zählt bestimmt nicht zur Gefahrenabwehr, aber auch nicht uneingeschränkt zur Strafverfolgung, denn sie befugt zu Maßnahmen, die außerhalb konkreter Strafverfahren ergriffen werden."[245] Insbesondere bei Überwachungsmaßnahmen fehlt es an einer konkret verwirklichten Straftat oder zumindest an einem Anfangsverdacht.

Gesetzliche Bestimmungen zur Strafverfolgungsvorsorge unterliegen denselben Bestimmtheits- und Verhältnismäßigkeitsanforderungen wie die Maßnahmen der

---

239 LR-StPO/*Erb* Vor § 158 Rn. 12a.

240 So jedenfalls *Bock* ZIS 2007, 129.

241 BVerfG, Urt. v. 27.7.2005 – 1 BvR 668/04 = NJW 2005, 2603, 2605; *Graulich* NVwZ 2014, 685, 686; vgl. zur antizipierten Strafverfolgung: *Bock* ZIS 2007, 129 ff.; KK-StPO/*Griesbaum* § 161 Rn. 32a; BVerwG, Urt. v. 25.1.2012 – 6 C 9/11 = NVwZ 2012, 757, 760.

242 Zur „Zwitterstellung": *Graulich* NVwZ 2014, 685.

243 *Gusy* Polizei- und Ordnungsrecht, S. 93; *Bock* ZIS 2007, 129.

244 BVerfG, Urt. v. 27.7.2005 – 1 BvR 668/04 = NJW 2005, 2603, 2605; *Graulich* NVwZ 2014, 685, 686; *Siegel* NVwZ 2012, 738, 740; *Kugelmann* Polizei- und Ordnungsrecht, 5/172 f.; umfassend zur Strafverfolgungsvorsorge: BVerwG, Urt. v. 25.1.2012 – 6 C 9/11 = NVwZ 2012, 757; *Trurnit* VBlBW 2011, 458, 459 (Sicherung von Beweisen für ein künftiges Strafverfahren).

245 *Graulich* NVwZ 2014, 685, 686.

Gefahrenabwehr und der Strafverfolgung.[246] Prototyp der Strafverfolgungsvorsorge ist die Befugnis für erkennungsdienstliche Maßnahmen nach § 81b StPO. Danach dürfen, soweit es für Zwecke der Durchführung des Strafverfahrens oder für Zwecke des Erkennungsdienstes notwendig ist, Lichtbilder und Fingerabdrücke des Beschuldigten auch gegen seinen Willen aufgenommen und Messungen und ähnliche Maßnahmen an ihm vorgenommen werden. Die Formulierung *„für Zwecke des Erkennungsdienstes"* (§ 81b Alt. 2 StPO) gibt Auskunft darüber, dass es sich hierbei nicht um Maßnahmen im Bereich der Strafverfolgung handelt, sondern um die Ermächtigung zu Maßnahmen der Strafverfolgungsvorsorge.[247]

Insgesamt wird die Vorsorge für die Verfolgung künftiger Straftaten in der StPO jedoch nur sehr vereinzelt geregelt: Neben § 81b Alt. 2 StPO sind die DNA-Identitätsfeststellung nach § 81g StPO, die Telekommunikationsüberwachung nach §§ 100a S. 1 StPO, die Erhebung von Verkehrsdaten nach 100g Abs. 1 S. 1 StPO und die Datenverarbeitung für Zwecke künftiger Strafverfahren (§ 484 StPO) zu nennen.[248] Im Zusammenhang mit der Strafverfolgungsvorsorge hat im Jahr 2005 das Urteil des BVerfG zur Telekommunikationsüberwachung nach §§ 100a ff. StPO für Aufsehen gesorgt.[249]

b) Einsatz polizeilicher Bodycams als Maßnahme der Strafverfolgungsvorsorge

Die Strafverfolgungsvorsorge betrifft, anders als die Gefahrenabwehr und die Verhütung von Straftaten, Hilfsmittel für eine künftige Strafverfolgung begangener Straftaten. Videobeobachtungsmaßnahmen haben einen präventiven Charakter, da sie Gefahren für die Rechtsgüter der Polizisten abwehren. Ferner können Straftaten gegen die körperliche Unversehrtheit bzw. das Leben verhütet werden. Ob die Bodycam zudem eine Maßnahme künftiger Strafverfolgung sein kann, gilt es im Folgenden zu untersuchen.

Videoaufzeichnungen einer Bodycam könnten der Strafverfolgungsvorsorge zugeordnet werden, wenn die Aufzeichnungen strafrechtlich relevanten Geschehens in ein künftiges Strafverfahren eingeführt und im Rahmen der Beweisaufnahme verwertet werden können.[250] Werden potentielle Beweisbilder im Strafverfahren

---

246 LR-StPO/*Erb* Vorb. § 158 Rn. 12b.

247 *Schenke* POR, Rn. 30; siehe auch *Bock* ZIS 2007, 129, 130.

248 Vgl. zu Begriff und Erscheinungsformen der Antizipation künftiger Strafverfolgung: *Bock* ZIS 2007, 129; *Schenke* POR, Rn. 30.

249 BVerfG, Urt. v. 27.7.2005 – 1 BvR 668/04 = NJW 2005, 2603, 2606; zusammenfassend *Bock* ZIS 2007, 129; siehe auch *Graulich* NVwZ 2014, 685, 686.

250 Z.B. http://www.augsburger-allgemeine.de/bayern/Pilotprojekt-mit-Body-Cam-Filmt-die-Polizei-bald-mit-id28367792.html (Stand: Dezember 2016); http://www.focus.de/regional/hessen/polizei-umfrage-deutliche-mehrheit-fuer-bodycams-bei-polizisten_id_4758567.html (Stand: Dezember 2016); http://www.landtag.nrw.de/portal/WWW/GB_II/II.1/Pressemitteilungen-Informationen-Aufmacher/Pressemitteilungen-Informationen/Pressemitteilungen/2015/01/1301_Ausschussmeldung_BodyCam.jsp (Stand: Dezember 2016); *Held* Intelligente Videoüberwachung, S. 42; so auch bei der

vorgehalten, ist die Funktion der Strafverfolgungsvorsorge berührt.[251] Die Einführung der Videoaufzeichnung in das Strafverfahren kann auch zur Vereinfachung bzw. Beschleunigung des Verfahrens beitragen,[252] da eine zügige Durchführung des Strafverfahrens vor allem die damit verbundenen Belastungen für den Beschuldigten in Grenzen hält (sog. *Beschleunigungsgebot*).[253] Ferner bieten technische Beweismittel einen hohen Grad an Zuverlässigkeit, Objektivität und Überzeugungskraft im Vergleich zum Personalbeweis, welcher Zeugen und Sachverständige erfasst.[254]

Mit den Aufzeichnungen der Bodycam wird der Zweck verfolgt, Hilfsmittel für eine zukünftige Strafverfolgung bereitzustellen.[255] Dadurch wird die polizeiliche Tätigkeit auf das „Vorfeld" der traditionellen Strafverfolgung ausgeweitet.[256] Die polizeiliche Bodycam soll zwar vorrangig der Abschreckung und Einschüchterung potentieller Täter dienen, wodurch sich Befürworter einen Beitrag zur Eindämmung körperlicher Angriffe gegenüber Polizeibeamten erhoffen. Die Videoüberwachung allein kann bei einem spontan handelnden oder unter Alkoholeinfluss stehenden Täter, eine Straftat jedoch nicht verhindern, da sie nicht unmittelbar in den Geschehensablauf eingreifen kann und der Abschreckungseffekt einer Videoüberwachung bei diesem Personenkreis als marginal eingestuft werden muss. In Fällen, in denen es zu einem strafrechtlich relevanten Verhalten gekommen ist, wird das Geschehen z.B. rückwirkend aufgezeichnet (*Pre-Recording-Funktion*). Maßnahmen der Aufzeichnung können somit der Strafverfolgungsvorsorge zugeordnet werden.

Zum Teil wird vertreten, dass die Aufzeichnung des Polizeieinsatzes zu Beweiszwecken nicht nur zu Lasten des Bürgers, sondern auch zu Lasten des unrechtmäßig handelnden Polizisten gehen kann.[257] Dies ist jedoch besonders kritisch zu betrachten, weil der jeweilige Polizist durch selektives Ein- und Ausschalten der Kamera eigenes Fehlverhalten verbergen kann. Da in den polizeilichen Reihen hinsichtlich polizeilichem Fehlverhalten große Verschwiegenheit herrscht, Fehler

---

herkömmlichen Videoüberwachung von Kriminalitätsschwerpunkten (*Collin* JuS 2006, 494, 495); vgl. hierzu die Zwecke der Videoüberwachung des öffentlichen Raums in Großbritannien (*CCTV = Closed Circuit Television*), die darin liegen, Menschen präventiv an der Begehung von Straftaten zu hindern. Ferner soll die Videoüberwachung bei Straftaten Beweismittel für Gerichtsverfahren liefern (*Belina* in: E-Government, S. 119); VG Karlsruhe, Urt. v. 10.10.2001 – 11 K 191/01 = NVwZ 2002, 117, 118.

251 *Held* Intelligente Videoüberwachung, S. 42.

252 *Stolle/Hefendehl* KrimJ 2002, 257, 259.

253 BVerfG, Beschl. v. 19.3.1992 – 2 BvR 1/91 = NJW 1992, 2472, 2473; Übersicht über die Rechtsprechung zum Beschleunigungsgebot bei *Maier/Percic* NStZ-RR 2009, 297; *dies.* NStZ-RR 2009, 329.

254 *Geiger* Verfassungsfragen, S. 47; *König* Videoüberwachung, S. 199; Videobildaufnahmen als Medium mit dem größten Authentizitätsanspruch (*Leopold* in: Innere Sicherheit als Gefahr, S. 189).

255 LR-StPO/*Erb* Vorb. § 158 Rn. 12a.

256 *Gusy* Polizei- und Ordnungsrecht, S. 93.

257 So jedenfalls *Kipker/Gärtner* NJW 2015, 296, 298.

im Polizeiapparat nicht passieren dürfen bzw. Fehltritte nicht an die Öffentlichkeit gelangen sollen,[258] ist zweifelhaft, ob ein Polizist im Falle eigener unrechtmäßiger Gewalt die Kamera aktivieren wird. An der Einordnung des Einsatzes der polizeilichen Bodycam als Maßnahme der Strafverfolgungsvorsorge ändert dieser Umstand jedoch nichts.

Bodycam-Aufzeichnungen könnten ferner zu einer Entlastung der Polizei bezüglich Tataufklärung und vorgeworfener rechtswidriger Gewaltanwendung beitragen. Der Aspekt der Entlastung der Polizei durch den Einsatz von Bodycams wird bei einem Amoklauf im Juli 2016 deutlich: Mit Axt und Messer hat ein 17-Jähriger Fahrgäste in einem Regionalzug bei Würzburg attackiert. Als der Zug per Notbremse stoppte, sprang der Angreifer aus dem Zug und flüchtete. Ein SEK, das zufällig in der Nähe war, hat die Verfolgung aufgenommen und auf den Angreifer mehrmals geschossen, da er mit Waffen auf die Einsatzkräfte losgegangen sei.[259] Die Grünen-Politikerin *Künast* fragte kurz darauf per Twitter, warum der Attentäter erschossen wurde und nicht nur *„angriffsunfähig geschossen“*[260] werden konnte. Dem Bayerischen Innenminister *Herrmann* nach war ein derartiges Handeln der Polizei hingegen *„gut und richtig“*. Damit konnten *„weitere schreckliche Taten“* ausgeschlossen werden.[261] Auch dem bayerischen Staatssekretär *Eck* zufolge hatten die Beamten keine andere Wahl als sich zu wehren.[262] Die Diskussion über die Umstände der Tötung des Angreifers hätte durch das Tragen einer Bodycam vermieden werden können. Das Vorgehen der Polizisten müsste nicht hinterfragt werden, wenn eine Bodycam das Einsatzgeschehen aufgezeichnet hätte.[263] Die Aufzeichnungen würden Aufschluss darüber geben, warum der Angreifer getötet und nicht nur

---

258 Vgl. hierzu S. 231 ff.

259 Vgl. z.B. http://www.spiegel.de/panorama/justiz/bei-wuerzburg-mann-attackiert-reisende-im-zug-mehrere-schwerverletzte-a-1103596.html (Stand: Dezember 2016).

260 http://www.spiegel.de/politik/deutschland/wuerzburg-renate-kuenast-hinter fragt-polizei-reaktion-und-erntet-shitstorm-a-1103632.html (Stand: Dezember 2016).

261 http://www.zeit.de/gesellschaft/2016-07/wuerzburg-angriff-regionalzug-verletzte-waffe (Stand: Dezember 2016).

262 http://www.zeit.de/gesellschaft/2016-07/wuerzburg-angriff-regionalzug-verletzte-waffe (Stand: Dezember 2016).

263 *„So dient die ‚Body-Cam‘ nicht nur der Verhütung von Angriffen auf Beamtinnen und Beamte durch die abschreckende Wirkung der offenen Bildbeobachtung. Vielmehr ergänzt sie dieses Element um die präventive Beweismittelsicherung, die Beamte entlastet, welche von unberechtigten Strafanzeigen bzw. Beschwerden betroffen sind. Mobile Videoüberwachung ist in der Lage, gegen Polizeibeamte erhobene Vorwürfe zeitnah zu verifizieren und den Sachverhalt rechtssicher aufklären zu können“* (Abschlussbericht über die Erfahrungen des Einsatzes der mobilen Videoüberwachung gemäß § 14 Abs. 6 HSOG im Rahmen der Maßnahmen „Alt-Sachsenhausen“ sowie im Bereich des 1. Polizeireviers des Polizeipräsidiums Frankfurt am Main (SH LT-Umdruck 18/3586, S. 10).

„angriffsunfähig" geschossen worden ist und ob ein solches Vorgehen aufgrund der Umstände des Einzelfalls auch rechtmäßig war. Die Aufzeichnungen – als Maßnahme der Strafverfolgungsvorsorge – könnten auch in ein etwaiges Strafverfahren eingeführt und entsprechend verwertet werden.

IV. Ergebnis

Der Gebrauch von Bodycams bei Polizeieinsätzen dient mehreren Zwecken. Zum einen sollen unmittelbar bevorstehende Gefahren für die Rechtsgüter der Polizisten, insbesondere Gefahren für das Rechtsgut der körperlichen Unversehrtheit und des Lebens abgewehrt werden (*Prävention*). Zum anderen hat die Videoüberwachung durch eine Bodycam einen Einschüchterungs- bzw. Abschreckungseffekt, sodass der potentielle Straftäter auch vor Begehung einer Straftat abgehalten werden kann (*Verhütung von Straftaten*).

Bodycams verfügen über einen Aufzeichnungsmodus, der aktiviert werden muss. Die Aufzeichnungen stellen ein Hilfsmittel für eine zukünftige Strafverfolgung bereit: Die Videoaufzeichnungen können das Strafverfahren vereinfachen und beschleunigen, da sie als Beweismittel zur Überführung des Täters verwendet werden können (*Strafverfolgungsvorsorge*).[264]

Was die Bodycam hingegen nicht intendiert, ist die typische Zwecksetzung der Strafverfolgung (*Repression*), da die „mobile Videoüberwachung" nicht aus Anlass einer konkreten Tat erfolgt. Gleichwohl können die aufgezeichneten Sequenzen in einem Strafverfahren, sofern sie strafrechtlich relevantes Material enthalten, verwertet werden.

V. Zwecke und Ziele von Bodycams in anderen Ländern

Nicht nur in Deutschland wird der Einsatz von Bodycams rege diskutiert und erprobt. Auch in anderen Ländern finden die Kameras großen Anklang.

In Österreich – in Wien, Salzburg und in der Steiermark – befinden sich seit dem 1.3.2016 zwanzig Bodycams für einen einjährigen Probebetrieb im Einsatz.[265] Wie in Deutschland wird auch in Österreich nicht der gesamte Polizeieinsatz gefilmt; lediglich Einsätze mit Befehls- und Zwangsgewalt sollen aufgezeichnet werden. Dadurch soll unterschiedlichen Interpretationen bei Amtshandlungen entgegengewirkt

---

264 Hierzu BVerwG, Urt. v. 25.1.2012 – 6 C 9/11 = NVwZ 2012, 757 (offene Videoüberwachung der Reeperbahn); *Waechter* zufolge können auch bloße Bildübertragungen den Zweck der Strafverfolgungsvorsorge verfolgen, dies aber nur dann, wenn ein Beamter die Bildübertragungen beobachtet und infolgedessen einen Straftäter erkennt (*Waechter* NdsVBl. 2001, 77, 78). Da beim Einsatz von Bodycams eine Simultanbeobachtung jedoch nicht geplant ist, ist vorliegend die Eignung der bloßen Bildübertragung zur Strafverfolgungsvorsorge abzulehnen.

265 http://derstandard.at/2000031990925/Film-ab-Polizei-erhaelt-Bodycams (Stand: Dezember 2016).

werden.[266] In Österreich wurde bereits für den Probebetrieb durch eine Novelle des Sicherheitspolizeigesetzes (SPG) eine rechtliche Grundlage geschaffen. In § 13a SPG wurde folgender Abs. 3 eingefügt:[267]

> Zum Zweck der Dokumentation von Amtshandlungen, bei denen die Organe des öffentlichen Sicherheitsdienstes Befehls- und Zwangsgewalt ausüben, ist der offene Einsatz von Bild- und Tonaufzeichnungsgeräten, sofern gesetzlich nicht anderes bestimmt ist, nach Maßgabe der Bestimmungen dieses Absatzes zulässig. Vor Beginn der Aufzeichnung ist der Einsatz auf solche Weise anzukündigen, dass er dem Betroffenen bekannt wird. Die auf diese Weise ermittelten personenbezogenen Daten dürfen nur zur Verfolgung von strafbaren Handlungen, die sich während der Amtshandlung ereignet haben, sowie zur Kontrolle der Rechtmäßigkeit der Amtshandlung ausgewertet werden. Bis zu ihrer Auswertung und Löschung sind die Aufzeichnungen gemäß den Bestimmungen des § 14 DSG 2000 vor unberechtigter Verwendung, insbesondere durch Protokollierung jedes Zugriffs und Verschlüsselung der Daten, zu sichern. Sie sind nach sechs Monaten zu löschen; kommt es innerhalb dieser Frist wegen der Amtshandlungen zu einem Rechtsschutzverfahren, so sind die Aufzeichnungen erst nach Abschluss dieses Verfahrens zu löschen. Bei jeglichem Einsatz von Bild- und Tonaufzeichnungsgeräten ist besonders darauf zu achten, dass Eingriffe in die Privatsphäre der Betroffenen die Verhältnismäßigkeit (§ 29) zum Anlass wahren.

Auch in Österreich müssen die Kameras für die jeweilige Amtshandlung konkret und aktiv eingeschaltet werden. Auf den ersten Blick positiv scheint die Regelung des § 13a Abs. 3 S. 4 SPG zu sein, wonach die Daten durch Verschlüsselung bis zu ihrer Auswertung und Löschung gemäß den Bestimmungen des § 14 DSG 2000 gesichert werden müssen. Ausgewertet werden die Aufnahmen jedoch in den jeweiligen Polizeiinspektionen nach einem sog. *„Vier-Augen-Prinzip"*. Dies bedeutet, dass der filmende Polizist das Material nur mit dem Vorgesetzten sichten kann.[268] Damit kann nicht sichergestellt werden, dass das Datenmaterial – polizeiliches Fehlverhalten inbegriffen – stets unverändert bleibt. Auch der Begriff der „Bodycam" findet sich in der Norm nicht. Daher können unter § 13a Abs. 3 SPG im Grunde auch andere Formen von Bild- und Tonaufzeichnungsgeräten (z.B. Überwachungsdrohnen) gefasst werden. Durch die Formulierung *„zum Zweck der Dokumentation von Amtshandlungen"* wird zudem deutlich, dass der Einsatz von Bodycams in Österreich einen anderen Zweck hat als in Deutschland: Während in Deutschland vorrangig der Schutz von Polizisten vor körperlichen Angriffen angestrebt wird (*Prävention*), ist in Österreich der offene Einsatz von Bodycams zum Zweck der *Dokumentation* von Amtshandlungen, bei denen die Organe des öffentlichen Sicherheitsdienstes

266 http://derstandard.at/2000032077996/Neue-Bodycams-der-Polizei-Akku-reicht-fuer-acht-Stunden (Stand: Dezember 2016).
267 BGBl. I für die Republik Österreich, 26.2.2016, Nr. 5, S. 9.
268 http://derstandard.at/2000032077996/Neue-Bodycams-der-Polizei-Akku-reicht-fuer-acht-Stunden (Stand: Dezember 2016).

Befehls- und Zwangsgewalt ausüben, zulässig (*Strafverfolgungsvorsorge*). Eine Videoüberwachung zum Eigenschutz der Polizisten bzw. zum Schutz von Dritten wird hingegen nicht ausdrücklich normiert. Ob die Überwachungsmaßnahme nach § 13a Abs. 3 SPG auch dazu führt, dass polizeiliche, unrechtmäßige Gewalt bei Amtshandlungen dokumentiert wird, steht auf einem anderen Blatt.[269]

In Großbritannien werden Bodycams bereits seit 2005 getestet. Der erste umfangreiche Einsatz erfolgte in Plymouth.[270] Im Mai 2014 begann ein Probeeinsatz in 10 Londoner Bezirken. In Folge konnten weniger Beschwerden gegen Polizisten und eine schnellere Strafverfolgung verzeichnet werden.[271] Daher wird geplant im Jahr 2016 mehrere tausend Bodycams anzuschaffen, um die Londoner Polizei weiter ausrüsten zu können.[272]

Während Bodycams in Deutschland Straftaten *gegen* Polizisten verhindern oder zumindest eindämmen (Prävention) und Beweise für ein mögliches Strafverfahren sichern sollen (Strafverfolgungsvorsorge), sollen sie in den USA zu einer Minimierung der Polizeigewalt, also der Gewalt gegen bzw. durch Polizisten beitragen.[273] Auslöser für einen regelrechten *„Bodycam-Boom"* in den USA war der Tod des schwarzen Teenagers *Michael Brown*. Der unbewaffnete Jugendliche wurde am 9.8.2014 von einem weißen Polizisten erschossen. Dieser Vorfall war der Beginn einer bis heute andauernden Diskussion über Polizeigewalt und Rassismus in den USA.[274] Als Reaktion auf den Tod von Michael Brown wurde eine Petition eingereicht, welche die Ausstattung aller Polizisten mit Kameras forderte.[275] Insgesamt 154.747 Personen haben die Petition unterzeichnet,[276] was eine öffentliche Stellungnahme des ehemaligen US-Präsidenten Obama erforderlich machte. Am

---

269 Siehe z.B. http://derstandard.at/2000038789927/Kritik-nach-Identitaeren-Demo-Polizei-setzte-auf-Pfefferspray-statt-auf (Stand: Dezember 2016) (Im Rahmen einer Demonstration hat die österreichische Polizei keine Bodycams verwendet, obwohl deren Aufzeichnungen Aufschlüsse über den umstrittenen Einsatz hätten geben können).

270 http://www.nbcnews.com/id/19750278/ns/world_news-europe/t/britain-straps-video-cameras-police-helmets/#.VksOPL8ud8F (Stand: Dezember 2016); *Zander* Body-Cams, S. 18; *„head camera project"* (*Goodall* Body-Worn Video, S. 30).

271 http://arstechnica.co.uk/tech-policy/2015/06/metropolitan-police-will-equip-20000-officers-with-body-cams-by-next-year/ (Stand: Dezember 2016).

272 *Zander* Body-Cams, S. 19.

273 Siehe nur *Kipker/Gärtner* NJW 2015, 296.

274 http://www.spiegel.de/netzwelt/netzpolitik/bodycams-fuer-us-polizisten-auf-streife-mit-den-kamera-cops-a-1008897.html (Stand: Dezember 2016); Zusammenfassung zu den ersten Ergebnissen des Pilotprojekts: *Zander* Body-Cams, S. 29 ff.

275 Z.B. *Zander* Body-Cams, S. 18; http://www.spiegel.de/panorama/justiz/ferguson-uno-chef-fordert-zurueckhaltung-im-fall-michael-brown-a-986798.html (Stand: Dezember 2016); http://www.zeit.de/gesellschaft/zeitgeschehen/2014-08/petition-michael-brown-ferguson-polizei (Stand: Dezember 2016).

276 https://petitions.whitehouse.gov/petition/mike-brown-law-requires-all-state-county-and-local-police-wear-camera (Stand: Dezember 2016).

1.12.2014 wurde daraufhin eine Initiative verkündet. Danach sollen unter anderem 75 Millionen Dollar bereitgestellt werden, um in den nächsten drei Jahren die örtlichen Polizeibehörden bei der Anschaffung von insgesamt 50.000 Bodycams finanziell zu unterstützen.[277] Bodycams sind in den USA jedoch schon heute weit verbreitet: Im Juli 2013 wurde eine Umfrage unter 500 Polizeibehörden in den USA („*nationwide*") zum Einsatz von Bodycams durchgeführt. Insgesamt 254 Polizeibehörden nahmen an der Umfrage teil, wobei bereits im Jahr 2013 25 % angaben, Bodycams zu nutzen.[278]

§ 3 Dashcams – Aktuelle deutsche Rechtsprechung, höchstrichterliche Entscheidungen zur privaten Videoüberwachung unter Miterfassung des öffentlichen Raums und ein Vergleich mit dem Einsatz von Bodycams

Sie sind ein nützliches Werkzeug – für manche auch reine Spielerei: Dashcams.[279]

Minikameras im Straßenverkehr (*Dashcams*) sind in Russland bereits Standard[280] und erfreuen sich zunehmend auch in Deutschland immer größerer Beliebtheit, obwohl datenschutzrechtliche Bedenken nicht von der Hand zu weisen und gerichtliche Entscheidungen hinsichtlich einer Verwertbarkeit der Aufzeichnungen uneins sind. Obwohl Dashcams den öffentlichen Verkehrsraum nicht sicherer machen können,[281] muss man sich dennoch fragen, ob sie zumindest einen Beitrag zur Durchsetzung der Rechte des Dashcam-Betreibers leisten können.[282]

Zunächst ist der Begriff der Dashcam zu erläutern. Anschließend ist die aktuelle deutsche Rechtsprechung hinsichtlich eines Dashcam-Einsatzes sowie der gerichtlichen Verwertbarkeit darzustellen. Ferner werden Entscheidungen des EuGH, des BGH und des EGMR zur privaten Videoüberwachung unter Miterfassung des öffentlichen Raums besprochen. Abschließend sind Dashcams den Bodycams vergleichend gegenüberzustellen.

---

277 https://www.whitehouse.gov/the-press-office/2014/12/01/fact-sheet-strengthening-community-policing (Stand: Dezember 2016).

278 Body-Worn Camera Program, S. 2; zur Umfrage des Internetmagazins „*Vocativ*" siehe *Zander* Body-Cams, S. 19.

279 *Terhaag/Schwarz* K&R 2015, 556.

280 *Balzer/Nugel* NJW 2014, 1622; *Lachenmann/Schwiering* NZV 2014, 291, 292; *Bachmeier* DAR 2014, 15; *Atzert/Franck* RDV 2014, 136 („*russian road rage*"); *Krämer* SVR 2016, 23.

281 *Klann* überlegt, ob mit dem Einsatz von Bodycams eine Reduzierung der Unfallzahlen erreicht werden kann (*Klann* DAR 2014, 451).

282 Bejahend *Klann* DAR 2013, 188, 191.

I. Dashcams

Dashcams[283] sind kleine, auf dem Armaturenbrett oder der Windschutzscheibe installierte Kameras in Kraftfahrzeugen, die nicht nur – meist während der gesamten Fahrt – den Verkehrsraum aufzeichnen, sondern zwangsläufig auch (unbeteiligte) Personen im öffentlichen Raum erfassen. Immer häufiger gelangen Dashcam-Aufzeichnungen als Beweismittel vor Gerichte, in die Nachrichten oder werden über social media wie youtube oder facebook einem breiten Publikum zugänglich gemacht.[284]

Da es mittlerweile eine Vielzahl von diversen Anbietern von Dashcams gibt, sich die Kameras in ihrer Funktionsweise ähneln und eine detaillierte Darstellung aller Modelle den Umfang der vorliegenden Arbeit sprengen würde, soll im Folgenden nur knapp die Technik anhand des Modells *„iTracker GS6000“* erläutert werden:[285] Die Kamera wird zunächst mit einem Saugknopf an der Windschutzscheibe des Fahrzeugs angebracht. Die Aufnahme beginnt mit dem Starten des Motors. Wird der Motor abgestellt, kann vom Benutzer individuell eingestellt werden, dass die Kamera weitere Sekunden aufnimmt und sich dann automatisch abschaltet. Die Dashcam speichert während der gesamten Fahrt die aufgenommenen Sequenzen in Ausschnitten einer Länge von zwei, drei oder fünf Minuten. Dies wird ebenfalls vorab eingestellt. Auch die Aktivierung eines sog. *Bewegungssensors* ist möglich. Dieser Sensor kann nach Herstellerangaben bei parkenden Autos nützlich sein, da sich die Dashcam bei Berührung des Kfz automatisch aktiviert und dadurch etwaige Sachbeschädigungen am Fahrzeug aufgezeichnet werden können. Ist die Speicherkapazität der Mirco-SD-Karte der Dashcam erreicht, werden die älteren aufgenommenen Filme gelöscht und neue Sequenzen können aufgezeichnet werden.

Videoüberwachungsmaßnahmen mit Bodycams sollen Gefahren für Rechtsgüter der Polizisten abwehren und Straftaten verhüten. Die Aufzeichnungen sollen zudem eine Vorsorge für die Strafverfolgung sein. Dashcams im öffentlichen Straßenverkehr verfolgen einen ähnlichen Zweck: Die Aufzeichnungen sollen als Beweismaterial für (gerichtliche) Auseinandersetzungen nach Verkehrsunfällen oder Sachbeschädigungen dienen.[286] Da im Zeitpunkt der Aktivierung der Dashcam noch

---

283 Zusammengesetzt aus den Begriffen *„dashboard“* (Armaturenbrett) und *„cam“/ „camera“* (Kamera) (Taschenwörterbuch, S. 129, 210).

284 *Fuchs* ZD 2015, 212; *Terhaag/Schwarz* K&R 2015, 556, 558; *Atzert/Franck* RDV 2014, 136 (spektakuläre Unfälle und gewagte Autorennen werden auf Internetportalen gezielt dargestellt); *Richter* SVR 2016, 15; *Krämer* SVR 2016, 23.

285 Vgl. hierzu http://www.welt.de/wirtschaft/webwelt/article117269606/Dashcam-sammelt-Beweise-gegen-Verkehrsrowdys.html (Stand: Dezember 2016); http://kfz-kamera-test.de/reviews/die-itracker-gs6000-im-test/ (Stand: Dezember 2016); technische Details auch bei *Klann* DAR 2013, 188; weitere technische Möglichkeiten bei *Bachmeier* DAR 2014, 15, 16.

286 Vgl. *Knyrim/Trieb* ZD 2014, 547; *Balzer/Nugel* NJW 2014, 1622; *Bäumerich* JuS 2016, 803.

keine konkrete Straftat vorliegt, ist bei der Dashcam – ebenso bei der Bodycam – ein repressiver Zweck der Maßnahme abzulehnen. Stattdessen können Dashcams allenfalls eine Vorsorge für eine künftige Strafverfolgung darstellen. In Folge eines Unfalls oder einer Sachbeschädigung am Fahrzeug soll die Videoaufzeichnung als Beweismittel in ein gerichtliches Verfahren eingeführt und verwertet werden.

II. Aktuelle deutsche Rechtsprechung

Da die Thematik der Verwertbarkeit von Dashcam-Aufzeichnungen mittlerweile die Gerichte erreicht hat, die bisherige Rechtsprechung aber diesbezüglich uneinheitlich ist,[287] soll im Folgenden die aktuelle deutsche Rechtsprechung zum rechtlichen Umgang mit Dashcam-Aufzeichnungen dargestellt werden.

Im Zentrum der Rechtsprechung und des Diskurses stehen dabei die einschlägigen datenschutzrechtlichen Erlaubnisnormen sowie die Güter- und Interessensabwägung zwischen dem Interesse des Autofahrers an der Verwertbarkeit entsprechender Aufzeichnungen und die Interessen der Betroffenen auf Schutz ihres Rechts auf informationelle Selbstbestimmung gemäß Art. 2 Abs. 1 i.V.m. Art. 1 Abs. 1 GG.

1. Dashcam-Aufzeichnungen im Strafprozess

Erstmalig setzte sich das AG Nienburg mit der Verwertbarkeit von Dashcam-Aufzeichnungen im Strafprozess auseinander.[288] Dem Urteil des AG Nienburg u.a. wegen Nötigung in Tateinheit mit fahrlässiger Gefährdung des Straßenverkehrs lag folgender Sachverhalt zugrunde:

> Nach einem Überholmanöver auf der Autobahn bremste der Angeklagte den Zeugen auf dessen Spur aus. Als der Zeuge seinerseits das Fahrzeug des Angeklagten überholen wollte, driftete dieses Fahrzeug über die Fahrspurmarkierung nach links, bis zwischen

---

287 Vgl. AG Nienburg, Urt. v. 20.1.2015 – 4 Ds 520 Js 39473/14 = SVR 2015, 348 m. Anm. *Krenberger* = *Deutscher* StRR 2015, 185 (kein generelles Verwertungsverbot im Strafverfahren); LG Heilbronn, Urt. v. 3.2.2015 – I 3 S 19/14 = K&R 2015, 280 (Dashcam-Aufnahmen sind als Beweismittel im Zivilprozess nicht verwertbar); zu den datenschutzrechtlichen Grenzen und zur zivilprozessualen Verwertbarkeit von Dashcam-Aufnahmen: *Balzer/Nugel* NJW 2014, 1622; AG München, Beschl. v. 13.8.2014 – 345 C 5551/14 = ZD 2014, 530 m. Anm. *Werkmeister* (Beweisverwertungsverbot in einem Zivilgerichtsverfahren); ZPO-Kommentar/*Foerste* § 286 Rn. 7 (umstritten, bei konkretem Anlass aber gleichfalls verwertbar sind Dashcam-Aufnahmen von Verkehrsunfällen. Verwertbar sind die Aufnahmen nur dann, wenn mit der Videosequenz auch der Eingriff in das Persönlichkeitsrecht auf sehr kurze Intervalle beschränkt war).

288 AG Nienburg, Urt. v. 20.1.2015 – 4 Ds 520 Js 39473/14 = SVR 2015, 348 m. Anm. *Krenberger*.

beiden Fahrzeugen nur noch ein Seitenabstand von ca. 5 cm bestand und der Zeuge nach links zur Leitplanke ausweichen musste.[289]

Kurz zuvor hatte der Zeuge wegen auffälliger Fahrweise des Angeklagten, die am Innenspiegel des Fahrzeugs angebrachte Dashcam für den Fall eines möglichen Zusammenstoßes – und folglich zum Zwecke einer Beweissicherung – aktiviert. Die Kamera hatte den öffentlichen Verkehrsraum gefilmt und Aufnahmen digital auf einer SD-Karte gespeichert.

Das Gericht prüfte, ob ein Beweisverwertungsverbot eingreift. Grundlage für ein unselbständiges Beweisverwertungsverbot ist ein Verstoß gegen ein Beweiserhebungsverbot. Voraussetzung ist folglich, dass das Beweismittel rechtswidrig gewonnen worden ist. In einem zweiten Schritt war zu prüfen, ob aus dem Rechtsverstoß ein Beweisverwertungsverbot resultiert.

a) Datenschutzrechtliche Problematik

Ohne einen Verstoß gegen § 22 S. 1 KUG[290] in Erwägung zu ziehen, wandte sich das Gericht sogleich an die Vorschriften des Bundesdatenschutzgesetzes. Das Gericht sah die Anfertigung der Kameraaufzeichnung gemäß § 4 Abs. 1 BDSG i.V.m. entsprechender Anwendung von § 28 Abs. 1 Nr. 1 BDSG als zulässig an.[291] § 6b BDS sei indes nicht anwendbar, da diese Vorschrift nur für den ortsfesten Betrieb einer Kamera gelte.[292] Dies ergebe sich bereits aus § 6b Abs. 2 BDSG. Danach müssen die Beobachtung und die verantwortliche Stelle durch geeignete Maßnahmen erkennbar gemacht werden. Dies sei nach Ansicht des Gerichts bei beweglichen Kameras „schlicht unmöglich".[293]

aa) Optisch-elektronische Einrichtung im Sinne des § 6b BDSG

Der Argumentation des AG Nienburg bezüglich der Nichtanwendbarkeit der spezialgesetzlichen Ermächtigung des § 6b BDSG kann indes nicht gefolgt werden. Da weder der Gesetzeswortlaut, die Überschrift der Norm noch die Stellung der

289 *Deutscher* StRR 2015, 185.

290 Siehe hierzu *Bäumerich* JuS 2016, 803, 804 m.w.N.

291 Auch *Klann* zufolge ist die Aufzeichnung des fließenden Verkehrs nach § 28 BDSG zulässig, da die Interessen der aufgenommenen Personen nicht festgestellt werden können (*Klann* DAR 2014, 451, 452).

292 AG Nienburg, Urt. v. 20.1.2015 – 4 Ds 520 Js 39473/14 = SVR 2015, 348 m. Anm. *Krenberger*; so auch *Greger* NZV 2015, 114, 117; ebenso *Klann* DAR 2013, 188, 189; § 6b BDSG erfasst nur ortsfeste Videoanlagen und keine „mitfahrenden" Dashcams (*Bäumerich* JuS 2016, 803, 804).

293 AG Nienburg, Urt. v. 20.1.2015 – 4 Ds 520 Js 39473/14 = SVR 2015, 348, 349 m. Anm. *Krenberger*; vgl. auch CR 2015, 400, 402 m. Anm. *Lachenmann/Schwiering*; ebenso *Greger* NZV 2015, 114, 117; *Klann* DAR 2014, 451, 452; *Bachmeier* zweifelt an der Anwendbarkeit von § 6b BDSG, geht aber nicht näher auf die Problematik ein, da vielmehr die verfassungsrechtliche Situation und Abwägungskriterien entscheidend seien (*Bachmeier* DAR 2014, 15, 16).

Norm innerhalb des Gesetzes eine Ortsgebundenheit der Videoüberwachung voraussetzen, müssen unter § 6b BDSG auch mobile Videoaufzeichnungsanlagen fallen.[294] Richtigerweise muss die Anfertigung einer Aufzeichnung mittels einer Dashcam auf § 4 Abs. 1 i.V.m. § 6b Abs. 1 Nr. 3 BDSG gestützt werden, soweit eine Beobachtung öffentlich zugänglicher Räume mit optisch elektronischen Einrichtungen (Videoüberwachung) zur Wahrnehmung berechtigter Interessen für konkret festgelegte Zwecke erforderlich ist und keine Anhaltspunkte bestehen, dass schutzwürdige Interessen der Betroffenen überwiegen. Auch *Deutscher* ist der Ansicht, dass zur Begründung der Zulässigkeit einer Aufzeichnung § 28 Abs. 1 S. 1 Nr. 1 BDSG entsprechend nicht herangezogen werden kann, da diese Vorschrift die Zulässigkeit des Erhebens, Speicherns, Veränderns oder Übermittelns personenbezogener Daten oder ihre Nutzung für die Erfüllung eigener Geschäftszwecke regelt, wenn dies für die Begründung, Durchführung oder Beendigung eines rechtsgeschäftlichen oder rechtsgeschäftsähnlichen Schuldverhältnisses mit den Betroffenen erforderlich ist.[295] Potentielle gesetzliche Schuldverhältnisse, beispielsweise Vorgänge bei einem nur möglichen Verkehrsunfall seien von dieser Vorschrift jedoch nicht erfasst.[296] Ferner handelt es sich bei der Formulierung „optisch-elektronische Einrichtungen" im Sinne des § 6b BDSG um einen neutralen Begriff, welcher jede Form der Videoüberwachung erfassen soll.[297] Gründe, weshalb mobile Überwachungsmaßnahmen vom Schutzzweck der Norm nicht erfasst werden sollen, sind jedenfalls nicht ersichtlich.

Die Ansicht von *Atzert* und *Franck*, wonach bereits der Begriff der „Einrichtung" innerhalb des § 6b BDSG auf „eine dauerhaft ortsgebundene Installation" hinweise, kann dagegen nicht geteilt werden.[298] Diese Ansicht überzeugt zum einen bereits mit Blick auf Sinn und Zweck der Vorschrift nicht. Zum anderen werden Dashcams fest in einem Fahrzeug montiert, sodass durchaus von einer „Einrichtung" im Sinne von § 6b Abs. 1 BDSG gesprochen werden kann.[299] Überdies können nur durch Einbeziehung mobiler Kameras die Rechtsgüter der Betroffenen umfassend geschützt werden. Eine Unterscheidung zwischen mobilen und

---

294 So auch *Deutscher* StRR 2015, 185, 187; BeckOK-BDSG/*Brink* § 6b Rn. 25; Nomos-BDSG/*Scholz* § 6b Rn. 37.

295 A.A. *Klann* DAR 2014, 451, 453.

296 *Deutscher* StRR 2015, 185, 186 f.

297 VG Ansbach, Urt. v. 12.8.2014 – 4 K 13.01634 = *Koehl* SVR 2015, 235, 237.

298 *Atzert/Franck* RDV 2014, 136, 137 (ihrer Ansicht zufolge beinhaltet der Einsatz von Dashcams auch keine Beobachtung im Sinne von § 6b BDSG, da diesbezügliche Aufnahmen nur eine *„Serie punktueller Einzelbilder"* darstellen würden, sodass die Vorschrift auch aus diesem Grund keine Anwendung finde); *Gola/Christoph* RDV 2014, 65, 66; *Klann* DAR 2013, 188, 189; *ders.* DAR 2014, 451, 452; auch dem LG Landshut zufolge, spricht insbesondere § 6b Abs. 2 BDSG dafür, dass der Gesetzgeber lediglich festinstallierte Kameras unter die Vorschrift fassen wollte (LG Landshut, Hinweisbeschl. v. 1.12.2015 – 12 S 2603/15 = ZD 2016, 187).

299 *Balzer/Nugel* NJW 2014, 1622, 1626.

ortsfesten Kameras würde darüber hinaus zu erheblichen praktischen Schwierigkeiten führen. Auch *Lachenmann* und *Schwiering* kritisieren „gravierende dogmatische Mängel",[300] die das Urteil des AG Nienburg prägen. Ihrer Ansicht nach ist es fehlerhaft, die Entscheidung auf § 28 Abs. 1 S. 1 Nr. 1 BDSG zu stützen, zumal § 6b BDSG ausdrücklich die Videoüberwachung regle und eine Hinweispflicht nach § 6b Abs. 2 BDSG gerade keine Rechtmäßigkeitsvoraussetzung darstelle.[301] Vielmehr könne ein fehlender Hinweis im Rahmen einer Interessensabwägung berücksichtigt werden.[302]

bb) Interessensabwägung des AG Nienburg

Im Folgenden hat das Gericht, trotz angeblicher Nichtanwendbarkeit von § 6b BDSG, die erforderliche Abwägung zwischen den Interessen vorgenommen. Für den vorliegenden Fall bedeutet dies, dass sich das Interesse des Zeugen an der Aufzeichnung zum Zwecke der Beweissicherung und das Interesse des Angeklagten an der Unverletzlichkeit des Rechts auf informationelle Selbstbestimmung gemäß Art. 2 Abs. 1 i.V.m. Art. 1 Abs. 1 GG gegenüberstehen. Im Rahmen der gebotenen Interessensabwägung kam das Gericht zu dem Ergebnis, dass das Interesse des Zeugen an der Beweissicherung das Interesse des Angeklagten an der Unverletzlichkeit des Rechts auf informationelle Selbstbestimmung überwiegt. Hierzu argumentierte das Gericht wie folgt:

> Maßgeblich ist insoweit, dass die kurze, anlassbezogene Aufzeichnung nur die Fahrzeuge, aber nicht die Insassen der Fahrzeuge abbildet und nur Vorgänge erfasst, die sich im öffentlichen Straßenverkehr ereignen. Der Eingriff in das Recht des Angeklagten ist daher denkbar gering, während das Interesse des Zeugen an einem effektiven Rechtsschutz besonders hoch ist.

Und weiter:

> Der anlassbezogene Einsatz der Dashcam ist deshalb in dieser konkreten Fallgestaltung für den vom Zeugen verfolgten Zweck der Beweissicherung geeignet, erforderlich und verhältnismäßig.[303]

---

300 CR 2015, 400, 402 f. m. Anm. *Lachenmann/Schwiering.*

301 So auch *Atzert/Franck* RDV 2014, 137, 138; *Klann* DAR 2013, 188, 190; LG Memmingen, Urt. v. 14.1.2016 – 22 O 1983/13 = ZD 2016, 179, 181 m. Anm. *Schwiering*; ob die Hinweispflicht nach § 6b Abs. 2 BDSG eine Rechtmäßigkeitsvoraussetzung darstellt, ist nicht gänzlich unumstritten (hierzu *Balzer/Nugel* NJW 2014, 1622, 1627).

302 Vgl. *Lachenmann/Schwiering* NZV 2014, 291, 293.

303 AG Nienburg, Urt. v. 20.1.2015 – 4 Ds 520 Js 39473/14 = SVR 2015, 348, 349 f. m. Anm. *Krenberger.*

Außerdem leide bei Verkehrsunfällen die gerichtliche Aufklärung an (objektiven) Beweismitteln.[304] Damit seien nach Auffassung des Gerichts Dashcam-Aufzeichnungen datenschutzrechtlich erlaubt. Da damit kein Verstoß gegen ein Beweiserhebungsverbot vorliegt, kann ein unselbständiges Beweisverwertungsverbot nicht einschlägig sein.

Zweifelhaft ist, ob man dieser Bewertung aufgrund bestehender Beweisnot und einer angeblich geringen Eingriffsintensität in das Recht auf informationelle Selbstbestimmung des Angeklagten beipflichten kann. Vor allem Datenschützer werden wohl durch die Interessensabwägung besänftigt, zumal hier nur eine kurze und anlassbezogene Aufzeichnung des öffentlichen Verkehrsraums erfolgte. Der Fall, mit dem sich das Gericht zu beschäftigten hatte, zeigt sehr deutlich, dass die Abwägung zwischen dem Interesse des (heimlich) Gefilmten auf Schutz seines Rechts auf informationelle Selbstbestimmung und das Interesse des Betreibers der Dashcam an der Beschaffung von Beweisen und der Effektivität der Strafverfolgung mitunter schwierig ist und nach den konkreten Umständen des jeweiligen Einzelfalls vorzunehmen ist. Es stellt sich aber durchaus die Frage, ob der Eingriff in das Recht des Angeklagten tatsächlich derartig gering ist:

> Hier war insbesondere entscheidend, dass es sich um eine anlassbezogene Aufnahme gehandelt hat, bei welcher nur der konkret Betroffene anlässlich seines eigenen Fehlverhaltens gefilmt worden ist. Dies ist zu unterscheiden von der permanenten Aufnahme eines Verkehrsgeschehens durch eine Dashcam, bei welcher die Hürden für eine Verwertbarkeit höher sein können.[305]

Im Rahmen der Interessensabwägung wurde jedoch zu Unrecht außer Acht gelassen, dass es allein der Zeuge in der Hand hatte, in welchem Umfang er den Angeklagten filmte. Aufgrund der fehlenden Ortsfestigkeit der Kamera konnte der spätere Angeklagte den Aufnahmebereich – im Gegensatz zu einer ortsfesten Kamera – nicht verlassen. Er konnte sich einer Beobachtung praktisch nicht entziehen.[306]

Ferner liegt das Löschen der Daten in der Entscheidungsmacht des Betreibers. Aus diesen Gründen bestehen gegen die Verwertung im Strafverfahren durchaus durchgreifende Bedenken. Auf die Punktualität, also auf den eng begrenzten Zeitraum der Aufzeichnung[307] könne daher gerade nicht abgestellt werden. Schutzwürdige

---

304 Zusammenfassend bei *Deutscher* StRR 2015, 185, 186; a.A. VG Ansbach, Urt. v. 12.8.2014 – A N 4 K 13.01634 = SVR 2015, 235 m. Anm. *Koehl* (Das VG Ansbach wertete das Interesse von Passanten und Autofahren, nicht heimlich gefilmt zu werden, höher als das Interesse des Klägers an einem möglichen Videobeweis. Heimliche Aufnahmen unbeteiligter Dritter seien nach dem BDSG grundsätzlich unzulässig und stellen einen erheblichen Eingriff in das Persönlichkeitsrecht und das Recht auf informationelle Selbstbestimmung der von den Filmaufnahmen betroffenen Personen dar).

305 AG Nienburg, Urt. v. 20.1.2015 – 4 Ds 520 Js 39473/14 = SVR 2015, 348, 350 m. Anm. *Krenberger.*

306 So auch *Lachenmann/Schwiering* NZV 2014, 291, 293, 294.

307 *Terhaag/Schwarz* K&R 2015, 556, 558.

Interessen der Betroffenen können in der Regel dem Interesse des Betreibers an der Verwirklichung des festgelegten Zwecks der Videoüberwachung mittels Dashcam jedenfalls dann nicht überwiegen, wenn aufgrund des Auflösungsgrades der Bilder keine Identifizierung von Personen oder Kfz-Zeichen möglich ist.[308] Im konkreten Fall war nicht der Angeklagte selbst, sondern nur sein Fahrzeug aufgezeichnet worden.[309] Da nach Auffassung des Gerichts der Einsatz der Dashcam in „dieser konkreten Fallgestaltung für den vom Zeugen verfolgten Zweck der Beweissicherung geeignet, erforderlich und verhältnismäßig"[310] war, ist davon auszugehen, dass das Kennzeichen bzw. der Angeklagte (nachträglich) identifizierbar waren, sodass ein Überwiegen der Interessen des Betreibers mehr als angezweifelt werden muss. Durch das unmittelbare Filmen des Fahrzeugs wird aufgrund eines personenbeziehbaren Datums gemäß § 3 Abs. 1 BDSG auch der Fahrer in seinen Grundrechten beeinträchtigt.[311] Auch *Lachenmann* und *Schwiering* sind der Auffassung, dass man nur ausnahmsweise im Rahmen der Interessensabwägung zu einer Verwertbarkeit des Beweismittels kommen könne. Da Voraussetzung für eine Verwertbarkeit die Rechtmäßigkeit der Aufnahme ist und die Verwendung von Dashcams in der Regel nicht rechtmäßig sein könne, müsse die Verwertbarkeit verneint werden.[312]

b) Verwertbarkeit von Dashcam-Aufzeichnungen im Strafprozess

Was die Verwertbarkeit der Aufzeichnung betrifft, so steht, nachdem ein unselbständiges Beweisverwertungsverbot abgelehnt worden ist, nur noch die Frage nach einem selbständigen Beweisverwertungsverbot im Raum. Ein selbständiges Verwertungsverbot liegt nur dann vor, wenn allein die gerichtliche Verwertung der Aufzeichnung das Recht auf informationelle Selbstbestimmung verletzen würde.

---

308 BeckOK-BDSG/*Brink* § 6b Rn. 69

309 AG Nienburg, Urt. v. 20.1.2015 – 4 Ds 520 Js 39473/14 = SVR 2015, 348, 349 f. m. Anm. *Krenberger.*

310 Siehe *Deutscher* StRR 2015, 185, 186.

311 CR 2015, 400, 403 m. Anm. *Lachenmann/Schwiering*; nach *Bäumerich* lässt sich erst mit einem – meist nicht vorhandenen – Zusatzwissen (z.B. Wissen der Zulassungsstelle) die Person identifizieren. Jedoch gibt § 39 Abs. 1 StVG einen Anspruch auf einfache Registerauskunft. Dadurch kann der Dashcam-Betreiber durchaus ein Kennzeichen mit den Halterdaten in Verbindung bringen, sodass die Personenbezogenheit von Kfz-Kennzeichen zu bejahen ist (*Bäumerich* JuS 2016, 803, 804).

312 CR 2015, 400, 403 m. Anm. *Lachenmann/Schwiering*; 1995 hat der BGH entschieden, dass Filmaufzeichnungen mittels einer Videokamera auch in der Öffentlichkeit zugänglichen Bereichen einen unzulässigen Eingriff in das allgemeine Persönlichkeitsrecht des Betroffenen darstellen können, selbst wenn keine Verbreitungsabsicht besteht. Ob ein solcher Eingriff hinzunehmen ist, ist anhand einer umfassender Güter- und Interessensabwägung zu entscheiden (BGH, Urt. v. 25.4.1995 – VI ZR 272/94 = NJW 1995, 1955).

Abzuwägen war das öffentliche Interesse an einer effektiven Strafverfolgung und das Recht auf informationelle Selbstbestimmung.[313]

Das AG Nienburg kam hierbei zu dem Ergebnis, dass die gespeicherten Aufnahmen lediglich Vorgänge aus dem öffentlichen Straßenverkehr betreffen. Damit sei der absolute Kernbereich der persönlichen Lebensführung des Angeklagten nicht betroffen. An dieser Stelle musste das Gericht klären, ob unter Umständen das Geheimschutzinteresse des Angeklagten, welches aus dem allgemeinen Persönlichkeitsrecht folgt, das Interesse an der Effektivität der Strafverfolgung überwiegt. Hierbei nahm das Gericht eine Gesamtschau aller schutzwürdigen Belange vor, wobei unter anderem die Schwere der angeklagten Tat, das Sicherheitsbedürfnis der Bevölkerung und die Intensität bzw. Reichweite des Eingriffs in das Recht auf informationelle Selbstbestimmung berücksichtigt werden mussten.[314] Ferner bezog das Gericht die im Raum stehende, empfindliche Freiheitsstrafe in ihre Abwägung mit ein. Infolge der Interessensabwägung kam das Gericht zu dem Ergebnis, dass eine Verwertung zulässig sei. Etwas anderes würde nur dann gelten, wenn entsprechende Aufzeichnungen von unbeteiligten Dritten angefertigt worden wären und sich diese zu „Hilfssheriffs" aufschwingen würden.[315] So teilt auch *Satzger* die Auffassung des Gerichts, wonach „Hilfssheriffs", die den öffentlichen Verkehrsraum ohne Anlass und in Bagatellfällen überwachen, „in ihrer Summe einem staatlichen Big Brother nahekommen"[316] können. Dies würde in jedem Fall dem durch Art. 2 Abs. 1 i.V.m. Art. 1 Abs. 1 GG gewährten Recht auf informationelle Selbstbestimmung widersprechen.

c) Ergebnis

Satzger ist von der vom AG Nienburg vorgenommenen Differenzierung zwischen kurzen, anlassbezogenen Aufzeichnungen und solchen Aufzeichnungen, welche ohne Anlass erfolgen, überzeugt. Vor allem bei ersteren sei bei einer Verwertung der Eingriff in das Recht auf informationelle Selbstbestimmung des Betroffenen eng begrenzt. Insbesondere aber bei anlasslosen Aufzeichnungen und Bagatellfällen sei Vorsicht geboten. Eine generelle und undifferenzierte Verwertung soll seiner Ansicht nach nicht angestrebt werden, da diese zu einer (dauerhaften) Überwachung von zahlreichen Unbeteiligten führen würde.[317]

---

313 Zum Beweisverwertungsverbot im Strafverfahren vgl. auch *Bäumerich* JuS 2016, 803, 806.

314 *Deutscher* StRR 2015, 185, 186.

315 AG Nienburg, Urt. v. 20.1.2015 – 4 Ds 520 Js 39473/14 = SVR 2015, 348 m. Anm. *Krenberger.*

316 *Satzger* JURA 2015, 1394.

317 *Satzger* JURA 2015, 1394; *Wirsching* NZV 2016, 13, 16.

Auch *Wirsching* zufolge verstößt eine anlasslose und dauerhafte Aufzeichnung von Verkehrsvorgängen gegen geltendes Recht, sodass eine gerichtliche Verwertung des Beweismittels nicht zulässig sein darf.[318]

> Das Problem besteht demgemäß in der Abgrenzung: Es wird daher darauf ankommen, ob es gelingt, zufriedenstellende technische Lösungen[319] zu entwickeln, die Aufnahmen nur im Rahmen des für die konkrete Verkehrsgefährdung Erforderlichen zu fertigen und hierauf zu beschränken. [...] Unter dieser Bedingung erscheint die Verwertbarkeit – gerade bei gravierenden – Straftaten richtig und auch grundrechtlich zu rechtfertigen.[320]

Da das Urteil des AG Nienburg bislang das einzige Urteil zur *strafrechtlichen* Verwertbarkeit von Dashcam-Aufzeichnungen ist, bleibt eine diesbezügliche Entwicklung abzuwarten. Mit Sicherheit werden sich die Gerichte in Zukunft vermehrt mit einer strafprozessualen Verwertbarkeit solcher Aufzeichnungen beschäftigen müssen, da in Deutschland im Jahr 2014 insgesamt mehr als 150.000 Dashcams verkauft worden sind,[321] sodass die Jurisprudenz Acht geben muss, nicht von dieser Entwicklung überrollt zu werden.[322]

2. Dashcam-Aufzeichnungen im Zivilprozess

Zivilgerichte befassen sich seit 2013 mit der gerichtlichen Verwertbarkeit von Dashcam-Aufzeichnungen.[323]

a) Urteil des AG München v. 6.6.2013

Das soweit ersichtlich erste zivilgerichtliche Urteil erging am 6.6.2013 durch das AG München.[324]

aa) Interessensabwägung des AG München

Die Parteien stritten sich um Schadensersatz- und Schmerzensgeldansprüche des Klägers aus einem Verkehrsunfall. Zum Beweis der Unfalldarstellung bezog sich der Kläger auf ein Video, welches er während der Fahrt von seinem Fahrrad aus

---

318 *Wirsching* NZV 2016, 13, 16.

319 Zu den technischen Lösungen: *Balzer/Nugel* NJW 2014, 1622, 1623, 1624.

320 *Satzger* JURA 2015, 1394.

321 http://www.sueddeutsche.de/auto/videokameras-im-auto-wann-die-dashcam-zum-einsatz-kommen-darf-1.2449705 (Stand: Dezember 2016).

322 Empfehlungen zum Umgang mit Dashcams gibt der Arbeitskreis VI im Rahmen des 54. Deutschen Verkehrsgerichtstags 2016 (*Janker* SVR 2016, 78, 79).

323 Bereits 2010 hat *Bihari Vass* die rechtliche Einordnung von Minikameras am Pkw zu Beweiszwecken angemahnt. Zur Zulässigkeit der Einführung in den Zivilprozess vgl. *Bihari Vass* DAR 2010, 504, 507.

324 AG München, Urt. v. 6.6.2013 – 343 C 4445/13 = NJW-RR 2014, 413, siehe auch *Krämer* SVR 2016, 23, 26.

aufgenommen hatte.[325] Zur Frage, ob das Video im Zivilprozess verwertet werden kann, nahm das AG eine Abwägung der beiderseitigen Interessen vor:

> Die Abwägung führt zu dem Ergebnis, dass die Verwertung des Videos hier zulässig ist. Zu der Zeit, zu der das Video aufgenommen wird, verfolgt der Aufnehmende damit noch keinen bestimmten Zweck. Die Personen die vom Video aufgenommen werden, geraten rein zufällig ins Bild, so, wie es auch ist, wenn man Urlaubsfotos schießt oder Urlaubsfilme macht und dabei auch Personen mit abgebildet werden, mit denen man nichts zu tun hat. Derartige Fotoaufnahmen und Videos sind nicht verboten und sozial anerkannt. Jeder weiß, dass er in der Öffentlichkeit zufällig auf solche Bilder geraten kann. Nachdem die abgebildete Person dem Fotografierer in der Regel nicht bekannt ist und dieser damit auch keine näheren Absichten gegenüber der abgebildeten Person verfolgt, bleibt die abgebildete Person anonym und ist insofern allein durch die Tatsache, dass die Aufnahme erstellt wird auch nicht in ihren Rechten betroffen. Eine Beeinträchtigung ihrer Grundrechte kann nur dann vorliegen, wenn eine derartige zufällige gewonnene Aufnahme dann gegen den Willen der abgebildeten Person veröffentlicht wird.[326]

Tatsächlich kam es im vorliegenden Fall zu einer „Veröffentlichung" – im untechnischen Sinne – des Videos gegen den Willen der abgebildeten Person und zwar in dem Moment, indem der Zeuge von dem Video als Beweismittel im Prozess Gebrauch gemacht hatte. Hierzu führte das Gericht folgendermaßen aus:

> In dem Moment, in dem sich der Unfall ereignete, hat sich die Interessenlage der Bet. aber auch geändert. Der Kl. hat nunmehr ein Interesse daran Beweise zu sichern. Dieses Interesse ist in der Rechtsprechung anerkannt: Es wird für unproblematisch gehalten, wenn ein Unfallbeteiligter unmittelbar nach dem Unfall Fotos von den beteiligten Fahrzeugen, der Endstellung, Bremsspuren oder auch von seinem Umfallgegner macht, um Beweise für den Unfallhergang und die Beteiligung der Personen zu sichern. Es kann keinen Unterschied machen, ob die Beweismittel erst nach dem Unfall gewonnen werden oder bereits angefertigte Aufnahmen nun mit bestimmter Zielrichtung verwertet werden. Deshalb konnte im Prozess das Video ausgewertet werden.[327]

---

325 AG München, Urt. v. 6.6.2013 – 343 C 4445/13 = NJW-RR 2014, 413, 414.

326 AG München, Urt. v. 6.6.2013 – 343 C 4445/13 = NJW-RR 2014, 413, 414; zustimmend LG Landshut, Hinweisbeschl. v. 1.12.2015 – 12 S 2603/15 = ZD 2016, 187, 188 („*Auch die Kammer sieht keinen gravierenden Grundrechtseingriff darin, wenn andere Verkehrsteilnehmer, deren Identität dabei nicht geklärt wird und auch nicht geklärt werden soll, von einer Onboard-Kamera erfasst werden, ohne dass dies für den Kamerabetreiber mit einem Erkenntnisgewinn verbunden ist*").

327 AG München, Urt. v. 6.6.2013 – 343 C 4445/13 = NJW-RR 2014, 413, 414; zustimmend LG Landshut, Hinweisbeschl. v. 1.12.2015 – 12 S 2603/15 = ZD 2016, 187, 188.

bb) Stellungnahme

Der Argumentation des Gerichts kann im Ergebnis nicht gefolgt werden.

Zum einem kann der Vergleich mit den Urlaubsfotos, die grundsätzlich nicht verboten und sozial anerkannt sind, nicht greifen. Die Veröffentlichung von Urlaubsfotos ohne Einwilligung der darauf abgebildeten Person kann durchaus unzulässig sein,[328] sodass dies vorliegend kein tragendes Argument für eine generelle Verwertbarkeit entsprechender Fotos darstellen kann. Zum anderen ist die abschließende Begründung des Gerichts, wonach Unfallbeteiligte unmittelbar nach einem Unfall Fotos anfertigen dürfen, viel zu knapp gehalten. Die Auffassung des Gerichts, wonach keine Unterschiede zwischen Fotos, welche *vor* einem Unfall entstanden sind und solchen, die erst *nach* einem Unfall angefertigt worden sind, bestehen, überzeugt nicht gänzlich. Vorliegend hat der Kläger das Geschehen während der Fahrt von seinem Fahrrad aus aufgenommen. Es kann nicht sichergestellt werden, dass lediglich der Beklagte auf dem Bildmaterial festgehalten worden ist. Vielmehr könnten nichtbeteiligte Personen aufgezeichnet worden sein; da diese mangels entsprechenden Hinweises keine Kenntnis von der Videoaufzeichnung hatten, konnten sie den Aufnahmebereich nicht verlassen. Ferner handelte es sich bei Dashcams gerade um eine mobile Überwachungsmaßnahme, sodass auch nicht die generelle Möglichkeit bestanden hat, sich dem Aufnahmebereich zu entziehen. Hier liegt der wesentliche Unterschied in der Anfertigung von Bildmaterial vor und nach einem Unfall: Dashcams sollen fortlaufend den öffentlichen Verkehrsraum, zunächst nicht anlassbezogen für den Fall eines möglichen Verkehrsunfalls, beobachten. Damit kann im Grunde eine Vielzahl von unbeteiligten Dritten erfasst werden. Bildmaterial, welches nach einem Unfall angefertigt wird, erfasst in der Regel nicht eine Vielzahl von Personen und führt mithin nicht zu einer nahezu flächendeckenden Überwachung Dritter. Insbesondere werden hierbei in der Regel nur die beteiligten Fahrzeuge fotografiert. Zwar können auch unbeteiligte Dritte (unbewusst) in den Aufnahmebereich gelangen, allerdings werden sie dadurch nicht aus der Anonymität herausgelöst. Vielmehr können diese dann lediglich ein Beiwerk darstellen.[329]

Nach Auffassung von *Knyrim* und *Trieb* müssen, da das AG München davon ausgeht, dass das Anfertigen von Bildmaterial nach einem Unfall unproblematisch ist, solche Dashcam-Systeme zulässig sein, die nur *nach* Eintreten eines Ereignisses – sei es ein Unfall oder eine Sachbeschädigung am parkenden Auto – Daten speichern. Daher müssen sich ihrer Ansicht nach die Gerichte explizit mit den entsprechenden Systemen auseinandersetzen. Ferner muss der zeitliche Faktor in den Mittelpunkt rücken.[330]

---

328 Vgl. nur OLG Oldenburg, Urt. v. 14.11.1988 – 13 U 72/88 = NJW 1989, 400.

329 Anders hingegen *Bäumerich* JuS 2016, 803, 804 („*In einer solchen Situation [Dashcam wird anlässlich eines Unfalls oder einer Straftat angeschaltet] besteht ein berechtigtes Interesse an der Aufnahme durch die Dashcam, vergleichbar mit den Fotos nach einem Unfallgeschehen*“).

330 *Knyrim/Gerald* ZD 2014, 547, 549.

cc) Ergebnis

Insgesamt lässt sich festhalten, dass die Begründung des Urteils zur Verwertbarkeit zu knapp gehalten ist. An den wesentlichen Stellen überzeugen die Argumente, welche eine Verwertbarkeit des streitgegenständlichen Videos untermauern sollen, nicht.

b) Beschluss des AG München v. 13.8.2014

In einer späteren Entscheidung kam das AG München zu dem Schluss, dass Aufzeichnungen einer Dashcam im Zivilprozess nicht als Beweismittel verwertet werden können.[331]

Das Gericht berief sich zunächst auf das vorausgegangene Urteil, wonach eine Verwertbarkeit derartiger Aufnahmen von einer Abwägung der beiderseitigen Interessen abhängig sei.[332] Das AG München hat aufgrund der anlasslosen Verwendung von Dashcams einen Verstoß gegen § 6b Abs. 1 Nr. 3 BDSG und § 22 S. 1 KUG angenommen. Gemäß § 6b Abs. 1 Nr. 3 BDSG ist die Beobachtung öffentlich zugänglicher Räume mit optisch-elektronischen Einrichtungen nur zulässig, soweit sie zur Wahrnehmung berechtigter Interessen für konkret festgelegte Zwecke erforderlich ist und keine Anhaltspunkte bestehen, dass schutzwürdige Interessen der Betroffenen überwiegen. Wie eingangs erläutert, müssen auch mobile Videoüberwachungsmaßnahmen unter diese Norm subsumiert werden können. Der Zweck der Überwachungsmaßnahme, nämlich die Sicherung von etwaigen Beweisen für einen möglichen Verkehrsunfall sei zwar durchaus konkret, jedoch überwiegen die Interessen des Betroffenen am Schutz seines Rechts auf informationelle Selbstbestimmung als Ausfluss des allgemeinen Persönlichkeitsrechts nach Art. 2 Abs. 1 i.V.m. Art. 1 Abs. 1 GG.[333]

> Allein das allgemeine Interesse an einer funktionstüchtigen Straf- und Zivilrechtspflege reicht aber nicht, um im Rahmen der Abwägung stets von einem gleichen oder gar höheren Gewicht ausgehen zu können, als es dem allgemeinen Persönlichkeitsrecht zukommt. Vielmehr müssen weitere Aspekte hinzutreten, die ergeben, dass das Interesse an der Beweiserhebung trotz der Persönlichkeitsbeeinträchtigung schutzbedürftig ist.[334]

Durch die Erstellung der Fotoaufnahmen wurde in das Recht auf informationelle Selbstbestimmung eingegriffen. Ferner konnte der Eingriff verfassungsrechtlich nicht gerechtfertigt werden, da das Recht des Betroffenen das Recht des Verwenders wesentlich überwiegt. Insbesondere können die Argumente der generellen

331 AG München, Beschl. v. 13.8.2014 – 345 C 5551/14 = ZD 2014, 530 m. Anm. *Werkmeister.*

332 AG München, Urt. v. 6.6.2013 – 343 C 4445/13 = NJW-RR 2014, 413.

333 AG München, Beschl. v. 13.8.2014 – 345 C 5551/14 = ZD 2014, 530, 531 m. Anm. *Werkmeister.*

334 So bereits BVerfG, Beschl. v. 9.10.2002 – 1 BvR 1611/96, 1 BvR 805/98 = NJW 2002, 3619, 3624.

Gefährlichkeit des öffentlichen Straßenverkehrs und der bloßen Möglichkeit des Gebrauchens einer Videoaufzeichnung als Beweismittel für die verfassungsrechtliche Rechtfertigung nicht herangezogen werden.[335] Daher kann das durch Dashcams erlangte Videomaterial im Zivilprozess nicht als Beweismittel verwertet werden. Nach Empfinden des Gerichts kann nur dies die einzige richtige Entscheidung sein. Jede andere Auffassung würde bedeuten, dass jeder Bürger Kameras in seinem Fahrzeug oder an seiner Kleidung befestigen und den gesamten Verkehrsraum durchgehend filmen könnte. Dies würde die Gefahr einer flächendeckenden Dauerüberwachung begründen und dazu führen, dass das Recht auf informationelle Selbstbestimmung „praktisch aufgegeben“[336] werde.

Obwohl der Beschluss des AG München auf den ersten Blick den Eindruck vermittelt, dass eine Videoüberwachung generell und ohne Einschränkungen unzulässig ist, geht aus dem Beschluss dennoch hervor, dass die Umstände des Einzelfalls von maßgeblicher Bedeutung sind und jedenfalls eine Abwägung der widerstreitenden Interessen erforderlich ist.[337]

Ferner hat das Gericht in dieser Entscheidung einen Verstoß gegen § 22 S. 1 KUG angenommen. Gemäß § 22 S. 1 KUG dürfen Bildnisse nur mit Einwilligung des Abgebildeten verbreitet oder öffentlich zur Schau gestellt werden. Ohne die erforderliche Einwilligung dürfen Bilder, auf denen die Personen nur als Beiwerk neben einer Landschaft oder sonstigen Örtlichkeit erscheinen, verbreitet oder zur Schau gestellt werden, § 23 Abs. 1 Nr. 2 KUG. Durch eine gezielte Aufnahme des Betroffenen erscheint dieser gerade nicht als Beiwerk. Bei der Abgrenzung zwischen unzulässiger und zulässiger Bildveröffentlichung kommt es nämlich darauf an, ob der Abgebildete in diesem Zusammenhang nur „bei Gelegenheit“ erscheint oder ob eine Herauslösung aus der Anonymität erfolgt.[338] Die betroffene Person wurde vorliegend nicht bei Gelegenheit gefilmt, sondern die Aufnahmen erfolgten gezielt zur Erhebung personenbezogener Daten. Damit erfolgt ein Herauslösen aus der

---

335 AG München, Beschl. v. 13.8.2014 – 345 C 5551/14 = ZD 2014, 530, 532 m. Anm. *Werkmeister*.

336 AG München, Beschl. v. 13.8.2014 – 345 C 5551/14 = ZD 2014, 530, 532 m. Anm. *Werkmeister*; a.A. *Knyrim/Trieb* ZD 2014, 547, 548 (dieses *„Schreckensszenario“* kann nicht die Unzulässigkeit der Gewinnung des in Frage stehenden Bildmaterials begründen, da dies bedeuten würde, dass sämtliche Videokameras etc. verboten werden müssten); auch wenn man im Ereignisfall Straftaten mit Hilfe der Dashcam dokumentieren könnte, kann die vorausgehende Dauerüberwachung unbeteiligter Dritter nicht gerechtfertigt sein (Komm-BDSG/*Gola/Klug/Körffer* § 6b Rn. 9b); *„Die totale Überwachung aber stellt eine nicht tolerierbare Beschränkung des Persönlichkeitsrechts dar. Dies gilt insbes. für die Datenerfassung seitens einer Vielzahl von Akteuren, hier Verkehrsteilnehmern“* (*Bachmeier* DAR 2014, 15, 19).

337 A.A. ZD 2014, 530, 533 m. Anm. *Werkmeister*.

338 BeckOK-UrhR/*Engels* § 23 KUG Rn. 13; OLG Frankfurt a.M., Urt. v. 15.6.2004 – 11 U 5/04 = MMR 2004, 683, 684.

Anonymität,[339] sodass das Landschaftsprivileg nach § 23 Abs. 1 Nr. 2 KUG nicht einschlägig sein kann.[340] Da Sinn und Zweck der Aufzeichnungen in der Beweisführung in einer gerichtlichen Verhandlung liegt, könne ein öffentliches zur Schau stellen im Sinne von § 22 S. 1 KUG angenommen werden.[341] Zum einen ist die Verhandlung vor dem erkennenden Gericht einschließlich der Verkündung der Urteile und Beschlüsse öffentlich (§ 169 S. 1 GVG) und zum anderen ist ein zur Schau stellen bereits dann zu bejahen, wenn ein Bildnis auf irgendeine Art und Weise sichtbar gemacht wird, ohne dass das Publikum die Verfügungsgewalt über das Bildnis erhält.[342]

c) Urteil des LG Heilbronn v. 3.2.2015

Das LG Heilbronn vertritt in seinem Urteil v. 3.2.2015 den Standpunkt, dass Dashcam-Aufnahmen als Beweismittel nicht verwertet werden dürfen.[343]

Der Ehemann der Klägerin hatte den streitgegenständlichen Unfallhergang mit einer Dashcam aufgezeichnet und sich zum Beweis auf eine Inaugenscheinnahme der Aufzeichnung berufen. Dieses Beweismittel akzeptierte das Gericht nicht:[344]

> Denn Videoaufzeichnungen, die ohne Kenntnis des Betroffenen angefertigt wurden, sind lediglich nach den Grundsätzen über die Verwertbarkeit rechtswidrig erlangter Beweismittel ausnahmsweise zulässig. Über die Verwertbarkeit ist nach ständiger Rechtsprechung und mangels einer ausdrücklichen Regelung in der ZPO auf Grund einer umfassenden Interessen- und Güterabwägung zu entscheiden [...].[345]

Ebenso wie das AG München[346] kam das LG Heilbronn zu dem Ergebnis, dass Dashcam-Aufzeichnungen den Betroffenen in seinem Recht auf informationelle Selbstbestimmung gemäß Art. 2 Abs. 1 i.V.m. Art. 1 Abs. 1 GG verletzen. Auf der anderen Seite steht das Interesse an einer funktionstüchtigen Zivilrechtspflege. Diesem Interesse kommt durchaus eine hohe Bedeutung zu. Die Umstände des Einzelfalls lassen jedoch kein überwiegendes Interesse an der Zivilrechtspflege,

---

339 So auch *Lachenmann/Schwiering* NZV 2014, 291, 293.

340 *Klann* DAR 2013, 188; *Bachmeier* DAR 2014, 15,16.

341 AG München, Beschl. v. 13.8.2014 – 345 C 5551/14 = ZD 2014, 530, 531 m. Anm. *Werkmeister*; a.A. LG Frankenthal, Urt. v. 30.12.2015 – 4 O 358/15 = NJOZ 2016, 1195, 1197.

342 BeckOK-UrhR/*Engels* § 22 KUG Rn. 54.

343 LG Heilbronn, Urt. v. 3.2.2015 – I 3 S 19/14 = NJW-RR 2015, 1019; zusammenfassend *Krämer* SVR 2016, 23, 24.

344 So bereits das AG Besigheim, Urt. v. 23.5.2014 – 7 C 907/13 = BeckRS 2015, 05721. Gegen das Urt. wurde Berufung beim LG Heilbronn eingelegt.

345 LG Heilbronn, Urt. v. 3.2.2015 – I 3 S 19/14 = NJW-RR 2015, 1019, 1020.

346 AG München, Beschl. v. 13.8.2014 – 345 C 5551/14 = ZD 2014, 530 m. Anm. *Werkmeister*.

mithin an der Beweissicherung erkennen.[347] Zu Recht hat das Gericht ausgeführt, dass Personen, welche lediglich als Beiwerk auf Bildern abgebildet werden, dies prinzipiell zu dulden haben:[348]

> Geht es jedoch um die gezielte und verdeckte Fertigung von Bildaufnahmen muss dann etwas anderes gelten, wenn die Betroffenen nicht absehen können, ob Aufzeichnungen gefertigt werden.[349]

Durch den Einsatz von Dashcams wird der gesamte öffentliche Verkehrsraum permanent[350] überwacht. Ferner obliegt es dem Betreiber zu entscheiden, welche Daten er löscht und welche er speichert. Darüber hinaus besteht für Betroffene, mangels Hinweis auf die Aufnahme und Mobilität der Dashcam, nicht die Möglichkeit, den Aufnahmebereich zu verlassen; hierin besteht der wesentliche Unterschied zu stationären Überwachungsanlagen. Zudem kann gerade aufgrund der Mobilität des Überwachungsgeräts eine großflächige Beobachtung herbeigeführt werden, welche zu einem schwerwiegenden Eingriff in die Persönlichkeitsrechte einer Vielzahl von Personen in kürzester Zeit führt. Darüber hinaus würde bei anderer Betrachtung die Gefahr bestehen, dass in Zukunft Dashcams nicht nur in Fahrzeugen installiert werden, sondern Personen mobile Kameras an ihrer Kleidung befestigen und dadurch die Gefahr einer dauerhaften und großflächigen Überwachung hervorgerufen wird.

Abschließend stellt das Gericht durch den Einsatz von Dashcams einen Verstoß gegen § 6b Abs. 1 Nr. 3 BDSG und § 22 S. 1 KUG fest.[351]

---

347 LG Heilbronn, Urt. v. 3.2.2015 – I 3 S 19/14 = NJW-RR 2015, 1019, 1021; ebenso LG Frankenthal, Urt. v. 30.12.2015 – 4 O 358/15 = NJOZ 2016, 1195, 1198.

348 So bereits BGH, Urt. v. 25.4.1995 – VI ZR 272/94 = NJW 1995, 1955, 1957.

349 LG Heilbronn, Urt. v. 3.2.2015 – I 3 S 19/14 = NJW-RR 2015, 1019, 1021.

350 Andere Fallgestaltung: LG Frankenthal, Urt. v. 30.12.2015 – 4 O 358/15 = NJOZ 2016, 1195, 1199 („*Der Bekl. zu 1 hat insoweit für die Kammer überzeugend geschildert, dass die von ihm verwendete ‚Dash-Cam' nicht permanent aufzeichne. Vielmehr müsse er diese aktiv mit dem Stromkreis des Fahrzeugs verbinden, um eine Aufnahme zu starten. […] Damit stellt sich der Einsatz der ‚Dash-Cam' durch den Bekl. zu 1 aber nicht als permanente, sondern vielmehr grundsätzlich anlassbezogene Aufzeichnung dar, so dass hier den berechtigten Interessen Dritter per se Rechnung getragen wird bzw. diese jedenfalls nicht vollkommen missachtet werden*").

351 LG Heilbronn, Urt. v. 3.2.2015 – I 3 S 19/14 = NJW-RR 2015, 1019, 1021 f.; LG Frankenthal, Urt. v. 30.12.2015 – 4 O 358/15 = NJOZ 2016, 1195, 1196 („*Bei einer permanenten und anlasslosen Überwachung des Straßenverkehrs durch eine in einem Fahrzeug installierte Kamera […] kommen grundsätzlich Verstöße gegen § 6b BDSG, § 22 KunstUrhG und das allgemeine Persönlichkeitsrecht in Betracht*").

d) *Urteil des AG Nürnberg v. 8.5.2015*

Ebenfalls im Jahr 2015 hatte sich das AG Nürnberg mit der Verwertung von Dashcam-Aufzeichnungen zu beschäftigen.[352]

In der Urteilsbegründung weist das Gericht auf die von *Greger*[353] geäußerte Rechtsauffassung hin und schließt sich vollumfänglich seiner Ansicht an, wonach private Videoaufzeichnungen von Verkehrsvorgängen als Beweis verwertbar sein können. Bereits zu Beginn der Urteilsbegründung verneint das Gericht die Anwendbarkeit von § 6b BDSG, da diese lediglich auf stationäre Überwachungsanlagen anwendbar seien. Diese Vorschrift könne aber durchaus auch auf mobile Überwachungsgeräte Anwendung finden, da nur so ein umfassender Schutz erreicht werden könne. Ferner ergebe sich weder aus dem Wortlaut, noch aus der Überschrift der Norm oder aus der Stellung innerhalb des Gesetzes, dass § 6b BDSG nur stationäre Anlagen erfasse.[354] Einen Verstoß gegen § 22 S. 1 KUG lehnt das Gericht ab, da diese Vorschrift keinen Schutz gegen die Herstellung von Abbildungen gewähre. Ob in der gerichtlichen Verwertung ein öffentliches zur Schau stellen liegt, behandelt das Gericht hingegen nicht. Da aber nach § 24 KUG für Zwecke der Rechtspflege und der öffentlichen Sicherheit Bildnisse ohne Einwilligung des Berechtigten sowie des Abgebildeten oder seiner Angehörigen vervielfältigt, verbreitet und öffentlich zur Schau gestellt werden dürften, werde dadurch eine Inaugenscheinnahme der Videoaufzeichnung in öffentlicher Sitzung ermöglicht.

Da Verstöße gegen einfaches Recht nicht per se ein Beweisverwertungsverbot begründen, komme es für die Frage der Verwertbarkeit der Dashcam-Aufzeichnungen auf eine Interessensabwägung an. Bei der vorzunehmenden Interessensabwägung kommt das Gericht letztlich zu der Auffassung, dass die Verwertung der Videoaufzeichnung durchaus in das allgemeine Persönlichkeitsrecht des Betroffenen eingreife, dieser Eingriff aber hingenommen werden müsse.[355]

Dieser Auffassung kann nicht gefolgt werden, zumal von einer nur marginalen Berührung des Rechts nicht die Rede sein kann. Dem Betreiber der Dashcam obliegt es, in welchem Umfang er die Betroffenen filmt. Aufnahmen erfassen zudem prinzipiell jeden, der sich – unbewusst – im Aufnahmebereich befindet. Somit ist jeder Verkehrsteilnehmer praktisch dauernd „am Set“.[356] Der Betroffene hat ferner, aufgrund der fehlenden Ortsfestigkeit der Kamera, im Grunde keine Möglichkeit, den Aufnahmebereich zu verlassen und sich dadurch einer Aufzeichnung zu entziehen. Dies führt dazu, dass der aufgezeichnete Lebenssachverhalt nicht nur

---

352 AG Nürnberg, Urt. v. 8.5.2015 – 18 C 8938/14 = BeckRS 2015, 14846; zum Ganzen *Krämer* SVR 2016, 23, 25.

353 *Greger* NZV 2015, 114.

354 So auch *Deutscher* StRR 2015, 185, 187; BeckOK-BDSG/*Brink* § 6b Rn. 25; Nomos-BDSG/*Scholz* § 6b Rn. 37.

355 AG Nürnberg, Urt. v. 8.5.2015 – 18 C 8938/14 = BeckRS 2015, 14846.

356 *Bachmeier* DAR 2014, 15, 18.

auf einen sehr kurzen Zeitraum begrenzt sein muss.[357] Darüber hinaus kann der Betreiber selbständig darüber entscheiden, ob er die Aufnahmen speichert. Er kann daher nach eigenem Ermessen über die Preisgabe und Verwendung persönlicher Daten bestimmen. Aus diesen Gründen wird das Recht auf informationelle Selbstbestimmung als Ausfluss des allgemeinen Persönlichkeitsrechts verletzt. Diesen Eingriff haben die Betroffenen nicht zu dulden, da das Recht des Betreibers an einer Beweisbeschaffung aus den eben genannten Gründen nicht überwiegen kann. Der Betreiber befindet sich zwar in einem Beweisnotstand, sodass die Durchsetzung seiner Ansprüche von der Zulassung der Verwertbarkeit des Beweismittels abhängen kann. *Greger* ist daher insoweit zuzustimmen, als dass „der Aufzeichnende selbstverständlich ein erhebliches und legitimes Interesse an der Zulassung dieses Beweismittels"[358] haben kann. Insbesondere fordern auch der Grundsatz der freien Beweiswürdigung gemäß § 286 ZPO[359] und das Recht auf rechtliches Gehör nach Art. 103 Abs. 1 GG,[360] dass das Gericht die ihm angebotenen Beweismittel zur Wahrheitsermittlung berücksichtig.[361] *Bachmeier* zufolge kann bei der Durchsetzung von Ansprüchen als Teil einer funktionsfähigen Rechtspflege auf die Rechtsprechung der Arbeitsgerichte[362] zurückgegriffen werden:

> Je weniger Möglichkeiten bestehen, eigene Ansprüche durchzusetzen, umso bedeutsamer wird die Zulässigkeit von Beweismitteln als Teil des rechtlichen Gehörs umgesetzt.[363]

Die Beweisnot als solche kann allerdings nicht zu einem Überwiegen des Interesses an der Verwertung der Aufzeichnung führen, da der Eingriff in das Recht auf informationelle Selbstbestimmung der Betroffenen besonders schwerwiegend ist.

e) Urteil des LG Memmingen v. 14.1.2016

Abschließend ist auf das Urteil des LG Memmingen v. 14.1.2016 hinzuweisen.[364]

Das Gericht hatte nicht nur das Anfertigen von Videoaufnahmen von Personen im öffentlichen Verkehrsraum rechtlich zu beurteilen, sondern musste auch über einen Schmerzensgeldanspruch und einen materiellen Schadensersatz entscheiden.

---

357 A.A. AG Nürnberg, Urt. v. 8.5.2015 – 18 C 8938/14 = BeckRS 2015, 14846.

358 *Greger* NZV 2015, 114, 115.

359 Umfassend hierzu MüKo-ZPO/*Prütting* § 286 Rn. 6 ff.

360 BeckOK-GG/*Radtke/Hagemeier* Art. 103 Rn. 1 ff.; auch *Bachmeier* zufolge ist eine Videoaufnahme ein *„überragendes Beweismittel, sodass sich bei der Zulassung bzw. Ablehnung die Frage der Gewährung des rechtlichen Gehörs nach Art. 103 Abs. 1 GG stellt"* (*Bachmeier* DAR 2014, 15, 17).

361 Siehe hierzu auch LG Frankenthal, Urt. v. 30.12.2015 – 4 O 358/15 = NJOZ 2016, 1195, 1198.

362 BAG, Urt. v. 21.6.2012 – 2 AZR 153/11 = NJW 2012, 3594.

363 *Bachmeier* DAR 2014, 15, 17.

364 LG Memmingen, Urt. v. 14.1.2016 – 22 O 1983/13 = ZD 2016, 179 m. Anm. *Schwiering*.

> Die Kl. wohnen im Anwesen A-Weg in N. gegenüber dem dortigen Kindergarten, in dem die Bekl. als Erzieherin beschäftigt ist. Die Bekl. hat regelmäßig den Pkw ihres Ehemanns, des Bekl. zu 2), gegenüber dem Anwesen der Kl. geparkt und dabei eine aufnahmebereite Bordkamera (sog. Dash-Cam) an der Windschutzscheibe befestigt. Diese schaltet sich automatisch per Bewegungsmelder ein und zeichnet dann die Vorgänge in Blickrichtung der Kamera jeweils über einige Minuten auf. Ist der Speicher voll, werden die Daten überschrieben. Auf das Vorhandensein einer Bordkamera weist ein kleines Schild an einem Fahrzeugfenster hin. Der Bekl. zu 2) erstattete gegen die Kl. Strafanzeige mit der Behauptung, dass die Kl. am 4.9.2013 beim Vorbeifahren mit ihrem Pkw am geparkten Fahrzeug des Bekl. mutwillig dessen Fahrzeug zerkratzt habe. Zum Beweis übergab er der Polizei eine mittels Dash-Cam gefertigte Videoaufzeichnung [...].[365]

Das Gericht ist der Auffassung, dass die Beobachtung des öffentlichen Verkehrsraums und des Zugangs zum Privatgrundstück der Kläger einen Verstoß gegen das Recht auf informationelle Selbstbestimmung darstellt, da eine derartige Beobachtung nicht nach § 6b Abs. 1 BDSG gerechtfertigt sei.

Richtigerweise vertritt das LG Memmingen den Standpunkt, dass die Vorschrift nicht nur auf stationäre Überwachungskameras Anwendung findet, sondern auch auf mobile Geräte. Eine Beschränkung der Regelung auf stationäre Anlagen könne insbesondere nicht aus dem Gesetzeswortlaut des § 6b Abs. 2 BDSG gefolgert werden.[366] Überdies kann kein qualitativer Unterschied zwischen einer stationären und einer mobilen Überwachungskamera festgestellt werden. Nach § 6b Abs. 1 BDSG ist die Beobachtung öffentlich zugänglicher Räume mit optisch-elektronischen Einrichtungen nur zulässig, soweit sie zur Aufgabenerfüllung öffentlicher Stellen (6b Abs. 1 Nr. 1 BDSG), zur Wahrnehmung des Hausrechts (§ 6b Abs. 1 Nr. 2 BDSG) oder zur Wahrnehmung berechtigter Interessen für konkret festgelegte Zwecke (§ 6b Abs. 1 Nr. 3 BDSG) erforderlich ist und keine Anhaltspunkte bestehen, dass schutzwürdige Interessen der Betroffenen überwiegen. Das LG Memmingen bejaht einen Verstoß gegen § 6b Abs. 1 Nr. 3 BDSG und sagt dazu:

> Den Kl. ist es nicht zumutbar, sich oder ihre Besucher ständig der Gefahr einer Beobachtung mittels Videokamera ausgesetzt zu sehen [...]. Die bloß theoretische Möglichkeit des Notwendigwerdens einer Beweisführung auf Grund der generellen Gefährlichkeit des Straßenverkehrs oder der Möglichkeit von Vandalismus, genügt nicht für ein überwiegendes Interesse der Bekl., zu diesem Zwecke zu beliebigen Zeitpunkten den Zugang zum Anwesen der Kl. zu überwachen [...]. Konkrete Anhaltspunkte dafür, dass

---

365 LG Memmingen, Urt. v. 14.1.2016 – 22 O 1983/13 = ZD 2016, 179, 180 m. Anm. *Schwiering*.

366 LG Memmingen, Urt. v. 14.1.2016 – 22 O 1983/13 = ZD 2016, 179, 180 m. Anm. *Schwiering* (überdies wird die Dashcam im hiesigen Fall ohnehin stationär benutzt, da über einen längeren Zeitraum aus dem parkenden Auto heraus gefilmt worden ist).

> eine gerichtliche Beweisführung in naher Zukunft unmittelbar erforderlich würde, bestanden für die Bekl. in der Vergangenheit nicht.[367]

Diesbezüglich ergeben sich keine Unterschiede in der Argumentation zur bisher dargestellten zivilrechtlichen Rechtsprechung.

Da aufgrund des Kameraeinsatzes gegen § 6b BDSG verstoßen worden sei, seien die rechtswidrig erlangten Videoaufzeichnungen nur ausnahmsweise verwertbar. Ob das Beweismittel im konkreten Fall verwertet werden dürfe, sei anhand einer umfassenden Interessensabwägung zu ermitteln. Ein Überwiegen der Interessen der Beklagten sei im hiesigen Fall gerade nicht festzustellen. Insbesondere merkte das LG an, dass eine Zulassung derartiger Videoaufzeichnungen „zu einer weiteren Verbreitung von Dash-Cams und daher einer dauerhaften und flächendeckenden Überwachung im öffentlichen Verkehr führen"[368] würde. Eine flächendeckende Überwachung trägt letztlich dazu bei, dass das Recht auf informationelle Selbstbestimmung nahezu ausgehöhlt werden würde. Dies gilt erst recht, wenn derartige Dashcams lediglich zum Schutz des Eigentums eingesetzt werden sollen.

Weiter lehnt das LG Memmingen einen Schmerzensgeldanspruch ab, weil „die Rechtsverletzungen, die den Kl. zugefügt wurden, nach ihrer Intensität, dem Beweggrund und dem Grad des Verschuldens als nicht so gewichtig zu werten sind, als dass sie die Zubilligung eines Anspruchs auf Geldentschädigung gebieten".[369] Einen materiellen Schadensersatzanspruch gemäß § 823 Abs. 2 BGB i.V.m. § 6b Abs. 1 BDSG hat das Gericht hingegen anerkannt. Die Beklagten hätten bei Verwendung der Dashcam nicht die im Verkehr erforderliche Sorgfalt beachtet:

> Jedenfalls seit dem Urteil des BGH v. 25.4.1995 [...] war nämlich erkennbar, dass der Einsatz einer Dash-Cam im öffentlichen Bereich einen Verstoß gegen datenschutzrechtliche Vorschriften darstellen kann. Darauf, dass derartige Kameras frei verkäuflich sind und kein Warnhinweis des Verkäufers hinsichtlich der Zulässigkeit oder Unzulässigkeit ihres Einsatzes erfolgte, können sich die Bekl. nicht berufen. Eingerissene Verkehrsunsitten oder Nachlässigkeit entschuldigen nicht und auch nicht das Bestehen eines verbreiteten Brauchs [...].[370]

Die Feststellung eines Beweisverwertungsverbots betreffend rechtswidrig erlangte Videoaufzeichnungen – die lediglich zum Schutz des Eigentums verwendet werden sollen – und die dadurch mittelbare Stärkung des Rechts auf informationelle Selbstbestimmung des Betroffenen durch das LG Memmingen sind zwar begrüßenswert,

---

367 LG Memmingen, Urt. v. 14.1.2016 – 22 O 1983/13 = ZD 2016, 179, 180 m. Anm. *Schwiering.*

368 LG Memmingen, Urt. v. 14.1.2016 – 22 O 1983/13 = ZD 2016, 179, 181 m. Anm. *Schwiering.*

369 LG Memmingen, Urt. v. 14.1.2016 – 22 O 1983/13 = ZD 2016, 179, 180 m. Anm. *Schwiering.*

370 LG Memmingen, Urt. v. 14.1.2016 – 22 O 1983/13 = ZD 2016, 179, 181 m. Anm. *Schwiering.*

neue Argumente weist das Urteil hingegen nicht auf. Daher kann auf obige Argumentation verwiesen werden.

3. Dashcam-Aufzeichnungen im verwaltungsgerichtlichen Verfahren

Auch das VG Ansbach beschäftigte sich mit der Verwendung von Dashcam-Aufzeichnungen.[371]

In dem vom VG Ansbach zu entscheidenden Fall, hatte der Kläger in seinem Fahrzeug eine Kamera installiert, die permanent den Verkehrsraum aufzeichnete. Mit Bescheid vom Landesdatenschutzbeauftragten wurde dem Kläger untersagt, Aufnahmen während der Fahrt anzufertigen. Der Untersagungsbescheid wurde auf § 38 Abs. 5 S. 1 BDSG gestützt. Dieser wurde aufgehoben, weil er inhaltlich zu unbestimmt war vgl. Art. 37 Abs. 1 BayVwVfG. § 38 Abs. 5 S. 1 BDSG sei jedenfalls anwendbar, da die Aufzeichnungen der Dashcam personenbezogene Daten im Sinne von § 3 Abs. 1 BDSG enthalten würden. Eine Ausnahme von der Anwendung des BDSG nach § 27 Abs. 1 S. 2 BDSG sei nicht gegeben, da die Erhebung und Verarbeitung der personenbezogenen Daten bereits unter dem Zweck vorgenommen worden sind, ein Beweismittel in straf- oder zivilgerichtlichen Verfahren zu haben, sodass dadurch der persönliche und familiäre Bereich verlassen worden sei.[372]

In einem zweiten Schrift prüfte das VG Ansbach, ob die Verwendung der Aufzeichnung der Wahrnehmung berechtigter Interessen für konkret festgelegte Zwecke dient (§ 6b Abs. 1 Nr. 3 BDSG). Die Voraussetzungen des § 6b BDSG liegen nach Auffassung des Gerichts nicht vor:

> Zwar wurden die Zwecke der Verwendung durch den Kläger nicht vorher festgelegt. Er hat aber im behördlichen und gerichtlichen Verfahren dargelegt, dass er die Kamera deshalb verwendet, um mögliche Beweismittel bei einem Verkehrsunfall oder bei einem anderen verkehrsrechtlichen Sachverhalt vorlegen zu können. Dies ist wohl als berechtigtes Interesse anzuerkennen. [...] Es bestehen, im Sinne des Gesetzes, Anhaltspunkte dafür, dass die schutzwürdigen Interessen der anderen Verkehrsteilnehmer (auch Fußgänger) mit ihrem Recht auf informationelle Selbstbestimmung die Interessen des Klägers auf Beschaffung von Beweismitteln überwiegen.[373]

Das VG Ansbach stellte ebenfalls fest, dass die abgebildeten Personen gerade kein Beiwerk des Stadt- oder Straßenbildes darstellen. Vielmehr wurde von den Personen heimlich und gezielt Bildaufnahmen erstellt, welche diese nicht dulden müssen. Das Gericht brachte die Argumente der Gefahr einer flächendeckenden Beobachtung, die Vielzahl von betroffenen Personen und die Entscheidungsmacht des Betreibers

---

371 VG Ansbach, Urt. v. 12.8.2014 – AN 4 K 13.01634 = SVR 2015, 235 m. Anm. *Koehl*; siehe auch *Krämer* SVR 2016, 23, 26.

372 VG Ansbach, Urt. v. 12.8.2014 – AN 4 K 13.01634 = SVR 2015, 235, 237 m. Anm. *Koehl*.

373 VG Ansbach, Urt. v. 12.8.2014 – AN 4 K 13.01634 = SVR 2015, 235, 238 m. Anm. *Koehl*.

über das Datenmaterial, auf welche sich auch später das LG Heilbronn[374] in seiner Urteilsbegründung bezog und die zu einem Überwiegen der Interessen des Betroffenen auf Schutz des Rechts auf informationelle Selbstbestimmung führten. Folglich fehlt es auch hier am überwiegenden berechtigten Interesse des Kameraverwenders.

4. Verwertbarkeit einer Dashcam-Aufzeichnung im straßenverkehrsrechtlichen Ordnungswidrigkeitenverfahren

Zum ersten und bis dato einzigen Mal musste sich das OLG Stuttgart Mitte 2016 in einer Bußgeldsache im straßenverkehrsrechtlichen OWi-Verfahren mit der Verwertbarkeit einer privaten Dashcam-Aufzeichnung beschäftigen.[375]

Das AG Reutlingen hatte gegen den Betroffenen wegen einer fahrlässigen Ordnungswidrigkeit – Missachtung des Rotlichts einer Lichtzeichenanlage, wobei die Rotphase länger als eine Sekunde dauerte – eine Geldbuße von 200 Euro sowie ein einmonatiges Fahrverbot verhängt. Mit einer Verfahrensrüge wandte sich der Betroffene gegen die Verwertung der Videoaufnahme, welche ein Zeuge mit einer Dashcam angefertigt hatte. Der Betroffene hatte zwar die Fahrereigenschaft eingeräumt, sich aber ansonsten nicht zur Sache eingelassen. Das AG Reutlingen hatte daher seine Überzeugungsbildung auf die Inaugenscheinnahme eben dieser Videoaufnahme gestützt. Die Dashcam war anlasslos seit Fahrbeginn des Zeugen gelaufen und gab zum einen Auskunft über die Dauer des Rotlichtverstoßes und zum anderen über die Sicht- und Verkehrsverhältnisse.

Nach Auffassung des OLG Stuttgart bleibt die Verfahrensrüge des Betroffenen ohne Erfolg. Zweifelsfrei stellt die Videoaufnahme einen Eingriff in das Recht auf informationelle Selbstbestimmung als Ausprägung des allgemeinen Persönlichkeitsrechts dar, Art. 2 Abs. 1 i.V.m. Art. 1 Abs. 1 GG. Der Senat konnte jedoch nicht abschließend beurteilen, ob der Zeuge gegen das datenschutzrechtliche Verbot des § 6b BDSG verstoßen hatte oder ob sich die Zulässigkeit der Videoüberwachung aus § 6b Abs. 1 Nr. 3 BDSG ergebe, da das angefochtene Urteil des AG Reutlingen nicht sämtliche, für die Prüfung relevanten Umstände mitgeteilt hatte und somit der genaue Zweck der Videoüberwachung offen geblieben war.[376] Gleichwohl ist aber nach Auffassung des Gerichts das amtsgerichtliche Urteil nicht durch Rechtsfehler beeinflusst, da im vorliegenden Fall – würde man einen Verstoß gegen § 6b BDSG bejahen – gerade kein Beweisverwertungsverbot vorliege. Aus § 6b BDSG ergibt sich kein gesetzlich angeordnetes Beweisverwertungsverbot für das Bußgeldverfahren.[377] Wenn es an einem gesetzlich normierten Beweisverwertungsverbot fehlt, ist weiter zu prüfen, ob eine Verwertung des (möglicherweise) auf rechtswidrige Weise

---

374 LG Heilbronn, Urt. v. 3.2.2015 – I 3 S 19/14 = NJW-RR 2015, 1019, 1021.

375 Zum Ganzen: OLG Stuttgart, Beschl. v. 4.5.2016 – 4 Ss 543/15 = NJW 2016, 2280.

376 OLG Stuttgart, Beschl. v. 4.5.2016 – 4 Ss 543/15 = NJW 2016, 2280 (das OLG Stuttgart stellte ferner fest, dass auch mobile Kameras von § 6b BDSG erfasst werden).

377 OLG Stuttgart, Beschl. v. 4.5.2016 – 4 Ss 543/15 = NJW 2016, 2280, 2281 (das deutsche Strafprozessrecht kennt ein gesetzlich angeordnetes Beweisverwertungsverbot

erlangten Beweismittels dennoch möglich ist. Dies beurteilt sich nach „Art des Verbotes und Gewicht des Verfahrensverstoßes sowie der Bedeutung der betroffenen Rechtsgüter unter Abwägung der widerstreitenden Interessen".[378] Auch wenn die Strafprozessordnung eine Wahrheitsfindung um jeden Preis nicht kennt, schränkt ein Beweisverwertungsverbot ein wichtiges Prinzip der Strafprozessordnung ein, nämlich das Prinzip, dass das Gericht die Wahrheit zu erforschen und es hierzu alle Beweismittel einer Beweisaufnahme zu unterziehen hat. Sofern also ein Beweisverwertungsverbot nicht gesetzlich normiert ist, ist ein Beweisverwertungsverbot nur in Ausnahmefällen anzuerkennen und zwar dann, wenn „einzelne Rechtsgüter durch Eingriffe fern jeder Rechtsgrundlage so massiv beeinträchtigt werden, dass dadurch das Ermittlungsverfahren als ein nach rechtsstaatlichen Grundsätzen geordnetes Verfahren nachhaltig geschädigt wird".[379] Nach Auffassung des OLG Stuttgart war der Tatrichter nicht gehindert, die Videoaufnahme im vorliegenden Fall zu verwerten: Zum einen handelte es sich bei der streitgegenständlichen Aufnahme nicht um Einblicke in die engere Privatsphäre. Stattdessen wurden nur Verkehrsvorgänge dokumentiert. Wenn es zur Verfolgung einer besonders verkehrssicherheitsbeeinträchtigenden Ordnungswidrigkeit erforderlich ist, kann im Rahmen der Interessensabwägung das allgemeine Interesse an der Effektivität der Verfolgung von erheblichem Fehlverhalten im Straßenverkehr das Interesse des Betroffenen überwiegen. Im Rahmen der Interessensabwägung war nach Ansicht des OLG Stuttgart weiter zu beachten, dass es lediglich um die Ahnung einer Ordnungswidrigkeit ging. Ferner war die Videoaufnahme auch geeignet, einen Eingriff in das Recht auf informationelle Selbstbestimmung von einer Vielzahl unbeteiligter Personen zu begründen. Da Dashcams in der Regel von den Verkehrsteilnehmern nicht wahrgenommen werden, handelt es sich im Grunde um eine verdeckte Videoüberwachung. Dieser Umstand erhöht die Intensität des Grundrechtseingriffs. Die bedeutende Stellung der Videoüberwachung für die Verkehrssicherheit durfte aber nicht vernachlässigt werden:

> Die vom Rotlichtverstoß des Betroffenen ausgehende erhebliche Gefahr für die Sicherheit des öffentlichen Straßenverkehrs verleiht dem öffentlichen Interesse an einer effektiven Verfolgung derartiger Ordnungswidrigkeiten hier eine besondere Bedeutung. Die Aufrechterhaltung der Sicherheit des Straßenverkehrs dient angesichts des hohen Verkehrsaufkommens und der erheblichen Zahl von Verkehrsverstößen dem Schutz von Rechtsgütern mit – auch verfassungsrechtlich – ausreichendem Gewicht.[380]

---

nur in Ausnahmefällen. Über § 46 OWiG gilt dies auch für das Verfahrensrecht im Bußgeldverfahren).

378 OLG Stuttgart, Beschl. v. 4.5.2016 – 4 Ss 543/15 = NJW 2016, 2280, 2281.

379 OLG Stuttgart, Beschl. v. 4.5.2016 – 4 Ss 543/15 = NJW 2016, 2280, 2281 (über § 46 OWiG sind diese Grundsätze auch im Bußgeldverfahren heranzuziehen).

380 OLG Stuttgart, Beschl. v. 4.5.2016 – 4 Ss 543/15 = NJW 2016, 2280, 2282.

Des Weiteren betonte das OLG, dass die Videoüberwachung weder durch den Staat veranlasst worden ist, noch wurde ein Dritter gezielt damit beauftragt. Problematisch würde es nur dann werden, wenn Dritte zu „Hilfssheriffs“ werden und permanent Beweismittel für Bußgeldverfahren beschaffen würden. Den Bußgeldbehörden steht es jedoch aufgrund des in § 47 OWiG normierten Opportunitätsgrundsatzes frei, Verfahren, welche ausschließlich auf der Ermittlungstätigkeit von Dashcams beruhen, nicht weiter zu verfolgen.[381] Abschließend führte das OLG aus, dass weitere Beweismittel, die den Rotlichtverstoß ausreichend beweisen konnten, nicht vorgelegen haben. Zudem war die Eingriffsintensität in das Recht auf informationelle Selbstbestimmung sehr gering; der Kernbereich privater Lebensgestaltung wurde nicht betroffen. Durch die Teilnahme am öffentlichen Straßenverkehr setzte sich der Betroffene bewusst der Beobachtung durch andere aus. Im Übrigen sei lediglich dessen Fahrzeug durch die Videoaufnahme abgebildet worden. Auf eine anonyme Teilnahme konnte sich der Betroffene nicht verlassen. Auch der Eingriff in das Recht auf informationelle Selbstbestimmung unbeteiligter Dritten ist nicht intensiv genug gewesen. Zum einen ist deren Aufzeichnungsdauer sehr gering gewesen und zum anderen setzten sich diese durch die Teilnahme am Straßenverkehr bewusst der Wahrnehmung und Beobachtung durch Dritte aus.[382]

Die Interessensabwägung, welche dazu führte, dass das allgemeine Interesse an der Effektivität der Verfolgung von erheblichem Fehlverhalten im Straßenverkehr höher zu bewerten war als die schutzwürdigen Belange des Betroffenen, überzeugen nicht.[383] Zum einen muss der Eingriff in das Recht auf informationelle Selbstbestimmung unbeteiligter Dritte durchaus als intensiv beurteilt werden. Durch die Teilnahme am öffentlichen Straßenverkehr setzen sich diese zwar der Beobachtung durch Dritte aus. Dies kann aber nicht so weit gehen, dass sie (konkludent) auch einer Aufzeichnung ihrer persönlichen Daten zustimmen. Ferner hat es der Dashcam-Betreiber in der Hand, wie er mit den aufgezeichneten Daten verfährt. Er hat mithin die Verfügungsbefugnis. Vorliegend zeichnete der Zeuge seit Fahrtbeginn und anlasslos über die gesamte Fahrtstrecke den öffentlichen Verkehrsraum auf.[384] Damit wurden Daten einer Vielzahl unbeteiligter Dritte erhoben und gespeichert. Darüber hinaus handelte es sich lediglich um die Ahndung einer Ordnungswidrigkeit und nicht um eine Straftat. Ferner werden Dashcams von den übrigen Verkehrsteilnehmern regelmäßig nicht wahrgenommen, sodass die Videoüberwachung verdeckt erfolgt, wodurch die Eingriffsintensität weiter erhöht wird. Auch wenn dem Interesse an

381 OLG Stuttgart, Beschl. v. 4.5.2016 – 4 Ss 543/15 = NJW 2016, 2280, 2282.

382 OLG Stuttgart, Beschl. v. 4.5.2016 – 4 Ss 543/15 = NJW 2016, 2280, 2282.

383 So auch *Cornelius* (*„Sind wir auf dem Weg in den 'Orwellschen Überwachungsstaat'? Diese Vermutung drängt sich bei der Lektüre der Entscheidung zur Verwertbarkeit privater Dashcam-Aufzeichnungen im Ordnungswidrigkeitenverfahren (!) auf, welcher weder vom Ergebnis noch von der Begründung her zugestimmt werden kann“*) (OLG Stuttgart, Beschl. v. 4.5.2006 – 4 Ss 543/15 = NJW 2016, 2280, 2282 m. Anm. *Cornelius*).

384 OLG Stuttgart, Beschl. v. 4.5.2016 – 4 Ss 543/15 = NJW 2016, 2280.

der Effektivität der Strafverfolgung ein hoher Stellenwert eingeräumt wird, kann dies nicht dazu führen, dass dieses Interesse die Interessen der von der Dashcam Betroffenen und der übrigen Verkehrsteilnehmern überwiegt.[385]

III. Private Videoüberwachung unter Miterfassung des öffentlichen Raums – höchstrichterliche Rechtsprechung

Obwohl es bislang an höchstrichterlicher Rechtsprechung zum Einsatz von Dashcams mangelt, gibt es bereits Entscheidungen des EuGH, des BGH und des EGMR zur privaten Videoüberwachung unter Miterfassung des öffentlichen Raums. Im Folgenden soll daher die höchstrichterliche Rechtsprechung dargestellt und dahingehend untersucht werden, ob sie für den Einsatz von Dashcams eine Entscheidungshilfe für die nationalen Gerichte bieten kann.

1. Urteil des EuGH v. 11.12.2014 – Ryneš

Am 11.12.2014 äußerte sich der EuGH erstmals ausdrücklich zur privaten Videoüberwachung unter Miterfassung des öffentlichen Raums.[386] Das Urteil betraf die Auslegung von Art. 3 II der RL 95/46/EG des Europäischen Parlaments und des Rates v. 24.10.1995 zum Schutz natürlicher Personen bei der Verarbeitung personenbezogener Daten und zum freien Datenverkehr.[387]

a) Sachverhalt

Dem Urteil des EuGH liegt folgender Sachverhalt zugrunde:

> In der Zeit vom 5.10.2007–11.4.2008 setzte Herr Ryneš eine Kamera ein, die er unterhalb des Dachgesimses des Hauses seiner Familie angebracht hatte. Sie war fest installiert, nicht schwenkbar und zeichnete den Eingang seines Hauses, den öffentlichen Straßenraum sowie den Eingang des gegenüberliegenden Hauses auf. Die Anlage ermöglichte nur eine Videoaufzeichnung auf einer kontinuierlichen Speichervorrichtung, der Festplatte. Sobald deren Kapazität erreicht war, wurde die vorhandene Aufzeichnung mit einer neuen überschrieben. Die Aufzeichnungsvorrichtung hatte keinen Bildschirm,

---

385 Das OLG Stuttgart hat darüber hinaus einen möglichen hypothetisch rechtmäßigen Ermittlungsverlauf unzutreffend in die Abwägung eingestellt (siehe hierzu OLG Stuttgart, Beschl. v. 4.5.2016 – 4 Ss 543/15 = NJW 2016, 2280, 2282 m. Anm. *Cornelius*).

386 EuGH, Urt. v. 11.12.2014 – C-212/13 = NJW 2015, 463 m. Anm. *Klar*; zusammenfassend: *Stöber* NJW 2015, 3681, 3683 f.

387 Abl.EU v. 23.11.1995, L 281/31; die Richtlinie 95/46/EG wird mit Wirkung zum 25.5.2018 aufgehoben (Art. 94 I Verordnung (EU) 2016/679 des europäischen Parlaments und des Rates v. 27.4.2016 zum Schutz natürlicher Personen bei der Verarbeitung personenbezogener Daten, zum freien Datenverkehr und zur Aufhebung der Richtlinie 95/46/EG (Datenschutz-Grundverordnung), Abl.EU v. 4.5.2016, L 119/1).

so dass das Bild nicht in Echtzeit betrachtet werden konnte. Allein Herr Ryneš hatte unmittelbaren Zugang zu der Anlage und den aufgezeichneten Daten. Das vorlegende Gericht führt aus, einziger Grund für den Betrieb dieser Kameras durch Herrn Ryneš sei es gewesen, das Eigentum, die Gesundheit und das Leben seiner selbst und seiner Familie zu schützen. Sowohl er selbst als auch seine Familie waren nämlich während mehrerer Jahre Ziel von Angriffen eines Unbekannten gewesen, der nicht hatte entlarvt werden können. Darüber hinaus waren die Fenster des Hauses seiner Familie in der Zeit zwischen 2005 und 2007 mehrfach eingeschlagen worden. In der Nacht vom 6. auf den 7.10.2007 fand ein weiterer Angriff statt. Eine Fensterscheibe des Hauses wurde mittels einer Schleuder beschossen und zerstört. Dank der Videoüberwachungsanlage konnten zwei Verdächtige identifiziert werden. Die Aufzeichnungen wurden der Polizei übergeben und anschließend im Rahmen des eingeleiteten Strafverfahrens verwertet.[388]

b) Verfahrensgang

Einer der beiden Verdächtigten beantragte die Überprüfung des Videoüberwachungssystems. Der Úřad pro ochranu osobních údajů (Amt für den Schutz personenbezogener Daten) stellte daraufhin mit Entscheidung v. 4.8.2004 fest, dass Ryneš Zuwiderhandlungen im Sinne des Gesetzes Nr. 101/2000[389] begangen habe, unter anderem deshalb, weil er „als für die Verarbeitung Verantwortlicher mittels eines Kamerasystems personenbezogene Daten von Personen, die sich auf der Straße vor dem Haus bewegt oder das Haus auf der anderen Straßenseite betreten hätten, ohne deren Einwilligung gesammelt habe [und] die betroffenen Personen weder über die Verarbeitung dieser personenbezogenen Daten noch über den Umfang und Zweck dieser Verarbeitung, die Person, die diese Verarbeitung vornehme, die Art und Weise dieser Verarbeitung oder die Personen, die Zugang zu den betreffenden Daten hätten haben können, informiert worden seien".[390] Gegen diese Entscheidung legte Ryneš Rechtsmittel beim Městský soud v Praze (Stadtgericht Prag) ein. Das Rechtsmittel wurde mit Urt. v. 25.4.2012 zurückgewiesen. Dagegen legte Ryneš Kassationsbeschwerde ein. Der Nejvyšší správní soud (Oberstes VG) beschloss, das Verfahren auszusetzen und dem Gerichtshof folgende Frage zur Vorabentscheidung vorzulegen:

> Kann der Betrieb eines Kamerasystems, das an einem Einfamilienhaus zum Zweck des Schutzes des Eigentums, der Gesundheit und des Lebens der Besitzer des Hauses angebracht ist, unter die Verarbeitung personenbezogener Daten, „die von einer natürlichen Person zur Ausübung ausschließlich personenbezogener oder familiärer Tätigkeiten vorgenommen wird", i.S.v. Art. 3 Abs. 2 der RL 95/46 gefasst werden, obschon dieses System auch den öffentlichen Raum überwacht?[391]

---

388 EuGH, Urt. v. 11.12.2014 – C-212/13 = NJW 2015, 463 m. Anm. *Klar.*

389 Originalversion und englische Übersetzung, http://www.gtai.de/GTAI/Navigation/DE/Trade/Recht-Zoll/Wirtschafts-und-steuerrecht/gesetze-im-ausland,t=gesetze-in-der-tschechischen-republik,did=973474.html (Stand: Dezember 2016).

390 Vgl. hierzu EuGH, Urt. v. 11.12.2014 – C-212/13 = ZD 2015, 77, 78 m. Anm. *Lachenmann.*

391 Vgl. hierzu EuGH, Urt. v. 11.12.2014 – C-212/13 = ZD 2015, 77, 78 m. Anm. *Lachenmann.*

c) *Urteil des EuGH*

Der Gerichtshof bestätigte zunächst, dass das von der Kamera aufgezeichnete Bild unter den Begriff der personenbezogenen Daten im Sinne des Art. 2 lit. a der RL 95/46 subsumiert werden kann, sofern die betroffene Person identifiziert werden kann.[392] Wie sich aus dem Erwägungsgrund Nr. 15 der RL 95/46 ergebe, werde die Verarbeitung solcher Daten von dieser RL nur dann erfasst, wenn sie automatisiert erfolgt (oder wenn die Daten, auf die sich die Verarbeitung bezieht, in Dateien enthalten oder für solche bestimmt sind, die nach bestimmten personenbezogenen Kriterien strukturiert sind, um einen leichten Zugriff auf die Daten zu ermöglichen). Ferner fällt nach dem Erwägungsgrund Nr. 16 der RL 95/46 die Verarbeitung von Ton- und Bilddaten – wie bei der Videoüberwachung – grundsätzlich in den Anwendungsbereich der RL 95/46. Die Videoüberwachung fällt nur dann nicht in den Anwendungsbereich der RL, wenn sie für Zwecke der öffentlichen Sicherheit, der Landesverteidigung, der Sicherheit des Staates oder der Tätigkeiten des Staates im Bereich des Strafrechts oder anderen Tätigkeiten erfolgt, die nicht unter das Gemeinschaftsrecht fallen. Da dies nicht der Fall ist, stellt eine Videoüberwachung wie im vorliegenden Fall eine automatisierte Verarbeitung personenbezogener Daten im Sinne von Art. 3 Abs. 1 der RL dar.

Nach Art. 3 Abs. 2 zweiter Gedankenstrich der RL findet die RL jedoch keine Anwendung auf die Verarbeitung personenbezogener Daten, die von einer natürlichen Person zur Ausübung ausschließlich persönlicher oder familiärer Tätigkeiten vorgenommen wird. Mit Blick auf die Vorlagefrage hat der EuGH entschieden, dass Art. 3 Abs. 2 zweiter Gedankenstrich der RL 95/46 des Europäischen Parlaments und des Rates v. 24.10.1995 zum Schutz natürlicher Personen bei der Verarbeitung personenbezogener Daten und zum freien Datenverkehr dahingehend auszulegen ist, dass der Betrieb eines von einer natürlichen Person an ihrem Einfamilienhaus zum Zweck des Schutzes des Eigentums, der Gesundheit und des Lebens der Besitzer des Hauses angebrachten Kamerasystems, das Videos von Personen auf einer kontinuierlichen Speichervorrichtung wie einer Festplatte aufzeichnet und dabei auch den öffentlichen Raum überwacht, keine Datenverarbeitung darstellt, die im Sinne dieser Bestimmung zur Ausübung ausschließlich persönlicher oder familiärer Tätigkeiten vorgenommen wird. Diesbezüglich ist der Erwägungsgrund Nr. 10 der RL heranzuziehen, der wie folgt formuliert ist:

> Gegenstand der einzelstaatlichen Rechtsvorschriften über die Verarbeitung personenbezogener Daten ist die Gewährleistung der Achtung der Grundrechte und -freiheiten, insbesondere des auch in Artikel 8 der Europäischen Konvention zum Schutze der Menschenrechte und Grundfreiheiten und in den allgemeinen Grundsätzen des Gemeinschaftsrechts anerkannten Rechts auf die Privatsphäre. Die Angleichung dieser Rechtsvorschriften darf deshalb nicht zu einer Verringerung des durch diese Rechtsvorschriften

---

392 EuGH, Urt. v. 11.12.2014 – C-212/13 = NJW 2015, 463 m. Anm. *Klar.*

garantierten Schutzes führen, sondern muß im Gegenteil darauf abzielen, in der Gemeinschaft ein hohes Schutzniveau sicherzustellen.

Dies muss auch deshalb gelten, weil der Schutz des in Art. 7 GRC garantierten Grundrechts auf Privatleben fordert, dass sich Ausnahmen und Einschränkungen hinsichtlich des Schutzes personenbezogener Daten auf das Notwendigste beschränken müssen. Der EuGH hat bereits entschieden, dass die Bestimmungen der RL, soweit sie die Verarbeitung personenbezogener Daten betreffen, welche zur Beeinträchtigung der Grundfreiheiten, insbesondere des Rechts auf Achtung des Privatlebens führen können, im Lichte der Grundrechtscharta auszulegen sind,[393] sodass Art. 3 Abs. 2 zweiter Gedankenstrich ebenfalls restriktiv auszulegen ist.[394] Nach Ansicht des Gerichtshofs wird der Bereich der „persönlichen" oder „familiären" Tätigkeit i.S.v. Art. 3 Abs. 2 zweiter Gedankenstrich der RL verlassen, wenn sich eine Videoüberwachung auch nur teilweise auf den öffentlichen Raum erstreckt und dadurch auf einen Bereich außerhalb der privaten Sphäre desjenigen gerichtet ist, der die Daten auf diese Weise verarbeitet.[395]

Dadurch macht der EuGH deutlich, dass das Tatbestandsmerkmal objektiv auszulegen und nicht – wie im deutschen Recht bislang – nach dem subjektiven[396] Zweck durch die verantwortliche Stelle zu unterscheiden ist. Diese Unterscheidung ist fortan nicht mehr relevant. Sobald auch nur teilweise der öffentliche Raum von Videokameras erfasst wird, kommt das BDSG zur Anwendung.[397] Die Zulässigkeit der Beobachtung öffentlich zugänglicher Räume mit optisch-elektronischen Einrichtungen (*Videoüberwachung*) richtet sich nach § 6b BDSG. Danach ist eine Abwägung der schutzwürdigen Interessen der Betroffenen erforderlich („*...keine Anhaltspunkte bestehen, dass schutzwürdige Interessen der Betroffenen überwiegen*"). Wie eine Abwägung der schutzwürdigen Interessen zu erfolgen hat, wurde vom EuGH nicht erörtert, da dies nicht Teil der Vorlagefrage war. Auch innerhalb der deutschen Rechtsprechung wird eine Abwägung der widerstreitenden Interessen vorgenommen.[398]

aa) Übertragung der Urteilsgründe auf den Einsatz von Dashcams?

Mit dem Urteil v. 11.12.2014 brachte der EuGH zum Ausdruck, dass der öffentliche Raum nicht ohne Weiteres mit Kameras überwacht werden darf. Zwar betraf diese Entscheidung nicht den Einsatz von Dashcams, sondern die Videoüberwachung

393 EuGH, Urt. v. 13.5.2014 – C-131/12 = NJW 2014, 2257, 2261 m.w.N.

394 EuGH, Urt. v. 11.12.2014 – C-212/13 = ZD 2015, 77, 79 m. Anm. *Lachenmann.*

395 EuGH, Urt. v. 11.12.2014 – C-212/13 = NJW 2015, 463, 464, 465 m. Anm. *Klar* (*Klar* zufolge wird der Bereich der „persönlichen" oder „familiären" Tätigkeit auch deswegen verlassen, weil Kameraaufzeichnungen nicht selten der Beweissicherung dienen sollen und daher die Bejahung eines persönlichen oder familiären Zwecks abwegig wäre).

396 Vgl. nur *Lachenmann/Schwiering* ZD-Aktuell 2014, 04300.

397 Hierzu EuGH, Urt. v. 11.12.2014 – C-212/13 = ZD 2015, 77, 79 m. Anm. *Lachenmann.*

398 Vgl. nur BGH, Urt. v. 25.4.1995 – VI ZR 272/94 = NJW 1995, 1955.

mittels einer fest installierten, nicht schwenkbaren Kamera, die nur einen bestimmten Radius aufzeichnet. Dashcams hingegen sind aufgrund ihrer Befestigung am bzw. im Fahrzeug ständig mobil und damit in der Lage, den Personenkreis der Betroffenen zu vergrößern. Aufgrund der Mobilität kann der Dashcam-Nutzer bestimmen, in welchem Umfang der öffentliche Verkehrsraum aufgezeichnet wird.[399] Auch wenn sich der EuGH in der vorliegenden Entscheidung explizit und ausschließlich mit fest installierten, nicht schwenkbaren Kameras beschäftigt hat, kann diese auch für den Einsatz von Dashcams hilfreich sein und eine erste Orientierung bieten. Ob ein berechtigtes Interesse die Videoüberwachung konkret rechtfertigen kann, beantwortet der EuGH vorliegend jedoch nicht. Gleichwohl deutet er an, dass es durchaus Faktoren gibt, welche zur Rechtfertigung bestimmter Überwachungsmaßnahmen beitragen können:

> Zugleich ermöglicht die Anwendung der Bestimmungen der RL 95/46, gegebenenfalls die berechtigten Interessen des für die Verarbeitung Verantwortlichen insbesondere auf der Grundlage von Art. 7 Buchst. f, Art. 11 II und Art. 13 I Buchst. d und g dieser Richtlinie zu berücksichtigen, worunter unter anderem [...] der Schutz des Eigentums, der Gesundheit und des Lebens des für die Verarbeitung Verantwortlichen und seiner Familie fällt.[400]

Wie sich aus dem Urteil des EuGH ergibt, kann also der Einsatz privater Videoüberwachung, welche zugleich den öffentlichen Raum miterfasst, gerechtfertigt sein. Eine endgültige Beurteilung wird aber nur nach einer im Einzelfall vorzunehmenden Interessensabwägung möglich sein.

Klar zufolge dürfte sich der in der Entscheidung angelegte Maßstab auf vergleichbare Kamerasysteme übertragen lassen. Auf Dashcams in privaten Fahrzeugen sei seiner Meinung nach die uneingeschränkte Übertragung des Urteils möglich.[401] Auch die Bundesbeauftragte für den Datenschutz und die Informationsfreiheit *Voßhoff* folgert aus dem Urteil, dass die Rechtsauffassung der Datenschutzaufsichtsbehörden des Bundes und der Länder zutrifft, wonach der Einsatz von Videokameras durch Privatpersonen im Straßenverkehr – sog. Dashcams – zu Zwecken der Schadensdokumentation und Beweissicherung dem Datenschutzrecht unterfalle.[402]

bb) Ergebnis

Obgleich der EuGH mit dieser Entscheidung noch nicht über die Unzulässigkeit bzw. Zulässigkeit des privaten Einsatzes von Überwachungskameras entschieden hat und keine klaren Vorgaben hinsichtlich einer vorzunehmenden Abwägung der

---

399 So auch *Terhaag/Schwarz* K&R 2015, 556, 558.
400 EuGH, Urt. v. 11.12.2014 – C-212/13 = NJW 2015, 463, 464 m. Anm. *Klar.*
401 EuGH, Urt. v. 11.12.2014 – C-212/13 = NJW 2015, 463, 465 m. Anm. *Klar.*
402 http://www.ds123.de/2015/01/21/eugh-private-videoueberwachung-nicht-ausschliesslich-privater-raeume-unterfaellt-dem-datenschutzrecht/ (Stand: Dezember 2016).

widerstreitenden Interessen gibt, gibt das Urteil dennoch eine Entscheidungshilfe im Hinblick auf den Umgang mit privaten Überwachungsanlagen im öffentlichen Raum: Sobald Kamerasysteme Videos von Personen auf einer Speichervorrichtung aufzeichnen und dabei auch (nur teilweise) der öffentliche Raum erfasst wird, liegt keine Datenverarbeitung vor, die zur Ausübung ausschließlich persönlicher oder familiärer Tätigkeit vorgenommen wird. Zugleich müssen aber auch die berechtigten Interessen des für die Verarbeitung Verantwortlichen und die Interessen der betroffenen Person berücksichtigt werden. Auf dieses Erfordernis hat der EuGH hingewiesen, indem er Art. 7 Buchst. f der RL zitiert hat. Danach haben die Mitgliedstaaten vorzusehen, dass die Verarbeitung personenbezogener Daten erfolgen darf, wenn die Verarbeitung erforderlich ist zur Verwirklichung des berechtigten Interesses, das von dem für die Verarbeitung Verantwortlichen oder von dem bzw. den Dritten wahrgenommen wird, denen die Daten übermittelt werden, sofern nicht das Interesse oder die Grundrechte und Grundfreiheiten der betroffenen Person, die gemäß Art. 1 Abs. 1 der RL[403] geschützt sind, überwiegen.[404]

Das Urteil des EuGH ist zu begrüßen, da der Zweck der Überwachung nicht nach subjektiven, sondern nach objektiven Gesichtspunkten zu bestimmen ist. Sobald auch nur teilweise der öffentliche Raum von Videoüberwachungsmaßnahmen erfasst wird, ist das BDSG anwendbar. Ferner können im Rahmen der erforderlichen Interessensabwägung Besonderheiten des Einzelfalls umfassend berücksichtigt werden.[405]

2. *Urteil des BGH v. 25.4.1995 – Videoüberwachung öffentlicher und nachbarlicher Flächen zur Störungsabwehr*

Bereits 1995 hatte sich der BGH mit der Videoüberwachung öffentlicher und nachbarlicher Flächen zur Störungsabwehr zu beschäftigen.

a) Sachverhalt

Der dem Urteil des BGH zugrunde liegende Sachverhalt stellte sich wie folgt dar:

> Die Parteien sind Grundstücksnachbarn. Die Kl. nehmen die Bekl. auf Unterlassung von Bildaufzeichnungen mittels einer Videokamera in Anspruch. Die Parteien wohnen

403 Art. 1 Abs. 1 der Richtlinie 95/46/EG: Die Mitgliedstaaten gewährleisten nach den Bestimmungen dieser Richtlinie den Schutz der Grundrechte und Grundfreiheiten und insbesondere den Schutz der Privatsphäre natürlicher Personen bei der Verarbeitung personenbezogener Daten.

404 Im Abl.EU v. 23.11.1995, L 281/31 heißt es *„überwiesen"*. Richtigerweise muss es jedoch „überwiegen" lauten; vgl auch englische Fassung von Art. 7 Buchst. f der RL: processing is necessary for the purposes of the legitimate interests pursued by the controller or by the third party or parties to whom the data are disclosed, except where such interests *are overridden* by the interests for fundamental rights and freedoms of the data subject which require protection under Article 1 (1).

405 So auch EuGH, Urt. v. 11.12.2014 – C-212/13 = ZD 2015, 77, 80 m. Anm. *Lachenmann*.

auf einander gegenüberliegenden, durch einen etwa 1,20 m breiten öffentlichen Zugangsweg getrennten Grundstücken. [...] Die Bekl. hat, nachdem vom Weg des öfteren Unrat auf ihr Grundstück geworfen worden war, auf ihrem Anwesen eine Videokamera installieren lassen, die einen Teil des Zugangsweges in seiner gesamten Breite umfaßt. Die Bekl. nimmt mit der Videoanlage aufgrund einer automatischen Programmierung nachts und in Zeiten ihrer Abwesenheit Aufzeichnungen vor.[406]

b) Urteil des BGH

Wie auch in dem vom EuGH zu behandelnden Fall „Ryneš" geht es hier um die private Videoüberwachung unter Miterfassung des öffentlichen Raums. Der BGH stellte fest, dass auf der einen Seite niemand Schutz davor verlangen kann, auf öffentlichen Wegen durch andere beobachtet zu werden. Auf der anderen Seite muss die betroffene Person aber nicht dulden, dass von ihr Filmaufzeichnungen mittels einer Videokamera angefertigt werden. Insbesondere machte das Gericht deutlich, dass Filmaufzeichnungen einen unzulässigen Eingriff in das Persönlichkeitsrecht des Betroffenen darstellen können. Eine Interessensabwägung ist somit unumgänglich:

> Ob und in welchem Umfang bereits die Fertigung derartiger Bilder rechtswidrig und unzulässig ist oder aber vom Betroffenen hinzunehmen ist, kann nur unter Würdigung aller Umstände des Einzelfalls und durch Vornahme einer unter Berücksichtigung aller rechtlich, insb. auch verfassungsrechtlich geschützten Positionen der Beteiligten durchgeführten Güter- und Interessenabwägung ermittelt werden.[407]

Aufgrund der Formulierung des BGH wird deutlich, dass eine private Videoüberwachung nicht bereits von vornherein unzulässig ist. Vielmehr kommt es stets auf die Umstände des Einzelfalls an, wobei eine umfassende Güter- und Interessensabwägung erforderlich ist.[408] Folgende Faktoren waren im vorliegenden Fall zu berücksichtigen:[409]

- Die Beklagte betrieb eine gezielte Überwachung über einen bestimmten Zeitraum und mit gewisser Regelmäßigkeit.
- Eine Vielzahl von Fällen konnte dabei aufgezeichnet werden.
- Der Videoaufnahme konnte nicht ausgewichen werden.
- Die Kläger konnten nicht beeinflussen, wann entsprechende Aufzeichnungen ihrer Person angefertigt worden sind. Auch eine Feststellung, ob es überhaupt zu einer Aufzeichnung gekommen war, war den Klägern nicht möglich. Daher waren sie permanent einem Überwachungsdruck ausgesetzt.

---

406 BGH, Urt. v. 25.4.1995 – VI ZR 272/94 = NJW 1995, 1955.
407 BGH, Urt. v. 25.4.1995 – VI ZR 272/94 = NJW 1995, 1955, 1957.
408 Wiederholend BGH, Urt. v. 24.5.2013 – V ZR 220/12 = NJW 2013, 3089.
409 Vgl. hierzu BGH, Urt. v. 25.4.1995 – VI ZR 272/94 = NJW 1995, 1955, 1957.

Ein Zusammenspiel dieser Umstände führte zu einer schwerwiegenden Beeinträchtigung des allgemeinen Persönlichkeitsrechts. Diese Beeinträchtigung konnte nicht dadurch gemindert werden, dass die Aufnahmen nach Sichtung gelöscht wurden, da es nicht der Beklagten obliegen darf, wie mit den Aufnahmen verfahren wird. Zutreffend berücksichtigte der BGH auch das Interesse der Beklagten, geeignete Schutzvorkehrungen für ihr Eigentum zu treffen (Art. 14 Abs. 1 GG). Das Gericht kam aber dennoch zu dem Schluss, dass dieses Interesse den schwerwiegenden Eingriff nicht rechtfertigen kann.[410]

Der vorliegende Fall ist durchaus in gewisser Weise mit dem Einsatz von Dashcams vergleichbar, da auch hier der öffentliche Raum erfasst wird, aufgrund der Mobilität zahlreiche Fälle aufgezeichnet werden und die Betroffenen einer Videoüberwachung nicht entgehen können, da sie in der Regel keine Kenntnis von entsprechenden Überwachungssystemen haben. Schließlich hat der Dashcam-Betreiber die Entscheidungsmacht darüber, ob bzw. wann er aufzeichnet. Auch können die von der Überwachungsmaßnahme Betroffenen eine Löschung des gespeicherten Datenmaterials nicht beeinflussen.

Wie der EuGH im Fall Ryneš trifft der BGH keine ausdrückliche Entscheidung über Zulässigkeit bzw. Unzulässigkeit privater Videoüberwachungssysteme unter Miterfassung des öffentlichen Raums. Vielmehr nimmt der BGH eine umfassende Interessen- und Güterabwägung im Einzelfall vor. Durchaus erkennt er die Interessen des Betreibers der Kamera an und zieht eine Rechtfertigung in Betracht. Im Ergebnis überwiegt aber das Interesse des von der Überwachung Betroffenen.

Überträgt man die Rechtsprechung des BGH auf den Einsatz von Dashcams, so kann auch deren Zulässigkeit bzw. Unzulässigkeit nicht generell und von vornherein festgelegt werden. Stattdessen wird eine vom Einzelfall abhängige und umfassende Interessensabwägung vorgenommen werden müssen. Aufgrund des schwerwiegenden Eingriffs wegen der gezielten Überwachung, der Regelmäßigkeit und der Entscheidungsmacht des Betreibers über die aufgezeichneten Daten ist der Einsatz von Dashcams nur schwer zu rechtfertigen. Vielmehr müssen in diesen Fällen die Interessen des Betreibers (Interesse an Schutzvorkehrungen für das Eigentum und Beweissicherungsinteresse) hinter dem Interesse des Betroffenen auf Schutz des informationellen Selbstbestimmungsrechts zurücktreten.

---

410 BGH, Urt. v. 25.4.1995 – VI ZR 272/94 = NJW 1995, 1955, 1957; Zusammenfassung bei *Vahle* DVP 2000, 396, 397; im Gegensatz dazu kann jedoch ein seh- und gehbehinderter Mieter berechtigt sein, zur Überwachung seiner Wohnungseingangstür eine Videokamera im Hausflur zu installieren, sofern die Kamera ausschließlich diesen Bereich erfasst (AG Köln, Urt. v. 20.12.1994 – 208 C 57/94 = NJW-RR 1995, 1226).

3. *Urteil des EGMR v. 27.5.2014 – De la Flor Cabrera/Spanien*

2014 hatte sich der EGMR in der Sache *De la Flor Cabrera* mit der Frage zu beschäftigen, ob die Verwertbarkeit heimlich gemachter Videoaufzeichnungen in einem Zivilprozess mit Art. 8 EMRK vereinbar ist.[411]

a) Sachverhalt

Dem Urteil des EGMR liegt folgender Sachverhalt zugrunde:

> Der Bf., spanischer Staatsangehöriger, wohnt in Sevilla. Als er 1997 mit seinem Fahrrad unterwegs war, wurde er von einem Kraftfahrzeug umgefahren. Er verklagte den Fahrer und eine Versicherungsgesellschaft auf Schadenersatz mit der Begründung, er habe eine posttraumatische Neurose erlitten mit der Folge, dass er intensive Angst davor habe, ein Fahrzeug zu fahren. Im Prozess legte die Versicherungsgesellschaft als Beweismittel Videos vor, auf denen Szenen des täglichen Lebens des Bf. in der Öffentlichkeit zu sehen waren, insbesondere, als er ein Moped fuhr. Die Videos, mit denen widerlegt werden sollte, dass der Bf. unter den von ihm behaupteten Angstzuständen litt, waren von einer von der Versicherung beauftragten Privatdetektei aufgenommen worden, ohne dass der Bf. davon wusste.[412]

b) Urteil des EGMR

Der Beschwerdeführer machte geltend, die Videoaufnahmen ohne seine Einwilligung und die Verwertung im Rechtsstreit hätten seine in Art. 8 EMRK garantierten Rechte verletzt.

Art. 8 EMRK schützt das Recht auf Achtung des Privat- und Familienlebens. Der Begriff des Privatlebens ist weit auszulegen.[413] Nach Auffassung des EGMR schließt das Privatleben das Recht am eigenen Bild mit ein.[414] Das Recht am eigenen Bild schützt vor Ausspähung, Dokumentation und nicht gewollter Verbreitung.[415] Wird ein Foto veröffentlicht, stellt das einen Eingriff in das Privatleben dar.[416] Erst recht muss dies für Videoaufnahmen gelten. Da das Bild eines der wichtigsten Elemente der Persönlichkeit ist, sei, um einen wirksamen Schutz gewährleisten zu können, auch die Zustimmung des Betroffenen erforderlich. Eine fehlende Zustimmung würde dazu führen, dass der Einzelne keinen Einfluss mehr auf eine spätere Verwendung haben könnte.[417] Art. 8 EMRK gewährleistet nicht nur einen Schutz davor,

---

411 EGMR De la Flor Cabrera/E, 27.5.2014 = NJW 2015, 1079; zusammenfassend: *Dörr* JuS 2015, 661 ff.

412 EGMR De la Flor Cabrera/E, 27.5.2014 = NJW 2015, 1079.

413 SK-StPO/*Paeffgen* Art. 8 EMRK Rn. 17; LR-EMRK/*Esser* Art. 8 Rn. 58.

414 Vgl. nur EGMR von Hannover/D, 24.6.2004, ECHR 2004-VI = JuS 2005, 160 m. Anm. *Dörr.*

415 LR-EMRK/*Esser* Art. 8 Rn. 69.

416 EGMR Schüssel/A, 21.2.2002 = ÖJZ 2005, 276.

417 EGMR De la Flor Cabrera/E, 27.5.2014 = NJW 2015, 1079, 1080.

dass der Staat Eingriffe unterlässt. Vielmehr können sich für den Staat auch positive Schutzpflichten ergeben.[418]

> Der Gerichtshof [...] bemerkt [...], daß die Wahl der Mittel, die ergriffen werden, um die Befolgung von Art. 8 im Bereich der Beziehungen der Individuen untereinander sicherzustellen, im Prinzip in das Ermessen der Vertragspartei falle. In diesem Zusammenhang gibt es verschiedene Möglichkeiten, die „Achtung des Privatlebens“ zu sichern, und die Art der Verpflichtung des Staates hängt von dem jeweiligen Aspekt des Privatlebens ab, der in Frage steht.[419]

Soweit es um die Verbreitung persönlicher Daten geht, haben die zuständigen staatlichen Behörden und Gerichte jedoch einen gewissen Ermessensspielraum. Nur so kann ein gerechter Ausgleich zwischen den gegenüberstehenden Interessen herbeigeführt werden.[420]

Der vorliegende Fall betraf die Aufnahmen einer Privatdetektei, die ausschließlich als Beweismittel im Zivilprozess verwendet werden sollten, sodass die Gefahr einer weiteren Verbreitung nicht bestand. Das Gericht hatte lediglich zu überprüfen, ob die Entscheidungen der staatlichen Behörden und Gerichte mit den Vorschriften der EMRK in Einklang standen und sich die Gerichte im Rahmen des Ermessensspielraums bewegt hatten. Zum Verwendungszweck der von der privaten Detektei gemachten Aufnahmen führte der EGMR folgendermaßen aus:

> Die Aufnahmen sollten auf berechtigte Weise zu einer gerichtlichen Auseinandersetzung beitragen und die Versicherungsgesellschaft in die Lage versetzen, das Gericht über alle wesentlichen Umstände zu informieren. Die umstrittenen Aufnahmen widerlegten in der Tat die Behauptung des Bf., er könne infolge des Unfalls keine Fahrzeuge mehr fahren. Soweit sein Schadensersatzanspruch darauf gestützt war, musste dem Gericht jeder Umstand, der das widerlegen konnte, zur Kenntnis gebracht werden [...]. Folglich war der Eingriff in das Recht des Bf. auf Achtung seines Privatlebens angesichts der Anforderungen von Art. 8 EMRK nicht unverhältnismäßig. Diese Vorschrift ist also nicht verletzt.[421]

Obwohl der EGMR durchaus das Bildnis als eines der wichtigsten Elemente der Persönlichkeit eines Menschen anerkennt, kommt er in der Sache *De la Flor Cabrera* zu dem Ergebnis, dass heimlich gemachte Aufnahmen durch Privatpersonen, welche ausschließlich als Beweismittel in einem gerichtlichen Verfahren verwendet werden und daher die Gefahr einer späteren Nutzung gerade nicht besteht, Art. 8 EMRK nicht verletzen. Der Eingriff sei nicht unverhältnismäßig. Hinzu kommt, dass die

---

418 LR-EMRK/*Esser* Art. 8 Rn. 24; SK-StPO/*Paeffgen* Art. 8 EMRK Rn. 5.
419 EGMR X u. Y/NL, 26.3.1985, Serie A Nr. 91 = NJW 1985, 2075.
420 EGMR De la Flor Cabrera/E, 27.5.2014 = NJW 2015, 1079, 1080.
421 EGMR De la Flor Cabrera/E, 27.5.2014 = NJW 2015, 1079, 1080.

Privatdetektei allen Anforderungen entsprochen hatte, welche das spanische Gesetz an solche Tätigkeiten stellt.[422]

Mit seiner Rechtsprechung unterscheidet sich der EGMR von der Rechtsprechung des EuGH und des BGH. Der EGMR betont in seiner Begründung die nicht bestehende Gefahr einer späteren Nutzung der Videoaufzeichnungen, soweit die Aufnahmen ausschließlich als Beweismittel vor Gericht verwendet werden. Darüber hinaus sollen die Aufnahmen die Versicherungsgesellschaft in die Lage versetzen, das Gericht über alle wesentlichen Umstände des Falls informieren zu können. Sollte ein wesentlicher Umstand nur mittels heimlich gemachten Videoaufnahmen belegt werden können, dürfe die Verwendung entsprechender Daten angesichts der Anforderungen des Art. 8 EMRK nicht als unverhältnismäßig eingestuft werden.[423]

IV. Resümee

Die Frage der Verwertbarkeit von Dashcam-Aufzeichnungen als Beweis bereitet sowohl den Straf-, als auch den Zivil- und Verwaltungsgerichten Schwierigkeiten. Die Gerichte sind sich hinsichtlich einer Verwertbarkeit von entsprechenden Aufzeichnungen uneins. Eine höchstrichterliche Entscheidung fehlt; die bis dato ergangenen Entscheidungen konnten ebenfalls nicht zur Rechtssicherheit beigetragen.

Nicht nur Dashcams in Fahrzeugen, sondern auch Kameras, welche vermehrt von Privatpersonen zum Schutz des eigenen häuslichen Bereichs installiert werden, stellen die Gerichte vor neue Herausforderungen. Zum einen sollen die Videokameras Beweise für mögliche künftige Verfahren liefern. Zum anderen sollen sie der Abschreckung und somit präventiven Zwecken dienen. Zur Videoüberwachung durch Privatpersonen gibt es durchaus zahlreiche instanzgerichtliche Entscheidungen. Auch höchstrichterliche Entscheidungen hierzu existieren. Jedoch fehlt es an einem „über eine kasuistische Darstellung hinausgehenden systematischen Gesamtkonzept für die Beantwortung dieser praktisch höchst bedeutsamen Frage".[424]

In den Entscheidungsgründen der Rechtsprechung zur Videoüberwachung, bei denen auch Bereiche erfasst werden, die für unbeteiligte Dritte zugänglich sind, wird regelmäßig eine (umfassende) Abwägung zwischen den kollidierenden Gütern vorgenommen.[425] Dabei stehen das Eigentumsrecht des Überwachenden, das Recht am eigenen Bild, sowie das Recht auf informationelle Selbstbestimmung als besondere

---

422 Die Privatdetektei war staatlich anerkannt und in ein Verwaltungsregister eingetragen. Hinzu kommt, dass Aufnahmen zur Benutzung in einem Rechtsstreit in § 265 SpanZPO vorgesehen sind (EGMR De la Flor Cabrera/E, 27.5.2014 = NJW 2015, 1079, 1080).

423 Zusammenfassend *Krämer* SVR 2016, 23.

424 *Stöber* NJW 2015, 3681 (dort auch die Bearbeitung eines entsprechenden Konzepts).

425 Z.B. LG Frankenthal, Urt. v. 30.12.2015 – 4 O 358/15 = NJOZ 2016, 1195, 1196 m.w.N.

Ausprägungen des allgemeinen Persönlichkeitsrechts (Art. 2 Abs. 1 i.V.m. Art. 1 Abs. 1 GG) im Fokus.[426]

Betrachtet man die Argumentation der Gerichte zum Einsatz von Dashcams im Einzelnen, so sprechen die besseren Argumente für eine Unverwertbarkeit der Aufzeichnungen.[427] Grundsätzlich stellen Aufzeichnungen von anderen Personen im Straßenverkehr einen Eingriff in deren allgemeines Persönlichkeitsrecht dar.[428] Ob dieser Eingriff von den Betroffenen geduldet werden muss, ist ebenfalls anhand einer umfassenden Güter- und Interessensabwägung zu ermitteln.[429] Unabhängig von der Frage, nach welcher Rechtsgrundlage der Einsatz von Dashcams zu beurteilen ist, kommen die Gerichte bei der Abwägung zwischen den Interessen des Beobachteten und des Beobachters bislang zu recht unterschiedlichen Ergebnissen. Im Regelfall kann aber das Recht des Dashcam-Betreibers das Recht des Betroffenen auf informationelle Selbstbestimmung nicht überwiegen. Es ist zwar der Ansicht zuzustimmen, wonach bei Verkehrsunfällen wegen der Flüchtigkeit des Geschehens regelmäßig eine erhebliche Beweisnot herrscht und der Aufzeichnende daher ein „erhebliches und auch legitimes Interesse an der Zulassung dieses Beweismittels"[430] hat. Jedoch können diese Umstände nicht dazu führen, dass im Rahmen einer Interessensabwägung das Recht des Aufzeichnenden das Recht der Betroffenen überwiegt. Zum einen obliegt der Umfang der Aufzeichnung vollumfänglich dem Aufzeichnenden. Aufgrund der Mobilität von Dashcams können sich unbeteiligte Dritte nicht dem Aufnahmebereich entziehen. Der Betreiber entscheidet darüber, in welchem Umfang er das Verkehrsgeschehen filmt und wie er mit dem aufgezeichneten Datenmaterial verfährt. Darüber hinaus wird aufgrund der Mobilität eine großflächige Überwachung herbeigeführt, wodurch eine Vielzahl von Personen in ihren Grundrechten betroffen[431] und das Szenario eines allgegenwärtigen „Big Brothers"

426 *Bäumerich* zur Beweisverwertung von Dashcam-Aufnahmen im Zivilprozess: *„Der weit überwiegend vertretene Ansatz in Rechtsprechung und Schrifttum liegt, wie so oft, in der Mitte: Es komme auf eine umfassende Abwägung der widerstreitenden Interessen an, die durch die Beweisgewinnung und durch die Beweisverwertung betroffen seien"* (*Bäumerich* JuS 2016, 803, 805).

427 Anders hingegen *Bäumerich*: *„Im Zivilprozess spricht das individuelle Beweisinteresse für die Verwertung, im Strafprozess das öffentliche Interesse an der Wahrheitsfindung"* (*Bäumerich* JuS 2016, 803, 807).

428 Vgl. nur BVerfG, Beschl. v. 23.2.2007 – 1 BvR 2368/06 = NVwZ 2007, 688.

429 *Balzer/Nugel* NJW 2014, 1622, 1623; *Bihari Vass* DAR 2010, 504, 505; *Wirsching* NZV 2016, 13, 15 (Im Zivilprozess: Abwägung zwischen dem informationellen Selbstbestimmungsrecht und Justizgewährungsanspruch; im Strafprozess: Abwägung zwischen den Beschuldigtenrechten und dem Strafverfolgungsanspruch des Staates).

430 *Greger* NZV 2015, 114, 115.

431 Auch dem BVerfG zufolge haben verdachtslose Eingriffe mit großer Streubreite, bei denen zahlreiche unbeteiligte Personen in den Wirkungsbereich einer Maßnahme einbezogen werden, grundsätzlich eine hohe Eingriffsintensität (BVerfG, Beschl. v. 23.2.2007 – 1 BvR 2368/06 = NVwZ 2007, 688, 691); a.A. *Klann* DAR 2014,

herbeigeführt wird. Unbeteiligte Dritte sind dadurch permanent der Möglichkeit einer Überwachung ausgesetzt. Es entsteht ein Überwachungsdruck. *Klann* zufolge entstehe ein derartiger Überwachungsdruck für andere Verkehrsteilnehmer nicht, da diese nur für kurze Zeit erfasst werden und sich nur zufällig im Aufnahmebereich befänden.[432] Diese Auffassung kann nicht zugestimmt werden, da es gerade dem Beobachtenden obliegt, wie lange er den Beobachteten filmt. Ferner werden die anderen Verkehrsteilnehmer nicht zufällig gefilmt; vielmehr erfolgt das Filmen bewusst zu einer späteren Auswertung.[433]

Auch die Argumente des OLG Stuttgart, welches sich mit der Verwertbarkeit einer privaten Dashcam-Aufzeichnung im straßenverkehrsrechtlichen OWi-Verfahren zu beschäftigten hatte und das sich für eine Verwertbarkeit im streitgegenständlichen Fall aussprach, überzeugen nicht gänzlich. Nach Auffassung des Gerichts setzen sich unbeteiligte Dritte durch die „Teilnahme am öffentlichen Straßenverkehr bzw. durch den Aufenthalt außerhalb des besonders geschützten Privatraums grundsätzlich selbst der Wahrnehmung und Beobachtung durch Dritte aus".[434] Auch wenn man eine (konkludente) Zustimmung unbeteiligter Dritte an einer Wahrnehmung und Beobachtung annimmt, kann diese nicht so weit gehen, dass man ebenfalls eine Zustimmung zur Erhebung und Speicherung persönlicher Daten bejahen könnte.

In anderen Ländern hält man es bereits für erforderlich, den Einsatz von Dashcams – vor allem mit Blick auf das allgemeine Persönlichkeitsrecht – gesetzlich zu regeln. Der Einsatz von Dashcams ist unter anderem in Österreich, der Schweiz, Luxemburg, Belgien, Schweden und Portugal gesetzlich verboten.[435] Auch nach einem Beschluss des Düsseldorfer Kreises v. 25./26.2.2014 sind die von § 6b Abs. 1 Nr. 3 BDSG geforderten Voraussetzungen regelmäßig nicht erfüllt, da die Interessen der Verkehrsteilnehmer überwiegen:

> Das informationelle Selbstbestimmungsrecht umfasst das Recht des Einzelnen, sich in der Öffentlichkeit frei zu bewegen, ohne befürchten zu müssen, ungewollt und anlasslos zum Objekt einer Videoüberwachung gemacht zu werden. Dashcams zeichnen

---

451, 454 (*„Da selbst bei einer weit verbreiteten Nutzung von Unfallkameras diese nicht miteinander vernetzt sind, kann kaum ein flächendeckender Überwachungsdruck erzeugt werden"*); ebenso bei *Bachmeier* DAR 2014, 15, 18 f. (bei kurzfristiger Erfassung Unbeteiligter sei ein Einschüchterungseffekt und eine Grundrechtsbeeinträchtigung nicht zu erwarten. Dies stelle aber nur ein Argument bei der Abwägung dar. Einen auf den Zivilprozess zu übertragender und das Problem lösender Gesichtspunkt ist das aber nicht).

432 *Klann* DAR 2013, 188, 190.

433 So auch *Bachmeier* DAR 2014, 15, 18.

434 OLG Stuttgart, Beschl. v. 4.5.2016 – 4 Ss 543/15 = NJW 2016, 2280, 2282.

435 In den Niederlanden, in Dänemark, Großbritannien, Italien, Spanien, Norwegen, Frankreich, Malta, Bosnien-Herzegowina und Serbien ist der Einsatz von Dashcams – z.T. lediglich unter gewissen Voraussetzungen – zulässig (hierzu *Klann* DAR 2014, 451, 456 m.w.N); LG Memmingen, Urt. v. 14.1.2016 – 22 O 1983/13 = ZD 2016, 179, 182 m. Anm. *Schwiering*.

den Verkehr sowie Personen, die sich in der Nähe einer Straße aufhalten, ohne Anlass und permanent auf, so dass eine Vielzahl von Verkehrsteilnehmern betroffen ist, die sämtlich unter einen Generalverdacht gestellt werden, ohne dass sie von der Überwachung Kenntnis erlangen oder sich dieser entziehen können. Das Interesse des Autofahrers, für den eher theoretischen Fall eines Verkehrsunfalls Videoaufnahmen als Beweismittel zur Hand zu haben, kann diesen gravierenden Eingriff in das Persönlichkeitsrecht der Verkehrsteilnehmer nicht rechtfertigen.[436]

Entgegen der Ansicht von *Atzert* und *Franck* kann ein Einsatz von Dashcams gerade nicht gemäß § 6b Abs. 1 Nr. 3 BDSG gerechtfertigt werden.[437] Richtig ist zwar, dass die Verkehrssituation als solche grundsätzlich gefahrgeneigt ist. Man muss aber ebenfalls beachten, dass „überall und zu jeder Zeit potentielle Gefahren für Rechtsgüter“[438] lauern. Wie *Atzert* und *Franck* weiter ausführen, gibt es im StVG Haftungsregeln, welche versuchen, die Beweislast im Rahmen von Verkehrsunfällen abzumildern. Außerdem werden „Unzulänglichkeiten“ bei der Sachverhaltsaufklärung über „das abstraktere Konzept der Betriebsgefahr ausgeglichen“.[439] Warum darüber hinaus ein Videobeweis gefordert wird, ist daher nicht nachvollziehbar. *Bihari Vass*, welche die Diskussion über die Zulässigkeit von Dashcams bereits im Jahr 2010 eröffnet hat, ist ebenfalls der Auffassung, dass eine Durchsetzung der Rechte des Dashcam-Betreibers ohne einen Videonachweis möglich ist. Hierbei können neutrale Zeugen, Sachverständigengutachten oder die Parteieinvernahme helfen,[440] sodass es durchaus nicht an weniger belastenden Maßnahmen mangelt. *Bachmeier* hingegen ist der Ansicht, dass gerade im Bereich des Verkehrsrechts kaum taugliche Beweismittel zur Verfügung stehen. Insbesondere seien Zeugenaussagen zum Teil zweifelhaft und Gutachten mangels Anknüpfungspunkten oftmals nicht aussagekräftig.[441] Auch *Klann* versucht mit der mangelnden Zuverlässigkeit von Zeugenaussagen zu argumentieren:

> Darüber hinaus sollte im Rahmen der Interessenabwägung auch nicht im Sinne eines „Ausschlusskriteriums“ zulasten des Kameraverwenders eingewandt werden, dass neben den Aufzeichnungen auch Zeugenaussaugen existieren, da die Zuverlässigkeit von Zeugen bekanntermaßen häufig hinter „objektiven“ technischen Beweismitteln zurückbleibt.[442]

436 Beschluss des Düsseldorfer Kreises v. 25./26.2.2014, S. 1, https://www.datenschutz-mv.de/datenschutz/themen/ddk/Dashcams.pdf (Stand: Dezember 2016).
437 *Atzert/Franck* RDV 2014, 136, 137.
438 *Terhaag/Schwarz* K&R 2015, 556, 559.
439 *Atzert/Franck* RDV 2014, 136, 138.
440 *Bihari Vass* DAR 2010, 504, 505.
441 *Bachmeier* DAR 2014, 15, 17.
442 *Klann* DAR 2014, 451, 454.

Gerade aber im Hinblick auf den schwerwiegenden Eingriff in das Recht auf informationelle Selbstbestimmung der Beobachteten überzeugt das Argument der mangelnden Zuverlässigkeit von Zeugen nicht.

Ferner argumentieren *Atzert* und *Franck*, dass die Beweissicherung mit Hilfe von Dashcam-Aufzeichnungen im Interesse der Betroffenen erfolgen kann. Dies sei vor allem dann der Fall, wenn der Betreiber der Dashcam Unfallverursacher oder Zeuge eines Unfalls ist.[443] Auch *Klann* ist der Auffassung, dass im Rahmen der Abwägung berücksichtigt werden müsse, dass der Verwender der Dashcam nicht nur Beweismittel zulasten Dritter schafft. Vielmehr können die Aufzeichnungen im Prozess auch gegen ihn verwendet werden. Dadurch würden die Nachteile für Beobachtete zumindest teilweise kompensiert werden.[444] Diese Argumente lassen aber außer Betracht, dass der Verwender der Kamera die alleinige Verfügungsmacht über die Aufzeichnungen hat. Sollte der Aufzeichnende dem Betroffenen den jeweiligen Videobeweis zur Verfügung stellen, ändert dies nichts an der Tatsache, dass ein Eingriff in das Recht auf informationelle Selbstbestimmung des Aufgezeichneten vorliegt, welchen dieser prinzipiell nicht hinnehmen muss.

Auch der Umstand, dass Verhaltensweisen im öffentlichen Raum erhoben werden, lässt einen Eingriff nicht entfallen. Dazu hat das BVerfG bereits 2009 Folgendes ausgeführt:

> Das allgemeine Persönlichkeitsrecht gewährleistet nicht allein den Schutz der Privat- und Intimsphäre, sondern trägt in Gestalt des Rechts auf informationelle Selbstbestimmung auch den informationellen Schutzinteressen des Einzelnen, der sich in die Öffentlichkeit begibt, Rechnung […].[445]

Ebenfalls abwegig ist die Auffassung, wonach der Einsatz von Unfallkameras ebenso gestattet sein muss wie derjenige von Rückfahrkameras.[446] Auf der einen Seite zeichnen Rückfahrkameras nicht den öffentlichen Verkehrsraum auf und erfassen keine Vielzahl an Personen, sondern erleichtern dem Fahrzeugfahrer lediglich das Rückwärtsfahren, indem das Geschehen hinter dem Fahrzeug auf einem Bildschirm im Pkw übertragen wird. Auf der anderen Seite verfolgen entsprechende Kameras rein private Zwecke, für welche bereits das BDSG nicht einschlägig ist (vgl. § 1 Abs. 2 Nr. 3 BDSG).[447]

---

443 *Atzert/Franck* RDV 2014, 136, 138.

444 *Klann* DAR 2014, 451, 454.

445 BVerfG, Beschl. v. 11.8.2009 – 2 BvR 941/08 = NJW 2009, 3293, 3294.

446 So jedenfalls *Atzert/Franck* RDV 2014, 136, 140.

447 So auch *Lachenmann/Schwiering* NZV 2014, 291, 292; *Klann* zufolge ist auch bei Dashcams, welche in privat genutzten Fahrzeugen installiert werden, der Anwendungsbereich des BDSG nicht eröffnet, da eine entsprechende Kamera lediglich privaten Nutzen habe. Lediglich bei geschäftlich genutzten Fahrzeugen sei das BDSG einschlägig (*Klann* DAR 2014, 451, 452). Diese Unterscheidung ist jedoch abwegig, da Aufzeichnungen gerade in gerichtlichen Verfahren verwertet werden

Als Ergebnis lässt sich festhalten: Die dargelegten Argumente, welche eine Unverwertbarkeit von Dashcam-Aufzeichnungen begründen, überzeugen. Da es an einer höchstrichterlichen Entscheidung aber bislang fehlt, herrscht weiterhin Rechtsunsicherheit, welche aufgrund zunehmender Verbreitung von Dashcams zeitnah beseitigt werden sollte. Die bisher ergangene höchstrichterliche Rechtsprechung zur privaten Videoüberwachung unter Miterfassung des öffentlichen Raums kann für den Einsatz von Dashcams allenfalls eine Entscheidungshilfe für die nationalen Gerichte bieten. Weiterhin müssen die Gerichte alle Aspekte in eine Güter- und Interessensabwägung einbeziehen, wenn über die Verwertbarkeit von Dashcams-Aufzeichnungen entschieden werden soll. Insgesamt sollte ein verantwortungsvoller Umgang mit Daten angestrebt werden, statt durch unüberlegte Impulse eine großflächige Überwachung des öffentlichen Verkehrsraums durch immer mehr an Videoüberwachungsmaßnahmen voranzutreiben.[448]

V. Die Dashcam im Vergleich mit der Bodycam

Nachstehend sind die Gemeinsamkeiten und Unterschiede von Dashcams und Bodycams darzulegen. Dies hat insbesondere unter dem Aspekt zu erfolgen, dass beide Überwachungskameras zunehmend an Bedeutung gewinnen und vermehrt im medialen Fokus stehen.

Die erste Gemeinsamkeit ist die *Mobilität* der Kameras. Die Standortunabhängigkeit kann in beiden Fällen dazu führen, dass eine nahezu flächendecke Videoüberwachung herbeigeführt wird und sich die Betroffenen einem stetigen Überwachungsdruck ausgesetzt fühlen. Der Überwachungsdruck kann zu einer Anpassung und somit zu einer Art der Selbstdisziplinierung führen. Die Mobilität der Überwachungskameras und die Möglichkeit einer permanenten Überwachung führen ferner dazu, dass eine Vielzahl (unbeteiligter) Dritter von der Maßnahme betroffen ist. Die Erhebung personenbezogener Daten mit Dashcams bzw. Bodycams stellt einen *Eingriff in Grundrechte* der gefilmten Personen dar.[449] Verletzt ist das Grundrecht – insbesondere das Grundrecht auf informationelle Selbstbestimmung nach Art. 2 Abs. 1 i.V.m. Art. 1 Abs. 1 GG – jedoch erst dann, wenn der Eingriff verfassungsrechtlich nicht zu rechtfertigen ist (*Grundrechtsschranken* und *Schranken-Schranken*). Dashcams im öffentlichen Straßenverkehr sollen vornehmlich *Beweismaterial* für ein potentielles gerichtliches Verfahren nach Verkehrsunfällen oder Sachbeschädigungen am (parkenden) Pkw sichern. Vorzugsweise muss bei Dashcams das Interesse des Betroffenen am Recht auf informationelle Selbstbestimmung das Interesse des Nutzers an einer Beweissicherung überwiegen. Der Einsatz der Dashcam muss insbesondere vor dem Hintergrund der großflächigen

sollen. Dies geht über die ausschließlich persönliche oder familiäre Nutzung der Daten hinaus.

448 Siehe LG Memmingen, Urt. v. 14.1.2016 – 22 O 1983/13 = ZD 2016, 179, 182 m. Anm. *Schwiering*.

449 Siehe hierzu ab S. 359 ff.

Überwachung und des Eingriffs in die Grundrechte zahlreicher, auch unbeteiligter Personen jedenfalls unverhältnismäßig sein. Auch wenn bei Verkehrsunfällen aufgrund einer Flucht von Unfallbeteiligten mitunter eine Beweisnot des Geschädigten gegeben ist und daher ein erhebliches Interesse an der Zulassung der Dashcam-Aufzeichnung nicht bestritten werden kann,[450] können diese Umstände allein nicht dazu führen, dass das Interesse des Aufzeichnenden das Interesse der Betroffenen überwiegt.

Bodycams verfolgen ähnliche Ziele: Primär sollen sie zwar körperliche Angriffe auf Polizisten verhindern. Bodycam-Aufzeichnungen können jedoch auch Beweismaterial für ein mögliches Strafverfahren sichern, eine umfassende Dokumentation des Polizeieinsatzes ermöglichen und zur Aufklärung des Geschehens und mithin zur Überführung von Tatverdächtigen beitragen. Jedenfalls zum Schutz von Polizisten vor Angriffen, also zum Schutz ihrer körperlichen Unversehrtheit bzw. ihres Lebens kann die offene Videoüberwachung nicht unverhältnismäßig sein. Dies muss selbst dann gelten, wenn körperliche Angriffe lediglich *drohen* und infolgedessen die Kamera aktiviert wird. Nur so kann ein umfassender Schutz von Polizisten erreicht werden. Die Verhältnismäßigkeit im engeren Sinne hinsichtlich einer Strafverfolgungsvorsorge ist jedoch zweifelhaft, dies insbesondere vor dem Hintergrund, dass mit Bodycams zahlreiche personenbezogene Daten erhoben werden, mitunter auch Daten von unbeteiligten Dritten. Daher stellt sich die Frage, ob das Interesse an einer Beweissicherung für ein mögliches Strafverfahren das Interesse der von der Aufzeichnung Betroffenen überwiegen kann. Das Interesse der Betroffenen liegt insbesondere darin, keiner permanenten Überwachung bzw. keinem permanenten Überwachungsdruck ausgesetzt zu sein. Ferner besteht auch ein Interesse daran, dass die Erhebung personenbezogener Daten beschränkt bleibt. Eine Entscheidung dieser Frage kann noch dahinstehen, da ein Bodycam-Einsatz jedenfalls zum Schutz der körperlichen Unversehrtheit bzw. des Lebens zur Beschränkung dieser Interessen nicht außer Verhältnis steht.

Bodycams – wie auch Dashcams – werden bislang lediglich an *öffentlich zugänglichen Orten* eingesetzt. Da der Einsatz der Überwachungsgeräte einen erheblichen Eingriff in das Recht auf informationelle Selbstbestimmung darstellt, kann durch diese Einschränkung ein Eingriff in weitere Grundrechte, wie beispielsweise das Recht auf Unverletzlichkeit der Wohnung nach Art. 13 Abs. 1 GG ausgeschlossen werden. Dennoch verzichtet der Gesetzentwurf der Fraktion der SPD und der Fraktion Bündnis 90/Die Grünen zur Änderung des Polizeigesetzes des Landes Nordrhein-Westfalen auf das Tatbestandsmerkmal „öffentlich zugänglicher Raum".[451] Stattdessen soll nach § 15c Abs. 3 S. 1 PolG NRW die Aufzeichnung personenbezogener Daten, die dem Kernbereich privater Lebensgestaltung zuzurechnen sind,

450 Vgl. nur *Greger* NZV 2015, 114, 115.

451 Gesetzentwurf der Fraktion der SPD und der Fraktion Bündnis 90/Die Grünen – Viertes Gesetz zur Änderung des Polizeigesetzes des Landes Nordrhein-Westfalen (LT-Drs. 16/12361 v. 28.6.2016, S. 9 ff.).

unzulässig sein. Dadurch kann jedoch nicht verhindert werden, dass das Grundrecht auf Unverletzlichkeit der Wohnung verletzt wird. Unabhängig von der Tatsache, dass die Gewalt gegen Polizisten nicht stetig zunimmt,[452] stellt bereits die Videoüberwachung mit Bodycams im öffentlich zugänglichen Raum einen schwerwiegenden Eingriff in das Grundrecht auf informationelle Selbstbestimmung und den weiteren speziellen Teilausprägungen des allgemeinen Persönlichkeitsrechts dar. Daher scheint es zumindest fraglich, ob ein Einsatz körpernah getragener Aufnahmegeräte im Wohnungsbereich tatsächlich erstrebenswert ist bzw. ob ein entsprechender Einsatz überhaupt angemessen sein kann.

Im Gegensatz zum Dashcam-Einsatz erfolgt eine Datenerhebung durch Bodycams stets *offen*.[453] Die filmenden Polizisten haben in geeigneter Weise – durch einen verbalen Hinweis, mit Warnwesten oder auffälligen Aufnahmeleuchten – auf die Überwachung hinzuweisen. Dadurch wird sichergestellt, dass die Betroffenen Kenntnis von der Videoüberwachungsmaßnahme haben und von ihren Rechten, wie beispielsweise vom Recht auf Berichtung, Löschung und Sperrung personenbezogener Daten Gebrauch machen können. Dashcam-Nutzer hingegen können – aufgrund einer permanenten Aufzeichnung während der gesamten Fahrt – die Betroffenen nicht auf die Aufzeichnung hinweisen. Dies hat zur Folge, dass der von der Überwachung Betroffene zunächst keine Kenntnis über die Erhebung seiner personenbezogenen Daten hat. Da die offene Datenerhebung im Vergleich zur verdeckten Erhebung personenbezogener Daten jedenfalls den geringeren Eingriff darstellt, ist zumindest beim Einsatz der polizeilichen Videoüberwachungsmaßnahme ein entsprechender Hinweis erforderlich.

Bodycams und Dashcams werden von einem unterschiedlichen Personenkreis genutzt. Dashcams werden von Privatpersonen in Fahrzeugen installiert, um Beweise für ein etwaiges Gerichtsverfahren zu sichern. Jeder Autofahrer kann eine Überwachungskamera in seinem Pkw installieren. Damit besteht zum einen keine gesicherte Kenntnis darüber, wie viele Kameras tatsächlich im Gebrauch sind. Zum anderen besteht die Gefahr, dass sich eine großflächige Überwachung des Straßenverkehrs entwickelt. Bodycams hingegen sollen Polizisten vor (zunehmender) körperlicher Gewalt schützen und werden von diesen nach eigenem Ermessen aktiviert. Somit stehen sich die (anlasslose) private Videoüberwachung unter Miterfassung des öffentlichen Raums und die staatlich veranlasste Videoüberwachung gegenüber. Der Einsatz der polizeilichen Bodycam ist an bestimmte Voraussetzungen geknüpft, sodass nicht die Gefahr einer anlasslosen Überwachung des Verkehrsraums besteht. Stattdessen soll eine Überwachung stets anlassbezogen erfolgen.

---

452 Siehe S. 147 ff.

453 Diesbezüglich ist § 27 Abs. 3 S. 1 SPolG problematisch, da nach dieser Vorschrift die Vorabaufnahme, also die kurzzeitige Speicherung personenbezogener Daten, nicht offen erfolgen muss.

Hinsichtlich des Einsatzes von Dashcams und einer Verwertbarkeit im gerichtlichen Verfahren gibt es bereits einige Urteile.[454] Mangels obergerichtlicher Jurisdiktion besteht dennoch im Hinblick auf die gerichtliche Verwertbarkeit von Dashcam-Aufzeichnungen Rechtsunsicherheit. Zur Verwertbarkeit von Bodycam-Aufzeichnungen im Strafverfahren mangelt es bislang an jeglicher Rechtsprechung. Daher bleibt abzuwarten, wie die Gerichte die Verwendung entsprechender Aufzeichnungen beurteilen werden. Da die Bodycam-Aufzeichnung lediglich eine Maßnahme der Strafverfolgungs*vorsorge* darstellen kann, wird von besonderem Interesse sein, ob die Gerichte – wie bereits zum Teil bei der Verwertbarkeit von Dashcam-Aufzeichnungen entschieden worden ist – den Mangel an weiteren (objektiven) Beweismitteln im Rahmen einer Interessensabwägung höher bewerten, als das Grundrecht des Betroffenen auf informationelle Selbstbestimmung.

§ 4 Zusammenfassung

Bodycams sind kleine Videoüberwachungsgeräte, die an der Schulter oder im Brustbereich des Polizisten befestigt und in zahlreichen Bundesländern auf ihre Effektivität im Kampf gegen körperliche Übergriffe auf Polizisten getestet werden. In Hessen, Rheinland-Pfalz, Hamburg und im Saarland wird ein entsprechender Einsatz bereits gesetzlich geregelt.[455] Obwohl Bodycams – zum Schutz von Polizeivollzugsbeamten – vielversprechend erscheinen, stellen sie kein „Allheilmittel" zur Eindämmung von Gewalttaten gegenüber Polizisten dar; Zum Teil wird vertreten, dass sie keine deeskalierende Wirkung haben können. Stattdessen würden sie eine eskalierende Wirkung entfalten. Dies vor allem deshalb, weil Videoüberwachungsmaßnahmen (vermehrt) als unbegründeter Vorwurf von Gewaltbereitschaft und Kriminalität aufgefasst werden. Darüber hinaus ist die vielfach proklamierte deeskalierende Wirkung auch beim betrunkenen oder spontan handelnden polizeilichen Gegenüber kritisch zu betrachten, da diese oftmals emotionsgeladen handeln und nicht mehr über ihr Handeln hinreichend nachdenken können. Diese Umstände können dazu führen, dass eine kleine Kamera den Delinquenten nicht von der Straftatenbegehung abhält.

Nachdem Begriff, technische Grundlagen und faktische Probleme des polizeilichen Einsatzes der Bodycam dargestellt worden sind, wurde der Frage nachgegangen, welche Ziele Bodycams verfolgen. Dabei wurden die Gefahrenabwehr, die Strafverfolgung und die vorbeugende Bekämpfung („Verhütung von Straftaten" und „Strafverfolgungsvorsorge") ausführlich dargestellt. Als Ergebnis lässt sich hierbei Folgendes festhalten: Bodycams sollen unmittelbar bevorstehende Gefahren für die Rechtsgüter „körperliche Unversehrtheit" und „Leben" von Polizisten – und Dritten – abwehren (*Prävention*). Ferner haben Überwachungsmaßnahmen einen prinzipiellen Abschreckungs- bzw. Einschüchterungseffekt, sodass sie in der Lage

454 Siehe S. 89 ff.
455 Ausführlich hierzu S. 463 ff.

sind, Straftaten zu verhüten (*Verhütung von Straftaten*). Bodycam-Aufzeichnungen stellen ein Hilfsmittel für eine zukünftige Strafverfolgung dar und sind damit eine Maßnahme der sog. *Strafverfolgungsvorsorge*. Obwohl Bodycam-Aufzeichnungen in ein Strafverfahren eingeführt und verwertet werden können, intendiert die Bodycam nicht die typische Zwecksetzung der Strafverfolgung (*Repression*). Im Rahmen dieser Ausführungen wurde auch der Einsatz von Bodycams in Österreich, in Großbritannien und in den USA dargestellt. Dabei konnte festgestellt werden, dass im Vergleich zum Einsatz in Deutschland teilweise andere Zwecke verfolgt werden: In Österreich soll der offene Einsatz von Bild- und Tonaufzeichnungsgeräten zum Zweck der Dokumentation von Amtshandlungen, bei denen Organe des öffentlichen Sicherheitsdienstes Befehls- und Zwangsgewalt ausüben zulässig sein. Der Eigenschutz von Polizisten wird hingegen nicht explizit normiert. In den USA wird nicht der Schutz der Polizisten vor körperlichen Angriffen bezweckt. Stattdessen soll der Einsatz der Kamera zu einer Minimierung der Polizeigewalt beitragen.

Im 2. Kapitel wurde abschließend die deutsche Rechtsprechung zum Einsatz der Dashcam bzw. der Verwertbarkeit von Dashcam-Aufzeichnungen im gerichtlichen Verfahren dargestellt. Betrachtet man die – zum Teil sehr uneinheitliche – Argumentation der nationalen Gerichte, so sprechen im Ergebnis die besseren Argumente gegen eine Verwertbarkeit von Dashcam-Aufzeichnungen. Das Recht des Dashcam-Betreibers kann das Recht des Betroffenen auf informationelle Selbstbestimmung nicht überwiegen. Bei Verkehrsunfällen herrscht wegen der Flüchtigkeit des Geschehens regelmäßig eine Beweisnot, sodass das erhebliche – und auch legitime – Interesse des Aufzeichnenden an der Zulassung dieses Beweismittels durchaus nachvollziehbar ist. Diese Umstände können jedoch nicht dazu führen, dass im Rahmen einer Interessensabwägung das Recht des Aufzeichnenden das Recht der Betroffenen überwiegt, dies vor allem vor dem Hintergrund, dass der Umfang der Aufzeichnung vollumfänglich dem Aufzeichnenden obliegt. Ferner können sich aufgrund der Mobilität von Dashcams unbeteiligte Dritte dem Aufnahmebereich nicht entziehen.

Obwohl es bislang an höchstrichterlicher Rechtsprechung zum Einsatz von Dashcams mangelt, gibt es Entscheidungen des EuGH, des BGH und des EGMR zur privaten Videoüberwachung unter Miterfassung des öffentlichen Raums. Auch diese Rechtsprechung wurde umfassend dargestellt. Die ergangene höchstrichterliche Rechtsprechung zur privaten Videoüberwachung unter Miterfassung des öffentlichen Raums kann für die nationalen Gerichte allenfalls eine „Orientierungshilfe" für den Umgang mit Dashcams sein. Weiterhin müssen die Gerichte sämtliche Aspekte in eine Güter- und Interessensabwägung einbeziehen, wenn über die Verwertbarkeit von Dashcams-Aufzeichnungen entschieden werden soll.

3. Kapitel: Körperliche Gewalt *gegen* Polizeibeamte

Im 3. Kapitel steht das Thema „Gewalt gegen Polizeibeamte“ im Mittelpunkt.

Es soll geklärt werden, ob tatsächlich eine Zunahme der körperlichen Gewalt gegen Polizeibeamte zu verzeichnen ist und dies den vielfach geforderten Einsatz von Bodycams zum Schutz der Polizisten erforderlich macht. Um zu einem aussagekräftigen Ergebnis zu kommen, werden Daten der Polizeilichen Kriminalstatistik und die Statistik des Kriminologischen Forschungsinstituts Niedersachen e.V. aus dem Jahre 2010 untersucht. Ferner wird ein zusammenfassender Überblick über weitere Untersuchungen zum Thema „Gewalt gegen Polizisten“ gegeben. Hierbei sollen auch die Fehlerquellen und Faktoren, welche Statistiken verzerren können, dargestellt werden. Eine Analyse der strafrechtlichen Konsequenzen einer angeblichen Zunahme der Gewalt gegen Polizisten ist ebenfalls Gegenstand nachfolgender Ausführungen. Abschließend wird untersucht, ob die Bodycam ein geeignetes präventives Mittel zur Eindämmung der körperlichen Gewalt gegen Polizeibeamte darstellen kann.

§ 1 Körperliche Gewalt *gegen* Polizeibeamte?

Die Polizeilobby „plärrt“ wie keine andere. Polizisten würden immer häufiger bespuckt, beleidigt, angepöbelt und körperlich angegriffen.[456] Die Bevölkerung habe – so unter anderem *Lewerenz* – keinen Respekt mehr vor den Polizeibeamten.[457] Entsprechen diese Vorwürfe tatsächlich der Wahrheit, leiden Polizisten unter den gewalttätigen Übergriffen bei Polizeieinsätzen oder handelt es sich hierbei nur um ein „sorgfältig kalkuliertes Gejammer“?[458]

---

456 http://www.faz.net/aktuell/politik/inland/gewalt-gegen-polizisten-heule-heule-gaenschen-12092159.html (Stand: Dezember 2016).

457 Fehlender Respekt als Grund für die angebliche Zunahme der Gewalt gegen Polizisten: *Lewerenz* Bundespolizei kompakt 2011, 4, 5; *Ellrich/Baier/Zietlow* in: Mixed-Method-Studie, S. 338; *Baier/Ellrich* in: Mixed-Method-Studie, Vertrauen, S. 44; *Hunecke* KritV 2014, 267, 271.

458 http://www.faz.net/aktuell/politik/inland/gewalt-gegen-polizisten-heule-heule-gaenschen-12092159.html (Stand: Dezember 2016); auch *Fürmetz* spricht von notorischen Klagen der Polizei über ihre ungenügende Bewaffnung und ihren eingeschränkten Rechten im frühen Nachkriegsdeutschland (*Fürmetz* in: Polizei, Gewalt und Staat, S. 138).

I. Die Gewaltdiskussion – Eine (zu) hitzige Debatte?

> Die „Gewalt gegen die Polizei“ gehört zu jenen Phänomenen, die von PolizistInnen, Behörden und PolitikerInnen in periodischen Abständen immer wieder thematisiert werden.[459]

Der Themenkomplex „Gewalt gegen Polizeibeamte“ wird von der Öffentlichkeit als zunehmendes Problem wahrgenommen und in den Medien nicht selten (zu) hitzig diskutiert.[460] Das Vorgehen gegen die Polizeibeamten wird als brutaler, heftiger und lebensgefährlicher[461] bewertet als noch vor einigen Jahren.[462] Aus diesem Grund ist es erforderlich zu prüfen, ob unmittelbare körperliche Gewalt gegen Polizeibeamte in den letzten Jahren tatsächlich zugenommen hat, Medien durch übertriebene und unausgewogene Berichterstattung eine Zunahme der Gewalt suggerieren – um mit schlechten Nachrichten gute Schlagzeilen zu machen?[463] – oder ob lediglich die Sensibilität in Bezug auf die Gewaltwahrnehmung gestiegen ist.

Bevor näher auf das Thema „Gewalt gegen Polizeibeamte“ eingegangen wird, muss bereits an dieser Stelle festgehalten werden, dass häufig eine zu eindimensionale Diskussion in den Medien stattfindet. Dadurch entsteht nicht selten der Eindruck einseitiger Angriffe des Bürgers auf Polizeibeamte.[464] In einigen Fällen ist auch auf Seiten der Polizisten körperliche Gewalt im Spiel,[465] sodass die Gewalt *gegen* Polizisten nicht ohne die Thematik der Gewalt *durch* Polizisten dargestellt werden kann.[466] Aus diesem Grund wird im 4. Kapitel auf die illegitime Gewaltanwendung durch Polizisten (sog. *Polizeigewalt*) eingegangen. Aus einer einseitigen

---

459 *Pütter* Bürgerrechte & Polizei 2010, 3.

460 *Ohlemacher/Werner* in: Empirische Polizeiforschung XIV, S. 7; *Puschke* NK 2014, 28; *Hunecke* KritV 2014, 267, 268; *Behr* in: Empirische Polizeiforschung XIV, S. 186; *ders.* in: Polizei und Gewalt, S. 15; *Baier/Ellrich* in: Mixed-Method-Studie, Vorstellung, S. 11; a.A. *Fürmetz* in: Polizei, Gewalt und Staat, S. 131 (seiner Ansicht nach erfolgt eine Wahrnehmung der Gewalt gegen Polizisten nur sehr selektiv); *Hermanutz/Grünbaum/Spöcker* in: Gewalt gegen Polizisten, S. 69; *Ohlemacher* in: Polizei, Gewalt und Staat, S. 187 f. (*„dramatisierend wirkendes Bild- und Textmaterial“*, *„amerikanische Verhältnisse“*).

461 *Hunecke* KritV 2014, 267, 268; so auch bei *Pütter* Bürgerrechte & Polizei 2010, 3; http://www.faz.net/aktuell/politik/inland/gewalt-gegen-polizisten-heule-heule-gaenschen-12092159-p2.html (Stand: Dezember 2016).

462 Auch bei *Beck* Bürgerrechte & Polizei 2010, 15, 18; *Pütter/Neubert* Bürgerrechte & Polizei 2010, 21; *Thinnes* Kennzeichnungspflicht, S. 29.

463 *Hermanutz/Grünbaum/Spöcker* in: Gewalt gegen Polizisten, S. 70.

464 *Puschke* NK 2014, 28, 36.

465 *Fürmetz* in: Polizei, Gewalt und Staat, S. 132.

466 *„Wenn ein Polizist als Verletzung eine verstauchte Hand melde, könne es auch sein, dass sie verstaucht sei, weil er selbst jemanden körperlich angegangen sei: ‚Man darf nicht nur Striche zusammenzählen'“* (http://www.faz.net/aktuell/politik/inland/gewalt-gegen-polizisten-heule-heule-gaenschen-12092159-p4.html) (Stand: Dezember 2016); *„konkreter Interaktionsprozess“* (*Puschke* NK 2014, 28, 39).

und isolierten Darstellung können fehlerhafte Schlüsse gezogen werden, sodass die beiden Themen stets im Kontext betrachtet werden müssen.

1. *Die wesentlichen Ansichten in der Debatte um die (zunehmende) Gewalt gegenüber Polizisten*

Meinungen in der Debatte um die zunehmende Gewalt gegenüber Polizisten gibt es viele. Die wesentlichen Ansichten und jene, welche für die vorliegende Abhandlung von besonderem Interesse sind, sollen sogleich zusammengefasst und kritisch hinterfragt werden.

a) Sensibilisierung der Gewaltperzeption

Im Rahmen der allgemeinen Gewaltdiskussion ist *Behr* der Auffassung, dass nicht die Gewalt brutaler und schlimmer, sondern die Gewaltperzeption sensibler geworden sei.[467] Er hält es für grob fahrlässig und populistisch, wenn von einer qualitativen und quantitativen Zunahme der Gewalt gesprochen wird.[468] Seiner Ansicht nach werde Gewalt nur noch in den Medien gesehen und der Bürger erlebe die Gewalt folglich nicht aktiv, sondern passiv aus der sicheren Distanz vom heimischen Kino aus. Wenn die Bevölkerung Gewalt jedoch im realen Leben erfährt, sei sie sofort der Auffassung, dass die Gewalt steigt.[469] Auch *Steffes-enn* merkt an, dass insbesondere bei der Gewalt gegen die Polizei und dem Anstieg der angezeigten Fälle die steigende Sensibilität hinsichtlich der Gewaltwahrnehmung und das veränderte Anzeigeverhalten der Polizeikräfte in Bezug auf körperliche oder verbale Übergriffe nicht außer Acht gelassen werden dürfen.[470] Die Bevölkerung ist in Bezug auf die Gewaltwahrnehmung in den letzten Jahren deutlich sensibler geworden. Auch Polizeibeamte haben – so *Hunecke* – ein subjektives Empfinden dahingehend entwickelt,

467 *Behr* in: Empirische Polizeiforschung XIV, S. 180; *ders.* in: Gewalt und Gewalten, S. 72, 83; *ders.* auch bei http://www.zeit.de/2011/44/P-Polizei/seite-2 (Stand: Dezember 2016); zusammenfassend *Ellrich/Baier/Zietlow* in: Mixed-Method-Studie, S. 339; *Behrendes* (Leiter des Leitungsstabes im Polizeipräsidium Köln) teilt *Behrs* Auffassung, wonach die Sensibilität für Gewalt innerhalb und außerhalb der Polizei gestiegen sei (http://www.faz.net/aktuell/politik/inland/gewalt-gegen-polizisten-heule-heule-gaenschen-12092159-p3.html) (Stand: Dezember 2016); nach *Busch* und *Werkentin* ist eine gewachsene Sensibilität der Bevölkerung gegenüber gewalttätigen Angriffen und „Vorfeldereignissen" zu verzeichnen (*Busch/Werkentin* KrimJ 4. Beiheft 1992, 69, 80); *Hermanutz/Grünbaum/Spöcker* in: Gewalt gegen Polizisten, S. 72; im Rahmen ihrer Forschungsarbeit konnte *Steffes-enn* keine Anhaltspunkte erkennen, welche auf eine Verrohung der Täter hinweisen (*Steffes-enn* Polizisten im Visier, S. 110).

468 *Behr* in: Empirische Polizeiforschung XIV, S. 183.

469 *Behr* in: Empirische Polizeiforschung XIV, S. 192; *ders.* in: Gewalt und Gewalten, S. 72 f.

470 *Steffes-enn* Polizisten im Visier, S. 26 f.

dass die Gewalt gegen sie zunehme.[471] Mittlerweile werden von der breiten Masse Handlungen als Gewalt interpretiert, die vor mehreren Jahren noch nicht unter den Gewaltbegriff subsumiert worden sind. Man denke hierbei nur an das sog. *elterliche Züchtigungsrecht.*[472] Früher wurde ein solches Recht bei Bestehen eines entsprechenden Züchtigungsanlasses als Rechtfertigungsgrund für eine einfache Körperverletzung anerkannt. Voraussetzungen hierfür waren lediglich eine maßvolle körperliche Züchtigung und die Angemessenheit hinsichtlich Anlass, Alter und Konstitution des Kindes.[473] Früher galten Schläge im Rahmen des elterlichen Züchtigungsrechts als selbstverständlich und pädagogisch sinnvoll. Heute zählen bereits Beleidigungen, freches Lachen, Hinspucken auf den Boden, Anschreien und demonstratives Weggehen zur Gewalt.[474] Auch *Puschke* moniert die Veränderung der Gewaltwahrnehmung:

> Der früher als Teil einer normalen Konfliktkultur verstandene Einsatz von Körperlichkeit und verbalen Angriffen wird heute schneller als unangemessener Übergriff beurteilt. Entsprechend steigt die Wahrnehmung von interaktiven Verhaltensweisen als problematisch an und wird zudem häufiger unter dem Sammelbegriff Gewalt diskutiert und von den Instanzen der Sozialkontrolle auch unter Strafnormen subsumiert.[475]

Die Veränderung der Gewaltwahrnehmung führt zu einer gefährlichen inflationären Verwendung des Gewaltbegriffs, welcher dadurch eine Verschiebung erlebt. So wird beispielsweise in der kriminologischen Studie des KFN nicht nur die unmittelbare körperliche Gewalt zum Gewaltspektrum gezählt. Auch Drohungen und Beleidigungen werden bereits als Gewalt verstanden.[476]

Aufgrund der starken Erweiterung des Gewaltbegriffs kann man die Sensibilisierung der Gewaltwahrnehmung und den grundlegenden gesellschaftlichen Wandel, der sich dahinter verbirgt, sehen. Angesichts der fortschreitenden Gewaltsensibilisierung der Bevölkerung und der Bereitschaft Gewalt ernst(er) zu nehmen, dürfen abschließend auch die sog. *Broken-Windows-Theorie* von *Wilson* und *Kelling* und die Strategie der *Null-Toleranz* nicht unerwähnt bleiben. Der Theorie der „Broken Windows" zufolge wird in Gegenden, in denen Unordnung herrscht, Gewalt erzeugt. Die Null-Toleranz-Strategie begründet sich wiederum auf der

---

471 *Hunecke* KritV 2014, 267, 287.

472 Auch bei *Behr* in: Gewalt und Gewalten, S. 83.

473 *Fischer* § 223 StGB Rn. 37 ff.

474 Ebenso *Behr* in: Empirische Polizeiforschung, S. 193; *ders.* in: Gewalt und Gewalten, S. 84 f.; *ders.* spricht in diesem Zusammenhang auch von einer aggressiven Kommunikation der Bevölkerung, mit der die Polizei teilweise zu tun hat. Er nennt dies Insubordination, ein Ungehorsam, der um sich greift und auf den die Polizisten nicht gut vorbereitet sind (http://www.zeit.de/2011/44/P-Polizei/seite-2) (Stand: Dezember 2016).

475 *Puschke* NK 2014, 28, 37.

476 *Ellrich/Baier/Pfeiffer* Polizeibeamte als Opfer von Gewalt, S. 44.

Broken-Windows-Theorie.[477] Der Begriff der Nulltoleranz besagt, dass Polizisten auch bereits bei geringsten Gesetzesüberschreitungen beharrlich und zielstrebig eingreifen sollen, um dadurch in Zukunft vor allem schwere Verbrechen verhindern zu können.[478] Ein Unterlassen des Eingreifens würde hingegen zu Eskalationen führen. Ob ein Nichteingreifen der Polizei bei lediglich geringfügigen Gesetzesüberschreitungen tatsächlich zu Eskalationen führen würde, steht auf einem anderen Blatt. Aufgrund dieser These lässt sich aber erkennen, dass Polizisten hinsichtlich der Gewaltwahrnehmung durchaus sensibilisiert werden, um „Gewalt" erkennen und dagegen vorgehen zu können. Vertretern der Broken-Windows-These zufolge können insbesondere mit Videoüberwachungsmaßnahmen auch Ordnungsverstöße verhindert werden.[479]

b) Generalisierung der Gewalt und die Polizei in der Opferrolle

Nicht nur die Sensibilisierung, sondern auch eine Generalisierung der Gewalt ist in den letzten Jahren zunehmend erkennbar.

Die Aussage, dass die Kriminalität gegen den Polizeiapparat enorm wachse und das polizeiliche Gegenüber immer gewalttätiger werde, ist insbesondere dann kritisch zu betrachten, wenn sie von Polizisten stammt. Dies liegt *Schmid* zufolge unter anderem daran, dass diese tagtäglich mit Gewalt und den Schattenseiten der Gesellschaft konfrontiert sind und dazu neigen, negative Erfahrungen, welche sie in ihrem Berufsalltag machen, zu generalisieren.[480] *Behr* kritisiert das „ständige Jammern" der Polizeigewerkschaften, wodurch sie sich selbst und die Polizisten in eine „Opferrolle" drängen würden. Polizisten erscheinen somit nicht mehr als anonyme Rollenträger, sondern stellen sich selbst als Menschen dar, die sich opfern.[481] Wer dauernd auf seine Opferrolle hinweist und sich als Spielmaterial für Randalierer definiert, der dürfe sich nicht wundern, dass in der Bevölkerung Irritationen entstehen und Polizisten von den Bürgern wie Opfer behandelt werden:

> Niemand will sich einem Loser unterordnen, erst recht nicht, wenn der dafür bezahlt wird, stark zu sein.[482]

Zutreffend führt *Puschke* aus, dass Polizisten nur selten passive Opfer, „sondern aktiv Beteiligte einer dynamischen Konfliktsituation [sind]".[483] Wenn sie sich ohnmächtig fühlen, müssen sie aktiv werden und gegen die Ohnmacht ankämpfen.

---

477 *Füllgrabe* Kriminalistik 2000, 181, 182; *ders.* Kriminalistik 2000, 383.
478 *Füllgrabe* Kriminalistik 2000, 383; *Wacquant* Bestrafen der Armen, S. 268.
479 *Post* Videoüberwachung, S. 129.
480 *Schmid* Korruption, Gewalt und die Welt der Polizisten, S. 344 f.
481 *Behr* in: Gewalt und Gewalten, S. 79; ebenso bei *Hermanutz/Grünbaum/Spöcker* in: Gewalt gegen Polizisten, S. 70.
482 http://www.faz.net/aktuell/politik/inland/gewalt-gegen-polizisten-heule-heule-gaenschen-12092159-p2.html (Stand: Dezember 2016).
483 *Puschke* NK 2014, 28, 36.

Das ständige Jammern und Lärmen des Polizeiapparats habe *Behr* zufolge jedoch noch einen weiteren Grund, nämlich das Werben um Mitglieder sowohl für die GdP, als auch für die DPolG. Die Erklärung, die hinter dem kalkulierten Gejammer und Lärmen steht, ist einfach: Wer lärmt, erhöht die Medienpräsenz, erzeugt Aufmerksamkeit und wird gehört.[484] Ein größeres Unsicherheitsgefühl der Bevölkerung sichert dem Polizeiapparat zudem den Etat, da man sich nicht vorwerfen lassen will, die Sicherheit des eigenen Landes zu gefährden. Je sicherer sich Bürger fühlen, desto weniger können Forderungen nach besserer Ausrüstung und höheren Gehältern für die Polizisten nachvollzogen werden. Im Zusammenhang mit den KFN-Forschungsberichten und den dargestellten gewalttätigen Übergriffe auf Polizeibeamte hebt *Steffes-enn* hervor, dass „die Polizei ebenso wie jedes andere Tätigkeitsfeld regelrecht angewiesen ist auf eine besondere Dramatik der Lage, um insbesondere in der Zeit von Haushaltseinsparungen und -kürzungen selbst zweifelsohne notwendige und verbesserte Schutzausrüstung und Personalaufstockungen zu erhalten, Ausbildungsstandards modifizieren zu können und den Zugang zu entsprechenden Fortbildungen ermöglicht zu bekommen“.[485]

Doch was passiert, wenn die Gewalt gegen Polizisten nicht so dramatisch ist, wie von den Gewerkschaften vielfach proklamiert? Dann könnte bei der Polizei gespart werden. Und zwar unter anderem an der freien Heilfürsorge. Die freie Heilfürsorge ist ein Privileg, das Polizisten aus der Gefährlichkeit ihres Berufes ableiten.[486] Je größer die Gefahren für den Beamten, desto sicherer sind diverse Privilegien. Da könne es schon mal vorkommen, dass an der „Beweisführung getrickst“[487] werde. Die Polizei wird nicht erst in den letzten Jahren mit Gewalt konfrontiert. Das Problem ist also an sich nicht neu, wird aber in den Medien als neues Phänomen dargestellt.[488] Zudem sind Polizisten nicht mehr als andere Berufstätige Gefahren ausgesetzt.[489]

---

484 http://www.faz.net/aktuell/politik/inland/gewalt-gegen-polizisten-heule-heule-gaenschen-12092159-p2.html (Stand: Dezember 2016).

485 *Steffes-enn* Polizisten im Visier, S. 30.

486 https://www.gdp.de/gdp/gdpsl.nsf/id/DE_Beihilfeergaenzung/$file/Beihilfe-und-freie-Heilfuersorge.pdf (Stand: Dezember 2016); so auch Behr (http://www.faz.net/aktuell/politik/inland/gewalt-gegen-polizisten-heule-heule-gaenschen-12092159-p2.html) (Stand: Dezember 2016); ein wesentliches Motiv zur Polizei zu gehen, ist, *„von der Polizei leben zu können“*. Dazu gehört auch die Heilfürsorge (*Frevel* in: FS für Asmus, S. 48).

487 http://www.faz.net/aktuell/politik/inland/gewalt-gegen-polizisten-heule-heule-gaenschen-12092159-p2.html (Stand: Dezember 2016).

488 *Hunecke* KritV 2014, 267, 268; auch früher waren die Zeiten für die Polizisten rauer, so war beispielsweise die Terrorismusphase in Deutschland eine *„Zerreißprobe für die Gewalttoleranz in Polizei und Bevölkerung“* (*Behr* in: Gewalt und Gewalten, S. 77).

489 Umfassend dazu: *Pütter/Neubert* Bürgerrechte & Polizei 2010, 21, 27 f.; Für den Zeitraum von 1969 bis 1982 waren beispielsweise Arbeiter im Bereich der Schifffahrt und des Tiefbaus deutlich häufiger einer Gefahr, ja sogar einer Todesgefahr,

Hunecke kommt in ihrem Beitrag zu „Polizei und Gewalt" zu dem Ergebnis, dass aufgrund des weiten Gewaltbegriffs[490] die Gewalt im Zusammenhang mit der Polizei vielmehr „alles und nichts" beschreibt.[491] Ihrer Ansicht nach könne auch § 113 StGB nicht für die Gewaltdiskussion herangezogen werden, da diese Vorschrift einen viel zu weiten Interpretationsspielraum zulässt. Damit können keine Aussagen über die Gewalt gegen Polizeibeamte getroffen werden, da etliche Handlungsweisen unter den Widerstand subsumiert werden können. Bei dem Ausführen heftiger kreisender Armbewegungen, um sich aus dem Griff eines Polizeibeamten zu befreien,[492] bei dem Festhalten am Sitz und Wegdrehen des Körpers,[493] aber auch bei massiven Angriffen gegen die Polizeibeamten wird § 113 StGB bejaht. Damit sei *Hunecke* zufolge Gewalt gegen Polizeibeamte nicht verifizierbar.[494]

c) Dramatisierung der Gewalt und fehlender Respekt gegenüber Polizeibeamten

Obwohl der Themenkomplex „Polizei und Gewalt" kein neuartiges Phänomen darstellt, erfährt dieser dennoch in letzter Zeit große mediale Resonanz. Es ist daher geboten zu hinterfragen, woher diese mediale Aufmerksamkeit resultiert, warum dieses Thema aktuell so heftig diskutiert wird und warum von den Medien eine Zunahme der Gewalt gegen Polizeibeamte vorgetäuscht wird. Dabei werden nicht selten Nichtigkeiten zu Skandalen hochgeputscht, indem wochenlang darüber berichtet wird, ohne dass sich an der Substanz irgendetwas ändert. Auch *Steffes-enn* führt zum Einfluss der Medien auf die Gewaltwahrnehmung folgendermaßen aus:

> Es kann nicht ausgeschlossen werden, dass die in den vergangenen Jahren häufige Propagierung des nicht wissenschaftlich validierten Gewaltanstiegs als Faktum und der entsprechenden medialen Aufbereitung [...] zu einer erhöhten Vulnerabilität auf Seiten der Polizeikräfte geführt hat [...]. Daraus resultierend würden entsprechende Vorkommnisse intensiver bzw. bedrohlicher erlebt und damit länger erinnert werden, ohne dass es zu einem tatsächlichen Anstieg gekommen ist.[495]

Ebenso kritisiert *Pfeiffer* in einem offenen Brief an die Justiz- und Innenminister des Bundes und der Länder sowie an alle Abgeordneten des Bundestages und der Landtage, die Innen- und Rechtsausschüssen angehören, die „wachsende Dramatisierung des Bösen".[496] Er bemängelt das Verschweigen der guten Nachrichten durch Gewerkschaftsfunktionäre und Innenminister. Vor allem die Gewerkschaften der

---

ausgesetzt als Polizisten (*Hunecke* KritV 2014, 267, 270); zur Gefährlichkeit des Polizeiberufs: *Gössner/Herzog* Der Apparat, S. 213 f.

490 Umfassend zum Gewaltbegriff bei MüKo-StGB/*Sinn* § 240, Rn. 29 ff.

491 *Hunecke* KritV 2014, 267, 273.

492 OLG Hamburg, Urt. v. 7.4.1976 – 1 Ss 179/75 = NJW 1976, 2174.

493 AG Essen, Urt. v. 21.8.2007 – 40 Ds 27 Js 557–06 / 657/06 = BeckRS 2007, 14856.

494 *Hunecke* KritV 2014, 267, 273.

495 *Steffes-enn* Polizisten im Visier, S. 29 f.

496 *Pfeiffer*, Offener Brief, S. 1 ff.

Polizei stellen seiner Ansicht zufolge die wenigen schlechten Nachrichten in den Vordergrund. Dies liegt entweder daran, dass sie ein Kürzen von Planstellen der Polizei befürchten, wenn Finanzminister von der positiven Entwicklung Kenntnis nehmen oder dass Polizisten die „Rolle des Retters“ nicht verlieren wollen.[497] Die übertriebene Darstellung der schlechten und das Vernachlässigen der positiven Nachrichten in der Kriminalitätsentwicklung stehen im Zusammenhang mit dem bereits erwähnten „ständigen Jammern“ der Polizisten. Das „permanente Gejammer“ führt nach *Behr* dazu, dass sich Polizisten in eine Opferpose gedrängt haben und infolgedessen die „Rolle des Retters“ bereits einbüßen mussten.[498]

Wenn Polizisten unmittelbar körperlich angegriffen werden, dann trifft es gerade solche Personen, die eine besondere gesellschaftliche Funktion erfüllen. Polizeibeamte tragen zur Inneren Sicherheit eines Landes bei, indem sie Verbrechen aufklären, ihnen vorbeugen und Ordnungsstörungen ahnden.[499] Deshalb sollte Polizeivollzugsbeamten eigentlich mit besonderer Wertschätzung und Respekt begegnet werden.[500] Vertreter der Polizei geben zum Teil trotz dünner Belege den fehlenden nötigen Respekt vor der Polizei als Grund für die angeblich zunehmende Gewalt gegen Polizeivollzugsbeamte an.[501] Diese fühlen sich verkannt und in der Gesellschaft nicht genügend respektiert.[502] Oftmals haben Polizisten – so *Hunecke* – aber bereits eine gefestigte innere negative Grundeinstellung der Gesellschaft gegenüber, sodass diese selbst mit einem ablehnenden Verhalten auf die Polizeibeamten reagiert. Dieses Verhalten wird von den Beamten dann als Respektlosigkeit ihnen gegenüber gedeutet, obwohl der Bürger lediglich auf das Verhalten der Polizisten reagiert und gerade nicht agiert.[503]

In Deutschland hat die Mehrheit der Bevölkerung Vertrauen in die Polizei und das Bild der Polizei ist in der deutschen Öffentlichkeit verhältnismäßig gut. Das Vertrauen ist grundsätzlich dort am höchsten, wo mehr Geld für soziale Unterstützung benachteiligter Gruppen und weniger für Bewaffnung und Sicherheitstechnik

---

497 http://www.faz.net/aktuell/politik/inland/gewalt-gegen-polizisten-heule-heule-gaenschen-12092159-p4.html (Stand: Dezember 2016); *Pfeiffer*, Offener Brief, S. 1.

498 *Behr* in: Gewalt und Gewalten, S. 79; auch http://www.faz.net/aktuell/politik/inland/gewalt-gegen-polizisten-heule-heule-gaenschen-12092159-p2.html (Stand: Dezember 2016).

499 *Baier/Ellrich* in: Mixed-Method-Studie, Vertrauen, S. 43.

500 Vgl. *Ellrich/Baier/Pfeiffer*, Polizeibeamte als Opfer von Gewalt, S. 7.

501 *Lewerenz* Bundespolizei kompakt 2011, 4, 5; *Ellrich/Baier/Zietlow* in: Mixed-Method-Studie, S. 338; *Baier/Ellrich* in: Mixed-Method-Studie, Vertrauen, S. 44; *Hunecke* KritV 2014, 267, 271; *Beck* Bürgerrechte & Polizei 2010, 15; *Pütter/Neubert* Bürgerrechte & Polizei 2010, 21; *Hermanutz/Heyn* in: Gewalt gegen Polizisten, S. 62.

502 Vgl. hierzu *Feltes* in: Polizei und Bevölkerung, S. 198, 211; Polizisten unterschätzen oftmals ihr Image und glauben, dass sie von der Gesellschaft generell abgelehnt werden (*Schmid* Korruption, Gewalt und die Welt der Polizisten, S. 346).

503 *Hunecke* KritV 2014, 267, 275.

investiert wird.[504] Einer Studie zufolge sprachen 68 % aller Westdeutschen im Jahr 2011 der Polizei ihr Vertrauen aus.[505] Dieser Wert erweist sich als stabil und ist landesintern hoch,[506] sodass von einem sinkenden Polizeivertrauen nicht die Rede sein kann. Zwar muss einschränkend darauf hingewiesen werden, dass in dieser Untersuchung nicht explizit nach dem Respekt an sich gefragt wurde, stattdessen wurde als Indikator das Vertrauen in die Polizei verwendet.[507] Auch wenn nicht die Frage nach dem Respekt im Vordergrund stand, stehen die Begriffe „Vertrauen" und „Respekt" in engem Zusammenhang, sodass diese für die vorliegende Arbeit gleichzusetzen sind. Weiter konnte aufgrund von Studien belegt werden, dass Polizisten zu den angesehensten Berufsgruppen in Deutschland zählen; deutlich vor Politikern und Journalisten.[508]

Aufgrund des in der Bevölkerung vorhandenen Vertrauens in die Polizei und des durchaus positiven Bildes von der Polizei,[509] lässt sich die Ansicht, der Respekt gegenüber der Polizei nehme ab, empirisch nicht belegen.[510] Auch *Ehresmann* äußert leise Zweifel an einem Zusammenhang zwischen einem schwindenden Respekt der Bevölkerung vor Staat und Polizei und der Begehung von Widerstandsleistungen. Daher versucht er im Rahmen seiner Arbeit Erkenntnisse über Alter, Vorstrafen und Motive des Täters zu erlangen, um herauszufinden, warum Polizisten (vermehrt) körperlich angegriffen werden.[511]

---

504 SZ v. 20./21.6.2015, S. 5.

505 *Baier/Ellrich* in: Mixed-Method-Studie, Vertrauen, S. 44; eine von *Spiegel* in Auftrag gegebene Umfrage ergab, dass 77 % der Befragten Vertrauen in die Polizei hat (*Korell/Liebel* Polizeiskandal – Skandalpolizei, S. 38); Bundesvorsitzender der DPolG *Wendt* ist hingegen der Ansicht, dass der *„Respekt vor der Polizei bei vielen Deutschen weg sei"* (http://www.faz.net/aktuell/politik/inland/gewalt-gegen-polizisten-heule-heule-gaenschen-12092159-p2.html?printPagedArticle=true#pageIndex_3) (Stand: Dezember 2016).

506 So *Kersten* NK 2014, 52, 56; nur skandinavische Polizisten genießen noch mehr Vertrauen (http://www.sueddeutsche.de/panorama/polizeigewalt-schlaege-im-namen-des-gesetzes-1.1599748) (Stand: Dezember 2016); SZ v. 20./21.6.2015, S. 5; *Frevel* in: FS für Asmus, S. 50 (große Teile der Bevölkerung begegnen der Polizei mit Ansehen, Respekt und Vertrauen).

507 *Baier/Ellrich* in: Mixed-Method-Studie, Vertrauen, S. 81; *Ellrich/Baier/Zietlow* in: Mixed-Method-Studie, S. 339.

508 So bei *Lüdtke/Sturm* Polizei, Gewalt und Staat, S. 13; *Ullrich* in: Organisation mit Gewaltlizenz, S. 124; Polizei als vertrauensvollste Institution in Deutschland (*Schulz* in: Kriminalitätsbekämpfung, S. 269, 277).

509 *Feltes/Rebscher* in: Polizei und Bevölkerung, S. 5.

510 *Baier/Ellrich* in: Mixed-Method-Studie, Vertrauen, S. 81; *Ellrich/Baier/Zietlow* in: Mixed-Method-Studie, S. 338 f.

511 *Ehresmann* Straftaten gegen Polizeibeamte, S. 150 ff.

d) Barrieren zwischen der Polizei und der Gesellschaft

Eine fehlende bzw. fehlerhafte Kommunikation mit dem polizeilichen Gegenüber, eine negative innere Einstellung der Polizisten und eine ablehnende Haltung gegenüber der Bevölkerung können ebenfalls Gründe für die Gewalt gegen Polizeibeamte darstellen. Auch eine Veränderung des Rollenverhältnisses zwischen der Gesellschaft und der Polizei bringt die Gewaltdiskussion in Bewegung.

aa) Fehlende bzw. fehlerhafte Kommunikation

Das Verhalten der Polizeibeamten bei Polizeieinsätzen führt dazu, dass das Thema „Polizei und Gewalt" in den Medien diskutiert und von der Gesellschaft kritisiert wird.[512] *Hermanutz* ist der Auffassung, dass innerhalb der Diskussion die Bedeutung der Organisation der Polizei bei der Entstehung von gewalttätigen Angriffen nicht genügend berücksichtigt wird.[513] Als Beispiel für die Verhütung von Gewalt gegen Polizeivollzugsbeamte nennt *Hermanutz* die Kommunikation mit dem einzelnen Bürger. Kommunikation und Sprache würden „Schutzschilder" darstellen, welche Polizisten vor gewalttätigen Übergriffen und Widerstand schützen können.[514] Dies kann damit erklärt werden, dass Polizisten, welche mit dem Täter kommunizieren, zunächst eine tatsächliche Distanz zu diesem aufbauen und es ihm damit schwerer machen, sie sofort gezielt anzugreifen. Durch Kommunikation kann der Beamte zudem einen Eindruck vom Zustand des Täters erhalten. Dadurch ist es dem Beamten möglich, die Situation besser abzuschätzen und entsprechend reagieren zu können.[515] Sobald der Polizist mit dem polizeilichen Gegenüber Kontakt aufnimmt, tritt er aus der Anonymität heraus.

Zum Abbau von Barrieren ist die Kommunikation allein jedoch noch nicht ausreichend. Vielmehr ist auch die Art und Weise der Verständigung von entscheidender Bedeutung. Führt der Polizist das Gespräch in einer herablassenden und unangemessenen Art und Weise, kann dies die Gewaltbereitschaft junger Menschen und Erwachsenen erhöhen.[516] Der Faktor „Kommunikation" werde nach *Hermanutz* bei der Gewaltdiskussion nicht ausreichend berücksichtigt. Gerade die Sprache sei jedoch ein Mittel, um die Gewalt gegen Polizeivollzugsbeamten frühzeitig zu verhindern.[517]

---

512 *Puschke* NK 2014, 28.

513 *Hermanutz* Polizeiliches Auftreten, S. 11.

514 *Hermanutz* Polizeiliches Auftreten, S. 10 ff.; *Jäger* Gewalt und Polizei, S. 357; ebenso belegt durch die KFN-Studie (zusammenfassend bei *Hermanutz/Henning/Niewerth* in: Gewalt gegen Polizisten, S. 20); eine angemessen und respektvolle Kommunikation führt zu mehr Vertrauen und zu mehr Regeltreue (*Schulz* in: Kriminalitätsbekämpfung, S. 277 m.w.N.).

515 Ebenso bei *Hermanutz/Grünbaum/Spöcker* in: Gewalt gegen Polizisten, S. 84.

516 *Hermanutz* Polizeiliches Auftreten, S. 106; *Füllgrabe* in: Empirische Polizeiforschung V, S. 68.

517 *Hermanutz* Polizeiliches Auftreten, S. 107; *Zietlow* in: 18. Dt. Präventionstag, S. 242 („*Die Persönlichkeitsstruktur von Polizisten sollte durch ein hohes Maß an*

Je aggressiver sich der Polizeivollzugsbeamte verhält und je aggressiver er kommuniziert, desto höher ist – so auch *Reuter* – die Wahrscheinlichkeit, dass der Polizeieinsatz einen destruktiven Verlauf nimmt.[518] Ein freundliches Gespräch des Polizisten mit dem späteren Täter kann einen positiven Einfluss auf die Schwere des Übergriffs haben.[519] Diesbezüglich haben *Hermanutz* und *Heyn* in ihrem Beitrag „Befragung von betroffenen Beamten nach einem Angriff" zutreffend formuliert:

> Folgende Verhaltensweisen werden von den Befragten als besonders unpassend und aggressionsfördernd angesehen: eine inadäquate Kommunikation der Beamten „von oben herab", gepaart mit einer provokanten Körpersprache sowie ein unnötiges und übertriebenes Signalisieren von Macht und Überlegenheit im Rahmen des obrigkeitlichen Handelns. Übertriebene Förmlichkeit trifft beim polizeilichen Gegenüber ebenso auf Unverständnis. Kurzgefasst und positiv formuliert ist eine adaptive, einfühlsame und auf das individuelle polizeiliche Gegenüber passende Kommunikation vonnöten, wenn Reaktanz und damit verbundene Gewalt vermieden werden sollen.[520]

Ein Gespräch, das in freundlicher, angenehmer und fairer Art und Weise geführt wird, hat darüber hinaus noch einen Nebeneffekt: Wenn einem der Gesprächspartner fair gegenüber auftritt, wird eine Kommunikation häufig als positiv empfunden. Dies ist selbst dann der Fall, wenn negative Dinge im Mittelpunkt des Gesprächs stehen. Dies kann wiederum die Legitimität der Polizei erhöhen und zur Steigerung der Gesetzestreue des Bürgers führen.[521]

Steffes-enn konnte im Rahmen ihrer Untersuchung aufzeigen, dass herablassend-aggressives Auftreten der Polizeibeamten vom polizeilichen Gegenüber sehr negativ empfunden wird und gewaltbegünstigend sein kann.[522] Aber nicht nur die Kontaktaufnahme mit dem polizeilichen Gegenüber, sondern auch Abspracheschwierigkeiten und fehlende Kommunikation mit dem Polizeipartner können die Risiken, Opfer eines Angriffs zu werden erhöhen.[523]

Auch aus dem Abschlussbericht über die Erfahrungen des Einsatzes der „mobilen Videoüberwachung" in Frankfurt a.M. ergibt sich, dass durch den Einsatz von Bodycams die Kommunikation zwischen der Polizei und den Bürgern – vor allem im schwierigen Umfeld – intensiviert wurde. Oftmals wurden Polizisten aufgrund ihrer Kennzeichnung, welche auf die Videoüberwachungsmaßnahme hinweist, direkt auf die Bodycam angesprochen. Daraus hat sich häufig ein Gespräch zwischen

---

Handlungsfähigkeit, einem erhöhten Selbstwertgefühl, guten Kommunikations- und Problemlösefähigkeiten [...] gekennzeichnet sein"; *Reuter* Polizei und Gewalt, S. 96; auch *Hofmann* ist der Ansicht, dass Kommunikation und Deeskalation für die Polizei wichtig sind (*Hofmann* in: Polizei und Bevölkerung, S. 103).

518 *Reuter* Polizei und Gewalt, S. 98.

519 *Ellrich/Baier/Pfeiffer* Polizeibeamte als Opfer von Gewalt, S. 115.

520 *Hermanutz/Heyn* in: Gewalt gegen Polizisten, S. 60 f.

521 So bei *Füllgrabe* Kriminalistik 2000, 383.

522 *Steffes-enn* Polizisten im Visier, S. 109.

523 *Ohlemacher/Schacht u.a.* Gewalt gegen Polizeibeamte, S. 79.

den Beteiligten entwickelt.[524] Dadurch kann das Vertrauen und der Respekt der Bevölkerung in die Polizei weiter gestärkt werden, was wiederum zu einem Rückgang der Straftaten gegen Polizeibeamte führen könnte.

Natürlich kann eine deeskalierende Kommunikation zur Eindämmung der Gewalt gegenüber Polizisten beitragen, ein „Allheilmittel" darf darin aber nicht gesehen werden. Insbesondere bei einer betrunkenen, unter Drogeneinfluss stehenden oder sich in einem Ausnahmezustand befindenden Person, ist eine deeskalierende Kommunikation häufig nicht mehr möglich. In diesen Fällen kann nach *Hermanutz*, *Grünbaum* und *Spöcker* eine Reduktion der Gewalt nur durch konsequentes und schnelles Einschreiten erreicht werden.[525]

bb) Negative innere Einstellung und ablehnende Haltung gegenüber der Bevölkerung

Nicht nur eine nach außen gerichtete, angemessene Kommunikation kann zur Verhinderung bzw. Eindämmung der Gewalt gegen Polizeibeamte beitragen. Auch die Faktoren „innere Einstellung" und „Haltung" sind zur Gewalteindämmung von Bedeutung.[526]

Einzelne Polizeibeamte sind der Ansicht, dass in ihrem Beruf das Zeigen von Macht, Dominanz und Männlichkeit im Vordergrund steht.[527] Floskeln wie „Eindruck beim polizeilichen Gegenüber"[528] machen oder „Hier herrscht Darwinismus – der Stärkere gewinnt"[529] zeigen – so *Reuter* – die innere negative Einstellung der Polizisten zum polizeilichen „Klientel". Wenn Polizisten mit dieser Einstellung auftreten, ist es nicht verwunderlich, dass das polizeiliche Gegenüber entsprechend agiert. Zum Teil wird hingegen vertreten, dass die Polizei schon allein ihrer Natur nach auf der Seite des Gesetzes steht und folglich keinen Anteil an der Gewalt, die sich gegen sie richtet, haben kann.[530] Dass die Polizei durchaus seinen Beitrag zu eben dieser Gewalt leistet, wird ausführlich im 4. Kapitel dieser Arbeit erläutert.

---

524 Abschlussbericht über die Erfahrungen des Einsatzes der mobilen Videoüberwachung gemäß § 14 Abs. 6 HSOG im Rahmen der Maßnahmen „Alt-Sachsenhausen" sowie im Bereich des 1. Polizeireviers des Polizeipräsidiums Frankfurt am Main (SH LT-Umdruck 18/3586, S. 8).

525 *Hermanutz/Grünbaum/Spöcker* in: Gewalt gegen Polizisten, S. 84 ff. (dort auch Ausführungen zur sinnvollen Verhaltensweise, wenn die Kommunikation tatsächlich versagt).

526 *Reuter* Polizei und Gewalt, S. 83.

527 *Reuter* Polizei und Gewalt, S. 83 f.; Männlichkeit dient der Orientierung und motiviert für aggressives und potentiell gewalttätiges Verhalten (*Davis* in: Polizei, Gewalt und Staats, S. 84, 98); zum Männlichkeitsleitbild der Schutzpolizei in den 1960er Jahren: *Weinhauer* in: Polizei, Gewalt und Staat, S. 304 ff.

528 *Reuter* Polizei und Gewalt, S. 64.

529 *Reuter* Polizei und Gewalt, S. 65.

530 So die argumentative Richtung der KFN bei *Pütter* Bürgerrechte & Polizei 2010, 70, 74.

cc) Polizisten als „Dienstleister"

Im Rahmen der Gewaltdiskussion darf der sog. *„Servicegedanke"* ebenfalls nicht unerwähnt bleiben. *Puschke* ist der Ansicht, dass die Veränderung des Rollenverhältnisses zwischen den Bürgern und der Polizei die zum Teil verzerrte Gewaltdiskussion anheizt. Die Veränderung zeige sich Ende der achtziger Jahre in der zunehmenden Servicekultur. Auch der angestrebte Ausbau der Prävention führe zu einer Veränderung der Gewaltwahrnehmung. Diese Entwicklung hin zur Service- und Präventionskultur führe seiner Auffassung nach dazu, dass der Bürger als „Kunde" wahrgenommen wird. Zur gleichen Zeit würde man in ihm eine ständige Gefahr sehen, die präventiv unterbunden werden muss. Die Polizei trete demzufolge zu einem Zeitpunkt mit dem Bürger in Kontakt, in dem noch keine konkreten Gefahren vorliegen. Polizeiliche Maßnahmen würden von Bürgern in diesem Stadium daher häufig als Übergriff und unangemessen empfunden werden. Sie sehen sich unter einen Generalverdacht gestellt. Müssen die Beteiligten die Maßnahmen der Polizei trotz Fehlen einer konkreten Gefahr dulden, kann dies durchaus zu einer Verschärfung des Konflikts führen.[531]

Die Faktoren Elend, Not, Aggression und Verzweiflung, welche auch bei der Gewalt *durch* Polizeibeamte eine Rolle spielen können, spricht *Zöller* im Zusammenhang mit der Gewalt *gegen* Polizeibeamte an: Polizisten müssten immer häufiger als Therapeuten oder Sozialarbeiter agieren. Oftmals würden Polizisten eine Art „Blitzableiter" für solche Personen darstellen, welche sich gegen den Staat auflehnen wollen und dadurch nicht vor Gewalt gegen Polizisten zurückschrecken.[532]

Behr sieht hingegen in der Politik, die er als *„Ära des smart-policing"* bezeichnet, die Gründe dafür, dass die unmittelbare körperliche Gewalt gegen Polizisten vermehrt als Problem wahrgenommen wird.[533] Ähnlich wie *Puschke* spricht *Behr* nicht mehr vom polizeilichen Gegenüber, sondern vom Bürger als Kunden,[534] der von der Polizei Dienstleistungen[535] erhält und diese unter Umständen einfordern

---

531 *Puschke* NK 2014, 28, 37 f.; *Behr* in: Gewalt und Gewalten, S. 78 f.

532 *Zöller* ZIS 2015, 445, 448.

533 *Behr* in: Empirische Polizeiforschung XIV, S. 186; *ders.* in: Gewalt und Gewalten, S. 78.

534 Der Sozialwissenschaftler *Winter* hingegen ist der Ansicht, dass der Begriff des „Kunden" völlig verfehlt ist, sobald Gewalt im Spiel ist (*Winter* bei *Schiewek* in: Gewalt und Gewalten, S. 100).

535 Auch *Hunecke* sieht in der Polizei einen Dienstleister (*Hunecke* KritV, 267, 279,); *Diederichs* Bürgerrechte & Polizei 2009, 58, 64; nach *Braun* und *Albrecht* muss sich polizeiliches Handeln an den Interessen der Bevölkerung ausrichten (sog. *Responsivität*) und die Polizei muss sich noch viel mehr als Dienstleister verstehen (*Braun/Albrecht* DÖV 2015, 937, 939); *von Richthofen* Die Polizei 1994, 90, 92 (Die Polizei ist Teil der Gesellschaft und erfüllt bestimmte Dienstleistungsaufgaben für den Bürger).

kann.[536] Der Begriff der sog. *Bürgerpolizei* wurde erst Ende der 1980er Jahre eingeführt.[537] Die Polizisten sollen dabei „Lieferanten" von Sicherheit sein.[538] Zielgruppe der Dienstleistung ist die Gesellschaft. Diese verlangt „für sich Sicherheit als positives Ergebnis der Dienstleistung [...] und [bietet] hierfür als Gegenleistung den bewaffneten Schutzkräften finanzielle und moralische Unterstützung [...] und [verzichtet] auf einen Teil ihrer Freiheit [...]."[539] Dabei müssen Polizisten wiederholt die Verantwortung für etwas übernehmen, was ursprünglich nicht in ihrem Verantwortungsbereich lag. Zudem werde die Polizei „vermenschlicht" und die Polizisten als Individuen dargestellt, was zwangsläufig dazu führe, dass die Polizei zum Opfer der Gewalt gemacht werden könne.[540] *Roters* geht darüber hinaus einen Schritt weiter und ist der Auffassung, dass in Zukunft nur noch polizeiliches Handeln einer Bürgerpolizei, welche sich der Gesellschaft auch öffnet, die entsprechende Akzeptanz erfahren wird.[541]

2. Ergebnis

Obwohl sich die Gewalt gegen die Polizei – statistisch betrachtet – zum Teil nicht verändert hat,[542] stellt sich diese Thematik als „massenmedialer Dauerbrenner" dar. Die Medien suggerieren eine (angebliche) enorme Zunahme der Gewalt gegen Polizisten in den vergangenen Jahren,[543] indem sie beispielsweise von steigender Gewalt bei Festnahmen und Demonstrationen berichten. Die Gewalt zeige sich in Form von Widerstandshandlungen und gezielten Angriffen auf Polizisten.[544] Gründe für die angebliche Zunahme körperlicher Gewalt gegenüber Polizisten gibt es aus Sicht der Polizeibeamten viele: Respektlosigkeit gegenüber der Polizei, zu geringe justizielle Strafe und der allgemeine Werteverfall sind nur drei der Argumente.[545]

---

536 *Behr* in: Empirische Polizeiforschung XIV, S. 186 f.; *ders.* in: Gewalt und Gewalten, S. 78; *ders.* bei http://www.zeit.de/2011/44/P-Polizei (Stand: Dezember 2016).

537 *Behr* in: Empirische Polizeiforschung XIV, S. 186; *Aden* Polizeipolitik in Europa, S. 123; *Schulz* ist der Auffassung, dass sich die Polizei weg von der Bürgerpolizei bewegt und sich *„auf dem Rückzug ins Schneckenhaus befindet"* (*Schulz* in: Kriminalitätsbekämpfung, S. 284).

538 *Aden* Polizeipolitik in Europa, S. 123; Gegenstand der Dienstleistung ist die gefestigte öffentliche Sicherheit (*Korinek/Finszter* Kriminalistik 2000, 521, 526); *„Wir sind Dienstleister im Interesse der Bürgerinnen und Bürger"* (*Schwalbe* in: Neue Wege, neue Ziele, S. 193).

539 *Korinek/Finszter* Kriminalistik 2000, 521, 526.

540 *Behr* in: Empirische Polizeiforschung XIV, S. 187.

541 *Roters* Kriminalistik 1996, 169, 170.

542 Siehe hierzu S. 147 ff.

543 *Zietlow* in: 18. Dt. Präventionstag, S. 239; *Stoklas* ZD-Aktuell 2014, 04388.

544 *Ohlemacher/Werner* in: Empirische Polizeiforschung XIV, S. 7, 8.

545 Vgl. hierzu *Hermanutz/Heyn* in: Gewalt gegen Polizisten, S. 62 f.; *Hermanutz/Grünbaum/Spöcker* in: Gewalt gegen Polizisten, S. 76 f.

Wie sich aus der Gewaltdiskussion herauskristallisiert hat, ist bezüglich der Wahrnehmung der Gewalt gegenüber Polizisten eine Ambivalenz zu verzeichnen. Zum Teil ist von „kranken Demonstranten" die Rede. Andere hingegen verurteilen die verfrühte Verwendung von polizeilichen Einsatzmitteln (z.B. Wasserwerfern) bei Demonstrationen[546] und erkennen damit, dass auch Polizisten zur Gewalt, die ihnen entgegengebracht wird, durchaus beitragen. Wiederum andere verurteilen die Gewalt gegen Polizeibeamte vehement und sehen in jener Gewalt einen erschreckenden Alltag für Polizisten.[547] Aufgrund ihres Berufes sind Polizeibeamte ohnehin besonders gefährdet, selbst Opfer eines unmittelbaren körperlichen Angriffs zu werden.[548]

Innerhalb der Diskussion über die Gewalt gegenüber Polizisten gibt es zahlreiche Meinungen, die unterschiedlicher nicht sein könnten und immer (auch) von subjektiven Komponenten geprägt sind. Da das Thema „Gewalt gegen Polizeibeamte" sehr emotionsbeladen ist, scheint eine unbefangene Diskussion nahezu unmöglich. Betrachtet man die immer wieder kehrende Debatte über die körperliche Gewalt gegen Polizisten, so scheint es, als sei ein enormer Anstieg dieser Gewalt nicht in Abrede zu stellen. Da diese Gewaltdiskussion allerdings von Subjektivität geprägt ist, ist es unerlässlich, objektive Statistiken, die Aufschluss über die tatsächliche Entwicklung der körperlichen Gewalt gegenüber Polizisten geben können, heranzuziehen.

II. Gewalt gegen Polizeibeamte in der Polizeilichen Kriminalstatistik (PKS)

In der immer wieder aufkeimenden öffentlichen Diskussion um das Thema „Gewalt gegen Polizisten" scheint es an einer Zunahme der körperlichen Angriffe keine Zweifel zu geben. Auch die Bundesregierung geht in ihrer Gesetzesbegründung zum 44. StrÄndG, in dem unter anderem die Höchststrafe für das Delikt „Widerstand gegen Vollstreckungsbeamte" von zwei auf drei Jahre angehoben wurde, von einem erheblichen Anstieg der Angriffe auf Vollstreckungsbeamte aus. Insbesondere Polizeibeamte seien der Gefahr ausgesetzt, Opfer eines Angriffs auf Leib, Leben und Gesundheit zu werden. Zur Begründung hierfür hat die Bundesregierung die Daten der Polizeilichen Kriminalstatistik herangezogen. Der Polizeilichen Kriminalstatistik zufolge sei der Widerstand gegen die Staatsgewalt zwischen 1999 und 2008 von 21.624 Fällen auf 28.272 Fälle gestiegen. Dies bedeute einen Anstieg von 30,74 %.[549]

---

546 *Kersten* NK 2014, 52; ähnlich bei *Schmid* Korruption, Gewalt und die Welt der Polizisten, S. 199.

547 Pressemitteilung des Ministeriums für Inneres und Kommunales des Landes NRW v. 2.12.2013, http://www.mik.nrw.de/en/presse-mediathek/aktuelle-meldungen/aktuelles-im-detail/news/studie-belegt-gewalt-gegen-polizisten-oft-erschrecken der-alltag-innenminister-jaeger-nrw-untern.html (Stand: Dezember 2016).

548 *Ellrich/Baier* in: Mixed-Method-Studie, S. 195.

549 BT-Drs. 17/4143 v. 8.12.2010, S. 6.

1. *Einführung*

Zu den Kriminalstatistiken zählen die amtlichen Massenstatistiken, in denen die von Behörden aufgestellten Ergebnisse staatlicher Ermittlungs- und Strafverfolgungstätigkeit registriert werden.[550] Ideen zur Erfassung der Kriminalität reichen zurück bis ins 18. Jahrhundert. Die erste Erhebung im kriminalpolizeilichen Bereich gab es Anfang des 19. Jahrhunderts in Bayern und Preußen.[551] Die wohl wichtigste Kriminalstatistik stellt die Polizeiliche Kriminalstatistik (PKS) dar, da diese die einzige fortlaufende geführte Erfassung von Straftaten ist. Die PKS wird seit 1953 jährlich vom BKA in Wiesbaden herausgegeben[552] und stellt die Zahl der Tatverdächtigen und die bekanntgewordenen Straftaten dar.[553] Die PKS ist eine sog. *Ausgangsstatistik*. Dies bedeutet, dass die bekannt gewordenen Straftaten erst nach Abschluss der polizeilichen Ermittlungen vor Aktenabgabe an die Staatsanwaltschaft oder das Gericht erfasst werden.[554] Staatsschutzdelikte, Verkehrsdelikte, Ordnungswidrigkeiten, Delikte, die nicht zum Aufgabenbereich der Polizei gehören und Straftaten, die unmittelbar bei der Staatsanwaltschaft angezeigt werden, werden in der PKS nicht erfasst.[555] Das BKA stellt die PKS auf Grundlage der Einzeldatensätze der Länder zusammen,[556] wobei die Tatbestände unter sog. *Straftatenschlüsseln* erfasst werden. Die PKS dient laut den seit 1.1.1971 geltenden bundeseinheitlichen Richtlinien[557] mehreren Zwecken: Zum einen soll die Entwicklung der Kriminalität im Allgemeinen beobachtet werden. Zusätzlich geht es um die Beobachtung einzelner Deliktsarten. Auch die Zusammensetzung des Tatverdächtigenkreises spielt hierbei eine wichtige Rolle. Überdies verspricht man sich von der PKS Erkenntnisse, um vorbeugend und verfolgend Kriminalität bekämpfen zu können. Zudem erhofft man sich von ihr Erkenntnisse für kriminalpolitische Maßnahmen.

Befürworter der Einführung von Bodycams bei polizeilichen Einsätzen verweisen stets auf die steigende Gewalt gegen Polizeibeamten.[558] Auch die Bundesregierung hat sich im Rahmen des 44. StrÄndG auf das Zahlenmaterial der PKS und die sich darin abzeichnende Zunahme der Gewalt gegen Polizeibeamte gestützt.[559] Daher sollen nachfolgend die Daten der PKS von 1963 bis 2015 dargestellt und

---

550 *Büllesfeld* Polizeiliche Videoüberwachung, S. 50 f.; *Hauf* Kriminalitätserfassung, S. 13.

551 *Hauf* Kriminalitätserfassung, S. 1, 13.

552 *Hauf* Kriminalitätserfassung, S. 14.

553 *Hauf* Kriminalitätserfassung, S. 4, 13; *Aden* Polizeipolitik in Europa, S. 132.

554 PKS BKA, 2014, S. 3; *Ehresmann* Straftaten gegen Polizeibeamte, S. 85 f.

555 PKS BKA, 2013, S. 2.

556 *Aden* Polizeipolitik in Europa, S. 131 f.; *Lehne* in: Innere Sicherheit als Gefahr, S. 113.

557 *Hauf* Kriminalitätserfassung, S. 15.

558 Z.B. https://mdi.rlp.de/de/service/pressemitteilungen/detail/news/detail/News/lewentz-bodycam-soll-polizisten-besser-vor-gewalt-schuetzen/ (Stand: Dezember 2016); http://www.saarland.de/212906.htm (Stand: Dezember 2016).

559 BT-Drs. 17/4143 v. 8.12.2010, S. 6.

ausgewertet werden, um feststellen zu können, ob Übergriffe auf Polizeibeamte im Erhebungszeitraum tatsächlich zugenommen haben. Dabei muss aber im Auge behalten werden, dass die PKS „kein Spiegel des Kriminalitätsaufkommens in der Gesellschaft [ist]. Sie bringt vielmehr zum Ausdruck, in welchem Umfang die Polizei in einem bestimmen Zeitraum mit strafrechtlichen Ermittlungsverfahren belastet war, in welchem Umfang Bürger Konflikt und Schädigungssituationen gegenüber der Polizei vorgebracht haben, die dort strafrechtlich weiterverarbeitet wurden, und zu einem kleinen Teil, welche Schwerpunkte die Polizei im Rahmen ihrer Kontrolltätigkeit gesetzt hat."[560]

2. *Darstellung der wichtigsten Daten der Polizeilichen Kriminalstatistik von 1963 bis 2015*

Die PKS-Daten über einen Zeitraum von mehr als 50 Jahren können einen Einblick in die geschichtliche Entwicklung der Datenerfassung zur Thematik „Gewalt gegen Polizeibeamte" geben.

a) PKS-Daten aus dem Jahre 1963

Ursprünglich gab es in der PKS keine eigenständige Erfassung von Straftaten gegen Polizisten. Im Jahr **1963** wurde der Widerstand gegen die Staatsgewalt (lfd. Nr. 29) zum ersten Mal in der PKS erwähnt. Zum Widerstand gegen die Staatsgewalt gehörten zum damaligen Zeitpunkt jedoch nicht nur der Widerstand gegen Vollstreckungsbeamte (§ 113 StGB), sondern auch die Beamtennötigung (§ 114 StGB), der Aufruhr (§ 115 StGB), der Auflauf (§ 116 StGB), der Forstwiderstand (§ 117 StGB), der Schwere Forstwiderstand (§ 118 StGB), der Gemeinschaftliche Forstwiderstand (§ 119 StGB), die Gefangenenbefreiung (§ 120 StGB), die Gefangenenmeuterei (§ 122 StGB) und die Befreiung von Untergebrachten (§ 122b StGB).[561] 1963 wurden insgesamt 9.201 Fälle von Widerstand gegen die Staatsgewalt erfasst.[562] Dies sind 0,5 % aller im Jahr 1963 bekanntgewordenen Straftaten.[563]

b) PKS-Daten von 1993 bis 2015 unter Berücksichtigung der Deliktsgruppe „Widerstand gegen die Staatsgewalt"

Die Deliktsgruppe „Widerstand gegen die Staatsgewalt" (§§ 111, 113, 114, 120, 121 StGB) liefert seit 1993 vergleichbares Zahlenmaterial.

1993 wurden insgesamt 18.293 Ermittlungsverfahren wegen Widerstands gegen die Staatsgewalt registriert,[564] **1995** 17.324 (-5,2 %), **1997** 20.689 (+19,4 %), **1999**

560 *Lehne* in: Innere Sicherheit als Gefahr, S. 116 f.
561 PKS BKA, 1963, S. 5.
562 PKS BKA, 1963, S. 60.
563 PKS BKA, 1963, S. 72.
564 PKS BKA, 1993, S. 25.

21.624 (+4,5 %) und **2001** 21.379 (-1,1 %) Ermittlungsverfahren. **2003** wurden 22.829 Ermittlungsverfahren wegen Widerstand gegen die Staatsgewalt registriert. **2005** konnten 25.664 (+12,4 %) Ermittlungsverfahren verzeichnet werden, **2008** waren es 28.272 (+10,2 %) und **2009** 26.344 (-6,8 %). **2011**, **2012** und **2013** wurden jeweils 22.839, 23.628 bzw. 21.618 Ermittlungsverfahren erfasst.[565] Im Jahr **2014** betrug die Steigerungsrate 1,5 % (21.937 Fälle).[566] Die Zahl der Fälle von „Widerstand gegen die Staatsgewalt" stagnierte mit dem Wert 21.945 im Jahr **2015** nahezu auf dem Vorjahresniveau.[567]

c) PKS-Daten von 2010 bis 2015 unter Berücksichtigung der Schlüsselzahl 621021 („Widerstand gegen Polizeivollzugsbeamte")

Erst seit **1.1.2010** gibt es in der PKS die Schlüsselzahl 621021.[568] Mit dieser Schlüsselzahl kann der Widerstand gegen Polizeivollzugsbeamte gesondert erfasst werden. Bisher fiel alles undifferenziert unter die Deliktsgruppe Widerstand gegen die Staatsgewalt. Dies war, wenn man den Themenkomplex „Gewalt gegen Polizeibeamte" analysieren wollte, nicht unproblematisch, obwohl der Widerstand gegen die Staatsgewalt auch den Widerstand gegen Vollstreckungsbeamte (§ 113 StGB) umfasst. Da der Amtsträger im Sinne des § 113 StGB aber nicht ausschließlich mit Vollstreckungsaufgaben betraut sein muss, fallen unter den Begriff des Vollstreckungsbeamten demzufolge auch Gerichtsvollzieher und Jugendrichter als Vollstreckungsleiter.[569] Um Vollstreckungsbeamter im Sinne des § 113 StGB zu sein, genügt es nämlich, wenn zu den Aufgaben des Amtsträgers *auch* solche zur Vollstreckung des Staatswillens gehören.[570]

Seit 2010 kann nunmehr die Entwicklung des Widerstands gegen Polizeivollzugsbeamte verglichen werden. Im Jahr **2010** wurden insgesamt 21.498 Ermittlungsverfahren wegen Widerstands gegen Polizeivollzugsbeamte registriert.[571] **2011** waren es 21.257 Verfahren[572] und **2012** wurden 21.973 Fälle erfasst.[573] **2013** gab es 20.251 Ermittlungsverfahren.[574] Die Zahl der Fälle von Widerstandshandlungen gegen Polizeivollzugsbeamte betrug im Berichtsjahr **2014** 20.607[575] und im Jahr **2015** 20.258.[576]

565 Zahlenmaterial siehe *Ehresmann* Straftaten gegen Polizeibeamte, S. 89.
566 PKS BKA, IMK-Bericht 2014, S. 84.
567 PKS BKA, 2015, S. 10.
568 PKS BKA, 2010, S. 26.
569 S/S/*Eser* § 113 StGB Rn. 10.
570 Lackner/Kühl/*Lackner* § 113 StGB Rn. 2; OLG Hamm, Urt. v. 27.6.1974 – 2 Ss 291/74 = NJW 1974, 1831.
571 PKS BKA, 2010, S. 44.
572 PKS BKA, 2011, S. 46.
573 PKS BKA, 2012, S. 297.
574 PKS BKA, 2013, S. 293.
575 PKS BKA, IMK-Bericht 2014, S. 84.
576 PKS BKA, IMK-Bericht 2015, S. 96.

d) *PKS-Daten von 2011 bis 2015 unter Berücksichtigung des Katalogs „Geschädigtenspezifik: Beruf/Tätigkeit“*

Seit **2011** gibt es eine weitere Besonderheit in der PKS. Der Katalog „Geschädigtenspezifik: Beruf/Tätigkeit“ wurde eingeführt, wonach Polizeivollzugsbeamte, sowie Vollstreckungsbeamte insgesamt, Zollbeamte, JVA-Beamte und sonstige Vollstreckungsbeamte sowie Rettungsdienstkräfte insgesamt nicht mehr nur als Opfer von Widerstandsdelikten erfasst werden können, sondern umfassender als *Opfer von Gewaltdelikten*.[577] Unter die Gewaltkriminalität in diesem Sinne fallen Mord, Totschlag, Tötung auf Verlangen, Raub, räuberische Erpressung, räuberischer Angriff auf Kraftfahrer, gefährliche und schwere Körperverletzung, (vorsätzlich leichte) Körperverletzung, Straftaten gegen die persönliche Freiheit, Freiheitsberaubung, Nötigung, Bedrohung, Widerstand gegen Polizeivollzugsbeamte und Widerstand gegen Vollstreckungsbeamte (ohne Polizeivollzugsbeamte).[578] Aufgrund des Katalogs „Geschädigtenspezifik: Beruf/Tätigkeit“ kann fortan ein Vergleich der Daten an den an Polizeibeamten begangenen Straftaten erfolgen. Zu berücksichtigen ist jedoch, dass keine Erfassung der Ermittlungsverfahren zu an Polizeibeamten begangenen Straftaten erfolgt. Stattdessen wird ausgewiesen, „wie viele Polizeibeamte in Ausübung ihres Dienstes Opfer bestimmter Gewaltdelikte wurden. Es handelt sich damit um eine Opferstatistik.“[579]

Die ab 2011 separat gelisteten Arten der Delikte gegen Polizeivollzugsbeamte ergibt folgende Entwicklung: Der PKS **2011** zufolge gab es insgesamt 11.308 Polizisten als Opfer (vorsätzlicher leichter) Körperverletzungen. 3.326 Opfer aufgrund gefährlicher und schwerer Körperverletzung (§§ 224, 226, 231 StGB) wurden registriert.[580] Den größten Teil bilden wiederum die Widerstandsdelikte mit 35.636 Opfern.[581] Da § 113 StGB als unechtes Unternehmensdelikt konzipiert ist[582] und durch das 3. StrÄndG[583] die Versuchsstrafbarkeit aufgehoben worden ist, ist der Versuch des § 113 StGB nicht mehr strafbar. In Fällen der versuchten Widerstandshandlung ist ein Rückgriff auf §§ 240, 22 StGB ebenfalls nicht möglich.[584] Daher werden in den Polizeilichen Kriminalstatistiken lediglich vollendete Widerstandshandlungen erfasst.

Aus der PKS **2012** ergibt sich folgendes Zahlenmaterial: Mit 39.516 Fällen ist der Widerstand gegen Polizeivollzugsbeamte die am häufigsten begangene Straftat

577 PKS BKA, 2011, S. 77.
578 Vgl. hierzu PKS BKA, 2011, S. 77.
579 *Ehresmann* Straftaten gegen Polizeibeamte, S. 91.
580 PKS BKA, 2011, S. 77.
581 PKS BKA, 2011, S. 77; vgl. auch Tabelle bei: *Hermanutz/Henning/Niewerth* in: Gewalt gegen Polizisten, S. 11.
582 MüKo-StGB/*Bosch* § 113 Rn. 3
583 BGBl. 1953 I, S. 735.
584 SSW-StGB/*Fahl* § 113 Rn. 14; MüKo-StGB/*Bosch* § 113 Rn. 66; BGH, Urt. v. 15.10.1981 – 4 StR 461/81 = NJW 1982, 190.

von insgesamt 60.294 Straftaten gegen Polizeivollzugsbeamte, gefolgt von der (vorsätzlichen leichten) vollendeten Körperverletzung mit insgesamt – vollendet und versucht – 12.198 Opfern. Im Vergleich zum Jahr 2011 wurden insgesamt 5.451 mehr Polizeivollzugsbeamte Opfer von Straftaten. Dies bedeutet einen Anstieg von 9,9 %. Bei der (vorsätzlichen leichten) Körperverletzung war ein Anstieg von 7,9 % zu verzeichnen. Der Widerstand gegen Polizeivollzugsbeamte stieg hingegen um 10,9 % an.[585]

Die Polizeiliche Kriminalstatistik aus dem Jahr **2013** zeigt, dass im Vergleich zum Vorjahr 2012 1.250 weniger Polizeivollzugsbeamte Opfer von Straftaten geworden sind, was einen Rückgang von 2,1 % bedeutet. Schwerste Gewaltdelikte wie Mord, Totschlag und Raub machen nicht nur im Jahr 2012, sondern auch 2013 einen sehr geringen Anteil bei der Opfergruppe „Polizeivollzugsbeamte" aus. Während die vorsätzliche leichte Körperverletzung um 3,6 % gestiegen ist (2012: 12.198; 2013: 12.632), ist die gefährliche und schwere Körperverletzung um 9,6 % gesunken (2012: 3.755; 2013: 3.393).[586]

2014 gab es insgesamt 55.738 vollendete Straftaten gegen Polizeivollzugsbeamte, darunter 8.883 vollendete Fälle von vorsätzlicher einfacher Körperverletzung. Bei allen registrierten polizeilichen Straftaten dominiert im Jahr 2014 der Widerstand gegen Polizeivollzugsbeamte mit insgesamt 40.165 Fällen. Im Vergleich zum Vorjahr wurden 3.726 mehr Polizeivollzugsbeamte Opfer von Straftaten. Dies ist ein Anstieg von 7 %. Im Vergleich zum Vorjahr 2013 sind die vorsätzliche einfache Körperverletzung um 7,6 % (2013: 12.632) und die gefährliche und schwere Körperverletzung um 14,4 % (2013: 3.393) angestiegen.[587]

2015 konnten insgesamt 64.371 Straftaten gegen Polizeivollzugsbeamte verzeichnet werden. Schwerste Gewaltdelikte, wie Mord, Totschlag und Raub machen auch 2015 nur einen sehr geringen Anteil dieser Opfergruppe aus. Folgende Veränderungen waren indes zu verzeichnen: Insgesamt 14.756 vorsätzliche einfache Körperverletzungen wurden registriert. Die Steigerungsrate im Vergleich zum Vorjahr beträgt 8,6 %. Die gefährliche und schwere Körperverletzung stieg um 4,9 % (4.071 Fälle). Der Widerstand gegen Polizeivollzugsbeamte stieg lediglich um 0,8 % auf 40.501 Fälle.

3. *Aussagekraft der Daten zum Thema „Gewalt gegen Polizeibeamte"*

Nachdem die wichtigsten Daten der PKS zum Thema „Gewalt gegen Polizeibeamte" dargestellt worden sind, folgt eine Auswertung des Zahlenmaterials.

---

585 PKS BKA, 2012, S. 52; vgl. Tabelle bei *Hermanutz/Henning/Niewerth* in: Gewalt gegen Polizisten, S. 11; *Ehresmann* Straftaten gegen Polizeibeamte, S. 92.

586 PKS BKA, 2013, S. 47.

587 PKS BKA, 2014, S. 58 f.

a) *Aussagekraft der Daten von 1993 bis 2009*

Bei Betrachtung der Zahlen lässt sich erkennen, dass von 1993 bis 2008 die Zahlen stetig angestiegen sind, seit 2008 die Zahlen jedoch wieder fallen.

In den Polizeilichen Kriminalstatistiken von **1993 bis 2009** wird lediglich undifferenziert der Widerstand gegen die Staatsgewalt erfasst, sodass sich daraus keine Rückschlüsse auf die konkrete Entwicklung des Widerstands bzw. der Gewalt gegen Polizeibeamte ziehen lassen. Eine differenzierte Betrachtung für Polizeibeamte war in diesem Zeitraum nicht möglich,[588] da unter Widerstand gegen die Staatsgewalt die Öffentliche Aufforderung zu Straftaten (§ 111 StGB), der Widerstand gegen Vollstreckungsbeamte (§ 113 StGB), die Gefangenenbefreiung (§ 120 StGB) und die Gefangenenmeuterei (§ 121 StGB) fallen.[589] Auch aus den Statistiken vor 1993 können daher keine Rückschlüsse auf die Entwicklung der Gewalt gegen Polizeibeamte gezogen werden. § 113 StGB schützt zwar auch Polizisten, aber eben nicht nur diese. Den Schutz dieser Vorschrift genießen überdies Amtsträger oder Soldaten der Bundeswehr, die zur Vollstreckung von Gesetzen, Rechtsverordnungen, Urteilen, Gerichtsbeschlüssen oder Verfügungen berufen sind, § 113 Abs. 1 StGB. Die PKS gab zunächst keine Auskunft darüber, gegen welche Gruppe Widerstand geleistet worden ist. Eine Aussage über den Widerstand gegen Polizeibeamte oder gar über die körperliche Gewalt gegen Polizisten kann damit keineswegs getroffen werden, zumal über die Erfassung „Widerstand gegen die Staatsgewalt" nur ein Ausschnitt der Summe der an Polizisten begangenen Straftaten zu sehen ist.[590] Es wäre folglich fehlerhaft die Zahl der registrierten Widerstandshandlungen mit der Zahl der an Polizisten begangenen Straftaten gleichzusetzen. Die steigende Gewalt gegen Polizeibeamte kann anhand dieser Daten nicht belegt werden.

b) *Aussagekraft der Daten seit Einführung der Schlüsselzahl 621021 und Auswirkungen der Einführung des Katalogs „Geschädigtenspezifik: Beruf/ Tätigkeit"*

Da es seit 1.1.2010 die Schlüsselzahl 621021 gibt, kann der Widerstand gegen Polizeivollzugsbeamte nun gesondert erfasst werden.

Im Jahr 2010 wurden insgesamt 21.498 Ermittlungsverfahren wegen Widerstands gegen Polizeivollzugsbeamte registriert.[591] 2011 waren es 21.257 Verfahren[592] und 2012 wurden 21.973 Fälle erfasst.[593] 2013 gab es insgesamt 20.251 Ermittlungsverfahren.[594] Die Zahl der Fälle von Widerstandshandlungen gegen Polizeivollzugsbeamte

588 Vgl. auch *Ellrich/Baier/Pfeiffer* Polizeibeamte als Opfer von Gewalt, S. 14.
589 Vgl. dazu den Sechsten Abschnitt des StGB.
590 *Ehresmann* Straftaten gegen Polizeibeamte, S. 94, 97 m.w.N.
591 PKS BKA, 2010, S. 44.
592 PKS BKA, 2011, S. 46.
593 PKS BKA, 2012, S. 297.
594 PKS BKA, 2013, S. 293.

betrug im Berichtsjahr 2014 20.607[595] und im Jahr 2015 20.258.[596] Seit Einführung der Schlüsselzahl 621021 im Jahr 2010 sind die Zahlen weitgehend konstant. Eine stetige Zunahme des Widerstands gegen Polizeivollzugsbeamte kann nicht verzeichnet werden. Aufgrund des spärlich vorhandenen Datenmaterials können jedoch noch keine weiteren Aussagen getroffen werden. Es bleibt abzuwarten, wie sich der Widerstand gegen Polizeivollzugsbeamte in Zukunft entwickeln wird.

Auch wenn mit dem in 2011 eingeführten Katalog „Geschädigtenspezifik: Beruf/Tätigkeit" Polizeivollzugsbeamte nicht mehr nur als Opfer von Widerstandshandlungen, sondern umfassend als Opfer von Gewaltdelikten erfasst werden, sind diese Daten nicht geeignet, um von einer bis dato konstanten Zunahme der Gewalt gegen Polizisten sprechen zu können. Zum einen gibt es den Katalog erst seit 2011, sodass aufgrund des geringen Erhebungszeitraums und der mäßig vorhandenen Daten von einer Konstanz der Zunahme der Gewalt nicht die Rede sein kann.[597] Betrachtet man dennoch die bislang zur Verfügung stehenden Berichtsjahre zeichnen sich weitgehend beständige Zahlen ab, sodass bisher ebenfalls keine enorme Zunahme der Gewalt gegen Polizisten verzeichnet werden kann. Auch hier müssen weitere Jahre abgewartet werden, um eine diesbezüglich aussagekräftige Statistik zu erhalten. Ferner kann es aufgrund der erstmaligen Erfassung im Jahr 2011 zu Ungenauigkeiten gekommen sein, welche einen Vergleich der Statistik mit dem Material aus den darauffolgenden Jahren erschweren können.

4. Ergebnis

Das Thema „Gewalt gegen Polizeibeamte" gewinnt zunehmend an Bedeutung. Dies führte unter anderem zu einer Erfassung des Widerstands gegen Polizeivollzugsbeamte in der PKS sowie zur Einführung des Katalogs „Geschädigtenspezifik: Beruf/Tätigkeit". Aus den bisher zur Verfügung stehenden Daten können aber keine Rückschlüsse auf eine stetige Zunahme der Gewalttaten gegen Polizisten gezogen werden: Zum einen konnte die PKS bis 2010 keine umfassenden Daten zu den an Polizisten begangenen Straftaten liefern. Erst seit dem 1.1.2010 gibt es in der PKS eine neue Schlüsselzahl, wonach der Widerstand gegen Polizeivollzugsbeamte gesondert erfasst werden kann. Bis zu diesem Zeitpunkt wurde der Widerstand gegen die Staatsgewalt insgesamt erfasst, sodass nur ein Ausschnitt der an Polizisten begangen Straftaten abgebildet werden konnte. Daher können die Daten bis zum Jahre 2010 nicht zum Anlass genommen werden, um von einer steigenden Gewalt gegen Polizeibeamte zu sprechen. Aus der neuen Schlüsselzahl lässt sich keine Tendenz bezüglich der Gewalt gegen Polizeivollzugsbeamte erkennen. Ebenso hat die seit 2011 bestehende „Geschädigtenspezifik: Beruf/Tätigkeit" aufgrund der kurzen Erhebungsspanne und der spärlich vorhandenen Daten keine Aussagekraft hinsichtlich

595 PKS BKA, IMK-Bericht 2014, S. 84; zum Ganzen: *Ehresmann* Straftaten gegen Polizeibeamte, S. 90.
596 PKS BKA, IMK-Bericht 2015, S. 96.
597 *Puschke* NK 2014, 28, 31.

einer angeblichen Zunahme der Gewalt gegen Polizeibeamte. Außerdem weist das Datenmaterial zudem erhebliche Schwankungen auf, welche sich bei einer längerfristigen Betrachtung der Statistik bemerkbar machen.[598]

Darüber hinaus unterliegt die PKS wie jede Statistik Einschränkungen in ihrer Aussagekraft, sodass es voreilig wäre, den Zahlen der PKS ohne Weiteres eine Zunahme der Gewalt gegenüber Polizisten zu entnehmen. Zum einen wird bei der PKS-Registrierung nur das jeweilige höherwertige Delikt berücksichtigt.[599] Kommt es also bei einer Widerstandshandlung auch zu einer Körperverletzung des Beamten, dann wird in der PKS lediglich die Körperverletzung erfasst. Die Widerstandshandlung wird außer Betracht gelassen.[600] Sofern in der PKS ein „Widerstand" ausgewiesen wird, dann bedeutet das, dass der Täter tatsächlich „nur" Widerstand geleistet hat. Nicht nur die PKS unterschied zunächst nicht zwischen körperlichen Angriffen und Widerstandshandlungen. In der Regel unterscheiden veröffentlichte Statistiken nicht zwischen Widerstandshandlungen und sonstigen unmittelbar körperlichen Angriffen, sodass diese Statistiken in Bezug auf die Diskussion „Gewalt gegen die Polizei" unbrauchbar bzw. wenig aussagekräftig sind, da der Widerstand im Sinne § 113 StGB deutlich mehr erfasst.[601] Des Weiteren handelt es sich bei der PKS um eine Ausgangsstatistik, sodass „zum Zeitpunkt der Erfassung noch keine hinreichende oder gar abschließende rechtliche Beurteilung stattgefunden hat".[602] Die PKS stellt letztlich lediglich „eine Zusammenstellung aller der Polizei bekannt gewordenen strafrechtlichen Sachverhalte unter Beschränkung auf ihre erfassbaren wesentlichen Inhalte"[603] dar. Dies bedeutet auch, dass die Polizisten die jeweiligen Daten eintragen. Unabhängig von einer rechtlichen Einordnung des Geschehens kann die Zuverlässigkeit einer Eintragung – trotz bestehender Richtlinien – nicht gewährleistet werden, da ein gewisser Beurteilungsspielraum besteht.[604] Die Angaben der PKS tendieren inhaltlich zu einer „Überbewertung, und zwar sowohl hinsichtlich der Zahlen für ‚Fälle' wie für Tatverdächtige als auch bezüglich der Schwere des Tatvorwurfs".[605]

Anhand der PKS-Zahlen kann eine konstante Zunahme der Gewalt gegen Polizisten nicht belegt werden. Daher ist es erforderlich, weitere Statistiken heranzuziehen.

598 So auch *Puschke* NK 2014, 28, 30.

599 *Ellrich/Baier/Pfeiffer* Polizeibeamte als Opfer von Gewalt, S. 14; *Ehresmann* Straftaten gegen Polizeibeamte, S. 95.

600 *Pütter* Bürgerrechte & Polizei 2010, 3, 5.

601 *Pütter/Neubert* Bürgerrechte & Polizei 2010, 21, 24.

602 *Ehresmann* Straftaten gegen Polizeibeamte, S. 98.

603 Richtlinien für die Führung der Polizeilichen Kriminalstatistik i.d.F. v. 1.1.2014 (https://www.bka.de/SharedDocs/Downloads/DE/Publikationen/Polizeiliche Kriminalstatistik/2014/pks2014Richtlinien) (Stand: Dezember 2016).

604 *Eisenberg* Kriminologie § 17 Rn. 22.

605 *Eisenberg* Kriminologie § 17 Rn. 22 i.V.m. § 45 Rn. 14.

III. Statistik des Kriminologischen Forschungsinstituts Niedersachsen e.V. (KFN) aus dem Jahre 2010

Die Ausführungen zur PKS haben gezeigt, dass diese keine gesicherten Erkenntnisse über eine Zunahme der Gewalt gegen Polizeibeamte liefern kann. Daher ist es unausweichlich, weitere Studien bzw. Statistiken zu berücksichtigen.[606] Als Beleg für die Zunahme der Gewalt gegen Polizeibeamte werden häufig – und zum Teil ausschließlich – die Ergebnisse der Studie des Kriminologischen Forschungsinstituts Niedersachsen e.V. ins Feld geführt.[607] Diese Studie wurde unter anderem als Argument zur Verschärfung des § 113 StGB herangezogen.[608]

Die Initiative lässt sich auf das Innenministerium Niedersachen zurückführen, die eine auf Niedersachen bezogene Studie wünschte.[609] Aus der Studie erhoffte man sich verlässliche Erkenntnisse zur Entwicklung der Häufigkeit und Schwere der Gewalt gegen Polizeibeamte. Ziel der Untersuchung war damit eine Hellfeldanalyse der Gewalt gegen Polizeibeamte,[610] wozu Anfang 2010 Polizeibeamte aus zehn Bundesländern (Berlin, Brandenburg, Bremen, Mecklenburg-Vorpommern, Niedersachsen, Rheinland-Pfalz, Saarland, Sachsen-Anhalt, Schleswig-Holstein und Thüringen) online zu ihren Gewalterfahrungen im Dienst befragt worden sind. Weitere sechs Bundesländer und der Bund nahmen an der Studie nicht teil.[611] Es standen schließlich 20.938 Angaben von Polizeibeamten zur Verfügung, die ausgewertet worden sind.[612] Der Schwerpunkt der Untersuchung wurde auf gewalttätige Angriffe gelegt, die sich zwischen 2005 und 2009 ereignet haben und die zu mindestens einem Tag Dienstunfähigkeit geführt haben.[613]

---

606 So auch *Ehresmann* Straftaten gegen Polizeibeamte, S. 119.

607 Ausführlich hierzu *Ellrich/Baier/Pfeiffer* Polizeibeamte als Opfer von Gewalt; *Hermanutz/Henning/Niewerth* in: Gewalt gegen Polizisten, S. 17 ff.; Studie des KFN aus dem Jahre 2000 siehe S. 171 ff.

608 *Singelnstein/Puschke* NJW 2011, 3473, 3476.

609 Vgl. *Ehresmann* Straftaten gegen Polizeibeamte, S. 120.

610 *Prasse/Pfeiffer* in: Mixed-Method-Studie, S. 91; weitere Forschungsziele, welche für die vorliegende Arbeit nicht von Bedeutung sind, sind der Ausbau und die Überprüfung der in der PKS enthaltenen Informationen über die Täter sowie teilweise auch Tatopfer und Umstände der Tat. Ein weiteres Forschungsziel ist die Ermittlung der besonders gefährdeten Polizeibeamte, Opfer von Gewaltübergriffen zu werden (*Ehresmann* Straftaten gegen Polizeibeamte, S. 121).

611 Der bayerische Innenminister *Joachim Herrmann* hat den Ausstieg Bayerns aus der Studie über die Gewalt gegen Polizeibeamte des KFN entschieden. Die DPolG hat diese Entscheidung befürwortet. Die Teilnahme an der Studie wurde wegen Zweifeln an dem Fragekatalog, der sich u.a. mit dem Privatleben und der Jugend der Beamten beschäftigte, verweigert; *Ellrich/Baier/Pfeiffer* Polizeibeamte als Opfer von Gewalt, S. 8 f.

612 *Ellrich/Baier/Pfeiffer* Polizeibeamte als Opfer von Gewalt, S. 37.

613 *Ellrich/Baier/Pfeiffer* Polizeibeamte als Opfer von Gewalt, S. 35; *Puschke* NK 2014, 28, 33; siehe zur Vorgehensweise des KFN: *Ehresmann* Straftaten gegen

1. Der strafrechtliche Gewaltbegriff

Bevor die Ergebnisse der Studie des Kriminologischen Forschungsinstituts Niedersachsen e.V. aus dem Jahre 2010 dargestellt und ausgewertet werden, soll in einem ersten Schritt ein zusammenfassender Überblick über die Entwicklung des Gewaltbegriffs im strafrechtlichen Sinne gegeben werden. Dies soll vor allem vor dem Hintergrund erfolgen, dass in der Studie des KFN unter anderem Beleidigungen als Gewalt bezeichnet werden. Somit werden auch lediglich verbale „Angriffe" auf Polizeibeamte – „beschimpft", „beleidigt", „mit Worten gedroht" – unter den Gewaltbegriff subsumiert,[614] was die Aussagekraft hinsichtlich einer Zunahme der körperlichen Gewalt gegen Polizeibeamte beeinflussen kann.

a) Überblick über die Entwicklung des strafrechtlichen Gewaltbegriffs im Rahmen des § 240 StGB

Der strafrechtliche Gewaltbegriff umfasst verschiedene Formen, wie beispielsweise das Versperren einer Hofausfahrt,[615] eine Hausbesetzung[616] oder eine Vorlesungsstörung durch Geschrei und Gebrüll.[617] Da das StGB jedoch keine Legaldefinition enthält,[618] ist der Gewaltbegriff einer der umstrittensten und am häufigsten diskutierten Begriffe des Strafrechts.[619] Die Diskurse um die Gewalt sind zudem so heterogen, dass sie schlecht auf einen Nenner gebracht werden können. Im Folgenden wird daher versucht, einen zusammenfassenden Überblick über die Entwicklung des strafrechtlichen Gewaltbegriffs zu geben.

aa) Rechtsprechung des Reichsgerichts

Die Entwicklung des Gewaltbegriffs ist in mehreren Schritten verlaufen.[620] In der Rechtsprechung des RG wurde der Gewaltbegriff dergestalt beschrieben, dass die Gewalt die durch Anwendung körperlicher Kraft erfolgte Beseitigung eines tatsächlich geleisteten oder bestimmt erwarteten und deshalb von vornherein durch

---

Polizeibeamte, S. 122 f.; Zusammenfassung der Studie bei *Steffes-enn* Polizisten im Visier, S. 11 ff.

614 *Zietlow* in: 18. Dt. Präventionstag, S. 239; *Ellrich/Baier/Pfeiffer* Polizeibeamte als Opfer von Gewalt, S. 44; auch im Rahmen der Studie der Christian-Albrechts-Universität zu Kiel über die Gewalt gegen Polizeibeamte in Nordrhein-Westfalen wurde – obwohl es sich eigentlich um eine sog. *Gewaltstudie* handelt – Verhalten abgefragt, welches nicht dem juristischen Gewaltbegriff unterfällt (*Puschke* NK 2014, 28, 34 f.).

615 BayObLG, Urt. v. 21.3.1963 – RReg 4 St 314/62 = NJW 1963, 1261.

616 OLG Köln, Urt. v. 23.4.1985 – Ss 67–68/85 = NJW 1985, 2434.

617 OLG Koblenz, Urt. v. 31.7.1986 – 1Ss 210/86 = MDR 1987, 162.

618 NK-StGB/*Toepel* § 240 Rn. 37.

619 MüKo-StGB/*Sinn* § 240 Rn. 31; Matt/Renzikowski/*Eidam* § 240 StGB Rn. 14; HK-GS/*Rössner/Otto* § 240 Rn. 7.

620 BVerfG, Urt. v. 11.11.1986 – 1 BvR 713/83 u.a. = NJW 1987, 45; MüKo-StGB/*Sinn* § 240 Rn. 31.

Körperkraft zu unterdrückenden Widerstandes ist.[621] Aufgrund dieser Definition des RG wurde der Gewaltbegriff zunächst als Anwendung von körperlicher Gewalt verstanden.[622] Das Merkmal der Körperlichkeit war jedenfalls dann zu bejahen, wenn sich das Opfer dem Zwang entweder gar nicht oder nur mit Kraftanstrengung oder in nicht zumutbarer Weise entziehen konnte.[623] Die Gewaltdefinition des RG betraf nach teilweise vertretener Ansicht zunächst nur die Grenzen der sog. *vis absoluta* (willensausschaltende Gewalt[624]).[625] Diese umfasst nicht nur diejenige Gewalt, die die Willensbildung unmöglich macht, sondern auch die überwältigende und unwiderstehliche Gewalt, die den Willen ausschaltet.[626] Das RG hatte folglich zunächst auf Seiten des Täters eine körperliche Kraftentfaltung vorausgesetzt, lockerte aber allmählich seine Anforderungen, sodass für die sog. *vis compulsiva* (willensbeugende Gewalt) eine geringe körperliche Kraft ausreichend war, sofern sie auch erhebliche Einwirkungen auf Seiten des Opfers zur Folge hatte.[627] In frühen Entscheidungen des RG wurde der Gewaltbegriff tatsächlich noch sehr eng ausgelegt; Gewalt wurde nur dann bejaht, wenn körperliche Kraft eingesetzt worden ist, um einen Widerstand zu überwinden.[628] Zur Bejahung der Gewalt genügte es bereits, wenn auch nur eine geringfügige physische Kraft aufgewendet worden ist.[629] Im Laufe der Zeit wurden die Voraussetzungen an die körperliche Kraftentfaltung immer weiter aufgeweicht.[630] Trotz dieser Änderung des Gewaltbegriffs hielt das RG weiterhin an der physischen Wirkung beim Opfer fest. Lediglich seelische Auswirkungen genügten für die Bejahung der Gewalt nicht.[631]

Der BGH griff die Rechtsprechung des RG zum Gewaltbegriff zunächst auf und entwickelte den Gewaltbegriff fortan weiter. Im Laufe der Zeit verlagerte sich der Schwerpunkt. Entscheidend zur Bejahung der Gewalt war nun die Zwangseinwirkung beim Opfer. Die Kraftentfaltung beim Täter rückte immer mehr in den Hintergrund.[632] Diese Schwerpunktsverlagerung führte dazu, dass der BGH schließlich auf die physische Kraftentfaltung beim Täter gänzlich verzichtete und

---

621 *Küpper* Strafrecht § 3 Rn. 37.
622 Matt/Renzikowski/*Eidam* § 240 StGB Rn. 15.
623 *Magnus* NStZ 2012, 538.
624 HK-GS/*Rössner/Otto* § 240 StGB Rn. 8.
625 S/S/*Eser/Eisele* Vorb. zu §§ 234 bis 241a StGB Rn. 7; anders wohl *Magnus* NStZ 2012, 538, 539 (dabei kommen zwei Formen in Betracht: vis absoluta und vis compulsiva).
626 Matt/Renzikowski/*Eidam* § 240 StGB Rn. 26 (Niederschlagen als Beispiel der Willensbildung unmöglich machenden Gewalt); S/S/*Eser/Eisele* § 240 StGB Rn. 13.
627 BeckOK-StGB/*Valerius* § 240 Rn. 8.
628 HK-GS/*Rössner/Otto* § 240 StGB Rn. 7.
629 NK-StGB/*Toepel* § 240 Rn. 78.
630 Matt/Renzikowski/*Eidam* § 240 StGB Rn. 15; MüKo-StGB/*Sinn* § 240 Rn. 32.
631 RGSt 45, 153, 156 f.; 56, 87, 88; 60, 157, 158.
632 MüKo-StGB/*Sinn* § 240 Rn. 32 f.; Matt/Renzikowski/*Eidam* § 240 StGB Rn. 15 a.E.; Lackner/Kühl/*Lackner* § 240 StGB Rn. 6.

seinen Entscheidungen einen sog. *eingliedrigen Gewaltbegriff* zugrunde legte.[633] Entscheidend war nun eine körperliche Zwangseinwirkung beim Opfer.[634] Ab diesem Zeitpunkt genügte es, um Gewalt (im Sinne des § 249 StGB) bejahen zu können, auch, wenn der Täter das Opfer durch ein, ohne Gewaltanwendung beigebrachtes Betäubungsmittel der Widerstandskraft beraubte.[635]

bb) Laepple-Entscheidung des BGH v. 8.8.1969

Die sog. *Laepple-Entscheidung*[636] des BGH aus dem Jahre 1969 eröffnete eine weitere Phase in der Entwicklung des strafrechtlichen Gewaltbegriffs. Diese Entscheidung hat vor allem eines festgestellt: Nötigen kann man nicht nur mit physischem, sondern auch mit rein psychischem Zwang. Der BGH ging in seiner Entscheidung nicht auf das Erfordernis einer physischen Zwangswirkung ein, sondern er befand, dass eine rein psychische Zwangseinwirkung beim Opfer für die Bejahung der Gewalt im Sinne der §§ 249 ff. StGB ausreichend ist.[637] In der Entscheidung ging es um die Beurteilung eines sog. Sitzstreiks. Schüler und Studenten der Vereinigung Arbeitskreis Kölner Hochschulen (AKH) – eine Vereinigung zum Protest gegen eine Preiserhöhung der Kölner Verkehrsbetriebe – blockierten durch einen Sitzstreik den Straßenbahnverkehr, um die Straßenbahnfahrer zum Anhalten zu veranlassen. Der BGH bestätigte die Auffassung des LG Köln, wonach gewaltsames Handeln der demonstrierenden Studenten im Sinne des Nötigungstatbestandes vorgelegen habe:

> Die Studenten, die sich auf den Gleiskörper der Straßenbahn setzten oder stellten, um damit den Straßenbahnverkehr zu blockieren, nötigten die Führer der Straßenbahn mit Gewalt, ihre Fahrzeuge anzuhalten. Dieser Bewertung steht nicht entgegen, daß die Studenten die Straßenbahn nicht durch unmittelbaren Einsatz körperlicher Kräfte aufhielten, sondern nur mit geringem körperlichen Kraftaufwand einen psychisch determinierten Prozeß in Lauf setzten. Entscheidend ist hierbei, welches Gewicht der von ihnen ausgeübten psychischen Einwirkung zukam. [...] Stellt sich ein Mensch der Bahn auf den Schienen entgegen, so liegt darin die Ausübung eines Zwanges, der für den Fahrer sogar unwiderstehlich ist; denn er muß halten, weil er sonst einen Totschlag beginge. Durch den gleichzeitigen massierten Einsatz vieler Personen auf dem Gleiskörper wird die Zwangswirkung noch gesteigert.[638]

---

633 Matt/Renzikowski/*Eidam* § 240 Rn. 16.
634 Matt/Renzikowski/*Eidam* § 240 StGB Rn. 16; MüKo-StGB/*Sinn* § 240 Rn. 33.
635 BGH, Urt. v. 5.4.1951 – 4 StR 129/51 = NJW 1951, 532 („*Chloräthyl-Fall*").
636 BGH, Urt. v. 8.8.1969 – 2 StR 171/69 = NJW 1969, 1770.
637 BGH, Urt. v. 8.8.1969 – 2 StR 171/69 = NJW 1969, 1770, 1772; MüKo-StGB/*Sinn* § 240 Rn. 34; *Scholz* NStZ 1995, 417, 419.
638 BGH, Urt. v. 8.8.1969 – 2 StR 171/69 = NJW 1969, 1770, 1772.

Im Zusammenhang mit der Laepple-Entscheidung spricht man von der „Vergeistigung" bzw. „Entmaterialisierung" des Gewaltbegriffs.[639] Die Vergeistigung führte dabei zu einer Aufgabe des Körperlichkeitskriteriums,[640] was dazu beitragen sollte, dass strafwürdiges Verhalten geahndet wird und Strafbarkeitslücken vermieden werden.

cc) Urteil des BVerfG v. 11.11.1986

Das BVerfG beanstandete diesen stark vergeistigten bzw. entmaterialisierten Gewaltbegriff zunächst nicht. Erst Ende 1986 hatte sich das BVerfG in der Sache Mutlangen zum ersten Mal näher mit dem vergeistigen Gewaltbegriff zu beschäftigen.[641]

Beim BVerfG waren mehrere Verfassungsbeschwerden gegen Strafurteile anhängig, durch welche die Teilnehmer von Sitzdemonstrationen wegen Nötigung bestraft worden sind. Im Rahmen der Demonstrationen blockierten die Teilnehmer die Zufahrten zu militärischen Einrichtungen durch Verweilen auf der Fahrbahn. Zu gewalttätigen Ausschreitungen kam es nicht; das polizeiliche Einschreiten wurde von den Teilnehmern widerstandslos geduldet. Das BVerfG war der Auffassung, dass, soweit Nötigungen mit dem Mittel der Gewalt unter Strafe gestellt werden (vgl. § 240 Abs. 1 StGB), die Normierung des § 240 StGB dem aus Art. 103 Abs. 2 GG[642] folgenden Bestimmtheitsgebot genügt.[643] Aufgrund einer Stimmengleichheit konnte hingegen nicht festgestellt werden, ob das Analogieverbot, welches aus Art. 103 Abs. 2 GG abgeleitet wird, verletzt wird, wenn die Ausgangsgerichte die Gewaltalternative des § 240 Abs. 1 StGB auf Sitzdemonstrationen der vorliegenden Art erstrecken. Nach übereinstimmender Ansicht des Senats durften aber Sitzdemonstrationen, bei denen Teilnehmer Zufahrten zu militärischen Einrichtungen ohne gewalttätiges Verhalten durch Verweilen auf der Fahrbahne versperren, nicht sanktionslos bleiben:

> Geboten ist jedoch eine verfassungskonforme Auslegung und Anwendung des § 240 StGB in dem Sinne, daß die Bejahung nötigender Gewalt im Falle einer Ausweitung dieses Begriffes nicht schon zugleich die Rechtswidrigkeit der Tat indiziert, dass vielmehr die vom Gesetzgeber als Korrektiv vorgesehene Verwerflichkeitsklausel des Absatzes 2 unter Berücksichtigung aller Umstände heranzuziehen ist.[644]

Auch wenn der Tatbestand der Nötigung bejaht worden ist, ist noch keine Aussage über die Rechtswidrigkeit des Verhaltens getroffen worden. Eine Vermutung

---

639 Matt/Renzikowski/*Eidam* § 240 StGB Rn. 16; NK-StGB/*Toepel* § 240 Rn. 77; zum Ganzen S/S/*Eser/Eisele* Vorb. zu §§ 234 bis 241a StGB Rn. 8 f.

640 MüKo-StGB/*Sinn* § 240 Rn. 34; *Magnus* NStZ 2012, 538, 540.

641 BVerfG, Urt. v. 11.11.1986 – 1 BvR 713/83 u.a. = NJW 1987, 43.

642 Nach Art. 103 Abs. 2 GG kann eine Tat nur bestraft werden, wenn die Strafbarkeit gesetzlich bestimmt war, bevor die Tat begangen wurde.

643 BVerfG, Urt. v. 11.11.1986 – 1 BvR 713/83 u.a. = NJW 1987, 43, 44.

644 BVerfG, Urt. v. 11.11.1986 – 1 BvR 713/83 u.a. = NJW 1987, 43, 47.

der Rechtswidrigkeit gibt es nicht. Diese muss vielmehr stets positiv festgestellt werden.[645]

> Mit der Bejahung des Tatbestandes der Nötigung ist über die Rechtswidrigkeit des Verhaltens jedoch keine Entscheidung getroffen. Diese ist [...] weder zu vermuten noch wird sie indiziert. Es ist dem Täter vielmehr nachzuweisen, daß er pflichtwidrig die geschützten Rechtsgüter anderer beeinträchtigt hat, wobei § 240 II StGB ausdrücklich verlangt, daß mit der Feststellung der Verwerflichkeit des Verhaltens weiter der Nachweis zu erbringen ist, daß sich der Täter sozialschädlich, sozialgefährlich und damit strafwürdig verhalten hat, nicht aber nur sozialstörend, sozial unerwünscht unterhalb der Strafwürdigkeitsgrenze.[646]

Aufgrund der Verwerflichkeitsregel des § 240 Abs. 2 StGB wird die Entscheidung darüber, was tatsächlich als Nötigung anzusehen ist, auf den Richter abgewälzt.[647] Aufgrund der Stimmengleichheit konnte im streitgegenständlichen Fall nicht festgestellt werden, dass es von Verfassung wegen in der Regel zu beanstanden ist, wenn Strafgerichte Sitzdemonstrationen unter Würdigung der jeweiligen Umstände des Einzelfalls als verwerflich im Sinne von § 240 Abs. 2 StGB beurteilen.

dd) Beschluss des BVerfG v. 10.1.1995

Erst Mitte der neunziger Jahre hatte das BVerfG[648] die Aufweichung bzw. Entmaterialisierung des Gewaltbegriffs aufgehalten, indem es strengere Maßstäbe an den Begriff angelegt hatte. Das BVerfG hatte entschieden, dass, wenn die Gewalt in bloßer körperlicher Anwesenheit besteht, dies keine Gewalt im Sinne des § 240 Abs. 1 StGB ist, da dadurch der Gewaltbegriff überdehnt werden würde. Mithin war ein Verstoß gegen Art. 103 Abs. 2 GG gegeben:

> Die Auslegung des Gewaltbegriffs in der höchstrichterlichen Rechtsprechung hat folglich gerade jene Wirkungen, die zu verhüten Art. 103 II GG bestimmt ist. Es läßt sich nicht mehr mit ausreichender Sicherheit vorhersehen, welches körperliche Verhalten, das andere psychisch an der Durchsetzung ihres Willens hindert, verboten sein soll und welches nicht. In demjenigen Bereich, in dem die Gewalt lediglich in körperlicher Anwesenheit besteht und die Zwangseinwirkung auf den Genötigten nur psychischer Natur ist, wird die Strafbarkeit nicht mehr vor der Tat generell und abstrakt vom Gesetzgeber, sondern nach der Tat im konkreten Fall vom Richter aufgrund seiner Überzeugung von der Strafwürdigkeit eines Tuns bestimmt. Das eröffnet beträchtliche Spielräume bei der Strafverfolgung von Nötigungen.[649]

---

645 BeckOK-StGB/*Valerius* § 240 Rn. 45; Fischer § 240 StGB Rn. 38a.

646 *Otto* NStZ 1987, 212, 213.

647 BVerfG, Urt. v. 11.11.1986 – 1 BvR 713/83 u.a. = NJW 1987, 43, 45.

648 BVerfG, Beschl. v. 10.1.1995 – 1 BvR 718/89, 719/89, 722/89, 723/89 = NJW 1995, 1141.

649 BVerfG, Beschl. v. 10.1.1995 – 1 BvR 718/89, 719/89, 722/89, 723/89 = NJW 1995, 1141, 1143.

Nach Auffassung des Gerichts ist gerade die Kraftentfaltung wesentliches Merkmal der Gewalt.[650] Es kann folglich zur Bejahung der Gewalt nicht ausreichen, wenn jemand allein durch seine Anwesenheit einen unwiderstehlichen Zwang auf den Genötigten ausübt.[651]

Im Gegensatz dazu hatte das BVerfG 2001 in der sog. *Wackersdorf-Entscheidung* Gewalt bejaht, als Personen die Zufahrt zu einem Gelände blockierten, indem sie sich jeweils eine Kette um die Hüfte geschlungen haben, die wiederum mittels einer Kette mit dem jeweiligen Nachbarn verbunden war. Die Menschenkette kettete sich mit Schlössern an den Torpfosten des Haupttores an.[652]

> Die Ankettung gab der Demonstration eine über den psychischen Zwang hinausgehende Eignung, Dritten den Willen der Demonstranten aufzuzwingen. Sie nahm den Demonstranten die Möglichkeit, bei Heranfahren von Kraftfahrzeugen auszuweichen und erschwerte die Räumung der Einfahrt.[653]

ee) Zweite-Reihe-Rechtsprechung des BGH v. 20.7.1995

Eine weitere Entscheidung, welche im Zusammenhang mit dem Gewaltbegriff nicht unerwähnt bleiben darf, ist die sog. *Zweite-Reihe-Rechtsprechung* des BGH v. 20.7.1995.[654] Der BGH hat, wenn sich eine Menschenblockade auf einer Autobahn befindet zunächst eine rein psychische Zwangseinwirkung bei den Autofahrern angenommen, welche die Gruppe der die Fahrbahn blockierenden Personen als erste erreichten und gegebenenfalls hätten durchbrechen können.[655] Werden die Kraftfahrer, welche die Gruppe als erste reichen durch den psychischen Zwang zum Anhalten veranlasst, dann besteht zumindest für alle nachfolgenden Kraftfahrer ein physisches Hindernis, welche den blockierenden Menschen zugerechnet werden muss.[656] Die Entscheidung des BGH erfuhr zwar zum Teil heftige Kritik, wurde vom BVerfG aber verfassungsrechtlich nicht beanstandet. Insbesondere verstoße die Zweite-Reihe-Rechtsprechung des BGH nicht gegen das Analogieverbot nach Art. 103 Abs. 2 GG.[657]

b) Zwischenergebnis

Mit der Rechtsprechung des RG wurden anfangs zwei Bestandteile des Gewaltbegriffs in den Vordergrund gestellt: Die körperliche Kraftentfaltung des Täters und die dadurch begründete körperliche Zwangswirkung auf das Opfer. Wie die

---

650 BVerfG, Beschl. v. 10.1.1995 – 1 BvR 718/89, 719/89, 722/89, 723/89 = NJW 1995, 1141, 1142.
651 So auch *Magnus* NStZ 2012, 538, 541.
652 BVerfG, Beschl. v. 24.10.2001 – 1 BvR 1190/90 u. a. = NJW 2002, 1031
653 BVerfG, Beschl. v. 24.10.2001 – 1 BvR 1190/90 u. a. = NJW 2002, 1031, 1032.
654 BGH, Urt. v. 20.7.1995 – 1 StR 126/95 = NJW 1995, 2643.
655 BGH, Urt. v. 20.7.1995 – 1 StR 126/95 = NJW 1995, 2643.
656 BGH, Urt. v. 20.7.1995 – 1 StR 126/95 = NJW 1995, 2643, 2644.
657 BVerfG, Beschl. v. 7.3.2011 – 1 BvR 388/05 = NJW 2011, 3020

Ausführungen gezeigt haben, hat das Erfordernis der körperlichen Kraftentfaltung zunehmend an Gewicht verloren. Von entscheidender Bedeutung soll nunmehr die körperliche Zwangseinwirkung auf das Opfer sein. Mit Gewalt wird daher nur genötigt, wenn durch physischen Zwang der Betroffene zu einem bestimmten Verhalten bewogen wird. Der Zwang muss aber eine gewisse Erheblichkeit erreichen, da nur so eine Abgrenzung zu bloßen Belästigungen bzw. Bagatellfällen möglich ist.[658]

In der Studie des KFN wird auch die verbale Gewalt unter den Gewaltbegriff subsumiert.[659] Es werden Beschimpfungen, Beleidigungen und das Drohen mit Worten als Gewalterfahrungen im Dienst dokumentiert.[660] Die verbale Einwirkung stellt aber keine Gewalt im Sinne des Strafrechts dar, da es am Kraftaufwand fehlt.[661] Wenn die Studie des KFN als Argument für die Zunahme der Gewalt gegen Polizeibeamte herangezogen wird, muss man daher stets im Auge behalten, dass der Gewaltbegriff im Sinne dieser Studie und der strafrechtliche Gewaltbegriff nicht übereinstimmen.

2. Ergebnisse der Studie des KFN im Hinblick auf das Forschungsziel „Zunahme der Gewalt gegenüber Polizeibeamten?“

Im Rahmen der Untersuchung wurden die teilnehmenden Polizeibeamten gefragt, wie oft sie bei der Dienstausübung im Jahr 2009 verschiedene Gewaltformen erlebt haben.[662]

Insgesamt 80,09 % der befragten Polizisten gaben an, mindestens einmal im Monat bzw. einmal oder einige Male beschimpft und beleidigt worden zu sein.[663] Einmal bzw. einige Male wurden 55,1 % der befragten Polizisten mit Worten gedroht.[664] Wie die bisherigen Ausführungen jedoch gezeigt haben, stellen das Beschimpfen, Beleidigen und Drohen mit Worten gerade keine Gewalt im Sinne des Strafrechts dar. *Behr* spricht in diesem Zusammenhang auch von einem sog. *straflosen Vorfeldverhalten*. Dieser Begriff bezeichnet „Verhaltensweisen, die zwar von Polizeibeamten subjektiv als Gewalt wahrgenommen werden, die aber juristisch noch keine Gewalt, und auch keine andere Straftat, darstellen, z.B. demonstratives Hinspucken und andere Gesten der Geringschätzung etc.“[665] Daher können aus diesen

658 BeckOK-StGB/*Valerius* § 240 Rn. 21 f.

659 *Ellrich/Baier/Pfeiffer* Polizeibeamte als Opfer von Gewalt, S. 45.

660 *Ellrich/Baier/Pfeiffer* Polizeibeamte als Opfer von Gewalt, S. 44.

661 Matt/Renzikowski/*Eidam* § 240 StGB Rn. 16; NK-StGB/*Toepel* § 240 Rn. 43: Obwohl die Muskulatur beim Sprechen eingesetzt wird, unterfallen verbale Äußerungen nicht dem Gewaltbegriff.

662 *Ellrich/Baier/Pfeiffer* Polizeibeamte als Opfer von Gewalt, S. 44; eine Zusammenfassung der Ergebnisse gibt *Reuter* Polizei und Gewalt, S. 28 ff.

663 *Ellrich/Baier/Pfeiffer* Polizeibeamte als Opfer von Gewalt, S. 44 (58,9 % wurden einmal/einige Male beschimpft bzw. beleidigt. 22,0 % wurden mindestens einmal im Monat beschimpft bzw. beleidigt).

664 *Ellrich* Polizeibeamte als Opfer von Gewalt, S. 44.

665 *Behr* in: Gewalt und Gewalten, S. 78.

Darstellungen keine Rückschlüsse auf eine Steigerung der Gewalt im Sinne des Strafrechts gegenüber Polizeibeamten gezogen werden.

Um Auskunft über die Gewaltentwicklung zu erhalten, wurde in der Studie nach der Dauer der Dienstunfähigkeit unterschieden.[666] Im Jahr 2005 waren 0,2 % der Befragten mehr als zwei Monate dienstunfähig; 2006 waren es lediglich 0,1 %, 2007, 2008 und 2009 waren wiederum nur 0,2 % der teilnehmenden Polizeibeamten über zwei Monate dienstunfähig. Eine prozentuale Steigerung liegt nicht vor. Dieselbe Stabilität ist bei Beamten mit der Folge einer Dienstunfähigkeit bis zu acht Wochen zu verzeichnen (2005: 0,8 %; 2006: 0,8 %; 2007: 0,8 %; 2008: 0,9 %). Erst 2009 konnte ein leichter Anstieg auf 1,3 % festgestellt werden. Lediglich der Anteil der Beamten, die Übergriffen mit der Folge maximal 6-tägiger Dienstunfähigkeit ausgesetzt waren, stieg von 1,8 % (2005) auf 3,2 % (2009). Auch nach tatsächlich erlebten Angriffen – ohne auf die Folge der Dienstunfähigkeit einzugehen – wurden die Teilnehmer befragt. Dabei ergab sich folgendes Zahlenmaterial: 2005 haben 2,6 % einen Angriff erlebt (in Zahlen: 632), 2006 waren es 2,8 % (in Zahlen: 633) und 2007 gaben 3,2 % (in Zahlen: 775) der Befragten an, einen Angriff erlebt zu haben. Ferner haben 3,6 % im Jahr 2008 (in Zahlen: 848) und 4,5 % (in Zahlen: 1130) im Jahr 2009 einen Angriff erlebt.[667] Die Übergriffe fanden überwiegend am Freitag und am Wochenende statt. Den Grund hierfür sah man in den Besuchen von Bars und Veranstaltungen.[668]

Für den Erhebungszeitraum 2005 bis 2009 ist vor allem hinsichtlich der tatsächlich erlebten Übergriffe ein leichter prozentualer Anstieg zu verzeichnen (2005: 2,6 %; 2009: 4,5 %). Es erscheint aber erheblich verfrüht, allein aufgrund dieses Zahlenmaterials von einer zunehmenden Gewalt gegen Polizeibeamte sprechen zu können, da eben nur ein Anstieg von 1,9 % innerhalb von vier Jahren verzeichnet werden konnte. Des Weiteren ergibt sich aus der Statistik, dass Übergriffe auf Polizeibeamte mit der Folge der Dienstunfähigkeit von über zwei Monaten, also schwere Übergriffe, konstant bei 0,2 % liegen. Das Vorgehen gegen Polizeibeamte kann daher keineswegs als brutaler, heftiger und lebensgefährlicher als noch vor einigen Jahren bezeichnet werden.

3. *Spezifische, einschränkende Faktoren der Studie des KFN*

Wie die PKS ist die Studie des KFN ebenso sorgfältig und kritisch zu überprüfen. Es bestehen nicht nur die für alle Statistiken geltenden Faktoren, die eine Aussagekraft verzerren bzw. verfälschen können. Die Aussagekraft der Studie des KFN unterliegt speziellen Einschränkungen, welche nun dargestellt werden.

666 Vgl. dazu *Ellrich/Baier/Pfeiffer* Polizeibeamte als Opfer von Gewalt, S. 47; die Dienstunfähigkeit sollte Indiz für besonders schwere Gewalterfahrungen sein (*Ehresmann* Straftaten gegen Polizeibeamte, S. 122).

667 Vgl. hierzu Übersicht bei *Ehresmann* Straftaten gegen Polizeibeamte, S. 124.

668 Vgl. nur *Hermanutz/Henning/Niewerth* in: Gewalt gegen Polizisten, S. 19.

a) Überrepräsentation junger Polizeibeamter

Zunächst ist festzustellen, dass in der Stichprobe jüngere Polizeibeamte überrepräsentiert sind.[669] Da sich junge Polizisten zu Beginn der Studie noch in der Ausbildung befunden haben und zunächst (strukturell bedingt) mit Gewalterfahrungen nicht konfrontiert waren, konnte es zu einer künstlichen Erhöhung der Zahlen für die letzten Erhebungsjahre kommen. Außerdem werden gerade junge Polizisten nach ihrer Ausbildung häufig Bürgerkontakt haben, wonach es zwangsläufig vermehrt zu Gewaltanwendungen kommen wird.[670] *Ellrich, Baier* und *Pfeiffer* zufolge wurde die Studie jedoch nochmals auf die Polizisten beschränkt, die 2005 ihre Ausbildung bereits abgeschlossen haben. Im Ergebnis zeigte sich ebenfalls ein Anstieg der Übergriffe mit nachfolgender Dienstunfähigkeit zwischen 2005 und 2009.[671]

b) Wesen der Befragung

Ein weiterer Nachteil der Studie liegt in der nur einmaligen Erhebung der Daten.[672] Wie bei jeder Studie sind Übergriffe, die bereits längere Zeit zurückliegen, nicht mehr präsent und werden daher aufgrund von Erinnerungslücken nicht bei der Befragung angegeben. Nicht nur Erinnerungslücken stellen ein Problem bei der Statistik des Kriminologischen Forschungsinstituts dar. Auch hinsichtlich der Zuordnung des Jahres, in dem der Übergriff stattgefunden hat, können Fehler auftreten. Die Erinnerungen des befragten Polizisten dürften daher umso ungenauer sein, je weiter der in Frage stehende Vorfall zurückliegt.[673] Es werden vor allem die Polizeibeamten an der Befragung teilgenommen haben, welche erst kürzlich Opfer eines Angriffs geworden sind, da diese regelmäßig ein größeres Interesse daran haben, auf den Vorfall aufmerksam zu machen.[674] Polizeiliche Opfer, bei denen ein entsprechender Übergriff bereits mehrere Jahre zurückliegt, werden den Vorfall entweder bereits vergessen haben oder diesem nicht mehr so viel Bedeutung beimessen wie ein erst kürzlich von Gewalt betroffener Polizeibeamter.

Eine weitere große Schwäche der Befragung stellt deren Freiwilligkeit dar. Da eine Teilnahme an der Studie in eigenem Ermessen lag, werden nicht sämtliche Polizeibeamten, die Gewalt erlebt haben, an der Studie teilgenommen haben. Zahlreiche Faktoren können eine Teilnahme beeinflusst haben. Desinteresse oder Zeitdruck können dazu geführt haben, dass Polizisten, obwohl sie Gewalt erlebt haben, keine Angaben zu ihren Gewalterfahrungen gemacht haben.

Auch *Ehresmann* bemängelt das Wesen der Befragung. Es erfolgte lediglich eine Berücksichtigung des Opfers. Seiner Ansicht nach wäre es aber erforderlich gewesen, auch die Täter in die Befragung einzubeziehen:

---

669 *Ellrich/Baier/Pfeiffer* Polizeibeamte als Opfer von Gewalt, S. 39, 42, 46.
670 *Puschke* NK 2014, 28, 34.
671 *Ellrich/Baier/Pfeiffer* Polizeibeamte als Opfer von Gewalt, S. 47.
672 *Ellrich/Baier/Pfeiffer* Polizeibeamte als Opfer von Gewalt, S. 13.
673 *Ehresmann* Straftaten gegen Polizeibeamte, S. 131.
674 *Singelnstein/Puschke* NJW 2011, 3473, 3476.

> Eine solche Studie wäre [...] wünschenswert, weil gerade Konflikte im Verhältnis zwischen Staat und Bürger emotional besonders aufgeladen sind und oftmals von beiden Seiten mit Gewalt ausgetragen werden. Verlässliche Daten können deshalb kaum erzielt werden, wenn nur eine Seite befragt wird. Gerade bei Expertenbefragungen, zu denen auch Polizeibeamte im Zusammenhang mit dienstlichen Vorfällen zu rechnen sind, bestehen aufgrund deren eigener Interessen stets gewisse Zweifel daran, ob man ungefilterte Antworten ohne subjektive Färbung erhält.[675]

Ferner war, trotz der Brisanz des Themas, die Teilnahme an der Studie sehr gering: Die Rücklaufquote betrug lediglich 25,1 %.[676] Dies bedeutet im Umkehrschluss, dass fast 75 % der Polizisten entweder keine gegen sich gerichtete unmittelbare körperliche Gewalt erlebt haben oder kein Bedürfnis hatten, an der Umfrage teilzunehmen. Trotz geringer Beteiligung vermittelt die Studie des KFN ein dramatisches Bild der Gewaltentwicklung gegen Polizisten. Dieses Bild entspricht allerdings nicht der Wirklichkeit.

Auch das Argument der Dunkelziffer kann das verfälschte Bild nicht entkräften: Die teilnehmenden Polizisten konnten die Fragebögen der Studie sogar während der Arbeitszeit ausfüllen und wurden somit vom Dienstherrn und der Gewerkschaft unterstützt. Es ist folglich nicht davon auszugehen, dass Polizisten, die Opfer von unmittelbaren körperlichen Angriffen waren, sich nicht an der Studie beteiligt haben. Daraus kann man schließen, dass das Dunkelfeld ziemlich klein sein dürfte.[677] Schließlich haben sich nur zehn Bundesländer an der Befragung beteiligt, was natürlich die Frage nach der Repräsentativität der Studie für die gesamte Bundesrepublik in Frage stellen lässt.

Darüber hinaus waren bei der Befragung Mehrfachnennungen möglich, sodass sich aus der Statistik nicht ergeben kann, in welcher Kombination die Aggression und der Angriff des polizeilichen Gegenübers aufgetreten sind. *Pütter* führt hierzu zutreffend aus:

> Wer einen Polizisten zuerst beleidigt, ihn dann schubst, mit einer Flasche bewirft, ihn dann mit eine Dachlatte bedroht und angreift, schließlich seine Pistole zieht und schießt, hätte acht Treffer in der Befragung verursacht, obwohl es sich um einen Angriff handelte.[678]

c) Weitere einschränkende Faktoren

Die nächste Problematik, welche sich nicht nur bei der Studie des KFN, sondern auch bei der PKS stellt, ist die fehlende justizielle Überprüfung der in Streit stehenden Handlung. Dadurch kann es zu Fehleinschätzungen und Überinterpretationen

675 *Ehresmann* Straftaten gegen Polizeibeamte, S. 135 m.w.N.
676 *Pütter* Bürgerrechte & Polizei 2010, 70, 71; *Ehresmann* Straftaten gegen Polizeibeamte, S. 122.
677 So auch *Pütter* Bürgerrechte & Polizei 2010, 70 f.
678 *Pütter* Bürgerrechte & Polizei 2010, 70, 72.

kommen. Trotz umfassender Ausbildung kann der Polizeibeamte Unsicherheiten im Umgang mit strafrechtlichen Tatbeständen haben. Aufgrund der Komplexität des Strafrechts können trotz richtiger Wahrnehmung des streitigen Sachverhalts erhebliche rechtliche Schwierigkeiten auftreten, welche der Polizeibeamte in der konkreten Situation fehlerhaft einschätzen kann.[679]

Wie bereits erwähnt werden in der Studie unter anderem Beleidigungen als Gewalt definiert, wodurch verbale „Angriffe“ unter den Gewaltbegriff subsumiert werden, obwohl diese keine Gewalt im Sinne des Strafrechts darstellen. Zudem werden in der Studie die Teilnehmer gezielt nach „Übergriffen“ gefragt – ein Begriff, losgelöst jeglicher strafrechtlicher Definition. Der Begriff des Übergriffs findet sich im Strafgesetzbuch an keiner Stelle. Aus diesem Grund können aus der Studie keine fundierten Erkenntnisse hinsichtlich einer Zunahme der körperlichen Gewalt im Sinne des Strafrechts gewonnen werden. Gleichfalls moniert *Ehresmann*, dass die besagten Vorfälle „frei von jeder strafrechtlichen Betrachtung“[680] abgefragt worden sind. Dies stellt einen generellen Nachteil von Befragungsstudien dar: Ein Polizeibeamter stuft eine Handlung als Gewalt ein, während ein anderer von einem gewaltfreien Verhalten ausgeht.

Vergleicht man die PKS mit der Studie des Kriminologischen Forschungsinstituts, so lassen sich einige Verbesserungen konstatieren. In der PKS wurde zunächst lediglich der Widerstand gegen die Staatsgewalt dokumentiert, wodurch vorwiegend leichtere Straftaten erfasst worden sind. Die Studie des Kriminologischen Forschungsinstituts hat ihren Schwerpunkt der Untersuchung auf gewalttätige Angriffe gelegt, die sich zwischen 2005 und 2009 ereignet haben und die bei den Betroffenen zu mindestens einem Tag Dienstunfähigkeit geführt haben,[681] sodass zwangsläufig Straftaten von schwerem Gewicht, mithin körperliche Angriffe auf Polizeibeamte erfasst werden konnten. Da bei der PKS bis zum Jahre 2010 lediglich die Registrierung des Widerstands gegen die Staatsgewalt erfolgte und die Toleranzgrenze dabei unterschiedlich hoch angesetzt werden kann,[682] bestand ein sehr weiter Interpretationsraum, mit der Folge, dass eine Anzeige des Widerstands gegen die Staatsgewalt von der individuellen Einschätzung des betroffenen Polizeibeamten abhängig gemacht werden musste. Bei Körperverletzungsdelikten mit der Folge einer Dienstunfähigkeit dürfte diese Grenze weiter unten anzusetzen sein, sodass jede körperliche Gewalt gegen Polizisten auch zur Anzeige gebracht werden wird und somit die Statistik nicht von einer persönlichen Toleranzgrenze des Polizeibeamten abhängig sein dürfte.[683] Darüber hinaus haben Befragungsstudien den Vorteil, dass sie Erkenntnisse zu den Begleitumständen der Tat liefern können. Damit können Ursachen der Tat ermittelt werden.

679 Vgl. *Ehresmann* Straftaten gegen Polizeibeamte, S. 107 f.
680 *Ehresmann* Straftaten gegen Polizeibeamte, S. 22.
681 *Ellrich/Baier/Pfeiffer* Polizeibeamte als Opfer von Gewalt, S. 35.
682 Siehe nur *Falk* Widerstand gegen Vollstreckungsbeamte, S. 42.
683 Zum Ganzen: *Ehresmann* Straftaten gegen Polizeibeamte, S. 126 ff.

4. *Ergebnis*

Trotz teilweiser „Verbesserungen" der vorliegenden Studie im Vergleich zur PKS, kann diese dennoch eine wesentliche Zunahme der Gewalt gegen Polizeibeamte nicht dokumentieren, weil sie zu einem empirischen Beleg zu viele Schwachstellen aufweist. Zum einen werden in der Studie Handlungsformen unter den Gewaltbegriff subsumiert, welche mit den strafrechtlichen Gewaltbegriff nicht in Einklang zu bringen sind. Ferner fehlt eine vergleichbare Datenbasis aus Vorjahren. Darüber hinaus stellt diese Studie eine reine Opferbefragung dar, welche regelmäßig von Emotionen verfälscht wird.[684] Abschließend sei auch folgender Umstand erwähnt: Keine deutsche Innenverwaltung hat bis zum 31.12.2009 – seit dem 1.1.2010 gibt es in der PKS nun die Schlüsselzahl 621021, womit der Widerstand gegen Polizeivollzugsbeamte gesondert erfasst werden kann – Zahlen über das Ausmaß der Gewalt gegen Polizeibeamte geliefert. Daran kann man sehen, dass „hinter der zur Schau getragenen Sorge um die BeamtInnen wenig substanzielles Interesse steckt".[685]

Die Studie dokumentiert also lediglich eine Verlagerung und eine „Formveränderung" der Gewalt. Keineswegs kann sie als Beleg für einen erschreckenden Anstieg der körperlichen Gewalt gegen Polizeibeamte dienen.

IV. Zusammenfassender Überblick über weitere Untersuchungen zum Thema „Gewalt gegen Polizisten"

Im Folgenden wird der derzeitige Forschungsstand zum Thema „Gewalt gegen Polizisten" zusammenfassend, in Form eines Überblicks weiterer Studien und Statistiken dargestellt. Der internationale Forschungsstand soll auch hier außer Betracht bleiben, da dies den Rahmen der vorliegenden Arbeit sprengen würde.

1. *Erste Studien zur Thematik „Gewalt gegen Polizeibeamte"*

Die Thematik der Gewalt gegen Polizeibeamte und Untersuchungen hierzu sind nicht neu. Vielmehr werden bereits seit Ende 1930 diesbezüglich Studien durchgeführt.[686] Die erste Untersuchung, die sich mit dem Widerstand gegen Vollstreckungsbeamte beschäftigt hat, ist die kriminologische Untersuchung von *Mangl-kammer* aus dem Jahre 1938.[687] *Manglkammer* gibt hierbei die Entwicklung des Delikts mit Hilfe der Zahlen der Reichskriminalstatistik von 1882 bis 1936 wieder. Ferner wertete er im Rahmen seiner Untersuchung 100 Strafakten des AG München aus. In seiner Darstellung weist er insbesondere auf den starken Anstieg des Widerstands gegen Vollstreckungsbeamte in der Zeit nach dem ersten Weltkrieg hin und die

---

684 So auch bei *Hermanutz/Henning/Niewerth* in: Gewalt gegen Polizisten, S. 7.

685 *Pütter* Bürgerrechte & Polizei 2010, 3, 14.

686 Übersichtliche Darstellung bei *Hermanutz/Henning/Niewerth* in: Gewalt gegen Polizisten, S. 13 ff.

687 *Manglkammer* Widerstand gegen Vollstreckungsbeamte, S. 7 ff.

Erreichung des Höhepunkts im Jahr 1923. Als Ursachen nennt er die „politisch unruhigen Zeiten“, den „Autoritätsverlust des Staates“ und die „Flut von Gesetzen und Verordnungen“.[688] *Manglkammer* stellt weiter fest, dass es im Rahmen der von ihm untersuchten Fälle durchaus Konstellationen gibt, bei denen die Polizei Veranlassung zur Tatbegehung gegeben hat. Eine gewisse Mitschuld der Polizisten am Eskalationsprozess könne bisweilen bejaht werden.[689] Auch *Martin* (1951) und *Borchardt* (1955) beschäftigten sich mit der Gewalt und Drohung gegen Beamte, insbesondere gegen Beamte im Landgerichtsbezirk Bremen bzw. Hamburg. Beide kamen zum Ergebnis, dass überwiegend junge alkoholisierte Personen Widerstandshandlungen begehen und durchaus ein Zusammenhang zwischen dem Auftreten der Polizisten und der Häufigkeit von Widerstandshandlungen erkennbar ist. Sofern Polizisten hart und forsch auftreten und ihre Macht demonstrieren, kann dies zur Begehung von Widerstandshandlungen beitragen.[690]

2. Untersuchung des Widerstands gegen die Staatsgewalt durch Stührmann

1965 lieferte *Stührmann* eine kriminologische und dogmatische Untersuchung des Widerstands gegen die Staatsgewalt (§ 113 StGB). Als Materialgrundlage verwendete er bis 1918 die Statistik des Deutschen Reichs, welche vom Kaiserlichen Statistischen Amt herausgegeben worden ist, ab 1919 die Statistik des Deutschen Reichs, welche im Reichsjustizministerium und im Statischen Reichsamt bearbeitet worden ist und die Statistik der Bundesrepublik Deutschland, dessen Herausgeber ab 1950 das Statistische Bundesamt ist. Auch aus dieser Untersuchung kann eine stetige Zunahme des Widerstands gegen die Staatsgewalt nicht abgeleitet werden. In den Jahren 1897 bis 1911 liegt die sog. *Kriminalitätsziffer* (Zahl der Verurteilten auf 100.000 Strafmündige) bei durchschnittlich 40,33. Im Jahr 1919 lag die Kriminalitätsziffer hingegen lediglich bei 9,18 und ist 1920 auf 17,78, 1921 auf 27,15, 1922 auf 39,13 und 1923 auf 44,69 angestiegen. Ab 1924 bis 1933 liegt die Kriminalitätsziffer wiederum bei durchschnittlich 34,06, während von 1950 bis 1961 ein niedriger durchschnittlicher Wert von 11,54 erreicht wird.[691] Des Weiteren analysierte *Stührmann* 123 Fälle mit insgesamt 155 Tätern nach § 113 StGB des Amtsgerichtsbezirks Kiel von 1958 bis 1962[692] und stellte hierbei fest, dass Widerstandshandlungen in der Regel spontan erfolgten und 121 der 155 Täter unter Alkoholeinfluss standen.

---

688 Zusammenfassend hierzu *Jäger* Gewalt und Polizei, S. 129 ff.; Übersicht über die besondere Gefährdungen der Polizeibeamten in Bayern seit 1946 gibt *Fürmetz* in: Polizei, Gewalt und Staat, S. 133 f.

689 *Manglkammer* Widerstand gegen Vollstreckungsbeamte, S. 63.

690 Knapp zusammengefasst bei *Reuter* Polizei und Gewalt, S. 22 m.w.N.; siehe auch *Jäger* Gewalt und Polizei, S. 137 ff.

691 *Stührmann* Widerstand gegen die Staatsgewalt, S. 13 ff., Tabelle 1 (S. 134 ff.).

692 *Stührmann* Widerstand gegen die Staatsgewalt, S. 11 f.

Dies entspricht einem Prozentsatz von 78,06 %.[693] Ferner beschäftigte sich *Stührmann* mit den Verhalten der Vollstreckungsbeamten, die als Opfer von Widerstandshandlungen in Betracht kommen und kam hierbei zu der Erkenntnis, dass ein ruhiges, höfliches aber bestimmtes Auftreten der Polizisten die Zahl der Widerstände wesentlich senken könnte:

> Die Zahl der Widerstandsfälle könnte also durch eine sorgfältigere Schulung der Polizeibeamten und durch dauernde Hinweise auf höfliches und zurückhaltendes Auftreten und auch durch kameradschaftliche Erziehung untereinander noch weiter gesenkt werden. Es würde wirklich keinen Abbruch des Prestiges der Polizei bedeuten, wenn ein Betrunkener einmal das letzte Wort behielte. Eine viel größere Gefahr besteht für das Ansehen der Polizei, wenn [...] sogar die Leute, die die Polizei herbeigerufen hatten, über deren hartes Vorgehen empört waren.[694]

3. *Forschungsprojekt „Gewalt und Polizei" unter der Leitung von Joachim Jäger*

Für die Bundesrepublik Deutschland stellen die von 1977 bis 1994 von der PFA, aktuell als Deutsche Hochschule der Polizei bekannt, unternommenen Untersuchungen ein umfangreiches Forschungsprojekt des Themenkomplexes „Gewalt und Polizei" unter der Leitung von Joachim Jäger dar. So sind beispielsweise im Durchschnitt der Jahre 1977 bis 1983 der PFA 669 Angriffe auf Polizeibeamte gemeldet worden, die infolge dessen mehr als sieben Tage dienstunfähig waren.[695] Die Polizisten, die auf diese Weise verletzt worden sind, sind zu dem jeweiligen Ereignis befragt worden. Aus dem Bericht ergibt sich, dass körperliche Angriffe auf Polizisten regelmäßig das Ergebnis eines Prozesses sind und es meistens keinen zuvor gefassten Tatplan gibt. Dies zeigt sich vor allem darin, dass die Täter nur körperliche Tatmittel eingesetzt haben.[696] Zudem zeigt *Jäger* in seiner Publikation „Gewalt und Polizei" die Bedeutung des Alkoholkonsums im Zusammenhang mit diesem Themenkomplex auf.[697] Bei der Frage nach den Ursachen eines Angriffs betrachtet *Jäger* sowohl den Täter, als auch die polizeiliche Seite. Diesbezüglich hebt er das Instrument der Sprache als Schutzschild hervor, beanstandet aber zugleich die mangelnde Ausbildung:

> So wird auch erklärlich, daß, obgleich „Sprechfähigkeit" als „polizeiliche Grundqualifikation" und Sprache als „das mildeste und wirksamste Mittel des Polizeibeamten"

---

693 *Stührmann* Widerstand gegen die Staatsgewalt, S. 39.

694 *Stührmann* Widerstand gegen die Staatsgewalt, S. 37; Zusammenfassung der kriminologischen und dogmatischen Untersuchung: *Reuter* Polizei und Gewalt, S. 22 f.

695 *Jäger* Gewalt und Polizei, S. 11, 354.

696 Vgl. *Jäger* Gewalt und Polizei, S. 356; vgl. auch *Hermanutz/Henning/Niewerth* in: Gewalt gegen Polizisten, S. 13 ff.; zusammenfassend *Reuter* Polizei und Gewalt, S. 23 ff.

697 *Jäger* Gewalt und Polizei, S. 250 ff.

> und als Mittel der Konfliktvermeidung und -bewältigung erkannt sind, entsprechende Lehrinhalte bis heute nur vereinzelt zur Alltagswirklichkeit für den (zukünftigen) Streifenbeamten in der Aus- bzw. Fortbildung wurden.[698]

Jägers Studie zu Angriffen auf Polizeibeamte aus dem Jahre 1994 ergab insgesamt 675 solcher Fälle mit anschließender, mehr als siebentägiger Dienstunfähigkeit im Jahr 1992. Eine bedeutende Rolle hierbei spielten neben dem Platzverweis auch das Anhalten von Fahrzeugen.

4. Untersuchung der Fachhochschule Villingen-Schwenningen

Ein jüngeres Projekt dieser Art stellt die Untersuchung der *Fachhochschule Villingen-Schwenningen* dar,[699] welche sich mit dem Widerstand gegen Polizeibeamte in Baden-Württemberg im Jahr 1997 beschäftigte. Bei dieser Analyse wurden 1318 Polizeibeamte schriftlich zum Thema Gewalt befragt. Den größten Teil der körperlichen Gewalt machte nach ihren Aussagen das Schlagen mit der Hand oder der Faust aus. Im Erhebungszeitraum wurden insgesamt 744 Polizisten geschlagen und 398 Polizisten getreten. Das Ergebnis der PFA konnte anhand des Forschungsprojekts bestätigt werden, wonach Angriffe auf Polizisten spontan sind und Widerstand fast ausschließlich durch einfache körperliche Gewalt gebrochen wird.[700] Die Untersuchung ergab weiter, dass sehr selten Hilfsmittel der körperlichen Gewalt oder gar Waffen eingesetzt werden. Lediglich in 83 der untersuchten Fälle hatte der Täter eine Waffe bei sich geführt. Dies entspricht einem Prozentsatz von 5,48 %.[701] Nach Aktenanalyse kam *Falk* zu dem Ergebnis, dass in 46,7 % der Fälle die Polizisten bei einem Widerstandseinsatz Verletzungen erlitten hatten, wobei bei 91 Polizisten eine Dienstunfähigkeit zwischen einem Tag und über fünf Wochen die Folge gewesen war.[702] Aus der Studie wurde zudem der Schluss gezogen, dass in Folge von Widerstandshandlungen nicht nur der Polizist als Individuum einen Schaden erleidet, sondern auch der Polizeiapparat als solcher, da dieser aufgrund von Ausfallzeiten des verletzen Beamten und durch Zahlung von Krankheitskosten ebenfalls belastet wird.[703]

5. Studie des KFN aus dem Jahre 2000

Nachdem im Sommer 2000 innerhalb kurzer Zeit mehrere Polizisten getötet worden sind, sahen sich Politiker und die Polizeiführung unter Druck. Die Geschehnisse haben gezeigt, dass es in Deutschland keine aktuellen Untersuchungen zu Gewalttaten

---

698 *Jäger* Gewalt und Polizei, S. 270.

699 Zusammenfassung der wesentlichen Einzelergebnissen: *Falk* Widerstand gegen Vollstreckungsbeamte, S. 54 ff.

700 *Messer* Widerstandshandlungen S. 220.

701 *Falk* Widerstand gegen Vollstreckungsbeamte, S. 21.

702 *Falk* Widerstand gegen Vollstreckungsbeamte, S. 39, 41, 55.

703 Knapp zusammengefasst bei *Reuter* Polizei und Gewalt, S. 26.

gegenüber Polizisten, insbesondere zu Tötungsdelikten gab. Die Innenministerkonferenz des Bundes und der Länder (IMK) und die Gewerkschaft der Polizei (GdP) haben daher entschieden, eine wissenschaftliche Studie, welche auf eine Initiative des Kriminologischen Forschungsinstituts Niedersachen zurückgeführt werden kann, sowohl finanziell, als auch strukturell zu unterstützen. Dem Institut standen hierbei Informationen von Bund und Ländern zu über 4.000 Fälle von Angriffen auf Beamte aus 1985 bis 2000 zur Verfügung, wobei die Analyse der verletzten Beamten auf einer realisierten Stichprobe von ca. 1.100[704] Beamten basierte.[705] Ziel des Forschungsprojekts war es in erster Linie, festzustellen, ob die tragischen Todesfälle Zeichen für eine allgemeine Entwicklung „amerikanischer Verhältnisse" sind. Ferner sollte deren Charakteristika beschrieben werden.[706] Die Studie, welche 2003[707] veröffentlicht wurde, zeigt, dass 2000 mit acht getöteten Polizisten in der Bundesrepublik Deutschland die Zahl – verglichen mit den Jahren 1996 bis 1999 – außergewöhnlich hoch war. Ähnlich hohe Werte gab es aber bereits 1993 und 1995.[708] Betrachtet man die Zahl der getöteten Polizisten über den Erhebungszeitraum, dann handelt es sich „bei der Tötung von Beamtinnen und Beamten infolge von Angriffen um ein äußerst seltenes Ereignis, das statistisch gesehen beinahe zufälligen Schwankungen zu unterliegen scheint."[709] Weiter wurden im Rahmen des wissenschaftlichen Forschungsprojekts Daten zu verletzten Polizisten ausgewertet. Vergleicht man die Zahl der Beamtinnen und Beamten, die nach Angriffen mehr als sieben Tage dienstunfähig waren, mit den Daten, welche in den siebziger und achtziger Jahren erhoben worden sind, dann lässt sich feststellen, dass von 1.1.1995 bis 15.7.2000 weniger Fälle vorlagen und die damaligen Höchstwerte nicht mehr erreicht worden sind.[710] Eine konstante Zunahme der Gewalt gegen Polizeibeamte lässt sich folglich auch nicht aus diesem wissenschaftlichen Forschungsprojekt belegen und so führte *Ohlemacher* in seinem Beitrag zur Gewalt gegen Polizeibeamte in der Bundesrepublik Deutschland von 1985 bis 2000 zutreffend aus:

> Generell kann [...] festgehalten werden, dass die „öffentliche Erregung" als Indikator der Mobilisierung der Zivilgesellschaft zumeist größer, weil dramatischer ist als die Kennziffern der tatsächlichen Lage: So wurde die Zahl der getöteten Beamten

---

704 Aus den 4.000 Fällen wurden in etwa 2.300 Beamte ausgewählt und schriftlich befragt. Über die Hälfte der befragten Beamten haben geantwortet, sodass für das Forschungsprojekt über 1.000 Fälle ausgewertet werden konnten (*Ohlemacher/Schacht u.a.* Gewalt gegen Polizeibeamte, S. 47 ff., 198); *Ohlemacher* in: Polizei, Gewalt und Staat, S. 191.

705 Eine Zusammenfassung des Forschungsprojekts gibt *Ohlemacher* in: Polizei, Gewalt und Staat, S. 188 f.

706 *Ohlemacher/Schacht u.a.* Gewalt gegen Polizeibeamte, S. 8.

707 Zur Studie des KFN aus dem Jahre 2010 vgl. S. 156 ff.

708 *Ohlemacher/Schacht u.a.* Gewalt gegen Polizeibeamte, S. 29, 197.

709 *Ohlemacher/Schacht u.a.* Gewalt gegen Polizeibeamte, S. 45.

710 *Ohlemacher/Schacht u.a.* Gewalt gegen Polizeibeamte, S. 35 f., 46, 197.

> im Jahr 2000 als zahlenmäßige Spitze einer Entwicklung von immer mehr Gewalt gegen Polizistinnen und Polizisten gesehen. Dies ist jedoch, dies zeigen die Zahlen der Getöteten, Verletzten und Angegriffenen, in dieser Eindeutigkeit nicht der Fall. Zivile Gesellschaften bleiben trotz aller inhärenter Rationalität eben doch „Erregungsgemeinschaften" [...]. Sie werden in ihren Aufmerksamkeitsregeln entscheidend bestimmt von Massenmedien – und damit notwendigerweise von „Nachrichtenwertfaktoren" wie Emotionalität, Personifizierbarkeit, Gewalt etc.[711]

Sowohl *Ohlemacher*, als auch die kriminologische Analyse über die Gewalt gegen Polizeibeamtinnen und -beamte von 1985 bis 2000 haben gezeigt, dass die Gewalt gegen Polizisten nicht kontinuierlich zugenommen hat. Insbesondere die Tötung infolge von Angriffen stellt auch weiterhin ein seltenes Ereignis dar. Insbesondere die tatsächliche Lage wird häufig dramatischer gestellt, als sie in Wirklichkeit ist. Dazu trägt entscheidend die massenmediale Darstellung von Gewalt bei. Die Studie des Kriminologischen Forschungsinstituts hat ferner gezeigt, dass überwiegend junge, männliche und alkoholisierte Personen Polizeibeamte vorwiegend spontan an öffentlichen Orten angreifen.[712]

6. Weitere Studien und Statistiken

Eine weitere Untersuchung zur Gewalt gegen Polizeibeamte stellt die Studie „Polizeibeamte als Opfer vorsätzlicher Tötung" dar, die mit Mitteln des BKA durchgeführt worden ist. Insgesamt wurden dabei 198 Verfahren vorsätzlicher und versuchter Tötungsdelikte an Polizeibeamten untersucht. Als Zeitraum wurden die Jahre von 1950 bis 1975 festgelegt.[713] Auch diese Studie ergab, dass die Täter aus der unteren Unterschicht stammen, überwiegend männlich und zwischen 18 und etwa 30 Jahren alt sind. Ferner sind die Täter vorwiegend erheblich vorbestraft.[714]

Eine Darstellung der Hamburger Polizei – die nur Polizeibediensteten durch polizeiliches Intranet zugänglich ist – zeigt, dass sowohl für die Jahre 2010 und 2011 weder eine quantitative, noch eine qualitative Zunahme der Gewalt im Polizeidienst zu verzeichnen ist, sich lediglich die Kontextbedingungen verändert haben.[715] *Behr* stellt hierbei klar, dass die Situationen, mit denen Polizisten tagtäglich konfrontiert werden, sie zum Teil verunsichern und infolgedessen einen Verlust an Respekt und Wertschätzung ausmachen würden. Dies führe seiner Ansicht nach dazu, dass sie subjektiv eine Zunahme der Gewalt empfinden. Zudem werden Polizisten nicht mehr so häufig aus den alltäglichen Beleidigungsgewohnheiten der Klienten herausgenommen, was vor allem für junge Polizisten, die in geordneten und gutbürgerlichen Verhältnissen aufgewachsen sind, nur sehr schwer zu verkraften sei.

---

711 *Ohlemacher* in: Polizei, Gewalt und Staat, S. 200.
712 Siehe hierzu die Zusammenfassung bei *Reuter* Polizei und Gewalt, S. 27.
713 *Sessar/Baumann/Müller* Studie zur Eigensicherung, S. 37 ff.
714 *Sessar/Baumann/Müller* Studie zur Eigensicherung, S. 57.
715 Bei *Behr* in: Gewalt und Gewalten, S. 78.

Diese Wahrnehmung führe dazu, dass solche Verhaltensweisen des polizeilichen Gegenübers als Steigerung der Gewalt interpretiert würden. Tatsächlich sei es nach alledem, was bislang zum Thema „Gewalt gegen Polizisten“ gesagt worden ist, so, dass nicht die Gewalt gestiegen, sondern lediglich die Kommunikationsform aggressiver geworden sei.[716]

Soweit von der Gewalt gegen Polizeibeamte die Rede ist, sollte der Projektbericht der Kriminologischen Forschungsgruppe der Bayerischen Polizei (KFG) erwähnt werden, welcher die Gewalt gegen Polizeibeamte in Bayern darstellt. Im Rahmen des Forschungsprojekts wurden verschiedene Daten herangezogen, um die Gewalt gegen Polizeibeamte in Bayern untersuchen zu können. Unter anderem wurden Daten der Bundes-PKS, Daten, welche von der Deutschen Hochschule der Polizei erhoben worden sind, Bevölkerungsdaten des Bayerischen Landesamtes für Statistik und Datenverarbeitung und unterschiedliche Auswertungen bayerischer Ministerien herangezogen.[717] Wurde der Widerstand gegen Vollstreckungsbeamte gemäß § 113 StGB mit einem anderen (versuchten oder vollendeten) Delikt mit höherer Strafandrohung verwirklicht, so erfasste die Bayerische Polizei in der Polizeilichen Kriminalstatistik von 1988 bis 2009 den Widerstand gegen Vollstreckungsbeamte. Seit 2010 ist nun das Delikt mit der höheren Strafdrohung zu melden, sodass ab diesem Zeitpunkt ein Vergleich mit den Vorjahren nicht mehr möglich ist.[718] Im Rahmen der Langzeitanalyse wurde unter anderem die Entwicklung der Tatverdächtigenzahlen für Bayern von 1998 bis 2009 dargestellt, wobei sich zwei Hochphasen erkennen lassen, nämlich von 1992 bis 1998 mit insgesamt 739 Tatverdächtigen und von 2003 bis 2008 mit 676 Tatverdächtigen. 2008 und 2009 sind die Zahlen leicht rückläufig.[719] Nachdem die Daten der PKS untersucht worden sind, wurden 300 Strafverfahrensakten[720] aus dem Jahre 2009, die als Anzeigen wegen Widerstands gegen Vollstreckungsbeamte von der bayerischen Polizei an die Justiz weitergeleitet worden sind, ausgewertet. Von den 300 Akten gingen 287 in den Datenbestand zur Aktenanalyse ein, wobei letztlich nur noch Polizeibeamte als Geschädigte enthalten

716 Zum Ganzen *Behr* in: Gewalt und Gewalten, S. 85.
717 *Elsner/Laumer* Gewalt gegen Polizeibeamte in Bayern, S. 15.
718 *Elsner/Laumer* Gewalt gegen Polizeibeamte in Bayern, S. 22 f.
719 Ausgewertet wurden alle an die PKS gemeldeten Fälle. Eingeschlossen ist die Bundespolizei (*Elsner/Laumer* Gewalt gegen Polizeibeamte in Bayern, S. 22 ff., 128); vgl. auch Strafverfolgungsstatistik Bayern („Abgeurteilte und Verurteilte“) bei *Elsner/Laumer* Gewalt gegen Polizeibeamte in Bayern, S. 42 ff. (Eine auf den Widerstand gegen Polizeibeamte bezogene Auswertung dieser Statistik ist nicht möglich, da unter den Begriff „Vollstreckungsbeamte“ auch Amtsträger oder Soldaten der Bundeswehr, die zur Vollstreckung von Gesetzen, Rechtsverordnungen, Urteilen, Gerichtsbeschlüssen oder Verfügungen berufen sind, fallen).
720 Ausgewählt mit einem Zufallsgenerator aus allen von der Polizei an die Staatsanwaltschaft abgegebenen 3.127 Fällen (*Elsner/Laumer* Gewalt gegen Polizeibeamte in Bayern, S. 47).

waren.[721] Dabei wurden unter anderem Anlass des Polizeieinsatzes, Tatorte und Tatörtlichkeiten der Widerstandshandlungen oder Gefährdungspotential der Widerstandshandlungen untersucht. Die Datenanalyse hinsichtlich dieser Faktoren ist zwar grundsätzlich interessant, insbesondere aber für den in dieser Arbeit vorliegenden Forschungsgegenstand ohne weitere Relevanz. Am Ende des Berichts wird konkret danach gefragt, ob die Gewalt gegen Polizeibeamte „immer mehr, immer schwerer"[722] wird oder ob dieser Eindruck lediglich von den Medien vermittelt wird. Für die Jahre 2010, 2011 und 2012 liegen Lagebilder zur Gewalt gegen Polizeibeamte in Bayern vor, die zeigen, dass diejenigen Straftaten, bei denen Polizeibeamte in Ausübung ihres Dienstes geschädigt worden sind, stagnieren. Bei den Straftaten Widerstand gegen Vollstreckungsbeamte – im Besonderen Widerstand gegen Polizeivollzugsbeamte –, Mord, Totschlag, Körperverletzung, gefährliche Körperverletzung, Nötigung, Bedrohung, Raub, Landfriedensbruch, Gefangenenbefreiung und gefährlicher Eingriff in den Straßenverkehr sind in Bayern für 2010 insgesamt 4.043 Delikte gegen Polizeibeamte ausgewiesen worden. Im Jahr 2011 waren es 4.153 und 2012 waren es 3.994 Delikte. Um einen Trend hinsichtlich einer Zunahme der Straftaten gegen Polizeibeamte erkennen zu können, reichen diese Zahlen aber bei Weitem nicht aus.[723] Der Projektbericht der Kriminologischen Forschungsgruppe der Bayerischen Polizei schließt mit dem Ergebnis, dass sich der medial vermittelte Eindruck, die Gewaltbereitschaft der Bevölkerung nehme immer mehr zu und die Straftaten werden immer schwerer mit den zugrunde liegenden Zahlen zumindest für Bayern nicht bestätigen lässt:

> Vollendete oder versuchte Tötungsdelikte gegen Polizeibeamte zeigen keinerlei Aufwärtstendenz in der Registrierung, das Risiko für Polizeibeamte durch einen Dienstunfall ums Leben zu kommen – [...] durch einen Rechtsbrecher oder einen sonstigen Unglücksfall – ist gegenwärtig auf Bundesebene wie auch in Bayern erheblich geringer als es noch in den 1990er-Jahren. [...] Widerstand gegen polizeiliche Maßnahmen mit Gewalt, der Drohung mit Gewalt oder einem tätlichen Angriff wird nur äußerst selten von nüchternen und „unbescholtenen" Bürgern ohne psychische Auffälligkeiten geleistet. Kommt es zu verbalen Auseinandersetzungen mit der Polizei, bleibt eine weitere Eskalation aus. Konflikte lassen sich mit nur wenigen Ausnahmen kommunikativ regeln. Angesichts von etwa 1,5 Millionen Polizeieinsätzen in Bayern pro Jahr und den extrem niedrigen Zahlen für Tätergruppen ohne Vorerkenntnisse kann daher von einer zunehmenden Gewaltbereitschaft in der breiten Bevölkerung Bayerns gegen die Polizei nicht ausgegangen werden.[724]

721 *Elsner/Laumer* Gewalt gegen Polizeibeamte in Bayern, S. 47 ff.
722 *Elsner/Laumer* Gewalt gegen Polizeibeamte in Bayern, S. 136.
723 *Elsner/Laumer* Gewalt gegen Polizeibeamte in Bayern, S. 137 f. m.w.N.
724 *Elsner/Laumer* Gewalt gegen Polizeibeamte in Bayern, S. 144 f.

7. Ergebnis

Eine Zusammenfassung aller dargelegten Untersuchungen zur Gewalt gegen Polizeibeamte zeigt, dass eine kontinuierlich steigende und brutaler werdende Gewalt nicht verzeichnet werden kann.

§ 2 Validität der Daten

> Diejenigen, die den besseren (gesetzlichen) Schutz der BeamtInnen fordern und ankündigen, täten gut daran, die dünne empirische Basis ihrer Behauptungen in Rechnung zu stellen und einstweilen von Kampagnen abzusehen, die in jeder „Widerstandshandlung" einen Angriff auf den Staat sehen.[725]

Statistiken wie die Studie des KFN aus dem Jahre 2010 geben immer wieder Anlass für hitzige Debatten um die Gewalt gegen Polizeibeamte, ohne dass jedoch die Aussagekraft solcher Statistiken ausführlich hinterfragt wird. Vor allem in den Medien werden statistische Daten oft auf (zu) kurze Zeitabschnitte umgerechnet. Dadurch kommt es zu einer Überdramatisierung der Gewalt gegen Polizisten, welche sich in den Köpfen der Bevölkerung festsetzt.

Statistiken wie die PKS kommen zwar als Messinstrument der Verbrechenswirklichkeit in Betracht,[726] können aber unmittelbar und mittelbar durch zahlreiche Faktoren beeinflusst werden, wodurch ihre Aussagekraft zum Teil erheblich beschränkt bzw. verzerrt wird.

I. Fehlerquellen beim Umgang mit Statistiken

Beim Umgang mit Statistiken muss man sich stets folgender Problematik bewusst sein: Die dargestellten Daten sind immer nur Annäherungen an die Wirklichkeit. Sie bilden die Realität nur unzulänglich ab,[727] sodass Statistiken zur Kriminalitätserfassung lediglich ein Bild der Kriminalität liefern können, hingegen kein Abbild.[728] Statistiken sind kein Produkt der Wirklichkeit, sondern allenfalls ein Konstrukt der Tätigkeit jener, welche die Daten erheben, präsentieren und interpretieren.[729] Daher liegt es nahe, dass zahlreiche Umstände den Aussagewert von Statistiken einschränken. Die wesentlichen Faktoren werden im Folgenden zusammengefasst.[730]

---

725 *Pütter/Neubert* Bürgerrechte & Polizei 2010, 21, 28.

726 *Hauf* Kriminalitätserfassung, S. 12.

727 *Aden* Polizeipolitik in Europa, S. 131.

728 *Hauf* Kriminalitätserfassung, S. 2 ff.; *Steffes-enn* Polizisten im Visier, S. 23; PKS kann kein Abbild der Sicherheitslage der Gesellschaft liefern (*Lehne* in: Innere Sicherheit als Gefahr, S. 122).

729 *Narr/Funk (u.a.)* Bürgerrechte & Polizei 1981, 158, 159.

730 Kurze Übersicht zu besonderen Schwierigkeiten bei Heranziehung der PKS gibt *Reuter* Polizei und Gewalt, S. 28 f.; zur Dunkelfeldproblematik und anderen Unwägbarkeiten: *Lehne* in: Innere Sicherheit als Gefahr, S. 113 ff.

1. *Hellfelderfassung*

Eine große Schwachstelle von Statistiken ist, dass regelmäßig nur das sog. *Hellfeld* erfasst wird. Das bedeutet, dass nur jene Delikte registriert werden, die tatsächlich zur Anzeige gekommen und bearbeitet worden sind.[731] Das Dunkelfeld, also die Kriminalität, die der Polizei nicht bekannt geworden ist, kann in den Statistiken indes nicht abgebildet werden.[732] Dies begrenzt die Aussagekraft von Statistiken erheblich, da Schätzungen zufolge das Dunkelfeld mindestens doppelt so groß ist wie das Hellfeld.[733] Hell- und dunkelfeld werden unter anderem vom Anzeigeverhalten der Bevölkerung beeinflusst, sodass auch hierin ein Verzerrungsfaktor gesehen werden muss, ohne dass sich jedoch der Umfang der Kriminalität tatsächlich verändert. Vor allem unter Versicherungsaspekten werden Anzeigen häufig erstattet. Bei anderen Delikten kann eine Anzeigeerstattung für das Opfer unangenehm sein, sodass die Anzeigebereitschaft in diesen Fällen niedrig ist.[734] Bei Widerstandshandlungen dürfte das Dunkelfeld jedoch sehr gering sein, da die Geschädigten als Polizeibeamte verpflichtet sind, zur Kenntnis gelangte Straftaten anzuzeigen.[735] Auch hier gibt es jedoch einen Interpretationsspielraum, da einige Beamten eine höhere Toleranzgrenze haben als andere, Widerstandshandlungen mit einer Gleichgültigkeit gegenübertreten und folglich keine Anzeige erstatten. Statistiken können daher stark vom Anzeigeverhalten des Polizeibeamten abhängen. Dem Polizeibeamten als Opfer obliegt es, zu entscheiden, ob er eine Handlung des Bürgers als Straftat einstuft und zur Anzeige bringt.[736] Auch *Singelnstein* und *Puschke* sprechen von einer fließenden Grenze des Widerstandsleistens. So entscheidet der Polizist bei Widerstandsanzeigen über die Relation zwischen Hell- und Dunkelfeld (mit),[737] denn nur, wenn ein Polizist das Verhalten des Bürgers als Straftat ansieht, wird ein Ermittlungsverfahren eingeleitet und es erfolgt eine Registrierung in der PKS.

Da im 4. Kapitel die Thematik der unrechtmäßigen Gewaltanwendung durch Polizeibeamte (sog. *Polizeigewalt*) behandelt wird, sollen an dieser Stelle bereits die Faktoren genannt werden, welche vor allem die Bereitschaft der Bevölkerung einen

---

731 Staatsanwaltschaften sind zu einer PKS-Datenerfassung nicht verpflichtet (*Jaeger* in: Kriminalistik 2014, 103); *Ehresmann* Straftaten gegen Polizeibeamte, S. 100; *Ellrich/Baier/Pfeiffer* Polizeibeamte als Opfer von Gewalt, S. 13.

732 *Hauf* Kriminalitätserfassung, S. 3, 16.

733 Vgl. *Aden* Polizeipolitik in Europa, S. 132.

734 *Hauf* Kriminalitätserfassung, S. 7, 11; *Lehne* in: Innere Sicherheit als Gefahr, S. 114.

735 *Ellrich/Baier/Pfeiffer* Polizeibeamte als Opfer von Gewalt, S. 13 f.; *Jäger* Gewalt und Polizei, S. 153; vgl. hierzu umfassend auch *Ehresmann* Straftaten gegen Polizeibeamte, S. 101 ff.

736 So auch *Falk* Widerstand gegen Vollstreckungsbeamte, S. 42; „*Definitionsmacht der Polizei*“ (*Ehresmann* Straftaten gegen Polizeibeamte, S. 107); *ders.* S. 109 ff. (Faktoren, welche die Toleranzgrenze beeinflussen können); *Puschke* NK 2014, 28, 31.

737 PKS spiegelt lediglich das polizeiliche Registrierungsverhalten wieder. Daher kann ein Anstieg der Ermittlungsverfahren auch auf eine Aufhellung des Dunkelfeldes zurückgeführt werden (*Singelnstein/Puschke* NJW 2011, 3473, 3476).

polizeilichen Übergriff zur Anzeige zu bringen, wesentlich beeinflussen können:[738] Zum einen muss der Bürger das polizeiliche (Fehl-)Verhalten als unrechtmäßige Gewaltanwendung einordnen können. Dies ist mit praktischen Schwierigkeiten verbunden, da die Grenze zwischen rechtmäßiger und rechtswidriger Gewalt oftmals fließend ist.[739] Zum anderen sind auch rechtliche Schwierigkeiten nicht von der Hand zu weisen, da die Einordnung rechtswidriger Polizeigewalt präzise rechtliche Kenntnisse über die jeweiligen Befugnisse der Polizei voraussetzt. Ferner kann ein Anzeigeerstatten mit „Unbequemlichkeiten" verbunden sein. Der Anzeigeerstatter muss daher gewillt sein, diese in Kauf zu nehmen. Es kann davon ausgegangen werden, dass eine Inkaufnahme der Unbequemlichkeiten nur dann erfolgt, wenn der Anzeigeerstatter ausreichend Vertrauen in die Effektivität und Objektivität der beauftragten Behörden hat. Fehlt es bereits an dem erforderlichen Vertrauen, wird das Opfer eher von einer Anzeige Abstand nehmen.

2. *Registrierverhalten*

Die Aussagekraft der PKS unterliegt besonderen Beschränkungen, vor allem dann, wenn es um Delikte geht, bei denen Polizeibeamte sowohl Opfer der Straftat, als auch für deren Registrierung und Verfolgung zuständig sind.[740]

Die Daten für die PKS beruhen unter anderem auf dem Registrierverhalten der Polizeidienststellen, die für den jeweiligen Tatort zuständig sind. Dabei hängt die Einordnung des Geschehens von den Kenntnissen der Polizeibeamten hinsichtlich der anzuwendenden Rechtsvorschriften ab. Aufgrund dessen, dass meist nur rechtliche Grundkenntnisse vorhanden sind, können sich bei der Bewertung durchaus Subsumtionsfehler einschleichen.[741] Die rechtliche Würdigung kann zudem fehlerhaft sein, da sie oft innerhalb kurzer Zeit erfolgt bzw. erfolgen muss. Auch Stresssituationen können zu einer fehlerhaften rechtlichen Würdigung des Geschehens beitragen.[742] Unabhängig von der rechtlichen Einordnung des Geschehens erfolgt eine Registrierung nicht immer zuverlässig, da trotz bestehender Richtlinien ein gewisser Beurteilungsspielraum besteht.[743] Da die PKS eine sog. *Ausgangsstatistik* ist, werden in ihr nur die der Polizei bekannt gewordenen und durch sie endbearbeiteten Straftaten abgebildet. Eine statistische Erfassung erfolgt erst bei der Abgabe an die Staatsanwaltschaft.[744] Verfälscht wird die PKS zudem dadurch, dass die späteren Beurteilungen durch Staatsanwaltschaft oder Gericht außer Betracht

---

738 Siehe hierzu: *Narr/Funk (u.a.)* Bürgerrechte & Polizei 1981, 158, 160.
739 *Singelnstein* MschrKrim 2003, 1, 13.
740 *Puschke* NK 2014, 28, 31.
741 *Aden* Polizeipolitik in Europa, S. 133 (so werden z.B. in Frankreich Fälle registriert, die später eingestellt werden); PKS BKA, 2013, S. 3; *Hauf* Kriminalitätserfassung, S. 165.
742 *Ehresmann* Straftaten gegen Polizeibeamte, S. 107 f.
743 *Eisenberg* Kriminologie § 17 Rn. 22.
744 Vgl. hierzu z.B. PKS BKA, 2012, S. 2, 3.

bleiben. Die abschließende Beurteilung führt nicht zu einer Korrektur der kriminalpolitischen Registrierung.[745] Die Nichtberücksichtigung der späteren Entwicklung führt zu einer erheblichen Verzerrung der Statistik, da von ihr beispielsweise auch Taten Strafunmündiger gezählt werden, Freisprüche oder eine Änderung des Strafrechts außer Betracht bleiben.[746] Außerdem finden solche Taten Eingang in die Statistik, die den Tatbestand objektiv gar nicht erfüllen, da für eine Erfassung bereits eine hinreichende Konkretisierung des Sachverhalts ausreichend ist.[747] Auch ist die rechtliche Beurteilung durch die Polizei nicht bindend. Entscheidend ist vielmehr die abschließende Beurteilung durch das Gericht.

Der PKS als Ausgangsstatistik haftet noch ein weiterer Nachteil an, nämlich die zeitliche Ungenauigkeit der Erfassung. Da Straftaten nicht zum tatsächlichen Tatzeitpunk erfasst werden, sondern erst bei Abgabe an die Staatsanwaltschaft, können sich zwischen dem Tatzeitpunkt und der Abgabe zum Teil erhebliche zeitliche Verschiebungen ergeben. Zeitliche Verzögerungen sollten daher bei einer Interpretation der Daten der einzelnen Jahre bedacht werden. Insbesondere zum Delikt „Widerstand gegen Vollstreckungsbeamte“ führt *Ehresmann* entsprechend aus:

> Es ist davon auszugehen, dass sich auch dieser Nachteil in besonderer Weise beim Widerstand gegen Vollstreckungsbeamte auswirkt und den Vergleich einzelner Jahre verzerrt, gerade wenn viele Taten an einem Tag bei [...] öffentlichen Großereignissen begangen werden wie beispielsweise Demonstrationen, Fußballspielen oder der Münchener Sicherheitskonferenz. [...] Die Abarbeitung dieser Vorfälle dürfte dann deutlich längere Zeit in Anspruch nehmen. Hinzu kommt noch, dass mit solchen Fällen häufig Gegenanzeigen gegen den Polizeibeamten einhergehen und damit mögliche dienstrechtliche Konsequenzen, so dass in mehrfacher Hinsicht eine Aufklärung erforderlich ist. Ein exakter Vergleich der einzelnen Jahre ist daher nicht möglich.[748]

Abschließend ist auf die beschränkte Erfassung bei Tateinheit hinzuweisen: Liegt bei einer Handlung Tateinheit vor, so wird nur dasjenige Delikt erfasst, für das nach Art und Maß schwerste Strafe angedroht ist. Bei Tatmehrheit wird hingegen jede Handlung als ein Fall gezählt.[749] Liegt also ein Verhalten vor, welches den Tatbestand des Widerstands gegen Vollstreckungsbeamte erfüllt, dann erfolgt eine Registrierung nach dem entsprechenden Schlüssel in der PKS nur, wenn entweder keine weitere Handlung vorliegt oder eine Handlung gegeben ist, die unter der Schwelle des Widerstands gegen Vollstreckungsbeamte liegt. Werden daher neben

745 *Eisenberg* Kriminologie § 17 Rn. 22; *Lehne* in: Innere Sicherheit als Gefahr, S. 115 (Fälle, die von der Polizei als Mord eingestuft werden, werden häufig als minderschwere Taten wie Totschlag oder Körperverletzung mit Todesfolge angeklagt).

746 *Eisenberg* Kriminologie § 17 Rn. 22; PKS BKA, 2013, S. 3.

747 *Ehresmann* Straftaten gegen Polizeibeamte, S. 98 f.

748 *Ehresmann* Straftaten gegen Polizeibeamte, S. 113 f.

749 *Eisenberg* Kriminologie § 17 Rn. 27 f.; PKS BKA 2010, S. 22; *Ehresmann* Straftaten gegen Polizeibeamte, S. 95 f.; Probleme, wenn konkurrierende Tatbestände betroffen sind (*Hauf* Kriminalitätserfassung, S. 15).

dem Widerstand gegen Vollstreckungsbeamte auch Körperverletzungsdelikte nach §§ 223 ff. StGB erfüllt, stellen diese das schwerere Delikt dar und eine diesbezüglich Registrierung erfolgt. Werden in der PKS also Widerstandsdelikte gegen Vollstreckungsbeamte registriert, muss stets beachtet werden, dass diese Zahlen nur die „Fallzahlen am unteren Rand der Schwereskala" abbilden.[750]

3. Veranlassung des polizeilichen Opfers zur Tatbegehung

Die PKS bezieht nicht das Verhalten des Opfers ein. Dies kann zum Problem werden, wenn Straftaten gegen Polizisten verübt werden.

Die PKS lässt bislang keine Rückschlüsse auf eine mögliche Veranlassung zur Tatbegehung durch das polizeiliche Opfer zu. Dieser Umstand hat zur Folge, dass sich nicht ermitteln lässt, ob beispielsweise das Opfer den Täter im Vorfeld provoziert hat oder auf andere Art und Weise zur Tatbegehung beigetragen hat. Vermehrt nutzen Polizisten – so *Reuter* – ihre „Machtstellung" aus und zeigen Dominanz bei Polizeieinsätzen.[751] Im Alltagshandeln der Polizisten dominiert für viele immer noch die „Idee des herrschaftsunterworfenen Bürgers".[752] Nicht selten zelebrieren Polizisten die eigene Überlegenheit und stellen bewusst die Unterlegenheit und Handlungsunfähigkeit des polizeilichen Gegenübers zur Schau.[753] Die Registrierung einer Veranlassung zur Tatbegehung durch das polizeiliche Opfer wäre daher nicht nur gerechtfertigt, sondern notwendig, da Polizeigewalt, auf welche das polizeiliche Gegenüber lediglich reagiert und nicht agiert, gerade kein Einzelfallphänomen ist.[754] Sollten Bürger erst infolge von Provokationen, Pöbeleien und dem zur Schau stellen von Macht durch die Polizei gewalttätig werden, müsste dieser Umstand in der PKS kenntlich gemacht werden. Dadurch könnte gezeigt werden, dass sich Bürger der Polizei gegenüber im Grunde ruhig und friedlich verhalten und ihr mit dem nötigen Respekt begegnen. Erst Provokationen und das Zeigen der überlegenen Stellung seitens der Polizisten führen zu gewalttätigem Verhalten. Problematisch an der Registrierung einer Mitwirkung des polizeilichen Opfers ist jedoch, dass Provokationen durch die Polizei in der Regel nur sehr schwer nachzuweisen sind.[755] Zum Teil wird die Glaubwürdigkeit von Polizisten aufgrund ihrer beruflichen Stellung höher

---

750 *Ehresmann* Straftaten gegen Polizeibeamte, S. 96.

751 *Reuter* Polizei und Gewalt, S. 84 f.

752 *Behr* in: Gewalt und Gewalten, S. 71; *Braun/Albrecht* DÖV 2015, 937, 939.

753 So auch bei *Behr* Cop Culture, S. 170.

754 Polizeiliche Rechtsübertretungen treten vermehrt auf: *Drescher* Polizisten außer Kontrolle?, S. 14; *Behr* in: Organisation mit Gewaltlizenz, S. 221; *Bosch* in: Grundrechte-Report 2016, S. 75.

755 Ebenfalls *Ehresmann* fordert die Einbeziehung des Verhaltens der Polizeibeamten, um auf diese Weise aussagekräftige Statistiken zu erhalten (*Ehresmann* Straftaten gegen Polizeibeamte, S. 158).

eingeschätzt, als die anderer Personen.[756] Zusätzlich greift in Fällen der bewussten Provokation durch die Polizei die sog. *Cop Culture*, welche dazu führt, dass Polizisten nicht gegen ihre eigene Kollegen aussagen, sowie Provokationen und Pöbeleien decken bzw. beschönigen.

Obwohl die Registrierung einer Mitwirkung bzw. Veranlassung des polizeilichen Opfers zur Tatbegehung in der PKS geboten scheint, wird eine Durchsetzung durch die Cop Culture verhindert werden. Auch technische Hilfsmittel wie der Einsatz einer Bodycam werden die Cop Culture nicht beseitigen können, da Bodycams bislang lediglich selektiv bei Bedarf und nach eigenem Ermessen des filmenden Polizisten eingeschaltet werden. Da Fehler innerhalb des Polizeiapparats nicht geschehen sollen, werden Polizisten eigenes unangemessenes Verhalten regelmäßig nicht aufzeichnen.

4. Medien als Gefahrenquelle und Überblick über weitere Verzerrungsfaktoren

Die Aussagekraft von Kriminalitätsstatistiken kann nicht nur mittelbar begrenzt werden. Auch eine unmittelbare Begrenzung durch Selbstdarstellungen und Beschönigungen ist möglich.[757]

Nicht nur Kriminalitätsstatistiken vermitteln ein zum Teil verfälschtes Bild der Kriminalitätsentwicklung. Auch die sensationsorientierten Medien stellen bei der Diskussion um die Gewalt gegen Polizeibeamte eine Gefahrenquelle dar. Vor allem bei Fußballspielen oder Demonstrationen wird das gewalttätige Verhalten von Polizisten häufig gefilmt oder fotografiert. Nicht selten taucht das Material dann in den Medien auf. Nach *Hunecke* wird seit den 1990er Jahren das polizeiliche Handeln intensiv medial beobachtet. Führen Konfrontationen zu Eskalationen, dann werden diese zu Skandalen aufgeputscht.[758] Durch selektives Darstellen der Polizeigewalt wird ein negatives Bild von der Polizei projiziert, welches sich in den Köpfen der Gesellschaft festsetzt.[759] Oftmals wird der Gewaltbegriff nur als Aufhänger für eine Berichterstattung benutzt, ohne dass tatsächlich eine klar definierte Gewalt vorliegt. Wer das Gewalt-Vokabular benutzt, der kann bestimmte Situationen besser skandalisieren und wird in der Gesellschaft gehört.[760] Das voyeuristische Interesse der Zuschauer wird geweckt, da mit dem Einsatz von Bildern nachhaltige Wirkungen beim Leser bzw. beim Zuschauer erzeugt werden können. Da es Medien – wie allen Wirtschaftsunternehmen – um den Gewinn geht, interessiert sie es nicht, dass tatsächlich keine Gewalt vorliegt. Die voreilige Benutzung des Gewaltbegriffs führt zwangsläufig dazu, dass es zu einer Überdramatisierung des Themas „Gewalt

---

756 Vgl. nur *Manzoni* Gewalt zwischen Polizei und Bevölkerung, S. 67 f.; *Gössner/Herzog* Im Schatten des Rechts, S. 271; *Uildriks* KrimJ 4. Beiheft 1992, 136, 137.

757 *Hauf* Kriminalitätserfassung, S. 164.

758 *Hunecke* KritV 2014, 267, 268.

759 Vgl. *Thinnes* Kennzeichnungspflicht, S. 110.

760 Vgl. auch *Hunecke* KritV 2014, 267, 272.

gegen Polizeibeamte“ kommt, obwohl klar sein müsste, dass „Gewalt“ im Grunde nichts beschreibt, sondern nur ein Etikett ist. Es fungiert lediglich als „Verdichtungssymbol“.[761]

Auch die polizeiliche Kontrollintensität hat Einfluss auf die Aussagekraft von Gewaltstatistiken, da die von Polizisten wahrgenommene Kriminalität eher in die Statistiken einfließen wird, also solche, die nicht unmittelbar wahrgenommen worden ist.[762]

Ferner ist eine Vergleichbarkeit von Statistiken über mehrere Jahre hinweg kritisch zu beurteilen, da sich das Strafrecht und die Straftatbestände zum Teil (erheblich) verändert haben. Aus diesem Grund sind auch internationale Vergleiche nur begrenzt möglich.

Wie bereits im Rahmen der Statistik des KFN – dort unter dem Blickwinkel der einmaligen Erhebung – angesprochen worden ist, kann sich das Erinnerungsvermögen der Opfer ebenfalls auf die Aussagekraft von Statistiken auswirken. An weit zurückliegende Kriminalitätserfahrungen können sich die Opfer nicht mehr im Detail erinnern, sodass es zu einer Verzerrung der Kriminalitätsstatistik in zeitlicher Hinsicht kommen kann. Außerdem kann es aufgrund von Erinnerungslücken zu unvollständigen Erfassungen kommen.[763]

II. Ergebnis

Es kann zunächst nicht in Zweifel gezogen werden, dass einige Statistiken existieren, die eine (stetige) Zunahme der Gewalt gegenüber Polizeibeamten ausweisen. Das Zahlenmaterial der Untersuchungen darf aber keinesfalls ohne weiteres, kritisches Hinterfragen übernommen werden. Betrachtet man Statistiken und Darstellungen bezüglich der Gewalt gegenüber Polizisten genauer, dann lässt sich erkennen, dass diese häufig nicht geeignet sind, eine Zunahme der körperlichen Angriffe gegenüber Polizisten zu bestätigen, weil sie von zahlreichen Faktoren beeinflusst werden und folglich nur als Indizien dienen. Keinesfalls aber können sie einen Beweis für eine Zunahme der Gewalt liefern.[764] Ferner wäre es mangels repräsentativer, langfristiger Studien verfrüht, von einem konstanten Anstieg der körperlichen Gewalt zu sprechen. Das Zahlenmaterial, welches angesichts der vermeintlichen Zunahme der körperlichen Angriffe herangezogen und in den Medien dargestellt wird, wird von der breiten Masse, ohne hinterfragt zu werden, aufgenommen und weiterverbreitet. Daher ist es kaum verwunderlich, dass sich das Gerücht der stetigen Zunahme der Straftaten gegen Polizeibeamte hartnäckig hält. Es reicht nicht, auf die Zahlen aus PKS oder der KFN zu verweisen. Stattdessen müssen diese Zahlen kritisch

---

761 *Cremer-Schäfer* KrimJ 1992, 24; so auch *Behr* bei http://www.zeit.de/2011/44/P-Polizei/seite-2 (Stand: Dezember 2016).

762 PKS BKA, 2013, S. 3; *Aden* Polizeipolitik in Europa, S. 132; *Pütter* Bürgerrechte & Polizei 2010, 3, 8 f.

763 Vgl. *Hauf* Kriminalitätserfassung, S. 11.

764 So auch *Ehresmann* Straftaten gegen Polizeibeamte, S. 142.

hinterfragt werden, indem auf jene Faktoren, welche diese Statistiken beeinflussen, ausdrücklich hingewiesen wird. Nur wenn diese Faktoren in die Auswertung miteinbezogen werden, kann zwar immer noch kein Abbild, zumindest aber ein Bild der wahren Kriminalität gegenüber Polizisten dargestellt werden. Des Weiteren ist es erforderlich, mehrere Statistiken heranzuziehen und zu vergleichen. Nur so kann gewährleistet werden, dass eine Annäherung an die Wirklichkeit erreicht werden kann.

§ 3 Strafrechtliche Konsequenzen infolge angeblicher Zunahme der Straftaten gegen Polizeibeamte

Im nachfolgenden Teil sollen geforderte strafrechtliche Änderungen, welche aus der angeblichen Zunahme der Straftaten gegen Polizeibeamte resultieren, erläutert und hinterfragt werden. Insbesondere das 44. StrÄndG, der Gesetzantrag des Landes Hessen v. 14.4.2015 (Entwurf eines ... Gesetzes zur Änderung des Strafgesetzbuches – Tätlicher Angriff auf Polizeibeamte und andere Einsatzkräfte),[765] sowie der Gesetzantrag des Saarlandes v. 28.4.2015 (Entwurf eines ... Gesetzes zur Änderung des Strafgesetzbuches)[766] sollen einer kritischen Bewertung unterzogen werden.

I. 44. Strafrechtsänderungsgesetz

Die vermutete Zunahme der Gewalt[767] gegen Polizeibeamte[768] und diesbezügliche, angebliche Strafbarkeitslücken[769] haben unter anderem dazu beigetragen, dass es im Jahr 2011 zu einer Änderung des Strafrechts gekommen ist. Zum 5.11.2011 ist das 44. Gesetz zur Änderung des Strafgesetzbuchs vom 1.11.2011 in Kraft getreten.[770]

Nach der Gesetzesbegründung sind insbesondere Polizeibeamte der Gefahr ausgesetzt, Opfer eines Angriffs auf Leib, Leben oder Gesundheit zu werden.[771]

---

765 BR-Drs. 165/15 v. 14.4.2015.

766 BR-Drs. 187/15 v. 28.4.2015.

767 NK-StGB/*Paeffgen* § 113 Rn. 1; deutlicher Anstieg der Widerstandshandlungen? (*Zopfs* GA 2012, 259, 261 f.).

768 Opfer von Straftaten nach § 113 StGB sind – unabhängig von einem vermuteten oder tatsächlichen Anstieg der Gewalt gegen Polizeibeamte – in der Regel Polizeivollzugsbeamte (*Zöller* ZIS 2015, 445, 449).

769 In der Beschlussempfehlung und im Bericht des Rechtsausschusses betonte die Fraktion Bündnis 90/Die Grünen, dass ein praktisches Bedürfnis für den Gesetzentwurf nicht erkennbar sei; Strafbarkeitslücken bestünden nicht (BT-Drs. 17/6505 v. 6.7.2011, S. 4).

770 BGBl. 2011 I, S. 2130; umfangreiche Darstellung zur gesetzlichen Regelung bis zum 5.11.2011 bei *Ehresmann* Straftaten gegen Polizeibeamte, S. 29 ff.

771 BT-Drs. 17/4143 v. 8.12.2010, S. 6 (aus der Gesetzesbegründung kann man leichte Zweifel an einem Anstieg der Gewalttaten erkennen, zumal der Gesetzgeber auch davon spricht, dass die Hemmschwelle, Gewalt einzusetzen, *scheinbar* sinkt).

Amtswalter sollen durch die Änderung des Strafgesetzes und der daraus resultierenden Änderung von § 113 StGB besonders geschützt werden, da die Gewalt, die ihnen gegenüber ausgeübt wird, stets zunehme.[772] Die Änderung des Strafrechts führte zu einer Entschärfung des Verhältnisses von § 113 StGB und § 240 StGB: Die Höchststrafandrohung des § 113 StGB wurde von zwei auf drei Jahre erhöht. Damit fand eine Angleichung an die Strafandrohung des § 240 StGB statt.[773] Mit der Erhöhung des Strafrahmens wollte man auf die vermeintliche Zunahme der Gewalt gegenüber Polizeibeamten reagieren und sie auf diese Weise besser schützen. Durch eine höhere Strafrahmenandrohung erhoffte man sich insbesondere einen Abschreckungseffekt für potentielle Straftäter.[774] Außerdem wurde § 113 Abs. 2 StGB um das Beisichführen von gefährlichen Werkzeugen erweitert.[775] Der Gesetzgeber hat mit dieser Erweiterung auf ein Urteil des BVerfG reagiert,[776] wonach ein Personenkraftwagen vom möglichen Wortsinn des Begriffs der Waffe in § 113 Abs. 2 S. 2 Nr. 1 StGB a.F. nicht mehr umfasst war.

Der Straftatbestand Widerstand gegen Vollstreckungsbeamte nach § 113 StGB lautet in seiner geltenden Fassung v. 5.11.2011 wie folgt:

> (1) Wer einem Amtsträger oder Soldaten der Bundeswehr, der zur Vollstreckung von Gesetzen, Rechtsverordnungen, Urteilen, Gerichtsbeschlüssen oder Verfügungen berufen ist, bei der Vornahme einer solchen Diensthandlung mit Gewalt oder durch Drohung mit Gewalt Widerstand leistet oder ihn dabei tätlich angreift, wird mit Freiheitsstrafe bis zu *drei Jahren* oder mit Geldstrafe bestraft.
>
> (2) [1]In besonders schweren Fällen ist die Strafe Freiheitsstrafe von sechs Monaten bis zu fünf Jahren. [2]Ein besonders schwerer Fall liegt in der Regel vor, wenn
>
> 1. der Täter oder ein anderer Beteiligter eine Waffe *oder ein anderes gefährliches Werkzeug* bei sich führt, um diese oder dieses bei der Tat zu verwenden, oder
>
> 2. der Täter durch eine Gewalttätigkeit den Angegriffenen in die Gefahr des Todes oder einer schweren Gesundheitsschädigung bringt.
>
> (3) [1]Die Tat ist nicht nach dieser Vorschrift strafbar, wenn die Diensthandlung nicht rechtmäßig ist. [2]Dies gilt auch dann, wenn der Täter irrig annimmt, die Diensthandlung sei rechtmäßig.
>
> (4) [1]Nimmt der Täter bei Begehung der Tat irrig an, die Diensthandlung sei nicht rechtmäßig, und konnte er den Irrtum vermeiden, so kann das Gericht die Strafe nach seinem Ermessen mildern (§ 49 Abs. 2) oder bei geringer Schuld von einer Bestrafung nach dieser Vorschrift absehen. [2]Konnte der Täter den Irrtum nicht vermeiden und war ihm nach den

---

772 BT-Drs. 17/4143 v. 8.12.2010, S. 6.
773 BeckOK-StGB/*Dallmeyer* § 113 Rn. 2.
774 *Ehresmann* Straftaten gegen Polizeibeamte, S. 264.
775 NK-StGB/*Paeffgen* § 113 Rn. 1.
776 BVerfG, Beschl. vom 1.9.2008 – 2 BvR 2238/07 = NJW 2008, 3627.

ihm bekannten Umständen auch nicht zuzumuten, sich mit Rechtsbehelfen gegen die vermeintlich rechtswidrige Diensthandlung zu wehren, so ist die Tat nicht nach dieser Vorschrift strafbar; war ihm dies zuzumuten, so kann das Gericht die Strafe nach seinem Ermessen mildern (§ 49 Abs. 2) oder von einer Bestrafung nach dieser Vorschrift absehen.

1. Effektivität der Gesetzesänderungen im Rahmen des 44. StrÄndG unter dem Blickwinkel der vermuteten Zunahme von Straftaten gegen Polizeibeamte

> Der in den Entwürfen und den Beratungen mehr oder minder unverhohlen zum Ausdruck kommende Wunsch nach einer Solidaritätsbekundung zugunsten der betroffenen Beamten läuft auf ein rein symbolisches Strafrecht hinaus, bei dem eine Strafbarkeitserweiterung auf eine eher diffus begründete Kriminalitätssteigerung zurückgeführt wird, der dann mit praktisch untauglichen, vordergründig aber wirkungsvollen strafrechtlichen Instrumentarien begegnet wird.[777]

Nachstehend ist darzustellen, dass die Aussage von *Zopfs* zum 44. StrÄndG zutreffend ist.

Wenn man Amtsträger (§ 11 Abs. 1 Nr. 2 StGB) oder Soldaten der Bundeswehr, die zur Vollstreckung von Gesetzen, Rechtsverordnungen, Urteilen, Gerichtsbeschlüssen oder Verfügungen berufen sind, besonders schützen will, dann stellt sich die Frage, auf welche Weise ein besonderer Schutz dieser Personen gerade durch die Vorschrift des § 113 StGB gewährleistet werden kann. Bevor jedoch die derzeit geltende Fassung des § 113 StGB kritisch betrachtet wird, muss bereits an dieser Stelle hervorgehoben werden, dass ein Handlungsbedarf lediglich auf die Zahlen der PKS zwischen 1999 und 2008 gestützt worden ist, nach welcher der Widerstand gegen die Staatsgewalt um 30,74 % angestiegen sei.[778] Wie erläutert, ist die PKS, insbesondere die Registrierung der Delikte wegen Widerstands gegen die Staatsgewalt jedoch nicht geeignet, eine Zunahme der körperlichen Gewalt gegen Polizeibeamte belegen zu können. Daher ist es durchaus fraglich, ob eine Gesetzesänderung zum besonderen Schutz von Polizeibeamten erforderlich gewesen ist.[779] Da die PKS zahlreiche Schwachstellen aufweist und ihre Aussagekraft beschränkt ist, mithin die daraus abgeleiteten Zahlen schwerlich zur Begründung des § 113 StGB herangezogen werden können, ist eine diesbezüglich fehlende Sorgfalt durchaus beunruhigend.[780]

777 *Zopfs* GA 2012, 259, 266.

778 BT-Drs. 17/4143 v. 8.12.2010; dies bemängeln auch die Strafverteidigervereinigungen (Stellungnahme der Strafverteidigervereinigungen zum Referentenentwurf für ein Gesetz zur Änderung des Strafgesetzbuches „Widerstand gegen Vollstreckungsbeamte" v. 20.9.2010, S. 1).

779 So auch bei *Ehresmann* Straftaten gegen Polizeibeamte, S. 158.

780 *Zopfs* GA 2012, 259.

a) Ausreichender Schutz durch bestehende Strafvorschriften

Warum für einen besonderen Schutz der Amtswalter die Vorschrift des § 113 StGB erforderlich ist, ist nicht nachvollziehbar, da der angestrebte Schutz bereits durch die bestehenden Vorschriften gewährleistet werden kann, namentlich durch §§ 223 ff. StGB, §§ 211 ff. StGB, §§ 185 ff. StGB sowie durch § 240 StGB. Handlungen, die allein zu einer Bestrafung nach § 113 StGB führen, können daher nur solche sein, die gerade keine Verletzung des Amtswalters zur Folge haben.[781] Der zentrale Unterschied zu den Körperverletzungsdelikten nach §§ 223 ff. StGB liegt darin, dass bei einem tätlichen Angriff im Sinne des § 113 Abs. 1 Alt. 2 StGB ein Körperverletzungserfolg oder ein Vorsatz gerade nicht erforderlich ist,[782] sodass darunter Handlungen wie Drängeln, Schubsen, Stoßen, Reißen, Ziehen und Festhalten subsumiert werden können. Diese Angriffsformen machen einen großen Teil der verübten Angriffe auf Polizeibeamte aus.[783] Folglich wird die Anhebung der Strafobergrenze auch in Zukunft keine praktische Bedeutung haben, weil schwerere Delikte bereits von anderen Straftatbeständen mit höheren Strafandrohungen erfasst werden. Da Handlungen, bei denen § 113 StGB einschlägig ist, leichterer Natur sind und der untere Bereich des Strafrahmens greift, kann der Einführung der neuen Strafobergrenze daher allenfalls – so *Singelnstein* und *Puschke* – eine symbolische Funktion zukommen.[784] Die Fraktion der SPD machte bereits in ihrer Schlussempfehlung von dem Begriff der „symbolischen Gesetzgebung“ Gebrauch. Dies vor allem deshalb, weil eine Verschärfung des Strafrechts von Vollzugsbeamten gerade nicht gefordert werde. Vielmehr erhoffen sich diese eine stringente Verfolgung von Straftätern. Insbesondere die bereits bestehenden Strafmechanismen sollen zur Gänze ausgeschöpft werden.[785]

Auch *Ehresmann* stellt sich die Frage, ob der Ruf nach schärferen Gesetzen berechtigt war oder ob darin nur eine symbolische Handlung bzw. ein solidarischer Akt zu Gunsten der Polizei gesehen werden muss.[786] Nach seinem Dafürhalten werde durch das StrÄndG ein verbesserter Schutz von Polizeibeamten lediglich suggeriert. Der Tatbestand „Widerstand gegen Vollstreckungsbeamte“ gemäß § 113 StGB sei bei der hier in Frage stehenden Gewalt gegen Polizeibeamte nur teilweise einschlägig. Vielmehr werde die kritische Gewalt gegen Polizisten, nämlich die Angriffe ohne Anlass – unabhängig von etwaigen Vollstreckungssituationen – von

781 *Puschke* NK 2014, 28, 29 f.

782 Umfassend zu „Widerstand gegen Vollstreckungsbeamte“: *Ehresmann* Straftaten gegen Polizeibeamte, S. 161 ff.; MüKo-StGB/*Bosch* § 113 Rn. 24; NK-StGB/*Paeffgen* § 113 Rn. 31.

783 Vgl. NRW-Studie, S. 77 (Drängeln, Schubsen und Stoßen machen 75,8 % der tätlichen Angriffsformen aus. Reißen, Ziehen und Festhalten machen einen Prozentsatz von 37,4 % aller verübten tätlichen Angriffsformen aus).

784 *Singelnstein/Puschke* NJW 2011, 3473, 3477; *Zopfs* GA 2012, 259, 263 („*deutliches Zeichen gegen die zunehmende Gewalt gegenüber Polizeibeamten*“).

785 BT-Drs. 17/6505 v. 6.7.2011, S. 4.

786 *Ehresmann* Straftaten gegen Polizeibeamte, S. 20, 283.

§ 113 StGB gerade nicht erfasst,[787] da diese Vorschrift die Vornahme einer Diensthandlung voraussetzt.

Damit lässt sich feststellen, dass durch die mit dem § 44. StrÄndG einhergehende Änderung des § 113 StGB nicht der Schutz der Polizeibeamten vor körperlichen Angriffen verbessert worden ist, sondern allenfalls der Schutz vor Widerstandshandlungen. Obwohl bereits in der Beschlussempfehlung und im Bericht des Rechtsausschusses Kritik am Gesetzentwurf hervorgehoben wurde, verschloss man sich jener sogleich wieder und betonte vielmehr erneut das „klare Signal", welches durch eine Änderung des Strafrechts ausgesandt werden würde.[788]

b) Fehlende Strafrahmenerhöhung bei § 113 Abs. 2 StGB und mangelnde Abschreckungswirkung durch höhere Strafandrohung

Fernerhin wurde durch das 44. StrÄndG lediglich der Strafrahmen des § 113 Abs. 1 StGB von zwei auf drei Jahre erhöht. Sollte der Gesetzgeber den Strafrahmen des § 113 StGB für zu schwach befunden haben, dann hätte er konsequenterweise auch den Strafrahmen des § 113 Abs. 2 StGB anheben müssen, dies vor allem vor dem Hintergrund, dass erhebliche Widerstandsleistungen unter § 113 Abs. 2 StGB subsumiert werden können.[789] Die Strafobergrenze für § 113 Abs. 2 StGB blieb jedoch im Zuge der Strafrechtsänderungen unverändert. Für den Regelstrafrahmen bleiben somit nur die durchschnittlichen und milderen Fälle übrig. Zu den Auswirkungen auf den Strafzumessungsvorgang führt *Ehresmann* daher zu Recht aus:

> Da die meisten Fälle eher am unteren Ende der Schwereskala liegen, ist die konkrete Strafe im unteren Drittel des Strafrahmens zu finden. Demnach ist davon auszugehen, dass die Anhebung der Höchststrafe keine großen Auswirkungen auf die tatsächlich auszusprechenden Strafen haben wird. [...] Sollte die Strafe aber einmal tatsächlich im oberen Drittel zu suchen sein, so führt dies schon auf der Ebene der Strafrahmenwahl zur Anwendung des § 113 II StGB, so dass die Anhebung keine Wirkung erzielt.[790]

In der Sanktionenlehre ist zudem anerkannt, dass härtere Strafen gerade keine abschreckende Wirkung haben. In zahlreichen Studien konnte kein Zusammenhang zwischen der Schwere der Sanktionspraxis und dem Kriminalitätsaufkommen bewiesen werden. Potentielle Straftäter lassen sich somit von härteren Strafandrohungen nicht beeinflussen, sodass auch nach *Meier* die These „viel hilft viel" bislang nicht mit Beweisen belegt werden kann.[791] Warum der höheren Strafandrohung gerade im Rahmen des § 113 Abs. 1 StGB nun eine generalpräventive

787 *Ehresmann* Straftaten gegen Polizeibeamte, S. 266 f.

788 BT-Drs. 17/6505 v. 6.7.2011, S. 4.

789 Gleichfalls *Ehresmann* Straftaten gegen Polizeibeamte, S. 271 f.; *Zopfs* GA 2012, 259, 262.

790 *Ehresmann* Straftaten gegen Polizeibeamte, S. 271 f.

791 *Meier* Sanktionen, S. 28 f. (dort auch m.w.N. zu den grundlegenden Studien); so auch Stellungnahme des Deutschen Richterbundes zum Referentenentwurf für ein

Abschreckungswirkung zukommen soll, ist nicht nachvollziehbar. Auch bei § 113 Abs. 1 StGB führt daher eine Anhebung der Strafobergrenze nicht unmittelbar zu einem besseren Schutz von Polizeibeamten in der Praxis. *Ehresmann* bekräftigt, dass sich der Gesetzgeber mit dem 44. StrÄndG in Widerspruch zu dieser in der Sanktionenlehre anerkannten These befindet und zeigt, dass die Grundsätze der Sanktionenlehre bisweilen verleugnet werden. Im Stenografischen Bericht der 120. Sitzung des Deutschen Bundestages v. 7.7.2011 lautete es wie folgt:

> Es ist anerkannt, dass Generalprävention ein strafschärfendes Mittel ist.[792]

Zum Teil wird vertreten, dass ein Schutz von Polizeibeamten nur durch Abschaffung und nicht durch Erweiterung des § 113 StGB erreicht werden kann. Es wirkt auf den ersten Blick durchaus seltsam, eine Norm, welche die einzige Vorschrift im StGB ist, die einen unmittelbaren Schutz der Polizeibeamten bezweckt, abzuschaffen, um deren Schutz erweitern zu können. Befürwortern zufolge würde eine Abschaffung zur Auflösung der Wertungswidersprüche in Einzelfällen führen. Die Fälle, die bislang unter § 113 StGB gefallen sind, wären nach § 240 StGB oder §§ 223, 23, 23 StGB zu bestrafen. Kritiker hingegen lehnen eine Abschaffung der Norm ab, da sowohl § 113 StGB, als auch § 240 StGB ihre Daseinsberechtigung hätten.[793]

c) *Weitere Kritik am 44. Strafrechtsänderungsgesetz hinsichtlich der Effektivität zum Schutz von Polizeibeamten*

Ein weiteres Argument, welches gegen die Effektivität des § 113 StGB hinsichtlich des Schutzes von Polizeibeamten gegen unmittelbare körperliche Angriffe spricht, ist die Tatsache, dass der Täter einer Widerstandshandlung im Sinne des § 113 StGB häufig alkoholisiert ist.[794] Die Hemmschwelle zur Straftatbegehung ist damit niedrig und die präventive Wirkung einer höheren Strafandrohung – sofern man überhaupt einen präventiven Effekt bejahen will – kann nicht mehr eintreten. Die Erhöhung des Strafrahmens in § 113 Abs. 1 StGB wird sich daher als wirkungslos erweisen. Des Weiteren wird eine Straftat nach § 113 Abs. 1 bzw. Abs. 2 StGB oft in einem

---

Gesetz zur Änderung des Strafgesetzbuches – Widerstand gegen Vollstreckungsbeamte (Stand: 23. Mai 2010), Juni 2010, Nr. 27/10, S. 1.

792 Abgeordneter *Kauder* (CDU/CSU) vor dem Deutschen Bundestag (BT-Prot. 17/120 v. 7.7.2011, 14007); bei *Ehresmann* Straftaten gegen Polizeibeamte, S. 265.

793 Ausführlich zur Abschaffung des § 113 StGB: *Ehresmann* Straftaten gegen Polizeibeamte, S. 308 ff.

794 In den letzten Jahren stand das Delikt „Widerstand gegen die Staatsgewalt“ hinsichtlich einer Begehung unter Alkoholeinfluss an der Spitze, vgl. PKS BKA, 2015, S. 41: 11.767 aufgeklärte Fälle; PKS BKA, 2014, S. 35: 12.422; PKS BKA, 2013, S. 33: 12.866; PKS BKA 2012, S. 38: 14.786; PKS BKA 2011, S. 86: 14.119; *Ehresmann* Straftaten gegen Polizeibeamte, S. 144, 274; siehe auch *Elsner/Laumer* Gewalt gegen Polizeibeamte in Bayern, S. 71 f. (Alkoholkonsum spielt bei Widerstandsdelikten eine große Rolle).

Erregungszustand des Täters begangen, welcher aus einer Konfrontation mit einer Vollstreckungshandlung des Polizisten resultiert. Im Zustand der Erregung dürfte es dem Täter kaum möglich sein, über die Folgen seines Handelns, insbesondere über die Höhe des Strafrahmens einer Tat nach § 113 StGB nachzudenken. Eine präventive Wirkung in Form des Verzichts auf eine Begehung der Straftat wird daher nicht verzeichnet werden können.[795] Ein Hinterfragen der möglichen Folgen wird unterbleiben, da Widerstandshandlungen in der Regel von Emotionen und Spontanität beherrscht werden.[796]

Darüber hinaus äußerte der Strafrechtsausschuss des DAV Bedenken hinsichtlich der Strafmaßerhöhung. Bedenken bestanden seiner Ansicht nach dahingehend, dass bestimmte Opfergruppen allein aufgrund von statistisch-kriminologischen Befunden über die Deliktshäufigkeit anders bewertet werden als andere Gruppen innerhalb der Bevölkerung. Diesbezüglich wurde wie folgt ausgeführt:

> Das in solchen statistischen Aussagen etwa zum Ausdruck kommende Indiz für besonders verwerfliche Tatmotivationen muss in jedem Einzelfall geprüft und gfls. zum Anlass für Strafschärfungen innerhalb des gesetzlichen Strafrahmens genommen werden. Eine Generalisierung dieses jedenfalls nicht ausnahmslos geltenden Aspekts durch Erhöhung von Strafrahmen verbietet sich schon aus Gründen des Diskriminierungsverbots gegenüber anderen potentiellen Opfern ansonsten gleichartiger Straftaten.[797]

Der Strafrechtsausschuss zweifelte zudem an der Aussagekraft der Studie des Kriminologischen Forschungsinstituts Niedersachsen e.V. und der PKS im Hinblick auf die Zunahme von Gewalt und Widerstandshandlungen gegen Polizeibeamte.[798]

---

795 *Ehresmann* Straftaten gegen Polizeibeamte, S. 276.

796 *Singelnstein/Puschke* NJW 2011, 3473, 3477; siehe auch Stellungnahme des Deutschen Anwaltvereins durch den Strafrechtsausschuss zu den geplanten Veränderungen der §§ 113, 244 StGB im Referentenentwurf des BMJ vom 25.05.2010 (Juli 2010, Stellungnahme Nr. 32/2010), S. 9; ebenfalls Stellungnahme der Strafverteidigervereinigungen zum Referentenentwurf für ein Gesetz zur Änderung des Strafgesetzbuches „Widerstand gegen Vollstreckungsbeamte" v. 20.9.2010, S. 2).

797 Stellungnahme des Deutschen Anwaltvereins durch den Strafrechtsausschuss zu den geplanten Veränderungen der §§ 113, 244 StGB im Referentenentwurf des BMJ vom 25.05.2010 (Juli 2010, Stellungnahme Nr. 32/2010), S. 7.

798 Stellungnahme des Deutschen Anwaltvereins durch den Strafrechtsausschuss zu den ge-planten Veränderungen der §§ 113, 244 StGB im Referentenentwurf des BMJ vom 25.05.2010 (Juli 2010, Stellungnahme Nr. 32/2010), S. 7 ff.; auch die Strafverteidigervereinigungen sehen Mängel bei der Begründung der Notwendigkeit der Gesetzesänderung (Stellungnahme der Strafverteidigervereinigungen zum Referentenentwurf für ein Gesetz zur Änderung des Strafgesetzbuches „Widerstand gegen Vollstreckungsbeamte" v. 20.9.2010, S. 2).

2. *Zwischenergebnis*

Die Änderungen, die das 44. StrÄndG zum verbesserten Schutz von Polizeibeamten mit sich brachte, können durchwegs nicht überzeugen. Die Erhöhung des Strafrahmens von zwei auf drei Jahren in § 113 Abs. 1 StGB und das Einfügen des gefährlichen Werkzeugs in § 113 Abs. 2 S. 2 Nr. 1 StGB können zu keinem verbesserten Schutz der Polizeibeamten, Opfer eines Angriff auf Leib, Gesundheit oder Leben zu werden, beitragen. Die bestehenden Strafvorschriften reichen zudem aus, um körperliche Angriffe gegenüber Polizeibeamten zu sanktionieren. Strafbarkeitslücken bestehen nicht. Anstatt Polizisten besonders zu schützen, wurde durch das 44. StrÄndG lediglich eine „Symbolpolitik" betrieben. Ferner wurde vollständig außer Acht gelassen, dass härteren Strafandrohungen keine generelle Abschreckungswirkung zukommt. Entsprechende Theorien konnten bislang empirisch nicht bewiesen werden.

Die Gewalt gegen Polizisten darf nicht isoliert von der Gewalt durch Polizisten gesehen werden. Sofern also davon ausgegangen wird, dass das Strafrecht zur Eindämmung jener Gewalten beitragen kann, sollte darauf hingewirkt werden, dass Sanktionsandrohungen durch das Strafrecht für beide Seiten in gleicher Weise gelten. Warum Polizisten ein besonderer Schutz durch das StGB zukommen soll, ist indes nicht nachvollziehbar.

II. Gesetzantrag des Landes Hessen – Einführung eines neuen § 112 StGB-E

Obwohl das 44. StrÄndG scheinbar einen vorläufigen Schlusspunkt unter die Diskussion über die (steigenden) Straftaten gegen Polizeibeamte und dem Erfordernis des daraus resultierenden besonderen Schutzes eben jener gesetzt hat, reichen die Änderungen und Verschärfungen des Strafgesetzbuches dem Bundesland Hessen nicht aus.

Als erstes Bundesland will Hessen Beamten des Polizeidienstes einen besonderen strafrechtlichen Schutz zukommen lassen. Ein neu zu schaffender § 112 StGB-E („*Tätlicher Angriff auf Polizeibeamte und andere Einsatzkräfte*") soll die Lösung der Gewalttaten gegenüber Polizisten sein.[799]

Der Straftatbestand des § 112 StGB-E, der nach § 111 StGB eingefügt und den §§ 113, 114 StGB vorangestellt werden soll, um klarzustellen, dass die neue Regelung kein Unterfall des Widerstands gegen Vollstreckungsbeamte ist,[800] soll folgendermaßen lauten:

§ 112 Tätlicher Angriff auf Polizeibeamte und andere Einsatzkräfte[801]

(1) Wer einen Beamten des Polizeidienstes in Beziehung auf seinen Dienst tätlich angreift, wird mit einer Freiheitsstrafe von sechs Monaten bis zu fünf Jahren bestraft. Ebenso

799 BR-Drs. 165/15 v. 14.4.2015.
800 BR-Drs. 165/15 v. 14.4.2015, S. 7.
801 BR-Drs. 165/15 v. 14.4.2015, S. 5 f.

wird bestraft, wer bei Unglücksfällen oder gemeiner Gefahr oder Not Hilfeleistende der Feuerwehr, des Katastrophenschutzes oder eines Rettungsdienstes tätlich angreift.

(2) In besonders schweren Fällen ist die Strafe Freiheitsstrafe von sechs Monaten bis zu zehn Jahren. Ein besonders schwerer Fall liegt in der Regel vor, wenn

1. der Täter oder ein anderer Beteiligter eine Waffe oder ein anderes gefährliches Werkzeug bei sich führt, um diese oder dieses bei der Tat zu verwenden,

2. die Tat mit einem anderen Beteiligten gemeinschaftlich begeht oder

3. der Täter durch eine Gewalttätigkeit den Angegriffenen in die Gefahr des Todes oder einer schweren Gesundheitsschädigung bringt.

Ferner sollen bei § 113 Abs. 1 StGB die Wörter „oder ihn dabei tätlich angreift" gestrichen werden. Eine Strafbarkeit nach § 113 Abs. 1 StGB soll ferner nur dann gegeben sein, wenn die Tat nicht in § 112 StGB-E mit Strafe bedroht ist. Dadurch soll der Vorrang des neuen, schärfer zu bestrafenden tätlichen Angriffs zum Ausdruck kommen.[802] Auch in § 114 Abs. 3 StGB sollen die Wörter „oder sie dabei tätlich angreift" gestrichen werden.

Sowohl der Gesetzantrag des Landes Hessen v. 14.4.2015 als auch der Gesetzantrag des Saarlandes v. 28.4.2015[803] haben die Forderungen der GdP aufgegriffen.[804] Die Gewerkschaft der Polizei will Polizeibeamten und anderen Einsatzkräften einen besonderen Schutz zukommen lassen. Bereits 2009 hatte die GdP die Einführung eines § 115 StGB-E gefordert, der tätliche Angriffe auf Vollstreckungsbeamte regeln sollte.[805] Sie strebte zudem eine Strafrahmenerhöhung an. Im Gegensatz zu § 113 Abs. 1 StGB, welcher eine Bestrafung mit Freiheitsstrafe bis zu drei Jahren oder eine Geldstrafe vorsieht, sollte der Strafrahmen bei § 115 Abs. 1 StGB-E Freiheitsstrafe von drei Monaten bis zu fünf Jahren betragen. In besonders schweren Fällen sollte der Strafrahmen sogar von sechs Monaten bis zu zehn Jahren reichen (§ 115 Abs. 2 StGB-E). Darüber hinaus sollte auch der tätliche Angriff ohne Vollstreckungshandlung strafbar sein, sodass dadurch die feindliche Motivation des Straftäters miterfasst werden würde.

1. *Darstellung und kritische Bewertung des § 112 StGB-E*

Der Gesetzantrag des Landes Hessen, der die Einführung eines neuen Straftatbestandes mit den zunehmenden Anfeindungen und gewalttätigen Übergriffen, welchen Polizeibeamte und andere Einsatzkräfte bei ihrer Tätigkeit zum Schutz der Bevölkerung ausgesetzt sind, begründet, soll im Folgenden in seinen wesentlichen Zügen dargestellt und kritisch hinterfragt werden.

802 *Zöller* ZIS 2015, 445, 446.
803 BR-Drs. 187/15 v. 28.4.2015.
804 *Singelnstein* StV 2015, Editorial.
805 https://www.gdp.de/gdp/gdp.nsf/id/115stgb (Stand: Dezember 2016).

a) *Schutz vor tätlichen Angriffen*

In erster Linie soll der Gesetzentwurf Polizeibeamte und andere Einsatzkräfte, unabhängig davon, ob sie eine Vollstreckungshandlung durchführen, besonders schützen. Der Straftatbestand des § 112 StGB-E schützt Polizeibeamte vor jeglichen tätlichen Angriffen, denen sie in Beziehung auf ihren Dienst ausgesetzt sind. Dadurch soll zum Ausdruck gebracht werden, dass Angriffe auf Polizeibeamte (und andere Einsatzkräfte) ein besonderes strafwürdiges Unrecht darstellen.[806]

Der Begriff des tätlichen Angriffs im Sinne des § 112 StGB-E wird § 113 StGB entnommen, sodass auch hier eine unmittelbar auf den Körper zielende feindselige Einwirkung verstanden wird.[807] Opfer des tätlichen Angriffs muss wiederum ein Beamter des Polizeidienstes sein, wobei diese Begrifflichkeit eine Anlehnung an § 163 StPO darstellt.[808] Die Besonderheit des § 112 StGB-E liegt darin, dass der tätliche Angriff in Beziehung auf den Dienst[809] des Beamten erfolgen muss. Nicht erforderlich ist hingegen das Vorliegen einer konkreten Diensthandlung. Der Schutz des § 112 StGB-E soll bereits dann eingreifen, wenn Polizeibeamte als Symbol des Staates angegriffen werden, wobei der Schutz sowohl vor Angriffen innerhalb als auch außerhalb des Dienstes greift. Voraussetzung hierfür ist, dass der Angriff durch den Dienst motiviert ist.[810] Hiermit werden vor allem die Fälle erfasst, in denen Polizisten in ihrer Freizeit von Personen aus Vergeltung, Hass oder Rachemotiven angegriffen werden.[811] Durch die Beschränkung der tätlichen Angriffe, denen Beamte des Polizeidienstes ausgesetzt sind, sollen diese umfassender geschützt werden, sofern die Straftat im Dienst, nicht aber bei einer Vollstreckungshandlung erfolgt. Bereits 2010 – im Rahmen der Debatte um das 44. StrÄndG – äußerte sich der Bundesrat zu der Beschränkung des sachlichen Schutzbereichs des § 113 Abs. 1 StGB auf konkrete Vollstreckungshandlungen:

---

806 BR-Drs. 165/15 v. 14.4.2015, S. 1; Auch Bayerns Innenminister *Joachim Herrmann* fordert härtere Strafen bei Gewalttaten gegen Polizisten. So soll der Strafrahmen beim Widerstand gegen Vollstreckungsbeamte auf fünf Jahre erhöht und eine Mindeststrafe von drei Monaten eingeführt werden (https://www.stmi.bayern.de/med/pressemitteilungen/pressearchiv/2016/157/index.php) (Stand: Dezember 2016).

807 BeckOK-StGB/*Dallmeyer* § 113 Rn. 9; Lackner/Kühl/*Heger* § 113 StGB Rn. 6; NK-StGB/ *Paeffgen* § 113 Rn. 31.

808 BR-Drs. 165/15 v. 14.4.2015, S. 9; zur Begrifflichkeit vgl. BeckOK-StPO/*von Häfen* § 163 Rn. 2 f.

809 Die GdP forderte ursprünglich auch einen Schutz vor tätlichen Angriffen „während der Ausübung seines Dienstes" (http://www.gdp.de/gdp/gdp.nsf/id/DE_GdP_fordert_115_gegen_uebergriffe_auf_Polizisten) (Stand: Dezember 2016). Diesen Vorschlag hat Hessen indes nicht aufgegriffen, da insoweit kein zusätzliches Strafbedürfnis bestehen würde (BR-Drs. 165/15 v. 14.4.2015, S. 9).

810 BR-Drs. 165/15 v. 14.4.2015, S. 9.

811 *Zöller* ZIS 2015, 445, 446.

> Die Beschränkung des sachlichen Schutzbereichs des § 113 Absatz 1 StGB auf konkrete Vollstreckungshandlungen hatte in der bisherigen Fassung der Vorschrift ihre Berechtigung, weil § 113 Absatz 1 als Privilegierung verstanden wurde, die auf mögliche Affektsituationen durch die Konfrontation mit einer Vollstreckungshandlung Rücksicht nimmt. Durch die Erhöhung des Strafrahmens auf drei Jahre besteht diese Privilegierung jedoch nicht mehr. Es leuchtet dann nicht mehr ein, weshalb Vollstreckungsbeamte nur bei der Vornahme einer konkreten Vollstreckungshandlung, nicht aber bei ihrer „normalen" Diensttätigkeit (z.B. Streifendienst, schlichte Überwachungs- und Ermittlungstätigkeiten) vor tätlichen Angriffen geschützt sein sollen.[812]

Die Bundesregierung äußerte sich zur der Stellungnahme des Bundesrates. Ihr zufolge solle der Schutzbereich des § 113 Abs. 1 StGB aber auf die Vornahme von Vollstreckungshandlungen beschränkt bleiben, da die Strafvorschrift vor allem dem „Schutz der Autorität staatlicher Vollstreckungsakte" diene. Des Weiteren werde die körperliche Unversehrtheit der Polizisten primär von §§ 223 ff. StGB geschützt, sodass eine Ausweitung des Schutzbereichs des § 113 StGB nicht erforderlich sei.[813] Nach *Ehresmann* bestehen zudem zwischen einer Vollstreckungssituation und einem Angriff auf einen Polizisten ohne Anlass erhebliche Unterschiede, sodass eine Ausdehnung im geforderten Sinn nicht angemessen erscheint.[814]

b) Ausreichender Schutz durch bestehende Strafvorschriften

Des Weiteren ist fraglich, ob Beamte des Polizeidienstes tatsächlich vor tätlichen Angriffen in Beziehung auf ihren Dienst besonders geschützt werden müssen. Zum einen ist es empirisch bislang nicht hinreichend belegt worden und damit zumindest zweifelhaft, dass Straftaten, insbesondere gewalttätige Übergriff gegenüber Polizisten angestiegen sind,[815] sodass die Einführung eines neuen Straftatbestandes, der gerade dem Schutz von Polizisten dienen soll, eine nicht mehr verhältnismäßige Maßnahme darstellen würde. Zum anderen werden Polizisten durch die bestehenden Strafvorschriften, insbesondere durch §§ 113, 185 ff., 211 ff., 223 ff. StGB und § 240 StGB umfassend geschützt.[816] Die Einführung weiterer Strafvorschriften kann folglich nicht mit dem Argument bestehender Strafbarkeitslücken begründet werden.[817] Das Fehlen von Strafbarkeitslücken bringt auch *Zöller* gegen den Gesetzentwurf des Landes Hessen – und gegen den, im Anschluss zu

---

812 BT-Drs. 17/4143 v. 8.12.2010, S. 10.

813 BT-Drs. 17/4143 v. 8.12.2010, S. 11.

814 *Ehresmann* Straftaten gegen Polizeibeamte, S. 304.

815 Zweifel an einem relevanten Anstieg der Gewalt gegenüber Polizisten haben auch *Singelnstein* und *Puschke* (*Singelnstein/Puschke* NJW 2011, 3473, 3475 f.); *Singelnstein* StV 2015, Editorial.

816 Auch *Stadler* ist der Ansicht, dass die bestehenden Strafvorschriften genügend Raum für eine tat- und schuldangemessene Bestrafung bieten (*Stadler* ZRP 2010, 157, 158).

817 Ebenso *Ehresmann* Straftaten gegen Polizeibeamte, S. 185, 228.

erörternden Gesetzentwurf des Saarlandes – vor. Beide Gesetzentwürfe verzichten auf das Erfordernis einer Vollstreckungshandlung. Sofern die Gesetzentwürfe den tätlichen Angriff unabhängig von einer Vollstreckungshandlung unter Strafe stellen, wird damit lediglich eine Handlung erfasst, welche bereits von §§ 223 ff. StGB hinreichend sanktioniert wird. Da im Rahmen des tätlichen Angriffs kein Erfolg eintreten muss,[818] wird bereits der Versuch von den allgemeinen Vorschriften nach §§ 223 ff., 22, 23 StGB abgedeckt. Unter diesem Gesichtspunkt bemängelt *Zöller* an beiden Gesetzentwürfen gleichermaßen das Fehlen von Ausführungen, welches konkrete Rechtsgut durch die neuen Strafvorschriften tatsächlich geschützt werden solle. Da das „staatliche Gewaltmonopol" gerade kein eigenes Rechtsgut darstellt und beide Gesetzentwürfe lediglich den tätlichen Angriff im hessischen § 112 StGB-E bzw. im saarländischen § 113 StGB-E verorten wollen, kann nur gemutmaßt werden, dass das zu schützende Rechtsgut die körperliche Unversehrtheit der in den Vorschriften genannten Personen ist. Das Rechtsgut der körperlichen Unversehrtheit wird allerdings durch die bestehenden Strafvorschriften bereits hinreichend geschützt.[819] Sofern der Täter also beispielsweise einen Polizisten tätlich angreift, muss sich eine Strafbarkeit nicht nur nach § 112 StGB-E (Hessen) bzw. § 113 StGB-E (Saarland), sondern auch nach §§ 223 ff. StGB (gegebenenfalls i.V.m. §§ 22, 23 StGB) ergeben. Im Ergebnis führt dies bei der Strafzumessung zu einer härteren Bestrafung des Täters, wenn ein Polizist tätlich angegriffen wird.[820]

c) *Ungleichbehandlung von Tatopfern*

Aus einer härteren Bestrafung bei tätlichen Angriffen auf Polizisten im Vergleich zu Angriffen auf andere Personen können verfassungsrechtliche Schwierigkeiten, insbesondere im Hinblick auf Art. 3 Abs. 1 GG (*allgemeiner Gleichheitssatz*) resultieren. Nach dieser Vorschrift sind alle Menschen vor dem Gesetz gleich. Der allgemeine Gleichheitssatz könnte durch die neuen Strafvorschriften verletzt sein, da tätliche Angriffe auf einen Polizisten schwerwiegender bestraft werden als tätliche Angriffe auf andere Personen. Eine Verletzung des Gleichheitssatzes liegt jedoch nur dann vor, wenn sich für die Ungleichbehandlung kein vernünftiger, sich aus der Natur der Sache ergebender oder sonst wie sachlich einleuchtender Grund finden lässt.[821] Die Gesetzesbegründung verweist, ohne weitere Ausführungen, auf das „besondere Unrecht", welches bei Angriffen auf Polizeibeamte und andere Einsatzkräfte zum Ausdruck kommt.[822] Ein sachlicher Grund kann darin nicht liegen, da Angriffe auf Polizeibeamte und andere Einsatzkräfte kein größeres Unrecht darstellen können, als Angriffe auf andere Personen. Sinn und Zweck von Art. 3 GG ist es gerade,

---

818 BeckOK-StGB/*Dallmeyer* § 113 Rn. 9; Lackner/Kühl/*Heger* § 113 StGB Rn. 6.
819 Zum Ganzen: *Zöller* ZIS 2015, 445, 449 f.
820 *Zöller* ZIS 2015, 445, 450.
821 BeckOK-GG/*Kischel* Art. 3 Rn. 28.
822 BR-Drs. 165/15 14.4.2015, S. 1.

solche Ungleichbehandlungen auszuschließen.[823] Auch *Stadler* ist der Ansicht, dass eine Strafschärfung bei Sondertatbeständen – es ging hierbei um den Sondertatbestand „Körperverletzungen gegen Polizeibeamte" – zu einer „nicht hinnehmbaren Ungleichbehandlung von Tatopfern"[824] führen würde. Die körperliche Unversehrtheit aller sei in gleichem Maße zu schützen. Die Schaffung neuer Straftatbestände zugunsten einzelner Personenkreise würde seiner Ansicht nach die Gefahr eines „Zweiklassenstrafrechts"[825] begründen.

d) Mangelnde Abschreckungswirkung durch höhere Strafandrohung

Die hessische Landesregierung ist auch bei dem vorgeschlagenen Strafrahmen von Freiheitsstrafe von sechs Monaten bis zu fünf Jahren deutlich zu weit gegangen, § 112 Abs. 1 StGB-E. Bei einem besonders schweren Fall kann die Strafe sogar Freiheitsstrafe von sechs Monaten bis zu zehn Jahren betragen, § 112 Abs. 2 StGB-E. Die Höhe des Strafrahmens ist vor dem Hintergrund, dass eine erhöhte Strafandrohung keine generalpräventive, abschreckende Wirkung für potentielle Täter entfalten kann,[826] überzogen. Da der Gesetzantrag bei § 112 Abs. 1 StGB-E eine Mindeststrafe von sechs Monaten bis zu fünf Jahren vorsieht, müsste dieser Strafrahmen konsequenterweise auch für leichtes Schubsen einschlägig sein.[827] Damit ist die hessische Landesregierung über das Ziel hinausgeschossen.

2. Zwischenergebnis

Die Forderung des Landes Hessen nach einem neu zu schaffenden § 112 StGB-E kann allenfalls als „Symbolpolitik" bezeichnet werden.[828] Strafbarkeitslücken im Hinblick auf den Schutz von Polizeibeamten sind nicht ersichtlich. Auch ein relevanter Anstieg der Straftaten gegen Polizeibeamte, der einen Handlungsbedarf rechtfertigen könnte, kann bislang nicht hinreichend bestätigt werden. Ferner soll der Strafrahmen lediglich einseitig, also bei Straftaten gegen Polizisten angehoben werden. Sofern Polizisten unrechtmäßige Gewalt anwenden, soll die Höhe des Strafrahmens hingegen unverändert bleiben. Der Umstand des entstehenden Ungleichgewichts kann dazu führen, dass das ohnehin angespannte Verhältnis zwischen Bürgern

823 Vgl. *Zöller* ZIS 2015, 445, 451.

824 *Stadler* ZRP 2010, 157.

825 *Stadler* ZRP 2010, 157; auch nach *Ehresmann* würde eine Differenzierung nach dem Beruf des Opfers zu einem *„Zweiklassenstrafrecht"* führen (*Ehresmann* Straftaten gegen Polizeibeamte, S. 371).

826 Vgl. *Meier* Sanktionen, S. 28 f.; *Zöller* ZIS 2015, 445, 452 f. (ein großer Anteil der Täter, welche Polizisten angreifen sind alkoholisiert oder stehen unter dem Einfluss von Betäubungsmitteln, sodass diese sich über die Höhe der zu erwartenden Strafe im Zeitpunkt der Tatbegehung keine Gedanken machen. Die Höhe der Strafe wirkt folglich nicht abschreckend).

827 *Singelnstein* StV 2015, Editorial.

828 *Singelnstein* StV 2015, Editorial.

und Polizei weiter verschärft und somit statt einer Deeskalation der Situation eine Eskalation hervorgerufen wird,[829] welche von den Medien wiederum skandalisiert wird. Auf diese Weise wird zur Entstehung eines „Teufelkreises" beigetragen.

Somit lässt sich festhalten, dass durch die Einführung neuer Straftatbestände mit erhöhten Strafrahmen zugunsten von Beamten des Polizeidienstes allenfalls ein (suggerierter) Schutz der Polizisten vorangetrieben wird.

III. Gesetzantrag des Saarlandes – Einführung eines neuen § 113 StGB-E

Auch das Saarland hat den „Entwurf eines (...) Gesetzes zur Änderung des Strafgesetzbuches" v. 28.4.2015 über den Bundesrat eingebracht.[830]

Der neu zu schaffende § 113 StGB-E soll danach wie folgt gefasst werden:

> § 113 Tätlicher Angriff auf Repräsentanten des staatlichen Gewaltmonopols
>
> (1) Wer einen Amtsträger der Polizei oder der Justiz oder einen Soldaten der Bundeswehr während der Ausübung seines Dienstes oder in Beziehung auf seinen Dienst tätlich angreift, wird mit Freiheitsstrafe von drei Monaten bis zu fünf Jahren bestraft.
>
> (2) In minder schweren Fällen ist die Strafe Freiheitsstrafe bis zu drei Jahren oder Geldstrafe.
>
> (3) In besonders schweren Fällen ist auf Freiheitsstrafe von sechs Monaten bis zu zehn Jahren zu erkennen. Ein besonders schwerer Fall liegt in der Regel vor, wenn
>
> 1. der Täter eine Waffe oder ein anderes gefährliches Werkzeug bei sich führt, um diese bei der Tat zu verwenden, oder
>
> 2. der Täter den Amtsträger quält oder roh misshandelt, oder
>
> 3. der Täter die Tat mit einem anderen gemeinschaftlich begeht, oder
>
> 4. der Amtsträger in Folge des tätlichen Angriffs auf Dauer dienstunfähig wird oder
>
> 5. der Täter den Angegriffenen durch den tätlichen Angriff in die Gefahr des Todes oder einer schweren Gesundheitsschädigung bringt.
>
> (4) Erfolgt der tätliche Angriff bei der Vornahme einer Diensthandlung, die auf die Vollstreckung von Gesetzen, Rechtsverordnungen, Urteilen, Gerichtsbeschlüssen oder Verfügungen gegenüber dem Täter gerichtet ist, so ist die Tat nicht nach dieser Vorschrift strafbar, wenn die Diensthandlung nicht rechtmäßig ist. Dies gilt auch dann. Wenn der Täter irrig annimmt, die Diensthandlung sei rechtmäßig.

---

829 Auch *Zöller* befürchtet, dass durch die Schaffung neuer Strafvorschriften bestimmte affektgeladene Situationen weiter aufgeheizt werden und Straftaten provozieren (*Zöller* ZIS 2015, 445, 453).

830 BR-Drs. 187/15 v. 28.4.2015.

(5) Nimmt der Täter in den Fällen des Absatzes 4 Satz 1 1. Halbsatz bei der Begehung der Tat irrig an, die Diensthandlung sei nicht rechtmäßig, und konnte er den Irrtum vermeiden, so kann das Gericht die Strafe nach seinem Ermessen mildern (§ 49 Abs. 2) oder bei geringer Schuld von einer Bestrafung nach dieser Vorschrift absehen. Konnte der Täter den Irrtum nicht vermeiden und war ihm nach den ihm bekannten Umständen auch nicht zuzumuten, sich mit Rechtsbehelfen gegen die vermeintlich rechtswidrige Diensthandlung zu wehren, so ist die Tat nicht nach dieser Vorschrift strafbar; war ihm dies zuzumuten, so kann da Gereicht die Strafe nach seinem Ermessen mildern (§ 49 Abs. 2) oder von einer Bestrafung nach dieser Vorschrift absehen.

Erforderlich für eine Strafbarkeit nach § 113 StGB-E ist, dass die Tat „während der Ausübung des Dienstes" oder „in Beziehung auf den Dienst" begangen wird, wobei dieses Tatbestandsmerkmal an § 340 StGB angelehnt sein sollen.[831] Für das Tatbestandsmerkmal „während der Ausübung des Dienstes" ist nicht nur ein zeitlicher oder räumlicher Zusammenhang zwischen Tat und Dienstausübung erforderlich, sondern auch ein sachlicher Zusammenhang,[832] sodass ein tätlicher Angriff aus rein privaten Motiven, ohne jeglichen sachlichen Zusammenhang mit der Dienstausübung auch nicht nach § 113 StGB-E strafbar wäre. Wenn nicht das Merkmal „während der Ausübung des Dienstes" bejaht werden kann, dann allenfalls das Merkmal „in Beziehung auf den Dienst", sofern die Tat in erkennbarer Weise durch die Dienstausübung veranlasst ist.[833] Ähnlich wie beim Gesetzantrag des Bundeslandes Hessen sollen durch das Tatbestandsmerkmal „in Beziehung auf den Dienst" tätliche Angriffe auf Polizisten während ihrer Freizeit unter Strafe gestellt werden. Dies betrifft vor allem Racheakte der Täter wegen einer bereits erfolgten Diensthandlung des jeweiligen Polizeibeamten.[834]

Im Zuge der Änderung soll nicht nur § 113 StGB-E neu geschaffen werden. Vielmehr soll es weitere Änderungen einzelner Straftatbestände geben, um scheinbare Strafbarkeitslücken zu schließen.

Der neu zu fassende § 114 StGB- E soll demnach wie folgt lauten:

§ 114 Tätlicher Angriff auf Personen, die Vollstreckungsbeamten gleichstehen[835]

§ 113 ist entsprechend anwendbar auf Personen, die die Rechte und Pflichten eines Polizeibeamten haben oder Ermittlungspersonen der Staatsanwaltschaft sind, ohne Amtsträger zu sein, sowie auf Personen, die zur Unterstützung bei einer Diensthandlung zugezogen sind, wenn der tätliche Angriff bei der Vornahme einer Diensthandlung,

831 BR-Drs. 187/15 v. 28.4.2015, S. 22.
832 BeckOK-StGB/*Eschelbach* § 340 Rn. 15; S/S/*Hecker* § 340 StGB Rn. 4; *Fischer* § 340 StGB Rn. 2.
833 BeckOK-StGB/*Eschelbach* § 340 Rn. 17; MüKo-StGB/*Voßen* § 340 Rn. 11 (*„sachlich-innerer Zusammenhang")*; *Fischer* § 340 StGB Rn. 2a.
834 BR-Drs. 187/15 v. 28.4.2015, S. 23.
835 BR-Drs. 187/15 v. 28.4.2015, S. 15.

die auf die Vollstreckung von Gesetzen, Rechtsverordnungen, Urteilen, Gerichtsbeschlüssen oder Verfügungen gerichtet ist, erfolgt.

§ 114 StGB-E greift für all jene Fälle, in denen Privatpersonen zur Unterstützung bei einer Diensthandlung zugezogen werden und erst durch dieses Hinzuziehen zu Repräsentanten des staatlichen Gewaltmonopols werden.[836] An dem Erfordernis einer Vollstreckungshandlung wird festgehalten, zumal die in § 114 StGB-E genannten Personen regelmäßig erst bei der Vornahme der Vollstreckungshandlung als Repräsentant des staatlichen Gewaltmonopols erkennbar werden.[837]

Ein neu zu schaffender § 115 StGB-E soll den tätlichen Angriff auf Hilfeleistende der Feuerwehr, des Katastrophenschutzes oder eines Rettungsdienstes unter Strafe stellen.[838]

Nach § 115 StGB-E soll die Strafvorschrift des § 116 StGB-E eingefügt werden. Dieser Tatbestand enthält größtenteils die Regelung des derzeit geltenden § 113 StGB. Da das „Widerstandleisten mit Gewalt“ oder „durch Drohung mit Gewalt“ aus dem Tatbestand des § 113 StGB-E gestrichen werden soll, werden diese Tathandlungen in den § 116 StGB-E überführt werden müssen. Der Strafrahmen des § 116 StGB-E soll wieder auf zwei Jahre herabgesetzt werden, wodurch deutlich gemacht werden soll, dass ein Widerstandleisten mit Gewalt oder durch Drohung mit Gewalt gegenüber dem tätlichen Angriff im Sinne des § 113 StGB-E ein geringeres Unrecht in sich trägt.[839] Ferner ist eine Strafbarkeit nach § 116 StGB-E nur gegeben, wenn nicht in § 113 Abs. 1 StGB-E die Tat mit Strafe bedroht ist (formelle Subsidiarität).[840]

1. *Darstellung und kritische Bewertung des Gesetzantrages, insbesondere des § 113 StGB-E*

Im Folgenden wird der Gesetzantrag dargestellt und bewertet.

a) Ausreichender Schutz durch bestehende Strafvorschriften

Nach der Gesetzesbegründung bietet die geltende Rechtslage für Gewaltstraftaten gegenüber Amtsträgern der Polizei und der Justiz sowie Soldaten der Bundeswehr keinen ausreichenden Strafrechtsschutz,[841] sodass versucht werden müsse, Strafbarkeitslücken zu schließen.

Die Strafbarkeitslücke zeigte sich insbesondere bei körperlichen Übergriffen auf Amtsträgern von Polizei, Justiz sowie Soldaten der Bundeswehr, da sich der Straftatbestand des § 113 StGB auf Angriffe auf Vollstreckungsbeamte bei der Vornahme

836 BR-Drs. 187/15 v. 28.4.2015, S. 26.
837 BR-Drs. 187/15 v. 28.4.2015, S. 7.
838 BR-Drs. 187/15 v. 28.4.2015, S. 14.
839 BR-Drs. 187/15 v. 28.4.2015, S. 23.
840 BR-Drs. 187/15 v. 28.4.2015, S. 27.
841 BR-Drs. 187/15 v. 28.4.2015, S. 3.

einer Diensthandlung beschränkt.[842] Amtsträger der Polizei und Justiz, sowie Soldaten der Bundeswehr, die keine Vollstreckungshandlung ausführen, aber dennoch den Staat repräsentieren, werden, sofern sie körperlich angegriffen werden, nicht von § 113 StGB geschützt. Einen Strafrechtsschutz erreichen diese Personen „lediglich" über §§ 223 ff., 240 ff. StGB, sodass künftig auf eine Diensthandlung zu Vollstreckungszwecken verzichtet werden soll. Dadurch soll nicht nur eine Ausweitung des Personenkreises erreicht werden, sondern vielmehr sollen auch „Angriffe aus dem Nichts" von § 113 StGB-E erfasst werden.[843] Dass bereits die bestehenden strafrechtlichen Tatbestände zum Schutz der körperlichen Unversehrtheit von Polizeibeamten ausreichend sind, wurde bereits im Rahmen des Gesetzantrags des Bundeslandes Hessen ausführlich dargestellt. Diesbezüglich kann daher auf die dortigen Ausführungen verwiesen werden. Für den Gesetzantrag des Saarlandes ergeben sich in der Argumentation keine Unterschiede.

Nach dem Gesetzentwurf des Saarlandes ist trotz bestehender und ausreichender Strafvorschriften, die Schaffung des § 113 StGB-E erforderlich, da ein Schutz nach den derzeit geltenden Strafrechtsbestimmungen nicht ausreichend sei, um die genannten Personen in eben besagter Konstellation zu schützen, da diese gerade nicht als individuelle Personen, sondern als Repräsentanten des staatlichen Gewaltmonopols angegriffen werden.[844] Insbesondere werde von diesen Personen erwartet, körperliche Angriffe in der Stellung als Repräsentant des Staates hinzunehmen bzw. zu dulden.[845] Das Erfordernis einer Neuregelung ergebe sich des Weiteren aus dem erhöhten Risiko dieser Personen Opfer einer körperlichen Angriffs zu werden. Daher habe diese Personengruppe gegenüber anderen Personen einen besonderen Schutz verdient.[846] Als Argument wird auch der Straftatbestand der Körperverletzung im Amt nach § 340 StGB angeführt. Amtsträger, welche während der Ausübung ihres Dienstes oder in Beziehung auf ihren Dienst eine Körperverletzung begehen oder begehen lassen, unterliegen einer besonders strengen strafrechtlichen Haftung,[847] während ein „Normalbürger" sich „lediglich" aus §§ 223 ff. StGB strafbar machen kann. Wenn für einen Amtsträger, welcher sich für Körperverletzungen während des Dienstes bzw. in Beziehung auf seinen Dienst strafbar macht, aufgrund seiner besonderen Vertrauensstellung[848] ein besonderer Straftatbestand besteht, dann müsse er im Gegenzug einen besonderen strafrechtlichen Schutz erhalten, wenn er Opfer einer körperlichen Misshandlung oder Gesundheitsschädigung

---

842 BR-Drs. 187/15 v. 28.4.2015, S. 4.

843 BR-Drs. 187/15 v. 28.4.2015, S. 19.

844 BR-Drs. 187/15 v. 28.4.2015, S. 5.

845 Auch *Zöller* ist der Auffassung, dass Polizisten durchaus ein *„Sonderopfer"* erbringen, was die Gesellschaft dazu verpflichtet, dieses Opfer abzumildern. Man muss sich aber die Frage stellen, ob ein entsprechender Schutz tatsächlich mit den Mitteln des Strafrechts verstärkt werden kann (*Zöller* ZIS 2015, 445, 448).

846 BR-Drs. 187/15 v. 28.4.2015, S. 6.

847 BR-Drs. 187/15 v. 28.4.2015, S. 6 f.

848 BR-Drs. 187/15 v. 28.4.2015, S. 17.

wird. Diesem Argument mangelt es jedoch an ausreichender Überzeugungskraft: Der Straftatbestand der Körperverletzung im Amt gemäß § 340 StGB schützt nicht nur die körperliche Unversehrtheit anderer, sondern auch das Interesse der Allgemeinheit an einer ordnungsgemäßen Amtsführung.[849] Folglich kommt bei einer körperlichen Misshandlung oder einer Gesundheitsschädigung, welche ein Amtsträger während der Ausübung seines Dienstes oder in Beziehung auf seinen Dienst begeht oder begehen lässt, gerade auch die besonders schwere Verletzung einer Dienstpflicht zum Ausdruck.[850]

b) Ungleichbehandlung von Tatopfern

Wie beim Gesetzantrag des Landes Hessen, ergeben sich vorliegend Schwierigkeiten mit dem allgemeinen Gleichheitssatz aus Art. 3 Abs. 1 GG. Im Gegensatz zum hessischen Gesetzantrag, welcher pauschal auf das besondere Unrecht, das Angriffen auf Polizeibeamte und andere Einsatzkräfte innewohnt, abstellt, versucht der saarländische Gesetzantrag die Einführung neuer Straftatbestände auf andere Art und Weise zu begründen. Danach sei die Verbesserung des strafrechtlichen Schutzniveaus für Personen, welche in den Schutzbereich des § 113 StGB-E fallen, gerade keine Besserstellung gegenüber anderen Personen. Die neue Strafvorschrift solle hingegen nur der Häufigkeit bzw. dem Risiko, welchem Amtsträger der Polizei und der Polizei und Soldaten der Bundeswehr als Repräsentant des staatlichen Gewaltmonopols ausgesetzt sind, Opfer eines tätlichen Angriffs zu werden, Rechnung tragen.[851] *Zöller* zufolge kann dieses Argument jedoch nicht überzeugen, weil der Gesetzgeber den gefährdeten Personenkreis bereits durch die bestehenden Normen des Strafgesetzbuches zufriedenstellend schützt. Ferner können auch andere Personen in ihrem Beruf gewalttätigem Verhalten ausgesetzt sein, ohne dass diesem gefährdeten Personenkreis ein besonderer strafrechtlicher Schutz zugesprochen wird. Sofern man also den aus Art. 3 Abs. 1 GG resultierenden Gleichheitssatz nicht verletzten will, müsste das Strafgesetzbuch sämtlichen Personen, welchen einem besonderen Risiko ausgesetzt sind, Opfer eines tätlichen Angriffs zu werden, einen eigenen strafrechtlichen Schutz zukommen lassen.[852]

c) Besonders schwerer Fall

Nach *Zöller* zeigt sich ein weiteres Problem des saarländischen § 113 StGB-E und des hessischen § 112 StGB-E beim besonders schweren Fall. Nach beiden Gesetzentwürfen soll ein besonders schwerer Fall dann vorliegen, wenn der Täter eine Waffe oder ein anderes gefährliches Werkzeug bei sich führt, um diese oder dieses bei der Tat zu verwenden. Da potentielle Täter vor allem bei Protestbewegungen

849 BeckOK-StGB/*Eschelbach* § 340 Rn. 1.
850 BGH, Urt. v. 19.12.1952 – 1 StR 353/52 = NJW 1953, 272.
851 BR-Drs. 187/15 v. 28.4.2015, S. 6.
852 *Zöller* ZIS 2015, 445, 451.

gefährliche Werkzeuge, wie beispielsweise eine Metallkette oder eine Schleuder bei sich führen, bestünde die Gefahr, dass der besonders schwere Fall – mit einem Strafrahmen von sechs Monaten bis zu zehn Jahren – zum Regelfall mutiert.[853] Eine solche Gefahr müssen der saarländische § 113 Abs. 3 Nr. 1 StGB-E und der hessische § 112 Abs. 2 Nr. 1 StGB-E jedoch nicht zwangsläufig begründen. Beide Gesetzentwürfe verlangen, dass der Täter eine Waffe oder ein anderes gefährliches Werkzeug bei sich führt, um diese oder dieses bei der Tat zu verwenden. Der Zusatz *„um ... zu verwenden"* zeigt gerade, dass ein reines Beisichführen eines Steins, einer Schleuder oder einer Metallkette nicht ausreicht, um die Strafbarkeit eines besonders schweren Falles begründen zu können. Daher muss der besonders schwere Fall nicht notwendigerweise zum Regelfall werden. Betrachtet man einschlägige Literatur zu dem derzeit geltenden § 113 Abs. 2 S. 2 Nr. 1 StGB (*„Ein besonders schwerer Fall liegt in der Regel vor, wenn der Täter oder ein anderer Beteiligter eine Waffe oder ein anderes gefährliches Werkzeug bei sich führt, um diese oder dieses bei der Tat zu verwenden"*), dann zeigt sich, dass für die Vorschrift die Absicht erforderlich ist, die Waffe bei der Tat zu verwenden (sog. *Zweckbestimmungsklausel*).[854] Gründe, warum dies bei dem neu zu schaffenden hessischen bzw. saarländischen Straftatbestand anders sein soll, sind indes nicht ersichtlich. Darüber hinaus haben die bisherigen Ausführungen gezeigt, dass Widerstandshandlungen, aber auch körperliche Angriffe auf Polizeibeamte regelmäßig spontan, wenig durchdacht und ohne zuvor gefassten Plan ausgeführt werden. Waffen oder gefährliche Werkzeuge werden daher regelmäßig nicht bei sich geführt, sodass die Gefahr der Mutation des besonders schweren Falls zum Regelfall unbegründet zu sein scheint.

2. Zwischenergebnis

Wie der Gesetzentwurf des Bundeslandes Hessen, verfolgt der Gesetzentwurf des Saarlandes ein auf den ersten Blick wichtiges Ziel. Der Schutz von Repräsentanten des staatlichen Gewaltmonopols vor tätlichen Angriffen soll verbessert werden. Die Einführung neuer Strafvorschriften mit erhöhtem Strafrahmen suggeriert aber allenfalls einen verbesserten Schutz. Darüber hinaus wird durch Schaffung von Sondertatbeständen ein Ungleichgewicht zwischen Repräsentanten des staatlichen Gewaltmonopols und der Bevölkerung geschaffen, welche nicht zur Entschärfung der bestehenden Konfliktsituation beitragen können. Anstatt auf tätliche Angriffe mit dem Strafrecht zu reagieren, sollten zunächst präventive Maßnahmen ergriffen werden.[855] Der Einsatz von polizeilichen Bodycams könnte dazu beitragen,

853 *Zöller* ZIS 2015, 445, 453.

854 BeckOK-StGB/*Dallmeyer* § 113 Rn. 25.

855 So auch *Stadler* ZRP 2010, 157, 158; *Brunhöber* in: 3. Symposium Junger Strafrechtlerinnen und Strafrechtler, S. 32 (*„Der Trend zur Prävention durch Strafrecht ist kein Trend zur Gefahrenabwehr mit den Mitteln des Strafrechts. Es ist vielmehr ein Trend zur Risikosteuerung durch Strafrecht"*).

körperliche Angriffe auf Polizeibeamte bereits im Vorfeld zu verhindern oder zumindest einzudämmen.[856]

IV. Einführung eines neuen § 115 StGB-E

Nach Ansicht des Bundesvorstands der Gewerkschaft der Polizei müsse auf die Veränderung im polizeilichen Berufsalltag wirkungsvoll reagiert werden. Daher wurde bereits 2009 beschlossen die Forderung nach einem neuen Straftatbestand, welcher Polizisten besonders schützen soll, voranzutreiben.

Die neu in das StGB einzuführende Vorschrift § 115 StGB-E soll wie folgt lauten:

> § 115 Tätlicher Angriff auf einen Vollstreckungsbeamten[857]
>
> (1) Wer einen Amtsträger oder Soldaten der Bundeswehr, der zur Vollstreckung von Gesetzen, Rechtsverordnungen, Urteilen, Gerichtsbeschlüssen oder Verfügungen berufen ist, während der Ausübung seines Dienstes oder in Beziehung auf seinen Dienst tätlich angreift, wird mit Freiheitsstrafe von drei Monaten bis zu fünf Jahren bestraft.
>
> (2) In besonders schweren Fällen ist die Strafe Freiheitsstrafe von sechs Monaten bis zu zehn Jahren. Ein besonders schwerer Fall liegt in der Regel vor, wenn
>
> 1. der Täter eine Waffe oder ein anderes gefährliches Werkzeug bei sich führt, um diese bei der Tat zu verwenden, oder
>
> 2. die Tat mit einem anderen Beteiligten gemeinschaftlich begeht oder
>
> 3. der Täter durch eine Gewalttätigkeit den Angegriffenen in die Gefahr des Todes oder einer schweren Gesundheitsschädigung bringt.

1. Darstellung und kritische Bewertung des § 115 StGB-E

Mit Einführung des § 115 StGB-E soll die feindliche Gesinnung des Täters miterfasst werden, da der tätliche Angriff fortan auch ohne Vollstreckungshandlung strafbar sein soll. Der tätliche Angriff, die unmittelbar auf den Körper zielende gewaltsame Einwirkung, muss nicht zu einem Körperverletzungserfolg führen. Dadurch wird der Zeitpunkt für eine Strafbarkeit nach vorne verlagert. Dies soll zur Folge haben, dass Polizisten besser geschützt werden können als durch die bestehenden Körperverletzungstatbestände.[858] Dadurch soll eine Verbesserung des strafrechtlichen Schutzes eintreten und einer Verharmlosung der tätlichen Angriffe auf Vollstreckungsbeamte entgegengewirkt werden.[859] Nach Auffassung des GdP kann das StGB

---

856 Zur Bodycam und zu weiteren präventiven Maßnahmen: *Zöller* ZIS 2015, 445, 454 f.

857 http://www.gdp.de/gdp/gdp.nsf/id/115StGB (Stand: Dezember 2016).

858 http://www.gdp.de/gdp/gdphe.nsf/id/DE_gewalt-gg-polizeibeamte (Stand: Dezember 2016).

859 *Ehresmann* Straftaten gegen Polizeibeamte, S. 286.

durchaus einzelnen Berufsgruppen besonderen Schutz durch Sondertatbestände zukommen lassen. Dies zeige sich bereits in § 316a StGB, welcher Führer eines Kraftfahrzeugs bzw. Mitfahrer besonders schützt. Da die Amtsträgerschaft des Polizeibeamten innerhalb der Amtsdelikte einen besonderen Strafschärfungsgrund darstellt (vgl. Körperverletzung im Amt gemäß § 340 StGB), müsse daher auch ein besonderer strafrechtlicher Schutz anerkannt werden.[860]

Die geplante Forderung nach einem neu zu schaffenden § 115 StGB-E muss jedoch mit Skepsis betrachtet werden. Nach Auffassung der GdP müsse die Strafbarkeit nach vorne verlagert werden, da nur dadurch erreicht werden könne, dass bestehende Strafbarkeitslücken geschlossen werden. Zur Erforderlichkeit des neuen Straftatbestands § 115 StGB-E wird seitens der GdP Folgendes vorgebracht:

> Zur Tatbestandsverwirklichung reicht [...] der gezielte Wurf mit einem Gegenstand aus, der z.B. nicht zu einem Treffer führt. Auch der zielverfehlende Wurf fällt daher als tätlicher Angriff unter die Strafbarkeit des § 115 StGB, wenngleich er mangels Verletzung keine Körperverletzung darstellt. § 115 StGB schützt also die körperliche Unversehrtheit der Kolleginnen und Kollegen besser als die klassischen Körperverletzungsdelikte, da die strafbare Handlung vorverlegt wird und nicht vom Ergebnis abhängt.[861]

Dabei wird aber übersehen, dass der zielverfehlende Wurf mit einem Gegenstand und damit die versuchte Körperverletzung[862] durchaus nach §§ 223 Abs. 2, 22, 23 StGB strafbar sein kann. Darüber hinaus kann, abhängig davon, welcher Gegenstand geworfen wird, auch eine Strafbarkeit gemäß §§ 224 Abs. 1 Nr. 2 Alt. 2, Abs. 2, 22, 23 StGB vorliegen, welche ebenfalls einen Strafrahmen von sechs Monaten bis zu zehn Jahren vorgibt. Strafbarkeitslücken, welche die Einführung des § 115 StGB-E rechtfertigen könnten, liegen somit nicht vor.[863] *Ehresmann* führt im Zusammenhang mit der Einführung des § 115 StGB-E und der bereits bestehenden Versuchsstrafbarkeit von Körperverletzungsdelikten zutreffend aus:

> Die Funktion des § 115 StGB-E kann [...] nicht in der Behebung von Strafbarkeitslücken gesehen werden, sondern allenfalls darin, die in der Öffentlichkeit eher unbekannte Reichweite der Versuchsstrafbarkeit durch Kodifikation eines neuen Tatbestands zu ergänzen.[864]

---

860 http://www.gdp.de/gdp/gdphe.nsf/id/DE_gewalt-gg-polizeibeamte (Stand: Dezember 2016).

861 http://www.gdp.de/gdp/gdphe.nsf/id/DE_gewalt-gg-polizeibeamte (Stand: Dezember 2016).

862 Siehe hierzu BeckOK-StGB/*Eschelbach* § 223 Rn. 37; *Fischer* § 223 Rn. 54.

863 *Ehresmann* Straftaten gegen Polizeibeamte, S. 289 f. (dort ausführlich zum Wurf mit einem Stein und der daraus resultierenden Strafbarkeit).

864 *Ehresmann* Straftaten gegen Polizeibeamte, S. 291.

Ferner werden als Argumentation für die Schaffung des neuen Straftatbestands lediglich die Zahlen der PKS und die eigenen Diensterfahrungen herangezogen.[865] Da die PKS zahlreichen Beschränkungen unterliegt, ist sie zur Untermauerung der zunehmenden Gewalt gegenüber Polizeibeamten wenig geeignet.

Der Argumentation der GdP, dass § 316a StGB bestimmten Personen einen besonderen Schutz zukommen lässt, ist zudem nicht zuzustimmen. Nach dieser Vorschrift sollen Führer eines Kraftfahrzeugs und Mitfahrer „davor bewahrt werden, dass sie wegen einer mit der Teilnahme am Straßenverkehr verbundenen Beeinträchtigung ihrer Schutzmöglichkeiten leichter Opfer von räuberischen Angriffen werden".[866] Eine besondere Berufsgruppe schützt § 316a StGB folglich nicht. Bezweckt werden vielmehr der vorgelagerte Schutz von Eigentum und Vermögen und die Sicherheit des Straßenverkehrs.[867] Der Vergleich mit dieser Vorschrift rechtfertigt also nicht, Polizisten einen besonderen strafrechtlichen Schutz zukommen zu lassen, weil im polizeilichen Berufsalltag gerade keine Beeinträchtigung von Schutzmöglichkeiten besteht. Ferner ist nicht nachvollziehbar, warum Polizisten einen besonderen strafrechtlichen Schutz genießen sollen. Die Einführung des § 115 StGB-E erweckt den Eindruck, dass Straftaten gegenüber Polizisten im Vergleich zu anderen Personen ein erhöhter Unrechtsgehalt innewohnt.

2. *Zwischenergebnis*

Die von der GdP geforderte Einführung des § 115 StGB-E begegnet zahlreichen Bedenken. Die behaupteten Strafbarkeitslücken bestehen bisweilen nicht, der Vergleich mit § 316a StGB hinkt und die Einführung eines neuen Tatbestands wäre mit einer Vielzahl weiterer Gesetzesänderungen verbunden.[868] Die Schaffung eines Tatbestands in der von der GdP vorgeschlagenen Form kann daher nicht die Lösung gegen die angebliche zunehmende körperliche Gewalt gegenüber Polizisten sein.

V. Ergebnis

Die Änderungen des § 113 StGB in Folge des 44. StrÄndG, sowie der Gesetzantrag des Landes Hessen, des Saarlandes und die beabsichtigte Einführung eines neuen § 115 StGB-E zur Verbesserung des Schutzes von Polizisten können insgesamt nicht überzeugen.

Die (geplanten) strafrechtlichen Konsequenzen infolge angeblicher Zunahme der Straftaten gegen Polizeibeamte weisen in mancher Hinsicht dieselben Unzulänglichkeiten auf. Zum einen kann eine Erhöhung des Strafrahmens, mangels präventiven

865 *Ehresmann* Straftaten gegen Polizeibeamte, S. 288.
866 S/S/*Hecker/Sternberg-Lieben* § 316a StGB Rn. 1; z.T. wird die Vorschrift für entbehrlich gehalten (*Jahn* JuS 2014, 1135).
867 BeckOK-StGB/*Feilcke* § 316a Rn. 6; NK-StGB/*Zieschang* § 316a Rn. 10 f.; *Fischer* § 316a Rn. 2.
868 Vgl. hierzu *Ehresmann* Straftaten gegen Polizeibeamte, S. 291 ff.

Abschreckungseffekts, nicht zu einer Verbesserung des Schutzes von Polizisten beitragen. Zum anderen können tatsächlich bestehende Gefahren eine besonders hohe Strafandrohung nicht rechtfertigen.[869] Darüber hinaus werden Polizisten durch bestehende Strafrechtsvorschriften bereits ausreichend geschützt. Insbesondere §§ 223 ff. StGB, §§ 211 ff. StGB, §§ 185 ff. StGB sowie § 240 StGB tragen zu einem umfassenden Schutz bei. Daher kann die Einführung weiterer Strafvorschriften nicht mit dem Argument bestehender Strafbarkeitslücken begründet werden. Die einseitige Erhöhung des Strafrahmens bei Gewalttaten gegenüber Polizisten und der dadurch bedingte Machtausbau der Polizei[870] könnten ferner dazu führen, dass sich das angespannte Verhältnis zwischen Polizei und Bürger weiter verschärft. Dies wiederum könnte zur Folge haben, dass es vermehrt zu Angriffen gegen Polizisten kommt und somit eine Strafrahmenerhöhung gerade nicht zur Eindämmung der körperlichen Angriffe gegenüber Polizeibeamten beitragen kann. Zudem birgt eine einseitige Strafrahmenerhöhung verfassungsrechtliche Probleme in sich; insbesondere Art. 3 Abs. 1 GG bereitet Schwierigkeiten. Ein vernünftiger Grund, der eine Ungleichbehandlung von Angriffen auf Polizisten und anderen Personen rechtfertigen könnte, ist nicht ersichtlich. Angriffen auf Polizeibeamte und andere Einsatzkräfte haftet kein größeres Unrecht an als Angriffen auf andere Personen. Durch die Schaffung von Sondertatbeständen entsteht daher auch die Gefahr der Begründung eines „Zweiklassenstrafrechts".[871]

§ 4 Verbesserte Eigensicherung durch Bodycams als Präventivmaßnahme gegen Gewalt gegenüber Polizeibeamten

Auch wenn auf Grundlage des ausgewerteten Datenmaterials eine kontinuierliche Zunahme der Gewalt gegenüber Polizisten nicht festgestellt werden konnte, ist dennoch jeder Angriff auf die körperliche Unversehrtheit bzw. das Leben ein Angriff zu viel. Mangels Abschreckungseffekts ist das Strafrecht nicht in der Lage, den Täter von einer Straftatenbegehung abzuhalten.

Da es eine Vielzahl präventiver Möglichkeiten gibt, Gewalt gegenüber Polizisten zu verhindern bzw. einzudämmen – beispielsweise die Verbesserung der Basisübungen zur Bewältigung von Gefahrensituationen, die Verbesserung der Informationserhebung im Vorfeld eines polizeilichen Einsatzes und eine deeskalierende Kommunikation mit dem polizeilichen Gegenüber[872] – , diesbezügliche Ausführungen aber den Rahmen der Arbeit sprengen würden, soll im Folgenden die Eigensicherung durch Bodycams auf ihre Tauglichkeit untersucht werden.

869 So auch *Braun/Albrecht* DÖV 2015, 937, 945 m.w.N.

870 *Braun/Albrecht* DÖV 2015, 937, 945.

871 *Stadler* ZRP 2010, 157; *Ehresmann* Straftaten gegen Polizeibeamte, S. 371.

872 Ausführlich hierzu *Hermanutz/Grünbaum/Spöcker* in: Gewalt gegen Polizisten, S. 77 ff.

I. Bodycam als geeignetes Mittel zur Eindämmung der Gewalt gegenüber Polizisten?

Nachfolgend wird der Frage nachgegangen, ob Bodycams ein geeignetes, präventives Mittel darstellen können, um die Gewalt gegenüber Polizisten zu verhindern oder einzudämmen.

1. *Offene Beobachtung*

Herkömmliche Videoüberwachungssysteme können durchaus eine abschreckende Wirkung entfalten, mit der Folge, dass potentielle Straftäter von der Straftatenbegehung Abstand nehmen.[873] Voraussetzung hierfür ist jedoch, dass sie Kenntnis von der Videoüberwachung haben, da nur in diesen Fällen eine Abwägung zwischen den Kosten und Nutzen möglich ist. Daher ist ein deutlicher Hinweis der Überwachung mittels Bodycams unverzichtbare Voraussetzung für einen Abschreckungseffekt (sog. *offene Videoüberwachung*). Nicht nur der unmittelbar Betroffene muss auf die Überwachung hingewiesen werden; auch unbeteiligten Dritten gegenüber, welche sich im Aufnahmebereich befinden, muss die Videoaufnahme kenntlich gemacht werden, damit sie dieses Areal verlassen können. In sämtlichen Bundesländern erfolgt ein Bodycam-Einsatz offen. Zum Teil tragen die filmenden Polizisten entsprechende Westen mit der Aufschrift „Videoüberwachung" und zum Teil weisen sie mündlich auf die Aufnahme hin.[874] Hinsichtlich der präventiven Wirkung in Form der Gefahrenabwehr und der daraus resultierenden Straftatenverhütung unterscheidet sich die Bodycam nicht von anderen (ortsfesten) Videoüberwachungssystemen. Nach der Theorie der objektiven Selbstaufmerksamkeit können Kameras den Effekt einer „Selbstdisziplinierung des Beobachteten"[875] haben. Entsprechend führt *Ackerschott* aus:

> Das Vorhandensein etwa von Spiegeln, Kameras oder anderen Anzeichen einer möglichen Überwachung bewegt Personen hingegen dazu ihre Aufmerksamkeit vermehrt auf sich selbst zu richten. Eine solche Person nimmt sich als Objekt war [sic.] und

---

873 *Held* Intelligente Videoüberwachung, S. 42; Prävention als vorrangiges Ziel der Videoüberwachung (*Kreutzträger/Osterholz* in: Sicherheitsdiskurse, S. 91); *Lang* Private Videoüberwachung, S. 78 ff.

874 Zum generellen Erfordernis eines Hinweises: *Kipker/Gärtner* NJW 2015, 296, 299; zum Problem einer bloßen Aufschrift siehe Ausführungen zur „Hinweispflicht nach § 6b Abs. 2 BDSG" S. 429 ff.; zur tatsächlichen Umsetzung siehe: http://www.hamburg.de/polizei/4536618/bodycams-pilotphase/ (Stand: Dezember 2016) und http://www.polizeipraxis.de/nc/themen/waffen-und-geraetetechnik/detailansicht-waffen-und-geraetetechnik/artikel/body-cam-eine-erfolgsgeschichte-nimmt-ihren-lauf.html?tx_ttnews%5BsViewPointer%5D=1 (Stand: Dezember 2016).

875 *Ackerschott* in: Kameras gegen Gewalt, S. 44, 46 (nach der sog. *Kontrolltheorie* erhöht die mangelnde Selbstkontrolle zwar kriminelles Verhalten, ist hierfür aber kein Muss); *Leopold* in: Innere Sicherheit als Gefahr, S. 192.

reflektiert in verstärktem Maße ihr Handeln im Vergleich zu geltenden Normen und Standards. Dieses wiederum führt zu einer Verhaltensanpassung (Selbstdisziplinierung) des beobachteten Individuums an (vermeintlich) sozial erwünschtem Verhalten.[876]

2. *Fehlende Selbstdisziplinierung bei irrational handelnden Personen*

Eine Selbstdisziplinierung und eine daraus resultierende Verhaltensanpassung an sozial erwünschtes Verhalten können aber dann nicht mehr erreicht werden, wenn es sich um betrunkene Personen handelt, Personen die unter Drogeneinfluss stehen oder solchen Personen, die sich in einem Ausnahmezustand befinden. In all diesen Fällen wird es dem potentiellen Täter nicht mehr möglich sein, situationsbedingt zwischen Kosten und Nutzen seiner kriminellen Handlung abzuwägen. Diese Personen handeln irrational, mit der Folge, dass Kameras keine abschreckende Wirkung entfalten können. Und genau bei diesen, sich im Ausnahmezustand befindlichen Personen, zeigt sich ein Schwachpunkt der Bodycam. Bodycams in Hamburg sollten vorerst lediglich auf der Hamburger Partymeile auf St. Pauli und nur am Wochenende zum Einsatz kommen, da dort erfahrungsgemäß zahlreiche Personen feiern, der Alkoholpegel steigt und es zu körperlichen Auseinandersetzungen kommt.[877] Auch in Hessen kam die Bodycam zunächst im Kneipenviertel Alt-Sachsenhausen zum Einsatz, dort wo betrunkene Passanten die Stimmung kippen lassen können.[878] Gerade in diesen bevorzugten Einsatzgebieten werden Bodycams aber nicht mehr den erwünschten Abschreckungseffekt von Videoüberwachungsmaßnahmen erzielen können. Solange aber Bodycams lediglich in Bereichen eingesetzt werden, in denen betrunkene Personen überwacht werden sollen, muss man sich die enthemmende Wirkung von Alkohol ins Gedächtnis rufen. Durch Tierexperimente konnte nachgewiesen werden, dass durch Alkoholkonsum bestimmte Neurotransmitter[879] vermehrt ausgeschüttet werden, die das Verhalten beeinflussen. Der Botenstoff Gammaaminobuttersäure[880] hemmt die Erregbarkeit des präfrontalen Kortex, was zu Einbußen der Emotions- und Verhaltenskontrolle führen kann.[881] Bereits in den 1960er Jahren führte *Stührmann* zur enthemmenden Wirkung von Alkohol,

876 *Ackerschott* in: Kameras gegen Gewalt, S. 45.

877 http://www.welt.de/regionales/hamburg/article142738735/Auf-der-Reeperbahn-filmen-die-Polizisten-jetzt-zurueck.html (Stand: Dezember 2016); http://www.hamburg.de/polizei/4536618/bodycams-pilotphase/ (Stand: Dezember 2016)

878 https://innen.hessen.de/presse/pressemitteilung/innenminister-boris-rhein-bodycam-verhindert-gewalt-gegen-polizeibeamte (Stand: Dezember 2016).

879 Neurotransmitter: Neurogen gebildete Substanzen, die bei der Erregungsübertragung in den synaptischen Spalt freigesetzt werden und die Erregungsweiterleitung bewirken (Duden, S. 542).

880 Gammaaminobuttersäure (Abk.: GABA): Im Organismus gebildete Substanz, die die Synapsen im Gehirn blockiert (Duden, S. 311).

881 Vgl. nur http://www.spiegel.de/wissenschaft/mensch/alkohol-kann-enthemmen-und-aggressiv-machen-a-835028-2.html (Stand: Dezember 2016).

insbesondere im Zusammenhang mit dem Widerstand gegen die Staatsgewalt, folgendermaßen aus:

> Die „seelische und körperliche Euphorie des Trinkers“ führt sehr oft zu anderem Verhalten als in nüchternem Zustand, und dies drückt sich dann regelmäßig in der in den Akten zu findenden Bemerkung aus, nüchtern hätte man eine solche Tat nicht begangen. [...] Schließlich führten auch frühere persönliche Auseinandersetzungen mit den betreffenden Beamten unter den enthemmenden Wirkungen des Alkohols zu Schimpfereien und Widerstandstaten.[882]

Einbußen der Emotions- und Verhaltenskontrolle aufgrund übermäßigen Alkoholkonsums können dazu führen, dass der Täter nicht mehr rational über sein (kriminelles) Handeln nachdenkt und es zu impulsiven und unvorhersehbaren Kurzschlusshandlungen kommt.[883] Geht man davon aus, dass in diesen Fällen die Verhaltensweise nicht mehr einem rationalen Kalkül unterliegt, muss der Bodycam, wie den herkömmlichen Überwachungssystemen, eine abschreckende Wirkung abgesprochen werden.

3. *Mangel an aussagekräftigem Datenmaterial*

Aussagekräftiges Datenmaterial zur Eindämmung der Gewalt gegen Polizisten durch Bodycams gibt es bislang nicht. Im Stadtteil Alt-Sachsenhausen ging nach Beginn des Pilotprojekts die Zahl der Angriff auf Polizeibeamte innerhalb eines halben Jahres von 27 auf 20 Fälle zurück.[884] Auch der Abschlussbericht über die Erfahrungen des Einsatzes der „mobilen Videoüberwachung“ v. 1.10.2014 scheint zunächst vielversprechend: Im Betrachtungszeitraum v. 27.5.2013 bis zum 26.5.2014 kam es an insgesamt 91 Tagen zu einem tatsächlichen Einsatz von Bodycams. In diesem Zeitraum verringerte sich die Zahl der Widerstände von 40 auf 35 Fälle. Es kann sogar ein Rückgang auf 25 Fälle verzeichnet werden, wenn die Widerstandshandlungen gegen Kräfte des Regeldienstes nicht berücksichtigt werden, die außerhalb der Einsatzmaßnahmen betroffen waren.[885] Auch wenn man einen Rückgang von 40 auf 35 bzw. 25 Fälle als positiv werten mag, so stellt sich die Lage ambivalent dar, wenn die einzelnen Widerstandshandlungen im Detail betrachtet werden. Die einzelnen Widerstandshandlungen lassen sich wie folgt aufteilen:

---

882 *Stührmann* Widerstand gegen die Staatsgewalt, S. 42.

883 *Ohlemacher/Schacht u.a.* Gewalt gegen Polizeibeamte, S. 81.

884 https://innen.hessen.de/presse/pressemitteilung/ehrung-fuer-erfinder-der-hessischen-body-cam (Stand: Dezember 2016).

885 Abschlussbericht über die Erfahrungen des Einsatzes der mobilen Videoüberwachung gemäß § 14 Abs. 6 HSOG im Rahmen der Maßnahmen „Alt-Sachsenhausen“ sowie im Bereich des 1. Polizeireviers des Polizeipräsidiums Frankfurt am Main (SH LT-Umdruck 18/3586, S. 5 f.).

- drei Angriffe auf Beamte, die die „Body-Cam“ führten[886]
- sieben Widerstandshandlungen gegen Einsatzkräfte mit „Body-Cam“ im Einsatz
- sieben niedrigschwellige, „passive“ Widerstände mit „Body-Cam“ im Einsatz
- acht Widerstände gegen Einsatzkräfte, ohne dass eine „Body-Cam“ im Einsatz war
- zehn Widerstände gegen Kräfte des Regeldienstes (ohne direkten Bezug zu den Maßnahmen „Alt-Sachsenhausen“ und ohne „Body-Cam“)[887]

Lässt man die zehn Widerstandshandlungen gegen die Kräfte des Regeldienstes ohne direkten Bezug zu den Maßnahmen „Alt-Sachsenhausen“ außer Betracht, so mussten insgesamt 17 aktive bzw. passive Widerstandshandlungen bzw. Angriffe auf Polizeibeamte, welche einen Bezug zur Bodycam hatten, verzeichnet werden. Im Gegensatz dazu fanden lediglich acht Widerstandshandlungen gegen Einsatzkräfte statt, welche keine Bodycam im Einsatz hatten. Auch wenn hier die zehn Widerstände gegen Einsatzkräfte ohne Bezug zu den Maßnahmen „Alt-Sachsenhausen“ und ohne Verwendung von Bodycams hinzugerechnet werden, ergeben sich insgesamt 18 Widerstandshandlungen. Unverständlich ist, wie bei diesem Zahlenmaterial davon gesprochen werden kann, dass sich der Einsatz der „mobilen Videoüberwachung“ im Rahmen der Maßnahmen „Alt-Sachsenhausen“ im vollen Umfang bewährt habe.[888] Aufgrund der „positiven“ Erfahrungen in Alt-Sachsenhausen wurde der Bodycam-Einsatz auf das 1. Polizeirevier in der Innenstadt von Frankfurt a.M. ausgeweitet.[889] Im Betrachtungszeitraum v. 1.12.2013 bis zum 31.5.2014 kam es an 42 Tagen zum Einsatz der Bodycam. Tatsächlich erhöhte sich im Betrachtungszeitraum die Anzahl Widerstände im Vorjahresvergleich von 26 auf 27 Fälle, wobei sich jedoch lediglich eine Widerstandshandlung gegen einen Polizisten mit Bodycam richtete.[890]

---

886 Dies könnte sogar für einen Eskalationsfaktor „Bodycam“ sprechen (*Plöse/Eick* in: Grundrechte-Report 2016, S. 59).

887 Abschlussbericht über die Erfahrungen des Einsatzes der mobilen Videoüberwachung gemäß § 14 Abs. 6 HSOG im Rahmen der Maßnahmen „Alt-Sachsenhausen“ sowie im Bereich des 1. Polizeireviers des Polizeipräsidiums Frankfurt am Main (SH LT-Umdruck 18/3586, S. 6).

888 Abschlussbericht über die Erfahrungen des Einsatzes der mobilen Videoüberwachung gemäß § 14 Abs. 6 HSOG im Rahmen der Maßnahmen „Alt-Sachsenhausen“ sowie im Bereich des 1. Polizeireviers des Polizeipräsidiums Frankfurt am Main (SH LT-Umdruck 18/3586, S. 9); zu berücksichtigen ist jedoch, dass die Streifen jeweils zu dritt und nicht nur zu zweit unterwegs waren, sodass der Rückgang der Angriffe und Widerstandshandlungen auch auf diesen Umstand zurückgeführt werden könnte (*Plöse/Eick* in: Grundrechte-Report 2016, S. 59).

889 Vgl. zum Zuständigkeitsgebiet: Abschlussbericht über die Erfahrungen des Einsatzes der mobilen Videoüberwachung gemäß § 14 Abs. 6 HSOG im Rahmen der Maßnahmen „Alt-Sachsenhausen“ sowie im Bereich des 1. Polizeireviers des Polizeipräsidiums Frankfurt am Main (SH LT-Umdruck 18/3586, S. 6).

890 Abschlussbericht über die Erfahrungen des Einsatzes der mobilen Videoüberwachung gemäß § 14 Abs. 6 HSOG im Rahmen der Maßnahmen „Alt-Sachsenhausen“

Dieser Umstand ändert zunächst jedoch nichts an dem tatsächlichen Anstieg der Widerstandshandlungen.

Insgesamt lässt sich festhalten, dass solche Zahlen bei Weitem nicht ausreichen, um von einem Erfolg der Bodycam im Kampf gegen die Gewalt gegenüber Polizisten sprechen zu können.[891] Vielmehr steht ebenfalls nicht fest, ob die Eindämmung tatsächlich auf den Einsatz der Bodycam zurückgeführt werden kann oder andere Gründe hierfür (zusätzlich) verantwortlich sind.

II. Ergebnis

Bodycams kann tendenziell eine abschreckende und somit präventive Wirkung hinsichtlich einer Eindämmung der Gewalt *gegenüber* Polizeibeamten, zugeschrieben werden:[892]

> Der Einsatz von Body-Cams zum Zwecke der Eigensicherung von Beamten erscheint als geeignete und erforderliche Maßnahme – diese Ansicht hat sich bei der überwiegenden Zahl der Länder durchgesetzt. Es ist daher folgerichtig, dass die moderne Videotechnik im Rahmen von Erprobungsversuchen Einzug in den polizeilichen Alltag hält. Abzuwarten bleibt jedoch, ob empirisch belegt werden kann, dass die Körperkameras tatsächlich zu einem Rückgang der Gewalt gegen Polizeibeamte beitragen.[893]

Aufgrund der enthemmenden Wirkung von Alkohol und einer daraus resultierenden Einschränkung der Verhaltens- und Emotionskontrolle muss der Abschreckungseffekt bei betrunkenen Personen jedoch mit Vorsicht betrachtet werden. Prinzipiell können Bodycams eine Maßnahmen darstellen, um körperliche Angriffe gegenüber Polizisten zu verhindern. Dies kann aber nur solange gelten, als der Gefilmte rational Kosten und Nutzen seiner kriminellen Handlung abwägen kann.

§ 5 Zusammenfassung

Das Thema „Gewalt gegen Polizisten“ stellt sich als „massenmedialer Dauerbrenner“ dar und wird hitzig diskutiert. Erst Anfang 2016 forderte Bundesinnenminister *de Maizière* mehr Respekt für Beschäftigte des öffentlichen Dienstes. Die Gewalt gegen Polizisten und Rettungskräfte nehme zu. Zudem seien Mitarbeiter in Ämtern sehr häufig mit Beschimpfungen und Pöbeleien konfrontiert. Auch gebe es immer wieder dramatische Fälle von schweren Körperverletzungen und Tötungen von

---

sowie im Bereich des 1. Polizeireviers des Polizeipräsidiums Frankfurt am Main (SH LT-Umdruck 18/3586, S. 7 f.).

891 So auch *Plöse/Eick* in: Grundrechte-Report 2016, S. 59.

892 Auch nach *Braun* und *Albrecht* erscheint eine Dokumentation von Polizeieinsätzen mit Videotechnik sinnvoll (*Braun/Albrecht* DÖV 2015, 937, 945).

893 *Parma* DÖV 2016, 809, 818.

Beamten.[894] Im 3. Kapitel musste daher der Frage nachgegangen werden, ob eine derartige Leidenschaft für diese Thematik gerechtfertigt ist.

Zum einen ist es nicht von der Hand zu weisen, dass einige Statistiken eine geringe Zunahme der Gewalt gegen Polizisten ausweisen. Wissenschaftlich konnte bis dato aber nicht hinreichend belegt werden, dass die Gewalt gegenüber der Polizei permanent steige.[895] In die PKS wurde zwar 2011 das „Geschädigtenspezifik: Beruf/ Tätigkeit" eingeführt, wonach erstmals ein Vergleich der Daten der an Polizeivollzugsbeamten begangenen Straftaten erfolgen kann. Jedoch ergaben sich aus dem vorhandenen Zahlenmaterial weitgehend konstante Zahlen. Ein Anstieg der Gewalttaten gegen Polizisten kann daraus nicht abgeleitet werden. Das wesentliche Problem der Statistik des Kriminologischen Forschungsinstituts Niedersachen e.V. (2010), welche auf den statistischen Erkenntnissen der PKS basiert, ist, dass die Vorfälle frei von jeder strafrechtlichen Betrachtung untersucht worden sind.[896] Es werden Handlungen unter den „Gewaltbegriff" subsumiert, die dem strafrechtlichen Gewaltbegriff hingegen nicht zugeordnet werden könnten. Des Weiteren ergeben sich, nicht nur bei der Statistik des Kriminologischen Forschungsinstituts, sondern auch bei der PKS zahlreiche Faktoren, die eine Statistik verfälschen können. Insbesondere die einmalige Erhebung im Rahmen der KFN-Statistik führt zu einer nicht unerheblichen Verzerrung der Gewalt gegen Polizisten. Die PKS leidet an zahlreichen Mängeln, welche dazu führen, dass eine Abbildung der tatsächlichen Gewalt gegen Polizisten nur angedeutet werden kann. Betrachtet man sämtliche Statistiken zu dem Themenkomplex „Gewalt gegen Polizisten", so muss man feststellen, dass dieser in den Medien viel zu hitzig und leidenschaftlich dargestellt und diskutiert wird, obwohl kein hinreichender Beweis für eine Zunahme der Gewalt gegen Polizisten und somit für ein erhöhtes Schutzbedürfnis geliefert werden kann.[897]

Es kann nicht vollständig widerlegt werden, dass die Hemmschwelle, Gewalt gegen Polizeibeamte anzuwenden, in den letzten Jahren gesunken ist und diese vermehrt der Gefahr ausgesetzt sind, Opfer eines Angriffs zu werden.[898] Jedoch konnte auch feststellt werden, dass eine kontinuierliche Sensibilisierung hinsichtlich der Gewaltwahrnehmung stattgefunden hat. Auch Polizisten haben ein subjektives Empfinden dahingehend entwickelt, dass eine Zunahme der Gewalt gegen sie zunimmt.[899] Mittlerweile werden Handlungen als Gewalt interpretiert, welche noch vor wenigen Jahren nicht als Gewalt angesehen worden sind.

Sämtliche bisherigen Vorschläge zur Schaffung neuer Straftatbestände, welche Polizeibeamte besonders schützen sollen, sind nicht effektiv genug. Auf der einen

---

894 http://www.spiegel.de/politik/deutschland/de-maiziere-beklagt-gewalt-gegen-polizisten-a-1085505.html (Stand: Dezember 2016).

895 *Schulz* in: Kriminalitätsbekämpfung, S. 274; *Puschke* NK 2014, 28, 39.

896 Vgl. zu den Defiziten der bisher vorhandenen Arbeiten in Bezug auf Straftaten gegen Polizeibeamte: *Ehresmann* Straftaten gegen Polizeibeamte, S. 22 ff.

897 Ebenso *Ehresmann* Straftaten gegen Polizeibeamte, S. 142, 158.

898 So jedenfalls BT-Drs. 17/4143 v. 8.12.2010, S. 6.

899 *Hunecke* KritV 2014, 267, 287.

Seite suggerieren sie lediglich einen besonderen Schutz. Auf der anderen Seite entsteht durch die Einführung neuer Tatbestände der Eindruck, dass den Straftaten gegen Polizeibeamten ein besonderes Unrecht innewohne und körperliche Unversehrtheit von Polizisten schützenswerter sei als die von „Normalbürgern". Ferner werden auch Straftaten gegenüber Polizeibeamten durch die bestehenden Strafvorschriften ausreichend unter Strafe gestellt.

Anstatt auf Straftaten gegen Polizeibeamte mit dem Strafrecht – welches eigentlich „ultima ratio" darstellen sollte[900] – zu reagieren, sollten vielmehr Maßnahmen im präventiven Bereich ausgebaut werden. Deeskalationsschulungen und die Verbesserung der Ausstattung durch die bundesweite Einführung von Bodycams sind nur zwei Beispiele, die dazu beitragen können, dass die Zahl an Gewalttaten gegen Polizeibeamte in Zukunft sinkt.[901] Vor allem bei der Einführung der Bodycam muss aber beachtet werden, dass diese kein Allheilmittel im Kampf gegen die Gewalt gegenüber Polizisten ist. Insbesondere bei betrunkenen Tätern und solchen Personen, die sich in einem Ausnahmezustand befinden, wird auch die Bodycam an ihre Grenzen stoßen.

900 *„Nicht allem, was sozial unerwünscht ist, darf somit mit den Mitteln des Strafrechts begegnet werden"* (*Zöller* ZIS 2015, 445, 448); BVerfG, Urt. v. 25.2.1975 – 1 BvF 1 – 6/74 = NJW 1975, 573, 584.

901 Auch *Stadler* zufolge sollen die Anstrengungen im präventiven Bereich verstärkt werden (*Stadler* ZRP 2010, 157, 158); *Hermanutz/Grünbaum/Spöcker* in: Gewalt gegen Polizisten, S. 78 ff.

4. Kapitel: Unrechtmäßige Gewaltanwendung *durch* Polizeibeamte (sog. Polizeigewalt)

Wer Polizisten mit einem Messer angreift, muss damit rechnen, erschossen zu werden.[902]

Während im 3. Kapitel der Schwerpunkt auf der körperlichen Gewalt gegen Polizeibeamte lag, widmet sich das 4. Kapitel der unrechtmäßigen Gewaltanwendung durch Polizeibeamte, der sog. *Polizeigewalt.*

> Eine strikte Trennung nach Akteuren bei der Annäherung an die Frage, welche Rolle individuelle Gewalt in der Beziehung zwischen Polizei und Publikum spielt, wäre nicht nur schwierig, sondern geradezu widersinnig.[903]

Die Frage, woher die Polizei ihre Legitimation zur rechtmäßigen Gewaltanwendung ableitet und was unter dem Terminus „unrechtmäßige Polizeigewalt" verstanden wird, bedarf ebenso einer Untersuchung wie die Gründe für das Überschreiten der Grenze zur illegitimen polizeilichen Gewaltanwendung. Auch die Strafverfolgung rechtswidriger Polizeigewalt ist Gegenstand nachfolgender Ausführungen. Abschließend werden Maßnahmen gegen Polizeigewalt aufgezeigt, wobei unter anderem die Effektivität der Bodycam untersucht werden soll.

§ 1 Einführung

Von unrechtmäßiger polizeilicher Gewaltanwendung wird in der Regel bei geschlossenen Polizeieinsätzen bzw. bei Ingewahrsamnahmen berichtet.[904] Bevor die Polizeigewalt definiert wird, sollen zunächst einige kurze Fälle den Themenkomplex „unrechtmäßige Gewaltanwendung durch Polizeibeamte" veranschaulichen.[905]

Die rechtswidrige Gewaltanwendung durch Polizeibeamte ist vermehrt in den (medialen) Fokus gerückt, was vor allem dem Umstand „aufsehenerregender Einzelfälle"[906] wie den Folgenden geschuldet ist: Der Fall Teresa Z. in München[907] und der

---

902 Bei *Luczak* in: Grundrechte-Report 2014, S. 167.

903 *Fürmetz* in: Polizei, Gewalt und Staat, S. 132.

904 Vgl. *Braun/Albrecht* DÖV 2015, 937, 943.

905 Weitere Beispiele für rechtswidriges Polizeiverhalten: *Schulz* in: Kriminalitätsbekämpfung, S. 275; Fallbeispiele bei *Lindenberger* in: Polizei, Gewalt und Staat, S. 206 ff.

906 *Singelnstein* MschrKrim 2003, 1.

907 http://www.spiegel.de/panorama/justiz/falll-teresa-z-muenchner-polizist-zu-bewaehrungsstrafe-verurteilt-a-915179.html (Stand: Dezember 2016).

Fall des früheren Polizeichefs von Rosenheim[908] erregten nicht nur regional die Aufmerksamkeit. Die Übergriffe des Ex-Polizeichefs von Rosenheim und die Übergriffe im Polizeigewahrsam der Münchner Au haben die Rufe nach einer neuen Fehlerkultur lauter werden lassen. In beiden Fällen haben Polizeibeamte exzessiv Gewalt angewandt. Im Fall von Teresa Z. hat der Polizist Frank W. im Januar 2013 dem gefesselten Opfer mindestens einmal ins Gesicht geschlagen und ihm dabei Nasenbein und Augenhöhle gebrochen.[909] Im zweiten Fall, der sich im Herbst 2011 ereignete, verpasste der ehemalige Polizeichef einem 15 Jahre alten Schüler eine Ohrfeige.[910] Außerdem stieß er den Kopf des gefesselten Jungen mindestens zweimal gegen die Wand, wobei der Jugendliche eine Platzwunde an der Lippe davon trug. Zudem wurden mehrere Zähne beschädigt.

Ein weiteres Beispiel für Polizeigewalt innerhalb der Polizeiorganisation ist der Fall um den Tod von Oury Jalloh.[911] Das Opfer verbrannte, mit Händen und Füßen an eine Matratze gefesselt, am 7.1.2005 in einer Zelle des Gewahrsamstrakts der Dessauer Polizei. Das Verfahren um den Tod von Oury Jalloh ist ein Besonderes: Die Gerichte mussten nicht über aktive Gewaltausübung entscheiden, sondern darüber, inwieweit ein Nichteinschreiten der Polizisten strafwürdig ist. Das Verfahren gegen die beiden Polizisten endete wie viele Prozesse, in denen Polizisten zum Objekt der Anklage gemacht werden:[912] Das LG Dessau hat die beiden Polizisten vom Vorwurf der Körperverletzung mit Todesfolge bzw. der fahrlässigen Tötung freigesprochen.[913] Wie in der Sache Oury Jalloh ist es häufig so, dass zunächst keine gewaltförmigen Drohungen oder konkrete, unmittelbare körperliche Angriffe durch das polizeiliche Gegenüber vorliegen. Erst bei Eintreffen der Polizei kommt es zur Gewalt, nicht selten – so *Narr* – zur polizeilichen Gewalt[914] und schließlich zum Freispruch der Polizisten durch die Justiz.[915]

---

908 http://www.faz.net/aktuell/gesellschaft/kriminalitaet/landgericht-traunstein-gewalttaetiger-polizeichef-zu-bewaehrungsstrafe-verurteilt-11973682.html (Stand: Dezember 2016).

909 http://www.sueddeutsche.de/bayern/polizeigewalt-bei-einsaetzen-platzwunden-prellungen-schuesse-1.1294594 (Stand: Dezember 2016).

910 Ein weiterer Tatsachenbericht über Ohrfeigen auf dem Polizeirevier: *Kolmer* Die Polizei 1994, 306 ff.

911 Umfassend dazu: *Narr* Bürgerrechte & Polizei 2009, 73 ff.; *Amnesty International* Täter unbekannt, S. 25 ff.; vgl. auch *Schiemann* NJW 2015, 20.

912 Zur Strafverfolgungspraxis der Staatsanwaltschaften bei rechtswidriger Gewaltanwendung durch Polizeibeamte: *Singelnstein* NK 2014, 15, 17 ff.

913 Gekippt wurde das Urt. erst im Revisionsverfahren. Der Dienstgruppenleiter wurde wegen fahrlässiger Tötung vom LG Magdeburg zu einer Geldstrafe i.H.v. 120 Tagessätzen à 90 Euro verurteilt. Das Urt. wurde vom BGH bestätigt (BGH, Urt. v. 4.9.2014 – 4 StR 473/13 = NJW 2015, 96).

914 *Narr* Bürgerrechte & Polizei 2009, 73, 75.

915 *Narr* Bürgerrechte & Polizei 2009, 73, 78.

Des Weiteren kann ein tödlicher Verlauf eines polizeilichen Einsatzes aus einer alltäglichen Situation resultieren, wie im Regensburger Fall Tennessee Eisenberg vom 30.4.2009. Der Student wurde, nachdem er die Polizisten mit einem Messer bedroht hatte von zwölf Kugeln in Arme, Beine, in die Lunge und in die Herzgegend getroffen.[916] Die rechtlichen Folgen für die beteiligten Polizisten waren gering. Das Verfahren wurde eingestellt. Die Polizisten seien befugt gewesen, sich in der genannten Art und Weise zu verteidigen. Daraufhin legten die Anwälte der Familie Beschwerde bei der Generalstaatsanwaltschaft beim OLG Nürnberg ein.[917] Diese wurde abgewiesen. Ein Klageerzwingungsantrag wurde mangels hinreichenden Tatverdachts am 19.10.2010 ebenfalls durch das OLG Nürnberg als unbegründet verworfen.[918] Eine Verfassungsbeschwerde der Eltern Eisenbergs wurde nicht zur Entscheidung angenommen. Dem BVerfG zufolge hat sich das OLG „mit dem Tatgeschehen, soweit es rekonstruierbar war, detailliert auseinandergesetzt. Dabei sind weder lückenhafte noch tendenziöse, auf die Schonung der beschuldigten Hoheitsträger ausgerichtete Vorermittlungen erkennbar geworden".[919]

Es sind vor allem eskalierende Routineeinsätze dieser Art, in denen die Polizisten zur Waffe greifen.[920]

> Polizeiliche Gewaltausübung ist nun mal nicht schön, sondern brutal. Das liegt in der Natur der Sache.[921]

Klingt diese Aussage einer Rechtsanwältin nur auf den ersten Blick skandalös und ist (unrechtmäßige) polizeiliche Gewalt im Polizeiberuf unabdingbar? Bevor diese Frage beantwortet werden kann, muss zunächst der Begriff der Polizeigewalt definiert und deren Häufigkeit anhand von Statistiken dargelegt werden.

§ 2 Definition der Polizeigewalt

> Jedes Ausüben von Macht impliziert auch die Gefahr des Machtmissbrauchs und nicht alles, was legal ist, ist auch legitim.[922]

---

916 *Lüdtke/Sturm* in: Polizei, Gewalt und Staat, S. 9 ff; Zusammenfassung eskalierender Polizeieinsätze in Bayern, darunter auch der Fall Tennessee Eisenberg, http://www.sueddeutsche.de/bayern/polizeigewalt-bei-einsaetzen-platzwunden-prellungen-schuesse-1.1294594 (Stand: Dezember 2016).

917 Presseerklärung zur Beschwerdebegründung v. 25.2.2010, http://www.regensburg-digital.de/wp-content/uploads/2010/02/25/6834/Presseerklärung-Eisenberg.pdf (Stand: Dezember 2016).

918 OLG Nürnberg, Beschl. v. 19.10.2010 – 2 Ws 227/10.

919 BVerfG, Beschl. v. 26.6.2014 – 2 BvR 2699/10.

920 *Lüdtke/Sturm* in: Polizei, Gewalt und Staat, S. 10.

921 Aussage einer Anwältin eines Kölner Polizisten, der sich wegen Körperverletzung mit Todesfolge zu verantworten hatte (bei *Sturm* in: Polizei, Gewalt und Staat, S. 326).

922 *Schulz* in: Kriminalitätsbekämpfung, S. 273.

Bevor näher auf den Begriff der Polizeigewalt eingegangen wird, müssen an dieser Stelle bereits folgende Punkte verdeutlicht werden: Hinsichtlich des polizeilichen Gewaltbegriffs geht es vorliegend weniger um das rechtmäßige Polizeihandeln an sich,[923] als um das Übermaß, das Überschreiten[924] und den Fehlgebrauch bzw. den Missbrauch dieser Staatsgewalt.[925] Die von *Benjamin* aufgeworfene Diskussion, ob Gewalt überhaupt, als Prinzip, selbst als Mittel zu gerechten Zwecken sittlich ist,[926] ist ebenfalls nicht Gegenstand der folgenden Ausführungen. Stattdessen wird die Polizeigewalt als Missbrauch der Staatsgewalt im Fokus stehen. In der deutschen Polizeiforschung[927] wird die rechtswidrige Gewaltanwendung durch Polizisten häufig unter dem Aspekt der Fremdenfeindlichkeit analysiert.[928] Auf eine Darstellung des Zusammenhangs zwischen rassistischer Diskriminierung und illegitimer Polizeigewalt soll in dieser Arbeit verzichtet werden.[929] Aspekte wie Geschlecht, ethnische Zugehörigkeit, sexuelle Orientierung, Behinderung oder Alter werden ausgeklammert. Vielmehr geht es in diesem Abschnitt allein um das generelle Überschreiten der Staatsgewalt.

I. Der polizeiliche Gewaltbegriff

Der Begriff „Polizeigewalt“ meint grundsätzlich zwei verschiedene Formen der Gewalt durch Polizeibeamte. Auf der einen Seite ist damit die rechtmäßige Ausübung der Staatsgewalt innerhalb der gesetzlichen Befugnisse gemeint,[930] also die Gewalt im Sinne der potestas. Auch die Anwendung des unmittelbaren Zwangs kann darunter subsumiert werden. Legitimiert zur Anwendung der „potestas“ sind nicht nur Polizei, sondern auch Heer, Strafvollzug, Verwaltungs- und gerichtliche Zwangsvollstreckung.[931] Auf der anderen Seite bezeichnet die Polizeigewalt unrechtmäßige, exzessive Gewalt, welche die Grenze der Legitimation überschreitet, die Gewalt im

---

923 *Drescher* Polizisten außer Kontrolle?, S. 31; *Pütter* Bürgerrechte & Polizei 2010, 3, 11; zu den Eigenarten einer legitimen Gewaltanwendung: *Korinek/Finszter* Kriminalistik 2000, 521, 525.

924 *Narr* Bürgerrechte & Polizei 2009, 73, 75 f.

925 *Behr* in: Empirische Polizeiforschung XIV, S. 186; *Pütter* Bürgerrechte & Polizei 2010, 3; *Bosold* Polizeiliche Übergriffe, S. 25; *Töpfer* Polizei-Beschwerdestellen, S. 6.

926 *Benjamin* Zur Kritik und andere Aufsätze, S. 29 ff.

927 Zur Polizei-Wissenschaft und Polizei-Forschung in Deutschland: *Schneider* Kriminalistik 2000, 218; lesenswert: *ders.* Kriminalistik 2000, 362.

928 Vgl. *Bosold* Polizeiliche Übergriffe, S. 19.

929 Beispielfälle polizeilicher Gewalt mit ausländerfeindlichen Tendenzen bei *Schmid* Korruption, Gewalt und die Welt der Polizisten, S. 32 f.

930 Bei Interesse – Dissertation aus dem Jahre 1916 zur Polizeigewalt – : *von Normann* Die Polizeigewalt.

931 *Wagener* in: Gewalt und Gewalten, S. 135; *Bosch* in: Grundrechte-Report 2016, S. 75 (*„Die Polizei ist zur Ausübung von Gewalt legitimiert, und das bleibt ihr tägliches Geschäft“*).

Sinne der violentia.[932] Während in englischsprachigen Ländern bereits sprachlich die rechtmäßige Polizeigewalt („*police force*") und die unrechtmäßige, illegale Polizeigewalt („*police violence*") unterschieden werden können, wird in Deutschland unter den Begriff „Polizeigewalt" die rechtmäßige und die unrechtmäßige Gewalt durch Polizeivollzugsbeamte gefasst.

Der polizeiliche Gewaltbegriff betrifft im Grunde die Durchsetzung staatlicher Anordnungen gegen den Willen des Bürgers.[933] Die legale Durchsetzung wird im bayerischen Polizeirecht als Zwang bezeichnet.[934] Nach Art. 54 Abs. 1 BayPAG sind Zwangsmittel die Ersatzvornahme (Art. 54 Abs. 1 Nr. 1 i.V.m. Art. 55 BayPAG), das Zwangsgeld (Art. 54 Abs. 1 Nr. 2 i.V.m. Art. 56 BayPAG) und der unmittelbare Zwang (Art. 54 Abs. 1 Nr. 3 i.V.m. Art. 58 BayPAG). Allein der unmittelbare Zwang betrifft die Einwirkung auf Personen oder Sachen durch körperliche Gewalt, ihre Hilfsmittel und durch Waffen (Art. 61 Abs. 1 BayPAG), wobei die körperliche Gewalt jede unmittelbare körperliche Einwirkung auf Personen oder Sachen darstellt (Art. 61 Abs. 2 BayPAG). Unmittelbarer Zwang und somit Gewalt im Sinne des Polizeirechts ist nur dann anzuwenden erlaubt, wenn andere Zwangsmittel nicht in Betracht kommen oder keinen Erfolg versprechen oder unzweckmäßig sind, vgl. Art. 58 Abs. 1 S. 1 BayPAG. Unmittelbarer Zwang ist ferner nur dann rechtmäßig, wenn dadurch eine polizeiliche Aufgabe erfüllt wird, also eine Befugnis für das Einschreiten vorliegt und die Voraussetzungen der Befugnisnorm gegeben sind.[935] Erst wenn Gewalt unangemessen, unverhältnismäßig und exzessiv angewendet wird, wenn sie also über den gesetzlichen Rahmen hinausgeht,[936] wird die Gewalt für die Polizei (und die Gesellschaft) zum Problem. Nicht alle Verstöße, die nach dem Polizeirecht rechtswidrig sind, sind auch strafrechtlich vorwerfbar, da die durch illegale Gewaltanwendung verursachte Körperverletzung von Polizisten bedingt vorsätzlich begangen werden muss,[937] es sei denn, das StGB stellt ein fahrlässiges Delikt ausdrücklich unter Strafe (z.B. § 229 StGB).[938] Polizeigewalt umfasst nicht nur unmittelbare körperliche Gewalt, sondern auch psychische Gewalt wie beispielsweise Drohungen bei der Erpressung von Geständnissen.[939]

---

932 *Bosold* Polizeiliche Übergriffe, S. 20; *Meireis* in: Gewalt und Gewalten, S. 1; *Behr* in: Gewalt und Gewalten, S. 69.

933 *Bosold* Polizeiliche Übergriffe, S. 24; „*Die Polizei ist aufgrund der in den Polizeigesetzen niedergelegten Eingriffsbefugnisse berechtigt, ihre Ziele mittels Gewaltanwendung zu verfolgen*" (*Braun/Albrecht* DÖV 2015, 937, 944).

934 Unzulässige Polizeigewalt muss von den gebotenen Zwangsmaßnahmen abgegrenzt werden (*Braun/Albrecht* DÖV 2015, 937, 944).

935 Vgl. *Berner/Köhler/Käß*-PAG, Art. 53 Rn. 7.

936 *Behr* in: Empirische Polizeiforschung XIV, S. 186; *Vogelskamp* Bürgerrechte & Polizei 2010, 36, 37.

937 Vgl. hierzu nur S/S/*Hecker* § 340 StGB Rn. 7.

938 *Bosold* Polizeiliche Übergriffe, S. 22.

939 *Bosold* Polizeiliche Übergriffe, S. 26.

Der polizeirechtliche Gewaltbegriff kann zudem in individuelle und kollektive Polizeigewalt unterteilt werden. Individuelle Polizeigewalt meint die illegale Gewaltanwendung eines einzelnen Polizisten, beispielsweise bei einer Festnahme. Unter kollektiver Polizeigewalt sind hingegen unverhältnismäßige Ausschreitungen aller Polizisten, beispielsweise bei Großeinsätzen, zu verstehen.[940]

Braun und *Albrecht* definieren in ihrem Aufsatz zur Polizei-Compliance die (unzulässige) Polizeigewalt. Sie legen diese wie folgt fest:

> Von (unzulässiger) „Polizeigewalt" – in Abgrenzung zu gebotenen Zwangsmaßnahmen – ist dann auszugehen, wenn von Eingriffsbefugnissen unter Berücksichtigung der situativen Umstände aus Sicht eines objektiven Betrachters in rechtswidriger, insbesondere unverhältnismäßiger Weise Gebrauch gemacht wird. Auf die subjektive Wertung des Polizeibeamten, der seine rechtswidrige Maßnahme ggf. für unabdingbar halten wird, kommt es – mit Ausnahme des Vorliegens einer sog. Anscheinsgefahr – nicht an.[941]

Auch diese Definition zeigt die Schwierigkeit, welche die Abgrenzung der legitimen von der illegitimen Gewaltanwendung bereitet, weil gerade die jeweiligen „situativen Umstände aus Sicht eines objektiven Betrachters" im Einzelfall ausschlaggebend sind.

II. Gewaltmonopol des Staates

Grundsätzlich hat der Staat die sog. *Gewalthoheit* inne.[942] Diese Monopolisierung dient zum einen der Eindämmung der Gewalt, da Bürger auf diese Weise zu einem Gewaltverzicht verpflichtet werden[943] und zum anderen wird versucht, die staatliche Gewalt in ihre Schranken zu weisen und durch eine entsprechende Gewaltenteilung zu kontrollieren, wobei das Gewaltmonopol der Exekutive zukommt.[944] Auch die staatliche Gewalt bedarf einer Legitimation.[945] Was legitim sein soll, bestimmen in einem Rechtsstaat die Gesetze. Da das GG dem Bund im Bereich des präventiven Polizeirechts keine Gesetzgebungskompetenz verleiht,[946] ist die Gefahrenabwehr Aufgabe der Länder (Art. 30, 70 GG).[947] In den Bundesländern gibt es in der Kodifizierung hinsichtlich der Art des Polizeirechts deutliche Unterschiede, die

---

940 *Bosold* Polizeiliche Übergriffe, S. 26.
941 *Braun/Albrecht* DÖV 2015, 937, 944.
942 Siehe nur Praxishandbuch POR/*Pewestorf* S. 5 Rn. 6.
943 Bürger verzichten auf den Einsatz von Gewalt und legitimieren den Staat die öffentliche Gewalt auszuüben (*Ertl* DÖV 2016, 23, 27).
944 *Wagener* in: Gewalt und Gewalten, S. 135.
945 *Bock* in: Gewalt und Gewalten, S. 291; eine Polizei, die sich über die Grenzen von rechtsstaatlichen Grundlagen und Bindungen hinwegsetzt, läuft Gefahr, *„einen wesentlichen Grundpfeiler der rationalen Legitimität des Staates einzureißen und damit diese Staatlichkeit zu gefährden"* (*Frevel* in: FS für Asmus, S. 46).
946 Siehe S. 409 ff.
947 Vgl. auch Praxishandbuch POR/*Pewestorf* S. 5 Rn. 7.

von historischen Vorläufern herrühren.[948] Trotzdem sind ähnliche Grundstrukturen vorzufinden und allen ist gemein, dass die Polizei als Trägerin des staatlichen Gewaltmonopols[949] legitimiert ist, Gewalt im Rahmen der Verhältnismäßigkeit anzuwenden. Im Rahmen ihres Aufgabenbereichs darf die Polizei sowohl auf Bundes- als auch auf Landesebene unmittelbaren Zwang bzw. Gewalt anwenden.[950] Diese Legitimation besteht jedoch nur innerhalb der Eingriffsbefugnisse,[951] welche durch Bundes- und Landesgesetze geregelt werden.[952]

III. Grenzen des staatlichen Gewaltmonopols

Grenzen erfährt das staatliche Gewaltmonopol durch Grundrechte und Wertentscheidungen des Grundgesetzes.[953] Aus Art. 20 Abs. 3 GG folgt, dass Polizisten bei ihren Handlungen die Bürger nicht übermäßig belasten dürfen (sog. *Übermaßverbot*). Hierzu ist erforderlich, dass die Polizei als Teil der Exekutive bei jeder polizeilichen Maßnahme den Grundsatz der Verhältnismäßigkeit beachtet,[954] sodass es im Bereich der polizeilichen Arbeit vor allem um die Kontrollierbarkeit und Dosierbarkeit der Gewaltausübung geht und das Mittel der Gewalt grundsätzlich nur unter diesen Prämissen als ultima ratio eingesetzt werden darf.[955] Staatliche Gewaltanwendung muss immer das letzte Mittel der Polizei als Teil des Staates sein. Stets sollte die gewaltfreie Konfliktlösung im Mittelpunkt stehen.[956]

In einem Reformprojekt der österreichischen Polizei von 2009 wurde unter anderem einen Orientierungssatz entwickelt, an den sich Polizisten bei der Durchsetzung von Befugnissen, sofern es hierbei zur Anwendung von Gewalt kommt, orientieren müssen:

---

948 Praxishandbuch POR/*Pewestorf* S. 27 Rn. 69; *Schmid* Korruption, Gewalt und die Welt der Polizisten, S. 101.

949 *„Die Polizei als Träger des staatlichen Gewaltmonopols nach innen ist stets sehr eng mit den staatlichen Gewalten und Regierungen verknüpft"* (*Gebhardt* in: Polizei, Gewalt und Staat, S. 45); *Bosold* Polizeiliche Übergriffe, S. 20; Die Polizei ist nicht nur abstrakt Trägerin des Gewaltmonopols. Vielmehr personifiziert sie Staatlichkeit gegenüber den Bürgern, sodass *„Verantwortungsgefühl und Augenmaß in Verbindung mit einer besonderen Form der Distanz"* von herausragender Wichtigkeit sind (*Frevel* in: FS für Asmus, S. 53).

950 *Schulz* in: Kriminalitätsbekämpfung, S. 271.

951 Zur Legalität und Legitimität: *Schulz* in: Kriminalitätsbekämpfung, S. 270 ff.

952 Vgl. auch *Braun/Albrecht* DÖV 2015, 937, 944.

953 *Braun/Albrecht* DÖV 2015, 937.

954 *Möllers* Grundrechtsschutz, S. 30; *Bosold* Polizeiliche Übergriffe, S. 21; siehe bereits OLG Bremen, Beschl. v. 14.2.1964 – Ws 273/63 = NJW 1964, 735.

955 So auch *Schiewek* in: Gewalt und Gewalten, S. 96 f.

956 *Von Richthofen* Die Polizei 1994, 90, 92.

So viel wie nötig, so wenig wie möglich.[957]

Der Grundsatz der Verhältnismäßigkeit bereitet jedoch zum Teil große Schwierigkeiten. Der Polizeidienst stellt immer eine Gratwanderung zwischen Recht und Unrecht dar. Die Grenze zwischen rechtmäßiger Staatsgewalt und unrechtmäßigen Fehlgebrauch der polizeilichen Gewalt ist oft fließend.[958] Die gesprühte Menge an Pfefferspray und die Wucht eines Stoßes sind regelmäßig schwer zu überprüfen und entziehen sich weitgehend einer Quantifizierung. Polizeiliches Ermessen ist unvermeidbar[959] und kann damit zu einem unrechtmäßigen Fehlgebrauch der Gewalt führen. Allein diese beiden Bespiele zeigen, dass es kaum möglich ist, eine allgemeingültige Definition exzessiver und übermäßig belastender Gewaltanwendung durch die Polizei zu geben.[960] Sicherlich wird eine Prüfung des Einzelfalls[961] vorzunehmen sein, um feststellen zu können, ob die angewandte Gewalt noch verhältnismäßig oder die Grenze des rechtlichen Rahmens bereits überschritten ist. Die Polizeigewalt wird jedenfalls dann gesetzeswidrig sein, wenn sie häufiger oder intensiver zum Einsatz kommt, als dies erforderlich ist.[962] Jedoch ist es kaum zu vermeiden, dass im Rahmen legitimer polizeilicher Gewalt Grenzen überschritten werden, sodass sich eine Begrenzung der Staatsgewalt prinzipiell als schwierig gestaltet.[963] Vor allem bei Demonstrationen kommt es häufig zu Übergriffen,[964] was in der Natur der Sache liegen mag. Die angespannte Situation und die Menschenmassen können bisweilen dazu beitragen, dass mehr Gewalt als nötig angewendet wird. Ferner tragen Polizeibeamte bei Demonstrationen in der Regel spezielle Schutzkleidung, welche es für den von Polizeigewalt Betroffenen nahezu unmöglich macht, den gewalttätigen Polizisten zu identifizieren. Wegen fehlender Identifizierungsmöglichkeit hat der polizeiliche Täter keine Strafverfolgung zu befürchten und fühlt sich dadurch in einen „rechtsfreien Raum" versetzt. Der Begriff des Übergriffs steht auch bei Demonstrationen für exzessive, unverhältnismäßige Gewaltanwendung der Polizeibeamten, die über das Maß dessen hinausgeht, was der gesetzliche Rahmen grundsätzlich zulässt. So werden beispielsweise Zwangsmittel eingesetzt, die völlig außer Verhältnis stehen. Es kommt zu Schlägen und Tritten gegen bereits

---

957 http://www.bmi.gv.at/cms/BMI_Service/Aus_dem_Inneren/Die_Polizei_als_Menschenrechtsschutzorganisation.pdf, S. 40 (Stand: Dezember 2016).

958 *Behr* Cop Culture, S. 61, 177; *Herrnkind* in: Empirische Polizeiforschung V, S. 188; *Manzoni* Gewalt zwischen Polizei und Bevölkerung, S. 16; *Schulz* in: Kriminalitätsbekämpfung, S. 273.

959 *Reuter* Polizei und Gewalt, S. 102.

960 *Vogelskamp* Bürgerrechte & Polizei 2010, 36, 37.

961 *Bosold* Polizeiliche Übergriffe, S. 20; *Manzoni* Gewalt zwischen Polizei und Bevölkerung, S. 16.

962 *Bosold* Polizeiliche Übergriffe, S. 127.

963 *Singelnstein* Bürgerrechte & Polizei 2010, 55, 62.

964 Beispielsweise AG Frankfurt a.M., Urt. v. 23.7.2015 – 917 Ds 6140 Js 249338/13 (Körperverletzung bei Blockupy-Demo).

festgenommene Personen oder unbeteiligte Dritte.[965] Polizeiliche exzessive Gewalt zielt in erster Linie auf die Angst des Betroffenen. Angestrebt werden zwar Verletzungen des Opfers, nicht hingegen dessen Tod.[966] Auch *Bosold* ist der Ansicht, dass die durch Gewaltanwendungen für möglich gehaltenen Schädigungen von den Polizisten zumindest billigend in Kauf genommen werden, da sie die möglichen Folgen der eingesetzten Zwangsmittel kennen (müssen).[967]

IV. Der Straftatbestand „Körperverletzung im Amt" bei rechtswidriger Polizeigewalt

Der Straftatbestand Körperverletzung im Amt, § 340 StGB, spielt bei der juristischen Aufarbeitung rechtswidriger Polizeigewalt eine wichtige Rolle.

Nach § 340 Abs. 1 S. 1 StGB wird ein Amtsträger, der während der Ausübung seines Dienstes oder in Beziehung auf seinen Dienst eine Körperverletzung begeht oder begehen lässt, mit Freiheitsstrafe von drei Monaten bis zu fünf Jahren bestraft. Die Besonderheit der Strafvorschrift, welche als unechtes Amtsdelikt § 223 StGB qualifiziert,[968] ist, dass der Amtsträger die Körperverletzung während seines Dienstes oder in Beziehung auf seinen Dienst begeht oder begehen lässt. „Während der Ausübung seines Dienstes" setzt einen sachlichen Zusammenhang zwischen der Körperverletzung und der Dienstausübung voraus. „In Beziehung auf den Dienst" ist gegeben wenn die Tat zwar äußerlich keinen Teil der Dienstausübung darstellt, aber durch die Dienstausübung in erkennbarer Weiser veranlasst worden ist.[969] Für den subjektiven Tatbestand nach § 340 Abs. 1 StGB muss sich der bedingte Vorsatz auch auf diejenigen Faktoren erstrecken, welche den „sachlich-inneren Zusammenhang zwischen Körperverletzung und Dienstausübung begründen".[970] Eine Rechtfertigung der Tat ist möglich, wobei es bei der polizeilichen Gewaltanwendung entscheidend auf die Rechtfertigung durch staatliche Eingriffs- bzw. Zwangsbefugnisse ankommt.[971] Im Zusammenhang mit polizeilichen Zwangsmitteln führt *Heger* insoweit aus:

965 So bei *Beck* Bürgerrechte & Polizei 2010, 15, 16.
966 *Lüdtke/Sturm* in: Polizei, Gewalt und Staat, S. 16.
967 *Bosold* Polizeiliche Übergriffe, S. 21.
968 Vgl. nur S/S/*Hecker* § 340 StGB Rn. 1.
969 S/S/*Hecker* § 340 StGB Rn. 4 f.; BeckOK-StGB/*Eschelbach* § 340 Rn. 15 ff.; MüKo-StGB/*Voßen* § 340 Rn. 9 ff.
970 MüKo-StGB/*Voßen* § 340 Rn. 19; § 340 Abs. 3 StGB zufolge gilt § 229 StGB entsprechend.
971 S/S/*Eser/Sternberg-Lieben* § 223 StGB Rn. 14 f.; S/S/*Hecker* § 340 StGB Rn. 9; NK-StGB/*Kuhlen* § 340 Rn. 12.

> Polizeiliche Zwangsmittel sind rechtmäßig nur auf Grund gesetzlicher Ermächtigung und nur im Rahmen des Verhältnismäßigkeitsgrundsatzes, der auch in den Landesgesetzen über Anwendung unmittelbaren Zwangs verankert ist [...].[972]

Bei exzessiver, unrechtmäßiger polizeilicher Gewalt wird gegen das Gebot der Verhältnismäßigkeit verstoßen; das erlaubte Maß an Gewalt wird überschritten. Wie sich bereits aus Art. 61 Abs. 1 BayPAG ergibt, stellt der unmittelbare Zwang stets eine Einwirkung auf Personen oder Sachen durch körperliche Gewalt, ihre Hilfsmittel und durch Waffen dar. Notwendigerweise muss die körperliche Einwirkung umso intensiver sein, je größer sich der Widerstand des Gegners der Maßnahme darstellt.[973] Dies kann unter Umständen zu einem Missverhältnis zwischen dem Einsatz des Zwangs und der Bedeutung der Sache führen, was wiederum zu Schwierigkeiten hinsichtlich des Gebots der Verhältnismäßigkeit führen kann.[974] Wird das Maß der Verhältnismäßigkeit ausgeschöpft und die Grenze zur Unverhältnismäßigkeit überschritten, ist das polizeiliche Zwangsmittel nicht mehr rechtmäßig und die Tat nicht mehr zu rechtfertigen. Weiter wird bei unrechtmäßiger Gewaltanwendung durch Polizeibeamten nicht nur gegen den Grundsatz der Verhältnismäßigkeit verstoßen; vielmehr wird zum Teil auch grundlos und somit ohne gesetzliche Ermächtigung Gewalt angewendet. Auch in diesen Fällen besteht nicht die Möglichkeit, das polizeiliche Verhalten durch staatliche Eingriffs- bzw. Zwangsbefugnisse zu rechtfertigen.

V. Fazit

Bei der (unzulässigen) Polizeigewalt muss Folgendes beachtet werden: Man darf bei polizeilicher Gewaltanwendung nicht von *„der“* Polizeigewalt sprechen, da dies zu pauschal wäre und dadurch keine Veränderungen innerhalb des Polizeiapparats bewirkt werden können.[975] Eine Verallgemeinerung darf nicht stattfinden, weil es „die“ Polizei gerade nicht gibt. Vielmehr hat jeder Polizist seine eigene Biographie.[976] Zudem muss die Polizeigewalt aus dem Alltag heraus gedacht werden und nicht von Ausnahmesituationen her, da hier unter Umständen andere Gepflogenheiten und Traditionen herrschen.[977]

---

972 Lackner/Kühl/*Heger* § 340 StGB Rn. 4; vgl. bereits zu den Grenzen polizeilichen Zwangs: OLG Bremen, Beschl. v. 14.2.1964 – Ws 273/63 = NJW 1964, 735.

973 Vgl. OLG Düsseldorf, Urt. v. 30.11.1989 – 18 U 100/89 = NJW 1990, 998, 999.

974 *Berner/Köhler/Käß*-PAG, Art. 61 Rn. 2.

975 So auch *Kersten* (http://www.sueddeutsche.de/panorama/polizeigewalt-schlaege-im-namen-des-gesetzes-1.1599748) (Stand: Dezember 2016).

976 *Schwind* Kriminalistik 1996, 161, 164.

977 *Behr* in: Gewalt und Gewalten, S. 71.

§ 3 Statistiken zur Polizeigewalt

Die Erfassung unrechtmäßiger polizeilicher Gewalt in der Bundesrepublik Deutschland ist problematisch, da es kaum offizielle Statistiken und Informationen gibt, die eine repräsentative Aussagekraft bezüglich Art und Häufigkeit exzessiver Gewaltanwendung von Polizeibeamten haben.[978] Insbesondere Polizeiführer und Polizeigewerkschaften verschließen sich bisweilen einer Untersuchung der überschießenden Gewaltanwendung durch Polizisten.[979]

Es ist verwunderlich, dass Zahlenmaterial über unrechtmäßige polizeiliche Gewalt staatlicher Funktionsträger spärlich vorhanden ist, zumal heutzutage nahezu alles datenmäßig erfasst und ausgewertet wird. *Brusten* fragt sich daher zu Recht:

> Warum also diese selbst auferlegte Abstinenz in der Informationsbeschaffung?[980]

Wenn Vertreter des Polizeiapparats die Theorie der „Schwarzen Schafe" innerhalb der Polizei stärken wollen, dann müsste ihnen daran gelegen sein, anhand entsprechender Statistiken belegen zu können, dass Polizeigewalt ein Ausnahmephänomen ist, welches nicht den gesamten Polizeiapparat betrifft.

Entsprechende Statistiken könnten aber zu einer Zerstörung oder zumindest zu einer Erschütterung des Vertrauens der Bevölkerung in die Polizei führen, da den Bürgern so vor Augen geführt werden könnte, dass – bewusstes oder unbewusstes – polizeiliches Fehlverhalten keine Seltenheit ist. Ein solcher Vertrauensbruch würde dazu beitragen, dass sich die Fronten weiter verhärten. Es besteht also die Gefahr, dass ein friedvoller Umgang zwischen Polizei und Allgemeinheit durch entsprechende Statistiken zur Polizeigewalt negativ beeinträchtigt wird. Man darf aber nicht unerwähnt lassen, dass eine Transparenz im Hinblick auf polizeiliches Fehlverhalten und die Kontrolle der Polizei gerade das Gegenteil bewirken könnte – nämlich eine Verbesserung des konfliktgeladenen Verhältnisses.[981] Wenn der Verdacht einer strafrechtlichen Privilegierung von Polizisten entfällt, kann der Bürger wiederum Vertrauen in den Polizeiapparat und dessen Arbeit gewinnen. Wenn für den Bürger sichtbar gemacht wird, dass polizeiliches Fehlverhalten aufgeklärt wird und die polizeilichen Täter strafrechtlich zur Verantwortung gezogen werden, kann dies das Vertrauen in den Staat stärken. Der Bürger gewinnt dadurch den Eindruck nicht (mehr) Opfer staatlichen Machtmissbrauchs zu sein.

Statistiken über polizeiliches Fehlverhalten können nicht nur für das polizeiliche Gegenüber wertvoll sein; auch für die Polizei selbst können entsprechende

---

978 Vgl. *Brusten* KrimJ 4. Beiheft 1992, 84 f.; *Reuter* Polizei und Gewalt, S. 34; eine Zusammenfassung einiger älterer Statistiken bzgl. polizeilichen Fehlverhaltens (Hamburg, Baden-Württemberg, West-Berlin, NRW, Bayern und Saarland) gibt *Brusten* KrimJ 4. Beiheft 1992, 84, 90 ff.; vgl. zum Thema „Strafermittlungsverfahren gegen Polizeibeamte" (*Gössner/Herzog* Im Schatten des Rechts, S. 263 ff.).

979 *Braun/Albrecht* DÖV 2015, 937, 943 m.w.N.

980 *Brusten* KrimJ 4. Beiheft 1992, 84, 85.

981 *Brusten* KrimJ 4. Beiheft 1992, 84, 89.

Statistiken positive Effekte haben. Die Gründe polizeilichen Fehlverhaltens können erforscht, frühzeitig erkannt und die Missstände können zielführend mit entsprechenden Ausbildungen bzw. Schulungen beseitigt werden.[982] Statistiken über polizeiliches Fehlverhalten können nicht nur die interne Kontrolle des Polizeiapparats erleichtern und zu einer Verbesserung der Polizeiarbeit führen, sondern überdies die Frage aufwerfen, ob die polizeiliche Arbeit ausreichend von außen kontrolliert wird oder ob es geboten erscheint, über weitere externe Kontrollen nachzudenken.

Obwohl Statistiken über die Polizeigewalt zahlreiche positive Wirkungen haben können, sind Untersuchungen zu Gewalttaten von Polizisten rar und nur schwer zugänglich.[983] Im folgenden Abschnitt ist zu prüfen, ob aus öffentlich zugänglichen Statistiken Erkenntnisse über die Kriminalität durch Polizeibeamte gewonnen werden können.

I. Die Polizeiliche Kriminalstatistik (PKS)

Zunächst ist die PKS auf ihre Aussagekraft hinsichtlich rechtswidriger Gewaltanwendung durch Polizeivollzugsbeamte zu untersuchen. Dabei kann aber schnell festgestellt werden, dass es keine Zusammenstellung aller Fälle von Polizeiübergriffen nach § 340 StGB in der PKS gibt. Dies liegt vor allem daran, dass der Straftatbestand Körperverletzung im Amt nach § 340 StGB nicht zwischen Delikten nach § 340 StGB welche durch Polizeivollzugsbeamte verübt worden sind und solchen Delikten nach § 340 StGB, welche andere Amtsträger begangen haben unterscheidet.[984] Der Begriff des Amtsträgers wird in § 11 Abs. 1 Nr. 2 StGB vom Gesetz legaldefiniert. Amtsträger ist danach, wer nach deutschem Recht Beamter oder Richter ist, in einem sonstigen öffentlich-rechtlichen Amtsverhältnis steht oder sonst dazu bestellt ist, bei einer Behörde oder bei einer sonstigen Stelle oder in deren Auftrag Aufgaben der öffentlichen Verwaltung unbeschadet der zur Aufgabenerfüllung gewählten Organisationsform wahrzunehmen, § 11 Abs. 1 Nr. 1 Nr. 2 a-c StGB. Unter die Definition des Amtsträgers fallen demzufolge vor allem Beamte, Richter und andere Personen in einem öffentlich-rechtlichen Amtsverhältnis. Körperverletzungen im Amt können auch Personen begehen, die sonst dazu bestellt sind, bei einer Behörde oder bei einer sonstigen Stelle oder in deren Auftrag Aufgaben der öffentlichen Verwaltung unbeschadet der zur Aufgabenerfüllung gewählten Organisationsform wahrzunehmen.[985] Da der Täterkreis des Delikts der Körperverletzung im Amt weit gefasst ist und Polizeibeamte in der PKS nicht gesondert ausgewiesen werden, lassen sich aus der Straftatengruppe „Körperverletzung im Amt, § 340 StGB“ keine Erkenntnisse über die tatsächlich verübten Körperverletzungen infolge unrechtmäßiger polizeilicher Gewaltanwendung gewinnen. Auch im Hinblick auf andere Delikte, wie beispielsweise bei Bedrohung des polizeilichen

---

982 Vgl. auch *Brusten* KrimJ 4. Beiheft 1992, 84, 90; *Braun/Albrecht* DÖV 2015, 937, 944.
983 *Brusten* KrimJ 4. Beiheft 1992, 84, 85.
984 *Singelnstein* MschrKrim 2003, 1, 5; *Reuter* Polizei und Gewalt, S. 34.
985 BeckOK-StGB/*Eschelbach* § 340 Rn. 7.

Gegenübers nach § 241 StGB, erfolgt in der PKS keine Berufserfassung, sodass keine Auswertung polizeilicher Täter möglich ist.

II. Weitere Statistiken zur Polizeigewalt

Empirische Untersuchungen zur unrechtmäßigen polizeilichen Gewaltanwendung gibt es nur vereinzelt. Mangels spezieller Datenerhebung kann im Folgenden daher nur gefragt werden, inwieweit sich aus einem Vergleich dieser Untersuchungen Aussagen für das konkrete Untersuchungsziel – Häufigkeit unrechtmäßiger Gewaltanwendung durch Polizeibeamte – ableiten lassen.

1. Statistische Erfassung in Hamburg

Als erstes ist auf eine statistische Erfassung aus Hamburg hinzuweisen. Dort wurde die Anzahl der Strafermittlungs- und Disziplinarverfahren gegen Polizeibeamte aus Hamburg im Zeitraum von 1983 bis 1987 statistisch erfasst. Jährlich gab es etwa 400 Ermittlungsverfahren bei rund 8200 Polizeivollzugsbeamten. Mit insgesamt 33 % macht die Körperverletzung im Amt den Großteil der angezeigten Amtsdelikte, also jene Delikte, die im Dienst bzw. während des Dienstes begangen worden sind, aus.[986]

2. Untersuchung in Baden-Württemberg (1981–1985)

Auch in Baden-Württemberg gab es eine Untersuchung zur Thematik „Fehlverhalten von Polizeibeamten“. Dort wurden von 1981 bis 1985 insgesamt 368 Polizeibeamte als Straftäter nach dem Strafgesetzbuch registriert.[987] Da die dort dargestellten Daten jedoch keinen Mehrwert liefern, soll das Zahlenmaterial in der vorliegenden Arbeit nicht weiter dargestellt werden.[988] Die Untersuchung kam zu dem Schluss, dass Polizisten weitaus weniger kriminell werden als eine entsprechende Vergleichsgruppe der Bevölkerung. Zusammenfassend lautete das Ergebnis wie folgt:

> Der immer wieder erhobene Vorwurf, die Polizei sei so kriminalitätsbelastet wie der Durchschnitt der Bevölkerung, sei eindeutig widerlegt. Fest stehe vielmehr, daß Polizeibeamte in weitaus geringerem Maße straffällig wurden als eine vergleichbare Gruppe der Bevölkerung: „Bei allem Bedauern über Straftaten und Fehlverhaltensweisen einer geringen Zahl von Polizeibeamten können die Bürger in Baden-Württemberg wie bisher auf ihre Polizei vertrauen.“[989]

---

986 *Brusten* KrimJ 4. Beiheft 1992, 84, 91 f.

987 Siehe hierzu *Brusten* KrimJ 4. Beiheft 1992, 84, 94.

988 Bei Interesse: Polizeiinterne Statistiken über Strafverfahren gegen Polizisten in West-Berlin (*Brusten* KrimJ 4. Beiheft 1992, 84, 99 ff.).

989 *Brusten* KrimJ 4. Beiheft 1992, 84, 95.

3. Statistiken über Ermittlungsverfahren bei den Staats- und Amtsanwaltschaften

Aussagekräftiges Zahlenmaterial könnte sich hingegen aus den Statistiken über Ermittlungsverfahren bei den Staats- und Amtsanwaltschaften ergeben. Erst seit dem 1.1.2009 haben alle Staatsanwaltschaften die Pflicht, Statistiken über strafrechtliche Ermittlungen der Staatsanwaltschaft gegen Polizeibeamte zu führen, was als positive Entwicklung im Kampf gegen polizeiliche Gewalt zu werten ist.[990] Die Staatsanwaltschaften sind insbesondere verpflichtet Statistiken über vorsätzliche Tötungsdelikte durch Polizeibedienstete (Sachgebiet 52), über Gewaltausübung und Aussetzung durch Polizeibedienstete (Sachgebiet 53) und über Zwang und Missbrauch des Amtes durch Polizeibedienstete (Sachgebiet 54) zu führen.[991] Die Statistiken über die Ermittlungsverfahren bei den Staats- und Amtsanwaltschaften von 2009 bis 2014 zeigen folgende Entwicklung:

Von der Staatsanwaltschaft beim Landgericht und von der Amtsanwaltschaft erledigte Ermittlungsverfahren (deutschlandweit)						
	2009	**2010**	**2011**	**2012**	**2013**	**2014**
Vorsätzliche Tötungsdelikte durch Polizeibedienstete	25	34	23	24	21	12
Gewaltausübung und Aussetzung durch Polizeibedienstete	1604	2133	2417	2367	2248	2138
Zwang und Missbrauch des Amtes durch Polizeibedienstete	1351	1822	1861	1767	2184	1772

Die erledigten Ermittlungsverfahren hinsichtlich vorsätzlicher Tötungsdelikte durch Polizeibedienstete sind im Betrachtungszeitraum relativ konstant mit lediglich einer Spitze im Jahr 2010. Im Jahr 2014 konnte der bislang niedrigste Wert von 12 erledigten Verfahren verzeichnet werden.

Gewaltausübung und Aussetzung durch Polizeibedienstete erreichten im Jahr 2011 ihren Höhepunkt von 2417 erledigten Ermittlungsverfahren. Vergleicht man

990 *Amnesty International* Täter unbekannt, S. 13.

991 Vgl. Statistisches Bundesamt, Rechtspflege (Staatsanwaltschaften), Fachserie 10, Reihe 2.6, 2009, S. 134.

2009 und 2010, ist ein Anstieg von 1604 auf 2133 erledigte Ermittlungsverfahren festzustellen. Auch im darauffolgenden Jahr 2011 ist ein weiterer Anstieg zu verzeichnen. Ab 2012 nehmen die erledigten Ermittlungsverfahren hinsichtlich Gewaltausübung und Aussetzung durch Polizeibedienstete kontinuierlich, aber geringfügig ab. Auch die Zahl der erledigten Ermittlungsverfahren hinsichtlich Zwang und Missbrauch des Amtes durch Polizeibedienstete ist konstant mit lediglich zwei Ausnahmen: Zu Beginn der Aufzeichnungen im Jahr 2009 wurden lediglich 1351 erledigte Ermittlungsverfahren registriert. Den Höhepunkt bildete das Jahr 2013 mit insgesamt 2184 registrierten Ermittlungsverfahren.

Anhand des Zahlenmaterials kann man erkennen, dass die registrierten Delikte durch Polizeibedienstete – mit wenigen Ausnahmen – weitgehend konstant sind. Ein kontinuierlicher Anstieg der von der Staatsanwaltschaft beim Landgericht und von der Amtsanwaltschaft erledigter Ermittlungsverfahren bzgl. vorsätzlicher Tötungsdelikte durch Polizeibedienstete, bzgl. Gewaltausübung und Aussetzung durch Polizeibedienstete und bzgl. Zwang und Missbrauch des Amtes durch Polizeibedienstete kann im Erhebungszeitraum von 2009 bis 2014 nicht festgestellt werden.

Statistiken von Staatsanwaltschaften über Ermittlungsverfahren gegen Polizeibeamte sind nicht neu. So ordnete beispielsweise bereits 1980 Berlins ehemaliger FDP-Justiz-Senator *Meyer* an, dass die Staatsanwaltschaft in der Zeit v. 15.10.1980 bis 15.1.1981 sämtliche Abschlussverfügungen staatsanwaltschaftlicher Ermittlungsverfahren gegen Polizeibeamte zu sammeln habe. Zweck der angeforderten Statistik war einen Überblick darüber zu erhalten, „ob die in jüngster Zeit in verstärktem Maße bekannt gewordenen Berichte über Übergriffe von Polizeibeamten zutreffen.“[992] Insgesamt 68 erledigte Ermittlungsverfahren gegen Polizeibeamte konnten von der Staatsanwaltschaft beim Landgericht Berlin und der Amtsanwaltschaft Berlin verzeichnet werden. Dabei wurden aber nicht nur polizeiliche unrechtmäßige Gewaltanwendungen erfasst, sondern auch Delikte, welche außerhalb des Dienstes begangen worden sind, beispielsweise Verkehrsdelikte. Lediglich in zwei Fällen stand der Vorwurf der Körperverletzung im Amt im Raum. Ein weiterer Fall hatte eine bei der Ausübung des Dienstes begangene fahrlässige Tötung zum Gegenstand.[993] Der Großteil der Ermittlungsverfahren – nämlich 45 Verfahren – waren nach § 170 Abs. 2 StPO eingestellt worden, weil sich die Vorwürfe als unberechtigt erwiesen. Allein dieses Zahlenmaterial hielt man für ausreichend, die behaupteten Vorwürfe der Zunahme der Angriffe von Polizeibeamten widerlegen zu können.

> [...] diese Zahlen seien bei insgesamt über 20.000 Beamten „ein ausgesprochen erfreulicher Schnitt“. [E]s bestehe „kein Anlass zur Besorgnis“.[994]

---

992 *Narr/Funk (u.a.)* Bürgerrechte & Polizei 1981, 158.
993 *Narr/Funk (u.a.)* Bürgerrechte & Polizei 1981, 158, 159.
994 *Narr/Funk (u.a.)* Bürgerrechte & Polizei 1981, 158, 159.

Die Statistik kann aufgrund der lediglich einmaligen Erhebung, des spärlichen Zahlenmaterials und des geringen Erhebungszeitraums nicht herangezogen werden, um die Vorwürfe rechtswidriger Polizeigewalt widerlegen zu können. Bestätigt werden kann eine Zunahme der Angriffe von Polizeibeamten aus denselben Gründen ebenfalls nicht. Die Statistik kann aber durchaus für die in die Kritik geratene Strafverfolgung von Straftaten durch Polizeibeamte herangezogen werden. Wie gesehen stellten die Staatsanwaltschaft bei dem Landgericht Berlin und die Amtsanwaltschaft Berlin 45 von 68 Ermittlungsverfahren gemäß 170 Abs. 2 StPO ein. Bei weiteren acht Verfahren wurde von der Verfolgung wegen Geringfügigkeit bzw. wegen tätiger Reue abgesehen.[995] An dieser Stelle sei bereits auf das „Klima der Straflosigkeit“[996] welches bei Straftaten durch Polizeibeamte herrscht und auf die uneingeschränkte Glaubwürdigkeit, welche die Justiz den Polizisten einräumt,[997] hingewiesen. Diese beiden Aspekte spiegeln sich in der in Auftrag gegebenen Statistik wider.

4. *Strafverfolgungsstatistik*

Abschließend ist auf die Strafverfolgungsstatistik (StVSt)[998] zu rechtswidrigen Gewaltdelikten durch die Polizei hinzuweisen. Daher muss bereits an dieser Stelle mittelbar auf die Ausführungen zur Strafverfolgung rechtswidriger Polizeigewalt vorgegriffen werden. Die am 30.11.2012 erschienene StVSt für das Kalenderjahr 2011 zeigt, dass es insgesamt zu 17 Verurteilungen wegen Körperverletzung im Amt gemäß § 340 StGB gekommen ist.[999] Der StVSt für das Kalenderjahr 2012 sind 25 Verurteilungen[1000] und für das Kalenderjahr 2013 22 Verurteilungen[1001] zu entnehmen. Im Kalenderjahr 2014 wurden insgesamt 18 Verurteilungen verzeichnet.[1002] Vergleicht man beispielsweise die Strafverfolgungsstatistik aus dem Jahr 2011 mit der PKS aus demselben Jahr, dann zeigt sich dass es von 1.963 erfassten Fällen wegen Körperverletzung im Amt[1003] zu lediglich 17 Verurteilungen gekommen ist. Damit kam es nur

---

995 *Narr/Funk (u.a.)* Bürgerrechte & Polizei 1981, 158, 159, 161.

996 *Amnesty International* Täter unbekannt, S. 10.

997 *Narr/Funk (u.a.)* Bürgerrechte & Polizei 1981, 158, 162 („*Die Aussagen der Belastungszeugen hielt das Gericht dagegen für unglaubwürdig. Die Polizei habe derart aberwitzige Vernehmungsmethoden nicht nötig*“).

998 Strafverfolgungsstatistik als Alternative zur PKS? (*Lehne* in: Innere Sicherheit als Gefahr, S. 119).

999 Statistisches Bundesamt, Rechtspflege (Strafverfolgung), Fachserie 10, Reihe 3, 2011, S. 43.

1000 Statistisches Bundesamt, Rechtspflege (Strafverfolgung), Fachserie 10, Reihe 3, 2012, S. 43.

1001 Statistisches Bundesamt, Rechtspflege (Strafverfolgung), Fachserie 10, Reihe 3, 2013, S. 43.

1002 Statistisches Bundesamt, Rechtspflege (Strafverfolgung), Fachserie 10, Reihe 3, 2014, S. 45.

1003 PKS BKA, 2011, S. 47.

in 0,87 % der Fälle zu einer Verurteilung. Stellt man im Gegenzug die PKS der StVSt aus dem Jahr 2011 bezüglich des Widerstands gegen Vollstreckungsbeamte gemäß § 113 StGB gegenüber, lässt sich hingegen Folgendes feststellen: Laut StVSt für das Kalenderjahr 2011 gab es insgesamt 4.970 Verurteilungen wegen Widerstands gegen Vollstreckungsbeamte.[1004] Aus der PKS 2011 ergeben sich 21.823 erfasste Fälle.[1005] Dies bedeutet, dass es in 22,77 % der Fälle zu einer Verurteilung kam. Die Verurteilungsquote der Körperverletzungsdelikte im Amt fällt im Vergleich zur Quote der Verurteilung wegen Widerstands gegen Vollstreckungsbeamte erschreckend niedrig aus. Man muss aber nochmals darauf hinweisen, dass die StVSt keine verlässliche Auskunft über Verurteilungen bezüglich rechtswidriger Polizeigewalt liefern kann, da die StVSt, wie auch die PKS lediglich § 340 StGB aufführt, wonach alle Amtsträger erfasst werden. Eine Berufserfassung erfolgt nicht. Somit ist eine spezielle Auswertung im Hinblick auf Polizeibeamte als Täter nicht möglich.[1006]

5. Bericht von Amnesty International

Amnesty International beschäftigte sich 2010 in ihrem Bericht „Täter unbekannt“ mit der mangelnden Aufklärung von mutmaßlichen Misshandlungen durch die Polizei in Deutschland. Es wurden insgesamt drei Todesfälle in Gewahrsam oder infolge mutmaßlicher polizeilicher Gewaltanwendung geschildert[1007] und weitere Fälle von mutmaßlicher Misshandlung und unverhältnismäßiger Gewaltanwendung wurden beschrieben.[1008] Dieser Bericht hat jedoch „eher dokumentarischen als analytischen Charakter“.[1009] Auch *Bosold* beschäftigte sich in ihrer Arbeit mit polizeilichen Übergriffen. Dabei geht es aber weniger um die Häufigkeit polizeilicher Übergriffe, als mehr um die „Bedingungen intendierter illegaler polizeilicher Gewaltanwendung gegenüber Bürgern“.[1010]

III. Ergebnis

Aus der PKS lassen sich keine Rückschlüsse auf die unrechtmäßige Polizeigewalt ziehen. Im Rahmen der Deliktsgruppe „Körperverletzung im Amt gemäß § 340 StGB“ erfolgt keine Berufserfassung. Täter der Körperverletzung im Amt können nicht nur Polizeibeamte sein; stattdessen ist der Täterkreis weit gefasst.

Weitere Statistiken zur unrechtmäßigen polizeilichen Gewalt sind nur vereinzelt zu finden bzw. aufgrund der lediglich einmaligen Erhebung und des zum Teil

---

1004 Statistisches Bundesamt, Rechtspflege (Strafverfolgung), Fachserie 10, Reihe 3, 2011, S. 27.
1005 PKS BKA 2011, S. 46.
1006 Siehe nur *Reuter* Polizei und Gewalt, S. 34.
1007 *Amnesty International* Täter unbekannt, S. 25 ff.
1008 *Amnesty International* Täter unbekannt, S. 42 ff.
1009 *Reuter* Polizei und Gewalt, S. 36.
1010 *Bosold* Polizeiliche Übergriffe, S. 31.

spärlichen Datenmaterials nicht aussagekräftig genug. Ferner gibt es auch hier regelmäßig keine berufsspezifische Erfassung, sodass eine Auswertung im Hinblick auf Polizeibeamte als Täter nicht möglich ist.[1011]

§ 4 Das Phänomen prophylaktischer Widerstandsanzeigen

Ein Phänomen, welches regelmäßig im Zusammenhang mit unrechtmäßiger Gewaltanwendung diskutiert wird, soll im Nachfolgenden dargestellt werden: *Prophylaktische Widerstandsanzeigen* durch Polizeibeamte im Falle unrechtmäßiger Polizeigewalt.[1012]

Obwohl polizeiliche Rechtsübertretungen kein neues Phänomen sind,[1013] mittlerweile sogar vermehrt auftreten[1014] und sich längst kritische Kommentare häufen,[1015] werden sie – so *Singelnstein* – von der Polizei ignoriert, verneint und verschwiegen,[1016] ohne dass Fehlentwicklungen beseitigt werden oder sich für den Polizeiapparat etwas Grundlegendes geändert hätte. Wenn Polizisten unrechtmäßig Gewalt anwenden, unterscheiden sie sich in der Regel nicht von anderen Kriminellen, abgesehen davon, dass sie ihre Berufsrolle in besonderer Weise brechen.[1017] Obwohl Polizisten für illegitime Gewaltanwendung zur Verantwortung gezogen werden müssten, wird der Vorwurf erhoben, dass in den polizeilichen Reihen versucht wird, die (angeklagte) polizeiliche unrechtmäßige Gewaltanwendung mit sog. *„prophylaktischen“*[1018] Widerstandsanzeigen zu legitimieren.[1019]

1011 *Gössner* in: Innere Sicherheit als Gefahr, S. 168 (über Ausmaß und Häufigkeit illegaler Polizeigewalt herrscht Uneinigkeit).

1012 Dieses Phänomen wird ebenfalls bei Beweisproblemen in Verfahren gegen Polizeibeamte relevant, siehe hierzu S. 265 ff.

1013 Vgl. z.B. „Bernauer Wache“ zu Beginn der 1990er Jahre (zusammenfassend bei: *Drescher* Polizisten außer Kontrolle?, S. 18 ff.); bereits 1984 und 1986 wurden umfangreiche Untersuchungen über das „Fehlverhalten von Polizeibeamten“ in Auftrag gegeben (*Brusten* KrimJ 4. Beiheft 1992, 84, 85 f.).

1014 *Drescher* Polizisten außer Kontrolle?, S. 14; so auch *Behr* in: Organisation mit Gewaltlizenz, S. 221; knappe Darstellung einiger Fälle bei *Wörlein* Bürgerrechte & Polizei 2009, 89 und bei *Luczak* in: Grundrechte-Report 2014, S. 166 ff.

1015 *Pichl* KritV 2014, 249, 265 f.; *Singelnstein* MschrKrim 2003, 1, 21 (*„Gegenstand kontroverser Diskussionen“*).

1016 *Singelnstein* NK 2014, 15, 25; ausführlich auch *Behr* in: Empirische Polizeiforschung XIV, S. 177 ff.; *Bosch* in: Grundrechte-Report 2016, S. 75 (*„bedauerliche Einzelfälle“*); *Schulz* in: Kriminalitätsbekämpfung, S. 276.

1017 *Schmid* Korruption, Gewalt und die Welt der Polizisten, S. 31.

1018 *Falk* Widerstand gegen Vollstreckungsbesamte, S. 42; *Uildriks* KrimJ 4. Beiheft 1992, 136, 141 ff. (dort auch Ausführungen zur Entwicklung der prophylaktischer Beschwerden); *Zöller* ZIS 2015, 445, 454 (*„präventive Strafanzeigen“*).

1019 Schätzungen zufolge sind mehr als die Hälfte der Anzeigen wegen Widerstands gegen Vollstreckungsbeamte sog. *„prophylaktische Anzeigen“* (*Jäger* Gewalt und

Der Ursprung der prophylaktischen Anzeigen liegt in den 1970er Jahren, wo die Möglichkeiten für die Bevölkerung, Beschwerden anzubringen ausgebaut worden sind. Dies hatte zunächst einen positiven Effekt auf die polizeiliche Verhaltensweise. Die Wirkung ließ jedoch schnell nach und Polizisten versuchten dem Risiko, einer Beschwerde ausgesetzt zu sein, durch prophylaktische Gegenanzeigen entgegenzuwirken.[1020] Solche Anzeigen werden zur vorbeugenden Rechtfertigung gestellt, wenn Polizisten Gewalt angewandt haben, es hierfür aber keinen Grund gegeben hat[1021] oder die Gewaltanwendung unverhältnismäßig war. Mit Hilfe von Widerstandsanzeigen wird versucht aus einer nicht gerechtfertigten körperlichen Misshandlung eine legale Handlung der Polizisten zu machen, die zumeist politisch gebilligt wird und mit einer Verurteilung des ursprünglichen Anzeigeerstatters endet.[1022] Der Vorteil einer prophylaktischen Anzeige des Polizisten liegt nach *Ehresmann* darin, dass eine entsprechende Anzeige des Bürgers als Racheakt interpretiert werden kann und damit unglaubwürdig erscheint.[1023] Prophylaktische Gegenanzeigen bieten noch einen weiteren Vorteil: Sie liefern eine plausible Erklärung für körperliche Verletzungen des polizeilichen Gegenübers. Der Polizist kann angeben, dass sich der Bürger bei dem Polizeieinsatz so heftig gewehrt und sich auf diese Weise die Verletzungen zugefügt habe.[1024]

Die Gefahr einer Gegenanzeige ist nicht unbegründet und stellt in der Rechtswirklichkeit ein großes Problem dar.[1025] Um dem Phänomen der Widerstandsanzeigen entgegenzuwirken, müsste gewährleistet werden, dass Ermittlungen der einen Anzeige nicht zu Lasten der Ermittlungen der anderen Anzeige geführt werden. Vor allem aber müssten Anzeigen wegen Widerstands gegen Vollstreckungsbeamte mit besonderer Sorgfalt geprüft werden, insbesondere dann, wenn diese sich gegen Personen richten, die zuvor eine Anzeige wegen unangemessener polizeilicher Gewalt erstattet haben.

Tatsächlich gibt es ein Missverhältnis zwischen den Folgen der Anzeigen von Bürgern gegen Polizisten und denjenigen Anzeigen der Polizisten gegen Bürger wegen Widerstands gegen die Staatsgewalt: Anzeigen gegen Polizisten verlaufen meist

---

Polizei, S. 316); *Ehresmann* Straftaten gegen Polizeibeamte, S. 98 f.; *Braun/Albrecht* DÖV 2015, 937, 945 m.w.N.

1020 *Uildriks* KrimJ 4. Beiheft 1992, 136, 142 f.

1021 *Pütter* Bürgerrechte & Polizei 2010, 3, 8; *Luczak* in: Grundrechte-Report 2014, S. 168; *Singelnstein* MschrKrim 2003, 1, 11 („*Angriff ist die beste Verteidigung*").

1022 *Vogelskamp* Bürgerrechte & Polizei 2010, 36; *Singelnstein* Bürgerrechte & Polizei 2010, 55, 61; *Narr/Funk (u.a.)* Bürgerrechte & Polizei 1981, 158, 160.

1023 *Ehresmann* Straftaten gegen Polizeibeamte, S. 99.

1024 *Uildriks* KrimJ 4. Beiheft 1992, 136, 141.

1025 *Jäger* kam im Rahmen seiner Untersuchung zu dem Ergebnis, dass mehr als die Hälfte der Anzeigen als prophylaktisch eingestuft werden können (*Jäger* Gewalt und Polizei, S. 316); *Messer* zufolge haben prophylaktische Anzeigen lediglich eine untergeordnete Rolle und liegen im Bereich von ca. 5 % (*Messer* Widerstandshandlungen S. 238, 241).

im Sande, da Polizisten – so jedenfalls *Singelnstein* – Polizeigewalt verschweigen, vertuschen und beschönigen.[1026] Ferner können sich Polizisten im Gerichtssaal auf ihre polizeilichen Kollegen verlassen, welche die Überschreitungen regelmäßig decken.[1027] Auch werden Polizisten aufgrund ihres Berufes von vornherein als äußerst glaubwürdig eingestuft.[1028] Darüber hinaus gelten sie als besonders neutral und objektiv.[1029] Die hohe Glaubwürdigkeit wird damit begründet, dass der Polizist bei seiner Aussage keine eigenen Interessen verfolge.[1030] Das ausgeprägte Gruppenbewusstsein in den polizeilichen Reihen gründet sich unter anderem auf die Erfahrungen mit den Kollegen, die auf das Erleben gemeinsamer Gefahren zurückzuführen sind.[1031] Während Polizisten vor Gericht geschlossen auftreten, ist der Bürger auf sich alleine gestellt. Er ist bei Gerichtsterminen unsicher und verstrickt sich aufgrund der für ihn ungewohnten Situation in Widersprüchlichkeiten, was zu empfindlichen Strafen führen kann. Betroffene, die gegen polizeiliche Gewaltanwendung vorgehen wollen, stehen in der Regel vor einer Mauer des Schweigens, welche nur schwer durchbrochen werden kann. Rechtswidrige Polizeigewalt wird zum Teil gar nicht zur Anzeige gebracht, da das Opfer zum einen erkennen muss, dass der Polizeibeamte die Grenzen seiner Befugnisse überschritten hat, was eine gewisse Kenntnis über die dem Polizisten zustehenden Befugnisse voraussetzt. Diese Rechtskenntnisse haben die wenigsten Betroffenen, die darüber hinaus nicht selten hilflos und verängstigt sind. Zum anderen können polizeiliche Täter (mangels Kennzeichnung) nur schwer identifiziert werden, was einer Verurteilung ebenfalls zuwiderläuft. Der häufigste Grund, warum keine Anzeige gegen Polizisten erstattet wird, liegt in der Beförderung vom Opfer zum Täter: Dem ursprünglichen und eigentlichen Opfer wird falsche Verdächtigung nach § 164 StGB, Beleidigung

---

1026 *Singelnstein* NK 2014, 15, 25; *Behr* in: Empirische Polizeiforschung XIV, S. 177 ff.

1027 *Schneider* sprach bei der Verstrickung New Yorker Polizisten in den Drogenhandel von einem *„Gesetz des Schweigens“* in der Polizei-Kultur (*Schneider* Kriminalistik 2000, 362, 364).

1028 *Manzoni* Gewalt zwischen Polizei und Bevölkerung, S. 67 f.; *Ehresmann* Straftaten gegen Polizeibeamte, S. 240; *Eisenberg* Beweisrecht Rn. 1455; auch im Prozess in Herford hatte die Staatsanwaltschaft ein Video der polizeilichen Verkehrskontrolle, wobei es zu gegenseitigen Körperverletzungen gekommen ist, zwar vorliegen, es aber vor dem Prozess nicht angesehen. Stattdessen hatte sie sich vollständig auf die Polizei verlassen (http://www.sueddeutsche.de/panorama/video-von-pfefferspray-einsatz-wenn-polizeigewalt-wie-notwehr-aussieht-1.2468901) (Stand: Dezember 2016); Angaben beschuldigter Polizeiangehöriger wird in einer *„Hierarchie der Glaubwürdigkeit“* mehr Vertrauen geschenkt (*Töpfer* Polizei-Beschwerdestellen, S. 7); *Singelnstein* MschrKrim 2003, 1, 13, 15.

1029 *Singelnstein/Puschke* NJW 2011, 3473, 3476.

1030 *Singelnstein* NK 2014, 15, 21; *ders.* Bürgerrechte & Polizei 2010, 59.

1031 Auch *Schwind* ist der Auffassung, dass das Gruppenbewusstsein innerhalb der Polizei sehr ausgeprägt ist (*Schwind* Kriminalistik 1996, 161, 162).

nach § 185 StGB oder Widerstand gegen Vollstreckungsbeamte nach § 113 StGB vorgeworfen.[1032]

§ 5 Ursachen unrechtmäßiger polizeilicher Gewalt

Um polizeiliche Gewalt verhindern oder begrenzen zu können, müssen die Ursachen, die zur Anwendung unrechtmäßiger polizeilicher Gewalt führen, erforscht werden.

> Machen wir uns auf die Suche nach dem Sockel eines Eisbergs, dessen Spitzen allein, wenn auch häufig von Polizei und Justiz verhüllt, bereits bedrohliche Ausmaße annehmen.[1033]

Die Ursachen rechtswidriger Polizeigewalt sind von zahlreichen Aspekten abhängig.[1034] Im Folgenden sollen daher lediglich diejenigen Faktoren dargestellt werden, welche bei der Diskussion über unrechtmäßige polizeiliche Gewaltanwendung häufig angeführt werden.

I. Arbeitsbelastungen im Polizeialltag

> Was ist ein Polizist? Von allen Menschen ist er einmal der am dringendsten benötigte und ein anderes mal der unerwünschteste. Er ist eine seltsame namenlose Kreatur, von vorn mit „Herr Wachtmeister" angesprochen, hinter seinem Rücken mit „Idiot". Er muß so diplomatisch sein, dass nach Beilegung einer Streitigkeit jeder der Beteiligten glaubt, er habe das Recht bekommen. [...] Wenn jemand auf ihn einschlägt ist er ein Feigling; schlägt er zurück, ist er ein Rohling. [...] wenn er den Täter faßt, hat er Glück; faßt er ihn nicht, ist er ein Dummkopf.[1035]

Wenn auch auf pointierte Art und Weise werden durch dieses Zitat der Begriff des Polizisten und die damit einhergehenden Belastungen präzise beschrieben: Die besonderen Arbeitsbelastungen im Polizeialltag,[1036] wie hohe psychische und physische Belastbarkeit, das Erlernen von technischen Vorgängen und die grundsätzlich stressgeneigte Tätigkeit[1037] im Schichtbetrieb können dazu beitragen,

---

1032 *Gössner/Herzog* Im Schatten des Rechts, S. 264 f., 271; *dies.* Der Apparat, S. 49.

1033 *Gössner/Herzog* Der Apparat, S. 216.

1034 So auch *Braun/Albrecht* DÖV 2015, 937, 944.

1035 Bei *Schmid* Korruption, Gewalt und die Welt der Polizisten, S. 198 f.; zum Bild des Polizisten innerhalb der Gesellschaft: *Schwalbe* in: Neue Wege, neue Ziele, S. 190 f.

1036 Ausführlich hierzu *Manzoni* Gewalt zwischen Polizei und Bevölkerung, S. 18 ff; *Korell/Liebel* Polizeiskandal – Skandalpolizei, S. 38 f.; auch *Braun* und *Albrecht* führen Überlastungssituationen und schlechte Arbeitsbedingungen als Ursachen der Polizeigewalt an (*Braun/Albrecht* DÖV 2015, 937, 944); *Gössner* in: Innere Sicherheit als Gefahr, S. 168; *Ammermann* in: Neue Wege, neue Ziele, S. 11 (die Anforderungen an die Polizei sind in den letzten Jahren gestiegen und der Anspruch an das polizeiliche Wissen wird auch weiter zunehmen).

1037 *Behrendes* in: Organisation mit Gewaltlizenz, S. 162 f.; *Hunecke* KritV 2014, 267, 281; *Bosold* Polizeiliche Übergriffe, S. 63 f.; z.T. wird von der Polizei als *„Klagemauer der*

dass Polizisten aggressiv werden, nicht mehr besonnen reagieren (können)[1038] und folglich über das erforderliche Maß hinaus Gewalt anwenden.[1039] Der wahrgenommene Stress infolge täglicher Konfrontation mit Gewalt, dem menschlichen Leiden, der Besoldung und den schlechten Aufstiegschancen[1040] und die Unzufriedenheit mit den Strukturen innerhalb der Polizei[1041] können dazu führen, dass sich das Erleben von Gewalt erhöht. Im Ergebnis kann dadurch nicht nur die Polizeigewalt steigen. Auch die Gewalt gegen die Polizisten nimmt zu.[1042]

> Über Jahre gleichbleibende, ausreichend hohe Einstellungszahlen, eine solide Altersstruktur, qualifizierte Aus- und Fortbildung, hinreichende Führungs- und Einsatzmittel sowie ungebrochene Motivation in Verbindung mit ausreichenden Beförderungsmöglichkeiten – es bedarf keiner empirischen Erhebung, um zu unterstellen, dass niemand dabei an Polizei denkt.[1043]

Auch *Amelung* ist der Ansicht, dass es aufgrund zahlreicher Belastungen, welchen Polizisten alltäglich ausgesetzt sind, nicht verwunderlich ist, dass die Gefahr besteht, einmal rechtswidrig zu agieren.[1044]

Ein weiteres Problem des Polizeiberufes ist, dass die Beamten in ihrem Beruf keine sozialen Aspekte sehen, sondern sich für die „Müllabfuhr für den sozialen

---

Bürger" gesprochen (*Busch/Funk (u.a.)* in: Polizei und Bevölkerung, S. 57); Polizisten müssen immer mit Gefahren rechnen. Dieses ständige „unter Strom stehen" kann zu emotionaler und physischer Erschöpfung führen (*Schneider* Kriminalistik 2000, 362, 365).

1038 Man spricht hierbei z.T. von sog. *„Frustfouls"*; vor allem dann, wenn beispielsweise bei einem länger andauerndem Einsatz und wiederholten Provokationen bei dem Polizeibeamten die *„Sicherungen durchbrennen"* (*Zöller* ZIS 2015, 445, 454); die Amsterdamer Kommission ist der Ansicht, dass es Polizisten oftmals nicht leicht gemacht wird. Dennoch kann von ihnen auch in einer schwierigen Lage eine korrekte und beherrschte Verhaltensweise verlangt werden (*Sagel-Grande* KrimJ 4. Beiheft 1992, 153, 160).

1039 *Drescher* Polizisten außer Kontrolle?, S. 107 f.; *Singelnstein* NK 2014, 15, 16; *Manzoni* Gewalt zwischen Polizei und Bevölkerung, S. 9; mit der Anspannung steigt das Risiko einer Überreaktion (so *Kersten*: http://www.sueddeutsche.de/panorama/polizeigewalt-schlaege-im-namen-des-gesetzes-1.1599748) (Stand: Dezember 2016); *Schulz* in: Kriminalitätsbekämpfung, S. 274.

1040 Vgl. *Schmid* Korruption, Gewalt und die Welt der Polizisten, S. 327; *Schulz* in: Kriminalitätsbekämpfung, S. 284 (*„gefühlte Perspektivlosigkeit bezüglich der beruflichen Karriere"*).

1041 *Manzoni* Gewalt zwischen Polizei und Bevölkerung, S. 28; *„verkrustete Strukturen"* innerhalb der Schutzpolizei (*von Richthofen* Die Polizei 1994, 90); negativ beeinflusst werden kann die Berufszufriedenheit auch durch Kürzungen von Sozialleistungen (*Schwalbe* in: Neue Wege, neue Ziele, S. 192).

1042 *Ellrich/Baier/Pfeiffer* Polizeibeamte als Opfer von Gewalt, S. 29.

1043 *Neumann* in: Kriminalitätsbekämpfung, S. 237.

1044 *Amelung* KrimJ 4. Beiheft 1992, 168, 175.

Abfall"[1045] halten. Damit wird das polizeiliche „Klientel" als „Dreck" empfunden, mit dem der Polizist konfrontiert wird. Würde der Polizist stattdessen Mitgefühl für sein polizeiliches Gegenüber empfinden, würde er den Status des harten, dominanten Mannes verlieren. Daher ist es denkbar, dass der Polizist in Einsatzsituationen härter und zum Teil unangemessen eingreift, um diesen Status zu wahren. Gewalttätige Polizisten versuchen ferner ihr Verhalten durch Neutralisations-Techniken zu rechtfertigen. Sie begründen beispielsweise ihr kriminelles Verhalten damit, dass man brutalen Menschen mit ebensolcher Brutalität begegnen muss oder dass Gewalt die einzige Sprache ist, welche Kriminelle verstehen.[1046]

Der Polizeibeamte muss in Krisensituationen entschlossen eingreifen können, Verständnis zeigen und Empathie dem polizeilichen Gegenüber entwickeln. Zur gleichen Zeit muss er rechtlich versiert sein. Der Beruf des Polizisten setzt sowohl Kenntnisse im Strafrecht und Strafprozessrecht, als auch im Polizeirecht voraus.[1047] Diese Anforderungen können *Behrendes* zufolge zu einer permanenten Überlastung und Überforderung der Polizeibeamten führen.[1048] Nicht nur Krisensituationen, sondern auch alltägliche Routineeinsätze können daher zu Stress und exzessiver Gewaltanwendung führen, da sich der Polizeibeamte einem dauerhaften Erfolgsdruck ausgesetzt fühlt.[1049] Wenn Polizisten als Vertreter des Staates infolge andauernder Arbeitsbelastungen Straftaten in Form von Körperverletzungen im Amt begehen, stellt dies ein Risiko für die gesamte Bevölkerung dar.[1050] Die stetige Anspannung während des Polizeieinsatzes, die Überforderung in heiklen Situationen und der tägliche Umgang mit schwierigen Bürgern sind mögliche Gründe für eine Überreaktion des Polizisten. Diese Ursachen können durchaus verstanden oder zumindest nachvollzogen werden, dürfen aber unter keinen Umständen illegitime Polizeigewalt rechtfertigen.[1051] Nicht selten bergen polizeiliche Einsätze einen Überraschungseffekt in sich, welcher zu sog. *„Schocksekunden"* oder *„Blockaden"* führen kann.[1052] Auch Unsicherheiten in der täglichen Arbeit können mitunter

1045 Vgl. *Behr* Cop Culture, S. 221.

1046 Weitere Ursachen für die Polizei-Deviation: *Schneider* Kriminalistik 2000, 362, 365.

1047 Zu den Anforderungen und Inhalten des Polizeiberufs: *Sielaff* Kriminalistik 1992, 351, 352 f.

1048 *Behrendes* in: Organisation mit Gewaltlizenz, S. 160 f.

1049 U.a. wird die polizeiliche Gewaltanwendung bei Verhören auf den Erfolgsdruck der Exekutive zurückgeführt (*Manzoni* Gewalt zwischen Polizei und Bevölkerung, S. 43).

1050 *Pinheiro* in: Organisation mit Gewaltlizenz, S. 24.

1051 Auch der Polizeiforscher *Westley* ist der Ansicht, dass das Menschliche hinter den Gewaltakten der Polizisten gesehen werden muss. Das „Verstehen" der polizeilichen Gewalt dürfe unter keinen Umständen mit „Akzeptieren" gleichgesetzt werden (bei *Schmid* Korruption, Gewalt und die Welt der Polizisten, S. 70); wenn Polizisten mit der Lage vor Ort überfordert sind, kann dies auch schnell zur eigenen Gefahr werden (*Ohlemacher/Schacht u.a.* Gewalt gegen Polizeibeamte, S. 79 f.).

1052 *Ohlemacher/Schacht u.a.* Gewalt gegen Polizeibeamte, S. 93.

zu Überreaktionen oder Fehlgebräuchen polizeilicher Gewalt führen. *Steffes-enn* konnte im Rahmen ihrer Untersuchung zeigen, dass „erkennbare Unsicherheiten im Umgang mit provokativer Klientel vor allem bei rechtlich unklaren Situationen mit hohem Ermessensspielraum und damit geforderter Innovation auf Seiten der Polizeikräfte, eine erhöhte Gefahr unverhältnismäßiger polizeilicher Reaktionen in sich bergen".[1053]

Polizisten müssen bei ihren täglichen Einsätzen über die Anwendung von Zwangsmitteln rational entscheiden. Sie müssen zielorientiert handeln und dürfen die Verhältnismäßigkeit der polizeilichen Maßnahme nicht aus den Augen verlieren. Die Anforderungen an polizeiliches Handeln sind anspruchsvoll, da die Verhältnismäßigkeit der Maßnahme einzelfallabhängig ist, die Grenze zur Unverhältnismäßigkeit zuweilen fließend ist und eine direkte gewaltsame Konfrontation den gesamten menschlichen Organismus in eine Stresssituation versetzt. Dies kann dazu führen, dass Gefühle ausgelöst werden, die sich auf den polizeilichen Einsatz negativ auswirken[1054] und zum Überschreiten des Maßes an verhältnismäßiger Gewalt führen. Auf der einen Seite muss die Polizeiorganisation sicherstellen, dass Polizisten zur Gewaltanwendung in der konkreten Situation bereit sind. Auf der anderen Seite muss sie dafür Sorge tragen, dass Polizisten die ihnen zustehenden Befugnisse nicht überschreiten. Es wäre somit die Aufgabe der Polizeiorganisation den Missbrauch der Gewalt zu verhindern. Während Politik und Verwaltung bei rechtswidriger Gewaltanwendung durch Polizeivollzugsbeamte von Ausnahmen sprechen, gibt es nach teilweise vertretener Auffassung durchaus Hinweise, dass es sich hierbei um ein strukturelles Problem handelt.[1055]

Natürlich besteht zudem ein „Spannungsverhältnis zwischen Schlagen und Geschlagen-Werden, zwischen Aktionsmacht und potentieller Verletzungsoffenheit des eigenen Körpers".[1056] Ein Grund, keinesfalls eine Rechtfertigung für Polizeigewalt kann aber in dem provozierenden Opfer, welches Polizisten vor allem im Rahmen von Demonstrationen bespuckt und beschimpft, gesehen werden. Dass Polizisten, welche eine wichtige Stellung in der Gesellschaft einnehmen, in verachtender Art und Weise behandelt werden, ist bedauerlich, sollten diese aber dennoch in der Lage sein, derartige Verhaltensweisen zu ignorieren und professionell zu handeln. Übertriebene, unrechtmäßige Gewalt können auch durch provozierende Bürger keinesfalls gerechtfertigt oder beschönigt werden.

1053 *Steffes-enn* Polizisten im Visier, S. 107.

1054 Man spricht in diesem Zusammenhang von einer sog. „*Konfrontationsanspannung*" (vgl. *Wagener* in: Gewalt und Gewalten, S. 136).

1055 *Singelnstein* MschrKrim 2003, 1.

1056 *Sturm* in: Polizei, Gewalt und Staat, S. 327.

II. Mangelhafte politische Führung und fehlerhafte Kommunikation innerhalb der Polizei

Auch eine mangelhafte politische Führung und eine fehlerhafte Kommunikation innerhalb der Polizei können Ursachen unrechtmäßiger polizeilicher Gewalt sein.

1. Mangelhafte politische Führung

Ullrich sieht das Problem der illegitimen Gewaltanwendung nicht in den stressigen Situationen, die der Polizeiberuf mit sich bringt. Er nimmt stattdessen die Politik in die Verantwortung. *Ullrich* ist der Ansicht, dass die Gründe für den Missbrauch des Amtes durch Polizisten in der politischen Führung liegen. Seiner Ansicht nach werden besonders in Zeiten eines Wahlkampfes junge Polizisten zur „gesellschaftlichen Sozialhygiene“[1057] missbraucht. Zudem sieht er in der täglichen Konfrontation mit Gewalt, Elend, Leid und gesellschaftlichen Abgründen[1058] einen weiteren Grund für die exzessive Gewaltanwendung. Der Umgang mit dem schwierigen „Klientel“ hat zur Folge, dass sich der Polizist im Laufe der Jahre immer mehr mit dem polizeilichen Gegenüber identifiziert und infolgedessen nicht mehr davor zurückschreckt, selber (exzessiv) Gewalt anzuwenden.[1059]

Die Kritik, dass Politiker bedenkenlos bereit sind, Polizisten zur Bewältigung von sozialen Problemen einzusetzen, klingt auch bei *Feltes* an.[1060] Daneben findet sich bei *Schmid* das Problem der vielfach kritisierten politischen Haltung wieder. In ihrer Publikation trägt sie die vier zentralen Kritikstränge zusammen: Die Politik unternehme zu wenig für die innere Sicherheit und misstraue der Polizei. Gerade bei Demonstrationen wird die Polizei als Sündenbock für politisch umstrittene (Fehl-)Entscheidungen missbraucht[1061] und die Politik verteidige die Polizisten bei öffentlichen Angriffen nicht ausreichend.[1062] Stattdessen müssten Politiker eigentlich „Akzeptanz für unpopuläre politische Entscheidungen beschaffen, politische Rückendeckung bei Einsätzen in gesellschaftlichen Konfliktbereichen geben und

1057 *Ullrich* in: Organisation mit Gewaltlizenz, S. 125 („*Welchen Job haben die zum Teil noch sehr jungen Beamten denn? Auf der Wiesn sollen sie die Besoffenen und die Schläger rausfiltern, damit die anderen in Ruhe weiter saufen können. Da wird beleidigt, gepöbelt, gekotzt, und schon kommt der nächste Einsatz*“); zahlreiche Polizisten haben mittlerweile das Gefühl, politische Entscheidungen *„ausbaden“* zu müssen (*Schwind* Kriminalistik 1996, 161, 167); *Burghard* Kriminalistik 1994, 227 („*Die ganz überwiegende Zahl der Bürger betrachtet indessen die Polizei quasi als Mädchen für alles und erwartet von ihr höchste Effizienz und Effektivität*“).

1058 *Zöller* sieht in den Faktoren „Not“, „Elend“, „Aggression“ und „Verzweiflung“ einen Zusammenhang mit der Gewalt *gegen* Polizeibeamte (*Zöller* ZIS 2015, 445, 448).

1059 *Ullrich* in: Organisation mit Gewaltlizenz, S. 124 f.

1060 *Feltes* in: Polizei und Bevölkerung, S. 206.

1061 Polizisten fühlen sich als *„Prellbock einer verfehlten Politik“* (so bei *Behr* in: Gewalt und Gewalten, S. 79).

1062 *Schmid* Korruption, Gewalt und die Welt der Polizisten, S. 265 f.

die notwendigen Handlungsspielräume der Polizei respektieren".[1063] Ebenso sind *Gössner* und *Herzog* der Ansicht, dass die „Dreckarbeit" an der „politisch-sozialen Front" bislang den Polizeivollzugsbeamten vor Ort überlassen werde, wo sie unter anderem politische Vorgaben der Regierung zu vollstrecken haben.[1064] Man kann also durchaus von einem „gestörten Verhältnis" zwischen Politik und Polizei sprechen. Bisweilen ist sogar von „großer Enttäuschung" und „Zorn" der Polizei gegenüber der Politik die Rede.[1065] Nach *Gössner* mutiert der Polizeieinsatz zum Politik-Ersatz:

> Richtig scheint, dass die Polizei nicht selten politisch dazu genutzt oder „missbraucht" wird, sozusagen an der „sozialen Front" das zu bewerkstelligen, was die Politik versäumt oder angerichtet hat. Die Polizei betätigt sich so gesehen als „überforderter Nothelfer" dort, wo sich die Auswirkungen der sozialen und ökonomischen Krise am heftigsten manifestieren. Aber auch dort, wo sich Menschen etwa gegen Sozialabbau und Arbeitslosigkeit, gegen gefährliche Technologien, gegen Neonazismus und Fremdenfeindlichkeit zur Wehr setzen, wird der Polizeieinsatz schnell zum Politikersatz und das „polizeiliche Gegenüber" zum Feindbild stilisiert, das es zu bekämpfen gilt.[1066]

2. *Fehlerhafte Kommunikation innerhalb der Polizei*

Ein weiteres Problem das hinsichtlich polizeilicher Übergriffe zu nennen ist, ist die fehlerhafte Kommunikation innerhalb der Polizei. Die an der Basis arbeitenden Polizisten haben den Eindruck, dass sich die Spitze der Polizeiführung mit Leitlinien und Leitbildern gegenüber möglichen negativen Schlagzeilen absichern will und kein Verständnis für die sog. *„handarbeitenden Beamten"* aufbringt.[1067] *Reuss-Ianni* macht deutlich, dass die Polizeiorganisation von zwei unterschiedlichen Kulturen beherrscht wird: a street cop culture and a management cop culture.[1068] *Kersten* geht in ihrer Argumentation noch einen Schritt weiter. Ihrer Ansicht zufolge entsteht das Polizeigewaltproblem meist durch unprofessionelles Management an der Spitze.[1069] Die Diskrepanz zwischen Basis und Spitze führt dazu, dass Polizisten die Leitsätze der Polizeiführung nicht übernehmen, sondern ihre „eigenen Regeln", die sich im Polizeialltag entwickelt haben, anwenden, was nicht selten zu einem härteren

---

1063 *Von Richthofen* Die Polizei 1994, 90, 92.

1064 *Gössner/Herzog* Der Apparat, S. 85.

1065 *Von Richthofen* Die Polizei 1994, 90, 91.

1066 *Gössner* in: Innere Sicherheit als Gefahr, S. 169.

1067 So auch *Reuss-Ianni* Two cultures of policing, S. 3 (*„[The cops maintain, their bosses have forgotten about being cops and are now professional managers"*); *Ohlemacher/Schacht u.a.* Gewalt gegen Polizeibeamte, S. 87 (*„keine ausreichende Unterstützung durch den Dienstherrn"*).

1068 *Reuss-Ianni* Two cultures of policing, S. 1; *Ammermann* in: Neue Wege, neue Ziele, S. 12 (Der höhere Polizeidienst beruft sich auf Bildung. Informelle Hierarchien innerhalb der street cop culture beruhen auf Erfahrungswissen).

1069 *„Fische stinken vom Kopf her"* (http://www.sueddeutsche.de/panorama/polizei gewalt-schlaege-im-namen-des-gesetzes-1.1599748) (Stand: Dezember 2016).

Durchgreifen der Polizisten führt.[1070] Dies geschieht vor allem auch deshalb, weil die Vorstellungen der Polizisten von einer „richtigen" Polizeiarbeit von den Vorgesetzen im Regelfall nicht geteilt werden.[1071] Hierzu führte auch *Bosch* folgendermaßen aus:

> [D]ie Vorstellung, die Polizei sei der verlängerte Arm des Gesetzes und würde nur umsetzen, was ihr durch das Recht vorgegeben wird, [ist] sehr naiv. In der Realität basiert polizeiliches Handeln eher auf Praxiswissen, welches sich aus eigenen Erfahrungen und vom Hörensagen aus dem Kollegenkreis speist. Dies führt dann dazu, dass sich bei den einzelnen PolizistInnen Haltungen und Einstellungen entwickeln können, welche sich aus der Berufspraxis ableiten lassen und mit den offiziellen Ausbildungsinhalten der Polizei oftmals nicht konform sind, sondern zu diesen geradezu im Widerspruch stehen und Fehlverhalten fördern.[1072]

Das Unverständnis zwischen den Praktikern und Vorgesetzten könnte auch auf die Cop Culture zurückgeführt werden, die strikt zwischen Erfahrung und Theorie unterscheidet.[1073] Da innerhalb der Polizei ein strenges Hierarchieprinzip[1074] herrscht und Gehorsam eine wichtige Rolle spielt, können sich die Polizeibeamten in ihrem Berufsalltag eingeengt fühlen und nach Freiraum streben, indem sie härter handeln, unrechtmäßige Gewalt praktizieren und in kriminelles Verhalten übergehen. Junge, unerfahrene Berufsanfänger übernehmen häufig diese Verhaltensweise, um von den Dienstälteren akzeptiert zu werden:

> [D]er Praktikant [wird] regelmäßig bemüht sein, sich in die bestehende Dienstgruppe zu integrieren und die informellen Normen zu übernehmen oder wenigstens zu akzeptieren. Mag manches Verhalten und Handeln der diensterfahrenen Kollegen in den ersten Tagen befremdlich wirken oder sogar die Grenze zur Illegalität überschreiten, so wird der Anwärter jedoch kaum dagegen aufbegehren.[1075]

1070 *Bosold* Polizeiliche Übergriffe, S. 64 f.

1071 *Volkmer* in: Empirische Polizeiforschung V, S. 86 f.; *Reuss-Ianni* Two cultures of policing, S. 1 („*These two cultures are increasingly characterized by competing and often conflicting perspectives on procedure and practice in policing*"); auch generell entspricht das Führungsverhalten der Vorgesetzten oftmals nicht den Erwartungen der Mitarbeiter (*Walter* Kriminalistik 2000, 109, 110); *Behr* Die Polizei 2010, 317, 318 f.

1072 *Bosch* in: Grundrechte-Report 2016, S. 76.

1073 Siehe hierzu *Behr* Cop Culture, S. 24 f. (*Behr* unterscheidet zwischen der „Polizeikultur" und der „Polizistenkultur" bzw. „Cop Culture"); *Mensching* hingegen spricht von „Aktenpraxis" und „Aktionspraxis" (vgl. *Wagener* in: Gewalt und Gewalten, S. 144); *Schwalbe* in: Neue Wege, neue Ziele, S. 194 ff. (Inhalte und Übernahme der cop culture).

1074 Polizeigewalt sind auch Führungs- und Hierarchieprobleme (*Gössner* in: Innere Sicherheit als Gefahr, S. 168); *Schwalbe* in: Neue Wege, neue Ziele, S. 198.

1075 *Schwalbe* in: Neue Wege, neue Ziele, S. 195 (dort auch weitere Faktoren, welche zu diesem „Anpassungsverhalten" führen können).

Der Europäische Kodex des Europarates für Polizeiethik, der vom Ministerrat des Europarates angenommen wurde und deswegen ein hohes Maß an Verbindlichkeit hat, enthält normative Standards für eine „gute Polizeiarbeit". Dennoch werden zum Teil die bestehenden, (nicht brauchbaren) Leitbilder[1076] durch eigene Handlungsmuster von den an der Basis arbeitenden Polizisten ergänzt oder teilweise ersetzt.[1077] Diese Handlungsmuster richten sich – so *Behr* – dann nach den praktischen Erfahrungen und den realen Bedürfnissen der Polizisten, sodass sich die Polizistenkultur an der gefühlten Gerechtigkeit orientiert, die stark von moralischen Werten der Polizisten auf der Straße bestimmt ist und sich nicht an der Legalität ausrichtet.[1078] Es kann durchaus sein, dass die Regeln der Subkultur[1079] stärker beachtet werden, als jene der „Oberkultur". Dies hat dann fatale Folgen, wenn der eigentliche Strafverfolgungsauftrag vernachlässigt wird und die Schutzpflichten innerhalb der eigenen Gefahrengemeinschaft höher eingestuft und folglich höher praktiziert werden.[1080]

Nicht nur eine gestörte Kommunikation zwischen Basis und Spitze kann die unrechtmäßige polizeiliche Gewaltanwendung fördern. Auch die gestörte Kommunikationsfähigkeit gegenüber Bürgern und die daraus resultierende grobe und respektlose Behandlung können einen Grund für Deviation liefern.[1081]

III. Theorie der „Schwarzen Schafe"

Während zum Teil der gesamte Polizeiapparat für unrechtmäßige polizeiliche Gewaltanwendung zur Verantwortung gezogen wird, sehen andere das Problem exzessiver Polizeigewalt im fehlerhaften Verhalten einzelner Beamten, die die rechtlichen Vorgaben nicht verinnerlichen oder Defizite in ihrer Persönlichkeit zeigen.[1082] Der Polizeiapparat als solcher wird dabei nicht in Frage gestellt.[1083] Den Vertretern der Theorie der „Schwarzen Schafe" zufolge – in der englischsprachigen Literatur auch als „rotten apples" bekannt[1084] – sind Fälle, in denen Polizisten illegitime Gewalt anwenden lediglich Einzelfälle.[1085] Von einem Regelfall könne hierbei nicht

---

1076 Leitbilder richten sich prinzipiell danach, was politisch gewünscht und korrekt ist. Problematisch an den polizeilichen Leitbildern ist jedoch, dass das Wort „Gewalt" nicht vorkommt, sodass sie sich den notwendigen Habitus für ihren Polizeialltag auf andere Weise aneignen müssen (*Behr* in: Gewalt und Gewalten, S. 75 f.).

1077 So *Behr* in: Gewalt und Gewalten, S. 73.

1078 *Behr* in: Gewalt und Gewalten, S. 75; *Wagener* in: Gewalt und Gewalten, S. 144.

1079 Zur Subkultur: *Behr* Die Polizei 2010, 317, 318.

1080 *Schäfer* Kriminalistik 1995, 205, 206.

1081 *Schneider* Kriminalistik 2000, 362, 364.

1082 Vgl. z.B. *Wagener* in: Gewalt und Gewalten, S. 149.

1083 So bei *Pichl* KritV 2014, 249, 250.

1084 *Wagener* in: Gewalt und Gewalten, S. 148.

1085 So auch bei *Peters* in: Empirische Polizeiforschung V, S. 10; bewusste Grenzüberschreitungen seitens der Polizei sind selten und die Ausnahme (so jedenfalls *Schulz* in: Kriminalitätsbekämpfung, S. 273); *Pichl* KritV 2014, 249, 259; *Narr* Bürgerrechte & Polizei 2009, 73.

gesprochen werden. Nicht der gesamte Polizeiapparat, sondern einzelne Polizisten müssen folglich für die unrechtmäßige und exzessive Gewaltanwendung verantwortlich gemacht werden.[1086] Es gibt in nahezu allen Berufszweigen „Schwarze Schafe", Vertuschung, Beschönigung und Verschweigen von Fehlern. Bei Gewalt bzw. Fehlern in der Polizei liegt *Schwind* zufolge der Unterschied jedoch darin, dass in diesem Berufszweig solche Verhaltensweisen unter keinen Umständen tragbar sind.[1087] *Ingo Herrmann*, ehemaliger Vorsitzender des Bundes Deutscher Kriminalbeamter (BDK), kritisiert in diesem Zusammenhang den Umgang der Medien mit polizeilichen Fehltritten:

> Es wäre ja auch mal ganz schön, wenn sich die Leute, die sich um die Verfehlungen einzelner Polizeibeamter in journalistischer Hinsicht kümmern, auch herausstellen würden, daß die Aufklärung solcher Verfehlungen nur dadurch ermöglicht wurde, daß die Vielzahl pflichtbewußter und moralisch einwandfreier anderer Polizeibeamter tätig geworden ist. Wenn wir wirklich eine korrupte und abgrundtief verfallene Polizei hätten, würden viele von Polizeibeamten begangene Straftaten erst gar nicht bekannt werden.[1088]

Herrmann zufolge ist nicht der gesamte Polizeiapparat korrupt.[1089] Die Vielzahl der Polizisten handelt pflichtbewusst und in moralisch einwandfreier Weise. Willkürakte und Übergriffe einzelner Polizisten sind hingegen lediglich Verfehlungen einzelner Polizisten. *Herrmann* macht deutlich, dass nicht nur den einzelnen Polizisten zur Verantwortung gezogen werden soll, sondern darüber hinaus auch die Medien, weil diese lediglich über Verfehlungen innerhalb der Polizei berichten, nicht aber darauf hinweisen, wie polizeiliche Übergriffe aufgeklärt werden konnten: Seiner Ansicht nach tragen die vielen pflichtbewussten Polizisten zur Aufklärung bei.[1090] Diese Auffassung ist jedoch nicht in Einklang zu bringen mit der sog. *„Mauer des Schweigens"*, wonach Polizisten eine eingespielte Einheit bilden, sich aufeinander verlassen können und Kollegen niemals an den Pranger stellen würden. Man kann aber nicht mehr von individuellen Einzelfällen sprechen, wenn mehrere Polizisten zusammenwirken, sei es durch Anwendung unmittelbarer körperlicher Gewalt oder durch das Verschweigen der Polizeigewalt. Nicht nur die unmittelbar handelnden

---

1086 A.A. bei *Korell/Liebel* Polizeiskandal – Skandalpolizei, S. 101 (dort ist nicht die Rede von einzelnen Schafen innerhalb der Polizei, sondern von ganzen Herden); auch *Manzoni* zufolge muss die These der „Schwarzen Schafe" stark relativiert werden (*Manzoni* Gewalt zwischen Polizei und Bevölkerung, S. 68, 172 f.).

1087 *Schwind* Kriminalistik 1996, 161, 162.

1088 Bei *Gössner/Herzog* Der Apparat, S. 25; ebenfalls bei *Narr/Funk (u.a.)* Bürgerrechte & Polizei 1981, 158, 159.

1089 Vgl. dagegen die Korruptionsrisiken in der niedersächsischen Polizei (*Linssen/Kammigan/Pfeiffer* Kriminalistik 2014, 18 ff.)

1090 Auch *Walter* macht u.a. die auf das Negative fixierte Berichterstattung für das Unbehagen innerhalb des Polizeiapparats verantwortlich (*Walter* Kriminalistik 2000, 109, 110).

Polizisten stellen „Schwarze Schafe“ dar; vielmehr muss jeder, der von polizeilicher Gewalt erfährt, aber tatenlos bleibt zu den „Schwarzen Schafen“ gezählt werden, sodass hierbei nicht mehr nur von „einzelnen Verfehlungen“ die Rede sein kann. Tatsächlich ist *Herrmann* aber insoweit zuzustimmen, als er die Medien beim Umgang mit der Polizeigewalt kritisiert. Oftmals stürzen sich Medien regelrecht auf unverhältnismäßige Polizeimaßnahmen und leisten übertriebene Berichterstattung getreu dem Motto „Schlechte Polizeiarbeit gleich gute Nachricht“.[1091] Dennoch: Medien berichten – wenn auch übertrieben und reißerisch – lediglich über polizeiliche Übergriffe und unverhältnismäßige Polizeimaßnahmen. Macher der Polizeigewalt bleibt die Polizei.

Der Ansicht, wonach bei Straftaten von Polizeibeamten nicht sofort der gesamte Apparat verdammt werden dürfe, schließt sich *Ullrich* an.[1092] Eine derartige Auffassung führt jedoch dazu, dass nicht die Polizei als Organisation als solche angezweifelt wird. Infolgedessen wird keine Notwendigkeit zum Aufarbeiten unrechtmäßiger polizeilicher Gewalt gesehen, da die exzessive Gewalt gerade ein individuelles Problem darstellt.[1093] Da diese Ansicht in der Polizeigewalt lediglich das fehlerhafte Verhalten einzelner Beamten sieht, werden Vertreter der „Schwarzen-Schafe-Theorie“ auch in Zukunft die polizeiliche Gewalt als Problem des Polizeiapparats verneinen und keine generellen, allgemeingültigen Maßnahmen ergreifen, um diese zu reduzieren. *Korell* und *Liebel* lehnen die Ansicht, wonach lediglich „Schwarze Schafe“ innerhalb der Polizei vereinzelt für negative Schlagzeilen sorgen, daher strikt ab. Stattdessen sehen sie das Problem polizeilicher Gewalt in den strukturellen Mängeln, die mit dafür verantwortlich sind, dass Polizisten zu Tätern werden.[1094] *Zimbardo* verneint die sog. *„rotten apples“-Theorie*, die der deutschen Theorie der „Schwarzen Schafe“ entspricht, die davon ausgeht, dass „Übergriffe und Misshandlungen von Einzelnen ausgeübt würden, die die rechtlichen Vorgaben nicht verinnerlicht hätten oder eben Defizite in ihrer Persönlichkeit zeigten“.[1095] Anhand des sog. *Stanford-Prison-Experiments* wollte *Zimbardo* nachweisen, dass sich demütigende Handlungen nicht mit der Persönlichkeit des Einzelnen erklären lassen. Vielmehr sei die situative Konstellation als Erklärungsansatz heranzuziehen.[1096] Theorien, die sich nur auf Persönlichkeitsaspekte beziehen, würden zu kurz greifen. Um übermäßige Gewaltanwendung bis hin zu grausamen oder demütigenden Verhaltensweisen erklären zu können, müssen neben der Persönlichkeit unter anderem auch die Faktoren „Situation“ und „Organisationsstruktur“ herangezogen werden.[1097]

1091 *Mai/Köpcke* Kriminalistik 1995, 263, 265.

1092 *Ullrich* in: Organisation mit Gewaltlizenz, S. 124.

1093 *Bosold* Polizeiliche Übergriffe, S. 58, 68.

1094 *Korell/Liebel* Polizeiskandal – Skandalpolizei, S. 13.

1095 Bei *Wagener* in: Gewalt und Gewalten, S. 148 f.

1096 Ausführlich zum sog. *Stanford-Prison-Experiment*: *Zimbardo* Luzifer-Effekt, S. 18 ff.

1097 Zusammenfassend bei *Wagener* in: Gewalt und Gewalten, S. 149 m.w.N.; *Braun/Albrecht* DÖV 2015, 937, 946; auch nach *Frevel* lassen sich Polizeiskandale nicht nur auf individuelles Fehlverhalten zurückführen. Vielmehr finden sie auch in der

IV. Abschottung der Polizei und Verschweigen der Polizeigewalt

Abschottung[1098] und negative Sozialisation können einen idealen Nährboden für unrechtmäßige polizeiliche Gewalt bieten. *Schneider* ist der Auffassung, die Welt bestehe aus „Insidern und Outsidern: der Polizei und den Bürgern".[1099] Kommt es zu polizeilichen Fehlverhalten, wird das Geschehen – so *Schulz* – von den Mitgliedern des Polizeiapparats verschwiegen, verneint oder beschönigt, um das „Image der (fehlerlosen) Polizei nicht zu gefährden".[1100]

> Für meine Wache speziell kann ich sagen: da geschah in jedem Nachtdienst etwas, ohne Übertreibung. Und wenn es zu Übergriffen kam, dann war es auch immer ziemlich heikel. Dann wurde einer halt mal eben die Treppe runtergestoßen und dann wurde im Bericht geschrieben: ‚Der angetrunkene Soundso, auf dem Weg zur Zelle, fiel die Treppe hinunter und verletzte sich soundso.'[1101]

Diese Aussage zeigt, wie einfach es ist, polizeiliche Gewalt zu vertuschen. Da das Opfer in der Regel keine Zeugen für das gewalttätige Verhalten der Polizisten hat, ist es nahezu unmöglich, die Aussagen der Polizisten zu widerlegen.

Damit einhergehend dienen polizeiinterne Abschottung, negative Sozialisation und Isolation als Fundament für Polizeikriminalität.[1102] Die polizeiliche Struktur, die Arbeit in einer Gefahrengemeinschaft und die enge emotionale Beziehung zu den Kollegen führen dazu, dass sich einzelne Gruppen innerhalb der Polizei von der außerpolizeilichen Welt isolieren.

> Verstrickungen werden weniger gespürt, wenn erst einmal alle verstrickt sind.[1103]

Innerhalb der isolierten Gemeinschaft können ein stark ausgeprägtes Gruppenbewusstsein und eine „Depersonalisierung"[1104] eintreten, welche gruppeninterne bzw. subkulturelle Normen entstehen lassen, die die Verhältnismäßigkeit polizeilichen Handelns abweichend von den allgemein geltenden Normen definieren, was

---

Polizeiorganisation Voraussetzungen und Möglichkeiten (*Frevel* in: FS für Asmus, S. 51).

1098 *Behr* Die Polizei 2010, 317, 320.

1099 *Schneider* Kriminalistik 2000, 290, 294.

1100 *Schulz* in: Kriminalitätsbekämpfung, S. 276; *Bosch* in: Grundrechte-Report 2016, S. 75 (*„bedauerliche Einzelfälle"*); *Bredel Polizei* und Presse, S. 108 (*„De facto bleibt es dabei, daß der Polizeiapparat in sich oft so gschlossen ist, daß einzelne Bürger vor Gericht Probleme haben, Übergriffe zu beweisen"*).

1101 Aussage eines ehemaligen Polizisten (*Gössner/Herzog* Der Apparat, S. 137).

1102 So auch *Braun/Albrecht* DÖV 2015, 937, 944 m.w.N.

1103 *Schäfer* Kriminalistik 1995, 205, 207.

1104 Einzelpersonen geben ihre Individualität auf und passen sich der Gruppe an (*Schwind* Kriminalistik 1996, 161, 163).

die unrechtmäßige polizeiliche Gewalt fördert.[1105] Die Isolation der polizeilichen Gruppen kann zu einem Gruppendruck führen, wodurch beim polizeilichen Einschreiten rationale Überlegungen in den Hintergrund gedrängt werden und sich der Polizist von seinen Emotionen leiten lässt. Dies kann rechtswidrige Gewaltanwendung begünstigen. Da die isolierte Gruppe ihre Werte selbständig definiert,[1106] kann die Polizeikriminalität nachträglich Legitimation innerhalb der Gruppe erfahren. Bisweilen werden – so *Behr* – (geringfügige) Überschreitungen der Legitimität als solche von der Gruppe gar nicht mehr wahrgenommen und Grundrechte werden „quasi nebenbei" verletzt.[1107] Die Isolation von der Außenwelt und das Entstehen von einzelnen Gruppen innerhalb der Polizei können ebenfalls dazu führen, dass Polizisten einen Beschützerinstinkt ihren Kollegen gegenüber entwickeln und härter durchgreifen, wenn polizeiliche Kollegen – und vor allem Kolleginnen – angegriffen werden.[1108] *Schmid* ist der Auffassung, dass die Abschottung der Polizei von der Bevölkerung das grundsätzliche Problem, das beim Zusammentreffen von Polizei und Bürger existiert, verstärkt: Die Abschottung und das gelegentliche Zusammentreffen führen ihrer Ansicht nach dazu, dass bei den Bürgern Ärger über die Polizei produziert werde. Bürger, unabhängig ob Täter oder Opfer, fühlen sich von der Polizei missverstanden.[1109]

Quambusch spricht bei der Neigung zu einer Selbstisolation und der berufsbezogenen Kommunikationsstörung vom sog. *Villingen-Schwenningen-Syndrom.* Seiner Auffassung nach ist dieses Syndrom bereits während der Ausbildung diagnostizierbar. Der Grund liegt in der Stätte der Ausbildung, welche nicht selten abgelegen und umzäunt ist. Der optische Eindruck der Isolation setzt einen Impuls für späteres polizeiliches Verhalten:[1110]

> Macht korrumpiert, wenn sie unbeaufsichtigt ausgeübt und niemand bei Macht-Mißbrauch verantwortlich gemacht wird.[1111]

Schneider führt weiter aus, dass nur in schlecht geführten Polizeiorganisationen Brutalität entstehen kann, dies vor allem dann, wenn die Spitze die an der Basis arbeitenden Polizisten nicht ausreichend kontrolliert und sie bei fehlerhaftem Verhalten nicht zur Verantwortung gezogen werden. Der Leiter des Polizeiapparats

1105 *Von Denkowski* Polizei & Wissenschaft 2011, 31, 41; *Manzoni* Gewalt zwischen Polizei und Bevölkerung, S. 180 f.; *Behr* zufolge wurzeln diese partikularen Normen in der Cop Culture (*Behr* Cop Culture, S. 196).

1106 So auch *von Richthofen* Die Polizei 1994, 90, 91.

1107 *Behr* Cop Culture, S. 85; Befragungen haben gezeigt, dass Polizisten oftmals verschiedene Rechtfertigungsmuster für ihre Gewaltanwendung anwenden, welche dazu führen, dass eine eigene Grenzziehung erfolgt und das eigene Handeln als rechtmäßig empfunden wird (*Schulz* in: Kriminalitätsbekämpfung, S. 274 m.w.N.).

1108 *Lorei/Meyer/Wittig* in: Polizei im Jagdfieber, S. 15.

1109 *Schmid* Korruption, Gewalt und die Welt der Polizisten, S. 198.

1110 *Quambusch* Kriminalistik 2000, 304 f.

1111 *Schneider* Kriminalistik 2000, 362, 364.

muss dahingehend ein Zeichen setzen, dass Polizeigewalt nicht geduldet, sondern verfolgt werde.

Bosold ist der Ansicht, dass auch eine mangelnde externe Kontrolle der Polizei mögliche Ursache für unrechtmäßige polizeiliche Gewaltanwendung sein kann.[1112] Die Verschwiegenheit der Polizisten untereinander und die sog. *„Mauer des Schweigens"* nach außen, welche das kollektive Schweigen der Gruppe („Totschweigen") meint, um ein beschuldigtes Gruppenmitglied vor einer Überführung zu schützen,[1113] führen dazu, dass die Aufklärung exzessiver Gewaltanwendung erheblich erschwert wird. Polizisten wird die Möglichkeit zur Anwendung gesetzeswidriger Gewalt gegeben, ohne dafür zur Rechenschaft gezogen zu werden. Ob eine solche Mauer tatsächlich existiert, wird heftig diskutiert, ohne dass darüber Einigkeit besteht. Die Meinungen reichen von einer Ablehnung der Mauer des Schweigens bis hin zur vorbehaltslosen Bejahung des Phänomens.[1114] *Schwind* spricht im Zusammenhang mit der Mauer des Schweigens auch von einem sog. *„Igeleffekt"*. Das „Einigeln" habe viel mit dem Gruppenbewusstsein zu tun, welches innerhalb der polizeilichen Reihen vorherrsche.[1115]

Das Verschweigen der Polizeigewalt hat noch einen weiteren Grund. *Herrnkind* spricht davon, dass polizeiliche Fehler nicht passieren dürfen bzw. dass sie zumindest nicht von der Gesellschaft wahrgenommen werden dürfen.[1116] *Mensching* betont die Legitimität von Fehlern,[1117] sodass über sie innerhalb der Polizei offen diskutiert werden sollte. Aus Fehlern sollte gelernt werden. Ferner sollte gelernt werden, dass künftige Fehler unvermeidbar sind.[1118] Dafür ist ein konstruktives feedback von entscheidender Bedeutung.[1119] Zudem sollte aktiv mit Fehlern umgegangen werden, denn je offener und aktiver der Umgang ist, desto mehr Sicherheit kann gewonnen

---

1112 *Bosold* Polizeiliche Übergriffe, S. 62.

1113 *Schwind* Kriminalistik 1996, 161.

1114 Zusammenfassend bei *Schwind* Kriminalistik 1996, 161.

1115 Beispiele hierfür bei *Schwind* Kriminalistik 1996, 161, 162 f.

1116 *Herrnkind* in: Organisation mit Gewaltlizenz, S. 131; so auch bei *Thinnes* Kennzeichnungspflicht, S. 112; *Korell* und *Liebel* sprechen von dem *„System einer unfehlbaren Polizei"* (*Korell/Liebel* Polizeiskandal – Skandalpolizei, S. 131); BT-Drs. 18/7616 v. 19.2.2016, S. 16.

1117 Im Mittelpunkt ihrer Analyse steht jedoch nicht die unrechtmäßige polizeiliche Gewalt, sondern sie betrachtet v.a. fehlerhafte alltägliche Bewertungen von Entscheidungen innerhalb der Polizei (*Mensching* in: Empirische Polizeiforschung V, S. 43); auch *Neumann* zufolge ist es wichtig, anzuerkennen, dass Polizisten Fehler machen (dürfen) (*Neumann* in: Kriminalitätsbekämpfung, S. 238).

1118 So auch bei *Volkmer* in: Empirische Polizeiforschung V, S. 81, 94; *Kersten* ist der Ansicht, dass die Polizei Fehler analysieren muss, um aus ihnen lernen zu können (http://www.sueddeutsche.de/panorama/polizeigewalt-schlaege-im-namen-des-gesetzes-1.1599748-2) (Stand: Dezember 2016); Polizisten sollten zu ihren Fehlern stehen und aus ihnen lernen (*Schulz* in: Kriminalitätsbekämpfung, S. 275 f.).

1119 *Mensching* in: Empirische Polizeiforschung V, S. 53, 55.

werden.[1120] Da Fehler unvermeidlich sind, sollte versucht werden, in ihnen keine generelle Gefahr zu sehen, sondern vielmehr eine Chance zur Innovation.

Obwohl bereits eine lateinische Redewendung zeigt, dass Irren menschlich ist („*Errare humanum est*"), denn wo Menschen sind, gibt es nun mal Fehler,[1121] ist *Schulz* der Auffassung, dass die Arbeit der Polizei „besonders kritisch und sozusagen unter der Lupe betrachtet [wird]."[1122] Polizeiliche „Fehltritte" werden – bewusst oder unbewusst sei an dieser Stelle dahingestellt – von der Polizei totgeschwiegen:

> Der Gewalteinsatz der Polizei steht oftmals unter einem subkulturell tradierten Schweigegelübte.[1123]

Doch gerade dieses Verschweigen der kriminellen Gewaltanwendung innerhalb der Polizei ist schlimmer als die Existenz und das Nichtbekämpfen des Problems.[1124]

> Das Schlimmste ist nicht: Fehler haben, nicht einmal sie nicht bekämpfen, ist schlimm. Schlimm ist, sie zu verstecken.[1125]

Unrechtmäßige polizeiliche Gewalt ist strafrechtlich nur schwer nachweisbar.[1126] Gelingt ein strafrechtlicher Nachweis, ist in der Polizeiführung und in der Politik von Einzelfällen die Rede. Durch dieses Verhalten soll gezeigt werden, dass Polizeigewalt gerade die Ausnahme von der Regel ist.[1127] Die eigene Gewaltanwendung wird ausgeblendet, was bleibt ist die Gewalt der Anderen. Unterstellt man die Richtigkeit der Theorie der „Schwarzen Schafe" und des Fehlverhaltens Einzelner, so müsste auch dieses Fehlverhalten hinterfragt werden. Ferner müsste geklärt werden, ob sich dahinter polizeiliche Führungsprobleme verbergen.

Auch wenn Vertuschungen innerhalb des Polizeiapparats wohl in demselben Maße anzutreffen sind, wie dies überall in der Gesellschaft der Fall ist,[1128] ist dies nach *Braun* und *Albrecht* mit Blick auf das bestehende Gewaltmonopol unter keinen

---

1120 *Kess* in: Empirische Polizeiforschung V, S. 29.

1121 Ebenso *Zöller* ZIS 2015, 445, 454; 2013 kamen in Deutschland 18.800 Menschen durch Ärztefehler ums Leben (*Schulz* in: Kriminalitätsbekämpfung, S. 275 m.w.N.); BT-Drs. 18/7616 v. 19.2.2016, S. 16.

1122 *Schulz* in: Kriminalitätsbekämpfung, S. 275.

1123 So auch bei *Behr* in: Empirische Polizeiforschung, S. 177.

1124 *Schulz* in: Kriminalitätsbekämpfung, S. 275 f.

1125 *Berthold Brecht*. Gefunden bei *Volkmer* in: Empirische Polizeiforschung V, S. 94; http://www.sueddeutsche.de/panorama/polizeigewalt-mauer-des-schweigens-1.1606447 (Stand: Dezember 2016).

1126 *Singelnstein* Bürgerrechte & Polizei 2010, 55 ff.

1127 *Vogelskamp* Bürgerrechte & Polizei 2010, 36, 37; auch bei Vorwürfen wie Rassismus, Kameraderie und Mobbing versichern die Verantwortlichen, dass es sich um Einzelfälle handelt (*Behr* Cop Culture, S. 260 f.).

1128 Subkulturelle Zusammenhalte gelten auch für Rechtsanwälte, Sportler und Handwerker. Sie gelten folglich für Gemeinschaften, *„in denen möglichst keine Krähe der anderen ein Auge aushacken wird"* (*Schäfer* Kriminalistik 1995, 205, 206).

Umständen hinnehmbar.[1129] Vertuschungen und Vertuschungsversuche müssen daher ein Ende nehmen.

V. Fließende Grenze zwischen legitimer und illegitimer Gewaltanwendung

Ein weiterer Grund für die Polizeigewalt liegt in den bestehenden Unsicherheiten darüber, wann die Grenze der legitimen Gewaltanwendung überschritten wird und unrechtmäßige polizeiliche Gewalt beginnt. Polizeiliches Handeln ist von Ermessensentscheidungen geprägt. Polizisten sollten aber dennoch in der Lage sein, bei Gewaltanwendung das Ermessen in richtiger Art und Weise auszuüben: Gewaltanwendung muss auch weiterhin ultima ratio bleiben. Unsicherheit und Unwissenheit über das richtige Maß an polizeilicher Gewalt können letztlich dazu führen, dass Polizeigewalt unbewusst und von Polizisten unentdeckt Einzug in die polizeilichen Reihen findet. Vor allem die Kombination aus provokativem Gegenspieler und rechtlich unklaren Situationen, bei denen ein hoher Ermessensspielraum vorliegt, können zu unverhältnismäßigen polizeilichen Reaktionen führen.[1130] An dieser Stelle darf aber nicht unerwähnt bleiben, dass die Grenze zwischen legitimer und illegitimer Gewaltanwendung bisweilen fließend verläuft und das richtige Maß nicht immer einfach festzustellen ist. Die fließende Grenze kann als Erklärungsfaktor für unrechtmäßige polizeiliche Gewalt jedenfalls dann nicht greifen, wenn der Polizeibeamte bewusst Gewalt anwendet.

VI. Autorität und Machtstellung

Behr versucht in seinem Beitrag zur empirischen Polizeiforschung einen Zusammenhang zwischen der Autorität der (jungen) Polizeibeamten und der Polizeigewalt herzustellen. Seiner Ansicht nach fehlt vor allem jungen und unerfahrenen Polizisten das Wissen, wie sie in Krisensituationen handeln müssen.[1131] Die Unkenntnis über das richtige Maß der Gewaltanwendung ist oftmals der Grund dafür, dass die Grenze zur Illegalität überschritten und übertrieben Gewalt angewendet wird. Auch eine übertriebene Selbstdarstellung der Polizisten trägt nicht zu einer besonnenen Handlungsweise bei.

> Gerade junge, männliche Polizeibeamte identifizieren sich oft mit der Figur des starken Staates. Die Autorität, die sie anzuerkennen und zu verteidigen bereit sind, ist keine personale, sondern bezieht sich auf das Gesetz. Es repräsentiert Vernunft und überindividuelle Legitimität. Dass sie damit in Situationen geraten, die per Gesetz allein

1129 *Braun/Albrecht* DÖV 2015, 937, 946.

1130 *Steffes-enn* Polizisten im Visier, S. 107.

1131 Auch *Manzoni* sieht in der Unerfahrenheit junger Polizisten den Grund für die vermehrte Ausübung unrechtmäßiger Gewalt (*Manzoni* Gewalt zwischen Polizei und Bevölkerung, S. 176).

> nicht mehr zu bewältigen sind, haben sie sich zwar kognitiv angeeignet, aber nicht internalisiert, sonst würden sie möglicherweise behutsamer agieren. Junge Polizei-Männer wissen nicht immer, wen sie vor wem oder was wie wann warum schützen sollen. Deshalb orientieren sie sich einerseits am eindeutigen (und starken) Gesetz, und entwickeln andererseits ihre Identität aus Bruchstücken von Mythen um die Polizei und deren Aufgabe. Die kollektiven Erzählungen und die Bilder um den 1. Mai oder den Castor-Transport und die vielen anderen rituellen Kampf-Gelegenheiten gehören zum Fundus für die Identifikation der Jungpolizisten mit ihrer noch ungefestigten und/oder ungeprüften Lieblingsrolle.[1132]

Junge Polizisten gehen offensiv auf das aggressive Verhalten des polizeilichen Gegenübers ein und versuchen es mit ihnen „auszuhalten".[1133] Die Bewerkstelligung von Männlichkeit spiele sowohl für die illegale, als auch für die legale Gewaltanwendung eine entscheidende Rolle. Polizisten gebrauchen ihre harte, aggressive Männlichkeit, um Dinge durchzusetzen, von denen sie glauben, dass sie sie durchsetzen müssen.[1134]

Die Autorität ist mit einer gewissen Machtstellung der Polizeibeamten verbunden, was in bestimmten Situationen zu einem Missbrauch der Macht führen kann. Unabhängig von Selbstwertgefühl und Selbstdarstellung der Polizisten stellen Begegnungen zwischen Polizei und Bevölkerung Konstellationen dar, die in der Regel von einer ungleichen Machtverteilung geprägt sind. Der Polizist erteilt Weisungen, welche das polizeiliche Gegenüber widerstandslos und ohne Überprüfung zu befolgen hat.[1135] Im Alltagshandeln der Polizisten dominiert für viele nach wie vor noch die „Idee eines herrschaftsunterworfenen Bürgers".[1136] Zum Teil zelebrieren Polizisten – so *Behr* – die eigene Überlegenheit und stellen die Unterlegenheit und Handlungsunfähigkeit des polizeilichen Gegenübers zur Schau.[1137] Diese Verhaltensweise prägt die Interaktion zwischen den Beteiligten, kann zur Eskalation der Situation und mithin zur illegitimen Polizeigewalt führen. Dies ist vor allem dann der Fall, wenn der Polizeibeamte infolge Nichtbeachtung seiner Anweisung einen Autoritätsverlust befürchtet. Strebt der Polizist nach dem Erhalt

1132 *Behr* in: Empirische Polizeiforschung XIV, S. 181 f.; *Korell* und *Liebel* sprechen von einer Anfälligkeit der Polizei für autoritäre Einstellungen (*Korell/Liebel* Polizeiskandal – Skandalpolizei, S. 156).

1133 *Behr* in: Gewalt und Gewalten, S. 77.

1134 *Behr* Cop Culture, S. 61, 77; ausführlich zur Männlichkeit im Alltag des Gewaltmonopols: *ders.* Cop Culture, S. 91 ff.

1135 Vgl. *Behr* in: Gewalt und Gewalten, S. 71.

1136 *Behr* in: Gewalt und Gewalten, S. 71; *Braun/Albrecht* DÖV 2015, 937, 939.

1137 *Behr* Cop Culture, S. 170; zum Teil machen Polizisten z.B. kontrollierten Verkehrsteilnehmern erstmal Vorhaltungen, was zu deren Einschüchterung beitragen soll (*Gössner/Herzog* Der Apparat, S. 135); zur Demütigung und Unterwerfung auch *Steffes-enn* Polizisten im Visier, S. 94 ff.; der *„nackte Besitz von Macht"* lässt manche Personen den Polizeiberuf wählen (*Frevel* in: FS für Asmus, S. 49).

seiner Autorität, werden seine Handlungen von Emotionen bestimmt werden,[1138] wodurch sich die Gefahr erhöht, dass rechtliche Vorgaben hinsichtlich einer Gewaltanwendung ausgeblendet werden. Überdies entsteht durch das Erteilen von Befehlen und Anweisungen des Polizeibeamten und das Ausführen der Befehle ohne Überprüfungsmöglichkeit durch den Bürger eine Subkultur,[1139] die sich auf Abwegen der Demokratie bewegt und eine unrechtmäßige Gewaltanwendung fördert. Der Umstand, dass Polizisten denken als verlängerter Arm des Staates tätig zu werden, führt nicht nur zu einem gewissen „Machtgehabe". Vielmehr schweißt dieser Umstand die Polizisten zusammen. Die Konsequenz ist, dass sich die Mauer des Schweigens verstärkt und eine Eindämmung bzw. Aufklärung der Polizeigewalt in Zukunft schwierig sein wird.

Auch *Hunecke* ist ähnlicher Auffassung und teilt *Behrs* Ansicht von der ungleichen Machtverteilung zwischen Polizei und Bürger. Im Hinblick auf die Gewaltdiskussion sieht sie das Problem ebenfalls in der Herabwürdigung des polizeilichen Gegenübers und der erhöhten Stellung der Polizei, was zur Entstehung eines Ungleichgewichts führt. Dies kann zur Verschärfung der Gewaltsituation beitragen.[1140]

Nicht nur die ungleiche Machtverteilung kann als Erklärungsansatz für unrechtmäßige polizeiliche Gewaltanwendung dienen. Auch Distanz und Neutralität können eine angespannte Situation verschärfen. Neutralität und Distanz zeigen sich bereits in dem Terminus, mit dem Polizisten die Personen beschreiben, mit denen sie es täglich zu tun haben: Das „polizeiliche Gegenüber". Das polizeiliche Gegenüber ist der „Störer". Die Selbstbilder der Polizisten sind hingegen „Kämpfer" und „Krieger", die eine prekäre Lage unverzüglich bereinigen müssen. Ihre Autorität zeigt sich in der Kompromisslosigkeit, die keinen Raum des Aushandelns zulässt.[1141]

Auch *Lorei, Meyer* und *Wittig* fassen die Faktoren, die einen Einfluss auf polizeiliche Übergriffe haben können, zusammen: Entscheidend für die Anwendung unrechtmäßiger Polizeigewalt seien die Maskulinität, das *„sensation seeking"*,[1142] der Erhalt von Autorität, der Beschützerinstinkt und die Polizeisolidarität in Form von besonderem Engagement wenn ein Kollege gefährdet ist.[1143]

Behr zufolge ist es aber auch oftmals einfach so, dass junge Polizisten während ihrer Ausbildung das maßvolle Einschreiten nicht lernen oder eben nur der Sportlehrer aus der Bereitschaftspolizei oder der Einsatztrainer im Studium für diesen

---

1138 Das nachhaltige Nichtbefolgen von Anweisungen löst Ärger, Unverständnis und Klagen aus (*Behr* in: Gewalt und Gewalten, S. 71).

1139 Näheres zur Subkultur bei *Behr* Cop Culture, S. 86 ff.

1140 *Hunecke* KritV 2014, 267, 273 f.; ähnlich auch *Bosold* Polizeiliche Übergriffe, S. 61; Manche Kontrollsituationen können vom Betroffenen sogar als erniedrigend empfunden werden. Zum Teil löst die Anwesenheit von Polizisten Unterwerfungsgesten aus (*Behr* Cop Culture, S. 81, 85).

1141 Zum Ganzen: *Schiewek* in: Gewalt und Gewalten, S. 98 f.

1142 *„Sensation seeking"* ist das Suchen nach Abwechslung und neuen Erlebnissen, um immer wieder Spannungsreize zu erleben.

1143 *Lorei/Meyer/Wittig* in: Polizei im Jagdfieber, S. 15.

wichtigen Bereich zuständig ist.[1144] Er ist der Ansicht, dass das Anliegen der kontrollierten und dosierten Gewaltanwendung bereits die Ausbildung der Polizei prägt, wonach es nicht um die „Vernichtung des Feindes" gehen soll, sondern um die „Überwältigung von Gegnern".[1145] Sofern die Kontrollierbarkeit und Dosierbarkeit der Gewaltausübung nicht ausreichend Einzug in die Polizeiausbildung erhält, kann folglich nicht nur den an der Basis arbeitenden Polizisten der Vorwurf der unrechtmäßigen Gewaltanwendung gemacht werden. Die Ursachen der Polizeikriminalität liegen stattdessen tiefer. Die gesamte Polizeiausbildung müsste reformiert werden, damit sich bei jungen Polizisten das verhältnismäßige Maß einer Gewaltwendung in den Köpfen festsetzen kann. Die inhaltlichen Anforderungen an eine Ausbildungsreform sollen vorliegend nicht dargestellt werden, da auch eine nur ansatzweise Darstellung den Rahmen der Untersuchung sprengen würde.[1146]

VII. Frustration der Polizisten

Ein weiterer Grund für die Existenz unrechtmäßiger polizeilicher Gewaltanwendung kann in dem Frust, den der Polizeialltag mit sich bringt, liegen.[1147]

Die Polizei als Arbeitsplatz ist *Hunecke* zufolge nur für solche Menschen der bürgerlichen Gesellschaft interessant, die kein gesteigertes Interesse an einer Karriereentwicklung haben und eine Konfrontation mit der täglichen Kriminalität nicht scheuen.[1148] Die Motivation zum Polizeiberuf liegt in erster Linie im Interesse an außergewöhnlichen Ereignissen, an der Aktivitätsqualität und der Lust am Risiko.[1149] Frustration macht sich schnell breit, wenn klar wird, dass der Polizeialltag nicht so spannend ist als erwartet und die Befugnisse begrenzt sind bzw. wenn die eigenen Ansprüche mit den begrenzten Möglichkeiten des Polizeiberufes kollidieren.[1150] Aus diesem Grund werden umfassende gesetzliche Eingriffsbefugnisse gefordert,

---

1144 *Behr* Cop Culture, S. 79.

1145 *Behr* bei *Schiewek* in: Gewalt und Gewalten, S. 97.

1146 Verbesserungsvorschläge der polizeilichen Ausbildung bei *Schwind* Kriminalistik 1996, 161, 166 f.

1147 *„Wenn du die ganze Nacht rumgefahren bist und hast nichts erwischt, dann kommt der Frust"* (Kommentar eines Fahnders in: *Gössner/Herzog* Im Schatten des Rechts, S. 128); *Schwind* stellt sich ebenfalls die Frage, ob zwischen inkriminiertem Verhalten und Frust ein Zusammenhang besteht (*Schwind* Kriminalistik 1996, 161, 165); Faktoren, welche zu Frustrationen führen können: *Schwalbe* in: Neue Wege, neue Ziele, S. 200.

1148 *Hunecke* KritV 2014, 267, 276; ähnlich auch bei *Korell/Liebel* Polizeiskandal – Skandalpolizei, S. 71; *Behr* spricht von der Polizei als *„Abbild der Mittelschicht der Gesellschaft"* (*Behr* in: Gewalt und Gewalten, S. 69).

1149 Vgl. bei *Wagener* in: Gewalt und Gewalten, S. 145.

1150 Auch *Sielaff* Kriminalistik 1992, 351, 352; Gründe, warum die Motivation der Schutzpolizeibeamten sinkt: *von Richthofen* Die Polizei 1994, 90 (z.B. Stellen- und Beförderungssituation, ungünstige Arbeitsbedingungen und mangelnde Fürsorge des Dienstherrn).

da ansonsten eine Kriminalitätsbekämpfung nicht mehr möglich sei.[1151] Die Frustration über die eigene Berufswahl kann in Aggression umschlagen, welche in Form exzessiver, übertriebener Gewaltanwendung am polizeilichen Gegenüber ausgelassen und damit der rechtlich zulässige Rahmen überschritten wird.

Die Frustration zeigt sich nach Auffassung von *Schwind* nicht nur bei den Polizeieinsätzen, sondern auch dann, wenn festgenommene Personen nicht gemäß der polizeilichen Erwartungen bestraft werden bzw. wenn die justizielle Verarbeitung von Anzeigen mangelhaft ist und Polizisten das Gefühl haben, nur „für den Papierkorb zu arbeiten".[1152] Der dienstliche Frust zeigt sich vor allem, wenn das Ermittlungsverfahren von der Staatsanwaltschaft aus Mangel an Beweisen eingestellt wird oder der Straftäter nach (zu) geringer Strafe wieder im kriminellen Umfeld von der Polizei angetroffen wird:[1153]

> Und das schlimmste, was heute ist, ist natürlich die Justiz, nich, das ist ja die reinste Katastrophe, nich. Also sie haben Leute hier, die sind vierzig Mal gestellt worden, Jugendliche mit einem geklauten Auto, hier in X gibt es regelrechte Banden oder so. Rein, Vernehmung ((pfeift)), raus. Nimmt der sich das nächste Auto und so geht das ... immer weiter. Wäre ja früher undenkbar gewesen, ne. [...] Nun frage ich mich, was das noch soll.[1154]

Wie diese Aussage eines Polizisten zeigt, stellen die Einstellung des Verfahrens und der gerichtliche Freispruch eine „Niederlage" für die Polizisten dar, die den Täter gefasst und belastendes Material gegen ihn zusammengetragen haben.[1155] Diese gerichtliche Praxis lässt die polizeiliche Arbeit nicht selten sinnlos erscheinen. Die Frustration über das Kriminaljustizsystem kann – wie der Frust bei der täglichen Polizeiarbeit – zur Erhöhung des Gewaltpotenzials der Polizisten beitragen und sich bei vermeintlichen Routineeinsätzen entladen.

> Die Tatsache, dass zwei Drittel der Täter, die Polizeibeamte angreifen, schon polizeibekannt sind, kann insbesondere bei dem betroffenen Beamten erhebliche Frustration

---

1151 *Korell/Liebel* Polizeiskandal – Skandalpolizei, S. 136; Studien zeigen, dass unter den Polizisten hinsichtlich der ihnen zugestandenen Rechte ein gewisses Unzufriedenheitspotenzial zu finden ist (*Schmid* Korruption, Gewalt und die Welt der Polizisten, S. 259).

1152 *Schwind* Kriminalistik 1996, 161, 165.

1153 Vgl. *Manzoni* Gewalt zwischen Polizei und Bevölkerung, S. 23; ähnlich auch *Behr* in: Gewalt und Gewalten, S. 85; eine zu geringe Sanktionierung kann insbesondere auch als Argument für die Gewalt *gegen* Polizisten angeführt werden, da den Täter dadurch ermöglicht wird, ihre Grenzen „schadlos" auszuloten (*Hermanutz/Heyn* in: Gewalt gegen Polizisten, S. 65).

1154 *Korfes* Soziale Probleme, 1995, 238 (Äußerung bezieht sich auf die Rechtspraxis im Bereich des JGG).

1155 *Schmid* Korruption, Gewalt und die Welt der Polizisten, S. 255.

auslösen. Viele sehen sich in der Erwartung enttäuscht, dass die früher eingeleiteten Maßnahmen dem Rückfall des Täters erfolgreich entgegenwirken.[1156]

Die Frustration über die fehlende Entlohnung und das Sinnloserscheinen der polizeilichen Tätigkeit äußert sich sowohl in der inneren, als auch in der äußeren Haltung der Polizisten, was zu einer Herabwürdigung des polizeilichen Gegenübers und zu einer unverhältnismäßigen Gewaltanwendung führen kann. Da in den Augen der Polizisten die Justiz den Straftätern nicht ausreichend streng begegnet,[1157] sind sie der Ansicht härter durchgreifen und die Grenze der Legalität überschreiten zu dürfen, um die Milde der Justiz auszugleichen. Nicht selten üben Polizisten „Ersatz-Justiz" an Personen, die ihrer Ansicht nach Bestrafung verdienen:[1158]

> Der Polizeibeamte weiß, daß der Faustschlag, den er jetzt dem Drogendealer Sim Sala verpaßt, das einzige Übel sein wird, das dieser Jugendliche jemals als Quasistrafe erleidet.[1159]

Auch *Behr* schildert den Vorwurf der Polizei-Männlichkeit gegenüber der weiblichen Justiz. Die Justiz erweise sich in den Augen der Polizisten zu schwach, zu weich, zu nachsichtig. Diese Einstellung passe nicht mit den männlichen Phantasien von Vergeltung, Rache und Bestrafung zusammen.[1160] Das kritisierte Verhalten der Justiz führt folglich dazu, dass die Polizei zunehmend als „Judikative der Straße"[1161] agiert und selbst darüber entscheidet, ob sich ihr Verhalten innerhalb der Grenzen des Erlaubten befindet.[1162] Die Polizisten halten sich dabei an ihre eigene Überzeugung von Gerechtigkeit.

Bosold versucht unrechtmäßige Gewalt mit Hilfe der Identifikation des Polizisten mit dem Polizeiapparat zu erklären. Danach ist in Einsatzsituationen mit geringem polizeilichem Erfolg die Übergriffsintention des Beamten relativ hoch ausgeprägt, sofern er sich stark mit der Polizei an sich identifizieren kann. Auch bei erfolglosen Polizeieinsätzen besteht die Gefahr einer illegalen Gewaltanwendung und zwar unabhängig davon, ob der Beamte eine geringe oder hohe Identifikation mit der Polizei aufweist.[1163] Eine starke Identifikation des Polizeibeamten mit der Polizei hat

---

1156 Bei *Hunecke* KritV 2014, 267, 277.

1157 Daten aus den siebziger Jahren zeigen, dass bereits damals 91 % der befragten Polizisten fanden, dass Rechtsbrecher zu weich angefasst werden (bei *Schmid* Korruption, Gewalt und die Welt der Polizisten, S. 255).

1158 *Hunecke* KritV 2014, 267, 278; *Manzoni* Gewalt zwischen Polizei und Bevölkerung, S. 181; *„Die Prügel hat er, die nimmt ihm keiner mehr"* (so bei *Schmid* Korruption, Gewalt und die Welt der Polizisten, S. 255); *„laxe Justiz"* (*Frevel* in: FS für Asmus, S. 55).

1159 *Schwind* Kriminalistik 1996, 161, 165.

1160 *Behr* Cop Culture, S. 205.

1161 *Pichl* KritV 2014, 249, 264.

1162 Anders *Bosold* Polizeiliche Übergriffe, S. 155 f. (Polizeibeamte verurteilen diese Form der Selbstjustiz scharf oder sehen sie zumindest als problematisch an).

1163 *Bosold* Polizeiliche Übergriffe, S. 150 f.

breit publiziert.[1190] Zum Teil werden den Medien ungleiche Berichterstattung,[1191] aber auch „Pannen und Fehler, Halbwahrheiten und Ungereimtheiten, Spekulationen und Falschmeldungen“[1192] vorgeworfen. Auf der anderen Seite könnte man in den Verfahrenseinstellungen einen besonderen Schutz der Polizisten vor juristischer Strafverfolgung sehen.

Unabhängig davon welche Ansicht man vertritt, führt polizeiliches Fehlverhalten, insbesondere rechtswidrige Polizeigewalt ohne jegliche Gegenreaktion auf Seiten des Staates dazu, dass das gesellschaftliche Vertrauen in die Polizei abnimmt oder zumindest schwer erschüttert wird.[1193] Wenn Kritik am Polizeiapparat oder an den Polizeipraktiken in der Öffentlichkeit geübt wird, dann reagiert die „Polizeifamilie“[1194] sensibel und sucht die Fehler bei anderen Institutionen. Fest steht auch, dass mit einer solchen Verhaltensweise das – noch – bestehende Vertrauen der Bevölkerung in die Polizei nicht länger aufrechterhalten werden kann.

Kritiker werfen den Staatsanwaltschaften vor, dass sie Verfahren gegen Polizeibeamte anders als andere Verfahren behandeln, was zu einem regelrechten „Klima der Straflosigkeit“ führe.[1195] *Brusten* spricht dabei von einer „Sanktionsimmunität“ in der Polizei.[1196] 83,95 % aller Verfahren gegen Polizisten wegen Gewaltausübung gemäß § 340 StGB und Aussetzung gemäß § 221 StGB wurden 2012 in erster Linie nach § 170 Abs. 2 StPO eingestellt.[1197] Betrachtet man alle Verfahren wegen Gewaltausübung und Aussetzung durch Polizeibeamte, so lässt sich feststellen, dass 2012

1190 *Schmid* Korruption, Gewalt und die Welt der Polizisten, S. 261.

1191 Auch *Zachert* musste selbstkritisch bemerken, dass die Polizei oftmals zu leichtsinnig hofft, dass die Medien unkritische Transporteure der polizeilichen Lagebeschreibung sind (ausführlich hierzu: *Zachert* Kriminalistik 1994, 682).

1192 *Schmid* Korruption, Gewalt und die Welt der Polizisten, S. 262.

1193 *Kersten* NK 2014, 52, 55; *Pichl* KritV 2014, 249, 250.

1194 Da Polizisten ihren Familien oftmals kein geregeltes Familienleben bieten können, werden überdurchschnittlich viele Ehen von Polizisten geschieden (*Schwind* Kriminalistik 1996, 161, 163), mit der Folge, dass der Polizeiapparat schnell zum Familienersatz wird; auch *Herrnkind* und *Behr* sprechen von der „Familie Polizei“ (*Herrnkind* in: Empirische Polizeiforschung V, S. 185; *Behr* Cop Culture, S. 210).

1195 *Amnesty International* Täter unbekannt, S. 10; *Singelnstein* NK 2014, 15, 17; vgl. auch den Freispruch der Polizisten im Fall Oury Jalloh (*Narr* Bürgerrechte & Polizei 2009, 73, 77); *Pütter* Bürgerrechte & Polizei 2010, 3, 7; auch bei *Lüdtke/Sturm* Polizei, Gewalt und Staat, S. 11.

1196 *Brusten* KrimJ 4. Beiheft 1992, 84, 87; *ders.* in KrimJ, S. 99 (Polizeiinterne Statistiken über Strafverfahren gegen Polizisten in West-Berlin zeigen, dass die Einstellungsquote im Zeitraum von 1980 bis 1988 zwischen 91,0 % und 93,8 % liegt).

1197 *Singelnstein* NK 2014, 15, 18 f.; z.T. ist auch von mehr als 90 % die Rede (*Töpfer* Polizei-Beschwerdestellen, S. 6); im Jahr 2000 kamen bzgl. § 340 StGB auf 100 in der PKS erfasste Tatverdächtige ca. vier Abgeurteilte. Bei Verfahren nach §§ 223 ff. StGB waren es hingegen ca. 27 bis 28 Abgeurteilte (*Singelnstein* MschrKrim 2003, 1, 7).

in lediglich 2,28 % dieser Fälle Anklage erhoben worden ist.[1198] Bei Strafverfahren, die infolge Gewaltanwendung gegen Polizisten geführt werden, wurden laut KFN im Erhebungszeitraum 2005 bis 2009 dagegen lediglich 16,6 % der Verfahren eingestellt.[1199] *Singelnstein* hat in seinem Aufsatz „Institutionalisierte Handlungsnormen bei den Staatsanwaltschaften im Umgang mit Ermittlungsverfahren wegen Körperverletzung im Amt gegen Polizeivollzugsbeamte" Antworten auch parlamentarische Anfragen und sonstige Quellen[1200] ausgewertet und stellte dabei Folgendes fest: Den Zahlen der Erhebung des Polizeipräsidenten in Berlin über Verfahren wegen Körperverletzung im Amt gegen Polizeivollzugsbeamte wurde 1999 in lediglich 1,3 % der Fälle Anklage erhoben, 1998 in 1,2 % der Fälle und 1997 in 1,4 % der Fälle. Die Anklagequote liegt somit deutlich unter dem Durchschnitt:[1201]

> Es kann [...] festgehalten werden, dass die sich aus den untersuchten Antworten auf parlamentarische Anfragen ergebenden Hinweise die Vermutung einer besonders selektiven Strafverfolgung durch die StA bei Verfahren nach § 340 StGB gegen Polizeivollzugsbeamte stützen.[1202]

Auch älteres Datenmaterial weist hinsichtlich der hohen Einstellungsquote keine Unterschiede auf: Im Zeitraum von 1980 bis 1983 wurden beispielsweise in Hamburg von 1.774 eingeleiteten Ermittlungsverfahren gegen Polizeibeamte 1.514 Verfahren eingestellt, was einer Einstellungsquote von 85 % entspricht. Die Anklagequote lag bei lediglich 6 %.[1203] Die selektive Strafverfolgung durch die Staatsanwaltschaft zeigt auch die von *Brusten* durchgeführte Untersuchung „Strafverfahren gegen Polizeibeamte in der BRD". Von den 1980 bis 1988 in West-Berlin eingeleiteten 4.552 Strafverfahren wegen Körperverletzung im Amt gegen Polizeibeamte wurden insgesamt 98,0 % durch Staatsanwaltschaft und Gericht eingestellt. Lediglich in 0,4 % der Fälle kam es zu einer Verurteilung.[1204]

Das geringe Verfolgungs- und Verurteilungsrisiko der Polizeibeamten im Verhältnis zu anderen Tatverdächtigen ist durchaus kein deutsches Phänomen. Auch *Manzoni* kam im Rahmen seines Züricher Forschungsprojekts zu dem Ergebnis,

---

1198 *Singelnstein* NK 2014, 15, 19; so wurden auch in Passau im Verfahren „Siegfried Bauer" die Ermittlungen eingestellt (http://www.spiegel.de/spiegel/print/d-89234386.html) (Stand: Dezember 2016).

1199 *Ellrich/Baier/Pfeiffer* Polizeibeamte als Opfer von Gewalt, S. 146.

1200 Beispielsweise auch Anfragen für den Bundesgrenzschutz (*Singelnstein* MschrKrim 2003, 1, 8).

1201 *Singelnstein* MschrKrim 2003, 1, 7 f.

1202 Singelnstein *MschrKrim* 2003, 1, 8.

1203 *Gössner/Herzog* Im Schatten des Rechts, S. 265 f.; auch bei *Brusten* findet sich ein ähnliches Datenmaterial: In Hamburg kommt es ihm zufolge nur in 6 % aller Ermittlungsverfahren gegen Polizeibeamte zur Anklageerhebung (*Brusten* KrimJ 4. Beiheft 1992, 84, 87).

1204 *Brusten* KrimJ 4. Beiheft 1992, 84, 101.

dass in den vier erhobenen Jahren bei 93 % der Beamten das Verfahren eingestellt worden ist.[1205]

II. Ursachen für hohe Einstellungs- bzw. Freispruchsquoten bei Verfahren gegen Polizeibeamte

Der Fokus des nunmehr folgenden Abschnitts liegt auf den Ursachen, die zu der auffällig hohen Einstellungs- bzw. Freispruchsquoten bei Verfahren gegen Polizisten nach § 340 StGB im Vergleich zu Verfahren gegen sonstige Personen nach §§ 223 ff. StGB führen. Da eine gesetzliche Grundlage für eine derartige Ungleichbehandlung nicht besteht, kommen allenfalls rechtstatsächliche Erklärungsansätze in Betracht.[1206]

1. *Institutionelle und persönliche Nähe zwischen Polizei und Staatsanwaltschaft*

Gründe für die hohe Einstellungsquote und die geringen Anklagen gibt es verschiedene. Eine besondere Problematik liegt in der institutionellen Nähe zwischen Polizei und Staatsanwaltschaft. Obwohl die Staatsanwaltschaft die Gesamtverantwortung für die strafrechtlichen Ermittlungen trägt („*Herrin des Ermittlungsverfahrens*"), arbeitet sie institutionell sehr eng mit der Polizei zusammen. Diese institutionelle – und zum Teil persönliche – Nähe zwischen den beiden Behörden kann zwar als Grund für die hohen Einstellungsquoten angeführt werden. Allein darauf kann sie aber nicht zurückgeführt werden.[1207] Auch nach *Singelnstein* besteht ein funktioneller Zusammenhang, welcher eine gewisse Abhängigkeit hervorruft.[1208] Jedenfalls führt dieses Näheverhältnis – so *Ehresmann* – zwischen Polizei und Staatsanwaltschaft dazu, dass Zweifel an der Effektivität der Ermittlungsverfahren entstehen.[1209] Aufgrund der bestehenden Zweifeln sollten bei der strafrechtlichen Verfolgung von Anzeigen gegen Polizeibeamte bei der Staatsanwaltschaft spezialisierte Dezernate

1205 *Manzoni* Gewalt zwischen Polizei und Bevölkerung, S. 66 f.; auch in den USA ist die Verurteilungsquote enorm niedrig. Tausende Menschen wurden während Polizeieinsätzen erschossen. Lediglich elf Beamte wurden verurteilt (http://www.sueddeutsche.de/panorama/polizeigewalt-in-den-usa-tausende-tote-anklagen-elf-verurteilungen-1.2432095) (Stand: Dezember 2016).

1206 *Singelnstein* MschrKrim 2003, 1, 9.

1207 *Singelnstein* Bürgerrechte & Polizei 2010, 55, 56; *Schmid* Korruption, Gewalt und die Welt der Polizisten, S. 35; die Münchner Rechtsanwältin *Lex* ist der Ansicht, dass es ein massives Näheverhältnis gibt und große Solidarität herrscht. Diese Solidarität schlage sich in den Ermittlungen nieder (SZ v. 16./17.5.2015, S. 82); *Brusten* KrimJ 4. Beiheft 1992, 84, 88; *Bosch* in: Grundrechte-Report 2016, S. 77.

1208 *Singelnstein* MschrKrim 2003, 1, 13.

1209 *Ehresmann* Straftaten gegen Polizeibeamte, S. 239; *Töpfer* Polizei-Beschwerdestellen, S. 6 f. m.w.N. („*Beleg für unzureichende Ermittlungen*").

eingerichtet werden, die für jene Ermittlungen zuständig sind, zumal sich die Staatsanwaltschaft schwer tut, gegen Polizisten mit der gleichen Intensität zu ermitteln wie sie dies bei Angelegenheiten gegen Privatpersonen macht.[1210] Durch die Einrichtung spezieller Dezernate könnte sichergestellt werden, dass die zum Teil sehr enge Zusammenarbeit zwischen der Staatsanwaltschaft und der Polizei die Unabhängigkeit und Unparteilichkeit der Staatsanwaltschaft bei der Strafverfolgung nicht gefährdet.

Die Münchner Rechtsanwältin *Lex,* die sich mit Fehlverhalten im Polizei- und Justizapparat beschäftigt hat, ist der Ansicht, dass sich Fehlerquellen dadurch reduzieren lassen würden, wenn zur Tataufklärung nicht die örtliche Staatsanwaltschaft beauftragt werden würde. Dadurch könnte gewährleistet werden, dass es keine persönlichen Beziehungen zwischen den Polizisten und der ermittelnden Staatsanwaltschaft gibt. Die persönlichen Beziehungen und die Zusammenarbeit im Alltag sind ein Problem, da die nötige konstruktive Kooperation mit den Beamten gestört ist, wenn gegen eine Person ermittelt wird, mit der man sonst zusammenarbeitet.[1211] Auch *Amelung* zufolge ist nicht von der Hand zu weisen, dass „eine Behörde, die bei der Erfüllung ihrer Aufgaben auf eifrige Polizeibeamte angewiesen ist, bei der Annahme strafbaren polizeilichen Übereifers Zurückhaltung übt".[1212] Neben der institutionellen Zusammenarbeit zwischen Polizei und Staatsanwaltschaft, kann sich also auch eine persönliche Nähe entwickeln, die dazu führen kann, dass eine Freundschaft entsteht. Die Staatsanwaltschaft wird sich dadurch eher in die Situation eines angeklagten Polizisten als in die eines anderen Angeklagten hineinversetzen können. Sowohl die Staatsanwaltschaft als auch die Polizei sind zudem in ihrem täglichen Umgang mit dem gleichen „Klientel" konfrontiert, sodass die Staatsanwaltschaft leichter nachvollziehen kann, warum der Polizeibeamte in der konkreten Situation übermäßig Gewalt angewendet hat. Dies vor allem unter dem Aspekt, dass sowohl die Staatsanwaltschaft, als auch die Polizei bei der Strafverfolgung unter einem gewissen Druck stehen.[1213]

2. Verschweigen von Fehlern

Polizisten sind Personen, die eine besondere Funktion in der Gesellschaft erfüllen, eine gesellschaftliche Autorität darstellen, Macht und Stärke ausstrahlen und ein hohes Ansehen genießen. Daher wird teilweise vertreten, dass bei der Polizei gerade aus diesen Gründen keine Fehler vorkommen dürfen bzw. Fehler zumindest nicht von der Öffentlichkeit wahrgenommen werden dürfen.[1214]

1210 *Gössner/Herzog* Im Schatten des Rechts, S. 268; vgl. auch *Singelnstein* MschrKrim 2003, 1, 10, 17.

1211 SZ v. 16./17.5.2015, S. 82.

1212 *Amelung* KrimJ 4. Beiheft 1992, 168, 172.

1213 Siehe hierzu *Singelnstein* MschrKrim 2003, 1, 13 f.

1214 *Herrnkind* in: Organisation mit Gewaltlizenz, S. 131; *Thinnes* Kennzeichnungspflicht, S. 99, 112.

a) „Mauer des Schweigens" und „Cop Culture"

Sollte der Vorwurf der Polizeigewalt im Raum stehen, werden Polizisten regelmäßig nicht „Tacheles reden" und gegen ihre eigenen Kollegen aussagen, sodass Aussage gegen Aussage steht und mangels objektiven Beweisen das Verfahren eingestellt werden muss. Im Fall unrechtmäßiger Polizeigewalt wird eine „Mauer des Schweigens" aufgebaut.[1215] Es gilt innerhalb des Polizeiapparats das Tabu, Belastendes über eigene Kollegen auszusagen.[1216] Kommt es zur rechtswidrigen Gewaltanwendung durch Polizisten, greift nicht selten die ungeschriebene Cop Culture.[1217] Diese bezeichnet die theoretische Verbindung von Polizeiarbeit und Männlichkeit.[1218] Bei dieser „Polizistenkultur" geht es in erster Linie nicht um das Ergebnis, sondern vielmehr um das Erlebnis.[1219] *Wagener* sieht in der Polizistenkultur den Erfolg für die Polizisten, welcher in der Regel in der Festnahme des Straftäters liegt, im Vordergrund.[1220] Ferner brauchen Polizisten ein Erfolgserlebnis, wodurch es zur exzessiven Gewaltanwendung kommen kann,[1221] um das verfolgte Ziel noch erreichen zu können. Die Cop Culture und die daraus resultierende polizeiliche Gewalt werden für die Allgemeinheit gefährlich, wenn rechtswidrige Gewaltanwendung von Polizisten beschönigt oder toleriert wird.[1222] Beschönigen, Tolerieren, Verschweigen, Vertuschen: Die altbekannten „Selbstheilungskräfte" innerhalb der Polizei.[1223] Das Vertuschen und Beschönigen kann mitunter sogar bis zur sog. *„Rettungslüge"* reichen, die im schlimmsten Fall in einer uneidlichen oder eidlichen Falschaussage endet.[1224] Diese negative Verhaltensweise der Polizisten kann in erster Linie auf die Kameradschaft[1225] – statt Kollegialität – und das ausgeprägte Zusammengehörigkeitsgefühl

---

1215 Vgl. *Kersten* NK 2014, 52, 57; auch in anderen Berufen werden eigene Fehler und Fehler der Kollegen verschwiegen. So gibt es beispielsweise bei Medizinern den sog. *„Mantel des Schweigens"* (*Herrnkind* in: Empirische Polizeiforschung V, S. 189); *Schmid* Korruption, Gewalt und die Welt der Polizisten, S. 35; z.T. wird die Mauer des Schweigens auch mit der „Omerta", dem Schweigegebot der Camorra verglichen (so bei *Korell/Liebel* Polizeiskandal – Skandalpolizei, S. 70; *Schwind* Kriminalistik 1996, 161).

1216 *Uildriks* KrimJ 4. Beiheft 1992, 136, 141.

1217 *Thinnes* Kennzeichnungspflicht, S. 43.

1218 *Behr* Cop Culture, S. 25.

1219 *Behr* in: Gewalt und Gewalten, S. 72.

1220 *Wagener* in: Gewalt und Gewalten, S. 144.

1221 *Gössner/Herzog* Der Apparat, S. 148.

1222 *Thinnes* Kennzeichnungspflicht, S. 109.

1223 *Behr* in: Neue Wege, neue Ziele, S. 25 (Die Aufklärung von Polizeigewalt wird oftmals behindert, weil die ebenfalls am Einsatz beteiligten Kollegen nichts gesehen und nichts gehört haben. In der Regel wollen sie auch nichts sagen.); *ders.* in: FS für Asmus, S. 59.

1224 *Schwind* Kriminalistik 1996, 161, 164.

1225 Vgl. zum Problem des *„kameradschaftlichen Kollektivs"*: *Weinhauer* in: Polizei, Gewalt und Staat, S. 316.

in den Reihen der Polizei („Korpsgeist"),[1226] den bestehenden Interessenkonflikt, aber auch auf die Angst vor der eigenen Strafverfolgung wegen Strafvereitelung im Amt gemäß § 258a StGB zurückgeführt werden.[1227] Daher wird kein Polizist etwas sagen, um sich nicht selbst zu belasten.[1228] Vor allem die Polizeiarbeit ist geprägt von einer Gruppenkohäsion, einem inneren Zusammenhalt der Gruppe bei schwierigen oder bedrohlichen Aufgaben. Ein Gemeinschaftserleben wird von den Polizisten nahezu euphorisch beschrieben.[1229] Diese kollektive Identität wird nach *Wagener* in Symbolen und in Ritualen repräsentiert, die sich zum Teil an der Grenze zur Würdeverletzung befinden.[1230]

b) Ausgeprägte Gruppenkohäsion

Die ausgeprägte Gruppenkohäsion kann vor allem dann zum Ausdruck kommen, wenn Polizisten übermäßige Gewaltanwendung zum Vorwurf gemacht wird. Die Aufarbeitung bzw. die Aufklärung solcher Fälle wird behindert oder unmöglich gemacht, weil Kollegen nichts gesehen, nichts gehört haben und nichts sagen wollen.[1231] Sie werden nicht aktiv die Aussage verweigern, da sie wissen, dass sie dazu nicht berechtigt sind. Stattdessen können sie sich nicht mehr erinnern, waren zum Zeitpunkt der übertriebenen polizeilichen Gewalt an einem anderen Ort, blickten gerade in eine andere Richtung,[1232] waren in ein anderweitiges Gespräch vertieft oder waren aus anderen Gründen abgelenkt.[1233] Eine Gruppenkohäsion, die auch im Sport ein sozialpsychologisches Phänomen ist und gegen die es prinzipiell nichts einzuwenden gibt, kann gefährlich werden, wenn der innere Zusammenhalt und

1226 *Bosold* Polizeiliche Übergriffe, S. 63; *Schwind* spricht vom sog. *„Wir-Gefühl"*, das auch andere Gruppen erleben (*Schwind* Kriminalistik 1996, 161, 163); v.a. in gefährlichen Situationen kommt die Zusammengehörigkeit zum Ausdruck. Dann können sich die „street cops" aufeinander verlassen (*Behr* Cop Culture, S. 210); *Behr* Die Polizei 2010, 317, 320.

1227 Vgl. *Singelnstein* NK 2014, 15, 21; *ders.* Bürgerrechte & Polizei 2010, 57 f.; so auch im Fall Dennis J. (*Kampagne für Opfer rassistisch motivierter Polizeigewalt* Bürgerrechte & Polizei 2010, 62, 63); *Bosch* in: Grundrechte-Report 2016, S. 76.

1228 Vgl. hierzu auch *Schulz* in: Kriminalitätsbekämpfung, S. 276.

1229 *Wagener* in: Gewalt und Gewalten, S. 145; auch unter Soldaten griff im Krieg dieses Phänomen um sich (*Schwind* Kriminalistik 1996, 161, 163).

1230 *Wagener* in: Gewalt und Gewalten, S. 145.

1231 *Schwind* Kriminalistik 1996, 161; *Behr* Die Polizei 2010, 317.

1232 So auch bei *Narr/Funk (u.a.)* Bürgerrechte & Polizei 1981, 158, 162 (*„Zum Beispiel glaube ich dem Demonstranten, der behauptet, der Polizeibeamte habe, um ihm Schmerzen zuzufügen, die Knebelkette am Handgelenk unnötig straff zugezerrt, durchaus, aber nachweisbar ist nichts, weil die anderen Polizeibeamten bei solchen Anlässen immer ‚gerade weggeguck' [sic] haben"*).

1233 *Behr* Die Polizei 2010, 317.

mit ihm die kameradschaftliche Loyalität[1234] mehr wiegt, als die Aufklärung des Tatgeschehens. Auch *Schneider* hat im Hinblick auf die Verstrickung New Yorker Polizisten in einen Drogenskandal davon gesprochen, dass die Verantwortlichen mehr Angst vor Aufdeckung des Skandals als vor der Kriminalität innerhalb des Departments hatten.[1235]

> Und so scheinen die drei Affen, nicht sehend, nicht hörend und nicht redend bei der Polizei zu Hause zu sein.[1236]

So lächerlich dieses Zitat auf den ersten Blick wirken mag, so zutreffend ist es in Wirklichkeit. Die Elemente „nicht sehend", „nicht hörend" und „nicht redend" bilden die Grundlage für eine verschworene Gemeinschaft, mit der Folge der Entstehung einer kaum zu durchdringenden „Mauer des Schweigens".[1237] Polizisten fühlen sich ihren Kollegen mehr verpflichtet als der Aufklärung der Wahrheit, da sie ansonsten befürchten müssen aus der Gemeinschaft, die Polizisten untereinander aufbauen, ausgeschlossen zu werden.[1238] Auch *Browning* beschreibt im Zusammenhang mit bevorstehenden Massenmorden an der polnischen Bevölkerung, dass den Polizeibeamten das Ansehen bei den Kollegen wichtiger ist als ein Mitgefühl mit den Opfern.[1239] Zeigen Polizisten das rechtswidrige Verhalten ihrer Kollegen an, werden sie nicht als sog. *„whistle-blower"*[1240] geschätzt, sondern als Nestbeschmutzer,

---

1234 *„Wo kämen wir denn hin, wenn ein Polizist sich nicht mehr auf diese Kameradschaft seiner Kollegen verlassen könnte, wenn er sich nicht mehr darauf verlassen könnte, daß sein Kamerad zu ihm hält und in notfalls auch deckt"* (*Narr/Funk (u.a.)* Bürgerrechte & Polizei 1981, 158, 163); zum Begriff der Loyalität: *Behr* Die Polizei 2010, 317, 318.

1235 *Schneider* Kriminalistik 2000, 362, 364.

1236 *Korell/Liebel* Polizeiskandal – Skandalpolizei, S. 124; auch bei *Behr* wird deutlich, dass das Nicht-sehen und Nicht-hören der beste Schutz gegen Fragen der Öffentlichkeit bzw. der Staatsanwaltschaft sind (*Behr* Cop Culture, S. 205).

1237 *Thinnes* Kennzeichnungspflicht, S. 112; Ursache für die „Mauer des Schweigens" wird auch im fehlenden Selbstreinigungsprozess im Innern der Polizei gesehen (so z.B. bei *Korell/Liebel* Polizeiskandal – Skandalpolizei, S. 121); am Rande: Die wenigen Anzeigen wegen Straftaten im Dienst gegen Polizisten wurden relativ oft von Polizistinnen in die Wege geleitet (*Schmid* Korruption, Gewalt und die Welt der Polizisten, S. 298).

1238 Solidarität nach innen und Verschwiegenheit nach außen sind die Basiswerte der polizeilichen Subkultur (*Schmid* Korruption, Gewalt und die Welt der Polizisten, S. 347).

1239 Bei *Korell/Liebel* Polizeiskandal – Skandalpolizei, S. 36 f.

1240 Whistle-blower (im deutschen Sprachraum auch „Enthüller", „Skandalaufdecker" oder „Verpfeifer") sind Personen, die Behörden oder die Öffentlichkeit über Missstände (etwa illegales Handeln oder sonstige Gefahren für Mensch und Umwelt) innerhalb ihres Unternehmens, der Dienststelle oder sonstigen Organisationen informieren (*Grützner/Jakob* Compliance, Whistleblower); *Király* RdA 2012, 236.

Kameradenverräter[1241] und Denunziant beschimpft. Ferner müssen die „Verpfeifer"[1242] folgenreiche Sanktionierungen, wie Mobbingaktionen der Kollegen und Strafversetzungen befürchten.[1243]

> Er wird gemieden, man antwortet nicht, wenn er fragt, verweigert Gefälligkeiten, schlägt seinen Namen am „Schwarzen Brett" bzw. an den Bekanntmachungstafeln der Revierwache mit entsprechenden Hinweisen an, ja verteilt sogar Ablichtungen der Anzeigen an alle Reviere [...] usw. Der Kollege wird also an den „Pranger" gestellt.[1244]

Wer sich dem Gruppenzwang entzieht, Befehle und Gehorsam verweigert, der verwirkt sein Recht auf ein barrierefreies und angenehmes Berufsleben. Die Angst vor Mobbing, den zahlreichen fingierten Gegenanzeigen, den Retourkutschen als Repressionsmaßnahmen und der bestehende Interessenkonflikt sind für den anzeigenden Polizisten von größerer Relevanz als die eigentliche Tatsache der Strafanzeige gegen den Kollegen.

c) Entwicklung einer eigenen Fehlertoleranz

Die entwickelte Kameradschaft und das gegenseitige Vertrauen bei täglichen Polizeieinsätzen führen zu einer gegenseitigen Fehlertoleranz, die sich in der Nichtanzeige unrechtmäßigen Verhaltens, im Decken von Falschaussagen und in einer „unbürokratischen" Zusammenarbeit widerspiegelt und zu einem Verschweigen illegitimer Polizeigewalt führt.[1245] Dieses Verhalten fördert die Abschottung nach außen. Auch die Psychologin *Maibach* spricht davon, dass im Polizeiberuf sehr viel gelogen wird und wegen des Korpsgeistes gelogen werden muss, um nicht gemobbt

---

1241 *Schwind* Kriminalistik 1996, 161, 164 (Dieses Phänomen ist sicherlich kein polizeiliches. Das Schicksal der „Petze" in der Schule ist wohl allen hinreichend bekannt).

1242 Im Zusammenhang mit dem Whistleblowing werden eigentlich Ausdrücke wie „Verpfeifen", „Ausplaudern" und „Verraten" vermieden, um keine negative gedankliche Verknüpfung herzustellen (*Dolata* Kriminalistik 2013, 616, 618).

1243 So bei *Thinnes* Kennzeichnungspflicht, S. 107; *Bosold* Polizeiliche Übergriffe, S. 28; *Herrnkind* in: Empirische Polizeiforschung V, S. 177 f., 181 ff.; *Korell/Liebel* Polizeiskandal – Skandalpolizei, S. 70, 107; *Schneider* Kriminalistik 2000, 362, 364; *„Negativ sanktioniert wird der Verrat und der Verräter. Man hat nicht mehr das Gefühl, dass die Täter delinquente Polizisten sind, sondern dass der Aufklärer das Kameradenschwein ist"* (*Behr* Cop Culture, S. 176); siehe auch *Schäfer* Kriminalistik 1995, 205 f.; *„Whistleblowing zwischen Zivilcourage und Denunziantentum oder Illoyalität"* (*Dolata* Kriminalistik 2013, 616, 618); BT-Drs. 18/7616 v. 19.2.2016, S. 16; *Gössner* in: Innere Sicherheit als Gefahr, S. 171.

1244 *Schwind* Kriminalistik 1996, 161, 164.

1245 *Bosold* Polizeiliche Übergriffe, S. 28 (Das Verschweigen der unrechtmäßigen polizeilichen Gewalt bzw. das informelle Betreiben von Schadensbegrenzung im kleinen Kreis wird als „Code of Silence" oder „The Blue Curtain" bezeichnet); so auch bei *Behr* Cop Culture, S. 177; *Schmid* Korruption, Gewalt und die Welt der Polizisten, S. 286, 346.

und aus der Polizeigemeinschaft ausgeschlossen zu werden.[1246] Auf die Vorschrift des § 163 Abs. 1 S. 1 StPO, wonach Behörden und Beamten des Polizeidienstes Straftaten zu erforschen und alle keinen Aufschub gestattenden Anordnungen zu treffen haben, um die Verdunkelung der Sache zu verhüten, wird sich der Polizist nur dann berufen, wenn er das eigene Wegsehen nicht mehr rechtfertigen will und bereit ist, aus der polizeilichen Gemeinschaft ausgeschlossen zu werden. Obwohl der Polizist bei Vorliegen von zureichenden tatsächlichen Anhaltspunkten für eine Straftat einschreiten muss (sog. *Strafverfolgungszwang*),[1247] wird dieser Verfolgungszwang bei Straftaten der polizeilichen Kollegen in der Praxis – aus Furcht vor Mobbing, Beschimpfungen, Denunziation und sonstigen negativen Konsequenzen – nicht stringent verfolgt.[1248]

Auch *Herrnkind* erwähnt im Hinblick auf die Mobbingattacken und Retourkutschen der Kollegen eine sog. *„Immunitätskultur"*, die in den polizeilichen Kreisen vorherrscht.[1249] Die Selbstreinigungskräfte durch Verschweigen von Fehltritten und Betreiben von Schadensbegrenzung im kleinen Kreise können bei alltäglichen Situationen durchaus wirkungsvoll sein, dürfen bei gravierenden Überschreitungen, wie unrechtmäßiger Polizeigewalt aber keine Daseinsberechtigung haben.[1250]

d) Ergebnis

Das Verschweigen von Fehlern von und durch Polizisten führt dazu, dass es an (objektiven) Beweisen mangelt und das Verfahren gegen den gewalttätigen Polizisten regelmäßig eingestellt werden muss:

> Die Ermittlungen scheitern häufig an einem polizeilichen Abwehrbollwerk aus Corpsgeist, Vertuschung und einer Mauer des Schweigens.[1251]

Das Verschweigen von polizeilichen Fehlern steht in engem Zusammenhang mit der im Folgenden zu erörternden schwierigen Beweislage bei Verfahren gegen Polizeibeamte.

3. Schwierige Beweislage bei Verfahren gegen Polizeibeamte

Des Weiteren gestaltet sich die Beweislage bei Verfahren gegen Polizeibeamte als besonders schwierig.

1246 Bei *Korell/Liebel* Polizeiskandal – Skandalpolizei, S. 40.

1247 BeckOK-StPO/*von Häfen* § 163 Rn. 4; *Linssen/Kammigan/Pfeiffer* Kriminalistik 2014, 18, 21.

1248 Auch bei Korruptionsfällen innerhalb der Polizei wird der Strafverfolgungszwang, welchen Polizisten unterliegen aus Angst vor negativen Folgen vernachlässigt (*Linssen/Kammigan/Pfeiffer* Kriminalistik 2014, 18).

1249 *Herrnkind* in: Empirische Polizeiforschung V, S. 191.

1250 So auch *Behr* Cop Culture, S. 177.

1251 *Von Klinggräff* in: Grundrechte-Report 2016, S. 186.

Die Staatsanwaltschaft erhebt nur dann öffentliche Klage durch Einreichung einer Anklageschrift bei dem zuständigen Gericht, wenn die Ermittlungen hierfür genügenden Anlass bieten (§ 170 Abs. 1 StPO). Polizeibeamte sind als Ermittlungspersonen der Staatsanwaltschaft tätig.[1252] Dieser Umstand erweist sich insbesondere bei Verfahren gegen Polizeibeamte als problematisch, da Polizisten die Ermittlungen zunächst einmal selbst führen und somit gewissermaßen „in eigener Sache" ermitteln. Somit können sie eigenständig bestimmen, wie umfangreich und intensiv sie tätig werden wollen.[1253] Obwohl die Staatsanwaltschaft Herrin des Ermittlungsverfahrens ist und somit die Ermittlungstätigkeiten der Polizei zu kontrollieren hat,[1254] ist es dennoch ungeschriebene Regel, dass die Ermittlungen von der Polizei eigenständig durchgeführt werden und die Staatsanwaltschaft letztlich „nur" entscheidet.[1255] Da polizeiliche Fehler gerade nicht an die Öffentlichkeit gelangen sollen,[1256] ist es – so auch *Singelnstein* – nicht verwunderlich, dass Polizisten bei Ermittlungen in eigener Sache nicht allzu umfassend und gründlich recherchieren werden, was zwangsläufig zu einer höheren Einstellungsquote nach § 170 Abs. 2 StPO führt.[1257] Dabei sei nochmals auf die „Mauer des Schweigens", den Korpsgeist im Polizeiapparat und die Kameraderie hingewiesen, aus denen nicht selten eine Beweisnot resultiert.[1258] Diese Faktoren können zu einer Einstellung des Verfahrens führen, obwohl die Prozessbeteiligten ahnen, dass die Klage zu Recht erhoben worden ist.[1259] Ferner hat der von gesetzeswidriger Polizeigewalt Betroffene oft keine Zeugen, ist jedoch mit mehreren (polizeilichen) Gegenzeugen konfrontiert, welche zusätzlich an die Zeugenrolle gewöhnt und hierfür besonders geschult sind.[1260] Damit eng verknüpft sind die Probleme bei der Identifizierung der beschuldigten Polizisten; Aufgrund von Schutzkleidung und mangels Kennzeichnung können die polizeilichen

---

1252 Umfassend zu den Ermittlungspersonen der Staatsanwaltschaft: KK-StPO/*Mayer* § 152 GVG Rn. 1 ff.

1253 *Singelnstein* NK 2014, 15, 21; *Brusten* KrimJ 4. Beiheft 1992, 84, 88; *Gössner/Herzog* Der Apparat, S. 49; *dies.* Im Schatten des Rechts, S. 268; *Uildriks* KrimJ 4. Beiheft 1992, 136, 137; auch der staatsanwaltschaftliche Ermittlungseifer ist in Ermittlungsverfahren gegen Polizeibeamte ausgesprochen zurückhaltend (*von Klinggräff* in: Grundrechte-Report 2016, S. 186).

1254 BeckOK-StPO/*von Häfen* § 163 Rn. 1.

1255 *Singelnstein* MschrKrim 2003, 1, 9, 17 (eigene Ermittlungen der Staatsanwaltschaft werden nur in Ausnahmefällen durchgeführt).

1256 *Herrnkind* in: Organisation mit Gewaltlizenz, S. 131.

1257 *Singelnstein* MschrKrim 2003, 1, 10, 17 (dort auch zur Möglichkeit der Errichtung von Sonderkommissariaten bei Verfahren nach § 340 StGB).

1258 *Gössner* und *Herzog* sprechen von einer *„notorisch schlechten Beweissituation"* (*Gössner/Herzog* Im Schatten des Rechts, S. 267).

1259 90 % der Ermittlungsverfahren gegen Polizeibeamte wurden in Hamburg von 1989 bis 1994 wegen mangelnder Beweise eingestellt (*Korell/Liebel* Polizeiskandal – Skandalpolizei, S. 113).

1260 *Gössner/Herzog* Der Apparat, S. 49; *dies.* Im Schatten des Rechts, S. 267; *Singelnstein* MschrKrim 2003, 1, 10, 14.

Täter nur schwer ermittelt werden, sodass sich auch daraus besondere Schwierigkeiten bei der Beweisführung bei Verfahren gegen Polizeibeamte ergeben.[1261]

a) *Der Polizeibeamte als Zeuge vor Gericht (sog. Polizeizeugen)*

> Der Zeuge im Sinne der StPO soll vor seiner Vernehmung grundsätzlich nichts über den Gegenstand des Verfahrens wissen, auch nichts darüber, wer Beschuldigter ist oder was andere Zeugen gesagt haben. Er soll aus seiner Erinnerung vortragen, nicht aus der Erinnerung an die Aussagen anderer oder gar an den Akteninhalt.[1262]

So klar diese Vorgabe in der Theorie ist, so schnell gerät sie in der Praxis in Vergessenheit.

Der sog. *Polizeizeuge* stellt häufig das einzige belastende Beweismittel dar und kann aufgrund verschiedener Besonderheiten den Verfahrensausgang verfälschen. Eine Definition des Begriffs des Zeugen kennt die StPO nicht. Sie kennt auch nicht den Polizeizeugen. Mangels entsprechender Normierung gibt es also keine bestimmten Anforderungen an den Umgang mit ihm und dennoch verhält sich die Justiz dem Polizeizeugen gegenüber besonders.[1263] Aussagen werden unkritisch behandelt; ihnen wird eine besondere Qualität zugewiesen.[1264]

aa) Problem der vermuteten hohen Glaubwürdigkeit des Polizeizeugen

Die Schwierigkeit, die bei der Beweisführung gegen einen angeklagten Polizisten besteht, zeigt sich, wenn man die beiden Argumentationsmuster, die der Polizist bei einem Strafverfahren verfolgen kann, betrachtet: Er behauptet entweder, dass er tatsächlich keine Gewalt angewendet habe oder dass der Gewalteinsatz im Einzelfall rechtmäßig gewesen sei.[1265] Egal welcher Argumente er sich bedient, ist es nahezu unmöglich, diese Aussage zu entkräften, vor allem auch deswegen, weil Polizeigewalt häufig bei polizeilichen Festnahmen oder auf Polizeiwachen stattfindet. In solchen Situationen fehlt es regelmäßig an Zeugen. Nicht nur der Mangel an Zeugen, sondern auch der Umstand der hohen Glaubwürdigkeit tragen dazu bei, dass Fehlverhalten der Polizisten nicht angeklagt wird, da der Staatsanwalt überdurchschnittlich mehr Zeit für die Beweisbeschaffung aufwenden müsste.[1266]

1261 *Singelnstein* MschrKrim 2003, 1, 10.

1262 *Hof* HRRS 2015, 277, 278.

1263 Vgl. z.B. AG Tiergarten, Urt. v. 18.6.2014 – 286 Ds 82/11; hierzu auch *Luczak* in: RAV Infobrief, S. 27.

1264 *Hof* HRRS 2015, 277; Polizeibeamte als *„Zeugen-Ideal der Gerichte"* (*Meyer-Mews* NJW 2000, 916, 917); *„Das Auftreten von Polizeibeamten ist [...] von einem Vertrauensvorschuss geprägt [...]"* (*Artkämper* in: Lehr- und Studienbriefe, S. 35).

1265 *Uildriks* KrimJ 4. Beiheft 1992, 136, 141.

1266 *Singelnstein* Bürgerrechte & Polizei 2010, 55, 60.

Generell werden Polizisten aufgrund ihres Berufes von vornherein als äußerst glaubwürdig eingestuft[1267] und gelten als besonders neutral und objektiv.[1268] Die hohe Glaubwürdigkeit wird damit begründet, dass der Polizist bei seiner Aussage keine eigenen Interessen verfolgt.[1269] Insbesondere in Verfahren nach § 113 StGB ist die Theorie der Neutralität und Objektivität der polizeilichen Zeugen jedoch anzuzweifeln, weil hier Polizisten zu Beteiligten des Strafverfahrens werden und somit durchaus eigene Interessen verfolgen. Zum Teil wird diese Problematik nicht gesehen und stattdessen immerwährend von einem „Privileg unbedingter Glaubwürdigkeit“[1270] der polizeilichen Zeugen und vom Polizeibeamten als „Zeugen-Ideal der Gerichte“[1271] gesprochen. Dies führt dazu, dass an die Beweismittel des polizeilichen Gegenübers hohe Anforderungen gestellt werden, um die Aussage der Polizeibeamten entkräften zu können.[1272] Können diese Anforderungen nicht erfüllt werden, muss das Verfahren gegen den bzw. die Polizeibeamten eingestellt werden. Diese Vorgehensweise treibt die Einstellungsquote in die Höhe.

Auch die Münchner Rechtsanwältin *Lex* hat bei ihrer Arbeit den Eindruck gewonnen, dass Angaben von Polizisten eine höhere Glaubwürdigkeit eingeräumt wird. Die Tatsache, dass Polizisten sich ebenfalls irren können, werde hierbei ausgeblendet.[1273] Von der „hohen Glaubwürdigkeit“ der polizeilichen Zeugen ist ebenfalls in der Sache Oury Jalloh[1274] die Rede. In den mündlichen Urteilsgründen wurde ursprünglich noch von einem „Lügengespinst der polizeilichen Zeuginnen und Zeugen“[1275] gesprochen:

1267 Vgl. auch *Manzoni* Gewalt zwischen Polizei und Bevölkerung, S. 67 f.; *Ehresmann* Straftaten gegen Polizeibeamte, S. 240; *Eisenberg* Beweisrecht Rn. 1455; auch im Prozess in Herford hatte die Staatsanwaltschaft ein Video der polizeilichen Verkehrskontrolle, wobei es zu gegenseitigen Körperverletzungen gekommen ist, zwar vorliegen, es aber vor dem Prozess nicht angesehen. Stattdessen hatte sie sich vollständig auf die Polizei verlassen (http://www.sueddeutsche.de/panorama/video-von-pfefferspray-einsatz-wenn-polizeigewalt-wie-notwehr-aussieht-1.2468901) (Stand: Dezember 2016); Angaben beschuldigter Polizeiangehöriger wird in einer „Hierarchie der Glaubwürdigkeit“ mehr Vertrauen geschenkt (*Töpfer* Polizei-Beschwerdestellen, S. 7); *Singelnstein* MschrKrim 2003, 1, 13, 15.

1268 *Singelnstein/Puschke* NJW 2011, 3473, 3476.

1269 *Singelnstein* NK 2014, 15, 21; *ders.* Bürgerrechte & Polizei 2010, 59.

1270 So der Passauer Amtsrichter Ehrhardt (http://www.haufe.de/recht/weitere-rechts gebiete/prozessrecht/rechtsstaat-und-polizei-privileg-der-unbedingter-glaub wuerdigkeit_206_143904.html) (Stand: Dezember 2016).

1271 *Meyer-Mews* NJW 2000, 916, 917.

1272 Vgl. auch SZ v. 16./17.5.2015, S. 82.

1273 SZ v. 16./17.5.2015, S. 82; Ursachen für das gelegentliche Versagen eines polizeilichen Zeugen (z.B. gesteigerte Erwartungshaltung sowie die Angst, Fehler im Ermittlungsverfahren zugeben zu müssen) bei *Harbort* Kriminalistik 1996, 805.

1274 Zum Sachverhalt: *Amnesty International* Täter unbekannt, S. 25 ff.

1275 Zum Ganzen: *Narr* Bürgerrechte & Polizei 2009, 73 ff.

Das, was hier geboten wurde, war kein Rechtsstaat, und Polizeibeamte, die in einem besonderen Maße dem Rechtsstaat verpflichtet waren, haben eine Aufklärung verunmöglicht. All diese Beamten, die uns hier belogen haben, sind Polizeibeamte, die als Polizisten in diesem Land nichts zu suchen haben.[1276]

So klar der Vorsitzende Richter in der mündlichen Urteilsbegründung Stellung bezogen hat, so missverständlich war die schriftliche Urteilsfassung. Die Polizisten wurden offiziell wieder glaubhaft eingestuft und „weißer gewaschen als zuvor".[1277]

Ein weiteres Problem bei Polizeizeugen besteht bei gleichförmigen Polizeizeugenberichten. Sofern polizeiliche Zeugen identisch aussagen, ist das Gericht der Auffassung, dass diese Aussagen aufgrund der identischen Schilderung der Wahrheit entsprechen müssen. Bei anderen Zeugenkonstellationen hingegen wird diesen Angaben ein geringeres Gewicht eingeräumt, da zwischen den beteiligten Personen ein besonderes Näheverhältnis besteht. Bei polizeilichen Zeugen wird dieses Näheverhältnis bei der Bewertung der Glaubwürdigkeit hingegen vollkommen ausgeblendet. Auch nach *Hof* müssen insbesondere identische Polizeizeugenaussagen vom Gericht, mit Blick auf ihren Wahrheitsgehalt, genau untersucht werden. Identische Aussagen zeugen nicht von besonderer Glaubwürdigkeit. Übereinstimmende Zeugenaussagen als besonders glaubhaft einzuschätzen sei einfach nur falsch. Dies belege auch die Aussageforschung.[1278]

Ebenso vertritt *Singelnstein* die Ansicht, dass Polizeizeugen nicht glaubwürdiger einzustufen sind als „normale" Zeugen. Polizisten sagen häufig zugunsten ihrer Kollegen aus, sodass deren Fehlverhalten gedeckt wird.[1279] Zudem sei es häufig so, dass sich die Staatsanwaltschaft eher in Polizisten hineindenken kann, als in einen anderen Beschuldigten, sodass eine unangemessene, exzessive Gewaltanwendung durch die Polizei verharmlost und akzeptiert wird.[1280] Auch bei der Kampagne für Opfer rassistisch motivierter Polizeigewalt wurde deutlich, dass Polizisten nicht glaubwürdiger als andere Zeuge eingestuft werden können. Im Gegenteil sind polizeiliche Versionen zur Aufklärung der (unangemessenen) Polizeigewalt

---

1276 Vorsitzender Richter am LG Dessau in der mündlichen Urteilsbegründung (bei *Amnesty International* Täter unbekannt, S. 96).

1277 *Narr* Bürgerrechte & Polizei 2009, 73 ff.

1278 *Hof* HRRS 2015, 277, 283; siehe auch OLG Frankfurt, Beschl. v. 6.11.2009 – 1 Ss 390/08 = BeckRS 2011, 00328 = StV 2011, 12, 13.

1279 *Singelnstein* Bürgerrechte & Polizei 2010, 55, 58; *„Mehrere Beamte hätten mitgeholfen, das Opfer als Täter darzustellen."* (vgl. http://www.sueddeutsche.de/panorama/video-von-pfefferspray-einsatz-wenn-polizeigewalt-wie-notwehr-aussieht-1.2468901) (Stand: Dezember 2016); *Schwind* spricht in diesem Zusammenhang von *„abgestimmten Zeugenaussagen"*. Polizeivertreter können sich solche Absprachen natürlich nicht vorstellen (*Schwind* Kriminalistik 1996, 161, 164).

1280 *Singelnstein* Bürgerrechte & Polizei 2010, 55, 59.

ungenau, unvollständig oder schlichtweg falsch. Polizeiliche Protokolle werden „aus Versehen“ nicht unterschrieben und die Arbeit am Tatort erfolgt nachlässig.[1281]

bb) Problem der Gruppenerinnerung

Da Polizisten nach ihrem Einsatz einen Bericht bzw. einen Aktenvermerk zum Sachverhalt aus ihrer Sicht schreiben müssen, können sie sich mit Kollegen, die als Zeuge vor Gericht aussagen in den wichtigen Punkten absprechen und so ihr „Lügengespinst“ optimieren.[1282] Es ist also kein Zufall, dass Polizeiberichte mehrerer Polizisten häufig wortwörtlich übereinstimmen – zum Teil bis auf die Schreibfehler und bestimmte markante Redewendungen.[1283] Lässt man die „bewusste Optimierung des Lügengespinst“ außer Betracht, so ergibt sich hinsichtlich der Abfassung eines Aktenvermerks *Hof* zufolge das Problem der sog. *„Gruppenerinnerung“*. Vermerke werden regelmäßig nicht allein aus eigener Erinnerung und unmittelbar nach dem Geschehen verfasst, sondern oftmals gemeinsam im Kreise der Kollegen. Die Abfassung eines Vermerkes im Kollegenkreis führt auf der einen Seite dazu, dass mehr Einzelheiten abgefasst werden können. Auf der anderen Seite verfestigen sich dadurch aber auch Fehler. Wie gesehen herrschen innerhalb des Polizeiapparats eine besondere Hierarchie, aber auch eine besondere Gruppengemeinschaft, ein ausgeprägtes „Wir-Gefühl“ und das Prinzip der Gruppenkonformität, sodass fehlerhafte Erinnerungen bewusst nicht korrigiert werden, um entweder die bestehende Hierarchie nicht in Frage zu stellen oder um eine Ausgrenzung aus der Gruppe zu verhindern.[1284]

cc) (Bewusste) Manipulation von Zeugenaussagen

Nicht nur die Gruppenerinnerung stellt beim Polizeizeugen ein Problem dar. Auch die bewusste Manipulation von Polizeizeugenaussagen und die Absprachen von Zeugenaussagen, welche nicht selten von dem Vorgesetzten veranlasst und vorangetrieben werden, verfälschen diese.[1285] Im Rahmen der polizeiinternen Übung der sog. *Qualitätskontrolle* wird auf Beseitigung von Widersprüchen gedrängt. Insbesondere soll darauf geachtet werden, dass die Polizisten keine eigenen Fehler einräumen.[1286] Die oftmals angeführte Fürsorgepflicht des Vorgesetzten existiert nicht. Zutreffend führt *Hof* aus, dass Vorgesetzte gerade keine Pflicht dahingehend haben, „Beamte vor den Folgen ihrer bereits begangenen Fehler zu bewahren bzw.

1281 Vgl. *Kampagne für Opfer rassistisch motivierter Polizeigwalt* Bürgerrechte & Polizei 2010, 62, 65 f.
1282 Vgl. nur *Manzoni* Gewalt zwischen Polizei und Bevölkerung, S. 68.
1283 *Gössner/Herzog* Im Schatten des Rechts, S. 270.
1284 *Hof* HRRS 2015, 277, 280 f.
1285 Ebenfalls *Mai/Köpcke* Kriminalistik 1995, 263, 269.
1286 *Eisenberg* Beweisrecht Rn. 1455.

Urkunden, die Bedeutung für ein Ermittlungsverfahren haben, zu manipulieren."[1287] Mit Blick auf die Beeinflussung der Polizeizeugenaussagen durch den Vorgesetzten bringt *Köpcke* es mit folgenden Ausführungen auf den Punkt:

> Sie stellen eine vorsätzliche, illegale Beeinflussung des Verfahrens dar. Der Zeuge im Strafprozeß hat wahrheitsgetreu das zu bekunden, was ihm zum Zeitpunkt der Hauptverhandlung noch in Erinnerung ist. Fügt er dem auf Weisung oder nach Absprache etwas hinzu, korrigiert er es weisungsgemäß oder verschweigt er Umstände, die zur Absprache nicht passen würden, so wird er Täter einer vorsätzlichen Falschaussage, nicht mehr und nicht weniger.[1288]

dd) Vernehmung des Zeugen vor Gericht und „polizeiliches Zeugentraining"

Nicht nur das polizeiliche Verhalten wird angeklagt. Auch der Justiz werden schwere Vorwürfe gemacht, da diese den Polizisten vor den Vernehmungen Raum für Absprachen lassen würde.[1289] Die Wahrheitsfindung bleibt dadurch auf der Strecke. Opfer von polizeilicher Gewaltanwendung verstricken sich bei ihren Aussagen oft in Widersprüche, wodurch diese unglaubwürdig erscheinen. Dem Umstand, dass der „normale Bürger" als juristischer Laie mit der Situation vor Gericht überfordert, aufgeregt und unsicher ist, während Polizisten aufgrund ihrer Ausbildung und der Praxis mit dem Prozedere vertraut sind,[1290] wird bei der Bewertung der Glaubwürdigkeit der Aussagen von Bürgern keine Beachtung geschenkt.[1291] Zudem wissen Polizisten, wie sie zu agieren haben, um ein Verurteilungsrisiko so gering wie möglich zu halten.[1292] Verstricken sie sich hierbei dennoch in sich widersprechenden Behauptungen, wird ihnen auf der gerichtlichen Ebene dennoch ein größeres Vertrauen entgegengebracht als dem „normalen" Bürger.[1293] Das Verstricken in Widersprüchlichkeiten wird in der Regel durch die bereits erwähnte Gruppenerinnerung aus dem Weg geräumt. Das gemeinsame Abfassung des Aktenvermerks und die damit einhergehende Gruppenerinnerung führen dazu, dass auch falsche Einzelheiten von allen Polizisten sicher wiedergegeben werden. Das sichere Auftreten der

---

1287 *Hof* HRRS 2015, 277, 282; bei der Aufarbeitung von polizeilichen Übergriffen blockt der Apparat häufig aus vermeintlicher Fürsorgepflicht ab (*Gössner* in: Innere Sicherheit als Gefahr, S. 170).

1288 *Mai/Köpcke* Kriminalistik 1995, 263, 269.

1289 So bei *Schmid* Korruption, Gewalt und die Welt der Polizisten, S. 35.

1290 *Harbort* Kriminalistik 1996, 805; *„geschulte Polizeibeamte"* (*Ehresmann* Straftaten gegen Polizeibeamte, S. 240); vgl. auch *Mai/Köpcke* Kriminalistik 1995, 263, 266 (*„Der Auftritt des Polizeizeugen als Streßbelastung"*).

1291 Generell zur Glaubwürdigkeits- und Glaubhaftigkeitsprüfung von Aussagen: *Nack* Kriminalistik 1995, 257, 267 ff.

1292 So *Uildriks* KrimJ 4. Beiheft 1992, 136, 141.

1293 Vgl. nur *Brusten* KrimJ 4. Beiheft 1992, 84, 89.

Polizisten in der Beweisaufnahme hat zur Folge, dass die Falschheit der Aussage nicht in Frage gestellt wird bzw. nur schwer aufzuklären sein wird.[1294]

Darüber hinaus können sich Polizisten, sofern sie als Zeuge vor Gericht aussagen, auf die Befragungen vorbereiten, indem sie das, was sie während der Ermittlungen zu Protokoll gegeben haben nochmals lesen.[1295] Andere Zeugen haben diese Möglichkeit hingegen nicht. Daher ist es nicht verwunderlich, dass sie vor Gericht unsicher auftreten und widersprüchlich aussagen. Dass dies unter anderem der Nervosität und Aufregung[1296] bei einem Gerichtstermin geschuldet ist, wird bei der Bewertung der Glaubwürdigkeit nicht berücksichtigt. Stattdessen werden polizeiliche Zeugen aufgrund ihres sicheren und souveränen Auftretens als glaubwürdiger eingestuft. Da Polizisten mit der Technik der Zeugeneinvernahme vertraut sind und aufgrund von „Zeugencoachings" auf die Stellung als Zeuge vorbereitet werden, wissen sie, wie sie auftreten müssen, um glaubwürdig zu wirken.[1297] Während *Artkämper* der Auffassung ist, dass ein polizeiliches Zeugentraining nicht negativ gemeint ist und stattdessen dem Zeugen eine gewisse Handlungssicherheit geben soll,[1298] ist *Hof* der Ansicht, dass besondere Schulungen der Polizeizeugen entgegen verbreiteter Meinung gerade nicht förderlich für die Aussagequalität sind. Vielmehr stellen spezielle Coachings und Übungen für die Polizeizeugen eine Gefahr dar.[1299] Ebenso kritisiert *Köpcke* polizeiliche Zeugentrainings und betont deren Risiken und Missbrauchsmöglichkeiten.[1300] Während die Kritik an polizeilichen Zeugentrainings nicht verstummt, wird auch vertreten, dass Polizeizeugen nicht nur an Coachings teilnehmen können und das Recht haben sich auf die Hauptverhandlung vorzubereiten, sondern überdies eine entsprechende Vorbereitungspflicht besteht.[1301] Gestützt wird diese Auffassung – zu Unrecht – auf die Rechtsprechung des BGH v. 30.5.1950. Der BGH führte folgendermaßen aus:

1294 *Hof* HRRS 2015, 277, 281.

1295 *Gössner* und *Herzog* sprechen sogar von einer intensiven polizeilichen Betreuung und einer gezielten Vorbereitung der Polizeizeugen auf ihre Aussagen durch eigens abgestellte Polizeibeamte (*Gössner/Herzog* Im Schatten des Rechts, S. 269 f.); *„intensive Vorbereitung auf die Zeugenrolle"* (*Harbort* Kriminalistik 1996, 805, 809); *von Klinggräff* in: Grundrechte-Report 2016, S. 188.

1296 Ausnahmesituation für normale Zeugen (*Singelnstein* MschrKrim 2003, 1, 10).

1297 Auch *Meyer-Mews* NJW 2000, 916, 917; *Hof* HRRS 2015, 277, 286; *Singelnstein* MschrKrim 2003, 1, 10 (Polizisten sind an die Zeugenrolle gewöhnt und werden hierfür auch besonders geschult).

1298 *Artkämper* in: Lehr- und Studienbriefe, S. 41.

1299 *Hof* HRRS 2015, 277, 279.

1300 Vgl. hierzu *Mai/Köpke* Kriminalistik 1995, 263, 267.

1301 Lackner/Kühl/*Heger* § 161 StGB Rn. 2; bei *Eisenberg* Beweisrecht Rn. 1200 m.w.N.; *Krehl* NStZ 1991, 416 m.w.N.; *Artkämper* in: Lehr- und Studienbriefe, S. 42; HK-StPO/*Gercke* § 69 Rn. 4; eher ablehnend LR-StPO/*Ignor/Bertheau* Vor § 48 Rn. 17 (*„Dagegen umfasst die Zeugnispflicht in der Regel nicht die Pflicht zu irgendeiner außergerichtlichen Tätigkeit, z.B. zum (vorbereitenden) Studium von Akten und Unterlagen [...]"*); Matt/Renzikowski/*Norouzi* § 161 StGB Rn. 9.

> Ein vom Gericht vernommener Zeuge hat nicht nur das Recht, sondern unter Umständen sogar die Pflicht, sich frühere Aufzeichnungen als Gedächtnisstütze zu bedienen, um sein Erinnerungsbild aufzufrischen und gegebenenfalls zu berichtigen. Die Verletzung dieser Pflicht kann ihn sogar der Gefahr aussetzen, wegen fahrlässigen Falscheides gemäß § 163 StGB, zur Verantwortung gezogen zu werden. Befinden sich solche zur Auffrischung des Erinnerungsbildes geeigneten Unterlagen in der Hand des Gerichts, so gebietet möglicherweise die ihm obliegende Pflicht zur vollständigen Aufklärung des Sachverhalts, sie dem Zeugen zugänglich zu machen.[1302]

Richtigerweise stellte bereits *Hof* fest, dass sich aus diesem Urteil gerade keine Vorbereitungspflicht ableiten ließe. Dies ergebe sich aus den Formulierungen „unter Umständen" und „möglicherweise".[1303] Auch eine Stütze in der StPO lässt sich für das Bestehen einer Vorbereitungspflicht nicht finden.[1304] Der Gesetzgeber kennt durchaus eine Vorbereitungspflicht. Eine entsprechende Normierung findet sich aber lediglich in der ZPO. Soweit es die Aussage über seine Wahrnehmungen erleichtert, hat der Zeuge Aufzeichnungen und andere Unterlagen einzusehen und zu dem Termin mitzubringen, wenn ihm dies gestattet und zumutbar ist, § 378 Abs. 1 S. 1 ZPO. Kommt der Zeuge auf eine bestimmte Anordnung des Gerichts der Verpflichtung nach dieser Vorschrift nicht nach, kann das Gericht die in § 390 ZPO bezeichneten Maßnahmen treffen. Obwohl der Gesetzgeber eine Vorbereitungspflicht des Zeugen kennt, hat er es bewusst unterlassen, eine entsprechende Pflicht auf die StPO zu übertragen, sodass es keine Pflicht des Polizeizeugen gibt, sich durch Einsicht in Unterlagen entsprechend auf die Vernehmung vorzubereiten.[1305] Insbesondere kann sich – so zu Recht *Hof* – keine Vorbereitungspflicht aus § 48 Abs. 1 S. 2 StPO ableiten lassen. Nach dieser Vorschrift haben Zeugen die Pflicht auszusagen, sofern keine im Gesetz zugelassene Ausnahme vorliegt. Die Vorschrift untersagt auch nicht die wahrheitsgemäße Bekundung, man habe gerade keine Erinnerung mehr an das Geschehen.[1306] Auch das Strafgesetzbuch gibt keine Hinweise auf eine Vorbereitungspflicht der Polizeizeugen. Die strafrechtlichen Folgen sind in §§ 153 ff. StGB geregelt. Der neunte Abschnitt des StGB gilt für alle Zeugen.[1307] Er unterscheidet insbesondere nicht zwischen Polizeizeugen und sonstigen Zeugen. Es ergibt sich daraus im Besonderen nicht, dass Polizeibeamte sich auf Vernehmungen vorbereiten müssen, während andere Zeugen diese Pflicht gerade nicht treffen soll.

1302 BGH, Urt. v. 30.5.1950 – 2 StR 50/50, https://www.jurion.de/Urteile/BGH/1950-05-30/2-StR-50_50 (Stand: Dezember 2016).

1303 *Hof* HRRS 2015, 277, 283 f.

1304 *Eisenberg* Beweisrecht Rn. 1199 f.; *Artkämper* ist der Ansicht, dass in der StPO gerade keine Vorschrift existiert, die eine Vorbereitung auf die Vernehmung verbietet (*Artkämper* in: Lehr- und Studienbriefe, S. 42).

1305 Vgl. hierzu auch *Krehl* NStZ 1991, 416, 418; *Eisenberg* Beweisrecht Rn. 1200 m.w.N.

1306 *Hof* HRRS 2015, 277, 284.

1307 Vgl. nur BeckOK-StGB/*Kudlich* § 153 Rn. 4, § 154 Rn. 3, § 156 Rn. 3, § 157 Rn. 4.

> Erst mit Beginn der Vernehmung kommt eine allgemeine Nachforschungs- und Vergewisserungspflicht zum Entstehen. Sie verlangt von dem Zeugen, ein noch nicht oder nicht in allen Einzelheiten vorhandenes Erinnerungsbild unter Umständen auch unter Zuhilfenahme sich aufdrängender Hilfsmittel zu formen bzw. ein bestehendes Erinnerungsbild mit solchen Mitteln zu überprüfen.[1308]

Daraus folgt, dass sich eine Strafbarkeit erst mit Beginn der Verhandlung begründen lässt. Unterlassene Handlungen *vor* einer Verhandlung sind nach dem StGB somit nicht strafbar. Als Ergebnis muss daher eine Vorbereitungspflicht verneint werden.

ee) Sog. „Widerstandsanzeigen" als Reaktion auf Angzeigen gegen Polizeibeamte

Nicht erst auf der Ebene des Strafverfahrens genießt der Polizeibeamte ein Privileg. Bereits auf der Ebene der Anzeigenerstattung hat der Polizist gegenüber dem Bürger einen entscheidenden Vorteil: Die Anzeige einer Straftat und der Strafantrag können bei der Staatsanwaltschaft, den Behörden und Beamten des Polizeidienstes und den Amtsgerichten mündlich oder schriftlich angebracht werden, vgl. § 158 Abs. 1 S. 1 StPO. Es werden die Anzeigen und Beschwerden gegen Polizisten bei jenen Stellen vorgebracht, über die man sich gerade beschweren will.[1309] Ohne eindeutige Beweise werden Polizisten als Reaktion auf Anzeigen routinemäßig eine sog. *Widerstandsanzeige* stellen. Dadurch soll versucht werden die unrechtmäßige polizeiliche Gewaltanwendung zu legitimieren.[1310]

Das Zusammenspiel von Gegenanzeigen auf Seiten der Polizei und der „hohen Glaubwürdigkeit" polizeilicher Zeugen trägt dazu bei, dass das Opfer aus Furcht keine Anzeige erstattet und die Gewaltanwendung durch die Polizei gar nicht erst ans Licht kommt.[1311] Es muss daher davon ausgegangen werden, dass das Dunkelfeld unrechtmäßiger polizeilicher Gewaltanwendung sehr groß ist. Nicht nur Widerstandsanzeigen haben unter Berücksichtigung der Verfahrenseinstellung eine entscheidende Bedeutung. Häufig genügt für die Einstellung eines Verfahrens die Aussage des Polizisten, dass bei dem Polizeieinsatz erheblicher Widerstand geleistet worden ist und sich der Anzeigeerstatter mögliche Verletzungen hierbei zugezogen haben könnte. Da die Verletzungen nicht eindeutig dem Polizeibeamten angelastet werden können, wird das Verfahren wegen schwieriger Beweislage eingestellt werden müssen.[1312]

1308 *Krehl* NStZ 1991, 416, 418.

1309 So auch *Brusten* KrimJ 4. Beiheft 1992, 84, 88.

1310 Siehe hierzu S. 230 ff.

1311 Vgl. auch Fall A u.a. (*Amnesty International* Täter unbekannt, S. 71 ff.); *Schmid* Korruption, Gewalt und die Welt der Polizisten, S. 35; *Brusten* KrimJ 4. Beiheft 1992, 84, 88.

1312 Bei schwieriger Beweislage wird regelmäßig eher nach § 170 Abs. 2 StPO eingestellt (*Singelnstein* MschrKrim 2003, 1, 18 m.w.N.).

b) Zwischenergebnis

Obgleich die Aussagen polizeilicher Zeugen mit Vorsicht zu genießen sind, überzeugen sie die Gerichte regelmäßig. Häufig werden geringere Anforderungen an die Beweiswürdigung gestellt als bei anderen Zeugen. Die Ausführungen haben jedoch gezeigt, dass statt geringerer Anforderungen vielmehr höhere Anforderungen an Polizeizeugen gestellt werden müssten und die Justiz Polizeizeugen nicht länger unkritisch behandeln darf; das Gegenteil sollte vielmehr der Fall sein. Dies vor allem auch deshalb, weil es kaum einen Berufszweig gibt, „in dem so viel gelogen werde, gelogen werden müsse, wie bei der Polizei, bei der es viele graue, einige schwarze und so gut wie keine weißen Schafe gäbe".[1313] Das bewusste Optimieren des Lügengespinsts und das (unbewusste) Problem der Gruppenerinnerung bzw. der Gruppenaussage[1314] dürfen von der Strafjustiz nicht ignoriert werden. Die Richtigkeit der Aussage der Polizeizeugen und deren Glaubwürdigkeit[1315] muss bei Zweifeln ebenso kritisch hinterfragt und untersucht werden wie die Aussagen anderer Zeugen.[1316] Auch wenn Polizeizeugen Erfahrungen als Zeugen haben, darf dieser Umstand nicht dazu führen, dass ein sicheres Auftreten – welches aus langjähriger Erfahrung und Coachings resultiert – und das Fehlen von Widersprüchlichkeiten – welches sich aus gruppeninternen Absprachen ergibt – ohne Weiteres einer besonderen Glaubwürdigkeit gleichgestellt werden. Abschließend darf im Zusammenhang mit Polizeizeugen folgender Umstand nicht unerwähnt bleiben: Der Polizist fühlt sich häufig als „Gegenspieler des Angeklagten, zu dessen Verurteilung er beitragen möchte"[1317], sodass bei Überprüfung der Aussage des Polizisten besondere Aufmerksamkeit und kritisches Hinterfragen erforderlich sind.

Ein Schritt zur Verbesserung der Strafverfolgung rechtswidriger Polizeigewalt wäre, Polizeizeugen und andere Zeugen hinsichtlich ihrer Glaubwürdigkeit mit demselben Maßstab zu behandeln. Nur wenn jede Aussage kritisch hinterfragt wird und den polizeilichen Aussagen nicht von Beginn an eine erhöhte Glaubwürdigkeit eingeräumt wird, können die Einstellungs- bzw. Freispruchsquoten bei Verfahren gegen Polizeibeamte wieder den Einstellungs- bzw. Freispruchsquoten bei Verfahren gegen andere Personen angeglichen werden.

1313 Bei *Meyer-Mews* NJW 2000, 916.

1314 *Eisenberg* Beweisrecht Rn. 1456 i.V.m. Rn. 1381.

1315 Zur Glaubwürdigkeitsuntersuchung: *Eisenberg* Beweisrecht Rn. 1860 ff.

1316 Vgl. auch *Eisenberg* Beweisrecht Rn. 1455a.

1317 *Harbort* Kriminalistik 1996, 805, 806; AG Kaufbeuren, Urt. v. 21.7.1986 – Ds 23 Js 6882/85 = StV 1987, 57 („*Diese Zweifel sind um so mehr veranlaßt, als auch Polizeibeamte erfahrungsgemäß unter einem gewissen ‚Erfolgszwang' zu stehen pflegen und aus dieser – zumeist unbewußten – Einstellung heraus nicht mehr wirkliche, sondern vermeintliche und durch sekundäres Rationalisieren am ‚Erfolgsziel' orientierte Beobachtungen schildern*"); auch *Mai* fragt sich, ob ein Polizeibeamter, der zum Gerichtsverfahren beigetragen hat, in ausreichendem Maße unparteiisch und neutral sein kann und nicht vielmehr dazu neigt, seine Arbeit zu verteidigen (*Mai/Köpcke* Kriminalistik 1995, 263, 264 f.).

4. *Weitere Ursachen*

Im folgenden Abschnitt sollen weitere Ursachen für die hohen Einstellungs- und Freispruchsquoten bei Verfahren gegen Polizeibeamte dargestellt werden.

a) „Belastungsdruck" für den leitenden Staatsanwalt

Eine zusätzliche Erklärung für die geringe Anklagequote könnte der Druck sein, der auf dem leitenden Staatsanwalt lastet. Dieser besteht zum einen in der täglichen Zusammenarbeit mit dem (angeklagten) Polizisten und zum anderen in den Reaktionen der Kollegen der Staatsanwaltschaft, die unter Umständen von der „hohen Glaubwürdigkeit" der polizeilichen Zeugen überzeugt sind.[1318] Um nicht „aus der Reihe zu fallen", beugt sich der leitende Staatsanwalt und agiert so, wie es der Regelfall ist, nämlich mit der Einstellung des Verfahrens.

Staatsanwälte sind auch selbst von der Einsatzbereitschaft und dem Vertrauen der Polizisten abhängig, sodass es durchaus vorkommen kann, dass sie Strafverfahren gegen Polizisten privilegiert behandeln.[1319] Gerade bei Menschenrechtsverletzungen sollten die Behörden jedoch unabhängig und umfassend ermitteln.[1320] Nicht alle Beschwerden über die Anwendung unangemessener und übertriebener polizeilicher Gewalt sind begründet. Dies kann aber nur dann festgestellt werden, wenn allen Vorwürfen in umfassender, gründlicher und unabhängiger Weise nachgegangen wird.

b) Erheblicher Ermessensspielraum zur Einleitung strafrechtlicher Ermittlungen

Auch ein erheblicher Ermessensspielraum im Hinblick auf die Einleitung strafrechtlicher Ermittlungen kann bei der Strafverfolgung rechtswidriger Polizeigewalt eine Rolle spielen.[1321]

Nach dem Legalitätsprinzip, welches aus § 152 Abs. 2 StPO folgt, sind die Staatsanwaltschaften verpflichtet, Anklage zu erheben, wenn ein hinreichender Tatverdacht hierfür besteht. Dieses Prinzip soll auch vor Willkür schützen. Die Auslegung des Begriffs des hinreichenden Tatverdachts obliegt allerdings den Staatsanwaltschaften,[1322] sodass sie die Entscheidungshoheit darüber haben, ob ein strafrechtliches Verfahren eingeleitet wird oder nicht. Schon allein daraus folgt, dass das Legalitätsprinzip nicht vor Willkür schützen kann.

1318 Ähnlich bei *Singelnstein* Bürgerrechte & Polizei 2010, 55, 60; *ders.* MschrKrim 2003, 1, 20 (auch ein öffentlicher Druck, ausgelöst von Medien, kann – bewusst oder unbewusst – Entscheidungen der Staatsanwaltschaft beeinflussen).

1319 *Brusten* KrimJ 4. Beiheft 1992, 84, 88; *Singelnstein* MschrKrim 2003, 1, 13 („*funktioneller Zusammenhang, der Abhängigkeiten hervorbringt*").

1320 *Amnesty International* Täter unbekannt, S. 11.

1321 Vgl. *Brusten* KrimJ 4. Beiheft 1992, 84, 88; *Singelnstein* MschrKrim 2003, 1, 4 f., 16.

1322 BeckOK-StPO/*Beukelmann* § 152 Rn. 5.

Um einen umfangreichen Menschenrechtsschutz gewährleisten und einer Missbrauchsgefahr vorbeugen zu können, sollten Behörden daher stets verpflichtet sein, strafrechtliche Ermittlungen einzuleiten, sobald sie Kenntnis von körperlichen Misshandlungen *durch* Polizisten haben.

c) *„Täter unbekannt"*[1323]

Ferner kann die Staatsanwaltschaft nur Anklage erheben, wenn die Ermittlungen genügenden Anlass zur Erhebung der öffentlichen Klage bieten, § 170 Abs. 1 StPO. Dafür ist ein in tatsächlicher und rechtlicher Hinsicht hinreichender Tatverdacht erforderlich, § 203 StPO.[1324] Ein hinreichender Tatverdacht liegt vor, wenn nach vorläufiger Bewertung eine Verurteilung des Beschuldigten wahrscheinlicher als ein Freispruch erscheint.[1325] Hierfür wird freilich ein Tatverdächtiger benötigt, der bekannt sein muss. Aus diesem Umstand folgt ein weiteres Argument für die geringe Anklagequote bei rechtswidriger Polizeigewalt: Vorwürfe polizeilicher Gewalt, insbesondere bei Großeinsätzen, Demonstrationen oder Fußballspielen können zum Teil nicht aufgeklärt werden, weil eine Identifizierung des mutmaßlichen polizeilichen Täters nicht möglich ist. Die Betroffenen können den Polizisten aufgrund ihrer Schutzkleidung und der fehlenden Kennzeichnung nicht identifizieren.[1326] Unter Helmen und hinter Visieren gibt es für den von gesetzeswidriger Gewalt Betroffenen keine ausreichenden Unterscheidungsmerkmale. Polizeiliche Täter können somit strafrechtlich nicht zur Verantwortung gezogen werden. Daher laufen zahlreiche Strafanzeigen gegen Unbekannt und somit ins Leere. *„Täter unbekannt"* heißt ein umfassender Bericht, mit dem die Menschenrechtsorganisation *Amnesty International* im Jahr 2010 erneut auf das Problem der Nichtidentifizierung polizeilicher Täter aufmerksam gemacht hat.[1327] Die Organisation fordert unter anderem eine sichtbare Kennzeichnung der Polizisten.[1328] Solange eine Identifizierung von Polizeibeamten im Vergleich zu anderen Beschuldigten wesentlich erschwert und der damit verbundene Ermittlungsaufwand erhöht ist, werden sog. *„Unbekannt-Sachen"* im Bereich der leichten und mittleren Kriminalität auch in Zukunft von der Staatsanwaltschaft nach § 170 Abs. 2 StPO eingestellt werden (müssen).[1329]

1323 Angelehnt an: *Amnesty International* Täter unbekannt.

1324 BeckOK-StPO/*Gorf* § 170 Rn. 1.

1325 BeckOK-StPO/*Gorf* § 170 Rn. 2

1326 So auch bei *Diederichs* Bürgerrechte & Polizei 2009, 58, 60; *Luczak* in: Grundrechte-Report 2014, S. 167; *Gössner/Herzog* Im Schatten des Rechts, S. 267 f.; S*ingelnstein* MschrKrim 2003, 1, 10.

1327 *Amnesty International* Täter unbekannt.

1328 *Amnesty International* Täter unbekannt, S. 109.

1329 *Singelnstein* MschrKrim 2003, 1, 18 (auch bei komplizierter Beweislage und fehlenden Geständnissen wird eher nach § 170 Abs. 2 StPO eingestellt, da in diesen Fällen der Begründungsaufwand und damit auch der Zeitaufwand für eine Verurteilung größer wären).

Ferner gibt es hinsichtlich strafrechtlicher Verfahren gegen Polizeibeamte ein Grundsatzproblem. Schuld kann nur Individuen zugewiesen werden. Institutionen wie die Polizei stehen bei der Schuldzuweisung hingegen nicht zur Disposition.[1330] Daher sollten polizeiliche Übergriffe als individuelle Handlungen verstanden werden, deren strafrechtliche Sanktionierung durch eine individuelle Zurechenbarkeit möglich ist. Die handelnden Polizisten können somit nicht von der Verantwortlichkeit ihres eigenen Handelns freigesprochen werden.[1331]

d) Vorwurf der unberechtigten Anzeigen

Die hohe Zahl an Verfahrenseinstellungen und Freisprüchen bei Verfahren gegen Polizisten wird von der Polizei als Zeichen dafür gewertet, dass die Vorwürfe polizeilicher Gewalt von Medien und Menschenrechtsorganisationen übertrieben dargestellt werden und nicht haltbar sind, zumal sie nicht selten nur auf Aussagen der Opfer gestützt werden. Hinzu kommt, dass Vertreter des Polizeiapparats der Ansicht sind, dass zum Teil gehaltlose Racheanzeigen im Raum stehen, welche zur hohen Einstellungsquote beitragen.[1332]

> Die Innenverwaltungen und StAen erklären [...] die überdurchschnittliche Einstellungsquote in der Regel damit, dass die Anzeige wegen Körperverletzung im Amt meistens eine „Retour-Kutsche" auf das eingeleitete Ermittlungsverfahren und also unberechtigt sei.[1333]

Gegen den Vorwurf der unberechtigten Anzeigen spricht jedoch, dass ein entsprechendes Verfahren für den Betroffenen mit enormen Kosten- und Zeitaufwand verbunden ist. Auch die zum Teil beträchtlichen Anwaltskosten können gegen das Argument der unberechtigten Anzeigen vorgebracht werden.[1334] Den Grund für die hohen Einstellungsquoten bei Verfahren gegen Polizeibeamte in unberechtigten Anzeigen zu sehen, scheint damit zumindest fraglich zu sein.

e) „Stille Übereinkunft" zwischen Justiz und Polizei

Ein weiterer Grund für die geringe Anklagequote könnte darin liegen, dass sich Polizisten besonders zu schützen wissen vor juristischer Strafverfolgung. Die hohen Einstellungsquoten bei Strafverfahren gegen Polizeibeamte lassen Zweifel aufkommen, ob Verfahren gegen Polizisten nach den gleichen „Regeln" ablaufen wie andere Strafverfahren oder ob Polizisten eine gewisse Sanktionsimmunität genießen. Dass eine Vielzahl von Verfahren gegen Polizisten mit einem Freispruch

---

1330 *Narr* Bürgerrechte & Polizei 2009, 73, 77 f.

1331 So auch bei *Barczak* NVwZ 2011, 852.

1332 *Schmid* Korruption, Gewalt und die Welt der Polizisten, S. 34; *Schwind* Kriminalistik 1996, 161, 166; *Töpfer* Polizei-Beschwerdestellen, S. 6 (*„Haltlosigkeit der allermeisten Anschuldigungen"*).

1333 *Singelnstein* MschrKrim 2003, 1, 10 f.

1334 So auch bei *Singelnstein* MschrKrim 2003, 1, 11.

oder einer Einstellung enden, lassen *Schwind* zufolge mutmaßen, dass zwischen Justiz und Polizei eine stille Übereinstimmung herrscht.[1335]

f) Vorbelastung als deliktsübergreifendes Kriterium

Abschließend muss auf das von *Singelnstein* vertretene Argument der „Vorbelastung als deliktsübergreifendes Kriterium" hingewiesen werden. Staatsanwaltschaften tendieren danach eher zu einer Verurteilung, wenn der Beschuldigte bereits vorbelastet ist. Dieser Umstand hat nach *Singelnstein* – speziell bei Verfahren wegen Körperverletzung im Amt – zwei Wirkungen. Zum einen werden Verfahren, bei denen der Polizeibeamte erstmalig angeklagt worden ist, in der Regel eingestellt, da er noch nicht vorbelastet ist. Zum anderen sind Polizeibeamte wegen anderer Straftaten regelmäßig nicht zuvor in Erscheinung getreten, sodass auch dadurch die Einstellungsquote beeinflusst wird. Dies liegt vor allem daran, dass sich das Kriterium der Vorbelastung deliktsübergreifend auswirkt und nicht auf Verfahren wegen Körperverletzung im Amt gemäß § 340 StGB beschränkt ist.[1336]

III. Ergebnis

Ermittlungsverfahren gegen Polizeibeamte werden nicht immer nach denselben Maßstäben behandelt wie andere Ermittlungsverfahren. Die Untersuchung hat gezeigt, dass auffällig viele Ermittlungsverfahren gegen Polizeibeamte nach § 170 Abs. 2 StPO bzw. nach §§ 153, 153a, 154e StPO eingestellt werden und die Anklagequote gering ist.[1337] Hierfür existieren zahlreiche Gründe. Eine besondere Problematik stellt die institutionelle Nähe zwischen Polizei und Staatsanwaltschaft dar. Die institutionelle, und die zum Teil damit verbundene persönliche Nähe führen zu einer gewissen Abhängigkeit. Diese Abhängigkeit lässt durchaus Zweifel an der Effektivität der Ermittlungen aufkommen. Daher sollten bei der strafrechtlichen Verfolgung von Anzeigen gegen Polizeibeamte bei der Staatsanwaltschaft spezialisierte Dezernate eingerichtet werden, die für jene Ermittlungen zuständig sind. Um eine selektiv verübte Strafverfolgung zu verhindern – so *Singelnstein* – „mögen Sonderdezernate bei den StAen und einflussfreiere Sonderkommissariate bei den Polizeibehörden sinnvoll erscheinen, eine tatsächliche Verbesserung vermögen aber wohl nur externe Kontrollmechanismen zu bewirken."[1338]

Das Problem liegt jedoch nicht nur in der Strafverfolgungspraxis der Staatsanwaltschaften. Im Falle rechtswidriger Polizeigewalt bauen Polizisten eine sog. *„Mauer des Schweigens"* auf, die dazu führt, dass Kollegen nichts Belastendes gegen

---

1335 *Schwind* Kriminalistik 1996, 161; auch *Singelnstein* vermutet, dass bei Verfahren wegen Körperverletzung im Amt eine *„besonders selektive Strafverfolgung"* besteht (*Singelnstein* MschrKrim 2003, 1, 7).

1336 Vgl. hierzu *Singelnstein* MschrKrim 2003, 1, 13.

1337 *Singelnstein* NK 2014, 15, 18 ff.

1338 *Singelnstein* MschrKrim 2003, 1, 21 f.

den angeklagten Polizisten aussagen. Ferner entwickelt sich durch die tägliche Zusammenarbeit mit den Kollegen eine Kameradschaft, die zu einer gegenseitigen Fehlertoleranz führen kann. Diese kann in der Nichtanzeige rechtswidrigen Verhaltens oder im Decken von Falschaussagen zum Ausdruck kommen. Illegitime Gewaltanwendung wird verschwiegen. Das Verschweigen von polizeilichen Fehlern führt zu einem Mangel an (objektiven) Beweisen, was wiederum die Einstellungsquote in die Höhe treibt. Insbesondere bei Verfahren gegen Polizeibeamte gestaltet sich die Beweislage als problematisch, dies vor allem vor dem Hintergrund, dass der sog. *Polizeizeuge* oftmals das einzige belastende Beweismittel darstellt und Polizisten von vornherein als besonders glaubwürdig, neutral und objektiv eingestuft werden. Diese Umstände führen dazu, dass an andere Beweismittel besonders hohe Anforderungen gestellt werden, welche das polizeiliche Gegenüber regelmäßig nicht erfüllen kann und das Verfahren eingestellt werden muss. Eine weitere Ursache für die „sehr weit über dem Durchschnitt liegenden Einstellungsquoten und die äußerst geringe Anklagequote“[1339] kann der Belastungsdruck sein, der auf dem Staatsanwalt lastet. Um die Zusammenarbeit mit der Polizei bzw. mit Kollegen der Staatsanwaltschaft nicht zu gefährden, wird sich der Staatsanwalt beugen und so handeln, wie es der Regelfall bei Verfahren gegen Polizisten ist. Er wird das Verfahren einstellen. Polizeiliche Tatverdächtige können zudem oftmals nicht ermittelt werden; dies vor allem dann, wenn sie Schutzkleidung tragen und eine Kennzeichnung fehlt. Strafanzeigen gegen Unbekannt laufen somit in der Regel ins Leere.

§ 7 Maßnahmen gegen unrechtmäßige polizeiliche Gewalt

> Gegen die Polizei kann man eben nicht die Polizei zu Hilfe rufen [...].[1340]

Dieses Zitat von *Pütter* zeigt die Problematik, die im Falle rechtswidriger polizeilicher Gewaltanwendung besteht. Da eine wirksame Kontrolle polizeilicher Übergriffe nicht oder nur mangelhaft existiert,[1341] werden Übergriffe nahezu gefördert.[1342] Auch die *Arbeitsgemeinschaft Kritischer Polizistinnen und Polizisten* ist der Ansicht, dass eine ausreichende Kontrolle der Polizei nicht stattfindet. Diese Auffassung wird bestätigt durch Statistiken über eingeleitete und wieder eingestellte Strafverfahren.[1343] Kommt der Staat seiner Verpflichtung nicht nach, alles ihm Zumutbare zu tun, um polizeiliches Fehlverhalten aufzuklären, wird dieses begünstigt. Mit Hilfe einer stärkeren externen Kontrolle der polizeilichen Tätigkeit könnte Fehlverhalten

1339 *Singelnstein* NK 2014, 15, 25.

1340 *Pütter* Bürgerrechte & Polizei 2010, 3, 12.

1341 Da die Politik die Möglichkeiten einer effektiven polizeilichen Kontrolle ignoriert, sieht sie sich mit dem Vorwurf konfrontiert, an einer Prävention des polizeilichen Fehlverhaltens kein Interesse zu haben (so jedenfalls *Drescher* Polizisten außer Kontrolle?, S. 268).

1342 *Drescher* Polzisten außer Kontrolle?, S. 108.

1343 *Mahr* KrimJ 4. Beiheft 1992, 116, 119.

aufgedeckt und „Schwarze Schafe" unter den Polizisten entlarvt werden.[1344] *Behrendes* sieht in einer (äußeren) Kontrolle der Polizei nicht nur ein Recht, sondern sogar eine Pflicht der Gesellschaft. Die Gesellschaft dürfe die von ihr abgeleitete Staatsgewalt nicht als „Persilschein" vergeben.[1345]

Um das Überschreiten und den Fehlgebrauch der Staatsgewalt zu verhindern oder zumindest einzuschränken, kommen verschiedene Maßnahmen in Betracht. Zur Diskussion stehen der strafrechtliche Schutz in Form von § 340 StGB und Kennzeichnungspflichten von Polizisten mit individuellen, aber anonymisierten Dienstnummern oder Namensschildern. Ferner werden im Folgenden auch der Einsatz von Bodycams, sowie unabhängige Beschwerdestellen einer genaueren Untersuchung unterzogen.

I. Strafrechtlicher Schutz: Körperverletzung im Amt gemäß § 340 StGB

Bevor praktische Maßnahmen gegen unrechtmäßige Gewaltanwendung durch Polizisten dargestellt werden, soll zunächst § 340 StGB unter diesem Aspekt geprüft werden.

Die wichtigste Norm, die einen strafrechtlichen Schutz gegen die Gewalt durch Polizisten gewährleisten soll, ist der Tatbestand der Körperverletzung im Amt gemäß § 340 StGB. Nach § 340 Abs. 1 S. 1 StGB wird ein Amtsträger (§ 11 Abs. 1 Nr. 2 StGB), der während der Ausübung seines Dienstes oder in Beziehung auf seinen Dienst eine Körperverletzung begeht oder begehen lässt mit Freiheitsstrafe von drei Monaten bis zu fünf Jahren bestraft. In minder schweren Fällen ist die Strafe Freiheitsstrafe bis zu fünf Jahren oder Geldstrafe, § 340 Abs. 1 S. 2 StGB. Die versuchte Körperverletzung im Amt ist gemäß § 340 Abs. 2 StGB strafbar. Ebenfalls entsprechend gelten die §§ 224 bis 229 StGB für Straftaten nach § 340 Abs. 1 S. 1 StGB. Der Straftatbestand der Körperverletzung im Amt ist Qualifikationstatbestand zu § 223 StGB.[1346] Der Grund für die Qualifikation liegt in der unrechtssteigernden Wirkung eines Amtsmissbrauchs, da das Ansehen des Staates verloren gehen würde, wenn Amtsträger im Dienst oder in Beziehung auf den Dienst Körperverletzungen nach §§ 223, 224, 226, 227, 229 StGB begehen oder begehen lassen würden.[1347]

Bereits im 18. und 19. Jahrhundert wurde versucht, Bürger vor den Träger staatlicher Ämter zu schützen. In der französischen Erklärung der Menschen- und Bürgerrechte von 1789 heißt es:

> „Jeder Mensch darf nur in den durch das Gesetz bestimmten Fällen und in den Formen, die es vorschreibt, angeklagt, verhaftet und gefangen gehalten werden. Diejenigen, die willkürliche Anordnungen veranlassen, ausfertigen, ausführen oder ausführen lassen, sollen bestraft werden...".[1348]

1344 So auch *Aden* Polizeipolitik in Europa, S. 349.

1345 *Behrendes* in: Organisation mit Gewaltlizenz, S. 189.

1346 Siehe nur: MüKo-StGB/*Voßen* § 340 Rn. 2.

1347 BeckOK-StGB/*Eschelbach* § 340 Rn. 1; *Jungclaus* NStZ 1995, 582.

1348 Bei *Amelung* KrimJ 4. Beiheft 1992, 168.

Der Code Pénal von 1810 mit seinen Vorschriften über Verbrechen gegen die Verfassung und über den Missbrauch der Amtsgewalt bestärkte auch den deutschen Liberalismus. Daraufhin wurden 1851 die Straftatbestände der Körperverletzung, der Freiheitsberaubung und des Hausfriedensbruchs im Amt in das Preußische StGB aufgenommen und von dort in das RStGB von 1871.[1349] Durch das EGStGB 1974 wurde § 340 StGB neu gefasst.[1350] § 340 Abs. 1 S. 1 StGB ist seitdem unverändert geblieben. Durch das Verbrechensbekämpfungsgesetz v. 28.10.1994 wurde § 340 Abs. 2 StGB neu gefasst.[1351] Weitreichende Änderungen brachte auch das Sechste Gesetz zur Reform des Strafrechts (6. StrRG) v. 26.1.1998:[1352] Die Strafandrohung für minder schwere Fälle nach § 340 Abs. 1 S. 2 StGB wurde angehoben, der Versuch unter Strafe gestellt (§ 340 Abs. 2 StGB) und in § 340 Abs. 3 StGB wurde die entsprechende Geltung von §§ 224 StGB bis 229 StGB angeordnet.[1353]

Auf den ersten Blick scheint der Straftatbestand der Körperverletzung im Amt den Betroffenen im Vergleich zur einfachen Körperverletzung nach § 223 Abs. 1 StGB zu privilegieren. Betrachtet man § 340 StGB jedoch genauer, muss man feststellen, dass § 340 StGB im Kampf gegen die unrechtmäßige polizeiliche Gewalt nicht durchgreifen kann.[1354] Der Strafrahmen des § 340 Abs. 1 S. 1 StGB ist nur in der Untergrenze leicht gegenüber dem Strafrahmen für die Körperverletzung gemäß § 223 Abs. 1 StGB angehoben. In minder schweren Fällen nach § 340 Abs. 1 S. 2 StGB wird das Strafniveau wieder auf das der einfachen vorsätzlichen Körperverletzung nach § 223 Abs. 1 StGB abgesenkt. Der Strafrahmen beträgt dann in beiden Fällen Freiheitsstrafe bis zu fünf Jahren oder Geldstrafe. Eine Privilegierung des Bürgers in minder schweren Fällen der Körperverletzung im Amt ist gegenüber der einfachen Körperverletzung damit nicht zu verzeichnen. Des Weiteren muss die Körperverletzung im Amt nach § 340 Abs. 1 StGB vorsätzlich begangen werden.[1355] Nur bei Straftaten nach § 340 Abs. 1 S. 1 StGB, nicht in minder schweren Fällen nach § 340 Abs. 1 S. 2 StGB gelten §§ 224 bis 229 StGB entsprechend. Wie bereits im Rahmen der Strafverfolgung rechtswidriger Polizeigewalt dargestellt worden ist, ist es wegen polizeilicher Organisations- und Kommandostrukturen schwer, Vorsatz nachzuweisen.[1356] Der enge Zusammenhalt innerhalb der Polizeigemeinschaft und die besondere institutionelle Nähe zwischen der Polizei und der Staatsanwaltschaft machen es für das polizeiliche Gegenüber nahezu unmöglich, vorsätzliches Handeln des Polizisten als Amtsträger mit Beweisen belegen zu können. Kommt

---

1349 *Amelung* KrimJ 4. Beiheft 1992, 168, 169; MüKo-StGB/*Voßen* § 340 Rn. 4.

1350 BGBl. 1974 I, S. 469.

1351 Umfassend hierzu *Jungclaus* NStZ 1995, 582.

1352 BGBl. 1998 I, S. 164.

1353 Zusammenfassend: NK-StGB/*Kuhlen* § 340 Rn. 2; MüKoStGB/*Voßen* § 340 Rn. 5.

1354 *Amelung* ist der Ansicht, dass Interpretationsmuster und Praktiken in der Justiz dazu geführt haben, dass das Strafrecht beim Schutz von Grundrechten gegen die Polizei eine *„stumpfe Waffe“* geworden ist (*Amelung* KrimJ 4. Beiheft 1992, 168, 169 f.).

1355 BeckOK-StGB/*Eschelbach* § 340 Rn. 18; *Fischer* § 340 StGB Rn. 3.

1356 Vgl. nur *Amelung* KrimJ 4. Beiheft 1992, 168, 175.

es zur rechtswidrigen polizeilichen Gewaltanwendung während eines Polizeieinsatzes, greift die ungeschriebene Cop Culture.[1357] Die Aufarbeitung bzw. Aufklärung unrechtmäßiger Polizeigewalt wird durch das Eingreifen der Cop Culture behindert. Zum Teil wird rechtswidrige Gewaltanwendung beschönigt oder toleriert.[1358]

Des Weiteren ist in der Sanktionenlehre anerkannt, dass härtere Strafen gerade keine abschreckende Wirkung haben. In zahlreichen Studien konnte kein Zusammenhang zwischen der Schwere der Sanktionspraxis und dem Kriminalitätsaufkommen bewiesen werden. Potentielle Straftäter lassen sich somit von härteren Strafandrohungen nicht beeinflussen, sodass auch die härtere Strafandrohung bei § 340 Abs. 1 S. 1 StGB in der Untergrenze nicht geeignet ist unrechtmäßige polizeiliche Gewalt einzudämmen.

Da das Strafrecht repressiv ausgerichtet ist und ein präventiver Abschreckungseffekt von härteren Strafandrohungen nicht belegt werden kann,[1359] ist das Strafrecht nicht in der Lage, polizeiliche unrechtmäßige Gewalt im Vorfeld zu verhindern.

II. Kennzeichnung von Polizisten mit Namensschildern oder individuellen Nummern

Der Staat nimmt mit der Polizei sein Gewaltmonopol wahr,[1360] welches eine zivilisatorische Errungenschaft darstellt und in Europa in einem Jahrhunderte dauernden Prozess durchgesetzt worden ist.[1361] Das Tragen einer Uniform ist dabei Symbol für die Ausstattung ihrer Träger mit hoheitlichen Befugnissen und weitreichenden Gewalt- und Zwangsbefugnissen[1362] und Ausdruck der Neutralität.[1363] Die polizeilichen Maßnahmen sollen vom polizeilichen Gegenüber als Maßnahmen des Staates wahrgenommen werden und nicht als solche des Polizeibeamten als Individuum. Diese sog. *Deindividuation* wird jedoch problematisch, wenn der Polizeibeamte während der Dienstzeit seine Befugnisse überschreitet. Kommt es zu unrechtmäßigen, exzessiven Angriffen, ist eine Aufklärung des Geschehens – so *Barczak* – meist wegen mangelnder Identifikationsmöglichkeit des Polizisten nicht möglich.[1364]

In einem demokratischen und sozialen Bundesstaat (Art. 20 Abs. 1 GG) muss jede staatliche Gewalt kontrollierbar sein. Die bisherigen Ausführungen haben gezeigt,

---

1357 *Thinnes* Kennzeichnungspflicht, S. 43.

1358 *Thinnes* Kennzeichnungspflicht, S. 109.

1359 *„[S]trafrechtliche Verfolgung illegaler Polizeigewalt [hat] offensichtlich nur einen geringen Abschreckungseffekt“* (*Uildriks* KrimJ 4. Beiheft 1992, 136, 148).

1360 *Winter* unterscheidet bei der Ausübung des Gewaltmonopols zwei unterschiedliche Arten: Zum einen die mit dem polizeilichem Handeln assoziierte *Ordnungssicherung* und zum anderen die mit dem Militär in Verbindung gebrachte *Zerstörung* (bei *Schiewek* in: Gewalt und Gewalten, S. 96).

1361 *Wagener* in: Gewalt und Gewalten, S. 133.

1362 Siehe nur *Schwind* Kriminalistik 1996, 161, 162.

1363 BVerwG, Urt. v. 2.3.2006 – 2 C 3/05 = NVwZ-RR 2007, 781, 783.

1364 *Barczak* LKV 2014, 391, 392.

dass auch Polizisten Fehler machen. Eine Aufklärung des polizeilichen Fehlverhaltens ist jedoch nur dann möglich, wenn die Identität des polizeilichen Täters festgestellt werden kann. Eine Zurückführung des Polizeibeamten zum Individuum ist daher geboten sein. Da die nahezu vollständige Straflosigkeit polizeilichen Fehlverhaltens dazu führt, dass das Vertrauen der Gesellschaft in die Polizei erschüttert wird, könnte eine bundesweite Einführung einer individuellen Kennzeichnung dieser – zum Teil in Kritik geratenen – Berufsgruppe ein wichtiges Mittel darstellen, um individuelles Fehlverhalten nachzuweisen und dem Trend der Straflosigkeit entgegenzuwirken. Die Dringlichkeit der Einführung einer bundesweit geltenden Kennzeichnungspflicht wurde insbesondere im Rahmen der Demonstration v. 30.9.2010 gegen das Bauvorhaben „Stuttgart 21" deutlich:[1365] Die Polizisten setzten gegen die Demonstranten Schlagstöcke, Wasserwerfer und Pfeffersprays ein, wobei es zu zahlreichen Verletzungen gekommen ist. Das Erschreckende dabei war nicht die Vielzahl der Straftaten, sondern, dass in der Folgezeit 156 Strafverfahren wegen mutmaßlicher Übergriffe der Polizisten eingestellt werden mussten, unter anderem deshalb weil die Polizisten zum Teil nicht identifiziert werden konnten.[1366] Die Vorwürfe gegen die Polizisten blieben fast durchweg ungeklärt.

1. Kennzeichnung in Deutschland

Die Kennzeichnung von Polizisten ist keine neuartige Erscheinung und hat auch in Deutschland Tradition. Schon zu Zeiten des Berliner Polizeipräsidenten Karl Ludwig Friedrich Freiherr von Hinckeldey (1805–1856) wurde im Jahre 1848 in Berlin eine Kennzeichnung von Beamten eingeführt. Die Nummern befanden sich zunächst auf dem Zylinder, dann auf dem Helm und schließlich auf der Schulterklappe.[1367] Eine Kennzeichnung war jedoch nur von kurzer Dauer. Anfang des 20. Jahrhunderts verschwand diese wieder.[1368] Ab 1979 begannen die Diskussion, angestoßen von der Bürgerrechtsorganisation *Humanistische Union e.V.*, über die Einführung einer Kennzeichnungspflicht erneut und wird bis heute teils heftig von ihren Kritikern und Befürwortern geführt.[1369]

Für eine sichtbare Kennzeichnung von Polizisten während des Dienstes gibt es zwei Möglichkeiten: Zum einen können Namensschilder verwendet werden. Zum anderen können Polizeibeamte Schilder mit individuellen und anonymisierten

---

1365 Im Rahmen der Demonstrationen gegen das Bahnprojekt „Stuttgart 21" wurden auch die Rufe nach härteren Strafen laut, um Polizisten besser schützen zu können (*Ehresmann* Straftaten gegen Polizeibeamte, S. 19 f.).

1366 http://www.stuttgarter-zeitung.de/inhalt.kennzeichnungspflicht-fuer-polizei beamte-kennzeichnungspflicht-laesst-auf-sich-warten.1eee1909-a138-44b6-8783-cdccc9949e07.html (Stand: Dezember 2016).

1367 *Thinnes* Kennzeichnungspflicht, S. 15; *Such* KrimJ 4. Beiheft 1992, 130, 133.

1368 *Diederichs* Bürgerrechte & Polizei 2009, 58; *Barczak* NVwZ 2011, 852.

1369 *Von Denkowski* Polizei & Wissenschaft 2011, 31, 32.

Nummern tragen.[1370] Da die Aufgabe der Gefahrenabwehr allein der Kompetenz der Länder unterstellt ist, kann jedes Bundesland selbst darüber entscheiden, ob es eine Pflicht zur Kennzeichnung einführen will, Art. 30, 70 GG.[1371] Eine verfassungsrechtliche Verpflichtung zur Einführung einer Kennzeichnungspflicht kann weder aus dem Gebot des effektiven Rechtsschutzes (Art. 19 Abs. 4 GG),[1372] dem Demokratieprinzip (Art. 20 Abs. 1 GG)[1373] noch aus dem in Art. 20 Abs. 3 GG verankerten Rechtsstaatsprinzip[1374] abgeleitet werden.[1375]

Im Folgenden sollen verschiedene landesrechtliche Regelungen zur Kennzeichnung dargestellt werden.

a) Kennzeichnung in Berlin und Brandenburg

2011 hat Berlin als erstes Bundesland die individuelle Kennzeichnung von Polizisten beschlossen. Die von dem inzwischen pensionierten Polizeipräsidenten *Glietsch* durchgesetzte verwaltungsinterne Geschäftsanweisung verpflichtet alle Polizisten zum Tragen von Namensschildern oder Nummern (Geschäftsanweisung ZSE Nr. 2/2009 des Polizeipräsidenten in Berlin über das Tragen von Namensschildern v. 26.11.2010) in Berlin.[1376] Die Geschäftsanweisung ist am 1.1.2011 in Kraft getreten und mit Ablauf des 31.12.2015 außer Kraft getreten.[1377] Hinsichtlich der Geschäftsanweisung war nicht unproblematisch, ob diese eine geeignete Rechtsgrundlage für den mit der Kennzeichnung verbundenen Eingriff in das allgemeine Persönlichkeitsrecht der Polizisten darstellen konnte.

Während in Berlin die Kennzeichnung von Polizeibeamten lediglich durch eine interne Verwaltungsvorschrift geregelt worden ist, welche es den Beamten der eigenen Entscheidung überlassen hat, ob sie ein Namensschild oder ein Schild mit einer fünfstelligen ID-Nummer tragen wollen, hat Brandenburg als erstes Bundesland eine Kennzeichnungspflicht durch das Siebente Gesetz zur Änderung des Brandenburgischen Polizeigesetzes v. 9.6.2011 gesetzlich normiert. § 9 BbgPolG ist mit Wirkung zum 1.1.2013 in Kraft getreten.[1378] Die Legitimations- und Kennzeichnungspflicht ist in § 9 BbgPolG geregelt:

1370 *Thinnes* Kennzeichnungspflicht, S. 14; *Ertl* DÖV 2016, 23.

1371 Praxishandbuch POR/*Pewestorf* S. 5 Rn. 7; *Thinnes* Kennzeichnungspflicht, S. 16.

1372 Zum effektiven Rechtsschutz: BeckOK-GG/*Enders* Art. 19 Rn. 51 ff.

1373 Zum Demokratieprinzip: BeckOK-GG/*Huster/Rux* Art. 20 Rn. 55 ff.

1374 Zum Rechtsstaatsprinzip: BeckOK-GG/*Huster/Rux* Art. 20 Rn. 138 ff.

1375 *Ertl* DÖV 2016, 23, 29; *Barczak* NVwZ 2011, 852, 855.

1376 http://www.berlin.de/imperia/md/content/seninn/abteilungiii/vorschriften/ga_zse_nr._2_ 2009.pdf?start&ts=1382515519&fil (Stand: Dezember 2016).

1377 Siehe Geschäftsanweisung ZSE Nr. 2/2009 über das Tragen von Namensschildern v. 26.11.2010 (Nr. 6).

1378 Siebentes Gesetz zur Änderung des Brandenburgischen Polizeigesetzes v. 9.6.2011(GVBl. Brandenburg I, 22. Jg., Nr. 10, 10.6.2011); im Unterschied zur Geschäftsanweisung müssen bei einer gesetzlichen Normierung nicht nur die Polizisten des jeweiligen Landes eine Kennzeichnung tragen, sondern auch

§ 9 BbgPolG Legitimations- und Kennzeichnungspflicht

(1) Auf Verlangen des von einer Maßnahme Betroffenen haben sich Polizeivollzugsbedienstete auszuweisen.

(2) Polizeivollzugsbedienstete tragen bei Amtshandlungen an ihrer Dienstkleidung ein Namensschild. Das Namensschild wird beim Einsatz geschlossener Einheiten durch eine zur nachträglichen Identitätsfeststellung geeignete Kennzeichnung ersetzt.

(3) Die Legitimationspflicht und die namentliche Kennzeichnung gelten nicht, soweit der Zweck der Maßnahme oder Amtshandlung oder überwiegende schutzwürdige Belange des Polizeivollzugsbediensteten dadurch beeinträchtigt werden.

(4) Das für Inneres zuständige Mitglied der Landesregierung regelt Inhalt, Umfang und Ausnahmen von diesen Verpflichtungen durch Verwaltungsvorschrift.

Das Ministerium des Innern hat eine entsprechende Verwaltungsvorschrift (siehe § 9 Abs. 4 BbgPolG) über die Legitimations- und Kennzeichnungspflicht von Polizeivollzugsbediensteten (VV Kennzeichnungspflicht) v. 21.11.2012 erlassen.[1379] Diese Verwaltungsvorschrift ist am 1.1.2013 in Kraft getreten und tritt mit Ablauf des 31.12.2018 außer Kraft. Die Legitimations- und Kennzeichnungspflicht soll die Bürgernähe der Polizei verstärken und das erforderliche Vertrauensverhältnis unterstützen. Gemäß Ziff. 4.1 der Verwaltungsvorschrift gilt die Kennzeichnungspflicht für alle Polizeivollzugsbediensteten die Dienstkleidung tragen. Die namentliche Kennzeichnung erfolgt über ein deutlich sichtbares Namensschild. Dagegen tragen Polizeivollzugsbedienstete während ihres Einsatzes in geschlossenen Einheiten eine fünfstellige Ziffernkombination als Rückenkennzeichnung. Ziff. 4.2 sieht zahlreiche Befreiungen von der Kennzeichnungspflicht vor, namentlich für Vollzugsbedienstete der Kriminalpolizei, der Spezialeinheiten, sowie für Polizeivollzugsbedienstete bei Einsätzen des Personenschutzes, der Tauchergruppe oder der Hubschrauberstaffel. Auch Polizeivollzugsbedienstete, die aufgrund ihrer Stellenbeschreibung oder ihrer Tätigkeit keinen unmittelbaren Bürgerkontakt haben, sind von einer Kennzeichnungspflicht befreit. Ziff. 4.3 regelt Ausnahmen von einer namentlichen Kennzeichnungspflicht. Die namentliche Kennzeichnungspflicht gilt beispielsweise nicht, soweit der Zweck der Maßnahme oder Amtshandlung oder überwiegende schutzwürdige Belange des Polizeivollzugsbediensteten beeinträchtigt werden.[1380]

Beamte, welche zur Unterstützung aus anderen Bundesländern eingesetzt werden (*Noli* Freispruch 2015, 15).

1379 Verwaltungsvorschrift des Ministeriums des Innern (45.3.-420–03) v. 21.11. 2012 (Abl. für Brandenburg 23. Jg., Nr. 50 v. 19.12.2012, S. 1956 f.).

1380 Zwei Polizeibeamte haben sich mit Verfassungsbeschwerden gegen die seit dem 1.1.2013 geltende Kennzeichnungspflicht für Polizeivollzugbedienstete gewendet. Nach Auffassung der Beschwerdeführer verstoße § 9 Abs. 2 bis 4 BbgPolG gegen die Landesverfassung, insbesondere gegen das Grundrecht auf Datenschutz. Das VG Brandenburg hat die Verfassungsbeschwerden mit Beschlüssen v. 20.6.2014 als

b) Kennzeichnung in anderen Bundesländern

Ferner sind Polizeibedienstete beispielsweise in Bremen,[1381] Schleswig-Holstein[1382] und Rheinland-Pfalz[1383] kennzeichnungspflichtig, wobei in diesen Bundesländern aber keine gesetzliche Regelung für eine Kennzeichnungspflicht besteht.

Die Fraktion der SPD und die Fraktion Bündnis 90/Die Grünen haben im Juni 2016 einen *Entwurf* zur Änderung des Polizeigesetzes des Landes Nordrhein-Westfalen in den Landtag eingebracht. Vor § 7 PolG NRW soll folgender § 6a PolG NRW eingefügt werden:

> § 6a Legitimations- und Kennzeichnungspflicht
>
> (1) Polizeivollzugsbeamtinnen und -beamte führen im Dienst einen Dienstausweis mit. Bei der Vornahme einer Maßnahme weisen sich Polizeivollzugsbeamtinnen und -beamte auf Verlangen der betroffenen Person aus, soweit sie oder der Zweck der Maßnahme hierdurch nicht gefährdet werden. Beim Einsatz in Zivilkleidung erfolgt dies unaufgefordert. Werden Polizeivollzugsbeamtinnen und -beamte unter gemeinsamer Führung eingesetzt, ist nur die oder der mit der Führung Beauftragte verpflichtet, sich auszuweisen.
>
> (2) Polizeivollzugsbeamtinnen und -beamte können im Dienst ein Namensschild tragen.
>
> (3) Beim Einsatz in Einheiten der Bereitschaftspolizei und Alarmeinheiten tragen Polizeivollzugbeamtinnen und -beamte eine zur nachträglichen Identifizierung geeignete individuelle Kennzeichnung.
>
> (4) Zu Inhalt, Umfang und Ausnahmen der Legitimations- und Kennzeichnungspflicht trifft das für Inneres zuständige Ministerium ergänzende Regelungen.[1384]

Der Gesetzentwurf soll die Bedeutung von Bürgernähe und Transparenz der Polizei unterstreichen:

> Nachvollziehbarkeit für die Bürgerinnen und Bürger und ihr Vertrauen werden gestärkt, wenn sich PVB gegenüber den Bürgerinnen und Bürgern ausweisen bzw. in geeigneter Weise zu erkennen geben. Hindernisse für eine vertrauensbildende Kommunikation sollen möglichst abgebaut werden. Eine persönliche Ansprache wird dadurch erleichtert,

---

unzulässig verworfen (VerfGBbg, Beschl. v. 20.6.2014 – VfGBbg 50/13; VerfGBbg, Beschl. v. 20.6.2014 – VfGBbg 51/13).

1381 Erlass über die Kennzeichnungspflicht von Polizeivollzugsbediensteten in geschlossenen Einsätzen durch den Senator für Inneres und Sport (Erl.-Nr.: 04/2014).

1382 Erlass über die namentliche Kennzeichnung und Erkennbarkeit von Polizeivollzugsbeamtinnen und Polizeivollzugsbeamten v. 7.12.2012 (IV LPA 121 – 12.42).

1383 Nr. 5. 2 des Rundschreiben des Ministeriums des Innern, für Sport und Infrastruktur Rheinland-Pfalz v. 1.1.2014 (Az.: 18 404–0/34).

1384 Gesetzentwurf der Fraktion der SPD und der Fraktion Bündnis 90/Die Grünen – Viertes Gesetz zur Änderung des Polizeigesetzes des Landes Nordrhein-Westfalen (LT-Drs. 16/12361 v. 28.6.2016, S. 7 f.).

dass PVB ein Namensschild auf ihrer Uniform tragen. Namensschilder zu tragen, stellt keine Pflicht dar. PVB können dies gemäß einer Dienstverordnung auf freiwilliger Basis tun, und viele PVB machen von dieser Möglichkeit bereits Gebrauch.[1385]

In Bayern gibt es bisher keine Bestimmungen zur Kennzeichnungspflicht von Polizeibeamten. Nach Art. 6 S. 1 BayPAG hat sich der Polizeibeamte auf Verlangen des von einer Maßnahme Betroffenen lediglich auszuweisen, soweit der Zweck der Maßnahme dadurch nicht beeinträchtigt wird. Diese Vorschrift verlangt nicht die namentliche Kennzeichnung von Polizeibeamten. Die Legitimationspflicht besteht ferner nur, soweit der Zweck der Maßnahme dadurch nicht beeinträchtigt ist. Der Polizeibeamte hat sich dann nicht auszuweisen, wenn ein überraschender Zugriff geboten ist oder wenn Art und Dringlichkeit der jeweiligen Maßnahme dies nicht erlauben. In diesen Fällen hat sich der Polizeibeamte aber nachträglich auszuweisen.[1386] Die Ausweispflicht der Polizeibeamten in Bayern ist zwar ein erster Schritt in die richtige Richtung, trägt aber aufgrund der Beschränkung „soweit der Zweck der Maßnahme dadurch nicht beeinträchtigt wird" nicht ausreichend zur Identifizierbarkeit und somit zur Effektivität der Strafverfolgung gegen Polizeibeamte bei, denn nur durch ständiges Tragen eines Namensschildes oder eines Schildes mit einer individuellen Nummer kann die Transparenz des polizeilichen Handelns sichergestellt werden. Ferner kann durch ein Ausweisen auf Verlangen bzw. einer nachträglichen Identifizierungsmöglichkeit die angestrebte Bürgernähe nicht in gleichem Maße erreicht werden wie mit Einführung einer Kennzeichnungspflicht für Polizeibeamte.

c) *Alternativentwurf einheitlicher Polizeigesetze aus dem Jahre 1979*

Die Idee einer gesetzlichen Regelung ist nicht neu. Bereits der Alternativentwurf einheitlicher Polizeigesetze aus dem Jahre 1979 sah erstmals eine entsprechende gesetzliche Pflicht zum Tragen von Kennzeichen vor. § 36 Abs. 1 AE PolG sollte wie folgt lauten:

§ 36 Ausweispflicht für Polizeibeamte

(1) Polizeibeamte, die ihren Dienst in Uniform ausüben, müssen an ihrer Uniform sichtbar ein Kennzeichen tragen, das ihre Identifikation ermöglicht. Sie haben sich auf Verlangen des Betroffenen auszuweisen, wenn nicht nach den Umständen hierdurch die Erfüllung ihrer Aufgaben unmöglich oder erheblich erschwert wird.

(2) [...]

1385 Gesetzentwurf der Fraktion der SPD und der Fraktion Bündnis 90/Die Grünen – Viertes Gesetz zur Änderung des Polizeigesetzes des Landes Nordrhein-Westfalen (LT-Drs. 16/12361 v. 28.6.2016, S. 1).

1386 *Berner/Köhler/Käß*-PAG, Art. 6 Rn. 1 f.

§ 36 Abs. 1 AE PolG war nach Auffassung des *Arbeitskreises Polizeirecht* aus zwei Gründen erforderlich: Zum einen hat der Bürger bei in Grundrechte eingreifenden Zwangsmaßnahmen ein Interesse daran, zu erfahren, wer die Maßnahme durchführt. Dies ist vor allem für die Sicherung von Beweisen bei Übergriffen von entscheidender Bedeutung. Durch die Einführung einer Kennzeichnungspflicht, die dem effektiven Rechtsschutz des Betroffenen dient, kann die Leitidee „Stärkung der Bürgerrechte", welche den Alternativentwurf prägt, verfolgt werden.[1387] Zum anderen kann durch eine Kennzeichnung die Anonymität in den polizeilichen Reihen aufgelöst werden, wodurch unrechtmäßige polizeiliche Übergriffe verhindert werden können, da dem polizeiliche Täter bewusst ist, aufgrund der Kennzeichnung zur Verantwortung gezogen werden zu können.[1388] Darüber hinaus ist die Einführung einer Kennzeichnung ein wesentlicher Bestandteil der Rechtsstaatlichkeit der Polizei und soll zu einer stärkeren Objektivierung des polizeilichen Handelns beitragen.[1389]

d) Ergebnis

Obwohl bereits vor über 30 Jahren eine Kennzeichnungspflicht gefordert worden ist, konnte eine einheitliche Regelung bislang nicht durchgesetzt werden. Im Hinblick auf die Stärkung des Vertrauens der Allgemeinheit in die Polizei, die Professionalisierung der deutschen Polizei und die Schaffung von Transparenz und Kontrolle polizeilichen Fehlverhaltens ist dies nur schwer nachvollziehbar.

2. Eingriff einer Kennzeichnungspflicht in das Grundrecht der informationellen Selbstbestimmung gemäß Art. 2 Abs. 1 i.V.m. Art. 1 Abs. 1 GG?

Bevor die Argumente der Kritiker und Befürworter in Form einer Güterabwägung dargestellt werden, soll bereits an dieser Stelle geklärt werden, ob eine Kennzeichnung von Polizeibediensteten überhaupt zu einem Eingriff in das Grundrecht auf informationelle Selbstbestimmung als Ausprägung des allgemeinen Persönlichkeitsrechts gemäß Art. 2 Abs. 1 i.V.m. Art. 1 Abs. 1 GG führt.

Durch ständiges Tragen eines Namensschildes oder einer individuellen und anonymisierten Nummer besteht für den einzelnen Beamten nicht mehr die Möglichkeit, seine namentliche (nachträgliche) Identifizierung zu verhindern. Das Bedürfnis, in bestimmten Zusammenhängen den eigenen Namen nicht offenbaren zu müssen, wird durch das Grundrecht der informationellen Selbstbestimmung abgedeckt.[1390] Die Grundrechtsberechtigung des Polizeibeamten ist jedoch nicht unproblematisch, da das Recht der informationellen Selbstbestimmung eigentlich

---

1387 Vgl. zu den Leitideen, welche den Alternativentwurf prägen: AE PolG, Einl. VIII.
1388 Siehe AE PolG, S. 113.
1389 AE PolG, Einl. XIV.
1390 Vgl. MAH IT-Recht/*Scheja/Haag* Teil 5 Rn. 2 f.

zum Schutz des Bürgers vor staatlicher, einschließlich polizeilicher Informationsgewinnung entwickelt worden ist.[1391] Grundrechte stellen grundsätzlich Abwehrrechte des Bürgers gegen den Staat dar.[1392] Der Staat ist „Grundrechtsadressat“.[1393] Dem Polizisten kann jedoch nicht von vornherein der Schutz des Grundrechts auf informationelle Selbstbestimmung abgesprochen werden, da eine Kennzeichnungspflicht in erster Linie das Verhältnis zwischen dem Dienstherrn und dem Beamten betrifft. In diesem Verhältnis kommt dem Beamten durchaus eine Grundrechtsträgerschaft zu. Dass die Kennzeichnung in dem Zeitpunkt ihre Wirkung entfaltet, in dem der Polizist dem Bürger als Teil der exekutiven und allein grundrechtsgebundenen Staatsgewalt gegenübertritt, muss dabei ohne Belang sein.[1394] Der Polizeibedienstete genießt daher als Amtsträger das Recht auf informationelle Selbstbestimmung und zwar auch als solcher.[1395] Die Kennzeichnung von Polizeibeamten erfolgt gerade nicht in Ausübung der öffentlichen Gewalt. Vielmehr wird durch eine Kennzeichnung der Polizeibeamte als Privatperson berührt, da es um die Erhebung seiner persönlichen Daten geht.[1396]

Im Hinblick auf einen Grundrechtseingriff muss zwischen den beiden Möglichkeiten einer Kennzeichnung – Namensschild bzw. individuelle und anonymisierte Nummer – differenziert werden. Gemäß § 3 Abs. 1 BDSG sind personenbezogene Daten Einzelangaben über persönliche oder sachliche Verhältnisse einer bestimmten oder bestimmbaren natürlichen Person. Unproblematisch ist darunter der Name zu subsumieren.[1397] Das Recht auf informationelle Selbstbestimmung schützt „wegen seiner persönlichkeitsrechtlichen Grundlage generell vor staatlicher Erhebung und Verarbeitung personenbezogener Daten“.[1398] Im Fall der Verpflichtung zum Tragen von Namensschildern wird hierdurch die Frage aufgeworfen, ob überhaupt eine Erhebung oder Verarbeitung personenbezogener Daten vorliegt, zumal der Polizeibedienstete lediglich mit einem Namensschild versehen wird, während der Name dem Staat ohnehin bekannt ist. Diesbezüglich stellt *Ertl* richtigerweise folgende Erwägungen an:

> Die Verpflichtung zum Tagen eines Namensschildes stellt als solche noch keine staatliche Datenerhebung dar. Die Kennzeichnungspflicht ist vielmehr darauf ausgelegt, die Identifikation der Polizeibediensteten gegenüber der Außenwelt zu ermöglichen.

1391 Vgl. BVerfGE 65, 1, 43 = NJW 1984, 419.

1392 UmwR/*Gärditz* Art. 20a GG Rn. 73; zustimmend *Ertl* DÖV 106, 23, 24.

1393 *Kutscha* in: Innere Sicherheit als Gefahr, S. 35.

1394 Vgl. auch *Barczak* NVwZ 2011, 852, 853; a.A. *Globig* DÖD 1991, 217, 218 („*In dem Bereich, in dem der Amtsträger seinerseits für den Staat handelt, in dem er also Organ des Staates ist und in dem sein Handeln dem Staat zugerechnet wird, kann er schon begrifflich nicht Grundrechtsträger sein*“).

1395 BVerwGE 121, 115, 125 = NJW 2004, 2462 = NVwZ 2004, 1513.

1396 *Ertl* DÖV 2016, 23, 24.

1397 BeckOK-BDSG/*Schild* § 3 Rn. 9.

1398 BVerfG, Beschl. v. 9.3.1988 – 1 BvL 49/86 = NJW 1988, 2031.

> Erst das Zusammenspiel zwischen dem staatlichen Zwang zur Kennzeichnung und der Möglichkeit von privaten Dritten, Kenntnis von diesen Daten zu erlangen, begründet den (staatlichen) Eingriff in das Recht auf informationelle Selbstbestimmung.[1399]

Damit ist jedenfalls ein Eingriff in das Recht auf informationelle Selbstbestimmung zu bejahen.

Auch die Verpflichtung zum Tragen einer individuellen und anonymisierten Nummer begründet einen Eingriff. Die Kennziffer stellt lediglich eine Pseudonymisierung dar, vgl. § 3 Abs. 6a BDSG. Pseudonymisieren ist das Ersetzen des Namens und anderer Identifikationsmerkmale durch ein Kennzeichen zu dem Zweck, die Bestimmung des Betroffenen auszuschließen oder wesentlich zu erschweren. Das Identifizieren des Polizeibeamten wird durch eine anonymisierte Nummer zwar wesentlich erschwert, ist aber dennoch möglich, da sich der Betroffene an die zuständige Dienststelle wenden kann, welche die individuelle Nummer einem bestimmten Polizeibeamten zuordnet.[1400] Durch die Einführung einer Kennzeichnungspflicht mittels individuellen Nummern verliert der jeweilige Polizist daher seine Verfügungsbefugnis über seine eigenen Daten. Ferner werden bereits durch das Anlegen der Kennziffer neue Daten geschaffen, welche verwendet werden.[1401] Daher kann im Ergebnis der Eingriffscharakter nicht dadurch entfallen, dass der Beamte statt des Namensschildes ein Schild mit einer individuellen Nummer trägt. Unterschiede können sich allenfalls in der Intensität des Eingriffs ergeben.[1402]

Damit lässt sich als Ergebnis festhalten, dass sowohl die Kennzeichnung mit einem Namensschild, als auch mit einer individuellen, anonymisierten Nummer einen Eingriff in das Recht auf informationelle Selbstbestimmung darstellt.

3. Diskussion über die Kennzeichnungspflicht von Polizeibediensteten – Argumente ihrer Befürworter und Kritiker

Aufgrund der sich immer wieder kehrenden unrechtmäßigen polizeilichen Gewalt wird die Forderung nach einer (gesetzlich normierten) Kennzeichnungspflicht von Polizisten auch in anderen Bundesländern laut, stößt aber vornehmlich in konservativen Kreisen und in den polizeilichen Reihen auf zum Teil heftigen Widerstand.[1403] Im Rahmen der Debatte über eine Kennzeichnung von Polizisten werden auf beiden Seiten die alten Argumente vorgebracht.

1399 *Ertl* DÖV 2016, 23, 26.

1400 Die Zuordnung durch die Dienststelle erscheint unter dem Gesichtspunkt der Verhältnismäßigkeit vorzugswürdig (so jedenfalls *Braun/Albrecht* DÖV 2015, 937, 939).

1401 Hierzu ausführlich *Ertl* DÖV 2016, 23, 24 ff.

1402 *Braun/Albrecht* DÖV 2015, 937, 939.

1403 *Diederichs* Bürgerrechte & Polizei 2009, 58, 59; *Thinnes* Kennzeichnungspflicht, S. 35, 113 (GdP und DPolG werden exemplarisch als Kritiker einer Kennzeichnungspflicht genannt); *Korell/Liebel* Polizeiskandal – Skandalpolizei, S. 34; http://dpolg-bw.de/argumente-kennzeichnungspflicht.html (Stand: Dezember 2016).

Da das Tragen eines Namens- bzw. Nummernschildes einen Eingriff in das Grundrecht der informationellen Selbstbestimmung darstellt, muss man sich die Frage stellen, ob der Eingriff verfassungsrechtlich gerechtfertigt werden kann. Das Recht auf informationelle Selbstbestimmung steht unter einfachem Gesetzesvorbehalt. Der Gesetzgeber hat grundsätzlich die Möglichkeit, aus Gründen des überwiegenden Allgemeininteresses eine gesetzliche Kennzeichnungspflicht zu schaffen. Aus dem sog. *Volkszählungsurteil* aus dem Jahre 1983 folgt, dass der Einzelne gerade kein Recht im Sinne einer absoluten, uneinschränkbaren Herrschaft über seine Daten hat. Der Einzelne muss unter Umständen Einschränkungen seines Rechts auf informationelle Selbstbestimmung im überwiegenden Allgemeininteresse hinnehmen.[1404] Im Folgenden hat daher eine Abwägung zwischen den positiven Folgen einer Kennzeichnungspflicht und dem Eingriff in das Grundrecht auf informationelle Selbstbestimmung der Polizeibediensteten zu erfolgen (sog. *Güterabwägung*).

a) Argumente der Kennzeichnungsbefürworter

> Staatliches Handeln lässt sich nicht allein auf den Staat zurückführen; zum staatlichen Handeln gehören diejenigen, die es ausführen, und die haben einen Namen.[1405]

Polizeibeamte wollen verhindern, aufgrund einer Kennzeichnung identifizierbar zu sein.[1406] Dagegen führen Befürworter einer Kennzeichnungspflicht die Transparenz als Hauptargument an. Durch Schaffung von Transparenz könnte wiederum das Vertrauen der Allgemeinheit in den Polizeiapparat gestärkt werden. Überdies betonen Befürworter einer Kennzeichnungspflicht die Wichtigkeit einer Kennzeichnung für die Erhöhung der Effektivität der Strafverfolgung gegen Polizisten, wenn diese die Grenze der Legalität überschritten haben.[1407]

aa) Keine Verletzung des Anspruchs auf Schutz der Identität

Der einzelne Polizeibeamte hat zwar einen, aus der Fürsorgepflicht des Dienstherrn resultierenden Anspruch auf Schutz seiner Identität, vgl. Art. 33 Abs. 5 GG. Diese Fürsorgepflicht wird aber nicht zwingend durch die Einführung einer Kennzeichnungspflicht verletzt. Dem Anspruch auf Schutz der Identität ist beispielsweise durch die gesetzliche Regelung in Brandenburg in ausreichendem Maße Rechnung getragen worden. Gemäß § 9 Abs. 3 BbgPolG gelten die Legitimationspflicht und die namentliche Kennzeichnung nicht, soweit der Zweck der Maßnahme oder

---

1404 BVerfG, Urt. v. 15.12.1983 – 1 BvR 209/83 u.a. = NJW 1984, 419, 422.

1405 MdL *Sven Petke* (bei *von Denkowski* Polizei & Wissenschaft 2011, 31, 46).

1406 Vgl. BVerwG, Urt. v. 28.3.2012 – 6 C 12/11 = NJW 2012, 2676 (Untersagen von Bildaufnahmen eines Polizeieinsatzes mit dem Hinweis auf die Risiken für das persönliche Wohl und die dienstliche Einsetzbarkeit der SEK-Beamten im Falle ihrer Identifizierung durch Pressefotos).

1407 *Singelnstein* NK 2014, 15, 26; *Diederichs* Bürgerrechte & Polizei 2009, 58, 61 ff.; *Ertl* DÖV 2016, 23, 27.

Amtshandlung oder überwiegende schutzwürdige Belange des Polizeivollzugsbediensteten dadurch beeinträchtigt werden. Einzelheiten wurden in Ziff. 4.3 der Verwaltungsvorschrift geregelt.[1408] Der einzelne Beamte darf sich gerade nicht in der Anonymität verstecken, wodurch er sich jeglicher Verantwortung entziehen kann. In Berlin hingegen existiert keine gesetzliche Pflicht ein Namensschild oder eine individuelle Nummer zum Zwecke der Kennzeichnung zu tragen. Die Kennzeichnungspflicht besteht lediglich in Form einer Geschäftsanweisung. Das Landesbeamtengesetz macht in § 70 LBG Vorgaben zur Dienstkleidung von Beamten. Nach § 70 S. 1 LBG sind die Beamten in Berlin zum Tragen von Dienstkleidung verpflichtet, soweit dies dienstlich erforderlich ist. Gemäß § 70 S. 4 LBG regeln die Einzelheiten über die Dienstkleidung die zuständigen obersten Dienstbehörden durch Verwaltungsvorschrift. Diesem Regelungsauftrag ist der ehemalige Polizeipräsident von Berlin mit der Geschäftsanweisung ZSE Nr. 2/2009 v. 26.11.2010 über das Tragen von Namensschildern nachgekommen. Gemäß Ziff. 2.2 der Geschäftsanweisung haben Dienstkleidungsträger sichtbar entweder ein Schild mit dem Familiennamen oder an dessen Stelle ein Schild mit einer fünfstelligen Dienstnummer, die nicht mit der Personalnummer identisch ist, zu tragen. Die Entscheidung, welches der beiden Schilder getragen wird, trifft der jeweilige Dienstkleidungsträger. Das Tragen einer Kennzeichnung sei eine selbstverständliche Geste der Service- und Kundenorientierung einer modernen und bürgernahen Polizei (Ziff. 2.1). Wer sich auf der einen Seite als offener Gastgeber für seine Gäste präsentiert, dürfe sich auf der anderen Seite nicht verstecken. Jeder Betroffene solle ohne Mühe erkenne können, wer ihm gegenüber eine polizeiliche Maßnahme getroffen hat. Wie auch in Brandenburg muss sich in Berlin die Einführung einer Individualkennzeichnung am Recht auf informationelle Selbstbestimmung gemäß Art. 2 Abs. 1 i.V.m. Art. 1 Abs. 1 GG messen lassen. Dieses Grundrecht gewährt dem Einzelnen den Schutz gegen die unbegrenzte Erhebung, Speicherung, Verwendung oder Weitergabe von individualisierten oder individualisierbaren Daten des Betroffenen. Der Betroffene hat die alleinige Befugnis, über die Preisgabe und Verwendung seiner persönlichen Daten selbst zu bestimmen.[1409] Zu den personenbezogenen Daten zählen sowohl der Name des Beamten, also auch eine individuelle Nummer.[1410] Die Pflicht zum Tragen von Schildern mit Nummern oder dem Namen stellt einen rechtfertigungsbedürftigen Eingriff in das Recht auf informationelle Selbstbestimmung dar. Das Recht auf informationelle Selbstbestimmung ist nicht schrankenlos, sodass auf Grund eines *Gesetzes* Eingriffe gerechtfertigt werden können. Hier liegt der wesentliche Unterschied zur gesetzlichen Regelung in Brandenburg. Die Kennzeichnung wird in Berlin lediglich in Form einer Geschäftsanweisung des Polizeipräsidenten geregelt. Daher ist zu prüfen, ob mit einer Geschäftsanweisung dem Gesetzesvorbehalt

1408 Verwaltungsvorschrift des Ministeriums des Innern (45.3.-420–03) v. 21.11. 2012 (Abl. für Brandenburg 23. Jg., Nr. 50 v. 19.12.2012, S. 1956 f.).

1409 BeckOK-GG/*Lang* Art. 2 Rn. 45.

1410 *Barczak* LKV 2014, 391, 393.

Genüge getan wird. Aufgrund von § 70 LBG darf das äußere Erscheinungsbild der Beamten während der Dienstzeit geregelt werden.[1411] Das BVerwG hat am 12.3.2008 Folgendes beschlossen:

> Aus dem Aufbau juristischer Personen des öffentlichen Rechts ergibt sich, dass diese in der Regel durch Behörden, diese letztlich durch natürliche Personen handeln (vgl. § 1 VwVfG). Soweit eine juristische Person des öffentlichen Rechts befugt ist, ihre behördliche und organisatorische Struktur zu regeln, ist sie auch ohne ausdrückliche gesetzliche Ermächtigung befugt, dem außenstehenden Benutzer, für dessen Bedürfnisse sie eingerichtet worden ist, einen Hinweis darauf zu geben, welche natürlichen Personen als Amtswalter (Beamte, Angestellte) mit der Erfüllung einer bestimmten Aufgabe betraut und damit in einer auf Außenkontakt gerichteten Behörde für das Publikum der zuständige Ansprechpartner sind. Ob die Behörde dies in herkömmlicher Weise durch schriftliche Behördenwegweiser, Übersichtstafeln, Namensschilder, veröffentlichte oder auf Antrag einsehbare Geschäftsverteilungspläne oder in moderner Weise durch entsprechende Verlautbarungen auf ihrer Internetseite tut, liegt allein in ihrem organisatorischen Ermessen.[1412]

Wenn bereits die Blankettermächtigung des § 70 LBG ausreichend ist, um das äußere Erscheinungsbild von Beamten regeln zu können, dann müssen sich diese Ausführungen auch auf eine Kennzeichnungspflicht von Polizeibeamten anwenden lassen, weil es im Hinblick auf eine Kennzeichnung mittelbar auch um die Regelung der Dienstkleidung geht.

bb) Transparenz polizeilichen Handelns

Der Gesetzgeber kann eine Kennzeichnungspflicht gesetzlich festlegen, wobei im Rahmen einer umfassenden Güterabwägung ein Überwiegen der Allgemeininteressen festgestellt werden muss. Nur so kann der Eingriff in das Recht auf informationelle Selbstbestimmung verfassungsrechtlich gerechtfertigt werden.

Befürworter[1413] sehen in der Einführung der individuellen Kennzeichnung eine Möglichkeit zur Erleichterung der Aufklärung von Polizeikriminalität.[1414] Die Aufklärung von entsprechenden Vorwürfen könnte effektiver gestaltet werden, wenn uniformierte Polizisten den Dienst gekennzeichnet verrichten. Die Identifizierung

---

1411 Vgl. BVerwGE 125, 85, 89 = NVwZ-RR 2007, 781; BVerwG, Urt. v. 15.1.1999 – 2 C 11–98 = NJW 1999, 1985.

1412 BVerwG, Beschl. v. 12.3.2008 – 2 B 131.07, 2 B 131/07 = BeckRS 2008, 33735.

1413 Als Befürworter gelten insbesondere die Menschenrechtsorganisation Amnesty International (*Amnesty International* Täter unbekannt, S. 74 f., 109) und der DAV (vgl. Stellungnahme Nr. 38/2010 v. Juli 2010); *Thinnes* Kennzeichnungspflicht, S. 40 f.; *von Denkowski* Polizei & Wissenschaft 2011, 31 (seit 1979 fordern auch Liberale, die Grünen und die Linken eine Kennzeichnung von Polizisten).

1414 Ebenso bei *Amnesty International* Täter unbekannt, S. 11; *von Denkowski* Polizei & Wissenschaft 2011, 31, 39.

von Polizisten ist Grundvoraussetzung dafür, dass Anzeigen wegen illegitimer Polizeigewalt nicht ins Leere laufen. Dadurch kann ein effektiver Rechtsschutz von Bürgern ermöglicht werden, die sich durch Maßnahmen der Polizisten in ihren Rechten verletzt sehen. Nur durch eine persönliche Kennung kann die Kontrolle der polizeilichen Maßnahme und der Rechtsschutz gefördert werden.[1415] Die Identifizierung des einzelnen Polizeibeamten, die Überprüfung der Ausübung von Polizeibefugnissen, welche die Grund- und Freiheitsrechte massiv beeinträchtigen können, und die Gewährung eines effektiven Rechtsschutzes sind notwendige Voraussetzungen für das Funktionieren eines demokratischen Rechtsstaates. Durch die Identifizierung der polizeilichen Täter können die niedrigen Anklagequoten und die hohen Einstellungsquoten bei Verfahren gegen Polizeibeamte an die Quoten bei Verfahren gegen andere Personen angeglichen werden. Dadurch wird die Strafverfolgung gegen Polizisten verbessert und das Vertrauen der Öffentlichkeit in die Polizei gestärkt.[1416] Das Verweigern der Einführung einer Kennzeichnungspflicht kann von der Gesellschaft dagegen als Indiz für einen rechtsfreien Raum für die Polizei gedeutet werden. Durch eine entsprechende Kennzeichnungspflicht kann die Polizei hingegen signalisieren, dass sie bereit ist, ihr Handeln überprüfen zu lassen und sich in Zukunft nicht in der „Masse der Anonymität" zu verstecken.[1417] Der Vorwurf der Vertuschung rechtswidriger Polizeigewalt kann mit Hilfe einer Kennzeichnung ausgeräumt werden. Ferner sind die Ermittlungen durch Einführung der Kennzeichnung einfacher. Durch eine schnelle Identifizierung des konkreten Polizisten können andere Polizisten, die sich womöglich zur selben Zeit am selben Ort befunden haben, entlastet werden.[1418] Durch eine individuelle Kennzeichnung und die Möglichkeit der Identifizierung erhöht sich die Chance, dass der polizeiliche Tatverdächtige überführt werden kann und zu Unrecht beschuldigte Polizisten entlastet werden. Damit kann mit Einführung einer Kennzeichnung nicht nur der Bürger als potenzielles Opfer polizeilicher Gewalt geschützt werden, sondern auch dem Polizisten kann umfassender Schutz vor nicht gerechtfertigten Anschuldigungen gewährt werden.

1415 *Thinnes* Kennzeichnungspflicht, S. 42, 44 f.; *Amnesty International* Täter unbekannt, S. 109; *von Denkowski* Polizei & Wissenschaft 2011, 31, 37.

1416 *Singelnstein* NK 2014, 15, 26; *Diederichs* Bürgerrechte & Polizei 2009, 58, 61 ff.; *Barczak* NVwZ 2011, 852; *Schulz* in: Kriminalitätsbekämpfung, S. 283 (Kennzeichnung wird von den Bürgern als Zeichen der Bürgernähe positiv beurteilt. Dies wiederum führt zur Stärkung des Vertrauens in die Polizei).

1417 Vgl. auch *Thinnes* Kennzeichnungspflicht, S. 107.

1418 Anders bei *Hunecke* KritV 2014, 267, 287 (durch das Vertauschen der Nummern könnte ein falscher Beamter öfters mit dem Fehlverhalten eines Kollegen konfrontiert werden).

cc) Kennzeichnung als Präventionsmaßnahme gegen rechtswidrige Polizeigewalt

Mit einer Kennzeichnungspflicht könnte auch die Gewalt *durch* Polizisten im Vorfeld verhindert werden (*Prävention*), da diesen deutlich gemacht wird, dass sie bei ihrem Handeln erkennbar sind und im Falle einer rechtswidrigen Gewaltanwendung persönlich als Individuum belangt werden können.[1419] Damit kann die Hemmschwelle für rechtswidriges Handeln angehoben werden:

> Die Begehung von Straftaten im Dienst und allgemein die Verletzung von Dienstpflichten ist häufig das Ergebnis einer Kosten-Nutzen-Abwägung. Ein potenziell delinquenter Beamter stellt sich regelmäßig die Frage, welches Entdeckungs- bzw. Überführungsrisiko eine Grenzüberschreitung aufweist. Der Schlüssel zur Verhinderung von devianten Verhaltensweisen ist damit die Erhöhung der Überführungswahrscheinlichkeit.[1420]

Würden Polizeikräfte anonym bleiben, kann dies hingegen zu einer Erhöhung ihrer Gewaltbereitschaft beitragen, da sie sich immun gegen strafrechtliche Konsequenzen fühlen. Eine Kennzeichnung kann stattdessen deeskalierend wirken und beiderseitigen Körperverletzungen vorbeugen. Dieser Effekt hängt gleichwohl von der jeweiligen Situation ab. Je spontaner die Tatausführung des Polizisten ist, desto geringer – so *Thinnes* – ist die generalpräventive Wirkung.[1421] Das Namensschild kann aber auch aus einem weiteren Grund zur Deeskalation und Prävention beitragen: Dadurch, dass der uniformierte Polizist aufgrund eines Namensschildes persönlich ansprechbar ist, kann die Kommunikation und die gegenseitige Rücksichtnahme gefördert werden. Kommunikation und Sprache können ein „Schutzschild" darstellen, welches deeskalierende Wirkung hat und das Risiko delinquentes Verhalten gering halten kann.[1422] Zusätzlich signalisieren Namensschilder und mithin die persönliche Ansprechbarkeit des Amtswalters Aufgeschlossenheit und Transparenz des Polizeiapparats, was wiederum zur Stärkung des Vertrauens der Allgemeinheit beitragen kann.[1423] Diese persönliche Ansprechbarkeit und folglich die Stärkung des Vertrauens können jedoch nur durch ein Namensschild erreicht werden. Durch das Tragen eines Schildes mit einer individuellen, aber anonymisierten Nummer kann dieser Effekt hingegen gehemmt werden, da dadurch gerade kein persönliches Ansprechen ermöglicht wird. Der Polizist erscheint durch die verschlüsselte Codierung weiterhin nur als Objekt bzw. als Mitglied seiner beruflichen

---

1419 Vgl. *Mahr* KrimJ 4. Beiheft 1992, 116, 120.
1420 *Braun/Albrecht* DÖV 2015, 937, 939.
1421 *Thinnes* Kennzeichnungspflicht, S. 85.
1422 *Von Denkowski* Polizei & Wissenschaft 2011, 31, 37, 41; *Behr* Cop Culture, S. 80.
1423 In Los Angeles gibt es die Kennzeichnungspflicht seit 1972. Die Polizeibehörden konnten in der Folgezeit eine Verstärkung der positiven Einstellungen der Bürger gegenüber der Polizei konstatieren (*von Denkowski* Polizei & Wissenschaft 2011, 31, 42); *Mahr* KrimJ 4. Beiheft 1992, 116, 120.

Bezugsgruppe und wird von der Bevölkerung nicht als polizeiliches Individuum wahrgenommen.[1424]

dd) Kennzeichnung zur Selbstkontrolle des Polizeiapparats

Durch die Einführung einer individuellen Kennzeichnungspflicht könnte die Qualität der Selbstkontrolle des Polizeiapparats mittelbar gefördert werden, was ebenfalls zur Stärkung des Vertrauens der Gesellschaft in die Polizei beitragen kann.[1425] Die Möglichkeit der Reflexion des polizeilichen Handelns wird gegeben. Durch eine Auswertung der Ergebnisse kann auch die Qualität des polizeilichen Handelns evaluiert werden. Langfristig kann mit einer Kennzeichnung die Qualität der Polizeiarbeit verbessert und illegitime Gewaltanwendung verhindert werden. Hierzulande fehlen bislang Kontrollstellen und Qualitätsmanagements des polizeilichen Handelns. Diese Lücke könnte durch die Einführung einer Kennzeichnungspflicht geschlossen werden. Zum Teil erhoffen sich auch Vertreter des Polizeiapparats von einer besseren Kontrolle der polizeilichen Arbeit eine Verbesserung ihres Berufsbildes in der Öffentlichkeit.[1426]

Zusätzlich könnte die Einführung einer Kennzeichnung zu einer Durchbrechung der „Mauer des Schweigens" führen. Das enge Zusammengehörigkeitsgefühl und die Kameradschaft – nicht zu verwechseln mit der Kollegialität – innerhalb einzelner Gruppen der Polizei, haben ihre Schattenseiten. Nicht selten resultiert daraus ein Gruppendruck, der es für Polizisten schwer macht, strafbare Handlungen von Kollegen anzuzeigen, gegen diese in einem Verfahren auszusagen oder das Fehlverhalten dem Vorgesetzten zu melden.[1427] Auch neue Kollegen werden entsprechend der polizeilichen subkulturellen Normenstruktur gepolt. Neuankömmlinge werden dahingehend belehrt, dass man Kollegen nicht „verpfeift" und kritische Polizisten im Polizeiapparat nicht erwünscht sind; Kritiker werden als „Fremdkörper" angesehen.[1428] Wer sich gegen die Kollegen auflehnt und rechtswidrige Übergriffe zur Anzeige bringt, muss mit einem Ausschluss aus der Gruppe rechnen. Auch Mobbingattacken, welche häufig zu einem Burn-out[1429] des „whistle-blowers" führen, sind keine Seltenheit. Für Polizisten, denen das Decken rechtswidriger Polizeigewalt widerstrebt, stellt die Kennzeichnungspflicht eine Erleichterung dar. Der über das erforderliche Maß hinaus handelnde Polizist kann von dem betroffenen Bürger nun selbst identifiziert und zur Verantwortung gezogen werden. Ohne eine

---

1424 Vgl. auch *von Denkowski* Polizei & Wissenschaft 2011, 31, 38, 41.

1425 *Diederichs* Bürgerrechte & Polizei 2009, 58, 62.

1426 *Such* KrimJ 4. Beiheft 1992, 130, 131.

1427 *Thinnes* Kennzeichnungspflicht, S. 44; *Hunecke* KritV 2014, 267, 281.

1428 *Schwind* Kriminalistik 1996, 161, 163.

1429 *Burn-out* ist ein Zustand innerer Erschöpfung. Die Symptome reichen von der Verflachung sozialer Kontakt bis hin zu psychosomatischen Störungen (*Walter* Kriminalistik 2000, 109, 110).

Kennzeichnung wird der Polizeikollege eher zu den Vorwürfen rechtswidriger Gewalt seines Kollegen schweigen oder das Fehlverhalten decken.

Die individuelle Kennzeichnung kann dazu beitragen, dass die gefährliche Gruppendynamik, die nicht selten Grund für überzogene Polizeigewalt ist, in ihrer Intensität gemindert wird. Durch eine Kennzeichnung kann sich der einzelne Polizist nicht mehr in der Masse der Anonymität verstecken. Dadurch steigt seine eigene Verhaltenskontrolle, mit der Folge, dass er sein Verhalten reflektiert und nicht mehr versucht, die Verantwortung an die Gruppe abzugeben. Durch die Kennzeichnungspflicht soll jedoch nicht das wichtige Zusammengehörigkeitsgefühl aufgegeben werden. Dies wird mit der Einführung einer Kennzeichnungspflicht auch nicht verfolgt und wäre mit Sicherheit der falsche Weg im Kampf gegen die rechtswidrige Polizeigewalt. Vielmehr soll durch die Kennzeichnung eine disziplinierende Wirkung entfaltet werden.[1430]

b) Argumente der Kennzeichnungsgegner

Von den Kritikern[1431] wird ein regelrechter Abwehrkampf mit großer Vehemenz gegen die Kennzeichnung von Polizeibeamten geführt.

aa) Ablese- und Merkfehler durch den Bürger

Neben dem bereits erörtertem Argument des nicht gerechtfertigten Eingriffs in das Recht auf informationelle Selbstbestimmung äußern Kennzeichnungsgegner ihre Bedenken dahingehend, dass nur in sehr wenigen Fällen ein Namen- oder Nummernschild die Identifizierung des kriminellen Polizisten vereinfachen könne. Vor allem bei Versammlungen, Demonstrationen und Großeinsätzen könne aufgrund der bestehenden Stresssituation eine entsprechende Kennzeichnung nur schwer und zum Teil gar nicht wahrgenommen werden.[1432] Richtig ist zwar, dass bei langen, individuellen Nummern die Gefahr besteht, dass Bürger diese falsch ablesen oder sich nicht merken können. Diese Gefahr kann aber bereits im Vorfeld ausgeräumt werden, indem kurze Nummern verwendet werden. Überdies könnte es Kritikern zufolge auf Grund von Ablese- oder Merkfehlern zu Verwechslungen und folglich zu unbeabsichtigten Falschbelastungen der Polizisten kommen. Dieses schwache Argument der Kennzeichnungskritiker kann mit der sog. *Unschuldsvermutung* ausgeräumt werden. Die Unschuldsvermutung, welche im Rechtsstaatsprinzip (Art. 20 Abs. 3 GG) verankert ist,[1433] verbietet „einerseits im konkreten Strafverfahren ohne gesetzlichen, prozessordnungsgemäßen – nicht notwendigerweise rechtskräftigen – Schuldnachweis, Maßnahmen gegen den Beschuldigten zu verhängen, die in ihrer Wirkung einer Strafe gleichkommen und ihn verfahrensbezogen als schuldig zu behandeln

1430 So auch *Ertl* DÖV 2016, 23, 27.

1431 Kritiker sind in erster Linie die Polizeigewerkschaften (siehe nur: http://dpolg-bw.de/argumente-kennzeichnungspflicht.html) (Stand: Dezember 2016).

1432 So bei *Diederichs* Bürgerrechte & Polizei 2009, 58, 60.

1433 *Putzke/Scheinfeld* Strafprozessrecht, Rn. 35.

(...). Andererseits verlangt sie den rechtskräftigen Nachweis der Schuld, bevor dem Verurteilten diese im Rechtsverkehr allgemein vorgehalten werden darf".[1434] Auch in der EMRK findet sich die Unschuldsvermutung wieder. Nach Art. 6 Abs. 2 EMRK gilt jede Person, die einer Straftat angeklagt ist, bis zum gesetzlichen Beweis ihrer Schuld als unschuldig. Die Unschuldsvermutung ist Teil des positiven Rechts im Rang eines Bundesgesetzes.[1435] Deutschland hat der EMRK durch Gesetz v. 7.8.1952 auf der Ebene des einfachen Bundesrechts Gesetzeskraft verliehen.[1436] Seit dem 3.9.1952 sind die Verbürgungen der EMRK damit nicht nur Völkervertragsrecht, sondern auch unmittelbar geltendes nationales Recht. Die Unschuldsvermutung gibt dem Betroffenen das Recht bis zum Nachweis der Schuld als unschuldig behandelt zu werden.[1437] Ohne eine Kennzeichnung ist vor allem bei Großeinsätzen der Polizei, wie etwa bei Demonstrationen aufgrund der Unübersichtlichkeit und der Stresssituation die Verwechslungsgefahr groß. Eine besonders große Gefahr der Verwechslung infolge einer Kennzeichnung im Vergleich zur derzeitigen Situation in den meisten Bundesländern – Polizeieinsätze ohne Kennzeichnung der Beamten – vermag daher nicht überzeugen und kann mit der Unschuldsvermutung entkräftet werden.

bb) Diskriminierung der Polizisten

In der Einführung einer Kennzeichnungspflicht wird zudem eine Diskriminierung bzw. ein Bloßstellen der Polizisten gesehen. Sie werden unter den Generalverdacht gestellt, exzessive rechtswidrige Gewalt anzuwenden, ohne dafür einstehen zu wollen (Schutz der sozialen Anerkennung als Bestandteil des allgemeinen Persönlichkeitsrechts gemäß Art. 2 Abs. 1 i.V.m. Art. 1 Abs. 1 GG).[1438] Auf diese Weise würden sie als mögliche Straftäter von der Gesellschaft vorverurteilt werden. Die Kennzeichnung könnte als Misstrauen in die Polizei gedeutet werden, was nicht zu einer Entschärfung des ohnehin angespannten Verhältnisses zwischen Polizei und Bevölkerung beiträgt.[1439] Folglich könnte auch die gegenseitige Gewalt, die oftmals aus einem Eskalationsprozess resultiert, nicht eingedämmt werden. Anstatt die Polizisten durch eine „Zwangskennzeichnung" bloßzustellen, sollte nach Ansicht von Kennzeichnungsgegnern versucht werden, die Gewalt gegen die Polizisten mit verschärften Strafandrohungen zu stoppen, um die Polizei besser zu schützen. Von einem Generalverdacht oder einer Vorverurteilung durch die Gesellschaft kann aber im Hinblick auf die Einführung einer Kennzeichnungspflicht nicht die Rede

1434 Jarass/Pieroth, Art. 20 GG Rn. 151.
1435 KK-StPO/*Fischer* Einl. Rn. 167.
1436 BGBl. 1952 II, S. 685, ber. S. 953; zuletzt neu bekanntgegeben am 22.10.2010 (BGBl. 2010 II, S. 1198).
1437 KK-StPO/*Fischer* Einl. Rn. 167; in Deutschland gilt die Unschuldsvermutung trotz eines Geständnisses (vgl. hierzu *Wimmer* ZStW 80 (1968) 369, 375).
1438 *Thinnes* Kennzeichnungspflicht, S. 37; *Hunecke* KritV 2014, 267, 287; *Ertl* DÖV 2016, 23, 26.
1439 Vgl. bei *Diederichs* Bürgerrechte & Polizei 2009, 58, 63.

sein. Staatliches Handeln muss sich innerhalb der gesetzlich geregelten Befugnisse bewegen. Dies gilt auch für die Polizei, weil der Staat mit der Polizei sein Gewaltmonopol wahrnimmt. Finden Rechtsüberschreitungen auf Seiten der Polizei statt, müssen die Verantwortlichen dafür einstehen und die (strafrechtlichen) Konsequenzen tragen. Da unrechtmäßige Gewaltanwendungen der Polizei keine Einzelfälle (mehr) sind[1440] und aufgrund der polizeilichen Anonymität nur schwer aufzuklären sind, dient die Kennzeichnung der Wiederherstellung des ursprünglichen Zustands. Es soll der Zustand hergestellt werden, in dem das Handeln der Polizei transparent, nachvollziehbar und überprüfbar ist. Auch Polizisten dürfen nicht die Möglichkeit haben, anonym zu agieren und eine Immunität gegen strafrechtliche Konsequenzen zu entwickeln. Transparenz kann nicht mit einem Generalverdacht und einer Vorverurteilung gleichgestellt werden. Vielmehr wird mit Einführung einer Kennzeichnung erst der Grundstein für eine Überprüfbarkeit und eine unvoreingenommene Untersuchung des Tathergangs gelegt. Sofern in der Anwendung unrechtmäßiger polizeilicher Gewalt kein grundlegendes Problem des Polizeiapparats gesehen wird, sondern weiterhin von Einzelfällen die Rede ist, müssten eigentlich auch Vertreter der Polizei Interesse daran haben, die „Schwarzen Schafe" in den eigenen Reihen zu identifizieren und zur Verantwortung zu ziehen. *Ertl* wendet sich in seinem Beitrag zur verfassungsrechtlichen Bewertung der Kennzeichnungspflicht für Polizeibeamte gegen das Argument der diskriminierenden, diffamierenden und herabwürdigenden Wirkung einer Kennzeichnung. Insbesondere sei seiner Ansicht nach die Kennzeichnung von Polizisten mit Nummern nicht mit der Verpflichtung zum Tragen der Anstaltskleidung von JVA-Häftlingen außerhalb der JVA vergleichbar:

> Eine solche Kennziffer hat keinen beleidigenden oder diffamierenden, noch sonst wie herabwürdigenden Charakter. Alles andere beruht auf einer Überinterpretation der Kennziffer, einer zufälligen Aneinanderreihung von Zahlen und Buchstaben. Während die Anstaltskleidung eines Häftlings den Gefangenen als Verbrecher stigmatisiert und dessen soziale Anerkennung insoweit deutlich spürbar herabsenkt, kann der Kennziffer für Polizeibedienstete keine vergleichbare Wirkung entnommen werden.[1441]

Als Argument gegen die Einführung einer Kennzeichnungspflicht wird überdies Art. 33 Abs. 5 GG herangezogen, wodurch der Dienstherr zum Schutz seiner Bediensteten verpflichtet wird. Durch die Einführung einer Kennzeichnungspflicht wird die Fürsorgepflicht des Dienstherrn jedoch nicht verletzt. Es konnte – so *Ertl* – wissenschaftlich nicht bestätigt werden, dass Polizeibeamte infolge einer entsprechenden Kennzeichnung besonders gefährdet sind.[1442]

1440 *Drescher* Polizisten außer Kontrolle?, S. 14; so auch *Behr* in: Organisation mit Gewaltlizenz, S. 221.

1441 *Ertl* DÖV 2016, 23, 26.

1442 *Ertl* DÖV 2016, 23, 28 m.w.N.

cc) Gefahr für Leib oder Leben der Polizeibeamten bzw. naher Angehöriger durch Offenbarung der Identität

Des Weiteren wird eine Gefahr für Leib oder Leben der Polizeibeamten oder naher Angehöriger befürchtet, da durch eine Kennzeichnung die Identität des Polizisten offen gelegt wird. Auf diese Weise könne er von jedermann bis in sein Privatleben verfolgt werden, was auch zu einer Gefährdung der nahen Angehörigen führe.[1443] Dieses Argument vermag jedoch nicht zu überzeugen. Wenn eine namentliche Identifizierung durch Namensschilder aus Sicherheitsgründen nicht angeraten erscheint, könnte stattdessen eine gut sichtbare Zahlen-, Symbol- oder Buchstabenkombination, die nicht mit der Personalnummer des Polizisten übereinstimmt, in Betracht gezogen werden. Die Kombination könnte so ausgestaltet werden, dass für Außenstehende eine Entschlüsselung praktisch unmöglich ist. Wenn es für den außenstehenden Bürger keine Möglichkeit der Entschlüsselung gibt, bestehen auch aus datenschutzrechtlichen Gesichtspunkten keine Gründe gegen eine Kennzeichnungspflicht. Eine nachträgliche Identifizierung des betroffenen Polizisten kann aufgrund der Verschlüsselung nur im konkreten Einzelfall mit Hilfe der entsprechenden Dienststelle ermöglicht werden. Durch diese Art der Kennzeichnung sind Polizisten sowie ihre Angehörigen weniger gefährdet als bei Kennzeichnung durch Namensschilder, da sie nicht ohne Zutun der Polizei ermittelt werden können. Eine Verfolgung bis ins private Umfeld und die Gefahr von Bedrohungen, Beschimpfungen, Übergriffen und Nachstellungen können effektiv verhindert werden. Ferner könnte eine effektive Strafverfolgung polizeilichen Fehlverhaltens durch eine Identifizierungsmöglichkeit gerade der befürchteten Selbstjustiz entgegenwirken, sodass Polizisten und Angehörige besonders geschützt werden können. Sollte es dennoch zu Nachstellungen, Bedrohungen und Beschimpfungen im privaten Umfeld des Polizisten kommen, können die Ermittlungsbehörden entsprechende Maßnahmen ergreifen. Zugleich ist aus einem weiteren Grund das Argument der befürchteten Racheakte wenig überzeugend: Auch Mitarbeiter in der Verwaltung und der Justiz sind Außenstehenden namentlich bekannt. Überzeugende, sachliche Argumente für eine unterschiedliche Behandlung sind nicht ersichtlich.[1444] Es gibt keinen Grund dafür, dass sich Polizisten in der „Masse der Anonymität" verstecken und eine Identifizierung umgehen können. Das Argument der Gefahr für die Privatsphäre des Polizisten würde im Umkehrschluss bedeuten, dass ohne eine Kennzeichnung die Identität des Amtswalters nicht aufgedeckt werden könnte und keine Racheakte durch den von der Maßnahme betroffenen Bürgers zu befürchten sind. Polizisten zeichnen jedoch alle Vorgänge in den Ermittlungsakten

1443 *Thinnes* Kennzeichnungspflicht, S. 37, 69, 73 ff.; *Such* KrimJ 4. Beiheft 1992, 130, 132; schon früh befürchtete man, dass Namensschilder zu Racheaktionen führen könnten (*Mahr* KrimJ 4. Beiheft 1992, 116, 120); *Lüdtke/Sturm* in: Polizei, Gewalt und Staat, S. 11 f.

1444 Vgl. *Such* KrimJ 4. Beiheft 1992, 130, 132 f.

ohnehin mit ihren Familiennamen.[1445] Sollte es zu einem Gerichtsverfahren kommen, ist der Verteidiger in allen Stadien des Verfahrens befugt, die Akten, die dem Gericht vorliegen oder diesem im Falle der Erhebung der Anklage vorzulegen wären, einzusehen, § 147 Abs. 1 StPO.[1446] Spätestens zu diesem Zeitpunkt ist eine Identifizierung des Polizisten möglich. Überdies hängen im Falle einer Hauptverhandlung die Ladungslisten mit den entsprechenden Familiennamen vor den Sitzungssälen aus. Ferner muss der angeklagte Polizist in der Hauptverhandlung Angaben zu seiner Identität machen, § 243 Abs. 2 S. 2 StPO. Er ist verpflichtet, die in § 111 Abs. 1 OWiG bezeichneten Angaben zu machen, sodass er seinen vollständigen Namen, Geburtstag, Geburtsort, Familienstand, Wohnanschrift und Staatsangehörigkeit anzugeben hat.[1447] Daran kann man sehen, dass das Argument der Gefahr für Leib und Leben des Polizisten nur auf emotionaler Ebene geführt wird, ohne dass die Angst vor Nachstellung und Bedrohungen mit Tatsachen begründet werden kann. Die Gefahr einer Verfolgung des Polizisten bis in das Privatleben besteht ohnehin nicht, sofern eine anonyme Kennzeichnung verwendet wird. Darüber hinaus konnte die Annahme von Racheakten bislang weder auf Erfahrungsberichte, noch auf Forschungserkenntnisse gestützt werden.[1448] Das Argument, dass Polizisten und ihre nahen Angehörigen durch eine Kennzeichnung vermehrt Repressalien und gezielten Angriffen ausgesetzt sind, versucht daher in Wahrheit nur die Aufmerksamkeit von den Vorteilen, welche die Einführung einer Kennzeichnungspflicht mit sich bringen, abzulenken. Zudem haben bereits Erfahrungen aus dem europäischen Ausland gezeigt, dass sich diese Befürchtungen gerade nicht beweisen lassen.[1449]

dd) Ausreichende Identifizierungsmöglichkeiten durch bestehende Regelungen

Kritikern zufolge besteht bereits die ausreichende Möglichkeit einer Identifizierung der Polizisten durch die entsprechenden Polizeigesetze der Bundesländer, weshalb die Einführung einer Kennzeichnungspflicht für nicht erforderlich gehalten wird.[1450]

Beispielsweise haben sich Polizeibeamte in Bayern auf Verlangen des von einer Maßnahme Betroffenen auszuweisen, soweit der Zweck der Maßnahme dadurch nicht beeinträchtigt wird, Art. 6 S. 1 BayPAG.[1451] Aus diesem Grund sei

1445 *Von Denkowski* Polizei & Wissenschaft 2011, 31, 38.

1446 BeckOK-StPO/*Wessing* § 147 Rn. 3; zum Recht auf Akteneinsicht gem. § 147 StPO im Lichte der EMRK: *Börner* MenschenRechtsMagazin 2010, 97 ff.

1447 BeckOK-StPO/*Gorf* § 243 Rn. 13.

1448 *Von Denkowski* Polizei & Wissenschaft 2011, 31, 36.

1449 *Schulz* in: Kriminalitätsbekämpfung, S. 283 m.w.N.

1450 Ebenso bei *Thinnes* Kennzeichnungspflicht, S. 39; *von Denkowski* Polizei & Wissenschaft 2011, 31, 36.

1451 Auch in anderen Bundesländern besteht eine entsprechende Legitimationspflicht, so z.B. § 9 BbgPolG, § 8 SächsPolG, § 12 SOG LSA, § 6 S. 1 ThürPAG.

nicht ersichtlich, warum Beamte zusätzlich ein Namensschild bzw. eine Nummer tragen müssen, weil eine Identifizierung der Polizisten bereits ohne Weiteres möglich und gesetzlich geregelt ist. Eine zusätzliche Identifizierungsmöglichkeit gehe über das Maß des Erforderlichen hinaus. Auf den ersten Blick erscheint dieses Argument durchaus zutreffend. Durch das Ausweisen auf Verlangen des von der Maßnahme Betroffenen oder die Möglichkeit einer nachträglichen Identifizierung im konkreten Einzelfall können jedoch die angestrebte Transparenz, die Bürgernähe und das Stärken des Vertrauens in die Polizei nicht in gleichem Maße erreicht werden. Dies ist dem Umstand geschuldet, dass der Polizeibeamte anhand der Gefahrenlage selbständig entscheiden kann, wann ein Ausnahmetatbestand vorliegt, der ihn von einer Ausweispflicht befreit.[1452] Auch die praktische Umsetzung einer Ausweispflicht bereitet Schwierigkeiten, da vor allem bei Großveranstaltungen eine Abwicklung aufgrund der Vielzahl der Adressaten nicht zu bewerkstelligen ist. Zudem verfolgt die Kennzeichnungspflicht ein anderes Ziel als die Ausweispflicht. Die Kennzeichnung soll dazu beitragen, dass das polizeiliche Handeln transparent und überprüfbar gemacht wird. Dadurch soll das Vertrauen in die Polizei gestärkt werden. Die Ausweispflicht soll stattdessen den Betroffenen lediglich davon überzeugen, dass die Maßnahme eine hoheitliche Maßnahme ist, die hingenommen werden muss.[1453]

ee) Weitere Argumente

Des Weiteren wird die Angst der Polizisten vor ungerechtfertigten, verleumderischen Anzeigen angeführt, welche zwangsläufig zu Vorermittlungen im Rahmen eines Disziplinarverfahrens führen.[1454] Dadurch erwachsen bei dem betroffenen Polizisten finanzielle Nachteile, da ein Disziplinarverfahren eine Beförderung blockiert.[1455] Um die Sorge vor den finanziellen Nachteilen abzuschwächen, schlägt *Thinnes* die Nichtmodifizierung der entsprechenden Regelung im Fall von ungerechtfertigten Anzeigen vor.[1456] Ungeachtet dessen scheint nach *Braun* und *Albrecht* bereits der Hinweis auf die Zunahme verleumderischer Anzeigen konstruiert und nicht haltbar.[1457]

Infolge von Provokationen oder Beleidigungen treten rationale Überlegungen häufig in den Hintergrund und Emotionen beherrschen den Polizeialltag, wodurch es situativ zu rechtswidrigem gewalttätigem Handeln kommen kann. Man könnte also annehmen, dass ein Namensschild nicht in der Lage ist, diesen Mechanismus zu hemmen, da er von Emotionen und unüberlegtem Handeln getragen wird. Dadurch, dass der Polizist aufgrund des Namensschildes nun persönlich ansprechbar

1452 Komm-PAG/POG/*Schmidbauer* Art. 6 PAG Rn. 5.
1453 *Thinnes* Kennzeichnungspflicht, S. 22.
1454 Vgl. auch *Barczak* NVwZ 2011, 852; *Thinnes* Kennzeichnungspflicht, S. 38.
1455 *Behr* Cop Culture, S. 66.
1456 *Thinnes* Kennzeichnungspflicht, S. 114.
1457 *Braun/Albrecht* DÖV 2015, 937, 940; auch *Barczak* LKV 2014, 391, 394.

ist, wird allerdings ein nach außen gerichteter Kommunikationskanal geschaffen, der die gefährliche Isoliertheit der Polizei durchbrechen und deeskalierend wirken kann. Durch das Tragen von Namensschildern wird der Polizist daran erinnert, nicht nur Mitglied des Polizeiapparats zu sein, sondern auch ein Individuum in der Gesellschaft.[1458] Das Wahrnehmen der Polizei als Individuum und nicht mehr nur als Institution des Staates ist gerade das Ziel, welches die polizeilichen Berufsverbände anstreben („Hinter jeder Uniform steckt doch auch ein Mensch!").[1459] Eine Kennzeichnung trägt somit zur gewünschten Individualisierung des Polizeiapparats bei.

Ein nicht ganz ernst zu nehmendes Argument gegen die Einführung einer Kennzeichnungspflicht soll die Ausführungen schließen. Im Rahmen einer Pressekonferenz im Jahr 2011 demonstrierten Vertreter der DPolG wie Namensschilder, die mit Sicherheitsnadeln an der Uniform des Polizisten befestigt sind, abgerissen und als lebensgefährliche Waffen missbraucht werden können.[1460] Zur Veranschaulichung dieses realitätsfernen Szenarios wurde – zu allem Überfluss – mit dem Namensschild ein Eisbein „zerschnitten". Die Gefährlichkeit wurde ferner an einem Blatt Papier verdeutlicht. Damit konnte gezeigt werden, dass mit einem Namensschild ein Blatt Papier problemlos „durchstochen" werden kann. Gegnern einer Kennzeichnungspflicht ist kein Argument zu lächerlich, um es für ihre Zwecke zu benutzen. Wenn man das Argument des „gefährlichen Werkzeugs" ad absurdum führen wollte, dann dürften Polizeibeamte keinerlei Waffen bei sich führen, da auch diese entrissen und gegen sie verwendet werden können. Ferner besteht grundsätzlich die Möglichkeit, die individuelle Nummer auf die Uniform zu sticken oder einen Stoff mit der jeweiligen Nummer mittels Klettverschluss an der Uniform zu befestigen. Damit kann das Argument der Gefährlichkeit von Namensschildern entkräftet werden.

4. Ergebnis

Die Debatte um die Einführung einer Kennzeichnungspflicht wird seit mehreren Jahren von beiden Seiten emotionsbeladen geführt, ohne dass die Diskussion auf eine sachliche Ebene gebracht werden konnte.[1461] Dies liegt zuvörderst daran, dass es bislang an fundierten wissenschaftlichen Ergebnissen zu diesem Thema mangelt. Eine Studie zu den Erfahrungen einer Kennzeichnungspflicht könnte daher die Debatte versachlichen.

Letztlich kann festgehalten werden, dass Kennzeichnungsgegner Scheinargumente vorbringen und das Allgemeininteresse an einer Einführung einer Kennzeichnung überwiegt, sodass eine Kennzeichnungspflicht verfassungsrechtlich nicht

1458 *Von Denkowski* Polizei & Wissenschaft 2011, 31, 41.

1459 Vgl. *Behr* in: Gewalt und Gewalten, S. 79; *ders.* spricht von einer *„Vermenschlichung der Polizei"* (http://www.zeit.de/2011/44/P-Polizei) (Stand: Dezember 2016).

1460 http://www.publikative.org/2014/03/26/neue-hamburger-schule-die-polizei-gibt-den-takt-an/ (Stand: Dezember 2016).

1461 Ähnlich *Barczak* NVwZ 2011, 852.

zu beanstanden ist.[1462] Auf der einen Seite wollen vornehmlich die DPolG und die GdP bürgerliches Fehlverhalten stärker sanktionieren lassen, während sie eine Kontrolle des polizeilichen Handelns ablehnen. Darin liegt ein Widerspruch in sich.[1463] Es ist insbesondere nicht nachvollziehbar, warum die Polizei nicht bereit ist, den „Schwarzen Schafe" mit einer Kennzeichnung entgegenzuwirken. Die Identifizierung eben jener kann mittels Namensschilder oder Nummern zur Kennzeichnung erleichtert und das polizeiliche Fehlverhalten strafrechtlich verfolgt werden. Gerade die Weigerung der Gewerkschaften und Berufsverbände der Polizei zeigt, dass das Interesse an der Aufdeckung der „Schwarzen Schafe" nur sehr gering bis gar nicht vorhanden ist.[1464]

Obwohl Kritiker lediglich Scheinargumente anführen, ist es Kennzeichnungsbefürwortern bislang nicht gelungen, diese Argumente aus dem Weg zu räumen und eine einheitliche Kennzeichnungspflicht durchzusetzen.[1465] Auch die derzeitige Regelung für die Zuständigkeit einer Kennzeichnungsregelung trägt nicht zur Transparenz und Bürgerfreundlichkeit bei: Aufgrund der Länderkompetenz kann die Pflicht zu einer Kennzeichnung in den Bundesländern unterschiedlich gehandhabt werden. Eine unterschiedliche Handhabung ist für den Bürger jedoch nicht nachvollziehbar. Sofern eine Einführung der Kennzeichnungspflicht in Betracht gezogen wird, muss eine einheitliche Regelung in allen Bundesländern angestrebt werden, da nur auf diese Weise Transparenz erreicht werden kann.

> Die Polizei des neuen Jahrhunderts ist nicht mehr die Organisation der blindwütigen „Macher", sondern der reflektierenden und sich selbst kritisch hinterfragenden Pragmatiker.[1466]

Es wäre ein großer Schritt in die richtige Richtung, wenn dieses Zitat tatsächlich für den gesamten Polizeiapparat gelten würde. Dass dies bisweilen nicht der Fall ist, haben die bisherigen Ausführungen gezeigt. Die Einführung einer Kennzeichnung kann nur dann Erfolg versprechend sein, wenn sich auch die Einstellung innerhalb der Polizei zur verneinten und verschwiegenen illegitimen Gewalt verändert. Unrechtmäßige Gewaltanwendungen in den eigenen Reihen dürfen nicht mehr ignoriert werden bzw. durch Gegenanzeigen „legitimiert" werden, sondern müssen selbstkritisch hinterfragt werden. Wenn die Polizei durch die Einführung einer Kennzeichnung vorgibt transparent zu sein, gleichzeitig aber die polizeiliche Gewalt verheimlicht und durch rechtswidriges Handeln zu vertuschen versucht, stellt eine Kennzeichnung der Polizisten lediglich eine Irreführung der Bevölkerung

1462 *Ertl* DÖV 2016, 23, 29.

1463 *Von Denkowski* Polizei & Wissenschaft 2011, 31, 45.

1464 *Narr/Funk (u.a.)* Bürgerrechte & Polizei 1981, 158, 163; *Pütter* Bürgerrechte & Polizei 2010, 3, 9 (in dieser Ablehnung kann man freilich auch die Scheinheiligkeit der Polizei bezüglich der angeblich steigenden Gewalt gegen die Polizei erkennen).

1465 *Bosch* in: Grundrechte-Report 2016, S. 77 (individuelle Kennzeichnungspflicht gilt nicht flächendeckend).

1466 *Bornewasser* bei *Neidhardt* in: Empirische Polizeiforschung V, S. 1.

dar.[1467] Daher bedarf es für einen Erfolg der Kennzeichnung zweierlei. Zum einen sind einheitliche Regelungen in allen Bundesländern für eine deutlich sichtbare Kennzeichnung der Polizisten erforderlich. Dies gestaltet sich jedoch im Hinblick auf die Kompetenz der Länder als schwierig. Zum anderen muss die Polizei bereit sein, aufgedecktes Fehlverhalten ihrerseits zu akzeptieren und die Konsequenzen zu tragen. Die individuelle Kennzeichnung dürfte daher nicht länger als Generalverdacht für rechtswidrige Polizeigewalt verstanden werden, sondern als Chance zur Verhinderung der Straflosigkeit unrechtmäßiger polizeilicher Gewalt, zur Stärkung des Vertrauens der Allgemeinheit in die Polizei und zur Professionalisierung der Polizei.[1468] Durch den Abbau des Misstrauens gegenüber der Polizei, wird auch die Polizeiarbeit erleichtert. Insbesondere könnte durch die Einführung einer Kennzeichnungspflicht die in der Bevölkerung geäußerten Vorwürfe der „Kultur der Straflosigkeit" und der „Mauer des Schweigens" innerhalb der polizeilichen Reihen ausgeräumt werden.[1469]

> Trotz aller polizeigewerkschaftlichen Lobbyarbeit sollte die Politik [...] die Courage haben, alles dafür zu tun, rechtswidriger polizeilicher Gewalt vorzubeugen, indem sie ihre Bediensteten nicht von der individuellen Verantwortung freistellt. Hierfür ist die Kennzeichnungspflicht ein probates Mittel.[1470]

Nur wenn die Polizei lernt umzudenken, kann die Intransparenz einen symbolischen Anstrich durch die Einführung einer Kennzeichnungspflicht erhalten. Bislang mangelt es der Polizei jedoch an einer entsprechenden Souveränität, sodass die Einführung einer einheitlich geltenden Kennzeichnungspflicht in weite Ferne rückt.

5. Europäischer Kodex des Europarates für Polizeiethik

Der Europäische Kodex des Europarates für Polizeiethik (European Code of Police Ethics)[1471] ist eine Empfehlung des Europarates, welche durch das Ministerkomitee am 19.9.2001 verabschiedet worden ist. Der Kodex stellt eine Selbstverpflichtung für alle Mitgliedstaaten des Europarates dar („*soft law*").

Der polizeiliche Ethikkodex legt zunächst die Ziele der Polizei fest:

1467 Vgl. auch *Thinnes* Kennzeichnungspflicht, S. 113.

1468 So auch bei *von Denkowski* Polizei & Wissenschaft 2011, 31, 39, 46.

1469 *Braun/Albrecht* DÖV 2015, 937, 940.

1470 *Ertl* DÖV 2016, 23, 30.

1471 The European Code of Police Ethics – Recommendation Rec (2001)10 adopted by the Committee of Ministers of the Council of Europe on 19 September 2001 and explanatory memorandum, http://www.bak.gv.at/cms/BAK_dt/download/downloads/files/Verhaltenskodex/CoE_FRA_RPT_2687_EN_500.pdf) (Stand: Dezember 2016).

The main purposes of the police in a democratic society by the rule of law are:

- to maintain public tranquillity and law and order in society;
- to protect and respect the individual's fundamental rights and freedoms as enshrined, in particular, in the European Convention on Human Rights;
- to prevent and combat crime;
- to detect crime;
- to provide assistance and service functions to the pulic.[1472]

Auch im polizeilichen Ethikkodex des Europarates ist der bereits erwähnte Dienstleistungsgedanke der Polizei verankert. Dies erfordert eine besondere Hinwendung zum Bürger, um die Grundfreiheiten und Grundrechte der EMRK schützen zu können. Diese Bürgerorientierung,[1473] die mittlerweile in der Polizeipraxis Einzug erhalten hat, setzt eine offene Kommunikation mit dem Bürger voraus, was mit einer Kennzeichnung (mit Namensschildern) erleichtert werden kann. Durch eine entsprechende Kennzeichnung wird eine persönliche Ansprechbarkeit des Polizisten signalisiert.[1474] In diesem Zusammenhang ist Nr. 45 des Kodex von Bedeutung:

> Police personnel shall during intervention normally be in a position to give evidence of their police status and professional identity.[1475]

Der Kommentar zum Kodex schlussfolgert:

> Without the possibility of identifying the individual police man/woman, personal accountability, seen from the perspective of the public, becomes an empty notion.[1476]

Dem Kodex zufolge wird also der Begriff der Rechenschaftspflicht aus der Perspektive der Öffentlichkeit ohne die Möglichkeit einen Polizisten oder eine Polizistin persönlich zu identifizieren, praktisch sinnentleert.[1477] Die Identifizierung von Polizisten ist die Grundvoraussetzung dafur, dass Anzeigen wegen illegitimer Polizeigewalt nicht ins Leere laufen. Art. 45 des Kodex steht im engen Zusammenhang mit Art. 14 des Kodex:

> The police and its personnel in uniform shall normally be easily recognisable.

1472 The European Code of Police Ethics, Recommendation Rec (2001)10, S. 7.

1473 Noch im Jahr 1990 prägte der Polizeibeamte als Verbrechensbekämpfer das Bild der Polizei. Die Idee von einer bürger- und gemeinwesenorientierten Polizei stand im Hintergrund (*Feltes/Rebscher* in: Polizei und Bevölkerung, S. 6; *Hofmann* in: Polizei und Bevölkerung, S. 96); die Bürgerorientierung ist kein deutsches Phänomen. So ist z.B. in Kanada die Gemeinwesenorientierung zum Modell für fortschrittliche Polizeiarbeit geworden (*Murphy* in: Polizei und Bevölkerung, S. 131 ff.).

1474 Vgl. auch *von Denkowski* Polizei & Wissenschaft 2011, 31, 38.

1475 The European Code of Police Ethics, Recommendation Rec (2001)10, S. 10.

1476 The European Code of Police Ethics, Recommendation Rec (2001)10, S. 60.

1477 Vgl. auch *Diederichs* Bürgerrechte & Polizei 2009, 58, 65.

Polizeibeamte sollten für die breite Bevölkerung erkennbar sein und sich nicht in der Anonymität verstecken dürfen. Die Erkennbarkeit der Polizeibeamten steht für die Offenheit und Transparenz des Polizeiapparats und soll auch dazu beitragen, dass sich Bürger in Notsituationen einfacher an die Polizei wenden können. Der Kodex räumt zwar ein, dass es in Ausnahmesituationen nicht dienlich sein kann, eine Identifizierung des Polizeibeamten zu gestatten. Jedoch muss im Regelfall eine Identifizierung möglich sein. Die Identifizierungsmöglichkeit steht im Zusammenhang mit der Rechenschaftspflicht des Einzelnen. Beamte mit polizeilichen Befugnissen sind auf allen Rangstufen persönlich verantwortlich und rechenschaftspflichtig für ihr Tun oder Unterlassen, Nr. 16 des Kodex (*„Police personnel, at all levels, shall be personally responsible and accountable for their own actions or omissions or for orders to subordinates“*).

Die Möglichkeit, die falsch verstandene Kameradschaft innerhalb des Polizeiapparats beseitigen zu können ist kritisch zu betrachten. Jedenfalls aber können durch eine Kennzeichnung die Chancen zur Identifizierung des Polizeibeamten erhöht werden. Nur wenn der einzelne Beamte identifiziert werden kann, kann er für sein Fehlverhalten (strafrechtlich) zur Verantwortung gezogen werden. Ferner unterscheidet der Kodex nicht zwischen unterschiedlichen Einsatzformen, sodass der Polizeibeamte zum permanenten Tragen einer individuellen Kennzeichnung verpflichtet werden soll. Dennoch gibt es polizeiliche Maßnahmen, bei denen eine namentlich Identifizierung nicht geeignet erscheint. In diesen Fällen ist es indes möglich, eine Kennzeichnung mittels einer individuellen Nummer einzuführen.

6. Überblick über die Rechtsprechung des EGMR

Im Zusammenhang mit der Kennzeichnungspflicht von Polizeibeamten wird wiederkehrend auf die Rechtsprechung des EGMR verwiesen, die vor allem auf die Effektivität der Ermittlungen abzielt. Die Ermittlungen müssen geeignet sein, den Verantwortlichen festzustellen und gegebenenfalls zu bestrafen.[1478] Der Staat muss die erforderlichen Anstrengungen zur Identifizierung des Täters unternehmen. Bereits an dieser Stelle soll in aller Kürze auf die Rechtsprechung des EGMR hinsichtlich des Gebots effektiver Aufklärung und der Kennzeichnung von Polizisten eingegangen werden.[1479]

Der EGMR betont stets, dass eine effektive Aufklärung der Ursachen einer Tötung bzw. einer Misshandlung oder unverhältnismäßiger Gewaltanwendung zu den Schutzpflichten des Staates gehört. Zur Effektivität der Untersuchungen gehört auch, dass diese von unabhängigen Behörden objektiv, unverzüglich und mit

1478 LR-EMRK/*Esser* Art. 3 Rn. 22 m.w.N., Art. 2 Rn. 33.

1479 Das Gebot effektiver Aufklärung in der Rechtsprechung des EGMR wird ausführlich im 6. Kapitel dieser Abhandlung erörtert (S. 518 ff.).

entsprechender Sorgfalt durchgeführt werden.[1480] Ermittlungsmaßnahmen können jedoch nur dann effektiv sein, wenn sie geeignet sein, zur Bestrafung des Täters beizutragen.[1481] Daher kann eine Kennzeichnung von Polizeibeamten eine notwendige Grundlage für die Durchführung effektiver Ermittlungsmaßnahmen sein, da entsprechende Kennzeichnungspflichten die Identifizierung und Bestrafung des Täters erleichtern können.:

> Der Gerichtshof wiederholt, dass sich aus der Verpflichtung nach Art. 2 EMRK, das Recht auf Leben zu schützen, in Verbindung mit der allgemeinen Pflicht des Staates nach Art. 1 EMRK, „allen ihrer Hoheitsgewalt unterstehenden Personen die in Abschnitt I (der Konvention) bestimmten Rechte und Freiheiten (zuzusichern)", die weitere Verpflichtung ergibt, wirksame Ermittlungen durchzuführen, wenn Gewaltanwendung, insbesondere durch staatliche Bedienstete, den Tod eines Menschen zur Folge hatte. Diese Ermittlungen müsse zur Identifizierung und Bestrafung der Verantwortlichen führen können [...].[1482]

Vor allem wenn Polizisten in geschlossener Einheit agieren, ist es schwierig, die Identität derjenigen zu ermitteln, die unverhältnismäßige Gewalt angewendet haben. Eine Kennzeichnung der Beamten kann dazu beitragen, den „polizeilichen Täter" zu ermitteln.

In der Sache *Selmouni* stellte der EGMR fest, dass es im Zusammenhang mit der Aufklärung unrechtmäßiger polizeilicher Gewaltanwendung weniger darum geht, ob Ermittlungen angestellt worden sind, als vielmehr „ob sie sorgfältig geführt worden sind, ob die Behörden die Identität der Verantwortlichen feststellen und sie strafrechtlich verfolgen wollen, also darum, ob die Ermittlungen ‚wirksam' waren".[1483] Da Folge der falsch verstandenen Kameradschaft innerhalb der polizeilichen Reihen die Verschwiegenheit polizeilicher Fehler ist und vor allem in geschlossenen Einheiten das Opfer polizeilicher Gewalt nicht die Möglichkeit hat, den Täter zu identifizieren, hätte auch in der Sache *Selmouni* eine Kennzeichnung der Polizisten zur Identifikation des Täters und zur Beschleunigung des Verfahrens beitragen können. Es wird gleichwohl darauf hingewiesen, dass eine Kennzeichnung nur dann zur Aufklärung polizeilicher Gewalt beitragen kann, wenn sich innerhalb des Polizeiapparats die Einstellung zu polizeilichen Fehlverhalten ändert und die

1480 Z.B. EGMR Hugh Jordan/UK, 4.5.2001, §§ 106 ff.; EGMR Menesheva/R, 9.3.2006, Reports 2006-III, § 67; EGMR Rantsev/ZYP u. R, 7.1.2010, §§ 232 f. = NJW 2010, 3003; siehe hierzu auch SK-StPO/*Paeffgen* Art. 3 EMRK Rn. 19 i.V.m. Art. 2 EMRK Rn. 37 f.

1481 EGMR Oğur/TRK, 20.5.1999, ECHR 1999-III = NJW 2001, 1991, 1992; EGMR Finucane/UK, 1.7.2003, Reports 2003-VIII, § 67; EGMR Makaratzis/GR, 20.12.2004, ECHR 2004-XI = NJW 2005, 3405; EGMR Bouyid/B, 28.9.2015, § 119.

1482 EGMR Oğur/TRK, 20.5.1999, ECHR 1999-III = NJW 2001, 1991, 1994.

1483 EGMR Selmouni/F, 28.7.1999, ECHR 1999-V = NJW 2001, 56, 58.

Mauer des Schweigens durchbrochen wird.[1484] Eine Kennzeichnungspflicht alleine kann unrechtmäßige polizeiliche Gewalt nicht verhindern. Zusammen mit weiteren Reformvorschlägen, wie die Implementierung einer modernen Fehlerkultur[1485] kann die Kennzeichnungspflicht jedoch ein geeignetes Mittel zur Eindämmung der Polizeigewalt sein.

Schließlich zeigt sich auch in der Sache *Makaratzis,* dass eine Kennzeichnung von Polizeibeamten die Effektivität der Untersuchungen erhöhen kann. In der Sache ging es um einen griechischen Staatsbürger, der mit seinem Pkw eine rote Ampel im Zentrum von Athen überfahren hatte. Daraufhin wurde er von mehreren Polizisten verfolgt. Der Beschwerdeführer behauptete hierbei von den Polizisten angeschossen worden zu sein. Ferner sei auf die Kabine seines Wagens geschossen worden. Im Rahmen der Ermittlungen wurden 29 Polizisten, welche an der Verfolgung teilgenommen hatten, identifiziert. Hinsichtlich der Wirksamkeit der Ermittlungen hat der Gerichtshof wie folgt ausgeführt:

> Bei der Durchführung der Untersuchung sind aber gewichtige Unterlassungen vorgekommen. Von besonderer Bedeutung ist insbesondere, dass die Behörden nicht alle Polizisten identifiziert haben, die an der Verfolgung teilgenommen haben. [...] und es wurde auch kein anderer Versuch unternommen, herauszufinden, wer diese Polizisten waren. [...] Diese Unterlassungen haben die staatlichen Gerichte daran gehindert, die Tatsachen so vollständig zu ermitteln, wie sie es sonst hätten tun können. [...] Aus diesen Gründen kommt der Gerichtshof zu dem Ergebnis, dass die Behörden versäumt haben, wirksame Ermittlungen des Vorfalls anzustellen. Die Unvollständigkeit und Unangemessenheit der Untersuchungen zeigt auch, dass die Regierung nicht einmal vor dem Gerichtshof imstande war, alle Polizisten zu benennen, die an den Schüssen und den Verletzungen des Bf. beteiligt waren.[1486]

Nach Ansicht des EGMR kann, wenn sich die am Polizeieinsatz beteiligten Beamten nicht ermitteln lassen, eine Verletzung von Art. 3 EMRK (bei Todesfällen auch Art. 2 EMRK) bejaht werden, soweit nicht die erforderlichen Anstrengung zur Ermittlung der Identität unternommen werden. In diesen Fällen wird das Recht auf effektive Untersuchung verletzt. Daher sollte, um eine effektive Untersuchung ermöglichen zu können, eine Kennzeichnungspflicht von Polizeibeamten eingeführt werden, welche die Identifizierung des Einzelne erleichtert.

1484 EGMR Selmouni/F, 28.7.1999, ECHR 1999-V = NJW 2001, 56 („*Die Polizisten bestritten die Vorwürfe und sagten aus, bei der Festnahme des Bf. habe es ein Handgemenge gegeben*").

1485 Siehe hierzu *Ertl* DÖV 2016, 23.

1486 EGMR Makaratzis/GR, 20.12.2004, ECHR 2004-XI, § 76 = NJW 2005, 3405, 3409.

III. Einsatz von Bodycams zur Eindämmung polizeilicher Übergriffe

Am 3.3.1991 geriet der afroamerikanische US-Bürger Rodney Glen King in Los Angeles aufgrund einer Geschwindigkeitsüberschreitung in eine Verkehrskontrolle. Dabei leistete er Widerstand gegen die Polizisten, woraufhin die Beamten brutal gegen ihn vorgingen. Erst Filmaufnahmen eines unbeteiligten Passanten konnten zur Aufklärung der polizeilichen Übergriffe beitragen. Mit Hilfe der Aufnahmen konnte rekonstruiert werden, dass auf das Opfer insgesamt 56mal eingeschlagen worden ist.[1487] In Folge wurde von der sog. *Christopher-Kommission* das Polizei-Departement von Los Angeles untersucht.[1488] Im April 2015 hat ein Polizist einen flüchtenden Schwarzen in South Carolina von hinten mit acht Schüssen erschossen. Wenige Tage nach den tödlichen Schüssen, ist ein Video eines Zeugen aufgetaucht, welches zur Rekonstruktion des Tathergangs herangezogen worden ist.[1489] Bereits diese beiden Fälle zeigen, dass Kameras zu einer effektiveren und unabhängigeren Aufklärung polizeilicher Übergriffe beitragen können.

Im Folgenden soll eine neuartige Form der Videoüberwachung, die sog. *Bodycam* als Maßnahme im Kampf gegen rechtswidrige Polizeigewalt untersucht werden. Mit der Bodycam wird nicht nur das Verhalten desjenigen gefilmt, welcher unmittelbar mit dem Polizisten in Kontakt steht, sondern auch das Verhalten derjenigen Personen, die sich in direkter Nähe zum Geschehen befinden. Aufgrund des Abschreckungseffekts von Videoüberwachungsmaßnahmen können Übergriffe auf Polizisten eingedämmt werden. Ob die polizeiliche Bodycam darüber hinaus ein taugliches Mittel zur Eindämmung exzessiver Gewaltanwendung durch Polizisten sein kann, ist fraglich.

1. Aktivieren der Kamera nach eigenem Ermessen

Filmaufnahmen können prinzipiell dazu beitragen, polizeiliche Übergriffe aufzuklären. Im Gegensatz zu den zufälligen Filmaufnahmen von Passanten, welche rechtswidrige Übergriffe aufzeichnen, leidet die Bodycam aufgrund ihrer technischen Funktionsweise jedoch unter einem gravierenden Mangel: Die Polizisten entscheiden in der jeweiligen Situation selbständig und nach eigenem Ermessen, ob sie die Kamera einschalten oder auf eine Aufnahme verzichten. Damit haben sie die Entscheidungsmacht darüber, wann sie sowohl das Verhalten der Betroffenen, als auch eigenes Verhalten aufzeichnen.[1490] Da polizeiliche Fehler nicht passieren dürfen bzw. innerhalb der eigenen Reihen diesbezüglich Verschwiegenheit herrscht, werden Polizisten exzessive polizeiliche Gewaltanwendung regelmäßig nicht filmen.

1487 *Bosold* Polizeiliche Übergriffe, S. 18, 28.

1488 *Schneider* Kriminalistik 2000, 362, 364.

1489 http://www.welt.de/politik/ausland/article139295627/Video-zeigt-willkuerliche-Todesschuesse-auf-Schwarzen.html (Stand: Dezember 2016).

1490 *Wilmink* Polizeispiegel 2014, 20.

In Fällen übertriebener Gewaltanwendung auf polizeilicher Seite ist daher davon auszugehen, dass die Bodycam nicht aktiviert wird. Das nur bedarfsmäßige Einschalten der Bodycam kann zwar die Polizisten vor gewalttätigen Übergriffen schützen, im Gegensatz dazu bietet sie jedoch keinen Schutz für die Bevölkerung vor polizeilichen Übergriffen. Diese hat auf das *„Ob“* der Überwachung keinen Einfluss und keinen Anspruch. Wenn jedoch die Polizisten allein entscheiden können, ob sie die Kamera einschalten, werden nur Daten erfasst, welche von den Polizisten für notwendig gehalten werden. Das führt zu einer einseitigen und selektiven Aufzeichnung.[1491] Das selektive Ein- bzw. Ausschalten der Kamera hat zur Folge, dass der Polizeibeamte im Falle rechtswidriger Gewaltanwendung als Kontrollierter gerade auch Kontrolleur seines eigenen fehlerhaften Verhaltens ist. Dieser Umstand läuft einer effektiven Kontrolle polizeilichen Verhaltens zuwider, da eine effektive Kontrolle grundsätzlich eine gewisse Distanz zwischen Kontrolliertem und Kontrolleur voraussetzt. Nur durch eine Distanz können ein erneutes Durchdenken der Situation ermöglicht und Lernprozesse in Gang gebracht werden können.[1492]

Obwohl durch den Einsatz von Bodycams der Fortentwicklung neuer polizeilicher Einsatzmittel Rechnung getragen wird, kann ein Schutz der Betroffenen vor gewalttätigen Übergriffen durch die Polizei nicht erreicht werden. Ausweislich der Gesetzesbegründung des Entwurfes des Sechsten Gesetzes zur Änderung des Gesetzes über die Datenverarbeitung der Polizei ist ein Schutz der Betroffenen – zumindest in Hamburg – auch nicht intendiert.[1493] Lediglich das Ziel der Eigensicherung der Polizisten (und Dritter) soll im Vordergrund stehen.

Die bisherigen Ausführungen haben gezeigt, dass Polizisten durchaus einer stetigen Gefahr körperlicher Angriffe ausgesetzt sind. Von einer steigenden Zunahme der Gewalttaten kann mangels hinreichender Aussagekraft der in Betracht kommenden Statistiken allerdings nicht gesprochen werden. Auch die Intensität der Angriffe steigt nicht kontinuierlich an. Vielmehr liegt eine Sensibilisierung der Gewaltwahrnehmung vor. Dies kommt vor allem dadurch zum Ausdruck, dass bei Statistiken wiederholt Verhaltensweisen unter den Gewaltbegriff subsumiert werden, welche nicht mit dem strafrechtlichen Gewaltbegriff übereinstimmen. Ferner konnte gezeigt werden, dass unrechtmäßige Polizeigewalt kein Ausnahmephänomen ist und die Einstellungsquoten bei Verfahren gegen Polizeibeamte erschreckend hoch sind. Es ist daher verwunderlich, dass Polizisten vor körperlichen Angriffen mittels Bodycams besonders geschützt werden sollen, das polizeiliche Gegenüber hingegen einen derartigen Schutz nicht genießen darf.

1491 Siehe auch *Stoklas* ZD-Aktuell 2014, 04388.

1492 *Drescher* Polizisten außer Kontrolle?, S. 109; *Korell/Liebel* Polizeiskandal – Skandalpolizei, S. 159 f.; ebenso bei *Lehne* in: Empirische Polizeiforschung V, S. 124 (*„[...] die Kontrollierten auf der einen und die Kontrolleure auf der anderen Seite“*).

1493 Siehe Drs. 20/12895 v. 2.9.2014, S. 2 f. (Mitteilung des Senats an die Bürgerschaft der Freien und Hansestadt Hamburg); vgl. auch *Arzt* Stellungnahme, S. 2.

Bislang können Bodycams, aufgrund der technischen und rechtlichen Voraussetzungen allenfalls Gewalttaten *gegen* Polizeibeamte eindämmen. Ob sie tatsächlich in der Lage sind, diese in Zukunft zu verhindern, steht auf einem anderen Blatt und wird die Zeit zeigen müssen. Stellt man sich der Tatsache, dass sowohl für Polizisten, als auch für das polizeiliche Gegenüber die Gefahr von körperlichen Angriffen besteht, dann muss man sich fragen, warum technische Mittel zum Einsatz kommen, welche lediglich einen der beiden gefährdeten Personenkreise schützen können. Durch den Einsatz von Bodycams zum Schutz von Polizisten wird der Eindruck erweckt, dass Polizeibeamte schützenswerter sind als Bürger und ihre Rechtsgüter, insbesondere Leib und Leben, die Rechtsgüter der Bevölkerung überwiegen. Dadurch entsteht die Gefahr, dass das ohnehin zum Teil angespannte Verhältnis zwischen Polizei und Bürger verschärft wird. Statt eines Rückgangs der Gewalttaten gegenüber Polizeibeamten könnte es zu Eskalationen kommen, wodurch der ursprünglich mit der Bodycam verfolgte Zweck in sein Gegenteil verkehrt wird.

2. *Datenschutzrechtliche Probleme bei „Dauerüberwachung"*

Um Passanten vor polizeilichen Übergriffen schützen zu können, müssten Bodycams permanent aktiviert sein, was wiederum datenschutzrechtlich kritisch zu beurteilen ist. Die Erhebung, Verarbeitung und Nutzung personenbezogener Daten und die Auswahl und Gestaltung von Datenverarbeitungssystemen sind an dem Ziel auszurichten, so wenig personenbezogene Daten wie möglich zu erheben, zu verarbeiten oder zu nutzen, § 3a S. 1 BDSG.[1494] Eine ständige Überwachung des gesamten Polizeieinsatzes hätte zwar auf der einen Seite den Vorteil, dass Polizisten nicht durch selektives Ein- und Ausschalten der Kamera eigenes Fehlverhalten verbergen könnten; Bodycams könnten somit dem Schutz der Polizei *und* der Bevölkerung dienen. Auf der anderen Seite würden durch ein permanentes Filmen personenbezogene Daten von unbeteiligten Dritten in nicht unerheblichen Umfang gefilmt und aufgezeichnet werden. Um dem Grundsatz der Datenvermeidung- und sparsamkeit Rechnung zu tragen, müssen die Aufnahmen allerdings auf das Nötigste begrenzt werden. Eine Daueraufnahme würde gegen diesen Grundsatz verstoßen. Aus diesem Grund muss der Umfang einer Aufzeichnung von Beginn an klar definiert und auf Gefahrensituationen beschränkt werden.[1495]

Um dem aus § 3a BDSG folgenden Gebot der Datensparsamkeit gerecht zu werden, kann der Einsatz der Bodycam allenfalls anlassbezogen erfolgen, um so wenig personenbezogene Daten wie möglich zu erheben. Bislang wird ein solcher Anlass lediglich in einer Gefahr für Leib oder Leben von Polizeivollzugsbeamten oder Dritten gesehen (vgl. z.B. § 14 Abs. 6 S. 1 HSOG). Gründe, warum Bodycams zum

1494 Komm-BDSG/*Gola/Klug/Körffer* § 3a Rn. 1 ff.

1495 Siehe auch *Kipker/Gärtner* NJW 2015, 296, 298.

Schutz des polizeilichen Gegenübers nicht zum Einsatz kommen sollen, sind nicht ersichtlich. Dies vor allem auch unter dem Aspekt, dass polizeiliche Gewalttaten keine Seltenheit sind. Das Problem hierbei besteht aber vielmehr in der „Mauer des Schweigens". Polizeiliche Fehler dürfen nicht passieren, zumindest aber nicht an die Öffentlichkeit gelangen. Aus diesem Grund wird bei polizeilichen Übergriffen die Bodycam nicht aktiviert werden. Durchaus könnte der Schutz der gefilmten Personen gesetzlich geregelt werden; eine gesetzliche Regelung wäre hinsichtlich der Polizeigewalt sicherlich nur dann erfolgsversprechend, wenn sich die Einstellung der Polizei zu begangenen Fehlern ändert. Erst ein Zusammenspiel aus einer gesetzlichen Regelung zum Schutz der gefilmten Personen und der Implementierung einer modernen Fehlerkultur können dazu führen, dass Bodycams zur Eindämmung der Polizeigewalt beitragen können.

IV. Kontrolle polizeilichen Handelns – Errichtung unabhängiger, externer Beschwerdestellen

Kennzeichnungspflichten für Polizisten können, sofern diese nicht bereit sind, Fehler anzuerkennen, die „Mauer des Schweigens" nicht beseitigen. Auch Bodycams sind nicht in der Lage, das „Klima der Straflosigkeit"[1496] zu bekämpfen, da diese allenfalls Gewalttaten gegenüber Polizisten, nicht aber Gewalttaten durch Polizisten eindämmen können. Um dem Vertuschen und Beschönigen der Gewalttaten durch Polizisten entgegenzuwirken, sind daher unabhängige, externe Kontroll- oder Beschwerdeinstanzen, Ombudsmänner, Polizeibeauftrage oder Ähnliches für das Fehlverhalten von Polizeibeamten auf ihre Tauglichkeit zu untersuchen.

> Wir sind ein Polizeiapparat und der muß sauber bleiben.[1497]

Unabhängige und externe Kontrollstellen sind gerade deshalb begrüßenswert, da es der Polizei sowohl an kollegialer und gesellschaftlicher Kontrolle mangelt und „künstliche Solidarität"[1498] unter den Polizisten herrscht. Müssen Kollegen gegen Kollegen ermitteln, entsteht ein „kaum auflösbarer Rollenkonflikt".[1499] In ihrer Gesamtheit können diese Umstände dazu führen, dass lediglich interne Beschwerdeuntersuchungen nicht gründlich, neutral und unabhängig genug untersucht werden.

1496 *Amnesty International* Täter unbekannt, S. 10.
1497 Bei *Narr/Funk (u.a.)* Bürgerrechte & Polizei 1981, 158, 161.
1498 *Uildriks* KrimJ 4. Beiheft 1992, 136, 143.
1499 *Narr/Funk (u.a.)* Bürgerrechte & Polizei 1981, 158, 160 f.

1. *Externe und unabhängige Stellen zur Polizeikontrolle in Deutschland*

An speziellen externen und unabhängigen Stellen zur Polizeikontrolle mangelt es in Deutschland.[1500] Eine Kontrolle erfolgt bisweilen vorwiegend über das Straf-, Verwaltungs- sowie über das Beamtenrecht.[1501] Auch Medien und Menschenrechtsorganisationen machen polizeiliches Fehlverhalten öffentlich und in den parlamentarischen Innenausschüssen auf Länder- bzw. Bundesebene beschäftigt man sich mit dem polizeilichen Handeln. Diese Kontrollinstanzen sind jedoch allesamt nicht unabhängig.[1502] Eine funktionierende, unabhängige, unparteiische und nicht interessensgesteuerte Kontrolle ist allerdings erforderlich, um Transparenz polizeilichen Handelns gewährleisten zu können.

In einigen europäischen Ländern gibt es bereits unabhängige Beschwerdeinstanzen mit unterschiedlichen Verfahrensabläufen.[1503] Auch in verschiedenen US-amerikanischen Bundesstaaten, Südafrika, Kenia und Nigeria existieren polizeiexterne Beschwerdestellen.[1504] In Österreich besteht seit 1977 die sog. *Volksanwaltschaft*, welche als parlamentarischer Ombudsmann der Kontrolle der öffentlichen

1500 Das Problem bloßer interner Ermittlungen zeigt sich im folgenden Fall: Ein mutmaßlich aggressiver Mann wird beim Ringen mit einem Polizisten durch einen Faustschlag getroffen. Beim Aufprall auf den Boden wird er so schwer verletzt, dass er einige Tage später stirbt. Zunächst ermittelt das eigene Präsidium. In der zuständigen Direktion sitzt der Vater von einem der Beamten, die am Einsatz beteiligt waren (http://www.sueddeutsche.de/panorama/tod-nach-faustschlag-eines-polizisten-wir-regeln-das-intern-1.2375588) (Stand: Dezember 2016); Möglichkeiten der Ausgestaltung eines polizeiexternen Beschwerdesystems: *Uildriks* KrimJ 4. Beiheft 1992, 136, 139; *Singelnstein* MschrKrim 2003, 1; siehe externe Beschwerdestelle in Hannover (http://www.mi.niedersachsen.de/portal/live.php?navigation_id=35117&article_id=125825&_psmand=33) (Stand: Dezember 2016).

1501 *Von Denkowski* Polizei & Wissenschaft 2011, 31, 39; *Mahr* zufolge haben die bereits bestehenden institutionalisierten Kontrollinstanzen versagt. Gerichte waren kaum in der Lage, durch die Polizei begangenes Unrecht aufzuklären (*Mahr* KrimJ 4. Beiheft 1992, 116, 118).

1502 *Schulz* in: Kriminalitätsbekämpfung, S. 280 f.

1503 Z.B. Belgien, Österreich, Dänemark, Irland, Portugal und in den Niederlanden (*Töpfer* Polizei-Beschwerdestellen, S. 8 f.); *Manzoni* Gewalt zwischen Polizei und Bevölkerung, S. 68; Die *Arbeitsgemeinschaft Kritischer Polizistinnen und Polizisten* fordert auch für Deutschland entsprechende Kontrollausschüsse mit umfassendem Akteneinsichtsrecht auszustatten, wobei diesbezügliche Erfahrungen aus dem Ausland berücksichtigt werden sollten (vgl. *Mahr* KrimJ 4. Beiheft 1992, 116, 121); zum schottischen System: *Uildriks* KrimJ 4. Beiheft 1992, 136, 139 ff.; *ders.* in KrimJ, S. 145 ff. (sehr interessant, aber für die vorliegende Arbeit ohne Mehrwert: Vorteile einer Konfliktlösung durch „Vermittlung" und Einwände gegen eine solche Lösung); zur Amsterdamer Kommission: *Sagel-Grande* KrimJ 4. Beiheft 1992, 153.

1504 *Töpfer* Polizei-Beschwerdestellen, S. 8 f.; Übersicht über bisher aktive unabhängige Polizeikontrollkommissionen bzw. Polizeiräte, http://www.polizei-newsletter.de/documents/Polizeikommissionen_alle.pdf (Stand: Dezember 2016).

Verwaltung dient. Die Volksanwaltschaft – bestehend aus drei Mitgliedern – steht all denjenigen Personen zur Verfügung, welche sich von einer österreichischen Behörde nicht gerecht behandelt fühlen.[1505] Sie steht den Betroffenen durch Untersuchungen, Empfehlungen und Beratung zur Seite, „wo die Möglichkeiten des prozessförmlichen Rechtsschutzes nicht oder nicht mehr zielführend erscheinen".[1506] Anordnungs- oder Zwangsbefugnisse hat sie hingegen nicht.[1507]

> Trotz des Fehlens rechtlicher Sanktionsmöglichkeiten hat sich die VAnw als Instrument der Missstandskontrolle gut bewährt. Vielfach erweist sich bereits die Aufdeckung von Missständen als ein wirksames Mittel zu deren Behebung.[1508]

Deutschland hinkt in der Debatte über die Kontrolle der Polizei internationalen Standards hingegen hinterher, obwohl die Errichtung polizeiexterner Untersuchungen[1509] auch hierzulande durchaus angebracht wäre.[1510]

a) *Beauftragter für die Landespolizei in Rheinland-Pfalz*

Seit Auflösung der Hamburger Polizeikommission 2001[1511] wurden zwar immer wieder Anträge und Gesetzentwürfe zur Schaffung von Untersuchungsstellen diskutiert, realisiert wurde eine entsprechende Initiative aber lediglich in Rheinland-Pfalz. Seit Mitte Juli 2014 ist der Bürgerbeauftragte auch Beauftragter für die Landespolizei.[1512] § 16 des Landesgesetzes über den Bürgerbeauftragten des Landes

1505 http://volksanwaltschaft.gv.at/ (Stand: Dezember 2016); *Funk* Österreichisches Verfassungsrecht, Rn. 400 f.; Missstände jedweder Art (*Wieser* Verfassungs- und Verwaltungsrecht, S. 184, 186).

1506 *Funk* Österreichisches Verfassungsrecht, Rn. 399; *Messner* in: Ombudsmann, S. 109 f., 114 (Die Volksanwaltschaft nimmt Misshandlungsvorwürfe durch Exekutivorgane sehr ernst); *Wieser* Verfassungs- und Verwaltungsrecht, S. 184.

1507 *Funk* Österreichisches Verfassungsrecht, Rn. 402; *Wieser* Verfassungs- und Verwaltungsrecht, S. 184.

1508 *Funk* Österreichisches Verfassungsrecht, Rn. 401.

1509 Zu den Eckpunkten, welche aus menschenrechtlicher Sicht für die Errichtung polizeiexterner Beschwerdestellen beachtet werden müssen: *Töpfer* Polizei-Beschwerdestellen, S. 9 ff.

1510 *Braun/Albrecht* DÖV 2015, 937, 944.

1511 In Deutschland gab es mit der Hamburger Polizeikommission einen Versuch eine unabhängige Beschwerdestelle zu realisieren. Die Kommission wurde am 31.12.2001 aufgelöst (*Lehne* in: Empirische Polizeiforschung V, S. 123, 125 ff.); *Schulz* in: Kriminalitätsbekämpfung, S. 281 f.; Gesetz über die Polizeikommission v. 16.6.1998 (Hamburgisches Gesetz- und Verordnungsblatt I, 1998, Nr. 20, S. 93 f.); ausführlich zur Hamburger Polizeikommission: *Gössner* in: Innere Sicherheit als Gefahr, S. 172 ff.

1512 http://www.derbuergerbeauftragte.rlp.de/icc/assisto/nav/75e/75e56f98-5304-7417-acc6-d14c1847c614&class=net.icteam.cms.utils.search.AttributeManager&class_uBasAttrDef=a001aaaa-aaaa-aaaa-eeee-000000000054.htm (Stand: Dezember 2016).

Rheinland-Pfalz und den Beauftragten für die Landespolizei legt Aufgabe und Stellung des Beauftragten für die Landespolizei fest:[1513]

§ 16 Aufgabe und Stellung des Beauftragten für die Landespolizei

(1) Der Beauftragte für die Landespolizei hat die Aufgabe, das partnerschaftliche Verhältnis zwischen Bürger und Polizei zu stärken. Er unterstützt die Bürger im Dialog mit der Polizei und wirkt darauf hin, dass begründeten Beschwerden (§ 19) abgeholfen wird. Ihm obliegt auch die Befassung mit Vorgängen aus dem innerpolizeilichen Bereich, die an ihn im Rahmen einer Eingabe (§ 20) herangetragen werden.

(2) Der Beauftragte für die Landespolizei nimmt seine Aufgabe als Hilfsorgan des Landestags bei der Ausübung parlamentarischer Kontrolle wahr. In der Ausübung dieses Amtes ist er unabhängig, weisungsfrei und nur dem Gesetz unterworfen.

Andere Bundesländer planen ebenfalls „unabhängige Polizeibeauftragtenstellen", „Polizeivertrauensstelle" oder „Polizei-Beschwerdestellen". An einer entsprechenden Umsetzung mangelt es jedoch.[1514]

Die Notwendigkeit unabhängiger Polizeibeschwerdestellen zeigt sich unter anderem an den Missbrauchsvorwürfen auf einer Dienststelle der Bundespolizei Hannover. Im März 2014 haben Beamten einen 19-jährigen Flüchtling aus Afghanistan wegen geringfügiger Verstöße mit auf die Wache genommen. Dabei sei der Flüchtling in der Zelle misshandelt worden. Der zweite Fall ereignete sich ein halbes Jahr später. Wieder ist ein Mann aus Marokko in einer Gewahrsamszelle gedemütigt worden.[1515] Die Vorwürfe der Polizeigewalt beschäftigen nicht nur die Staatsanwaltschaft. Sie heizen erneut die Diskussion über die Errichtung unabhängiger, externer Beschwerdestellen an:

Deutsche Polizisten sollen sich endlich einer effektiven Kontrolle stellen. Wer Vertrauen will, muss über Fehler reden.[1516]

b) Auffassung der Bundesregierung zur Errichtung unabhängiger Beschwerdestellen

Die Errichtung unabhängiger Polizeibeschwerdestellen stößt nicht nur bei Polizeibehörden auf Ablehnung.[1517] Auch die Bundesregierung lehnte lange Zeit ein Beschwerdesystem vehement ab.[1518] Mittlerweile räumt sie jedoch ein, dass

---

1513 Landesgesetz über den Bürgerbeauftragten des Landes Rheinland-Pfalz und den Beauftragten für die Landespolizei v. 3.5.1974 (GVBl. 1974, S. 187).

1514 *Töpfer* Polizei-Beschwerdestellen, S. 8; *Schulz* in: Kriminalitätsbekämpfung, S. 282.

1515 http://www.spiegel.de/panorama/justiz/hannover-bundespolizist-soll-fluechtlinge-gequaelt-haben-a-1034159.html (Stand: Dezember 2016); siehe auch *Bosch* in: Grundrechte-Report 2016, S. 74 f.

1516 SZ v. 20./21.6.2015, S. 5.

1517 *Lüdtke/Sturm* in: Polizei, Gewalt und Staat, S. 11; *Lehne* in: Empirische Polizeiforschung V, S. 135.

1518 *Vogelskamp* Bürgerrechte & Polizei 2010, 36, 38; *Töpfer* Polizei-Beschwerdestellen, S. 6.

unabhängige Polizeibeschwerdestellen gegenüber bisherigen Beschwerdemöglichkeiten eine zusätzliche Anlaufstelle darstellen könnten. Beschwerdemöglichkeiten bei polizeilichen Fehlverhalten jeglicher Art waren Thema der Antwort der Bundesregierung[1519] auf eine Kleine Anfrage der Fraktion Die Linke.[1520] Nach Auffassung der Bundesregierung bestehen für den Bereich der Bundespolizei keine organisations- oder behördenspezifische Gründe sich bei vermeintlichen polizeilichen Fehlverhalten nicht an bundespolizeiliche Beschwerdestellen zu wenden. Darüber hinaus gibt es die Möglichkeit einer Petition gemäß Art. 17 GG. Die Bundesregierung weist ferner darauf hin, dass im Bundespolizeipräsidium zusätzlich eine sog. *„Vertrauensstelle der Bundespolizei"* geschaffen worden ist.[1521] Ziel war es, eine Anlaufstelle für alle Angehörigen der Bundespolizei zu schaffen. Der Bundesregierung ist die Untersuchung von polizeilichen Fehlverhalten ein wichtiges Anliegen. Diesbezüglich wurde folgendermaßen ausgeführt:

> Sofern Fehlverhalten oder Misshandlungen durch Polizeibeamte gerügt werden, bestehen bereits innerbehördliche und außerbehördliche Beschwerdemöglichkeiten, um dieses Verhalten in einem unabhängigen Verfahren rechtlich überprüfen zu lassen: Das im Strafrecht verankerte Legalitätsprinzip gewährleistet, dass bereits bei einem Anfangsverdacht für das Vorliegen einer Straftat staatsanwaltschaftliche Ermittlungsverfahren eingeleitet werden. Dabei haben die Ermittlungen umfassend, effektiv und objektiv zu erfolgen. Neben dem Rechtsweg bei den Gerichten stehen jedem Bürger wie auch jedem Polizisten innerbehördliche Beschwerdemöglichkeiten gegen polizeiliches Fehlverhalten offen. Jedermann kann eine ihn betreffende polizeiliche Maßnahme mit einer Dienst- oder Sachaufsichtsbeschwerde beanstanden, um die eigentliche Tätigkeit oder das persönliche Verhalten des Beamten durch den Dienstvorgesetzten überprüfen zu lassen. Die Schaffung einer sog. unabhängigen Polizeibeschwerdestelle[1522] könnte eine zusätzliche Anlaufstelle für Beschwerden darstellen. Ein Mehrwert wäre hiervon allerdings nur dann zu erwarten, wenn die Petenten die verschiedenen Beschwerdemöglichkeiten aus unterschiedlichen Gründen nicht nutzen würden.[1523]

Die Bundesregierung hält die Einbindung der „Vertrauensstelle der Bundespolizei" in die interne Struktur des Bundespolizeipräsidiums ausreichend, um mögliches polizeiliches Fehlverhalten aufzudecken.[1524]

Interne Beschwerdestellen, wie sie nach den Vorwürfen auf der Polizeiwache in Hannover errichtet worden sind, sind zwar ein erster großer Schritt in die richtige Richtung, reichen jedoch bei Weitem nicht aus, um die Vorwürfe gegen Polizisten

1519 BT-Drs. 18/5435 v. 2.7.2015, S. 7 ff.
1520 BT-Drs. 18/5199 v. 12.6.2015.
1521 Die „Vertrauensstelle der Bundespolizei" wurde am 27.5.2015 eingerichtet. Bis zum 13.7.2015 haben sich 16 Mitarbeiter sowie eine Bürgerin an die Vertrauensstelle der Bundespolizei gewandt (BT-Drs. 18/5726 v. 6.8.2015).
1522 Vgl. hierzu auch BT-Drs. 18/4450 v. 25.3.2015.
1523 BT-Drs. 18/5435 v. 2.7.2015, S. 7.
1524 BT-Drs. 18/5616 v. 15.7.2015, S. 3 f.; BT-Drs. 18/5726 v. 6.8.2015, S. 6.

aufzuklären.[1525] Da die Vertrauensstelle innerhalb der Bundespolizei angesiedelt ist, kann eine unabhängige Aufklärung nicht gewährleistet werden. Ferner dient die Sonderbeschwerdestelle nur als Ansprechpartner für Polizeibeamte. Dies ist aber nicht ausreichend. Nicht nur Polizeibeamte, sondern auch andere Beschäftigte und Bürger sollen die Möglichkeit haben, sich über Missstände bzw. polizeiliches Fehlverhalten zu beschweren.[1526]

c) Entwurf eines Gesetzes über die unabhängige Polizeibeauftragte oder unabhängigen Polizeibeauftragten des Bundes

Da nach Auffassung der Fraktion Bündnis 90/Die Grünen interne Sonderbeschwerdestellen nicht ausreichend sind, fordert sie die Schaffung einer Stelle für einen unabhängigen Bundespolizeibeauftragten.[1527] Nach dem „Entwurf eines Gesetzes über die unabhängige Polizeibeauftragte oder unabhängigen Polizeibeauftragten des Bundes (Bundespolizeibeauftragtengesetz – BPolBeauftrG)" muss es sowohl für den Betroffenen als auch für Beschäftigte möglich sein, sich außerhalb des Dienst- bzw. Strafrechtsweges an eine unabhängige Stelle wenden zu können, um „Missstände oder Fehler aufzuzeigen, innerdienstliches Fehlverhalten zu melden oder im dienstlichen Zusammenhang stehende soziale oder persönliche Konflikte vortragen zu können".[1528] Bürger, Beamte und andere Beschäftigte sollen die Möglichkeit haben, Fehler aufzuzeigen, ohne Sanktionen oder Nachteile befürchten zu müssen. Durch die Schaffung einer unabhängigen Beschwerdestelle kann das Vertrauen der Bürger gestärkt und gesichert werden:

> Hinweise, Anregungen und Beschwerden der Bürgerinnen und Bürger werden dadurch ernst genommen und unabhängig von den internen Strukturen schnell und kompetent untersucht. Die Wertschätzung, die so den Bürgerinnen und Bürgern und ihren

1525 Bereits Ende 1979 bildete sich die Bürgerinitiative *„Bürger beobachten die Polizei"* in Berlin. Diese war Anlaufstelle für von Polizeiübergriffen Betroffene (*Gössner/Herzog* Der Apparat, S. 324 f.); Zum 1.7.2014 wurde in Niedersachsen eine *„Beschwerdestelle für Bürgerinnen und Bürger und Polizei"* eingerichtet. Diese nimmt Beschwerden und Anregungen entgegen, die den Geschäfts- und Tätigkeitsbereich des Innenministeriums betreffen, also insbesondere auch das Auftreten und Handeln der niedersächsischen Polizei. Eine tatsächliche Unabhängigkeit ist jedoch keineswegs gewährleistet (http://www.buerger-beobachten-polizei.de/index.php/niedersaechsische-beschwerdestelle) (Stand: Dezember 2016); http://www.mi.niedersachsen.de/startseite/service/beschwerdestelle_buergerinnen_und_buerger_und_polizei/beschwerdestelle-fuer-buergerinnen-und-buerger-und-polizei-125825.html (Stand: Dezember 2016).

1526 BT-Drs. 18/7616 v. 19.2.2016, S. 14 f.

1527 Vgl. hierzu BT-Drs. 18/7616 v. 19.2.2016.

1528 BT-Drs. 18/7616 v. 19.2.2016, S. 14.

Anliegen entgegengebracht wird, kann sich positiv auf die Wahrnehmung das Image der Behörden in der Öffentlichkeit auswirken.[1529]

Eine externe, unabhängige Stelle stärkt nicht nur das Vertrauen der Bevölkerung, sondern sie trägt ferner zum Schutz der Beschäftigten vor ungerechtfertigten Anschuldigungen bei.

Dem Gesetzentwurf zufolge, soll die Schaffung einer Stelle für einen unabhängigen Bundespolizeibeauftragten gerade kein Ausdruck von Misstrauen sein. Vielmehr bedeutet eine unabhängige Beschwerdestelle „Sicherstellung und Unterstützung der Arbeit der Institutionen, die für das Funktionieren unseres Gemeinwesens und das Vertrauen in den demokratischen Staat von hoher Bedeutung sind. Der unabhängige Bundespolizeibeauftragte unterstützt damit die Qualitätssicherung der Arbeit der Behörde und ist auch ein Instrument moderner Mitarbeiterführung".[1530] Die Schaffung der Stelle eines unabhängigen Bundespolizeibeauftragten ist auch deshalb erforderlich, weil die Möglichkeit einer Fach- bzw. Dienstaufsichtsbeschwerde oder einer Strafanzeige nicht ausreicht. Fach- bzw. Dienstaufsichtsbeschwerden führen allenfalls dazu, dass sich der Vorgesetzte mit dem jeweiligen Sachverhalt beschäftigt. Polizeiliche Fehlverhalten wird von „Vorgesetzten negiert oder von politisch Verantwortlichen heruntergespielt."[1531] Auch die strafrechtliche Aufarbeitung entsprechender Fälle ist schwierig und häufig erfolglos. Daher ist es nach dem Gesetzentwurf der Fraktion Bündnis 90/Die Grünen die Stelle eines Bundespolizeibeauftragten erforderlich. Der Bundespolizeibeauftragte soll bei seiner Tätigkeit unabhängig, von Weisungen frei und nur dem Gesetz unterworfen sein (§ 1 Abs. 3 BPolBeauftrG). Der Bundespolizeibeauftragte soll dazu beitragen, Fehler und Fehlverhalten in Einzelfällen, die auf eine Verletzung von Rechtsstaatlichkeit, insbesondere von Grundrechten und der Diskriminierungsfreiheit schließen lassen zu erkennen und ihnen vorzubeugen (§ 1 Abs. 1 Nr. 1 BPolBeauftrG). Ferner soll er strukturelle Mängel und Fehlentwicklungen erkennen und vorbeugen (§ 1 Abs. 1 Nr. 2 BPolBeauftrG). Die Aspekte der permanenten Kontrolle und Transparenz stehen dabei im Mittelpunkt. Ferner soll die fehlende Fehlerkultur etabliert werden.[1532] In einer Ergänzung zum Entwurf eines Gesetzes über die unabhängigen Polizeibeauftragte oder den unabhängigen Polizeibeauftragten des Bundes wurde die Bundesregierung aufgefordert, eine Änderung der Richtlinien für das Strafverfahren und das Bußgeldverfahren zu veranlassen oder einen Novellierungsentwurf zu § 258a StGB und §§ 153 ff. StPO vorzulegen. Es soll gewährleistet werden, dass:

1529 BT-Drs. 18/7616 v. 19.2.2016, S. 15.

1530 BT-Drs. 18/7616 v. 19.2.2016, S. 17.

1531 BT-Drs. 18/7616 v. 19.2.2016, S. 14; *Gössner* in: Innere Sicherheit als Gefahr, S. 170 (*„[D]ie gesetzliche Kontrolle der Polizei [...] erweist sich häufig als unzureichend: Die Aufklärung polizeilicher Straftaten und Diskriminierungen verläuft schleppend, die Opfer haben zumeist keine Beschwerdemacht, die (mutmaßlichen) Polizei-Täter werden allzu häufig von der politischen Führung gedeckt [...]"*).

1532 BT-Drs. 18/7616 v. 19.2.2016, S. 19.

1. in Fällen von polizeilichem Fehlverhalten im Sinne von § 1 Absatz 1 Satz 1 Nr. 1 BPolBeauftrG-E keine Hindernisse für eine Mitwirkung von Beschäftigten von Polizeibehörden an der Aufklärung dieser Sachverhalte bestehen;

2. in entsprechenden Fällen möglichst schnell überprüft wird, ob ein Ermittlungsverfahren, das wegen des Verdachts einer möglichen Strafvereitelung eingeleitet worden ist und dazu führt, dass eine wichtige Zeugin oder ein wichtiger Zeuge wegen des § 55 StPO hinsichtlich der Haupttat nicht aussagt, gemäß den §§ 153 ff. StPO eingestellt werden kann;

3. Aussagen betroffener Beamtinnen und Beamten auch dann ermöglicht und gefördert wird, wenn wegen des Verdachts einer unvollendeten Strafvereitelung ermittelt wird;

4. für entsprechende Rechtssicherheit und -klarheit gesorgt wird, damit ein nicht strafbares Verhalten betroffener Beamtinnen und Beamten nicht instrumentalisiert werden kann, um Aussagen im Sinne der Nr. 1 zu verhindern.[1533]

Begründet wird die Ergänzung damit, dass Ermittlungen wegen polizeilichen Fehlverhaltens häufig dadurch erschwert werden, dass Kollegen davon Kenntnisse haben, sich aber dem Verdacht aussetzen würden, eine Strafvereitelung begangen zu haben, würden sie nicht sofort aussagen. Ermittlungen gegen diese Beamten stellen aufgrund des Verdachts einer Strafvereitelung und des Zeugnisverweigerungsrechts nach § 55 StPO ein Hemmnis für die Aufklärung der Taten dar. Ein Vereiteln im Sinne des § 258 StGB liegt zudem regelmäßig nicht vor. Auch muss beachtet werden, dass sich Kollegen durch eine entsprechende Aussage Risiken hinsichtlich ihrer eigenen beruflichen Zukunft aussetzen und daher eine gewisse Bedenkzeit gerechtfertigt ist.[1534]

2. *Quis custodiet custodes? – Argumente für die Errichtung unabhängiger, externer Beschwerdestellen*

Polizeiexterne, unabhängige Stellen sind eine Notwendigkeit, um die zahlreichen Privilegierungen, welche deutsche Polizisten bei unrechtmäßiger polizeilicher Gewaltanwendung genießen, zu beseitigen. Argumente, welche für die Errichtung unabhängiger, externer Polizeibeschwerdestellen sprechen, sollen daher im Folgenden dargestellt werden.

1533 BT-Drs. 18/7617 v. 19.2.2016, S. 1.
1534 BT-Drs. 18/7617 v. 19.2.2016, S. 2.

a) *Aufklärung rechtswidriger Polizeigewalt*

Der Staat hat die Gewalthoheit inne.[1535] Das Gewaltmonopol kommt der Exekutive zu.[1536] Mithin ist die Ausübung der physischen Macht des Staates[1537] auch den Polizisten übertragen.[1538] Diese Zentrierung der Machtstellung kann ihre Schattenseiten haben, vornehmlich dann, wenn es zu unrechtmäßiger polizeilicher Gewalt kommt und sich infolgedessen eine „Mauer des Schweigens" aufbaut, welche es für das Opfer zu überwinden gilt und bisweilen nicht durchgebrochen werden kann.

Richtig ist zwar, dass das Gewaltmonopol der Exekutive zukommt. Dennoch wäre es leichtsinnig, ihr die Ausübung unkontrolliert zu überlassen. Schon der römische Dichter und Satiriker *Juvenal* warf die Frage *„Quis custodiet custodes?"* (*„Wer bewacht die Wächter?"*)[1539] auf, welche man sich im Zusammenhang mit der Einführung externer und unabhängiger Beschwerdestellen erneut stellen muss. Die Sentenz „Wer bewacht die Wächter?" ist zudem im Hinblick auf die zunehmende Polizeigewalt aktueller und brisanter denn je. Unabhängige Beschwerdestellen könnten der erste Schritt zur Aufklärung und Eindämmung unrechtmäßiger polizeilicher Gewaltanwendung sein. Durch entsprechende Stellen könnte sichergestellt werden, dass diejenigen, die den Gesetzen Geltung verschaffen sollen, sich auch selbst an Recht und Gesetz halten. Die Aufklärung illegaler Polizeigewalt ist von enormer Bedeutung, „denn die Polizei als gewichtiger Träger staatlich-exekutiver Macht muss sich in einem Rechtsstaat der öffentlichen Kontrolle stellen, soll sie nicht zum Staat im Staate werden."[1540] Ferner könnte die Aufarbeitung unverhältnismäßiger Polizeieinsätze zur Stärkung von Bürgerrechten beitragen.[1541]

Unabhängige, aus dem Polizeiapparat herausgelöste Beschwerdestellen können es dem Einzelnen ermöglichen, gegen polizeiliches Fehlverhalten vorzugehen bzw. sich über staatliches Handeln zu beschweren.[1542] Aus Rechtsstaatlichkeitsgründen und aus polizeilicher Berufsethik muss polizeiliches Handeln jederzeit lückenlos kontrollierbar und nachvollziehbar sein. Die Kontrolle soll kein Misstrauensvotum[1543] gegen die Polizei sein, sondern eine Aufwertung polizeilicher Arbeit

---

1535 Praxishandbuch POR/*Pewestorf* S. 5 Rn. 6.

1536 *Wagener* in: Gewalt und Gewalten, S. 135.

1537 Maunz/Dürig-GG/*Herdegen* Art. 79 Rn. 180.

1538 *Gössner* in: Innere Sicherheit als Gefahr, S. 168 (*„Lizenz zur Gewaltausübung"*).

1539 Auch bei *van Elsbergen* in: Sicherheitsdiskurse, S. 116 (*„Wer kontrolliert die Kontrolleure"*).

1540 *Gössner* in: Innere Sicherheit als Gefahr, S. 170.

1541 *Braun/Albrecht* DÖV 2015, 937, 944.

1542 *Pichl* KritV 2014, 249, 266; *Singelnstein* Bürgerrechte & Polizei 2010, 55, 61; vor allem Radikale halten den gesamten Polizeiapparat für einen Fehler, was in der Forderung nach einer Polizeikontrolle laut wird (*Peters* in: Empirische Polizeiforschung V, S. 9); *Mahr* KrimJ 4. Beiheft 1992, 116, 121.

1543 Auch in der Hamburger Polizeikommission sah man zum Teil einen *„fleischgewordenen Ausdruck des Misstrauens gegenüber der Polizei"* (bei *Gössner* in: Innere Sicherheit als Gefahr, S. 177).

darstellen. Ziel unabhängiger Beschwerdestellen soll nicht sein, die Strafverfolgung von Polizisten voranzutreiben, sondern der Allgemeinheit das Gefühl zu geben, dass bei der Strafverfolgung keine Unterschiede gemacht werden und Polizisten keine Privilegien genießen. Dem Bürger soll deutlich gemacht werden, dass es sich lohnt, Kritik anzubringen.[1544]

b) Innerdienstliche Kritik und Rechenschaftspflicht der Polizei

Unabhängige Beschwerdestellen sollen nicht nur Anlaufstelle für unzufriedene Bürger sein, welche sich über die Art des Auftretens der Beamten beschweren wollen.[1545] Auch Polizeibeamten wird durch die Errichtung unabhängiger Beschwerdestellen die Möglichkeit gegeben, innerdienstliche Kritik zu äußern. Da Kritik in den eigenen Reihen aus Gründen des Korpsgeists, der Kameraderie und aus Angst vor Mobbingattacken selten geäußert wird, muss Polizeibeamten der Zugang zu solchen Stellen auch außerhalb des Dienstweges ermöglicht werden.[1546] Die Möglichkeit außerhalb des Dienstweges Kritik anbringen zu können, ist wichtig, da ein Dienstweg über den Vorgesetzten hingegen vielen diese Möglichkeit versperren würde. Kritisches Denken und kritische Äußerungen können durchaus mit einer „Ausgrenzung" aus der Polizeigemeinschaft verbunden sein[1547] und dazu führen, dass den Polizisten, welche die polizeiinternen Beschwerdeuntersuchungen durchführen, Misstrauen entgegengebracht wird.[1548] Daher ist die Einführung einer Institution, an welche sich Polizisten wenden können, ohne dienstliche oder persönliche Nachteile erleiden zu müssen, längst überfällig. Eine entsprechende unabhängige Institution muss jedoch auch räumlich von der Polizeibehörde getrennt sein. Das Problem einer „räumlichen Nähe" zeigte sich beispielsweise bei der Hamburger Polizeikommission:

> Weil die Kommission räumlich beim Senator für Inneres untergebracht war und deshalb auch denselben Behördeneingang benutzte, gerieten sämtliche Besucher ins Visier der dort installierten Videokameras, was das Vertrauen nicht gerade förderte. So konnte kein Polizeibeamter, der sich der Kommission offenbaren wollte, die Dienststelle unbemerkt betreten, zumal an der Pforte auch noch der Name erfragt wurde, und Kollegen mitbekommen konnten, wer den 6. Stock aufsuchte, in dem die Kommission tätig war.[1549]

1544 *Uildriks* KrimJ 4. Beiheft 1992, 136, 144.

1545 SZ v. 20./21.6.2015, S. 5 (bei Beschwerden von Angehörigen von Minderheitsgruppen geht es nur selten um gravierende Fälle; vielmehr beschweren sie sich über das Auftreten der Polizisten).

1546 So auch bei *Mahr* KrimJ 4. Beiheft 1992, 116, 121; SZ v. 20./21.6.2015, S. 5; *Schulz* in: Kriminalitätsbekämpfung, S. 283; *Gössner* in: Innere Sicherheit als Gefahr, S. 171 f.

1547 Vgl. auch *Such* KrimJ 4. Beiheft 1992, 130, 131.

1548 *Uildriks* KrimJ 4. Beiheft 1992, 136, 138.

1549 *Gössner* in: Innere Sicherheit als Gefahr, S. 179.

Eine äußere Kontrolle ist wichtig, um Fehler im Vorfeld zu erkennen und in Zukunft vermeiden zu können.[1550] Die Polizei als Institution ist der Öffentlichkeit zur Rechenschaft verpflichtet. Dies beinhaltet auch die Kontrolle durch unabhängige Institutionen, da eigene Verhaltensfehler nur von wenigen Beamten gesehen werden.[1551] Sofern Menschenrechtsverletzungen stattgefunden haben, haben sie die Pflicht, unabhängig, umfassend und unparteiisch zu ermitteln und den Opfern Zugang zu einer wirksamen Beschwerde zu gewähren. Sofern sich die Polizei jeglicher externen Kontrolle entzieht, wird durch das Hinzutreten weiterer Faktoren – Korpsgeist, Frustration infolge der täglichen Konfrontation mit Gewalt und Elend und die grundsätzlich stressgeneigte polizeiliche Tätigkeit – ein idealer Nährboden für polizeiliche unrechtmäßige Gewalt geschaffen. Auch *Hofmann* sieht im Umgang mit Straftaten der Polizisten eine Schwäche in der Polizeipraxis. In der Errichtung sog. *„Polizei-Beschwerde-Stellen"* sieht er eine große Chance, weil dadurch polizeiliches Fehlverhalten effektiv aufbereitet und der Polizist entlastet werden kann, wenn unbegründete Beschwerden im Raum stehen.[1552] Bislang fehlt es an einer Kontrolle von außen, zu der auch Bürger Zugang haben müssen, die sich von Polizisten misshandelt oder schlecht behandelt fühlen.[1553]

c) Stärkung des Vertrauens der Bevölkerung in den Polizeiapparat

Eine umfassende Form der Beaufsichtigung durch außenstehende Instanzen macht das polizeiliche Handeln glaubwürdiger und das Vertrauen der Allgemeinheit in die Polizei wird dadurch gestärkt. Im Gegensatz zu polizeiinternen Beschwerdeuntersuchungen haben polizeiexterne Beschwerdestellen den Vorteil, dass Bürger von ihrer Objektivität und Unabhängigkeit überzeugt werden können. Bei internen Untersuchungen hingegen bleibt immer der bittere Beigeschmack der Geheimhaltung.[1554] Unabhängige Beschwerdestellen signalisieren, dass staatliches Handeln kontrolliert wird und Polizisten bei fehlerhaftem Verhalten keine Privilegien zukommen. Nebenbei können durch ständige Kontrollen die vielfach beklagten „Schwarzen Schafe" innerhalb der Polizei aufgedeckt und gegebenenfalls aus dem Dienst suspendiert werden.[1555] Externe Beschwerdestellen können dem Polizeiapparat weiter die Möglichkeit bieten, Beschwerden der Bevölkerung als „feedback" auf polizeiliches (Fehl-)Verhalten zu sehen.[1556]

1550 *Korell/Liebel* Polizeiskandal – Skandalpolizei, S. 159.

1551 *Ellrich/Baier/Pfeiffer* Polizeibeamte als Opfer von Gewalt, S. 203.

1552 *Hofmann* in: Polizei und Bevölkerung, S. 103; auch Polizisten sollten externe Kontrollstellen nicht als Generalverdacht, sondern als Chance sehen (*Schulz* in: Kriminalitätsbekämpfung, S. 283).

1553 *Kersten*: http://www.sueddeutsche.de/panorama/polizeigewalt-schlaege-im-namen-des-gesetzes-1.1599748-2 (Stand: Dezember 2016).

1554 *Uildriks* KrimJ 4. Beiheft 1992, 136, 137.

1555 Vgl. auch *Mahr* KrimJ 4. Beiheft 1992, 116, 122.

1556 So *Uildriks* KrimJ 4. Beiheft 1992, 136, 144.

Deutsche Polizisten genießen zwar grundsätzlich großes Vertrauen der Bevölkerung, damit das aber auch so bleibt, müssen sie sich einer effektiven, externen Kontrolle stellen.

d) *Möglichkeit der Selbstreflexion – Kritikfähigkeit als unabdingbare Voraussetzung*

Bei Beschwerden über unrechtmäßige Polizeigewalt erstatten die betroffenen Polizisten ihrerseits häufig Widerstandsanzeigen. Dadurch wird versucht, die polizeiliche Gewaltanwendung zu legitimieren.[1557] Externe Beschwerdestellen ermöglichen dem Bürger polizeiliches Fehlverhalten anzuzeigen, ohne sich der Gefahr einer Gegenanzeige auszusetzen. Natürlich bietet die Existenz von außenstehenden Kontroll- und Beschwerdestellen noch keine hinreichende Garantie, dass geeignete Maßnahmen gegen polizeiliche Gewalt ergriffen werden. Stattdessen ist darauf zu achten, dass die Behörden für die entsprechenden Verpflichtungen sensibilisiert werden.

Damit die Errichtung unabhängiger Beschwerdestellen Erfolg haben kann, muss die Polizei zur Selbstreflexion und Annahme von Kritik bereit sein. Aufgrund der derzeitigen Einstellung zur polizeilichen Kontrolle erscheint es unwahrscheinlich, dass sich die Polizei in diese Richtung entwickeln wird, obwohl ein Beschwerde- und Kontrollmanagement ebenso zur Fehlerkultur gehören müsste wie der interne Umgang mit Fehlern. Auch *Mahr* ist der Auffassung, dass eine positive Vorstellung von Kontrolle und die damit verbundene Aufwertung der polizeilichen Arbeit ein offeneres Rollenverständnis auf Seiten der Polizei voraussetzt.[1558] Er sah bereits in den 1990er Jahren, dass es an der Offenheit der Polizei hierfür mangelt. Die Einstellung der Polizei gegenüber unabhängigen Beschwerdestellen der polizeilichen Arbeit hat sich bisher nicht verändert. Die Polizei lässt sich weiterhin nicht in die Karten schauen, spricht von vereinzelten „Schwarzen Schafen" innerhalb der Polizei und hat kein Interesse daran, ihre Arbeit von der Öffentlichkeit kontrollieren zu lassen. Alle Bemühungen um eine verbesserte Kontrolle der Polizei werden vielmehr als Misstrauen gegen die Polizei verstanden. Wie schwierig es ist, die Polizei zu kontrollieren, zeigt sich insbesondere dann, wenn unrechtmäßige polizeiliche Gewalt im Raum steht; dann sehen sich die Vorgesetzten als Teil der Polizei und stellen sich vor die an der Basis arbeitenden Polizisten. Dieses „vor die Polizei stellen" behindert aber jede externe Kontrolle.[1559]

1557 *Pütter* Bürgerrechte & Polizei 2010, 3, 8, 12.
1558 *Mahr* KrimJ 4. Beiheft 1992, 116, 122.
1559 Vgl. *Such* KrimJ 4. Beiheft 1992, 130, 131.

e) *Zwischenergebnis*

Zum Teil herrscht gegenüber externen Stellen zur polizeilichen Verhaltenskontrolle Skepsis, sodass diesbezüglich Aufklärungsbedarf besteht.[1560] Dies vor allem deshalb, weil die Gefahr existiert, dass ein Großteil der Polizeibeamten den Sinn und Zweck der bevorstehenden Veränderung nicht versteht und Angst vor neuen Aufgaben hat.[1561] Gegner einer externen Beschwerdestelle bringen ähnliche Argumente vor wie Kennzeichnungsgegner. Man befürchtet bei externen Beschwerdestellen, dass Polizisten unter den Generalverdacht[1562] gestellt werden, rechtswidrig zu handeln und fehlerbelastet zu sein. Da Fehler in jedem Berufsalltag passieren können, sollte auch die Polizei aus ihren Fehlern lernen und den offenen Umgang mit diesen fördern.[1563] Das Motto „Aus Fehlern lernen" ist jedoch noch nicht angekommen. Stattdessen führen Fehler der Kollegen zu „feixender Schadenfreude".[1564] Da Polizisten aus Angst vor negativen Konsequenzen Fehlverhalten ihrer Kollegen nur selten kritisieren bzw. zur Anzeige bringen, erscheint die Errichtung ein den Dienststellen übergeordnetes Beschwerdemanagement sinnvoll, um ein offenes Ansprechen von Verhaltensfehlern zu ermöglichen.[1565] Auch *Korell* und *Liebel* zufolge ist die von Hierarchien unabhängige Kontrolle die beste Kontrolle.[1566]

Vergleicht man also die in Betracht kommenden Maßnahmen zur Bekämpfung der Polizeigewalt, dann stellt die Errichtung unabhängiger, externer Beschwerdestellen die effektivste Maßnahme dar. Nur wenn Bürgern und Polizisten gleichermaßen die Möglichkeit gegeben wird, polizeiliche Gewalt anzuklagen, ohne Widerstandsanzeigen bzw. den Ausschluss aus der Polizeifamilie befürchten zu müssen, kann Polizeigewalt eingedämmt werden. Wer glaubt er komme nicht gegen die Staatsgewalt an und infolgedessen Polizeiübergriffe verschweigt, der verhindert, dass sich die Polizei stärker beobachtet und kontrolliert fühlt.[1567]

In externen Beschwerdestellen darf freilich nicht die Patentlösung im Kampf gegen Polizeigewalt gesehen werden. Dennoch muss jede Maßnahme ergriffen werden, um körperliche und psychische Übergriffe durch Polizisten einzudämmen.

1560 *Kersten* NK 2014, 52, 53.

1561 *Korell/Liebel* Polizeiskandal – Skandalpolizei, S. 33.

1562 Auch bei *Schulz* in: Kriminalitätsbekämpfung, S. 283 (externe Kontrollinstanzen als Zeichen des Misstrauens und des Generalverdachts); so auch zum Teil die Meinungen zur Hamburger Polizeikommission (*Gössner* in: Innere Sicherheit als Gefahr, S. 177).

1563 Ebenso *Mensching* in: Empirische Polizeiforschung V, S. 53; auch *Kersten* klagt das Fehlen einer Fehlerkultur bei der Polizei an: http://www.sueddeutsche.de/pano rama/polizeigewalt-schlaege-im-namen-des-gesetzes-1.1599748 (Stand: Dezember 2016); *Schulz* in: Kriminalitätsbekämpfung, S. 275 f.; BT-Drs. 18/7616 v. 19.2.2016, S. 16 („*kaum vorhandene Fehlerkultur*"); *von Richthofen* Die Polizei 1994, 90, 92.

1564 *Korell/Liebel* Polizeiskandal – Skandalpolizei, S. 136.

1565 *Ellrich/Baier/Pfeiffer* Polizeibeamte als Opfer von Gewalt, S. 203.

1566 *Korell/Liebel* Polizeiskandal – Skandalpolizei, S. 160.

1567 *Gössner/Herzog* Der Apparat, S. 325.

Beschwerdestellen bieten bislang die einzige Möglichkeit der Polizeigewalt Einhalt zu gebieten.[1568]

3. *Errichtung unabhängiger Beschwerdestellen aus menschenrechtlicher Perspektive*

Abschließend werden unabhängige Beschwerdestellen aus menschenrechtlicher Perspektive betrachtet.

a) Stellungnahme des früheren Menschenrechtskommissars Hammarberg

Der frühere Menschenrechtskommissar des Europarates, *Thomas Hammarberg*[1569] propagierte bereits im März 2009 für eine stärkere Kontrolle der Polizei von außen. Dementsprechend gab er eine Stellungnahme zur unabhängigen und effektiven Untersuchung von Beschwerden gegen die Polizei ab. Die Stellungnahme knüpft eng an die vom EGMR im Zusammenhang mit Art. 2 EMRK und Art. 3 EMRK entwickelten Grundsätze für eine effektive Untersuchung von Beschwerden gegen die Polizei an. Folgende fünf Prinzipien müssen stets beachtet werden:

- Independence
- Adequacy
- Promptness
- Public scrutiny
- Victim involvement[1570]

Der Stellungnahme zufolge bietet die Rechtsprechung des EGMR zur Untersuchung von Beschwerden gegen die Polizei hilfreiche Richtlinien für polizeiliche Beschwerdeverfahren.[1571]

Folgende Grundsätze sind bei der Errichtung polizeilicher Beschwerdestellen zu berücksichtigen: Zum einen muss zwischen den Ermittlern der Beschwerdestelle und den Polizeibeamten eine institutionelle, hierarchische und praktische bzw. tatsächliche **Unabhängigkeit** bestehen („*there should not be institutional or hierarchical connections between the investigators and the officer complained against and there should be practical independence*").[1572] Zum anderen gilt der Grundsatz der **Angemessenheit** („*adequacy*"). Die Untersuchung muss geeignet sein, Beweise zu erheben, um bestimmen zu können, ob das beanstandete polizeiliche Verhalten rechtswidrig war.

1568 Argumente gegen polizeiexterne Beschwerdeuntersuchungen, welche aber allesamt nicht überzeugen können bei: *Uildriks* KrimJ 4. Beiheft 1992, 136, 138.

1569 Amtszeit: 1.4.2006 bis 31.3.2012 (http://www.coe.int/en/web/commissioner/previous-commissioners) (Stand: Dezember 2016).

1570 *Hammarberg* Opinion of the Commissioner for human rights, S. 3.

1571 *Hammarberg* Opinion of the Commissioner for human rights, S. 11.

1572 Vgl. EGMR Ramsahai/NL, 15.5.2007, ECHR 2007-II, § 325 („*This means not only a lack of hierarchical or institutional connection but also a practical independence*").

Des Weiteren muss sie geeignet sein, die Verantwortlichen identifizieren und bestrafen zu können („*the investigation should be capable of gathering evidence to determine whether police behaviour complained of was unlawful and to identify and punish those responsible*").[1573] Ferner ist auf die **Unverzüglichkeit** der Ermittlungen zu achten („*promptness*"). Die Untersuchung sollte unverzüglich und schnell durchgeführt werden, um das Vertrauen in die Rechtsstaatlichkeit aufrecht erhalten zu können („*the investigation should be conducted promptly and in an expeditious manner in order to maintain confidence in the rule of law*").[1574] Diesbezüglich lautet die Stellungnahme des ehemaligen Menschenrechtskommissars *Hammarberg* wie folgt:

> Failure to conduct a complaints investigation in a prompt and reasonably expeditious manner may give the appearance that there is a reluctance to investigate or of collusion between investigators and officers complained against to conceal wrongdoing.[1575]

Wie der Grundsatz der Unverzüglichkeit im Einzelnen auszusehen hat, geht ebenfalls aus der Stellungnahme hervor. Insbesondere ist es erforderlich, dass eine gründliche und umfassende Ermittlung rechtzeitig aufgenommen wird. Dasselbe gilt für die Ermittlung einer Beschwerde („*timeliness in the conduct of a thorough and comprehensive investigation and the determination of a complaint*").[1576] Ein weiterer Gesichtspunkt, der nicht vernachlässigt werden darf, ist die **öffentliche Überprüfung** („*public scrutiny*"). Die Verfahrensabläufe und die Entscheidungsfindung sollten daher offen und transparent sein, um die Rechenschaftspflicht durchsetzen zu können („*procedures and decision-making should be open and transparent in order to ensure accountability*"). Das Ausmaß einer öffentlichen Überprüfung ist abhängig vom Einzelfall.[1577] Abschließend wird auf die **Opferbeteiligung** („*victim involvement*") hingewiesen. Danach sollte der Beschwerdeführer in das Beschwerdeverfahren einbezogen werden, um rechtmäßige Interessen wahren zu können („*the complainant should be involved in the complaints process in order to safeguard his or her legitimate interests*").[1578] Die Notwendigkeit, das Opfer einzubeziehen, wird in der Stellungnahme hervorgehoben:

> It is important that the victim involvement principle is meaningful and effectively applied and not empty and rhetorical. The interests of the complainant, who may have been traumatised by their experience, lacks confidence or does not understand how

---

1573 Zu den Erfordernissen, welche an eine gründliche und umfassende Beschwerdeuntersuchung zu stellen sind: *Hammarberg* Opinion of the Commissioner for human rights, S. 12 f.

1574 Vgl. beispielsweise auch EGMR Ognyanova u. Choban/BUL, 23.2.2006, § 106.

1575 *Hammarberg* Opinion of the Commissioner for human rights, S. 13.

1576 *Hammarberg* Opinion of the Commissioner for human rights, S. 13.

1577 Siehe hierzu Isayeva, Yusupova u. Bazayeva/R, 24.2.2005, § 213 („*The degree of public scrutiny required may well vary from case to case*") = EuGRZ 2006, 32.

1578 Vgl. ausführlich zu den fünf EMRK-Grundsätzen: *Hammarberg* Opinion of the Commissioner for human rights, S. 7 f., 12 ff.

> the police complaints system works, are not safeguarded if he or she has difficulty communicating with the police or IPCB about his or her complaint.[1579]

Ferner werden in der Stellungnahme zur unabhängigen und effektiven Untersuchung von Beschwerden gegen die Polizei konkret die Aufgabe und Beschaffenheit eines Polizeibeschwerdesystems definiert. Diesbezüglich ist an dieser Stelle lediglich auf Folgendes hinzuweisen: Polizeiliches Handeln steht im Zusammenhang mit Streitigkeiten zwischen Individuen bzw. Gruppen und deren Lösung. Daher liegt es in der Natur der Sache, dass es eine gewisse Anfälligkeit für Fehler und Missverständnisse gibt („*liable to error and misunderstanding*“).[1580] Zur Vermeidung dieser kann ein Polizeibeschwerdesystem beitragen. Hauptaufgaben eines Polizeibeschwerdesystems sind daher unter anderem sich mit den Beschwerden von Beschwerdeführern zu befassen („*address the grievances of complainants*“), den Zugang zu wirksamen Beschwerden zu erleichtern (vgl. hierzu Art. 13 EMRK), wenn ein Verstoß gegen die EMRK im Raum steht („*facilitate access to the right to an effective remedy for a breach of an ECHR right as required under Article 13 of the ECHR*“) und polizeiliche Misshandlungen und Fehlverhalten vorzubeugen („*prevent police ill-treatment and misconduct*“).[1581] Das polizeiliche Beschwerdesystem sollte ferner als eine Ergänzung zu den Rechtsmitteln des Strafrechts, des öffentlichen Rechts und des Zivilrechts gesehen werden und verständlich, offen und zugänglich sein.[1582] Darüber hinaus sollten unabhängige Beschwerdestellen in ihrem Handeln transparent und rechenschaftspflichtig sein („*must be transparent in its operations and accountable*“).[1583] Auch die generelle Arbeitsweise des unabhängigen Polizeibeschwerdesystems wird in der Stellungnahme v. 12.3.2009 festgelegt („*Visibility and accessibility; notification, recording and allocation or mediation process*“).[1584] Abschließend wird auf die Nähe zwischen der Polizei und der Staatsanwaltschaft hingewiesen, die Bedenken hinsichtlich der Unabhängigkeit und der Unparteilichkeit der Strafverfolgung gegen Polizeibeamte aufkommen lässt. Daher sollte über ein unabhängiges Strafverfolgungssystem für Polizeibeschwerden nachgedacht werden.[1585]

b) Recht auf wirksame Beschwerde nach dem IPbpR

Auch der IPbpR[1586] normiert das Recht auf eine wirksame Beschwerde. Gemäß Art. 2 Abs. 3 IPbpR verpflichtet sich jeder Vertragsstaat:

1579 *Hammarberg* Opinion of the Commissioner for human rights, S. 14.
1580 *Hammarberg* Opinion of the Commissioner for human rights, S. 6.
1581 *Hammarberg* Opinion of the Commissioner for human rights, S. 6 f.
1582 *Hammarberg* Opinion of the Commissioner for human rights, S. 7.
1583 *Hammarberg* Opinion of the Commissioner for human rights, S. 8.
1584 *Hammarberg* Opinion of the Commissioner for human rights, S. 9 ff.
1585 *Hammarberg* Opinion of the Commissioner for human rights, S. 18.
1586 Für die Bundesrepublik Deutschland ist der Internationale Pakt über bürgerliche und politische Rechte am 23.3.1976 in Kraft getreten; vgl. zur Entstehungsgeschichte und allgemeinen Bedeutung: *Hofmann/Boldt* Einl. IPbpR Rn. 1 ff.

a) dafür Sorge zu tragen, dass jeder, der in seinen in diesem Pakt anerkannten Rechten oder Freiheiten verletzt worden ist, das Recht hat, eine wirksame Beschwerde einzulegen, selbst wenn die Verletzung von Personen begangen worden ist, die in amtlicher Eigenschaft gehandelt haben;

b) dafür Sorge zu tragen, dass jeder, der eine solche Beschwerde erhebt, sein Recht durch das zuständige Gerichts-, Verwaltungs- oder Gesetzgebungsorgan oder durch eine andere, nach den Rechtsvorschriften des Staates zuständige Stelle feststellen lassen kann, und den gerichtlichen Rechtsschutz auszubauen;

c) dafür Sorge zu tragen, dass die zuständigen Stellen Beschwerden, denen stattgegeben wurde, Geltung verschaffen.

Bereits 1996 hat sich der UN-Menschenrechtsausschuss erstmals zu den Berichten über Polizeiübergriffe geäußert, das Fehlen unabhängiger Beschwerdestellen moniert und eine Empfehlung für die Errichtung entsprechender Stellen abgegeben.[1587] Seitdem wird die Empfehlung in regelmäßigen Abständen erneuert.[1588] 2004 erläuterte der UN-Menschenrechtsausschuss auch die aus Art. 2 Abs. 3 IPbpR resultierenden Verpflichtungen der Vertragsstaaten.[1589] Damit die Geschädigten einen Rechtsanspruch geltend machen können, muss die Möglichkeit zum Einlegen wirksamer Beschwerden bestehen („*that individuals also have accessible and effective remedies to vindicate those rights*"). Insbesondere sollen auf Justiz- und Verwaltungsebene entsprechende Beschwerdestellen eingerichtet werden. Die in Frage stehenden Verletzungen müssen umgehend, umfassend und wirksam von unabhängigen und unparteiischen Organen untersucht werden („*to investigate allegations of violations promptly, thoroughly and effectively through independent and impartial bodies*"). Darüber hinaus muss es möglich sein, Täter zur Rechenschaft zu ziehen. Das Problem faktischer Straflosigkeit würde dazu führen, dass sich Menschenrechtsverletzungen wiederholen. Bereits 1992 hatte der UN-Menschenrechtsausschuss im Zusammenhang mit der Reichweite von Art. 7 IPbpR (Verbot der Folter) – welcher in Verbindung mit Art. 2 Abs. 3 IPbpR gelesen werden sollte – die Bedeutung der unverzüglichen und unparteiischen Untersuchung von Misshandlungsvorwürfen, um Rechtsmittel wirksam machen zu können, hervorgehoben („*Complaints must be investigated promptly and impartially by competent authorities so as to make the remedy effective*").[1590]

1587 Human Rights Committee, Concluding Observations of the Human Rights Committee, Germany, 8.11.1996, CCPR/C/79/Add.73.

1588 Siehe z.B. Human Rights Committee, Concluding Observations of the Human Rights Committee, Germany, 12.11.2012, CCPR/C/DEU/CO/6.

1589 Human Rights Committee, General Comment 31, Nature of the General Legal Obligation on States Parties to the Covenant, U.N. Doc. CCPR/C/21/Rev.1/Add.13 (2004).

1590 Human Rights Committee, CCPR General Comment No. 20: Article 7 (Prohibition of Torture, or Other Cruel, Inhuman or Degrading Treatment or Punishment), 10.3.1992, http://www.refworld.org/docid/453883fb0.html (Stand: Dezember 2016).

c) *Europäische Kommission gegen Rassismus und Intoleranz*

Auch die Europäische Kommission gegen Rassismus und Intoleranz (ECRI) hat Deutschland in den vergangenen Jahren wiederholt aufgefordert, unabhängige Stellen zu errichten, welche Beschwerden über mutmaßliche polizeiliche Menschenrechtsverletzungen untersuchen sollen. Im Jahr 2000 äußerte sich die Kommission folgendermaßen:

> ECRI wiederholt ihre Empfehlung an die Polizeien des Bundes und der Länder, ihre Bemühungen zu verstärken, damit die untersten Ränge der Polizeibeamten die grundlegenden Menschenrechte der Angehörigen von Minderheitengruppen achten. [...] ECRI ist der Auffassung, dass ein unabhängiges Organ mit der Aufgabe betraut werden sollte, alle Fälle von Misshandlungen durch Polizeibeamte, insbesondere an Angehörige von Minderheitengruppen zu untersuchen.[1591]

2004[1592] und 2009 wiederholte die Kommission die Empfehlung zur Errichtung unabhängiger Untersuchungsstellen:

> ECRI unterstreicht die Wichtigkeit, in Fällen behaupteten polizeilichen Fehlverhaltens ein unabhängiges Untersuchungsverfahren vorzusehen, das solchen Anschuldigungen nachgehen und die Schuldigen notfalls vor Gericht bringen kann. ECRI wiederholt die Aufforderung, in Deutschland ein derartiges Gremium einzusetzen.[1593]

d) *UN-Antifolterausschuss*

Der UN-Antifolterausschuss appelliert ebenfalls an Deutschland, Maßnahmen zu treffen, um sicherzustellen, dass Informationen über die Möglichkeit der Beschwerde gegen Polizeibeamte umfassend bekannt gemacht werden. Darüber hinaus muss sichergestellt werden, dass die Vorwürfe polizeilichen Fehlverhaltens ordnungsgemäß untersucht werden.

> The Committee recommends that the State party take appropriate measures to:
>
> (a) Ensure that information about the possibility and procedure for filing a complaint against the police is made available and widely publicized, including by being prominently displayed in all police stations of the Federal and Länder Police; and
>
> (b) Ensure that all allegations of misconduct by the police are duly assessed and investigated, including cases of intimidation or reprisals in particular against persons in vulnerable situation as a consequence of the complaints of ill-treatment by the police.[1594]

1591 ECRI (2000), Zweiter Bericht über Deutschland, 15.12.2000, CRI (2001) 36, Ziff. 33.

1592 ECRI (2004), Dritter Bericht über Deutschland, 5.12.2003, CRI (2004) 23, Ziff. 85.

1593 ECRI (2009), Vierter Bericht über Deutschland, 19.12.2008, CRI (2009) 19, Ziff. 160.

1594 UN Committee against Torture, Consideration of reports submitted by States parties under article 19 of the Convention, Concluding observations of the Committee against Torture, CAT/C/DEU/CO/5, 12.12.2011, Ziff. 18.

Der UN-Antifolterausschuss empfiehlt, auf Bundes- und Länderebene die erforderlichen Maßnahmen zu treffen, damit die Vorwürfe polizeilicher Folter bzw. Misshandlungen unverzüglich und umfassend von unabhängigen Stellen untersucht werden.

> The Committee recommends that the State party:
>
> (a) Take all appropriate measures both at the federal and Länder level so as to ensure that all allegations of torture and ill-treatment by the police are investigated promptly and thoroughly by independent bodies, with no institutional or hierarchical connection between the investigators and the alleged perpetrators among the police; and
>
> (b) Provide the Committee with its comments on the specific cases of ill-treatment by the police raised during the dialogue with the State party.[1595]

e) *Rechtsprechung des EGMR*

Der EGMR hat in seiner ständigen Rechtsprechung verfahrensrechtliche Grundsätze entwickelt, welche beim Umgang mit Misshandlungen (mit Todesfolge) durch Staatsorgane zu beachten sind.[1596]

Aus Art. 2 EMRK in Verbindung mit Art. 1 EMRK folgt die Verpflichtung des Staates, für eine wirksame Untersuchung von Amts wegen zu sorgen, wenn ein Mensch durch staatliche Gewalteinwirkung zu Tode gekommen ist.[1597] Des Weiteren ergibt sich aus Art. 3 EMRK in Verbindung mit Art. 1 EMRK eine positive Verpflichtung, „für gründliche, wirksame und unvoreingenommene Ermittlungen zu sorgen, wenn ein Mensch gefoltert oder unmenschlich behandelt worden ist, insbesondere durch Repräsentanten des Staates".[1598] Es gibt zwar keine allgemeine „Checkliste", welche Art und Weise der jeweiligen Ermittlungen[1599] im Einzelfall festlegt,[1600] doch hat der EGMR in seiner ständigen Rechtsprechung zu Art. 2 EMRK (*Recht auf Leben*) und Art. 3 EMRK (*Verbot der Folter*) einige Grundsätze für die gebotene Effektivität der Ermittlungen bei Tötungen bzw. Misshandlungen durch eine von staatlichen Stellen mutmaßlich ausgeübte Gewalt entwickelt. Zu den Schutzpflichten des Staates aus

---

1595 UN Committee against Torture, Consideration of reports submitted by States parties under article 19 of the Convention, Concluding observations of the Committee against Torture, CAT/C/DEU/CO/5, 12.12.2011, Ziff. 19.

1596 Siehe bereits *Hammarberg* Opinion of the Commissioner for human rights, S. 7 f.

1597 Meyer-Ladewig/*Meyer-Ladewig/Huber* EMRK Art. 2 Rn. 21; Karpenstein/Mayer/*Schübel-Pfister* Art. 2 EMRK Rn. 41 (Art. 1 EMRK wird lediglich als *„verstärkender Begründungsstrang"* mitzitiert); vgl. auch EGMR Grams/D, 5.10.1999, ECHR 1999-VII = NJW 2001, 1989.

1598 Meyer-Ladewig/*Meyer-Ladewig/Lehnert* EMRK Art. 3 Rn. 14; Frowein/Peukert/*Frowein* Art. 3 EMRK Rn. 25.

1599 Der Begriff „Ermittlungen" umfasst sowohl polizeiliche, als auch staatsanwaltliche Ermittlungen und gerichtliche (Straf-)Verfahren (Karpenstein/Mayer/*Schübel-Pfister* Art. 2 EMRK Rn. 42).

1600 EGMR Giuliani u. Gaggio/I, 24.3.2011 = NVwZ 2011, 1441.

Art. 2 EMRK und Art. 3 EMRK gehört es, die Ursachen einer Tötung durch Gewalteinwirkung bzw. die Folter oder unmenschliche oder erniedrigende Behandlung angemessen schnell („*zügig*") und effektiv aufzuklären[1601] und die Umstände von Amts wegen[1602] unverzüglich zu erforschen.[1603] Das Erfordernis einer effektiven Untersuchung begründet der EGMR in der Sache *McCann u.a.* gegen Großbritannien v. 27.9.1995 folgendermaßen:

> The Court confines itself to noting, like the Commission, that a general legal prohibition of arbitrary killing by the agents of the State would be ineffective, in practice, if there existed no procedure for reviewing the lawfulness of the use of lethal force by State authorities. The obligation to protect the right to life under this provision (art. 2), read in conjunction with the State's general duty under Article 1 (art. 2+1) of the Convention to "secure to everyone within their jurisdiction the rights and freedoms defined in [the] Convention", requires by implication that there should be some form of effective official investigation when individuals have been killed as a result of the use of force by, inter alios, agents of the State.[1604]

Die aus Art. 2 EMRK resultierende Schutzpflicht wird ebenfalls verletzt, wenn der Staat nicht alle Möglichkeiten ergreift, damit eine unabhängige öffentliche Stelle die Umstände der Tötung aufgeklärt.[1605]

Die Aufklärungspflicht wird auch dann verletzt, wenn Polizeibeamte derselben Dienststelle an den Untersuchungen beteiligt sind, welcher derjenige Polizeibeamte angehört, der unter dem Verdacht steht, rechtswidrig Gewalt angewendet zu

---

1601 Meyer-Ladewig/*Meyer-Ladewig/Huber* EMRK Art. 2 Rn. 22; LR-EMRK/*Esser* Art. 2 Rn. 33, Art. 3 Rn. 21; KK-EMRK-GG I/*Alleweldt* Kap. 10 Rn. 108; Karpenstein/Mayer/*Schübel-Pfister* Art. 2 EMRK Rn. 42; Karpenstein/Mayer/*Sinner* Art. 3 EMRK Rn. 30; vgl. zur unverzüglichen Aufklärung: EGMR Caloc/F, 20.7.2000, ECHR 2000-IX; zum Effektivitätsprinzip: *Meyer-Ladewig* NVwZ 2009, 1531.

1602 LR-EMRK/*Esser* Art. 2 Rn. 33, Art. 3 Rn. 21; Meyer-Ladewig/*Meyer-Ladewig/Huber* EMRK Art. 2 Rn. 21; KK-EMRK-GG I/*Alleweldt* Kap. 10 Rn. 108 m.w.N.; siehe auch EGMR Paul u. Audrey Edwards/UK, 14.3.2002, Rep. 2002-II, § 69 („*However, whatever mode is employed, the authorities must act of their own motion, once the matter has come to their attention*").

1603 EGMR Ceyhan Demir u.a./TRK, 13.1.2005, § 111: Folgen die Ermittlungen erst Jahre später (im vorliegenden Fall nach vier Jahren und zehn Monaten) reicht das nicht aus; LR-EMRK/*Esser* Art. 2 Rn. 34; SK-StPO/*Paeffgen* Art. 2 EMRK Rn. 38 (Zügigkeit der Untersuchung ist erforderlich um „*das Vertrauen der Öffentlichkeit in die Rechtsstaatlichkeit des Verfahrens zu erhalten und den Anschein der Vertuschung zu vermeiden*"); EGMR Oğur/TRK, 20.5.1999, ECHR 1999-III = NJW 2001, 1991, 1992 f. (Gerichtshof muss in Fällen, in denen es zu einer Tötung gekommen ist, mit äußerster Sorgfalt vorgehen).

1604 EGMR McCann u.a./UK, 27.9.1995, Serie A Nr. 324, § 161 = ÖJZ 1996, 233.

1605 Vgl. z.B. EGMR Ramsahai/NL, 15.5.2007, ECHR 2007-II; EGMR Oğur/TRK, 20.5.1999, ECHR 1999-III = NJW 2001, 1991.

haben.[1606] Andernfalls wäre die Unabhängigkeit und Effektivität der Aufklärung gefährdet.[1607] Die Ermittler müssen unabhängig von den Personen sein, welche am Vorfall beteiligt sind. Die Unabhängigkeit muss in „hierarchischer, institutioneller und praktischer Hinsicht" bestehen.[1608] Auch in der Sache *Güleç* gegen Frankreich v. 27.7.1998[1609] hat der Gerichtshof entschieden, dass eine Untersuchung nicht mehr unabhängig ist, wenn die Ermittlungen von denjenigen Personen der Abteilung durchgeführt werden, welcher auch die mutmaßlichen Täter angehören. Dies bestätigte der Gerichtshof im Jahr 2007 in der Sache *Ramsahai u.a.* gegen die Niederlande.[1610] Es genügt nicht, wenn ein erhobener Tötungsvorwurf von Beamten derselben Polizeidienststelle und somit von den eigenen Kollegen untersucht wird. Die Effektivität der Untersuchung ist freilich auch nicht gegeben, wenn die unmittelbar betroffenen Polizisten die Untersuchungen vornehmen.[1611] Eine wirksame Ermittlung von Fällen mutmaßlicher Misshandlungen (mit Todesfolge) muss ferner einer öffentlichen Kontrolle zugänglich sein.[1612]

Sofern rechtswidrige Polizeigewalt im Raum steht muss man sich stets die „Mauer des Schweigens" und die bestehende Cop Culture ins Gedächtnis rufen. Aufgrund mangelnder Fehlerkultur innerhalb des Polizeiapparats wird unverhältnismäßige Gewaltanwendung zum Teil vertuscht, beschönigt oder ignoriert. Daher müssen die Untersuchungen bei Gewaltanwendungen auf Seiten des Staates mit äußerster Sorgfalt betrieben werden, um der Ignoranz entgegenwirken zu können. Die Rechtsprechung des EGMR zeigt, dass unabhängige Institutionen die Ermittlungen wegen unverhältnismäßiger Gewaltanwendung bzw. Tötung führen müssen; nicht dieselbe Polizeidienststelle oder unter Umständen sogar der unter Verdacht stehende Polizeibeamte darf die Ermittlungen leiten. Nur auf diese Weise kann die Effektivität der Untersuchung gewährleistet und das „Klima der Straflosigkeit"[1613] überwunden werden.

1606 Vgl. EGMR Mizigarova/SLO, 14.12.2010; EGMR Oğur/TRK, 20.5.1999, ECHR 1999-III = NJW 2001, 1991, 1994.

1607 Siehe hierzu auch LR-EMRK/*Esser* Art. 2 Rn. 33.

1608 KK-EMRK-GG I/*Alleweldt* Kap. 10 Rn. 108 m.w.N.; siehe auch Frowein/Peukert/*Frowein* Art. 2 EMRK Rn. 16 m.w.N. ; *„tatsächliche Unabhängigkeit der Verantwortlichen"* (Karpenstein/Mayer/*Schübel-Pfister* Art. 2 EMRK Rn. 43); hinreichende Unabhängigkeit der Untersuchungsbehörde (*Uerpmann-Wittzack* in: Ehlers, EuGR, § 3 Rn. 64).

1609 EGMR Güleç/TRK, 27.7.1998, Rep. 1998-IV.

1610 EGMR Ramsahai u.a./NL, 15.5.2007, ECHR 2007-II, §§ 324 f., 333 ff.

1611 EGMR Scavuzzo-Hager/CH, 7.2.2006, §§ 81 f. = ÖJZ 2006, 822.

1612 Karpenstein/Mayer/*Schübel-Pfister* Art. 2 EMRK Rn. 43; Karpenstein/Mayer/*Sinner* Art. 3 EMRK Rn. 30

1613 *Amnesty International* Täter unbekannt, S. 10.

f) CPT-Standards

Auch die auf der Europäischen Konvention zur Verhütung von Folter und unmenschlicher oder erniedrigender Behandlung oder Strafe – Committee for the Prevention of Torture – beruhenden Standards (CPT-Standards) befassen sich mit unabhängigen Beschwerdestellen. Die Mitgliedstaaten des Europarates, welche das europäische Übereinkommen unterzeichnet haben,[1614] machen sich gemäß Art. 1 der Konvention Folgendes zur Aufgabe:

> Es wird ein Europäischer Ausschuß zur Verhütung von Folter und unmenschlicher oder erniedrigender Behandlung oder Strafe [...] errichtet. Der Ausschuß prüft durch Besuche die Behandlung von Personen, denen die Freiheit entzogen ist, um erforderlichenfalls den Schutz dieser Personen vor Folter und unmenschlicher oder erniedrigender Behandlung oder Strafe zu verstärken.[1615]

Die Konvention stellt ein nichtgerichtliches System präventiver Natur dar und soll zum Schutz von Häftlingen beitragen. Hauptzweck des Komitees ist die Verhütung von Folter, unmenschlicher oder erniedrigender Behandlung oder Strafe. Nach Auffassung des Komitees würde die Glaubwürdigkeit des Folterverbots und des Verbots anderer Misshandlungsformen leiden, wenn Amtspersonen, welche für solche Delikte verantwortlich sind, nicht zur Rechenschaft gezogen werden würden.[1616] Daher müsse auf der einen Seite eine Kultur gefördert werden, „in der es als unprofessionell erachtet wird [...] mit Kollegen zu arbeiten und zu verkehren, die zu Misshandlungen greifen, und in der es als korrekt und beruflich lohnend empfunden wird, zu einem Team zu gehören, das sich solcher Handlung enthält".[1617] Auf der anderen Seite müssten Strafverfolgungsbehörden – auch wenn keine formelle Beschwer vorliegt – „rechtlich verpflichtet sein, strafrechtliche Ermittlungen einzuleiten, sobald sie aus beliebiger Quelle glaubhafte Informationen erhalten, dass es zur Misshandlung von Personen, denen die Freiheit entzogen ist, gekommen sein könnte".[1618] Die zuständigen Behörden müssten diesbezüglich sensibilisiert werden. Auch sind effektive Untersuchungen, die zur Identifikation und Bestrafung der für die Misshandlung Verantwortlichen führen, erforderlich. Auf diese Weise kann dem Verbot von Folter und unmenschlicher oder erniedrigender

---

1614 Unterschriften und Ratifikationsstand: http://www.coe.int/de/web/conventions/full-list/-/conventions/treaty/126/signatures (Stand: Dezember 2016).

1615 Sammlung Europäischer Verträge – Nr. 126, S. 5 (http://www.institut-fuer-menschenrechte.de/fileadmin/user_upload/PDF-Dateien/Europarat_Dokumente/CPT_de.pdf) (Stand: Dezember 2016).

1616 http://www.cpt.coe.int/lang/deu/deu-standards.pdf (CPT-Standards, [CPT/Inf/E (2002) 1 – Rev. 2010, Deutsch], Stand: Dezember 2016, S. 95; im Folgenden: CPT-Standards, S.); *Bosch* in: Grundrechte-Report 2016, S. 77.

1617 CPT-Standards, S. 95.

1618 CPT-Standards, S. 96.

Behandlung oder Strafe praktische Bedeutung verliehen werden.[1619] In Bezug auf die Untersuchungen hat das Komitee grundlegende Kriterien festgelegt, welche erfüllt werden müssen:[1620]

- Damit Untersuchungen möglicher Misshandlungen effektiv sind können, müssen die für die Durchführung verantwortlichen Personen unabhängig von denjenigen Personen sein, welche in die Folter- bzw. Misshandlungsvorwürfe verwickelt sind.
- Die Untersuchungen müssen gründlich sein und in umfassender Weise durchgeführt werden.
- Damit Untersuchungen möglicher Misshandlungen effektiv sein können, müssen sie zudem prompt und verhältnismäßig zügig durchgeführt werden. Die Untersuchungen dürfen dagegen nicht in ungerechtfertigter Weise verzögert werden.
- Ferner sollte ein hinreichendes Element öffentlicher Kontrolle vorhanden sein.

Neben Erfüllung dieser Kriterien muss es dem von der Misshandlung Betroffenen möglich sein, Beschwerde einreichen zu können. Davon darf er nicht abgehalten werden.[1621] Beim Einzelnen darf auch kein Zweifel hinsichtlich des „Engagements der staatlichen Behörden für die Bekämpfung der Straflosigkeit“[1622] aufkommen. Gegen Folter und unmenschlicher oder erniedrigender Behandlung oder Strafe muss es vielmehr „null Toleranz“ geben.[1623]

g) *Kriterien nach Amnesty International*

Von Menschenrechtsorganisationen wird Deutschland angemahnt, unabhängige Kontrollen des polizeilichen Handelns zu gewährleisten. Die Ermittlungsmethoden hinsichtlich der Vorwürfe polizeilicher Misshandlungen würden bislang „nicht den Grundsätzen entsprechen, die in den von Deutschland unterzeichneten Menschenrechtsabkommen verankert sind“.[1624] *Amnesty International* empfiehlt daher entsprechend den Empfehlungen des CPT die Errichtung unabhängiger Kontrollstellen, um die Vorwürfe von Menschenrechtsverletzungen überprüfen zu können.[1625]

Um einer vollständigen Darstellung gerecht zu werden, werden im Folgenden einige, von *Amnesty International* geforderte Kriterien, welche unabhängige Kontrollstellen bei der Untersuchung von Menschenrechtsverletzungen erfüllen müssen, dargestellt:[1626]

1619 CPT-Standards, S. 98.
1620 CPT-Standards, S. 98 ff.
1621 CPT-Standards, S. 100.
1622 CPT-Standards, S. 101.
1623 CPT-Standards, S. 101.
1624 So bei *Lüdtke/Sturm* in: Polizei, Gewalt und Staat, S. 11.
1625 *Amnesty International* Täter unbekannt, S. 113.
1626 *Amnesty International* Täter unbekannt, S. 113 ff.

- Die Untersuchungsmechanismen sollen keine hierarchischen oder institutionellen Verbindungen zur Polizei haben.
- Die Öffentlichkeit muss über die Beschwerdemöglichkeit informiert werden. In entsprechenden Informationsmaterialien muss über das Erstatten von Anzeigen oder das Einlegen von Beschwerden aufgeklärt werden.
- Die Kontrollstellen sollen befähigt sein, alle Vorwürfe schwerwiegender Menschenrechtsverletzungen durch Beame mit Polizeibefugnissen zu ermitteln.
- Die Mechanismen zur Untersuchung von Menschenrechtsverletzungen müssen von Fachkräften mit der notwendigen Unparteilichkeit, Fachkompetenz, Unabhängigkeit und Integrität geleitet werden.

Im Wesentlichen verfolgen alle internationalen Menschenrechtsgremien das gleiche Ziel: Steht der Verdacht von Menschenrechtsverletzungen durch staatliche Stellen im Raum, müssen den Betroffenen wirksame Beschwerden zur Verfügung stehen, um die Verletzung geltend machen zu können. Hierbei ist es stets erforderlich, dass die Betroffenen auf die Beschwerdemöglichkeit hingewiesen werden. Unabhängige Stellen müssen die Misshandlungsvorwürfe unverzüglich untersuchen. Auf diese Weise können Effektivität und Objektivität der Ermittlungen sichergestellt werden.[1627]

4. Resümee

> Man darf sich keinen Illusionen hingeben: Polizeiliche Grenzüberschreitungen werden auch bei allen Bemühungen trotzdem nicht auszuschließen sein und auch künftig stattfinden. Es gibt aber Möglichkeiten, diesen Grenzüberschreitungen strukturell vorzubeugen und mit ihnen professionell umzugehen.[1628]

Das Überprüfen von (un-)begründeten Beschwerden und das Lernen aus Fehlern sollen durch die Einführung von Beschwerdestellen ermöglicht werden. Polizisten sollen mit eigenem Fehlverhalten konfrontiert werden. Mitnichten will man die Polizei unter einen Generalverdacht stellen. Im Vordergrund der Errichtung polizeiexterner Beschwerdestellen soll nicht die Strafverfolgung von Polizisten stehen. Vielmehr sollte polizeiliches Handeln transparent(er) gemacht und das Vertrauen der Öffentlichkeit in die Polizeiarbeit gestärkt werden.[1629] Externe Kommissionen zur Überprüfung der polizeilichen Arbeit dürfen sich hierzu nicht der Hilfe von Bürger- und Menschenrechtsgruppen verweigern. Auch Kritikern aus den polizeilichen Reihen muss die Möglichkeit gegeben werden, in ihrem kritischen Denken

---

1627 *Töpfer* Polizei-Beschwerdestellen, S. 6.

1628 *Schulz* in: Kriminalitätsbekämpfung, S. 284; obgleich durch eine Polizeikommission polizeiliche Übergriffe nicht verhindert werden können, könnte das Binnenklima innerhalb der Polizei positiv verändert werden (*Gössner* in: Innere Sicherheit als Gefahr, S. 181).

1629 So auch das Ziel des Amsterdamer Modells (*Sagel-Grande* KrimJ 4. Beiheft 1992, 153, 163).

unterstützt zu werden. Dazu gehört, dass der Gewissensfreiheit ein höherer Stellenwert als der Gehorsamspflicht eingeräumt werden muss.

Durch die Errichtung unabhängiger Beschwerdestellen kann der Kontrollierte selbständig bleiben und die Unabhängigkeit des Kontrolleurs bleibt gewahrt. Nur so kann eine effiziente und zugleich unabhängige Kontrolle polizeilicher Handlungen erreicht werden.[1630] Weil der Staat das Gewaltmonopol für sich reklamiert, muss darauf geachtet werden, dass die Instanzen, welche zur Kontrolle der Polizei geschaffen werden, nicht versagen.[1631] Polizeiexterne Kontrollen alleine geben freilich noch keine Garantie dafür, dass Polizeigewalt eingedämmt wird. Vielmehr muss es in Folge externer Untersuchungen auch zu Verurteilungen von Polizisten wegen unrechtmäßiger Gewalt kommen. Sollte die Einstellungsquote bei Verfahren gegen Polizeibeamte weiterhin hoch sein, würde sich die Effektivität polizeiexterner Untersuchungen relativieren. Das Bestehen von Beschwerdestellen allein kann nicht dazu führen, dass aus Regelüberschreitungen Sanktionen resultieren. Zur gleichen Zeit muss innerhalb des Polizeiapparats das Bewusstsein entwickelt werden, dass Informanten gerade keine Nestbeschmutzer sind, sondern dass diese Personen zu einer „rechtsstaatlichen und bürgerorientierten Ausrichtung der Polizei"[1632] beisteuern können, wodurch das Vertrauen in den Polizeiapparat gestärkt wird.

Wenn es in Zukunft verantwortungsbewusste Führungspersonen sowie entsprechende unabhängige und transparente Einrichtungen geben wird, bleibt die Hoffnung, dass folgendes Frage-Antwort-Szenario des Radios Eriwan[1633] der Vergangenheit angehört:

> [...] Frage an Radio Eriwan: „Ist es möglich, daß ein junger Polizeibeamter sich gegen seinen Vorgesetzten beschweren darf?" Radio Eriwan soll geantwortet haben: „Im Prinzip ja, aber es ist schade um den jungen Polizeibeamten."[1634]

V. Weitere Präventionsmaßnahmen gegen rechtswidrige Polizeigewalt

Eine Kennzeichnung von Polizisten, der Einsatz von polizeilichen Bodycams und unabhängige Beschwerdestellen sind alleine nicht in der Lage, Polizeigewalt zu verhindern. Daher sollen im Folgenden weitere Präventionsmaßnahmen untersucht

---

1630 Vgl. *Drescher* Polizisten außer Kontrolle?, S. 109; *Aden* Polizeipolitik in Deutschland, S. 360.

1631 Zu den negativen Konsequenzen des schottischen Beschwerdesystems vgl. *Uildriks* KrimJ 4. Beiheft 1992, 136, 143 f.

1632 *Braun/Albrecht* DÖV 2015, 937, 940.

1633 *Radio Eriwan*: Kategorie politischer, teils auch unmoralischer Witze. Die Witze implizieren, dass es bei der fiktiven Radiostation eine Sendung gibt, in der Anfragen von Bürgern vermeintlich kompetent beantwortet werden (https://de.wikipedia.org/wiki/Radio_Jerewan) (Stand: Dezember 2016).

1634 Bei *Schäfer* Kriminalistik 1995, 205.

werden. Nur ein Zusammenspiel aus mehreren Maßnahmen kann im Ergebnis zur Eindämmung der Polizeigewalt führen.

1. *Verbesserte polizeiwissenschaftliche Aus- und Fortbildung*

Eine verbesserte polizeiwissenschaftliche Aus- und Fortbildung könnte – so beispielsweise *Kersten* – rechtswidrige polizeiliche Gewalt einschränken.[1635] In der Ausbildung sollte insbesondere verdeutlicht werden, dass unverhältnismäßige Gewaltanwendung in den eigenen Reihen nicht toleriert wird und strafrechtliche Konsequenzen nach sich zieht. In der Ausbildung sollte betont werden, dass sich der Strafverfolgungszwang auch auf Straftaten von Polizisten erstreckt. Der auszubildende Polizist sollte anhand von Fällen auf die „unangenehme" Situation vorbereitet werden, dass er während eines Polizeieinsatzes mit Straftaten von Kollegen konfrontiert werden kann.[1636] Regelmäßige Schulungen zum erforderlichen Maß an Gewalt und die Anwendung von Zwangsmitteln sollten Bestandteil einer effizienten Fortbildung im Kampf gegen die Polizeigewalt sein. Auch in der Praxis müssen junge Polizisten „an die Hand genommen" werden. Ausgeglichenheit und Bewusstsein für die Komplexität von Einsatzsituationen sind bei vielen, vor allem jungen Polizisten noch nicht ausgeprägt, sodass sie der Begleitung von erfahrenen Kollegen bedürfen.[1637] *Behr* spricht zutreffend davon, dass Polizeibeamte, um erfolgreich arbeiten zu können, gewaltfähig gemacht werden müssen, ohne gewaltaffin zu werden. Aufgabe sei es, den Kanal, der zwischen Radikalpazifismus und Gewaltgeneigtheit liegt, zu nutzen.[1638] Diese Gewaltbereitschaft soll nach *Wagener* im Rahmen der praktischen Ausbildung durch praxisnahe Übungen erworben werden.[1639]

Um exzessive, unkontrollierte polizeiliche Gewalt eindämmen zu können, sollte bei der Polizeiausbildung der Schwerpunkt auf die Schulung von Deeskalationsverhalten, Konfliktschlichtung und Prävention gelegt werden und nicht das stumpfsinnige Auswendiglernen sollte im Vordergrund stehen.[1640] Nur so kann eine

1635 *Kersten* NK 2014, 52, 55; *Vogelskamp* Bürgerrechte & Polizei 2010, 36, 38; *Braun/Albrecht* DÖV 2015, 937, 944; prinzipiell muss eine Reform der Polizei nicht nur in der Ausbildung berücksichtigt, sondern sie muss durch Fortbildung in die breite Masse getragen werden (*Ammermann* in: Neue Wege, neue Ziele, S. 16).

1636 *Mahr* KrimJ 4. Beiheft 1992, 116, 123.

1637 So auch *Behr* in: Gewalt und Gewalten, S. 70, 76 f.

1638 *Behr* in: Gewalt und Gewalten, S. 70; bei der Gewaltanwendung im Polizeidienst müssen Polizisten lernen, nicht in einen emotionalen Ausnahmezustand (Gewaltrausch, Angstschock) zu geraten (*ders.* in: Gewalt und Gewalten, S. 76).

1639 *Wagener* in: Gewalt und Gewalten, S. 137.

1640 *Korell/Liebel* Polizeiskandal – Skandalpolizei, S. 13; Befürwortung von Deeskalationstaktiken auch bei *Manzoni* Gewalt zwischen Polizei und Bevölkerung, S. 182; *Gemmer* betonte bereits 1994, dass Deeskalation und Vermeidung von Gewalt trainiert werden. Jedoch müsse seiner Ansicht nach zunehmend mehr Bedeutung auf die Anwendung unmittelbaren Zwangs gelegt werden, da nichts schädlicher

Überforderung der Polizisten in kritischen Einsatzsituationen und der verfrühte, unverhältnismäßige Einsatz der Waffe vermieden werden.

Ferner sollten Polizisten bei ihrer Ausbildung mit dem Tatbestand der Körperverletzung im Amt gemäß § 340 StGB vertraut gemacht werden. Es müsste insbesondere auf die einzelnen Tathandlungen und den Tatbestand der Körperverletzung im Amt durch Unterlassen hingewiesen werden.[1641] Den Polizisten müsste vermittelt werden, dass das Ansehen des Staates verloren geht, wenn Amtsträger im Dienst oder in Beziehung hierauf Körperverletzungen begehen.[1642] Dadurch wird das Vertrauen der Bevölkerung in die Polizei erschüttert, was zu einem angespannten Verhältnis zwischen Polizei und Bevölkerung führt. Ein solches Verhältnis trägt nicht dazu bei, dass ein Zusammentreffen beider Seiten friedvoll verlaufen kann. Stattdessen tritt ein Eskalationsprozess ein, der Gewaltanwendungen zur Folge haben kann. Durch eine umfangreiche und gründliche Aufklärung im Bereich der Körperverletzung im Amt kann Polizisten die Folgen einer exzessiven Gewaltanwendung vor Augen geführt werden.

Ein weiterer obligatorischer Bestandteil der Aus- und Fortbildung der Beamten mit Polizeibefugnissen sollte die Menschenrechtsbildung und die Sensibilisierung für das Thema „Gewalt durch Polizeibeamte“ sein.[1643] In der Ausbildung sollten sämtliche in internationalen Verträgen und anderen Dokumenten kodifizierten menschenrechtlichen Pflichten Deutschlands behandelt und deren Bedeutung hervorgehoben werden. Auch sollte bereits im frühen Ausbildungsstadium auf die negativen Effekte einer Deindividuation – enthemmtes Verhalten, Abgeben der Verantwortung auf die Gruppe, verminderte eigene Verhaltenskontrolle – hingewiesen werden.[1644] Ebenfalls trainiert werden sollten die rhetorischen Kenntnisse der Polizisten, da Kommunikation in friedlicher und fairer Art und Weise ein „Schutzschild“ gegen Gewaltanwendungen sein kann.[1645]

---

für die innere Sicherheit ist als eine Polizei, die nicht in der Lage ist, sich durchzusetzen (*Gemmer* Kriminalistik 1994, 17, 19).

1641 BeckOK-StGB/*Eschelbach* § 340 Rn. 13; *Fischer* § 340 StGB Rn. 2b m.w.N.

1642 BeckOK-StGB/*Eschelbach* § 340 Rn. 1.

1643 *Vogelskamp* Bürgerrechte & Polizei 2010, 36, 38; *Thinnes* Kennzeichnungspflicht, S. 110; *Korell/Liebel* Polizeiskandal – Skandalpolizei, S. 158; auch die HU fordert eine zeitgemäße Menschenrechtsbildung bei der Polizei (siehe http://www.humanistische-union.de/publikationen/mitteilungen/hefte/nummer/nummer_detail/back/mitteilungen-188/article/menschenrechte-im-polizeilichen-alltag/) (Stand: Dezember 2016); in den 1960er Jahren entstand eine neue Polizeitheorie, die als *soziologischer Aspekt* bezeichnet wurde. Sie richtete die Aufmerksamkeit z.B. darauf, wie Menschenrechte bei einem konkreten polizeilichen Eingriff gesichert werden können (*Korinek/Finszter* Kriminalistik 2000, 521 f.).

1644 *Thinnes* Kennzeichnungspflicht, S. 94, 110 f.

1645 Bei illegaler Polizeigewalt geht es häufig auch nur um die Art des Umgangs mit dem Gegenüber, um mangelndes Fingerspitzengefühl und Kommunikationsunfähigkeit (*Gössner* in: Innere Sicherheit als Gefahr, S. 168).

In der Studie des KFN gab etwa ein Drittel der befragten Polizisten an, eher schlecht auf die Handhabung eines Konfliktes bzw. auf die Abwehr eines unmittelbaren körperlichen Angriffs vorbereitet zu sein.[1646] Diese schlechte Vorbereitung kann dazu führen, dass sich Polizisten in Konfliktsituationen überfordert fühlen, mit einer zu heftigen Gewaltanwendung reagieren und verfrüht ihre Dienstwaffe gebrauchen. Aus der Studie geht auch hervor, dass 94,6 % der befragten Polizisten seit 2005 mindestens einmal an einem Schießtraining teilgenommen haben, nur 22,2 % haben hingegen an einer Fortbildung hinsichtlich Deeskalation bzw. Konfliktschlichtung teilgenommen.[1647] Anhand dieses Zahlenmaterials kann bereits ein Schwachpunkt der Polizeiaus- und fortbildung gesehen werden. Aufgrund der zahlreichen Teilnahme an Schießtrainings[1648] haben Polizisten zwar trainiert mit der Schusswaffe umzugehen, wissen jedoch nicht wie man zunächst deeskalierend agiert und Konflikte schlichtet. Aufgrund der Diskrepanz zwischen Schießtraining und Übungen in deeskalierender Streitschlichtung bzw. Förderung der Stressstabilität kann es zu einem voreiligen Gebrauch der Schusswaffe kommen bzw. zum Überschreiten der Erforderlichkeit der polizeilichen Gewalt. Der Mangel an weiterbildenden Verhaltenstrainings geht somit zu Lasten des Opfers.[1649] Auch eine vom Freistaat Sachsen durchgeführte Untersuchung zeigt, dass nur 46 % der befragten Polizeivollzugsbediensteten genügend Kenntnisse über „soziale Konflikte" haben. Ferner gaben 45 % der Befragten an, auf ein Konfliktmanagement vorbereitet worden zu sein.[1650]

> Jede eigentümliche Tätigkeit bedarf, wenn sie mit einer gewissen Virtuosität getrieben werden soll, eigentümlicher Anlagen des Verstandes und Gemüts.[1651]

Auch wenn für *von Clausewitz* der kriegerische Mut im Mittelpunkt seiner Betrachtung stand, kann dieses Zitat noch heute Anwendung auf den Umgang mit der Schusswaffe im Polizeialltag finden. Bei der Schussabgabe spielt nicht nur die Technik eine große Rolle. Auch psychologische Aspekte sind von entscheidender Bedeutung. Diese werden bei der Schießausbildung angehender Polizisten zu oft vernachlässigt.[1652] Häufig fehlt es daher an der richtigen Einstellung zum Schusswaffengebrauch. Die Einstellung sollte daher bereits in der Ausbildung in „entsprechende Bahnen geleitet und geformt werden",[1653] um Fehler im Umgang mit Waffen eindämmen zu können. Bei der Schießausbildung darf an dieser Stelle ein

1646 *Ellrich/Baier/Pfeiffer* Polizeibeamte als Opfer von Gewalt, S. 151.
1647 *Ellrich/Baier/Pfeiffer* Polizeibeamte als Opfer von Gewalt, S. 181.
1648 83,8 % der befragten Polizisten haben seit 2005 fünfmal und häufiger an einem Schießtraining teilgenommen. Lediglich 10,0 % nutzen eine Fortbildung zur Deeskalation bzw. Streitschlichtung (*Ellrich/Baier/Pfeiffer* Polizeibeamte als Opfer von Gewalt, S. 181).
1649 So auch *Mletzko* Kriminalistik 1995, 509.
1650 *Liebl* Kriminalistik 2000, 377, 380.
1651 *Carl von Clausewitz* (1780–1831) bei *Lorei* Kriminalistik 2000, 44.
1652 *Lorei* Kriminalistik 2000, 44.
1653 *Lorei* Kriminalistik 2000, 44, 48.

weiterer Aspekt nicht unerwähnt bleiben: Selbst wenn Polizisten an einer Schießausbildung rege teilnehmen, ist dieser Umstand nicht zwangsläufig gleichzusetzen mit einer guten Qualität selbiger. *Mletzko* moniert den Mangel an Ausbildungspersonal und Trainingszeiten. Dieser Mangel führe dazu, dass die Beamten allenfalls die Minimalvoraussetzungen, nämlich Handhabungs- und Treffersicherheit lernen.[1654]

2. *Psychologische Betreuung*

Da der über das erforderliche Maß an Erforderlichkeit hinausgehende Gebrauch der Dienstwaffe eine Folge von traumatischen Erlebnissen, persönlichen Krisen oder einem Burn-out des Polizisten sein kann, sollte es eine zentrale psychologische Betreuung innerhalb der Polizei geben.[1655] Es gab Zeiten, in denen Polizei und Psychologie zusammenpassten wie „Schlagstock und Kuschelgruppe". Mittlerweile herrscht das Bewusstsein, dass auch ein Polizist verletzlich sein kann.[1656] Es sollte daher versucht werden, die Psychologie als Wissenschaft in die Polizei zu bringen. Zieht ein Polizist im Dienst seine Waffe, um damit bewusst die Grenze der Legalität zu überschreiten, bedarf dies einer guten Nachsorge aller Beteiligten. Ein psychologischer Dienst kann die Polizei darin unterstützen, eine demokratische und professionelle Organisation zu sein, welche im Kontakt mit der Bevölkerung gute Arbeit leistet. Dies kann jedoch nur dann der Fall sein, wenn der Polizeiapparat zufriedene und leistungsfähige Mitarbeiter hat. Damit geht auch einher, dass Polizisten ihre Gefühle beim Betreten der Dienststelle nicht unterdrücken dürfen. Stattdessen sollten sie während ihrer Dienstzeit in der Lage sein, Gefühle auszudrücken.[1657] Zahlreiche amerikanische Polizei-Departements machten bereits aufgrund der möglichen schwerwiegenden Folgen eines kritischen Ereignisses eine Nachbesprechung des Vorfalls zur Pflicht. Auf diese Weise können Nachwirkungen wie der Verlust an Selbstvertrauen und Autoritätsprobleme vermieden werden.[1658]

VI. Zusammenfassung

> Die Polizei klagt über die vermeintlich stets zunehmende Gewalt gegen Beamte. Dann aber muss sie mit der eigenen Gewalt gegen Bürger anders umgehen.[1659]

1654 *Mletzko* Kriminalistik 1995, 509; *ders.* in: Kriminalistik 1992, 721.

1655 Auch Polizisten können nach Krisensituationen unter Alpträumen, Schlafstörungen und Angst leiden (*Schneider* Kriminalistik 2000, 362, 365); *„Externe Supervisor-Tätigkeit (feed-back): durch Psychologen und Sozialarbeiter für die Betreuung vor und nach Einsätzen"* (*Schwind* Kriminalistik 1996, 161, 166).

1656 So der Chef des ZPD *Peter Schmalzl* in SZ v. 3.2.2015, S. 40.

1657 *Korell/Liebel* Polizeiskandal – Skandalpolizei, S. 162 f.; fehlende psychologische Unterstützung (*Ohlemacher/Schacht u.a.* Gewalt gegen Polizeibeamte, S. 97).

1658 *Schneider* Kriminalistik 2000, 362, 365 (*„Critical Incident Debriefing"*)

1659 http://www.sueddeutsche.de/panorama/polizeigewalt-schlaege-im-namen-des-gesetzes-1.1599748-2 (Stand: Dezember 2016).

Da eine Kennzeichnungspflicht von Polizeibeamten Sache der Länder ist, würde dies zum einen zu einer nicht gewünschten Intransparenz führen. Zum anderen müsste auch in den Reihen der Polizei eine Kennzeichnungspflicht akzeptiert werden. An einer solchen Akzeptanz mangelt es. In einer Kennzeichnungspflicht wird nicht die Chance zur Aufklärung illegitimer Polizeigewalt gesehen. Stattdessen sieht man sich unter einen Generalverdacht gestellt. Ohne ein entsprechendes Umdenken, werden unrechtmäßige Gewaltanwendungen weiterhin beschönigt, toleriert und verneint, sodass die Einführung einer Kennzeichnung nur Kosten verursachen würde, ohne dem Ziel der Eindämmung und Aufklärung polizeilicher Gewalt auch nur ansatzweise näher zu kommen.

Auch der Einsatz von Bodycams kann nicht zur Eindämmung bzw. Aufklärung illegitimer Polizeigewalt beitragen, da die filmenden Polizisten die alleinige Entscheidungsmacht darüber haben, ob die Kamera eingeschaltet und das Geschehen aufgezeichnet wird. Da polizeiliche Gewalt nicht an die Öffentlichkeit gelangen soll, ist davon auszugehen, dass in Situationen, in denen es zu übertriebener Gewaltanwendung auf Seiten der Polizei kommt, bewusst auf eine Aufnahme verzichtet wird.

Unabhängige externe Beschwerdestellen haben die Aufgabe, polizeiliches Fehlverhalten aufzuklären. Die Möglichkeit einer unparteiischen und unvoreingenommenen Aufklärung kann zur Abschreckung führen, da deutlich gemacht wird, wegen einer unrechtmäßigen Gewaltanwendung (strafrechtlich) zur Verantwortung gezogen werden zu können. Unabhängige Beschwerdestellen alleine können die bestehende Mauer des Schweigens und das „Klima der Straflosigkeit“[1660] nicht beseitigen. Um Polizeigewalt zu verhindern, müsste daher versucht werden, die Frustration die der Polizeialltag mit sich bringt zu verhindern. Zudem sind Schuldzuweisungen für eine konstruktive Auseinandersetzung mit der Thematik „Polizeiliche Übergriffe“ nicht zweckmäßig. Stattdessen ist innerhalb der polizeilichen Reihen ein Umdenken erforderlich, um illegitime Gewalt bekämpfen zu können. Die Polizei hat beim Umgang mit Menschen die Grenzen ihres Handels genau zu beachten. Diese Grenzen werden jedoch häufig überschritten, wobei in diesem Zusammenhang zum Teil von einer gewissen Missbrauchsanfälligkeit gesprochen wird.[1661] Sowohl die an der Basis arbeitenden Polizisten, als auch die Spitze der Polizeiführung dürfen rechtswidrige Polizeigewalt nicht länger verschweigen. Der Polizeiapparat sollte bereit sein, Maßnahmen gegen die Polizeigewalt zu ergreifen und Veränderungen sowohl in der Polizeiausbildung, als auch im Polizeialltag zuzulassen. Darin liegt jedoch das große Problem im Kampf gegen die Polizeigewalt: Das „Schmoren im eigenen Saft“ blockiert bisweilen längst überfällige Reformen.[1662] Oder anders ausgedrückt: Insbesondere bei Polizisten, welche schon mehrere Dienstjahre auf dem Buckel haben, wird es schwierig sein, die gefestigte Einstellung zur Polizeigewalt

1660 *Amnesty International* Täter unbekannt, S. 10.
1661 *Braun/Albrecht* DÖV 2015, 937.
1662 *Korell/Liebel* Polizeiskandal – Skandalpolizei, S. 33.

nachhaltig zu verändern. Hinzu kommt, dass sich Polizeibeamte aufgrund des Zusammengehörigkeitsgefühls innerhalb des Polizeiapparats in ihrem Denken bestärken, sodass dieses einer kreativen Entwicklung entgegensteht. Um diesem „Schmoren im eigenen Saft“ bzw. der „gemeinsamen Wärme des Stallgeruchs“[1663] entgegenzuwirken, müssen bereits junge Polizisten in ihrer Ausbildung den richtigen Umgang mit Polizeigewalt lernen. Da sich Reformen meist über mehrere Jahre hinweg entwickeln müssen, sollten sie möglichst früh begonnen werden. Daher liegt es in der Verantwortung der Personalführung der Polizei, dafür Sorge zu tragen, dass (junge) Polizisten nicht Teil des „Bösen“ werden, das sie bekämpfen sollen.[1664] Junge Polizisten sollten bereits in der Ausbildung lernen, selbständig zu denken, um den gefährlichen Korpsgeist aufzubrechen. Sie sollten lernen, den Mut zu fassen, bei illegaler Gewaltanwendung der Kollegen diese anzuzeigen und gegen sie auszusagen. Bislang verhindern die hierarchischen Strukturen innerhalb des Polizeiapparats jedoch diesen Mut.[1665] Die Polizeiführung müsste im Kampf gegen Polizeigewalt klare Vorgaben machen: Unrechtmäßige Gewalt im Polizeialltag darf nicht geduldet werden; statt einer Solidarisierung muss es eine Stigmatisierung geben. Um Polizeigewalt bekämpfen zu können, ist es notwendig, unverzüglich und konsequent auf Gewalt und Kriminalität innerhalb des Polizeiapparats zu reagieren. Wird dagegen auf Seiten der polizeilichen Führung Milde und Nachsicht geübt, entstehen unbeabsichtigte Folgen. Nachsicht, Milde und fehlende Konsequenzen führen zu einer gefährlichen Verharmlosung der polizeilichen Gewalt. Daher obliegt es den Führenden des Polizeiapparats durch konsequente Verfolgung und Bestrafung ein Zeichen gegen die unrechtmäßige polizeiliche Gewalt zu setzen.

Außerdem sollte vor allem in der Polizeiausbildung die an der Basis arbeitenden Polizisten für das Thema Polizei und Gewalt sensibilisiert werden. Junge Polizisten sollten darin ausgebildet werden, streitschlichtend und deeskalierend zu handeln. Obwohl die Polizei Träger des staatlichen Gewaltmonopols und daher mit besonderen Machtbefugnissen ausgestattet ist, sollte der Einsatz der körperlichen Gewalt hinreichend durchdacht sein. Auf diese Weise kann verhindert werden, dass es zum verfrühten Einsatz körperlicher Gewalt kommt und das Maß des Erforderlichen überschritten wird.

Maßnahmen gegen Polizeigewalt können indes nur dann von Erfolg gekrönt sein, wenn die Beamten bereit sind, Compliance[1666]-Systeme anzunehmen, von den Vorteilen überzeugt sind und sich das Selbstverständnis der Polizei positiv verändert.[1667] In dem System darf keine Gefahr für die eigene Person oder das Unterstellen rechtswidriger Gewalt gesehen werden. Zutreffend stellen *Braun* und *Albrecht* die Vorzüge von Compliance-Systemen zusammen:

1663 *Schäfer* Kriminalistik 1995, 205, 207.
1664 So *Behr* in: Gewalt und Gewalten, S. 70.
1665 So auch *Korell/Liebel* Polizeiskandal – Skandalpolizei, S. 37, 42 ff.
1666 Zur Definition von „Compliance“: *Heuking/von Coelln* DÖV 2012, 827 ff.
1667 *Braun/Albrecht* DÖV 2015, 937, 939, 944.

> Die Einführung deklaratorischer Compliance-Systeme[1668] kann dabei in entscheidender Weise zur Reflektion des polizeilichen Handelns und des polizeilichen Aufgabenverständnisses beitragen; das Vertrauen der Bevölkerung in die Polizei kann mittelfristig gestärkt und polizeiliches Handeln transparenter gemacht werden. Polizei-Compliance kann zudem ein Beitrag zur Stabilisierung der Organisation und Verwaltungsoptimierung sein.[1669]

Die Polizei sollte unrechtmäßige Gewaltanwendung nicht bekämpfen. Viel wichtiger wäre es aber, dass diese Gewalt erst gar nicht entstehen kann. Daher sollte sich jeder Polizist bei der Amtsausübung vorstellen, hinter ihm würden seine Kollegen einen Werbefilm für die Polizei drehen.[1670] Soll Gegenstand eines Werbefilms für die Polizei unrechtmäßige polizeiliche Gewalt sein?

1668 Vgl. zur deklaratorischen Compliance-Funktion: *Stober* DVBl. 2012, 391, 399.
1669 *Braun/Albrecht* DÖV 2015, 937, 938.
1670 *Schmid* Korruption, Gewalt und die Welt der Polizisten, S. 262.

5. Kapitel: Rechtliche Rahmenbedingungen für den polizeilichen Einsatz von Bodycams

Körperliche Übergriffe gegen Polizisten bei Polizeieinsätzen sind nicht selten. Ausreichende empirische Belege für eine Zunahme liegen allerdings nicht vor.[1671] Trotz fehlender hinreichender Nachweise werden in zahlreichen Bundesländern sog. *Bodycams* getestet. Mit ihrer Hilfe sollen Gewalttaten (*gegen* Polizisten) im Vorfeld verhindert bzw. Straftaten im Nachhinein umfassender aufgeklärt werden können.

Im Folgenden wird zunächst die Notwendigkeit einer gesetzlichen Regelung für die Verwendung, d.h. den Einsatz polizeilicher Bodycams anhand der sog. *„Wesentlichkeitsrechtsprechung"* des BVerfG erläutert. Den wesentlichen Kern des 5. Kapitels bildet die Grundrechtsrelevanz des Einsatzes der mobilen Kamera, wobei aus Gründen der Vollständigkeit jeweils zwischen der Video*beobachtung* und der *Videoaufzeichnung* unterschieden wird. Im Mittelpunkt dieser Ausführungen stehen die besonderen Teilausprägungen des Rechts auf informationelle Selbstbestimmung nach Art. 2 Abs. 1 i.V.m. Art. 1 Abs. 1 GG. Dabei wird auch untersucht, ob sich Polizisten ebenfalls auf die jeweiligen Ausprägungen dieses Grundrechts berufen können. Dies hat insbesondere vor dem Hintergrund zu erfolgen, dass auch sie einer Art „Dauerüberwachung" ausgesetzt sind. Die Möglichkeit eines Grundrechtsverzichts bzw. einer Einwilligung in Grundrechtseinschränkungen sowie die verfassungsrechtliche Rechtfertigung der Grundrechtseingriffe werden im weiteren Verlauf gleichermaßen behandelt. Auch die Frage nach der Gesetzgebungszuständigkeit wird einen Schwerpunkt der Ausführungen bilden. Da der Einsatz polizeilicher Bodycams mehrere Zwecke verfolgt – *Prävention, Straftatenverhütung* und *Strafverfolgungsvorsorge* – ist die Komplexität dieses Themenkomplexes nicht von der Hand zu weisen.

Bodycams werden schon in einigen Bundesländern auf ihre Tauglichkeit zur Eindämmung der Gewalt gegen Polizisten getestet; Zum Teil wurden bereits besondere Rechtsgrundlagen – § 14 Abs. 6 HSOG, § 27 rhpfPOG, § 8 Abs. 5 HmbPolDVG und § 27 SPolG – für einen entsprechenden Einsatz geschaffen. Diese speziellen Vorschriften zur Datenerhebung durch Bodycams werden im Folgenden ebenfalls einer rechtlichen Überprüfung unterzogen.

Auch die bayerische Landespolizei testet seit Dezember 2016 in einem Probebetrieb verschiedene Bodycam-Modelle.[1672] Daher ist zu prüfen, ob bereits vorhandene bundesrechtliche Regelungen bzw. Regelungen des bayerischen Landesgesetzgebers

1671 Siehe bereits S. 147 ff.

1672 http://www.sueddeutsche.de/bayern/sicherheit-bayerische-polizei-testet-body cams-1.3231348 (Stand: Dezember 2016).

als Ermächtigungsgrundlage geeignet und hinreichend sind oder ob eine spezielle Rechtsgrundlage geschaffen werden muss.

§ 1 Notwendigkeit einer gesetzlichen Regelung für den Einsatz polizeilicher Bodycams

Gegenstand der folgenden Ausführungen ist, ob für den Einsatz von Bodycams eine gesetzliche Regelung erforderlich ist. Dabei soll nicht nur die „Wesentlichkeitsrechtsprechung" des BVerfG in ihren wesentlichen Zügen dargestellt werden. Auch die Grundrechtsrelevanz eines Bodycam-Einsatzes steht im Fokus der Darstellung. Ebenfalls zu untersuchen ist, ob ein Grundrechtsverzicht bzw. eine Einwilligung in Grundrechtseinschränkungen der Betroffenen vorliegt. Abschließend ist zu prüfen, ob die Grundrechtseingriffe verfassungsrechtlich gerechtfertigt werden können.

I. Verfassungsrechtlicher Rahmen: Die sog. „Wesentlichkeitsrechtsprechung"

Die Lehre vom Vorbehalt des Gesetzes, welche in der konstitutionellen deutschen Verfassungsordnung des 19. Jahrhunderts entstanden und als allgemeine Figur nicht explizit im Grundgesetz verankert ist, besagt, dass die Exekutive in bestimmten Konstellationen nur auf einer parlamentsgesetzlichen Grundlage handeln darf.[1673] Damit wird nicht nur die Frage nach dem *„Ob"* einer gesetzlichen Regelung verbunden, sondern auch das inhaltliche *„Wie"* im Sinne der erforderlichen Regelungsdichte des Gesetzes determiniert.[1674] Nach der „Wesentlichkeitsrechtsprechung" des BVerfG müssen alle grundlegenden und wesentlichen Entscheidungen vom Gesetzgeber selbst getroffen werden. Der Grundsatz des allgemeinen Gesetzesvorbehalts findet seine verfassungsrechtliche Grundlage in Art. 20 Abs. 3 GG und in Erwägungen des Rechtsstaats- und Demokratieprinzips.[1675] Die Lehre vom Vorbehalt des Gesetzes bezeichnet keinen Totalvorbehalt, sodass nicht für jede Handlung der Exekutive eine Ermächtigung verlangt wird.[1676]

1673 Maunz/Dürig-GG/*Grzeszick* Art. 20 Rn. 75; BeckOK-GG/*Huster/Rux* Art. 20 Rn. 172; ursprünglicher Grund für die Entstehung des Gesetzesvorbehalts lag in der Herstellung demokratischer Legitimation der Staatsgewalt und diente dem Schutz des Bürgers vor Eingriffen in Freiheit und Eigentum (Maunz/Dürig-GG/*Grzeszick* Art. 20 Rn. 78; HK-GG/*Schnapauff* Vorb. Art. 70 Rn. 7).

1674 Maunz/Dürig-GG/*Grzeszick* Art. 20 Rn. 75; Jarass/Pieroth, Art. 20 GG Rn. 71 ff.

1675 BeckOK-GG/*Huster/Rux* Art. 20 Rn. 173; HK-GG/*Antoni* Art. 20 Rn. 15; a.A. *Schwan* Verwaltungsarchiv 1975, 120, 125 f. (Vorbehalt des Gesetzes lässt sich weder aus Art. 20 Abs. 3 GG, noch aus den Grundrechten ableiten. Es handelt sich um einen gewohnheitsrechtlich geltenden und zum Rechtsstaatsprinzip gehörenden Verfassungsrechtssatz).

1676 Jarass/Pieroth, Art. 20 GG Rn. 75 (Subventionen bedürfen z.B. keiner gesetzlichen Grundlage; vgl. aber Jarass/Pieroth, Art. 5 GG Rn. 40).

> Die Bindung der vollziehenden Gewalt und der Rechtsprechung an Gesetz und Recht, der Vorrang des Gesetzes also, würden ihren Sinn verlieren, wenn nicht schon die Verfassung selbst verlangen würde, daß staatliches Handeln in bestimmten grundlegenden Bereichen nur Rechtens ist, wenn es durch das förmliche Gesetz legitimiert wird.[1677]

Die demokratische Komponente betont, dass das Parlament sich nicht der Aufgabe entziehen darf, grundlegende Entscheidungen für das Gemeinwesen zu treffen.[1678] Begründet wird die Wesentlichkeitstheorie mit dem Gewicht der Regelungsgegenstände. Insbesondere die Ausgestaltung der Grundrechte ist ein bedeutendes Entscheidungskriterium, sodass entsprechende Regelungen einer gesteigerten Verantwortung des demokratisch unmittelbar legitimierten Parlaments obliegen sollen.[1679] Immer wesentlich sind solche Entscheidungen, die grundrechtsrelevant sind, die also entweder eine Verwirklichung oder eine Beschränkung von Grundrechten vorsehen.[1680]

Der Gehalt des Vorbehalts des Gesetzes reicht über die bloße Existenz eines Parlamentsgesetzes hinaus. Der parlamentarische Gesetzgeber darf sich der Verantwortung nicht dadurch entziehen, dass er zwar ein Gesetz beschließt, dies aber nicht hinreichend bestimmt ist, sodass die sachliche Entscheidung letztlich den Gewalten obliegt, welche das Gesetz anwenden.[1681] Je schwerwiegender die Auswirkungen einer Regelung sind, desto genauer müssen auch die Vorgaben des Gesetzgebers sein.[1682] Die genauen Anforderungen hängen hingegen vom jeweiligen Regelungsbereich ab.[1683] Vornehmlich bei tatsächlichen, sich rasch ändernden Verhältnissen kann es sinnvoll sein, dass der Gesetzgeber von einer detaillierten gesetzlichen Regelung absieht. Aber auch bei vielgestaltigen Sachverhalten sind geringere Anforderungen zu stellen.[1684]

Ohne zu weit nachfolgenden Ausführungen vorzugreifen, ist an dieser Stelle bereits Folgendes festzuhalten: Die Videoüberwachung mit Bodycams greift nicht nur in Grundrechte der betroffenen Bürger, sondern auch in Grundrechte der Polizisten ein. Daher kann diese Form staatlichen Handelns nur verfassungsgemäß sein, wenn sie durch ein förmliches Gesetz legitimiert wird. Der Vorbehalt des Gesetzes und damit einhergehend die Schaffung eines förmlichen Gesetzes für den Einsatz

---

1677 BVerfG, Beschl. v. 28.10.1975 – 2 BvR 883/73, 379/74, 497/74, 526/74 = NJW 1976, 34, 35.

1678 BVerfG, Beschl. v. 21.12.1977 – 1 BvL 1/75; 1 BvR 147/75 = NJW 1978, 807, 810.

1679 Vgl. Maunz/Dürig-GG/*Grzeszick* Art. 20 Rn. 98.

1680 BVerfGE 33, 303, 345 f.; 45, 393, 399; Jarass/Pieroth, Art. 20 GG Rn. 72.

1681 BeckOK-GG/*Huster/Rux* Art. 20 Rn. 179.

1682 BVerfGE 49, 168, 181.

1683 *„Welche Bereiche das im einzelnen sind, läßt sich indessen aus Art. 20 III GG nicht mehr unmittelbar erschließen. Insoweit ist vielmehr auf die jeweils betroffenen Lebensbereiche und Rechtspositionen des Bürgers und die Eigenart der Regelungsgegenstände insgesamt abzustellen"* (BVerfG, Beschl. v. 28.10.1975 – 2 BvR 883/73, 379/74, 497/74, 526/74 = NJW 1976, 34, 35).

1684 BVerfG, Beschl. v. 8.8.1978 – 2 BvL 8/77 = NJW 1979, 359, 361.

von Bodycams trägt im Verhältnis zwischen Bürger und Staat zur Sicherung und zum Schutz der Grundrechte bei. Die Lehre vom Vorbehalt des Gesetzes vermittelt den Grundrechten dadurch Schutz, dass die Einwirkungen auf die grundrechtlich geschützten Freiheiten und Gleichheiten eine gesetzliche Grundlage verlangen und nicht allein von der Exekutive vorgenommen werden dürfen.[1685] Daher bedarf auch der Einsatz von Bodycams einer gesetzlichen Grundlage. Ob hierfür bereits bestehende Regelungen ausreichend sind bzw. welche inhaltlichen Anforderungen an eine entsprechende Rechtsgrundlage zu stellen sind, wird im Folgenden zu erörtern sein.[1686]

II. Grundrechtsrelevanz des Einsatzes von Bodycams

Für Maßnahmen der Videoüberwachung ist die Vereinbarkeit mit höherrangigem Recht von zentraler Bedeutung,[1687] sodass das Augenmerk nunmehr auf den Grundrechten liegt, welche durch eine hoheitliche Videoüberwachung mit Bodycams verletzt sein können. Soweit von Bodycam-Einsätzen die Rede ist, wird vielfach nur die Verletzung der Rechte des unmittelbar gefilmten Bürgers diskutiert. Bodycams können aber nicht nur seine Rechte verletzen. Auch Polizisten erleben durch die neue Videotechnik eine „Dauerüberwachung“ ihrer eigenen Person. Welche Rechte hierbei betroffen sind und ob der Polizist als Teil des Staates überhaupt einen Grundrechtsschutz genießt, wird im Anschluss einer rechtlichen Untersuchung unterzogen.

In der vorliegenden Abhandlung werden mit dem Begriff der „Videoüberwachung“ zum einen reine *Beobachtung*smaßnahmen bezeichnet, ohne dass es zur Speicherung des Datenmaterials kommt. Zum anderen ist unter die „Videoüberwachung“ auch die *Aufzeichnung* von Daten zu subsumieren. Der Vollständigkeit halber beschäftigt sich daher der folgende Abschnitt nicht nur mit der Grundrechtsrelevanz der Videoaufzeichnung, sondern vielmehr steht auch die Grundrechtsrelevanz reiner Videobeobachtungsmaßnahmen im Fokus.

1. Grundrechte des unmittelbar bzw. mittelbar gefilmten Bürgers

Schwerpunkt der Ausführungen bilden die Grundrechte jener Personen, die mit den Polizisten unmittelbar in Kontakt treten und videoüberwacht werden. Ferner werden durch Bodycams auch die Grundrechte der Personen betroffen, die mittelbar gefilmt werden, da sie sich (zufällig) im Aufnahmebereich befinden.

Als Prüfungsmaßstab kommen vor allem das Recht auf informationelle Selbstbestimmung, das Recht am eigenen Bild, und – sofern es zu Tonaufnahmen kommt – das Recht auf Schutz des eigenen Wortes als Ausprägungen des allgemeinen

1685 So auch allgemein bei Maunz/Dürig-GG/*Grzeszick* Art. 20 Rn. 81.
1686 Siehe S. 422 ff.
1687 *Bausch* Videoüberwachung, S. 20.

Persönlichkeitsrechts nach Art. 2 Abs. 1 i.V.m. Art. 1 Abs. 1 GG in Betracht.[1688] Fraglich ist des Weiteren, ob durch den Einsatz von Bodycams das Recht auf Freizügigkeit (Art. 11 Abs. 1 GG) betroffen sein kann.

a) *Das Recht auf informationelle Selbstbestimmung als Teilausprägung des allgemeinen Persönlichkeitsrechts gemäß Art. 2 Abs. 1 i.V.m. Art. 1 Abs. 1 GG*

Ob durch den Einsatz von Bodycams der Schutzbereich des Rechts auf informationelle Selbstbestimmung als Teilausprägung des allgemeinen Persönlichkeitsrechts eröffnet wird, soll nun herausgearbeitet werden. Ferner wird analysiert, ob die neue Überwachungstechnik zu einem Eingriff führt.

aa) Schutzbereich des Rechts auf informationelle Selbstbestimmung

Art. 2 Abs. 1 i.V.m. Art. 1 Abs. 1 GG gewährleistet nicht nur das allgemeine Persönlichkeitsrecht, dessen Grundlage die Menschenwürde (Art. 1 Abs. 1 GG) und die freie Selbstbestimmung des Menschen (Art. 2 Abs. 1 GG) sind, sondern eine Vielzahl von Rechten, welche das BVerfG als Grundrechte bezeichnet.[1689] Dazu gehört unter anderem das Grundrecht auf informationelle Selbstbestimmung.[1690]

Bereits am 25.5.1954 hat der BGH entschieden, dass das allgemeine Persönlichkeitsrecht in den Schutzbereich des Art. 2 Abs. 1 i.V.m. Art. 1 Abs. 1 GG fällt.

> Nachdem nunmehr das GG das Recht des Menschen auf Achtung seiner Würde (Art. 1 GG) und das Recht auf freie Entfaltung seiner Persönlichkeit auch als privates, von jedermann achtendes Recht anerkennt, soweit dieses Recht nicht die Rechte anderer verletzt oder gegen die verfassungsmäßige Ordnung oder das Sittengesetz verstößt (Art. 2 GG), muß das allgemeine Persönlichkeitsrecht als ein verfassungsmäßig gewährleistetes [sic.] Grundrecht angesehen werden.[1691]

Sofern es um das Recht auf informationelle Selbstbestimmung geht, wird in der Regel das sog. *Volkszählungsurteil* genannt. Das Volkszählungsurteil v. 15.12.1983 ist eine Grundsatzentscheidung des BVerfG und gilt als Meilenstein des Datenschutzes.[1692] Diese Entscheidung hat dazu geführt, dass sich das Recht auf informationelle

---

1688 Siehe auch *Vahle* DVP 2000, 396; *Schwarz* ZG 2001, 246, 249.

1689 BVerfG, Beschl. v. 26.2.2008 – 1 BvR 1602/07 u.a. = NJW 2008, 1793; Übersicht zu den einzelnen, von der Rechtsprechung konkretisierten Fallgruppen: *Post* Videoüberwachung, S. 187 f.

1690 Beim Einsatz von Videotechnik sind noch weitere Konkretisierungen des allgemeinen Persönlichkeitsrechts zu beachten. Dies sind vornehmlich das Recht am gesprochenen bzw. eigenen Wort, das Recht am eigenen Bild und das Recht auf Privat- und Intimsphäre (*Lang* Private Videoüberwachung, S. 126).

1691 BGH, Urt. v. 25.5.1954 – I ZR 211/53 = NJW 1954, 1404, 1405.

1692 *Martini* JA 2009, 839, 841; *Schröder* Datenschutzrecht, Kapitel 1; mit dem Volkszählungsurteil wandte sich das BVerfG von der bislang vertretenen *Sphärentheorie* ab (Kompaktkommentar-BDSG Einl. Rn. 11).

Selbstbestimmung als Ausfluss des allgemeinen Persönlichkeitsrechts und der Menschenwürde etabliert hat. Das BVerfG spricht im Zusammenhang mit dem Recht auf informationelle Selbstbestimmung auch ausdrücklich vom Grundrecht auf Datenschutz.[1693]

Freilich musste sich das BVerfG 1983 nicht zum ersten Mal mit verfassungsrechtlichen Fragen statistischer Erhebungen beschäftigen.[1694] Das Besondere an diesem Urteil ist jedoch, dass das BVerfG im Datenschutz fortan ein grundrechtlich geschütztes Recht sieht. Grundlage ist die Anerkennung der informationellen Selbstbestimmung als verfassungsrechtliches Gut:

> Individuelle Selbstbestimmung setzt [...] voraus, daß dem einzelnen Entscheidungsfreiheit über vorzunehmende oder zu unterlassende Handlungen einschließlich der Möglichkeit gegeben ist, sich auch entsprechend dieser Entscheidung tatsächlich zu verhalten. Wer nicht mit hinreichender Sicherheit überschauen kann, welche ihn betreffende Informationen in bestimmten Bereichen seiner sozialen Umwelt bekannt sind, und wer das Wissen möglicher Kommunikationspartner nicht einigermaßen abzuschätzen vermag, kann in seiner Freiheit wesentlich gehemmt werden, aus eigener Selbstbestimmung zu planen oder zu entscheiden. Mit dem Recht auf informationelle Selbstbestimmung wären eine Gesellschaftsordnung und eine diese ermöglichende Rechtsordnung nicht vereinbar, in der Bürger nicht mehr wissen können, wer was wann und bei welcher Gelegenheit über sie weiß. Wer unsicher ist, ob abweichende Verhaltensweisen jederzeit notiert und als Information dauerhaft gespeichert, verwendet oder weitergegeben werden, wird versuchen, nicht durch solche Verhaltensweisen aufzufallen.[1695]

1693 BVerfG, Urt. v. 27.6.1991 – 2 BvR 1493/89 = NJW 1991, 2129, 2132; das Recht auf informationelle Selbstbestimmung schützt generell vor Erhebung und Umgang mit personenbezogenen Daten und es besteht keine Beschränkung auf den Anwendungsbereich des BDSG. Das Recht auf informationelle Selbstbestimmung bietet aber keinen Schutz vor einer vorgespiegelten Datenerhebung, ohne dass es tatsächlich zu einer entsprechenden Datenerhebung gekommen ist. Diese Konstellation ist beispielsweise bei der Verwendung von Attrappen gegeben (*Lang* Private Videoüberwachung, S. 154, 159, 163).

1694 Nur BVerfG, Beschl. v. 16.7.1969 – 1 BvL 19/63 = NJW 1969, 1707.

1695 BVerfG, Urt. v. 15.12.1983 – 1 BvR 209/83 u.a. = NJW 1984, 419, 422; Das Anpassen des eigenen Verhaltens wird als sog. *Panoptismus* bezeichnet. Panoptismus ist ein von dem französischen Philosophen *Michel Foucault* eingeführter Begriff. Er beschreibt Überwachungs- und Kontrollmechanismen und daraus resultierende soziale Konformität des Individuums (Foucault-Handbuch, S. 279 ff.); siehe hierzu auch *Kudlacez* Videoüberwachung, S. 20 ff; zum Überwachungs- und Anpassungsdruck: *Lang* Private Videoüberwachung, S. 91 ff. (Psychische Zwangseinwirkung, die durch das Gefühl hervorgerufen wird, überwacht zu werden. Dies kann zu Angst, Misstrauen, Unsicherheit und Beeinträchtigung der Unbefangenheit führen; der Betroffene passt sich den gestellten Erwartungen an); *Geiger* Verfassungsfragen, S. 54; *Czerwinski* in: Sicherheitsdiskurse, S. 85; *Kreutzträger/Osterholz* in:

Das Volkszählungsurteil führte nicht nur zu Anerkennung des Rechts auf informationelle Selbstbestimmung. Unter den Bedingungen der modernen Datenverarbeitung wird der Schutz des Einzelnen gegen unbegrenzte Erhebung, Speicherung, Verwendung und Weitergabe seiner persönlichen Daten von dem allgemeinen Persönlichkeitsrecht des Art. 2 Abs. 1 i.V.m. Art. 1 Abs. 1 GG umfasst.[1696] Das Grundrecht gewährleistet folglich insoweit die Befugnis des Einzelnen über die Preisgabe und Verwendung seiner persönlichen Daten zu bestimmen[1697] und macht den Einzelnen zum Herrn der ihn betreffenden Daten.[1698] Das Recht auf informationelle Selbstbestimmung schützt nur persönliche bzw. personenbezogene Daten.[1699] Geschützt werden aber nicht nur solche Informationen, die ihrer Art nach sensibel sind und schon aus diesem Grund grundrechtlich geschützt werden. Auch öffentliche oder allgemein zugängliche Daten werden vom Schutzumfang erfasst.[1700] Der Schutz des Rechts auf informationelle Selbstbestimmung bezieht sich auf alle personenbezogenen Daten und die Formen des Umgangs mit diesen.[1701] Nach der bekannten Formel des BVerfG gibt es daher unter den Bedingungen der automatisierten Datenverarbeitung kein „belangloses“ Datum mehr.[1702] Ferner hatte das Volkszählungsurteil eine Novellierung sämtlicher allgemeiner Datenschutzgesetze sowie den Erlass spezifischer Regelungen zur Folge.[1703] *Gössner* kritisiert den Erlass diverser Regelungen nach dem Urteil des BVerfG. Seiner Ansicht zufolge, wurde der „in der Praxis wuchernd[e] Daten-Wildwuchs [nicht beschnitten, sondern] lediglich übersichtlicher und effizienter gestaltet und im Nachhinein rechtlich abgesichert.“[1704]

Das Recht auf informationelle Selbstbestimmung wird nicht schrankenlos im Sinne einer absoluten, uneinschränkbaren Herrschaft über *„seine“* Daten gewährleistet. Vielmehr muss der Einzelne Einschränkungen seines Rechts im überwiegenden Allgemeininteresse hinnehmen.[1705] Für Einschränkungen der informationellen Selbstbestimmung bestehen höhere Anforderungen an die Rechtfertigung als bei

---

Sicherheitsdiskurse, S. 97 (*„Und auch wer nichts zu verbergen hat, kontrolliert sein Verhalten. In der Folge werden Überwachungskameras zu Verhaltenskontrolleuren“*).

1696 BeckOK-InfoMedienR/*Gersdorf* Art. 2 GG Rn. 18.

1697 BVerfG, Urt. v. 15.12.1983 – 1 BvR 209/83 u.a. = NJW 1984, 419; BeckOK-InfoMedienR/*Gersdorf* Art. 2 GG Rn. 17; Kompaktkommentar-BDSG Einl. Rn. 10; *Lang* Private Videoüberwachung, S. 152.

1698 Komm-BDSG/*Gola/Klug/Körffer* § 1 Rn. 10.

1699 Zum Begriff der personenbezogenen Daten: *Lang* Private Videoüberwachung, S. 152 ff.

1700 BeckOK-InfoMedienR/*Gersdorf* Art. 2 GG Rn. 19; *Lang* Private Videoüberwachung, S. 152.

1701 *Lang* Private Videoüberwachung, S. 154 ff.

1702 BVerfG, Urt. v. 15.12.1983 – 1 BvR 209/83 u. a. = NJW 1984, 419, 422.

1703 Komm-BDSG/*Gola/Klug/Körffer* Einl. Rn. 6; Kompaktkommentar-BDSG Einl. Rn. 5.

1704 *Gössner* Überwachungsstaat, S. 21.

1705 BVerfG, Urt. v. 15.12.1983 – 1 BvR 209/83 u.a. = NJW 1984, 419, 422; *Büllesfeld* Polizeiliche Videoüberwachung, S. 115 f.; *Held* Intelligente Videoüberwachung, S. 116 f.

der allgemeinen Handlungsfreiheit: Einschränkungen benötigen unter anderem eine gesetzliche Grundlage. Ohne gesetzliche Grundlage dürfen unter staatlichem Zwang Daten nicht erhoben bzw. verarbeitet werden. Daraus müssen sich die Voraussetzungen und der Umfang der Beschränkung klar und erkennbar ergeben (*Gebot der Normenklarheit*).[1706] Des Weiteren muss, bevor auf Daten zugegriffen wird, der Zweck des Handelns klar definiert werden.[1707] Eine Generalklausel ist nicht ausreichend.[1708]

Das BVerfG hat die im Volkszählungsurteil niedergelegte Rechtsprechung bereits mehrmals bestätigt,[1709] jedoch keine scharfe begriffliche Trennung zu den anderen Konkretisierungen des allgemeinen Persönlichkeitsrechts vorgenommen. Damit ist das Verhältnis untereinander weitestgehend ungeklärt.[1710]

(1) Eröffnung des Schutzbereichs bei Videobeobachtungsmaßnahmen ohne Aufzeichnung des Datenmaterials

Das Grundrecht auf informationelle Selbstbestimmung soll vor dem Feststellen, Verwenden, Speichern, Weitergeben und Veröffentlichen personenbezogener Daten schützen.[1711] Fraglich ist, ob bereits bloße Videobeobachtungsmaßnahmen ohne Aufzeichnung des Datenmaterials zur Eröffnung des Schutzbereichs des Rechts auf informationelle Selbstbestimmung führen.

Zum Teil sind die Ausführungen zum Schutzbereich sehr vage. Es wird rechtstechnisch ungenau davon gesprochen, dass durch eine Videobeobachtung ohne Aufzeichnung das Recht auf informationelle Selbstbestimmung „betroffen", „berührt" oder „tangiert" werde.[1712] Mitunter wird die Eröffnung des Schutzbereichs auch ohne genaue Prüfung vorausgesetzt.[1713] *Post* beispielsweise diskutiert die Frage der Eröffnung des Schutzbereichs erst im Rahmen des Eingriffs. Begründet wird dies mit der wechselseitigen Beziehung der Verletzung des Schutzbereichs und der technischen Ausgestaltung der Videoüberwachung. Zwischen dem Schutzgut und der Beeinträchtigung bestehe ein untrennbarer systematischer Zusammenhang.[1714] Die Korrelation zwischen dem Schutzgegenstand des Rechts auf informationelle Selbstbestimmung und der Beeinträchtigung darf aber nicht dazu führen, dass die Prüfungspunkte des Schutzbereichs und des Eingriffs vermischt werden,[1715] sodass im

---

1706 Von Mangoldt/Klein/Starck/*Gusy* Art. 10 GG Rn. 71; *Robrecht* NJ 2000, 348.
1707 BeckOK-BDSG/*Ronellenfitsch* Einl. Rn. 7.
1708 So auch *Roos* Kriminalistik 1994, 674.
1709 Z.B. BVerfG, Beschl. v. 9.3.1988 – 1 BvL 49/86 = NJW 1988, 2031.
1710 Vgl. hierzu *Kloepfer/Breitkreutz* DVBl. 1998, 1149, 1150.
1711 Von Mangoldt/Klein/Starck/*Starck* Art. 2 GG Rn. 114; *Bausch* Videoüberwachung, S. 21 f.
1712 *Büllesfeld* Polizeiliche Videoüberwachung, S. 121 m.w.N.
1713 *Büllesfeld* Polizeiliche Videoüberwachung, S. 122.
1714 *Post* Videoüberwachung, S. 190.
1715 So auch *Büllesfeld* Polizeiliche Videoüberwachung, S. 122.

Rahmen dieser Arbeit weiterhin stringent zwischen „*Schutzbereich*“ und „*Eingriff*“ unterschieden wird.

(a) Umfassender Persönlichkeitsschutz und Begriff der „Erhebung“ personenbezogener Daten

Ein Feststellen personenbezogener Daten und somit eine Offenbarung persönlicher Lebenssachverhalte liegt nicht erst mit einer Speicherung dieser Daten vor. Eine derartige Beschränkung würde dem Persönlichkeitsschutz nicht gerecht werden.[1716] Das Recht auf informationelle Selbstbestimmung bietet vielmehr einen generellen Schutz vor Erhebung personenbezogener Daten.[1717] So bejaht auch *Büllesfeld* die Eröffnung des Schutzbereichs des Rechts auf informationelle Selbstbestimmung bei Videoüberwachungsmaßnahmen und zwar unabhängig von der technischen Ausgestaltung.[1718] Begründet wird dies mit der Verkürzung des grundrechtlichen Schutzes, würde man einzelne Einsatzformen der polizeilichen Videoüberwachung nicht in den Schutzbereich einbeziehen.[1719]

Bereits aus der Terminologie „Erhebung“ lässt sich ableiten, dass eine (dauerhafte) Fixierung personenbezogener Daten für die Eröffnung des Schutzbereichs nicht gefordert werden kann. Ein Erheben setzt begrifflich keine Speicherung voraus oder beinhaltet eine solche. Unter einem Erheben in diesem Sinne ist das „Beschaffen von personenbezogenen Daten im Sinne einer zielgerichteten Tätigkeit“[1720] zu verstehen und ist nur dann für die Eröffnung des Schutzbereichs von Relevanz, wenn kein weiterer Umgang mit personenbezogenen Daten in Betracht kommt. Zutreffend ist hingegen, dass erst die Fixierung personenbezogener Daten die Gefahren eines möglichen Datenmissbrauchs begründet. Daraus lässt sich aber nicht schließen, dass der Schutzbereich erst durch dieses „Gefährdungspotential“ eröffnet wird.[1721]

Auch bei *Bausch* findet sich die Auffassung, dass der Schutzbereich der informationellen Selbstbestimmung eröffnet ist und zwar auch dann, wenn es zu keiner Speicherung kommt. Aus dem informationellen Selbstbestimmungsrecht ergebe sich auch das Recht über die Erhebung personenbezogener Daten zu entscheiden. Eine Speicherung setze die Erhebung gerade nicht voraus:[1722]

> Da die nicht durchgeführte Speicherung den Betroffenen in der Regel nicht ersichtlich ist, sind bereits Videobeobachtungsmaßnahmen aufgrund der von ihnen ausgehenden

---

1716 So *Bausch* Videoüberwachung, S. 23 f.
1717 *Lang* Private Videoüberwachung, S. 154.
1718 *Büllesfeld* Polizeiliche Videoüberwachung, S. 122.
1719 *Büllesfeld* Polizeiliche Videoüberwachung, S. 122 f.; sehr kritisch hierzu *Lang* Private Videoüberwachung, S. 162.
1720 *Lang* Private Videoüberwachung, S. 155 f.
1721 So auch *Bausch* Videoüberwachung, S. 23.
1722 *Bausch* Videoüberwachung, S. 23 f.

> Ungewissheit im Hinblick auf die staatliche Informationsbeschaffung geeignet, die Betroffenen in der freien Entfaltung ihrer Persönlichkeit zu beeinträchtigen.[1723]

Ob Maßnahmen der Videobeobachtung einen Eingriff in das Recht auf informationelle Selbstbestimmung bedeuten, ist damit freilich noch nicht gesagt. Jedenfalls sind aber Maßnahmen der Videobeobachtung vom Recht auf informationelle Selbstbestimmung umfasst. Dies vor allem auch vor dem Hintergrund der weiten Fassung des Schutzbereichs.[1724]

(b) Überwachungsdruck

Neuartige Videoüberwachungstechniken führen zur Eröffnung des Schutzbereichs des Grundrechts auf informationelle Selbstbestimmung auch dann, wenn lediglich Videobeobachtungsmaßnahmen vorliegen und keine Speicherung des Datenmaterials erfolgt. Nicht nur eine Aufzeichnung des Datenmaterials kann den Einzelnen in der freien Entfaltung seiner Persönlichkeit hemmen.

> Die „ungestörte" und ungezwungene Darstellung sowie Interaktion, auch das Schwächen verbergende, selbst in der Öffentlichkeit relativ abgeschirmt-anonyme, im wahrsten Sinne des Wortes gesichtswahrende Verhalten ist existentielle Grundbedingung menschlicher Identität. Doch genau dies wird im Auge der Überwachungskamera in hohem Maße erschwert. Das Bild des Menschen von sich selbst ändert sich; er wird vorsichtiger, ängstlicher, nervöser, kontrollierter. Die Menschen verlieren zugleich ihre Kontur, ihre Grenze. Sie sind im Ungewissen darüber, ob nicht über die Dauer ihrer Anwesenheit im medial vervielfachten Raum von Dritten entschieden wird.[1725]

Videobeobachtungsmaßnahmen setzen den Betroffenen einem Überwachungsdruck aus. Der Einzelne wird versuchen, sein Verhalten anzupassen, nicht durch abweichende Verhaltensweisen aufzufallen und sich der Norm entsprechend zu verhalten.[1726] Dies kann zu einer Beeinträchtigung der Unbefangenheit und kommunikativen Selbstentfaltung führen. Daher sind keine Gründe ersichtlich, warum reine Beobachtungsmaßnahmen ohne Aufzeichnung nicht zu einer Eröffnung des Schutzbereichs führen sollen. Dies gilt umso mehr, da dieses Recht gerade einem Einschüchterungseffekt vorbeugen soll.[1727] Überdies ist für Betroffene häufig nicht eindeutig ersichtlich, ob lediglich eine Überwachung ihres Verhaltens vorliegt oder ob es darüber hinaus zu einer Speicherung des beobachteten Verhaltens kommt.

1723 *Bausch* Videoüberwachung, S. 24.
1724 *Bausch* Videoüberwachung, S. 24 f.; *Lang* Private Videoüberwachung, S. 156 f.
1725 *Höfling* in: Videoüberwachung, S. 36.
1726 *Post* Videoüberwachung, S. 189; *Büllesfeld* Polizeiliche Videoüberwachung, S. 123; je nach Intensität der Überwachung wird der Einzelne zum Objekt degradiert. Das heißt, dass er einem unzumutbaren Überwachungsdruck ausgesetzt wird. Spontane Lebensäußerungen sind daher nicht mehr möglich (*Vahle* DVP 2000, 396).
1727 Jarass/Pieroth, Art. 2 GG Rn. 42.

Daher entsteht eine gewisse Unsicherheit, welche zu einer Beeinträchtigung der freien Entfaltung der Persönlichkeit führen kann.

Hinsichtlich der Bestimmung des Schutzgegenstandes äußert sich *Lang* sehr kritisch zum Anpassungs- und Überwachungsdruck.[1728] Seiner Ansicht zufolge könne es für die Eröffnung des Schutzbereichs nicht allein auf die psychischen Auswirkungen ankommen. Vielmehr hat eine Bestimmung des Schutzbereichs vom Anliegen des jeweiligen Grundrechts her zu erfolgen:

> Bei der Freiheit von Überwachungs- und Anpassungsdruck handelt [es] sich zwar um einen Gewährleistungsgehalt des allgemeinen Persönlichkeitsrechts, den es als Grundbedingung für die personale Entfaltung in den Beziehungen mit Dritten und in der Öffentlichkeit in bestimmten Grenzen zu sichern gilt und der in den besonderen, möglicherweise auch neu zu entwickelnden Ausprägungen des allgemeinen Persönlichkeitsrechts seinen Ausdruck finden kann. Im Schutzgehalt des informationellen Selbstbestimmungsrechts kann sich diese Freiheit [...] indes nur bezüglich des Umgangs mit personenbezogenen Daten wiederfinden.[1729]

Lang schließt seine Ausführungen mit der Feststellung, dass das informationelle Selbstbestimmungsrecht keinen Schutz vor psychischen Zwangseinwirkungen bieten kann, soweit es lediglich um die Vorspiegelung einer Datenerhebung geht, ohne dass es zu einer entsprechenden Datenerhebung kommt. Entscheidend sei vielmehr der tatsächliche oder zumindest doch beabsichtigte Umgang mit personenbezogenen Daten, sodass sich in diesem Rahmen auch die Freiheit von Anpassungs- und Überwachungsdruck im Schutzgehalt des informationellen Selbstbestimmungsrechts wiederfindet.[1730] Der Bezugspunkt für das informationelle Selbstbestimmungsrecht muss damit einzig und allein der Umgang mit personenbezogenen Daten sein.[1731] Ob dieser Auffassung tatsächlich zu folgen ist, kann an dieser Stelle dahingestellt bleiben, weil es beim Bodycam-Einsatz nicht um die *Vorspiegelung* einer Datenerhebung geht, sondern tatsächlich eine Erhebung personenbezogener Daten erfolgen soll.

(c) Ergebnis

Überzeugend ist nach alledem die Auffassung, dass auch Videobeobachtungsmaßnahmen ohne dauerhafte Fixierung des Datenmaterials, und unabhängig von ihrer technischen Ausgestaltung,[1732] vom Schutzbereich des Rechts auf informationelle Selbstbestimmung umfasst werden. Unerheblich muss ferner sein, dass Videobeobachtungsmaßnahmen durch Bodycams an öffentlichen Orten stattfinden und somit nicht besonders sensible persönliche Bereiche betroffen sind. Zum einen sind alle personenbezogenen Daten schutzwürdig und zum anderen kann ein umfassender

1728 *Lang* Private Videoüberwachung, S. 157 ff.
1729 *Lang* Private Videoüberwachung, S. 160 f.
1730 *Lang* Private Videoüberwachung, S. 163 f.
1731 *Lang* Private Videoüberwachung, S. 159.
1732 *Büllesfeld* Polizeiliche Videoüberwachung, S. 122.

Schutz nicht gewährleistet werden, würde man die Eröffnung des Schutzbereichs aus diesem Grund ablehnen.[1733]

(2) Eröffnung des Schutzbereichs bei Maßnahmen der Videoaufzeichnung

Fraglich ist, ob Maßnahmen der Videoaufzeichnung zur Eröffnung des Schutzbereichs des Rechts auf informationelle Selbstbestimmung führen.[1734]

Wenn bereits Videobeobachtungsmaßnahmen ohne Aufzeichnung zur Eröffnung des Schutzbereichs führen, dann muss dies „Erst-Recht" für Maßnahmen der Videoaufzeichnung gelten. Darüber hinaus wird das Recht auf informationelle Selbstbestimmung definiert als die Befugnis des Einzelnen über die *Speicherung* personenbezogener Daten zu bestimmen.[1735] Videoaufzeichnungen führen bereits begrifflich zur erforderlichen Speicherung personenbezogener Daten. Auch *Bausch* hält den Schutzbereich des Rechts auf informationelle Selbstbestimmung ohne weitere Erläuterungen für eröffnet. Stattdessen verweist er für die Bestimmungen des Schutzbereichs auf die Ausführungen zu den Maßnahmen der Videobeobachtung.[1736]

Büllesfeld vertritt den Standpunkt, dass der Schutzbereich des Rechts auf informationelle Selbstbestimmung bei „Videoüberwachungsmaßnahmen unabhängig von deren technischer Ausgestaltung"[1737] eröffnet ist. Er begründet dies damit, dass es für den Betroffenen in der Regel nicht möglich ist, Zoom- bzw. Aufzeichnungsfunktionen zu erkennen. Folglich würde es den grundrechtlichen Schutz zu sehr verkürzen, würde man bestimmte Formen der Videoüberwachung aus dem Schutzbereich herausnehmen.[1738]

Lang zufolge ist eine Eröffnung des Schutzbereichs dann abzulehnen, wenn es sich um eine Anwendung von Videotechniken im Übersichtsformat handelt und überdies kein Personenbezug vorliegt. Ein Personenbezug liegt nur dann vor, wenn einzelne Personen erkennbar und individualisierbar sind.[1739] Bodycams können Polizeieinsätze aufzeichnen. Ferner handelt es sich nicht um eine Videotechnik im Übersichtsformat; stattdessen kommt es gerade auf die Erkennbarkeit und Individualisierung von einzelnen Personen an, um das Datenmaterial in einer

---

1733 So auch *Büllesfeld* Polizeiliche Videoüberwachung, S. 121; *Lang* Private Videoüberwachung, S. 152.

1734 *Post* wiederum erörtert die Frage, ob der Schutzbereich in Fällen der polizeilichen Videoüberwachung eröffnet ist, erst im Rahmen des Eingriffs. Begründet wird dies mit der gegenseitigen Wechselseitigkeit von Verletzung des Schutzbereichs und technischer Ausgestaltung der Videoüberwachung (*Post* Videoüberwachung, S. 190).

1735 So etwa von Mangoldt/Klein/Starck/*Starck* Art. 2 GG Rn. 114.

1736 *Bausch* Videoüberwachung, S. 93, 21 ff.

1737 *Büllesfeld* Polizeiliche Videoüberwachung, S. 122.

1738 *Büllesfeld* Polizeiliche Videoüberwachung, S. 122 f.; sehr kritisch hierzu *Lang* Private Videoüberwachung, S. 162.

1739 *Lang* Private Videoüberwachung, S. 171 f.

gerichtlichen Verhandlung als Beweismittel (Inaugenscheinnahme) verwenden zu können.

Folglich ist auch bei Maßnahmen der Videoaufzeichnung die Eröffnung des Schutzbereichs des Rechts auf informationelle Selbstbestimmung festzustellen.

bb) Eingriff in das Recht auf informationelle Selbstbestimmung gemäß Art. 2 Abs. 1 i.V.m. Art. 1 Abs. 1 GG durch den Einsatz von Bodycams

Es stellt sich nunmehr die Frage, ob durch den Einsatz von Bodycams in das Recht auf informationelle Selbstbestimmung gemäß Art. 2 Abs. 1 i.V.m. Art. 1 Abs. 1 GG eingegriffen[1740] wird. Nur bei einem Grundrechtseingriff kommt es auf eine verfassungsrechtliche Rechtfertigung an.

> Der „Schutzmann der Ecke" mag zwar sympathischer erscheinen als die Anonymität des metallischen Körpers einer Videokamera. Nur hat dieser Aspekt keinen Einfluss auf die Frage der Eingriffsqualität.[1741]

Im folgenden Abschnitt ist zu prüfen, welche Aspekte einen Einfluss auf die Eingriffsqualität haben können.

(1) Eingriff in den Schutzbereich bei Videobeobachtungsmaßnahmen ohne Aufzeichnung des Datenmaterials

Ob durch bloße Videobeobachtungsmaßnahmen ohne Aufzeichnung in das Recht auf informationelle Selbstbestimmung eingegriffen wird, darüber herrscht bisweilen Uneinigkeit. Die Vorgehensweise zur Beantwortung dieser Frage ist sehr unterschiedlich. Teilweise wird zwischen offener Videobeobachtung durch Erstellen von Großbildaufnahmen und Übersichtsaufnahmen bzw. verdeckten Maßnahmen der Videobeobachtung unterschieden.[1742] *Lang* hingegen unterteilt seine Ausführungen in das Kamera-Monitor-Prinzip, Übersichtsaufnahmen und Attrappen.[1743] *Büllesfeld* unterscheidet beim Eingriff durch reine Bildübertragung zwischen Videobeobachtungsmaßnahmen ohne Personenbezug und mit Identifizierbarkeit der betroffenen Personen.[1744] *Post* wiederum unterteilt einen Eingriff in das Recht auf informationelle Selbstbestimmung in Abbildungen in der Übersicht und in der Nähe. Diese Teilbereiche spaltet er wiederum in Bildbetrachtungen ohne bzw. mit technischer Möglichkeit der Aufzeichnung auf.[1745]

1740 Ausführlich zum Eingriffsbegriff: *Büllesfeld* Polizeiliche Videoüberwachung, S. 131 ff.; *Post* Videoüberwachung, S. 198 ff.

1741 *Post* Videoüberwachung, S. 215.

1742 So *Bausch* Videoüberwachung, S. 26 ff.

1743 *Lang* Private Videoüberwachung, S. 164 ff.

1744 *Büllesfeld* Polizeiliche Videoüberwachung, S. 134 ff.

1745 *Post* Videoüberwachung, S. 202 ff.

(a) Fehlende Datenerhebung durch bloße Beobachtungsmaßnahmen?

Nach teilweise vertretener Ansicht stellt die bloße Beobachtung ohne Aufzeichnung ein schlicht hoheitliches Handeln im Sinne der polizeilichen Aufgabenzuweisung dar, da durch das bloße Übertragen eines Bildes gerade keine Datenerhebung, also eine Identifizierung von Personen nicht möglich sei. Ein Grundrechtseingriff sei daher nicht gegeben.[1746] Ein unzulässiger Eingriff in das allgemeine Persönlichkeitsrecht liege erst dann vor, wenn eine Aufzeichnung des Kamerabildes erfolge, nicht bereits bei Wiedergabe des Bildes auf dem Bildschirm.[1747] Dagegen lässt sich aber einwenden, dass ein sog. *Kamera-Monitor-Prinzip* generell geeignet sein kann,[1748] personenbezogene Daten zu erheben, wodurch eine Gefährdung des Grundrechts eintritt. Diese Grundrechtsgefährdung kommt einer Grundrechtsbeeinträchtigung gleich,[1749] da ein effektiver Grundrechtsschutz nur erreicht werden kann, wenn dieser Schutz bereits dann eintritt, wenn eine Grundrechtsverletzung droht.[1750]

Weiter wird der Standpunkt vertreten, – so beispielsweise vom VG Halle – dass in reinen Beobachtungsmaßnahmen bzw. Bildübertragungen von bloßen Übersichtsaufnahmen, bei denen eine Identifizierung von Personen nicht gewollt und technisch nicht möglich ist, bereits keine personenbezogene Datenerhebung zu sehen sei.[1751] Dieser Auffassung wird teilweise insoweit zugestimmt, als anhand von Übersichtsaufnahmen einzelne Personen tatsächlich nicht identifiziert werden können, da es in diesen Fällen an der Offenbarung persönlicher Lebenssachverhalte fehlt.[1752] Das VG Halle geht darüber hinaus noch einen Schritt weiter. Das Gericht

---

1746 Vgl. hierzu *Büllesfeld* Polizeiliche Videoüberwachung, S. 137; auch *Keller* sieht in der Bildübertragung nach dem Kamera-Monitor-Prinzip ein schlicht-hoheitliches Handeln, sofern keine gezielte Beobachtung vorliegt (*Keller* Kriminalistik 2000, 187, 188); *Lang* Private Videoüberwachung, S. 146 f.

1747 So auch *Balzer/Nugel* NJW 2014, 1622, 1623.

1748 *Röger* und *Stephan* sprechen von der Möglichkeit der Vergrößerung und Aufzeichnung von Übersichtsaufnahmen (*Röger/Stephan* NWVBl. 2001, 201, 206).

1749 *Schwarz* ZG 2001, 246, 257 (*„Wenn der Betroffene gerade nicht weiß, ob sein Verhalten aufgezeichnet wird, ist dieses latente Eingriffspotential mit einer grundrechtlichen Gefährdungslage gleichzusetzen“*).

1750 *Röger/Stephan* NWVBl. 2001, 201, 207.

1751 V G Halle, Beschl. v. 17.1.2000 – 3 B 121/99 HAL = LKV 2000, 164; *Lang* Private Videoüberwachung, S. 171; *Keller* Kriminalistik 2000, 187, 188; kritisch zum Beschluss des VG Halle: *Schwarz* ZG 2001, 246, 256; anders, wenn ein subjektiv geprägter extensiver Eingriffsbegriff zugrunde gelegt wird (vgl. hierzu *Büllesfeld* Polizeiliche Videoüberwachung, S. 135 f.); dagegen OVG Bremen, Urt. v. 24.4.1990 – 1 BA 18/89 = NVwZ 1990, 1188, 1189 (Eingriff in Form der Datenerhebung, da es technisch prinzipiell möglich ist, Personen durch Vergrößerung zu identifizieren); unspezifische Übersichtsaufnahmen (Video*beobachtung*) z.B. im Zusammenhang mit öffentlichen Demonstrationen zulässig, wenn zur Gefahrenabwehr erforderlich (*Vahle* DVP 2000, 396, 398).

1752 Ausführlich zur offenen Videobeobachtung durch Erstellen von Übersichtsaufnahmen: *Bausch* Videoüberwachung, S. 30 ff. (dort auch a.A. m.w.N.: trotz

stellt sich auf den Standpunkt, dass auch das Vergrößern, ohne Aufzeichnung der Bilder, zu keiner anderen rechtlichen Bewertung führen würde, sodass auch in diesem Fall keine personenbezogene Datenerhebung vorliege und mithin ein Eingriff in das Recht auf informationelle Selbstbestimmung abzulehnen sei.[1753] Die reine Beobachtung sei qualitativ mit der Beobachtung durch einen Polizeibeamten vergleichbar,[1754] was keinen Grundrechtseingriff darstelle.[1755] Ein Vergrößern könne allenfalls als ein näheres Hinschauen qualifiziert werden[1756] und aktualisiert lediglich schon existentes Wissen der Polizeibeamten.[1757] Überzeugender ist hingegen jedoch die Auffassung, dass in Fällen, in denen bei Übersichtsaufnahmen Personen ohne Weiteres erkennbar und identifizierbar sind, Daten erhoben werden und das Recht auf informationelle Selbstbestimmung betroffen ist und zwar unabhängig davon, ob die Bilder aufgezeichnet werden oder nicht.[1758] Auch *Geiger* ist der Auffassung, dass, sofern personenbezogene Daten durch die Beobachtung erhoben werden, das Recht auf informationelle Selbstbestimmung betroffen werde.[1759] Würde man in Videobeobachtungsmaßnahmen in Form von Übersichtsmaßnahmen hingegen keinen Grundrechtseingriff sehen, würde dies zu einer Verkürzung des grundrechtlichen Schutzes führen.[1760] Ebenso bejaht *Büllesfeld* einen Eingriff bei

---

Nichtoffenbarung persönlicher Lebenssachverhalte ist ein Eingriff zu bejahen, da sich der Einzelne zumindest überwacht fühlt); *Büllesfeld* Polizeiliche Videoüberwachung, S. 134 ff. (mangels Identifizierbarkeit liegt keine personenbezogene Datenerhebung vor und folglich auch kein Grundrechtseingriff); zu Übersichtsaufnahmen, bei denen der Personenbezug lediglich aufgrund eines besonderen körperlichen Erscheinungsbildes hergestellt werden kann: *Lang* Private Videoüberwachung, S. 172 f.

1753 Nach *Dolderer* könne die Vergrößerung und die damit einhergehende Identifizierung von Personen eine Grundrechtsgefährdung, aber keinen Grundrechtseingriff darstellen (*Dolderer* NVwZ 2001, 130, 131).

1754 Auch der frühere Bundesinnenminister *Otto Schily* hat die Videoüberwachung mit Streifenpolizisten verglichen. Videoüberwachung sei ihm zufolge nichts anderes, als wenn ein Polizist schaut, dass nichts passiert (bei *Kreutzträger/Osterholz* in: Sicherheitsdiskurse, S. 90); ablehnend *Leopold* in: Innere Sicherheit als Gefahr, S. 193.

1755 Vgl. auch *Post* Videoüberwachung, S. 213.

1756 VG Halle, Beschl. v. 17.1.2000 – 3 B 121/99 HAL = LKV 2000, 164, 165; auch bei *Lang* Private Videoüberwachung, S. 146 f.; *Büllesfeld* Polizeiliche Videoüberwachung, S. 137; z.T. wird auch bei Nahaufnahmen ohne technische Möglichkeit der Aufzeichnung vertreten, dass diese Art der Videoüberwachung lediglich eine *„Sichtbarmachung der Realität"* ist und damit einer *„natürlichen Betrachtungsweise"* entspricht (so bei *Post* Videoüberwachung, S. 222).

1757 *Büllesfeld* Polizeiliche Videoüberwachung, S. 138.

1758 *Robrecht* NJ 2000, 348 m.w.N.; *Höfling* in: Videoüberwachung, S. 29, 36.

1759 *Geiger* Verfassungsfragen, S. 186; auch *Büllesfeld* Polizeiliche Videoüberwachung, S. 137.

1760 Vgl. *Bausch* Videoüberwachung, S. 34.

bloßen Übersichtsaufnahmen ohne Aufzeichnung, begründet dies jedoch mit der „Vermeidung einer umfassenden Überwachungsstruktur, wie sie ansatzweise in Großbritannien bereits zu beobachten ist".[1761] Diesem Begründungsansatz kann indes nicht gefolgt werden. Es ist nicht nachvollziehbar, wie eine in der Zukunft liegende, ungewisse Entwicklung bestimmter Videobeobachtungsmaßnahmen zur Begründung eines Eingriffs herangezogen werden kann.[1762]

Während zuweilen ein Eingriff durch bloße Beobachtung, bei welcher Personen erkennbar und individualisierbar sind, aufgrund bestehender Datenerhebung bejaht wird,[1763] differenziert *Keller* danach, ob eine *gezielte* Beobachtung vorliegt oder nicht. Nur wenn der Betroffene gezielt beobachtet werde, liege seiner Ansicht zufolge ein Eingriff vor. Sofern eine gezielte Beobachtung nicht gegeben ist, liege allenfalls ein schlicht hoheitliches Handeln vor. Ferner sei ein Eingriff bei bloßen Übersichtsaufnahmen nicht gegeben, da hierbei eine Identifizierung der Person nicht möglich sei und diese wiederum nicht gezielt beobachtet werde.[1764] Danach wäre für bloße Übersichtsaufnahmen, welche eine Identifizierung von Personen nicht zulassen, keine spezielle Befugnis erforderlich. Begründet wird das Nichterfordernis einer gesetzlichen Regelung folgendermaßen: Bereits in der Anwesenheit von Polizisten könne man eine Datenerhebung befürchten und mithin einen Eingriff in Grundrechte annehmen.[1765] Richtigerweise muss es aber bei der Frage der Eingriffsqualität um die Erhebung personenbezogener Daten im Sinne des BDSG gehen. Obwohl eine gesetzliche Regelung nicht dringend erforderlich ist, hält auch *Keller* eine solche für erstrebenswert, da der Gesetzgeber „das regeln soll, was für die Grundrechtsausübung wesentlich ist".[1766] Kritiker hingegen sind der Auffassung, dass eine klare Unterscheidung zwischen gezielter und nicht-gezielter Beobachtung praktisch nicht

1761 *Büllesfeld* Polizeiliche Videoüberwachung, S. 145 f.

1762 Ebenso *Bausch* Videoüberwachung, S. 34.

1763 *Lang* Private Videoüberwachung, S. 146 m.w.N.; ablehnend *Post* bei Übersichtsaufnahmen mit technischer Möglichkeit der Aufzeichnung. In diesen Fällen sei eine Identifizierung von Personen nicht möglich (*Post* Videoüberwachung, S. 217); *ders.* bejahend für den Fall der Bildbetrachtung von Nahaufnahmen. Hierbei sei es unerheblich, ob eine technische Möglichkeit der Aufzeichnung besteht oder nicht, da in beiden Fällen *„Planmäßigkeit"* und *„Zielgerichtetheit"* der Maßnahme gegeben sind (*Post* Videoüberwachung, S. 223 ff.).

1764 *Keller* Kriminalistik 2000, 187, 188 (dort auch zur Besonderheit von Übersichtsaufnahmen von Versammlungen); ebenso ist *Waechter* der Auffassung, dass bei Übersichtsaufnahmen Personen nicht individualisierbar dargestellt werden und folglich der Schutzbereich von Art. 2 Abs. 1 i.V.m. Art. 1 Abs. 1 GG in der Regel nicht berührt wird (*Waechter* NdsVBl. 2001, 77, 79).

1765 Siehe *Büllesfeld* Polizeiliche Videoüberwachung, S. 135; dagegen *Post* Videoüberwachung, S. 213.

1766 *Keller* Kriminalistik 2000, 187, 188 f.; zusammenfassend auch bei *Lang* Private Videoüberwachung, S. 146.

geleistet werden kann, sodass im Zweifel – *„in dubio pro libertate"* – von einem Eingriff durch reine Beobachtungsmaßnahmen ausgegangen werden muss.[1767]

Vertreter, welche einen Eingriff durch Beobachtungsmaßnahmen ohne Aufzeichnung des Datenmaterials – und zum Teil unabhängig von einem Personenbezug – verneinen, sind häufig der Auffassung, dass das allgemeine Persönlichkeitsrecht gerade kein Recht auf „Nicht-Gesehen-Werden" beinhaltet. Sobald sich Personen in der Öffentlichkeit bewegen, müssen sie damit rechnen, beobachtet zu werden.[1768]

(b) Überschreiten der „Erheblichkeits- bzw. Bagatellgrenze"

Von Befürwortern eines Eingriffs durch Beobachtungsmaßnahmen, bei welchen Personen ohne Weiteres erkennbar und individualisierbar sind, wird häufig die *Bagatellgrenze* angeführt. Diese sei bei Videobeobachtungsmaßnahmen im Gegensatz zur Beobachtung durch einen Polizisten durchaus überschritten. Die Beobachtung mit Hilfe von Kameras sei als ein „Mehr" im Vergleich zu einer Beobachtung durch Personen zu bewerten, da es sich bei einer Videobeobachtungsmaßnahme um „eine dauerhafte mit besonderen technischen Möglichkeiten ausgestattete Bildübertragung, die sowohl in quantitativer als auch qualitativer Weise die einfache menschliche Beobachtung weit übersteige"[1769] handelt. Daher kann nicht nur ein Eingriff, sondern mitunter ein gravierender Eingriff festgestellt werden. Auch *Waechter* ist der Auffassung, dass das bloße Beobachten von Personen durch staatliche Behörden einen Grundrechtseingriff darstelle und nicht mit polizeilicher Präsenz bzw. mit der Beobachtung durch einen Polizisten vergleichbar ist. Durch die Beobachtung mit Videotechnik sei eine andere Art der Beobachtung möglich, nämlich eine intensivere und großflächigere. Ferner ermögliche der Einsatz der Videotechnik eine Vervielfältigung der Polizeipräsenz, sodass bei bloßen Beobachtungsmaßnahmen auch dann ein Eingriff in das Recht auf informationelle Selbstbestimmung angenommen werden muss, wenn eine Identifizierung der gefilmten Person unter Umständen nicht sofort möglich ist.[1770]

1767 *Lang* Private Videoüberwachung, S. 146.

1768 So jedenfalls bei Übersichtsaufnahmen (*Büllesfeld* Polizeiliche Videoüberwachung, S. 135); *Lang* Private Videoüberwachung, S. 146 (Kamera-Monitor-Prinzip), 148 (Übersichtsaufnahme); *Höfling* deutet in seinem Beitrag zu den grundrechtlichen Anforderungen an Ermächtigungen zur Videoaufzeichnung und -überwachung durch Verwaltungsbehörden an, dass vielfach zu pauschal bewertet und infolgedessen ein Grundrecht auf Nicht-Gesehen-Werden abgelehnt wird (*Höfling* in: Videoüberwachung, S. 32).

1769 *Lang* Private Videoüberwachung, S. 147; *Röger/Stephan* NWVBl. 2001, 201, 207; *Geiger* Verfassungsfragen, S. 181.

1770 *Waechter* NdsVBl. 2001, 77, 79; so auch vertreten für Übersichtsaufnahmen bei *Robrecht* NJ 2000, 348, 350 (aufgrund des durch Technik ausgelösten Quantitäts- und Qualitätsvorsprungs können Videobeobachtungsmaßnahmen nicht mit einer Beobachtung durch die Polizei mittels Ferngläser oder ähnlichen Mitteln verglichen werden); jedenfalls bei bloßen Übersichtsaufnahmen ist *Post* hingegen der

Aus Art. 1 Abs. 3 GG kann zudem nicht gefolgert werden, dass die Staatsgewalt die Grundrechte nicht *vollumfänglich* beachten muss:

> Geringfügigkeit ist keine praktikable Kategorie zur Begrenzung grundrechtlich relevanten Staatshandelns.[1771]

Da die Staatsgewalt Grundrechte umfassend beachten muss, bedarf auch die bloße Videoüberwachung in Form der Videobeobachtung ohne Aufzeichnung und Speicherung des Materials – entgegen verbreiteter Auffassung – einer Ermächtigungsgrundlage. Ebendieser Ansicht ist *Bausch.* Er stellt auch die Tauglichkeit des Geringfügigkeitskriteriums in Frage. Ferner sei es ihm zufolge bereits bei Videobeobachtungen in Form von Großbildaufnahmen fernliegend, eine geringfügig Beeinträchtigung des Rechts auf informationelle Selbstbestimmung anzunehmen.[1772]

Im Rahmen von Beobachtungen im Wege des *Kamera-Monitor-Prinzips* muss man sich ferner die Frage stellen, ob tatsächlich jede technische Beobachtung einen Eingriff in das Recht auf informationelle Selbstbestimmung darstellt. Hierbei muss zwischen einer schlichten Belästigung bzw. Maßnahmen unterhalb der sog. *Erheblichkeits- oder Bagatellgrenze* und einem tatsächlichen Eingriff unterschieden werden.[1773] Das Kamera-Monitor-Prinzip unterscheidet sich von der Technik der Bodycam insoweit, als dass bei einem Kamera-Monitor-Prinzip beobachtet und gegebenenfalls abgehört wird, wodurch also nur der Augenblick erfasst und eine Reproduktion ausgeschlossen wird.[1774] In der Regel sind bei diesem Prinzip die Kameras mit einer Zentrale und Monitoren verbunden. In der Zentrale überwachen eine oder mehrere Personen diese Monitore und schreiten, sofern es zu Auffälligkeiten kommt, ein.[1775] Wenngleich eine solche Vorgehensweise beim Einsatz von Bodycams nicht geplant ist, lässt sich die Argumentation von *Lang* im Zusammenhang mit einem Eingriff in das informationelle Selbstbestimmungsrecht durch das Kamera-Monitor-Prinzip dennoch auf Bodycams übertragen. Sowohl das Kamera-Monitor-Prinzip als auch der Einsatz von Bodycams führt dazu, dass die Erheblichkeits- bzw. die Bagatellgrenze überschritten wird:

> Die Erheblichkeitsschwelle ist überschritten, wenn dem Einzelnen die selbstbestimmte Identitätsbildung und Selbstdarstellung unmöglich gemacht oder zumindest gefährdet wird.[1776]

Meinung, dass die Kenntnisnahme von Informationen überbewertet wird. Ferner werde nicht begründet, woraus die erhöhte Intensität resultiert (*Post* Videoüberwachung, S. 214).

1771 *Höfling* in: Videoüberwachung, S. 33.

1772 *Bausch* Videoüberwachung, S. 29.

1773 *Lang* Private Videoüberwachung, S. 164 ff.

1774 *Lang* Private Videoüberwachung, S. 8.

1775 *Bausch* Videoüberwachung, S. 15.

1776 *Lang* Private Videoüberwachung, S. 165.

Werden Bodycams eingesetzt, wird die Schwelle einer schlichten Belästigung überschritten. Der Beobachtung durch Bodycams wohnt ein Mindestmaß an quantitativer und qualitativer Erheblichkeit[1777] inne, sodass auch aus diesem Grund ein Grundrechtseingriff bejaht und eine bloße Belästigung ausgeschlossen werden muss. Im Zusammenhang mit einer Videobeobachtung ohne Speicherung oder Übermittlung der Daten könnte man hingegen den Standpunkt vertreten, dass aufgrund bloßer Beobachtung die Daten gerade nicht (dauerhaft) fixiert werden und somit von einer gewissen Flüchtigkeit geprägt sind. Dies führt dazu, dass die Gefahr einer Grundrechtsbeeinträchtigung relativ gering ist. In diesen Fällen ist daher nicht nur eine Kenntnisnahme entscheidend; vielmehr müssen neben der Möglichkeit einer Kenntnisnahme zumindest „Möglichkeiten der Nutzung sowie Auswertung und gegebenenfalls auch der Verarbeitung“[1778] vorhanden sein. Videobeobachtungsmaßnahmen dienen primär der Gefahrenabwehr. Es ist jedoch nicht auszuschließen, dass sich an diese Maßnahmen auch weitere, nicht unerhebliche Folgemaßnahmen anschließen können, sodass ein Überschreiten der Erheblichkeitsschwelle durchaus bejaht werden kann.[1779] Die Erheblichkeitsschwelle ist ferner wegen der Intensität und Qualität der die Beobachtung unterstützenden Videotechnik im Vergleich zur Beobachtung mit dem menschlichen Auge erreicht.[1780]

(c) Psychischer Überwachungsdruck und Verhaltensanpassung des Betroffenen

Die Möglichkeit einer Beobachtung und Nutzbarkeit der gewonnenen personenbezogenen Daten, die Ungewissheit des Betroffenen hierüber und der psychische Überwachungsdruck können psychische Auswirkungen zur Folge haben, welche zum Teil auch zur Begründung eines Eingriffs herangezogen werden.[1781] Hierbei handelt es sich nicht um einen subjektiven Zustand, der einen Eingriff entfallen lassen würde. Tatsächlich lässt sich der Überwachungsdruck wissenschaftlich nachweisen.[1782] Dieselbe Konstellation findet sich auch beim Einsatz von Bodycams wieder: Der stetige Überwachungsdruck durch Bodycams und die Unsicherheit des Einzelnen können auch bei der Verwendung von polizeilichen Bodycams nur zu einem Überschreiten der Bagatellgrenze führen. Dies wiederum muss zur Bejahung eines Eingriffs führen. Es sind keine Gründe ersichtlich, welche eine unterschiedliche Handhabung des Kamera-Monitor-Prinzips und dem Einsatz von Bodycams

1777 *Lang* Private Videoüberwachung, S. 165.
1778 *Lang* Private Videoüberwachung, S. 167.
1779 *Lang* Private Videoüberwachung, S. 167 f. (siehe auch Videoüberwachung aus Neugierde oder Voyeurismus).
1780 *Lang* Private Videoüberwachung, S. 168 f.
1781 *Röger/Stephan* NWVBl. 2001, 201, 207 m.w.N.
1782 *Lang* Private Videoüberwachung, S. 170 f.; so begründet auch *Büllesfeld* den Grundrechtseingriff bei Übersichtsaufnahmen ohne Personenbezug (*Büllesfeld* Polizeiliche Videoüberwachung, S. 136).

rechtfertigen würden. Eine unterschiedliche Beurteilung kann auch nicht daraus abgeleitet werden, dass bei einem Kamera-Monitor-Prinzip die Bilder übertragen und die Monitore von Personen überwacht werden. Vielmehr stehen zur Begründung eines Eingriffs der Überwachungsdruck und die Unsicherheiten des Einzelnen im Vordergrund, welche negative psychische Auswirkungen haben können. Solche Unsicherheiten können auch nicht durch entsprechende Hinweise, etwa durch eine Aufschrift auf der Uniform des Polizisten, die auf den Bodycam-Einsatz hinweist, aus dem Weg geräumt werden.[1783]

Nach *Roos* ist für die Bejahung eines Eingriffs das subjektive Empfinden des Einzelnen entscheidend:[1784]

> Die Vorstellung, die sich der Bürger aufgrund der Gegebenheiten macht, ist für den Eingriffsbegriff grundlegend von Bedeutung. Ist also eine Videokamera auf einen Bürger gerichtet, so ist es gleichgültig, ob das Gerät aufnahmebereit ist oder nicht, ob das Bild aufgezeichnet wird oder nicht oder ob das Gerät als bloße Sehhilfe benutzt wird oder nicht. Der Bürger fühlt sich aufgezeichnet, und das allein begründet den Eingriff.[1785]

Eine derart subjektive Auffassung hätte zur Folge, dass ein Grundrechtseingriff davon abhängig sein würde, ob der Einzelne die Überwachungskamera wahrnimmt oder nicht. Der unachtsame Betroffene, der die Kamera nicht sieht, würde, da er sich nicht aufgezeichnet *fühlt*, keinen Eingriff in sein Recht auf informationelle Selbstbestimmung erleiden. Folglich hätte es auch der Staat in der Hand, durch raffiniertes Verstecken der Kamera einen Eingriff in das Grundrecht zu verhindern bzw. auszuschließen.[1786] Dieser Argumentationsstruktur, welche von einer subjektiven Komponente beherrscht wird, gelingt es daher nicht zu überzeugen. Es ist erforderlich, einen Eingriff kenntnisunabhängig zu beurteilen, da ansonsten nicht tragbare Konsequenzen entstehen würden. Würde der unachtsame Bürger die Kamera nicht wahrnehmen und sich folglich nicht aufgezeichnet fühlen, müsste ein Eingriff in das Recht auf informationelle Selbstbestimmung konsequenterweise abgelehnt werden.[1787] Eine subjektive Komponente bzw. eine rein subjektive Grundrechtsbeeinträchtigung kann überdies nur schwer bewertet werden. Daher sollte die Bewertung eines Eingriffs generell unabhängig von den Vorstellungen des Betroffenen erfolgen. Gegen die subjektive Komponente kann auch sprechen, dass bei Betreten von öffentlichen Plätzen in der Regel keine Reflexion über die Existenz von

1783 So auch bei *Robrecht* NJ 2000, 348, 350.

1784 Z.T. wird vertreten, dass dies auch für Übersichtsaufnahmen ohne technische Möglichkeit der Aufzeichnung gelten müsse, da der Betroffene dies nicht durchschauen könne (vgl. *Post* Videoüberwachung, S. 204 m.w.N.); *Lang* Private Videoüberwachung, S. 149 (Übersichtsaufnahme).

1785 *Roos* Kriminalistik 1994, 674, 675.

1786 Vgl. auch *Maske* NVwZ 2001, 1248, 1249; *Post* Videoüberwachung, S. 217.

1787 Vgl. hierzu auch *Post* Videoüberwachung, S. 216 f.

Kameras stattfindet bzw. der „gefühlsmäßigen Kategorie der Gleichgültigkeit“[1788] zugeordnet wird. Bei *Bausch* findet sich daher auch der Gesichtspunkt wieder, dass es auf eine Kenntnis des Betroffenen von der Kamera oder auf das Gefühl der Überwachung gerade nicht ankommen kann. Entscheidend sei vielmehr der Überwachungs*druck*. Maßnahmen der Videoüberwachung nehmen seines Erachtens dem Einzelnen die Möglichkeit, selbst über die Offenbarung personenbezogener Daten zu bestimmen, wodurch für den Betroffenen Unsicherheiten entstehen, die dazu führen, dass der Einzelne in seiner Selbstbestimmung wesentlich gehemmt wird.[1789]

Auch *Kloepfer* und *Breitkreutz* bejahen das Erfordernis einer gesetzlichen Grundlage für Videobeobachtungsmaßnahmen, sofern sich aus der Gesamtschau der Faktoren – Intensität, Umfang und Dauer der Videobeobachtung – ein Grundrechtseingriff qualifizieren lässt und somit die Schwelle zu einer nur eingriffsgleichen Belastung überschritten wird.[1790] Der durch Videobeobachtung ausgelöste Überwachungsdruck führt regelmäßig zur Bejahung der Eingriffsqualität.

Der durch Beobachtungsmaßnahmen entstehende Überwachungsdruck und die Betrachtung aller Gesamtumstände[1791] können zu einem Eingriff in das Recht auf informationelle Selbstbestimmung führen. Videobeobachtungsmaßnahmen führen dazu, dass der Betroffene jederzeit mit einer Beobachtung seiner Person rechnen muss. Dadurch kann er in seinem Verhalten und mithin in seiner Grundrechtswahrnehmung gehemmt werden.[1792] Das Recht auf informationelle Selbstbestimmung verbürgt gerade das Recht des Einzelnen, sich in der Öffentlichkeit frei und ungezwungen bewegen zu können und nicht befürchten zu müssen, Gegenstand einer Videobeobachtung zu sein.[1793] Sofern der Betroffene durch Beobachtungsmaßnahmen derart in der Entfaltung seiner Grundrechte beeinträchtigt wird, kann sich jedenfalls aus der Gesamtschau der Umstände ein Eingriff in das Recht auf

---

1788 So auch vertreten bei Übersichtsaufnahmen ohne technische Möglichkeit der Aufzeichnung (*Post* Videoüberwachung, S. 208 f.).

1789 *Bausch* Videoüberwachung, S. 29; vgl. auch *Post* Videoüberwachung, S. 212; auf den Überwachungsdruck wird z.T. auch bei bloßen Übersichtaufnahmen ohne technische Möglichkeit der Aufzeichnung abgestellt. *Post* spricht hierbei von der *„Aktivierung persönlicher Befindlichkeiten“* (*Post* Videoüberwachung, S. 207 m.w.N.); so auch *Kloepfer/Breitkreutz* DVBl. 1998, 1149, 1152.

1790 *Kloepfer/Breitkreutz* DVBl. 1998, 1149, 1152. *Kloepfer* und *Breitkreutz* unterscheiden bei ihren Ausführungen zum Eingriff nicht erkennbar zwischen dem Grundrecht der informationellen Selbstbestimmung, dem Recht am eigenen Bild und dem Recht am gesprochenen Wort. Stattdessen ist vom *„allgemeinen Persönlichkeitsrecht“* die Rede. Da sie hierbei aber von der Datenerhebung durch Beobachtung sprechen, kann somit (auch) ein Eingriff in das Recht auf informationelle Selbstbestimmung gemeint sein.

1791 Siehe auch *Post* Videoüberwachung, S. 147.

1792 So auch für Übersichtsmaßnahmen – Übersichtsformat realisierte Beobachtungen im Kamera-Monitor-Prinzip ohne Aufzeichnung – vertreten (*Lang* Private Videoüberwachung, S. 147 f.).

1793 AG Berlin-Mitte, Urt. v. 18.12.2003 – 16 C 427/02 = NJW-RR 2004, 531, 532.

informationelle Selbstbestimmung der gefilmten Person ergeben. Eine Offenbarung persönlicher Lebenssachverhalte kann durch den Umstand, dass es nicht zu einer Speicherung von Daten kommt, nicht gänzlich ausgeschlossen werden. Damit kann ein Eingriff in das Recht auf informationelle Selbstbestimmung nicht von vornherein verneint werden. Die Frage nach einem Eingriff darf nicht allein anhand späterer Verwendungsmöglichkeiten beurteilt werden.[1794]

Nach *Schwarz* kann der Einzelne prinzipiell nicht erkennen, ob er beobachtet wird bzw. ob eine Aufzeichnung stattfindet. Dies führt zu einer Verhaltensanpassung, die unter den Begriff der Grundrechtsgefährdung einzuordnen ist:

> Wenn der Betroffene gerade nicht weiß, ob sein Verhalten aufgezeichnet wird, ist dieses latente Eingriffspotential mit einer grundrechtlichen Gefährdungslage gleichzusetzen.[1795]

Im Ergebnis ist daher auch nach *Schwarz* für eine Videoüberwachung ohne Aufzeichnung eine Ermächtigungsgrundlage erforderlich.

(d) Ergebnis

Insgesamt lässt sich konstatieren, dass Videobeobachtungsmaßnahmen auch ohne Aufzeichnung des Datenmaterials nach verbreiteter Ansicht einen Eingriff in den Schutzbereich des Rechts auf informationelle Selbstbestimmung darstellen. Die Auffassung, wonach eine offene Videobeobachtung keinen Eingriff begründet, da eine Videobeobachtung nichts anderes ist als ein näheres Hinsehen mit bloßem Auge bzw. es mangels Aufzeichnung nicht zu einer Datenerhebung kommt, wird bisweilen vertreten, kann jedoch nicht geteilt werden.[1796]

(2) Eingriff in den Schutzbereich bei Videoaufzeichnungsmaßnahmen

So verworren die Lage bei der Bestimmung eines Eingriffs bei bloßen Videobeobachtungsmaßnahmen ist und so unterschiedlich die Meinungen diesbezüglich sind, so einheitlich und klar sind die Darstellungen im Zusammenhang mit Videoaufzeichnungen.

Zum einen stellen bereits bloße Videobeobachtungsmaßnahmen einen Eingriff dar, sodass dies „Erst-Recht“ für aufzeichnende Videoüberwachungsmaßnahmen gelten muss. Aufzeichnungen stellen im Vergleich zur bloßen Beobachtung den ungleich schwereren Grundrechtseingriff dar.[1797] Zum anderen liegen bei Aufzeichnungen eine Erhebung und Speicherung personenbezogener Daten vor, was wiederum die Möglichkeit einer Verarbeitung und Nutzung dieser Daten – beispielsweise

---

1794 *Bausch* Videoüberwachung, S. 28.

1795 *Schwarz* ZG 2001, 246, 257.

1796 Vgl. *Bausch* Videoüberwachung, S. 26 f.

1797 Rückgriff auf die sog. *„Rechtsfigur der Minusmaßnahme“* (*Keller* Kriminalistik 2000, 187, 189); *Schwarz* ZG 2001, 246, 258.

eine gerichtliche Verwertung der erhobenen Daten – gibt.[1798] Dadurch kommt bei Aufzeichnungen, im Gegensatz zu Videobeobachtungsmaßnahmen ohne Aufzeichnung des Datenmaterials, die Möglichkeit eines Datenmissbrauchs erschwerend hinzu.[1799] Bei einer Videoaufzeichnung besteht der Eingriff bereits in der Speicherung personenbezogener Daten. Aufgrund der dauerhaften Disponibilität hat der Benutzer des Aufzeichnungsgerätes die Entscheidungsmacht darüber, was er mit den gewonnenen Daten macht. Er hätte es folglich auch in der Hand, personenbezogene Daten auf Vorrat zu sammeln, sodass die Speicherung nur einen Eingriff begründen kann.[1800] Diese Ausführungen müssen jedenfalls für aufzeichnende Videoüberwachungsmaßnahmen *mit Personenbezug* gelten, da in diesen Fällen personenbezogene Daten vorliegen.

Gemeinhin wird in einer hoheitlichen Videoüberwachung durch Videoaufzeichnung ein Rechtseingriff gesehen.[1801] Dies ist jedenfalls dann unzweifelhaft der Fall, wenn die Qualität von bloßen Übersichtsmaßnahmen[1802] überschritten wird, mit der Folge, dass Personen eindeutig identifizierbar sind.[1803] Bei Bildaufzeichnungen von Nahaufnahmen ist somit nach herrschender Ansicht ein Eingriff in das Recht auf informationelle Selbstbestimmung gegeben.[1804] Ferner sind auch bei Großbildaufnahmen Personen in der Regel eindeutig identifizierbar, sodass gleichfalls ein Eingriff in das Recht auf informationelle Selbstbestimmung vorliegen muss.[1805] Handelt es sich dagegen lediglich um Aufzeichnungen von Übersichtsaufnahmen, welche beispielsweise auch bei Vergrößerung die aufgezeichneten Personen nicht erkennbar werden lassen, ist ein Eingriff nach allgemeiner Meinung zu verneinen.[1806]

1798 *Lang* Private Videoüberwachung, S. 150; *Büllesfeld* Polizeiliche Videoüberwachung, S. 140.

1799 *Bausch* Videoüberwachung, S. 94 f.

1800 *Lang* Private Videoüberwachung, S. 173.

1801 *Post* Videoüberwachung, S. 218 m.w.N.; *Lang* Private Videoüberwachung, S. 150.

1802 Überwiegend wird auch durch das Erstellen offener Videoaufzeichnungen in Form von Übersichtsaufnahmen ein Eingriff in das Recht auf informationelle Selbstbestimmung bejaht, wobei aber auch hier die Identifizierung einzelner Personen vorausgesetzt wird (zusammenfassend: *Bausch* Videoüberwachung, S. 94 f.).

1803 *Keller* Kriminalistik 2000, 187, 188; *Lang* Private Videoüberwachung, S. 150; *Büllesfeld* Polizeiliche Videoüberwachung, S. 139 f. (Personenbezug und zeitgleiche Aufzeichnung begründen einen Eingriff in das Recht auf informationelle Selbstbestimmung).

1804 *Post* Videoüberwachung, S. 225 m.w.N.

1805 *Bausch* Videoüberwachung, S. 93.

1806 *Lang* Private Videoüberwachung, S. 150, 171 f.; kein Eingriff in das allgemeine Persönlichkeitsrecht bei Übersichtsaufnahmen, wenn diese beispielsweise nicht auf die Abbildung einzelner Demonstranten gerichtet sind (*Götz* NVwZ 1990, 112); nach Auffassung des VG Karlsruhe fehlt es bei bloßen Übersichtsaufnahmen, die keine individuelle Identifizierung ermöglichen, bereits an einer Datenerhebung über Personen (VG Karlsruhe, Urt. v. 10.10.2001 – 11 K 191/01 = NVwZ 2002, 117, 118); ebenso *Büllesfeld* Polizeiliche Videoüberwachung, S. 140 f.

Nach *Keller* ist auch vertretbar, einen Rechtseingriff bei Aufzeichnungen von Übersichtsaufnahmen zu verneinen, wenn eine Identifizierung einzelner Personen nicht realisierbar ist und diese darüber hinaus auch nicht gezielt beobachtet werden. Klassisches Beispiel seien „Übersichtsaufnahmen zur Leitung respektive Lenkung eines Polizeieinsatzes".[1807]

Da aus der Aufzeichnung von Übersichtsaufnahmen aufgrund modernster Technik im Grunde auch Details vergrößert werden *können*, werden nach *Roos* auch entsprechende Übersichtsaufnahmen vom Eingriffscharakter erfasst.[1808] Da es mittlerweile auch eine Rastervergrößerung gibt, wird vertreten, dass bereits die bloße Möglichkeit einer Bildvergrößerung ausreichend sei.[1809] Ebendieser Sichtweise folgt *Robrecht*. Durch Computerunterstützung können Übersichtsaufnahmen auch nachträglich personenbezogen ausgewertet werden, sodass von maßgeblicher Bedeutung die tatsächlichen Verwendungsmöglichkeiten und nicht die zunächst verfolgten Zwecke sind.[1810]

Wenn auch vage formuliert, aber im Ergebnis gleicher Meinung ist das VG Karlsruhe. Danach könne bei Aufnahmen, welche auf einem Server gespeichert werden – im vorliegenden Fall für höchstens 48 Stunden – und digital so bearbeitet werden, dass eine Identifizierung des Betroffenen möglich ist, ein Eingriff in das Recht auf informationelle Selbstbestimmung jedenfalls nicht ausgeschlossen werden.[1811]

Götz hingegen macht einen Eingriff nicht von der bloßen Möglichkeit einer Identifizierung einzelner Personen abhängig, sondern stellt vielmehr darauf ab, ob eine spätere Identifikation tatsächlich stattgefunden hat.[1812]

So kritisch sich *Maske* zu reinen Videobeobachtungsmaßnahmen äußert, so knapp bezieht er Stellung zur Eingriffsqualität von aufzeichnenden Videobeobachtungsmaßnahmen:

1807 *Keller* Kriminalistik 2000, 187 f.; unspezifische Übersichtsaufnahmen (Aufzeichnung) z.B. im Zusammenhang mit öffentlichen Demonstrationen seien erlaubt, wenn *„im Einzelfall tatsächliche Anhaltspunkte für die Begehung von Straftaten von erheblicher Bedeutung bestehen"* (*Vahle* DVP 2000, 396, 398).

1808 *Roos* Kriminalistik 1994, 674, 675; auch bei *Lang* Private Videoüberwachung, S. 171 (Möglichkeit der Individualisierung ist maßgebend); *ders.*, S. 172 (kann von einem Übersichtsformat in ein Nahformat gewechselt werden und sind dadurch Personen identifizierbar, ist auch die Erheblichkeit der Beeinträchtigung entscheidend. Aufgrund der bestehenden Möglichkeit aufgezeichnete Bilder zu vergrößern, entspricht die Grundrechtsgefährdung einem Eingriff in das Recht auf informationelle Selbstbestimmung); vgl. auch *Vahle* DVP 2000, 396, 398.

1809 Vgl. VG Bremen, Urt. v. 5.12.1988 – 4 A 226/86 = NVwZ 1989, 895; *Büllesfeld* Polizeiliche Videoüberwachung, S. 141 f. (dort auch a.A.: Grundrechtseingriff liegt erst mit einer späteren, tatsächlichen Vergrößerung vor, da erst zu diesem Zeitpunkt eine Datenerhebung gegeben ist).

1810 *Robrecht* NJ 2000, 348, 349.

1811 VG Karlsruhe, Urt. v. 10.10.2001 – 11 K 191/01 = NVwZ 2002, 117.

1812 *Götz* NVwZ 1990, 112.

> Weniger fraglich ist die Eingriffseigenschaft der Aufzeichnung mittels eines Videogeräts: diese dürfte auf Grund der nachträglichen Verwendungsmöglichkeiten der Aufnahme ohne weiteres einen Eingriff in das Recht auf informationelle Selbstbestimmung darstellen.[1813]

Auch der BGH hat einen Eingriff in das allgemeine Persönlichkeitsrecht gemäß Art. 2 Abs. 1 i.V.m. Art. 1 Abs. 1 GG durch Aufzeichnung mit einem Videogerät angenommen und festgestellt, dass der Einsatz einer Videokamera nicht mit einem „menschlichen Beobachter" vergleichbar sei, zumal Aufzeichnungen zum einen zeitlich nahezu unbegrenzt aufbewahrt werden können. Zum anderen können Videokameras hinsichtlich Wahrnehmungs- und Erinnerungsfähigkeit keinen Einschränkungen unterliegen.[1814]

Es lässt sich somit festhalten, dass durch aufzeichnende Videoüberwachungsmaßnahmen in das Recht auf informationelle Selbstbestimmung eingegriffen wird.

(3) Eingriff durch Folgemaßnahmen der Videoüberwachung, insbesondere durch Verwendung des aufgezeichneten Datenmaterials im gerichtlichen Verfahren

Videoüberwachungsmaßnahmen beschränken sich regelmäßig nicht nur auf Beobachtung und Aufzeichnung. Tatsächlich schließen sich daran oftmals Folgemaßnahmen wie das Bearbeiten, Weiterleiten und Verwerten von Bildmaterial sowie ein Datenabgleich an.[1815]

Obwohl Bodycams primär zur Gefahrenabwehr eingesetzt werden (sollen), können sie darüber hinaus auch der vorbeugenden Bekämpfung von Straftaten, mithin der Verhütung von Straftaten und der Strafverfolgungsvorsorge dienen. Durch eine Speicherung des Datenmaterials wird eine mögliche Vorsorge für die spätere Verfolgung von Straftaten getroffen. Soweit Bodycams ihren präventiven Zweck nicht erfüllen und es zu strafrechtlich relevanten Verhalten gekommen ist, können die Aufzeichnungen als Beweismittel in ein späteres Verfahren eingeführt und verwertet werden. Dieser Umstand führt zu der Frage, ob Folgemaßnahmen der Videoüberwachung – insbesondere eine Verwendung des aufgezeichneten Datenmaterials – einen (erneuten) Eingriff in das Recht auf informationelle Selbstbestimmung darstellen. Ob ein Eingriff durch Folgemaßnahmen abgelehnt werden muss, weil bereits die Erhebung zum Eingriff führt oder ob ein weiterer Umgang mit personenbezogenen Daten im Vergleich zur Erhebung eingriffsvertiefende Wirkung hat, ist nunmehr zu klären.

1813 *Maske* NVwZ 2001, 1248, 1249.

1814 BGH, Urt. v. 29.1.1998 – 1 StR 511–97 = NJW 1998, 1237, 1238.

1815 Ausführlich auch bei *Bausch* Videoüberwachung, S. 114 ff.; *Schwarz* ZG 2001, 246, 255.

Zunächst soll nochmals auf Folgendes hingewiesen werden: Das Recht auf informationelle Selbstbestimmung gibt dem Einzelnen die Befugnis eigenständig über die Preisgabe und Verwendung persönlicher Daten zu bestimmen:[1816]

> Freie Entfaltung der Persönlichkeit setzt unter den modernen Bedingungen der Datenverarbeitung den Schutz des einzelnen gegen unbegrenzte Erhebung, Speicherung, Verwendung und Weitergabe seiner persönlichen Daten voraus. Dieser Schutz ist daher von dem Grundrecht des Art. 2 I i.V. mit Art. 1 I GG umfaßt. Das Grundrecht gewährleistet insoweit die Befugnis des einzelnen, grundsätzlich selbst über die Preisgabe und Verwendung seiner persönlichen Daten zu bestimmen.[1817]

Werden Bodycam-Aufzeichnungen in einem gerichtlichen Verfahren verwertet, kommt es zur *Verwendung der persönlichen Daten* des Betroffenen. Dies muss bereits begrifflich einen Eingriff in das Recht auf informationelle Selbstbestimmung darstellen. Art. 2 Abs. 1 i.V.m. Art. 1 Abs. 1 GG schützt nicht nur vor Preisgabe persönlicher Daten, sondern auch vor Verwendung ebendieser. Der Einzelne hat die Befugnis darüber ob er beispielsweise fotografiert wird und was mit den Aufzeichnungen geschieht.[1818]

Auch nach dem Vorbehalt des Gesetzes und der Lehre vom Informationseingriff stellt „ein jeder staatlicher Akt der Informationsbeschaffung und auch eine jede Weitergabe von Informationen, soweit es sich um Informationen personenbezogenen Inhaltes handelt, einen ‚Eingriff in Freiheit' im Sinne des Vorbehaltes des Gesetzes und einen Eingriff auch in die Freiheitsgrundrechte[1819] [dar], der folglich, soweit er nicht durch die Einwilligung des Betroffenen gedeckt ist, der formell-gesetzlichen Ermächtigung bedarf."[1820] Wenn also bereits jedwede Weitergabe von Informationen personenbezogenen Inhalts einen Eingriff darstellt, muss dies erst recht für jede (gerichtliche) Verwendung gelten, zumal eine Verwendung durchaus ein „Mehr" – verglichen mit einer bloßen Weitergabe der Daten – ist.

Auch das BVerfG hat zur gerichtlichen Verwertbarkeit von Beweismitteln, welche unter Verstoß gegen das Persönlichkeitsrecht gewonnen worden sind, Stellung genommen und einen erneuten Eingriff in das Recht auf informationelle Selbstbestimmung anerkannt:

> In der gerichtlichen Verwertung von Kenntnissen und Beweismitteln, die unter Verstoß gegen das Persönlichkeitsrecht erlangt sind, liegt regelmäßig ein Eingriff in das Grundrecht aus Art. 2 I i.V.m. Art 1 I GG.[1821]

1816 Jarass/Pieroth, Art. 2 GG Rn. 42.
1817 BVerfG, Urt. v. 15.12.1983 – 1 BvR 209/83 u. a. = NJW 1984, 419, 422.
1818 HK-GG/*Antoni* Art. 1 Rn. 14.
1819 Nach *Schwan* sind Freiheitsgrundrechte primär individuelle Freiheitsrechte, also Abwehrrechte des Individuums gegenüber dem Staat (*Schwan* Verwaltungsarchiv 1975, 120).
1820 *Schwan* Verwaltungsarchiv 1975, 120, 127 f.
1821 BVerfG, Beschl. v. 19.12.1991 – 1 BvR 382/85 = NJW 1992, 815, 816.

Ob ein solcher Eingriff gerechtfertigt ist, richtet sich nach Auffassung des BVerfG nach einer Abwägung zwischen dem gegen die Verwertung streitenden Persönlichkeitsrecht und einem dafür sprechenden Interesse des Beweisführers. Bodycam-Aufzeichnungen stellen einen Eingriff in das Recht auf informationelle Selbstbestimmung gemäß Art. 2 Abs. 1 i.V.m. Art. 1 Abs. 1 GG dar, sodass in einer späteren gerichtlichen Verwertung des gewonnenen Datenmaterials ein erneuter Eingriff liegt.

Nicht den konkreten Fall der gerichtlichen Verwertung betrachtend, aber in der durch Bildabgleich durchgeführten Verwertung der gewonnenen Daten sieht *Büllesfeld* einen erneuten Eingriff in das Recht auf informationelle Selbstbestimmung. Die Beeinträchtigung werde im Vergleich zur bloßen Erhebung vertieft.[1822] Auch *Bausch* vertritt die Ansicht, dass jede Nutzung und Verwendung, insbesondere das Bearbeiten von Bildmaterial einen erneuten Eingriff in das informationelle Selbstbestimmungsrecht darstellt, wodurch das Erfordernis einer Ermächtigungsgrundlag ausgelöst wird.[1823] Begründet wird der Eingriff der Datenverarbeitungsmaßnahmen nicht mit einer Vertiefung der Grundrechtsbeeinträchtigung, sondern mit der Unsicherheit des Betroffenen. Dieser könne nicht mehr überblicken, welche personenbezogenen Daten in welcher Form welchen Stellen zugänglich gemacht worden sind bzw. zugänglich gemacht werden. Gleichfalls stellt eine sog. *Umwidmung* des Bildmaterials einen Eingriff in das informationelle Selbstbestimmungsrecht dar. Eine Umwidmung liegt vor, wenn der ursprüngliche Zweck der Videoüberwachung aufgegeben und ein neuer Zweck definiert wird. Dies ist beispielsweise dann der Fall, wenn die Datenerhebung anfänglich einen präventiven Zweck verfolgt, das gewonnene Datenmaterial nun jedoch für Strafverfolgungszwecke verwendet werden soll.[1824]

Indessen ist eine andere Folgemaßnahme der Videoüberwachung, nämlich die *Weiterleitung* von Bildmaterial auch bei Bodycams von Bedeutung. Ein Weiterleiten ist gegeben, wenn das Material von der Ausgangsbehörde an eine andere Behörde übermittelt wird.[1825] Dies ist vorliegend vor allem dann einschlägig, wenn die aufzeichnende Polizeibehörde das Videomaterial der Staatsanwaltschaft für etwaige Ermittlungen zuleitet. Es stellt sich die Frage, ob in der Weiterleitung ein erneuter Eingriff liegt. Wie das Bearbeiten und Umwidmen von Datenmaterial, muss auch ein Weiterleiten zu einem erneuten Eingriff in das Recht auf informationelle Selbstbestimmung führen:

1822 *Büllesfeld* Polizeiliche Videoüberwachung, S. 142; so auch *Waechter* NdsVBl. 2001, 77, 79; ebenso bejahend ohne genaue Begründung: *Bausch* Videoüberwachung, S. 122 ff.; *Post* Videoüberwachung, S. 228.

1823 *Bausch* Videoüberwachung, S. 115.

1824 *Bausch* Videoüberwachung, S. 118 f.; zur Nutzungsänderung: *Post* Videoüberwachung, S. 230.

1825 *Bausch* Videoüberwachung, S. 119.

> Die Übermittlung personenbezogener Daten an eine andere als die zur Erhebung berechtigte Stelle ist zwar ein selbständig zu beurteilender weiterer Eingriff in das Recht auf informationelle Selbstbestimmung und bedarf daher einer „ausdrücklichen gesetzlichen Ermächtigung". Diese findet sich indessen in § 163 II 1 StPO, der die Polizei als eine auf das Legalitätsprinzip festgelegte Instanz dazu verpflichtet, die von ihr gewonnenen Erkenntnisse der Staatsanwaltschaft zu übermitteln.[1826]

Durch das Recht auf informationelle Selbstbestimmung genießt der Einzelne Schutz vor Preisgabe und Verwendung personenbezogener Daten. Das Weiterleiten der Daten von der Polizeibehörde an die Staatsanwaltschaft führt dazu, dass Daten einem weiteren Personenkreis preisgegeben werden. Das Recht auf informationelle Selbstbestimmung muss sich auch auf eine *erneute* Preisgabe von der datenerhebenden Behörde an andere Stellen erstrecken, da ansonsten kein umfassender Grundrechtsschutz gewährleistet werden könnte.

Damit führt nicht nur die Erhebung personenbezogener Daten zu einem Eingriff in das Recht auf informationelle Selbstbestimmung, sondern auch Folgemaßnahmen der Videoüberwachungsmaßnahmen können einen erneuten Eingriff darstellen.[1827]

b) Das Recht am eigenen Bild gemäß Art. 2 Abs. 1 i.V.m. Art. 1 Abs. 1 GG

Art. 2 Abs. 1 i.V.m. Art. 1 Abs. 1 GG gewährleistet nicht nur das allgemeine Persönlichkeitsrecht, sondern weitere Rechte, welche vom BVerfG als Ausprägung dieses Grundrechts anerkannt werden. Auch das Recht am eigenen Bild wird nach ständiger Rechtsprechung von Art. 2 Abs. 1 i.V.m. Art 1 Abs. 1 GG erfasst.[1828] Dies ist unstreitig.[1829] Bei der Diskussion über den Einsatz (neuartiger) Videoüberwachungsmaßnahmen wird das Recht auf informationelle Selbstbestimmung häufig in den Vordergrund gerückt.[1830] Das Recht am eigenen Bild wird hingegen vernachlässigt.[1831] Begründet wird dies zum Teil mit der Ungeeignetheit des Rechts am eigenen Bild einen „weitergehenden Schutz zu vermitteln als das Recht auf informationelle Selbstbestimmung".[1832] Da das Recht am eigenen Bild ebenfalls eine Ausprägung des allgemeinen Persönlichkeitsrechts ist, soll, um einer vollständigen Darstellung gerecht zu werden, im Folgenden auch das Recht am eigenen Bild behandelt werden.

1826 BGH, Beschl. v. 7.6.1995 – 2 BJs 127/93 – StB 16/95 = NStZ 1995, 601, 603 m. Anm. *Welp.*

1827 *Held* Intelligente Videoüberwachung, S. 108 („*Die weitere Verwendung von Bildmaterial, welches die Qualität von personenbezogenen Daten erreicht, ist wie die Erhebung als Eingriff zu qualifizieren*").

1828 BVerfG, Beschl. v. 26.2.2008 – 1 BvR 1602/07 u.a. = NJW 2008, 1793 („*Caroline von Hannover*"); HK-GG/*Antoni* Art. 1 Rn. 11; *Horst* NZM 2000, 937, 938 f. (dort auch zur zivilrechtlichen Entwicklung des allgemeinen Persönlichkeitsrechts).

1829 *Schnabel* ZUM 2008, 657.

1830 Vgl. hierzu nur BVerfG, Beschl. v. 23.2.2007 – 1 BvR 2368/06 = NVwZ 2007, 688.

1831 *Held* Intelligente Videoüberwachung, S. 45 m.w.N.

1832 *Lang* Private Videoüberwachung, S. 131; *Post* Videoüberwachung, S. 357 f.

Das Recht am eigenen Bild erwähnte das BVerfG erstmals im Jahre 1973 im Zusammenhang mit der Verwertung einer heimlichen Tonbandaufnahme. Dabei stellte das BVerfG lediglich fest, dass das Grundrecht aus Art. 2 Abs. 1 GG in bestimmten Grenzen das Recht am eigenen Bild schützt. Weitere Ausführungen zum Recht am eigenen Bild erfolgten nicht.[1833] Wenige Monate später beschäftigte sich das BVerfG erneut mit dem Recht am eigenen Bild. Das Gericht führte diesbezüglich lediglich wie folgt aus:

> Das Recht auf freie Entfaltung der Persönlichkeit und die Menschenwürde sichern jedem Einzelnen einen autonomen Bereich privater Lebensgestaltung, in dem er seine Individualität entwickeln und wahren kann. Hierzu gehört auch das Recht, in diesem Bereich „für sich zu sein", „sich selber zu gehören" [...], ein Eindringen oder einen Einblick durch andere auszuschließen [...]. Dies umfaßt das Recht am eigenen Bild und gesprochenen Wort [...], erst recht aber das Verfügungsrecht über Darstellungen der Person. Jedermann darf grundsätzlich selbst und allein bestimmen, ob und wieweit andere sein Lebensbild im ganzen oder bestimmte Vorgänge aus seinem Leben öffentlich darstellen dürfen.[1834]

Eine genauere Bestimmung des Rechts am eigenen Bild erfolgte jedoch auch in diesem Urteil nicht. Erst in seiner Entscheidung aus dem Jahre 1980 hat das BVerfG das Recht am eigenen Bild als Ausprägung des allgemeinen Persönlichkeitsrechts ausdrücklich anerkannt:

> Wegen der [...] Eigenart des allgemeinen Persönlichkeitsrechts hat die Rechtsprechung des BVerfG, ebenso wie die des BGH, den Inhalt des geschützten Rechts nicht abschließend umschrieben, sondern seine Ausprägungen jeweils anhand des zu entscheidenden Falles herausgearbeitet. So sind als Schutzgüter des allgemeinen Persönlichkeitsrechts anerkannt [...] das Recht am eigenen Bild und am gesprochenen Wort [...].[1835]

Das Recht am eigenen Bild beinhaltet die Befugnis des Einzelnen, selber und alleine zu entscheiden, wann und innerhalb welcher Grenzen Aufnahmen oder Fotografien verbreitet oder öffentlich zur Schau gestellt werden.[1836] Voraussetzung für ein geschütztes Bildnis ist, dass der Betroffene erkennbar ist.[1837] Irrelevant hingegen ist, ob die Aufnahmen den Einzelnen in privaten oder öffentlichen Zusammenhängen zeigen.[1838]

1833 BVerfG, Beschl. v. 31.1.1973 – 2 BvR 454/71 = NJW 1973, 891.

1834 BVerfG, Urt. v. 5.6.1973 – 1 BvR 536/72 = NJW 1973, 1226, 1228.

1835 BVerfG, Beschl. v. 3.6.1980 – 1 BvR 185/77 = NJW 1980, 2070, 20171.

1836 *Balzer/Nugel* NJW 2014, 1622; *Bausch* Videoüberwachung, S. 25; *Lang* Private Videoüberwachung, S. 131; *Geiger* Verfassungsfragen, S. 178; BVerfG, Beschl. v. 26.2.2008 – 1 BvR 1602/07 u.a. = NJW 2008, 1793 f.; *Held* Intelligente Videoüberwachung, S. 45.

1837 *Klar* Datenschutzrecht, S. 65.

1838 *Horst* NZM 2000, 937, 939; HK-GG/*Antoni* Art. 1 Rn. 15; *Lang* Private Videoüberwachung, S. 131; BVerfG, Urt. v. 15.12.1999 – 1 BvR 653/96 = NJW 2000, 1021, 1022.

aa) Eröffnung des Schutzbereichs

Die nachfolgenden Ausführungen widmen sich der Frage nach der Eröffnung des Schutzbereichs des Grundrechts auf Schutz des eigenen Bildes. Diesbezüglich wird erneut zwischen Maßnahmen der bloßen Videobeobachtung und Maßnahmen, die das gewonnene Datenmaterial (dauerhaft) fixieren, unterschieden.

(1) Eröffnung des Schutzbereichs bei Maßnahmen der Videobeobachtung

Bei Maßnahmen der Videobeobachtung wird das äußere Erscheinungsbild einer Person nicht aufgezeichnet. Zweifelhaft ist daher, ob diese Fälle zur Eröffnung des Rechts am eigenen Bild gemäß Art. 2 Abs. 1 i.V.m. Art. 1 Abs. 1 GG führen können.

Ein geschütztes Bildnis liegt nur vor, wenn „die äußere Erscheinung einer Person von ihr losgelöst, verselbständigt und für die Öffentlichkeit verfügbar gemacht wird".[1839] Aufgrund dessen vertritt auch *Bausch* die Auffassung, dass ein Öffentlichkeitsbezug unabdingbare Voraussetzung für die Schutzbereichseröffnung ist.[1840] Bei Videobeobachtungsmaßnahmen besteht bereits mangels Aufzeichnung nicht die Gefahr einer Verbreitung des Datenmaterials, sodass das Recht am eigenen Bild aus Art. 2 Abs. 1 i.V.m. Art. 1 Abs. 1 GG nicht berührt wird und bereits die Eröffnung des Schutzbereichs zu verneinen wäre. In diesen Fällen geht „das Beobachtete sofort und unwiderruflich verloren [...], ohne dass die Erscheinung der Person fixiert wird".[1841] Wegen fehlender Aufzeichnung besteht auch nicht die Möglichkeit einer späteren Verfügung Dritter. Der Betroffene hat wegen fehlender Fixierung auch weiterhin die Verfügungsbefugnis; diese geht nicht auf den Überwachenden über.

Durch Videoüberwachungsmaßnahmen könnte hingegen zumindest eine Gefährdung des Rechts am eigenen Bild eintreten, welche zur Eröffnung des Schutzbereichs führen könnte. Gegen das Abstellen auf ein mögliches Gefährdungspotential spricht sich indes *Büllesfeld* aus:

> Während das RiS grundsätzlich vor staatlicher Überwachung damit bereits einem psychischen Überwachungsdruck und dem daraus resultierenden möglichen Verzicht auf die Ausübung von Grundrechten schützt, setzt der Schutz des Rechts am eigenen Bild an dem Bildnis als Gegenstand und der Verfügungsbefugnis über diesen an. Das Recht am eigenen Bild ist daher gegenstandsbezogen, während das RiS eine in besonderem Maße psychologische Komponente aufweist.[1842]

1839 *Büllesfeld* Polizeiliche Videoüberwachung, S. 124 f.; *Lang* Private Videoüberwachung, S. 131; *Post* Videoüberwachung, S. 354; *Röger/Stephan* NWVBl. 2001, 201, 206.

1840 *Bausch* Videoüberwachung, S. 25; so auch *Büllesfeld* Polizeiliche Videoüberwachung, S. 126; HK-GG/*Antoni* Art. 1 Rn. 15; nach *Klar* ist bei Visualisierungsmaßnahmen im öffentlichen Raum das Recht am eigenen Bild aufgrund fehlender Veröffentlichung nicht *„betroffen"* (*Klar* Datenschutzrecht, S. 66).

1841 *Büllesfeld* Polizeiliche Videoüberwachung, S. 125; vgl. auch *Post* Videoüberwachung, S. 354 f.

1842 *Büllesfeld* Polizeiliche Videoüberwachung, S. 125 f.

Das Recht auf informationelle Selbstbestimmung und das Recht am eigenen Bild weisen voneinander abweichende Schutzrichtungen auf.[1843] Da das Recht am eigenen Bild gegenstandsbezogen ist, könne nicht auf ein mögliches Gefährdungspotenzial abgestellt werden.

Ferner schützt das Recht am eigenen Bild „nicht vor einer Betrachtung oder Beobachtung, selbst wenn diese mit Hilfe von Videotechnik erfolgt".[1844] Sofern nur Videobeobachtungsmaßnahmen vorliegen, wird dadurch – im Gegensatz zur (dauerhaften) Fixierung – nicht die Gefahr eines Missbrauchs begründet. Die Gefahr, dass das auf eine bestimmte Situation bezogene Erscheinungsbild eines Menschen von ihr losgelöst wird und das Abbild jederzeit unter für den Betroffenen nicht überschaubaren Voraussetzungen vor Dritten reproduziert wird[1845] besteht bei bloßen Videobeobachtungsmaßnahmen gerade nicht. Daher wird das Recht am eigenen Bild – entgegen teilweise in der Literatur vertretener Ansicht[1846] – durch Videobeobachtungsmaßnahmen ohne Aufzeichnung nicht berührt.

(2) Eröffnung des Schutzbereichs bei Maßnahmen der Videoaufzeichnung

Des Weiteren ist zu eruieren, ob aufgezeichnetes Datenmaterial den Schutzbereich des Rechts am eigenen Bild eröffnen lässt.

Aufgrund der Fixierung wird bei Maßnahmen der Videoaufzeichnung das äußere Erscheinungsbild des Betroffenen von ihm losgelöst und verselbständigt, sodass der Überwachende die Verfügungsbefugnis über das Bildnis erlangt. Im Gegensatz zur reinen Beobachtung geht das Beobachtete nicht sofort und unwiderruflich verloren. In der Regel findet jedoch nicht sogleich ein Veröffentlichen oder Verbreitung der aufgezeichneten Bilder statt.[1847] Fraglich ist damit, ob bereits ein Herstellen der Aufzeichnung für die Eröffnung des Schutzbereichs ausreichend ist. Ein Herstellen der Aufzeichnung muss nämlich nicht automatisch zu einer Verwendung in der Öffentlichkeit – beispielsweise eine gerichtliche Verwertung in Form eines Augenscheinbeweises[1848] – führen.

Richtigerweise muss schon das Herstellen einer Aufzeichnung, also die (dauerhafte) Fixierung des Abbildes des Betroffenen zur Eröffnung des Schutzbereichs führen. Nur wenn das Herstellen als erste Handlung durch das Recht am eigenen Bild aufgegriffen wird, kann ein umfassender Schutz gewährleistet werden. Dem Betroffenen kann nicht zugemutet werden eine Veröffentlichung oder Verbreitung abzuwarten. Bereits durch das Herstellen von Abbildungen resultiert die Möglichkeit diese gegenüber Dritten verwenden zu *können*. Schon das Herstellen kann zur Bedrohung der Selbstdarstellung des Betroffenen führen; der Betroffene weiß von

1843 Vgl. diesbezüglich auch *Klar* Datenschutzrecht, S. 67 ff.
1844 *Lang* Private Videoüberwachung, S. 134.
1845 BVerfG, Beschl. v. 26.2.2008 – 1 BvR 1602/07 u.a. = NJW 2008, 1793 f.
1846 Vgl. nur *Schwarz* ZG 2001, 246, 249.
1847 Siehe z.B. *Held* Intelligente Videoüberwachung, S. 45 m.w.N.
1848 *Büllesfeld* Polizeiliche Videoüberwachung, S. 126.

der Existenz der Aufzeichnung, sodass eine gewisse Unsicherheit hervorgerufen wird. Diese Unsicherheit kann zur Beeinträchtigung der Unbefangenheit führen.[1849]

Ferner schützt das Recht am eigenen Wort als weitere Ausprägung des allgemeinen Persönlichkeitsrechts die Entscheidungsbefugnis des Einzelnen darüber, ob seine Worte auf Tonträger aufgenommen oder wem gegenüber diese abgespielt werden.[1850] Für das Recht am eigenen Wort gilt folglich, dass es für die Eröffnung des Schutzbereichs nicht entscheidend sein kann, ob eine Speicherung des gesprochenen Wortes oder ein Abspielen vorliegt.[1851] Dieser Ansatz müsse nach teilweise vertretener Ansicht auch für das Recht am eigenen Bild gelten,[1852] da sowohl das Recht am eigenen Bild, als auch das Recht am eigenen Wort Ausprägungen des allgemeinen Persönlichkeitsrechts sind und zwingende Gründe für eine unterschiedliche rechtliche Bewertung nicht ersichtlich sind.

Geht man davon aus, dass die Verfügungsbefugnis nicht sogleich verloren geht, so muss man dennoch zu dem Ergebnis kommen, dass bereits das Herstellen einer Abbildung zumindest zu einer akuten Gefährdung der Verfügungsbefugnis führt. Auch *Büllesfeld* sieht bereits in der Herstellung des Bildes den Schutzbereich als eröffnet. Hierzu äußert er sich folgendermaßen:

> Mit der Herstellung des Bildnisses, zunächst in der Regel ohne Wissen des Betroffenen, besteht jedenfalls eine Gefährdung der Verfügungsbefugnis über die Aufzeichnungen. Zwar verwirklicht sich diese Gefahr erst mit Veröffentlichung der Bilder, etwa im Rahmen eines Verwaltungs- oder Gerichtsverfahrens. Aufgrund der modernen Techniken der Datenübermittlung ist die Gefährdung der eigenen Verfügungsbefugnis jedoch bereits mit der Herstellung der Aufnahmen derart akut, dass bereits diese dem Schutz des Rechts am eigenen Bild unterfällt.[1853]

Folglich ist der Schutzbereich bei Maßnahmen der Videoaufzeichnung eröffnet.

bb) Eingriff in das Recht am eigenen Bild

Zu klären ist, ob Videobeobachtungsmaßnahmen bzw. Videoaufzeichnungen in das Recht am eigenen Bild eingreifen.

(1) Eingriff in den Schutzbereich bei Videobeobachtungsmaßnahmen

Nach überwiegend vertretener Ansicht ist bereits der Schutzbereich nicht eröffnet. Zum Teil wird aber auch erst die Eingriffsqualität bloßer Überwachungsmaßnahmen abgelehnt.

1849 Ebenso *Geiger* Verfassungsfragen, S. 103.

1850 HK-GG/*Antoni* Art. 1 Rn. 16; zur heimlichen Tonbandaufnahme: ErfK/*Schmidt* Art. 2 GG Rn. 40.

1851 So auch *Lang* Private Videoüberwachung, S. 133, 128.

1852 *Lang* Private Videoüberwachung, S. 133.

1853 *Büllesfeld* Polizeiliche Videoüberwachung, S. 127; so auch bei *Geiger* Verfassungsfragen, S. 179.

Zum Teil wird vertreten, das Recht am eigenen Bild schütze nicht vor der Beobachtung an sich. Dies gelte auch dann, wenn die Beobachtung nicht mit „normalem Auge", sondern mittels Videotechnik erfolgt. Erst eine entsprechende Fixierung führe zu einer Missbrauchsgefahr, welcher es gerade vorzubeugen gilt.[1854] Richtig ist zwar, dass prinzipiell aus einer Beobachtungsmaßnahme auch eine Videoaufzeichnungsmaßnahme resultieren *kann*; einen Eingriff aufgrund eines Gefährdungspotenzials zu begründen überzeugt nach *Lang* jedoch nicht, da mit dieser Begründung der Schutzbereich des Grundrechts auf Schutz des eigenen Bildes konturenlos werden würde:

> Der Schutzbereich würde sämtliche Konturen verlieren. Bei konsequenter Verfolgung dieses Ansatzes müsste bereits der Besitz bzw. die Verfügbarkeit der entsprechenden Technik einen Eingriff begründen.[1855]

Zugleich ist *Geiger* der Auffassung, dass bloße Videobeobachtungsmaßnahmen keinen Eingriff in das Recht am eigenen Bild begründen können. Bei einer staatlichen Beobachtung fehle es gerade an einer Fixierung der eigenen Erscheinung. Das Verfügungsrecht des Berechtigten werde daher nicht beeinträchtigt.[1856]

Vorausgesetzt man bejaht die Eröffnung des Schutzbereichs bei Maßnahmen der bloßen Beobachtung, muss spätestens die Eingriffsqualität abgelehnt werden. Unter allen zu berücksichtigen Gesichtspunkten muss die fehlende Beeinträchtigung der Verfügungsbefugnis des Betroffenen mangels dauerhafter Abbildung seiner Person festgestellt werden. Auch das Herstellen eines Abbilds auf dem Kameradisplay kann zu keinem anderen Ergebnis führen, da dieses Abbild ohne Aufzeichnung sofort und unwiderruflich verloren geht.[1857] *Lang* verneint bereits die Möglichkeit einer Gefährdung der „Selbstbestimmung über die Darstellung des äußeren Erscheinungsbildes einer Person"[1858] und begründet diesen Ansatz ebenfalls mit dem Argument, dass bei Bildbeobachtungsmaßnahmen der Betroffene lediglich auf einem Kameradisplay abgebildet wird. Ferner fehlt es an einer Darstellung gegenüber Dritten oder einer anderweitigen Verwertung durch Dritte. Da nicht einmal die Gefahr einer Verwendungsmöglichkeit durch Dritte entsteht, wird durch die bloße Beobachtung das Recht am eigenen Bild nicht beschränkt. Ein Eingriff in den Schutzbereich muss abgelehnt werden. Ebenso vertreten *Röger* und *Stephan* die Ansicht, dass das Recht am eigenen Bild nicht berührt wird, da keine Verbreitung in der Öffentlichkeit vorliegt:

1854 *Lang* Private Videoüberwachung, S. 134.

1855 *Lang* Private Videoüberwachung, S. 135.

1856 *Geiger* Verfassungsfragen, S. 186; so auch *Lang* Private Videoüberwachung, S. 134; *Held* Intelligente Videoüberwachung, S. 45 (Schutzbereich wird nicht tangiert, da es an der erforderlichen technischen Fixierung fehlt).

1857 Vgl. auch *Geiger* Verfassungsfragen, S. 186.

1858 *Lang* Private Videoüberwachung, S. 136 (dort auch zur zeitglichen Übertragung von einzelnen, nicht aufgezeichneten Sequenzen ins Internet).

> [...] wird das Recht am eigenen Bild [...] jedenfalls deshalb nicht berührt, weil hier keine Verbreitung *in der Öffentlichkeit*, also gegenüber einem unbestimmten Personenkreis, stattfindet, sondern die von der Kamera übertragenen Bilder allein dem diensttuenden Polizeibeamten zur Anschauung gebracht werden sollen. Selbst wenn also [...] das Vorliegen eines „Bildnisses" trotz fehlender Fixierung bejaht würde, käme es nicht zu einer öffentlichen Darstellung.[1859]

Es bleibt damit festzuhalten, dass bloße Video*beobachtungsmaßnahmen* zu keinem Eingriff in das Recht am eigenen Bild führen.

(2) Eingriff in den Schutzbereich bei Maßnahmen der Videoaufzeichnung

Nachfolgend ist zu klären, ob die (dauerhafte) Fixierung der gewonnenen Daten einen Eingriff in das Recht am Bild begründet. Eine Beurteilung ist insofern nicht unproblematisch, da eine Speicherung des Datenmaterials nicht notwendigerweise auch deren Veröffentlichung bedeutet. Im Rahmen der Ausführungen ist folglich zu untersuchen, ob auch bereits das Herstellen – ohne Verbreiten oder sonstigem Verwenden – einen Eingriff begründen kann.

Zum Teil wird vertreten, dass „der Schutzbereich des Rechts am eigenen Bild ausschließlich bei einer Verbreitung oder Zurschaustellung in der Öffentlichkeit berührt sei. Daher scheide ein Eingriff in das Recht am eigenen Bild bei einer Aufzeichnung im Rahmen der klassischen Videoüberwachung aus".[1860] Wie die Ausführungen im 2. Kapitel gezeigt haben, können Bodycams der Strafverfolgungsvorsorge dienen. Videoüberwachungsmaßnahmen können eine Straftat nicht zuverlässig verhindern, da sie nicht in den Geschehensablauf eingreifen können. Allenfalls das Aufzeichnungsmaterial kann als Beweismittel im Strafverfahren verwertet werden. Es stellt sich somit die Frage, ob darin eine Veröffentlichung im geforderten Sinne zu sehen ist bzw. ob ein Verbreiten oder ein zur Schau stellen in der Öffentlichkeit für die Bejahung der Eingriffsqualität überhaupt notwendige Voraussetzung ist.

Die Verhandlung vor dem erkennenden Gericht einschließlich der Verkündung der Urteile und Beschlüsse ist öffentlich, § 169 S. 1 GVG. Öffentlich im Sinne dieser Vorschrift bedeutet, dass jede Person die Möglichkeit haben muss, von der Verhandlung vor dem erkennenden Gericht bzw. der Verkündung der Urteile und Beschlüsse einschließlich Zeit und Ort Kenntnis zu erlangen. Außerdem muss für jede Person die Möglichkeit bestehen, als Zuhörer teilzunehmen.[1861] *Bausch* zufolge werden Aufzeichnungen in der Regel gelöscht, ohne dass sie als Beweismittel im Rahmen eines Strafverfahrens verwendet werden. Auch wenn es tatsächlich zu einer entsprechenden Verwendung kommt, muss die zuvor erfolgte Speicherung bzw. Aufzeichnung des Materials losgelöst von einer nachfolgenden Verbreitung der Videobilder gesehen werden. In der Aufzeichnung selbst liegt folglich keine

1859 *Röger/Stephan* NWVBl. 2001, 206.
1860 *Lang* Private Videoüberwachung, S. 132; *Bausch* Videoüberwachung, S. 96.
1861 BeckOK-StPO/*Allgayer* § 169 GVG Rn. 3; KK-StPO/*Diemer* § 169 GVG, Rn. 6 ff.

Verbreitung in der Öffentlichkeit, sondern erst die der Aufzeichnung nachfolgende Maßnahme begründet einen Eingriff in das Recht am eigenen Bild. Die Aufzeichnung als solche sei indes nicht geeignet einen derartigen Eingriff zu begründen.[1862] Richtigerweise ist im Zusammenhang mit dem Recht am eigenen Bild gemäß Art. 2 Abs. 1 i.V.m. Art. 1 Abs. 1 GG jedoch auf die Aufzeichnung als solche abzustellen. Das Recht am eigenen Bild schützt den Einzelnen vor Aufnahmen sowie vor deren Verbreitung durch Träger öffentlicher Gewalt.[1863] *Geiger* zufolge beschränkt daher bereits die Anfertigung von Videoaufzeichnung von Personen das Recht am eigenen Bild. Voraussetzung sei lediglich die Möglichkeit der Identifizierung der Betroffenen, zumindest aber deren Erkennbarkeit.[1864] Auf den Aspekt der Veröffentlichung komme es nicht an. Weiterhin muss bereits die Herstellung einer dauerhaften Abbildung und nicht erst deren Veröffentlichung zur Begründung eines Eingriffs führen, da ein wirksamer Schutz des Einzelnen nur erreicht werden kann, wenn bereits an „Vorfeldmaßnahmen" angeknüpft wird. Nach überzeugender Auffassung von *Lang* werde der Betroffene nämlich bereits durch die Anfertigung einer Bild- bzw. Videoaufzeichnung der Verfügungsmacht desjenigen ausgesetzt, in wessen Besitz sich die Aufzeichnung befindet.[1865] Damit ergibt sich zumindest eine Verwendungs*möglichkeit* des Abbildes.

Auch *Büllesfeld* bejaht bei Herstellung von Bildnissen einer Person einen Eingriff in das Recht am eigenen Bild.[1866] Zur Bekräftigung seiner Ansicht stützt er sich auf die Rechtsprechung des BGH aus dem Jahre 1995:

> [...] muß der einzelne [...] keineswegs generell dulden, daß jedermann von ihm Bildnisse, insb. Filmaufnahmen mittels einer Videokamera, fertigt. Die spezialgesetzliche, der Gewährleistung des Rechts am eigenen Bild dienende Regelung des § 22 KUG [...] gewährt allerdings keinen Schutz gegen die Herstellung von Abbildungen, sondern nur gegen ihre unzulässige Verbreitung oder öffentliche Zurschaustellung. Zu Recht geht das BerGer. jedoch davon aus, daß – da das Recht am eigenen Bild eine besondere Erscheinungsform des allgemeinen Persönlichkeitsrechts darstellt [...] – die Herstellung eines Bildnisses ohne Einwilligung des Abgebildeten einen unzulässigen Eingriff in dessen nach § 823 I BGB geschütztes allgemeines Persönlichkeitsrecht bedeuten kann [...]. Vielmehr kann auch die Herstellung von Bildnissen einer Person, insb. die Filmaufzeichnung mittels Videogerät, in der Öffentlichkeit zugänglichen Bereichen und ohne Verbreitungsabsicht einen unzulässigen Eingriff in das Persönlichkeitsrecht des Betroffenen darstellen.[1867]

1862 *Bausch* Videoüberwachung, S. 95 f.; so auch bei *Lang* Private Videoüberwachung, S. 132 m.W.n.
1863 Von Mangoldt/Klein/Starck/*Starck* Art. 2 GG Rn. 97.
1864 *Geiger* Verfassungsfragen, S. 187.
1865 *Lang* Private Videoüberwachung, S. 132.
1866 *Büllesfeld* Polizeiliche Videoüberwachung, S. 126 f.
1867 BGH, Urt. v. 25.4.1995 – VI ZR 272/94 (KG) = NJW 1995, 1955, 1956 f.

Fraglich ist, ob diese Entscheidung tatsächlich zur Begründung eines Eingriffs bei Maßnahmen der Videoaufzeichnung herangezogen werden kann. *Bausch* kritisiert *Büllesfelds* Verweis auf die Rechtsprechung des BGH.[1868] Der BGH bringe mit seiner Entscheidung lediglich zum Ausdruck, dass Filmaufzeichnungen auch ohne Verbreitungsabsicht einen unzulässigen Eingriff in das allgemeine Persönlichkeitsrecht des Betroffenen darstellen können. Nach Auffassung von *Bausch* könne dem Urteil hingegen nicht entnommen werden, dass „die Videoaufzeichnung gerade in die grundrechtliche Einzelverbürgung des Rechts am eigenen Bild, nicht aber in das Recht auf informationelle Selbstbestimmung eingreifen soll".[1869] *Büllesfeld* räumt durchaus ein, dass die Rechtsprechung allgemein auf das allgemeine Persönlichkeitsrecht abstellt, während die spezielle Ausprägung des Rechts am eigenen Bild in den Hintergrund gerückt wird, weist aber zugleich darauf hin, dass auch die Rechtsprechung des BVerfG[1870] zu Videoaufzeichnungen lediglich auf die Persönlichkeitssphäre des Betroffenen abstellt. In seiner verfassungsrechtlichen Auslegung müsse das Recht am eigenen Bild weiter ausgelegt werden als § 22 KUG. Nur so könne ein umfassender Schutz erzielt werden.[1871] Unabhängig von der Frage, ob der Verweis auf die Rechtsprechung des BGH in diesem Zusammenhang geglückt ist, muss der Auffassung *Büllesfelds* im Ergebnis jedoch zugestimmt werden.

Nach überzeugender Ansicht führt die Anfertigung von Videoaufzeichnungen von Personen in Bild – sofern eine Identifizierung des Betroffenen möglich ist – zu einem Eingriff in den Schutzbereich. Insbesondere kann nicht auf eine spätere Verbreitung oder Zurschaustellung in der Öffentlichkeit abgestellt werden. Der Abgebildete wird bereits durch das Anfertigen einer Aufzeichnung der Verfügungsmacht desjenigen ausgesetzt, welcher in Besitz der Aufzeichnung ist. Die Gefährdung der eigenen Verfügungsbefugnis ist bei einer Aufzeichnung derart akut, sodass ein Eingriff bejaht werden muss.[1872]

c) Das Recht am eigenen Wort gemäß Art. 2 Abs. 1 i.V.m. Art. 1 Abs. 1 GG

Das Recht am eigenen Wort ist als Teilausprägung des allgemeinen Persönlichkeitsrechts anerkannt[1873] und führt dazu, dass dem Einzelnen das Verfügungsrecht über sein nicht öffentlich gesprochenes Wort verbleibt.[1874] Der Einzelne soll die Befugnis darüber haben, selbst zu entscheiden, wem seine Worte zugänglich gemacht

---

1868 *Bausch* Videoüberwachung. S. 96.
1869 *Bausch* Videoüberwachung, S. 96.
1870 BVerfG, Beschl. v. 27.9.1982 – 2 BvR 1199/82 = NStZ 1983, 84.
1871 *Büllesfeld* Polizeiliche Videoüberwachung, S. 127.
1872 *Held* Intelligente Videoüberwachung, S. 45 m.w.N.
1873 Vgl. BVerfG, Beschl. v. 9.10.2002 – 1 BvR 1611/96, 1 BvR 805/98 = JuS 2003, 392; grundlegend: BGH, Urt. v. 20.5.1958 – VI ZR 104/57 = GRUR 1958, 615.
1874 Maunz/Dürig-GG/*Di Fabio* Art. 2 Rn. 196; von Mangoldt/Klein/Starck/*Starck* Art. 2 GG Rn. 92; *Lang* Private Videoüberwachung, S. 128.

werden, ob sie aufgenommen und wem gegenüber sie abgespielt werden sollen.[1875] Der Schutz der Vertraulichkeit des nicht öffentlich gesprochenen Wortes soll dem Einzelnen ermöglichen, an einem zwischenmenschlichen Kommunikationsprozess ungestört teilnehmen zu können.[1876] Für die Eröffnung des Schutzbereichs ist es nicht entscheidend, ob es sich um einen personalen Kommunikationsinhalt oder um einen Inhalt von besonderer Sensibilität handelt.[1877] Der Schutzbereich des Rechts am eigenen Wort ist jedoch nur dann eröffnet, wenn der Einzelne aufgrund der äußeren Umstände und seines eigenen Verhaltens erwarten darf, nicht von anderen gehört zu werden.[1878] Dazu führte das BVerfG im Jahr 2002 Folgendes aus:

> Verhält ein Sprecher sich allerdings so, dass seine Worte von unbestimmt vielen Menschen ohne besondere Bemühungen gehört werden können, hat er sich das Zuhören Dritter selbst zuzuschreiben. Er ist gegen deren Kommunikationsteilhabe nicht geschützt, wenn er etwa von ihm unerwünschte Hörer in seiner Nähe übersieht oder die Lautstärke seiner Äußerung falsch einschätzt. Entscheidend ist, ob der Sprecher auf Grund der Rahmenbedingungen begründetermaßen erwarten darf, nicht von Dritten gehört zu werden [...].[1879]

Beim Einsatz der polizeilichen Bodycam wird die unmittelbar gefilmte Person offen mit der Kamera konfrontiert; das polizeiliche Gegenüber wird darauf hingewiesen, dass ihr Verhalten und ihre Äußerungen fortan aufgezeichnet werden. Daher muss der Einzelne aufgrund der äußeren Umstände erwarten, von anderen gehört zu werden. Dieser Umstand könnte dazu führen, dass der Schutzbereich des Rechts am eigenen Wort nicht eröffnet ist. Eine Videotechnik mit Audiofunktion kann jedoch bereits bei Übertragung des gesprochenen Wortes die Befugnis beeinträchtigen, selbst zu bestimmen, ob der Kommunikationsinhalt allein dem Gesprächspartner oder der Öffentlichkeit zugänglich sein soll. Damit muss der Schutzbereich eröffnet sein, wenn im öffentlichen Raum Videoüberwachungsmaßnahmen mit Audiofunktion eingesetzt werden.[1880]

Das Recht am eigenen bzw. gesprochenen Wort kann bei polizeilichen Bodycams freilich nur dann von Bedeutung sein, wenn bei diesen eine Audio-Ausstattung vorhanden und entsprechend genutzt wird. Sämtliche, sich im (Probe-) Betrieb befindlichen Bodycams hatten zunächst keine derartige Tonfunktion. Der Ton wurde in keinem Bundesland übertragen bzw. aufgezeichnet. Seit Ende 2015 hat diese Thematik jedoch an Brisanz gewonnen: Der Hessische Landtag hat im Rahmen einer

---

1875 HK-GG/*Antoni* Art. 1 Rn. 16.

1876 Maunz/Dürig-GG/*Di Fabio* Art. 2 Rn. 196; von Mangoldt/Klein/Starck/*Starck* Art. 2 GG Rn. 92; *Geiger* Verfassungsfragen, S. 106; *Lang* Private Videoüberwachung, S. 128.

1877 BVerfG, Beschl. v. 9.10.2002 – 1 BvR 1611/96, 1 BvR 805/98 = JuS 2003, 392, 393.

1878 *Lang* Private Videoüberwachung, S. 129, 135.

1879 BVerfG, Beschl. v. 9.10.2002 – 1 BvR 1611/96, 1 BvR 805/98 = NJW 2002, 3619, 3621.

1880 *Lang* Private Videoüberwachung, S. 130; Maunz/Dürig-GG/*Di Fabio* Art. 2 Rn. 196 m.w.N.

Plenarsitzung die Änderung des HSOG beschlossen, wonach § 14 Abs. 6 HSOG um die Möglichkeit einer Tonaufnahme erweitert worden ist. Innenminister *Peter Beuth* ist der Auffassung, dass Tonaufnahmen den präventiven Effekt von Bodycams abrunden, weil dadurch das verbale Aggressionspotenzial gedämpft werden könne.[1881] § 14 Abs. 6 S. 1 HSOG (*Datenerhebung und sonstige Datenverarbeitung an öffentlichen Orten und besonders gefährdeten öffentlichen Einrichtungen*), der seit dem 1.11.2015 gilt, normiert:

> Die Polizeibehörden können an öffentlich zugänglichen Orten eine Person, deren Identität nach diesem Gesetz oder anderen Rechtsvorschriften festgestellt werden soll, mittels Bild- und Tonübertragung kurzfristig technisch erfassen, offen beobachten und dies aufzeichnen, wenn diese nach den Umständen zum Schutz von Polizeivollzugsbeamtinnen und Polizeivollzugsbeamten oder Dritten gegen eine Gefahr für Leib oder Leben erforderlich ist.

Seit 1.11.2015 ist folglich nicht nur eine Überwachung des Bildes, sondern auch eine Übertragung bzw. Aufzeichnung des Tons möglich. Dadurch wird die Frage aufgeworfen, ob durch den Einsatz polizeilicher Bodycams der Schutzbereich des Grundrechts am eigenen Wort eröffnet wird bzw. ob ein Eingriff zu verzeichnen ist.[1882]

aa) Eröffnung des Schutzbereichs

Analysiert werden soll zunächst, ob durch bloße Maßnahmen der Tonübertragung bzw. durch Aufzeichnungsmaßnahmen der Schutzbereich des Rechts am eigenen Wort eröffnet wird.

(1) Eröffnung des Schutzbereichs bei Maßnahmen der Tonübertragung

Ob durch Maßnahmen, bei denen der Ton lediglich übertragen, nicht jedoch aufgezeichnet wird, der Schutzbereich eröffnet wird, ist in diesem Abschnitt zu prüfen.

Auf der einen Seite gibt das Recht am eigenen Wort dem Einzelnen die Befugnis, allein zu bestimmen, wer sein nichtöffentlich gesprochenes Wort aufnimmt und ob bzw. vor wem die aufgenommenen Stimmen wieder abgespielt werden dürfen.[1883] Darüber hinaus gewährt das Recht dem Einzelnen einen Schutz vor etwaiger Verwertung zur Aufklärung eines Sachverhalts im Rahmen eines staatlichen Verfahrens.[1884] Auf der anderen Seite schützt dieses, aus Art. 2 Abs. 1 i.V.m. Art. 1 Abs. 1

1881 https://innen.hessen.de/presse/pressemitteilung/body-cam-gesetzesaenderung-erlaubt-neben-bild-nun-auch-tonaufnahme (Stand: Dezember 2016).

1882 Auch im Rahmen des bayerischen Pilotprojekts zeichnen Bodycams den Polizeieinsatz in Bild *und* Ton auf (http://www.sueddeutsche.de/bayern/sicherheit-bayerische-polizei-testet-bodycams-1.3231348) (Stand: Dezember 2016).

1883 Von Mangoldt/Klein/Starck/*Starck* Art. 2 GG Rn. 92; „*Handhabe gegen die unerwünschte Reproduktion und Verbreitung des eigenen Wortes*“ (BeckOK-BDSG/*Brink* Verfassungsrecht Rn. 52).

1884 Maunz/Dürig-GG/*Di Fabio* Art. 2 Rn. 198.

GG abgeleitete Grundrecht die Vertraulichkeit des privat gesprochenen Wortes. Dadurch soll die Unbefangenheit der Kommunikation garantiert werden.[1885] Diese Variante umfasst somit auch den Schutz des Wortes, sofern noch keine „Verselbständigung" in Form einer Aufzeichnung stattgefunden hat.[1886] Auch nach *Lang* schützt das Recht am eigenen Wort bereits die „unmittelbare Kommunikation" an sich. Auf eine Fixierung komme es hingegen nicht an.[1887] Ungeachtet der Tatsache, dass beim Einsatz polizeilicher Bodycams die gefilmten Personen mündlich und durch Aufschrift auf der Weste des filmenden Polizisten auf die Videoüberwachungsmaßnahme hingewiesen werden und folglich Kenntnis von einer Mithörgelegenheit haben, wird der grundrechtliche Schutz des Betroffenen dadurch nicht begrenzt.[1888]

Daher ist der Schutzbereich auch dann eröffnet, wenn lediglich Maßnahmen der Tonübertragung vorliegen, da nur so die Teilnahme an einer unmittelbaren Kommunikation geschützt werden kann. Auf eine „Verdinglichung"[1889] des gesprochenen Wortes kann es nicht ankommen.

(2) Eröffnung des Schutzbereichs bei Maßnahmen der Tonaufzeichnung

Da das Recht am eigenen Wort gerade dem Einzelnen die Befugnis einräumt, selbst darüber zu bestimmen, wer sein nichtöffentlich gesprochenes Wort aufnimmt, wem gegenüber die Stimmen abgespielt werden und wie die Tonaufnahmen verwertet werden können,[1890] wird durch eine Aufzeichnung des Tons mit Hilfe einer Audiofunktion der Schutzbereich eröffnet.

bb) Eingriff in das Recht am eigenen Wort

Unter einem Grundrechtseingriff wird „ein rechtsförmiger Vorgang verstanden, der unmittelbar und gezielt (final) durch ein vom Staat verfügtes, erforderlichenfalls zwangsweise durchzusetzendes Ge- oder Verbot, also imperativ, zu einer Verkürzung grundrechtlicher Freiheiten führt".[1891]

1885 BGH, Urt. v. 18.2.2003 – XI ZR 165/02 = NJW 2003, 1727, 1728; der Schutz umfasst die Möglichkeit, sich auf den jeweiligen Kommunikationspartner einzustellen (BVerfG, Beschl. v. 9.10.2002 – 1 BvR 1611/96, 1 BvR 805/98 = NJW 2002, 3619, 3621).

1886 BeckOK-BDSG/*Brink* Verfassungsrecht Rn. 52.

1887 *Lang* Private Videoüberwachung, S. 128.

1888 *Lang* Private Videoüberwachung, S. 129 (Kenntnis ist Frage der Einwilligung); BVerfG, Beschl. v. 19.12.1991 – 1 BvR 382/85 = NJW 1992, 815 (Kenntnis von der Mithörmöglichkeit ist vielmehr eine Frage der Zulässigkeit des Eingriffs in das Grundrecht).

1889 BVerfG, Beschl. v. 9.10.2002 – 1 BvR 1611/96, 1 BvR 805/98 = NJW 2002, 3619, 3621.

1890 Vgl. von Mangoldt/Klein/Starck/*Starck* Art. 2 GG Rn. 92; BeckOK-BDSG/*Brink* Verfassungsrecht Rn. 53.

1891 Nur BVerfG, Beschl. v. 26.6.2002 – 1 BvR 670/91 = NJW 2002, 2626, 2628.

(1) Eingriff in den Schutzbereich bei Maßnahmen der Tonübertragung

Aufgrund der Änderung des Hessischen Gesetzes über die öffentliche Sicherheit und Ordnung 2015 ist zumindest in Hessen eine ergänzende Rechtsgrundlage für Tonübertragungen beim Einsatz polizeilicher Bodycams geschaffen worden. Somit drängt sich die Frage auf, ob die Tatsache, dass Polizeibehörden an öffentlich zugänglichen Orten eine Person, deren Identität nach dem hessischen Gesetz über die öffentliche Sicherheit und Ordnung oder anderen Rechtsvorschriften festgestellt werden soll, mittels Tonübertragung kurzfristig technisch erfassen und offen beobachten können, einen Eingriff darstellt.

Die rechtliche Lage ist indes mit den eben angestellten Erwägungen zum Recht am eigenen Bild gemäß Art. 2 Abs. 1 i.V.m. Art. 1 Abs. 1 GG vergleichbar. Auch das Recht am eigenen Wort ist eine Teilausprägung des allgemeinen Persönlichkeitsrechts. Ferner kann auch beim Recht am eigenen Wort – aufgrund fehlender Fixierung – die Verfügungsbefugnis des Berechtigten nicht verloren gehen. Da bei bloßer Tonübertragung die Stimme sofort und unwiderruflich verloren geht, kann eine Beeinträchtigung der Verfügungsbefugnis nicht in Frage kommen. Auf der anderen Seite muss jedoch beachtet werden, dass das Recht am eigenen Wort gerade die unmittelbare Kommunikation schützt. Aufgrund des weiten Schutzbereichs muss bereits die Übertragung des Tons zur Beeinträchtigung der Befugnis führen, selbst zu bestimmen, wem gegenüber der Kommunikationsinhalt zugänglich sein soll.[1892]

Folglich muss schon in der bloßen Übertragung des Tons – ohne Speicherung des Datenmaterials – ein Eingriff in das Recht am eigenen Wort angenommen werden.[1893]

(2) Eingriff in den Schutzbereich bei Maßnahmen der Tonaufzeichnung

Die erweiterte Rechtsgrundlage in Form des § 14 Abs. 6 S. 1 HSOG hat zur Folge das das gesprochene Wort aufgezeichnet werden darf.

Sofern bereits die bloße Übertragung des Tons als Eingriff gewertet wird, muss ein solcher „Erst-Recht-Schluss" für Maßnahmen der Tonaufzeichnung gelten. Dies muss vor allem vor dem Hintergrund gelten, dass eine Aufzeichnung für den Betroffenen schwerwiegender ist. Darüber hinaus gibt das Recht am eigenen Wort dem Grundrechtsträger die Befugnis, selbst zu entscheiden, ob sein gesprochenes Wort auf einen Tonträger *aufgezeichnet* wird. Mit Aufzeichnung des Tons verliert die überwachte Person diese Entscheidungsbefugnis. Der Grundrechtsträger hat es nicht mehr in der Hand, was mit den aufgezeichneten Daten geschieht. Somit verliert er mit Aufzeichnung des gesprochenen Wortes die Befugnis darüber, selbst zu entscheiden, ob das aufgezeichnete Wort verwertet werden soll. Die Verwertung des aufgezeichneten Wortes ist gerade beim Einsatz von Bodycams von Bedeutung, da beispielsweise in Hessen die Aufzeichnungen künftig als Beweismittel in Verfahren

1892 So auch *Lang* Private Videoüberwachung, S. 130.
1893 A.A. *Geiger* Verfassungsfragen, S. 186.

eingeführt werden sollen. Dadurch soll der Beweiswert der Bodycam-Aufzeichnung abgerundet werden.[1894]

Tonaufzeichnungen führen somit zu einem Eingriff in das Recht am eigenen Wort.

d) Das Recht auf Freizügigkeit gemäß Art. 11 Abs. 1 GG

Videobeobachtungs- bzw. aufzeichnungsmaßnahmen mit Bodycams könnten das Grundrecht auf Freizügigkeit gemäß Art. 11 Abs. 1 GG beeinträchtigen.

Art. 11 Abs. 1 GG regelt das Recht der Freizügigkeit für alle Deutschen im gesamten Bundesgebiet. In Art. 11 Abs. 2 GG werden jene Voraussetzungen normiert, unter denen dieses Recht eingeschränkt werden darf. Freizügigkeit bedeutet, dass jeder Deutsche i.S.v. Art. 116 Abs. 1 GG das Recht hat, ungehindert an jedem Ort innerhalb des Bundesgebiets Aufenthalt und Wohnsitz zu nehmen.[1895] In der Konstellation der Überwachung mit Bodycams kann nur die Alternative des „Aufenthalt nehmens" in Betracht kommen.[1896] „Aufenthalt nehmen" in diesem Sinne bedeutet das vorübergehende Verweilen. Welche Anforderungen im Einzelnen an den Begriff zu stellen sind, ist indes umstritten.[1897] Unabhängig von der umstrittenen Dauer des Verweilens, liegen nach herrschender Ansicht bei Videoüberwachungsmaßnahmen keine unmittelbaren Eingriffe in Form von Verboten bzw. Geboten[1898] vor. Auch mittelbare Einwirkungen, welche aufgrund ihrer Zielsetzung und Wirkung einem Eingriff gleichkommen[1899] sind nicht einschlägig. Tatsächlich und rechtlich ist nämlich jedermann – trotz einer Videoüberwachung mit Bodycams – befugt, sich ohne Sanktionen im ganzen Bundesgebiet aufzuhalten, sodass ein Eingriff nicht vorliegen kann.[1900] Auch *Büllesfeld* ist der Auffassung, dass durch Videoüberwachungsmaßnahmen niemand darin beeinträchtigt wird, sich an einem bestimmen Ort aufzuhalten (*negative Freizügigkeit*) bzw. sich an einen anderen Ort zu begeben (*positive Freizügigkeit*). Folgerichtig lehnt er daher bereits die Eröffnung des Schutzbereichs ab.[1901] Obwohl durch den Einsatz von Bodycams durchaus eine psychische Belastung bejaht werden kann, sind „subjektive Empfindlichkeiten" dieser Art nicht ausreichend, um von einer Beeinträchtigung bzw. von einem Eingriff sprechen

---

1894 Vgl. https://innen.hessen.de/presse/pressemitteilung/body-cam-gesetzesaenderung-erlaubt-neben-bild-nun-auch-tonaufnahme (Stand: Dezember 2016).

1895 HK-GG/*Antoni* Art. 11 Rn. 3; Jarass/Pieroth, Art. 11 GG Rn. 2; von Mangoldt/Klein/Starck/*Gusy* Art. 11 GG Rn. 24.

1896 So auch *Büllesfeld* hinsichtlich der polizeilichen Videoüberwachung öffentlicher Flächen (*Büllesfeld* Polizeiliche Videoüberwachung, S. 234).

1897 *Pieroth/Schlink* Staatsrecht II, Rn. 880 ff.

1898 BeckOK-GG/*Baldus* Art. 11 Rn. 13.

1899 Jarass/Pieroth, Art. 11 GG Rn. 8.

1900 So *Röger/Stephan* NWVBl. 2001, 201, 208; Jarass/Pieroth, Art. 11 GG Rn. 7 (*„direkte imperative Einwirkungen"* können das Grundrecht aus Art. 11 GG beeinträchtigen); ebenso *Post* Videoüberwachung, S. 364.

1901 *Büllesfeld* Polizeiliche Videoüberwachung, S. 234.

zu können.[1902] Mittelbare Belastungen, sei es in Form von Überwachungs- oder Anpassungsdruck können zwar Beeinträchtigung hervorrufen, diese sind für die erforderliche Eingriffsqualität jedoch nicht intensiv genug. Entsprechende Beeinträchtigungen werden vielmehr vom Schutzbereich des allgemeinen Persönlichkeitsrechts umfasst.[1903] Ebendieser Ansicht ist *Bausch*. Folgendes führt er zur Vereinbarkeit von Videobeobachtungsmaßnahmen im Zusammenhang mit dem Recht auf Freizügigkeit aus:

> Selbst wenn Videobeobachtungsmaßnahmen in Einzelfällen dazu führen können, dass Personen sich aufgrund der als störend empfundenen Beobachtung durch Videokameras nicht mehr an bestimmten Orten aufhalten beziehungsweise einen Ortswechsel unterlassen, kann hieraus noch keine Verletzung von Art. 11 GG hergeleitet werden. Denn die Videobeobachtung ist lediglich eine Maßnahme, welche die Ausübung oder Nichtausübung des Rechts auf Freizügigkeit für die Kontrollstelle sichtbar macht, wobei es den Betroffenen unbenommen bleibt, ihren Aufenthalt selbst zu bestimmen. Selbstauferlegte Einschränkungen im Hinblick auf Aufenthalt und Ortswechsel, etwa aufgrund eines empfundenen Anpassungsdrucks, betreffen nicht das Recht auf Freizügigkeit, sondern das Allgemeine Persönlichkeitsrecht in Form des Rechts auf informationelle Selbstbestimmung.[1904]

Auch *Waechter* zufolge fehlt es bei Bildübertragungen an einer Berührung des Schutzbereichs, zumindest aber an der erforderlichen Eingriffsintensität.[1905] Insbesondere dienen Videoüberwachungsmaßnahmen der Kriminalitätsbekämpfung. Sie zielen dagegen nicht auf eine „Beschränkung des grundrechtlich geschützten Freiheitsgebrauchs“[1906] ab. Zum Schutz des Rechts auf Freizügigkeit führt auch *Büllesfeld* aus:

> Die Videoüberwachung bestimmter öffentlicher Plätze beeinträchtigt weder rechtlich noch tatsächlich die Möglichkeit, sich ohne Sanktion an diesen Plätzen aufzuhalten. Sie beinhaltet (lediglich) eine staatliche Beobachtung der ansonsten aber völlig unproblematisch möglichen Ausübung dieses Grundrechts. Art. 11 GG schützt nicht vor einer staatlichen Beobachtung der Aufenthaltsnahme, sondern lediglich vor einer gezielten staatlichen Einflussnahme auf die Aufenthaltswahl und damit der rechtlichen oder tatsächlichen Beschränkung der Möglichkeit, sich an einem bestimmten Ort aufzuhalten. Gegen mittelbare und faktische Belastungen bietet dieser Artikel indes keinen Schutz.[1907]

1902 *Pieroth/Schlink* Staatsrecht II, Rn. 260; *Post* Videoüberwachung, S. 363 f.
1903 *Lang* Private Videoüberwachung, S. 187.
1904 *Bausch* Videoüberwachung, S. 82 f.
1905 *Waechter* NdsVBl. 2011, 77, 79.
1906 *Post* Videoüberwachung, S. 364.
1907 *Büllesfeld* Polizeiliche Videoüberwachung, S. 235 f.

Ebenso diskutiert die Rechtsprechung bei der Videoüberwachung öffentlicher Plätze das Recht auf Freizügigkeit nicht,[1908] was daran liegt, dass die Videoüberwachung in ihrer örtlichen Wirkung von nur kurzer Dauer ist.[1909]

Das Recht auf Freizügigkeit gemäß Art. 11 Abs. 1 GG ist durch den polizeilichen Einsatz von Bodycams nicht betroffen.

2. *Zusammenfassung*

Überwachungsmaßnahmen mit Bodycams haben Grundrechtsrelevanz.

Von besonderer Bedeutung sind das Recht auf informationelle Selbstbestimmung, das Recht am eigenen Wort und das Recht am eigenen Bild als Teilausprägungen des allgemeinen Persönlichkeitsrechts gemäß Art. 2 Abs. 1 i.V.m. Art. 1 Abs. 1 GG. Während bloße Aufnahmen nicht per se einen Grundrechtseingriff des unmittelbar bzw. mittelbar gefilmten Bürgers begründen können, stellen Aufzeichnungen nach überzeugender Ansicht stets einen Eingriff in besagte Grundrechte dar. Eine Verletzung des Rechts auf Freizügigkeit gemäß Art. 11 Abs. 1 GG liegt nicht vor, da sich jedermann – trotz Videoüberwachung mit Bodycams – tatsächlich und rechtlich ohne Sanktionen im gesamten Bundesgebiet aufhalten kann.

3. *Grundrechte der Polizisten*

Bislang sind lediglich die Grundrechte der Personen untersucht worden, welche unmittelbar bzw. mittelbar – da sie sich beispielsweise im Aufnahmebereich befinden – gefilmt werden. Außer Acht gelassen werden dürfen jedoch nicht die Grundrechte der Polizisten,[1910] die einer regelrechten „Dauerüberwachung“ ausgesetzt werden. Welche Grundrechte hierbei betroffen sein können, soll im folgenden Abschnitt geklärt werden. Dabei geht es weniger um die tatsächlich filmenden Polizisten, bei denen die Kamera auf Schulter oder Brust befestigt ist. Diese Polizisten befinden sich letztlich nicht im Aufnahmebereich und werden damit nicht unmittelbar gefilmt. Vielmehr stehen jene Polizisten im Fokus der Betrachtung, welche mit den Polizisten, die eine Bodycam tragen, im Einsatz sind. Dieser Umstand kann nämlich dazu führen, dass diese ebenso einer Überwachungsmaßnahme ausgesetzt sind, wie ihr polizeiliches Gegenüber.

1908 VGH Mannheim, Urt. v. 21.7.2003 – 1 S 377/02 = NVwZ 2004, 498; VG Halle, Beschl. v. 17.1.2000 – 3 B 121/99 HAL = LKV 2000, 164.

1909 *Post* Videoüberwachung, S. 363 f.

1910 So auch *Kipker/Gärtner* NJW 2015, 296, 297.

a) *Grundrechtsschutz von Polizisten*

Die meisten Grundrechte sind sog. *Abwehrgrundrechte*. Die Abwehrfunktion „zielt auf ein Unterlassen der Grundrechtsverpflichteten und dient dazu, die Freiheitssphäre des einzelnen vor Eingriffen der öffentlichen Gewalt zu sichern".[1911]

> Ohne Zweifel sind die Grundrechte in erster Linie dazu bestimmt, die Freiheitssphäre des einzelnen vor Eingriffen der öffentlichen Verwaltung zu sichern; sie sind Abwehrrechte des Bürgers gegen den Staat.[1912]

Da Polizisten bei ihrem Handeln die Rechtsordnung als Exekutive vertreten und Grundrechte Abwehrrechte gegen den Staat darstellen, ist fraglich, ob sie sich auf Grundrechte berufen können.

Grundrechte binden gerade auch die vollziehende Gewalt, Art. 1 Abs. 3 GG. Der Staat, insbesondere die vollziehende Gewalt ist damit Adressat und nicht Träger der Grundrechte. Ferner bindet die Vorschrift die gesamte öffentliche Gewalt. Dies hat zur Folge, dass die Staatsgewalt der Länder[1913] und mithin nicht nur Vertreter der Bundespolizei, sondern auch der Landespolizei an die nachfolgenden Grundrechte gebunden sind. Damit können sich Vertreter des Polizeiapparats als Teil des Staates nicht auf Grundrechte berufen. Es wäre ein Widerspruch in sich, wenn Grundrechtsverpflichtete zugleich Grundrechtsberechtigte sein könnten.[1914]

Im Zusammenhang mit *Überwachungsmaßnahmen durch Bodycams* stellt sich im Besonderen die Frage, ob der Polizist als solcher, und in der konkreten Situation Grundrechtsberechtigter sein kann. Dem Polizisten kann jedenfalls nicht von vornherein der Grundrechtsschutz abgesprochen werden. Hinsichtlich eines Anspruchs des Polizeibeamten auf Schutz seiner Grundrechte bei Einsätzen führt *Rupprecht* aus:

> Die Grundrechte der Verfassung stehen grundsätzlich auch den Beamten zu. Zwar sind sie Diener der Institution, gegen die sich Grundrechtsansprüche richten, und deshalb mit besonderen Pflichten belastet, die ihnen dem Staat gegenüber obliegen. Sie sind aber zugleich grundrechtsberechtigter Bürger, ja, wie jeder andere Staatsbürger zuerst Mensch und Grundrechtsträger.[1915]

Dass der Polizist dem Bürger als Teil der exekutiven und allein grundrechtsgebundenen Staatsgewalt gegenübertritt und „Diener der Institution" ist, muss im Zusammenhang mit Videoüberwachungsmaßnahmen durch Bodycams ohne Belang

---

1911 Jarass/Pieroth, Vorb. Art. 1 GG Rn. 3; von Mangoldt/Klein/Starck/*Starck* Art. 1 GG Rn. 182 ff.

1912 BVerfG, Urt. v. 15.1.1958 – 1 BvR 400/57 = NJW 1958, 257.

1913 Von Mangoldt/Klein/Starck/*Starck* Art. 1 GG Rn. 221.

1914 *Ruthig/Storr* Öffentliches Wirtschaftsrecht, Rn. 684; *Bredel* Polizei und Presse, S. 8; *Globig* DÖD 1991, 217.

1915 *Rupprecht* in: FS für Samper, S. 51 f.

sein.[1916] Der Polizeibedienstete muss als Amtsträger auch einen Grundrechtsschutz genießen und zwar auch als solcher.[1917] Auch seit Lossagung des BVerfG von der eingeschränkten Grundrechtsbindung im Sonderstatusverhältnis[1918] können sich staatlich Bedienstete – Polizeibedienstete – auch in diesem Verhältnis auf Grundrechte berufen.[1919] Eine Einschränkung bzw. Einschränkbarkeit bestimmter Grundrechte von Bediensteten kann jedoch notwendig und „eine Abwägung der im Einzelfall konkurrierenden Interessen des Grundrechtsträgers mit dem Interesse des durch die Grundrechtsausübung funktional beeinträchtigten Dienstbereich und potentiell betroffener Bürger legitim"[1920] sein.

Zum Teil wird ein Grundrechtsschutz von Amtsträgern abgelehnt, wenn sie in Ausübung der öffentlichen Gewalt tätig sind,[1921] da dies darauf hinauslaufen würde, „dass der Staat selbst gegenüber dem Bürger ein Recht auf informationelle Selbstbestimmung reklamieren könnte."[1922] Im Zusammenhang mit der Kennzeichnungspflicht für Polizeibedienstete und einem Grundrechtsschutz eben jener führte *Ertl* folgendermaßen aus:

> Im Kontext der informationellen Selbstbestimmung sei entscheidend, ob sich die in Rede stehenden Daten vorrangig auf die Persönlichkeit oder auf den Amts- oder Funktionsinhaber beziehen.[1923]

Die Beobachtung durch Bodycams und mithin die Erhebung personenbezogener Daten von Polizeibeamten erfolgen nicht in Ausübung der öffentlichen Gewalt. Vielmehr wird der Polizeibeamte als Privatperson berührt, da es gerade um die Erhebung seiner persönlichen Daten geht. Durch die Überwachungsmaßnahme mit Bodycams können Polizeibedienstete identifiziert werden. Damit wird nicht der Polizist als Amtsperson berührt, sondern die dahinter stehende Privatperson. Diesbezüglich muss auch dem Polizisten das Recht obliegen, selbst entscheiden zu können, „wann und innerhalb welcher Grenzen persönliche Lebenssachverhalte offenbart werden."[1924]

1916 So auch *Barczak* hinsichtlich einer Kennzeichnungspflicht von Polizisten (*Barczak* NVwZ 2011, 852, 853).

1917 BVerwGE 121, 115, 125 = NJW 2004, 2462 = NVwZ 2004, 1513; *Bredel* Polizei und Presse, S. 8.

1918 Zum Sonderstatusverhältnis: von Mangoldt/Klein/Starck/*Starck* Art. 1 GG Rn. 295 ff.

1919 BVerfG, Beschl. v. 14.3.1972 – 2 BvR 41/71 = NJW 1972, 811.

1920 *Rupprecht* in: FS für Samper, S. 52; zum Schutz einzelner Grundrechte während des Einsatzes: *ders*: in FS für Samper, S. 57 ff.

1921 *Globig* DÖD 1991, 217, 218 („*In dem Bereich, in dem der Amtsträger seinerseits für den Staat handelt, in dem er also Organ des Staates ist und in dem sein Handeln dem Staat zugerechnet wird, kann er schon begrifflich nicht Grundrechtsträger sein*").

1922 *Gola/Wronka* Arbeitnehmerdatenschutz Rn. 24.

1923 *Ertl* DÖV 2016, 23, 24; ebenso *Gola/Wronka* Arbeitnehmerdatenschutz Rn. 23 ff.

1924 BVerwG, Urt. v. 23.6.2004 – 3 C 41/03 = NJW 2004, 2462, 2464.

Daher kann die Ausübung der in Frage kommenden Grundrechte nicht eingeschränkt sein.[1925]

b) Einschlägige Grundrechte

Bei der Überwachung der Polizeibediensteten durch Bodycams stehen ebenfalls das Recht auf informationelle Selbstbestimmung, das Recht am eigenen Bild und das Recht am eigenen Wort als Ausprägungen des allgemeinen Persönlichkeitsrechts im Fokus. Des Weiteren stellt sich auch hier die Frage, ob durch den Einsatz von Bodycams das Recht auf Freizügigkeit nach Art. 11 Abs. 1 GG betroffen ist. Da sich bei der Grundrechtsprüfung jedoch keine rechtlichen Unterschiede im Vergleich zur Prüfung der Grundrechte des unmittelbar bzw. mittelbar gefilmten Bürgers ergeben, kann diesbezüglich auf obige Darstellung verwiesen werden;[1926] dasselbe gilt für die nachstehenden Ausführungen zur einfachgesetzlichen Regelung zum Schutz des visuellen Selbstbestimmungsrechts nach § 22 KUG.

III. Einfachgesetzliche Regelung zum Schutz des visuellen Selbstbestimmungsrechts (§ 22 KUG)

Eine einfachgesetzliche Regelung zum Schutz des visuellen Selbstbestimmungsrechts stellt § 22 KUG dar.

1. Die Geburtsstunde des Rechts am eigenen Bild

Die Schaffung des Rechts am eigenen Bild geht auf *Fürst Otto von Bismarck* zurück. In der Nacht nach seinem Tod (30.7.1898) drangen zwei Journalisten widerrechtlich – gegen den Willen der Kinder des Verstorbenen – in sein Zimmer ein und machten fotografische Aufnahmen von der Leiche. Der Rechtsstreit auf Herausgabe der Fotografien wurde bis zum RG getragen. Obwohl zum damaligen Zeitpunkt eine konkrete Regelung zur Herausgabe der widerrechtlich erlangten Fotografien fehlte, kam das RG dennoch zum dem Ergebnis, dass widerrechtlich erlangte Gegenstände herauszugeben sind. Mangels geeigneter Rechtsgrundlage wurde eine Verbreitung der Fotos wegen Hausfriedensbruches untersagt:[1927]

> Es ist mit dem natürlichen Rechtsgefühle unvereinbar, daß jemand das unangefochten behalte, was er durch eine widerrechtliche Handlung erlangt und dem durch dieselbe in seinen Rechten Verletzten entzogen hat. Hier nun handelt es sich darum, daß die beiden Beklagten mittels eines Hausfriedensbruches gegen den Willen der Kläger in dasjenige Zimmer eingedrungen sind, in welchem diese die Leiche ihres Vaters, die sie in ihrem Gewahrsam hatten [...], aufbewahrten, und damit das Hausrecht, das den

---

1925 Zum Freiheits- und Persönlichkeitsrecht und insbesondere zum Recht am eigenen Bild: *Rupprecht* in: FS für Samper, S. 58 f.

1926 Siehe S. 350 ff.

1927 BeckOK-UrhR/*Engels* § 22 KUG Rn. 7.

> Klägern seit dem Tode ihres Vaters in Ansehung dieses Zimmers zustand, verletzt und diese Gelegenheit benutzt haben, um eine photographische Aufnahme eines Teiles des Inneren des Zimmers mit der darin ruhenden Leiche herzustellen. Solche photographische Aufnahme eines umfriedeten Raumes und folgeweise deren Veröffentlichung zu hindern hat der Inhaber des Hausrechtes an sich das Recht und die Macht, und diese Möglichkeit haben hier die Beklagten durch ihr rechtswidriges Thun den Klägern zunächst entzogen, indem sie gleichzeitig für sich die thatsächliche Verfügung über das in Frage stehende photographische Bild erlangt haben. Die Kläger haben den Beklagten gegenüber ein Recht darauf, daß dieses Ergebnis wieder rückgängig gemacht werde.[1928]

Da es an einer einfachgesetzlichen Rechtsgrundlage zum Schutz des visuellen Selbstbestimmungsrechts – vor dem Hintergrund einer Verbreitung von Bildern – fehlte,[1929] wurden im Jahr 1907 §§ 22 ff. KUG geschaffen. Mit den Vorschriften soll ein Ausgleich zwischen der Achtung der Persönlichkeit und dem Informationsinteresse der Allgemeinheit hergestellt werden.[1930] Das Recht am eigenen Bild war geboren.[1931]

2. *Tatbestandsvoraussetzungen*

Das Recht am eigenen Bild gemäß § 22 KUG ist eine besondere Ausprägung des allgemeinen Persönlichkeitsrechts und wird durch das Kunsturhebergesetz ausdrücklich geschützt.[1932] § 22 KUG gewährleistet prinzipiell keinen Schutz vor Herstellung von Abbildungen.[1933] Vielmehr wird der Abgebildete vor Verbreitung bzw. öffentlicher Zurschaustellung geschützt.[1934] Gemäß § 22 S. 1 KUG dürfen Bildnisse nur mit Einwilligung des Abgebildeten verbreitet oder öffentlich zur Schau gestellt werden. Aus dem Recht am eigenen Bild nach dem KUG ergibt sich, dass es allein dem Abgebildeten obliegen muss, darüber zu entscheiden, „ob und in welcher Weise er der Öffentlichkeit im Bild vorgestellt wird".[1935]

Das Recht am eigenen Bild wird nicht schrankenlos gewährt. Ausnahmsweise dürfen Bilder bzw. Bildnisse ohne die nach § 22 KUG erforderliche Einwilligung verbreitet und zur Schau gestellt werden (§ 23 Abs. 1 KUG). Ohne die nach § 22 KUG erforderliche Einwilligung dürfen damit unter anderem Bildnisse aus dem

---

1928 RG, Urt. v. 28.12.1899 – VI 259/99 = RGZ 45, 170, 173.

1929 Vgl. zur weiteren Rechtsprechung um 1900: *Temuulen* Recht am eigenen Bild, S. 30 ff.

1930 BeckOK-UrhR/*Engels* § 22 KUG Rn. 7; *Horst* NZM 2000, 937, 938; zur Entstehung des KUG v. 9.1.1907: *Temuulen* Recht am eigenen Bild, S. 43 ff.

1931 Ausführlich zur rechtshistorischen Entwicklung: *Temuulen* Recht am eigenen Bild, S. 21 ff.

1932 BeckOK-InfoMedienR/*Herrmann* § 22 KUG Rn. 3; *Vahle* Kriminalistik 2000, 63; Wandtke/Bullinger/*Fricke* § 22 KUG Rn. 3; BeckOK-UrhR/*Engels* § 22 KUG Rn. 3.

1933 BeckOK-InfoMedienR/*Herrmann* § 22 KUG Rn. 9; Dreier/Schulze/*Specht* § 22 KUG Rn. 11.

1934 Z.B. LG Oldenburg, Urt. v. 22.3.1990 – 5 O 3328/89 = AfP 1991, 652.

1935 BGH, Urt. v. 19.12.1995 – VI ZR 15/95 = NJW 1996, 1128, 1129.

Bereich der Zeitgeschichte, Bilder, auf denen die Personen nur als Beiwerk neben einer Landschaft oder sonstigen Örtlichkeit erscheinen und Bilder von Versammlungen, Aufzügen und ähnlichen Vorgängen, an denen die dargestellten Personen teilgenommen haben verbreitet und zur Schau gestellt werden. Durch § 23 KUG soll dem Interesse der Öffentlichkeit an der Visualisierung bestimmter Informationen Rechnung getragen werden.[1936] Ferner beinhaltet § 24 KUG Ausnahmen des Einwilligungserfordernisses. Dem Wortlaut zufolge dürfen für Zwecke der Rechtspflege und der öffentlichen Sicherheit von Behörden Bildnisse ohne Einwilligung des Berechtigten sowie des Abgebildeten oder seiner Angehörigen vervielfältigt, verbreitet und öffentlich zur Schau gestellt werden. Im Gegensatz zu § 23 KUG geht es bei § 24 KUG nicht um das Informationsinteresse, sondern um das Interesse an Strafverhütung bzw. Strafverfolgung.[1937]

Der Verbotstatbestand betrifft zum einen das *Verbreiten* und zum anderen das *öffentliche zur Schau stellen.* Ein Verbreiten im Sinne dieser Vorschrift liegt bei jeder Art der Weitergabe körperlicher Exemplare vor. Ein Verbreiten an die Öffentlichkeit ist hingegen nicht Voraussetzung.[1938] Von der Tatmodalität wird auch ein Verbreiten im privaten Bereich erfasst.[1939] Das öffentliche zur Schau stellen erfasst hingegen die Wahrnehmbarmachung durch Bildträger oder sonstige Medien und muss – im Gegensatz zum Verbreiten – öffentlich sein.[1940]

Bildnisse im Sinne des § 22 S. 1 KUG sind Abbildungen von natürlichen Personen, also die Abbildung der Person in ihrer wirklichen äußeren Erscheinung in einer Art und Weise, dass sie für Dritte erkennbar ist.[1941] Der Bildnisschutz umfasst unter anderem Fotographien, Zeichnungen, Portraitgemälde, Fotomontagen, Karikaturen und Schattenrisse.[1942] Mit Blick auf den Schutzzweck des Kunsturhebergesetzes und die Digitalisierung der Mediengesellschaft müssen unter den Begriff auch Abbildungen durch Film subsumiert werden können.[1943] Unabdingbare Voraussetzung für das Vorliegen eines Bildnisses ist jedoch, dass die abgebildete Person erkennbar ist. Hierfür ist die Erkennbarkeit „innerhalb eines mehr oder minder großen Bekanntenkreises“[1944] ausreichend. Erkennbar wird der Abgebildete primär durch

1936 BeckOK-UrhR/*Engels* § 23 KUG Rn. 1.
1937 Dreier/Schulze/*Specht* § 24 KUG Rn. 1.
1938 Dreier/Schulze/*Specht* § 22 KUG Rn. 9.
1939 BeckOK-UrhR/*Engels* § 22 KUG Rn. 52.
1940 BeckOK-InfoMedienR/*Herrmann* § 22 KUG Rn. 11; Dreier/Schulze/*Specht* § 22 KUG Rn. 10.
1941 Grundlegend: BGH, Urt. v. 10.11.1961 – I ZR 78/60 = GRUR 1962, 211; LG Oldenburg, Urt. v. 22.3.1990 – 5 O 3328/89 = AfP 1991, 652.
1942 BeckOK-InfoMedienR/*Herrmann* § 22 KUG Rn. 2; Dreier/Schulze/*Specht* § 22 KUG Rn. 1; Wandtke/Bullinger/*Fricke* § 22 KUG Rn. 5 m.w.N.
1943 So auch bei Dreier/Schulze/*Specht* § 22 KUG Rn. 1.
1944 Wandtke/Bullinger/*Fricke* § 22 KUG Rn. 7.

seine Gesichtszüge. Es können aber auch sonstige individuelle Merkmale oder begleitende Umstände dazu führen, dass der Einzelne erkennbar ist.[1945]

3. *Bodycam-Aufzeichnungen: Fallgruppe des Rechts am eigenen Bild?*

Im anschließenden Abschnitt ist zu klären, ob Bodycam-Aufzeichnungen Bildnisse im Sinne des § 22 S. 1 KUG sind und ob diese Aufzeichnungen verbreitet oder öffentlich zur Schau gestellt werden. Nur wenn die Voraussetzungen erfüllt sind, kann der Betroffene etwaige Ansprüche geltend machen.[1946]

a) Bodycam-Aufzeichnungen als Bildnisse im Sinne des § 22 S. 1 KUG

Betrachtet man lediglich den Wortlaut der Vorschrift („*Bildnisse*"), könnte daraus geschlossen werden, dass vom Schutz des § 22 KUG nur „unbewegte Bilder" erfasst werden, nicht hingegen Videoaufzeichnungen. Videoaufzeichnungen bestehen aber ebenfalls nur aus bewegten Bildern. Darüber hinaus wäre ein Nichteinbeziehen der Abbildung durch Film unbillig, zumal der Zweck des § 22 KUG darin besteht, die Persönlichkeit davor zu schützen „gegen ihren Willen in Gestalt der Abbildung der Öffentlichkeit vorgestellt und so für andere verfügbar gemacht zu werden".[1947] Daher kann nicht die Formgestaltung der Wiedergabe der äußeren Erscheinung eines Menschen ausschlaggebend sein.[1948] Auch das LG Essen hat die Veröffentlichung von Videoaufnahmen im Internetportal youtube ohne weitere Ausführungen unter § 22 KUG subsumiert. Entscheidend sei auch hier allein die Erkennbarkeit der betroffenen Person. Anerkannt ist, dass § 22 KUG nicht nur Bilder im klassischen Sinne und Videoaufzeichnungen umfasst, sondern vielmehr „die Wiedergabe des Erscheinungsbildes in jeder Form und in jedem Medium [...] in gedruckter, über Film oder Fernsehen oder im Internet verbreiteter Form",[1949] da nur auf diese Weise dem Schutzbedürfnis gerecht werden kann.

Daher stellen Bodycam-Aufzeichnungen Bildnisse im Sinne des § 22 S. 1 KUG dar.

1945 Dreier/Schulze/*Specht* § 22 KUG Rn. 3; Wandtke/Bullinger/*Fricke* § 22 KUG Rn. 7; *Temuulen* Recht am eigenen Bild, S. 85.

1946 Ausführlich zu den Ansprüchen, welche dem Betroffenen bei Verletzung des Rechts am eigenen Bild zustehen: *Temuulen* Recht am eigenen Bild, S. 173 ff.; Wandtke/Bullinger/*Fricke* § 22 KUG Rn. 23 ff.

1947 LG Essen, Urt. v. 5.6.2014 – 4 O 107/14, http://www.artlaw.de/?q=de/category/presserecht/recht-am-eigenen-bild (Stand: Dezember 2016).

1948 Auch nach *Temuulen* fallen nicht nur zweidimensionale Formgestaltungen, wie Foto oder Fernsehbild, sondern auch dreidimensionale, wie Skulpturen oder Plastiken unter den Bildnisbegriff (*Temuulen* Recht am eigenen Bild, S. 85 f.).

1949 Wandtke/Bullinger/*Fricke* § 22 KUG Rn. 5 m.w.N.

b) „Verbreiten" oder „öffentliches zur Schau stellen" im Sinne des § 22 S. 1 KUG

Bodycam-Aufzeichnungen sollen als Beweismittel in ein künftiges Strafverfahren eingeführt und verwendet werden können (Inaugenscheinnahme). Ob darin ein „Verbreiten" oder ein „öffentliches zur Schau stellen" im Sinne des KUG liegt, gilt es nachstehend zu prüfen.

aa) „Verbreiten"

Ein Verbreiten im Sinne dieser Vorschrift liegt vor, wenn entweder das Original oder Vervielfältigungsstücke weitergegeben werden.[1950] Unabdingbare Voraussetzung ist, dass durch die Weitergabe „das Risiko einer nicht mehr zu kontrollierenden Kenntnisnahme"[1951] entsteht. Das LG Oldenburg ist der Auffassung, dass grundsätzlich bei Vorlage eines Bildnisses als Beweismittel im Gerichtsverfahren ein Verbreiten im geforderten Sinne vorliegen kann. Im Ergebnis wird diese Modalität dennoch verneint, da das Verbreiten nicht rechtswidrig ist. Begründet wird dies mit der Anfertigung der Bilder zu Beweiszwecken (*„Wahrung der Rechte der Prozeßpartei"*).[1952] Diese Erwägungen könnten auch auf Bodycam-Aufzeichnungen herangezogen werden.

Bodycams zeichnen den Polizeieinsatz bislang nicht komplett auf. Eine Aufzeichnung erfolgt beispielsweise, wenn strafrechtlich relevantes Verhalten droht. Es sollen Beweise für ein mögliches Strafverfahren gesichert werden, sodass – mag man der Ansicht des LG Oldenburg folgen – keine rechtswidrigen Aufzeichnungen vorliegen.[1953] Dies setzt freilich eine Rechtsgrundlage voraus. Ferner muss der Polizist verhältnismäßig gehandelt haben. Losgelöst von der Frage der Rechtswidrigkeit, ist zu klären, ob in der Konstellation der Bodycam-Aufzeichnung eine nicht mehr zu kontrollierende Kenntnisnahme zu befürchten ist. Das Merkmal der „nicht mehr zu kontrollierenden Kenntnisnahme" ist nicht gänzlich unproblematisch, denn „im Grundsatz führt bereits die Verbreitung an Einzelpersonen zu einem der Kontrolle und dem Selbstbestimmungsrecht des Abgebildeten vorbehaltenen Übergang des Bildnisses in die Verfügungsgewalt eines anderen".[1954] Bei Bodycam-Aufzeichnungen bedeutet dies Folgendes: Wenn nach eigenem Empfinden des filmenden Polizisten eine strafrechtlich relevante Handlung des polizeilichen Gegenübers droht, aktiviert dieser die Kamera, sodass das Geschehen – bei einer *Pre-Recording-Funktion* rückwirkend – aufgezeichnet wird. Nach entsprechender Auswertung des Daten-

---

1950 Da das Verbreiten im Sinne des § 22 S. 1 KUG gerade keinen Öffentlichkeitsbezug haben muss, ist es insoweit irrelevant, dass Bodycam-Aufzeichnungen als Beweismittel in einer öffentlichen Verhandlung verwendet werden können.

1951 Wandtke/Bullinger/*Fricke* § 22 KUG Rn. 8; Dreier/Schulze/*Specht* § 22 KUG Rn. 9.

1952 LG Oldenburg, Urt. v. 22.3.1990 – 5 O 3328/89 = AfP 1991, 652, 653.

1953 *„Das Gesetz schützt das Recht am eigenen Bild in §§ 22 ff. KUG nur gegen die rechtswidrige Publikation (Verbreitung und öffentliche Schaustellung)"* (LG Oldenburg, Urt. v. 22.3.1990 – 5 O 3328/89 = AfP 1991, 652).

1954 Dreier/Schulze/*Specht* § 22 KUG Rn. 9.

materials durch den Dienstgruppenleiter wird das Videomaterial bislang an die Staatsanwaltschaft – und bedauerlicherweise nicht an eine unabhängige Treuhandstelle – übergeben.[1955] Die zunächst bestehende Verfügungsgewalt des Polizisten über das Bildnis geht auf die leitende Staatsanwaltschaft über. Damit könnte bereits der erste Schritt zu einer nicht mehr zu kontrollierenden Kenntnisnahme getan sein. Daran kann aber gezweifelt werden, zumal durchaus eine gewisse „Kontrolle" innerhalb des Gefüges besteht und das Material nicht unkontrolliert an eine *unbegrenzte* Zahl an Personen weitergegeben wird.

Betrachtet man beispielsweise die Rechtsprechung des BGH zum Informationsaustausch im presseinternen Bereich, so können diesbezügliche Ausführungen auch vorliegend von Bedeutung sein:

> [D]er quasi presseintern bleibende Abruf von Bildnissen durch Presseunternehmen [stellt] keine Verbreitungshandlung des Betreibers eines Bildarchivs dar. [...] Ersichtlich liegt keine Verbreitungshandlung vor, wenn ein Presseverlag auf sein eigenes Bildarchiv [...] zugreift. Nichts anders gilt, wenn er auf das Bildarchiv eines Drittunternehmers zugreift. Das Bildarchiv erbringt in diesem Fall eine typisch medienbezogene Hilfstätigkeit, die in enger organisatorischer Bindung an die Medien erfolgt und für das Funktionieren der freien Medien notwendig ist [...]. Bleibt der Vorgang in dieser Weise ohne Außenwirkung, ist der durch §§ 23, 23 KUG angestrebte Schutz des Persönlichkeitsrechts des Abgebildeten nicht tangiert. Es besteht deshalb kein rechtfertigender Grund, den Schutz, den die Pressefreiheit bei der Beschaffung von Informationen dadurch zu schwächen, dass dem Betreiber des Bildarchivs nach dem abgestuften Schutzkonzept der §§ 22, 23 KUG erforderlichen Prüfpflichten hinsichtlich einer möglichen Verwertung der Bilder im Rahmen einer Presseberichterstattung angesonnen werden.[1956]

Obwohl sich das BGH-Urteil auf die Weitergabe archivierter Fotos an die Presse durch Bildagenturen bezieht, könnten die aufgestellten Grundsätze auch auf die vorliegende Konstellation herangezogen werden. Durch die Weitergabe des Videomaterials der Polizei an die Staatsanwaltschaft greift diese zwar nicht auf ein eigenes „Bildarchiv" zurück, jedoch könnte die Polizei als eine Art „Drittunternehmer" angesehen werden, dies vor allem vor dem Hintergrund, dass Polizeibeamte Ermittlungspersonen der Staatsanwaltschaft sind.[1957] Da der Vorgang der Weitergabe des Videomaterials auch ohne Außenwirkung bleibt, wird der Schutzbereich, welchen §§ 22, 23 KUG gewährt, nicht berührt. Obwohl bereits „die Verbreitung an Einzelpersonen zu einem der Kontrolle und dem Selbstbestimmungsrecht des Abgebildeten vorbehaltenen Übergang des Bildnisses in die Verfügungsgewalt eines anderen"[1958]

1955 http://www.abendblatt.de/hamburg/hamburg-mitte/article205398317/Diesen-Nutzen-erhofft-sich-die-Polizei-von-den-Bodycams.html (Stand: Dezember 2016).

1956 BGH, Urt. v. 7.12.2010 – VI ZR 30/09 = GRUR 2011, 266, 267 f.

1957 KK-StPO/*Mayer* § 152 GVG Rn. 1 ff.

1958 Dreier/Schulze/*Specht* § 22 KUG Rn. 9.

bedeutet, kann mangels ausreichender Außenwirkung vorliegend keine Verbreitungshandlung gesehen werden.

bb) „Öffentliches zur Schau stellen"

§ 22 S. 1 KUG beinhaltet neben der Alternative des „Verbreitens" auch die des „öffentlichen zur Schau stellens":

> Die öffentliche Zurschaustellung ist die Sichtbarmachung eines Bildnisses gegenüber einer nicht begrenzten Öffentlichkeit, was vor allem in Form der unkörperlichen Wiedergabe durch Massenmedien wie etwa Film, Fernsehen, DVD und Internet geschieht. Im Unterschied zur Verbreitung muss die Zurschaustellung öffentlich sein [...].[1959]

Die Modalität „öffentliches zur Schau stellen" kann allenfalls für die Verwendung des Beweismittels in einer Gerichtsverhandlung in Betracht kommen.

Die Verhandlung vor dem erkennenden Gericht einschließlich der Verkündung der Urteile und Beschlüsse ist *öffentlich*, § 169 S. 1 GVG. Der Grundsatz der Öffentlichkeit der Verhandlung bedeutet jedoch nicht, dass „jedermann weiß, wann und wo ein erkennendes Gericht eine Hauptverhandlung abhält. Es genügt vielmehr, daß jedermann die Möglichkeit hat, sich ohne besondere Schwierigkeiten davon Kenntnis zu verschaffen und daß der Zutritt im Rahmen der tatsächlichen Gegebenheiten eröffnet ist".[1960] Die Möglichkeit einer Teilnahme als Zuhörer muss ferner nur im Rahmen der zur Verfügung stehenden räumlichen Kapazitäten gewährleistet werden.[1961] Dadurch wird die Öffentlichkeit zumindest mittelbar begrenzt, sodass nicht zwangsläufig eine „nicht begrenzte Öffentlichkeit" im Sinne des § 22 S. 1 KUG vorliegen muss. Auch nach Auffassung des LG Oldenburg ist in der Augenscheinseinnahme eines Personenfotos als Beweismittel in einem öffentlichen Gerichtsverfahren keine öffentliche Schaustellung des Eigenbildes im Sinne des § 22 KUG zu sehen, da Öffentlichkeit dann nicht vorliegt, wenn es sich lediglich um einen „überschaubaren, abgegrenzten Personenkreis"[1962] handelt. In der Vorlage bzw. Verwertung des Videomaterials kann somit kein öffentliches zur Schau stellen liegen. Der Augenscheinseinnahme muss der Charakter einer öffentlichen Schaustellung abgesprochen werden.[1963]

1959 Wandtke/Bullinger/*Fricke* § 22 KUG Rn. 9.

1960 BGH, Urt. v. 22.6.1982 – 1 StR 249/81 = NStZ 1982, 476, 477.

1961 BeckOK-StPO/*Allgayer* § 169 GVG Rn. 7.

1962 LG Oldenburg, Urt. v. 22.3.1990 – 5 O 3328/89 =AfP 1991, 652, 653 m.w.N.

1963 Zustimmend Dreier/Schulze/*Specht* § 22 KUG Rn. 10; a.A. AG München, Beschl. v. 13.8.2014 – 345 C 5551/14 = ZD 2014, 530, 531 m. Anm. *Werkmeister* (nach Auffassung des AG verstößt eine anlasslose Verwendung von Dashcams gegen § 22 S. 1 KUG. Sinn und Zweck der Erstellung entsprechender Bildnisse ist die Beweisführung in einer möglichen Gerichtsverhandlung, die nach § 169 S. 1 GVG öffentlich ist).

Die Verwertung der Bodycam-Aufzeichnung stellt demzufolge weder ein Verbreiten noch ein öffentliches zur Schau stellen im Sinne des § 22 S. 1 KUG dar.

c) Ergebnis

Das Verwenden von Bodycam-Aufzeichnungen in einer öffentlichen Verhandlung stellt keine (rechtswidrige) Publikation – Verbreitung bzw. öffentliche Schaustellung – von Bildnissen im Sinne von § 22 S. 1 KUG dar.

Teilweise wird vertreten, dass in der Vorlage eines Bildnisses als Beweismittel ein Verbreiten im geforderten Sinne liege; im Ergebnis fehle es jedoch an der Rechtswidrigkeit, da die Aufzeichnung zu Beweiszwecken erfolge. Durchaus vertretbar ist aber auch die Auffassung, wonach das Verwenden der Aufzeichnung vor Gericht bereits kein „Verbreiten" im Sinne des KUG sei, da diesem nicht das Risiko einer nicht mehr zu kontrollierenden Kenntnisnahme innewohne.

Die Handlungsform des öffentlichen zur Schau stellens muss nach überzeugender Ansicht ebenfalls verneint werden. Selbst wenn die Verhandlung vor dem erkennenden Gericht einschließlich der Verkündung der Urteile und Beschlüsse öffentlich ist (§ 169 S. 1 GVG), mangelt es an einer nicht begrenzten Öffentlichkeit.[1964]

Das Recht am eigenen Bild gemäß § 22 S. 1 KUG wird durch den Einsatz von Bodycams nicht verletzt.

IV. Grundrechtsverzicht bzw. Einwilligung in Grundrechtseinschränkungen

Nachfolgend ist zu prüfen, ob Maßnahmen der Videoüberwachung die Eingriffsqualität unter Verweis auf einen Grundrechtsverzicht bzw. eine Einwilligung in Grundrechtseinschränkungen abgesprochen werden kann. Dies hat insbesondere vor dem Hintergrund zu geschehen, dass sich die beobachteten Personen bewusst in die Bereiche begeben, welche mit Bodycams überwacht werden. Damit wird zumindest die Frage einer konkludenten Einwilligung aufgeworfen. Da die Möglichkeit einer Einwilligung in die Maßnahme und ihre Wirkung bei verschiedenen Grundrechten in unterschiedlichem Umfang besteht,[1965] ist ein Grundrechtsverzicht jeweils getrennt zu prüfen.

1964 Z.T. wird ein öffentliches zur Schau stellen bejaht (AG München, Beschl. v. 13.8.2014 – 345 C 5551/14 = ZD 2014, 530, 531 m. Anm. *Werkmeister*). Dann entfällt im Ergebnis aber jedenfalls die Tatbestandsmäßigkeit wegen § 24 KUG, da nach dieser Vorschrift für Zwecke der *Rechtspflege* und der *öffentlichen Sicherheit* von den Behörden Bildnisse ohne Einwilligung des Berechtigten sowie des Abgebildeten oder seiner Angehörigen vervielfältigt, verbreitet und öffentlich zur Schau gestellt werden dürfen.

1965 Jarass/Pieroth, Vorb. Art. 1 GG Rn. 35 f.

1. *(Konkludenter) Grundrechtsverzicht bzw. Einwilligung?*

Die Ausführungen des BVerfG zum sog. *Volkszählungsurteil* weisen zunächst auf eine generelle Möglichkeit eines Verzichts auf den Schutz, welche das Recht auf informationelle Selbstbestimmung gewährt, hin. Das Gericht spricht gerade von der Befugnis des Einzelnen, über die Preisgabe und Verwendung seiner persönlichen Daten *zu entscheiden.*[1966] Daraus kann nicht nur ein Abwehrrecht gegen den Staat abgeleitet werden, sondern auch das Recht des Einzelnen bestimmte persönliche Lebenssachverhalte zu offenbaren.[1967] Unabhängig von der Frage der grundsätzlichen Zulässigkeit eines Grundrechtsverzichts, ist ein solcher hinsichtlich des Rechts auf informationelle Selbstbestimmung aus Art. 2 Abs. 1 i.V.m. Art. 1 Abs. 1 GG vorliegend jedoch abzulehnen. Die Betroffenen werden zwar auf den Einsatz von Bodycams durch Aufschrift auf der Weste und/oder durch mündlichen Hinweis der filmenden Polizeibeamten hingewiesen, sodass die Passanten um ihre Beobachtung wissen. Dieses Wissen kann jedoch nicht als Verzicht auf den grundrechtlichen Schutz interpretiert werden. Unabhängig davon, ob der gefilmte Betroffene überhaupt in der Lage ist, über das Recht auf informationelle Selbstbestimmung zu verfügen, wäre „ein solcher Verzicht jedenfalls nur wirksam, wenn sich ein unzweideutiger Wille des Betroffenen zum Grundrechtsverzicht sowie die hierfür erforderliche Freiwilligkeit – auch im Hinblick auf die Möglichkeit der Speicherung – feststellen ließe".[1968] Hiervon kann in der Regel nicht ausgegangen werden. Insbesondere im Hinblick auf die „faktische Notwendigkeit der Überquerung der Plätze [...] zum Einkaufen, Arbeiten und bei sonstigen Erledigungen"[1969] muss die erforderliche Freiwilligkeit abgelehnt werden. Ferner sind Bodycams, da sie auf der Schulter oder im Brustbereich des Polizisten befestigt werden, von einer gewissen Mobilität geprägt. Dies führt dazu, dass theoretisch jeder Bereich überwacht werden kann und die betroffenen Personen nahezu keine Möglichkeit haben, sich einer Beobachtung zu entziehen.

Auch *Büllesfeld* ist der Auffassung, dass es an der Freiwilligkeit eines entsprechenden Grundrechtsverzichts fehlt. Begründet wird dies mit dem Nichtwissen der betroffenen Person ob bzw. in welcher Weise die gewonnenen Daten verwendet werden:[1970]

1966 BVerfG, Urt. v. 15.12.1983 – 1 BvR 209/83 u. a. = NJW 1984, 419, 422; vgl. hierzu auch *Lang* Private Videoüberwachung, S. 196 f.

1967 So auch *Bausch* Videoüberwachung, S. 36.

1968 VGH Mannheim, Urt. v. 21.7.2003 – 1 S 377/02 = NVwZ 2004, 498, 500; Freiwilligkeit als unabdingbare Voraussetzung einer wirksamen Einwilligung (von Mangoldt/Klein/Starck/*Starck* Art. 1 GG Rn. 300).

1969 *Röger/Stephan* NWVBl. 2001, 201, 207.

1970 *Büllesfeld* geht zudem davon aus, dass ein Grundrechtsverzicht durchaus möglich ist und zwar bei denjenigen Personen, welche sich aufgrund der Sicherheit, die videoüberwachte Plätze vermitteln, gerade in diesen Bereichen aufhalten (*Büllesfeld* Videoüberwachung, S. 147 f.).

> […] die Eingriffsqualität der präventiv-polizeilichen Videoüberwachung öffentlicher Straßen und Plätze könnte indes nur dann wegfallen, wenn alle betroffenen Personen freiwillig ihr Einverständnis in die ihnen bekannte Überwachung erklärt hätten und darüber hinaus auch die genaue Durchführung der Überwachung kennen würden. Da dies jedoch in praxi nicht der Fall ist, bleibt es bei dem zuvor gefundenen Ergebnis, dass die präventiv-polizeiliche Videoüberwachung öffentlicher Straßen und Plätze ungeachtet ihrer konkreten Einsatzform einen Eingriff in das RiS der überwachten Personen darstellt.[1971]

An der für einen Verzicht auf das informationelle Selbstbestimmungsrecht erforderlichen Freiwilligkeit fehlt es auch nach *Bausch.*[1972] Aufgrund der Beweglichkeit von Bodycams können Betroffene einer Überwachung nahezu nicht entgehen. Zudem besteht die Notwendigkeit gewisse Plätze, an denen Polizisten mit den Kameras im Einsatz sind, zu überqueren.[1973] Ein freiwilliger Verzicht auf das Recht auf informationelle Selbstbestimmung kann den videoüberwachten Personen daher nicht unterstellt werden.[1974]

Post hingegen teilt bei der Beurteilung eines Grundrechtsverzichts das Recht auf informationelle Selbstbestimmung in seine beiden Bestandteile auf: Art. 2 Abs. 1 GG *und* Art. 1 Abs. 1 GG. Der Umstand, dass sich das informationelle Selbstbestimmungsrecht unter anderem aus Art. 1 Abs. 1 GG ableitet, führt dazu, dass im Rahmen des Schutzes der Menschenwürde eine „Zustimmung zu einem Eingriff keinen Einfluss auf die Grundrechtsverletzung hat“.[1975] Aus diesem Grund kann ein etwaiger Grundrechtsverzicht nur im Rahmen des allgemeinen Persönlichkeitsrechts (Art. 2 Abs. 1 GG) diskutiert werden.[1976] Hierbei stellt auch er auf die Erkennbarkeit und Freiwilligkeit des Grundrechtsverzichts ab. Da die betroffenen Personen in der Regel aber nicht erkennen können, in welchem Umfang Daten gewonnen bzw. verwendet werden, fehlt es an den beiden Merkmalen. Der festgestellte Eingriff in das Recht auf informationelle Selbstbestimmung kann nicht durch einen erkennbaren und freiwilligen Grundrechtsverzicht beseitigt werden.[1977] Da auch das Recht am eigenen

1971 *Büllesfeld* Videoüberwachung, S. 148.

1972 *Bausch* Videoüberwachung, S. 36; siehe auch *Schwarz* ZG 2001, 246, 258.

1973 Auch wenn die Betroffenen diese Bereiche mit einem *„Zick-Zack-Kurs“* meiden könnten, liegt in dieser Verhaltensanpassung ein erheblicher Eingriff in die allgemeine Handlungsfreiheit (*Leopold* in: Innere Sicherheit als Gefahr, S. 193 f.).

1974 So auch *Bausch* für den Einsatz konventioneller Videoüberwachungssysteme (*Bausch* Videoüberwachung, S. 36).

1975 *Post* Videoüberwachung, S. 232; vgl. auch BeckOK-GG/*Hillgruber* Art. 1 Rn. 74 f.; *Lang* Private Videoüberwachung, S. 196.

1976 Die Zulässigkeit eines Grundrechtsverzichts scheitert nicht an der Menschenwürde gemäß Art. 1 Abs. 1 GG, da sich das allgemeine Persönlichkeitsrecht in erster Linie aus Art. 2 Abs. 1 GG ableitet. Hinsichtlich Umfang und Inhalt dient Art. 1 Abs. 1 GG bloß als Auslegungs- und Interpretationsrichtlinie (*Bausch* Videoüberwachung, S. 35).

1977 *Post* Videoüberwachung, S. 232 f.

Bild bzw. das Recht am eigenen Wort Ausprägungen des allgemeinen Persönlichkeitsrechts sind, muss auch diesbezüglich ein erkennbarer und freiwilliger Grundrechtsverzicht abgelehnt werden.

Unter dem Gesichtspunkt der Einwilligung behandelt *Geiger* den Ausschluss einer Beschränkung im Bereich des Selbstbestimmungsrechts. Eine Einwilligung wäre seiner Ansicht nach eine „Betätigung der Verfügungsbefugnis über das eigene Bild, die eigene Stimme oder die persönlichen Daten".[1978] Eine entsprechende Einwilligung könne indes nicht als konkludent erteilt unterstellt werden. Auch das BVerfG ist der Auffassung, dass ein Unterlassen eines Protests nicht stets mit einer Einverständniserklärung gleichgesetzt werden könne. Ferner könne auch nicht von einer einen Eingriff ausschließenden Einwilligung ausgegangen werden, „wenn die Betroffenen auf Grund einer entsprechenden Beschilderung wissen, dass sie im räumlichen Bereich der Begegnungsstätte gefilmt werden".[1979] Das Nichteingreifen einer konkludenten Einwilligung gelte somit auch dann, wenn den beobachteten Personen das Beobachtet-Werden bewusst ist. Daher kann sowohl ein Eingriff in das Recht auf informationelle Selbstbestimmung, als auch in das Recht am eigenen Bild bzw. am eigenen Wort nicht ausgeschlossen werden.

Ebenfalls prüft *Lang*, ob die betroffenen Personen in die Beeinträchtigung ihrer Grundrechte einwilligen und richtet dabei den Fokus auf das allgemeine Persönlichkeitsrecht und seinen Ausprägungen. Aufgrund der Ausführungen des BVerfG im Rahmen des Volkszählungsurteils, wonach der Einzelne die Befugnis darüber hat, über die Preisgabe und Verwendung seiner persönlichen Daten zu entscheiden, gelangt auch *Lang* zu dem Ergebnis, dass eine Einwilligung in einen Videoeinsatz dem Grunde nach möglich ist.[1980] Jedoch werden regelmäßig die Anforderungen an die konkrete Kenntnis der Wirkungsweise der Kamera, an das Bewusstsein und die Freiwilligkeit nicht gegeben sein. Die beobachteten Personen haben regelmäßig keine Kenntnis um „entscheidende Eckdaten der Anwendung"[1981]. Der Betroffene kann die Auswirkung seiner Verfügung nicht abschätzen. Ferner besteht aufgrund der Mobilität von Bodycams gerade keine Ausweichmöglichkeit. Daher kann die Einwilligung auch nicht „das Produkt einer freien Entscheidungsfindung"[1982] sein. Darüber hinaus kann der Betroffene keine Einwilligung in der Art und Weise abgeben, dass davon alle Ausprägungen des allgemeinen Persönlichkeitsrechts betroffen sein sollen. Eine Einwilligung „ins Blaue hinein"[1983] soll gerade nicht wirksam sein.

1978 *Geiger* Verfassungsfragen, S. 190.
1979 BVerfG, Beschl. v. 23.2.2007 – 1 BvR 2368/06 = NVwZ 2007, 688, 690.
1980 *Lang* Private Videoüberwachung, S. 196 ff.
1981 *Lang* Private Videoüberwachung, S. 198.
1982 *Lang* Private Videoüberwachung, S. 197.
1983 *Lang* Private Videoüberwachung, S. 198.

2. *Ergebnis*

Im Ergebnis lässt sich damit Folgendes festhalten: Da der Betroffene, trotz entsprechenden Hinweises und daraus resultierender Kenntnis des Beobachtet-Werdens nicht in der Lage ist, die Reichweite einer möglichen Verwendung der gewonnenen Daten im vollen Umfang abzusehen,[1984] ist ein Verzicht des Rechts auf informationelle Selbstbestimmung – sowohl durch den unmittelbar bzw. mittelbar Gefilmten, als auch durch den gefilmten Polizisten – abzulehnen. Ferner liegt keine konkludente Einwilligung vor; ein unterlassener Protest kann nicht in eine Einverständniserklärung umgedeutet werden. Dies muss ebenso für das Recht am eigenen Bild als Teilausprägung des allgemeinen Persönlichkeitsrechts gemäß Art. 2 Abs. 1 i.V.m. Art. 1 Abs. 1 GG gelten; wann und innerhalb welcher Grenzen Aufnahmen angefertigt und verwertet werden, ist nicht vorhersehbar. Auch für das Recht am eigenen Wort – ebenfalls eine Ausprägung des allgemeinen Persönlichkeitsrecht – muss ein (konkludenter) Grundrechtsverzicht abgelehnt werden, da auch in diesem Rahmen der Einzelne nicht explizit beurteilen kann, ob seine Worte aufgenommen, wem gegenüber sie abgespielt werden bzw. wem seine Worte zugänglich gemacht werden.

V. Rechtfertigung des Grundrechtseingriffs

Da ein Grundrechtsverzicht bzw. eine Einwilligung in die Grundrechtsbeschränkungen nicht vorliegt, stellt sich im Weiteren die Frage, ob die Grundrechtseingriffe verfassungsrechtlich gerechtfertigt werden können. Nur wenn die Eingriffe verfassungsrechtlich *nicht* gerechtfertigt sind, führen sie zu einer Verletzung des jeweiligen Grundrechts.

1. *Verfassungsrechtliche Rechtfertigung der Grundrechtseingriffe der Bürger*

Ob die Grundrechtseingriffe der (unmittelbar bzw. mittelbar) durch eine Bodycam gefilmten Bürger verfassungsrechtlich gerechtfertigt sind, gilt es nachstehend zu prüfen.

a) *Grundrechtsschranken*

Für den Eingriff in das Recht auf informationelle Selbstbestimmung durch Videobeobachtungsmaßnahmen ohne Aufzeichnung des Datenmaterials, durch Videoaufzeichnungsmaßnahmen und Folgemaßnahmen, für den Eingriff in das Recht am eigenen Bild durch Maßnahmen der Videoaufzeichnung und den Eingriff in das Recht am eigenen Wort durch Maßnahmen der Tonübertragung, als auch durch Maßnahmen der Tonaufzeichnung, gilt, da diese Grundrechte spezielle Teilausprägungen des allgemeinen Persönlichkeitsrechts sind, der verfassungsrechtliche

---

1984 Ebenfalls kritisch *Held* Intelligente Videoüberwachung, S. 114 („*Einwilligung in den Eingriff: kein gangbarer Weg*").

Gesetzesvorbehalt, Art. 20 Abs. 3 GG.[1985] Hierbei ist zu untersuchen, ob es ein Gesetz gibt, welches den Eingriff zumindest *im Grunde* deckt. Wenn kein entsprechendes Gesetz vorhanden ist, wird gegen den Grundsatz vom Gesetzesvorbehalt verstoßen und der Eingriff stellt eine Verletzung des jeweiligen Grundrechts dar.[1986] Es gibt bereits einige Normen – z.B. im HSOG, rhpfPOG, HmbPolDVG oder im SPolG – auf welche der Einsatz von Bodycams konkret gestützt wird. Ob die jeweiligen Vorschriften geeignet und hinreichend sind, ist jedoch vielmehr eine Frage der hinreichenden Bestimmtheit des als Schranke fungierenden Gesetzes und wird im Einzelnen unter dem Prüfungspunkt „Tauglichkeit vorhandener Regelungen zur Erhebung personenbezogener Daten durch Bodycams"[1987] geprüft.

b) Schranken-Schranken

In einem zweiten Schritt sind die sog. *Schranken-Schranken* zu prüfen. Hierbei spielen insbesondere der legitime Zweck, die Geeignetheit, Erforderlichkeit und Verhältnismäßigkeit im engeren Sinne eine zentrale Rolle.[1988] Des Weiteren sind die Normenklarheit und Normenbestimmtheit der Eingriffsgrundlage entscheidend.[1989]

Der Prüfungspunkt der Schranken-Schranken wird zunächst *abstrakt-generell* für Maßnahmen der Videoüberwachung mit Bodycams und losgelöst von der jeweiligen Ermächtigungsnorm erläutert.

aa) Legitime Zwecke

Bodycams verfolgen zwei Zwecke: Zum einen wird durch den offenen Einsatz der Überwachungskamera der Schutz des Lebens bzw. der körperlichen Unversehrtheit von Polizisten und Dritten angestrebt. Zum anderen sollen die Videoaufzeichnungen einer Beweisnot entgegenwirken; die Aufzeichnungen sollen zu einer möglichst umfassenden Aufklärung des Geschehens beitragen. Das BVerfG hebt stets die „unabweisbaren Bedürfnisse einer wirksamen Strafverfolgung und Verbrechensbekämpfung hervor [...] und [betont] das öffentliche Interesse an einer möglichst vollständigen Wahrheitsermittlung im Strafverfahren [...]."[1990]

Legitime Zwecke sind damit gegeben.[1991]

1985 Umfassend zum Vorbehalt des Gesetzes: *Rogall* Informationseingriff, S. 11 ff.; *Kloepfer/Breitkreutz* DVBl. 1998, 1149, 1153.

1986 HK-GG/*Antoni* Vorb. Rn. 9 i.V.m. Vorb. Art. 70 Rn. 7; *Bausch* Videoüberwachung, S. 39 ff.; Jarass/Pieroth, Art. 20 GG Rn. 69, 77; *Held* Intelligente Videoüberwachung, S. 178 ff.

1987 Siehe S. 422 ff.

1988 HK-GG/*Antoni* Vorb. Rn. 9 a.E.; Jarass/Pieroth, Vorb. Art. 1 GG Rn. 46 f.; *Held* Intelligente Videoüberwachung, S. 121.

1989 *Held* Intelligente Videoüberwachung, S. 117 f.

1990 BVerfG, Beschl. v. 13.6.2007 – 1 BvR 1550/03 u.a. = NJW 2007, 2464, 2469 m.w.N.

1991 Zu den wesentlichen legitimen Zwecken der herkömmlichen Videoüberwachung (*Held* Intelligente Videoüberwachung, S. 123 f.).

bb) Geeignetheit

Weiter muss die jeweilige Norm in der Lage sein, das gefährdete Rechtsgut wirksam zu schützen (*Geeignetheit*).[1992] Das Mittel darf dabei nicht „schlechthin ungeeignet“ oder „grundsätzlich ungeeignet“ sein.[1993] Videoüberwachungsmaßnahmen im Allgemeinen – und Überwachungsmaßnahmen mit Bodycams im Besonderen – wird man die Geeignetheit nicht absprechen können, da sie aufgrund eines tendenziell vorhandenen Abschreckungseffekts nicht schlechthin ungeeignet bzw. grundsätzlich ungeeignet sind, die gefährdeten Rechtsgüter zu schützen.[1994] Ferner sind auch (objektive) Videoaufzeichnungen nicht ungeeignet, um zu einer möglichst vollständigen Wahrheitsermittlung im Strafverfahren beizutragen.

cc) Erforderlichkeit

Fraglich ist ferner die *Erforderlichkeit* der Videoüberwachung. Der Grundsatz der Erforderlichkeit fordert den „Einsatz des mildesten Mittels, das noch in der Lage ist, das gefährdete Rechtsgut wirksam zu schützen“.[1995] Die Erforderlichkeit der offenen Videoüberwachung mit Bodycams ist nicht unproblematisch.

Vorangehende Ausführungen haben deutlich gezeigt, dass insbesondere Kommunikation und Sprache ein „Schutzschild“ gegen körperliche Angriffe darstellen können. Wenn der Polizist mit seinem Gegenüber bereits in einer „angenehmen“ und „fairen“ Art und Weise kommuniziert, kann schon dies einen Beitrag zur Eindämmung der Gewalt gegen Polizisten darstellen.[1996] Daher ist an der Erforderlichkeit der Maßnahme zur Verhinderung der Übergriffe zumindest zu zweifeln.

Bodycam-Aufzeichnungen können zu einer möglichst umfassenden Aufklärung des Sachverhalts beitragen. Fraglich ist, ob in diesem Kontext mildere, gleich effektive Mittel zur Verfügung stehen. Mildere Mittel könnten andere Beweismittel, wie z.B. Zeugen sein. Der Zeugenbeweis ist jedoch ein sehr unsicheres Beweismittel. Zeugenaussagen unterliegen insbesondere zeitlichen Veränderungen. Infolge von unbewussten Vorgängen können die Aussagen bis ins Gegenteil des ursprünglich Wahrgenommenen verkehrt werden. Da der Zeuge aus dem Gedächtnis berichtet, gibt es bereits bei der Aufnahme des Wahrgenommenen, aber auch bei der späteren Wiedergabe zahlreiche Fehlerquellen, welche zu einem Verfälschen der Zeugenaussage führen können. Dazu können zum Beispiel Vorurteile des Zeugen gegenüber dem Täter, das eigene Interesse am Verfahrensausgang oder auch die Länge der Beobachtung des Geschehens zählen.[1997] Zu einer umfassenden

1992 Von Mangoldt/Klein/Starck/*Starck* Art. 1 GG Rn. 278.

1993 *Schwarz* ZG 2001, 246, 263 m.w.N.; *Held* Intelligente Videoüberwachung, S. 125.

1994 Z.B. *Kloepfer/Breitkreutz* DVBl. 1998, 1149, 1154; *Vahle* NVwZ 2001, 165, 166.

1995 Von Mangoldt/Klein/Starck/*Starck* Art. 1 GG Rn. 278.

1996 Ein weiteres, gegenüber einer Videoüberwachung milderes Mittel, könnte auch die Stärkung der Sozialkontrolle der Bürger untereinander sein (*Waechter* NdsVBl. 2011, 77, 80).

1997 *Müller* Polizeibeamte als Zeugen, S. 19.

Aufklärung des Sachverhalts sind persönliche Zeugen daher weniger geeignet als Bodycam-Aufzeichnungen. Mildere, gleich wirksame Mittel stehen damit nicht zur Verfügung.[1998] Auch im Vergleich zur verdeckten Videoüberwachung stellt die Videoüberwachung mit Bodycams als offene Maßnahme das mildere Mittel dar.[1999]

dd) Verhältnismäßigkeit im engeren Sinne

Abschließend fordert der *Verhältnismäßigkeitsgrundsatz im engeren Sinne*, dass die Belastung des Einzelnen, die aus dem Grundrechtseingriff resultiert, in einem vernünftigen Verhältnis zu den verfolgten Gemeinwohlbelangen steht.[2000]

Die Videoüberwachung mit Bodycams soll zum einen dem Schutz der Polizisten vor körperlichen Angriffen dienen. Geschützt werden sollen das Leben und die körperliche Unversehrtheit. Der Schutz dieser hochrangigen Rechtsgüter kann nicht außer Verhältnis zur anlassbezogenen Überwachung mit Bodycams und einer damit verbundenen Erhebung personenbezogener Daten stehen.

Bodycam-Aufzeichnungen sollen ferner zur strafprozessualen Beweissicherung beitragen. Mit dem Einsatz der Bodycam wird somit auch der Zweck der Strafverfolgungs*vorsorge* verfolgt. Eine diesbezügliche Verhältnismäßigkeit ist jedoch mehr als bedenklich. Die Aufzeichnungen sollen zu einer umfassenden und vollständigen Aufklärung des Geschehens und mithin zur Überführung des Täters beitragen. Da aufgrund der Mobilität der Bodycam nicht nur das polizeiliche Gegenüber, sondern auch unbeteiligte und nicht verdächtige Personen der Gefahr einer stetigen Überwachung und somit einem permanenten „Überwachungsdruck" ausgesetzt sind, stellt sich durchaus die Frage, ob die Speicherung personenbezogener Daten zur Überwindung einer Beweisnot und zu einer umfassenden Sachverhaltsaufklärung nicht außer Verhältnis zu dieser Form der Videoüberwachung steht. Mit Hilfe der Aufzeichnungen sollen vorrangig körperliche Angriffe gegen Polizisten, also Angriffe gegen Vertreter des Staates vollumfänglich aufgeklärt werden können. Ob dieser Umstand tatsächlich dazu führt – und die aktuelle Rechtslage es fordern darf[2001] –, dass Bodycam-Aufzeichnungen und mithin die Speicherung der personenbezogenen Daten von den Betroffenen zu dulden ist bzw. der damit einhergehende Eingriff in einem vernünftigen Verhältnis zu den verfolgten Gemeinwohlbelange steht, kann an dieser Stellen noch dahinstehen, da zumindest der primär verfolgte präventive Zweck der Bodycam – Schutz des Lebens und der körperlichen Unversehrtheit – verhältnismäßig ist.

1998 Abstrakte Erforderlichkeitsprüfung auch bei *Held* Intelligente Videoüberwachung, S. 126 f.

1999 Unter dem Punkt „Angemessenheit" diskutiert *Held* die Heimlichkeit als Autonomieverlust (*Held* Intelligente Videoüberwachung, S. 133 ff.).

2000 Von Mangoldt/Klein/Starck/*Starck* Art. 1 GG Rn. 278; HK-GG/*Antoni* Vorb. Rn. 9; *Kloepfer/Breitkreutz* DVBl. 1998, 1149, 1154.

2001 Siehe hierzu S. 422 ff.

ee) Hinreichende Bestimmtheit des als Schranke fungierenden Gesetzes

Im Rahmen der verfassungsrechtlichen Rechtfertigung ist weiter zu prüfen, ob das als Schranke auftretende Gesetz auch *im Übrigen materiell verfassungsmäßig* ist. Es stellt sich dabei die Frage nach der hinreichenden Bestimmtheit.[2002] Diese Prüfung kann jedoch nicht losgelöst vom Gesetz bzw. unabhängig von der konkreten Vorschrift erfolgen. Um einer umfassenden Darstellung gerecht zu werden, ist die hinreichende Bestimmtheit im Folgenden bei der jeweiligen Vorschrift zu behandeln.

c) Ergebnis

Für den Einsatz von Bodycams sind zum Teil spezielle Rechtsgrundlagen geschaffen worden, welche diesen zumindest im Grunde decken können (*Gesetzesvorbehalt*). Der Schutz der Polizisten vor körperlichen Angriffen stellt überdies ein *legitimes Ziel* dar. Auch das öffentliche Interesse an einer umfassenden Wahrheitsermittlung im Strafverfahren kann ein legitimer Zweck sein. Eine *abstrakt-generelle* Prüfung der Verhältnismäßigkeit der Videoüberwachung hat die Geeignetheit der Maßnahme ergeben. Ob die Überwachung mit Bodycams zum Schutz des Lebens bzw. der körperlichen Unversehrtheit tatsächlich das mildeste in Betracht kommende Mittel (*Erforderlichkeit*) darstellt, ist problematisch. Insbesondere könnte die Kommunikation mit dem polizeilichen Gegenüber den Polizisten vor gewalttätigen Übergriffen und Widerstand schützen.[2003] Der Polizist kann dadurch eine tatsächliche Distanz zu seinem Gegenüber aufbauen, sodass es diesem schwerer gemacht wird, den Polizisten anzugreifen. Damit die Kommunikation ein gleich effektives Mittel darstellen kann, muss der Polizist in einer freundlichen Art und Weise mit dem potentiellen Täter kommunizieren, um so die Gewaltbereitschaft senken zu können.[2004] Objektive Videoaufzeichnungen, die durch eine offene Überwachungsmaßnahme erlangt worden sind und zur umfassenden Sachverhaltsermittlung beitragen können, sind erforderlich, da insbesondere Zeugenaussagen keine gleich effektiven Maßnahmen darstellen können. Die Verhältnismäßigkeit im engeren Sinne ist aber jedenfalls bei einer Video*aufzeichnung* zur bloßen Überwindung einer Beweisnot und zur umfassenden Wahrheitsermittlung vor dem Hintergrund des schwerwiegenden Grundrechtseingriffs der Videoüberwachung nicht unproblematisch.

2. Verfassungsrechtliche Rechtfertigung der Grundrechtseingriffe der Polizisten

Auch die Eingriffe in die Grundrechte der Polizisten bedürfen einer verfassungsrechtlichen Rechtfertigung.

2002 Siehe auch *Vahle* DVP 2000, 396, 398; HK-GG/*Antoni* Vorb. Rn. 9.

2003 Z.B. *Hermanutz* Polizeiliches Auftreten, S. 10 ff.; *Jäger* Gewalt und Polizei, S. 357.

2004 *Hermanutz* Polizeiliches Auftreten, S. 106; *Füllgrabe* in: Empirische Polizeiforschung V, S. 68; *Ellrich/Baier/Pfeiffer* Polizeibeamte als Opfer von Gewalt, S. 115.

Durch den Einsatz von Bodycams wird in das Recht auf informationelle Selbstbestimmung, das Recht am eigenen Bild und das Recht am eigenen Wort (Art. 2 Abs. 1 i.V.m. Art. 1 Abs. 1 GG) der gefilmten Polizisten eingegriffen. Da sich im Hinblick auf die legitimen Zwecke, die Geeignetheit, Erforderlichkeit und Verhältnismäßigkeit im engeren Sinne keine Unterschiede zur Prüfung der verfassungsrechtlichen Rechtfertigung der Grundrechtseingriffe der gefilmten Bürger ergeben können, ist diesbezüglich auf obige Abhandlung zu verweisen.

§ 2 Gesetzgebungskompetenz für präventive und repressive polizeiliche Maßnahmen sowie für Maßnahmen der vorbeugenden Bekämpfung von Straftaten

Im folgenden Abschnitt wird erörtert, ob der Bund die erforderliche Gesetzgebungskompetenz zur Schaffung einer Rechtsgrundlage für den Einsatz von Bodycams hat oder ob diese den Ländern zusteht. Da Bodycams sowohl der Gefahrenabwehr (*Prävention* durch Abschreckung) als auch der *vorbeugenden Verbrechensbekämpfung* dienen, ist die Vielschichtigkeit dieses Themenkomplexes nicht von der Hand zu weisen.

I. Gesetzgebungskompetenz für präventiv-polizeiliche Maßnahmen

Grundsätzlich haben die Länder das Recht der Gesetzgebung, soweit das Grundgesetz nicht dem Bund entsprechende Gesetzgebungsbefugnisse verleiht (Art. 30, 70 Abs. 1 GG). Ob dem Bund das Recht zur Gesetzgebung zusteht, bestimmt sich nach Art. 71–74 GG.[2005]

1. Gesetzgebungskompetenz für „klassisches Polizeirecht"

Beim *„klassischen Polizeirecht"* handelt es sich um das sog. *Recht der Gefahrenabwehr.* Gefahr in diesem Sinne ist eine Sachlage, die in naher Zukunft die hinreichende Wahrscheinlichkeit eines Schadens für die polizeilichen Schutzgüter der öffentlichen Sicherheit und Ordnung in sich birgt.[2006] Die Gesetzgebungskompetenz verbleibt dabei bei den Ländern, da das Grundgesetz dem Bund auf diesem Gebiet keine Gesetzgebungskompetenzen verleiht.[2007] Die Kompetenz der Länder erstreckt

---

2005 *Bausch* Videoüberwachung, S. 16.

2006 *Zöller* NVwZ 2005, 1235, 1238.

2007 Studienkommentar GG/*Windthorst* Art. 30 Rn. 16; Komm-PAG/POG/*Schmidbauer* Art. 1 PAG Rn. 31; *Krey* Deutsches Strafverfahrensrecht I, S. 82; *Schmid* Korruption, Gewalt und die Welt der Polizisten, S. 98.

sich auf den gesamten präventiv-polizeilichen Bereich.[2008] Dazu gehören nicht nur Maßnahmen zur Abwehr oder Beseitigung von Gefahren, Störungen und drohenden Schäden für die öffentliche Sicherheit und Ordnung, sondern auch das Verhüten und Unterbinden von Straftaten und Ordnungswidrigkeiten zählen zu den präventiv-polizeilichen Maßnahmen.[2009]

2. Begrenzte Gesetzgebungskompetenz des Bundes

Für Regelungsgegenstände, welche die Polizei betreffen, hat der Bund gleichwohl eine begrenzte Gesetzgebungskompetenz.[2010]

a) Art. 73 Abs. 1 Nr. 1 GG

Der Bund hat die ausschließliche Gesetzgebung über die auswärtigen Angelegenheiten sowie die Verteidigung einschließlich des Schutzes der Zivilbevölkerung (Art. 73 Abs. 1 Nr. 1 GG).

Obwohl diese Vorschrift auch den Schutz der Zivilbevölkerung umfasst, kommt sie für den Einsatz von Bodycams nicht in Betracht. Der Begriff der Verteidigung im Sinne dieser Vorschrift umfasst die Gesamtheit aller mit der Aufstellung, dem Unterhalt und dem Einsatz von Streitkräften zusammenhängenden Sachverhalte.[2011] Daraus folgt jedoch, dass der Schutz der Zivilbevölkerung nur den Schutz der Zivilbevölkerung gegenüber kriegsbedingten Gefahren umfasst,[2012] sodass sich eine Gesetzgebungskompetenz des Bundes daraus nicht ableiten lässt.

b) Art. 73 Abs. 1 Nr. 9a GG

Die ausschließliche Gesetzgebungskompetenz hat der Bund ferner über die Abwehr von Gefahren des internationalen Terrorismus durch das Bundeskriminalpolizeiamt in Fällen, in denen eine länderübergreifende Gefahr vorliegt, die Zuständigkeit einer Landespolizeibehörde nicht erkennbar ist oder die oberste Landesbehörde um eine Übernahme ersucht (Art. 73 Abs. 1 Nr. 9a GG). Der Bund erhält dadurch nur ausnahmsweise eine besondere Zuständigkeit zu präventivem Handeln. Die Regelzuständigkeit der Länder im Bereich der Gefahrenabwehr bleibt von dieser Vorschrift unberührt.[2013] Die Definition von Terrorismus kann dabei an § 129a StGB

2008 Komm-PAG/POG/*Schmidbauer* Art. 1 PAG Rn. 31.

2009 Vgl. BayVerfGHE v. 2.8.1990 – Vf. 3-VII-89 u.a. = BayVBl. 1990, 654, 658.

2010 *Albers* Determination polizeilicher Tätigkeit, S. 219; Komm-PAG/POG/*Schmidbauer* Art. 1 PAG Rn. 31.

2011 BeckOK-GG/*Seiler* Art. 73 Rn. 3; Maunz/Dürig-GG/*Uhle* Art. 73 Rn. 44.

2012 Vgl. *Bausch* Videoüberwachung, S. 16; Maunz/Dürig-GG/*Uhle* Art. 73 Rn. 51.

2013 BeckOK-GG/*Seiler* Art. 73 Rn. 43; umfassend zur Gesetzgebungskompetenz des Bundes für die Abwehr von Gefahren des internationalen Terrorismus: *Uhle* DÖV 2010, 989.

angelehnt werden.[2014] Die Begriffswahl in § 129a StGB geht ihrerseits zurück auf den Rahmenbeschluss des Rates der Europäischen Union v. 13.6.2002.[2015]

Da die Intention des polizeilichen Einsatzes von Bodycams nicht in der Abwehr von Gefahren des internationalen Terrorismus liegt, muss Art. 73 Abs. 1 Nr. 9a GG als Kompetenzvorschrift für den Bund abgelehnt werden.

c) Art. 73 Abs. 1 Nr. 10 GG

Auch Art. 73 Abs. 1 Nr. 10 GG weist ausnahmsweise dem Bund die ausschließliche Gesetzgebungskompetenz im Bereich der Gefahrenabwehr zu.

Die *erste Variante* von Art. 73 Abs. 1 Nr. 10 GG ermöglicht eine Zusammenarbeit des Bundes und der Länder auf drei Gebieten der inneren Sicherheit (vgl. Art. 73 Abs. 1 Nr. 10 lit. a-c GG). Unter *Zusammenarbeit* ist eine auf Dauer angelegte Form der Kooperation zu verstehen, die die laufende gegenseitige Unterrichtung und Auskunftserteilung, die wechselseitige Beratung sowie gegenseitige Unterstützung und Hilfeleistung in den Grenzen der je eigenen Befugnisse umfasst und funktionelle und organisatorische Verbindungen, gemeinschaftliche Einrichtungen und gemeinsame Informationssysteme erlaubt.[2016] Da der Einsatz der Bodycam eine langfristige Kooperation zwischen Bund und Ländern nicht beinhaltet, scheidet die erste Variante von Art. 73 Abs. 1 Nr. 10 GG als Kompetenzvorschrift aus.

Der Bund hat die ausschließliche Gesetzgebungskompetenz über die Einrichtung eines Bundeskriminalpolizeiamtes (*zweite Variante*) – welche durch Art. 87 Abs. 1 S. 2 GG ergänzt wird[2017] – und die internationale Verbrechensbekämpfung (*dritte Variante*). Die internationale Verbrechensbekämpfung zielt nur auf Straftaten ab, zu deren Verhütung und Verfolgung eine internationale Zusammenarbeit erforderlich ist,[2018] sodass nicht die Bekämpfung internationaler oder grenzüberschreitender Verbrechen gemeint ist.[2019] Beim Einsatz von Bodycams steht weder die Einrichtung eines Bundeskriminalpolizeiamtes, noch die Bekämpfung internationaler Verbrechen im Raum, sodass der Bund nicht die ausschließliche Gesetzgebungskompetenz für eine gesetzliche Regelung zur Videoüberwachung mit Bodycams besitzt.

2014 BeckOK-GG/*Seiler* Art. 73 Rn. 44; BT-Drs 16/813, S. 12; Studienkommentar GG/*Windthorst* Art. 73 Rn. 59.

2015 Rahmenbeschluss des Rates v. 13.6.2002 zur Terrorismusbekämpfung, 2002/475/JI (Abl.EU v. 22.6.2002, Nr. L 164/3).

2016 BVerfG, Urt. v. 24.4.2013 – 1 BvR 1215/07 = NJW 2013, 1499, 1501.

2017 *Albers* Determination polizeilicher Tätigkeit, S. 219.

2018 BeckOK-GG/*Seiler* Art. 73 Rn. 51.

2019 Vgl. nur *Albers* Determination polizeilicher Tätigkeit, S. 219.

3. *Konkurrierende Gesetzgebung (Art. 72, 74 GG)*

Im Bereich der konkurrierenden Gesetzgebung (Art. 74 Abs. 1 GG) haben die Länder die Befugnis zur Gesetzgebung, solange und soweit der Bund von seiner Gesetzgebungszuständigkeit nicht durch Gesetz Gebrauch gemacht hat, Art. 72 Abs. 1 GG.

Durch den *präventiv-polizeilichen* Einsatz von Bodycams werden Gegenstände der konkurrierenden Gesetzgebung nicht berührt.

4. *Ergebnis*

Videoüberwachungsmaßnahmen gehören in erster Linie zum Bereich der Gefahrenabwehr.[2020] Da auch der Einsatz der Bodycam der Gefahrenabwehr dient und somit eine Aufgabe des klassischen Polizeirechts darstellt, greift die allgemeine Zuständigkeitsvermutung der Art. 30, 70 GG zu Gunsten der Länder: *Polizeirecht ist Ländersache.*

II. Gesetzgebungskompetenz für repressiv-polizeiliche Maßnahmen

Obwohl es beim Einsatz der Bodycam zum Zeitpunkt der Videoaufzeichnung an einer bereits begangenen Straftat mangelt bzw. ein Anfangsverdacht fehlt und kein rein repressiver Zweck verfolgt wird, soll dennoch aus Gründen der Vollständigkeit die Gesetzgebungskompetenz für die polizeiliche Videoüberwachung im Allgemeinen zu Zwecken der *Strafverfolgung* skizziert werden.

Das in § 152 Abs. 2 StPO formulierte Legalitätsprinzip zwingt nicht nur die Staatsanwaltschaft, sondern über § 163 StPO auch Polizisten als Ermittlungspersonen der Staatsanwaltschaft zur Verfolgung von Straftaten, wenn zureichende tatsächliche Anhaltspunkte (*Anfangsverdacht*)[2021] vorliegen.[2022] Untätigkeit der Polizisten wäre als Strafvereitelung im Amt gemäß § 258a StGB strafbar.[2023] Gemäß § 163 Abs. 1 S. 1 StPO haben die Behörden und Beamten des Polizeidienstes Straftaten zu erforschen und alle keinen Aufschub gestattenden Anordnungen zu treffen, um die Verdunkelung der Sache zu verhüten. Zu diesem Zweck sind sie befugt, alle Behörden um Auskunft zu ersuchen, bei Gefahr im Verzug, die Auskunft zu verlangen, sowie Ermittlungen jeder Art vorzunehmen, soweit nicht andere gesetzliche Vorschriften ihre Befugnisse besonders regeln (§ 163 Abs. 1 S. 2 StPO).

2020 *Bausch* Videoüberwachung, S. 20.

2021 Umfassend zum Verdacht einer Straftat als Anknüpfungspunkt: *Albers* Determination polizeilicher Tätigkeit, S. 73 ff.

2022 BeckOK-StPO/*Beukelmann* § 152 Rn. 2; BeckOK-StPO/*von Häfen* § 163 Rn. 1; *Ahlers* Grenzbereich, S. 36; Komm-PAG/POG/*Schmidbauer* Art. 2 PAG Rn. 45, 49; *Albers* Determination polizeilicher Tätigkeit, S. 70; *Notzon* Rückgriff auf polizeiliche Befugnisse, S. 5 ff.

2023 *Ahlers* Grenzbereich, S. 37.

Die Verfolgung von Straftaten bezeichnet die umfassende staatliche Tätigkeit, die von der Ermittlung und Aufklärung des Sachverhalts über das Strafverfahren zur Feststellung der Sanktion bis zu deren Vollstreckung reicht. Sie umfasst alle Tätigkeiten, die der Durchsetzung des staatlichen Strafanspruchs nach Eintritt des Schadens dienen.[2024] Die Befugnisse der Beamten des Polizeidienstes zur Durchsetzung des Legalitätsprinzips ergeben sich aus den einzelnen Bestimmungen der StPO: So dürfen sie beispielsweise, soweit es für die Zwecke der Durchführung des Strafverfahrens oder für die Zwecke des Erkennungsdienstes notwendig ist, Lichtbilder und Fingerabdrücke des Beschuldigten auch gegen seinen Willen aufnehmen und Messungen und ähnliche Maßnahmen an ihm vornehmen (§ 81b StPO). Beamte des Polizeidienstes können auch, wenn jemand einer Straftat verdächtig ist, die zur Feststellung seiner Identität erforderlichen Maßnahmen treffen (§ 163b Abs. 1 S. 1 StPO). Weitere Befugnisse zur Verfolgung von Straftaten sind unter anderem in §§ 81a, 81c, 100c, 110a, 127 Abs. 1 und Abs. 2, 163a, 163c, 163d sowie in 164 StPO geregelt.[2025]

Zum einen unterliegt das *gerichtliche Verfahren* gemäß Art. 74 Abs. 1 Nr. 1 GG der konkurrierenden Gesetzgebungszuständigkeit des Bundes. Zum *gerichtlichen Verfahren* im Sinne des Art. 74 Abs. 1 Nr. 1 Alt. 4 GG gehören die Aufklärung, Ermittlung und Verfolgung von Straftaten:[2026]

> Soweit es also um die Regelung der Videoüberwachung für Zwecke der Strafverfolgung geht, vermag der Bundesgesetzgeber die grundsätzlich bestehende Gesetzgebungsbefugnis der Länder zu verdrängen. Eine Gesetzgebungsbefugnis der Länder im Bereich der Strafverfolgung, auch soweit sie sich auf nicht oder nur lückenhaft geregelte Materien bezieht, ist damit im Falle bestehender bundesrechtlicher Regelungen ausgeschlossen. Denn gesetzlichen Regelungen betreffend die Strafverfolgung [...] kommt abschließender Charakter zu.[2027]

Damit obliegt dem Bund die Gesetzgebungszuständigkeit für Videoüberwachungsmaßnahmen zum Zwecke der Strafverfolgung, Art. 74 Abs. 1 Nr. 1 Alt. 4 i.V.m. Art. 72 Abs. 1 GG.

Die konkurrierende Gesetzgebung erstreckt sich zum anderen auch auf das *Strafrecht* (Art. 74 Abs. 1 Nr. 1 Alt. 2 GG):

> Unter Strafrecht ist [...] die „Regelung aller, auch nachträglicher, repressiver oder präventiver staatlicher Reaktionen auf Straftaten, die an die Straftat anknüpfen, ausschließlich für Straftäter gelten und ihre sachliche Rechtfertigung auch aus der Anlasstat beziehen" [...] zu verstehen.[2028]

2024 *Ahlers* Grenzbereich, S. 30; so auch bei *Albers* Determination polizeilicher Tätigkeit, S. 92 f.

2025 Übersicht über die wichtigsten Befugnisse der Polizei zur Verfolgung von Straftaten findet sich bei Komm-PAG/POG/*Schmidbauer* Art. 2 PAG Rn. 46.

2026 BeckOK-GG/*Seiler* Art. 74 Rn. 11

2027 *Bausch* Videoüberwachung, S. 18 f.

2028 BeckOK-GG/*Seiler* Art. 74 Rn. 4.

Damit käme dem Bundesgesetzgeber die Befugnis zu, Straftatbestände zu schaffen, die in ihren Tatbestandsvoraussetzungen Maßnahmen der Videoüberwachung mit Bodycams zum Gegenstand haben; der Bundesgesetzgeber wäre z.B. für den Erlass einer Strafnorm zuständig, die etwa eine unzulässige Videoüberwachungsmaßnahme mit Bodycams mit Strafe bewehrt.[2029]

III. Gesetzgebungskompetenz für Maßnahmen der sog. vorbeugenden Bekämpfung von Straftaten

Gefahrenabwehr (*Prävention*) und Strafverfolgung (*Repression*) werden durch die sog. *vorbeugende Bekämpfung von Straftaten* ergänzt. Die vorbeugende Bekämpfung von Straftaten betrifft vornehmlich den Bereich zwischen präventiven und repressiven Aufgaben,[2030] wobei sie wiederum in die Bereiche *„Verhütung von Straftaten"* und *„Strafverfolgungsvorsorge"* eingeteilt werden kann.

1. Gesetzgebungskompetenz für Maßnahmen der Straftatenverhütung

Die Verhütung von Straftaten bezeichnet die Aufgabe der Polizei, Straftaten zu verhindern, jedoch nicht Gefahren aller Art zu verhüten.[2031] Nicht nur die Gefahrenabwehr nach der jeweiligen landesrechtlichen Aufgabengeneralklausel (in Bayern: Art. 2 Abs. 1 BayPAG), sondern auch die vorbeugende Verbrechensbekämpfung in Form der Verhütung von Straftaten gehört zum präventiv-polizeilichen Aufgabenbereich. Zutreffend ist zwar, dass die vorbeugende Verbrechensbekämpfung über die Abwehr von bestehenden Gefahren für die öffentliche Sicherheit und Ordnung gemäß Art. 2 Abs. 1 BayPAG hinausgeht,[2032] jedoch ist inzwischen anerkannt, dass zum präventiven Aufgabenbereich der Polizei nicht nur die Abwehr von Gefahren zählt, sondern darunter auch Vorbereitungen für die Gefahrenabwehr, also die Abwehr von noch nicht bestehenden, aber künftig eintretenden Gefahren gefasst werden können.[2033] Damit ist die Verhütung von Straftaten von einem präventiven Element geprägt. Dies hat zur Folge, dass die Straftatenverhütung dem Polizei- und Ordnungsrecht zuzuordnen ist und die Gesetzgebungskompetenz bei den Ländern liegt, Art. 30, 70 GG.[2034]

2029 *Bausch* Videoüberwachung, S. 18.

2030 *Kugelmann* Polizei- und Ordnungsrecht, 5/172 ff.

2031 *Albers* Determination polizeilicher Tätigkeit, S. 124; *Graulich* NVwZ 2014, 685; *Berner/Köhler/Käß*-PAG, Art. 11 Rn. 24.

2032 *Notzon* Rückgriff auf polizeiliche Befugnisse, S. 52; *Krey* Deutsches Strafverfahrensrecht I, S. 84.

2033 *Krey* Deutsches Strafverfahrensrecht I, S. 84.

2034 *Kugelmann* Polizei- und Ordnungsrecht, 5/175; *Graulich* NVwZ 2014, 685; *Schenke* POR, Rn. 10.

Die Zuordnung der Straftatenverhütung zur Kompetenz der Länder ist höchstrichterlich bestätigt worden.[2035] Eine rechtliche Diskussion endet freilich nicht mit einem höchstrichterlichen Urteil. Die Zuordnung der Straftatenverhütung zum präventiven Bereich bereitete aber bislang keinerlei Schwierigkeiten.

2. *Gesetzgebungskompetenz für Maßnahmen der Strafverfolgungsvorsorge*

Weitaus mehr Schwierigkeiten als die Zuordnung der Straftatenverhütung bereitet die Gesetzgebungskompetenz für Maßnahmen der Strafverfolgungsvorsorge.

Die Vorsorge für die Verfolgung künftiger Straftaten ist, wie die Gefahrenabwehr, in zeitlicher Hinsicht präventiv ausgerichtet. Ebenso wie die Strafverfolgung betrifft sie aber auch das repressiv ausgerichtete Strafverfahren.[2036] Die Vorsorge setzt somit die Verfolgung von künftigen Straftaten voraus, also solcher Straftaten, die zum Zeitpunkt der Überwachung noch nicht vorliegen, aber in Zukunft begangen sein werden und die es zu verfolgen gilt.[2037] Die Strafverfolgungsvorsorge erweist sich vor allem hinsichtlich Gesetzgebungskompetenz und Rechtsweg als problematisch. Die Zuordnung der Vorsorge für die Verfolgung künftiger Straftaten zum Polizeirecht oder zum Recht der Strafverfolgung ist umstritten.[2038] Eine eindeutige Zuordnung ist jedoch von Bedeutung, da eine solche ausschlaggebend für die Gesetzgebungskompetenz ist: Bezüglich des *gerichtlichen Verfahrens* hat der Bund die Gesetzgebungszuständigkeit (Art. 74 Abs. 1 Nr. 1 GG), während das klassische Polizeirecht in die ausschließliche Gesetzgebungskompetenz der Länder fällt (Art. 30, 70 GG). Würde man die Regelungen der Strafverfolgungsvorsorge zum Polizeirecht zuordnen, müsste man an der Bundeszuständigkeit zweifeln.[2039] Vertreter der Einordnung der antizipierten Repression zum Strafprozessrecht würden hingegen eine Zuständigkeit des Bundes bejahen.[2040] Im Falle einer konkurrierenden

---

2035 *„Die Verhütung einer Straftat liegt in der Gesetzgebungskompetenz der Länder für die Gefahrenabwehr, und zwar auch dann, wenn sie vorbeugend für den Zeitraum vor dem Beginn einer konkreten Straftat vorgesehen wird“* (BVerfG, Urt. v. 27.7.2005 – 1 BvR 668/04 = NJW 2005, 2603, 2605).

2036 *Albers* Determination polizeilicher Tätigkeit, S. 116 ff., 204; *Graulich* NVwZ 2014, 685.

2037 *Graulich* NVwZ 2014, 685, 686; *Albers* Determination polizeilicher Tätigkeit, S. 130; *Schenke* POR, Rn. 11.

2038 *Kugelmann* Polizei- und Ordnungsrecht, 5/161 ff., 172 ff.; *Schenke* POR, Rn. 30; aufgeworfen auch bei *Bausch* Videoüberwachung, S. 90 ff.

2039 *Kniesel* ist beispielsweise der Auffassung, dass trotz der Nähe der Strafverfolgungsvorsorge zur Strafverfolgung keine Zuständigkeit des Bundes besteht, insbesondere mit Blick auf das Erfordernis einer bereits begangenen Straftat i.S.d. § 152 Abs. 2 StPO als *„Voraussetzung für informationelle Aktivitäten auf dem Boden der StPO“* (Kniesel Kriminalistik 1996, 229, 230).

2040 So auch bei *Bock* ZIS 2007, 129, 130.

Gesetzgebungskompetenz des Bundes wäre eine gleichlautende Regelung des Landesgesetzgebers folglich rechtswidrig.[2041] Da sich die konkurrierende Gesetzgebung aus Art. 74 Abs. 1 Nr. 1 GG dem Wortlaut nach auch auf das gerichtliche Verfahren (ohne das Recht des Untersuchungshaftvollzugs) erstreckt, hat der Bund die Gesetzgebungskompetenz über das gerichtliche Verfahren aller Fachgerichtsbarkeiten.[2042]

An dieser Stelle muss man sich daher die Frage stellen, ob die Strafverfolgungsvorsorge unter den Begriff des *gerichtlichen Verfahrens* im Sinne des Art. 74 Abs. 1 Nr. 1 GG zu subsumieren ist und damit in die Zuständigkeit des Bundes fällt.

a) Urteil des BVerwG v. 20.2.1990 zur vorsorgenden Strafverfolgung

1990 hatte das BVerwG entschieden, dass *sämtliche* Maßnahmen der vorbeugenden Verbrechensbekämpfung zur polizeilichen Aufgabe der Gefahrenabwehr gehören:

> Die Kriminalakten dienen zunächst dazu, Hinweise zur Gefahrenabwehr, insbesondere zur vorbeugenden Verbrechensbekämpfung, zur Personenidentifizierung sowie für das taktische Vorgehen und die Eigensicherung der Polizei zu geben und schließlich Ablauf und Grundlagen polizeilichen Handelns zu dokumentieren [...]. Alle diese Zwecke gehören zur polizeilichen Aufgabe der Gefahrenabwehr [...]. Nichts anderes gilt, sofern die Polizei vorsorglich für Aufgaben auf dem Gebiet der Strafverfolgung Kriminalakten bereithält, die bei zukünftigen Ermittlungen die Aufklärung des Sachverhalts unterstützen und die Feststellung von Verdächtigen fördern sollen. Kriminalakten sind keine Ermittlungsakten. Sie werden nicht unmittelbar zur Erforschung von konkreten Straftaten geführt, für die bereits oder noch ein konkreter Tatverdacht i. S. des § 152 II StPO besteht. Aus diesem Grunde ist § 163 I StPO, wonach die Polizeibehörden Straftaten zu erforschen haben, als Rechtsgrundlage zur Führung der Kriminalakten nicht einschlägig. Vielmehr ist auch die durch Kriminalakten ermöglichte vorsorgende Strafverfolgung der polizeilichen Aufgabe der Gefahrenabwehr zuzuordnen [...].[2043]

Das BVerwG ordnet die Strafverfolgungsvorsorge dem präventiven Bereich zu. Die Entscheidungsgründe weisen aber einen Schwachpunkt auf: Das Gericht *behauptet* lediglich die Zugehörigkeit der Strafverfolgungsvorsorge als Unterfall der vorbeugenden Straftatenbekämpfung zum präventiven Bereich, ohne hierfür eine (ausreichende) Begründung zu geben. Nach Ansicht des BVerwG ist für die Zuordnung zum Polizeirecht bereits ausreichend, dass bei der Vorsorge für die Verfolgung künftiger Straftaten kein konkreter Tatverdacht im Sinne des § 152 Abs. 2 StPO, also kein Anfangsverdacht vorliegt.[2044] Die Strafverfolgung setze erst bei

2041 Vgl. Praxishandbuch POR/*Söllner* S. 119 Rn. 17.
2042 BeckOK-GG/*Seiler* Art. 74 Rn. 10.
2043 BVerwG, Urt. v. 20.2.1990 – 1 C 29/86 = NJW 1990, 2765, 2766.
2044 Zum Anfangsverdacht: KK-StPO/*Diemer* § 152 Rn. 7 ff.

Bestehen eines Anfangsverdachts nach § 152 Abs. 2 StPO ein.[2045] Fehlt es an einem Anfangsverdacht, diene die Maßnahme nicht der Strafverfolgungsvorsorge.

Auch nach *Pieroth, Schlink* und *Kniesel* soll die Zuordnung der Strafverfolgungsvorsorge zum präventiven Bereich den Vorzug verdienen. Die Kompetenz des Bundesgesetzgebers zur Regelung des gerichtlichen Verfahrens (Art. 74 Abs. 1 Nr. 1 GG) lehnen sie ebenfalls ab. Ihrer Ansicht nach setzen der Strafprozess und das Strafprozessrecht eine Tat voraus. Sofern eine Straftat noch nicht begangen worden ist, könne sie allenfalls verhütet werden. Danach liege die Kompetenz für die Vorsorge der Verfolgung künftiger Straftaten beim Landesgesetzgeber. Richtig sei zwar, dass schon vor einem Strafprozess Daten erhoben werden können. Ob die Daten dann in einem Strafprozess verwendet werden können, ist hingegen offen, zumal nicht sicher ist, ob es überhaupt einen Strafprozess geben wird.[2046] *Kindhäuser* ordnet Eingriffsermächtigungen der Strafverfolgungsvorsorge bzw. antizipierten Repression ebenfalls dem Polizeirecht zu. Diesbezügliche Regelungen in der StPO würden einen Fremdkörper darstellen.[2047] Eine Begründung für die Zuordnung zum Polizeirecht sucht man auch hier vergebens. Für die Zuordnung der Strafverfolgungsvorsorge zum präventiv-polizeilichen Aufgabenbereich könnte indes angeführt werden, dass sowohl das Polizeirecht, als auch das Strafprozessrecht dem Schutz der Bürger vor Straftaten, mithin der Kriminalitätsbekämpfung dienen; Kriminalitätsbekämpfung ist Gefahrenabwehr. Folglich müssten auch Maßnahmen der Vorsorge für die Verfolgung künftiger Straftaten der Kompetenz der Landesgesetzgeber unterliegen (Art. 30, 70 GG).[2048]

b) Zielrichtung der Strafverfolgungsvorsorge

Trotz der Zwitterstellung der Strafverfolgungsvorsorge ist die Vorsorge für die Verfolgung künftiger Straftaten nach überzeugender Auffassung nicht der Gefahrenabwehr, sondern allein schon aufgrund ihrer Zielrichtung der Strafverfolgung zuzuordnen. Ziel der Vorsorge für die Verfolgung künftiger Straftaten ist die Einleitung eines Ermittlungsverfahrens. Da im Rahmen der Strafverfolgungsvorsorge die Polizeibehörden in ihrer Rolle als Strafverfolgungsorgan zuständig sind und folglich die StPO Anwendung findet, ist der Bundesgesetzgeber gemäß Art. 74 Abs. 1 Nr. 1 GG auch für die Strafverfolgungsvorsorge zuständig.[2049] Des Weiteren ergeben sich aus dem Wortlaut der Kompetenzregel keinerlei Einschränkungen dahingehend, dass sich Maßnahmen, welche sich auf ein *zukünftiges* Strafverfahren

2045 Vgl. *Graulich* NVwZ 2014, 685, 686 f.; *Schenke* POR, Rn. 29.

2046 *Pieroth/Schlink/Kniesel* POR, § 5 Rn. 6 ff.

2047 So bezogen auf § 81b Alt. 2 StPO (*Kindhäuser* Strafprozessrecht, § 8 Rn. 12); *Berner/Köhler/Käß*-PAG, Art. 14 Rn. 2; auch bei *Bock* ZIS 2007, 129, 130 (dort m.w.N.); BVerwG, Urt. v. 25.10.1960 – BVerwG I C 63/59 = NJW 1961, 571, 572.

2048 *Krey* Deutsches Strafverfahrensrecht I, S. 85.

2049 *Kugelmann* Polizei- und Ordnungsrecht, 5/180 ff.

beziehen, von der Zuweisung des Art. 74 Abs. 1 Nr. 1 GG nicht erfasst sein sollen.[2050] Die Zuordnung der Strafverfolgungsvorsorge zum *gerichtlichen Verfahren* im Sinne des Art. 74 Abs. 1 Nr. 1 GG kann folglich nicht dadurch in Frage gestellt werden, dass das von der Vorsorge umfasste strafrechtliche Ermittlungsverfahren erst später beginnt. Im Ermittlungsverfahren und im Hauptverfahren geht es um die Aufklärung eines konkreten Tatverdachts. Dieser Umstand kann aber nicht dazu führen, dass nur Maßnahmen nach Vorliegen eines Anfangsverdachts zur Bejahung des Begriffs „gerichtliches Verfahren" im Sinne des Art. 74 Abs. 1 Nr. 1 GG führen.[2051]

Darüber hinaus kann die Strafverfolgungsvorsorge aufgrund ihres engen Sachzusammenhangs mit der Strafverfolgung zur konkurrierenden Gesetzgebungskompetenz des Bundes gezählt werden. Dagegen spricht nicht, dass Maßnahmen der Strafverfolgungsvorsorge zum Teil auch präventivpolizeiliche Nebeneffekte haben.[2052] Gleichfalls ordnet *Graulich* die Vorsorge für die spätere Verfolgung von Straftaten kompetenzmäßig dem gerichtlichen Verfahren aus Art. 74 Abs. 1 Nr. 1 GG zu. Ob sich diese Zuordnung unmittelbar oder als Annex ergibt, lässt er jedoch dahingestellt.[2053]

c) Regelungen zur Strafverfolgungsvorsorge in der StPO

Obwohl die Strafverfolgungsvorsorge in der StPO nur bruchstückhaft, nicht abschließend bzw. flächendeckend geregelt ist, hat der Bund in manchen Fällen von seiner konkurrierenden Gesetzgebungskompetenz gemäß Art. 74 Abs. 1 Nr. 1 i.V.m. Art. 72 Abs. 1 GG Gebrauch gemacht. Regelungen zur Strafverfolgungsvorsorge finden sich unter anderem in § 81b Alt. 2 StPO,[2054] § 81g Abs. 1 StPO, § 100a S. 1 StPO, § 100g Abs. 1 S. 1 StPO und § 484 StPO. Inwieweit bundesgesetzliche Regelungen in der StPO für Maßnahmen der Strafverfolgungsvorsorge erschöpfend sind, kann jedoch nicht allgemein festgestellt werden. Stattdessen sind die einschlägigen Bestimmungen und der jeweilige Sachbereich heranzuziehen.[2055]

Solange die StPO nur punktuelle Regelungen zur Strafverfolgungsvorsorge enthält und der Bundesgesetzgeber absichtlich eine Regelung unterlassen hat,[2056] kann der Landesgesetzgeber die Lücken im Bereich der Strafverfolgungsvorsorge ausfüllen.[2057]

2050 BVerfG, Beschl. v. 14.12.2000 – 2 BvR 1741/99 = NJW 2001, 879.

2051 BVerfG, Beschl. v. 14.12.2000 – 2 BvR 1741/99 = NJW 2001, 879, 880.

2052 So auch bei *Schenke* POR, Rn. 30; Meyer-Goßner/Schmitt/*Schmitt* § 81b StPO Rn. 3.

2053 *Graulich* NVwZ 2014, 685, 686.

2054 *Kindhäuser* ist der Auffassung, dass § 81b Alt. 2 StPO zum materiellen Polizeirecht gehört und insofern einen Fremdkörper in der StPO darstellt (*Kindhäuser* Strafprozessrecht, § 8 Rn. 12).

2055 BVerfG, Urt. v. 27.7.2005 – 1 BvR 668/04 = NJW 2005, 2603, 2606.

2056 Zur Sperrwirkung: BVerfG, Urt. v. 27.7.2005 – 1 BvR 668/04 = NJW 2005, 2603, 2606.

2057 *Schenke* POR, Rn. 12, 30; regeln landesrechtliche Vorschriften erkennungsdienstliche Maßnahmen i.S.d. § 81b StPO bzgl. einer Strafverfolgungsvorsorge, für die der Bund

d) *Urteil des BVerfG v. 27.7.2005 zur Strafverfolgungsvorsorge*

Zumindest in den gesetzlich geregelten Fällen ist die Rechtslage seit dem Urteil des BVerfG auch höchstrichterlich geklärt. Das BVerfG hat in seinem Urteil v. 27.7.2005 entschieden,[2058] dass die vorbeugende Verbrechensbekämpfung in der Modalität „Vorsorge für die Verfolgung künftiger Straftaten" zum gerichtlichen Verfahren gemäß Art. 74 Abs. 1 Nr. 1 GG gehören muss. Die Strafverfolgungsvorsorge wird damit einer landesrechtlichen Gefahrenabwehrkompetenz entzogen. Sollten also Ländergesetze die Aufgabe der Vorsorge für die Verfolgung künftiger Straftaten der Polizei zuweisen, dann wird deren Anwendungsbereich dadurch eingeschränkt, dass im Einzelfall keine parallelen Regelungen des Bundesrechts gelten. In dem Urteil aus dem Jahre 2005 hatte das BVerfG die Verfassungsmäßigkeit von § 33a Abs. 1 Nr. 2 und Nr. 3 NdsSOG zu beurteilen, welche eine Ermächtigung der Polizei enthielten, personenbezogene Daten durch Überwachung und Aufzeichnung der Telekommunikation zur Vorsorge für die Verfolgung oder zur Verhütung einer Straftat von erheblicher Bedeutung zu erheben. Das BVerfG hat hierbei die angegriffene Regelung für nichtig erklärt und die Strafverfolgungsvorsorge dem *gerichtlichen Verfahren* im Sinne des Art. 74 Abs. 1 Nr. 1 GG zugeordnet:

> Die Vorsorge für die spätere Verfolgung von Straftaten ist kompetenzmäßig dem „gerichtlichen Verfahren" i.S. des Art. 74 I Nr. 1 GG zuzuordnen. Die gesetzliche Ermächtigung bezweckt die Sicherung für ein künftiges Strafverfahren.[2059]

Auch wenn sich das Urteil des BVerfG auf die vorbeugende bzw. vorsorgende Telekommunikationsüberwachung gegen Straftaten gemäß §§ 100a ff. StPO beschränkt, gelten dennoch die in diesem Urteil aufgestellten Grundsätze für alle Normen der Strafverfolgungsvorsorge.[2060] Durch die gesetzlichen Normierungen für Maßnahmen der Strafverfolgungsvorsorge hat der Gesetzgeber von seiner konkurrierenden Gesetzgebungskompetenz abschließend Gebrauch gemacht. Der Bund macht von seiner Kompetenz aber nicht nur dann Gebrauch, wenn er eine konkrete Regelung getroffen hat. Auch das *absichtliche Unterlassen* einer entsprechenden Regelung kann eine Sperrwirkung für die Länder erzeugen:[2061]

---

die konkurrierende Gesetzgebungskompetenz hat, müssen die landesrechtlichen Vorschriften so verstanden werden, dass sie nicht die Strafverfolgungsvorsorge betreffen, sondern die Verhütung von Straftaten (*Schenke* POR, Rn. 126; *Bock* ZIS 2007, 129, 131); *Trurnit* VBlBW 2011, 458, 460.

2058 BVerfG, Urt. v. 27.7.2005 – 1 BvR 668/04 = NJW 2005, 2603; siehe auch *Trurnit* VBlBW 2011, 458, 460 f.

2059 BVerfG, Urt. v. 27.7.2005 – 1 BvR 668/04 = NJW 2005, 2603, 2605.

2060 *Bock* ZIS 2007, 129, 131; BVerfG, Beschl. v. 14.12.2000 – 2 BvR 1741/99 = NJW 2001, 879.

2061 BVerfG, Urt. v. 27.7.2005 – 1 BvR 668/04 = NJW 2005, 2603, 2606; vgl. bereits BVerfG, Beschl. v. 9.2.1972 – 1 BvR 111/68 = NJW 1972, 859.

Der Landesgesetzgeber darf regelmäßig nur da regeln, wo der Bundesgesetzgeber nicht geregelt hat und auch nicht regeln wollte.[2062]

Aufgrund der neueren Rechtsprechung des BVerfG kann die Strafverfolgungsvorsorge nicht mehr als präventives Polizeihandeln angesehen werden.

Da Entscheidungen des BVerfG die Verfassungsorgane des Bundes und der Länder sowie alle Gerichte und Behörden binden (§ 31 Abs. 1 BVerfGG), musste das BVerwG seine Rechtsprechung hinsichtlich der Zuordnung der Strafverfolgungsvorsorge ändern. 2005 äußerte sich das BVerwG daher zu den erkennungsdienstlichen Maßnahmen nach § 81b Alt. 2 StPO.[2063] Erkennungsdienstliche Unterlagen nach § 81b Alt. 2 StPO werden nicht für Zwecke eines konkreten Strafverfahrens erhoben. § 81b Alt. 2 StPO stellt keine Regelung im Bereich der Strafverfolgung, sondern eine Ermächtigung zu Maßnahmen der Strafverfolgungsvorsorge dar. Die Vorschrift soll folglich der zukünftigen Durchführung der Strafverfolgung in Bezug auf mögliche spätere bzw. später bekannt werdende Straftaten zugutekommen. Die Gesetzgebungskompetenz des Bundes für die Strafverfolgungsvorsorge ist unmittelbar der Befugnis aus Art. 74 Abs. 1 Nr. 1 GG zu entnehmen, da die dortige Kompetenzbeschreibung für das gerichtliche Verfahren keine Einschränkungen dahingehend enthält, dass Maßnahmen, welche sich auf zukünftige Strafverfahren beziehen, nicht von der konkurrierenden Gesetzgebungskompetenz des Bundes erfasst sein sollen.[2064]

Im Jahr 2011 hatte sich das BVerwG erneut mit § 81b Alt. 2 StPO zu befassen.[2065] Dabei ging es um die Frage des Rechtswegs für Streitigkeiten bezüglich Maßnahmen der Strafverfolgungsvorsorge. Da § 81b Alt. 2 StPO Maßnahmen der Strafverfolgungsvorsorge betrifft, welche außerhalb konkreter Strafverfahren ergriffen werden, finden §§ 23 ff. EGGVG keine Anwendung. Dies habe zur Folge, dass Maßnahmen der Strafverfolgungsvorsorge nicht der abdrängenden Sonderzuweisung des § 23 Abs. 1 EGGVG an die ordentlichen Gerichte unterfallen, sondern nur die Eröffnung des Verwaltungsrechtswegs in Frage kommt. Insofern widerspricht das BVerwG dem VGH Kassel.[2066] Dem VGH zufolge spricht gegen die Zuordnung von Maßnahmen auf der Grundlage des § 81b Alt. 2 StPO zum Recht der Gefahrenabwehr, dass diese gerade der Strafverfolgungsvorsorge dienen und die Verfolgungsvorsorge eine größere Sachnähe zum Bereich der Strafverfolgung aufweist. Auch Maßnahmen der Strafverfolgungsvorsorge dienen nach Ansicht des BVerwG nicht dem Zweck der Verfolgung begangener Straftaten und seien deshalb Instrumente des Polizeirechts.[2067] In seinem Urteil bestreitet das BVerwG nicht die Gesetzgebungskompetenz des Bundes nach Art. 74 Abs. 1 Nr. 1 GG für Maßnahmen, die sich auf

2062 *Pieroth/Schlink/Kniesel* POR, § 5 Rn. 6a.
2063 BVerwG, Urt. v. 23.11.2005 – 6 C 2/05 = NJW 2006, 1225.
2064 Bereits BVerfG, Beschl. v. 14.12.2000 – 2 BvR 1741/99 = NJW 2001, 879.
2065 BVerwG, Beschl. v. 18.5.2011 – 6 B 1/11 = NVwZ-RR 2011, 710.
2066 VGH Kassel, Beschl. v. 8.12.2010 – 8 E 1698/10 = BeckRS 2011, 47863.
2067 Zusammenfassend: *Graulich* NVwZ 2014, 685, 686.

künftige Strafverfahren beziehen, jedoch folge aus dieser Zuordnung nichts für die im vorliegenden Fall interessierende Frage des Rechtswegs für Streitigkeiten, welche Maßnahmen der Strafverfolgungsvorsorge betreffen.

Im Anschluss an die Rechtsprechung des BVerfG[2068] differenzierte das BVerwG in seinem Urteil v. 25.1.2012[2069] zwischen der Videoüberwachung für Zwecke der Beweisverschaffung zur Verwendung in künftigen Strafverfahren (*Strafverfolgungsvorsorge*) und der präventiven Erhebung zur Verhütung von Straftaten (*Gefahrenabwehr*). Nach der Rechtsprechung des BVerfG ist die Strafverfolgungsvorsorge dem gerichtlichen Verfahren im Sinne des Art. 74 Abs. 1 Nr. 1 GG zuzuordnen. Daran ändert auch nichts die Tatsache, dass die Strafverfolgungsvorsorge präventiv ansetzt. Die Strafverfolgungsvorsorge erfolgt zwar in zeitlicher Hinsicht präventiv; die Daten werden aber zum Zwecke der Strafverfolgung einer in der Zukunft möglicherweise verwirklichten konkreten Straftat erhoben. Eine Beweisbeschaffung zur Verwendung in künftigen Strafverfahren gehört zum gerichtlichen Verfahren im Sinne des Art. 74 Abs. 1 Nr. 1 GG.[2070] Eine Gefahrenabwehr liegt hingegen vor, wenn die Daten präventiv zur Verhütung von Straftaten erhoben werden.[2071]

e) Ergebnis

Für die Thematik der Bodycam in Bayern bedeutet die höchstrichterlich geklärte Zuordnung der Strafverfolgungsvorsorge zum *gerichtlichen Verfahren*[2072] nach Art. 74 Abs. 1 Nr. 1 GG nun Folgendes: Im Bundesrecht finden sich keine Regelungen, welche auf den Einsatz der mobilen Kamera Anwendung finden können.[2073] Da der Bundesgesetzgeber somit bislang keinen Gebrauch von der ihm zustehenden Kompetenz gemacht hat, sind landesrechtliche Regelungen zur Strafverfolgungsvorsorge hinsichtlich polizeilicher Videoüberwachungsmaßnahmen zulässig.

IV. Bestimmung des Rechtswegs bei echten doppelfunktionalen Maßnahmen

Unter einer *echten doppelfunktionalen Maßnahme* ist eine Maßnahme der Polizei zu verstehen, die nach ihrem äußeren Erscheinungsbild nicht ohne Weiteres als Maßnahme der Gefahrenabwehr oder Strafverfolgung eingeordnet werden kann. Eine Doppelfunktionalität liegt deshalb vor, weil diese Maßnahme rechtlich sowohl

2068 BVerfG, Urt. v. 27.7.2005 – 1 BvR 668/04 = NJW 2005, 2603.

2069 BVerwG, Urt. v. 25.1.2012 – 6 C 9/11 = NVwZ 2012, 757.

2070 BVerwG, Urt. v. 25.1.2012 – 6 C 9/11 = NVwZ 2012, 757, 760; BVerfG, Urt. v. 27.7.2005 – 1 BvR 668/04 = NJW 2005, 2603.

2071 Vgl. auch *Siegel* NVwZ 2012, 738, 740.

2072 Auch *Erb* ist der Ansicht, dass es sich bei der Vorsorge für künftige Strafverfolgung um strafverfahrensrechtliche Tätigkeiten handelt (LR-StPO/*Erb* Vorb. § 158 Rn. 12).

2073 Siehe hierzu S. 423 ff.

nach dem Gefahrabwehrrecht als auch nach dem Strafprozessrecht vorgenommen worden sein konnte.[2074] Eine Abgrenzung ist für die Frage des Rechtswegs bedeutsam. Hierbei ist auf den Schwerpunkt der Maßnahme abzustellen, „wobei es auf die Sicht des von der Maßnahme Betroffenen ankommt".[2075]

Fraglich ist, ob bei Maßnahmen der Prävention und der vorbeugenden Bekämpfung von Straftaten ebenfalls von einer echten doppelfunktionalen Maßnahme gesprochen werden kann. Überwachungsmaßnahmen mit Bodycams verfolgen präventive Zwecke und Zwecke der vorbeugenden Bekämpfung von Straftaten. Für Maßnahmen der Prävention ist der Verwaltungsrechtsweg nach § 40 VwGO eröffnet.[2076] Die Straftatenverhütung als Unterfall der vorbeugenden Straftatenbekämpfung trägt „präventiven Charakter, gehört damit zum Polizei- und Ordnungsrecht und liegt in der gesetzgeberischen Zuständigkeit der Länder".[2077] Damit ist auch für solche Maßnahmen der Verwaltungsrechtsweg eröffnet.

Schwierigkeiten bereitet jedoch die Zuordnung der Strafverfolgungsvorsorge. Trotz ihrer Zwitterstellung ist die Vorsorge für die Verfolgung künftiger Straftaten nach überzeugender Auffassung nicht der Gefahrenabwehr, sondern aufgrund ihrer Zielrichtung der Strafverfolgung zuzuordnen. Darüber hinaus kann die Strafverfolgungsvorsorge aufgrund ihres engen Sachzusammenhangs mit der Strafverfolgung zur konkurrierenden Gesetzgebungskompetenz des Bundes gezählt werden. Dagegen spricht nicht, dass Maßnahmen der Strafverfolgungsvorsorge zum Teil auch präventivpolizeiliche Nebeneffekte haben.[2078] Überdies kann aufgrund der neueren Rechtsprechung des BVerfG die Strafverfolgungsvorsorge nicht mehr als präventives polizeiliches Handeln angesehen werden, sodass Maßnahmen der Strafverfolgungsvorsorge gemäß der Sonderzuweisung des § 23 EGGVG in die Zuständigkeit der Strafgerichte fallen. Solange aber der Bundesgesetzgeber keine abschließenden Regelungen hinsichtlich der Strafverfolgungsvorsorge vorgenommen hat, ist es auch vertretbar, dass Strafverfolgungsmaßnahmen der Polizei nicht unter § 23 EGGVG fallen und weiterhin der Verwaltungsrechtsweg gemäß § 40 VwGO eröffnet ist.[2079]

Daher kommt es auf den Schwerpunkt der Maßnahme beim Einsatz der polizeilichen Bodycam nicht an, da jedenfalls der Verwaltungsrechtsweg gemäß § 40 VwGO eröffnet ist.

2074 *Schoch* in FS für Stree und Wessels, S. 1114; *Kugelmann* Polizei- und Ordnungsrecht, 1/54, 64.

2075 *Berner/Köhler/Käß*-PAG, Vorb. Art. 11–29 Rn. 20; nach *Kugelmann* verwischt eine *„undifferenzierte Gesamtsicht nach Maßgabe von Schwerpunkten [...] die rechtlich zwingenden Unterscheidungen"* (*Kugelmann* Polizei- und Ordnungsrecht, 1/60).

2076 *Kugelmann* Polizei- und Ordnungsrecht, 1/68.

2077 *Kugelmann* Polizei- und Ordnungsrecht, 5/175.

2078 *Schenke* POR, Rn. 30; Meyer-Goßner/Schmitt/*Schmitt* § 81b StPO Rn. 3.

2079 So auch *Schenke* Rechtsprechung, S. 24.

V. Zusammenfassung

Das „klassische Polizeirecht" ist Ländersache; Maßnahmen der herkömmlichen Gefahrenabwehr (*Prävention*) fallen in die Gesetzgebungszuständigkeit der Länder. Da Bodycams bei Polizeieinsätzen Gefahren für die Rechtsgüter „Leben" und „körperliche Unversehrtheit" abwenden sollen, sind grundsätzlich die Länder zur Schaffung einer entsprechenden Regelung zuständig.

Der Einsatz der Bodycam lässt sich aber nicht nur der Prävention zuordnen. Vielmehr ist er zugleich unter die sog. *vorbeugende Bekämpfung von Straftaten* zu subsumieren. Bodycams können aufgrund ihres prinzipiell vorhandenen Abschreckungs- und Einschüchterungseffekts nicht nur Gefahren abwehren, sondern die Begehung von Straftaten verhüten. Die *Straftatenverhütung* ist ebenfalls Teil der Prävention, sodass den Ländern die Gesetzgebungskompetenz zukommt. Überdies sind Bodycam-Aufzeichnungen eine Maßnahme der *Strafverfolgungsvorsorge*. Da der Bundesgesetzgeber diesbezüglich von der ihm zustehenden Gesetzgebungskompetenz bislang keinen Gebrauch gemacht hat, sind landesrechtliche Regelungen zur Strafverfolgungsvorsorge zulässig.

Nach alledem steht dem Landesgesetzgeber die Kompetenz zur Regelung einer Rechtsgrundlage für die polizeiliche Videoüberwachung in Form von Bodycams zu.[2080]

§ 3 Tauglichkeit vorhandener Regelungen zur Erhebung personenbezogener Daten durch Bodycams

Die Erhebung und die Speicherung personenbezogener Daten[2081] durch den Einsatz von Bodycams sind in einigen Bundesländern gesetzlich geregelt. In Bayern hingegen normiert bislang keine Rechtsgrundlage explizit einen derartigen Einsatz. Auch der weitere Umgang mit den erhobenen Daten bzw. die Auswertung des aufgezeichneten Bildmaterials wird nicht geregelt. Daher ist eine Auslegung der bestehenden Normen der nächste logische Schritt.

Neben bundesrechtlichen Regelungen – Regelungen des VersG, des BDSG und des BPolG – werden nachstehend vor allem Regelungen des bayerischen Landesgesetzgebers einer umfassenden rechtlichen Prüfung unterzogen. Ferner werden die speziellen Ermächtigungsgrundlagen zur *Eigensicherung von Polizisten* in Hessen, Rheinland-Pfalz, Hamburg und im Saarland überprüft. Es soll insbesondere untersucht werden, ob diese Vorschriften rechtliche Mängel bzw. Ungenauigkeiten aufweisen. Da die vorsorglich gewonnenen Aufzeichnungen der offenen Videoüberwachung auch ein objektives Beweismittel für ein künftiges Strafverfahren darstellen können (*Strafverfolgungsvorsorge*), ist ferner zu klären, ob in der StPO bereits Vorschriften vorhanden sind, auf welche sich der Einsatz der Bodycam und mithin eine vorsorgliche Erhebung personenbezogener Daten stützen ließe.

2080 Ebenso *Kipker/Gärtner* NJW 2015, 296, 297.

2081 Zur *Verwertung* der erhobenen personenbezogenen Daten siehe S. 582 ff.

I. Bundesrechtliche Regelungen

Zunächst werden Regelungen des Bundesgesetzgebers dahingehend untersucht, ob sie eine Rechtsgrundlage für den polizeilichen Einsatz von Bodycams enthalten.

1. § 12a i.V.m. § 19a VersG

Im Versammlungsgesetz des Bundes[2082] finden sich Rechtsgrundlagen für die Videoüberwachung.[2083] Bei § 12a[2084] i.V.m. § 19a VersG stehen der Abschreckungseffekt und eine erleichterte Strafverfolgung im Vordergrund.[2085] Das Versammlungsgesetz ist gegenüber dem allgemeinen Polizei- und Ordnungsrecht lex specialis, soweit es bei öffentlichen Versammlungen ausdrücklich zu bestimmten Gefahrenabwehrmaßnahmen ermächtigt.[2086] Für die Dauer einer bestimmten öffentlichen Versammlung werden polizeigesetzliche Befugnisnormen zur Videoüberwachung von entsprechenden Vorschriften des Versammlungsgesetzes verdrängt.[2087]

Nach § 12a Abs. 1 S. 1 VersG darf die Polizei Bild- und Tonaufnahmen von Teilnehmern bei oder im Zusammenhang mit öffentlichen Versammlungen nur anfertigen, wenn tatsächliche Anhaltspunkte die Annahme rechtfertigen, dass von ihnen erhebliche Gefahren für die öffentliche Sicherheit oder Ordnung ausgehen. Diese Maßnahme darf auch dann durchgeführt werden, wenn Dritte unvermeidbar betroffen sind, § 12a Abs. 1 S. 2 VersG. Obwohl das Versammlungsgesetz an zahlreichen Stellen von „Versammlung" spricht, wird der Versammlungsbegriff nicht explizit definiert.[2088] Stattdessen wird der Begriff als bekannt vorausgesetzt.[2089] Auch in Art. 8 Abs. 1 GG wird der Begriff der Versammlung nicht definiert. Das BVerfG hat jedoch eine Definition entwickelt, die auf Art. 8 Abs. 1 GG und § 1 Abs. 1 VersG Anwendung findet:

> Versammlungen i.S. des Art. 8 GG sind [...] örtliche Zusammenkünfte mehrerer Personen zur gemeinschaftlichen, auf die Teilhabe an der öffentlichen Meinungsbildung gerichteten Erörterung oder Kundgebung.[2090]

2082 Nur in denjenigen Bundesländern, in welchen von der Gesetzgebungskompetenz kein Gebrauch gemacht worden ist, gilt bis zum Erlass eines Landesversammlungsgesetzes das Versammlungsgesetz des Bundes fort (vgl. Art. 125a Abs. 1 S. 1 GG).

2083 Die Überwachung von Versammlungen ist eines der häufigsten Anwendungsgebiete der polizeilichen Videoüberwachung (*Geiger* Verfassungsfragen, S. 66); *Kugelmann* Polizei- und Ordnungsrecht, 4/135 ff.; *Zander* Body-Cams, S. 21.

2084 § 12a VersG wurde erst am 9.6.1989 in das VersG eingefügt (BGBl. 1989 I, S. 1059).

2085 *Waechter* NdsVBl. 2011, 77.

2086 *Schenke* POR, Rn. 377.

2087 VersG-Kommentar/*Kniesel* I Rn. 2, 392 ff.

2088 Versammlungsrecht/*Enders* § 1 VersG Rn. 5.

2089 Erbs/Kohlhaas/*Wache* § 1 VersG Rn. 20.

2090 BVerfG, Beschl. v. 24.10.2001 – 1 BvR 1190/90 u. a. = NJW 2002, 1031, 1032; umfassend zum Begriff der Versammlung: VersG-Kommentar/*Kniesel* I Rn. 378 ff.

Das VersG gilt nur für Veranstaltungen und Versammlungen die innerhalb des Schutzbereichs von Art. 8 Abs. 1 GG liegen.[2091] Auch wenn § 12a VersG zu Bild- und Tonaufnahmen bei oder im Zusammenhang mit öffentlichen Versammlungen ermächtigt,[2092] ist auch diese Vorschrift nicht auf den polizeilichen Einsatz von Bodycams anwendbar. Bodycams sollen nicht bei oder im Zusammenhang mit öffentlichen Versammlungen, sondern primär bei täglichen Polizeieinsätzen zur Eindämmung von Straftaten gegen Polizisten eingesetzt werden.

Wenngleich über § 19a VersG die Vorschrift des § 12a VersG entsprechend anwendbar ist auf Bild- und Tonaufnahmen durch die Polizei bei Versammlungen *unter freiem Himmel* und Aufzügen, ist § 12a i.V.m. § 19a VersG im Ergebnis aus dem gleichen Grund abzulehnen.

2. § 6b Abs. 1 BDSG

Die datenschutzrechtliche Zulässigkeit der Videoüberwachung richtet sich für öffentliche Stellen des Bundes und für nicht öffentliche Stellen nach § 6b BDSG.[2093] Für Landeseinrichtungen sind die Regelungen in den Landesdatenschutzgesetzen vorrangig.[2094] Damit hat das BDSG für den *bayerischen* Polizeibereich praktisch keine Anwendung, da für bayerische Behörden das BayDSG vorgeht.[2095] § 6b Abs. 1 BDSG ist aber dennoch im Hinblick auf einen *bundespolizeilichen* Einsatz von Bodycams zu untersuchen.

Nach § 6b Abs. 1 Nr. 1 BDSG ist die Beobachtung öffentlich zugänglicher Räume mit optisch-elektronischen Einrichtungen (Videoüberwachung) nur zulässig, soweit sie zur Aufgabenerfüllung öffentlicher Stellen erforderlich ist und keine Anhaltspunkte bestehen, dass schutzwürdige Interessen der Betroffenen überwiegen. Zu einer entsprechenden Videoüberwachung ermächtigt auch § 6b Abs. 1 Nr. 3 BDSG. Voraussetzung ist hierfür, dass die Videoüberwachung zur Wahrnehmung berechtigter Interessen für konkret festgelegte Zwecke erforderlich ist und keine Anhaltspunkte bestehen, dass schutzwürdige Interessen der Betroffenen überwiegen.

2091 *Waechter* NdsVBl. 2001, 77, 78.

2092 Strittig ist bei § 12a VersG, ob die Befugnisnorm sowohl die offene, als auch die verdeckte Anfertigung von Bild- und Tonaufnahmen zulässt (VersG-Kommentar/*Kniesel* I Rn. 11 ff.).

2093 Im BDSG hat der deutsche Gesetzgeber die Vorgaben der EU-DatenschutzRL (RL 95/46/EG des Europäischen Parlaments und des Rates v. 24.10.1995 zum Schutz natürlicher Personen bei der Verarbeitung personenbezogener Daten und zum freien Datenverkehr, Abl.EU v. 23.11.1995, L 281/31) in nationales Recht umgesetzt; die Richtlinie 95/46/EG wird mit Wirkung zum 25.5.2018 aufgehoben (Art. 94 I Verordnung (EU) 2016/679 des europäischen Parlaments und des Rates v. 27.4.2016 zum Schutz natürlicher Personen bei der Verarbeitung personenbezogener Daten, zum freien Datenverkehr und zur Aufhebung der Richtlinie 95/46/EG (Datenschutz-Grundverordnung), Abl.EU v. 4.5.2016, L 119/1).

2094 Komm-BDSG/*Gola/Klug/Körffer* § 6b Rn. 6; *Klar* Datenschutzrecht, S. 190.

2095 *Teubert* Datenschutz und Polizei, S. 25.

a) Öffentlich zugängliche Räume

Eine Videoüberwachung nach § 6b Abs. 1 BDSG ist nur in öffentlich zugänglichen Räumen[2096] zulässig:

> Relevant ist, ob die Räume entweder dem öffentlichen Verkehr gewidmet sind [...] oder nach dem erkennbaren Willen des Berechtigten von jedermann genutzt oder betreten werden können [...].[2097]

Der Begriff des öffentlich zugänglichen Raumes ist also weit zu verstehen.[2098]

Bislang werden Bodycams nur an öffentlich zugänglichen Orten, wie beispielsweise auf öffentlichen Gehwegen und Straßen, in Parks und Fußgängerzonen eingesetzt. Die Kameras sollen zudem an Orten, an denen es aufgrund übermäßigen Alkoholgenusses häufig zu körperlichen Auseinandersetzungen kommt, zum Einsatz kommen; so wird auch in Bahnhofshallen mit Bodycams gefilmt.[2099] Das Tatbestandsmerkmal des öffentlich zugänglichen Raumes ist insoweit unproblematisch, als dass auch Restaurants, Cafés und Bahnhofshallen zu den öffentlich zugänglichen Räumen im Sinne des § 6b Abs. 1 BDSG gehören.[2100]

b) Beobachtung

Der Begriff der Beobachtung meint nicht nur das bloße Beobachten durch sog. *Kamera-Monitor-Systeme*, bei denen die Bilder auf Bildschirme übertragen und nicht aufgezeichnet werden.[2101] Vielmehr werden von diesem Begriff auch – und nach teilweise vertretener Ansicht nur – Aufzeichnungen und Auswertungen erfasst:

> Die Beobachtung per Videokamera erhält ihre spezifische Qualität dadurch, dass die Aufnahmen auch aufgezeichnet oder zumindest ausgewertet werden. Die Aufzeichnung oder Auswertung ist begrifflich notwendiger Bestandteil dieser Art der Datenerhebung.[2102]

Eine akustische Überwachung wird hingegen nicht erfasst.[2103]

2096 Umfassend hierzu Nomos-BDSG/*Scholz* § 6b Rn. 42 ff.; *Lang* Private Videoüberwachung, S. 241 ff.

2097 Komm-BDSG/*Gola/Klug/Körffer* § 6b Rn. 8.

2098 Kommentar zum BDSG/*Becker* § 6b Rn. 9.

2099 http://www.sueddeutsche.de/muenchen/muenchner-hauptbahnhof-bundespolizei-filmt-kuenftig-einsaetze-mit-bodycams-1.2869838 (Stand: Dezember 2016). http://www.sueddeutsche.de/news/panorama/polizei-muenchner-bundespolizei-findet-bodycams-gut-dpa.urn-newsml-dpa-com-20090101-160809-99-997276 (Stand: Dezember 2016).

2100 Nomos-BDSG/*Scholz* § 6b Rn. 44; Kommentar zum BDSG/*Becker* § 6b Rn. 9.

2101 BeckOK-BDSG/*Brink* § 6b Rn. 35.

2102 Komm-BDSG/*Gola/Klug/Körffer* § 6b Rn. 10; umfassend zum Begriff der Beobachtung: Nomos-BDSG/*Scholz* § 6b Rn. 63 ff.; siehe auch *Wilde* Art. 21a BayDSG Rn. 14; Erbs/Kohlhaas/*Ambs* § 6b BDSG Rn. 1.

2103 Nomos-BDSG/*Scholz* § 6b Rn. 64.

c) Erheben personenbezogener Daten

Der Tatbestand der Beobachtung im Sinne des § 6b Abs. 1 BDSG setzt ein Erheben personenbezogener Daten voraus. Diese Voraussetzung ergibt sich nicht unmittelbar aus dem Wortlaut von § 6b Abs. 1 BDSG, kann jedoch aus Sinn und Zweck des BDSG abgeleitet werden. Zweck dieses Gesetzes ist es, den Einzelnen davor zu schützen, dass er durch den Umgang mit seinen personenbezogenen Daten in seinem Persönlichkeitsrecht beeinträchtigt wird (§ 1 Abs. 1 BDSG). Weswegen bei § 6b BDSG gerade auf das Merkmal der personenbezogenen Daten verzichtet werden soll, kann mit schlüssigen Argumenten nicht belegt werden.[2104] Ausreichend für die Bejahung personenbezogener Daten ist, dass identifizier*bare* Betroffene erfasst werden. Unerheblich ist hingegen, ob alle Betroffenen identifiziert werden können oder ob eine Identifizierung aller überhaupt angestrebt wird.[2105]

> Daraus folgt im Ergebnis, dass nur solche videotechnischen Anlagen mangels Erhebung personenbezogener Daten aus dem Anwendungsbereich der Vorschrift fallen, die ausschließlich Übersichtsaufnahmen liefern, bei denen die erfassten Personen aufgrund der Entfernung und vorgegebener technischer Beschränkungen [...] oder durch Verknüpfung mit Zusatzwissen nicht individualisiert werden können.[2106]

Polizeiliche Bodycams sollen nicht bloße Übersichtsaufnahmen liefern. Auch wenn der Zweck der Bodycam primär in der Eindämmung der Gewalt gegen Polizisten liegt, sollen Aufzeichnungen auch zur Aufklärung des streitigen Vorfalls, zur Identifizierung und zur Überführung des Täters im Falle tatsächlicher Gewaltanwendung beitragen. Damit werden zumindest identifizier*bare* Personen erfasst.

Durch den Einsatz der Bodycam werden personenbezogene Daten beschafft. Ein Erheben im Sinne von § 3 Abs. 3 BDSG ist damit gegeben. Überdies werden personenbezogene Daten – im Einzelfall rückwirkend – gespeichert (§ 3 Abs. 4 S. 2 Nr. 1 BDSG).

d) Optisch-elektronische Einrichtung (Videoüberwachung)

Zusätzlich ist eine Beobachtung öffentlich zugänglicher Räume nur mit optisch-elektronischen Einrichtungen zulässig. Meinungsverschiedenheiten bestehen bei der Auslegung des Begriffs „optisch-elektronische Einrichtungen". Bisweilen herrscht Streit darüber, ob § 6b Abs. 1 BDSG auch auf mobile Überwachungsmaßnahmen anwendbar ist oder lediglich stationäre Anlagen auf diese Vorschrift

---

2104 Nomos-BDSG/*Scholz* § 6b Rn. 66 m.w.N.; a.A. *Klar* Datenschutzrecht, S. 191 (§ 6b BDSG knüpft nicht an die Erhebung, Verarbeitung oder Nutzung personenbezogener Daten an); ebenso *Wilde* Art. 21a BayDSG Rn. 4 (§ 6b BDSG stellt nur auf die Beobachtung öffentlich zugänglicher Stellen ab. Durch diese Beobachtung müssen keine personenbezogene Daten erhoben werden); umfassend hierzu *Lang* Private Videoüberwachung, S. 271 ff.

2105 Komm-BDSG/*Gola/Klug/Körffer* § 6b Rn. 11.

2106 Nomos-BDSG/*Scholz* § 6b Rn. 68.

gestützt werden können. Bezüglich dieses Rechtsstreits ist auf obige Ausführungen[2107] im Zusammenhang mit dem Einsatz von Dashcams zu verweisen: § 6b BDSG muss nach überzeugender Ansicht auch auf mobile Überwachungsgeräte Anwendung finden. Zum einen ergeben sich aus dem Wortlaut der Norm keine Hinweise, die auf eine erforderliche Differenzierung zwischen stationären und mobilen Videosystemen hindeuten würden. Zum anderen wird teilweise verkannt, dass § 6b Abs. 2 BDSG, wonach der Umstand der Beobachtung und die verantwortliche Stelle durch geeignete Maßnahmen erkennbar zu machen sind, gerade keine Rechtmäßigkeitsvoraussetzung darstellt. Schließlich können auch keine qualitativen Unterschiede zwischen einer fest installierten Kamera und mobilen Kameras festgestellt werden, welche eine unterschiedliche rechtliche Beurteilung rechtfertigen könnten.[2108]

e) § 6b Abs. 1 Nr. 1 BDSG

Die Beobachtung öffentlich zugänglicher Räume mit optisch-elektronischen Einrichtungen ist zulässig, soweit sie zur Aufgabenerfüllung öffentlicher Stellen erforderlich ist und keine Anhaltspunkte bestehen, dass schutzwürdige Interessen der Betroffenen überwiegen, § 6b Abs. 1 Nr. 1 BDSG.

Adressat der Regelung sind ausschließlich öffentliche Stellen.[2109] Der Begriff der öffentlichen Stelle wird in § 2 BDSG geregelt. Öffentliche Stellen des Bundes sind die Behörden, die Organe der Rechtspflege und andere öffentlich-rechtlich organisierte Einrichtungen des Bundes, der bundesunmittelbaren Körperschaft, Anstalten und Stiftungen des öffentlichen Rechts sowie deren Vereinigungen ungeachtet ihrer Rechtsform (§ 2 Abs. 1 S. 1 BDSG). Der Begriff der öffentlichen Stelle umfasst auch öffentliche Stellen der Länder (§ 2 Abs. 2 BDSG). Hierbei ist jedoch zu beachten, dass das BDSG für die Erhebung, Verarbeitung und Nutzung personenbezogener Daten durch öffentliche Stellen der Länder nur gilt, soweit der Datenschutz nicht durch Landesgesetz geregelt ist und soweit sie Bundesrecht ausführen (§ 1 Abs. 2 Nr. 2 lit. a BDSG) oder als Organ der Rechtspflege tätig werden und es sich nicht um Verwaltungsangelegenheiten handelt (§ 1 Abs. 2 Nr. 2 lit. b BDSG). Der Datenschutz wird in Bayern explizit im Bayerischen Datenschutzgesetz (BayDSG) geregelt, sodass das BDSG nicht für die Erhebung, Verarbeitung und Nutzung personenbezogener Daten durch bayerische öffentliche Stellen gelten kann. Da jedoch auch die Bundespolizei den Einsatz von Bodycams erprobt,[2110] ist zu untersuchen, ob hierfür Vorschriften des BDSG als Rechtsgrundlage herangezogen werden können.

2107 Siehe S. 92 ff.

2108 *Lang* Private Videoüberwachung, S, 244 ff.; dort auch zum – bei Bodycams unproblematischen – Begriff „optisch-elektronisch“ (S. 246 ff.); Kommentar zum BDSG/ *Becker* § 6b Rn. 12 (mobile Videoeinrichtungen, die auf Beobachtung angelegt sind, sollten nicht aus dem Anwendungsbereich des § 6b BDSG herausfallen).

2109 Nomos-BDSG/*Scholz* § 6b Rn. 70.

2110 http://www.sueddeutsche.de/muenchen/muenchner-hauptbahnhof-bundespolizei-filmt-kuenftig-einsaetze-mit-bodycams-1.2869838 (Stand: Dezember 2016).

Maßgeblich für die Zuordnung einer Stelle zur öffentlichen Stelle des Bundes ist grundsätzlich die Trägerschaft der Behörde.[2111] Die Bundespolizei ist damit eine öffentliche Stelle des Bundes.

Die Formulierung *„zur Aufgabenerfüllung"* im Sinne des § 6b Abs. 1 Nr. 1 BDSG meint solche Aufgaben, welche vor einer Datenerhebung konkret festgelegt worden sind,[2112] wobei es ausreichend ist, dass die Videoüberwachung die Aufgabenerfüllung im weitesten Sinne unterstützt. Die Videoüberwachung braucht dagegen nicht zur Erreichung des Zwecks unerlässlich sein.[2113] Art, Umfang und Grenzen der jeweiligen Aufgabe ergeben sich aus Gesetzen, Verordnungen und sonstigen Rechtsvorschriften, in denen die Tätigkeit der öffentlichen Stelle festgelegt ist.[2114] Der Bundespolizei obliegen die Aufgaben, die ihr entweder durch das BPolG übertragen werden oder ihr bis zum 1.11.1994 durch ein anderes Bundesgesetz oder auf Grund eines Bundesgesetzes zugewiesen worden sind (§ 1 Abs. 2 BPolG). Die originären Aufgaben und Verwendungen der Bundespolizei werden im Abschnitt 1 des BPolG (§§ 1–13 BPolG) normiert. Die Befugnisse werden hingegen im zweiten Abschnitt des Bundespolizeigesetzes geregelt. Nach dem Vorbehalt des Gesetzes (Art. 20 Abs. 1 und Abs. 3 GG) braucht die vollziehende Gewalt für Maßnahmen, die in die Freiheit des Betroffenen eingreifen, eine gesetzliche Ermächtigung. Die bloßen Aufgabenzuweisungen (§§ 1–7 BPolG) reichen hierfür nicht aus „weil und soweit sie die Mittel der Aufgabenerfüllung nicht benennen."[2115] Das BPolG enthält zahlreiche besondere Befugnisse zur Datenerhebung (§§ 21 ff. BPolG). Vorliegend könnten insbesondere §§ 21, 26, 27 BPolG und § 28 BPolG in Betracht kommen. Hinsichtlich des Einsatzes von Bodycams bei der Bundespolizei muss bereits an dieser Stelle die Kernaussage der späteren Ausführungen zu den Vorschriften des BPolG vorweggenommen werden:[2116] Sämtliche Vorschriften im BPolG zur Datenerhebung sind nicht geeignet, um einen Einsatz der Bodycam im bundespolizeilichen Bereich darauf stützen zu können. Daher ist ein solcher rechtswidrig und kann nicht zur Erfüllung von Aufgaben, die sich aus dem Rückschluss der jeweiligen Normen ergeben, dienen.

f) § 6b Abs. 1 Nr. 3 BDSG

Des Weiteren ist eine Beobachtung zulässig, wenn sie zur Wahrnehmung berechtigter Interessen für konkret festgelegte Zwecke erforderlich ist (§ 6b Abs. 1 Nr. 3 BDSG) und keine Anhaltspunkte bestehen, dass schutzwürdige Interessen der Betroffenen überwiegen (*Interessensabwägung*).

2111 BeckOK-BDSG/*Gusy* § 1 Rn. 69; Komm-BDSG/*Gola/Klug/Körffer* § 1 Rn. 19.

2112 BeckOK-BDSG/*Brink* § 6b Rn. 43; Komm-BDSG/*Gola/Klug/Körffer* § 6b Rn. 15.

2113 BeckOK-BDSG/*Brink* § 6b Rn. 43 m.w.N.

2114 Nomos-BDSG/*Scholz* § 6b Rn. 70 f.; Komm-BDSG/*Gola/Klug/Körffer* § 6b Rn. 15 i.V.m. § 13 Rn. 2.

2115 Wehr-BPolG Vorb. §§ 14 ff. Rn. 1; siehe auch *Heesen/Hönle/Peilert* § 14 BGSG Rn. 1 f.

2116 Siehe hierzu S. 431 ff.

§ 6b Abs. 1 Nr. 3 BDSG gilt ausschließlich für nicht-öffentliche Stellen.[2117] Der Begriff der nicht-öffentlichen Stelle ist in § 2 Abs. 4 S. 1 BDSG geregelt. Nicht-öffentliche Stellen sind natürliche und juristische Personen, Gesellschaften und andere Personenvereinigungen des privaten Rechts, soweit sie nicht unter § 4 Abs. 1–3 BDSG fallen.[2118] Die Bundespolizei ist eine Polizei des Bundes im Geschäftsbereich des Bundesministeriums des Innern (§ 1 Abs. 1 S. 2 BPolG). Sie ist jedenfalls keine nicht-öffentliche Stelle im Sinne von § 6b Abs. 1 Nr. 3 BDSG.

g) Hinweispflicht, § 6b Abs. 2 BDSG

Da die Videobeobachtung bereits nach § 6b Abs. 1 BDSG unzulässig ist, kommt es auf die Hinweispflicht nach § 6b Abs. 2 BDSG eigentlich nicht mehr an. Da eine Hinweispflicht im Allgemeinen, im Kontext mit Bodycams im Besonderen jedoch nicht unproblematisch ist, sollten dennocheinige grundsätzliche Erwägungen angestellt werden.

Gemäß § 6b Abs. 2 BDSG sind der Umstand der Beobachtung und die verantwortliche Stelle durch geeignete Maßnahmen erkennbar zu machen. Dadurch soll eine heimliche Videoüberwachung ausgeschlossen werden.[2119] Zum einen muss der Umstand der Beobachtung erkennbar gemacht werden, wobei es ausreicht, dass auf die jeweilige Videotechnik hingewiesen wird. Der Betroffene muss jedenfalls erkennen können, dass ein spezifischer Bereich videotechnisch erfasst wird und er gegebenenfalls ausweichen kann.[2120] Erkennbar sind entsprechende Hinweise in der Regel dann, wenn der Betroffene diese ohne Weiteres wahrnehmen kann. Die Hinweise müssen ihm sozusagen „ins Auge fallen".[2121] Die Erkennbarkeit einer Beobachtung wird zu bejahen sein, wenn die Kamera für jedermann sichtbar installiert ist. Ob darüber hinaus noch weitere Hinweise erforderlich sind, ist indes fraglich.[2122]

Die deutliche Sichtbarkeit der Installation erweist sich bei Bodycams als problematisch. Bodycams sind an Schulter oder Brust des filmenden Polizeibeamten befestigt. Die Größe variiert, ist aber prinzipiell mit einer Zigarettenschachtel vergleichbar.[2123] Es gibt jedoch auch Modelle, welche für den Betroffenen nicht klar erkennbar sind. Dies ist vor allem bei Kompaktlösungen der Fall, welche regelmäßig in einem dunklen Gehäuse verbaut und an einer dunklen Uniform befestigt sind.[2124] In diesen Fällen muss, um der Hinweispflicht nach § 6b Abs. 2 BDSG gerecht zu werden, zusätzlich auf die Videoüberwachung hingewiesen

2117 Nomos-BDSG/*Scholz* § 6b Rn. 77; BeckOK-BDSG/*Brink* § 6b Rn. 47.
2118 Zu den Normadressaten vgl.: Nomos-BDSG/*Simitis* § 2 Rn. 118 ff.
2119 Vgl. nur *Lang* Private Videoüberwachung, S. 311.
2120 Nomos-BDSG/*Scholz* § 6b Rn. 103.
2121 BeckOK-BDSG/*Brink* § 6b Rn. 83; Nomos-BDSG/*Scholz* § 6b Rn. 107.
2122 Komm-BDSG/*Gola/Klug/Körffer* § 6b Rn. 23.
2123 *Zander* Body-Cams, S. 15.
2124 *Zander* Body-Cams, S. 16.

werden. Ein entsprechender Hinweis kann in einer, vom filmenden Polizisten zu tragenden Weste mit der Aufschrift „Videoüberwachung“[2125] liegen. Ist die Kamera nicht deutlich sichtbar und daher ein weiterer Hinweis erforderlich, stellt sich das Problem der Sprache, in welcher ein entsprechender Hinweis zu erfolgen hat. Nach allgemeiner Auffassung ist eine Mehrsprachigkeit von Hinweisen überzogen.[2126] Werden Bodycams in Bereichen eingesetzt, welche vermehrt von fremdsprachigen Personen genutzt werden, kann ein schriftlicher Hinweis auf die Videoüberwachung allein in deutscher Sprache nicht ausreichend sein, um dem Transparenzgebot nachzukommen. In München beispielsweise erprobt die Bundespolizei Bodycams vorwiegend am Hauptbahnhof, am Ostbahnhof und am Pasinger Bahnhof.[2127] Da sich an Bahnhöfen häufig auch fremdsprachige Personen aufhalten, ist der Hinweis „Videoüberwachung“ auf der Weste der Polizeibeamten nicht ausreichend. Auch *Scholz* ist der Auffassung, dass insbesondere in öffentlichen Verkehrsmitteln, an Bahnhöfen oder Flughäfen ein schriftlicher Hinweis in deutscher Sprache ungeeignet ist. Als Alternative zu mehrsprachigen Texttafeln sieht er die „Verwendung von allgemein und international verständlichen Piktogrammen“.[2128] Das Gebot der deutschen Amtssprache (vgl. 23 VwVfG) wird jedenfalls nicht verletzt, wenn Behörden im Umgang mit Ausländern deren Sprachen gebrauchen. Für mündliche Besprechungen – unter welchen wohl auch der mündliche Hinweis auf den Einsatz der Bodycam zu subsumieren ist– „gilt dies jedoch nur, wenn alle Beteiligten die fremde Sprache beherrschen und sich damit einverstanden erklären, dass die Besprechung usw in ihr geführt wird, oder wenn sie sonst damit einverstanden sind“.[2129] Ein Anspruch, dass sich die Behörde bei ihrer Amtshandlung einer anderen Sprache bedient, besteht damit nicht.[2130]

Nicht nur der Umstand der Beobachtung ist durch geeignete Maßnahmen erkennbar zu machen, sondern auch die verantwortliche Stelle. Die Identität der verantwortlichen Stelle muss erkennbar sein. Verantwortliche Stelle im Sinne von § 6b Abs. 2 BDSG ist jede Person oder Stelle, die personenbezogene Daten für sich selbst erhebt, verarbeitet oder nutzt oder dies durch andere im Auftrag vornehmen lässt (§ 3 Abs. 7 BDSG). Hierbei kommt es lediglich darauf an, dass der Betroffene „ohne weitere Recherchen problemlos feststellen kann, wem gegenüber

---

2125 Zum Teil wird die Bezeichnung *„Videoteam“* bevorzugt, da damit zum Ausdruck gebracht werden könnte, dass nicht durchgehend gefilmt wird (*Parma* DÖV 2016, 809, 812).

2126 *Lang* Private Videoüberwachung, S. 312; Komm-BDSG/*Gola/Klug/Körffer* § 6b Rn. 24.

2127 Siehe nur http://www.sueddeutsche.de/muenchen/muenchner-hauptbahnhof-bundespolizei-filmt-kuenftig-einsaetze-mit-bodycams-1.2869838 (Stand: Dezember 2016).

2128 Nomos-BDSG/*Scholz* § 6b Rn. 106; *Lang* Private Videoüberwachung, S. 312 (auch im Hinblick auf Analphabeten sind Piktogramme in Erwägung zu ziehen).

2129 *Kopp/Ramsauer* § 23 VwVfG Rn. 6.

2130 Siehe hierzu auch: *Kugele* § 23 VwVfG Rn. 3.

Datenschutzrechte geltend gemacht werden können".[2131] Hinsichtlich der Erkennbarkeit der verantwortlichen Stelle ergeben sich beim Einsatz polizeilicher Bodycams augenblicklich keine Probleme: Nur uniformierte Polizeibeamte tragen eine Bodycam, sodass die Feststellung, wem gegenüber Datenschutzrechte geltend zu machen sind, ohne Weiteres möglich ist.

h) Ergebnis

Die Videoüberwachung mit Bodycams bei der Bundespolizei kann weder auf § 6b Abs. 1 Nr. 1 BDSG noch auf § 6b Abs. 1 Nr. 3 BDSG gestützt werden.[2132] Für Landeseinrichtungen greifen ferner vorrangig die in den Landesdatenschutzgesetzen enthaltenen Regelungen.[2133] Eine Regelung zur Videoüberwachung hat Bayern mit Art. 21a BayDSG geschaffen.[2134]

3. BPolG

Die Bundespolizei testet beispielsweise in München seit Februar 2016[2135] und in Berlin – ebenfalls seit Februar 2016[2136] – probeweise den Einsatz von Bodycams:

> Ein bedeutender Unterschied liegt in der Tatsache begründet, dass die Länder Hessen, Hamburg und Rheinland-Pfalz die mobile Videoüberwachung durch die Body-Cams auf eine besondere, in den Landespolizeigesetzen teilweise neu eingeführte Norm zur Datenerhebung stützen können, während hingegen die Bundespolizei den Einsatz der mobilen Videotechnik auf unveränderter rechtlicher Basis durchführt.[2137]

Auf welche bestehende Rechtsgrundlage der Einsatz gestützt werden kann, ist im folgenden Abschnitt zu erörtern.

a) § 21 BPolG

§ 21 BPolG wird als „Grundnorm" für die Erhebung personenbezogener Daten bezeichnet.[2138]

2131 Nomos-BDSG/*Scholz* § 6b Rn. 104.
2132 Zu § 6b Abs. 1 Nr. 2 BDSG: *Parma* DÖV 2016, 809, 815.
2133 Komm-BDSG/*Gola/Klug/Körffer* § 6b Rn. 6.
2134 Siehe hierzu S. 460 ff.
2135 http://www.sueddeutsche.de/muenchen/muenchner-hauptbahnhof-bundespolizei-filmt-kuenftig-einsaetze-mit-bodycams-1.2869838 (Stand: Dezember 2016).
2136 http://www.rbb-online.de/politik/beitrag/2016/02/body-cams-bundespolizei-berlin.html (Stand: Dezember 2016).
2137 *Parma* DÖV 2016, 809, 813.
2138 BR-Drucks. 418/94, S. 51; *Heesen/Hönle/Peilert* § 21 BGSG Rn. 3 („*Befugnis [...] zur präventiven Erhebung personenbezogener Informationen*").

aa) § 21 Abs. 1 BPolG

§ 21 Abs. 1 BPolG enthält eine Generalklausel zur Datenerhebung und ist damit weiteren Befugnissen der Datenerhebung nach dem BPolG nachrangig.[2139]

bb) § 21 Abs. 2 BPolG

§ 21 Abs. 2 BPolG normiert die Befugnis zur Datenerhebung zur Verhütung von Straftaten und ist gegenüber § 21 Abs. 1 BPolG die speziellere Vorschrift.

Voraussetzung des § 21 Abs. 2 Nr. 1 BPolG ist, dass Tatsachen die Annahme rechtfertigen, dass eine Person eine Straftat im Sinne des § 12 Abs. 1 BPolG[2140] mit erheblicher Bedeutung begehen will und die Daten zur Verfolgung solcher Straftaten erforderlich sind. Nach § 21 Abs. 2 Nr. 2 BPolG kann auch eine „Kontakt- oder Begleitperson Adressat der Maßnahme sein".[2141]

Bodycams werden offenkundig nicht eingesetzt, wenn Tatsachen die Annahme rechtfertigen, dass eine Person eine Straftat im Sinne des § 12 Abs. 1 BPolG mit erheblicher Bedeutung begehen will. § 12 BPolG beschreibt abschließend die „repressiven Sachkompetenzen des Bundesgrenzschutzes [als Vorgängereinrichtung der Bundespolizei] im Bereich der Aufgabe ‚Strafverfolgung'."[2142] Videoüberwachungsmaßnahmen mit Bodycams stellen keine polizeiliche Aufgabe auf dem Gebiet der Strafverfolgung dar. Die Überwachung mit der mobilen Kamera ist zum einen *präventiv* ausgerichtet. Zum anderen ist sie auch eine Maßnahme der Strafverfolgungs*vorsorge*.

§ 21 Abs. 2 BPolG scheidet als Rechtsgrundlage aus.

b) § 26 Abs. 1 S. 1 BPolG

Auch § 26 Abs. 1 S. 1 BPolG kann nicht als Rechtsgrundlage für den Einsatz von Bodycams herangezogen werden.[2143] Zum einen ist die Erhebung personenbezogener Daten durch die Anfertigung von Bild- und Tonaufzeichnungen nur bei oder im Zusammenhang mit öffentlichen Veranstaltungen oder Ansammlungen[2144] zulässig (*sachliche Begrenzung*). Ferner begrenzt § 26 Abs. 1 BPolG die Befugnis zur Datenerhebung auf solche öffentlichen Veranstaltungen oder Ansammlungen an

2139 Wehr-BPolG § 21 Rn. 1; *Heesen/Hönle/Peilert* § 21 BGSG Rn. 5.

2140 Umfassend hierzu Wehr-BPolG § 12 Rn. 4 ff.

2141 Wehr-BPolG § 21 Rn. 11.

2142 *Heesen/Hönle/Peilert* § 12 BGSG Rn. 1.

2143 *Parma* hält § 26 BPolG als geeignete Rechtsgrundlage für eine *Testphase*, da die Pilotversuche bei der Bundespolizei lediglich an Dienststellen durchgeführt werden, die Aufgaben nach § 3 BPolG wahrnehmen und somit sämtliche Tatbestandsmerkmale erfüllt sein können. Eine entsprechende Grundlage fehlt hingegen zum Zwecke der Eigensicherung bei sämtlichen Streifengängen (*Parma* DÖV 2016, 809, 815).

2144 Zu den Begriffen vgl. *Heesen/Hönle/Peilert* § 26 BGSG Rn. 2 f.

der Grenze bzw. den in § 23 Abs. 1 Nr. 4 BPolG bezeichneten Objekten (*räumliche Begrenzung*).[2145]

c) § 27 S. 1 BPolG

Die Bundespolizei kann selbsttätige Bildaufnahme- und Bildaufzeichnungsgeräte einsetzen, um unerlaubte Grenzübertritte oder Gefahren für die Sicherheit an der Grenze (§ 27 S. 1 Nr. 1 BPolG) oder Gefahren für die in § 23 Abs. 1 Nr. 4 BPolG bezeichneten Objekte oder für dort befindliche Personen oder Sachen (§ 27 S. 1 Nr. 2 BPolG) zu erkennen. *Selbsttätig* sind die Geräte dann, wenn sie „nicht im Einzelfall von einem Menschen bedient werden, sondern entweder im Dauerbetrieb stehen oder etwa durch Bewegungs- oder Wärmeimpulse in Gang gesetzt werden."[2146] Besonders deutlich geht dies auch aus der Begründung zum Gesetzentwurf hervor:

> [Selbsttätige Geräte] sind an einem festen Standort installiert und ihr Blickwinkel ist zumindest – fest oder variabel – vorgegeben, kann aber mitunter auch ferngesteuert verändert werden. Ihre Besonderheit besteht vor allem darin, daß Bildaufnahmen nicht erst im Falle einer konkreten Gefahr und dann zielgerichtet nur von Störern gefertigt werden. Die Geräte werden vielmehr – zumeist im Dauerbetrieb – an bestimmten, abstrakt gefährdeten Gebäuden oder Anlagen […] eingesetzt, um frühzeitig etwaige konkrete Gefahren erkennen zu können.[2147]

Da Bodycams im Einzelfall von einem Polizisten aktiviert werden und auch nicht im Dauerbetrieb stehen, ist § 27 S. 1 BPolG keine geeignete Rechtsgrundlage für den Einsatz von Bodycams bei der Bundespolizei.[2148]

d) § 28 Abs. 1 S. 1 Nr. 1 i.V.m. Abs. 2 Nr. 2 lit. a BPolG

Die Bundespolizei kann unter anderem – und unter Beachtung des § 70 S. 2 BPolG – personenbezogene Daten mit den besonderen Mitteln der Datenerhebung nach § 28 Abs. 2 BPolG über die nach § 17 BPolG oder § 18 BPolG Verantwortlichen oder unter den Voraussetzungen des § 20 Abs. 1 BPolG über die dort bezeichneten Personen zur Abwehr einer Gefahr für Leib oder Leben einer Person erheben. Voraussetzung hierfür ist, dass die Abwehr der Gefahr auf andere Weise aussichtslos ist oder wesentlich erschwert würde (§ 28 Abs. 1 S. 1 Nr. 1 BPolG).

Ein besonderes Mittel der Datenerhebung ist beispielsweise der Einsatz technischer Mittel in einer für den Betroffenen nicht erkennbaren Weise zur Anfertigung von Bildaufnahmen oder -aufzeichnungen (§ 28 Abs. 2 Nr. 2 lit. a BPolG). § 28 Abs. 1 S. 1 Nr. 1 i.V.m. Abs. 2 Nr. 2 lit. a BPolG regelt damit die verdeckte Erhebung personenbezogener Daten. Unabhängig von der Frage, ob der offene

2145 Wehr-BPolG § 26 Rn. 2, 3.
2146 Wehr-BPolG § 27 Rn. 1; siehe auch *Heesen/Hönle/Peilert* § 27 BGSG Rn. 2.
2147 BT-Drs. 12/7562 v. 17.5.1994, S. 57.
2148 So auch *Parma* DÖV 2016, 809, 814.

Bodycam-Einsatz nach einem „Erst-Recht-Schluss" unter die Vorschrift subsumiert werden könnte,[2149] scheitert die Einschlägigkeit der Vorschrift aber jedenfalls an der Formulierung „zur Abwehr einer Gefahr". Die Datenerhebung ist nur zur Abwehr einer qualifizierten konkreten Gefahr zulässig.[2150] Eine *konkrete Gefahr* liegt bei einer Sachlage vor, „bei der im Einzelfall die hinreichende Wahrscheinlichkeit besteht, dass bei ungehindertem Verlauf in absehbarer Zeit ein Schaden für die öffentliche Sicherheit eintreten wird".[2151] Bodycams werden unter anderem nur dann aktiviert, wenn strafrechtlich relevantes Verhalten *droht.* Das „Drohen eines strafrechtlich relevanten Verhaltens" kann jedoch nicht mit dem Begriff der konkreten Gefahr im Sinne des BPolG gleichgesetzt werden. Zum Zeitpunkt der Aufzeichnung kann noch keine hinreichende Wahrscheinlichkeit eines Schadenseintritts verzeichnet werden. Obgleich die absolute Gewissheit eines Schadenseintritts nicht erforderlich ist, reicht die bloße Möglichkeit nicht aus.[2152] Dem Begriff des „Drohens" kann nicht mehr als die Möglichkeit eines Schadenseintritts innewohnen. Das Drohen eines strafrechtlich relevanten Verhaltens kann allenfalls die Vorstufe einer hinreichenden Wahrscheinlichkeit eines Schadenseintritts darstellen. Die Kamera wird nur *vorsorglich* für die Verfolgung von Straftaten aktiviert. Daher fehlt es an einer konkreten Gefahr.[2153]

Die personenbezogene Datenerhebung mit besonderen Mitteln wäre außerdem nur dann zulässig, wenn die Abwehr der Gefahr „auf andere Weise aussichtslos ist oder wesentlich erschwert würde".[2154] An diesem Tatbestandsmerkmal muss die Anwendbarkeit der Norm letztlich scheitern. Wie bereits mehrfach betont, stellen Kommunikation und Sprache ein effektives Mittel dar, um körperliche Angriffe auf Polizisten im Vorfeld zu verhindern. Die Abwehr der Gefahr der körperlichen (aber auch psychischen) Feindseligkeiten gegen Polizisten ist daher auf andere Weise offensichtlich nicht aussichtslos oder wesentlich erschwert.

e) Ergebnis

Für den Einsatz von Bodycams bei der Bundespolizei fehlt es an einer entsprechenden Eingriffsermächtigung, sodass auch die Modellversuche rechtswidrig sind.[2155]

2149 Soweit die Voraussetzungen des § 28 Abs. 1 BPolG vorliegen, dürfen auch offene präventive Videoüberwachungen *a fortiori* erfolgen (*Heesen/Hönle/Peilert* § 28 BGSG Rn. 7 a.E.).

2150 Wehr-BPolG § 28 Rn. 1.

2151 Wehr-BPolG § 14 Rn. 21

2152 Wehr-BPolG § 14 Rn. 22.

2153 Bei *rückwirkender* endgültiger Speicherung des Datenmaterials (*Pre-Recording-Funktion*) könnte hingegen im Einzelfall eine *konkrete Gefahr* bejaht werden. Für einen Einsatz zu Zwecken der Eigensicherung stellt § 28 Abs. 1 S. 1 Nr. 1 i.V.m. Abs. 2 Nr. 2 lit. a BPolG jedoch keine hinreichend genau formulierte Rechtsgrundlage dar.

2154 Ein Eingriff wäre nur als „*Ultima Ratio*" zulässig (*Heesen/Hönle/Peilert* § 28 BGSG Rn. 4).

2155 So auch im Ergebnis *Plöse* Schriftliche Stellungnahme an den Innen- und Rechtsausschuss des Schleswig-Holsteinischen Landtages zu den Anträgen 18/3849 und

II. Strafprozessuale Ermächtigungen – Bodycam als Mittel der sog. Strafverfolgungsvorsorge

In der Debatte um die Einführung polizeilicher Bodycams geht es nicht nur um den Schutz von Polizisten vor körperlichen Angriffen (*Prävention*). Die vorsorglich gewonnenen Aufzeichnungen der offenen Videoüberwachung können auch ein objektives Beweismittel für ein künftiges Strafverfahren darstellen (*Strafverfolgungsvorsorge*). Bevor untersucht wird, nach welchen Vorschriften sich die gerichtliche Verwertung von Bodycam-Aufzeichnungen richtet,[2156] ist zunächst zu prüfen, ob in der StPO bereits Vorschriften vorhanden sind, auf welche sich der Einsatz der Bodycam und mithin eine vorsorgliche Erhebung personenbezogener Daten stützen ließe.

1. *Regelungen zur Strafverfolgungsvorsorge in der StPO*

Bodycams haben nicht nur eine präventive Funktion, sondern können auch eine Maßnahme der Strafverfolgungsvorsorge darstellen. Daher drängt sich die Frage auf, ob aufgrund der Doppelfunktionalität der Maßnahme auch eine Regelung in der StPO erforderlich ist.

Die Frage nach dem Erfordernis einer strafprozessualen Regelung ist nicht unproblematisch, da eine Strafverfolgung im engeren Sinne eine bereits geschehene Straftat voraussetzt,[2157] an einen Anfangsverdacht anknüpft und der Ermittlung und Aufklärung von Straftaten dient.[2158] Das Problem bei Bodycams besteht darin, dass Bodycam-Aufzeichnungen – nach der in dieser Abhandlung vertretenen Ansicht – lediglich der Strafverfolgungsvorsorge und nicht der Strafverfolgung als solcher dienen. Fraglich ist daher, ob auch Maßnahmen der Strafverfolgungsvorsorge eine gesetzliche Grundlage in der StPO erfordern bzw. ob und in welchen Umfang Maßnahmen der Strafverfolgungsvorsorge überhaupt auf einer strafprozessualen Grundlage zulässig sind.

Zur Vorsorge künftiger Strafverfolgung führt *Erb* wie folgt aus:

> Maßnahmen der Strafverfolgungsbehorden, namentlich der Polizei, die an einen Anfangsverdacht anknüpfen, können den Zweck verfolgen, Erkenntnisse für später

---

18/3885, SH LT Umdruck 18/6087, S. 7, http://www.landtag.ltsh.de/infothek/wahl18/umdrucke/6000/umdruck-18-6087.pdf (Stand: Dezember 2016); anders hingegen *Parma* DÖV 2016, 809, 813 („*Auch wenn das Fehlen einer ausdrücklichen Rechtsgrundlage zum Einsatz von Body-Cams im Bundespolizeigesetz nicht in jedem Fall zur Unzulässigkeit der Datenerhebung führen muss, entstehen gleichwohl datenschutzrechtliche Probleme bei der praktischen Umsetzung*"). Darüber hinaus hält er § 26 BPolG als Rechtsgrundlage – jedenfalls für die bisherigen Modellversuche – für ausreichend (*Parma* DÖV 2016, 809, 815).

2156 Siehe hierzu S. 582 ff.

2157 *Kugelmann* Polizei- und Ordnungsrecht, 1/40.

2158 LR-StPO/*Erb* Vorb. 158 Rn. 9.

> aufzuklärende Straftaten bereitzustellen. Sie sind damit Hilfsmittel für eine zukünftige Strafverfolgung der dann begangenen Straftaten und dienen nicht, wie Maßnahmen der vorbeugenden Verbrechensbekämpfung [...] der Gefahrenabwehr. Dieser funktionelle Zusammenhang legt es nahe, sie rechtssystematisch als Gegenstand des Strafverfahrensrechts zu verstehen und die etwa erforderlichen Rechtsgrundlagen hierfür diesem zu entnehmen oder de lege ferenda in diesem zu schaffen. Es ist daher auch kompetenzrechtlich nicht hinnehmbar, wenn die Landespolizeigesetze teilweise diese Aufgabe für sich reklamiert haben.[2159]

Der Bundesgesetzgeber hat bereits einige strafprozessuale Vorschriften geschaffen, welche die Strafverfolgungsvorsorge regeln und für die nicht das in § 6 EGStPO verankerte *Kodifikationsprinzip* gilt.[2160] Strafprozessuale Ermächtigungen zur Vorsorge für künftige Strafverfolgung sind beispielsweise §§ 81b Alt. 2, 81g, 100a und 484 StPO. Maßnahmen zur Strafverfolgungsvorsorge, welche bereits bundesrechtlich gesondert geregelt sind, können nicht mehr auf landespolizeirechtliche Vorschriften gestützt werden.[2161] Der Bundesgesetzgeber hat jedoch nur vereinzelt strafprozessuale Vorschriften zur Strafverfolgungsvorsorge erlassen. Aus einer punktuellen Schaffung strafprozessualer Normen kann jedenfalls nicht geschlossen werden, „dass er damit immer zugleich den Erlass entsprechender oder ähnlicher Strafverfolgungsvorsorgemaßnahmen durch den Landesgesetzgeber konkludent ausschließen wollte".[2162] Soweit der Bundesgesetzgeber also keine strafprozessuale Regelung zur Strafverfolgungsvorsorge vorsieht, muss die Möglichkeit zum Erlass landespolizeirechtlicher Vorschriften bleiben.[2163] De lege ferenda müsste dann keine entsprechende Rechtsgrundlage in der StPO geschaffen werden.

Fraglich ist daher, ob es in der StPO bereits Ermächtigungsgrundlagen gibt, auf welche der offene Einsatz der Videoüberwachung in Form von Bodycams, gestützt werden kann. Sollte eine entsprechende Regelung bereits vorhanden sein, darf eine entsprechende landesrechtliche Vorschrift nicht mehr erlassen werden.

2. § 161 Abs. 1 i.V.m. § 163 Abs. 1 StPO

Ausführlich mit der Frage, inwieweit die strafprozessuale Generalklausel nach § 161 Abs. 1 i.V.m. § 163 Abs. 1 StPO eine gesetzliche Legitimation für Eingriffe in das allgemeine Persönlichkeitsrecht nach Art. 2 Abs. 1 i.V.m. Art. 1 Abs. 1 GG darstellen kann beschäftigte sich *Kramer*[2164] im Anschluss an das Urteil des BGH v. 14.5.1991. Darin ging es um die strafprozessuale Verwertbarkeit von Videoaufnahmen.

2159 LR-StPO/*Erb* Vorb. § 158 Rn. 12a.

2160 Zusammenfassend *Schenke* POR, Rn. 35.

2161 Praxishandbuch POR/*Söllner* S. 119 Rn. 17; BVerwG, Urt. v. 25.1.2012 – 6 C 9/11 = NVwZ 2012, 757, 760.

2162 *Schenke* POR, Rn. 30.

2163 So auch *Held* Intelligente Videoüberwachung, S. 43.

2164 *Kramer* NJW 1992, 2732.

Dem Urteil lag folgender Sachverhalt zugrunde: Nachdem es zu verschiedenen Gebäudebränden gekommen war und die Ermittlungsbehörden den Angeklagten mit deren Entstehung in Verbindung gebracht hat, baute die Polizei mit Absprache der Staatsanwaltschaft in die der Wohnung des Angeklagten gegenüberliegenden Wohnungstür eine Kamera ein. Dadurch wurde jedes Betreten und Verlassen der Wohnung des Angeklagten durch die Eingangstür aufgezeichnet. Das LG Nürnberg-Fürth verurteilte den Angeklagten; die Überzeugung des Gerichts von der Schuld des Angeklagten beruhte unter anderem auf den durch die Videoaufzeichnungen festgehaltenen Zeiten. Danach stimmten die Brandlegungszeiten und das Betreten und Verlassen der Wohnung des Angeklagten in mehreren Fällen überein. Der BGH äußerte Bedenken dahingehend, ob §§ 160, 161, 163 StPO als Ermächtigungsgrundlage für einen derartigen Eingriff in die geschützten Rechte des Angeklagten ausreichend sein können:

> Manches spricht dafür, daß eine solche Observation einen Eingriff in die Privatsphäre darstellt, der eine spezielle gesetzliche Eingriffsnorm voraussetzt (Art. 8 MRK), und daß als solche Norm weder Art. 2 BayPAG (noch §§ 160, 161, 163 StPO) ausreichen; denn das Gesetz muß sowohl die Voraussetzungen als auch Art und Umfang des Eingriffs klar und eindeutig formulieren, wobei freilich nicht verkannt werden darf, daß „gesetzlich vorgesehen" i.S. von Art. 8 MRK nicht nur das ist, was ein Gesetz im formellen Sinn regelt, sondern daß hier der gesamte Rechtszustand in dem betreffenden Staat einschließlich der [...] Rechtsprechung gemeint ist [...].[2165]

Da dem BGH zufolge jedoch zum damaligen Zeitpunkt noch keine spezielle gesetzliche Regelung bestand, sah das Gericht keinen Anlass dafür, das Urteil des LG Nürnberg-Fürth aufzuheben. §§ 160, 161, 163 StPO waren somit ausreichend, um Eingriffe derartiger Art abzudecken.[2166]

Nach *Kramer* greifen die Bedenken des BGH hinsichtlich §§ 160, 161, 163 StPO als geeignete gesetzliche Legitimation hingegen nicht durch. Seiner Auffassung nach genügen die strafprozessualen Vorschriften nicht nur für eine sog. *„Übergangszeit"*,[2167] sondern in vollem Umfang den Kriterien der Entscheidung des BVerfG zum sog. *Volkszählungsurteil* aus dem Jahre 1983.[2168] Aufgrund des verfassungsrechtlich erforderlichen Maßes der Bestimmtheit von gesetzlichen Regelung ist diese Ansicht jedoch höchst zweifelhaft. Während es in der zitierten Entscheidung des BGH um den *verdeckten* Einsatz technischer Mittel zur Anfertigung von Bildaufzeichnungen geht, muss die strafprozessuale Generalklausel nicht nur für Grundrechtseingriffe, die dem Betroffenen verborgen bleiben, abgelehnt werden. Mangels Normenklarheit können § 161 Abs. 1 i.V.m. § 163 Abs. 1 StPO auch nicht für *offene* Videoaufzeichnungen, welche ohne bzw. gegen den Willen des Betroffenen durchgeführt

2165 BGH, Urt. v. 14.5.1991 – 1 StR 699/90 = NJW 1991, 2651.

2166 BGH, Urt. v. 14.5.1991 – 1 StR 699/90 = NJW 1991, 2651, 2652.

2167 *Wolter* spricht von einem sog. *„Übergangsbonus"* (*Wolter* NStZ 1993, 1, 2).

2168 Umfassend *Kramer* NJW 1992, 2732.

werden, als Rechtsgrundlage herangezogen werden.[2169] Ein Grundrechtsverzicht bzw. eine Einwilligung liegt auch bei einer offenen Videoüberwachungsmaßnahme mit Bodycams nicht vor, da der Betroffene unter anderem die volle Reichweite einer entsprechenden Einwilligung vor allem im Hinblick auf eine mögliche Verwendung seiner Daten nicht absehen kann.

Obgleich die Videoaufzeichnung mit Bodycams offen erfolgt, kann aufgrund fehlender Normenklarheit die strafprozessuale Generalklausel nicht als Rechtsgrundlage herangezogen werden.

3. *§ 100c StPO*

Nach § 100c Abs. 1 StPO darf, auch ohne Wissen der Betroffenen und unter bestimmten Voraussetzungen das in einer Wohnung nichtöffentlich gesprochene Wort mit technischen Mitteln abgehört und aufgezeichnet werden.

§ 100c StPO ist als Rechtsgrundlage für den Einsatz der offenen Videoüberwachung mit Bodycams nicht einschlägig. Zum einen regelt § 100c StPO lediglich die verdeckte Überwachung (*ohne Wissen der Betroffenen*) und zum anderen ist nur der Einsatz technischer Mittel zum Abhören und Aufzeichnen des *nichtöffentlich gesprochenen Wortes in Wohnungen* erfasst. Bodycams erfolgen stets offen; der Betroffene wird (ausdrücklich) auf die Videoüberwachungsmaßnahme hingewiesen. Ferner findet gegenwärtig auch kein Einsatz in Wohnungen statt. Die mobilen Überwachungsgeräte finden bislang und uneingeschränkt an öffentlich zugänglichen Orten Verwendung. Schließlich regelt § 100c StPO ausschließlich die *akustische* Wohnraumüberwachung.[2170] Eine akustische Überwachung mit Bodycams ist augenblicklich die Ausnahme.[2171] Im Vordergrund steht weiterhin die optische Überwachung des Polizeieinsatzes.

4. *§ 100h Abs. 1 S. 1 Nr. 1 StPO*

> Für den Einsatz zur Strafverfolgung bei bereits vollendeten oder andauernden Straftatbeständen außerhalb von Wohnungen ist der § 100h Absatz 1 Nr. 1 StPO anwendbar. Wird also mittels Body-Cam kurz nach oder während einer Straftat aufgezeichnet, ist dies bereits bundesweit rechtlich über die Strafprozessordnung abgedeckt.[2172]

2169 *Geiger* Verfassungsfragen, S. 190, 194; die Ermittlungsgeneralklausel kann für all jene Ermittlungshandlungen, die mit einem Grundrechtseingriff verbunden sind, der allerdings weniger intensiv ist, herangezogen werden (KK-StPO/*Griesbaum* § 161 Rn. 1); zur Ermächtigungsgeneralklausel §§ 161, 163 StPO: SK-StPO/*Wohlers/Greco* Vorb. §§ 94 ff. Rn. 2; umfassend zur Ermittlungsgeneralklausel der §§ 161, 163 StPO: *Hefendehl* StV 2001, 700.

2170 Siehe hierzu auch LR-StPO/*Hauck* § 100c Rn. 11.

2171 So z.B. in Hessen (Art. 14 Abs. 6 S. 1 HSOG).

2172 *Zander* Body-Cams, S. 20 f.

Ob die Auffassung von *Zander* zutreffend ist, gilt es im Folgenden zu überprüfen.

Nach § 100h Abs. 1 S. 1 Nr. 1 StPO dürfen auch ohne Wissen der Betroffenen außerhalb von Wohnungen im Sinne des Art. 13 GG Bildaufnahmen hergestellt werden, wenn die Erforschung des Sachverhalts oder die Ermittlung des Aufenthaltsortes eines Beschuldigten auf andere Weise weniger erfolgversprechend oder erschwert wäre. Auch wenn der von der Videoüberwachung mit Bodycams Betroffene Kenntnis darüber hat, dass er videoüberwacht wird, macht dies die Maßnahme nicht zwangsläufig unzulässig. Die Voraussetzungen müssen aber weiterhin vorliegen.[2173] Von dem Begriff der Bildaufnahme werden auch Video- und Filmaufnahmen erfasst,[2174] sodass sich diesbezüglich keine Schwierigkeiten hinsichtlich der Anwendbarkeit der Vorschrift auf den Einsatz von Bodycams ergeben.

Die Ermittlungsbefugnis nach § 100h Abs. 1 S. 1 Nr. 1 StPO setzt den Anfangsverdacht einer Straftat voraus. Auf einen bestimmten Verdachtsgrad oder auf die rechtliche Einordnung der zu verfolgenden Tat kommt es nicht an.[2175] Ausreichend ist eine „gewisse Wahrscheinlichkeit, dass die Straftat bereits begangen oder versucht und nicht nur vorbereitet worden ist."[2176] Ob die Herstellung von Bildaufnahmen nach § 100h Abs. 1 S. 1 Nr. 1 StPO zudem nur die Herstellung *zu Zwecken der Observation* erfasst,[2177] kann vorliegend dahinstehen, da Bodycams beispielsweise nur dann aktiviert werden, wenn strafrechtlich relevantes Verhalten droht; Das Drohen eines strafrechtlich relevanten Verhaltens begründet keinen Anfangsverdacht. Würden Bodycams jedoch tatsächlich erst bei vollendeten oder andauernden Straftatbeständen aktiviert werden, könnte die Maßnahme rechtlich über § 100h Abs. 1 S. 1 Nr. 1 StPO abgedeckt sein, sofern die Erforschung des Sachverhalts oder die Ermittlung des Aufenthaltsortes eines Beschuldigten auf andere Weise weniger erfolgversprechend oder erschwert wäre.[2178]

Im Ergebnis ist damit Folgendes festzuhalten: Bodycams sollen nicht erst bei bereits vollendeten oder andauernden Straftatbeständen eingesetzt werden. Eine Aufzeichnung erfolgt vielmehr zu *präventiven* Zwecken und zur Strafverfolgungs*vorsorge*. Solange und soweit Bodycams primär Präventionszwecken dienen, ist ein entsprechender Einsatz nicht von § 100h Abs. 1 S. 1 Nr. 1 StPO gedeckt.

2173 BeckOK-StPO/*Hegmann* § 100h Rn. 3.

2174 MüKo-StPO/*Günther* § 100h Rn. 3.

2175 BeckOK-StPO/*Hegmann* § 100h Rn. 12; KK-StPO/*Bruns* § 100h Rn. 4; LR-StPO/*Hauck* § 100h Rn. 2.

2176 BeckOK-StPO/*Hegmann* § 102 Rn. 1; siehe auch Meyer-Goßner/Schmitt/*Schmitt* § 100h StPO Rn. 6.

2177 So z.B. Meyer-Goßner/Schmitt/*Schmitt* § 100h StPO Rn. 1; a.A. OLG Bamberg, Beschl. v. 16.11.2009 – 2 Ss OWi 1215/09 = NJW 2010, 100, 101.

2178 Ebenso *Parma* DÖV 2016, 809, 814 (§ 100h StPO bleibt aber ein Ausnahmetatbestand für den Einsatz von Bodycams).

5. *§ 81b Alt. 2 StPO*

Soweit es für Zwecke der Durchführung des Strafverfahrens oder für Zwecke des Erkennungsdienstes notwendig ist, dürfen unter anderem Lichtbilder des Beschuldigten auch gegen seinen Willen vorgenommen werden, § 81b StPO.

§ 81b StPO ist sowohl für strafrechtliche Ermittlungshandlungen als auch für polizeiliche Präventivmaßnahmen Rechtsgrundlage.[2179] Strafprozessrecht ist einschlägig, wenn es sich um „Identifizierungsmaßnahmen für Zwecke der Durchführung des Strafverfahrens gegen den Willen des Beschuldigten"[2180] handelt (§ 81b Alt. 1 StPO).[2181] Materielles Polizeirecht hingegen beinhaltet § 81b Alt. 2 StPO, wenn der Beschuldigte als erkennungsdienstlich behandelt werden soll. In diesen Fällen handelt es sich um Akte der *Strafverfolgungsvorsorge*.[2182] Eine erkennungsdienstliche Maßnahme nach § 81b Alt. 2 StPO dient nicht der „Überführung des Beschuldigten, sondern der vorsorglichen Bereitstellung von sächlichen Hilfsmitteln für die Erforschung und Aufklärung von Straftaten. Sie sind rein vorbeugender und sichernder Natur."[2183]

Die Bodycam-Aufzeichnung kann allenfalls ein objektives Beweismittel für ein – zum Zeitpunkt der tatsächlichen Aufzeichnung noch völlig ungewisses – künftiges Strafverfahren sein. Entsprechende Aufzeichnungen können somit lediglich eine Maßnahme der Strafverfolgungsvorsorge darstellen. Soweit § 81b StPO eine Maßnahme der Strafverfolgungsvorsorge betrifft, hat der Bund von seiner konkurrierenden Gesetzgebungskompetenz nach Art. 74 Abs. 1 Nr. 1 GG abschließend Gebrauch gemacht.[2184]

Maßnahmen nach § 81b Alt. 1 StPO sind nur gegen den Beschuldigten, nicht aber gegen andere Personen zulässig.[2185] Beschuldigter ist nur der, gegen den das Strafverfahren aufgrund zureichender tatsächlicher Anhaltspunkte gemäß § 152 Abs. 2 StPO betrieben wird. Die Eigenschaft wird bereits durch die erste Ermittlungshandlung begründet.[2186] Dies gilt nicht nur für Maßnahmen nach § 81b Alt. 1 StPO, sondern auch für solche nach § 81b Alt. 2 StPO, sodass die „erkennungsdienstliche Behandlung aus präventiv-polizeilichen Gründen (§ 81b Alt. 2) [...] ebenfalls nur im

---

2179 *Pfeiffer* § 81b StPO Rn. 1.
2180 KK-StPO/*Senge* § 81b Rn. 1.
2181 Siehe hierzu *Parma* DÖV 2016, 809, 814, 815.
2182 KK-StPO/*Senge* § 81b Rn. 1; Meyer-Goßner/Schmitt/*Schmitt* § 81b StPO Rn. 3.
2183 *Geiger* Verfassungsfragen, S. 217; siehe auch Meyer-Goßner/Schmitt/*Schmitt* § 81b StPO Rn. 3 m.w.N.
2184 *Schenke* POR, Rn. 126.
2185 *Pfeiffer* § 81b StPO Rn. 1; LR-StPO/*Krause* § 81b Rn. 8.
2186 LR-StPO/*Krause* § 81b Rn. 8; BeckOK-StPO/*Ritzert* § 81b Rn. 1; *Pfeiffer* § 81b StPO Rn. 1; KK-StPO/*Senge* § 81b Rn. 2; nach *Geiger* ist die Beschuldigteneigenschaft bereits dann zu bejahen, wenn ein unbekannter Täter bei Tatbegehung aufgenommen wird (*Geiger* Verfassungsfragen, S. 195).

Rahmen eines anhängigen Strafverfahrens gegen einen bestimmten Beschuldigten zulässig ist".[2187] Insbesondere sind erkennungsdienstliche Maßnahmen außerhalb eines anhängigen Ermittlungsverfahrens nur nach anderen Rechtsvorschriften zulässig.[2188] Die Beschuldigteneigenschaft beginnt, wenn eine Maßnahme getroffen wird, die „erkennbar darauf gerichtet ist, gegen jemanden als Beschuldigten vorzugehen".[2189] Es ist also ein sog. *Inkulpationsakt* der Strafverfolgungsbehörde erforderlich.[2190] Im Zusammenhang mit erkennungsdienstlichen Maßnahmen nach Polizeirecht im Sinne des § 81b Alt. 2 StPO besagt der Beschuldigtenbegriff nur, „dass die Anordnung nicht an beliebige Tatsachen anknüpfen oder zu einem beliebigen Zeitpunkt ergehen darf, sondern dass sie durch ein gegen den Betroffenen als Beschuldigten geführtes Strafverfahren veranlasst sein und das Ergebnis dieses Verfahrens auch die gesetzlich geforderte Notwendigkeit der erkennungsdienstlichen Behandlung begründen muss".[2191] Die Aufzeichnung mittels Bodycams wird jedoch nicht durch ein *„gegen den Betroffenen als Beschuldigten geführtes Strafverfahren veranlasst"*. § 81b Alt. 2 StPO stellt damit keine taugliche strafprozessuale Ermächtigungsgrundlage dar.

Darüber hinaus regelt § 81b StPO ausdrücklich nur die Zulässigkeit von Lichtbildern, Fingerabdrücken und Messungen. Durch die offene Formulierung „ähnliche Maßnahmen" wird jedoch auch zum Ausdruck gebracht, dass die normierten Maßnahmen keinen abschließenden Charakter haben.[2192] Videoaufzeichnungen sind mit den geregelten Maßnahmen nach § 81b StPO vergleichbar und daher von der Vorschrift erfasst; Jedoch dürfen offene Videofilme des Beschuldigten nur angefertigt werden, um diese dem Zeugen zur Täteridentifizierung vorzuspielen.[2193] Mangels entsprechender Intention scheitert die Einschlägigkeit von § 81b Alt. 2 StPO auch aus diesem Grund.

2187 LR StPO/*Krause* § 81b Rn. 9; Meyer-Goßner/Schmitt/*Schmitt* § 81b StPO Rn. 7; MüKo-StPO/*Trück* § 81b Rn. 7.

2188 Vgl. hierzu LR-StPO/*Krause* § 81b Rn. 9 i.V.m. Rn. 5.

2189 LR-StPO/*Erb* § 163a Rn. 11; *Putzke/Scheinfeld* Strafprozessrecht, Rn. 16; umfassend zum Beschuldigtenbegriff im deutschen Recht: *Gerson* Recht auf Beschuldigung, S. 73 ff., 780 ff. (*„neue Beschuldigtendefinition"*).

2190 Die Beschuldigteneigenschaft kann nur durch einen Willensakt der zuständigen Strafverfolgungsbehörde begründet werden (Meyer-Goßner/Schmitt/*Meyer-Goßner* Einl. Rn. 76).

2191 Meyer-Goßner/Schmitt/*Schmitt* § 81b StPO Rn. 7.

2192 LR-StPO/*Krause* § 81b Rn. 12.

2193 LR-StPO/*Krause* § 81b Rn. 19; BeckOK-StPO/*Ritzert* § 81b Rn. 3.1.; *Geiger* Verfassungsfragen, S. 195; *Parma* DÖV 2016, 809, 814, 815 (*„Insofern also Identifizierungsmaßnahmen für die Zwecke eines Ermittlungsverfahrens (§ 81b Alt. 1) erforderlich sind, kann die Body-Cam hierzu in besonderen Einzelfällen genutzt werden"*).

6. § 163b Abs. 1 S. 1 StPO

Die Beobachtung, Aufzeichnung und Verwendung von Videoaufnahmen zu Zwecken der Strafverfolgung wird zum Teil auf § 163b Abs. 1 S. 1 StPO gestützt:[2194] Sofern jemand einer Straftat verdächtig ist, können die Staatsanwaltschaft und die Beamten des Polizeidienstes die zur Feststellung seiner Identität erforderlichen Maßnahmen treffen. Dazu gehören unter anderem auch das Anhalten des Betroffenen, das Fragen nach den Personalien oder die Aufforderung, sich auszuweisen.[2195]

§ 163b StPO enthält eine „abschließende Regelung der Identitätsfeststellung durch die Strafverfolgungsbehörden zum Zwecke der Verfolgung des Verdacht konkreter Straftaten und der dabei zulässigen Maßnahmen".[2196] Primärer Zweck der Bodycam liegt nicht in der Verfolgung des Verdachts konkreter Straftaten, sondern in der Eindämmung der Gewalttaten gegenüber Polizeibeamten. Schließlich erlaubt § 163b Abs. 1 StPO die genannten Maßnahmen nur zum Zwecke der *Identitätsfeststellung*.[2197] Die Vorschrift begründet die Befugnis, die Anonymität einer Person zu strafprozessualen Zwecken aufzuheben.[2198] § 163b Abs. 1 StPO enthält allein die strafprozessuale Grundlage für die Feststellung der Identität von Verdächtigen. Auch wenn Bodycams den Einzelnen identifizierbar machen, stellt die Bodycam-Maßnahme jedenfalls keine Maßnahme zur Feststellung der Identität zum Zwecke der Verfolgung konkreter Straftaten dar.

Damit scheidet § 163b Abs. 1 S. 1 StPO als Rechtsgrundlage für den Einsatz von Bodycams aus.

III. Regelungen des bayerischen Landesgesetzgebers

Nachstehend werden Regelungen des bayerischen Landesgesetzgebers ebenfalls unter dem Aspekt des polizeilichen Einsatzes von Bodycams untersucht.

1. Art. 11 Abs. 1 BayPAG

Rechtsgrundlagen zur polizeilichen Videoüberwachung enthalten vor allem die allgemeinen Polizeigesetze der Länder.[2199]

In Bayern kann gemäß Art. 11 Abs. 1 BayPAG die Polizei die notwendigen Maßnahmen treffen, um eine im einzelnen Fall bestehende Gefahr für die öffentliche Sicherheit oder Ordnung abzuwehren, soweit nicht Art. 12–48 BayPAG die Befugnisse der Polizei besonders regeln. Art. 11 BayPAG beinhaltet die polizeiliche

---

2194 *Kloefer/Breitkreutz* DVBl. 1998, 1149, 1154; *Geiger* Verfassungsfragen, S. 196.
2195 *Pfeiffer* § 163b StPO Rn. 6.
2196 *Pfeiffer* § 163b StPO Rn. 1; LR-StPO/*Erb* § 163b Rn. 2.
2197 *Geiger* Verfassungsfragen, S. 196.
2198 MüKo-StPO/*Kölbel* § 163b Rn. 1.
2199 Eine Übersicht hierzu bei *Schenke* POR, Rn. 184.

Generalklausel.[2200] Dies bedeutet, dass der Regelungsgehalt der Vorschrift nicht eingreift, wenn die polizeiliche Maßnahme in Tatbestand und Rechtsfolge in einer sog. *typisierten Standardmaßnahme* nach den Art. 12–48 BayPAG besonders geregelt ist (Art. 11 Abs. 1 a.E. BayPAG).[2201] In diesem Fall sind ausschließlich die Voraussetzungen der typisierten Standardmaßnahme maßgeblich. Art. 11 Abs. 2 BayPAG enthält eine gesetzliche Erläuterung des Art. 11 Abs. 1 BayPAG. Die Vorschrift stellt jedoch keine eigene Befugnisnorm neben Art. 11 Abs. 1 BayPAG dar. Insbesondere ist auch hier der letzte Halbsatz des Art. 11 Abs. 1 BayPAG zu beachten. Danach greift die Vorschrift nur dann, wenn keine spezialgesetzliche Befugnisnorm einschlägig ist.[2202]

Da für die Erhebung personenbezogener Daten durch den Einsatz technischer Mittel spezielle Vorschriften vorhanden sind, kann aufgrund der Subsidiarität der polizeilichen Generalklausel nicht auf Art. 11 Abs. 1 und Abs. 2 BayPAG zurückgegriffen werden.

2. Art. 31 Abs. 1 Nr. 1 BayPAG

Für die polizeiliche Datenerhebung stellt Art. 31 BayPAG eine Generalklausel dar. Art. 11 BayPAG wird für diesen Bereich vollständig verdrängt.[2203]

a) Generalklausel für die Erhebung personenbezogener Daten durch die Polizei

Die Polizei kann personenbezogene Daten über die in Art. 7 BayPAG (*Handlungsstörer*), Art. 8 BayPAG (*Zustandsstörer*) und Art. 10 BayPAG (*Nichtstörer*) genannten Personen und über andere Personen erheben, wenn dies zur Gefahrenabwehr, insbesondere zur vorbeugenden Bekämpfung von Straftaten erforderlich ist (Art. 31 Abs. 1 Nr. 1 BayPAG). Art. 31 BayPAG regelt somit das *„Ob"* der Datenerhebung. Die Art und Weise der Erhebung personenbezogener Daten (*„Wie"*) wird in Art. 30 BayPAG festgelegt. Aus Art. 31 Abs. 1 Nr. 1 BayPAG folgt, dass die polizeiliche Datenerhebung zur Gefahrenabwehr zulässig ist, auch wenn nicht oder noch nicht von einer im Einzelfall bestehenden konkreten Gefahr im Sinne des Art. 11 Abs. 1 BayPAG ausgegangen werden kann. Das Vorliegen einer abstrakten Gefahr ist ausreichend, um die Erhebung personenbezogener Daten auf Art. 31 Abs. 1 Nr. 1 BayPAG stützen zu können.[2204] Verfassungsrechtliche Bedenken bestehen diesbezüglich

2200 *Berner/Köhler/Käß*-PAG, Art. 11 Rn. 1; Komm-PAG/POG/*Schmidbauer* Art. 11 PAG Rn. 1; *Kugelmann* Polizei- und Ordnungsrecht, 6/8 ff.; *Schenke* POR, Rn. 48 ff.

2201 *Berner/Köhler/Käß*-PAG, Art. 11 Rn. 9.

2202 Komm-PAG/POG/*Schmidbauer* Art. 11 PAG Rn. 84; *Berner/Köhler/Käß*-PAG, Art. 11 Rn. 21.

2203 Komm-PAG/POG/*Schmidbauer* Art. 31 PAG Rn. 4; Art. 31 Abs. 1 BayPAG tritt aber wiederum hinter Art. 12 ff. BayPAG zurück, sofern diese Vorschriften einschlägig sind (*Berner/Köhler/Käß*-PAG, Art. 31 Rn. 1); *Teubert* Datenschutz und Polizei, S. 40.

2204 *Berner/Köhler/Käß*-PAG, Art. 31 Rn. 2, 6; Komm-PAG/POG/*Schmidbauer* Art. 31 PAG Rn. 5; um eine Datenerhebung durchführen zu können, ist nicht stets

nicht, da es ohne eine polizeiliche Datenerhebung nicht möglich wäre, das Vorliegen einer konkreten Gefahr überhaupt feststellen zu können.[2205]

Das *Erheben* von personenbezogenen Daten im Sinne dieser Vorschrift bedeutet das Beschaffen von Daten über den Betroffenen, Art. 4 Abs. 5 BayDSG.[2206] Die Datenerhebung kann in beliebiger Form erfolgen, so beispielsweise auch durch Bild- oder Tonaufnahmen.[2207] *Personenbezogene Daten* sind Einzelangaben über persönliche oder sachliche Verhältnisse bestimmter oder bestimmbarer natürlicher Personen (Betroffene), Art. 4 Abs. 1 BayDSG.[2208]

Die *Erforderlichkeit* verlangt, dass die Polizei keine Daten auf Vorrat erhebt. Die Polizei muss stets den „konkreten Zweck (polizeiliche Aufgabe) darlegen können."[2209] Insbesondere müssen bei der Generalklausel zur Datenerhebung nach Art. 31 Abs. 1 BayPAG auch der Grundsatz der Unmittelbarkeit (Art. 30 Abs. 2 BayPAG) und der Grundsatz der Offenheit (Art. 30 Abs. 3 BayPAG) beachtet werden.

b) Art. 31 Abs. 1 Nr. 1 BayPAG als Rechtsgrundlage für den Einsatz von Bodycams?

Fraglich ist, ob die Datenerhebung durch Bodycams auf Art. 31 Abs. 1 Nr. 1 BayPAG gestützt werden kann.

aa) Datenerhebung (Videobeobachtung) als Vorstufe der Datenverarbeitung

Obgleich es eine Vielzahl von Herstellern und Typen von Bodycams gibt, kommen zwei Modelle bei der Polizei häufig zum Einsatz.

Zum einen existieren Bodycams, welche das Geschehen, sobald die Kamera aktiviert wird, aufzeichnen. Anschließend wird das aufgezeichnete Datenmaterial ausgewertet und – nach Ablauf einer bestimmten Frist – (automatisch) gelöscht, sollte es für ein künftiges Strafverfahren nicht brauchbar sein.[2210] Daten werden zur gleichen Zeit erhoben und gespeichert, sodass in diesen Fällen die Vorschriften über die Datenerhebung *und* die Datenspeicherung heranzuziehen sind.

---

eine konkrete Gefahr für ein bestimmtes Rechtsgut erforderlich (BVerfG, Urt. v. 27.7.2005 – 1 BvR 668/04 = NJW 2005, 2603, 2610); *Teubert* Datenschutz und Polizei, S. 41.

2205 BayVerfGHE v. 19.10.1994 Vf. 12-VII-92 u.a. = NVwZ 1996, 166, 167.

2206 *Berner/Köhler/Käß*-PAG, Art. 31 Rn. 4 i.V.m. Vorb. Art. 30–49 Rn. 6; *Teubert* Datenschutz und Polizei, S. 28.

2207 *Berner/Köhler/Käß*-PAG, Vorb. zu Art. 30–49 Rn. 6.

2208 Zu den Begriffsbestimmungen: Praxishandbuch POR/*Söllner* S. 113 ff. Rn. 3 ff.; *Teubert* Datenschutz und Polizei, S. 27 f.

2209 *Teubert* Datenschutz und Polizei, S. 40; siehe auch *Berner/Köhler/Käß*-PAG, Art. 31 Rn. 11; *Honnacker/Beinhofer/Hauser* PAG Art. 31 Rn. 10.

2210 http://www.zeit.de/politik/deutschland/2016-03/bundespolizei-bodycam-kamera-aufklaerung-uebergriffe (Stand: Dezember 2016).

Ferner gibt es Bodycams, welche über eine sog. *Pre-Recording-Funktion* verfügen.[2211] Diese Funktion stellt eine *Zwischenspeicherfunktion* dar. Dabei werden Bildaufzeichnungen für einen zuvor bestimmten Zeitraum bereits *vor* der manuellen Aufzeichnungsauslösung im Arbeitsspeicher verfügbar gehalten. Eine *endgültige* Speicherung erfolgt hierbei nur bei manueller Aufzeichnungsauslösung. In allen anderen Fällen werden die Daten permanent überschrieben.[2212] Aufgrund einer tatsächlichen Zwischen*speicherung* fallen im Ergebnis auch hier Datenerhebung und Datenverarbeitung zusammen.

Damit lässt sich festhalten, dass bei beiden Modellen personenbezogene Daten zeitgleich erhoben und gespeichert werden, sodass sich die Rechtmäßigkeit der Maßnahme insgesamt nach den Vorschriften über die Datenerhebung und die Datenverarbeitung richten muss.[2213]

(1) „Zur Gefahrenabwehr“

Videobeobachtungsmaßnahmen – ohne Speicherung des Datenmaterials – können wegen ihres tendenziell vorhandenen Abschreckungs- und Einschüchterungseffekts Gefahren abwehren.

Ziel des Bodycam-Einsatzes ist es, Straftaten, insbesondere körperliche Angriffe auf Polizeibeamte bereits im Vorfeld zu verhindern. Während in Deutschland die Eigensicherung der Polizisten und der Schutz Dritter im Vordergrund stehen,[2214] sollen Bodycams in den USA Bürger vor rechtswidrigen Angriffen der Polizeibeamten schützen.[2215] In Deutschland hingegen sollen Bodycams – allein wegen Präsenz einer Überwachungsvorkehrung – einen relevanten Einschüchterungseffekt erzeugen und somit zur Eindämmung der Gewalt gegen Polizisten beitragen.[2216]

Das Tatbestandsmerkmal *„zur Gefahrenabwehr“* wird durch bloße Beobachtungsmaßnahmen erfüllt.

2211 http://www.polizeipraxis.de/nc/themen/waffen-und-geraetetechnik/detailansicht-waffen-und-geraetetechnik/artikel/body-cam-eine-erfolgsgeschichte-nimmt-ihren-lauf.html?tx_ttnews%5BsViewPointer%5D=1 (Stand: Dezember 2016).

2212 Sachstandsbericht „Auswertung der Pilotprojekte zum Einsatz von Body-Cams“ anlässlich der 59. Sitzung des UA FEK, TOP 2.4, S. 3, http://www.innenministerkonferenz.de/IMK/DE/termine/to-beschluesse/2015-12-03_04/anlage6.pdf?__blob=publicationFile&v=2 (Stand: Dezember 2016).

2213 *Berner/Köhler/Käß*-PAG, Vorb. Art. 37–48 Rn. 4.

2214 Vgl. z.B. Entwurf des Sechsten Gesetzes zur Änderung des Gesetzes über die Datenverarbeitung der Polizei, Drs. 20/12895 v. 2.9.2014 (Mitteilung des Senats an die Bürgerschaft der Freien und Hansestadt Hamburg) (http://suche.transparenz.hamburg.de/dataset/entwurf-des-sechsten-gesetzes-zur-aenderung-des-gesetzes-ueber-die-datenverarbeitung-der-polize) (Stand: Dezember 2016).

2215 *Kipker/Gärtner* NJW 2015, 296.

2216 So auch bei *Koranyi/Singelnstein* NJW 2011, 124, 126.

(2) „Zur vorbeugenden Bekämpfung von Straftaten"

Die bloße Beobachtungsmaßnahme könnte *zur vorbeugenden Bekämpfung von Straftaten* erforderlich sein. Die vorbeugende Bekämpfung von Straftaten umfasst nach dem vorherrschenden Sprachgebrauch die „Verhütung von Straftaten" und die „Strafverfolgungsvorsorge".

Die Straftatenverhütung durch deeskalierende Wirkung der mobilen Kamera unterfällt dem Bereich der vorbeugenden Straftatenbekämpfung, ist Bestandteil der Prävention und somit der Gefahrenabwehr im Sinne des Art. 2 Abs. 1 BayPAG.[2217]

Von der Verhütung von Straftaten ist die Vorsorge für die Verfolgung von Straftaten zu unterscheiden. Diese unterfällt nach herrschender Ansicht der konkurrierenden Gesetzgebungskompetenz nach Art. 74 Abs. 1 Nr. 1 GG und ist somit dem repressiven Bereich zuzuordnen.[2218] Da im Schrifttum Zweifel an der Zuordnung der vorbeugenden Bekämpfung zum Bundesrecht oder zum Landesrecht aufgekommen sind, hat der bayerische Gesetzgeber „zur Verdeutlichung [...] in der Nr. 1 lediglich auch die vorbeugende Bekämpfung von Straftaten als Unterfall der Gefahrenabwehr"[2219] aufgeführt. Damit sollte klargestellt werden, dass die vorbeugende Bekämpfung von Straftaten einen Unterfall der Gefahrenabwehr darstellt.[2220] Die konkurrierende Gesetzgebung des Bundes nach Art. 74 Nr. 1 GG betrifft auch die Vorsorge für die Verfolgung von Straftaten. Das BVerwG hat aber in seinem Urteil zur offenen Videoüberwachung der Reeperbahn hervorgehoben, dass in der StPO die Strafverfolgungsvorsorge nicht abschließend geregelt worden ist, sodass den Ländern eine Regelungsbefugnis verbleibt. Lediglich die konzeptionelle Entscheidung des Bundesgesetzgebers darf nicht unterlaufen werden.[2221]

Die Videoüberwachung mit Bodycams soll nicht nur Gefahren abwehren, sondern insbesondere auch Straftaten verhüten, sodass das Tatbestandsmerkmal „vorbeugende Bekämpfung von Straftaten" ebenfalls einschlägig ist.[2222] Eine Maßnahme der Strafverfolgungs*vorsorge* kann die bloße Überwachung – mangels Aufzeichnung des Geschehens – indes nicht darstellen.

2217 Praxishandbuch POR/*Söllner* S. 119 Rn. 15 f.; so ausdrücklich BVerfG, Urt. v. 27.7.2005 – 1 BvR 668/04 = NJW 2005, 2603; *Held* Intelligente Videoüberwachung, S. 42; *Kugelmann* Polizei- und Ordnungsrecht, 5/175.

2218 BVerfG, Urt. v. 27.7.2005 – 1 BvR 668/04 = NJW 2005, 2603.

2219 *Honnacker/Beinhofer/Hauser* PAG Art. 31 Rn. 3.

2220 Siehe auch *Teubert* Datenschutz und Polizei, S. 40.

2221 BVerwG, Urt. v. 25.1.2012 – 6 C 9/11 (OVG Hamburg) = NVwZ 2012, 757; zusammenfassend *Berner/Köhler/Käß*-PAG, Art. 31 Rn. 7; *Honnacker/Beinhofer/Hauser* PAG Art. 31 Rn. 3.

2222 Nach allgemeiner Ansicht dient die polizeiliche Videoüberwachung der sog. *„vorbeugenden Verbrechensbekämpfung"* (*Schwarz* ZG 2001, 246, 261).

(3) „Erhebung personenbezogener Daten"

Fraglich ist, ob in einer videotechnischen Überwachungsmaßnahme eine *Erhebung personenbezogener Daten* im Sinne der Vorschrift liegt.

Für eine *Erhebung* personenbezogener Daten kommt es nicht auf die Speicherung der Daten an. Vielmehr ist der Umstand der Speicherung erst für die anschließende Daten*verarbeitung* von Bedeutung. Zufällige Wahrnehmungen eines Polizisten bei einem Streifengang stellen beispielsweise keine Erhebung personenbezogener Daten dar.[2223] Voraussetzung für eine Datenerhebung ist stattdessen ein „aktives und finales Handeln des Beschaffers zur Beschaffung".[2224] Beim Einsatz von Bodycams liegt gerade keine Zufälligkeit der Erhebung vor; der Polizeibeamte aktiviert die Kamera *aktiv* und *final*. Damit werden personenbezogene Daten bei bloßen Videobeobachtungsmaßnahmen ohne Aufzeichnung der Daten erhoben,[2225] da ein „Beschaffen" ebendieser einschlägig ist.

Durch den Einsatz von Bodycams werden auch *personenbezogene Daten*, also Einzelangaben über persönliche oder sachliche Verhältnisse erhoben. Persönliche Verhältnisse in diesem Kontext sind „Angaben über den Betroffenen selbst, seine Identifizierung und Charakterisierung".[2226] Die Bestimmbarkeit der betroffenen Person ist hierfür ausreichend. Bei Videoüberwachungsmaßnahmen mit Bodycams ist die gefilmte Person jedenfalls bestimmbar. Eine Bestimmbarkeit der Person ist nämlich bereits dann gegeben, wenn die Angaben ausreichen, um die Person anhand weiterer Informationen identifizieren zu können.[2227]

Durch Videografien werden prinzipiell aktiv personenbezogene Daten erhoben.[2228]

(4) „Erforderlichkeit"

Die Erhebung der personenbezogenen Daten müsste ferner zur Gefahrenabwehr *erforderlich* sein.[2229] Der Begriff der Erforderlichkeit ist mit dem der Notwendigkeit gleichzusetzen. Eine polizeiliche Maßnahme ist notwendig, „wenn der Gefahr nicht auf andere Weise wirksam begegnet werden kann".[2230] Die herrschende Meinung zieht dabei auch „das Prinzip des geringstmöglichen Eingriffs bei mehreren zur

---

2223 *Schenke* POR, Rn. 177, 179.

2224 *Berner/Köhler/Käß*-PAG, Vorb. Art. 30–49 Rn. 6.

2225 Bild- und Tonaufnahmen als Datenerhebung und gezieltes Beobachten einer Person (*Berner/Köhler/Käß*-PAG, Vorb. zu Art. 30–49 Rn. 6).

2226 *Teubert* Datenschutz und Polizei, S. 27.

2227 Praxishandbuch POR/*Söllner* S. 115 Rn. 6.

2228 *Teubert* Datenschutz und Polizei, S. 28; auch ein bloßes kurzzeitiges, aber gezieltes Beobachten kann sich als eine Erhebung personenbezogener Daten darstellen (*Berner/Köhler/Käß*-PAG, Vorb. zu Art. 30–49 Rn. 6; *Teubert* Datenschutz und Polizei, S. 28).

2229 *Berner/Köhler/Käß*-PAG, Art. 31 Rn. 11; *Honnacker/Beinhofer/Hauser* PAG Art. 31 Rn. 10.

2230 *Berner/Köhler/Käß*-PAG, Art. 11 Rn. 12.

Verfügung stehenden Möglichkeiten sowie das Gebot der Verhältnismäßigkeit im engeren Sinn"[2231] in die Prüfung ein.

Die Gefahr besteht in den körperlichen Angriffen auf Polizeibeamte. Die Maßnahme der Videoüberwachung wäre nur dann nicht notwendig im geforderten Sinne, wenn sie von vornherein ***ungeeignet*** zur Abwehr dieser Gefahr wäre.[2232] Körperliche Übergriffe auf Polizisten können jedoch durch den prinzipiell vorhandenen Abschreckungseffekt der Videobeobachtung – ohne Aufzeichnung – eingedämmt werden. Nach der herrschenden Meinung muss der Polizist überdies diejenige Maßnahme ergreifen, „die den Einzelnen oder die Allgemeinheit am wenigsten beeinträchtigt".[2233] In diesem Kontext ist zu beachten, dass neben der Videoüberwachung durch Bodycams andere, gleich effektive, aber mildere Mittel zur Verfügung stehen, um Straftaten gegen Polizeibeamte wirksam begegnen zu können: Insbesondere Kommunikation und Sprache mit dem polizeilichen Gegenüber stellen ein wirksames Mittel gegen Übergriffe auf Polizeibeamte dar.[2234] Unabdingbare Voraussetzung ist freilich eine Verständigung in angemessener Art und Weise, da nur so die Gewaltbereitschaft reduziert werden kann. Daher würde die Videoüberwachung einen Verstoß gegen das Prinzip des geringstmöglichen Eingriffs bei mehreren zur Verfügung stehenden Möglichkeiten darstellen. Nach der herrschenden Meinung muss jedoch auch das Gebot der Verhältnismäßigkeit im engeren Sinn berücksichtigt werden. Dieser Umstand könnte zur Folge haben, dass die bloße Daten*erhebung* vom Betroffenen hingenommen, also geduldet werden müsste. Dies insbesondere vor dem Hintergrund, dass die Datenerhebung durch den Einsatz von Bodycams lediglich zur Abwehr von Gefahren für die Rechtsgüter „Leben" bzw. „körperliche Unversehrtheit", also stets anlassbezogen zum Schutz besonders schutzwürdiger Rechtsgüter erfolgen soll. Dann wäre die Datenerhebung nach Art. 31 Abs. 1 Nr. 1 BayPAG jedenfalls nicht von vornherein rechtswidrig, auch wenn die Videoüberwachung im Vergleich zu Kommunikation und Sprache nicht das mildeste zur Verfügung stehende Mittel darstellt.

Zum Teil werden die übrigen Elemente des allgemeinen Verhältnismäßigkeitsgrundsatzes als überflüssig empfunden,[2235] sodass die Rechtmäßigkeit der Datenerhebung durch den Einsatz von Bodycams nach Art. 31 Abs. 1 Nr. 1 BayPAG bereits daran scheitern müsste, dass mildere, gleich effektive Mittel zur Gefahrenabwehr vorhanden sind.

2231 *Berner/Köhler/Käß*-PAG, Art. 11 Rn. 12 m.w.N. (a.A. *Honnacker/Beinhofer/Hauser* PAG Art. 11 Rn. 4 ff.).

2232 *Berner/Köhler/Käß*-PAG, Art. 11 Rn. 12; *Honnacker/Beinhofer/Hauser* PAG Art. 11 Rn. 4 f.

2233 *Berner/Köhler/Käß*-PAG, Art. 11 Rn. 12.

2234 *Hermanutz* Polizeiliches Auftreten, S. 10 ff.; *Jäger* Gewalt und Polizei, S. 357; eine angemessene und respektvolle Kommunikation führt zu mehr Vertrauen und Regeltreue (*Schulz* in: Kriminalitätsbekämpfung, S. 277 m.w.N.); ausführlich hierzu S. 142 ff.

2235 *Honnacker/Beinhofer/Hauser* PAG Art. 11 Rn. 5.

bb) Datenverarbeitung durch Aufzeichnung des Polizeieinsatzes mit Bodycams

Von der bloßen Beobachtung des Geschehens ist die *Speicherung* des Datenmaterials begrifflich zu trennen. Mit Bodycams sollen (auch) gewalttätige Übergriffe gegen Polizeibeamte dokumentiert und gespeichert werden. Das Videomaterial soll als Beweismittel in einem künftigen Strafverfahren in Form der Inaugenscheinnahme verwendet werden und zu einer umfassenden Wahrheitsermittlung beitragen.

Die Daten*erhebung* ist eine Vorstufe der Daten*verarbeitung*. Die Datenverarbeitung geschieht in Form der Speicherung, Veränderung, Nutzung, Übermittlung, Löschung, Berichtigung und Sperrung.[2236] Speichern ist das Erfassen, Aufnehmen oder Aufbewahren personenbezogener Daten auf einem Datenträger zum Zweck ihrer weiteren Verarbeitung oder Nutzung (vgl. Art. 4 Abs. 6 S. 2 Nr. 1 BayDSG).[2237] Eine Speicherung in diesem Sinne liegt beim Einsatz der Bodycam zum Zwecke der Strafverfolgungsvorsorge vor.

Beim Einsatz von Bodycams werden personenbezogene Daten *gleichzeitig* erhoben und gespeichert. In diesen Fällen ist die Rechtmäßigkeit der polizeilichen Maßnahme nach den Vorschriften über die Daten*erhebung und* den Vorschriften über die Daten*verarbeitung* zu beurteilen,[2238] sodass im folgenden Abschnitt bezüglich des aufgezeichneten Datenmaterials die Vorschriften über die Datenverarbeitung geprüft werden müssen.

(1) Vorschriften über die Datenverarbeitung

Fraglich ist, auf welche Vorschrift der Datenverarbeitung (Art. 37–48BayPAG) die Aufzeichnung des mit Bodycams gewonnenen Datenmaterials gestützt werden kann.

(a) Art. 37 Abs. 1 BayPAG

Art. 37–48 BayPAG enthalten die formalgesetzlichen Grundlagen; sie enthalten unter anderem Grundlagen für die Behandlung erhobener, personenbezogener Daten durch die Polizei.

Nach Art. 37 Abs. 1 BayPAG kann die Polizei personenbezogene Daten in Akten oder Dateien speichern, verändern und nutzen, soweit dies durch das BayPAG oder andere Rechtsvorschriften zugelassen ist. Art. 37 Abs. 1 BayPAG legt damit einen Gesetzesvorbehalt für die Datenspeicherung, -veränderung und -nutzung fest. Die Vorschrift gibt jedoch keine Befugnis zur Datenspeicherung, Datenveränderung und Datennutzung.[2239]

2236 Vgl. *Schenke* POR, Rn. 177; *Teubert* Datenschutz und Polizei, S. 29.

2237 *Berner/Köhler/Käß*-PAG, Vorb. Art. 37–48 Rn. 4; *Honnacker/Beinhofer/Hauser* PAG Art. 37 Rn. 1.

2238 *Berner/Köhler/Käß*-PAG, Vorb. Art. 37–48 Rn. 4.

2239 *Teubert* Datenschutz und Polizei, S. 105; *Berner/Köhler/Käß*-PAG, Art. 37 Rn. 2.

(b) Art. 38 Abs. 1 BayPAG

Die Polizei kann nach Art. 38 Abs. 1 BayPAG personenbezogene Daten in Akten oder Dateien speichern, verändern und nutzen, soweit dies zur Erfüllung ihrer Aufgaben, zu einer zeitlich befristeten Dokumentation oder zur Vorgangsverwaltung erforderlich ist. Obwohl die Vorschrift weit gefasst ist, bestehen keine verfassungsrechtlichen Bedenken. Insbesondere die „Vielfältigkeit der möglichen Gefahren für die öffentliche Sicherheit oder Ordnung und der sonstigen der Polizei durch Gesetz übertragenen Aufgaben machen eine abschließende Aufzählung der zulässigen Datenspeicherungen unmöglich."[2240]

Die Polizei hat die Aufgabe, die allgemein oder im Einzelfall bestehenden Gefahren für die öffentliche Sicherheit oder Ordnung abzuwehren (Art. 2 Abs. 1 BayPAG). Des Weiteren hat die Polizei auch die Aufgaben zu erfüllen, die ihr durch andere Rechtsvorschriften übertragen sind (Art. 2 Abs. 4 BayPAG). Als wichtigstes Beispiel gilt die Verfolgung von Straftaten, welche ihre Grundlage in §§ 163 Abs. 1, 161 StPO hat.

Beobachtungsmaßnahmen können bereits ausreichen, um Gefahren für die öffentliche Sicherheit oder Ordnung abzuwehren. Es kann aber ebenfalls nicht ausgeschlossen werden, dass der potentielle Täter gerade *wegen* einer *Aufzeichnung* vor einer Straftatbegehung zurückschreckt und dadurch Gefahren für die öffentliche Sicherheit bzw. Ordnung abgewehrt werden können. Damit kann auch die Strafverfolgungsvorsorge, die Hilfsmittel für eine künftige Strafverfolgung begangener Straftaten bereitstellt, zum Aufgabenbereich der Polizei gehören. Im Ergebnis werden Daten gespeichert, die zur Erfüllung polizeilicher Aufgaben erforderlich sind.

(c) Prüfung der Verhältnismäßigkeit

Die Weite der Vorschrift und die Verwendung unbestimmter Rechtsbegriffe machen eine *Verhältnismäßigkeitsprüfung* im Einzelfall erforderlich (Art. 4 BayPAG).[2241] Der Grundsatz der Verhältnismäßigkeit nach Art. 4 BayPAG beinhaltet den Grundsatz der geringsten Beeinträchtigung (Abs. 1), den Grundsatz der Verhältnismäßigkeit im engeren Sinne (Abs. 2) und den Grundsatz der Maßnahmendauer (Abs. 3).[2242] Das Gebot der Verhältnismäßigkeit im engeren Sinne nach Art. 4 Abs. 2 BayPAG verlangt, „dass die Schwere des Eingriffs bei einer Gesamtabwägung nicht außer Verhältnis zu dem Gewicht der ihn rechtfertigenden Gründe stehen darf [...]."[2243]

Das BVerfG hat wiederholt die unabweisbaren Bedürfnisse einer wirksamen Strafverfolgung und Verbrechensbekämpfung hervorgehoben und das öffentliche Interesse an

2240 *Honnacker/Beinhofer/Hauser* PAG Art. 38 Rn. 1.

2241 *Berner/Köhler/Käß*-PAG, Art. 38 Rn. 2 a.E.

2242 *Honnacker/Beinhofer/Hauser* PAG Art. 4 Rn. 2; *Berner/Köhler/Käß*-PAG, Art. 4 Rn. 3 ff.

2243 BVerfG, Beschl. v. 13.6.2007 – 1 BvR 1550/03 u.a. = NJW 2007, 2464, 2469.

einer möglichst vollständigen Wahrheitsermittlung im Strafverfahren – zur Überführung von Straftätern ebenso wie zur Entlastung Unschuldiger – betont.[2244]

Bodycams sollen das polizeiliche Geschehen dokumentieren, um körperliche Angriffe gegen Polizeibeamte bzw. Dritte umfassend ermitteln zu können. Dieser Umstand kann auch zu einer zügigen Verfahrenserledigung beitragen; Aufzeichnungen sollen einer effektiven Strafverfolgung dienen. Ungeachtet der Tatsache, dass eine wirksame Strafverfolgung, die Verbrechensbekämpfung und das öffentliche Interesse an einer vollständigen Wahrheitsermittlung im Strafverfahren wesentliche Elemente eines funktionierenden Rechtsstaates sind, ist dennoch fraglich, ob die Überwachung mit Bodycams verhältnismäßig ist. Videoüberwachungsmaßnahmen stellen einen erheblichen Eingriff in die Grundrechte der Betroffenen dar. Im Falle des Bodycam-Einsatzes sind nicht nur Grundrechte der unmittelbar gefilmten Person betroffen. Stattdessen ist auch der Polizist einer „Dauerüberwachung" ausgesetzt und erfährt somit eine Beeinträchtigung seiner Grundrechte. Darüber hinaus kann eine Vielzahl (unbeteiligter) Dritter videoüberwacht werden. Da Bodycams nicht fest installiert werden, wird eine großflächige Überwachung herbeigeführt. Insbesondere kann der Einzelne dadurch einer Überwachung praktisch nicht entgehen, da Bodycams im gesamten öffentlichen Raum eingesetzt werden können. Wenngleich auch ortsfeste Kameras einen Eingriff in die Grundrechte der Betroffenen darstellen, kann der Einzelne in diesen Fällen einer Überwachung zumindest zum Teil entgehen, indem er vermeidet, den videoüberwachten Bereich zu betreten. Freilich können einige Bereiche nicht umgangen werden, da sie notwendigerweise überquert werden müssen, um bestimmte Orte zu erreichen. Bei der Überwachung mit Bodycams besteht aber bereits nicht die *Möglichkeit* einer Umgehung der videoüberwachten Bereiche. Vielmehr muss der Einzelne jederzeit mit einer Überwachung rechnen. Zwar werden die gefilmten Personen auf die offene Videoüberwachung mit Bodycams hingewiesen, sind sie aber doch stets der „Gefahr" einer Überwachung ausgesetzt. Dies kann dazu führen, dass sie versuchen, ihr Verhalten anzupassen. Fraglich ist daher, ob eine bloße Beweisnot im gerichtlichen Verfahren und der Mangel an anderen (objektiven) Beweismitteln diesen gravierenden Eingriff rechtfertigen können. Man darf bei Beantwortung dieser Frage nicht außer Acht lassen, dass die Aufzeichnungen und mithin die Speicherung des Datenmaterials stets *anlassbezogen* erfolgen. Daher ist durchaus die Auffassung vertretbar, dass der Einzelne die Aufzeichnung als solche zu dulden hat, da diese gerade aus konkretem Anlass erfolgt und mithin körperliche Übergriffe auf Vertreter des Staates dokumentiert und bewiesen werden können. Insbesondere kann bislang auch nicht widerlegt werden, dass gerade *wegen* einer *Aufzeichnung* körperliche Gewalt gegen Polizisten verhindert werden kann; Aufgrund der Aufzeichnung muss der potentielle Beschuldigte befürchten identifizierbar und gezielt einer Strafverfolgung ausgesetzt zu werden. Daher können die Rechtsgüter „Leben" bzw. „körperliche Unversehrtheit" auch durch Bodycam-Aufzeichnungen geschützt werden.

2244 BVerfG, Beschl. v. 13.6.2007 – 1 BvR 1550/03 u.a. = NJW 2007, 2464, 2469 m.w.N.

(2) Ergebnis

Aufzeichnungen mit Bodycams führen zu einem Eingriff in das Grundrecht auf informationelle Selbstbestimmung. Dieser Eingriff könnte außer Verhältnis zum verfolgten Zweck der Strafverfolgungsvorsorge stehen, da die Aufzeichnungen lediglich für ein, zum Zeitpunkt der Aufzeichnung noch völlig ungewisses Strafverfahren angefertigt werden. Jedoch ist auch zu beachten, dass die Aufzeichnungen als solche stets anlassbezogen zu erfolgen haben. Ferner kann nicht ausgeschlossen werden, dass potentielle Täter gerade wegen der Aufzeichnung vor einer Straftatbegehung zurückschrecken und dadurch „Leben" bzw. „körperliche Unversehrtheit" des Polizisten geschützt werden.

c) Ergebnis

Da bei einer Videoüberwachung mit Bodycams die Erhebung und Speicherung personenbezogener Daten zusammenfallen, ist die Rechtmäßigkeit der polizeilichen Maßnahme nach den Vorschriften über die Datenerhebung *und* der Datenspeicherung zu beurteilen.

Letztlich konnte nicht abschließend festgestellt werden, ob der Einsatz von Bodycams nach den Vorschriften der Datenerhebung bzw. Datenverarbeitung generell rechtswidrig ist. Richtig ist zwar, dass mildere, gleich effektive Mittel zur Verhinderung von Angriffen auf Polizisten existieren. Jedoch sollen Bodycams gerade zum Schutz der Rechtsgüter „Leben" und „körperliche Unversehrtheit" eingesetzt werden, sodass es vertretbar ist, dass der von der Datenerhebung Betroffene diese polizeiliche Maßnahme zu dulden hat, auch wenn sie nicht das mildeste zur Verfügung stehende Mittel darstellt.

Im Rahmen der Datenverarbeitung war die Schwere des Eingriffs in zahlreiche Grundrechte – auch Unbeteiligter – von entscheidender Bedeutung. Da der Einsatz der Bodycam aber stets *anlassbezogen* erfolgt, überwiegt das Interesse der Betroffenen auf Schutz ihres Rechts auf informationelle Selbstbestimmung das Interesse des Aufzeichnenden nicht per se.

Eine abschließende Beurteilung konnte letztlich dahinstehen, da der offene Einsatz technischer Mittel zwar prinzipiell in den Anwendungsbereich des Art. 31 Abs. 1 BayPAG fällt, aber nur insoweit, als dieser nicht speziell geregelt ist (*„Art. 11 bis 48 die Befugnisse der Polizei nicht besonders regeln"*).[2245] Eine spezielle Regelung des offenen Einsatzes technischer Mittel findet sich beispielsweise in Art. 32 BayPAG und Art. 21a BayDSG.[2246]

2245 Siehe nur *Teubert* Datenschutz und Polizei, S. 40.
2246 *Berner/Köhler/Käß*-PAG, Art. 31 Rn. 4.

3. *Art. 32 Abs. 1 S. 1, Abs. 2 S. 1 Nr. 1 BayPAG*

Art. 32 BayPAG regelt ausschließlich und abschließend die Datenerhebung mittels offener Bild- und Tonaufzeichnung bei öffentlichen Veranstaltungen und Ansammlungen sowie an besonders gefährdeten Objekten.[2247]

Im Folgenden werden insbesondere Art. 32 Abs. 1 S. 1 BayPAG (*Datenerhebung bei oder im Zusammenhang mit öffentlichen Veranstaltungen oder Ansammlungen*) sowie Art. 32 Abs. 2 S. 1 Nr. 1 BayPAG (*Datenerhebung zur Abwehr einer im Einzelfall bestehenden Gefahr*) auf ihre Tauglichkeit als Rechtsgrundlage für den polizeilichen Einsatz von Bodycams untersucht.

a) *Art. 32 Abs. 1 S. 1 BayPAG*

Die Polizei kann bei oder im Zusammenhang mit öffentlichen Veranstaltungen oder Ansammlungen personenbezogene Daten durch den Einsatz technischer Mittel zur Anfertigung von Bild- und Tonaufnahmen oder -aufzeichnungen über die für eine Gefahr Verantwortlichen erheben, wenn tatsächliche Anhaltspunkte die Annahme rechtfertigen, dass dabei Ordnungswidrigkeiten von erheblicher Bedeutung oder Straftaten begangen werden, Art. 32 Abs. 1 S. 1 BayPAG.

Öffentliche Veranstaltungen im Sinne dieser Vorschrift sind solche, „zu denen der Zutritt nicht auf einen namentlich oder sonst individuell bezeichneten Personenkreis beschränkt, sondern – wenn auch ggf. nach Erfüllung bestimmter Bedingungen [...] – jedem gestattet ist“[2248] und keine Versammlung im Sinne des Art. 8 GG sind.[2249] Ansammlungen sind hingegen „ungeplante Zusammenkünfte von mehreren Personen“.[2250]

Polizeiliche Bodycams können im Ergebnis nicht auf Art. 32 Abs. 1 S. 1 BayPAG gestützt werden. Die Kameras sollen in erster Linie bei täglichen Routineeinsätzen von Polizeibeamten eingesetzt werden, um diese besser vor körperlichen Angriffen schützen zu können. Eine Verwendung der mobilen Videoüberwachungskameras bei oder im Zusammenhang mit öffentlichen Veranstaltungen oder Ansammlungen ist hingegen in keinem Bundesland geplant. Auch sind polizeiliche Überwachungskameras, bei denen eine Vielzahl von Personen überwacht wird, grundsätzlich kein

2247 *Schenke* POR, Rn. 184 ff.; *Kugelmann* Polizei- und Ordnungsrecht, 7/136.

2248 *Berner/Köhler/Käß*-PAG, Art. 32 Rn. 5 (Die Erfüllung bestimmter Bedingungen kann beispielsweise das Entrichten von Eintrittsgeld sein); *Teubert* Datenschutz und Polizei, S. 47.

2249 Komm-PAG/POG/*Schmidbauer* Art. 32 PAG Rn. 1; Praxishandbuch POR/*Söllner* S. 183 Rn. 245 ff.

2250 Komm-PAG/POG/*Schmidbauer* Art. 32 PAG Rn. 2 (solche Ansammlungen können z.B. durch Schaulustige bei Unglücksfällen entstehen); bereits 10 Personen können hierfür ausreichend sein, wenn besondere Umstände es für den Außenstehenden unmöglich machen, die Größe der Menge und die von ihr ausgehende Gefahr zu erfassen (BGH, Urt. v. 31.5.1994 – 5 StR 154/94 = NStZ 1994, 483).

Anwendungsfall des Art. 32 Abs. 1 BayPAG.[2251] Ungeachtet der Tatsache, dass beim Einsatz polizeilicher Bodycams gerade keine Massenaufnahmen in der Öffentlichkeit hergestellt werden, kann auch nicht ausgeschlossen werden, dass zahlreiche (unbeteiligte und völlig unverdächtige) Dritte von der Kamera erfasst werden.

b) Art. 32 Abs. 2 S. 1 Nr. 1 BayPAG

Art. 32 Abs. 2 BayPAG gibt der Polizei die gesetzliche Grundlage für die offene Videoüberwachung. Insbesondere zur Abwehr einer im Einzelfall bestehenden Gefahr kann die Polizei offene Bild- und Tonaufnahmen oder -aufzeichnungen von Personen anfertigen (Art. 32 Abs. 2 S. 1 Nr. 1 BayPAG):

> Die Maßnahmen nach Absatz 2 [...] sind Bestandteil eines polizeilichen Gesamtkonzeptes zur Gefahrenabwehr und zur Verhütung und Bekämpfung von Störungen und Straftaten im öffentlichen Bereich. Die Videoüberwachung ergänzt somit das Spektrum der möglichen polizeilichen Maßnahmen. Sie trägt daneben zur Verbesserung der Beweislage im Strafverfahren bei, indem sie es ermöglicht, beweiskräftige Dokumentationen zu erstellen, Tatverdächtige zu identifizieren und neue Fahndungsansätze zu verfolgen.[2252]

Bei Einführung der Befugnis zur Anfertigung offener Bild- und Tonaufnahmen oder -aufzeichnungen gemäß Art. 32 Abs. 2 BayPAG erhoffte man sich außerdem eine abschreckende Wirkung. Potentielle Straftäter sollen aus Angst vor einer möglichen Entdeckung von einer Straftatbegehung abgehalten werden.[2253] Die Offenheit der Beobachtung ist Voraussetzung der Abschreckungswirkung. Denn nur wer sieht bzw. weiß, dass er überwacht wird, lässt sich unter Umständen von einer Straftatbegehung abbringen.[2254] Die Grundsätze der Offenheit und Unmittelbarkeit sind bereits in der Vorschrift des Art. 32 Abs. 2 S. 1 Nr. 1 BayPAG enthalten. Ein Rückgriff auf Art. 30 Abs. 2 und Abs. 3 BayPAG ist daher nicht zulässig.

Um die polizeiliche Maßnahme der Datenerhebung auf Art. 32 Abs. 2 S. 1 Nr. 1 BayPAG stützen zu können, ist – im Gegensatz zu Art. 32 Abs. 1 BayPAG – eine öffentliche Veranstaltung oder Ansammlung nicht Tatbestandsvoraussetzung. Dies folgt unter anderem auch aus der Vollzugsbekanntmachung des PAG. Danach gilt Art. 32 BayPAG für sonstige öffentliche Veranstaltungen, Ansammlungen sowie für polizeiliche Maßnahmen in den Fällen und an den Orten, die in Abs. 2 und 3 genannt sind.[2255] Für Maßnahmen nach Art. 32 Abs. 2 S. 1 Nr. 1 BayPAG ist die

2251 *Teubert* Datenschutz und Polizei, S. 51.

2252 VollzB PAG v. 28.8.1978, Nr. 32.3 (MAbl. 1978 S. 629).

2253 Zusammenfassend *Berner/Köhler/Käß*-PAG, Art. 32 Rn. 9; Komm-PAG/POG/*Schmidbauer* Art. 32 PAG Rn. 7; zum Gesetzentwurf: LT-Drs. 14/6505 v. 26.4.2001.

2254 Vgl. auch Praxishandbuch POR/*Söllner* S. 175 Rn. 220; *Keller* Kriminalistik 2000, 187, 188, 190.

2255 VollzB PAG v. 28.8.1978, Nr. 32.1 (MAbl. 1978 S. 629); siehe auch *Teubert* Datenschutz und Polizei, S. 51.

Abwehr einer konkreten Gefahr erforderlich; eine abstrakte Gefahrensituation ist hingegen nicht ausreichend.[2256]

aa) Offene Bild- und Tonaufzeichnungen

Zunächst ist zu klären, ob offene Bild- und Tonaufzeichnungen,[2257] welche mit Bodycams angefertigt werden, unter die Norm subsumiert werden können.

Aufzeichnungen im Sinne der Vorschrift liegen vor, wenn das Datenmaterial gespeichert wird, wobei die Form des Speichergeräts unerheblich ist.[2258] Damit stellt die Bodycam-Aufzeichnung zweifelsfrei eine Aufzeichnung im Sinne von Art. 31 Abs. 2 S. 1 Nr. 1 BayPAG dar.

Beim polizeilichen Einsatz von Bodycams ist jedoch fraglich, ob entsprechende Aufzeichnungen gerade *zur Abwehr* einer im Einzelfall bestehenden Gefahr angefertigt werden. Bereits bloße Videobeobachtungsmaßnahmen – ohne Aufzeichnung des Geschehens – sind aufgrund ihres Abschreckungseffekts ausreichend, um Gefahren im Einzelfall abwehren zu können. Speziell beim Einsatz der Bodycam sollen die Aufzeichnungen hingegen als objektives Beweismittel dienen. Aufzeichnungen stellen eine Maßnahme der Strafverfolgungsvorsorge dar. Die Strafverfolgungsvorsorge wird von Art. 32 Abs. 2 S. 1 Nr. 1 BayPAG jedoch nicht erfasst, sodass an der Geeignetheit von Art. 32 Abs. 2 S. 1 Nr. 1 BayPAG als Rechtsgrundlage zumindest erhebliche Zweifel bestehen. Es kann aber auch nicht gänzlich ausgeschlossen werden, dass Personen gerade *wegen* einer Aufzeichnung ihres Verhaltens von einer Straftatenbegehung Abstand nehmen. Dies vor allem vor dem Hintergrund, dass sie aufgrund einer Fixierung identifizierbar werden und dadurch eine gezielte Strafverfolgung befürchten müssen, „wenn sie bei der Begehung von Straftaten mit dem Kameraauge beobachtet werden."[2259]

Schwierigkeiten bereitet zudem die Formulierung *„im Einzelfall bestehende Gefahr"*. In Bayern ist für die offene Aufnahme von Bild und Ton das Vorliegen einer konkreten Gefahr Voraussetzung.[2260] Eine konkrete Gefahr liegt bei einer Sachlage vor, die im Einzelfall tatsächlich oder jedenfalls aus der (ex-ante-) Sicht des für die Polizei handelnden Amtswalters bei verständiger Würdigung in absehbarer

2256 Praxishandbuch POR/*Söllner* S. 179 Rn. 234; *Berner/Köhler/Käß*-PAG, Art. 32 Rn. 10; *Teubert* Datenschutz und Polizei, S. 51, 53.

2257 In Hessen erlaubt eine Änderung des HSOG (§ 14 Abs. 6 S. 1 HSOG) neben Bildaufnahmen nun auch Tonaufnahmen.

2258 Komm-PAG/POG/*Schmidbauer* Art. 32 PAG Rn. 8 i.V.m. Art. 33 PAG Rn. 6.

2259 Praxishandbuch POR/*Söllner* S. 173 Rn. 214; a.A. *Zöller* NVwZ 2005, 1235, 1239 (Schwerpunkt der Videoüberwachungsmaßnahmen liegt nicht im Bereich der präventiv ausgerichteten Gefahrenabwehr, sondern ist vielmehr im Bereich der repressiv geprägten Strafverfolgung zu suchen).

2260 Praxishandbuch POR/*Söllner* S. 179 Rn. 234; *Berner/Köhler/Käß*-PAG, Art. 32 Rn. 10; Komm-PAG/POG/*Schmidbauer* Art. 32 PAG Rn. 8; *Teubert* Datenschutz und Polizei, S. 51.

Zeit die hinreichende Wahrscheinlichkeit eines Schadenseintritts in sich birgt.[2261] Bodycams werden beispielsweise aktiviert, wenn strafrechtlich relevantes Verhalten *droht*. Wenn der Polizeibeamte die Kamera aktiviert, wird das Geschehen nicht nur aufgenommen, sondern darüber hinaus (im Einzelfall rückwirkend) aufgezeichnet. Spannend ist an dieser Stelle, ob das „Drohen eines strafrechtlich relevanten Verhaltens" mit dem Begriff der konkreten Gefahr im Einzelfall im Sinne des Art. 32 Abs. 2 S. 1 Nr. 1 BayPAG gleichgesetzt werden kann. Zum Zeitpunkt der Aufzeichnung kann jedenfalls noch keine hinreichende Wahrscheinlichkeit eines Schadenseintritts verzeichnet werden. Dem Begriff des „Drohens" wohnt die hinreichende Wahrscheinlichkeit gerade nicht inne; vielmehr kann das Drohen eines strafrechtlich relevanten Verhaltens allenfalls eine Vorstufe einer hinreichenden Wahrscheinlichkeit eines Schadenseintritts darstellen. Die Kamera wird nur *vorsorglich* für die Verfolgung von Straftaten aktiviert. Daher fehlt es an einer konkreten Gefahr.

Auch wenn man unter gewissen Umständen das Vorliegen einer konkreten Gefahr noch bejahen mag,[2262] scheitert Art. 32 Abs. 2 S. 1 Nr. 1 BayPAG als Rechtsgrundlage für einen „flächendeckenden" Einsatz nach Auffassung von *Honnacker, Beinhofer* und *Hauser* am Tatbestandsmerkmal *„im Einzelfall"*.[2263] Richtigerweise kann die Formulierung *„im Einzelfall"* nur dahingehend verstanden werden, dass die Polizei die jeweiligen Umstände des einzelnen, konkreten Falls prüft und nur wenn aufgrund tatsächlicher Anhaltspunkte die Annahme einer konkreten Gefahr gerechtfertigt ist, ist sie zur Anfertigung von offenen Bild- und Tonaufnahmen oder -aufzeichnungen von Personen ermächtigt. *Honnacker, Beinhofer* und *Hauser* lassen aber offen, was unter dem Begriff „flächendeckender Einsatz" zu verstehen ist. Ein „flächendeckender Einsatz" von Bodycams kann wohl nur bedeuten, dass sämtliche Polizeivollzugsbeamte in Bayern mit Bodycams ausgestattet werden. Selbst wenn alle bayerischen Polizisten eine Bodycam tragen, mithin ein flächendeckender Einsatz stattfindet, führt dieser Umstand nicht zwangsläufig dazu, dass nicht jeder Polizist die Umstände des Einzelfalls prüft und nur wenn tatsächliche Anhaltspunkte die Aufzeichnungen durch Bodycams rechtfertigen können, die Kamera aktiviert wird; ein „flächendeckender" Einsatz von Bodycams schließt damit im Grunde nicht den Einzelfall als solchen aus. Daher ist nicht nachvollziehbar, warum ein „flächendeckender", landesweiter Einsatz nicht auf Art. 32 Abs. 2 S. 1 Nr. 1 BayPAG gestützt werden könnte.

2261 *Schenke* POR, Rn. 69; vgl. zur konkreten Gefahr auch Komm-PAG/POG/*Schmidbauer* Art. 2 PAG Rn. 11 ff; *Berner/Köhler/Käß*-PAG, Art. 2 Rn. 20 ff.; ferner Rechtsprechung des BVerfG zur online-Durchsuchung: BVerfG, Urt. v. 27.2.2008 – 1 BvR 370/07, 1 BvR 595/07 = NJW 2008, 822, 831.

2262 Zeichnen Bodycams rückwirkend – anhand einer sog. *Zwischenspeicherfunktion* – das Geschehen auf, könnte man bei endgültiger Speicherung des Datenmaterials eine *konkrete Gefahr* bejahen. Endgültig aufgezeichnet wird das Geschehen nämlich erst dann, wenn es tatsächlich zu einem strafrechtlich relevanten Verhalten gekommen ist; siehe auch *Parma* DÖV 2016, 809, 816.

2263 *Honnacker/Beinhofer/Hauser* PAG Art. 32 Rn. 13.

Im Ergebnis scheitert die Geeignetheit der Vorschrift als Ermächtigungsgrundlage für den Einsatz von Bodycams jedoch an der fehlenden Bestimmtheit: Art. 32 Abs. 2 S. 1 Nr. 1 BayPAG „ist eine sehr weitreichende Befugnis, die in Grenzen wohl auch Bild- und Tonaufzeichnungen durch Body-Cams erlauben kann."[2264] Die Formulierung dieser Vorschrift ist, sofern es konkret um einen landesweiten Einsatz von Bodycams geht, nicht mit dem allgemeinen Bestimmtheitsgebot in Einklang zu bringen:

> Das allgemeine Bestimmtheitsgebot zwingt den Normgeber, Vorschriften so klar zu fassen, dass die Rechtslage für den Betroffenen erkennbar ist und er sein Verhalten daran ausrichten kann. [...] Allgemein gilt [...], dass die Bestimmtheitsanforderungen umso größer werden, je intensiver eine Norm in die Grundrechte der Betroffenen eingreift.[2265]

Wie obige Ausführungen gezeigt haben, stellen Aufzeichnungen durch Bodycams unter anderem einen Eingriff in das Recht auf informationelle Selbstbestimmung dar. Des Weiteren kann die Überwachungsmaßnahme auch in Grundrechte zahlreicher, unbeteiligter Dritter eingreifen. Ferner wird aufgrund der Mobilität der Kamera eine nahezu „flächendeckende" Überwachung herbeigeführt, derer sich der Einzelne praktisch nicht entziehen kann. Daher ist es erforderlich, die Eingriffsnorm so klar wie möglich zu formulieren; den Anforderungen des Bestimmtheitsgebots genügt Art. 32 Abs. 2 S. 1 Nr. 1 BayPAG nicht. Bodycams verfolgen primär den Zweck der Eigensicherung von Polizisten und sollen vorrangig auch nur dann aktiviert werden. Das Merkmal der „Eigensicherung" ist in Art. 32 Abs. 2 S. 1 Nr. 1 BayPAG jedoch nicht normiert. Die Norm ist somit nicht hinreichend klar gefasst.

Art. 32 Abs. 2 S. 1 Nr. 1 BayPAG stellt damit keine geeignete Rechtsgrundlage dar.[2266]

bb) Offene Bild- und Tonaufnahmen – elektronische Datenübermittlung ohne Speicherung

Art. 32 Abs. 2 S. 1 Nr. 1 BayPAG gibt ferner die Befugnis, zur Abwehr einer im Einzelfall bestehenden Gefahr offen Bild- und Tonaufnahmen anzufertigen. Bildaufnahmen im Sinne dieser Vorschrift sind reine Bildübertragungen in Echtzeit, ohne

---

2264 *Parma* DÖV 2016, 809, 816.

2265 *Sodan/Ziekow* § 7 Rn. 37.

2266 Auch nach *Parma* solle nach der Pilotphase der Eingriff in das Recht auf informationelle Selbstbestimmung auf besonderer Rechtsgrundlage erfolgen; bislang existiere eine solche Vorschrift im BayPAG nicht (*Parma* DÖV 2016, 809, 816); Art. 32 Abs. 2 S. 1 Nr. 2, 3 und Art. 32 Abs. 3 BayPAG stellen ebenfalls keine geeignete Rechtsgrundlagen für den Einsatz von Bodycams zur Eigensicherung der Polizei dar, *„denn in erster Linie hat der Gesetzgeber Zwecke der Überwachung durch stationäre Überwachungskameras, welche zudem im Kamera-Monitor-Prinzip eine Live-Überwachung durch die Polizeieinsatzzentralen ermöglichen sollen, verfolgt"* (*Parma* DÖV 2016, 809, 816).

dass es zu einer Speicherung kommt.[2267] Eine Aufnahme ist damit die Umwandlung optischer oder akustischer Signale in elektronische Signale.[2268]

Eine bloße Aufnahme ohne Speicherung ist bei Bodycams nicht einschlägig, da zumindest eine sog. *Zwischenspeicherfunktion* vorhanden ist.

cc) Ergebnis

Honnacker, Beinhofer und *Hauser* äußern sich hinsichtlich der Zulässigkeit von Bodycams, gestützt auf Art. 32 BayPAG, bewusst zurückhaltend:

> Soweit die [...] Voraussetzungen des Art. 32 vorliegen, könnte zwar im Einzelfall der Einsatz einer Body-Cam rechtlich zulässig sein. Gleichwohl bedürfte jedenfalls der flächendeckende Einsatz von Body-Cams – soweit ein solcher Paradigmenwechsel überhaupt als polizeitaktisch sinnvoll angesehen werden sollte – einer eigenständigen Regelung im PAG.[2269]

Offen gelassen wird jedoch, was unter „flächendeckender Einsatz" zu verstehen ist. Sofern „flächendeckend" mit „landesweit" bzw. „großflächig" gleichzusetzen ist, ist nicht nachvollziehbar, warum die Ausstattung sämtlicher bayerischer Polizeivollzugsbeamter mit Bodycams einen „Einzelfall" im Sinne von Art. 32 Abs. 2 S. 1 Nr. 1 BayPAG ausschließen soll.[2270]

Im Ergebnis scheitert die Vorschrift letztlich an der mangelnden Bestimmtheit. Dies vor allem deshalb, weil der Zweck der Maßnahme – *„Eigensicherung"* – nicht normiert und die Norm damit nicht hinreichend klar gefasst ist. Daher ist eine eigenständige Rechtsgrundlage im BayPAG erforderlich.[2271]

4. Art. 33 Abs. 1 Nr. 2 lit. a BayPAG

Art. 33 BayPAG regelt die besonderen Mittel der Datenerhebung. Nach Art. 33 Abs. 1 Nr. 2 lit. a BayPAG ist ein besonderes Mittel der Datenerhebung der verdeckte Einsatz technischer Mittel zur Anfertigung von Bildaufnahmen oder -aufzeichnungen.

Art. 33 Abs. 1 Nr. 2 lit. a BayPAG kann im Ergebnis nicht als Rechtgrundlage für den Einsatz von Bodycams herangezogen werden. Obwohl Art. 33 Abs. 1 Nr. 2 lit a BayPAG den verdeckten Einsatz von technischen Mitteln zur Datenerhebung regelt, kann diese Vorschrift nicht in einem „Erst-Recht-Schluss" auf den offenen

---

2267 Komm-PAG/POG/*Schmidbauer* Art. 32 PAG Rn. 8 i. V. m. Art. 33 PAG Rn. 6; *Teubert* Datenschutz und Polizei, S. 51.

2268 Siehe nur *Berner/Köhler/Käß*-PAG, Art. 32 Rn. 4.

2269 *Honnacker/Beinhofer/Hauser* PAG Art. 32 Rn. 13.

2270 *Honnacker, Beinhofer* und *Hauser* ist aber insoweit zuzustimmen, als dass die Befürchtungen einer Totalüberwachung durch die Polizei unbegründet sind. Sie sind der Überzeugung, dass der *„große Bruder, der alles sieht und auf Bild- und Tonträgern festhält, [...] eine Romanfigur George Orwells [bleibt]"* (*Honnacker/Beinhofer/Hauser* PAG Art. 32 Rn. 5).

2271 Im Ergebnis auch *Parma* DÖV 2016, 809, 816.

Einsatz technischer Mittel Anwendung finden. Der offene Einsatz technischer Mittel richtet sich speziell nach Maßgabe von Art. 32 BayPAG und Art. 31 Abs. 1 i.V.m. Art. 30 Abs. 3 S. 1 BayPAG.

5. *Art. 9 Abs. 1 S. 1 BayVersG*

Mit der Übertragung der Gesetzgebungskompetenz für das Versammlungsrecht auf die Länder[2272] haben einige Bundesländer[2273] – darunter auch Bayern[2274] – davon Gebrauch gemacht und eigene Landesversammlungsgesetze erlassen, die spezielle Vorschriften zur Videoüberwachung enthalten. In denjenigen Bundesländern, in welchen von der Gesetzgebungskompetenz bislang kein Gebrauch gemacht worden ist, gilt bis zum Erlass eines Landesversammlungsgesetzes das Versammlungsgesetz des Bundes fort, Art. 125a Abs. 1 S. 1 GG.

Der bayerische Gesetzgeber hat in Art. 9 Abs. 1 BayVersG[2275] eine dem § 12a VersG entsprechende Regelung geschaffen und klargestellt, dass Aufnahmen bzw. Aufzeichnungen offen zu erfolgen haben. Die Polizei darf gemäß Art. 9 Abs. 1 S. 1 BayVersG bei oder im Zusammenhang mit Versammlungen Bild- und Tonaufnahmen oder -aufzeichnungen von Teilnehmern nur offen und nur dann anfertigen, wenn tatsächliche Anhaltspunkte die Annahme rechtfertigen, dass von ihnen erhebliche Gefahren für die öffentliche Sicherheit oder Ordnung ausgehen. Diese Maßnahmen dürfen auch durchgeführt werden, wenn Dritte unvermeidbar betroffen werden, Art. 9 Abs. 1 S. 2 BayVersG.

§ 12a VersG findet über § 19a VersG auch für öffentliche Versammlungen unter freiem Himmel Anwendung. Im Gegensatz zum Bundesgesetzgeber hat der bayerische Gesetzgeber Art. 9 BayVersG in den allgemeinen Bestimmungen des BayVersG eingeordnet. Die Normierung innerhalb den allgemeinen Bestimmungen hat zur Folge, dass diese Vorschrift sowohl für Versammlungen in geschlossenen Räumen, als auch für Versammlungen unter freiem Himmel Anwendung findet, ohne dass hierfür eine Verweisungsvorschrift erforderlich wäre.[2276]

Während § 12a VersG lediglich zu Bild- und Tonaufnahmen gesetzlich ermächtigt, darf die Polizei unter den Voraussetzungen des Art. 9 Abs. 1 S. 1 BayVersG auch Bild- und Ton*aufzeichnungen* anfertigen.

Vorliegend scheitert aber auch Art. 9 Abs. 1 BayVersG als Rechtsgrundlage an der Formulierung *„bei oder im Zusammenhang mit Versammlungen"*. Eine Versammlung ist eine Zusammenkunft von mindestens zwei Personen zur gemeinschaftlichen,

---

2272 BeckOK-GG/*Seiler* Art. 74 Rn. 17.

2273 Siehe hierzu: Versammlungsrecht/*Dürig-Friedl* Einl. Rn. 9 ff.

2274 BayVersG v. 22.7.2008, GVBl. 2008, S. 421; siehe hierzu auch BayVersG Taschenkommentar/*Heinhold* Art. 1 Rn. 3; Praktikerleitfaden BayVersG, Rn. 3 ff.

2275 Art. 9 BayVersG wurde neu gefasst mit Wirkung v. 1.6.2010 durch Gesetz zur Änderung des Bayerischen Versammlungsgesetzes v. 22.4.2010 (GVBl. 2010, S. 190); Darstellung für Praktiker: Praktikerleitfaden BayVersG, Rn. 394 ff.

2276 Versammlungsrecht/*Enders* § 12a VersG Rn. 19.

überwiegend auf die Teilhabe an der öffentlichen Meinungsbildung gerichteten Erörterung oder Kundgebung, Art. 2 Abs. 1 BayVersG. „Bei oder im Zusammenhang mit" regelt den zeitlichen und räumlichen Zusammenhang mit Versammlungen.[2277] Bodycams sollen nicht bei oder im Zusammenhang mit Versammlungen eingesetzt werden. Vielmehr sollen sie bei alltäglichen Polizeieinsätzen zum Einsatz kommen, um Gefahren im Vorfeld – insbesondere Gefahren gegen die Rechtsgüter der Polizeibeamten – abwehren zu können.

6. *Art. 21a Abs. 1 S. 1 Nr. 1 BayDSG*

Nach Art. 21a Abs. 1 BayDSG sind in Bayern mit Hilfe von optisch-elektronischen Einrichtungen die Erhebung (Videobeobachtung) und die Speicherung (Videoaufzeichnung) personenbezogener Daten unter bestimmten Voraussetzungen zulässig.[2278]

a) Tatbestandsvoraussetzungen

Die Zulässigkeit der Beobachtung bzw. Aufzeichnung ist gegeben, wenn dies im Rahmen der Erfüllung öffentlicher Aufgaben oder in Ausübung des Hausrechts erforderlich ist, um Leben, Gesundheit, Freiheit oder Eigentum von Personen, die sich im Bereich öffentlicher Einrichtungen, öffentlicher Verkehrsmittel, von Dienstgebäuden oder sonstigen baulichen Anlagen öffentlicher Stellen oder in deren unmittelbarer Nähe aufhalten (Art. 21a Abs. 1 S. 1 Nr. 1 BayDSG) oder um Kulturgüter, öffentliche Einrichtungen, öffentliche Verkehrsmittel, Dienstgebäude oder sonstige bauliche Anlagen öffentlicher Stellen sowie die dort oder in deren unmittelbarer Nähe befindlichen Sachen zu schützen (Art. 21a Abs. 1 S. 1 Nr. 2 BayDSG). Es dürfen keine Anhaltspunkte dafür bestehen, dass überwiegende schutzwürdige Interessen der Betroffenen beeinträchtigt werden (Art. 21a Abs. 1 S. 2 BayDSG).

Art. 21a BayDSG wurde mit Wirkung v. 1.7.2008 durch Gesetz zur Änderung des Bayerischen Datenschutzgesetzes, des Polizeiaufgabengesetzes und des Bayerischen Strafvollzugsgesetzes v. 10.6.2008 eingefügt.[2279] Anlass für die Einführung war der Beschluss des BVerfG v. 23.2.2007, wonach Art. 16 Abs. 1 BayDSG und Art. 17 Abs. 1 BayDSG als Ermächtigungsgrundlagen für eine Videoüberwachung öffentlicher Plätze mit Aufzeichnung des gewonnenen Bildmaterials nicht hinreichend bestimmt sind.[2280]

Im Zusammenhang mit dem Einsatz von Bodycams kann allenfalls Art. 21a Abs. 1 S. 1 Nr. 1 BayDSG von Bedeutung sein. *Schutzgüter* im Sinne dieser Vorschrift

---

2277 *Teubert* Datenschutz und Polizei, S. 58.

2278 Zur Rechtslage *vor* Einführung des Art. 21a BayDSG: Datenschutz in der Kommune, S. 191 f.

2279 GVBl. Nr. 12/2008, S. 315.

2280 BVerfG, Beschl. v. 23.2.2007 – 1 BvR 2368/06 = NVwZ 2007, 688; siehe hierzu auch *Thum* KommP BY 2008, 330; *Haag* KommP BY 2014, 202, 203.

sind unter anderem Leben und Gesundheit von Personen, welche sich beispielsweise im Bereich öffentlicher Einrichtungen oder von sonstigen baulichen Anlagen öffentlicher Stellen oder in deren unmittelbarer Nähe aufhalten. Bodycams kommen vornehmlich an öffentlich zugänglichen Orten zum Einsatz,[2281] um Gewalt gegen Polizisten einzudämmen; sie sollen Leben und Gesundheit von Polizisten schützen. Der Begriff der *„öffentlichen Einrichtung"* im Sinne des Art. 21a Abs. 1 S. 1 Nr. 1 BayDSG ist jedoch nicht gleichzusetzen mit dem Begriff des öffentlich zugänglichen Ortes. Öffentliche Einrichtungen im Sinne dieser Vorschrift werden durch eine Widmung der Öffentlichkeit zur Verfügung gestellt. Darunter sind insbesondere kommunale Einrichtungen nach Art. 21 GO und Art. 15 LKrO zu subsumieren, also beispielsweise Schwimmbäder, Museen oder Kindergärten.[2282] Öffentlich zugängliche Orte könnten gegebenenfalls unter den Begriff *„sonstige bauliche Anlage"* gefasst werden. Der Begriff der baulichen Anlage richtet sich nach Art. 2 Abs. 1 S. 1 BayBO:

> Bauliche Anlagen im Sinn von Art. 2 Abs. 1 Satz 1 BayBO sind auch öffentliche Straßen als solche. Der Umstand, dass die BayBO auf sie nach Art. 1 Abs. 2 nicht anwendbar ist, lässt ihre Einordnung unter die Definition der baulichen Anlage unberührt. Damit können etwa Gemeinden in ihrer Eigenschaft als Sicherheitsbehörde (Art. 6 LStVG) Videoüberwachungen öffentlicher Plätze und Straßen durchführen, sofern dies zum Schutz der in Satz 1 Nummern 1 und 2 erwähnten Rechtsgüter erforderlich ist und überwiegende schutzwürdige Interessen der Betroffenen nicht beeinträchtigt werden [...].[2283]

Art. 21a Abs. 1 S. 1 Nr. 1 BayDSG bezieht sich jedoch lediglich auf sonstige bauliche Anlagen *öffentlicher Stellen.* Der Begriff der „öffentlichen Stelle" wird in Art. 4 Abs. 2 S. 1 i.V.m. Art. 2 Abs. 1 und Abs. 2 BayDSG geregelt und als Oberbegriff für Gerichte, Behörden und sonstige öffentliche Stellen verwendet.[2284] Bodycams sollen nicht eingesetzt werden, um Leben und Gesundheit von Personen zu schützen, die sich im Bereich sonstiger baulicher Anlagen öffentlicher Stellen aufhalten. Sie sollen stattdessen im gesamten öffentlichen Bereich verwendet und nicht auf sonstige bauliche Anlagen öffentlicher Stellen begrenzt werden.

Darüber hinaus ist eine Videoüberwachung nach Art. 21a Abs. 1 BayDSG nur zulässig, wenn keine Anhaltspunkte dafür bestehen, dass überwiegende schutzwürdige Interessen der Betroffenen beeinträchtigt werden (Art. 21a Abs. 1 S. 2 BayDSG). Das Gebot der Verhältnismäßigkeit im engeren Sinne verlangt, dass „die Schwere der gesetzgeberischen Grundrechtsbeschränkung bei einer Gesamtabwägung nicht außer Verhältnis zu dem Gewicht der sie rechtfertigenden Gründe stehen darf [...]. Nach Satz 2 dürfen daher in Anlehnung an die Formulierung in § 6b Abs. 1 am Ende

2281 http://www.presseportal.de/blaulicht/pm/64017/3255034 (Stand: Dezember 2016).
2282 *Wilde* Art. 21a BayDSG Rn. 20.
2283 *Wilde* Art. 21a BayDSG Rn. 23.
2284 *Schieder/Ludyga* Art. 2 BayDSG Rn. 2.

BDSG keine Interessen des Betroffenen beeinträchtigt werden, die gegenüber dem Zweck der Videoüberwachung überwiegen."[2285] Bodycam-Aufzeichnungen sollen, für den Fall eines körperlichen Angriffs auf den Polizisten, ein objektives Beweismittel darstellen und zur Überführung des Täters beitragen. Auch wenn das BVerfG immer wieder die unabweisbaren Bedürfnisse einer wirksamen Strafverfolgung und das Interesse der Öffentlichkeit an einer vollständigen Wahrheitsermittlung im Strafverfahren zur Überführung von Straftätern betont,[2286] ist fraglich, ob diese Interessen im Verhältnis zu den Belangen der Betroffenen höher zu bewerten sind. Zum einen werden Bodycams lediglich für den Fall des *Drohens* eines strafrechtlich relevanten Verhaltens aktiviert; die Bodycam wird vorsorglich eingeschaltet. Zum anderen wird durch die Bodycam eine nahezu „flächendeckende" Überwachung herbeigeführt. Der Einzelne kann sich einer Überwachung praktisch nicht entziehen, da Bodycams mobil sind und im gesamten öffentlichen Bereich eingesetzt werden können.[2287] Auf der anderen Seite muss hingegen beachtet werden, dass die Aufzeichnung auch einen präventiven Charakter haben und somit zur Eindämmung der Gewalttaten gegenüber Polizisten beitragen kann. Auch wenn die Kamera bereits bei Drohen eines strafrechtlich relevanten Verhaltens aktiviert wird, darf nicht vergessen werden, dass das „Drohen" an bestimmte Voraussetzungen geknüpft wird. Das bedeutet, dass die Aufzeichnung stets anlassbezogen zu erfolgen hat. Die Frage, welche Interessen im Ergebnis überwiegen, kann an dieser Stelle dahinstehen, da der Einsatz von Bodycams jedenfalls nicht auf den Bereich sonstiger baulicher Anlagen öffentlicher Stellen beschränkt sein soll.

Art. 21a Abs. 1 S. 1 Nr. 1 BayDSG stellt keine geeignete Rechtsgrundlage für den Einsatz von Bodycams dar.

b) *Ergebnis*

Der Anwendungsbereich von Bodycams soll nicht auf den Bereich sonstiger baulicher Anlagen öffentlicher Stellen im Sinne des Art. 21a Abs. 1 S. 1 Nr. 1 BayDSG beschränkt werden. Darüber hinaus kann nicht gänzlich ausgeschlossen werden, dass schutzwürdige Interessen der Betroffenen überwiegen und durch die Videoüberwachung beeinträchtigt werden (Art. 21a Abs. 1 S. 2 BayDSG). Art. 21a Abs. 1 Nr. 1 BayDSG ist daher keine geeignete Rechtsgrundlage für den polizeilichen Einsatz von Bodycams.

2285 *Wilde* Art. 21a BayDSG Rn. 26.

2286 Z.B. BVerfG, Beschl. v. 13.6.2007 – 1 BvR 1550/03 u.a. = NJW 2007, 2464, 2469 m.w.N.

2287 Allgemein zur Schutzwürdigkeit der Belange des Betroffenen: *Wilde* Art. 21a BayDSG Rn. 26.

IV. Spezielle Ermächtigungsgrundlagen: „Videoüberwachung zur Eigensicherung von Polizisten“ in Hessen, Rheinland-Pfalz, Hamburg und im Saarland

In Hessen, Rheinland-Pfalz, Hamburg und im Saarland bestehen bereits Vorschriften zur *Videoüberwachung zur Eigensicherung von Polizisten.* In Nordrhein-Westfalen wurde im Juni 2016 ein Gesetzentwurf zur Änderung des Polizeigesetzes des Landes Nordrhein-Westfalen in den Landtag eingebracht.

Fraglich ist, ob die jeweiligen Normen für einen Einsatz von Bodycams geeignet sind bzw. ob sie zumindest eine „Orientierungshilfe“ für den Erlass einer Regelung im BayPAG bieten können. Dies hat vor allem vor dem Hintergrund zu erfolgen, dass eine landesrechtliche Vorschrift bisweilen fehlt.

1. § 14 Abs. 6 HSOG

Hessen hat als erstes Bundesland bereits seit Mai 2013 Bodycams im Einsatz.[2288] Die rechtliche Grundlage hierfür soll § 14 Abs. 6 HSOG sein.

§ 14 Abs. 6 HSOG wurde im Rahmen des Achten Gesetzes zur Änderung des Hessischen Gesetzes über die öffentliche Sicherheit und Ordnung v. 15.12.2004 in das HSOG aufgenommen.[2289] Der derzeit geltende § 14 Abs. 6 HSOG, dessen S. 1 neu durch Gesetz v. 28.9.2015[2290] eingefügt worden ist, ist folgendermaßen formuliert:

> [1]Die Polizeibehörden können an öffentlich zugänglichen Orten eine Person, deren Identität nach diesem Gesetz oder anderen Rechtsvorschriften festgestellt werden soll, mittels Bild- und Tonübertragungen kurzfristig technisch erfassen, offen beobachten und dies aufzeichnen, wenn dies nach den Umständen zum Schutz von Polizeivollzugsbeamtinnen und Polizeivollzugsbeamten oder Dritten gegen eine Gefahr für Leib oder Leben erforderlich ist. [2]Dabei können personenbezogene Daten auch über dritte Personen erhoben[2291] werden, soweit dies unerlässlich ist, um die Maßnahme nach Satz 1 durchführen zu können. [3]Sind die Daten für Zwecke der Eigensicherung oder der Strafverfolgung nicht mehr erforderlich, so sind sie unverzüglich zu löschen.

§ 14 Abs. 6 S. 1 HSOG gibt nicht nur die Möglichkeit zur offenen Beobachtung mittels Bild- und Tonübertragung, vielmehr kann auch eine Aufzeichnung auf diese Vorschrift gestützt werden. In ein Strafverfahren kann das Material gemäß § 20

2288 Siehe hierzu *Plöse/Eick* in: Grundrechte-Report 2016, S. 57 f.

2289 Achtes Gesetz zur Änderung des Hessischen Gesetzes über die öffentliche Sicherheit und Ordnung v. 15.12.2004, GVBl. Hessen, S. 444.

2290 Gesetz zur Änderung des Melderechts, des Hessischen Gesetzes über die öffentliche Sicherheit und Ordnung und des Hessischen Glücksspielgesetzes v. 28.9.2015, GVBl. Hessen, S. 356.

2291 Zur Problematik der bloßen Daten*erhebung* gegenüber unbeteiligten Dritten: *Parma* DÖV 2016, 809, 811.

Abs. 1, Abs. 3 HSOG i.V.m. § 163 StPO eingeführt werden.[2292] Sind die Daten für Zwecke der Eigensicherung oder der Strafverfolgung nicht mehr erforderlich, sind sie unverzüglich zu löschen, § 14 Abs. 6 S. 3 HSOG.

a) Pre-Recording-Funktion

Nach § 14 Abs. 6 S. 1 HSOG ist unter den dortigen Voraussetzungen auch eine sog. *Pre-Recording-Funktion* (*„kurzfristig technisch erfassen“*) zulässig.

Die Landesregierung hielt es für erforderlich, auch bereits im *Vorfeld* von körperlichen Angriffen verbale Angriffe aufzeichnen zu können. Zur Pre-Recording-Funktion wurde folgendermaßen ausgeführt:

> Beim Pre-Recording wird das Videobild beim Einschalten der Pre-Recording-Funktion auf ein flüchtiges Speichermedium mit begrenzter Speicherkapazität, wie den RAM-Speicher, abgelegt, wobei die Kamera kontinuierlich Videobilder auf diesem Speicher ablegt. Der Speicher verliert die Daten automatisch etwa beim Abschalten des Geräts, beim Überschreiben der Daten oder beim Stoppen des Pre-Recordings. Sobald die Aufnahmefunktion des Kamerasystems eingeschaltet wird, kopiert das System die noch vorhandenen Daten des RAM-Speichers auf ein dauerhaftes Speichermedium, wie beispielsweise eine SD-Karte, und schreibt die neuen Videodateien direkt dahinter. Die aus dem Pre-Recording gespeicherten Videodaten stehen dabei in sehr engem zeitlichem Zusammenhang mit der durch die Betätigung der Aufnahmefunktion der Body-Cam ausgelösten Aufzeichnung und umfassen lediglich einen kurzen Zeitraum. Die infolge der Pre-Recording-Funktion erhobenen personenbezogenen Daten tragen dazu bei, dass die Entstehung einer Situation und nicht nur das Handeln der Personen ab dem Einschaltzeitpunkt dargestellt wird. Diese Videobilder bilden den Zeitraum und insbesondere auch die Umstände ab, die die Aufzeichnung zur Eigensicherung und zum Schutz dritter Personen erforderlich gemacht haben. Ohne die Verwendung der Pre-Recording-Funktion müssten die für die Eigensicherung der Polizeibeamten oder zum Schutz Dritter relevanten Situationen durch die eingesetzten Beamten jederzeit antizipiert und ein Einschalten der Aufnahmefunktion der Body-Cam durch diese so früh wie möglich angestrebt werden, um die Aufzeichnung zum erforderlichen Zeitpunkt im Sinne von § 14 Abs. 6 Satz 1 HSOG starten zu können. Damit erhöht sich die Wahrscheinlichkeit von Fehlaufnahmen, etwa weil sich die Situation doch nicht in der erwarteten Weise entwickelt hat. Durch das Pre-Recording können so die aufgrund der Aufzeichnung der Personen und ihrer Handlungen erfolgenden gerechtfertigten Eingriffe in das Recht auf informationelle Selbstbestimmung reduziert werden.[2293]

2292 Siehe Abschlussbericht über die Erfahrungen des Einsatzes der mobilen Videoüberwachung gemäß § 14 Abs. 6 HSOG im Rahmen der Maßnahmen „Alt-Sachsenhausen“ sowie im Bereich des 1. Polizeireviers des Polizeipräsidiums Frankfurt am Main (SH LT-Umdruck 18/3586, S. 3).

2293 Gesetzentwurf der Landesregierung für ein Gesetz zur Änderung des Melderechts, des Hessischen Gesetzes über die öffentliche Sicherheit und Ordnung und des Hessischen Glücksspielgesetzes v. 19.5.2015, LT-Drs. 19/1979, S. 30.

Die Formulierung von § 14 Abs. 6 S. 1 HSOG ist jedoch unglücklich; offen bleibt, warum ein Pre-Recording erforderlich sein soll, wenn unter denselben Voraussetzungen auch eine Aufzeichnung möglich wäre.[2294]

Ein Pre-Recording, also ein kurzfristiges technisches Erfassen führt auch faktisch zu einer anlasslosen *Daueraufzeichnung*. Da bereits die (nur) kurzfristige Aufzeichnung in einem Zwischenspeicher einen Grundrechtseingriff darstellen muss,[2295] kann eine Daueraufzeichnung in Form der Pre-Recording-Funktion als nicht (mehr) rechtmäßig angesehen werden.

Sofern in § 14 Abs. 6 HSOG sowohl das kurzfristige technische Erfassen als auch das Aufzeichnen künftig erhalten bleiben sollen, müsste die Vorschrift anders formuliert werden; es sollte präzisiert werden, wann ein der Aufzeichnung vorgeschaltetes Pre-Recording zulässig sein soll. Wenn Pre-Recording und Aufzeichnung nämlich an dieselben Voraussetzungen geknüpft sind, läuft eine Zwischenspeicherfunktion tatsächlich ins Leere.

b) Zulässigkeit von Tonübertragungen

Auch die Tonübertragung ist in § 14 Abs. 6 S. 1 HSOG gesetzlich geregelt. Eine Aufnahme dieser Regelung in das HSOG war erforderlich, da eine lediglich visuelle Überwachung mittels Bodycams eine unvollständige präventive Wirkung bzw. Dokumentation des Einsatzgeschehens zur Folge gehabt hätte. Bodycams können dazu beitragen, körperliche Angriffe gegenüber Polizisten zu verhindern. Dies wird auf den bestehenden Abschreckungseffekt von Videoüberwachungsmaßnahmen zurückgeführt. Da die Aufzeichnung von Audiosignalen vor Änderung des § 14 Abs. 6 S. 1 HSOG gesetzlich nicht geregelt war, konnten verbale Entgleisungen, insbesondere strafrechtlich relevante Beleidigungen gegenüber Polizeibeamten nicht aufgezeichnet werden. Die Tatsache, dass Polizisten häufig beleidigt und beschimpft werden und ihnen mit Worten gedroht wird (vgl. Statistik des Kriminologischen Forschungsinstituts Niedersachen e.V.), hat ebenfalls dazu beigetragen, dass auch die Aufzeichnung von Audiosignalen im HSOG gesetzlich geregelt wurde. Nur so kann letztlich eine umfassende Dokumentation erreicht werden. Eine rein visuelle Beobachtung des Geschehens würde erhebliche Einbußen hinsichtlich des abschreckenden Charakters der Videoüberwachung bedeuten. Diesbezüglich wurde im Gesetzentwurf der Landesregierung für ein Gesetz zur Änderung des Melderechts, des Hessischen Gesetzes über die öffentliche Sicherheit und Ordnung und des Hessischen Glücksspielgesetzes v. 19.5.2015 ausgeführt:

> Die ergänzende Nutzung von Ton ist […] erforderlich, weil vor dem Beginn tätlicher Auseinandersetzungen zumeist verbale Angriffe stattfinden. Der Hinweis, dass die verbalen Entgleisungen mit aufgezeichnet werden können, kann daher deeskalierend wirken. Die flankierende Verwendung von Ton trägt der besonderen Bedeutung der

2294 Umfassend hierzu *Parma* DÖV 2016, 809, 811.

2295 So auch *Parma* DÖV 2016, 809, 810.

Kommunikation im Eskalationsverlauf im Rahmen von Kontrollmaßnahmen Rechnung. Sie ist dazu geeignet, die Hemmschwelle zur Artikulation beleidigenden oder provozierenden Inhalts gegenüber den Polizeibeamtinnen und Polizeibeamten heraufzusetzen. Hierdurch wird die Kommunikation in der Kontrollsituation positiv beeinflusst und eine Eskalation hin zur körperlichen Auseinandersetzung teilweise verhindert.[2296]

c) *Identitätsfeststellung als Tatbestandsvoraussetzung*

Die Polizei kann nach derzeit geltender Gesetzeslage eine Person an öffentlich zugänglichen Orten mittels Bild- und Tonübertragungen kurzfristig technisch erfassen, offen beobachten und dies aufzeichnen. Dies ist jedoch nur möglich wenn die *Identität* der Person nach dem HSOG oder anderen Rechtsvorschriften *festgestellt* werden soll. Ist die Identität der Person bereits bekannt, kann die Videoüberwachungsmaßnahme nicht auf § 14 Abs. 6 S. 1 HSOG gestützt werden. Dies ist nicht unproblematisch, zumal den Polizisten die Identität der potentiell gewalttätigen Personen nicht selten unbekannt ist. Man denke hierbei beispielsweise an den Wiederholungstäter. Eine Videoüberwachung wäre in diesen Fällen nicht zulässig, da die Identität dieser Personen nicht mehr festgestellt werden muss.

Ferner wird durch das Tatbestandsmerkmal „Identitätsfeststellung" die Frage aufgeworfen, ob die Beobachtung bzw. die Aufzeichnung des Geschehens unmittelbar nach der Feststellung der Identität des Betroffenen beendet werden muss. Dies hätte zur Folge, dass weitere polizeiliche Maßnahmen nicht mehr beobachtet bzw. aufgezeichnet werden können. Kommt es erst bei zeitlich darauffolgenden polizeilichen Maßnahmen zu körperlichen Angriffen und verbalen Auseinandersetzungen können diese nicht mehr aufgezeichnet werden. Der verfolgte Zweck (*Eindämmung der Gewalttaten gegenüber Polizeibeamten*) könnte folglich nicht erreicht werden. Zum anderen kann Datenmaterial mangels Aufzeichnung ebenfalls nicht in ein Strafverfahren eingeführt werden, sodass auch das Ziel, Beweismaterial für ein künftiges Strafverfahren zu sichern (*Strafverfolgungsvorsorge*) nicht erreicht werden kann. Für einen umfassenden Schutz der Polizeivollzugsbeamten und eine effektive Dokumentation für ein etwaiges Strafverfahren ist es dringend erforderlich § 14 Abs. 6 S. 1 HSOG weiter zu fassen und den Einsatz der „mobilen Videoüberwachung" nicht von einer Identitätsfeststellung abhängig zu machen. Dadurch wird der Anwendungsbereich von Bodycams nämlich zu sehr eingeschränkt. Es sollte „aus hiesiger Sicht einzig eine Gefahrenprognose (..., wenn zu erwarten ist, dass von der Person eine Gefahr für Leib oder Leben der Polizeivollzugsbeamtinnen und Polizeivollzugsbeamten oder Dritten ausgeht...) als Voraussetzung für den Einsatz der mobilen Videoüberwachung erforderlich sein."[2297] Auch der Gesetzentwurf der

2296 Gesetzentwurf der Landesregierung für ein Gesetz zur Änderung des Melderechts, des Hessischen Gesetzes über die öffentliche Sicherheit und Ordnung und des Hessischen Glücksspielgesetzes v. 19.5.2015, LT-Drs. 19/1979, S. 30.

2297 Abschlussbericht über die Erfahrungen des Einsatzes der mobilen Videoüberwachung gemäß § 14 Abs. 6 HSOG im Rahmen der Maßnahmen „Alt-Sachsenhausen"

Landesregierung für ein Gesetz zur Änderung des Melderechts, des Hessischen Gesetzes über die öffentliche Sicherheit und Ordnung und des Hessischen Glücksspielgesetzes v. 19.5.2015 strebte ursprünglich eine weite Fassung des § 14 Abs. 6 HSOG an:

> Interveniert die Polizei z.B. bei einer Schlägerei, geschieht dies zunächst nicht zur Identitätsfeststellung, sondern zur Unterbindung von weiteren Körperverletzungen. Zudem kommt es bei bekannten Straftätern auf eine Identitätsfeststellung nicht an. Um jedoch der Gefahr zu begegnen, dass sich die Aggression nunmehr gegen die Beamten richtet, ist eine Dokumentation des Geschehens aber ebenso sinnvoll wie bei einer Identitätsfeststellung. Entsprechendes gilt für den Vollzug strafprozessualer Maßnahmen, z.B. Durchsuchungen oder Festnahmen.[2298]

d) Datenlöschung

Nach § 14 Abs. 6 S. 3 HSOG sind die Daten unverzüglich zu löschen, sofern sie für Zwecke der Eigensicherung oder der Strafverfolgung nicht mehr erforderlich sind. Die tatsächliche Speicherfrist regelt die Vorschrift jedoch nicht. Der Hessische Datenschutzbeauftragte *Ronellenfitsch* hat einer Speicherung des Datenmaterials zum Zwecke der Eigensicherung – Schutz der Polizisten vor unberechtigten Anschuldigungen – für bis zu 6 Monate zugestimmt.[2299] Die Speicherfrist begründet der Datenschutzbeauftragte erneut in seinem 43. Tätigkeitsbericht:

> Dieser relativ langen Frist habe ich zugestimmt, da damit die Aufnahmen auch zur Verfügung stehen, wenn sich eine Notwendigkeit der abschließenden Bewertung eines konkreten Einsatzes nicht sofort ergibt. Nach polizeilicher Erfahrung kann es einige Zeit dauern, bis Betroffene Polizeibeamte anzeigen. Dies geschieht zum Teil auch erst als Reaktion auf ein Ermittlungsverfahren.[2300]

Bezüglich der Speicherfristen muss dennoch Rechtsklarheit geschaffen werden. Diese kann nur erreicht werden, wenn die Fristen konkret in § 14 Abs. 6 HSOG geregelt werden.

Ferner fehlt es in § 14 Abs. 6 HSOG an einer speziellen Regelung zum späteren Umgang mit den erhobenen Daten. Die diesbezüglich bestehenden, allgemeinen

---

sowie im Bereich des 1. Polizeireviers des Polizeipräsidiums Frankfurt am Main (SH LT-Umdruck 18/3586, S. 12 f.).

2298 Gesetzentwurf der Landesregierung für ein Gesetz zur Änderung des Melderechts, des Hessischen Gesetzes über die öffentliche Sicherheit und Ordnung und des Hessischen Glücksspielgesetzes v. 19.5.2015, LT-Drs. 19/1979, S. 30; siehe auch *Kipker* Stellungnahme HSOG, S. 5 ff.

2299 Siehe Abschlussbericht über die Erfahrungen des Einsatzes der mobilen Videoüberwachung gemäß § 14 Abs. 6 HSOG im Rahmen der Maßnahmen „Alt-Sachsenhausen“ sowie im Bereich des 1. Polizeireviers des Polizeipräsidiums Frankfurt am Main (SH LT-Umdruck 18/3586, S. 13).

2300 43. Tätigkeitsbericht Datenschutz Hessen, S. 97.

Vorschriften im HSOG sind aufgrund der besonderen Gefährdungslage die von einem Bodycam-Einsatz ausgehen, nicht ausreichend.[2301]

e) *Öffentlich zugängliche Orte*

Dem Wortlaut der Vorschrift zufolge kann die „mobile Videoüberwachung" lediglich an *öffentlich zugänglichen Orten* zum Einsatz kommen. Dem Abschlussbericht über die Erfahrungen des Einsatzes der „mobilen Videoüberwachung" im Rahmen der Maßnahmen „Alt-Sachsenhausen" sowie im Bereich des 1. Polizeireviers des Polizeipräsidiums Frankfurt a.M. zufolge, stellt dies vor allem im Bereich des 1. Polizeireviers ein Problem dar, da dort in erster Linie Diskotheken sowie Bars kontrolliert werden sollen. Neben Wohnungen dürften aber auch Spieltheken, Diskotheken und sonstige kommerziell genutzte Räumlichkeiten nicht betreten werden.[2302] Eine Legaldefinition des Begriffs „öffentlich zugänglicher Ort" findet sich weder in der Entwurfsbegründung noch im HSOG selbst.

Nach *Meixner* und *Fredrich* sind öffentlich zugängliche Orte im Sinne der Vorschrift Straßen, Wege und Plätze. Ferner sollen darunter auch all jene Räume fallen, die von jedermann betreten werden dürfen.[2303] Nach *Kipker* ist hingegen, mangels ausdrücklicher Definition des „öffentlichen zugänglichen Raumes" im HSOG, zur Auslegung dieses Begriffs § 38 Abs. 7 HSOG heranzuzuziehen, welcher ebenfalls den Begriff verwendet:

> Im Sinne eines systematisch einheitlichen Verständnisses des HSOG ist davon auszugehen, dass die hier zur Verfügung stehende Konkretisierung des Begriffs ebenso auf die Einsatzgrundlage der Body-Cam übertragen werden kann.[2304]

Gemäß § 38 Abs. 7 HSOG dürfen Arbeits-, Betriebs- und Geschäftsräume sowie andere Räume und Grundstücke, die der Öffentlichkeit zugänglich sind oder waren und den Anwesenden zum weiteren Aufenthalt zur Verfügung stehen, zum Zwecke der Gefahrenabwehr während der Arbeits-, Geschäfts- oder Aufenthaltszeit betreten werden, wobei eine exakte Unterscheidung zwischen Arbeits-, Betriebs- und Geschäftsräumen nicht immer möglich ist.[2305] Unter § 38 Abs. 7 HSOG fallen jedenfalls Gaststätten, Kaufhäuser, aber auch Räume, für deren Zutritt Eintrittsgeld verlangt wird, wie beispielsweise Kinos, Theater oder Museen:

2301 Siehe *Kipker/Gärtner* NJW 2015, 296, 299.

2302 Abschlussbericht über die Erfahrungen des Einsatzes der mobilen Videoüberwachung gemäß § 14 Abs. 6 HSOG im Rahmen der Maßnahmen „Alt-Sachsenhausen" sowie im Bereich des 1. Polizeireviers des Polizeipräsidiums Frankfurt am Main (SH LT-Umdruck 18/3586, S. 12).

2303 *Meixner/Fredrich* HSOG § 14 Rn. 23 i.V.m. Rn. 20.

2304 *Kipker* Stellungnahme HSOG, S. 20.

2305 *Meixner/Fredrich* HSOG § 38 Rn. 3.

> Nicht der Öffentlichkeit zugänglich sind dagegen Clubräume, Vereinslokale, Betriebskantinen u.Ä., zu denen nur Mitglieder oder sonst besonders berechtigte Personen Zutritt haben.[2306]

Folgt man der Kommentierung von *Meixner* und *Fredrich* zu § 14 HSOG bzw. zieht man – wie *Kipker* – zur Auslegung des unbestimmten Rechtsbegriffs § 38 Abs. 7 HSOG heran, so ergibt sich in beiden Fällen, dass der Begriff des „öffentlichen zugänglichen Ortes" weit zu fassen ist, sodass sich hinsichtlich der Betretungsbefugnis der filmenden Polizisten wenige Hindernisse in den Weg stellen dürften. Die weite Auslegung des „öffentlich zugänglichen Ortes" im Sinne des HSOG findet sich auch im Einklang mit der Auslegung des Begriffs „öffentlich zugänglicher Raum" im Sinne von § 6b BDSG, worunter auch Verkaufsbereiche von Geschäften, Restaurants, Cafés oder Hotelfoyers subsumiert werden.[2307]

2. § 27 rhpfPOG

In Rheinland-Pfalz sind Bodycams seit dem 1.7.2015 im Einsatz. Die Erhebung personenbezogener Daten erfolgt in Rheinland-Pfalz ausschließlich im öffentlich zugänglichen Raum auf der Grundlage von § 27 rhpfPOG.[2308]

Die Erhebung personenbezogener Daten durch den offenen Einsatz technischer Mittel zur Anfertigung von Bild- und Tonaufzeichnungen ist beispielsweise in folgenden Situationen und unter bestimmten Voraussetzungen zulässig:

- bei oder im Zusammenhang mit öffentlichen Veranstaltungen und Ansammlungen, die nicht dem Versammlungsgesetz unterliegen (§ 27 Abs. 2 rhpfPOG)
- an den in § 10 Abs. 1 S. 2 Nr. 1 rhpfPOG genannten Orten und in den in § 10 Abs. 1 S. 2 Nr. 2 rhpfPOG genannten Objekten sowie in deren unmittelbarer Nähe (§ 27 Abs. 3 rhpfPOG)
- in den Fällen des § 18 Abs. 2 Nr. 1 bis 7 rhpfPOG in öffentlich zugänglichen Räumen, soweit dies nach den Umständen zum Schutz eines Polizeibeamten oder eines Dritten erforderlich erscheint (§ 27 Abs. 4 rhpfPOG)

§ 27 Abs. 4 rhpfPOG bringt den mit Bodycams verfolgten Zweck der Eigensicherung zum Ausdruck („*zum Schutz eines Polizeibeamten*"). Bild- und Tonaufzeichnungen sind jedoch nur dann zulässig, wenn ein Fall des § 18 Abs. 2 Nr. 1 bis 7 rhpfPOG vorliegt. Dies setzt wiederum voraus, dass eine Person im öffentlichen Verkehrsraum angehalten und kontrolliert (Nr. 1), einer Identitätsfeststellung unterzogen (Nr. 2), festgehalten (Nr. 3), vorgeführt (Nr. 4), in Gewahrsam oder Haft genommen

---

2306 *Meixner/Fredrich* HSOG § 38 Rn. 21.
2307 Nomos-BDSG/*Scholz* § 6b Rn. 44.
2308 Zusammenfassend *Arnd* Kriminalistik 2016, 104, 107; Kleine Anfrage der Abgeordneten Katharina Raue (Bündnis 90/Die Grünen) (3713) v. 8.9.2015 und Antwort des Ministeriums des Innern, für Sport und Infrastruktur (Rheinland-Pfalz), LT-Drs. 16/5638 v. 30.9.2015, S. 2.

(Nr. 5), zur Durchführung einer Maßnahme an einen anderen Ort verbracht (Nr. 6) oder zur Verkehrskontrolle einschließlich der Kontrolle der Verkehrstüchtigkeit und zu Verkehrserhebungen angehalten und kontrolliert (Nr. 7 i.V.m. § 36 Abs. 5 StVO) wird. Da aufgrund der Verweisung in § 27 Abs. 4 rhpfPOG auf § 18 Abs. 2 rhpfPOG der Einsatz der polizeilichen Bodycam lediglich in den dort aufgeführten Fällen zulässig ist, wird auch in Rheinland-Pfalz der Anwendungsbereich erheblich eingeschränkt. Für einen umfassenden Schutz der Polizeivollzugsbeamten und eine effektive Dokumentation für ein etwaiges Strafverfahren wäre es notwendig, § 27 Abs. 4 rhpfPOG umfassender zu formulieren und den Einsatz der „mobilen Videoüberwachung“ nicht (nur) von den vereinzelt normierten Fällen des § 18 Abs. 2 rhpfPOG abhängig zu machen.[2309]

Mit der Regelung des § 27 Abs. 4 rhpfPOG hat der Gesetzgeber aber auch dem Schutz der Privatsphäre Rechnung getragen, indem die Polizei lediglich ermächtigt wird, Bild- und Tonaufzeichnungen in *öffentlich zugänglichen Räumen* anzufertigen.[2310]

Die Datenerhebung durch den Einsatz technischer Mittel muss offen erfolgen.[2311] Sie muss für den Betroffenen erkennbar sein. Nach *Roos* und *Lenz* müssen die Betroffenen im Zweifel auf die Aufzeichnung hingewiesen werden.[2312] Ein entsprechender Hinweis ist auch beim polizeilichen Einsatz der Bodycam erforderlich. Bodycams sind mit der Größe einer Zigarettenschachtel vergleichbar[2313] und damit unter Umständen nicht ohne Weiteres sichtbar. Ein Hinweis auf die polizeiliche Videoüberwachung findet sich daher auf einer vom Polizisten zu tragenden Weste.[2314] Insbesondere an Orten, an denen sich fremdsprachigen Personen aufhalten, kann dieser Hinweis jedoch nicht ausreichend sein; Die Aufschrift „Videoüberwachung“ können diese Personen oftmals nicht verstehen. Daher wäre ein zusätzlicher mündlicher Hinweis der filmenden Polizisten erforderlich, um der Voraussetzung der „offenen“ Datenerhebung gerecht zu werden. Ein solcher Hinweis wäre nur dann nicht notwendig, wenn die Aufschrift „Videoüberwachung“ durch ein deutlich sichtbares Piktogramm ersetzt würde.

2309 Nach *Parma* mangelt es der rheinland-pfälzischen Norm zum Einsatz von Bodycams an einer konkreten Eingriffsschwelle. Ihm zufolge kann die Bodycam zu beliebigen Schutzzwecken aktiviert werden, soweit dies nach den Umständen zum Schutz eines Polizeibeamten oder eines Dritten erforderlich erscheint (*Parma* DÖV 2016, 809, 812).

2310 *Roos/Lenz* rhpfPOG § 27 Rn. 2; zur Problematik der Begrenzung auf die Erhebung in öffentlich zugänglichen Räumen (*Roos/Lenz* rhpfPOG § 27 Rn. 13).

2311 Zum Begriff *„offen“*: *Roos/Lenz* rhpfPOG § 26 Rn. 20.

2312 *Roos/Lenz* rhpfPOG § 27 Rn. 14.

2313 *Zander* Body-Cams, S. 15.

2314 http://www.polizeipraxis.de/nc/themen/waffen-und-geraetetechnik/detailansicht-waffen-und-geraetetechnik/artikel/body-cam-eine-erfolgsgeschichte-nimmt-ihren-lauf.html?tx_ttnews%5BsViewPointer%5D=1 (Stand: Dezember 2016); http://www1.wdr.de/nachrichten/landespolitik/polizei-bodycams-100.html (Stand: Dezember 2016).

Die Vorschrift normiert ausdrücklich, dass eine Datenerhebung auch dann durchgeführt werden darf, wenn Dritte unvermeidbar betroffen sind (§ 27 Abs. 5 S. 1 rhpfPOG). Dies hat beim Einsatz von Bodycams durchaus Belang, da Dritte in den Aufnahmebereich der Kamera gelangen und somit einer Erhebung ihrer personenbezogenen Daten ausgesetzt sein können. Die Vorschrift bringt „die Verpflichtung, die Maßnahme grundsätzlich auf die eigentliche Zielperson bzw. -gruppe zu beschränken"[2315] zum Ausdruck.

Des Weiteren sind gemäß § 27 Abs. 5 S. 2 rhpfPOG die Bild- und Tonaufzeichnungen sowie daraus gefertigte Unterlagen unverzüglich zu löschen oder zu vernichten, soweit diese nicht zur Verfolgung von Straftaten oder Ordnungswidrigkeiten von erheblicher Bedeutung, zur Gefahrenabwehr, insbesondere zur vorbeugenden Bekämpfung von Straftaten, oder zur Behebung einer bestehenden Beweisnot, erforderlich sind. Der Begriff *„unverzüglich"* stellt einen unbestimmten Rechtsbegriff dar, welcher durch Auslegung zu ermitteln ist. § 27 Abs. 5 S. 2 rhpfPOG gibt keine Auskunft darüber, wie lange das gewonnene Datenmaterial tatsächlich gespeichert werden muss bzw. wann es zu löschen oder zu vernichten ist. Unbestimmte Rechtsbegriffe und deren (unterschiedliche) Auslegung können zu Rechtsunsicherheiten beitragen. Um Rechtssicherheit gewährleisten zu können, sollten Speicher, -löschungs und -vernichtungsfristen innerhalb der Vorschrift im Detail geregelt werden.

3. § 8 Abs. 5 HmbPolDVG

Rechtsgrundlage für den Einsatz von Bodycams in Hamburg schaffte eine Änderung des Gesetzes über die Datenverarbeitung der Polizei.[2316] § 8 Abs. 5 HmbPolDVG erhielt dadurch folgende Fassung:

> [1]Die Polizei darf bei der Durchführung von Maßnahmen zur Gefahrenabwehr oder zur Verfolgung von Straftaten oder Ordnungswidrigkeiten in öffentlich zugänglichen Bereichen personenbezogene Daten durch den offenen[2317] Einsatz technischer Mittel zur Anfertigung von Bild- und Tonaufzeichnungen erheben, wenn dies nach den Umständen zum Schutz von Vollzugsbediensteten oder Dritten gegen eine Gefahr für Leib oder Leben erforderlich ist. [2]Aufzeichnungen sind unzulässig in Bereichen, die

2315 *Roos/Lenz* rhpfPOG § 27 Rn. 16.

2316 Sechstes Gesetz zur Änderung des Gesetzes über die Datenverarbeitung der Polizei v. 30.1.2015 (GVBl. Hamburg, 6.2.2015, Nr. 5, S. 21); zur Entstehungsgeschichte des HmbPolDVG: HmbPolDVG, S. 35 ff.

2317 Zur Datenerhebung durch den *verdeckten* Einsatz technischer Mittel in oder aus Wohnungen: § 10a HmbPolDVG i.V.m. Art. 13 Abs. 5 GG; siehe auch Drs. 20/12891 v. 9.9.2014 (Schriftliche Kleine Anfrage der Abgeordneten Antje Möller (GRÜNE) v. 1.9.2014 u. Antwort des Senats zum Pilotprojekt zum Einsatz von Bodycams bei der Hamburger Polizei).

der Ausübung von Tätigkeiten von Berufsgeheimnisträgern nach § 53 Absatz 1 der Strafprozessordnung dienen. [3]Absatz 4 Sätze 2 und 4 gilt entsprechend.

§ 8 Abs. 5 S. 3 HmbPolDVG regelt die entsprechende Anwendung von § 8 Abs. 4 S. 2 und S. 4 HmbPolDVG:

> [2]Die Maßnahmen darf auch durchgeführt werden, wenn Dritte unvermeidbar betroffen werden. [...] [4]Bild- und Tonaufzeichnungen sind spätestens nach vier Tagen zu löschen, soweit sie nicht für Zwecke der Strafverfolgung benötigt werden.

a) Tatbestandsvoraussetzungen

Während in Hessen eine Identitätsfeststellung Voraussetzung für den Einsatz der Videoüberwachung zum Schutz von Polizeivollzugsbeamten – oder Dritten – ist (§ 14 Abs. 6 S. 1 HSOG) und der Anwendungsbereich damit erheblich eingeschränkt wird, ist § 8 Abs. 5 S. 1 HmbPolDVG hingegen weit gefasst: In Hamburg ist die Erhebung personenbezogener Daten durch den offenen Einsatz technischer Mittel zur Anfertigung von Bild- und Tonaufzeichnungen[2318] bei der Durchführung von *Maßnahmen zur Gefahrenabwehr oder zur Verfolgung von Straftaten oder Ordnungswidrigkeiten* zulässig.

Obwohl Bodycams primär zum Schutz von Polizeibeamten vor Angriffen eingesetzt werden, gestattet § 8 Abs. 5 S. 1 HmbPolDVG auch personenbezogene Daten durch den offenen Einsatz technischer Mittel zur Anfertigung von Bild- und Tonaufzeichnungen zu erheben,[2319] wenn dies nach den Umständen zum Schutz von *Dritten* gegen eine Gefahr für Leib oder Leben erforderlich ist. Da Bodycams durch selektives Ein- und Ausschalten durch den filmenden Polizisten nicht dazu beitragen können, Polizeigewalt, also die Gewalt durch und von Polizisten zu verhindern, wird durch die Normierung des Tatbestandsmerkmals „Dritte“ allenfalls „Symbolpolitik“ betrieben. Aufgrund des Abschreckungseffekts der offenen Videoüberwachung könnten aber potentielle nicht-polizeiliche Delinquenten von körperlichen Angriffen gegenüber Dritten Abstand nehmen. Dies setzt jedoch voraus, dass bereits eine Maßnahme zur Gefahrenabwehr oder zur Verfolgung von Straftaten oder Ordnungswidrigkeiten durchgeführt wird, bei welcher ein Dritter einer Gefahr für Leib oder Leben ausgesetzt ist.

Personenbezogene Daten dürfen nur erhoben werden, wenn dies zum *Schutz für Leib oder Leben* von Vollzugsbediensteten oder Dritten erforderlich ist. Der Einsatz von Bodycams berührt unter anderem das Recht auf informationelle Selbstbestimmung als Ausprägung des allgemeinen Persönlichkeitsrechts der gefilmten Personen. Indem die rechtmäßige Erhebung personenbezogener Daten auf den Schutz für Leib und Leben beschränkt wird, wird zum Ausdruck gebracht, dass eine

2318 Eine Pre-Recording-Funktion – *kurzfristig technisches Erfassen* – wird hingegen nicht normiert.

2319 Zur Videoüberwachung in Form der bloßen Bildübertragung als auch der Bildaufzeichnung: SOG/PolDVG § 8 Rn. 14 a.E.

Videoüberwachung nicht zum Schutz eines weniger schutzbedürftigen Rechtsguts zulässig sein soll. Insbesondere kann dadurch dem *Gebot der Verhältnismäßigkeit im engeren Sinne* Rechnung getragen werden.

Die Mobilität der Bodycam kann dazu führen, dass nicht unmittelbar am Geschehen beteiligte Dritte von der Kamera erfasst werden. Diesbezüglich ist in § 8 Abs. 5 S. 3 i.V.m. § 8 Abs. 4 S. 2 HmbPolDVG geregelt, dass Videoüberwachungsmaßnahmen auch dann durchgeführt werden dürfen, wenn Dritte unvermeidbar betroffen sind. Dies ist erforderlich, um einen umfassenden Einsatz der Bodycam sicherzustellen. Ferner müssten aber auch die betroffenen unbeteiligten Dritten Kenntnis von der Überwachungsmaßnahme haben. Nur wenn auch sie Kenntnis von der Aufzeichnung haben, können sie im Anschluss von ihren Rechten bezüglich des gespeicherten Datenmaterials Gebrauch machen.[2320] Der Hamburgische Beauftragte für Datenschutz und Informationsfreiheit hat bemängelt, dass in der Vorschrift eine Vorgabe fehle, „in welcher Weise Betroffene, aber auch Dritte auf die Erstellung von Aufnahmen hingewiesen werden sollen".[2321] Die Bedenken hinsichtlich einer Hinweispflicht auf die Videoaufzeichnung teilt der Senat indes nicht. Begründet wird dies mit dem Argument, dass „in keiner Vorschrift zum offenen Einsatz von Videokameras die Art und Weise geregelt ist, wie auf die Möglichkeit der Aufzeichnung hinzuweisen ist. Hierzu wird es interne Regelungen geben, die auch auf die spezielle Videotechnik abzustimmen sind".[2322]

Während in Hessen und Rheinland-Pfalz eine spezielle Regelung zu den Speicherfristen fehlt, enthält das HmbPolDVG eine ausdrückliche Regelung, § 8 Abs. 5 S. 3 i.V.m. § 8 Abs. 4 S. 4 HmbPolDVG. Sämtliches Datenmaterial ist spätestens nach vier Tagen zu löschen, soweit es nicht für Zwecke der Strafverfolgung benötigt wird. Diese klare Regelung kann zur Rechtssicherheit beigetragen. Eindeutige Angaben in Bezug auf die Speicherfristen sind daher auch in anderen Bundesländern zwingend erforderlich.

Vorliegend fehlt es jedoch an ausdrücklichen Regelungen für den späteren Umgang der erhobenen Daten. Diesbezüglich gelten lediglich die allgemeinen Befugnisse zur weiteren Datenverarbeitung gemäß §§ 14 ff. HmbPolDVG. Zur Anwendung der allgemeinen Vorschriften führen *Kipker* und *Gärtner* zutreffend aus:

> Zum Umgang mit den Daten finden sich lediglich die allgemeinen weiteren Regelungen, beispielsweise der §§ 14 ff. HmbPolDVG [...], die jedoch in ihrer derzeitigen Fassung nicht dazu geeignet sind, der speziellen Gefährdungslage für personenbezogene Videodaten infolge des Body-Cam-Einsatzes gerecht zu werden. Auch die teils noch weiter

2320 Siehe auch *Kipker/Gärtner* NJW 2015, 296, 299.

2321 Drs. 20/12891 v. 9.9.2014 (Schriftliche Kleine Anfrage der Abgeordneten Antje Möller (GRÜNE) v. 1.9.2014 u. Antwort des Senats zum Pilotprojekt zum Einsatz von Bodycams bei der Hamburger Polizei), S. 2.

2322 Drs. 20/12891 v. 9.9.2014 (Schriftliche Kleine Anfrage der Abgeordneten Antje Möller (GRÜNE) v. 1.9.2014 u. Antwort des Senats zum Pilotprojekt zum Einsatz von Bodycams bei der Hamburger Polizei), S. 2.

gefassten, subsidiären Regelungen der Landesdatenschutzgesetze können in diesem Zusammenhang keinen ausreichenden Grundrechtsschutz für den Einzelfall bieten.[2323]

b) Ergebnis

Im Vergleich zu anderen landesrechtlichen Rechtsgrundlagen, auf welche der Einsatz polizeilicher Bodycams gestützt wird, legt § 8 Abs. 5 HmbPolDVG einen teilweise verbesserten rechtlichen Rahmen zum Einsatz von Bodycams fest.[2324] Jedoch werden einige Voraussetzungen nicht ausreichend präzise geregelt bzw. zu weit gefasst. Auch im „25. Tätigkeitsbericht Datenschutz des Hamburgischen Beauftragten für Datenschutz und Informationsfreiheit 2014/2015“ wird deutlich, dass die Umsetzung des § 8 Abs. 5 HmbPolDVG bislang noch nicht vollumfänglich überzeugen kann. Zum einen können unter den Begriff „technische Mittel“ im Sinne dieser Vorschrift nicht nur Bodycams, sondern auch Dashcams in Polizeifahrzeugen, Drohnen oder Handykameras fallen. Zum anderen sei die deeskalierende Wirkung von Videoüberwachungsmaßnahmen noch nicht hinreichend wissenschaftlich belegt, sodass einer Evaluation eine besondere Bedeutung zukommen werde. Ferner hält der Hamburgische Beauftragte für Datenschutz und Informationsfreiheit die Aufnahme des Tons für unverhältnismäßig, da unter anderem nicht deutlich werde, vor welchen Bedrohungen Polizisten dadurch geschützt werden können. Abschließend wird die Speicherfrist, welche mit vier Tagen zu kurz bemessen sei, bemängelt:

> Sie wird in aller Regel verhindern, dass Aufnahmen, die einen disziplinarrechtlichen Vorwurf gegen einen Polizeivollzugsbediensteten belegen können, noch rechtzeitig zu verwerten sind. Auch werden Betroffene wohl nicht von ihrem Auskunftsanspruch Gebrauch machen können, da die Daten so schnell zu löschen sind und aufgrund der strengen Zweckbindung nicht für andere Zwecke – auch nicht im Interesse des Betroffenen – verwendet werden dürfen.[2325]

Trotz der Bedenken des Hamburgischen Beauftragten für Datenschutz und Informationsfreiheit ist § 8 Abs. 5 HmbPolDVG ohne entsprechende Änderungen verabschiedet worden.

4. § 27 SPolG

Auch im Saarland wurde eine Ermächtigungsgrundlage für den Einsatz von Bodycams geschaffen. § 27 SPolG wurde mit Gesetz v. 18.5.2016 wie folgt geändert:[2326]

2323 *Kipker/Gärtner* NJW 2015, 296, 299.
2324 *„Handwerklich gelungene Norm“* (*Parma* DÖV 2016, 809, 819).
2325 25. Tätigkeitsbericht Datenschutz Hamburg, S. 66.
2326 Gesetz Nr. 1889 zur Änderung des Saarländischen Polizeigesetzes v. 18.5.2016 (Abl. des Saarlandes I, v. 30.6.2016, S. 440).

(3) [1]Die Vollzugspolizei kann in öffentlich zugänglichen Räumen personenbezogene Daten kurzzeitig speichern (Vorabaufnahme) und durch die offene Anfertigung von Bild- und Tonaufzeichnungen erheben, soweit dies zum Schutz von Polizeivollzugsbeamtinnen oder Polizeivollzugsbeamten oder Dritten zur Abwehr einer konkreten Gefahr erforderlich ist. [2]Auf Maßnahmen nach Satz 1 ist durch Schilder oder in sonstiger geeigneter Form hinzuweisen.

[...]

(6) Die Aufzeichnungen sind, soweit sie nicht zur Verfolgung von Straftaten oder Ordnungswidrigkeiten von erheblicher Bedeutung erforderlich sind,

1. bei Maßnahmen nach Absatz 3 und 4 unverzüglich,

2. ansonsten spätestens nach zwei Wochen

zu löschen.

§ 27 SPolG weist im Hinblick auf die Schaffung einer Ermächtigungsgrundlage für den polizeilichen Einsatz von Bodycams rechtliche Mängel auf.

Nach § 27 Abs. 3 S. 1 SPolG ist zunächst keine bestimmte Einsatzsituation für den Einsatz von Bodycams erforderlich. Während z.B. § 14 Abs. 6 S. 1 HSOG die Identitätsfeststellung fordert oder § 8 Abs. 5 S. 1 HmbPolDVG an die Durchführung von Maßnahmen zur Gefahrenabwehr oder zur Verfolgung von Straftaten oder Ordnungswidrigkeiten anknüpft, verzichtet § 27 Abs. 3 S. 1 SPolG auf solche Tatbestandsmerkmale. Es scheint zumindest fraglich, ob der Verzicht auf einen bestimmten Einsatzzweck mit dem verfassungsrechtlichen Bestimmtheitsgebot vereinbar ist.[2327] Beschränkt wird der weite Anwendungsbereich zwar dadurch, dass eine Vorabaufnahme[2328] bzw. eine offene Anfertigung von Bild- und Tonaufzeichnungen nur zulässig ist, soweit dies zum Schutz von Polizeivollzugsbeamten oder Dritten zur Abwehr einer konkreten Gefahr erforderlich ist. Obgleich die Regelung eine „konkrete Gefahr“ als Tatbestandsmerkmal normiert, fehlt es am Bezugspunkt einer konkreten Gefahrenlage, wodurch ein unbestimmter Einsatz der polizeilichen Bodycam ermöglicht wird.[2329] Da die Überwachung mit Bodycams einen Eingriff in die Grundrechte der Betroffenen darstellt, müsste der Einsatz der Bodycam an den Schutzzweck „konkrete Gefahr für Leib oder Leben von Polizeivollzugsbeamten oder Dritten“ geknüpft sein. Dadurch könnte verhindert werden, dass Bodycams nicht (auch) zum Schutz weniger schutzbedürftiger Rechtsgüter zum Einsatz kommen. In seiner Stellungnahme zur Anhörung des Ausschusses für Inneres und Sport des Landtags des Saarlandes am 21.4.2016 zum Gesetzentwurf zur Änderung des Saarländischen Polizeigesetzes führte *Kipker* hierzu bereits wie folgt aus:

2327 *Kipker* Stellungnahme SPolG, S. 6.

2328 Unter dem Begriff der „Vorabaufnahme“ ist die sog. *Pre-Recording-Funktion* zu verstehen (*Parma* DÖV 2016, 809, 813).

2329 So auch *Kipker* Stellungnahme SPolG, S. 7.

> Hierdurch wird […] ausgeschlossen, dass der Einsatz der Body-Cam nicht lediglich zu Zwecken der Aufzeichnung von einfachen Beleidigungsdelikten erfolgt. […] Die individuelle Videoaufzeichnung stellt eine erhebliche Grundrechtsbelastung für Privatpersonen dar […]. Damit eine derart intensive Grundrechtsbelastung verfassungsrechtlich gerechtfertigt werden kann, muss die Wertigkeit der Rechtsgüter oder Rechte, zu deren Gunsten der Eingriff erfolgt, gegen die mit ihm verbundenen Belastungen abgewogen werden. Eine Abwägung mit der Ehre von Beamtinnen und Beamten des Polizeivollzugsdienstes wird hier regelmäßig ergeben, dass deren Interessen im Dienst zumindest dann zurücktreten müssen, soweit sich die Handlungen des Betroffenen auf bloße verbale Provokationen beschränken […].[2330]

Ferner wird in § 27 SPolG das technische Mittel zur Vorabaufnahme bzw. zur Anfertigung von Bild- und Tonaufzeichnungen nicht konkretisiert. Nach der Entwurfsbegründung soll durch die offene Formulierung auch der Technikeinsatz in oder aus Fahrzeugen von der Vorschrift erfasst werden.[2331] Die offene Formulierung kann jedenfalls nicht dem Gebot der Bestimmtheit genügen. Nach *Kipker* besteht durch die offene Formulierung die Gefahr, dass dadurch auch andere technische Einsatzmittel, wie z.B. Polizeidrohnen mit Videofunktion unter § 27 SPolG subsumiert werden können. Eine „Technikoffenheit" der Bestimmung ist daher zu Recht abzulehnen, „da hiermit nicht sichergestellt werden kann, dass die Vorschrift im Hinblick auf die Rechtfertigung des Grundrechtseingriffs auch bei neuen technischen Einsatzmittel den hieran anzulegenden Anforderungen genügt."[2332]

§ 27 Abs. 3 S. 1 SPolG unterscheidet ferner zwischen der kurzzeitigen Speicherung (*Vorabaufnahme*) und der offenen Anfertigung von Bild- und Tonaufzeichnungen. Warum der saarländische Gesetzgeber zwischen einer kurzzeitigen Speicherung und einer über die Vorabaufnahme hinausgehenden Aufzeichnung differenziert, ist nicht nachvollziehbar, zumal bei beiden Formen eine Aufzeichnung und somit eine Speicherung vorliegt. Auch bei einer (nur) kurzzeitigen Speicherung in Form der Vorabaufnahme muss daher ein Eingriff in das Recht auf informationelle Selbstbestimmung – wie bei einer dauerhaften Aufzeichnung – bejaht werden. Ferner bezieht sich das Tatbestandsmerkmal „offen" lediglich auf die Anfertigung von Bild- und Tonaufzeichnungen. Da jedoch beide Arten der Aufzeichnung einen zu rechtfertigenden Grundrechtseingriff darstellen, müsste auch die Vorabaufnahme offen erfolgen.[2333]

Positiv an der Regelung ist, dass auch Tonaufzeichnungen erfasst werden. Nur eine Kombination aus Bild- und Tonaufzeichnungen kann eine vollumfängliche

---

2330 *Kipker* Stellungnahme SPolG, S. 7 f.

2331 Gesetzentwurf der CDU-Landtagsfraktion und der SPD-Landtagsfraktion: „Gesetz zur Änderung des Saarländischen Polizeigesetzes" (LT-Drs. 15/1734 v. 10.3.2016, S. 5).

2332 *Kipker* Stellungnahme SPolG, S. 9.

2333 *Kipker* Stellungnahme SPolG, S. 9 ff., 15 ff.; zur Problematik der faktischen Daueraufzeichnung durch Vorabaufnahmen: *Parma* DÖV 2016, 809, 813.

Dokumentation darstellen. Obgleich Tonaufzeichnungen nur eine marginale Abschreckungswirkung zukommen kann, können sie die Aufklärung des Tatgeschehens erleichtern.

Maßnahmen nach § 27 Abs. 3 SPolG sind *unverzüglich* zu löschen, soweit sie nicht zur Verfolgung von Straftaten oder Ordnungswidrigkeiten von erheblicher Bedeutung erforderlich sind (§ 27 Abs. 6 Nr. 1 SPolG). Begrüßenswert wäre jedoch die Normierung einer bestimmten Speicherfrist, da durch die unbestimmte Formulierung Rechtsunsicherheiten entstehen können.[2334]

Auch der konkrete Umgang mit den erhobenen Daten wird in § 27 SPolG nicht geregelt. Da der Einsatz von Bodycams einen schwerwiegenden Eingriff in die Grundrechte der Betroffenen darstellt, ist zumindest fraglich, ob die bereits bestehenden (allgemeinen) Normen zur Berichtigung, Löschung und Sperrung personenbezogener Daten den Ansprüchen der Einzelnen gerecht werden können.

5. *Gesetzentwurf zur Änderung des Polizeigesetzes des Landes Nordrhein-Westfalen*

Die Fraktion der SPD und die Fraktion Bündnis 90/Die Grünen haben im Juni 2016 einen *Entwurf* zur Änderung des Polizeigesetzes des Landes Nordrhein-Westfalen in den Landtag eingebracht. Dadurch soll unter anderem eine Rechtsgrundlage für den Einsatz von Bodycams geschaffen werden.

a) § 15c PolG NRW

§ 15c PolG NRW, welcher vor § 16 PolG NRW eingefügt werden soll, soll wie folgt lauten:

> § 15c – Datenerhebung durch den Einsatz körpernah getragener Aufnahmegeräte
>
> (1) Die Polizei kann bei der Durchführung von Maßnahmen zur Gefahrenabwehr und zur Verfolgung von Straftaten oder Ordnungswidrigkeiten mittels körpernah getragener Aufnahmegeräte offen Bild- und Tonaufzeichnungen anfertigen, wenn Tatsachen die Annahme rechtfertigen, dass dies zum Schutz von Polizeibeamtinnen und Polizeibeamten oder Dritten gegen eine konkrete Gefahr für Leib oder Leben erforderlich ist. Die Erhebung personenbezogener Daten kann auch dann erfolgen, wenn Dritte unvermeidbar betroffen sind. Über die Anfertigung der technischen Aufzeichnungen entscheidet die das Aufnahmegerät tragende Beamtin oder der das Aufnahmegerät tragende Beamte anhand der konkreten Umstände des Einzelfalls. Der Einsatz der Aufnahmegeräte ist durch geeignete Maßnahmen erkennbar zu machen und den betroffenen Personen mitzuteilen. Bei Gefahr im Verzug kann die Mitteilung

2334 Anders hingegen: *Kipker* Stellungnahme SPolG, S. 11 („*Hierdurch wird sichergestellt, dass die erhobenen Daten zwar nicht sofort, aber zumindest doch nach Verstreichenlassen einer angemessenen Prüffrist nicht mehr zur Verfügung stehen, soweit kein Bedarf für eine Datenauswertung bestehen sollte*").

unterbleiben. Aufzeichnungen sind unzulässig in Bereichen, die der Ausübung von Tätigkeiten von Berufsgeheimnisträgern nach §§ 53 und 53a der Strafprozessordnung dienen. Aufzeichnungen werden verschlüsselt sowie manipulationssicher gefertigt und aufbewahrt.

(2) Die nach Absatz 1 angefertigten Aufzeichnungen sind zwei Wochen nach ihrer Anfertigung zu löschen. Dies gilt nicht, wenn die Aufzeichnungen zur Verfolgung von Straftaten oder Ordnungswidrigkeiten benötigt werden. Über die Löschung entscheidet die aufzeichnende Beamtin oder der aufzeichnende Beamte mit Zustimmung einer oder eines Vorgesetzten.

(3) Die Aufzeichnung personenbezogener Daten, die dem Kernbereich privater Lebensgestaltung zuzurechnen sind, ist unzulässig. Der Aufzeichnungsvorgang ist unverzüglich zu unterbrechen, sofern sich während der Aufzeichnung tatsächliche Anhaltspunkte dafür ergeben, dass Daten, die dem Kernbereich privater Lebensgestaltung zuzurechnen sind, erfasst werden. Aufzeichnungen über solche Äußerungen und Handlungen sind unverzüglich zu löschen. Nach einer Unterbrechung darf die Aufzeichnung nur fortgesetzt werden, wenn auf Grund geänderter Umstände davon ausgegangen werden kann, dass die Gründe, die zur Unterbrechung geführt haben, nicht mehr vorliegen. Eine Verwertung der nach Satz 4 erlangten Erkenntnisse ist zum Zwecke der Gefahrenabwehr nur zulässig, wenn zuvor die Rechtmäßigkeit der Maßnahme richterlich festgestellt ist. Bei Gefahr im Verzug ist die richterliche Entscheidung unverzüglich nachzuholen. Bei Weitergabe der Daten ist zu vermerken, dass sie aus einer Maßnahme nach Satz 4 herrühren. Nach einer Übermittlung an eine andere Stelle ist die Kennzeichnung durch diese aufrecht zu erhalten. Die Regelungen der Strafprozessordnung bleiben unberührt.

(4) § 24 Absatz 6 und 7 bleibt unberührt.

(5) Maßnahmen nach Absatz 1 bis 3 sind zu dokumentieren. Näheres regelt das für Inneres zuständige Ministerium durch Verwaltungsvorschrift. Die Landesregierung unterrichtet den Landtag jährlich zum 31. Dezember über die Maßnahmen nach Absatz 3.

(6) Die Auswirkungen dieser Vorschrift und die praktische Anwendung werden bis zum 30. Juni 2019 durch die Landesregierung unter Mitwirkung einer oder eines unabhängigen sozialwissenschaftlichen Sachverständigen und einer oder eines polizeiwissenschaftlichen Sachverständigen geprüft. Die Landesregierung berichtet dem Landtag über das Ergebnis der Evaluierung. § 15c tritt am 31. Dezember 2019 außer Kraft.[2335]

2335 Gesetzentwurf der Fraktion der SPD und der Fraktion Bündnis 90/Die Grünen – Viertes Gesetz zur Änderung des Polizeigesetzes des Landes Nordrhein-Westfalen (LT-Drs. 16/12361 v. 28.6.2016, S. 9 ff.).

b) Tatbestandsvoraussetzungen

Der Einsatz von Bodycams soll bei der Durchführung von Maßnahmen zur Gefahrenabwehr und zur Verfolgung von Straftaten oder Ordnungswidrigkeiten zulässig sein. Positiv hervorzuheben ist, dass der Anwendungsbereich dadurch nicht auf eine bestimmte polizeiliche Maßnahme beschränkt wird. Zumindest zweifelhaft ist jedoch, ob Bodycams bereits zur Verfolgung von Ordnungswidrigkeiten (jedweder Art) zulässig sein sollen. Da der Einsatz der mobilen Kamera einen erheblichen Grundrechtseingriff darstellt, sollte dieser auf „Ordnungswidrigkeiten von *erheblicher Bedeutung*"[2336] beschränkt werden.

Nach § 15c Abs. 1 S. 1 PolG NRW sollen nicht nur Bild- sondern auch *Tonaufzeichnungen* zulässig sein. Obgleich Tonaufzeichnungen keine oder nur in Einzelfällen präventive Wirkung haben können, können sie dennoch Zwecken der Strafverfolgungsvorsorge dienen. Nur wenn auch die Anfertigung einer Tonaufzeichnung gesetzlich normiert wird, kann der Bodycam-Aufzeichnung eine vollumfängliche Beweisfunktion zukommen. Eine zusätzliche Tonaufzeichnung ist insbesondere vor dem Hintergrund des Gebots der Datensparsamkeit nicht unangemessen, denn nur so können auch verbale Provokationen (auf polizeilicher Seite) dokumentiert werden.[2337]

Durch die Formulierung *„körpernah getragene Aufnahmegeräte"* kann erreicht werden, dass andere Überwachungsmaßnahmen, wie z.B. Überwachungsdrohnen nicht unter die Vorschrift subsumiert werden können. Insbesondere vor dem Hintergrund des Bestimmtheitsgebots ist die Konkretisierung des technischen Mittels erforderlich.

Der *offene* Einsatz ist zudem von entscheidender Bedeutung, da die offene Überwachung im Gegensatz zur verdeckten Überwachung die mildere Maßnahme darstellt. Ferner kann nur durch einen offenen Einsatz eine deeskalierende Wirkung erzielt werden. Die offene Überwachung ist durch geeignete Maßnahmen erkennbar zu machen. Lediglich bei Gefahr in Verzug kann eine entsprechende Mitteilung unterbleiben (§ 15c Abs. 1 S. 4, S. 5 PolG NRW).

Die Polizei kann Bild- und Tonaufzeichnungen nicht nur zum Schutz von Polizeibeamten anfertigen, sondern auch dann, wenn dies zum Schutz von *Dritten* gegen eine konkrete Gefahr für Leib oder Leben erforderlich ist. Aus der Gesetzesbegründung geht hervor, dass es hierbei gerade nicht um den Schutz des polizeilichen Gegenübers vor unrechtmäßiger polizeilicher Gewalt gehen soll. Geschützt werden sollen vielmehr unbeteiligte Dritte:

> Die Einbeziehung konkreter Gefährdungen für Leib oder Leben Dritter ist erforderlich, weil sich bei den von der Rechtsgrundlage erfassten Einsatzlagen, insbesondere wenn diese mit Personenkontrollen oder Streitschlichtungen verbundenen [sic] sind, die

2336 Siehe hierzu VollzB PAG v. 28.8.1978, Nr. 32.2 (MAbl. 1978 S. 629).

2337 *Kipker/Gärtner* NJW 2015, 296, 298 f.

Aggressionen von Störern nicht nur gegen die PVB, sondern auch gegen sonstige Personen richten können, die sich in der unmittelbaren Nähe des Einsatzortes aufhalten.[2338]

Nach § 15c Abs. 1 S. 3 PolG NRW *entscheidet* über die Anfertigung der technischen Aufzeichnungen der das Aufnahmegerät tragende *Beamte* anhand der konkreten Umstände des Einzelfalls. Dieser Umstand kann dazu führen, dass eine aktive (und anlasslose) unrechtmäßige Gewaltanwendung des Beamten nicht aufgezeichnet wird. Dadurch kann der Eindruck einseitiger Gewalt des polizeilichen Gegenübers entstehen. Auf der anderen Seite darf jedoch nicht unerwähnt bleiben, dass eine permanente Überwachung und Aufzeichnung gegen das Gebot der Datensparsamkeit verstoßen würde. Darüber hinaus würde durch eine Dauerüberwachung in zahlreiche Grundrechte – auch in Grundrechte unbeteiligter Dritter – eingegriffen werden. Bodycams können unrechtmäßige, polizeiliche Gewaltanwendung durch die Tatsache, dass die Beamten über die Anfertigung einer technischen Aufzeichnung entscheiden, nicht zuverlässig verhindern. Auch eine Dokumentation der Polizeigewalt erfolgt daher regelmäßig nicht. Der fehlende Schutz des polizeilichen Gegenübers vor Polizeigewalt ist jedoch nicht nur der Technik, sondern auch der Einstellung des Polizeiapparats zur unrechtmäßigen polizeilichen Gewalt[2339] geschuldet. Die Datenerhebung durch den Einsatz körpernah getragener Aufnahmegeräte kann daher allenfalls dem Schutz von Polizeibeamten und unbeteiligten Dritten dienen.

Auf den ersten Blick positiv erscheint die Formulierung in § 15c Abs. 1 S. 7 PolG NRW, wonach Aufzeichnungen *verschlüsselt sowie manipulationssicher gefertigt und aufbewahrt* werden. Nur wenn die Aufzeichnungen auch für den Polizeibeamten – und nicht nur für Dritte – verschlüsselt und manipulationssicher gefertigt und aufbewahrt werden, kann ein sicherer Umgang mit dem gewonnenen Datenmaterial gewährleistet werden. Nur mit Errichtung einer, von den Polizeistellen unabhängigen Treuhandstelle, kann eine umfassende Datensicherheit und Transparenz sichergestellt werden.

Die vorgesehene *Löschungsfrist* von zwei Wochen wurde „in Abwägung der unterschiedlichen Löschungs- bzw. Speicherfristen der gewonnenen Daten in den verschiedenen Ländern, die von einer unverzüglichen Löschung (z.B. in Hessen, Rheinland Pfalz und dem Saarland) bis zu 30 Tagen (Bundespolizei) reichen, sowie in Anlehnung an die Regelung in § 15a normiert."[2340] Durchaus positiv ist die konkrete Bestimmung der Löschungsfrist. Konkrete Regelungen können dazu beitragen Rechtsunsicherheiten zu beseitigen. Im Zusammenhang mit der Löschung ist

2338 Gesetzentwurf der Fraktion der SPD und der Fraktion Bündnis 90/Die Grünen – Viertes Gesetz zur Änderung des Polizeigesetzes des Landes Nordrhein-Westfalen (LT-Drs. 16/12361 v. 28.6.2016, S. 13).

2339 Siehe hierzu z.B. S. 260 ff.

2340 Gesetzentwurf der Fraktion der SPD und der Fraktion Bündnis 90/Die Grünen – Viertes Gesetz zur Änderung des Polizeigesetzes des Landes Nordrhein-Westfalen (LT-Drs. 16/12361 v. 28.6.2016, S. 13).

jedoch § 15c Abs. 2 S. 3 PolG NRW kritisch zu betrachten. Danach entscheidet der aufzeichnende Beamte mit Zustimmung eines Vorgesetzten über die Löschung. Um Transparenz und Datensicherheit gewährleisten zu können, müsste für die Löschung der technischen Aufzeichnung ebenfalls eine unabhängige Treuhandstelle sachlich zuständig sein. Soweit eine unabhängige Treuhandstelle über die Löschung entscheidet, besteht zumindest auch die Möglichkeit der Aufdeckung unrechtmäßiger polizeilicher Gewaltanwendung.

Während nach den bestehenden Vorschriften in Hessen, Rheinland-Pfalz, Hamburg und im Saarland der Einsatz von Bodycams lediglich an öffentlich zugänglichen Orten zulässig ist, verzichtet § 15c PolG NRW auf dieses Tatbestandsmerkmal. Stattdessen ist nach § 15c Abs. 3 S. 1 PolG NRW die Aufzeichnung personenbezogener Daten, die dem *Kernbereich privater Lebensgestaltung* zuzurechnen sind, unzulässig. Da der Einsatz körpernah getragener Aufnahmegeräte nach § 15c PolG NRW nicht auf öffentlich zugängliche Orte beschränkt wird, kann die Aufzeichnung mittels Bodycams nicht nur zu einem Eingriff in das Grundrecht auf informationelle Selbstbestimmung führen, sondern gegebenenfalls auch in das Grundrecht auf Unverletzlichkeit der Wohnung nach Art. 13 Abs. 1 GG. Zur Begründung des sehr weiten Einsatzbereichs wird im Gesetzentwurf wie folgt ausgeführt:

> Neben Einsätzen in sogenannten Brennpunktbereichen zeichnen sich insbesondere die alltäglichen Einsatzsituationen wie zum Beispiel Wohnungsverweisungen bei Häuslicher Gewalt, Einschreiten gegen Randaliererinnen und Randalierer und Ruhstörungen für die im Streifendienst eingesetzten PVB durch ein sehr dynamisches und emotionalisiertes Umfeld aus.[2341]

Unabhängig von der Tatsache, dass die Gewalt gegen Polizisten nicht stetig zugenommen hat bzw. zunimmt,[2342] stellt bereits die Videoüberwachung mit Bodycams im öffentlichen Raum einen schwerwiegenden Eingriff in das Grundrecht auf informationelle Selbstbestimmung – und seinen speziellen Teilausprägungen – dar. Dies insbesondere auch vor dem Hintergrund, dass mildere Maßnahmen – eine auf Deeskalation zielende Einsatztaktik wie Kommunikation und Sprache – durchaus bestehen, um körperliche Angriffe gegenüber Polizisten im Vorfeld zu verhindern oder zumindest einzudämmen. Aus diesen beiden Gründen scheint es zumindest fraglich, ob ein Einsatz körpernah getragener Aufnahmegeräte im Wohnungsbereich tatsächlich erstrebenswert ist bzw. ob ein entsprechender Einsatz noch angemessen sein kann.

2341 Gesetzentwurf der Fraktion der SPD und der Fraktion Bündnis 90/Die Grünen – Viertes Gesetz zur Änderung des Polizeigesetzes des Landes Nordrhein-Westfalen (LT-Drs. 16/12361 v. 28.6.2016, S. 2).

2342 Siehe nochmals S. 147 ff.

V. Ergebnis

In Bayern existiert keine eigenständige Regelung zur Datenerhebung bzw. -speicherung[2343] mit Bodycams, sodass die Auslegung vorhandener bundes- und landesrechtlicher Vorschriften der nächste logische Schritt war. Eine rechtliche Untersuchung der einschlägigen Normen brachte folgendes Ergebnis: Weder im BDSG, VersG noch im BPolG sind geeignete Vorschriften vorhanden; auch das BayPAG, BayDSG und das BayVersG weisen keine geeignete Ermächtigungsgrundlage für den Einsatz von Bodycams auf.

Da Bodycams auch der Strafverfolgungsvorsorge dienen, musste ferner geprüft werden, ob in der StPO bereits geeignete Vorschriften für den Einsatz der Bodycam vorhanden sind. Da der Bundesgesetzgeber keine entsprechenden strafprozessualen Regelungen zur Strafverfolgungsvorsorge getroffen hat, bleibt die Möglichkeit zum Erlass landespolizeirechtlicher Vorschriften. Eine strafprozessuale Vorschrift muss nicht de lege ferenda geschaffen werden.

Während in Bayern eine ausdrückliche Rechtsgrundlage zur Erhebung von personenbezogenen Daten durch den offenen Einsatz technischer Mittel (*Bodycam*) zur Eigensicherung von Polizisten fehlt, sind in einigen Bundesländern bereits Vorschriften erlassen worden, die zu Videoüberwachungsmaßnahmen zum Zwecke der Eigensicherung ermächtigen. Bei der Untersuchung dieser speziellen Normen musste jedoch festgestellt werden, dass sie zum Teil gravierende rechtliche Mängel bzw. Ungenauigkeiten aufweisen.

§ 4 Zusammenfassung

Die sog. *Wesentlichkeitsrechtsprechung* des BVerfG besagt, dass alle grundlegenden und wesentlichen Entscheidungen vom Gesetzgeber selbst getroffen werden müssen. Bodycams haben Grundrechtsrelevanz. Vornehmlich das Recht auf informationelle Selbstbestimmung, das Recht am eigenen Bild und das Recht am eigenen Wort als Teilausprägungen des allgemeinen Persönlichkeitsrechts nach Art. 2 Abs. 1 i.V.m. Art. 1 Abs. 1 GG können betroffen sein. Während bloße Aufnahmen, ohne Aufzeichnung des Datenmaterials nicht per se einen Grundrechtseingriff darstellen, führen Aufzeichnungen nach überzeugender Ansicht stets zu einem Eingriff. Daher muss die Videoüberwachung mit Bodycams durch ein förmliches Gesetz legitimiert sein. Dies insbesondere auch unter dem Blickwinkel, dass ein Grundrechtsverzicht bzw. eine Einwilligung in die Grundrechtseinschränkung durch die Betroffenen nicht vorliegt. Auch wenn die Betroffenen auf den Einsatz der Bodycam hingewiesen werden und somit Kenntnis von der Beobachtung haben, kann dieses Wissen allein nicht als Verzicht auf den grundrechtlichen Schutz interpretiert werden. Insbesondere wäre ein solcher Verzicht nur dann wirksam, „wenn sich ein unzweideutiger Wille des Betroffenen zum Grundrechtsverzicht sowie die hierfür erforderliche

---

2343 Zur *Verwertung* von Bodycam-Aufzeichnungen im Strafverfahren vgl. S. 582 ff.

Freiwilligkeit – auch im Hinblick auf die Möglichkeit der Speicherung – feststellen ließe".[2344] Im Ergebnis muss die Freiwilligkeit eines Grundrechtsverzichts verneint werden. Auch das Unterlassen eines ausdrücklichen Protests kann nicht als Einverständniserklärung verstanden werden.

Damit der Eingriff in das Grundrecht verfassungsrechtlich gerechtfertigt werden kann, muss nicht nur ein Gesetz vorhanden sein, welches den Eingriff grundsätzlich decken kann (*Grundsatz vom Vorbehalt des Gesetzes*). Im Rahmen der Schranken-Schranken war ferner zu prüfen, ob der Gesetzgeber bei der jeweiligen Ermächtigung die Grenzen gewahrt hat, die ihm das Grundgesetz zieht. Dabei warf unter anderem die Verhältnismäßigkeit im engeren Sinne bezüglich Bodycam-Aufzeichnung Probleme auf. Mit Bodycams werden nicht nur das polizeiliche Gegenüber, sondern zahlreiche, nicht beteiligte Personen überwacht, sodass man sich fragen muss, ob diese Form der Überwachung im angemessenen Verhältnis zum Ziel der bloßen Beweissicherung für ein mögliches, zum Zeitpunkt der Aufzeichnung unsicheres Strafverfahren steht. Ebenfalls problematisch ist die Erforderlichkeit der Videoüberwachung, da insbesondere eine Kommunikation in einer angemessene Art und Weise Übergriffe auf Polizisten verhindern kann.

Anschließend wurde die Tauglichkeit vorhandener Regelungen als Rechtsgrundlage zur Erhebung und Speicherung personenbezogener Daten durch Bodycams erörtert. Hierbei wurden zunächst bundesrechtliche Vorschriften geprüft. Die Vorschriften des Versammlungsgesetzes (§ 12a i.V.m. § 19a VersG) sind für den täglichen, routinemäßigen Einsatz von Bodycams als Rechtsgrundlagen ungeeignet, da Bild- und Tonaufnahmen danach nur *„bei oder im Zusammenhang mit öffentlichen Versammlungen"* zulässig sind.

§ 6b Abs. 1 Nr. 1 bzw. Nr. 3 BDSG können für den Einsatz von Bodycams bei der Bundespolizei ebenfalls nicht einschlägig sein. Für Landeseinrichtungen sind die in den Landesdatenschutzgesetzen enthaltenen Regelungen vorrangig; in Bayern ist Art. 21a BayDSG einschlägig. Da Bodycams im gesamten öffentlichen Bereich eingesetzt und nicht auf den Bereich sonstiger baulicher Anlagen öffentlicher Stellen im Sinne des Art. 21a Abs. 1 S. 1 Nr. 1 BayDSG beschränkt werden sollen, kann Art. 21a Abs. 1 S. 1 Nr. 1 BayDSG keine taugliche Rechtsgrundlage sein.

Da auch die Bundespolizei den Einsatz von Bodycams testet, wurden schließlich Vorschriften des BPolG, insbesondere §§ 21 Abs. 1 und Abs. 2, 26 Abs. 1 S. 1, 27 S. 1 und § 28 Abs. 1 S. 1 Nr. 1 i.V.m. Abs. 2 Nr. 2 lit. a BPolG rechtlich dahingehend untersucht, ob sie geeignet sind, den bundespolizeilichen Einsatz von Bodycams zu rechtfertigen. Sämtliche Vorschriften sind hierfür jedoch nicht geeignet, sodass

2344 VGH Mannheim, Urt. v. 21.7.2003 – 1 S 377/02 = NVwZ 2004, 498, 500; Freiwilligkeit als unabdingbare Voraussetzung einer wirksamen Einwilligung (von Mangoldt/Klein/Starck/*Starck* Art. 1 GG Rn. 300).

es an einer entsprechenden Eingriffsermächtigung fehlt. Die Modellversuche sind folglich rechtswidrig.[2345]

Bodycams dienen nicht nur präventiven Zwecken. Sie stellen auch eine Maßnahme der Strafverfolgungsvorsorge dar. Dadurch wurde die Frage aufgeworfen, ob für Maßnahmen zur Strafverfolgungsvorsorge eine gesetzliche Grundlage in der StPO erforderlich ist. Der Bundesgesetzgeber kennt durchaus Vorschriften der Strafverfolgungsvorsorge, z.B. §§ 81g, 100a und 484 StPO. Obige Ausführungen haben gezeigt, dass in der StPO keine Ermächtigungsgrundlage für den Einsatz von Bodycams vorhanden ist. Daher ist davon auszugehen, dass der Bundesgesetzgeber diesbezüglich gerade keine bundesrechtliche Vorschrift schaffen wollte. Daher kann der Einsatz von Bodycams im Grunde auf landesrechtliche Vorschriften gestützt werden. Eine Rechtsgrundlage in der StPO muss nicht geschaffen werden. Damit folgte zugleich, dass der Landesgesetzgeber die Kompetenz zur Schaffung einer Rechtsgrundlage für die polizeiliche Datenerhebung mit Bodycams hat.

Des Weiteren wurden Regelungen des bayerischen Landesgesetzgebers geprüft. Sämtliche Vorschriften des BayPAG sind ungeeignet, um darauf den Einsatz von Bodycams stützen zu können. Zwar könnte im Einzelfall eine Überwachung mit Bodycams zum Eigenschutz auf Art. 32 Abs. 2 S. 1 Nr. 1 BayPAG gestützt werden, jedoch bedürfen die mit der Überwachungsmaßnahme einhergehenden Grundrechtseingriffe zum Zweck der Eigensicherung künftig einer eigenständigen Regelung im BayPAG.[2346] Auch das BayVersG beinhaltet keine geeignete Rechtsgrundlage für den Einsatz von Bodycams. Art. 9 Abs. 1 BayVersG scheitert jedenfalls an der Formulierung *„bei oder im Zusammenhang mit Versammlungen"*.

Im Rahmen der Ausführungen zur Tauglichkeit vorhandener Rechtsgrundlagen wurden auch die Ermächtigungsgrundlagen in Hessen, Rheinland-Pfalz, Hamburg und im Saarland (*Videoüberwachung zur Eigensicherung von Polizisten*) überprüft. Dabei wurde festgestellt, dass diese Vorschriften (§ 14 Abs. 6 HSOG, § 27 Abs. 4 rhpfPOG, § 8 Abs. 5 HmbPolDVG und § 27 SPolG) allenfalls eine „Orientierungshilfe" für den Erlass einer Vorschrift im BayPAG bieten können; zum Teil sind die Vorschriften nicht hinreichend genau formuliert, sodass nicht nur Bodycams, sondern auch andere technische Überwachungsgeräte, z.B. Überwachungsdrohnen erfasst werden können.[2347] Darüber hinaus wird der Einsatz der Bodycam teilweise an bestimmte polizeiliche Maßnahmen geknüpft. In Hessen dürfen die Polizeibehörden Bodycams nur

2345 Im Ergebnis ebenso: *Plöse* Schriftliche Stellungnahme an den Innen- und Rechtsausschuss des Schleswig-Holsteinischen Landtages zu den Anträgen 18/3849 und 18/3885, http://www.landtag.ltsh.de/infothek/wahl18/umdrucke/6000/umdruck-18-6087.pdf (Stand: Dezember 2016).

2346 Im Ergebnis auch *Honnacker/Beinhofer/Hauser* PAG Art. 32 Rn. 13; *Parma* DÖV 2016, 809, 816.

2347 *Parma* zufolge schlägt das Argument des unbestimmten Rechtsbegriffs bei § 8 Abs. 5 HmbPolDVG nicht durch, da es in erster Linie darauf ankommt, dass die Maßnahme offen erfolgt und die jeweiligen Tatbestandsvoraussetzungen vorliegen müssen. Wird ein Gerät zum polizeilichen Einsatz entwickelt, dessen Einsatz

dann einsetzen, wenn die Identität der Person nach dem HSOG oder nach anderen Rechtsvorschriften festgestellt werden soll (§ 14 Abs. 6 S. 1 HSOG). Ein umfassender Schutz kann damit schlicht nicht gewährleistet werden. Zu weit gefasst ist hingegen § 27 Abs. 3 SPolG, der keine vorab festzulegende Einsatzsituation bestimmt. Auch der Gesetzentwurf zur Änderung des Polizeigesetzes des Landes Nordrhein-Westfalen (§ 15c PolG NRW – „*Datenerhebung durch den Einsatz körpernah getragener Aufnahmegeräte*") kann nicht vollumfänglich überzeugen. Insbesondere soll nach dem Gesetzentwurf der Einsatz der Bodycam nicht auf den öffentlich zugänglichen Raum beschränkt werden. Die Aufzeichnung personenbezogener Daten soll lediglich dann unzulässig sein, wenn diese dem Kernbereich privater Lebensgestaltung zuzurechnen ist. Da bereits der Einsatz der Bodycam im öffentlich zugänglichen Raum einen erheblichen Eingriff in das Recht auf informationelle Selbstbestimmung darstellt und eine Zunahme der körperlichen Gewalt gegen Polizisten empirisch nicht ausreichend belegt werden kann, ist an der Angemessenheit des Einsatzes im Wohnungsbereich erheblich zu zweifeln.[2348]

---

ebenfalls offen erfolgt und die Voraussetzungen erfüllt, spricht nichts dagegen, den Einsatz auf § 8 Abs. 5 HmbPolDVG zu stützen (*Parma* DÖV 2016, 809, 812).

2348 Zur Angemessenheit der Maßnahme: Gesetzentwurf der Fraktion der SPD und der Fraktion Bündnis 90/Die Grünen – Viertes Gesetz zur Änderung des Polizeigesetzes des Landes Nordrhein-Westfalen (LT-Drs. 16/12361 v. 28.6.2016, S. 14).

6. Kapitel: Videoüberwachungsmaßnahmen und Polizeigewalt aus menschenrechtlicher Perspektive

Im 6. Kapitel werden Videoüberwachungsmaßnahmen und Polizeigewalt aus menschenrechtlicher Perspektive betrachtet. Dabei stehen vor allem die EMRK und die Rechtsprechung des EGMR im Fokus. Ausführungen zur Charta der Grundrechte (GRC), zum internationalen Pakt über bürgerliche und politische Rechte (IPbpR) und zum Vertrag über die Arbeitsweise der Europäischen Union (AEUV) runden das Kapitel ab.

§ 1 Bedeutung der EMRK und der Rechtsprechung des EGMR für das deutsche Recht

Die EMRK ist ein multilateraler völkerrechtlicher Vertrag, der am 4.11.1950 in Rom unterzeichnet worden ist. Der Vertrag verpflichtet alle Mitgliedstaaten des Europarats, die in der EMRK verbürgten Menschenrechte zu wahren.[2349] Für die Bundesrepublik Deutschland ist die EMRK durch Gesetz v. 7.8.1952[2350] am 3.9.1953 in Kraft getreten.[2351] Als völkerrechtlicher Vertrag gehört die Konvention nicht zu den allgemeinen Regeln des Völkerrechts, welche nach Art. 25 GG dem einfachen Bundesrecht vorgehen.[2352] Die EMRK hat durch Ratifizierung und Transformierung in das innerstaatliche Recht Gesetzeskraft erhalten,[2353] schreibt aber nicht vor, ob bzw. wie die Vertragsstaaten die Konvention in nationales Recht transformieren sollen. Deutschland hat der EMRK keinen Verfassungsrang eingeräumt, sondern als einfaches Bundesgesetz per Zustimmungsgesetz nach Art. 59 Abs. 2 GG in innerstaatliches Recht umgesetzt.[2354]

Seit dem Beschluss des BVerfG v. 14.10.2004 (*Görgülü*) gehören die Berücksichtigung der Gewährleistung der Konvention zum Schutze der Menschenrechte und Grundfreiheiten und der Urteile des EGMR im Rahmen methodisch vertretbarer Gesetzesauslegung zur Bindung der Exekutive und Judikative an Gesetz und Recht

2349 LR-EMRK/*Esser* Einführung Rn. 42, Art. 1 Rn. 1.

2350 BGBl. 1952 II, S. 685, ber. S. 953.

2351 BGBl. 1954 II, S. 14.

2352 LR-EMRK/*Esser* Einführung Rn. 82; anders *Bleckmann* EuGRZ 1994, 149, 154; *Grabenwarter*/*Pabel* § 3 Rn. 10.

2353 LR-EMRK/*Esser* Einführung Rn. 82 ff; BVerfG, Beschl. v. 14.10.2004 – 2 BvR 1481/04 = IStR 2005, 31 = NJW 2004, 3407; SK-StPO/*Paeffgen* Einleitung Rn. 19 ff.

2354 LR-EMRK/*Esser* Einführung Rn. 85 ff.; vgl. auch SK-StPO/*Paeffgen* Art. 1 EMRK Rn. 34 f. (in Österreich ist die EMRK Bestandteil der Verfassung); *Held* Intelligente Videoüberwachung, S. 207 f.

nach Art. 20 Abs. 3 GG. Bei der Berücksichtigung von Urteilen des EGMR haben die staatlichen Organe die Auswirkungen auf die nationale Rechtsordnung in ihre Rechtsanwendung einzubeziehen.[2355]

Die Mitgliedstaaten verpflichten sich, in allen Rechtssachen, in denen sie Partei sind, das endgültige Urteil des Gerichtshofs zu befolgen, Art. 46 Abs. 1 EMRK. In Rechtssachen, in denen der Mitgliedstaat nicht selbst Partei ist, führte das BVerfG Folgendes aus:

> Die Entscheidungen des Gerichtshofs in Verfahren gegen andere Vertragsparteien geben den nicht beteiligten Staaten lediglich Anlass, ihre nationale Rechtsordnung zu überprüfen und sich bei einer möglicherweise erforderlichen Änderung an der einschlägigen Rechtsprechung des Gerichtshofs zu orientieren [...]. Das Konventionsrecht verfügt insoweit nicht über eine § 31 Abs. 1 BVerfGG vergleichbare Vorschrift, wonach alle Verfassungsorgane des Bundes und der Länder sowie alle Gerichte und Behörden an die Entscheidungen des BVerfG gebunden sind. Art. 46 Abs. 1 EMRK spricht nur eine Bindung der beteiligten Vertragspartei an das endgültige Urteil in Bezug auf einen bestimmten Streitgegenstand aus (res iudicata).[2356]

Nach Auffassung des BVerfG können „[s]owohl die fehlende Auseinandersetzung mit einer Entscheidung des Gerichtshofs als auch deren gegen vorrangiges Recht verstoßende schematische ‚Vollstreckung' [...] gegen Grundrechte in Verbindung mit dem Rechtsstaatsprinzip verstoßen."[2357]

§ 2 Videoüberwachungsmaßnahmen und Polizeigewalt aus menschenrechtlicher Perspektive unter besonderer Berücksichtigung von Art. 8, Art. 3 und Art. 6 EMRK

Das Recht am eigenen Bild, das Recht auf Schutz personenbezogener Daten und der Schutz vor staatlicher Überwachung sind wesentliche Bestandteile des Rechts auf Achtung des Privatlebens (Art. 8 EMRK).[2358] Daher werden Videoüberwachungsmaßnahmen zunächst im Lichte dieser Vorschrift betrachtet.

Da die sog. *Polizeigewalt* in dieser Arbeit ebenfalls eine zentrale Rolle einnimmt, wird zudem Art. 3 EMRK und die Rechtsprechung des EGMR zu polizeilichem Fehlverhalten im Fokus nachfolgender Ausführungen stehen. Da obige Darstellungen gezeigt haben, dass Polizeigewalt bzw. polizeiliches Fehlverhalten zum Teil der Öffentlichkeit verborgen bleibt, soll auch der verfahrensrechtliche Aspekt von Art. 3 EMRK (*„Gebot der effektiven Aufklärung"*) dargestellt werden.

2355 BVerfG, Beschl. v. 14.10.2004 – 2 BvR 1481/04 = IStR 2005, 31.
2356 BVerfG, Beschl. v. 14.10.2004 – 2 BvR 1481/04 = IStR 2005, 31, 32.
2357 BVerfG, Beschl. v. 14.10.2004 – 2 BvR 1481/04 = IStR 2005, 31, 33.
2358 LR-EMRK/*Esser* Art. 8 Rn. 85.

Abschließend wird untersucht, ob in der Erhebung bzw. Verwendung von Bodycam-Aufzeichnungen ein Verstoß gegen Art. 6 EMRK liegt. Ferner ist zu prüfen, ob eine Augenscheinseinnahme der Videoaufzeichnung im Strafverfahren und eine damit unter Umständen verbundene vorauseilende Geständnisneigung zu einem Verstoß gegen den „nemo-tenetur"-Grundsatz führen kann.

I. Art. 8 Abs. 1 EMRK

Art. 8 Abs. 1 EMRK normiert, dass jede Person das Recht auf Achtung ihres Privat- und Familienlebens, ihrer Wohnung und ihrer Korrespondenz hat.

1. Geschützte Rechtsbereiche und Einzelrechte

Art. 8 EMRK nennt vier Garantiebereiche – Privatleben, Familienleben, Wohnung und Korrespondenz –, wobei diese Bereiche nicht klar voneinander abgegrenzt werden können.[2359] Da beim Einsatz der Bodycam jedenfalls der Teilbereich „Privatleben" berührt wird, wird dieser geschützte Rechtsbereich einer genaueren Untersuchung unterzogen.[2360]

Art. 8 Abs. 1 EMRK gewährleistet an erster Stelle das Recht auf Achtung des Privatlebens. Der Begriff des Privatlebens wird in der Rechtsprechung des EGMR weit ausgelegt und ist einer abschließenden Definition nicht zugänglich.[2361] Es wird nicht nur eine geschützte Sphäre erfasst, „in der eine Person ihr Leben nach ihrer Wahl lebt und ihre Persönlichkeit entwickeln kann",[2362] sondern auch Beziehungen zu anderen Menschen:

> Der Gerichtshof hält es nicht für möglich oder notwendig, eine abschließende Definition des Begriffs des „Privatlebens" zu geben. Es wäre jedoch zu eng, wenn dieser Begriff auf einen „inneren Kreis" beschränkt würde, in dem der Einzelne seine persönliche Lebensführung nach Belieben gestalten kann, und davon die von diesem Kreis nicht umfaßte Außenwelt völlig auszuschließen. Die Achtung des Privatlebens

---

2359 LR-EMRK/*Esser* Art. 8 Rn. 2; *Grabenwarter/Pabel* § 22 Rn. 1, 5 (für den Beschwerdeführer ist es jedoch ausreichend, sich auf Art. 8 EMRK insgesamt zu berufen; nicht angegeben werden muss, welcher Teilbereich konkret betroffen ist); *Peters/Altwicker* EMRK § 25 Rn. 1; Frowein/Peukert/*Frowein* Art. 8 EMRK Rn. 1.

2360 *Held* Intelligente Videoüberwachung, S. 208 (da der Teilbereich „Privatleben" der weiteste ist, ist es nicht verwunderlich, dass dieser Schutzbereich relevant für die Videoüberwachung erscheint).

2361 Vgl. z.B. EGMR P.G. und J.H./UK, 25.9.2001, ECHR 2001-IX = ÖJZ 2002, 911; EGMR Pretty/UK, 29.4.2002, ECHR 2002-III, § 61 (*„the concept of ‚private life' is a broad term not susceptible to exhaustive definition"*) = NJW 2002, 2851, 2853; *Peters/Altwicker* EMRK § 26 Rn. 1.

2362 Meyer-Ladewig/*Meyer-Ladewig/Nettesheim* EMRK Art. 8 Rn. 7.

> muß auch bis zu einem gewissen Grad das Recht umfassen, Beziehungen zu anderen Menschen herzustellen und zu entfalten.[2363]

Damit der Schutzbereich des Art. 8 EMRK in diesen Fällen überhaupt eröffnet ist, bedarf es einer „gewisse[n] Nähe zur Verwirklichung der Persönlichkeit des Betroffenen".[2364] Nicht erforderlich ist hingegen, dass sich der Einzelne im Kreis seiner Privatsphäre bewegt.[2365] Vielmehr muss dem Einzelnen die Möglichkeit gegeben werden, sich frei von staatlicher Beobachtung im öffentlichen Raum zu bewegen.[2366]

Zum Teil wird der Begriff des Privatlebens weiter untergliedert bzw. in Gruppen zusammengefasst.[2367] Vorliegend kommt es jedoch nicht darauf an, wie die einzelnen Gewährleistungsinhalte eingeteilt, unterteilt oder zusammengefasst werden; entscheidend ist vielmehr der jeweilige Schutzumfang. Die für die Verwendung von Bodycams relevanten Teilbereiche des Privatlebens werden im Folgenden dargestellt.

a) Recht am eigenen Bild

Das „Bild" enthält verschiedene Merkmale, welche Personen identifizierbar und unterscheidbar machen. Art. 8 Abs. 1 EMRK, insbesondere der Teilbereich des Privatlebens schützt das Recht am eigenen Bild.[2368] Der EGMR führte in der Sache *Reklos und Davourlis* zum Recht am eigenen Bild folgendermaßen aus:

> A person's image constitutes one of the chief attributes of his or her personality, as it reveals the person's unique characteristics and distinguishes the person from his or her peers. The right to the protection of one's image is thus one of the essential components of personal development and presupposes the right to control the use of that image.[2369]

Insbesondere muss der Einzelne das Recht haben, über Aufnahme, Fixierung und Veröffentlichung seines Bildes selbst entscheiden zu können (*„the individual's right*

2363 EGMR Niemietz/D, 16.12.1992, Serie A Nr. 251-B = EuGRZ 1993, 65, 66.

2364 *Grabenwarter/Pabel* § 22 Rn. 6; KK-EMRK-GG I/*Marauhn/Thorn* Kap. 16 Rn. 26.

2365 Siehe nur EGMR von Hannover/D, 24.6.2004, ECHR 2004-VI, § 50 = JuS 2005, 160 = NJW 2004, 2647 = EuGRZ 2004, 404.

2366 EGMR Peck/UK, 28.1.2003, ECHR 2003-I = ÖJZ 2004, 651; KK-EMRK-GG I/*Marauhn/Thorn* Kap. 26 Rn. 27.

2367 Selbstbestimmungsrecht über den eigenen Körper, Schutz der Privatsphäre und freie Gestaltung der persönlichen Lebensführung (*Grabenwarter/Pabel* § 22 Rn. 6); Selbstbestimmung über den eigenen Körper, selbstbestimmte Lebensgestaltung, informationelle Selbstbestimmung und Umwelt (siehe Karpenstein/Mayer/*Pätzold* Art. 8 EMRK Rn. 6 ff.).

2368 Die grundlegende Rechtssache zum Recht am eigenen Bild ist *Caroline von Hannover* (EGMR von Hannover/D, 24.6.2004, ECHR 2004-VI = JuS 2005, 160 = NJW 2004, 2647 = EuGRZ 2004, 404); siehe zum Recht am eigenen Bild auch EGMR Schüssel/A, 21.2.2002 = ÖJZ 2005, 276; EGMR De la Flor Cabrera/E, 27.5.2014 = NJW 2015, 1079; EGMR Köpke/D, 5.10.2010 = EuGRZ 2011, 471, 474.

2369 EGMR Reklos u. Davourlis/GR, 15.1.2009, § 40.

to object to the recording, conservation and reproduction of the image by another person").[2370]

aa) Urteil des EGMR v. 27.5.2014 – De la Flor Cabrera/Spanien

Obwohl sich der EGMR bislang noch nicht mit der Verwertbarkeit von Bodycam-Aufnahmen im (Straf)prozess beschäftigen musste, hatte er sich in der Sache *De la Flor Cabrera* bereits damit auseinanderzusetzen, ob die Verwertbarkeit heimlich gemachter Videoaufzeichnungen in einem Zivilprozess mit Art. 8 EMRK vereinbar ist.[2371]

In dem Rechtsstreit machte der Beschwerdeführer geltend, dass die Videoaufnahmen ohne seine Einwilligung und die Verwertung dieser, seine in Art. 8 EMRK niedergelegten Rechte verletzt haben. Vor Ausspähung, Dokumentation und ungewollter Verbreitung ist das eigene Bild geschützt.[2372] Grundsätzlich stellt die Veröffentlichung von Fotos einer Person einen Eingriff in den Privatbereich, insbesondere in das Recht am eigenen Bild dar.[2373] Dies muss auch für Videoaufnahmen gelten. Nach Auffassung des EGMR kann der „Einzelne berechtigterweise erwarten [...], dass [Elemente der Identität des Betroffenen wie Name, Recht am eigenen Bild und persönliche Daten] ohne seine Zustimmung nicht veröffentlicht werden [....]".[2374] In der Sache *De la Flor Cabrera* ging es nicht um die Verbreitung von Bildern bzw. Videos aus dem Alltag des Beschwerdeführers. Die Videoaufnahmen waren einzig und allein dafür bestimmt, *Beweismittel* in einem Zivilprozess zu sein.[2375] Ferner sollten die Videos der Privatdetektei auch nicht veröffentlicht werden; die Gefahr einer weiteren Verbreitung der Videoaufnahmen bestand folglich nicht. Nach Auffassung des Gerichtshofs sollten die Aufnahmen lediglich zur gerichtlichen Auseinandersetzung beitragen; das Gericht sollte über alle wesentlichen Umstände des Einzelfalls informiert werden. Daher sei Art. 8 EMRK nicht als verletzt anzusehen, da der Eingriff in das Recht des Beschwerdeführers jedenfalls nicht unverhältnismäßig sei.[2376]

bb) Besondere Schranken des Art. 8 Abs. 2 EMRK

Es stellt sich nunmehr die Frage, ob die Grundsätze des Urteils in der Sache *De la Flor Cabrera* auf den Einsatz von Bodycams übertragen werden können.

Die mit Bodycams gemachten Aufzeichnungen der Betroffenen greifen in das in Art. 8 EMRK geschützte Recht auf Privatleben ein. Nicht jeder Eingriff in den

2370 EGMR Reklos u. Davourlis/GR, 15.1.2009, § 40; EGMR De la Flor Cabrera/E, 27.5.2014 = NJW 2015, 1079, 1080.

2371 EGMR De la Flor Cabrera/E, 27.5.2014 = NJW 2015, 1079.

2372 LR-EMRK/*Esser* Art. 8 Rn. 69.

2373 Meyer-Ladewig/*Meyer-Ladewig/Nettesheim* EMRK Art. 8 Rn. 45.

2374 EGMR De la Flor Cabrera/E, 27.5.2014 = NJW 2015, 1079.

2375 Anders EGMR Sciacca/I, 11.1.2005.

2376 EGMR De la Flor Cabrera/E, 27.5.2014 = NJW 2015, 1079, 1080.

Schutzbereich führt jedoch zu einer Verletzung des Menschenrechts. Nur wenn der Eingriff nicht gerechtfertigt werden kann, liegt eine Verletzung vor.[2377] Ein Eingriff ist dann gerechtfertigt, wenn dieser gesetzlich vorgesehen ist[2378] und in einer demokratischen Gesellschaft notwendig ist für die nationale oder öffentliche Sicherheit, für das wirtschaftliche Wohl des Landes, zur Aufrechterhaltung der Ordnung, zur Verhütung von Straftaten, zum Schutz der Gesundheit oder der Moral oder zum Schutz der Rechte und Freiheiten anderer (Art. 8 Abs. 2 EMRK). Die Aufzählung der legitimen Ziele in Art. 8 Abs. 2 EMRK ist dabei abschließend.[2379]

Auf der einen Seite verfolgen Bodycams einen präventiven Zweck. Sie sollen Straftaten im Vorfeld verhüten (*Verhütung von Straftaten*).[2380] Das Verhüten von Straftaten stellt einen legitimen Eingriffszweck im Sinne von Art. 8 Abs. 2 EMRK dar. Auf der anderen Seite sollen Bodycam-Aufzeichnungen als (objektives) Beweismittel im Strafverfahren verwendet werden. Sie sind somit auch Maßnahmen der Strafverfolgungs*vorsorge*. Die Strafverfolgungsvorsorge wird in Art. 8 Abs. 2 EMRK jedoch nicht ausdrücklich normiert. Wie obige Ausführungen gezeigt haben, weist die Strafverfolgungsvorsorge Elemente der Prävention und Repression auf. Da die Strafverfolgungsvorsorge bzw. antizipierte Repression sämtliche Maßnahmen der staatlichen Sicherheitsbehörden umfasst, welche die Aufklärung von Delikten, die in Zukunft erwartet werden, ermöglichen bzw. erleichtern sollen,[2381] kann sie der Aufrechterhaltung der Funktionsfähigkeit der Strafverfolgung dienen; sie weist jedenfalls Schnittstellen mit der „Aufrechterhaltung der Ordnung" und der „öffentlichen Sicherheit" im Sinne von Art. 8 Abs. 2 EMRK auf. Damit kann die Strafverfolgungsvorsorge im Ergebnis unter Art. 8 Abs. 2 EMRK subsumiert werden.

Ein Eingriff in Art. 8 Abs. 1 EMRK ist nur dann gerechtfertigt, wenn dieser auch notwendig ist, d.h. wenn hierfür ein *dringendes soziales Bedürfnis* besteht und der Eingriff im Hinblick auf das legitime Ziel auch *verhältnismäßig* ist.[2382] Die Notwendigkeit ist für den „konkreten Zweck aus der Sicht der Werte einer demokratischen Gesellschaftsordnung zu beurteilen."[2383] Bodycams sollen Straftaten im Allgemeinen und Straftaten gegen Polizeibeamte im Besonderen verhindern bzw. eindämmen. Scheitert diese präventive Zielsetzung, sollen die Aufzeichnungen in ein Strafverfahren eingeführt und verwertet werden können. Dadurch sollen körperliche

2377 Karpenstein/Mayer/*Pätzold* Art. 8 EMRK Rn. 90.

2378 Karpenstein/Mayer/*Pätzold* Art. 8 EMRK Rn. 91 ff.; Meyer-Ladewig/*Meyer-Ladewig/Nettesheim* EMRK Art. 8 Rn. 102 ff.; *Grabenwarter/Pabel* § 22 Rn. 37 ff.

2379 Karpenstein/Mayer/*Pätzold* Art. 8 EMRK Rn. 96; KK-EMRK-GG I/*Marauhn/Thorn* Kap. 16 Rn. 89; LR-EMRK/*Esser* Art. 8 Rn. 45.

2380 Zum Begriff „Verhütung von Straftaten": LR-EMRK/*Esser* Art. 8 Rn. 47; KK-EMRK-GG I/*Marauhn/Thorn* Kap. 16 Rn. 93

2381 *Gusy* Polizei- und Ordnungsrecht, S. 93; *Bock* ZIS 2007, 129.

2382 Karpenstein/Mayer/*Pätzold* Art. 8 EMRK Rn. 97; KK-EMRK-GG I/*Marauhn/Thorn* Kap. 16 Rn. 96; Meyer-Ladewig/*Meyer-Ladewig/Nettesheim* EMRK Art. 8 Rn. 110 (Notwendigkeit ist mehr als Nützlichkeit oder Zweckmäßigkeit).

2383 LR-EMRK/*Esser* Art. 8 Rn. 54.

Angriffe gegenüber Polizisten anhand objektiver Beweismittel in Form von Videoaufzeichnungen zügiger aufgeklärt werden können. Der Eindämmung der Gewalt gegen Polizeibeamte, der effektiven Strafverfolgung und Verbrechensbekämpfung und dem Interesse an einer vollständigen Wahrheitsermittlung im Strafverfahren zur Überführung von Straftätern und zur Entlastung von Unschuldigen[2384] kann das dringende gesellschaftliche Bedürfnis jedenfalls nicht abgesprochen werden.

Die erforderliche *Verhältnismäßigkeitsprüfung* knüpft an die Formulierung „notwendig in einer demokratischen Gesellschaft" an. Hierbei ist „eine Abwägung der betroffenen Rechtsgüter auf Seiten der Betroffenen einerseits und den öffentlichen Interessen andererseits, die für einen Eingriff sprechen"[2385] vorzunehmen. Beim Einsatz von Bodycams ist auf Seiten des polizeilichen Gegenübers (und des gefilmten Polizisten) unter anderem das Recht am eigenen Bild betroffen. Auf der anderen Seite sind die einschlägigen öffentlichen Interessen zu berücksichtigen: Bodycams sollen Straftaten verhindern. Die Eindämmung bzw. Verhinderung entsprechender Straftaten wird auf den Abschreckungseffekt von Videoüberwachungsmaßnahmen zurückgeführt. Des Weiteren sollen Bodycam-Aufzeichnungen ein objektives Beweismittel im gerichtlichen Verfahren darstellen. Dies vor allem vor dem Hintergrund, dass andere Beweismittel oftmals nicht zur Verfügung stehen.

Der Eingriff in das Recht auf Achtung des Privatlebens in der Ausgestaltung des Rechts am eigenen Bild gemäß Art. 8 EMRK ist nicht unerheblich. Der Einsatz der Bodycam stellt zwar – im Gegensatz zur verdeckten Videoüberwachung durch die Privatdetektei im Fall *De la Flor Cabrera* – eine offene Überwachungsmaßnahme dar; sämtliche von der Überwachungsmaßnahme Betroffenen müssen auf die Aufzeichnung hingewiesen werden (Hinweis*pflicht*). Unstreitig ist, dass eine offene Maßnahme durch die Polizei einen weniger intensiven Eingriff in die Grund- und Menschenrechte der Betroffenen darstellt als verdeckte Ermittlungsmaßnahmen. Des Weiteren besteht auch beim Einsatz der Bodycam nicht die Gefahr einer späteren Verbreitung der Videoaufzeichnungen, sofern die Aufnahmen ausschließlich als Beweismittel vor Gericht verwendet werden. Darüber hinaus muss das Gericht über alle wesentlichen Umstände des Einzelfalls informiert werden, um eine sachgerechte Entscheidung treffen zu können. Sollte ein wesentlicher Umstand nur mittels Videoaufnahmen belegt werden können, dann könnte die Verwendung angesichts der Anforderungen des Art. 8 EMRK als nicht unverhältnismäßig eingestuft werden. Auf der anderen Seite muss jedoch bedacht werden, dass die Personen, die sich im öffentlichen Raum befinden – einschließlich der gefilmten Polizisten – durch den Einsatz der Bodycam einer „Dauerüberwachung" ausgesetzt sind. Dies vor allem unter dem Aspekt der Mobilität der Bodycam. Betroffene können sich einer Videoüberwachung nicht entziehen. Auf ihnen lastet somit ein stetiger „Überwachungsdruck".

2384 Siehe auch BVerfG, Beschl. v. 13.6.2007 – 1 BvR 1550/03 u.a. = NJW 2007, 2464, 2469 m.w.N.

2385 *Grabenwarter/Pabel* § 22 Rn. 43; siehe auch KK-EMRK-GG I/*Marauhn/Thorn* Kap. 16 Rn. 96; LR-EMRK/*Esser* Art. 8 Rn. 56 f.

Auch wenn der Einsatz von Bodycams eine offene Videoüberwachungsmaßnahme darstellt, liegt ein Grundrechtsverzicht bzw. eine Einwilligung in Grundrechtseinschränkungen der Betroffenen nicht vor. Trotz eines entsprechenden Hinweises auf die Videoüberwachung und des bewussten Hineinbegebens in den öffentlichen Raum kann der Einzelne nicht vollumfänglich die Reichweite einer möglichen Fixierung seines Bildes absehen. Somit ist nicht von einem Verzicht des Rechts am eigenen Bild auszugehen. Auch ein konkludentes Einverständnis in den Eingriff kann nicht bejaht werden; Ein unterlassener Protest ist jedenfalls nicht in eine Einverständniserklärung umzudeuten. Ein weiterer, wesentlicher Unterschied der polizeilichen Bodycam zur Videoüberwachung in der Sache *De la Flor Cabrera* liegt darin, dass Bodycams lediglich staatlich, nämlich durch die Polizei genutzt werden und somit ein privater Einsatz ausgeschlossen ist. Damit bleibt die Anzahl der tatsächlich eingesetzten Bodycams überschaubar und kontrollierbar. Dies ist bei einem privaten Einsatz von Videoüberwachungsgeräten hingegen nicht der Fall.

In der Sache *De la Flor Cabrera* betonte der Gerichtshof den bedeutenden Beitrag der Aufnahmen zur gerichtlichen Auseinandersetzung. Das Gericht konnte dadurch in die Lage versetzt werden, über alle wesentlichen Informationen informiert zu sein:

> Die umstrittenen Aufnahmen widerlegten in der Tat die Behauptung des Bf., er könne infolge des Unfalls keine Fahrzeuge mehr fahren. Soweit sein Schadensersatzanspruch darauf gestützt war, musste dem Gericht jeder Umstand, der das widerlegen konnte, zur Kenntnis gebracht werden [...].[2386]

Videoüberwachungsmaßnahmen jedweder Art stellen einen Eingriff in die Grundrechte der Betroffenen dar. Da Bodycams mobil sind und im gesamten öffentlichen Bereich eingesetzt werden sollen, besteht die Gefahr, jederzeit staatlich überwacht werden zu können. Die Auswirkungen eines derartigen Überwachungsdrucks wurden bereits ausführlich erörtert. Da sie den Einzelnen in seinem Verhalten beeinträchtigen können, dürfen die Folgen eines Überwachungs*drucks* nicht unterschätzt werden.

Bodycam-Aufnahmen sollen Straftaten gegen Polizeibeamte bzw. Dritte verhindern und somit dem Schutz des Lebens bzw. der körperlichen Unversehrtheit dienen. Im Rahmen der Abhandlung konnte bereits anhand einiger Statistiken belegt werden, dass Straftaten gegen Polizeibeamte in den letzten Jahren nicht kontinuierlich zugenommen haben. Daher ist bereits unter diesem Aspekt die Verhältnismäßigkeit der mit den Aufnahmen einhergehende Eingriff in das Grundrecht des Betroffenen kritisch zu betrachten. Nach *aktueller Rechtslage* kann der Eingriff in das Grundrecht des Betroffenen im Ergebnis nicht gerechtfertigt werden: Der Einsatz von Bodycams wird bislang – in sämtlichen Bundesländern – auf gesetzliche Grundlagen gestützt, die allesamt nicht den Anforderungen an Bestimmtheit und Regelungsdichte gerecht werden können. Daher wird im 7. Kapitel ein entsprechender Gesetzesvorschlag erarbeitet. Nur wenn die Vorschrift hinreichend bestimmt

2386 EGMR De la Flor Cabrera/E, 27.5.2014 = NJW 2015, 1079, 1080.

ist, kann eine Rechtfertigung des Eingriffs nach Art. 8 Abs. 2 EMRK in Betracht kommen.[2387]

Ferner sollen Aufzeichnungen in ein gerichtliches Verfahren eingeführt werden, wenn es tatsächlich zu Straftaten gegenüber Polizeibeamten oder Dritten gekommen ist. Die Aufzeichnungen sollen einer Beweisnot im gerichtlichen Verfahren entgegenwirken und eine effektive Strafrechtspflege fördern. Auch wenn bei körperlichen Angriffen eine Flüchtigkeit des Geschehens gegeben ist und damit eine Beweisnot auf staatlicher Seite herrscht, kann nicht ohne Weiteres davon ausgegangen werden, dass die Interessen der Aufzeichnenden die Interessen des von der Überwachungsmaßnahme Betroffenen per se überwiegen. Vielmehr müssen weitere Umstände hinzutreten, damit der erhebliche Eingriff in das Recht am eigenen Bild gerechtfertigt werden kann. In diesem Kontext ist zu beachten, dass eine Aufzeichnung des Geschehens mit Bodycams nur *anlassbezogen* erfolgen darf. So darf beispielsweise nach der hessischen Rechtslage der Polizist die Kamera nur aktivieren, soweit dies nach den Umständen zum Schutz von Polizeivollzugsbeamtinnen und Polizeivollzugsbeamten oder Dritten gegen eine Gefahr für Leib oder Leben erforderlich ist (§ 14 Abs. 6 S. 1 HSOG). Daher ist durchaus denkbar, dass der Einzelne den Eingriff in das Recht am eigenen Bild dulden muss, da die Aufzeichnung erst bei einem *konkreten* Anlass erfolgt und insbesondere körperliche Angriffe auf Vertreter des Staates dokumentiert und bewiesen werden. Es kann zudem nicht ausgeschlossen werden, dass Personen gerade *wegen* einer Aufzeichnung ihres Verhaltens von einer Straftatenbegehung Abstand nehmen. Dies vor allem deshalb, weil sie aufgrund einer Fixierung identifizierbar werden und eine gezielte Strafverfolgung befürchten müssen. Folglich kann auch der Aufzeichnung eine präventive Wirkung zukommen.

cc) Ergebnis

Als Ergebnis lässt sich festhalten, dass im Einzelfall die Interessen des Aufzeichnenden die Interessen der Betroffenen überwiegen können.

Jedenfalls nach *derzeitiger Rechtslage* kann der Eingriff in das Recht am eigenen Bild als Ausprägung des Rechts auf Achtung des Privatlebens nach Art. 8 Abs. 1 EMRK aber nicht gerechtfertigt werden, da sämtliche bundes- und landesrechtlichen Normen für einen Einsatz von Bodycams nicht hinreichend genau bestimmt sind.

b) Recht auf Schutz personenbezogener Daten (Datenschutz)

Fraglich ist, ob Videoüberwachungsmaßnahmen das Recht auf Schutz personenbezogener Daten verletzen.

2387 Zur gesetzlichen Grundlage im Allgemeinen: *Grabenwarter/Pabel* § 22 Rn. 37 ff.; Karpenstein/Mayer/*Pätzold* Art. 8 EMRK Rn. 91 ff.

aa) Schutzbereich und Eingriff

In den Schutzbereich des Privatlebens nach Art. 8 Abs. 1 EMRK fällt auch das Recht auf Verfügung über personenbezogene Daten,[2388] wobei der Begriff der persönlichen Daten weit ausgelegt wird. Erfasst wird „jede Information über eine bestimmte oder bestimmbare natürliche Person".[2389] Bei der Auslegung des Begriffs der personenbezogenen Daten bezieht sich der EGMR auf das Übereinkommen zum Schutz des Menschen bei der automatischen Verarbeitung personenbezogener Daten des Europarates v. 28.1.1981.[2390] Insbesondere Art. 2a und Art. 6 des Übereinkommens werden bei der Auslegung herangezogen. Art. 2a des Übereinkommens lautet wie folgt:

> For the purposes of this Convention:
>
> a) „personal data" means any information relating to an identified or identifiable individual („data subject") [...]

Art. 6 des Übereinkommens normiert Folgendes:

> Personal data revealing racial origin, political opinions or religious or other beliefs, as well as personal data concerning health or sexual life, may not be processed automatically unless domestic law provides appropriate safeguards. The same shall apply to personal data relating to criminal convictions.

In der Sache *Rotaru* hat der EGMR bezüglich der Auslegung des Begriffs der personenbezogenen Daten folgendermaßen ausgeführt:

> The Court has already emphasised the correspondence of this broad interpretation with that of the Council of Europe's Convention of 28 January 1981 for the Protection of Individuals with regard to Automatic Processing of Personal Data, which came into force on 1 October 1985 and whose purpose is "to secure ... for every individual ... respect for his rights and fundamental freedoms, and in particular his right to privacy with regard to automatic processing of personal data relating to him" (Article 1), such personal data being defined in Article 2 as "any information relating to an identified or identifiable individual" [...].[2391]

2388 LR-EMRK/*Esser* Art. 8 Rn. 85; Karpenstein/Mayer/*Pätzold* Art. 8 EMRK Rn. 28 ff.; *Peters/Altwicker* EMRK § 26 Rn. 17; *Grabenwarter/Pabel* § 22 Rn. 10; Meyer-Ladewig/*Meyer-Ladewig/Nettesheim* EMRK Art. 8 Rn. 32 ff.

2389 LR-EMRK/*Esser* Art. 8 Rn. 85.

2390 Convention for the Protection of Individuals with regard to Automatic Processing of Personal Data (28.1.1981), ETS No. 108; siehe Karpenstein/Mayer/*Pätzold* Art. 8 EMRK Rn. 32; EGMR Amann/CH, 16.2.2000, ECHR 2000-II = ÖJZ 2001, 71, 73.

2391 EGMR Rotaru/RUM, 4.5.2000, ECHR 2000-V, § 43 = ÖJZ 2001, 74; siehe auch EGMR P.G. u. J.H./UK, 25.9.2011, ECHR 2001-IX, § 57 = ÖJZ 2002, 911, 913.

In den Schutzbereich von Art. 8 Abs. 1 EMRK fallen die Sammlung, Speicherung,[2392] Weitergabe und Verwendung von Daten, sofern dadurch das Privatleben einer Person beeinträchtigt wird.[2393] Der Einzelne soll selbst darüber entscheiden können, wem gegenüber er welche Informationen preisgeben will.[2394] Bereits die EKMR hat daraus ein Recht auf informationelle Selbstbestimmung anerkannt:[2395]

> Die Kommission ist der Auffassung, daß eine obligatorische Volkszählung, welche Fragen nach dem Geschlecht, Personenstand, Geburtsort und anderen persönlichen Einzelheiten hinsichtlich der Bewohner eines Haushalts einbezieht, prima facie eine Beeinträchtigung des in Art. 8 Abs. 1 EMRK gewährleisteten Rechts auf Achtung des Privat- und Familienlebens darstellen kann, die einer Rechtfertigung entsprechend den Voraussetzungen des Art. 8 Abs. 2 EMRK bedarf.[2396]

Mit Bodycams werden – wegen der Identifizierbarkeit des Einzelnen – personenbezogene Daten erhoben. Im Falle strafrechtlich relevanten Verhaltens werden diese Daten gespeichert und gegebenenfalls in einem Strafverfahren als Beweismittel verwendet.[2397] Ein Eingriff in den Schutzbereich des von Art. 8 Abs. 1 EMRK geschützten Privatlebens liegt vor.

bb) Besondere Schranken des Art. 8 Abs. 2 EMRK

Der Eingriff ist zum einen dann gerechtfertigt, wenn der Betroffene ihm zugestimmt hat. Zum anderen kommt eine Rechtfertigung in Betracht, wenn der Eingriff für ein in Art. 8 Abs. 2 EMRK normiertes, legitimes Ziel „gesetzlich vorgesehen“ ist, der legitime Zweck und der Grund des Eingriffs hinreichend bestimmt sind und der Eingriff hinsichtlich des verfolgten Ziels nicht unverhältnismäßig ist.[2398]

2392 Siehe hierzu EGMR Leander/S, 26.3.1987, § 48 („*Both the storing and the release of such information, which were coupled with a refusal to allow Mr. Leander an opportunity to refute it, amounted to an interference with his right to respect for private life as guaranteed by Article 8 § 1 [...]*“) = EGMR-E 3, 430; EGMR S. u. Marper/UK, 4.12.2008, ECHR 2008-V = EuGRZ 2009, 299, 307.

2393 Beispielsweise EGMR Wasmuth/D, 17.2.2011 = NVwZ 2011, 1503, 1506; EGMR E.B. u.a./A, 7.11.2013 = ÖJZ 2014, 693; KK-EMRK-GG I/*Marauhn/Thorn* Kap. 16 Rn. 29 m.w.N.

2394 *Peters/Altwicker* EMRK § 26 Rn. 17.

2395 Siehe hierzu KK-EMRK-GG I/*Marauhn/Thorn* Kap. 16 Rn. 29.

2396 EKMR X. v./UK, 6.10.1982, 239 = EuGRZ 1983, 410.

2397 Speicherung, Verarbeitung und Verwendung von personenbezogenen Daten stellen regelmäßig einen Eingriff dar (z.B. EGMR Leander/S, 26.3.1987, Serie A Nr. 116, § 48 = EGMR-E 3, 430; EGMR Rotaru/RUM, 4.5.2000, ECHR 2000-V, § 46 = ÖJZ 2001, 74); soweit der Datenverarbeitung ein eigenständiger Akt der Datenerhebung vorausgeht, sind die Erhebung und die Verwendung der Daten vom Eingriffscharakter her getrennt zu beurteilen (LR-EMRK/*Esser* Art. 8 Rn. 88).

2398 Zum Ganzen: LR-EMRK/*Esser* Art. 8 Rn. 89; *Peters/Altwicker* EMRK § 26 Rn. 23 a.E.; KK-EMRK-GG I/*Marauhn/Thorn* Kap. 16 Rn. 81 ff.; *Grabenwarter/Pabel* § 22 Rn. 36 ff.

Eine Zustimmung in den Eingriff liegt – wie beim Recht am eigenen Bild – jedenfalls nicht vor. Im Weiteren stellt sich die Frage, ob die Schwere und Intensität des Eingriffs außer Verhältnis zum verfolgten Zweck stehen.

Durch die Speicherung der Daten soll eine Maßnahme der Strafverfolgungs*vorsorge* getroffen werden. Die Strafverfolgungsvorsorge wird in Art. 8 Abs. 2 EMRK nicht ausdrücklich als zulässiger Eingriffszweck normiert, sodass sich erneut die Frage stellt, ob bzw. unter welchen dort abschließend normierten Eingriffszweck die Strafverfolgungsvorsorge subsumiert werden kann. Das vorsorgliche Sichern von Beweisen für ein mögliches, künftiges Strafverfahren kann jedenfalls nicht mehr unter das „Verhüten von Straftaten" gefasst werden. Der Strafverfolgungsvorsorge wohnen Elemente der Prävention, als auch der Repression inne. Die Strafverfolgungsvorsorge hat somit eine „Zwitterstellung" und kann der Aufrechterhaltung der Funktionsfähigkeit der Strafverfolgung dienen. Damit weist die Vorsorge der Strafverfolgung Schnittstellen mit der „Aufrechterhaltung der Ordnung" und der „öffentlichen Sicherheit" im Sinne von Art. 8 Abs. 2 EMRK auf.

Die tatsächliche Weitergabe bzw. konkrete Verwendung der Daten im Strafverfahren verfolgt das Ziel der Straf*verfolgung*. Bodycam-Aufzeichnungen sollen ein Beweismittel im Strafverfahren darstellen und dadurch zur Sachverhaltsaufklärung beitragen. Die Strafverfolgung wird in Art. 8 Abs. 2 EMRK ebenfalls nicht ausdrücklich erwähnt. Ob Maßnahmen der Strafverfolgung der „Verhütung von Straftaten", der „Aufrechterhaltung der Ordnung" oder der „öffentlichen Sicherheit" zugerechnet werden,[2399] ist unerheblich, da sie jedenfalls ein legitimes Ziel im Sinne von Art. 8 Abs. 2 EMRK verfolgen.

Im Rahmen der vorzunehmenden Interessensabwägung zwischen dem verfolgten Zweck und dem Recht des Betroffenen auf Schutz personenbezogener Daten ist entscheidend „zu welchem Zweck die Daten verwendet werden sollen, an wen sie weitergegeben werden und ob der Empfänger ebenfalls zu deren Geheimhaltung verpflichtet ist, ferner, wie sensibel die jeweiligen Daten sind und wie stark deshalb der mit der Weitergabe verbundene Eingriff in den Privatbereich ist."[2400]

Gegenwärtig werden die durch Bodycams gewonnenen Daten, sofern sie strafrechtlich von Bedeutung sind, an die Staatsanwaltschaft übermittelt.[2401] Wie obige Ausführungen gezeigt haben, sind Staatsanwaltschaft und Polizei nicht gänzlich voneinander unabhängig, sodass diese beiden Institutionen nicht vollumfänglich zum Schutz personenbezogener Daten geeignet sind. Jedenfalls eine, noch zu errichtende, Treuhandstelle wäre von den Polizeibehörden unabhängig und durch entsprechende Sicherheitsmaßnahmen zum Schutz der Daten geeignet.

2399 KK-EMRK-GG I/*Marauhn/Thorn* Kap. 16 Rn. 93; LR-EMRK/*Esser* Art. 8 Rn. 47.

2400 LR-EMRK/*Esser* Art. 8 Rn. 89.

2401 http://www.technikjournal.de/cms/front_content.php?idart=1557&lang=1 (Stand: Dezember 2016).

Des Weiteren stellt sich die Frage, wie sensibel[2402] die durch Bodycams gewonnenen Daten sind. Die Daten werden lediglich im öffentlich zugänglichen Raum erhoben. Die Intimsphäre der Betroffenen wird durch den Einsatz der Bodycam nicht berührt.[2403] Auch *systematische* und *ständige* Aufnahmen liegen nicht vor.[2404] Besonders sensible Daten werden mit Bodycams in der Regel jedenfalls nicht erhoben, sodass auch der mit einer Weitergabe der Daten verbundene Eingriff in das Privatleben nicht besonders intensiv ist.

Man darf bei der Interessensabwägung aber nicht außer Acht lassen, dass durch den Einsatz von Bodycams eine Vielzahl von personenbezogenen Daten erhoben, verarbeitet, gespeichert und verwendet wird. Insbesondere lässt sich auch nicht ausschließen, dass Daten von unbeteiligten Dritten erhoben werden. Aufgrund der Mobilität der Bodycam wird das Szenario eines *„Big Brothers"* herbeigeführt; da Bodycams an öffentlichen Orten eingesetzt werden, kann eine nahezu flächendeckende Überwachung herbeigeführt werden, derer sich der Einzelne nicht entziehen kann. Bodycam-Aufzeichnungen sollen zur Sachverhaltsaufklärung und Überführung eines Beschuldigten beitragen. Jedoch haben obige Ausführungen bereits gezeigt, dass eine stetige Zunahme der körperlichen Gewalt gegenüber Polizisten wissenschaftlich nicht bestätigt werden kann.[2405] Bereits unter diesem Blickwinkel ist die Verhältnismäßigkeit der Erhebung personenbezogener Daten durch Bodycams kritisch zu beurteilen. Ferner ist nicht unproblematisch, ob eine bloße Beweisnot des polizeilichen Opfers die Erhebung, Speicherung und Verwendung von Daten in nicht unerheblichem Umfang rechtfertigen kann. Dabei darf aber wiederum nicht unberücksichtigt bleiben, dass die Daten stets *anlassbezogen* aufgezeichnet und gespeichert werden.

Betrachtet man jedoch die *bestehende Rechtslage* zum Einsatz von Bodycams, so kann die Aufzeichnung personenbezogener Daten letztlich nicht gerechtfertigt werden. Dies vor allem deshalb, weil die Speicherung als Maßnahme der Strafverfolgungsvorsorge bislang auf rechtliche Grundlagen gestützt wird, die nicht hinreichend genau formuliert sind. Die Anforderungen an die Bestimmtheit der Rechtsgrundlage sind nicht erfüllt.

2402 Sensibel sind insbesondere Daten aus dem Gesundheitsbereich, speziell DNA-Informationen (Meyer-Ladewig/*Meyer-Ladewig/Nettesheim* EMRK Art. 8 Rn. 32 f; LR-EMRK/*Esser* Art. 8 Rn. 91). Für besonders sensible Daten ergibt sich aus Art. 8 EMRK eine staatliche Verpflichtung, Maßnahme zu ergreifen, um unbefugte Dritte an einem Zugriff zu hindern (EGMR I./FIN, 17.7.2008, §§ 38 ff.).

2403 So auch das LG Frankenthal bzgl. des Einsatzes von Dashcams und des Rechts auf informationelle Selbstbestimmung (LG Frankenthal, Urt. v. 30.12.2015 – 4 O 358/15 = NJOZ 2016, 1195, 1197 f.).

2404 Diese Argumente führt der EGMR in der Sache *De la Flor Cabrera* bezüglich des Rechts am eigenen Bild an (EGMR De la Flor Cabrera/E, 27.5.2014 = NJW 2015, 1079, 1080).

2405 Siehe hierzu S. 147 ff.

cc) Ergebnis

Unter dem Aspekt des nicht zu erbringenden Nachweises eines konstanten Anstiegs der körperlichen Gewalt gegenüber Polizisten bestehen zumindest Zweifel an der Verhältnismäßigkeit der Datenerhebung in erheblichem Umfang. Ferner kann die Speicherung der Daten nach *aktueller Rechtslage* nicht gerechtfertigt werden, da sämtliche Rechtsgrundlagen für den Einsatz von Bodycams den Anforderungen des Bestimmtheitsgebots nicht gerecht werden können.

c) Schutz vor staatlicher Beobachtung/Überwachung

Im engen Zusammenhang mit dem Recht auf Schutz personenbezogener Daten steht der Schutz vor staatlicher Beobachtung.

Zum Recht auf Achtung des Privatlebens gehört auch das „Freisein von einer ständigen Beobachtung [...] in der Öffentlichkeit".[2406] Obwohl Art. 8 EMRK ein „Abwehrrecht gegen die staatliche Erforschung der Privatsphäre"[2407] beinhaltet, sind dadurch nicht zwangsläufig Videoüberwachungsmaßnahmen öffentlicher Plätze ausgeschlossen. Vielmehr sind diese an menschenrechtlichen – und verfassungsrechtlichen – Maßstäben zu messen.[2408]

In der Sache *P.G. u. J.H.* führte der EGMR zur Videoüberwachung wie folgt aus:

> Ein Mensch, der die Straße entlang geht, wird unweigerlich sichtbar sein für jedes Mitglied der anwesenden Öffentlichkeit. Eine Überwachung mit technischen Mitteln (monitoring by technological means) der gleichen öffentlichen Szene [...] ist ähnlicher Art. [...]. Erwägungen des Privatlebens können jedoch notwendig werden, wenn irgendwelche systematischen oder ständigen Aufzeichnungen solchen Materials aus dem öffentlichen Bereich entstehen.[2409]

2406 LR-EMRK/*Esser* Art. 8 Rn. 58; *Grabenwarter/Pabel* § 22 Rn. 9; KK-EMRK-GG I/*Marauhn/Thorn* Kap. 16 Rn. 27; Frowein/Peukert/*Frowein* Art. 8 EMRK Rn. 6; *Schwarz* ZG 2001, 246, 254.

2407 *Grabenwarter/Pabel* § 22 Rn. 9.

2408 KK-EMRK-GG I/*Marauhn/Thorn* Kap. 16 Rn. 27; Karpenstein/Mayer/*Pätzold* Art. 8 EMRK Rn. 29.

2409 EGMR P.G. u. J.H./UK, 25.9.2001, ECHR 2001-IX, § 57 = ÖJZ 2002, 911, 913; siehe auch EGMR Peck/UK, 28.1.2003, ECHR 2003-I, § 59 ("*The monitoring of the actions of an individual in a public place by the use of photographic equipment which does not record the visual data does not, as such, give rise to an interference with the individual's private life [...]. On the other hand, the recording of the data and the systematic or permanent nature of the record may give rise to such considerations. Accordingly, in both Rotaru and Amann [...] the compilation of data by security services on particular individuals, even without the use of covert surveillance methods, constituted an interference with the applicants' private lives [...]*") = ÖJZ 2004, 651; zu Peck/UK, 28.1.2003, ECHR 2003-I = ÖJZ 2004, 651: *Held* Intelligente Videoüberwachung, S. 211 f.; EGMR Köpke/D, 5.10.2010 = EuGRZ 2011, 471, 474.

Zutreffend ist, dass sich Personen durchaus wissentlich oder absichtlich in videoüberwachten Bereichen aufhalten. In der Sache *P.G. u. J.H.* war der Gerichtshof der Auffassung, dass die Überwachung einer öffentlichen Szene mit technischen Mitteln vergleichbar ist mit dem Sichtbarwerden des Einzelnen für andere Personen des öffentlichen Raums. Fraglich ist jedoch, ob dieser Auffassung beigepflichtet werden kann und mithin ein Eingriff bei bloßer Überwachung des öffentlichen Raums mit technischen Mitteln abzulehnen ist. Bloße Überwachungsmaßnahmen ohne Aufzeichnung des Datenmaterials können beim Überwachten einen Überwachungs*druck* auslösen. Dies kann dazu führen, dass der Betroffene sein Verhalten anpasst. Ferner ist der Einzelne nicht im Stande, einzuschätzen, wann er nur beobachtet wird und wann eine Aufzeichnung seines Verhaltens erfolgt. Dieser Überwachungsdruck, der bereits ohne Aufzeichnung der Daten bejaht werden muss, kann jedoch nicht zu einem Eingriff in das Privatleben im Sinne von Art. 8 Abs. 1 EMRK führen. Damit ist dem Gerichtshof lediglich insoweit nicht zuzustimmen, als dass ein Sichtbarwerden des Einzelnen in der Öffentlichkeit mit einer Beobachtung mit technischen Mitteln „ähnlicher Art" (*„similar character"*)[2410] vergleichbar ist. Zutreffend kann das Privatleben aber dann tangiert sein, wenn das Geschehen aufgezeichnet wird und es sich hierbei um systematische und ständige Aufzeichnungen handelt.

Im Zusammenhang mit der Überwachung der Handlung einer Person durch den Einsatz von fotografischen Mitteln darf auch die Entscheidung des EGMR in der Sache *Köpke* v. 5.10.2010 nicht unerwähnt bleiben. Der Hintergrund des Falles war Folgender:

> Die Bf. begann im Jahr 1968 als Verkäuferin zu arbeiten. [...] Der Arbeitgeber der Bf. stellte im September 2002 hinsichtlich der Abrechnungen in der Getränkeabteilung des Supermarkts Unregelmäßigkeiten fest [...]. Er verdächtigte die Bf. [...]. Zwischen dem 7. und 19. Oktober 2002 nahm der Arbeitgeber der Bf. mit Hilfe eine Detektei eine verdeckte Videoüberwachung in der Getränkeabteilung des Supermarkts vor. [...] Die Detektei nahm eine Videoaufzeichnung vor und wertete die erlangten Daten aus. Sie fasste einen Bericht ab und stellte aus der Aufzeichnung Einzelbilder her, die sie dem Arbeitgeber der Bf. mit zwei Kopien des Videos [...] zuleitete.[2411]

Die Beschwerdeführerin rügte daraufhin eine Verletzung von Art. 8 Abs. 1 EMRK. Sowohl die verdeckte Videoüberwachung als auch die Aufzeichnung und Nutzung der Daten in den nationalen Gerichtsverfahren würden ihr Persönlichkeitsrecht verletzen. Auch im Rahmen dieser Entscheidung wies der EGMR darauf hin, dass „hinsichtlich der Aufzeichnung der Daten und der Systematik oder Dauerhaftigkeit der Aufzeichnung Erwägungen zum Schutz des Privatlebens geboten sein können".[2412] Im Zusammenhang mit der Videoüberwachungsmaßnahme ist ferner entscheidend, ob sich die Maßnahme gegen eine bestimmte Person richtet und ob

---

2410 EGMR P.G. u. J.H./UK, 25.9.2001, ECHR 2001-IX, § 57 = ÖJZ 2002, 911, 913.
2411 EGMR Köpke/D, 5.10.2010 = EuGRZ 2011, 471, 472.
2412 EGMR Köpke/D, 5.10.2010 = EuGRZ 2011, 471, 474.

eine Verarbeitung oder Verwendung auf andere Weise vorliegt. Im vorliegenden Fall wurde ausgeführt, dass eine verdeckte Videoüberwachung eines Arbeitnehmers am Arbeitsplatz einen erheblichen Eingriff in das Privatleben darstellt. Da der Arbeitnehmer verpflichtet ist, seine Arbeitsleistung am Arbeitsplatz zu erbringen, kann er sich der Überwachungsmaßnahme nicht entziehen. Auf der anderen Seite nahm der Arbeitgeber mit Hilfe einer Detektei die verdeckte Videoüberwachung jedoch erst vor, nachdem dieser im September 2002 hinsichtlich der Abrechnungen Unregelmäßigkeiten festgestellt hatte. Zudem war die Videoüberwachung zeitlich und räumlich begrenzt. Ferner betonten die nationalen Gerichte, dass die Daten lediglich einem begrenzten Personenkreis zur Verfügung standen und nur für das arbeitsgerichtliche Verfahren verwendet worden waren. Damit waren nach ihrer Ansicht „die Eingriffe in das Privatleben der Bf. auf das Maß beschränkt, das zur Erreichung der mit der Videoüberwachung verfolgten Ziele notwendig war."[2413] Ebenso stimmte der Gerichtshof den nationalen Gerichten insoweit zu, als dass das Interesse des Arbeitgebers am Schutz seines Eigentums nur durch die verdeckte Videoüberwachung erreicht werden konnte. Nur so konnte der Arbeitgeber Beweise erlangen, welche im gerichtlichen Verfahren gegen die Beschwerdeführerin verwendet werden konnten. Diese Vorgehensweise diente „auch dem Allgemeininteresse an einer geordneten Rechtspflege durch die nationalen Gerichte, die zur weitestmöglichen Erforschung der Wahrheit bei gleichzeitiger Wahrung der Konventionsrechte aller betroffenen Personen in der Lage sein müssen".[2414] Andere Mittel, die ebenso zum Schutz des Eigentums des Arbeitgebers geeignet gewesen wären und die weniger in das Privatleben der Beschwerdeführerin eingegriffen hätten, standen nicht zur Verfügung. Abschließend stellte der EGMR Folgendes fest:

> [D]er von den nationalen Gerichten zwischen den fraglichen Interessen herbeigeführte Ausgleich [dürfte] nicht der einzige ihnen zur Verfügung stehende Weg sein [...], um ihre Verpflichtung aus der Konvention zu erfüllen. Die betroffenen widerstreitenden Interessen könnten im Hinblick darauf, inwieweit Eingriffe in das Privatleben durch neue immer weiter entwickelte Technologien möglich sind, künftig durchaus anders gewichtet werden.[2415]

Da im Fall *Köpke* Interessen Privater konfligierten, wurde „keine Situation mit dem Staat als unmittelbar eingreifenden Akteur"[2416] beurteilt. Daher können die aufgestellten Anforderungen nicht ohne Weiteres auf das Polizeirecht übertragen werden. Dennoch kann die Entscheidung des EGMR als „Entscheidungshilfe" für die Beurteilung staatlicher Videoüberwachung herangezogen werden. Obgleich beim Einsatz von Bodycams keine *systematische* oder *dauerhafte* Aufzeichnung der Daten vorliegt, sind durchaus Erwägungen zum Schutz des Privatlebens geboten. Insbesondere kann sich die polizeiliche Videoüberwachung durch Bodycams – wie

2413 EGMR Köpke/D, 5.10.2010 = EuGRZ 2011, 471, 476.
2414 EGMR Köpke/D, 5.10.2010 = EuGRZ 2011, 471, 476.
2415 EGMR Köpke/D, 5.10.2010 = EuGRZ 2011, 471, 476.
2416 *Held* Intelligente Videoüberwachung, S. 211.

auch in der Sache *Köpke* – gegen eine bestimmte Person richten. Des Weiteren sollen die Aufzeichnungen, sofern sie strafrechtlich relevantes Verhalten beinhalten, im Strafverfahren als (objektives) Beweismaterial zur Aufklärung des Sachverhalts beitragen. Trotz Mangels der Systematik bzw. Dauerhaftigkeit der Aufzeichnung scheint es überzeugend, eine Beeinträchtigung des Privatlebens im Sinne von Art. 8 Abs. 1 EMRK anzunehmen. Wie auch bei der Videoüberwachung der Beschwerdeführerin in der Sache *Köpke* kann sich der von Videoüberwachungsmaßnahmen durch Bodycams Betroffene der Überwachung nahezu nicht entziehen. Dies liegt vorrangig daran, dass Bodycams aufgrund ihrer Mobilität im gesamten öffentlichen Raum eingesetzt werden können. Eine räumliche Begrenzung der Maßnahme ist damit praktisch nicht möglich. Auch die Überwachung mit Bodycams erfolgt *anlassbezogen*. So normieren beispielsweise § 14 Abs. 6 S. 1 HSOG und § 8 Abs. 5 S. 1 HmbPolDVG, auf welche der Einsatz der „mobilen Videoüberwachung" in Hessen und Hamburg konkret gestützt wird, dass eine entsprechende Überwachung nur zulässig ist, wenn dies nach den Umständen zum Schutz von Vollzugsbediensteten oder Dritten gegen eine Gefahr für Leib oder Leben erforderlich ist. Überdies ist der EGMR in der Sache *Köpke* der Auffassung, dass nur durch die verdeckte Überwachung der Schutz des Eigentums des Arbeitgebers sichergestellt werden kann. Wenn er also bereits verdeckte Maßnahmen zum Schutz des Rechtsguts „Eigentum" anerkennt, dann muss dies erst recht für offene Videoüberwachungsmaßnahmen zum Schutz der körperlichen Unversehrtheit bzw. des Lebens von Polizisten bzw. Dritter gelten. Der Gerichtshof erkennt jedoch auch, dass durch neue Technologien die widerstreitenden Interessen künftig durchaus anders gewichtet werden können. Eine weitere Entwicklung der Rechtsprechung des EGMR bleibt folglich abzuwarten.

2. Ergebnis

Art. 8 Abs. 1 EMRK schützt mit dem Recht auf Achtung des Privatlebens auch das Recht am eigenen Bild. Obgleich der Gerichtshof noch keine Stellungnahme zur Verwertbarkeit von Bodycam-Aufzeichnungen genommen hat, konnte das Urteil in der Sache *De la Flor Cabrera* – private Videoüberwachung unter Miterfassung des öffentlichen Raums – als „Orientierungshilfe" herangezogen werden. Bodycam-Aufnahmen sollen vorrangig körperliche Angriffe auf Polizeibeamte verhindern. Statistiken haben jedoch gezeigt, dass Straftaten gegen Polizeibeamte in den letzten Jahren nicht stetig zugenommen haben. Daher war bereits vor diesem Hintergrund die Verhältnismäßigkeit der polizeilichen Videoüberwachungsmaßnahme kritisch zu betrachten. Da Bodycams aber stets *anlassbezogen* aufzeichnen, kann nicht ausgeschlossen werden, dass der Einzelne den Eingriff in das Recht am eigenen Bild zu dulden hat. Jedenfalls nach *aktueller Gesetzeslage* kann der mit der Aufzeichnung einhergehende Eingriff aber nicht gerechtfertigt werden, da der Einsatz von Bodycams auf gesetzliche Grundlagen gestützt wird, welche die Anforderungen an Bestimmtheit und Regelungsdichte nicht erfüllen.

In den Schutzbereich des Art. 8 Abs. 1 EMRK fällt ferner das Recht auf Schutz personenbezogener Daten. Auch hier war die Verhältnismäßigkeit der Maßnahme problematisch. Im Ergebnis vermag ebenfalls die *derzeitige Rechtslage* den erheblichen Eingriff nicht zu rechtfertigen; sämtliche gesetzliche Grundlagen verstoßen gegen das Bestimmtheitsgebot.

Schließlich gehört zum Recht auf Achtung des Privatlebens auch das Freisein von ständiger Beobachtung in der Öffentlichkeit. Obgleich mit dem Einsatz der Bodycam keine systematische oder permanente Überwachung vorliegt, müssen auch hier Erwägungen zum Schutz des Privatlebens angestellt werden. In der Sache *Köpke* hat der EGMR bereits verdeckte Überwachungsmaßnahmen zum Schutz des Eigentums des Arbeitgebers für zulässig erachtet. Der Einsatz von Bodycams stellt hingegen eine offene Videoüberwachungsmaßnahme dar. Ferner wird der Schutz wesentlich höherrangiger Rechtsgüter, nämlich der Schutz der körperlichen Unversehrtheit bzw. des Lebens von Polizeibeamten bezweckt. Da sich der EGMR bislang noch nicht mit dem Einsatz von Bodycams beschäftigten musste, bleibt abzuwarten, ob er die entwickelten Grundsätze auf den Einsatz von Bodycams anwendet oder, ob mit der Entstehung neuer Technologien die widerstreitenden Interessen künftig anders gewichtet werden.

II. Art. 3 EMRK

Bodycams werden primär eingesetzt, um körperliche Gewalt gegen Polizeibeamte einzudämmen bzw. zu verhindern. Ferner können die Aufzeichnungen Gewalttaten dokumentieren und als Beweismittel in einem gerichtlichen Verfahren verwendet werden. Im Zusammenhang mit Bodycams wird der Gewalt gegenüber Polizisten eine tragende Rolle beigemessen, ohne dass eine stetige Zunahme dieser Gewalt tatsächlich hinreichend belegt werden kann. Die Polizeigewalt (d.h. die Gewalt *von* und *durch* Polizisten) wird hingegen meist ausgeblendet. Auch diese könnte zwar prinzipiell durch Bodycams dokumentiert werden, doch werden die Kameras von den filmenden Polizisten eigenständig und nach eigenem Ermessen aktiviert. Ruft man sich erneut die *Cop Culture* ins Gedächtnis, so liegt es nicht fern, anzunehmen, dass ein Teil der Polizisten nicht bereit bzw. gewillt sein könnte, zur Aufklärung der Gewalt in den eigenen Reihen beizutragen. Dies könnte zur Folge haben, dass Bodycams in Fällen von Polizeigewalt gar nicht oder erst viel zu spät aktiviert werden.

Zwar ist Gewalt durch Polizeibeamte nicht automatisch gleich Folter zu setzen. Der Übergang kann allerdings fließend verlaufen, vor allem wenn schützende Formen fehlen. In Deutschland gibt es eine Vielzahl von Menschenrechtsabkommen, welche ein striktes Verbot von Folter und Misshandlungen enthalten. Dazu zählen unter anderem die Europäische Menschenrechtskonvention, der Internationale Pakt über bürgerliche und politische Rechte und das UN-Übereinkommen gegen Folter und andere grausame, unmenschliche oder erniedrigende Behandlung oder Strafe – Convention against Torture and Other Cruel, Inhuman or Degrading Treatment or Punishment (UNCAT).

Im Folgenden soll ein Überblick über die, bei dem Ruf nach Bodycams vernachlässigte, Polizeigewalt in der Rechtsprechung des EGMR gegeben und zugleich ein Vergleich mit den im 4. Kapitel erzielten Ergebnissen gezogen werden.

1. *Schutzbereich des Verbots nach Art. 3 EMRK*

Niemand darf der Folter oder unmenschlicher oder erniedrigender Strafe oder Behandlung unterworfen werden. So jedenfalls normiert es Art. 3 EMRK. Von dieser Vorschrift gehen für den Staat zwei Pflichten aus: Zum einen muss der Staat Folter oder unmenschliche oder erniedrigende Strafe oder Behandlung unterlassen (*Unterlassungspflicht des Staates*) und zum anderen werden *positive Schutzpflichten* – stetige Kontrollen staatlicher Organe, präventive Aufklärung oder unverzügliches Einschreiten bei Bekanntwerden von Verstößen – begründet.[2417]

Folter ist der schwerste Vorwurf innerhalb des Art. 3 EMRK.[2418] Unter dem Begriff der *Folter* versteht der Gerichtshof eine „vorbedachte unmenschliche Behandlung, die sehr ernstes und grausames Leiden hervorruft".[2419] Später greift er zur Auslegung des Begriffs auf Art. 1 des Übereinkommens gegen Folter und andere grausame, unmenschliche oder erniedrigende Behandlung oder Strafe v. 10.12.1984 (UNCAT)[2420] zurück.[2421] Art. 1 Abs. 1 S. 1 des Übereinkommens gegen Folter legt fest:[2422]

> Im Sinne dieses Übereinkommens bezeichnet der Ausdruck „Folter" jede Handlung, durch die einer Person vorsätzlich große körperliche oder seelische Schmerzen oder Leiden zugefügt werden, zum Beispiel um von ihr oder einem Dritten eine Aussage oder ein Geständnis zu erlangen, um sie für eine tatsächlich oder mutmaßlich von ihr oder einem Dritten begangene Tat zu bestrafen oder um sie oder einen Dritten einzuschüchtern oder zu nötigen, oder aus einem anderen, auf irgendeiner Art von Diskriminierung beruhenden Grund, wenn diese Schmerzen oder Leiden von einem Angehörigen des öffentlichen Dienstes oder einer anderen in amtlicher Eigenschaft handelnden Person, auf deren Veranlassung oder mit deren ausdrücklichem oder stillschweigendem Einverständnis verursacht werden.

Das erforderliche Maß an Schwere beurteilt der EGMR einzelfallabhängig und bezieht unter anderem die Dauer der Misshandlungen, den Gesundheitszustand sowie das Geschlecht und das Alter des Opfers in seine Erwägungen mit ein.[2423]

Ferner darf niemand unmenschlicher oder erniedrigender Strafe oder Behandlung unterworfen werden. Während Art. 7 IPbpR die „grausame" Strafe oder Behandlung normiert, verzichtet Art. 3 EMRK auf dieses Merkmal. Darin liegt

---

2417 LR-EMRK/*Esser* Art. 3 Rn. 17 ff.; Karpenstein/Mayer/*Sinner* Art. 3 EMRK Rn. 9 ff., 21 ff.; Meyer-Ladewig/*Meyer-Ladewig/Lehnert* EMRK Art. 3 Rn. 7 ff.; *Grabenwarter/Pabel* § 20 Rn. 54.

2418 BeckOK-StPO/*Valerius* Art. 3 EMRK Rn. 3.

2419 EGMR Irland/UK, 18.1.1978, Serie A Nr. 25 = EuGRZ 1979, 149; siehe hierzu ausführlich LR-EMRK/*Esser* Art. 3 Rn. 56 ff.

2420 BGBl. 1990 II, S. 247.

2421 Vgl. EGMR Salman/TRK, 27.6.2000, ECHR 2000-VII = NJW 2001, 2001, 2005.

2422 Deutsche Übersetzung des Übereinkommens beispielsweise in EuGRZ 1985, 131.

2423 LR-EMRK/*Esser* Art. 3 Rn. 57; Karpenstein/Mayer/*Sinner* Art. 3 EMRK Rn. 6 ff.; EGMR Irland/UK, 18.1.1978, Serie A Nr. 25 = EuGRZ 1979, 149, 153; zum Begriff der Folter: *Grabenwarter/Pabel* § 20 Rn. 42.

jedoch keine Einschränkung, da die „grausame" Behandlung oder Strafe ohnehin unter die unmenschliche Behandlung oder Strafe zu fassen ist.[2424] Damit der Schutzbereich des Art. 3 EMRK überhaupt eröffnet sein kann, muss auch hier ein gewisses Minimum an Schwere gegeben sein.[2425] Eine *unmenschliche* Behandlung liegt jedenfalls dann vor, wenn die Behandlung ohne Unterbrechung über mehrere Stunden hinweg ausgeführt wird und wenn sie entweder körperliche Verletzungen oder intensive körperliche oder geistige Leiden oder Qualen hervorruft.[2426] Die *Behandlung* setzt wiederum ein „Tun oder Unterlassen bestimmter Personen in Bezug auf den Betroffenen voraus, das aber nur bei der Folter von der Absicht einer zweckgerichteten, die Menschenwürde bewusst missachtenden Leidenszuführung bestimmt sein muss."[2427] *Erniedrigend* ist die Behandlung, wenn sie geeignet ist, beim Opfer Gefühle der Furcht, Angst und Minderwertigkeit hervorrufen zu können bzw. das Opfer zu erniedrigen, zu entwürdigen und gegebenenfalls seinen physischen oder moralischen Widerstand zu brechen.[2428] Hierfür reicht es bereits aus, dass das Opfer in seinen eigenen und nicht in den Augen anderer erniedrigt wird. Dies bedeutet, dass es nach der Rechtsprechung des EGMR genügt, dass sich das Opfer erniedrigt *fühlt*.[2429]

Die Übergänge der einzelnen Handlungsformen sind fließend,[2430] sodass das jeweilige Verbot anhand des Einzelfalls bestimmt werden muss. Stets ist eine Gesamtwürdigung aller Umstände des Einzelfalls erforderlich, um einen Eingriff in Art. 3 EMRK feststellen zu können. Ist das erforderliche Minimum an Schwere nicht erreicht, muss ein Eingriff an Art. 8 EMRK und Art. 17 IPbpR gemessen werden, da diese Vorschriften auch die persönliche Integrität schützen.[2431]

2. Mutmaßliche Misshandlungen und unverhältnismäßige Gewaltanwendung durch die Polizei – Materiell-rechtliche Aspekte

Im Folgenden soll die Rechtsprechung des EGMR zu mutmaßlichen Misshandlungen und unverhältnismäßiger Gewaltanwendung (in Polizeigewahrsam) einer genaueren Betrachtung unterzogen werden. Nicht Gegenstand der Untersuchung

---

2424 LR-EMRK/*Esser* Art. 3 Rn. 64.

2425 *„Un mauvais traitement doit atteindre un minimum de gravité pour tomber sous le coup de l'article 3"* (EGMR Dembele/CH, 24.9.2013 = NLMR 5/2013, 329 ff.).

2426 Vgl. EGMR Soering/UK, 7.7.1989, Serie A Nr. 161 = NJW 1990, 2183, 2186 m.w.N.; zusammenfassend LR-EMRK/*Esser* Art. 3 Rn. 65; ebenso SK-StPO/*Paeffgen* Art. 2 EMRK Rn. 11 ff.

2427 LR-EMRK/*Esser* Art. 3 Rn. 28.

2428 EGMR Irland/UK, 18.1.1978, Serie A Nr. 25 = EuGRZ 1979, 149, 153.

2429 EGMR Tyrer/UK, 25.4.1978, Serie A Nr. 26 = EuGRZ 1979, 162, 164; EGMR Smith u. Grady/UK, 27.9.1999, ECHR 1999-VI = NJW 2000, 2089, 2095.

2430 LR-EMRK/*Esser* Art. 3 Rn. 55.

2431 EGMR Schmidt/D, 5.1.2006 (Bf. rügte nach Art. 3 EMRK die Anordnung und Entnahme der Blut- und Speichelprobe nach § 81a StPO. Gerichtshof stellte fest, dass die Maßnahme das Mindestmaß an Schwere, um als unmenschliche oder erniedrigende Behandlung zu gelten, nicht erreicht und prüfte daraufhin Art. 8 EMRK).

sind hingegen Todesfälle in Gewahrsam oder infolge mutmaßlicher polizeilicher Gewaltanwendung[2432] in Verbindung mit Art. 2 Abs. 1 EMRK.

a) Polizeigewalt in der Rechtsprechung des EGMR

Im folgenden Abschnitt soll anhand zweier Urteile die Rechtsprechung des EGMR zu polizeilichen Misshandlungen illustriert werden.

aa) EGMR Dembele/Schweiz, 24.9.2013

Zunächst sind der Sachverhalt und die Urteilsbegründung des EGMR in der Sache *Dembele* gegen die Schweiz darzustellen.

(1) Sachverhalt

Der Bf., Staatsangehöriger von Burkina Faso, wohnt in Genf. Am 2.5.2005 wurde er einer Personenkontrolle durch zwei Polizisten unterzogen. Seiner Aussage zufolge habe er den Anweisungen der Polizisten Folge geleistet und seinen Ausweis vorgezeigt. Dennoch hätten die Polizisten dem Bf. befohlen, sich auf den Boden zu legen. Da er dies verweigerte, hätten ihn die Polizisten mit Schlagstöcken geschlagen. Ferner sei der Bf. am Hals gepackt, mit dem Tode bedroht und weiter geschlagen worden. Auf dem Polizeirevier sei er weiter malträtiert worden.

Eine medizinische Untersuchung vom 2.5.2005 ergab eine distale Fraktur des rechten Schlüsselbeins. Einen Bezug auf weitere Verletzungen an anderen Körperstellen nahm der Befund hingegen nicht („[...] mais ne fait référence à aucun autre type de blessure ou contusions sur aucune autre partie du corps“).

Die beiden Polizisten, deren Aussagen deutlich von der des Bf. abwichen, erstatteten Anzeige wegen *Hinderung einer Amtshandlung*[2433] und *einfacher Körperverletzung*[2434] („Les deux gendarmes qui avaient procédé à l'interpellation du requérant portèrent plainte contre lui pour opposition aux actes de l'autorité et lésions corporelles simples“). Ihrer Aussage zufolge weigerte sich der Bf. seine Ausweispapiere vorzuzeigen, seine brennende Zigarette wegzuwerfen und schrie und gestikulierte verärgert, als einer der beiden Beamten die Zigarette selbst entfernt habe. Eine ärztliche Untersuchung der Polizeibeamten ergab, dass einer der Polizisten eine Verletzung am Arm und am Hals

---

2432 Beispielsfälle hierzu bei *Amnesty International* Täter unbekannt, S. 24 ff.

2433 Art. 286 StGB-CH (Hinderung einer Amtshandlung): Wer eine Behörde, ein Mitglied einer Behörde oder einen Beamten an einer Handlung hindert, die innerhalb ihrer Amtsbefugnisse liegt, wird mit Geldstrafe bis zu 30 Tagessätzen bestraft. Als Beamte gelten auch Angestellte von Unternehmen nach dem Eisenbahngesetz vom 20. Dezember 1957, dem Personenbeförderungsgesetz vom 20. März 2009 und dem Gütertransportgesetz vom 19. Dezember 2008 sowie Angestellte der nach dem Bundesgesetz vom 18. Juni 2010 über die Sicherheitsorgane der Transportunternehmen im öffentlichen Verkehr mit Bewilligung des Bundesamts für Verkehr beauftragten Organisationen.

2434 Art. 123 StGB-CH (Einfache Körperverletzung).

davongetragen hatte. Der andere hatte eine oberflächliche Wunde mit entzündlicher Reaktion am Unterarm erlitten.

Am 3.5.2005 wurde das Strafverfahren wegen Widerstand gegen eine Amtshandlung und einfacher Körperverletzung eröffnet. Nach Anhörung durch den Untersuchungsrichter wurde der Bf. am selben Tag freigelassen. Am 10.5.2005 erstattet der Bf. Anzeige wegen Misshandlung durch die beiden Polizeibeamten. Am 11.1.2007 wurde das Verfahren gegen den Bf. ausgesetzt in Erwartung des Ausgangs des Verfahrens gegen die Polizisten. Dieses Verfahren wurde jedoch nicht wiedereröffnet. Am 27.8.2007 schloss der Generalstaatsanwalt das Verfahren gegen die beiden Polizisten aus Mangel an Beweisen. Der Bf. erhob gegen diese Einstellungsverfügung Beschwerde an die nächst höhere Instanz („Chambre d'accusation"), welche am 9.1.2008 die Entscheidung des Generalstaatsanwalts bestätigte. Daraufhin zog der Bf. weiter zum Bundesgericht, welches den Beschluss der Anklagekammer aufhob und feststellte, dass die Untersuchungen nicht ausreichend gewesen sind. Daraufhin ordnete das Bundesgericht die Neueröffnung des Verfahrens gegen die Polizisten an. Das Verfahren wurde jedoch am 22.11.2010 eingestellt, da nach Auffassung des Generalstaatsanwalts nicht bewiesen werden konnte, dass der Bf. noch andere Verletzungen als den Bruch des Schlüsselbeins erlitten hatte; Die „Chambre d'accusation" bestätigte die Entscheidung des Generalstaatsanwalts am 4.2.2011. Die beiden Polizisten hätten im Rahmen der Befugnisse gehandelt. Ferner sei die polizeiliche Gewaltanwendung gerechtfertigt und verhältnismäßig gewesen. Am 7.3.2011 zog der Bf. erneut vor das Bundesgericht und rügte unter anderem Art. 3 EMRK. Das Bundesgericht wies die Beschwerde am 14.9.2011 zurück.[2435]

(2) Urteil des EGMR

Der Beschwerdeführer machte eine Verletzung von Art. 3 EMRK geltend. Zum einen hätten ihn die beiden Polizisten mit extremer Brutalität behandelt („d'une extrême brutalité")[2436] und zum anderen seien die nationalen Behörden ihrer Verpflichtung, eine sorgfältige, rasche und unabhängige Untersuchung durchzuführen, nicht nachgekommen.[2437] Der EGMR untersuchte die behauptete Verletzung von Art. 3 EMRK unter einem materiell-rechtlichen („Le grief tiré du volet matériel de l'article 3") und einem verfahrensrechtlichen Aspekt („Le grief tiré du volet procédural de l'article 3").[2438]

Der EGMR hat im Rahmen seiner Rechtsausführungen vorgetragen, dass in Art. 3 EMRK einer der Grundwerte einer demokratischen Gesellschaft verankert ist und betont die unabdingbaren Voraussetzungen der Angemessenheit und Erforderlichkeit[2439] einer polizeilichen Gewaltanwendung:

2435 EGMR Dembele/CH, 24.9.2013, §§ 5 ff. = NLMR 5/2013, 329 ff.
2436 EGMR Dembele/CH, 24.9.2013, § 36 = NLMR 5/2013, 329 ff.
2437 EGMR Dembele/CH, 24.9.2013, §§ 50 ff. = NLMR 5/2013, 329 ff.
2438 EGMR Dembele/CH, 24.9.2013, §§ 35 ff., §§ 50 ff. = NLMR 5/2013, 329 ff.
2439 Zu den Begriffen siehe HK-GG/*Antoni* Vorb. Rn. 9 a.E.

> En ce qui concerne la question particulière des violences survenues lors de contrôles d'identités ou d'interpellations opérés par des agents de police, la Cour rappelle que le recours à la force doit être proportionné et nécessaire au vu des circonstances de l'espèce [...]. Par ailleurs, lorsqu'un individu se trouve privé de sa liberté, l'utilisation à son égard de la force physique alors qu'elle n'est pas rendue strictement nécessaire par son comportement porte atteinte à la dignité humaine et constitue, en principe, une violation du droit garanti par l'article 3 [...].[2440]

Der EGMR führte aus, dass bereits in seiner früheren Rechtsprechung[2441] entschieden worden ist, dass polizeilicher Zwang bei Polizeieinsätzen auf Seiten der Polizei durchaus gerechtfertigt sein könne bzw. Art. 3 EMRK nicht generell die Anwendung von Gewalt verbiete.[2442] Fraglich ist, ob die entwickelten Grundsätze auch auf die vorliegende Sache Anwendung finden können. Nach Auffassung des Gerichts weichen die Aussagen der beiden Parteien, wie sich der Beschwerdeführer bei der Identitätskontrolle verhalten habe, erheblich voneinander ab. Es wird hingegen nicht bestritten, dass er sich mehrfach geweigert hat, seine Zigarette wegzuwerfen und heftig reagierte, als einer der Polizisten die Zigarette an sich nahm. Ferner ist unstreitig, dass sich der Beschwerdeführer weigerte, sich auf den Boden zu legen und dass er um sich schlug und es ihm gelang, sich zu entfernen, als ihn einer der Polizisten am Arm packte, um ihn in das Polizeiauto zu bringen. Diese Verhaltensweise reicht nach Auffassung des Gerichts aus, um einen Widerstand gegen die Staatsgewalt zu bejahen, sodass Zwangsmaßnahmen im Grunde gerechtfertigt sein können. Es stellt sich somit lediglich die Frage nach deren Verhältnismäßigkeit:

> Ces éléments suffisent à la Cour pour admettre que le requérant avait opposé une résistance physique à l'action des gendarmes et que le recours à des moyens de coercition de la part de ces derniers était en principe justifié [...]. Reste à savoir si les moyens de coercition employés étaient proportionnés à la résistance opposée par le requérant.[2443]

Der den Beschwerdeführer behandelnde Arzt gab mehrere Versionen an, wie es zum streitgegenständlichen Bruch des Schlüsselbeins gekommen sein könnte: Seiner Ansicht nach, erfolge diese Art von Fraktur in der Regel durch einen senkrecht verursachten Schlag. Diese Verletzung sei vor allem bei Zweiradfahrern üblich, wenn sie nach vorne stürzen. Im hiesigen Fall kann die Fraktur des Beschwerdeführers aber auch auf einen oder mehrere Schläge mit einem Schlagstock oder andere Schläge direkt auf das Schlüsselbein zurückgeführt werden. Da der ärztliche Bericht keinerlei Bezug auf weitere Verletzungen an anderen Körperteilen nahm, gingen die nationalen Gerichte davon aus, dass als Ursache der Fraktur nur der Sturz nach vorne in Frage kommt. Daraus schlossen die nationalen Gerichte die

---

2440 EGMR Dembele/CH, 24.9.2013, § 41 = NLMR 5/2013, 329 ff.

2441 EGMR Klaas/D, 22.9.1993, Serie A Nr. 269 = EuGRZ 1994, 106 = NJW 1994, 1463; EGMR Muradova/ASE, 2.4.2009, § 109; EGMR Zayev/R, 16.4.2015, § 82.

2442 EGMR Dembele/CH, 24.9.2013, § 42 = NLMR 5/2013, 329 ff.

2443 EGMR Dembele/CH, 24.9.2013, § 44 = NLMR 5/2013, 329 ff.

Verhältnismäßigkeit der Maßnahmen. Diese Ansicht teilt der EGMR hingegen nicht. Unabhängig von der genauen Ursache der Schlüsselbeinfraktur ist der Gerichtshof der Ansicht, dass die Gewaltanwendung in jedem Fall unverhältnismäßig gewesen ist. Er begründet seine Auffassung damit, dass es unstreitig ist, dass der Beschwerdeführer keine gefährlichen Werkzeuge bei sich trug. Ferner verletzte der Beschwerdeführer, zumindest in der ersten Phase der Identitätskontrolle, die Polizisten nicht mit Faustschlägen, Fußtritten oder mit Schlägen anderer Art. Der Widerstand, den er zunächst geleistet hat, war zwar hartnäckiger Natur, aber passiv, sodass der Einsatz von Schlagstöcken auf Seiten der beiden Polizisten jedenfalls nicht gerechtfertigt war und daher eine Verletzung von Art. 3 EMRK in seinem materiell-rechtlichen Aspekt vorliegt.[2444]

bb) EGMR Bouyid/Belgien, 21.11.2013 und 28.9.2015

Erst kürzlich musste sich der EGMR erneut mit (unverhältnismäßiger) polizeilicher Gewaltanwendung in der Sache *Bouyid* gegen Belgien befassen. Das endgültige Urteil erging am 28.9.2015.

(1) Sachverhalt

Die beiden Bf. sind Brüder, die behaupteten von Polizisten geohrfeigt worden zu sein.

Am 8.12.2003 verlangte ein Zivilpolizist vom ersten Bf. den Ausweis. Da er dieser Aufforderung nicht nachkam, wurde er vom Polizisten (A.Z.) auf die Polizeiwache mitgenommen. Der genaue Ablauf des weiteren Vollzuges ist streitig. Da der erste Bf. gegen seine Festnahme protestierte, hätte der Polizist ihm – angeblich – eine Ohrfeige erteilt. Stützen ließe sich das auch auf weitere, objektive Umstände: Ein medizinisches Attest ergab einen Schockzustand beim Bf. („en état de choc"). Ferner wurden Hautreizungen an der linken Wage („érythème au niveau de la joue gauche") und am linken Gehörgang („érythème au niveau du conduit auditif dxterne gauche") attestiert.

Am 23.2.2004 befand sich der zweite Bf. ebenfalls auf dem Polizeirevier. Er wurde aufgrund einer Auseinandersetzung, in welche er mit Dritten verwickelt war, vernommen. Nach Angaben des zweiten Bf. erteilte auch ihm ein Polizist (P.P.) eine Ohrfeige, nachdem dieser ihn gebeten habe, sich nicht mit den Ellenbogen auf dem Schreibtisch abzustützen. Ein medizinischer Bericht attestierte eine Prellung an der linken Wange. Laut Einlassung der Regierung habe sich der zweite Bf. während seiner Vernehmung sehr arrogant verhalten; der Polizist hingegen sei durchwegs ruhig und geduldig geblieben.[2445]

Beide Bf. brachten Beschwerden beim „Ständigen Ausschuss zur Kontrolle des Polizeidienstes" („comité permanent de contrôle des services de police") ein. Der Ausschuss

---

2444 EGMR Dembele/CH, 24.9.2013, § 47 = NLMR 5/2013, 329 ff.

2445 EGMR Bouyid/B, 21.11.2013, §§ 5 ff. = NLMR 6/2013, 420 ff.; EGMR Bouyid/B, 28.9.2015, §§ 11 ff.

übersandte dem Ermittlungsrichter einen Bericht, in welchem sämtliche Vorfälle zwischen den Bf. und der Polizei geschildert wurden. Dieser leitete das Protokoll an die Staatsanwaltschaft weiter, welcher die Einstellung des Verfahrens beantragte: „[...] que l'instruction ne permet(tait) pas d'établir que les faits présent(aient) un crime, un délit ou une contravention et ne fourni(ssait) aucun indice justifiant l'accomplissement de nouveaux devoirs".[2446] Das Gericht erster Instanz folgte dem Antrag. Die Anklagekammer beim Berufungsgericht Brüssel bestätigte den Beschluss nach Berufung durch die beiden Bf. Der „Cour de cassation" wies die Revision der Bf. am 29.10.2008 zurück.[2447]

(2) Urteil des EGMR (5. Kammer) v. 21.11.2013

Die Beschwerdeführer rügten insbesondere Art. 3 EMRK. Zum einen beschwerten sie sich über die Ohrfeige und zum anderen über die, ihrer Ansicht nach unwirksame, unvollständige, nicht objektive und langwierige Untersuchung.[2448]

Der EGMR gelangte aufgrund der Umstände des Einzelfalls zu dem Ergebnis, dass keine Verletzung von Art. 3 EMRK vorliegt. Zunächst weist der Gerichtshof darauf hin, dass physische Gewalt gegenüber Personen, welchen die Freiheit entzogen worden ist oder welche sich im Kontakt mit Polizisten befinden, prinzipiell nicht angewandt werden soll, es sei denn, das Verhalten der betroffenen Personen macht Gewaltanwendung unbedingt erforderlich. Ansonsten beeinträchtigt eine Gewaltanwendung die Menschenwürde und stellt zudem einen Verstoß gegen Art. 3 EMRK dar.[2449] Der Gerichtshof betont jedoch, dass Misshandlungen ein gewisses Maß an Schwere erreichen müssen, um von Art. 3 EMRK erfasst zu werden („un minimum de gravité"). Die Beurteilung der Schwere ist von den jeweiligen Umständen des Einzelfalls abhängig, wobei unter anderem die Dauer der Misshandlung und die physischen und mentalen Auswirkungen in die Bewertung mit einfließen können. Der Gerichtshof folgert daraus, dass es durchaus Gewalt gibt, welche zwar moralisch und – weitaus wichtiger – nach dem innerstaatlichen Recht der Vertragsstaaten verurteilt werden kann, jedoch nicht unter Art. 3 EMRK fällt.[2450] Das Erstaunliche an dem Kammerurteil des EGMR ist jedoch die Argumentation, nach welcher die Ohrfeigen der Polizisten nicht das Minimum an Schwere erreicht hätten: Polizisten, die Personen schlagen, machen sich einer Verletzung der Ethik schuldig und legen darüber hinaus einen bedauerlichen Mangel an Professionalität an den Tag. Unterstellt man den beiden Polizisten die Misshandlung durch Ohrfeigen, so spricht nach Auffassung des Gerichtshofs für die Polizisten, dass es sich in beiden Fällen

2446 EGMR Bouyid/B, 21.11.2013, § 23 = NLMR 6/2013, 420 ff.

2447 EGMR Bouyid/B, 21.11.2013, §§ 15 ff. = NLMR 6/2013, 420 ff.

2448 EGMR Bouyid/B, 21.11.2013, § 33 („*Ils se plaignent en outre de l'instruction conduite à la suite de leurs plaintes, qu'ils jugent ineffective, incomplète et partiale et dont ils dénoncent la durée*") = NLMR 6/2013, 420 ff.

2449 Siehe bereits EGMR Ribitsch/A, 4.12.1995, Serie A Nr. 336, § 38 = EuGRZ 1996, 504; EGMR Rachwalski u. Ferenc/F, 28.7.2009, § 59; EGMR Kop/TRK, 20.10.2009, § 27.

2450 EGMR Bouyid/B, 21.11.2013, §§ 47 f. = NLMR 6/2013, 420 ff.

jeweils lediglich um eine einzelne Ohrfeige gehandelt habe. Ferner hätten sich die Beschwerdeführer zuvor respektlos und provokativ verhalten, sodass sie gereizt gewesen waren und daher unbedacht die Ohrfeigen ausgeteilt hätten. Darüber hinaus herrschte ohnehin ein angespanntes Verhältnis zwischen der Familie der Beschwerdeführer und den Polizisten. Abschließend weist das Gericht auf die fehlende gravierende oder andauernde Wirkung der Ohrfeigen hin. Daher sei das erforderliche Maß an Schwere nicht erreicht, um einen Verstoß gegen Art. 3 EMRK annehmen zu können.[2451]

(3) Urteil des EGMR (Große Kammer) v. 28.9.2015

Das Urteil gelangte nach Beschwerde vor die Große Kammer. Mit Urteil v. 28.9.2015 hat die Große Kammer des EGMR das frühere Urteil der Kammer in der Sache *Bouyid* aufgehoben und Belgien wegen Verletzung von Art. 3 EMRK in materiell-rechtlicher Hinsicht verurteilt.[2452]

In seiner Urteilsbegründung weist der EGMR zunächst auf internationale Texte und Dokumente hin, welche im Zusammenhang mit polizeilicher Gewaltanwendung von Bedeutung sind. Erwähnt werden unter anderem die „Documents du Comité européen pour la prévention de la torture et des peines ou traitements inhumains ou dégradants“[2453] und der „code européen d'ethique de la police“. Unter anderem nimmt die Große Kammer Bezug auf Nr. 36 und Nr. 37 des Kodex für Polizeiethik, wonach die Polizei unter keinen Umständen Folterhandlungen, unmenschliche oder erniedrigende Behandlung oder Strafe verhängen, fördern oder dulden darf bzw. nur in absoluten Notfällen und allein um ein legitimes Ziel zu erreichen auf Gewalt zurückgreifen darf.[2454] Da zum Zeitpunkt der Ohrfeigen einer der beiden Beschwerdeführer minderjährig gewesen ist, lässt der EGMR auch die „Convention Internationale relative aux Droit de l'Enfant (1989)“ nicht unerwähnt.[2455]

Bevor der EGMR auf die behauptete Verletzung von Art. 3 EMRK in seinem verfahrensrechtlichen Aspekt eingeht, prüft er eine Verletzung von Art. 3 EMRK in materiell-rechtlicher Hinsicht („L'appréciation de la Cour sur le volet matériel du grief“).

Zunächst weist der Gerichtshof darauf hin, dass, sofern sich eine Person verletzt, die sich in Polizeigewahrsam befindet, eine starke Vermutung dafür besteht, dass die Person durch staatliche Stellen misshandelt worden ist.[2456] Für Verletzungen während eines Polizeigewahrsams fordert der EGMR von den Staaten hierfür eine

2451 EGMR Bouyid/B, 21.11.2013, §§ 51 f. = NLMR 6/2013, 420 ff.

2452 EGMR Bouyid/B, 28.9.2015, §§ 81 ff.

2453 CPT-Standards.

2454 The European Code of Police Ethics, Recommendation Rec (2001)10, S. 54 f.

2455 Volltext abrufbar unter: http://www.humanium.org/fr/convention/texte-integral-convention-internationale-relative-droits-enfant-1989/ (Stand: Dezember 2016).

2456 EGMR Bouyid/B, 28.9.2015, § 83; auch EGMR Mrozowski/PL, 12.5.2009, § 26 (*"The Court reiterates that where a person is injured while in detention or otherwise under*

plausible Erklärung („[...] une explication satisfaisante et convaincante en produisant des preuves établissant des faits qui font peser un doute sur le récit de la victime [...]").[2457] Ohne eine solche Erklärung kann das Gericht Schlussfolgerungen ziehen, welche zu Lasten des Staates gehen können. Eine Vermutung zu Lasten des Staates erfordert jedoch, dass das Opfer Beweise der Misshandlung vorlegen und beweisen kann, dass es sich zuvor in staatlichem Gewahrsam befunden hat.[2458] Im konkreten Fall konnten die Beschwerdeführer die erforderlichen Beweise erbringen. Die Polizisten bestritten stets, die Beschwerdeführer geohrfeigt zu haben.[2459]

Die Große Kammer betont, – wie bereits die 5. Kammer in ihrem Urteil v. 21.11.2013 – dass Misshandlungen ein Minimum an Schwere erreichen müssen, um in den Schutzbereich von Art. 3 EMRK zu fallen. Dieses Mindestmaß wird in der Regel durch Körperverletzungen, aber auch durch schwere körperliche oder seelische Leiden erreicht. Der Gerichtshof stellt darüber hinaus klar, dass in Ermangelung dieser Voraussetzungen ebenfalls eine Verletzung von Art. 3 EMRK bejaht werden kann:

> Toutefois, même en l'absence de sévices de ce type, dès lors que le traitement humilie ou avilit un individu, témoignant d'un manque de respect pour sa dignité humaine ou la diminuant, ou qu'il suscite chez l'intéressé des sentiments de peur, d'angoisse ou d'infériorité propres à briser sa résistance morale et physique, il peut être qualifié de dégradant et tomber ainsi également sous le coup de l'interdiction énoncée à l'article 3 [...]. Il faut en outre préciser qu'il peut suffire que la victime soit humiliée à ses propres yeux, même si elle ne l'est pas à ceux d'autrui [...].[2460]

Es ist daher ausreichend, dass sich der Beschwerdeführer in seinen Augen gedemütigt *fühlt*.

Neben den allgemeinen Grundsätzen, prüft der Gerichtshof auch die Schwere der Misshandlungen der beiden Beschwerdeführer im konkreten Fall. Wie schon die Kammer weist die Große Kammer darauf hin, dass physische Gewalt gegenüber Personen, welchen der Freiheit beraubt worden sind oder welche sich im Kontakt mit Polizisten befinden, prinzipiell nicht angewandt werden soll, es sei denn, das Verhalten der betroffenen Personen macht Gewaltanwendung unbedingt erforderlich.

---

the control of the police, any such injury will give rise to a strong presumption that the person was subjected to ill-treatment"); *Grabenwarter/Pabel* § 20 Rn. 59.

2457 EGMR Bouyid, 28.9.2015, § 83; siehe dazu bereits EGMR Özcan u.a./TRK, 20.4.2010, §§ 78 ff.

2458 EGMR Bouyid, 28.9.2015, § 92.

2459 EGMR Bouyid, 28.9.2015, § 96 („*[...] les policiers mis en cause ont tout au long de la procédure interne constamment nié avoir giflé les requérants. Cependant, ces derniers ont affirmé le contraire avec une constance comparable. Par ailleurs, dès lors que l'instruction présente des déficiences significatives [...], on ne saurait déduire la véracité des déclarations desdit policiers du seul fait que l'enquête n'a pas apporté d'élément les contredisant*").

2460 EGMR Bouyid/B, 28.9.2015, § 87 i.V.m. § 105.

Ansonsten beeinträchtigt die polizeiliche Gewaltanwendung die Menschenwürde und stellt zudem einen Verstoß gegen Art. 3 EMRK dar. Die Große Kammer betont ausdrücklich, dass eine Ohrfeige, welche ein Polizist einer Person erteilt, die sich vollständig in staatlicher Obhut befindet, einen schwerwiegenden Eingriff in die Menschenwürde darstellt und die Auswirkungen durchaus beträchtlich sind. Das Gericht erinnert an dieser Stellen nochmals daran, dass es bereits als ausreichend anzusehen ist, dass sich das Opfer in seinen Augen gedemütigt fühlt und zweifelt nicht daran, dass auch eine einzelne, unüberlegte Ohrfeige durchaus als Demütigung empfunden werden kann. Dies gilt speziell bei polizeilicher Gewaltanwendung, da im Verhältnis zum Bürger ein sog. *Über- und Unterordnungsverhältnis* vorliegt und Polizisten insbesondere verpflichtet sind, die in ihre Obhut unterstellten Personen zu schützen. Nach Auffassung der Großen Kammer ist es darüber hinaus völlig irrelevant, dass die beiden Ohrfeigen ihren Ursprung in einem respektlosen und provozierenden Verhalten der Opfer hatten. In diesem Punkt widerspricht sie ausdrücklich dem Urteil der 5. Kammer v. 21.11.2013: Wie der Gerichtshof bereits mehrfach betont hat, verbietet die Konvention Folter, unmenschliche oder erniedrigende Behandlung bzw. Strafe ausnahmslos. Dieser Grundsatz gilt selbst dann, wenn sich die äußeren Umstände, beispielsweise durch eine angespannte Situation zwischen den Beteiligten, als schwierig erweisen. Hinsichtlich des erforderlichen Gewaltverzichts auf Seiten der Polizei führt die Große Kammer zutreffend aus:

> Spécialement en ce qui concerne la police, celle-ci „ne doit infliger, encourager ou tolérer aucun acte de torture, aucun traitement ou peine inhumain ou dégradant, dans quelque circonstance que ce soit". Par ailleurs, l'article 3 de la Convention met à la charge des États parties l'obligation positive de former les agents de maintien de l'ordre de manière à garantir un degré élevé de compétence quant à leur comportement professionnel afin que personne ne soit soumis à un traitement contraire à cette disposition […].[2461]

Abschließend weist die Urteilsbegründung auf die Minderjährigkeit des Beschwerdeführers hin und betont die schwerwiegenden Auswirkungen einer Misshandlung auf minderjährige Personen.[2462]

b) *Polizeigewalt in der nationalen Rechtsprechung und in der Rechtsprechung des EGMR*

Wie die Ausführungen im 4. Kapitel gezeigt haben, wird in polizeilichen Reihen nicht selten versucht, polizeiliche unrechtmäßige Gewaltanwendung mit sog. *„prophylaktischen" Widerstandsanzeigen* zu legitimieren.[2463] Solche Anzeigen werden zur vorbeugenden Rechtfertigung gestellt, wenn Polizisten Gewalt angewandt

2461 EGMR Bouyid/B, 28.9.2015, § 108.

2462 EGMR Bouyid/B, 28.9.2015, §§ 109 ff.

2463 Siehe nochmals *Falk* Widerstand gegen Vollstreckungsbesamte, S. 42; *Uildriks* KrimJ 4. Beiheft 1992, 136, 141 ff.; *„präventive Strafanzeigen"* (*Zöller* ZIS 2015, 445, 454).

haben, es aber keinen wirklichen Anlass dafür gegeben hat.[2464] Mit Hilfe von Widerstandsanzeigen wird aus einer nicht gerechtfertigten körperlichen Misshandlung eine legale Handlung der Polizisten, die zumeist politisch gebilligt wird und mit einer Verurteilung des ursprünglichen Anzeigeerstatters enden kann.[2465] Auch in der Sache *Dembele* zeigten die beiden Polizisten den Beschwerdeführer wegen Hinderung einer Amtshandlung und einfacher Körperverletzung an.

Die Sachverhaltsdarstellung der beiden Polizisten wich deutlich von der Aussage des Beschwerdeführers ab: Sie behaupteten, dass sich der Beschwerdeführer geweigert habe, seinen Ausweis vorzuzeigen und sich dabei heftig zur Wehr setzte. Obwohl die Aussagen nicht übereinstimmten und andere (objektive) Beweismittel nicht zur Verfügung standen, bejahte das Gericht einen körperlichen Widerstand des Beschwerdeführers gegen die Polizisten.

Ferner war unstreitig, dass der Beschwerdeführer im Rahmen der Kontrolle heftig reagierte und um sich schlug, sodass das Gericht zu dem Schluss kam, dass die Zwangsmaßnahmen dem Grunde nach gerechtfertigt sein können. Es stellte sich damit die Frage nach der Verhältnismäßigkeit der polizeilichen Maßnahme. Zutreffend lehnte das Gericht die Verhältnismäßigkeit der polizeilichen Zwangsmaßnahme ab, was zum einen daran lag, dass der Beschwerdeführer keine gefährlichen Gegenstände bei sich trug und zumindest in der Anfangsphase des Vorfalls die Polizisten nicht verletzte und diesbezüglich auch keinen Versuch unternahm. Wie bereits erörtert worden ist, geht es hinsichtlich des polizeilichen Gewaltbegriffs weniger um das rechtmäßige Polizeihandeln an sich,[2466] als vielmehr um das Übermaß, das Überschreiten[2467] und den Fehlgebrauch bzw. den Missbrauch dieser Staatsgewalt. Auch der Gerichtshof betonte, dass Art. 3 EMRK nicht prinzipiell Gewaltanwendungen bei Polizeieinsätzen verbietet. Zwar waren vorliegend die Zwangsmaßnahmen erforderlich, aber jedenfalls unverhältnismäßig, sodass eine Verletzung von Art. 3 EMRK bejaht werden musste.

Während auf Seiten des Polizeiapparats unrechtmäßige polizeiliche Gewaltanwendung nicht selten toleriert und verharmlost wird,[2468] schien es zunächst so, als würde auch die Rechtsprechung des EGMR in diese Richtung tendieren. Anlass zur Sorge gab das Urteil in der Sache *Bouyid* v. 21.11.2013. Richtigerweise führte die Kammer aus, dass (polizeiliche) Misshandlungen ein Mindestmaß an Schwere erreichen müssen, um unter die Bestimmung von Art. 3 EMRK zu fallen. Die nachfolgenden Ausführungen der Kammer bezüglich der angeblichen Ohrfeigen der Polizisten – welche eine derartige Behandlung der Beschwerdeführer vehement

---

2464 *Pütter* Bürgerrechte & Polizei 2010, 3, 8; *Luczak* in: Grundrechte-Report 2014, S. 168; *„Angriff ist die beste Verteidigung"* (*Singelnstein* MschrKrim 2003, 1, 11).

2465 Vgl. *Vogelskamp* Bürgerrechte & Polizei 2010, 36; *Singelnstein* Bürgerrechte & Polizei 2010, 55, 61; *Narr/Funk (u.a.)* Bürgerrechte & Polizei 1981, 158, 160.

2466 *Drescher* Polizisten außer Kontrolle?, S. 31; *Pütter* Bürgerrechte & Polizei 2010, 3, 11.

2467 *Narr* Bürgerrechte & Polizei 2009, 73, 75 f.

2468 Z.B. *Thinnes* Kennzeichnungspflicht, S. 109; *Behr* in: Neue Wege, neue Ziele, S. 25; *ders.* in: FS für Asmus, S. 59.

verneint haben – sind nahezu erschreckend. Die Kammer geht von einem ethischen Verbrechen und einem bedauerlichen Mangel an Professionalität aus, wenn Polizisten Personen im Rahmen einer Vernehmung schlagen:

> La Cour souligne d'emblée que des policiers qui frappent des personnes qu'ils interrogent, pour le moins, commettent un manquement déontologique et font preuve d'un déplorable manque de professionnalisme.[2469]

Darüber hinaus war nach Auffassung der Kammer den beiden Polizisten zugute zu halten, dass es sich lediglich um einzelne Ohrfeigen gehandelt habe, welche aufgrund des respektlosen Verhaltens der Beschwerdeführer regelrecht provoziert worden seien. Die Ohrfeigen wurden auch unbedacht ausgeteilt, ohne dass es den Polizisten auf die Erzwingung eines Geständnisses angekommen wäre. Auch die angespannte Situation zwischen den Polizisten und den Beschwerdeführern müsse in die Beurteilung miteinfließen, sodass eine Verletzung von Art. 3 EMRK mangels erforderlichen Mindestmaßes an Schwere nicht vorgelegen hätte.

Die Große Kammer hat dieses Urteil jedoch zu Recht aufgehoben und Belgien wegen Verletzung von Art. 3 EMRK verurteilt. Zutreffend stellte die Große Kammer fest, dass eine Ohrfeige eines Polizisten durchaus einen schwerwiegenden Eingriff in Art. 3 EMRK darstellt. Dies gilt umso mehr, als dass sich der Beschwerdeführer vollständig in staatlicher Obhut befunden hat. Polizisten seien in dieser Situation besonders verpflichtet diese Personen zu schützen. Da die Konvention Folter oder unmenschliche oder erniedrigende Strafe oder Behandlung verbietet, ist es völlig irrelevant, dass die beiden Ohrfeigen ihren Ursprung in einem respektlosen und provozierenden Verhalten des Opfers hatten. In einer demokratischen Gesellschaft kann Gewalt nie die richtige Antwort sein. Nach *Grof* scheint der Gerichtshof bewusst auf die Begriffe „Polizei" oder „Polizeibeamter" zu verzichten. Vielmehr verwendet er die weiteren Termini „police or a similar authority" oder „law enforcement officer":

> Wenngleich damit der Kernbereich exekutivbehördentypischer Zwangseingriffe noch nicht augenfällig verlassen wird, klingt aber wohl dennoch an, dass der Würdeschutz [...] vom GH im Grunde gleichsam „flächendeckend" angelegt ist.[2470]

In den Fokus rücken damit Rechtsbeziehungen, bei denen Gewaltanwendungen nicht typisch, aber auch nicht ausgeschlossen sind. Beispiel hierfür ist das Mobbing im Öffentlichen Dienst durch den Vorgesetzten.

Das Urteil der Kammer v. 21.11.2013 muss als „Fehltritt" des EGMR bezüglich der Bewertung polizeilicher Gewaltanwendung angesehen werden. Dies umso mehr, als die Große Kammer das Urteil aufgehoben hat und bereits frühere Entscheidungen des EGMR gezeigt haben, dass zwar Art. 3 EMRK nicht grundsätzlich Gewaltanwendung bei Polizeieinsätzen verbietet, diese jedoch, sofern sie nicht unbedingt

---

2469 EGMR Bouyid/B, 21.11.2013, § 50.
2470 *Grof* NLMR 5/2015, 403, 408.

erforderlich sind, in der Regel die Menschenwürde beeinträchtigen und einen Verstoß gegen Art. 3 EMRK darstellt.[2471]

Während in der nationalen Rechtsprechung hinsichtlich der Polizeigewalt nahezu ein „Klima der Straflosigkeit"[2472] herrscht und eine Vielzahl von Fällen unverhältnismäßiger Gewaltanwendung durch Polizeibeamte – aus Mangel an Beweisen – eingestellt wird, verurteilt der EGMR die Mitgliedsstaaten regelmäßig wegen Gewaltanwendung bei Polizeieinsätzen.[2473] Daneben besteht nach ständiger Rechtsprechung des EGMR eine starke Vermutung dafür, dass Personen, die sich in Polizeigewahrsam befinden und dabei verletzt werden, durch staatliche Stellen misshandelt worden sind, sodass plausible Erklärungen für derartige Verletzungen von den Staaten vorgebracht werden müssen, um diese Vermutung entkräften zu können.[2474] Aufgrund dieser Rechtsprechung und der damit verbundenen Umkehr der Beweislast (im untechnischen Sinne) kommt die schwierige Beweislage bei Verfahren gegen Polizeibeamte erst gar nicht zur Entstehung. Vielmehr müssen nach Auffassung des Gerichtshofs die Polizeibeamten beweisen, dass sie in Gewahrsam befindliche Personen *nicht* misshandelt haben. Der Beschwerdeführer, der Misshandlungen durch staatliche Behörden im Allgemeinen und durch Polizeibeamte im Besonderen rügt, muss indes seine Verletzungen nur belegen. Dies kann beispielsweis durch Vorlage eines ärztlichen Attests erfolgen.[2475]

c) Ergebnis

Die Urteile in den Sachen *Dembele* v. 24.9.2013 und *Bouyid* v. 28.9.2015 zeigen, dass der Gerichtshof – im Gegensatz zu Teilen des Polizeiapparats und den nationalen Gerichten – unrechtmäßige polizeiliche Gewaltanwendung nicht „unter den Teppich kehrt". Nach ständiger Rechtsprechung des EGMR verbietet Art. 3 EMRK zwar nicht generell Gewaltanwendung bei Polizeieinsätzen, jedoch kann ein Verstoß gegen das in Art. 3 EMRK normierte Verbot nur gerechtfertigt sein, wenn die polizeiliche Gewaltanwendung aufgrund des Verhaltens der Person unbedingt erforderlich war. Ist dies nicht der Fall, beeinträchtigt die Gewaltanwendung die Menschenwürde und stellt einen Verstoß gegen die in Art. 3 EMRK geschützten Rechte dar.

2471 *Grabenwarter/Pabel* § 20 Rn. 59 m.w.N.

2472 *Amnesty International* Täter unbekannt, S. 10.

2473 Vgl. EGMR Rachwalski u.a./PL, 28.7.2009; EGMR Kop/TRK, 20.10.2009 und EGMR Dembele/CH, 24.9.2013.

2474 EGMR Bursuc/RUM, 12.10.2004, § 80; EGMR Mrozowski/PL, 12.5.2009, § 26; EGMR Özcan u.a./TRK, 20.4.2010, §§ 78 ff.; LR-EMRK/*Esser* Art. 3 Rn. 23 m.w.N.

2475 Vgl. zur Beweislastverschiebung: *Grabenwarter/Pabel* § 20 Rn. 33 (Todesfälle) und Rn. 70 (Misshandlungen in der Haft oder im polizeilichen Gewahrsam).

3. *Gebot effektiver Aufklärung mutmaßlicher Misshandlungen und unverhältnismäßiger Gewaltanwendung durch die Polizei – Verfahrensrechtliche Aspekte*

In den Sachen *Dembele*[2476] und *Bouyid*[2477] wird nicht nur die behauptete Verletzung von Art. 3 EMRK in ihrem materiell-rechtlichen, sondern auch in ihrem verfahrensrechtlichen Aspekt geprüft („le grief tiré du volet procédural de l'article 3").

a) Gebot effektiver Aufklärung

Aus Art. 3 EMRK und der allgemeinen Verpflichtung aus Art. 1 EMRK folgt eine Ermittlungspflicht des Staates, sofern Personen durch staatliche Behörden gefoltert oder unmenschlich oder erniedrigend behandelt worden sind. Dadurch werden positive Schutzpflichten für den Staat begründet.[2478] Damit die Ermittlungen den Anforderungen an die erforderliche Effektivität gerecht werden, zählen zu den Mindestanforderungen unter anderem die Unabhängigkeit der Behörden sowie, die objektive, unverzügliche und mit besonderer Sorgfalt durchgeführte Untersuchung.[2479]

Sowohl in der Sache *Dembele* als auch in der Sache *Bouyid* führt der Gerichtshof die allgemeinen Grundsätze zum prozessrechtlichen Aspekt von Art. 3 EMRK aus. In beiden Urteilen betont der Gerichtshof die Wichtigkeit einer wirksamen amtlichen Untersuchung, da die Beamten ansonsten de facto „Straffreiheit" genießen würden. Ferner müssen die Untersuchungen zügig und gründlich durchgeführt werden. Die ermittelnden Beamten dürfen keine voreiligen oder schlecht begründeten Schlüsse ziehen.[2480] Besondere Bedeutung kommt der Unabhängigkeit der untersuchenden Behörden zu:

> De plus, l'enquête doit être menée en toute indépendance par rapport au pouvoir exécutif [...]. L'indépendance de l'enquête suppose non seulement l'absence de lien hiérarchique ou institutionnel, mais aussi une indépendance concrète [...].[2481]

Um eine Unabhängigkeit des Untersuchungsorgans bejahen zu können, darf also keine hierarchische und institutionelle Nähe zwischen den Polizisten und dem Untersuchungsorgan bestehen. Auch eine praktische Unabhängigkeit wird gefordert:

2476 EGMR Dembele/CH, 24.9.2013, §§ 50 ff.

2477 EGMR Bouyid/B, 28.9.2015, §§ 114 ff.

2478 LR-EMRK/*Esser* Art. 3 Rn. 20; Meyer-Ladewig/*Meyer-Ladewig/Lehnert* EMRK Art. 3 Rn. 14; zu den Gewährleistungspflichten zur Untersuchung von Todesfällen: *Grabenwarter/Pabel* § 20 Rn. 31 ff.

2479 LR-EMRK/*Esser* Art. 3 Rn. 22 m.w.N.

2480 EGMR Dembele/CH, 24.9.2013, §§ 62 f. („*d'une quasi-impunité*"); EGMR Bouyid/B, 28.9.2015, §§ 121 ff.

2481 EGMR Dembele/CH, 24.9.2013, § 64; so auch bei EGMR Bouyid/B, 28.9.2015, § 118; zu Art. 2 EMRK: EGMR Güleç/TRK, 27.7.1998.

> For an investigation into alleged unlawful killing by State agents to be effective, it may generally be regarded as necessary for the persons responsible for and carrying out the investigation to be independent from those implicated in the events [...]. This means not only a lack of hierarchical or institutional connection but also a practical independence [...].[2482]

Verlangt wird jedoch keine absolute Unabhängigkeit, sondern lediglich eine unabhängige Untersuchung in concreto.[2483]

Wird also eine glaubhafte Verletzung von Art. 3 EMRK geltend gemacht, verlangt der EGMR eine unabhängige und unparteiische Untersuchung des Vorwurfs. In der Sache *Mizigarova* – das Urteil erging zu Art. 2 EMRK – hat der EGMR darauf hingewiesen, dass dem Erfordernis der Aufklärungspflicht nicht Genüge getan wird, wenn Polizeibeamte derselben Abteilung an der Untersuchung beteiligt sind, welcher auch diejenigen Polizisten angehören, die gerade einer Straftat verdächtigt sind oder als Beschuldigte gelten. In diesen Fällen erscheint die Unabhängigkeit und Effektivität der Untersuchung gefährdet.[2484] Wie die bisherigen Ausführungen gezeigt haben, hinkt Deutschland in der Debatte über die Einführung unabhängiger und unparteiischer Stellen zur Überprüfung von Vorwürfen unrechtmäßiger polizeilicher Gewalt internationalen Standards hinterher.[2485] Eine funktionierende, unabhängige, unparteiische und nicht interessensgesteuerte Kontrolle wäre allerdings auch in Deutschland erforderlich, um eine Transparenz polizeilichen Handelns gewährleisten zu können. Eine äußere Kontrolle ist unabdingbare Voraussetzung, um Fehler bereits im Vorfeld erkennen und in Zukunft vermeiden zu können.[2486] Die Polizei ist der Öffentlichkeit zur Rechenschaft verpflichtet. Dies beinhaltet zwangsläufig auch die Kontrolle durch unabhängige Institutionen, zumal eigene Fehler nur von wenigen Beamten erkannt und auch von diesen zum Teil verschwiegen werden.[2487] Sofern Menschenrechtsverletzungen stattgefunden haben, haben staatliche Behörden die Pflicht, unabhängig, umfassend und unparteiisch zu ermitteln und den Opfern Zugang zu einer wirksamen Beschwerde zu gewähren. Sofern sich die Polizei jeglicher externer Kontrolle entzieht, wird durch das Hinzutreten weiterer Faktoren ein Nährboden für polizeiliche unrechtmäßige Gewalt geschaffen. Der bittere Beigeschmack der bleibt, wenn Polizisten gegen ihre eigenen Kollegen ermitteln, soll folgender Fall, der sich 2015 in Gelsenkirchen ereignet hat, veranschaulichen:

> Eine Frau alarmiert an Neujahr die Polizei, weil ihr Lebensgefährte sie angreift. Nach dem Polizeieinsatz liegt der Mann blutend auf der Straße und stirbt wenige Tage später. Es werden Ermittlungen eingeleitet, um festzustellen, ob der Gewalteinsatz der

---

2482 EGMR Kelly u.a./UK, 4.5.2001, § 95 (Urteil erging zu Art. 2 EMRK).

2483 *Grabenwarter/Pabel* § 20 Rn. 36 m.w.N.

2484 EGMR Mizigarova/SLO, 14.12.2010.

2485 Siehe hierzu S. 315 ff.

2486 *Korell/Liebel* Polizeiskandal – Skandalpolizei, S. 159.

2487 *Ellrich/Baier/Pfeiffer* Polizeibeamte als Opfer von Gewalt, S. 203.

Polizeibeamten nötig war. Das Polizeipräsidium Gelsenkirchen hat zunächst gegen die beteiligten Beamten, also gegen die eigenen Kollegen ermittelt. In der ermittelnden Direktion arbeitete sogar der Vater eines Polizeibeamten, welcher am streitgegenständlichen Einsatz beteiligt war. Zwar erkannte das Präsidium in Gelsenkirchen die Problematik des Verwandtschaftsverhältnisses und bat das LKA, die Ermittlungen an eine andere Stelle zu übertragen. Diese Bitte wurde jedoch abgelehnt, da keine gesetzliche Regelung existiert, welche die Abgabe an eine neutrale Stelle regelt. Erst auf Druck des Innenministeriums wurden die Ermittlungen an ein anderes Polizeipräsidium übergeben.[2488]

Um eine unabhängige Kontrolle polizeilichen Fehlverhaltens sicherstellen zu können, sollten externe Untersuchungsstellen errichtet werden. Die von der Rechtsprechung geforderte Unabhängigkeit der Kontrolle ist indes nicht zu erreichen, wenn Polizeibeamte gegen ihre eigenen Kollegen ermitteln.[2489]

Zu den positiven, aus Art. 3 EMRK resultierenden Schutzpflichten des Staates können auch präventive Maßnahmen zählen.[2490] In der Sache *Makaratzis* führte der EGMR aus, dass das Recht auf effektive Ermittlung – welches auch aus Art. 2 EMRK resultiert – verletzt sein kann, wenn sich die Identität von Polizisten nicht ermitteln lässt, die an einem Polizeieinsatz beteiligt waren, bei dem es zum Schusswaffengebrauch gekommen ist. Eine Verletzung des Rechts auf effektive Ermittlung kommt jedoch nur dann in Betracht, wenn der Staat nicht die erforderlichen Anstrengungen unternommen hat, um die „Täter" zu identifizieren.[2491] Um einen Polizeieinsatz – gegebenenfalls mit tödlichem Ausgang – effektiv aufklären zu können, sollte daher auch eine präventive Kennzeichnungspflicht von Polizisten in Erwägung gezogen werden, wodurch eine nachträgliche Identifizierung sichergestellt werden könnte. Dem Persönlichkeitsrecht des Polizisten könnte durch eine Verschlüsselung der Kennzeichnung – beispielsweise in Form einer Zahlenkombination – Rechnung getragen werden.

b) Ergebnis

Der EGMR fordert, sofern eine glaubhafte Verletzung von Art. 3 EMRK geltend gemacht wird, eine unabhängige und unparteiische Untersuchung der Vorwürfe. Durch die Einführung unabhängiger und nicht interessensgesteuerter Kontrollorgane könnte auch in Deutschland eine Transparenz polizeilichen Handelns erreicht werden.

2488 http://www.sueddeutsche.de/panorama/tod-nach-faustschlag-eines-polizisten-wir-regeln-das-intern-1.2375588 (Stand: Dezember 2016).

2489 Zur Ineffektivität, wenn Polizisten gegen Polizisten ermitteln und allein die Staatsanwaltschaft den Blick auf die Ermittlungen richtet: *von Klinggräff* in: Grundrechte-Report 2016, S. 187 ff.

2490 *„Präventive Aufklärung und Schulung von Exekutivorganen"* (LR-EMRK/*Esser* Art. 3 Rn. 20).

2491 EGMR Makaratzis/GR, 20.12.2004, ECHR 2004-XI = NJW 2005, 3405.

Obgleich sich der EGMR noch nicht explizit zum polizeilichen Einsatz von Bodycams geäußert hat, muss man sich dennoch die Frage stellen, ob die Mitgliedstaaten zu einem entsprechenden Einsatz verpflichtet werden müssten. Dies insbesondere vor dem Hintergrund, dass der EGMR rechtswidrige Polizeigewalt nicht duldet und zu den aus Art. 3 EMRK resultierenden Schutzpflichten auch präventive Maßnahmen zählt. Unabhängige und unparteiische Kontrollorgane können zur Aufklärung bereits begangener Straftaten beitragen. Zweifelhaft ist aber, ob der potentiell delinquente Polizist gerade wegen dieser Kontrollmechanismen vor der Ausübung unrechtmäßiger Gewalt zurückschreckt. Vorzugsweise sollten daher auch *präventive* Maßnahmen geschaffen werden, welche unrechtmäßige Polizeigewalt bereits im Vorfeld effektiv verhindern können. Eine solche Maßnahme stellt zum einen die Kennzeichnungspflicht von Polizisten dar. Eine Kennzeichnung führt dazu, dass der einzelne Polizist identifizierbar wird, aus der Masse der Anonymität verschwindet und befürchten muss, einer gezielten Strafverfolgung ausgesetzt zu werden. Auch der polizeiliche Einsatz von Bodycams könnte einen Beitrag zur Verhinderung bzw. Eindämmung illegaler polizeilicher Gewalt leisten. Wie obige Ausführungen gezeigt haben, leiden Bodycams – insbesondere im Zusammenhang mit unrechtmäßiger Polizeigewalt – jedoch an einem erheblichen Mangel: Der Polizist entscheidet selbständig und nach eigenem Ermessen darüber, ob er die Kamera im Einzelfall aktiviert oder nicht. Dieser Umstand kann dazu führen, dass der Polizist – im Falle unrechtmäßiger Polizeigewalt – die Kamera entweder gar nicht oder viel zu spät einschaltet. Wird die Kamera erst aktiviert, wenn sich das Gegenüber gegen polizeiliche Übergriffe wehrt, entsteht der Eindruck einer bloß einseitigen Gewaltanwendung. Um dies zu verhindern, müssten Bodycams den gesamten Polizeieinsatz, also *permanent* aufzeichnen. Dies wiederum ist mit dem Gebot der Datenvermeidbarkeit und Datensparsamkeit nicht vereinbar. Ferner würde eine dauerhafte Aufzeichnung zur Erhebung und Speicherung personenbezogener Daten von unbeteiligten Dritten in nicht unerheblichem Umfang führen. Dies vor allem auch deshalb, weil Bodycams an öffentlich zugänglichen Orten eingesetzt werden können (z.B. § 14 Abs. 6 HSOG). Zum Teil wird nicht nur der örtliche, sondern auch der sachliche Anwendungsbereich weit gefasst. Nach § 8 Abs. 5 S. 1 PolDVG darf die Polizei bei der Durchführung von Maßnahmen zur Gefahrenabwehr oder zur Verfolgung von Straftaten oder Ordnungswidrigkeiten personenbezogene Daten durch den offenen Einsatz technischer Mittel zur Anfertigung von Bild- und Tonaufzeichnungen erheben. Die ungenau formulierten und teilweise (zu) weit gefassten Tatbestandsvoraussetzungen führen dazu, dass der Einsatz der Bodycam bisher nicht gerechtfertigt werden kann.

Damit Bodycams eine präventive Maßnahme zur Eindämmung polizeilicher Gewalt darstellen können, müssten sie folglich permanent aufzeichnen und an besonders strenge rechtliche Voraussetzungen geknüpft sein. Durch eine lückenlose Aufzeichnung ist ein selektives Ein- bzw. Ausschalten durch den Polizisten im Falle unrechtmäßiger polizeilicher Übergriffe nicht mehr möglich. Um eine derartige „Dauerüberwachung" mit dem Gebot der Datenvermeidbarkeit und Datensparsamkeit in Einklang zu bringen, müssten die Tatbestandsmerkmal einer entsprechenden

Rechtsgrundlage hinreichend genau und besonders streng formuliert sein. Denkbar wäre, die Zulässigkeit von Bodycams auf besondere Einsätze (z.B. SEK-Einsätze) zu beschränken. Das Problem dabei ist jedoch, dass sich oftmals aus alltäglichen polizeilichen Routineeinsätzen Gewalt entwickelt, welche das Maß des Erforderlichen überschreitet. Daher ist es erforderlich, den Einsatz von Bodycams von der Durchführung von Maßnahmen zur Gefahrenabwehr oder zur Verfolgung von Straftaten oder Ordnungswidrigkeiten von erheblicher Bedeutung an öffentlich zugänglichen Orten abhängig zu machen und nicht auf besondere polizeiliche Einsätze zu begrenzen. Auch wenn Bodycams das Leben bzw. die körperliche Unversehrtheit von Polizisten (und Dritten) schützen sollen, ist es fraglich, ob eine permanente Aufzeichnung des polizeilichen Routineeinsatzes noch verhältnismäßig sein kann. Eine Aktivierung im Bedarfsfall bzw. eine permanente Aufzeichnung bei bestimmten Gefahrensituationen/Einsätzen wäre wohl verhältnismäßig, kann aber gerade nicht zur Eindämmung der Polizeigewalt bei alltäglichen Einsätzen führen.

III. Art. 6 Abs. 1 EMRK

Nach Art. 6 Abs. 1 EMRK hat jede Person ein Recht darauf, dass über Streitigkeiten in Bezug auf ihre zivilrechtlichen Ansprüche und Verpflichtungen oder über eine gegen sie erhobene strafrechtliche Anklage von einem unabhängigen und unparteiischen, auf Gesetz beruhenden Gericht in einem fairen Verfahren, öffentlich und innerhalb angemessener Frist verhandelt wird. Art. 6 Abs. 1 EMRK lässt sich in drei Bereiche untergliedern: Organisationsgarantien, Recht auf Zugang zu einem unabhängigen und unparteiischen Gericht und Verfahrensgarantien im engeren Sinne.[2492]

1. Beweiserhebung und Beweisverwertung

Fraglich ist, ob durch die Erhebung bzw. Verwendung eines Videobeweises, insbesondere durch die Verwertung einer Bodycam-Aufzeichnung das Hauptanliegen des Art. 6 EMRK, nämlich ein faires, rechtsstaatliches Verfahren zu sichern,[2493] verletzt wird.

Die EMRK im Allgemeinen und Art. 6 EMRK im Besonderen treffen keine Aussagen zum Beweisrecht. Die Zulässigkeit von Beweismitteln und die Beweiswürdigung sind Sache des innerstaatlichen Rechts.[2494] Der EGMR prüft nur, ob das Verfahren insgesamt, einschließlich des Beweisverfahrens, fair war:[2495]

2492 *Grabenwarter/Pabel* § 24 Rn. 28 ff.; KK-EMRK-GG I/*Grabenwarter/Pabel* Kap. 14 Rn. 37 ff.

2493 LR-EMRK/*Esser* Art. 6 Rn. 12.

2494 LR-EMRK/*Esser* Art. 6 Rn. 268; Meyer-Ladewig/*Meyer-Ladewig/Harrendorf* EMRK Art. 6 Rn. 139; *Peters/Altwicker* EMRK § 20 Rn. 13.

2495 Z.B. EGMR Volkmer/D, 22.1.2001 = NJW 2002, 3087; EGMR Pélissier u. Sassi/F, 25.3.1999, ECHR 1999-II, § 45 = EuGRZ 1999, 323.

> It is therefore not the role of the Court to determine, as a matter of principle, whether particular types of evidence – for example, evidence obtained unlawfully in terms of domestic law – may be admissible or, indeed, whether the applicant was guilty or not.[2496]

a) *Fehlerhafte Beweiserhebung nach nationalem Recht*

Die Ausführungen im 5. Kapitel haben gezeigt, dass die bestehenden bundes- und landesrechtlichen Normen nicht geeignet sind, um einen Einsatz von Bodycams vollumfänglich darauf stützen zu können. Der Einsatz ist somit derzeit unzulässig. Damit werden – solange und soweit keine geeigneten Rechtsgrundlagen geschaffen werden – auch die Beweismittel unter Verletzung von innerstaatlichem Recht erlangt. Eine nach nationalem Recht fehlerhafte Beweiserhebung führt allerdings nicht zwingend zu einem Beweisverwertungsverbot.[2497] Die Rechtmäßigkeit der Beweiserhebung ist losgelöst von der Frage zu beurteilen, ob bereits erhobene Beweise zum Gegenstand der Urteilsfindung gemacht werden dürfen. Im Leitfall *Schenk* hat der Gerichtshof ausgeführt, dass „keine der Bestimmungen in der Konvention ausdrücklich [verlangt], daß nach nationalem Recht rechtswidrig erlangte Beweismittel nicht zugelassen werden dürften. Der Gerichtshof kann daher nicht grundsätzlich und abstrakt ausschließen, daß rechtswidrig erlangte Beweismittel [...] zulässig sein können. Er hat allein zu prüfen, ob das Strafverfahren gegen den Bf. insgesamt fair war."[2498] In der Sache *Schenk* hat der EGMR nicht nur Stellung zur Verwertung von nach nationalem Recht rechtswidrig erlangter Beweismitteln genommen, sondern zugleich konkrete Anforderungen an die Beweisverwertung für eine von einer Privatperson rechtswidrig hergestellte Aufzeichnung eines Telefongesprächs aufgestellt.[2499] Insgesamt ist festzustellen, dass die Rechtsprechung des EGMR zur Beweisverwertung generell von einer „Zurückhaltung und Lückenhaftigkeit"[2500] geprägt ist. Ob das Verfahren insgesamt als „fair" anzusehen ist, beurteilt der EGMR anhand der Umstände des Einzelfalls.[2501]

Ob ein Strafverfahren trotz Verwendung von Bodycam-Aufzeichnungen, welche nach nationalem Recht fehlerhaft erhoben worden sind, dennoch insgesamt als „fair" im Sinne des Art. 6 Abs. 1 EMRK anzusehen ist, kann ebenfalls nur aufgrund einer Gesamtabwägung unter Berücksichtigung sämtlicher Umstände des Einzelfalls beurteilt werden. In die Abwägung fließen auf der einen Seite das öffentliche Interesse an der Strafverfolgung, auf der anderen Seite das Interesse des Einzelnen

---

2496 EGMR Bykov/R, 10.3.2009, § 89 = NJW 2010, 213.

2497 LR-EMRK/*Esser* Art. 6 Rn. 295.

2498 EGMR Schenk/CH, 12.7.1988 = NJW 1989, 654, 655; bestätigend: EGMR P.G. u. J.H./UK, 25.9.2001, ECHR 2001-IX = ÖJZ 2002, 911.

2499 LR-EMRK/*Esser* Art. 6 Rn. 299 (weiteres Beispiel: Barberà, Messegué u. Jabardo/E, 6.12.1988, Serie A Nr. 146 = EGMR-E 4, 208).

2500 LR-EMRK/*Esser* Art. 6 Rn. 270.

2501 LR-EMRK/*Esser* Art. 6 Rn. 268 i.V.m. Rn. 179.

an einer rechtmäßigen Beweiserhebung- bzw. verwertung ein.[2502] Ein weiterer Aspekt der Prüfung ist auch die bereits angesprochene Rechtswidrigkeit der Beweiserhebung nach innerstaatlichem Recht.

Ungeachtet der Tatsache, dass sich nur aufgrund einer Gesamtabwägung im Einzelfall beurteilen lässt, ob ein Verstoß gegen Art. 6 Abs. 1 EMRK vorliegt oder nicht, ist im Zusammenhang mit der Verwertung von Bodycam-Aufzeichnungen im Strafverfahren Folgendes zu beachten: Da bislang keine geeigneten Rechtsgrundlagen zum Einsatz von Bodycams existieren, ist die Beweiserhebung für ein künftiges Strafverfahren (*Strafverfolgungsvorsorge*) nach innerstaatlichem Recht rechtswidrig. Ferner ist auch die Beweiskraft des Beweismittels in die Prüfung einzubeziehen. Dabei ist entscheidend, ob etwaige Zweifel an der Verlässlichkeit bzw. Genauigkeit des Beweismittels bestehen.[2503] In der Sache *Bykov* führte der EGMR diesbezüglich aus:

> Von Bedeutung ist weiter die Beweiskraft, ob nämlich die näheren Umstände, unter denen der Beweis erlangt wurde, Zweifel an seiner Verlässlichkeit oder Genauigkeit begründen. Die Fairness ist zwar grundsätzlich nicht in Frage gestellt, wenn der erlangte Beweis nicht durch andere erhärtet wird, der Bedarf an weiteren Beweisen zur Ermittlung des Sachverhalts ist aber vergleichsweise geringer, wenn der Beweis aussagekräftig und nicht zweifelhaft ist [...].[2504]

Grundsätzlich stellen Videobildaufnahmen das „Medium mit dem größten Authentizitätsanspruch“[2505] dar. Ob dies auch für Bodycam-Aufzeichnungen gilt, ist zumindest zweifelhaft, da Bodycams nicht den gesamten Polizeieinsatz aufzeichnen; vielmehr wird die Kamera z.B. erst dann aktiviert, wenn strafrechtlich relevantes Verhalten droht. Der Polizist entscheidet selbständig und nach eigenem Ermessen, wann ein „Drohen“ vorliegt. Ihm kommt damit ein erheblicher Ermessensspielraum zu. Dadurch ist es möglich, dass die Aussagekraft des Beweismittels beeinträchtigt bzw. verfälscht wird.[2506] Dies spielt vor allem vor dem Hintergrund illegaler Polizeigewalt eine entscheidende Rolle: Durch das eigenständige Einschalten der Kamera, kann verhindert werden, dass vorangegangene rechtswidrige Gewaltanwendung auf polizeilicher Seite nicht aufgezeichnet wird. Der Polizist *kann* die Kamera erst aktivieren, wenn sich das polizeiliche Gegenüber wehrt, also *aktiv* gewalttätig wird. Dadurch kann der Eindruck einseitiger Gewaltanwendung des Gefilmten entstehen, sodass Zweifel an der Genauigkeit und Verlässlichkeit der Beweiskraft des Videomaterials aufkommen. Ob dieser Umstand alleine ausreicht, um von einem „unfairen“ Verfahren im Sinne

---

2502 *Peters/Altwicker* EMRK § 20 Rn. 13.

2503 *Peters/Altwicker* EMRK § 20 Rn. 13.

2504 EGMR Bykov/R, 10.3.2009 = NJW 2010, 213, 215.

2505 *Leopold* in: Innere Sicherheit als Gefahr, S. 189.

2506 Dies gilt selbst bei einer sog. *Pre-Recording-Funktion.* Auch bei dieser Funktionsweise entscheidet der Polizist, ob das Einsatzgeschehen tatsächlich rückwirkend aufgezeichnet wird.

des Art. 6 EMRK sprechen zu können, erscheint fraglich. Erforderlich ist vielmehr, dass das nationale Verfahren *insgesamt unfair* ausgestaltet ist:

> Der EGMR sieht seine Aufgabe nicht darin, die Aufnahme und Würdigung der Beweise durch die nationalen Gerichte oder die Anwendung des nationalen Rechts generell auf Fehlerfreiheit zu kontrollieren, sondern prüft nur unter dem Blickwinkel einer etwaigen Konventionsverletzung nach, ob das Verfahren einschließlich Beweisgewinnung und Beweiswürdigung den Anforderungen der Konvention hinsichtlich Waffengleichheit und kontradiktorischer Verhandlung entsprochen und die legitimen Verfahrensinteressen der Beteiligten auch im Übrigen gewahrt hat, es also insgesamt bei einer Gesamtbetrachtung fair war [...]."[2507]

Daher ist bei der Verwertung von Bodycam-Aufzeichnungen davon auszugehen, dass zumindest weitere Umstände hinzutreten müssen, um von einem „unfairen" Verfahren im Sinne von Art. 6 EMRK sprechen zu können; der bloße Zweifel an der Genauigkeit bzw. Verlässlichkeit der Aufzeichnungen reicht nicht aus. Dies vor allem auch unter dem Aspekt, dass empirische Nachweise bislang nicht existieren, die eine etwaige Ungenauigkeit der Bodycam-Aufzeichnungen oder ein Nicht-Aktivieren der Kamera bei polizeilicher Gewaltanwendung belegen können.

b) Konventionswidrig erlangte Beweismittel

Im Zusammenhang mit der Beweiserhebung, Beweisverwertung und der Prüfung der Verfahrensfairness sind nicht nur die Verwertung von nach nationalem Recht rechtswidrig erlangter Beweismitteln und die Beweiskraft des Beweismittels zu berücksichtigen. Von Bedeutung ist auch die Frage, ob *konventionswidrig* erlangte Beweise verwertet werden dürfen. Dabei muss beachtet werden, dass „[i]n der Verwertung des konventionswidrig erlangten Beweises [...] weder ein (zweiter) Verstoß gegen die bereits missachtete Konventionsgarantie noch ein (automatischer) Verstoß gegen die Verfahrensfairness [liegt], Art. 6 Abs. 1 EMRK."[2508] Zunächst ist zu prüfen, welches Konventionsrecht im Einzelfall verletzt worden ist. Danach ist zu untersuchen, ob sich Schuldspruch und Strafe ausschließlich auf das konventionswidrig erlangte Beweismittel stützen (sog. *Kausalzusammenhang*).[2509]

Es stellt sich damit die Frage, ob die „Bodycam-Aufzeichnung" konventionswidrig erlangt wird. Wie obige Ausführungen[2510] gezeigt haben, führt der Einsatz von Bodycams zu einem Eingriff in das von Art. 8 Abs. 1 EMRK geschützte Recht am eigenen Bild. Als Leitfall konnte hierzu das Urteil in der Sache *De la Flor Cabrera*[2511] herangezogen werden, in dem Videoaufnahmen vom Beschwerdeführer gemacht worden sind, als er mit seinem Moped auf einer Straße gefahren ist. Nach

---

2507 LR-EMRK/*Esser* Art. 6 Rn. 179.
2508 LR-EMRK/*Esser* Art. 6 Rn. 297.
2509 *Peters/Altwicker* EMRK § 20 Rn. 16.
2510 Siehe hierzu S. 490 ff.
2511 EGMR De la Flor Cabrera/E, 27.5.2014 = NJW 2015, 1079.

Auffassung des Gerichtshofs haben die Erstellung der Videoaufnahmen und ihre Benutzung als Beweismittel vor Gericht Art. 8 EMRK nicht verletzt. Insbesondere wurden die Aufnahmen ausschließlich als Beweismittel vor Gericht verwendet. Die Gefahr einer späteren Nutzung oder Veröffentlichung bestand daher nicht. Die Urteilsgründe des EGMR überzeugen jedoch nicht ausnahmslos. Insbesondere ist bereits fraglich, ob der schwerwiegende Eingriff, der aus einer privaten Videoüberwachung resultiert, durch eine bloße Beweisnot der Gerichte gerechtfertigt werden kann. Auch wenn die Aufnahmen nur als Beweismittel vor Gericht verwendet werden sollen, kann die Gefahr einer späteren Nutzung oder Veröffentlichung nicht gänzlich ausgeschlossen werden. Der Eingriff durch den Einsatz von Bodycams in das in Art. 8 Abs. 1 EMRK geschützte Recht am eigenen Bild als Ausprägung des Privatlebens kann – nach *derzeitiger Rechtslage* – letztlich nicht gerechtfertigt werden, da die gesetzlichen Grundlagen die Anforderungen an Bestimmtheit und Regelungsdichte nicht erfüllen.

Von Art. 8 Abs. 1 EMRK wird weiter das Recht auf Schutz personenbezogener Daten geschützt. Erneut bereitete die Verhältnismäßigkeit der polizeilichen Maßnahme Schwierigkeiten, da Studien bislang nicht eindeutig beweisen können, dass die Gewalt gegen Polizisten konstant zunimmt. Im Ergebnis kann auch hier die Erhebung und Speicherung der Daten nach *aktueller Rechtslage* nicht gerechtfertigt werden. Sämtliche Rechtsgrundlagen, auf denen der Einsatz von Bodycams bislang gestützt wird, verstoßen gegen das Bestimmtheitsgebot.

Damit wurde das Beweismittel konventionswidrig erlangt. Die Verwertung von Beweismitteln, die unter Verletzung von Art. 8 EMRK gewonnen worden sind, führt aber nicht zwangsläufig zu einer Verletzung von Art. 6 EMRK.[2512] Der Gerichtshof muss vielmehr positiv feststellen, dass eine Verletzung von Art. 6 EMRK vorliegt. Der EGMR hat dabei unter anderem zu prüfen, ob der Beschwerdeführer zu den Beweisen in der mündlichen Verhandlung Stellung nehmen konnte und das Gericht mögliche Einwendungen geprüft hat.[2513] Eine Verletzung von Art. 6 EMRK liegt jedenfalls auch dann nicht vor, wenn das Verfahren insgesamt fair war.[2514] Der Gerichtshof nimmt dabei auch eine Abwägung zwischen den widerstreitenden Interessen vor:

2512 Meyer-Ladewig/*Meyer-Ladewig/Harrendorf* EMRK Art. 6 Rn. 142; allgemein: LR-EMRK/*Esser* Art. 6 Rn. 297; Besonderheiten ergeben sich allerdings bei Verletzung des Art. 3 EMRK (siehe EGMR Gäfgen/D, 1.6.2010 = NJW 2010, 3145, 3148: *„Die Verwertung in einem Strafverfahren von Erklärungen, die man infolge eines Verstoßes gegen Art. 3 EMRK erhalten hat, sei es durch Folter oder unmenschliche oder erniedrigende Behandlung, sowie die Verwertung von körperlichen Beweisen, die man als direkte Folge von Folter gewonnen hat, führen allerdings automatisch dazu, dass das Verfahren insgesamt nicht fair und Art. 6 EMRK verletzt ist“*).

2513 Z.B. EGMR Bykov/R, 10.3.2009 = NJW 2010, 213.

2514 EGMR Khan/D, 12.5.2000, ECHR 2000-V = JZ 2000, 993.

> Bei der Prüfung [...], ob das Verfahren insgesamt fair war, kann das Gewicht des öffentlichen Interesses an der Verfolgung der Straftat und der Bestrafung des Täters berücksichtigt und gegen das Interesse des Einzelnen, dass Belastungsmaterial rechtmäßig erlangt wird, abgewogen werden.[2515]

Auf der einen Seite sollen Bodycam-Aufzeichnungen zur Überführung des Täters beitragen; Gewalttaten – Taten gegen die körperliche Unversehrtheit und das Leben – sollen umfassend aufgeklärt werden können. Da Übergriffe auf Polizisten durchaus ein gesellschaftliches Problem darstellen, ist ein öffentliches Interesse an der Verfolgung dieser Straftaten und der Bestrafung des Täters zu bejahen. Jedoch darf nicht unerwähnt bleiben, dass körperliche Übergriffe auf Polizisten nicht stetig zunehmen,[2516] sodass durchaus die Frage erlaubt sein muss, ob das Interesse an der Verfolgung von Straftaten und der Bestrafung der Täter das Interesse des Gefilmten tatsächlich überwiegen kann. Der von der Videoüberwachungsmaßnahme Betroffene hat ein Interesse daran, dass Belastungsmaterial rechtmäßig erlangt wird. Beim Bodycam-Einsatz stellt sich für den Betroffenen zudem belastend dar, dass die Kameras mobil sind und dadurch eine großflächige Überwachung herbeigeführt wird. Es ist praktisch nicht möglich, sich einer Überwachung durch Bodycams zu entziehen. Diese Umstände können folglich nur dazu führen, dass das Interesse des Gefilmten an einer rechtmäßigen Erlangung des Belastungsmaterials als erheblich eingestuft werden muss.

Ob das öffentliche Interesse an der Verfolgung der Straftat tatsächlich das Interesse des Einzelnen überwiegt, lässt sich nicht abschließend beurteilen. Die Tatsache, dass Angriffe gegenüber Polizisten nicht stetig zunehmen, lässt zumindest daran zweifeln, dass eine Interessensabwägung *stets* zugunsten des öffentlichen Interesses ausfällt. Sollte letztlich bei einer Abwägung der Interessen der Beteiligten das öffentliche Interesse an der Strafverfolgung überwiegen, führt dies nicht automatisch dazu, dass das Verfahren insgesamt „unfair" war. Vielmehr ist eine *Gesamtbetrachtung* entscheidend. Die Gesamtbetrachtung der Verfahrensfairness verursacht durchaus „Schwierigkeiten bei der Entwicklung einer verlässlichen (harten) Beweislehre und ihrer praktischen Handhabung."[2517]

c) Ergebnis

Da es an einer hinreichenden Rechtsgrundlage nach innerstaatlichem Recht derzeit mangelt, ist die Bodycam-Aufzeichnung ein nach nationalem Recht rechtswidrig erlangter Beweis. Ferner wird durch den Bodycam-Einsatz in seiner gegenwärtigen Konzeption Konventionsrecht, nämlich Art. 8 EMRK verletzt. Auch Zweifel an der Verlässlichkeit bzw. Genauigkeit der mit Hilfe einer Bodycam erlangten Beweise sind nicht gänzlich von der Hand zu weisen, lassen sich aber bislang nicht hinreichend

---

2515 EGMR Jalloh/D, 11.7.2006, ECHR 2006-IX = NJW 2006, 3117, 3122.
2516 Siehe hierzu nochmals S. 147 ff.
2517 LR-EMRK/*Esser* Art. 6 Rn. 270 m.w.N.

belegen. Eine Abwägung zwischen dem öffentlichen Interesse an der Strafverfolgung und Bestrafung des Täters und dem Interesse des Einzelnen an einer rechtmäßigen Beweiserhebung- bzw. verwertung muss darüber hinaus nicht zwangsläufig zu einem Überwiegen des öffentlichen Interesses führen. Zur Gesamtbetrachtung der Fairness gehört auch, dass die nationalen Gerichte der Pflicht zur Prüfung der Argumente und Beweisanträge der Verfahrensbeteiligten nachkommen.[2518] Ferner ist auch die effektive Möglichkeit des Beschwerdeführers, die Beweisverwertung anzugreifen, in die Prüfung einzubeziehen.[2519] Obgleich eine abschließende Beurteilung der Verfahrensfairness nicht abstrakt-generell möglich ist, verstößt eine Verwertung von Bodycam-Aufzeichnungen jedenfalls dann nicht gegen Art. 6 EMRK, wenn sich der Schuldspruch nicht ausschließlich auf das inkriminierte Beweismaterial stützt[2520] und das Verfahren insgesamt als „fair" anzusehen ist.

2. *Nemo tenetur se ipsum accusare/prodere – Verbot des Zwangs zur Selbstbelastung*

Ob die Verwendung von Bodycam-Aufzeichnungen im Strafverfahren einen Verstoß gegen das Verbot des Zwangs zur Selbstbelastung begründet, gilt es nachfolgend ebenfalls zu prüfen.

a) Einführung

Videobildaufnahmen können „in einem Ausmaß emotionalisieren, wie es im Recht bislang kaum bekannt sein dürfte."[2521] Dieser Umstand und die Tatsache, dass der objektive Sinn der Videoaufzeichnung auch häufig von einem Interpretationsakt des Betrachters abhängt, können dazu führen, dass die gefilmte Person das Videomaterial falsch deutet. Dies wiederum kann eine vorauseilende Geständnisneigung im Strafverfahren zur Folge haben, wenn das Video einer vermeintlichen Tat vorgeführt wird.[2522] Auch Bodycam-Aufzeichnungen sollen zur umfassenden Tataufklärung verwendet werden. Es stellt sich daher die Frage, ob in der Verwendung der Videoaufzeichnung ein Verstoß gegen den „nemo-tenetur"-Grundsatz liegt.

Während Art. 14 Abs. 3 lit. g IPbpR ausdrücklich normiert, dass jeder wegen einer strafbaren Handlung Angeklagte im Verfahren Anspruch darauf hat, nicht gezwungen zu werden, gegen sich selbst als Zeuge auszusagen oder sich schuldig zu bekennen (*nemo tenetur se ipsum accusare/prodere*),[2523] findet sich in der EMRK

2518 LR-EMRK/*Esser* Art. 6 Rn. 179; *Grabenwarter/Pabel* § 24 Rn. 69.

2519 Siehe nur *Peters/Altwicker* EMRK § 20 Rn. 13.

2520 *Peters/Altwicker* EMRK § 20 Rn. 15

2521 *Leopold* in: Innere Sicherheit als Gefahr, S. 189.

2522 Siehe auch *Leopold* in: Innere Sicherheit als Gefahr, S. 189.

2523 Herkunft und Entwicklung des „nemo-tenetur"-Satzes: *Rogall* Nemo tenetur, S. 67 ff.; zum Schutz vor Selbstbelastungszwang im Strafverfahren: *Stürner* NJW 1981, 1757.

keine entsprechende Vorschrift. Das Recht zu schweigen lässt sich aber aus dem Gebot des fairen Verfahrens gemäß Art. 6 Abs. 1 EMRK ableiten.[2524] Da nach dem „nemo-tenetur"-Grundsatz niemand zum „Beweismittel gegen sich selbst gemacht werden darf, weil er sich dadurch selbst der Strafgewalt des Staates überliefern würde, so ist klar, daß der Betroffene alle jene Handlungen unterlassen darf, die im Ergebnis auf eine Eigen-Überführung hinauslaufen."[2525] Ein vorauseilendes und nicht durchdachtes Geständnis kann zu einer Eigen-Überführung führen, sodass ein solches unter den Anspruchsinhalt zu subsumieren ist. Im deutschen Recht ist der „nemo-tenetur"-Grundsatz unter anderem in § 136 Abs. 1 S. 2 StPO verankert.[2526] Danach ist der Beschuldigte bei Beginn der ersten Vernehmung darauf hinzuweisen, dass es ihm nach dem Gesetz freistehe, sich zu der Beschuldigung zu äußern oder nicht zur Sache auszusagen.

Das Recht zu schweigen „verbietet es den Verfolgungsbehörden, auf Beweise zurückzugreifen, die durch Zwang oder Druck gegen den Willen der angeklagten Person erlangt worden sind."[2527] Unter Zwang fallen zum einen alle Maßnahmen im Sinne von Art. 3 EMRK. Zum anderen ist darunter aber auch „jede (unzulässige) unmittelbare oder mittelbare Ausübung von Druck auf den Beschuldigten [zu verstehen], durch den dieser zu einer Selbstbelastung gebracht werden soll."[2528] Typisch für den „nemo-tenetur"-Grundsatz ist, dass der Beschuldigte glaubt, zur aktiven Mitwirkung verpflichtet zu sein, sich eine Konfliktlage ergibt und dadurch ein psychischer Zwang ausgelöst wird.[2529]

Durch die Inaugenscheinseinnahme der Bodycam-Aufzeichnung im Strafverfahren[2530] kann beim Angeklagten (§ 157 StPO) der Eindruck entstehen, aktiv zur Aussage verpflichtet zu sein. *Rogall* führte zu den Aspekten der Belehrung und der Selbstbelastung zutreffend aus:

> Genügt also der im Strafprozeß nahezu unvermeidliche Schein einer aktiven Tätigkeitspflicht bei der eigenen Überführung zur Auslösung der das Verbot der Selbstbelastung begründenden Zwangslage, so müssen die strafprozessualen Belehrungspflichten auch als Konsequenzen der Nemo-tenetur-Maxime aufgefaßt werden. [...] Der Hinweis

---

2524 LR-EMRK/*Esser* Art. 6 Rn. 879 f.; *Grabenwarter/Pabel* § 24 Rn. 138; *Peters/Altwicker* EMRK § 21 Rn. 1; Karpenstein/Mayer/*Meyer* Art. 6 EMRK Rn. 127; Meyer-Ladewig/*Meyer-Ladewig/Harrendorf* EMRK Art. 6 Rn. 129; KK-EMRK-GG I/*Grabenwarter/Pabel* Kap. 14 Rn. 164; EGMR Weh/A, 8.4.2004 = JR 2005, 423.

2525 *Rogall* Nemo tenetur, S. 155.

2526 Siehe hierzu *Rogall* Nemo tenetur, S. 104 f.; LR-EMRK/*Esser* Art. 6 Rn. 921; KK-EMRK-GG I/*Grabenwarter/Pabel* Kap. 14 Rn. 166.

2527 *Peters/Altwicker* EMRK § 21 Rn. 1.

2528 LR-EMRK/*Esser* Art. 6 Rn. 897; siehe auch Meyer-Ladewig/*Meyer-Ladewig/Harrendorf* EMRK Art. 6 Rn. 132 ff.

2529 *Rogall* Nemo tenetur, S. 186.

2530 Dashcam-Aufnahmen werden durch Inaugenscheinnahme in den Prozess eingeführt. Für den Strafprozess ist hierfür § 86 StPO die maßgebliche Norm (vgl. *Bäumerich* JuS 2016, 803). Dies muss folglich auch für Bodycam-Aufzeichnungen gelten.

auf die Verhaltensfreiheit ist notwendig, um jede unzulässige Zwangseinwirkung auszuschließen, denn sonst würde der Beschuldigte doch wieder zum Beweismittel gegen sich selbst gemacht werden.[2531]

b) Verletzung des „nemo-tenetur"-Grundsatzes durch den Einsatz von Bodycams? – Schweigerecht als Teilbereich des fairen Verfahrens

Nach Art. 6 Abs. 1 EMRK hat jede Person ein Recht darauf, dass über eine *gegen sie erhobene strafrechtliche Anklage*[2532] von einem unabhängigen und unparteiischen, auf Gesetz beruhenden Gericht in einem fairen Verfahren verhandelt wird. Unabhängig vom Begriff des Strafrechts in diesem Sinne[2533] ist fraglich, ob zum Zeitpunkt der Videoüberwachung mit Bodycams eine „Anklage" im Sinne von Art. 6 Abs. 1 EMRK vorliegt. In der Sache *Deweer* hat der Gerichtshof ausgeführt, dass sich die *strafrechtliche Anklage* im Sinne des Art. 6 Abs. 1 EMRK definieren lässt, als die „amtliche Mitteilung der zuständigen Behörde an den Betroffenen, dass ihm die Begehung einer Straftat angelastet werde."[2534] In welchem Akt die strafrechtliche Anklage zu sehen ist und wann der Schutzbereich greift, ist ebenfalls autonom zu bestimmen.[2535] Um eine effektive Verteidigung im gesamten Strafverfahren zu ermöglichen, ist die strafrechtliche Anklage materiell auszulegen, sodass es auf eine formelle Anklageerhebung beim Gericht gerade nicht ankommt.[2536] Der Gerichtshof hat vielmehr „hinter die äußere Erscheinung zu blicken und die tatsächlichen Gegebenheiten des in Frage stehenden Verfahrens zu prüfen, um zu entscheiden, ob eine ‚Anklage' im Sinne des Art. 6 vorlag".[2537] Die Anklage kann zwar durchaus eine Anklage im Sinne des Strafverfahrensrechts sein. Es kann aber auch ein früherer Zeitpunkt maßgeblich sein, „wenn auf Grund des von den Behörden gegen sie gerichteten Verdachts eingeleitete Verfolgungsmaßnahmen wesentliche Auswirkungen auf ihre Lage haben".[2538]

2531 *Rogall* Nemo tenetur, S. 186 f.

2532 Umfassend zum Begriff der „strafrechtlichen Anklage": LR-EMRK/*Esser* Art. 6 Rn. 68 ff.

2533 Z.B. *Grabenwarter/Pabel* § 24 Rn. 19 ff.

2534 EGMR Deweer/B, 27.2.1980, Serie A Nr. 35 = EGMR-E 1, 463, § 46 („*official notification given to an individual by the competent authority of an allegation that he has committed a criminal offence*"); KK-EMRK-GG I/*Grabenwarter/Pabel* Kap. 14 Rn. 28; autonome Auslegung des Begriffs (LR-EMRK/*Esser* Art. 6 Rn. 68 m.w.N.; KK-EMRK-GG I/*Grabenwarter/Pabel* Kap. 14 Rn. 20).

2535 LR-EMRK/*Esser* Art. 6 Rn. 92.

2536 EGMR Brusco/F, 14.10.2010, § 47 („*L'argument selon lequel le requérant n'a été entendu que comme témoin est inopérant, comme étant purement formel, dès lors que les autorités judiciaires et policières disposaient d'éléments de nature à le suspecter d'avoir participé à l'infraction*").

2537 EGMR Adolf/A, 26.3.1982, Serie A Nr. 49 = EuGRZ 1982, 297, 301; EGMR Deweer/B, 27.2.1980, Serie A Nr. 35 = EuGRZ 1980, 667, 671.

2538 EGMR Pedersen u. Baadsgaard/DK, 17.12.2004, ECHR 2004-XI = NJW 2006, 1645, 1646; siehe auch EGMR Zaichenko/R, 18.2.2010, § 42.

Wenn das polizeiliche Gegenüber mit Bodycams gefilmt wird, die Polizisten auf eine mögliche Verwertung des Beweismaterials im Strafverfahren hinweisen und der Gefilmte daraufhin ein (umfassendes) Geständnis ablegt, stellt sich die Frage, wie diese Sachlage rechtlich mit dem „nemo-tenetur"-Satz in Einklang zu bringen ist bzw. ob darin bereits eine strafrechtliche Anklage im Sinne des Art. 6 Abs. 1 EMRK zu sehen ist. Wie erörtert, ist zwar eine formelle Anklageerhebung nicht erforderlich; wenn aber die Anklage im Sinne von Art. 6 Abs. 1 EMRK „im allg. als ‚amtliche Mitteilung durch die zuständige Behörde über den Vorwurf, eine Straftat begangen zu haben' definiert wird, so kann sie in gewissen Fällen die Form anderer Maßnahmen annehmen, die einen solchen Vorwurf beinhalten und ebenfalls wichtige Rückwirkungen auf die Lage des Verdächtigen nach sich ziehen".[2539] Bloßes Filmen ist keine solche Maßnahme: Allein ein Hinweis der filmenden Polizisten, dass die Videoaufzeichnungen Belastungsmaterial darstellen und die Aufzeichnungen unter Umständen in ein künftiges – und zu diesem Zeitpunkt noch völlig ungewisses – Strafverfahren eingeführt und verwertet werden können, kann nicht ausreichen um von einer „strafrechtlichen Anklage" im Sinne des Art. 6 Abs. 1 EMRK sprechen zu können. Damit ist der persönliche Geltungsbereich des Art. 6 Abs. 1 EMRK nicht eröffnet.

Eine andere Frage ist, was das für den konkreten Schutzanspruch des Betroffenen bedeutet. Das Schweigerecht als Teilbereich des fairen Verfahrens dient „der Freiheit einer verdächtigen Person, zu entscheiden, ob sie in ermittlungsbehördlichen Vernehmungen schweigen oder aussagen will."[2540] Der Beschuldigte soll daher vor einem Aussagezwang geschützt und die staatlichen Behörden und Gerichte zu eigenen, gründlichen Ermittlungen gezwungen werden.[2541] Fraglich ist daher, ob zum Zeitpunkt des Filmens mit Bodycams und des Hinweises durch die Polizisten eine ermittlungsbehördliche Vernehmung in diesem Sinne vorliegt.

Im Rahmen des Bodycam-Einsatzes könnte allenfalls eine Vernehmung des Beschuldigten durch Beamte des Polizeidienstes vorliegen. Bei der Vernehmung des Beschuldigten durch Beamte des Polizeidienstes ist § 136 Abs. 1 S. 2 StPO anzuwenden (§ 163a Abs. 4 S. 2 StPO). Dies wiederum hat zur Folge, dass der Beschuldigten darauf hinzuweisen ist, dass es ihm nach dem Gesetz freistehe, sich zu der Beschuldigung zu äußern. § 163a Abs. 4 S. 2 i.V.m. § 136 Abs. 1 S. 2 StPO finden aber nur Anwendung bei der Vernehmung eines *Beschuldigten.* Soweit der Hinweis nach § 136 Abs. 1 S. 2 StPO versehentlich unterlassen worden ist, ist der Beschuldigte qualifiziert zu belehren. Der Beschuldigte ist also nicht nur über sein Schweigerecht zu belehren, sondern auch darüber, dass seine frühere Aussage unverwertbar ist.[2542] Beschuldigter kann nur der Tatverdächtige sein, gegen den das Verfahren als

2539 EGMR Froti u.a./I, 10.12.1982, Serie A Nr. 56 = NJW 1986, 647, 648.

2540 MAH Strafverteidigung/*Eschelbach* Teil E § 31 Rn. 140.

2541 LR-EMRK/*Esser* Art. 6 Rn. 879; EGMR Weh/A, 8.4.2004 = JR 2005, 423, 424; Meyer-Ladewig/*Meyer-Ladewig/Harrendorf* EMRK Art. 6 Rn. 129.

2542 LR-EMRK/*Esser* Art. 6 Rn. 921; Meyer-Goßner/Schmitt/*Schmitt* § 136 StPO Rn. 9; MüKo-StPO/*Schuhr* § 136 Rn. 29.

Beschuldigter betrieben wird. Dies setzt einen Willensakt der zuständigen Strafverfolgungsbehörde voraus.[2543] Zum Zeitpunkt der Videoüberwachung mit einer Bodycam müsste die Polizei folglich zum Ausdruck bringen, dass sie das Verfahren gegen den Tatverdächtigen als Beschuldigten betreiben will. Im Folgenden muss daher zwischen den beiden vornehmlich verwendeten Bodycam-Modellen unterschieden werden: Zum einen gibt es Bodycams, die bei zielgerichteter Aktivierung das polizeiliche Geschehen aufzeichnen, sobald strafrechtlich relevantes Verhalten *droht.* Nach Auswertung – bislang regelmäßig durch den Vorgesetzten – wird das Datenmaterial entweder (automatisch) gelöscht oder gespeichert (keine *Pre-Recording-Funktion*).[2544] Zum anderen existieren Modelle, die ebenfalls bei Aktivierung durch den filmenden Polizisten, das Geschehen *rückwirkend* aufzeichnen, sofern es tatsächlich zu einem strafrechtlich relevanten Verhalten gekommen ist. Bevor die Aufzeichnungen dauerhaft gespeichert werden, werden sie in einem Zwischenspeicher für einen zuvor bestimmten Zeitraum gespeichert (*Pre-Recording*). Nur wenn der Polizist die Speicherfunktion aktiviert, werden die Aufzeichnungen nicht überspielt, sondern dauerhaft gespeichert.[2545]

Daraus ergibt sich folgende rechtliche Lage: Wenn lediglich strafrechtlich relevantes Verhalten *droht* und der Polizist daraufhin die Kamera aktiviert – die Daten also nicht zwischengespeichert werden – kann darin keine Maßnahme liegen, die erkennbar darauf abzielt, gegen den Betroffenen wegen einer Straftat strafrechtlich vorzugehen.[2546] Anders müsste hingegen die Situation beurteilt werden, in der die Aufnahmen (vorübergehend) in einem Zwischenspeicher gespeichert werden und erst, wenn es tatsächlich zu einem strafrechtlich relevanten Verhalten gekommen ist, diese *rückwirkend* dauerhaft gespeichert werden. Durch das tatsächliche Vorliegen einer Straftat und den bewussten rückwirkenden dauerhaften Speicherungsvorgang durch den Polizisten, bringt dieser zum Ausdruck, dass er gegen den Betroffenen strafrechtlich vorgehen will. In der endgültigen rückwirkenden Speicherung der jeweiligen Sequenz könnte daher ein nach außen gerichteter Inkulpationsakt der Strafverfolgungsbehörde liegen.

2543 Meyer-Goßner/Schmitt/*Meyer-Goßner* Einl. Rn. 76.

2544 Z.B. Kleine Anfrage der Abgeordneten Katharina Raue (Bündnis 90/Die Grünen) (3713) v. 8.9.2015 und Antwort des Ministeriums des Innern, für Sport und Infrastruktur (Rheinland-Pfalz), LT-Drs. 16/5638 v. 30.9.2015, S. 2 (keine *Pre-Recording-Funktion*; Aufzeichnung erfolgt erst mit dem Betätigen der Aufnahmevorrichtung); Bodycam-Modelle bei *Zander* Body-Cams, S. 15 f.

2545 http://www.polizeipraxis.de/nc/themen/waffen-und-geraetetechnik/detailansicht-waffen-und-geraetetechnik/artikel/body-cam-eine-erfolgsgeschichte-nimmt-ihren-lauf.html?tx_ttnews%5BsViewPointer%5D=1 (Stand: Dezember 2016).

2546 Siehe BGH, Beschl. v. 28.2.1997 – StB 14/96 = NStZ 1997, 398.

c) Ergebnis

Die Ausführungen haben gezeigt, dass allein die Funktionsweise der Bodycam darüber entscheidet, ob der von der Überwachungsmaßnahme Betroffene belehrt werden muss oder nicht. Dies wiederum führt dazu, dass nicht die Strafverfolgungsbehörde, sondern die jeweilige Technik die Beschuldigteneigenschaft bestimmt, was eine tatsächliche „Aufweichung" des Beschuldigtenbegriffs bedeuten würde. Um eine solche „Aufweichung" zu vermeiden, müssten im Ergebnis sämtliche Bodycams an dieselben technischen Voraussetzungen geknüpft werden.

3. Ergebnis

Bodycam-Aufzeichnungen werden in Deutschland – mangels geeigneter Rechtsgrundlage – derzeit noch rechtswidrig erlangt. Ferner wird das Beweismittel konventionswidrig gewonnen. Jedoch führt nicht jede fehlerhafte Beweiserhebung nach nationalem Recht bzw. nach Konventionsrecht zu einem unfairen Verfahren im Sinne des Art. 6 Abs. 1 EMRK. Vielmehr müssen weitere Umstände hinzutreten, damit ein insgesamt unfaires Verfahren vorliegt. Eine Beurteilung kann nur durch Betrachtung der Gesamtumstände des Einzelfalls erfolgen.

Im Zusammenhang mit Art. 6 Abs. 1 EMRK stellte sich des Weiteren die Frage, ob der von der Überwachungsmaßnahme Betroffene auf seine „Verhaltensfreiheit" hingewiesen werden muss. § 163a Abs. 4 S. 2 i.V.m. § 136 Abs. 1 S. 2 StPO finden nur dann Anwendung, wenn eine *Beschuldigten*vernehmung vorliegt. Die Begründung der Beschuldigteneigenschaft setzt einen Willensakt der zuständigen Strafverfolgungsbehörde voraus. Da der Willensakt im Vorliegenden vom Typus der jeweiligen Bodycam wesentlich beeinflusst wird, müsste, um eine Aufweichung des Beschuldigtenbegriffs zu verhindern, ein bundesweiter Einsatz der Bodycam denselben technischen Gegebenheiten unterliegen.

§ 3 Zusammenfassender Überblick über weitere ausgewählte Rechte aus menschenrechtlicher Perspektive

Den Abschluss des 6. Kapitels bildet ein zusammenfassender Überblick über weitere relevante Rechte aus menschenrechtlicher Perspektive.

I. Charta der Grundrechte der Europäischen Union (GRC)

Nach Art. 67 Abs. 1 AEUV bildet die Union einen Raum der Freiheit, der Sicherheit und des Rechts, in dem die Grundrechte und die verschiedenen Rechtsordnungen und -traditionen der Mitgliedstaaten geachtet werden. Zur gleichen Zeit erkennt die Union die Rechte, Freiheiten und Grundsätze an, die in der Charta der Grundrechte der Europäischen Union (GRC) vom 7.12.2000 in der am 12.12.2007 in Straßburg angenommenen Fassung niedergelegt sind (Art. 6 Abs. 1 UAbs. 1 EUV). Durch den am 1.12.2009 in Kraft getretenen Reformvertrag von Lissabon wurde die Charta der Grundrechte zwar nicht Teil der Verträge – EUV/AEUV – diesen aber zumindest gleichgestellt: Nach Art. 6 Abs. 1 UAbs. 1 HS. 2 EUV sind die GRC und die Verträge gleichrangig und als Teil des EU-Primärrechts rechtsverbindlich.

> Für das Strafrecht im Allgemeinen und die Arbeit der nationalen Strafjustiz im Besonderen hängt die Bedeutung der Charta der Grundrechte letztlich von ihrer Bindungswirkung und ihrem Verhältnis zum nationalen Verfassungsrecht ab.[2547]

Es stellt sich damit die Frage, ob Polizeibeamte beim Einsatz der Bodycam bzw. die nationale Strafjustiz bei Verwertung entsprechender Aufzeichnungen im Strafverfahren die Garantien der Charta zu beachten haben.

Art. 51 GRC normiert den Anwendungsbereich, für welche Institutionen die Charta der Grundrechte Geltung beansprucht. Auf der einen Seite gelten die Garantien der Charta der Grundrechte für die Organe, Einrichtungen und sonstigen Stellen der Union unter Wahrung des Subsidiaritätsprinzips und auf der anderen Seiten für die Mitgliedstaaten der Union, jedoch ausschließlich bei der *Durchführung des Rechts der Union*, Art. 51 Abs. 1 S. 1 GRC. Lange Zeit herrschte Unklarheit darüber, was mit dem Begriff *„Durchführung des Rechts der Union"* gemeint sein könnte, bis der EuGH im Urteil *Fransson* v. 26.2.2013[2548] wie folgt ausführte:

> [...] [D]ie in der Unionsrechtsordnung garantierten Grundrechte [finden] in allen unionsrechtlich geregelten Fallgestaltungen, aber nicht außerhalb derselben Anwendung [...]. Insoweit hat der Gerichtshof bereits festgestellt, dass er eine nationale Rechtsvorschrift nicht im Hinblick auf die Charta beurteilen kann, wenn sie nicht in den Geltungsbereich des Unionsrechts fällt [...]. Da [...] die durch die Charta garantierten Grundrechte zu beachten sind, wenn eine nationale Rechtsvorschrift in den Geltungsbereich des Unionsrechts fällt, sind keine Fallgestaltungen denkbar, die vom Unionsrecht erfasst würden, ohne dass diese Grundrechte anwendbar wären. Die Anwendbarkeit des Unionsrechts umfasst die Anwendbarkeit der durch die Charta garantierten Grundrechte. Wird [...] eine rechtliche Situation nicht vom Unionsrecht erfasst, ist der Gerichtshof nicht zuständig, um über sie zu entscheiden, und die möglicherweise angeführten Bestimmungen der Charta können als solche keine neue Zuständigkeit begründen [...].

Dem *Fransson*-Urteil zufolge verlangt der EuGH eine „unionsrechtlich geregelte Fallgestaltung".[2549] Dem Urteil lag das Verbot der Mehrfachbestrafung nach Art. 50 GRC im Schnittfeld von Straf- und Steuerrecht zugrunde. Der EuGH stellte die Verknüpfung der steuerlichen Sanktionen und des Strafverfahrens zum Unionsrecht zum einen

2547 *Esser* in: Strafrechtsdialog, S. 55.

2548 EuGH, Urt. v. 26.2.2013 – C-617/10 = NJW 2013, 1415.

2549 *„Wann [...] liegt nun eine ‚unionsrechtlich geregelte Fallgestaltung' vor? Wann fällt eine nationale Strafvorschrift ‚in den Geltungsbereich des Unionsrechts'? Und wann wird ‚eine rechtliche Situation nicht vom Unionsrecht erfasst' – gerade im Strafrecht?"* (*Esser* in: Strafrechtsdialog, S. 57).

über das Loyalitätsgebot (Art. 4 Abs. 3 EUV und Richtlinie 2006/112/EG[2550]) und zum anderen über Art. 325 AEUV (*Schutz der finanziellen Interessen der Union*) her:

> Steuerliche Sanktionen und ein Strafverfahren wegen Steuerhinterziehung aufgrund unrichtiger Angaben zur Mehrwertsteuer seien [...] als Durchführung von Art. 2, 250 Abs. 1 und Art. 273 der Richtlinie 2006/112/EG sowie von Art. 325 AEUV und somit als Durchführung des Rechts der Union im Sinne von Art. 51 Abs. 1 S. 1 EUC anzusehen.[2551]

Nach ausführlicher Untersuchung des Urteils *Fransson* kam *Esser* zum Ergebnis, „dass der EuGH die in Art. 51 Abs. 1 S. 1 GRC enthaltene Klausel der ‚Durchführung des Rechts der Union' tendenziell weit – vielleicht zu weit – interpretiert."[2552] In den Urteilen *Radu*[2553] und *Melloni*[2554] hatte der EuGH erneut Gelegenheit seine Auffassung zum Verhältnis von nationalen Grundrechten und der Grundrechte-Charta zu konkretisieren. Das Urteil *Melloni* brachte zum Ausdruck, dass die Garantien der Charta der Grundrechte bei denjenigen Sachverhalten, die nicht im Anwendungsbereich der Union liegen, keine Anwendung finden. Bei Sachverhalten, welche im Anwendungsbereich der Union liegen, bleibt für die nationalen Grundrechte nur Raum, soweit das Unionsrecht die in Frage stehende Materie nicht abschließend geregelt hat.[2555]

Es stellt sich im Folgenden die Frage, welche Bedeutung die Urteile *Fransson, Radu* und *Melloni* für den polizeilichen Einsatz von Bodycams und das Datenschutzrecht haben. Das europäische Datenschutzrecht findet seine primärrechtliche Grundierung vor allem in Art. 7 GRC, Art 8 GRC und in Art. 16 AEUV und Art. 39 EUV.[2556] Ferner findet sich eine spezielle Ausprägung des Schutzes natürlicher Personen bei der Verarbeitung personenbezogener Daten in der Richtlinie (EU) 2016/680 des Europäischen Parlaments und des Rates.[2557] Art. 4 der Richtlinie

---

2550 Richtlinie 2006/112/EG des Rates v. 28.11.2006 über das gemeinsame Mehrwertsteuersystem (Abl.EU v. 11.12.2006, L 347/1).

2551 *Esser* in: Strafrechtsdialog, S. 57.

2552 *Esser* in: Strafrechtsdialog, S. 58.

2553 EuGH, Urt. v. 29.1.2013 – C-396/11 = NJW 2013, 1145.

2554 EuGH, Urt. v. 26.2.2013 – C-399/11 = NJW 2013, 1215.

2555 Siehe hierzu auch *Esser* in: Strafrechtsdialog, S. 61; im Urteil *Radu* klärte der EuGH im Ergebnis das Verhältnis der Charta zum nationalen Verfassungsrecht hingegen nicht. Stattdessen führte er lediglich wie folgt aus: *„[...] [V]orab [ist] festzustellen, dass der Anspruch auf rechtliches Gehör, der durch Art. 6 EMRK gewährleistet und vom vorlegenden Gericht in seinen Fragen erwähnt wird, nunmehr in den Art. 47 und 48 der Charta verankert ist. Daher sind diese Bestimmungen der Charta heranzuziehen [...]."* (EuGH, Urt. v. 29. 1. 2013 – C-396/11 = NJW 2013, 1145, 1146).

2556 DSGVO/*Paal/Pauly* Einl. Rn. 11.

2557 Richtlinie (EU) des Europäischen Parlaments und des Rates v. 27.4.2016 zum Schutz natürlicher Personen bei der Verarbeitung personenbezogener Daten durch die zuständigen Behörden zum Zwecke der Verhütung, Ermittlung, Aufdeckung oder Verfolgung von Straftaten oder der Strafvollstreckung sowie zum freien Datenverkehr und zur Aufhebung des Rahmenbeschlusses 2008/977/JI des Rates (Abl.EU v. 4.5.2016, L 119/89).

2016/680 legt Grundsätze in Bezug auf die Verarbeitung personenbezogener Daten fest; gemäß Art. 4 Abs. 1 lit. a der Richtlinie 2016/680 sehen die Mitgliedstaaten beispielsweise vor, dass personenbezogene Daten auf rechtmäßige Weise und nach Treu und Glauben verarbeitet werden. Ferner sehen die Mitgliedstaaten vor, dass für die Löschung von personenbezogenen Daten oder eine regelmäßige Überprüfung der Notwendigkeit ihrer Speicherung angemessene Fristen vorzusehen sind (Art. 5 der Richtlinie 2016/680). Darüber hinaus werden in Kapitel III der Richtlinie 2016/680 zahlreiche Rechte der betroffenen Personen normiert. Mitgliedstaaten können insbesondere auch Sanktionen festlegen, die bei einem Verstoß gegen die nach der Richtlinie erlassenen Vorschriften zu verhängen sind (Art. 57 der Richtlinie 2016/680). Der besondere Schutz natürlicher Personen bei der Verarbeitung personenbezogener Daten und mögliche Sanktionen bei einem Verstoß gegen die nach der Datenschutz-Richtlinie erlassenen Vorschriften könnten als *Durchführung* der Bestimmungen der Richtlinie 2016/680 sowie als Durchführung von Art. 16 AEUV und somit als *Durchführung des Rechts der Union* im Sinne von Art. 51 Abs. 1 S. 1 GRC angesehen werden.

Die Datenschutzrichtlinie 95/46 EG des Europäischen Parlaments und des Rates v. 24.10.1995 zum Schutz natürlicher Personen bei der Verarbeitung personenbezogener Daten und zum freien Datenverkehr[2558] bezweckte die Harmonisierung der Vorschriften zum Schutz der Grundrechte und Grundfreiheiten natürlicher Personen bei der Datenverarbeitung sowie die Gewährleistung des freien Verkehrs personenbezogener Daten zwischen den Mitgliedstaaten.[2559] Diese Richtlinie räumte – wie jede Richtlinie – dem nationalen Gesetzgeber Regelungsspielraum zur Umsetzung ein, sodass dadurch der Datenschutz in der Europäischen Union unterschiedlich gehandhabt worden ist. Dies führte zur Diskrepanz des nationalen Datenschutzniveaus.[2560] Durch die Verordnung 2016/679 des europäischen Parlaments und des Rates v. 27.4.2016 zum Schutz natürlicher Personen bei der Verarbeitung personenbezogener Daten, zum freien Datenverkehr und zur Aufhebung der Richtlinie 95/46 EG („*Datenschutz-Grundverordnung*" bzw. „*DSGVO*")[2561] sollen diese Unzulänglichkeiten behoben werden. Fraglich ist zunächst, ob die neue Datenschutz-Grundverordnung auf die vorliegende Fallgestaltung – Einsatz von Bodycams als Präventionsmaßnahme und als Maßnahme der Strafverfolgungsvorsorge – Anwendung findet. Diesbezüglich ist der ErwG Nr. 19 der Datenschutz-Grundverordnung heranzuziehen. Dieser lautet wie folgt:

2558 Abl.EU v. 23.11.1995, L 281/31.

2559 Verordnung (EU) 2016/679 des europäischen Parlaments und des Rates v. 27.4.2016 zum Schutz natürlicher Personen bei der Verarbeitung personenbezogener Daten, zum freien Datenverkehr und zur Aufhebung der Richtlinie 95/46/EG, Abl.EU v. 4.5.2016, L 119/1, VO-ErwG Nr. 3.

2560 DSGVO/*Pauly* Art. 94 Rn. 1.

2561 Verordnung (EU) 2016/679 des europäischen Parlaments und des Rates v. 27.4.2016 zum Schutz natürlicher Personen bei der Verarbeitung personenbezogener Daten, zum freien Datenverkehr und zur Aufhebung der Richtlinie 95/46/EG, Abl.EU v. 4.5.2016, L 119/1.

> Der Schutz natürlicher Personen bei der Verarbeitung personenbezogener Daten durch die zuständigen Behörden zum Zwecke der Verhütung, Ermittlung, Aufdeckung oder Verfolgung von Straftaten oder der Strafvollstreckung, einschließlich des Schutzes vor und der Abwehr von Gefahren für die öffentliche Sicherheit, sowie der freie Verkehr dieser Daten sind in einem eigenen Unionsrechtsakt geregelt. Deshalb sollte diese Verordnung auf Verarbeitungstätigkeiten dieser Art keine Anwendung finden. Personenbezogene Daten, die von Behörden nach dieser Verordnung verarbeitet werden, sollten jedoch, wenn sie zu den vorstehenden Zwecken verwendet werden, einem spezifischeren Unionsrechtsakt, nämlich der Richtlinie (EU) 2016/680 des Europäischen Parlaments und des Rates unterliegen.[2562]

Durch den Einsatz von Bodycams müssten personenbezogene Daten im Sinne der Datenschutz-Grundverordnung verarbeitet werden. „*Verarbeitung*" meint jeden mit oder ohne Hilfe automatisierter Verfahren ausgeführten Vorgang oder jede solche Vorgangsreihe im Zusammenhang mit personenbezogenen Daten wie das Erheben, das Erfassen, die Organisation, das Ordnen, die Speicherung, die Anpassung oder Veränderung, das Auslesen, das Abfragen, die Verwendung, die Offenlegung durch Übermittlung, Verbreitung oder eine andere Form der Bereitstellung, den Abgleich oder die Verknüpfung, die Einschränkung, das Löschen oder die Vernichtung (Art. 4 Nr. 2 DSGVO). Wie bereits obige Ausführungen deutlich gezeigt haben, werden durch den polizeilichen Einsatz von Bodycams personenbezogene Daten (vgl. Art. 4 Nr. 1 DSGVO) erhoben, erfasst und gespeichert. Eine Verarbeitung im geforderten Sinne liegt damit vor.

Ferner müsste ein Zweck im Sinne des ErwG Nr. 19 verfolgt werden. Auch diesbezüglich kann auf obige Ausführungen verwiesen werden. Kurzum: Durch das bloße Beobachten mit Bodycams können Straftaten im Vorfeld verhindert werden („*Verhütung von Straftaten*"). Es kann zudem nicht ausgeschlossen werden, dass der potentielle Delinquent gerade wegen der Aufzeichnung des Geschehens von einer Straftatbegehung Abstand nimmt. Dies insbesondere deshalb, weil er durch die Aufzeichnung identifizierbar wird und befürchten muss, einer gezielten Strafverfolgung ausgesetzt zu werden. Somit können auch Bodycam-Aufzeichnungen zur Verhütung von Straftaten beitragen. Bodycam-Aufzeichnungen sollen jedoch primär der sog. *Strafverfolgungsvorsorge* dienen. Die Strafverfolgungsvorsorge wird im ErwG Nr. 19 nicht ausdrücklich erwähnt. Maßnahmen der Strafverfolgungsvorsorge weisen Elemente der Prävention und Repression auf. Da die Strafverfolgungsvorsorge sämtliche Maßnahmen der staatlichen Sicherheitsbehörden umfasst, welche die Aufklärung von Delikten, die in Zukunft erwartet werden, ermöglichen bzw. erleichtern sollen,[2563] weist sie jedenfalls Schnittstellen mit der „Verhütung

2562 Verordnung (EU) 2016/679 des europäischen Parlaments und des Rates v. 27.4.2016 zum Schutz natürlicher Personen bei der Verarbeitung personenbezogener Daten, zum freien Datenverkehr und zur Aufhebung der Richtlinie 95/46/EG, Abl.EU v. 4.5.2016, L 119/1, VO-ErwG Nr. 19.

2563 *Gusy* Polizei- und Ordnungsrecht, S. 93; *Bock* ZIS 2007, 129.

von Straftaten“ und der „Ermittlung und Aufdeckung von Straftaten“ im Sinne des ErwG Nr. 19 auf. Damit muss im Ergebnis auch die Strafverfolgungsvorsorge unter den ErwG Nr. 19 subsumiert werden können, sodass die Datenschutz-Grundverordnung im Ergebnis keine Anwendung findet.

Personenbezogene Daten, die von Behörden nach der Datenschutz-Grundverordnung verarbeitet werden, sollen, wenn sie zu den im ErwG Nr. 19 genannten Zwecken verwendet werden, einem spezifischeren Unionsrechtsakt, nämlich der Richtlinie (EU) 2016/680 des Europäischen Parlaments und des Rates unterliegen. Die Richtlinie 2016/680 gilt für die Verarbeitung personenbezogener Daten durch die zuständigen Behörden zum Zwecke der Verhütung, Ermittlung, Aufdeckung oder Verfolgung von Straftaten oder der Strafvollstreckung, einschließlich des Schutzes vor und der Abwehr von Gefahren für die öffentliche Sicherheit (Art. 2 Abs. 1 i.V.m. Art. 1 Abs. 1 der Richtlinie 2016/680). Wie die Abhandlung ausführlich gezeigt hat, werden durch den Einsatz von Bodycams personenbezogene Daten erhoben und gespeichert. Dies geschieht zum einen zur Verhütung von Straftaten und zum anderen zur Strafverfolgungsvorsorge. Der Anwendungsbereich der Richtlinie 2016/680 ist damit eröffnet.

Im Ergebnis lässt sich damit Folgendes festhalten: Der besondere Schutz natürlicher Personen bei der Verarbeitung personenbezogener Daten und insbesondere die Möglichkeit von Sanktionen sind als *Durchführung* der Bestimmungen der Richtlinie 2016/680 sowie als Durchführung von Art. 16 AEUV und somit als *Durchführung des Rechts der Union* im Sinne von Art. 51 Abs. 1 S. 1 GRC anzusehen.

Das Verhältnis zwischen der EMRK und der GRC wird wiederum in Art. 52 Abs. 3 GRC geregelt. Soweit die GRC Rechte enthält, die den durch die Europäische Konvention zum Schutz der Menschenrechte und Grundfreiheiten garantierten Rechte entsprechen, haben sie die gleiche Bedeutung und Tragweite, wie sie ihnen in der genannten Konvention verliehen wird (Art. 52 Abs. 3 S. 1 GRC). Diese Bestimmung steht dem nicht entgegen, dass das Recht der Union einen weiter gehenden Schutz gewährt (Art. 52 Abs. 3 S. 2 GRC). Dieser sog. *Kohärenzartikel* gebietet also eine an der EMRK orientierte Auslegung der Grundrechte der Charta.[2564] Ferner sind die Erläuterungen,[2565] die als Anleitung für die Auslegung der Charta verfasst worden sind, von den Gerichten der Union und der Mitgliedstaaten gebührend zu berücksichtigen. Aus den Erläuterungen ergibt sich zudem, dass die Bedeutung und Tragweite der garantierten Rechte „nicht nur durch den Wortlaut dieser Vertragswerke, sondern auch durch die Rechtsprechung des Europäischen Gerichtshofs für Menschenrechte und durch den Gerichtshof der Europäischen Gemeinschaft bestimmt“[2566] werden.[2567]

2564 *Peters/Altwicker* EMRK § 4 Rn. 3; LR-EMRK/*Esser* Einf. Rn. 137 f.; Calliess/Ruffert/*Kingreen* Art. 52 GRC Rn. 30; EuGRZ 2000, 559, 569.

2565 Erläuterungen zum endgültigen Text-Entwurf des Konvents, abgedruckt in: EuGRZ 2000, 559 ff.

2566 EuGRZ 2000, 559, 569.

2567 Ausführlich zum Verhältnis der EMRK zur GRC: LR-EMRK/*Esser* Einf. Rn. 131 ff.; *Molthagen* EU-Grundrechte und EMRK.

1. *Art. 7 GRC*

Die Charta der Grundrechte der Europäischen Union gewährleistet ebenfalls das Recht auf Achtung des Privat- und Familienlebens. Gemäß Art. 7 GRC hat jede Person das Recht auf Achtung ihres Privat- und Familienlebens, ihrer Wohnung sowie ihrer Kommunikation. Art. 7 GRC rezipiert Art. 8 EMRK und ist daher auch in vier Teilbereiche – Privatleben, Familienleben, Wohnung und private Kommunikation[2568] – untergliedert.[2569]

Der Begriff des Privatlebens ist weit auszulegen. Geschützt wird „die freie Entscheidung des Einzelnen über seine persönliche Lebensführung sowie darüber, ob er diese zum Gegenstand öffentlicher Kenntnis und Erörterung macht".[2570] Da Art. 7 GRC dem Art. 8 EMRK nachgebildet ist, soll er auch dessen Bedeutung und Wirkungsbereich haben. Dies ergibt sich bereits aus Art. 52 Abs. 3 S. 1 GRC. Daher kann zur näheren Ausgestaltung des Rechts auf Achtung des Privatlebens auf die Ausführungen zu Art. 8 EMRK verwiesen werden.

2. *Art. 8 Abs. 1 GRC*

> Je weiter die europäische Integration fortschreitet, desto mehr wird das Recht des Datenschutzes zur Aufgabe der EU. [...] Mit Art. 8 wird das Recht auf Schutz personenbezogener Daten in den Rang eines Grundrechts erhoben.[2571]

a) *Schutzbereich, Eingriff und verfassungsrechtliche Rechtfertigung im Allgemeinen*

Art. 8 GRC normiert ein besonderes Recht auf Schutz personenbezogener Daten. Die EMRK kennt keine gesonderte Gewährleistung. Der Schutz von persönlichen Daten ist ein Teilbereich von Art. 8 Abs. 1 EMRK.[2572]

Art. 8 Abs. 1 GRC legt fest, dass jede Person das Recht auf Schutz der sie betreffenden personenbezogenen Daten hat. *Personenbezogene Daten* sind hierbei sämtliche Informationen über eine bestimmte oder bestimmbare natürliche Person,[2573] wobei es nicht erforderlich ist, dass die Daten sensibel sind.[2574]

2568 Art. 8 Abs. 1 EMRK spricht hingegen von „Korrespondenz".

2569 Vedder/Heintschel von Heinegg/*Folz* Art. 7 GRC Rn. 1; Calliess/Ruffert/*Kingreen* Art. 7 GRC Rn. 1 f.; Nomos-Kommentar/EU/*Augsberg* Art. 7 GRC Rn. 2 f.; EU-Kommentar/*Knecht* Art. 7 GRC Rn. 1, 5 ff.

2570 Calliess/Ruffert/*Kingreen* Art. 7 GRC Rn. 3; Nomos-Kommentar/EU/*Augsberg* Art. 7 GRC Rn. 5.

2571 Meyer/*Bernsdorff* Art. 8 GRC Rn. 1; so auch Nomos-Kommentar/EU/*Augsberg* Art. 8 GRC Rn. 1.

2572 *Grabenwarter/Pabel* § 22 Rn. 2, 10; Nomos-Kommentar/EU/*Augsberg* Art. 8 GRC Rn. 1.

2573 Jarass-GRC Art. 8 Rn. 5; Calliess/Ruffert/*Kingreen* Art. 8 GRC Rn. 9; Nomos-Kommentar/EU/*Augsberg* Art. 8 GRC Rn. 6; EU-Kommentar/*Knecht* Art. 8 Rn. 5.

2574 Meyer/*Bernsdorff* Art. 8 GRC Rn. 15; Calliess/Ruffert/*Kingreen* Art. 8 GRC Rn. 12; Nomos-Kommentar/EU/*Augsberg* Art. 8 GRC Rn. 6, 11 (geschützt werden nicht

Dem Wortlaut von Art. 8 Abs. 2 S. 1 GRC nach, dürfen die personenbezogenen Daten nur nach Treu und Glauben für festgelegte Zwecke und mit Einwilligung der betroffenen Personen oder auf einer sonstigen gesetzlich geregelten legitimen Grundlage verarbeitet werden. Ein Eingriff in das Recht auf Schutz personenbezogener Daten liegt dann vor, wenn Grundrechtsverpflichtete personenbezogene Daten im Sinne von Art. 8 Abs. 2 S. 1 GRC verarbeiten.[2575] *Verarbeitung* wird als Oberbegriff für alle datenbezogenen Vorgänge verwendet; gemeint ist „das Erheben, das Speichern, die Organisation, die Aufbewahrung, die Anpassung oder Veränderung, das Auslesen, das Abfragen, die Benutzung, die Weitergabe durch Übermittlung oder jede andere Form der Bereitstellung, die Kombination oder die Verknüpfung sowie das Sperren, Löschen oder Vernichten."[2576] An einem solchen Eingriff fehlt es bereits, wenn die betroffene Person eingewilligt hat.[2577]

Damit ein Eingriff in das Recht auf Schutz personenbezogener Daten verfassungsrechtlich gerechtfertigt werden kann, ist nach Art. 8 Abs. 2 S. 1 Hs. 2 GRC eine gesetzlich geregelte legitime Grundlage erforderlich. Dies entspricht dem allgemeinen Gesetzesvorbehalt des Art. 52 Abs. 1 S. 1 GRC,[2578] wonach jede Einschränkung der Ausübung der in der Charta anerkannten Rechte und Freiheiten gesetzlich vorgesehen sein und den Wesensgehalt dieser Rechte und Freiheiten achten muss. Das Gesetz muss ausreichend bestimmt sein, sodass die Folgen für den Betroffenen voraussehbar sind. Auch eine ausreichende Zugänglichkeit zum einschränkenden Gesetz ist erforderlich.[2579] Neben der gesetzlich geregelten legitimen Grundlage ist darüber hinaus erforderlich, dass die Datenerhebung bzw. -verarbeitung einen legitimen Zweck verfolgt und verhältnismäßig ist, vgl. Art. 52 Abs. 1 S. 2 GRC.[2580,2581]

---

nur Informationen aus dem engen Privat- oder Intimbereich, sondern auch berufs- oder vermögensbezogene Informationen).

2575 Zum Begriff des „Verarbeitens": Jarass-GRC Art. 8 Rn. 8; Verarbeiten im Sinne dieser Vorschrift ist der Oberbegriff für alle datenbezogenen Vorgänge (Calliess/Ruffert/*Kingreen* Art. 8 GRC Rn. 12).

2576 BeckOK-InfoMedienR/*Gersdorf* Art. 8 GRC Rn. 18.

2577 Zur streitigen, dogmatischen Einordnung der Einwilligung: Calliess/Ruffert/*Kingreen* Art. 8 GRC Rn. 13; BeckOK-InfoMedienR/*Gersdorf* Art. 8 GRC Rn. 27 i.V.m. Rn. 20; Jarass-GRC Art. 8 Rn. 9; EU-Kommentar/*Knecht* Art. 8 GRC Rn. 7 m.w.N.

2578 Der allgemeine Schrankenvorbehalt wird gerade nicht durch Art. 8 Abs. 2 EMRK verdrängt, da Art. 8 Abs. 1 EMRK personenbezogene Daten nicht gesondert schützt (BeckOK-InfoMedienR/*Gersdorf* Art. 8 GRC Rn. 22).

2579 Jarass-GRC Art. 8 Rn. 12 i.V.m. Art. 52 Rn. 29; BeckOK-InfoMedienR/*Gersdorf* Art. 8 GRC Rn. 28.

2580 Art. 52 Abs. 1 S. 2 GRC: Unter Wahrung des Grundsatzes der Verhältnismäßigkeit dürfen Einschränkungen nur vorgenommen werden, wenn sie erforderlich sind und den von der Union anerkannten dem Gemeinwohl dienenden Zielsetzungen oder den Erfordernissen des Schutzes der Rechte und Freiheiten anderer tatsächlich entsprechen.

2581 BeckOK-InfoMedienR/*Gersdorf* Art. 8 GRC Rn. 28 f.; Calliess/Ruffert/*Kingreen* Art. 8 GRC Rn. 14; Jarass-GRC Art. 8 Rn. 13 f.

Einschränkungsziele sind zum einen in Art. 52 Abs. 1 S. 2 GRC normiert. Nach dieser Vorschrift dürfen unter Wahrung des Grundsatzes der Verhältnismäßigkeit Einschränkungen nur vorgenommen werden, wenn sie erforderlich sind und den von der Union anerkannten dem Gemeinwohl dienenden Zielsetzungen (Alt. 1) oder den Erfordernissen des Schutzes der Rechte und Freiheiten anderer (Alt. 2) tatsächlich entsprechen. Der Begriff des Gemeinwohls umfasst Interessen der Allgemeinheit.[2582] Dem Wortlaut der Vorschrift nach müssen die Zielsetzungen von der Union anerkannt sein. Neben den in Art. 2 EUV und Art. 3 EUV genannten grundlegenden Werten und Zielen der Union fallen unter Art. 52 Abs. 1 S. 2 Alt. 1 GRC auch „alle Interessen, die durch besondere Bestimmungen in den Verträgen geschützt sind."[2583] Zusätzlichen Schutz erfahren jene Güter, welche die Charta der Grundrechte gesondert schützt (Art. 52 Abs. 5 GRC). Weiteres Einschränkungsziel sind die „Erfordernisse des Schutzes der Rechte und Freiheiten anderer". Das sind in erster Linie „die Interessen von Privatpersonen, die durch das Unionsrecht oder durch das Recht der Mitgliedstaaten geschützt werden."[2584] Geschützt werden beispielsweise das Recht auf Leben (Art. 2 GRC), das Recht auf körperliche und geistige Unversehrtheit (Art. 3 GRC) und die Freiheit der Meinungsäußerung und Informationsfreiheit (Art. 11 GRC). Soweit eine Korrespondenz im Sinne von Art. 52 Abs. 3 S. 1 GRC gegeben ist, sind auch die in den Schrankentatbeständen der jeweiligen Vorschriften der EMRK genannten Schutzgüter als legitime Ziele einschlägig.

Letztlich muss die Einschränkung verhältnismäßig sein. Eine Einschränkung ist dann verhältnismäßig, wenn sie dem Verwendungsziel tatsächlich entspricht; sie muss geeignet sein. Ferner muss sie zur Erreichung des Ziels erforderlich sein. Dies setzt voraus, dass kein milderes, für den Betroffenen weniger einschneidendes Mittel zur Verfügung steht. Schließlich dürfen die Nachteile, die sich für den Betroffenen aus der Datenverarbeitung ergeben nicht außer Verhältnis zum angestrebten Ziel stehen.[2585]

b) Rechtliche Beurteilung des Einsatzes von Bodycams

Es stellt sich nunmehr die Frage, wie der Einsatz von Bodycams mit Blick auf Art. 8 GRC rechtlich zu beurteilen ist.

In der Bodycam-Aufzeichnung liegt eine Erhebung personenbezogener Daten. Darüber hinaus sind noch weitere Modalitäten des „Verarbeitens" im Sinne der Vorschrift einschlägig. Darauf kommt es jedoch nicht an, da jedenfalls ein Eingriff vorliegt. Ein Eingriff wäre ausgeschlossen, wenn die betroffene Person eingewilligt hat. Eine Einwilligung der Datenerhebung kann nur in Kenntnis der Sachlage

---

2582 Jarass-GRC Art. 52 Rn. 31.

2583 Calliess/Ruffert/*Kingreen* Art. 52 GRC Rn. 67 (z.B. agrarmarktpolitische Zielsetzungen).

2584 Jarass-GRC Art. 52 Rn. 32; *„Individualpositionen"* (Calliess/Ruffert/*Kingreen* Art. 52 GRC Rn. 67).

2585 Calliess/Ruffert/*Kingreen* Art. 52 GRC Rn. 68 ff.; Jarass-GRC Art. 8 Rn. 14.

erteilt werden. Dies setzt voraus, dass der Betroffene vor Erteilung der Einwilligung ausreichende Informationen erhalten hat, um eine autonome Entscheidung treffen zu können.[2586] Durch das Hineinbegeben in den öffentlichen Raum kann eine (konkludente) Einwilligung der betroffenen Personen in die Datenerhebung bzw. -verarbeitung nicht begründet werden. Ferner ist der Einzelne nicht im Stande, die Reichweite einer entsprechenden Datenerhebung bzw. -verarbeitung zu erfassen, dies vor allem vor dem Hintergrund, dass es regelmäßig an ausreichenden Informationen mangelt. Der Einzelne kann dadurch gerade keine autonome Entscheidung treffen. Dieser Themenbereich wurde bereits unter dem Stichwort „Grundrechtsverzicht bzw. Einwilligung in Grundrechtseinschränkungen" umfassend diskutiert.[2587]

Weiter in der Prüfung: Ein Eingriff in das Grundrecht liegt vor. Zur Rechtfertigung ist eine gesetzlich geregelte legitime Grundlage erforderlich. Zum Teil – so beispielsweise in Hessen – gibt es bereits spezielle gesetzliche Regelungen zum Einsatz von Bodycams. Wie die bisherigen Ausführungen jedoch gezeigt haben, weisen diese Vorschriften zum Teil gravierende Mängel auf. So ist beispielsweise § 14 Abs. 6 HSOG nicht hinreichend genau formuliert; ferner wird in § 14 Abs. 6 HSOG die spezielle Speicherfrist nicht geregelt. In Bayern gibt es im BayPAG keine spezielle Rechtsgrundlage für Bild- und Tonaufnahmen zum Schutz von Polizeivollzugsbeamten. Ein Einsatz von Bodycams fordert daher eine noch zu schaffende eigenständige Regelung im BayPAG.[2588] Für eine Neuregelung im BayPAG ist erforderlich, dass diese ausreichend bestimmt ist und der Betroffene die Folgen voraussehen kann. Die einzuschränkende Norm im BayPAG muss ferner ausreichend zugänglich sein.[2589]

Ferner muss die Datenerhebung durch Bodycams einen legitimen Zweck verfolgen. Neben den in Art. 52 Abs. 1 S. 2 GRC normierten Zielen – „von der Union anerkannten dem Gemeinwohl dienenden Zielsetzungen" und der „Schutz der Rechte und Freiheiten anderer" – greift Art. 8 Abs. 2 EMRK. Dieser führt allerdings kaum zu Eingrenzungen der zulässigen Ziele.[2590] Bodycams sollen vorrangig dem Schutz der Polizisten dienen. Angestrebt werden somit der Schutz des Rechts auf Leben und der Schutz der körperlichen Unversehrtheit (vgl. Art. 2, 3 GRC). Können Bodycams ihr präventives Ziel nicht erreichen, sollen die Aufzeichnungen in einem zukünftigen gerichtlichen Verfahren verwendet werden. Dadurch soll die Aufklärung des Sachverhalts erleichtert und der Täter schneller überführt werden können. Die Überwachung mittels Bodycams stellt nicht nur eine präventive Maßnahme dar, sondern ist zugleich eine Maßnahme der Strafverfolgungsvorsorge. Werden die Aufzeichnungen *tatsächlich* in einem Strafverfahren verwendet, ist dies der Strafverfolgung zuzuordnen. Unabhängig von der Einordnung der Strafverfolgung

---

2586 BeckOK-InfoMedienR/*Gersdorf* Art. 8 GRC Rn. 27; Jarass-GRC Art. 8 Rn. 9; Meyer/*Bernsdorff* Art. 8 GRC Rn. 21.

2587 Siehe S. 399 ff.

2588 So auch *Honnacker/Beinhofer/Hauser* PAG Art. 32 Rn. 13; *Parma* DÖV 2016, 809, 816.

2589 Jarass-GRC Art. 8 Rn. 12 i.V.m. Art. 52 Rn. 29.

2590 Jarass-GRC Art. 8 Rn. 13.

unter die „Aufrechterhaltung der Ordnung", der „Verhütung von Straftaten" oder der „öffentlichen Sicherheit"[2591] stellt die Strafverfolgung jedenfalls einen Eingriffszweck dar. Ein legitimes Ziel im Sinne von Art. 8 GRC liegt damit vor. Spannend ist an dieser Stelle, wo die Strafverfolgungs*vorsorge* einzuordnen wäre. Heikel erscheint es vor allem, die Sicherung von Beweisen noch unter ein „Verhüten von Straftaten" fassen zu wollen. Letztlich kann die Differenzierung jedenfalls deshalb dahinstehen, da die Aufrechterhaltung der Funktionsfähigkeit der Strafverfolgung sowohl mit der „Aufrechterhaltung der Ordnung" als auch der „öffentlichen Sicherheit" Schnittstellen aufweist.

Abschließend ist die Verhältnismäßigkeit der Einschränkung zu untersuchen. Die Prüfung der Verhältnismäßigkeit ist an dem zuvor festgelegten Zweck auszurichten. Die einschränkende Maßnahme muss geeignet und erforderlich sein, um diesen Zweck erreichen zu können. Durch die Videoüberwachungsmaßnahme sollen potentielle Täter aufgrund eines Abschreckungseffekts abgehalten werden, Polizisten körperlich anzugreifen. Jedoch wird die Bodycam insbesondere bei betrunkenen, spontan handelnden oder sich im Ausnahmezustand befindlichen Personen an ihre Grenze stoßen. Vor allem dieser Personenkreis lässt sich von einer kleinen – womöglich kaum sichtbaren – Kamera nicht abschrecken, mit der Folge, dass von einer Straftatbegehung im konkreten Fall nicht Abstand genommen wird. Das Ziel der „Aufrechterhaltung der Ordnung" bzw. der „öffentlichen Sicherheit" könnte aber durch die Verwendung der Aufzeichnungen im Strafverfahren erreicht werden. Fraglich ist daneben, ob mildere, weniger einschneidende Mittel zur Verfügung stehen (*Erforderlichkeit*). Körperliche Angriffe auf Polizeibeamte könnten beispielsweise durch eine deeskalierende Kommunikation mit dem polizeilichen Gegenüber verhindert werden. Kommunikation und Sprache können ein „Schutzschild" darstellen, welches Polizisten vor gewalttätigen Übergriffen schützen kann.[2592] Durch die Kommunikation wird eine tatsächliche Distanz aufgebaut. Dadurch wird es dem potentiellen Täter erschwert, den Polizisten anzugreifen. Zeitgleich kann sich der Polizist einen Eindruck vom Zustand des Gegenübers verschaffen. Dadurch wird es ihm ermöglicht, die Situation besser abzuschätzen und entsprechend zu reagieren.[2593] Das Gespräch muss dabei in „angenehmerer" und „fairer" Art und Weise geführt werden, um Aggressionen des polizeilichen Gegenübers abbauen zu können. Führt der Polizist das Gespräch hingegen in einer herablassenden und unangemessenen Weise, kann dies sogar zur Erhöhung der Gewaltbereitschaft führen.[2594] Die Kommunikation stellt demzufolge ein milderes, weniger einschneidendes Mittel dar und sollte bei der Gewaltdiskussion nicht vernachlässigt werden. Freilich werden auch Kommunikation und Sprache bei betrunkenen oder spontan handelnden Personen

2591 Siehe nochmals LR-EMRK/*Esser* Art. 8 Rn. 47.
2592 *Hermanutz* Polizeiliches Auftreten, S. 10 ff.; *Jäger* Gewalt und Polizei, S. 357.
2593 So auch bei *Hermanutz/Grünbaum/Spöcker* in: Gewalt gegen Polizisten, S. 84.
2594 Hermanutz Polizeiliches Auftreten, S. 106; Füllgrabe in: Empirische Polizeiforschung V, S. 68.

an ihre Grenzen stoßen; diese Schwachstelle weist allerdings auch die Videoüberwachung mit der Bodycam auf.

Schließlich dürfen die Nachteile, die sich aus der Datenverarbeitung ergeben nicht außer Verhältnis zum angestrebten Ziel stehen.[2595] Ziel der Bodycam ist, Polizeibeamte vor körperlichen Angriffen zu schützen. Damit wird ein Schutz des Lebens und der körperlichen Unversehrtheit angestrebt (Art. 2, 3 GRC). Leben und körperliche Unversehrtheit sind Schutzgüter von hohem Rang, sodass die Datenverarbeitung nicht außer Verhältnis zum Schutz dieser Güter stehen kann. Weiteres Ziel liegt in der Beschaffung objektiver Beweismittel. Da andere Beweismittel oftmals nicht zur Verfügung stehen, sollen Bodycam-Aufzeichnungen die Aufklärung des Sachverhalts erleichtern und über die bestehende Beweisnot bei Straftaten gegen Polizisten hinweghelfen. Durch den Einsatz der Bodycam wird jedoch eine Vielzahl von Daten erhoben und verarbeitet. Insbesondere sind auch zahlreiche unbeteiligte, völlig unverdächtige Dritte von der Überwachungsmaßnahme betroffen. Daher ist zumindest zweifelhaft, ob ein bloßer Mangel an anderen zur Verfügung stehenden Beweisen den schwerwiegenden Eingriff in Art. 8 GRC rechtfertigen kann. In die Verhältnismäßigkeitsprüfung ist jedoch auch der Aspekt einzubeziehen, dass Erhebung und Speicherung der Daten stets *anlassbezogen* erfolgen. Der Polizist darf die Kamera nur bei einem *konkreten* Anlass aktivieren. Videoaufzeichnungsmaßnahmen wird darüber hinaus zum Teil präventive Wirkung zugeschrieben; Bodycam-*Aufzeichnungen* können einen potentiellen Delinquenten von der Straftatbegehung abhalten, da er aufgrund der Fixierung befürchten muss, identifiziert und einer gezielten Strafverfolgung ausgesetzt zu werden. Diese Umstände können im Einzelfall dazu führen, dass der Betroffene den Eingriff in Art. 8 Abs. 1 GRC zu dulden hat bzw. die Interessen des Aufzeichnenden das Interesse des Betroffenen auf Schutz personenbezogener Daten überwiegen.

c) Ergebnis

In rechtlicher Hinsicht ist der Einsatz von Bodycams sehr kritisch zu bewerten. Zwar mag es im Einzelfall sein, dass tatsächlich keine schützenswerten Interessen Dritter durch den Einsatz beeinträchtigt werden. Aber gerade die pauschale und umfassende Datenerhebung – die ein Spezifikum des Bodycam-Einsatzes darstellt – ist aufgrund ihrer Streubreite und damit verwobenen Eingriffsintensität nur schwer zu rechtfertigen. Jedenfalls die Ermächtigungsgrundlagen, die derzeit für den Einsatz von Bodycams herangezogen werden, können den Einsatz im Ergebnis nicht rechtfertigen, da sämtliche Grundlagen zu unbestimmt sind.

3. Art. 4 GRC

Nach Art. 4 GRC darf niemand der Folter oder unmenschlicher oder erniedrigender Strafe oder Behandlung unterworfen werden.

2595 Calliess/Ruffert/*Kingreen* Art. 52 GRC Rn. 68 ff.; Jarass-GRC Art. 8 Rn. 14.

Das in Art. 4 GRC anerkannte Recht ist inhaltsgleich mit Art. 3 EMRK. Art. 4 GRC und Art. 3 EMRK haben die gleiche Bedeutung und Tragweite (Art. 52 Abs. 3 S. 1). Art. 4 GRC hat unbedingte Geltungskraft und unterliegt somit keinerlei Einschränkungen. Dies folgt aus der Garantie des Wesensgehalts der Menschenwürde.[2596] Eine Beeinträchtigung kann somit unter keinen Umständen gerechtfertigt sein.

Da Art. 4 GRC mit Art. 3 EMRK inhaltlich kongruent ausgestaltet ist, ist diesbezüglich auf die Ausführungen zu Art. 3 EMRK zu verweisen.

II. Internationaler Pakt über bürgerliche und politische Rechte (IPbpR)

Auch der Internationale Pakt über bürgerliche und politische Rechte normiert ein Verbot der Eingriffe in das Privatleben und ein Folterverbot.

1. Einführung

Der Internationale Pakt über bürgerliche und politische Rechte v. 16.12.1966 ist ein völkerrechtlicher Vertrag. Er wurde im Rahmen der Vereinten Nationen erarbeitet. In Deutschland wurde der Internationale Pakt mit Gesetz v. 15.11.1973 nach Maßgabe der dort in Art. 1 IPbpR festgelegten Einschränkungen ratifiziert.[2597] Er ist am 23.3.1976 in Deutschland in Kraft getreten. Bislang wurde er von 169 Staaten ratifiziert. Im Gegensatz zur EMRK gewährleistet der Internationale Pakt auf globaler Ebene den Schutz der Menschenrechte.[2598] Soweit die materiellen Verbürgungen des IPbpR mit denen der EMRK übereinstimmen, ist deren Beachtung auch auf Unionsebene über Art. 6 Abs. 3 EUV mittelbar abgesichert.[2599]

2. Art. 17 Abs. 1 IPbpR

Art. 17 Abs. 1 IPbpR legt fest, dass niemand willkürlichen oder rechtswidrigen Eingriffen in sein Privatleben, seine Familie, seine Wohnung und seinen Schriftverkehr oder rechtswidrigen Beeinträchtigungen seiner Ehre und seines Rufes ausgesetzt werden darf. Hinsichtlich des Schutzgutes ist Art. 17 Abs. 1 IPbpR weiter gefasst als Art. 8 Abs. 1 EMRK, als Ehre und Ruf in Art. 17 Abs. 1 IPbpR besonders gewährleistet werden. Der Begriff des Privatlebens, der im Internationalen Pakt über bürgerliche und politische Rechte ebenfalls nicht näher bestimmt wird, ist weit auszulegen. Neben dem Recht am eigenen Bild wird auch das Recht auf Freisein von ständiger Beobachtung in der Öffentlichkeit geschützt.[2600] Darüber hinaus wird ein Schutz

2596 Nomos-Kommentar/EU/*Augsberg* Art. 4 GRC Rn. 12; EU-Kommentar/*van Vormizeele* Art. 4 GRC Rn. 6.
2597 BGBl. 1976 II, S. 1068.
2598 *Viellechner* EuGRZ 2011, 203; LR-EMRK/*Esser* Einf. Rn. 68 ff.
2599 LR-EMRK/*Esser* Einf. Rn. 173.
2600 LR-EMRK/*Esser* Art. 8 Rn. 58.

personenbezogener Daten gewährleistet. Da sich hierbei keine Unterschiede zu Art. 8 Abs. 1 EMRK ergeben, kann auf dortige Ausführungen verwiesen werden.

Während Art. 8 Abs. 2 EMRK die Gründe, die einen staatlichen Eingriff in Art. 8 Abs. 1 EMRK rechtfertigen, explizit anführt, fehlt bei Art. 17 IPbpR eine entsprechende Normierung. Stattdessen begnügt sich die Vorschrift mit dem Verbot *willkürlicher oder rechtswidriger Eingriffe*. Durch das Verbot willkürlicher Eingriffe soll gewährleistet werden, „dass auch Eingriffe, die insoweit rechtmäßig sind, den Regelungen und Zielen des Paktes entsprechen. Ein Eingriff ist willkürlich, wenn er allein aufgrund zufälliger Kriterien den Verletzten getroffen hat, die Entscheidung zum Eingriff Schikane war oder nicht aufgrund einer Tatsachengrundlage erfolgt ist."[2601] Rechtswidrig bedeutet, „dass nur Eingriffe zulässig sind, die im Einklang mit der nationalen Rechtsordnung stehen".[2602] Im Ergebnis ergeben sich jedoch keine Unterschiede zu Art. 8 EMRK, sodass ebenfalls auf dortige Darstellungen Bezug genommen werden kann.

3. *Art. 7 IPbpR*

Niemand darf der Folter oder grausamer, unmenschlicher oder erniedrigender Behandlung oder Strafe unterworfen werden, Art. 7 S. 1 IPbpR.

Sowohl Art. 3 EMRK als auch Art. 7 IPbpR haben den Wortlaut des Art. 5 AEMR[2603] übernommen; während Art. 3 EMRK das Wort „grausam" nicht in seinen Wortlaut aufgenommen hat, wurde Art. 7 IPbpR um einen zweiten Satz erweitert, wonach niemand ohne seine freiwillige Zustimmung medizinischen oder wissenschaftlichen Versuchen unterworfen werden darf. Dadurch wird bespielhaft das zwangsweise Heranziehen zu medizinischen oder wissenschaftlichen Versuchen als unmenschliche Behandlung besonders untersagt.[2604]

Da Art. 7 IPbpR mit Art. 3 EMRK übereinstimmt, kann auch diesbezüglich vollumfänglich auf die Ausführungen zu Art. 3 EMRK verwiesen werden.

III. Übereinkommen gegen Folter und andere grausame, unmenschliche oder erniedrigende Behandlung oder Strafe v. 10.12.1984 (UNCAT)

Art. 7 IPbpR wird durch das Übereinkommen gegen Folter und andere grausame, unmenschliche oder erniedrigende Behandlung oder Strafe v. 10.12.1984 (*Convention against Torture and Other Cruel, Inhuman or Degrading Treatment or Punishment*)

2601 *Hofmann/Boldt* Art. 17 IPbpR Rn. 1.

2602 LR-EMRK/*Esser* Art. 8 Rn. 42; siehe auch *Hofmann/Boldt* Art. 17 IPbpR Rn. 1.

2603 Art. 5 AEMR: Niemand darf der Folter oder grausamer, unmenschlicher oder erniedrigender Behandlung oder Strafe unterworfen werden.

2604 LR-EMRK/*Esser* Art. 3 Rn. 2.

ergänzt.[2605] Völkerrechtlich ist das Übereinkommen am 26.6.1987 nach Ratifikation durch 20 Staaten in Kraft getreten.[2606] Deutschland hat das Übereinkommen mit Gesetz v. 6.4.1990[2607] ratifiziert.[2608] Zwischenzeitlich erfolgte die Ratifikation in 161 Staaten.

Der Begriff der Folter wird von Art. 1 Abs. 1 UNCAT unmittelbar für die Zwecke des Übereinkommens definiert. Die Bedeutung des Übereinkommens gegen Folter und andere grausame, unmenschliche oder erniedrigende Behandlung oder Strafe bringt *Esser* auf den Punkt:

> Das UNCAT soll der internationalen Beachtung des Folterverbots größere Wirksamkeit dadurch verleihen, dass es die Staaten zu wirksamen Maßnahmen zur Verhinderung der Folter im engeren Sinn verpflichtet, die Abschiebung und Auslieferung bei Gefahr der Folter untersagt, Vorkehrungen für die weltweite Bestrafung der Folterer und innerstaatliche Belehrungs- und Überwachungsmaßnahmen vorsieht sowie die Vertragsstaaten verpflichtet, wirksame innerstaatliche Rechtsbehelfe für eine unparteiische Prüfung der Behauptung einer Folterung sowie einen einklagbaren Anspruch auf Schadensersatz zu schaffen.[2609]

Im Zusammenhang mit der in dieser Abhandlung behandelten Polizeigewalt geht es zumeist nicht um *Folter* im Sinne der Konvention. Stattdessen stehen grausame, unmenschliche oder erniedrigende Handlungen der Polizei im Fokus.

Um zu verhindern, dass deutsche Gerichte und insbesondere der Polizeiapparat polizeiliche Misshandlungen „unter den Teppich kehren", präventive Maßnahmen gegen die Polizeigewalt nicht ergriffen und Verfahren gegen Polizeibeamte nicht per se eingestellt werden, normiert Art. 16 Abs. 1 S. 1 UNCAT, dass sich jeder Vertragsstaat verpflichtet, in jedem seiner Hoheitsgewalt unterstehenden Gebiet andere Handlungen zu verhindern, die eine grausame, unmenschliche oder erniedrigende Behandlung oder Strafe darstellen, ohne der Folter im Sinne von Art. 1 UNCAT gleichzukommen, wenn diese Handlungen von einem Angehörigen des öffentlichen Dienstes oder einer anderen in amtlicher Eigenschaft handelnden Person, auf deren Veranlassung oder mit deren ausdrücklichem oder stillschweigendem Einverständnis begangen werden. Ferner regelt Art. 16 Abs. 1 S. 2 UNCAT, dass die in Art. 10, 11, 12, und 13 UNCAT genannten Verpflichtungen bezüglich der Folter entsprechend auch für andere Formen grausamer, unmenschlicher oder erniedrigender Behandlung oder Strafe gelten.

2605 BGBl. 1990 II, S. 247; deutsche Übersetzung in: EuGRZ 1985, 131; zur Entwicklung des Völkerstrafrechts im Allgemeinen siehe nur LR-EMRK/*Esser* Art. 3 Rn. 1 ff.

2606 LR-EMRK/*Esser* Art. 3 Rn. 6.

2607 BGBl. 1990 II, S. 246.

2608 Das Übereinkommen trat gemäß Bekanntmachung v. 9.2.1993 für die Bundesrepublik Deutschland am 31.10.1990 in Kraft.

2609 LR-EMRK/*Esser* Art. 3 Rn. 4; „*Schwergewicht der Konvention [liegt] auf der Sicherstellung der innerstaatlichen strafrechtlichen Verfolgung mutmaßlicher Folterer*" (*Nowak* EuGRZ 1985, 109, 113).

Das Anliegen einer kontrollierten und dosierten Gewaltanwendung prägt zwar bereits die Ausbildung der Polizei, doch steht häufig immer noch die „Vernichtung des Feindes“[2610] im Vordergrund. Sofern die Lehre über die Kontrollierbarkeit und Dosierbarkeit der Gewaltausübung nicht ausreichend in die Polizeiausbildung integriert wird, kann nicht nur den an der Basis arbeitenden Polizisten der Vorwurf der unrechtmäßigen Gewaltanwendung gemacht werden. Eine verbesserte polizeiwissenschaftliche Aus- und Fortbildung könnte rechtswidrige Polizeigewalt einschränken.[2611] In der Ausbildung sollte verdeutlicht werden, dass unverhältnismäßige Gewaltanwendung nicht toleriert wird und strafrechtliche Konsequenzen nach sich zieht. Ferner sollten regelmäßige Schulungen zum erforderlichen Maß an Gewalt und die Anwendung von Zwangsmitteln Bestandteil einer effizienten Fortbildung im Kampf gegen die Polizeigewalt sein. In diesem Kontext ist auch Art. 10 Abs. 1 UNCAT zu erwähnen. Nach Art. 16 Abs. 1 S. 2 i.V.m. Art. 10 Abs. 1 UNCAT trägt jeder Vertragsstaat dafür Sorge, dass die Erteilung von Unterricht und die Aufklärung über das Verbot der grausamen, unmenschlichen oder erniedrigenden Behandlung oder Strafe als vollgültiger Bestandteil in die Ausbildung des mit dem Gesetzesvollzug betrauten zivilen und militärischen Personals, des medizinischen Personals, der Angehörigen des öffentlichen Dienstes und anderer Personen aufgenommen wird, die mit dem Gewahrsam, der Vernehmung oder der Behandlung einer Person befasst werden können, die der Festnahme, der Haft, dem Strafvollzug oder irgendeiner anderen Form der Freiheitsentziehung unterworfen ist. Das Verbot soll also vollgültiger Bestandteil des Unterrichts all jener Personen sein, denen *Gefangene* und andere der *Freiheitsentziehung* unterworfene Personen anvertraut sind.[2612] Grausame, unmenschliche oder erniedrigende Behandlungen können jedoch nicht nur in Situationen der Freiheitsentziehung stattfinden. Auch wenn solche Konstellationen z.B. polizeiliches Fehlverhalten begünstigen können und vor allem bei geschlossenen Einsätzen bzw. bei Ingewahrsamnahmen von unrechtmäßiger polizeilicher Gewaltanwendung berichtet wird,[2613] haben die bisherigen Ausführungen gezeigt, dass es auch bei alltäglichen Routineeinsätzen zu rechtswidriger Polizeigewalt kommen kann. Daher sollten die Erteilung von Unterricht und die Aufklärung über das Verbot der grausamen, unmenschlichen oder erniedrigenden Behandlung oder Strafe nicht lediglich auf jene Personen begrenzt sein, denen Gefangene oder andere der Freiheitsentziehung unterworfene Personen anvertraut sind.

Die Untersuchung bei Verdacht auf eine grausame, unmenschliche oder erniedrigende Behandlung oder Strafe regelt Art. 16 Abs. 1 S. 2 i.V.m. Art. 12 UNCAT. Jeder

---

2610 *Behr* bei *Schiewek* in: Gewalt und Gewalten, S. 97.

2611 *Kersten* NK 2014, 52, 55; *Vogelskamp* Bürgerrechte & Polizei 2010, 36, 38; *Braun/Albrecht* DÖV 2015, 937, 944.

2612 http://www.antifolterkonvention.de/unterweisungen-zum-folterverbot-3416/ (Stand: Dezember 2016).

2613 *Braun/Albrecht* DÖV 2015, 937, 943.

Vertragsstaat trägt dafür Sorge, dass seine zuständigen Behörden umgehend eine unparteiische Untersuchung durchführen, sobald ein hinreichender Grund für die Annahme besteht, dass in einem seiner Hoheitsgewalt unterstehenden Gebiet eine grausame, unmenschliche oder erniedrigende Behandlung oder Strafe begangen wurde. In Deutschland fehlt es jedoch an externen und unabhängigen Stellen zur Kontrolle polizeilicher Verhaltensweisen. Eine unabhängige, unparteiische und nicht interessensgesteuerte Kontrolle wäre allerdings erforderlich, um ein gewisses Maß an Transparenz polizeilichen Handelns zu erreichen. Zum gesamten Themenkomplex „Gewalt durch Polizisten“ bereits eingehend im 4. Kapitel.

IV. Art. 16 Abs. 1 AEUV

Nach Art. 16 Abs. 1 AEUV hat jede Person das Recht auf Schutz der sie betreffenden personenbezogenen Daten. Art. 16 Abs. 1 AEUV stimmt im Wortlaut mit Art. 8 Abs. 1 GRC überein. Nach überwiegender Meinung handelt es sich bei Art. 16 Abs. 1 AEUV um ein Grundrecht, welches durch die GRC näher bestimmt wird.[2614]

Wie Art. 8 Abs. 1 GRC schützt Art. 16 Abs. 1 AEUV personenbezogene Daten. Personenbezogene Daten sind nach sekundärrechtlicher Definition Daten über bestimmte oder bestimmbare Personen.[2615] Um Wiederholungen zu vermeiden, wird auf die Erläuterungen zu Art. 8 Abs. 1 GRC verwiesen.

§ 4 Zusammenfassung

Art. 8 Abs. 1 EMRK schützt mit dem Recht auf Achtung des Privatlebens das Recht am eigenen Bild. Auch wenn sich der EGMR noch nicht explizit mit Bodycam-Aufzeichnungen beschäftigen musste, konnte das Urteil in der Sache *De la Flor Cabrera* zur Orientierung herangezogen werden. Die Urteilsgründe überzeugen jedoch nicht vollumfänglich. Dies vor allem deshalb, weil bereits fraglich ist, ob der schwerwiegende Eingriff durch Videoüberwachungsmaßnahmen in die Grundrechte der Betroffenen mit einer bloßen Beweisnot auf staatlicher Seite gerechtfertigt werden kann. Im Rahmen der Verhältnismäßigkeitsprüfung darf aber nicht außer Acht gelassen werden, dass die Aufzeichnung durch Bodycams stets *anlassbezogen* erfolgt. Es kann zudem nicht ausgeschlossen werden, dass auch Bodycam-*Aufzeichnungen* präventive Wirkung haben und dadurch körperliche Angriffe auf Polizisten verhindert werden. Im Ergebnis konnte der Eingriff wegen der fehlenden Bestimmtheit der gesetzlichen Regelungen zum Einsatz von Bodycams nicht gerechtfertigt werden. Art. 8 Abs. 1 EMRK schützt ferner das Recht auf Schutz personenbezogener Daten. Auch diesbezüglich musste festgestellt werden, dass die Regelungen zur Erhebung personenbezogener Daten durch den Einsatz von Bodycams den Anforderungen an Bestimmtheit und Regelungsdichte nicht

2614 Streinz/*Herrmann* Art. 16 AEUV Rn. 4.
2615 GHN/*Sobotta* Art. 16 AEUV Rn. 22.

gerecht werden. Schließlich gehört zum Recht auf Achtung des Privatlebens auch das Freisein von ständiger Beobachtung in der Öffentlichkeit. Diesbezüglich wurde die Entscheidung des EGMR in der Sache *Köpke* näher betrachtet. Zwar hatte der EGMR in dieser Sache verdeckte Videoüberwachungsmaßnahmen zum Schutz des Eigentums des Arbeitsgebers für zulässig erachtet, der Gerichtshof betonte jedoch auch, dass die Entwicklung neuer Technologien durchaus dazu führen kann, dass die widerstreitenden Interessen zukünftig anders gewichtet werden.

Da die Polizeigewalt in dieser Arbeit eine wesentliche Rolle einnimmt, wurde die Rechtsprechung des EGMR zu unrechtmäßiger polizeilicher Gewaltanwendung anhand der beiden Urteile *Dembele* und *Bouyid* untersucht. Die Urteile haben gezeigt, dass der Gerichtshof die Vertragsstaaten regelmäßig wegen Polizeigewalt verurteilt. In den Sachen *Dembele* und *Bouyid* wurde zudem die Verletzung von Art. 3 EMRK in ihrem verfahrensrechtlichen Aspekt geprüft. Der EGMR fordert, sofern eine Verletzung von Art. 3 EMRK glaubhaft geltend gemacht wird, eine unabhängige und unparteiische Untersuchung der Vorwürfe.

Anschließend wurde erörtert, ob ein Strafverfahren, trotz Verwendung der Bodycam-Aufzeichnung als Beweis, welcher nach nationalem Recht fehlerhaft erhoben und konventionswidrig erlangt worden ist, dennoch insgesamt als „fair" im Sinne von Art. 6 Abs. 1 EMRK anzusehen ist. Dies konnte jedoch nicht abschließend beurteilt werden, da eine Beurteilung nur aufgrund einer Gesamtabwägung unter Berücksichtigung sämtlicher Umstände des Einzelfalls möglich ist. Ob der von der Überwachungsmaßnahme Betroffene auf seine „Verhaltensfreiheit" hingewiesen werden muss, bildete ebenfalls einen Teil der Ausführungen. Dabei wurde zunächst festgestellt, dass bei Aufzeichnung des Polizeieinsatzes zur Strafverfolgungsvorsorge keine *„strafrechtlich erhobene Anklage"* im Sinne von Art. 6 Abs. 1 EMRK vorliegt. Ferner ist ein Hinweis auf die Verhaltensfreiheit nur dann nach § 163a Abs. 4 S. 2 i.V.m. § 136 Abs. 1 S. 2 StPO erforderlich, wenn eine Beschuldigtenvernehmung zu bejahen ist. Die Begründung der Beschuldigteneigenschaft setzt einen Willensakt der zuständigen Strafverfolgungsbehörde voraus. Da der Willensakt jedoch wesentlich vom jeweiligen Bodycam-Modell abhängt, würde dies zu einer „Aufweichung" des Beschuldigtenbegriffs führen. Um dies zu verhindern, müsste bundesweit eine einheitliche Technik eingesetzt werden.

Ferner wurde ein Überblick über weitere einschlägige Vorschriften aus menschenrechtlicher Perspektive gegeben. Dabei wurden unter anderem die Charta der Grundrechte der Europäischen Union und das UN-Übereinkommen gegen Folter und andere grausame, unmenschliche oder erniedrigende Behandlung oder Strafe (UNCAT) angesprochen.

7. Kapitel: Zusammenfassung und Ausarbeitung eines konkreten Regelungsvorschlags

Im vorletzten Kapitel werden die erarbeiteten Ergebnisse zusammengefasst, ein eigener Gesetzesvorschlag für eine landespolizeirechtliche Ermächtigungsgrundlage zur Datenerhebung durch Bodycams formuliert und die einzelnen Tatbestandsvoraussetzungen erläutert.

§ 1 Zusammenfassung

Abschließend sollen die wichtigsten Ergebnisse der Arbeit nochmals zusammengefasst werden.

I. Polizeiliche Videoüberwachung mit Bodycams

Überwachungsmaßnahmen sind Teil der polizeilichen Präventionskonzepte. Auch sog. *Bodycams* erfreuen sich vor allem bei der Polizei großer Beliebtheit.

In Deutschland sollen Bodycams körperliche Angriffe auf Polizisten verhindern bzw. eindämmen (*Gefahrenabwehr*); Zweck des Einsatzes der Bodycam ist somit präventiver Natur. Bodycams können jedoch nicht nur der Gefahrenabwehr, sondern auch der *vorbeugenden Bekämpfung von Straftaten* zugeordnet werden, welche die *Verhütung von Straftaten* und die *Strafverfolgungsvorsorge* umfasst. Wie herkömmliche Videoüberwachungsmaßnahmen soll Bodycams tendenziell ein Einschüchterungs- bzw. Abschreckungseffekt zukommen. Das Risiko entdeckt zu werden steigt mit der Überwachung durch Bodycams. Potentielle Straftäter können dadurch von der Straftatbegehung abgehalten werden (*Verhütung von Straftaten*). Wenn Bodycam-Aufzeichnungen später in ein Strafverfahren eingeführt und im Rahmen der Beweisaufnahme verwertet werden, können sie der *Strafverfolgungsvorsorge* zugeordnet werden; die Strafverfolgungsvorsorge erfolgt zeitlich in präventiver Hinsicht, während sie gegenständlich das repressiv ausgerichtete Strafverfahren betrifft. Was Bodycams hingegen nicht intendieren, ist die typische Zwecksetzung der Repression, da die „mobile Videoüberwachung" nicht aus Anlass einer konkreten Tat erfolgt; jedenfalls werden Bodycams aber nicht eingesetzt, *um* eine konkrete Straftat aufzuklären.

Während in Deutschland die Abwehr körperlicher Angriffe *gegenüber* Polizisten im Vordergrund steht, werden Bodycams in den USA vorrangig als Instrument gegen gewalttätige Übergriffe *durch* Polizisten eingesetzt. In Österreich soll der offene Einsatz von Bild- und Tonaufzeichnungsgeräten zum Zweck der Dokumentation von Amtshandlungen, bei denen Organe des öffentlichen Sicherheitsdienstes Befehls- und Zwangsgewalt ausüben, zulässig sein. Der Eigenschutz von Polizisten wird hingegen nicht explizit normiert.

Auch wenn der Einsatz der Bodycam zur Verhinderung von Gewalttaten auf den ersten Blick vielversprechend erscheint, stellen sich trotzdem zahlreiche faktische Probleme. Insbesondere bei betrunkenen Menschen wird die tendenziell vorhandene deeskalierende Wirkung der Bodycam an ihre Grenzen stoßen. Alkohol kann zu Einbußen der Emotions- und Verhaltenskontrolle führen. Dies wiederum kann zur Folge haben, dass der Täter nicht mehr rational über sein Handeln nachdenkt. Bei spontan handelnden Menschen ist eine Entfaltung des Deeskalations- bzw. Einschüchterungseffekts ebenfalls zweifelhaft. Wer spontan handelt, agiert in der Regel emotionsgeladen, ohne über etwaige Konsequenzen hinreichend nachzudenken. Sobald Emotionen dominieren, wird die Bodycam den Täter nicht abschrecken und von der Straftatenbegehung abhalten können. Ob zusätzliche Tonaufnahmen zu einer Verringerung von Beleidigungsdelikten führen können, ist ebenfalls fraglich, da diese häufig spontan begangen werden. Tonaufnahmen tragen jedoch zu einer umfassenden Dokumentation des Polizeieinsatzes bei.

Ein weiteres Problem, welches sich im Zusammenhang mit Bodycams stellt, ist der Umstand, dass sie keinen bzw. nur mangelhaften Schutz vor der sog. *Polizeigewalt*, also der Gewalt *von* und *durch* Polizisten bieten können. Dies liegt zum einen an der Funktionsweise der Bodycam. Zum anderen kann innerhalb des Polizeiapparats eine Fehlerkultur nicht gewährleistet werden, wodurch gerade beim Einsatz von Bodycams die Gefahr entsteht, dass Polizisten eigene rechtswidrige Gewaltanwendungen nicht aufzeichnen werden.

Ausführungen zu sog. *Dashcams* rundeten das 2. Kapitel ab. Ein Vergleich der Dashcam mit der Bodycam war angezeigt, da beide technischen Errungenschaften vermehrt in den medialen Fokus rücken. Ferner weisen die Kameras einige Gemeinsamkeiten auf: Eine Gemeinsamkeit ist z.B. die Mobilität der Kameras. Dadurch wird in beiden Fällen eine großflächige Überwachung herbeigeführt. Darüber hinaus wird sowohl beim Einsatz der Bodycam als auch der Dashcam eine Vielzahl von Daten von unbeteiligten Dritten erhoben, da die Kameras im gesamten öffentlichen Bereich zum Einsatz kommen. Im Gegensatz zur Dashcam hat der Einsatz der Bodycam in Deutschland jedoch offen zu erfolgen, d.h. der unmittelbar von der Überwachungsmaßnahme Betroffene ist durch einen entsprechenden Hinweis auf die Aufnahmen aufmerksam zu machen. Während es zum Einsatz von Bodycams im Allgemeinen und zur Verwertbarkeit entsprechender Aufzeichnungen im Besonderen bislang noch keine Rechtsprechung gibt, hatten sich bereits zahlreiche Gerichte mit der Verwertbarkeit von Dashcam-Aufzeichnungen zu befassen. Mangels obergerichtlicher Jurisdiktion besteht aber weiterhin Rechtsunsicherheit.

II. Körperliche Gewalt gegen Polizeibeamte

Bodycams sollen primär Polizisten vor körperlichen Angriffen schützen. Daher wurde im 3. Kapitel ausführlich der Themenkomplex „Körperliche Gewalt *gegen* Polizeibeamte“ behandelt.

Die Gewalt gegen Polizeibeamte wird in der Öffentlichkeit als wachsendes Problem wahrgenommen und in den Medien rege diskutiert. Zum Teil wird die

Auffassung vertreten, dass nicht die Gewalt brutaler oder schlimmer geworden, sondern dass vielmehr die Gewalt*wahrnehmung* sensibler geworden sei. Vor allem Polizisten hätten ein subjektives Empfinden dahingehend entwickelt, dass die Gewalt gegen sie zunehme. Mittlerweile werden Handlungen unter den Gewaltbegriff subsumiert, welche vor wenigen Jahren noch nicht als Gewalttaten angesehen wurden. Es existieren Untersuchungen – so z.B. die Studie des Kriminologischen Forschungsinstituts Niedersachsen e.V. aus dem Jahre 2010 – welche bereits verbale „Angriffe“ auf Polizeibeamte oder das „Beschimpfen“ als Gewalttaten auffassen. Auch eine Dramatisierung der Gewalt von den Medien ist erkennbar; Nichtigkeiten werden zu Skandalen hochgeputscht. Die Meinungen innerhalb der Diskussion über die Gewalt gegenüber Polizisten sind vielfältig, aber immer auch von einer subjektiven Komponente geprägt. Daher war es notwendig, objektive Statistiken zur Entwicklung der körperlichen Gewalt gegenüber Polizisten zu untersuchen.

Umfassend dargestellt wurden zunächst die Daten der PKS. Aus dem zur Verfügung stehenden Datenmaterial konnte jedoch keine Aussage über eine kontinuierliche Zunahme der Gewalttaten gegen Polizisten getroffen werden, da der Widerstand gegen die Staatsgewalt bislang insgesamt erfasst wurde. Erst seit dem 1.1.2010 gibt es in der PKS eine neue Schlüsselzahl, welche den Widerstand gegen Polizeivollzugsbeamte gesondert erfasst. Die Zahl der registrierten Ermittlungsverfahren wegen Widerstands gegen Polizeivollzugsbeamte ist jedoch weitgehend konstant. Mit dem in 2011 eingeführten Katalog „Geschädigtenspezifik: Beruf/Tätigkeit“ werden nun auch Polizeivollzugsbeamte nicht nur als Opfer von Widerstandsdelikten, sondern umfassender als Opfer von Gewaltdelikten erfasst. Aufgrund der kurzen Erhebungsspanne und des spärlich vorhandenen Datenmaterials hat auch die „Geschädigtenspezifika: Beruf/Tätigkeit“ keine Aussagekraft hinsichtlich einer zunehmenden Gewalt gegen Polizisten.

Im Rahmen der Studie des Kriminologischen Forschungsinstituts Niedersachen e.V. aus dem Jahre 2010 wurden Polizeibeamte aus zehn Bundesländern zu ihren Gewalterfahrungen im Dienst befragt. Der Schwerpunkt der Untersuchung wurde auf gewalttätige Angriffe gelegt, die sich zwischen 2005 und 2009 ereignet haben und die zu mindestens einem Tag Dienstunfähigkeit geführt haben. Die Studie kann eine wesentliche Zunahme der Gewalt gegen Polizeibeamte ebenfalls nicht dokumentieren. Darüber hinaus weist die Untersuchung zu viele Schwachstellen auf. Dazu gehören zum einen die lediglich einmalige Erhebung der Daten sowie die Freiwilligkeit der Befragung. Zum anderen werden Handlungsformen unter den Gewaltbegriff subsumiert, welche nicht mit dem strafrechtlichen Gewaltbegriff übereinstimmen. Schließlich stellt die Studie eine Opferbefragung dar, welche häufig von Emotionen geprägt ist, die das Ergebnis verfälschen können. Auch ein zusammenfassender Überblick über weitere Abhandlungen und Untersuchungen zum Thema „Gewalt *gegen* Polizisten“ zeigte, dass eine kontinuierlich steigende Gewalt nicht zu verzeichnen ist.

Obgleich ein (konstanter) Anstieg der Gewalt gegen Polizisten nicht feststellbar ist, führten unter anderem die vermeintliche Zunahme der Gewalttaten und angebliche Strafbarkeitslücken hinsichtlich des Schutzes von Polizeibeamten zur Änderung des Strafrechts durch das 44. Strafrechtsänderungsgesetz im Jahr 2011. Dabei wurde beispielsweise die Höchststrafandrohung des § 113 Abs. 1 StGB von zwei auf drei Jahre angehoben. Ferner wurde § 113 Abs. 2 StGB um die Regelbeispielvariante „Beisichführen von gefährlichen Werkzeugen" erweitert. Eine Änderung des § 113 StGB war jedoch nicht angezeigt, da Polizisten ausreichend durch bereits bestehende Strafvorschriften geschützt werden; der Ruf nach einem schärferen Gesetz kann allenfalls als symbolischer Akt bezeichnet werden. Darüber hinaus ist in der Sanktionenlehre anerkannt, dass härteren Strafen keine abschreckende Wirkung zukommt; warum eine höhere Strafandrohung gerade bei § 113 Abs. 1 StGB einen solchen Abschreckungseffekt haben soll, ist nicht nachvollziehbar.

Als erstes Bundesland plant Hessen die Einführung eines Schutzparagraphen im StGB (§ 112 StGB-E), welcher Angriffe auf Polizeibeamte und andere Einsatzkräfte besonders unter Strafe stellen soll. Anders als § 113 StGB soll § 112 StGB-E nicht an eine Vollstreckungshandlung anknüpfen. Stattdessen setzt § 112 Abs. 1 StGB einen tätlichen Angriff auf einen Beamten des Polizeidienstes in Beziehung auf seinen Dienst voraus. Der vorgeschlagene Strafrahmen von Freiheitsstrafe von sechs Monaten bis zu fünf Jahren (§ 112 Abs. 1 StGB-E) geht jedoch vor dem Hintergrund der mangelnden Abschreckungswirkung durch eine erhöhte Strafandrohung deutlich zu weit. Zudem bestehen keine Strafbarkeitslücken, die einen Schutzparagraphen erforderlich machen würden.

Auch das Saarland regt auf Bundesebene die Einführung neuer Straftatbestände zum besonderen Schutz von Repräsentanten des staatlichen Gewaltmonopols vor tätlichen Angriffen während der Ausübung des Dienstes oder in Beziehung auf den Dienst an. Die Einführung neuer Strafvorschriften mit erhöhtem Strafrahmen suggeriert lediglich einen verbesserten Schutz. Durch die Schaffung von Sondertatbeständen wird darüber hinaus ein Ungleichgewicht zwischen Repräsentanten des staatlichen Gewaltmonopols und der Bevölkerung geschaffen, was insbesondere im Hinblick auf Art. 3 Abs. 1 GG problematisch ist.

Die Gewerkschaft der Polizei fordert die Einführung von § 115 StGB-E, wonach der tätliche Angriff auf einen Vollstreckungsbeamten während der Ausübung seines Dienstes oder in Beziehung auf seinen Dienst besonders unter Strafe gestellt werden soll. Das Argument angeblicher Strafbarkeitslücken greift jedoch auch hier nicht. Darüber hinaus erweckt die Einführung eines Straftatbestandes zum besonderen Schutz von Vollstreckungsbeamten, dass Straftaten gegenüber dieser Personengruppe im Vergleich zu anderen Personen ein erhöhter Unrechtsgehalt innewohnt.

Anstatt auf Straftaten gegen Polizeibeamte mit dem Strafrecht zu reagieren, sollten Präventivmaßnahmen ergriffen werden. Eine solche Maßnahme ist beispielsweise der polizeiliche Einsatz von Bodycams. Wie herkömmliche Videoüberwachungssysteme haben Bodycams eine tendenziell abschreckende Wirkung. Voraussetzung ist, dass die Kameras offen eingesetzt werden. Eine abschreckende Wirkung kann zur Folge haben, dass potentielle Täter von der Straftatbegehung Abstand nehmen. Die Beobachtung durch Überwachungskameras im Allgemeinen und Bodycams im Besonderen kann zu einer Selbstdisziplinierung der überwachten Person führen;

der Einzelne wird sein Verhalten an sozial erwünschtes Verhalten anpassen.[2616] Der Abschreckungs- und Deeskalationseffekt von Videoüberwachungsmaßnahmen wird jedoch bei betrunkenen Personen häufig nicht eintreten, da der potentielle Täter nicht mehr rational über sein Handeln nachdenkt. Dieselbe Problematik stellt sich bei spontan handelnden Menschen.

III. Unrechtmäßige Gewaltanwendung durch Polizeibeamte

Da die Gewalt *gegen* Polizisten nicht ohne die Gewalt *durch* Polizisten dargestellt werden kann, stand die exzessive, unrechtmäßige Polizeigewalt im Mittelpunkt des 4. Kapitels.

Der Begriff „Polizeigewalt" umfasst zwei Formen polizeilicher Gewalt: Zum einen die rechtmäßige Ausübung der Staatsgewalt innerhalb der gesetzlichen Befugnisse und zum anderen die unrechtmäßige, exzessive Gewalt durch Polizisten im Einzelfall. In dieser Abhandlung wurde die unrechtmäßige Polizeigewalt in den Fokus gerückt, deren Erfassung in Deutschland jedoch problematisch ist, da es nur vereinzelt Statistiken und Untersuchungen zur exzessiven polizeilichen Gewaltanwendung gibt. Aus der PKS lassen sich aus der Straftatengruppe „Körperverletzungen im Amt" (§ 340 StGB) keine Erkenntnisse über die unrechtmäßige polizeiliche Gewaltanwendung gewinnen, da der Täterkreis des Straftatbestandes weit gefasst ist; eine gesonderte Berufserfassung erfolgt nicht. Auch weitere Statistiken können aufgrund des zum Teil spärlichen Datenmaterials oder der lediglich einmaligen Erhebung keinen Aufschluss über die Art und Häufigkeit der unrechtmäßigen Polizeigewalt geben.

Um unrechtmäßige Polizeigewalt verhindern zu können, mussten die Ursachen hierfür erforscht werden. Die Arbeitsbelastung im Polizeialltag, die hohe psychische und physische Belastung und die stressigen Tätigkeiten im Schichtdienst können zur Folge haben, dass das Maß der rechtmäßigen Gewaltanwendung mitunter überschritten wird. Das zur Schau stellen von Macht und das Zelebrieren der eigenen Überlegenheit der Polizisten beeinflussen die Interaktion zwischen den Beteiligten negativ, was wiederum zur Eskalation und zum Überschreiten der legitimen Gewaltanwendung führen kann. Zum Teil wird die Entstehung unrechtmäßiger Gewalt durch Polizisten auch in der mangelhaften politischen Führung gesehen; vor allem in Zeiten des Wahlkampfes werden Polizisten zur „gesellschaftlichen Sozialhygiene" missbraucht.[2617]

Maßnahmen gegen unrechtmäßige polizeiliche Gewalt sind unter anderem die Kennzeichnungspflicht von Polizisten und die Errichtung unabhängiger Beschwerdestellen.

Eine Kennzeichnung trägt zur Identifizierung des Delinquenten und somit zur Aufklärung unrechtmäßiger Gewaltanwendung bei. Da die Kennzeichnungspflicht aber in das Grundrecht auf informationelle Selbstbestimmung gemäß Art. 2

2616 *Ackerschott* in: Kameras gegen Gewalt, S. 45.
2617 *Ullrich* in: Organisation mit Gewaltlizenz, S. 125.

Abs. 1 i.V.m. Art. 1 Abs. 1 GG eingreift, stellte sich die Frage, ob dieser Eingriff verfassungsrechtlich gerechtfertigt werden kann. Hierbei waren die Argumente der Kennzeichnungsbefürworter- und gegner gegeneinander abzuwägen. Kennzeichnungsbefürworter sehen in einer Kennzeichnungspflicht die Möglichkeit, polizeiliches Handeln transparent(er) zu machen; dies insbesondere vor dem Hintergrund, dass rechtswidrige Polizeigewalt kein Ausnahmephänomen mehr darstellt.[2618] Die Kennzeichnung stellt auch eine Präventivmaßnahme zur Eindämmung rechtswidriger Polizeigewalt dar. Dem Polizisten wird deutlich gemacht, dass er bei illegaler Gewaltanwendung als Individuum belangt werden kann. Die Hemmschwelle für rechtswidrige Gewaltanwendung steigt. Kritiker dagegen führen Argumente an, welche nicht überzeugen und allenfalls als „Scheinargumente“ zu bezeichnen sind: Zum einen wird das Argument der Ablese- und Merkfehler der Nummern angeführt. Bei langen Nummern ist diese Befürchtung durchaus nicht unbegründet; die Gefahr eines Ablese- bzw. Merkfehlers kann jedoch im Vorfeld durch das Verwenden von kurzen Nummer verhindert werden. Auch eine Diskriminierung bzw. ein Bloßstellen der Polizisten ist in der Kennzeichnungspflicht nicht zu sehen. Das Argument der Gefahr für Leib oder Leben der Polizeibeamten bzw. naher Angehöriger durch Offenbarung der Identität überzeugt ebenfalls nicht, dies insbesondere deshalb, weil auch Zahlen-, Symbol- oder Buchstabenkombinationen in Betracht gezogen werden können. Die Kombination kann so ausgestaltet werden, dass eine Entschlüsselung vom polizeilichen Gegenüber allein nicht möglich ist. Nach dem Europäischen Kodex des Europarats für Polizeiethik würde der Begriff der Rechenschaftspflicht aus der Perspektive der Öffentlichkeit praktisch sinnentleert werden, wenn die Möglichkeit nicht bestünde, einen Polizisten persönlich zu identifizieren. Auch in der Rechtsprechung des EGMR wird betont, dass eine effektive Aufklärung der Ursachen einer Tötung bzw. einer Misshandlung oder unverhältnismäßiger Gewaltanwendung zu den staatlichen Schutzpflichten gehört. Effektiv ist eine Untersuchung aber nur dann, wenn sie zur Bestrafung des Täters beitragen kann. Eine Kennzeichnung von Polizeibeamten ist damit notwendige Grundlage für die Durchführung effektiver Ermittlungsmaßnahmen. Kennzeichnungspflichten für Polizisten erleichtern die Identifizierung und Bestrafung des polizeilichen Delinquenten.

Eine weitere Maßnahme gegen unrechtmäßige polizeiliche Gewalt ist die Kontrolle polizeilichen Handelns durch unabhängige und externe Beschwerdestellen. An solchen Stellen mangelt es in Deutschland. Während die Bundesregierung lange Zeit die Errichtung entsprechender Stellen ablehnte, räumt sie mittlerweile ein, dass unabhängige Polizeibeschwerdestellen gegenüber den bisherigen Beschwerdemöglichkeiten eine zusätzliche Anlaufstelle sein können, hält die Einbindung der „Vertrauensstelle der Bundespolizei“ in die internen Strukturen jedoch für ausreichend. Zwar stellen interne Beschwerdestellen einen ersten Schritt in die richtige

2618 Polizeiliche Rechtsübertretungen treten vermehrt auf: *Drescher* Polizisten außer Kontrolle?, S. 14; so auch *Behr* in: Organisation mit Gewaltlizenz, S. 221; *Bosch* in: Grundrechte-Report 2016, S. 75.

Richtung dar, reichen aber nicht aus, um Vorwürfe gegen Polizisten vollumfänglich aufzuklären. Neben der Kontrolle polizeilichen Handelns tragen unabhängige Beschwerdestellen dazu bei, innerdienstliche Kritik anbringen zu können. Die Rechenschaftspflicht der Polizei gegenüber der Öffentlichkeit beinhaltet ferner die Kontrolle durch unabhängige Institutionen. Dies gerade vor dem Hintergrund, dass Verhaltensfehler nur von wenigen Polizeibeamten wahrgenommen werden. Ferner macht eine Beaufsichtigung der Polizei durch externe Institutionen polizeiliches Handeln glaubwürdiger. Dies wiederum kann zur Stärkung des Vertrauens in den Polizeiapparat führen. Auch die Europäische Kommission gegen Rassismus und Intoleranz (ECRI) hat Deutschland bereits mehrmals aufgefordert, unabhängige Beschwerdestellen zu errichten. Diese sollen Beschwerden über mutmaßliche polizeiliche Menschenrechtsverletzungen untersuchen. Des Weiteren hat sich der EGMR mehrfach zur Aufklärungspflicht rechtswidriger Polizeigewalt geäußert. Die Aufklärungspflicht (Art. 2 EMRK/Art. 3 EMRK) wird jedenfalls dann verletzt, wenn Polizeibeamte derselben Dienstelle an den Untersuchungen beteiligt sind, welcher derjenige Polizeibeamte angehört, welche unter dem Verdacht steht, rechtswidrig Gewalt angewendet zu haben.[2619]

Während der polizeiliche Einsatz der Bodycam aufgrund eines tendenziell vorhandenen Abschreckungseffekts körperliche Angriffe auf Polizisten eindämmen kann, stellt die Bodycam jedoch kein geeignetes Mittel dar, um die unrechtmäßige Polizeigewalt zu verhindern. Dies liegt vornehmlich daran, dass der filmende Polizist über die Aufzeichnung des Geschehens eigenständig und nach eigenem Ermessen entscheidet. Wie die Ausführungen im 4. Kapitel gezeigt haben, soll polizeiliches Fehlverhalten oftmals nicht an die Öffentlichkeit gelangen, sodass nicht selten eine sog. *„Mauer des Schweigens"* aufgebaut wird. Das eigenständige Aktivieren der Kamera im Bedarfsfall und die Verschwiegenheit des Polizeiapparats hinsichtlich unrechtmäßiger Polizeigewalt können zur Folge haben, dass in Fällen übertriebener Gewaltanwendung auf polizeilicher Seite die Bodycam nicht aktiviert wird. Um Personen vor polizeilichen Übergriffen effektiv schützen zu können, müssten Bodycams permanent aktiviert sein. Dies wiederum ist jedoch nicht mit dem Gebot der Datenvermeidung und Datensparsamkeit (§ 3a BDSG) in Einklang zu bringen.

Probleme bereitet nicht nur der Umgang des Polizeiapparats mit rechtswidriger polizeilicher Gewalt, sondern auch die diesbezügliche Strafverfolgung. Statistiken haben gezeigt, dass die Einstellungsquoten bei Verfahren gegen Polizeibeamte weit über dem Durchschnitt liegen und die Anklagequote äußerst gering ist.[2620] Der Grund für die selektive Strafverfolgung durch die Staatsanwaltschaft liegt zum einen in der institutionellen und persönlichen Nähe zwischen Polizei und Staatsanwaltschaft und zum anderen in der schwierigen Beweislage bei Verfahren gegen Polizeibeamte. Polizeibeamte gelten als besonders glaubwürdig, sodass an die Beweismittel

2619 Z.B. EGMR Mizigarova/SLO, 14.12.2010; EGMR Oğur/TRK, 20.5.1999, ECHR 1999-III = NJW 2001, 1991, 1994.

2620 *Singelnstein* NK 2014, 15, 25.

des polizeilichen Gegenübers hohe Anforderungen gestellt werden, um die polizeiliche Aussage entkräften zu können. Da diese Anforderungen regelmäßig nicht zu erfüllen sind, muss das Verfahren eingestellt werden. Auch das Nichtanzeigen rechtswidrigen Verhaltens oder das Decken von Falschaussagen eines Kollegen kann zu der hohen Einstellungsquote und der geringen Anklagequote beitragen.

Im 4. Kapitel wurde zudem ein Phänomen dargestellt, welches regelmäßig im Zusammenhang mit rechtswidriger Polizeigewalt in Erscheinung tritt: Die „prophylaktische" Strafanzeige wegen Widerstand gegen Vollstreckungsbeamte. Diese Anzeigen werden in der Regel zur vorbeugenden Rechtfertigung gestellt, wenn grundlos polizeiliche Gewalt angewendet wurde bzw. wenn das Maß der rechtmäßigen Gewalt überschritten wurde. Es soll versucht werden, aus einer rechtswidrigen Gewaltanwendung des Polizisten ein legales Handeln zu machen.

IV. Rechtliche Betrachtung des polizeilichen Einsatzes von Bodycams

Im 5. Kapitel wurde der polizeiliche Einsatz von Bodycams unter rechtlichen Gesichtspunkten betrachtet.

Zunächst wurde die Notwendigkeit einer gesetzlichen Regelung für den Einsatz von Bodycams anhand der sog. *Wesentlichkeitsrechtsprechung* des BVerfG erläutert. Den Kern dieses Kapitels bildete die Grundrechtsrelevanz der „mobilen Videoüberwachung". Aus Gründen der Vollständigkeit wurde stets zwischen der Video*beobachtung* und der Video*aufzeichnung* unterschieden. Im Zentrum der Ausführungen standen das Recht auf informationelle Selbstbestimmung, das Recht am eigenen Wort und das Recht am eigenen Bild als Teilausprägungen des allgemeinen Persönlichkeitsrechts gemäß Art. 2 Abs. 1 i.V.m. Art. 1 Abs. 1 GG. Ferner wurde das Recht auf Freizügigkeit (Art. 11 Abs. 1 GG) geprüft. Auch die einfachgesetzliche Regelung zum Schutz des visuellen Selbstbestimmungsrechts, § 22 KUG, wurde untersucht.

Im Rahmen der Ausführungen zum Recht auf informationelle Selbstbestimmung konnte festgestellt werden, dass bereits bloße Videobeobachtungsmaßnahmen, also Maßnahmen ohne Aufzeichnung des Datenmaterials zur Eröffnung des Schutzbereichs führen. Nur so kann ein umfassender Persönlichkeitsschutz gewährleistet werden. Videobeobachtungsmaßnahmen stellen nach verbreiteter Ansicht auch einen Eingriff dar. Dies gerade auch deshalb, weil eine Videobeobachtung nicht mit einem näheren Hinsehen mit bloßem Auge vergleichbar ist und mithin die Bagatellgrenze überschritten wird. Wenn bereits *Beobachtungs*maßnahmen zur Eröffnung des Schutzbereichs führen, dann muss dies erst recht für Video*aufzeichnungs*maßnahmen gelten, zumal das Recht auf informationelle Selbstbestimmung definiert wird als die Befugnis des Einzelnen, über die *Speicherung* personenbezogener Daten zu bestimmen. Videoaufzeichnungen greifen daher in das Recht auf informationelle Selbstbestimmung ein.

Der Schutzbereich des Rechts am eigenen Bild als spezielle Teilausprägung des allgemeinen Persönlichkeitsrechts wird durch Videobeobachtungsmaßnahmen ohne Aufzeichnung nicht eröffnet, da dieses Recht nicht vor einer Beobachtung an sich schützt und das Beobachtete ohnehin sofort und unwiderruflich verloren geht, wenn es zu keiner Aufzeichnung kommt. Dadurch wird die Gefahr eines Missbrauchs nicht begründet. Während nach überwiegend vertretener Ansicht bereits die Eröffnung des Schutzbereichs abgelehnt wird, wird zum Teil erst die Eingriffsqualität verneint. Begründet wird die fehlende Eingriffsqualität mit der fehlenden Beeinträchtigung der Verfügungsbefugnis des Betroffenen. Der Schutzbereich bei Maßnahmen der Videoaufzeichnung ist hingegen zweifelsfrei eröffnet, da ein umfassender Schutz nur gewährleistet werden kann, wenn bereits das Herstellen als erste Handlung aufgegriffen wird; dem Betroffenen ist nicht zuzumuten, eine Veröffentlichung oder Verbreitung abzuwarten. Auch ein Eingriff in den Schutzbereich des Rechts am eigenen Bild ist nach überzeugender Ansicht zu bejahen, zumal der Abgebildete durch das Anfertigen der Aufzeichnungen der Verfügungsmacht desjenigen ausgesetzt wird, welcher die Aufzeichnungen in Besitz hat. Die Gefährdung der eigenen Verfügungsbefugnis ist daher derart akut, sodass nur die Bejahung eines Eingriffs in Frage kommt.

Sofern Bodycams über entsprechende Audiofunktionen verfügen, ist auch das Recht am eigenen Wort als Ausprägung des allgemeinen Persönlichkeitsrechts betroffen. Der Schutzbereich ist bei Maßnahmen der Tonübertragung eröffnet, da dieses Recht bereits die unmittelbare Kommunikation an sich schützt. Eine „Verdinglichung" des gesprochenen Wortes kann nicht ausschlaggebend sein. Unproblematisch ist bei Tonaufzeichnungen der Schutzbereich eröffnet, da das Recht am eigenen Wort gerade dem Einzelnen die Befugnis einräumt, selbst darüber zu bestimmen, wer sein nichtöffentlich gesprochenes Wort *aufnimmt*. Sowohl Tonübertragungen-, als auch aufzeichnungen führen zu einem Eingriff in das Recht am eigenen Wort.

Das Recht auf Freizügigkeit (Art. 11 Abs. 1 GG) wird durch den polizeilichen Einsatz von Bodycams hingegen nicht tangiert, da durch diese Überwachungsmaßnahme niemand daran gehindert wird, sich an einem bestimmten Ort aufzuhalten.

Durch den Einsatz von Bodycams wird das Recht am eigenen Bild (§ 22 S. 1 KUG) als besonderes Persönlichkeitsrecht[2621] ebenfalls nicht tangiert. Zum einen wohnt der Verwendung der Bodycam-Aufzeichnung nicht das Risiko einer nicht mehr zu kontrollierenden Kenntnisnahme inne. Auch wenn die Verhandlung vor dem erkennenden Gericht einschließlich der Verkündung der Urteile und Beschlüsse öffentlich ist (§ 169 S. 1 GVG) fehlt es ferner an einer nicht begrenzten Öffentlichkeit, um ein öffentliches zur Schau stellen im Sinne des § 22 S. 1 KUG bejahen zu können.

Die Ausführungen zur Grundrechtsrelevanz können sich nicht nur auf die unmittelbar mit dem filmenden Polizisten in Kontakt stehenden Personen beziehen, sondern müssen auch für die Polizisten gelten, welche mit dem filmenden Polizisten im Einsatz sind. Dieser Umstand kann nämlich dazu führen, dass diese ebenso einer Überwachungsmaßnahme ausgesetzt sind wie ihr polizeiliches Gegenüber. Die betroffenen Polizisten sind auch grundrechtsberechtigt, da die Beobachtung durch Bodycams und die Erhebung personenbezogener Daten von Polizeibeamten nicht

2621 BeckOK-UrhR/*Engels* § 22 KUG Rn. 3.

in Ausübung der öffentlichen Gewalt erfolgen. Vielmehr wird der Polizeibeamte als Privatperson berührt, da es gerade um die Erhebung seiner persönlichen Daten geht.

Ein Grundrechtsverzicht in die Grundrechtseinschränkungen liegt nicht vor, da die Betroffenen unter anderem nicht im vollen Umfang die Reichweite einer möglichen Verwendung der erhobenen Daten absehen können. Eine konkludente Einwilligung ist ebenfalls nicht zu bejahen, zumal ein unterlassener Protest nicht in eine Einwilligungserklärung umgedeutet werden kann.

Im Rahmen der Grundrechtsprüfung stellte sich des Weiteren die Frage, ob die jeweiligen Eingriffe verfassungsrechtlich gerechtfertigt werden können. Hierbei wurde festgestellt, dass für den Einsatz von Bodycams zum Teil spezielle Rechtsgrundlagen geschaffen wurden, welche diesen zumindest im Grunde decken können (*Gesetzesvorbehalt*). Der Schutz der Polizisten vor körperlichen Angriffen stellt ein *legitimes Ziel* dar. Auch das öffentliche Interesse an einer umfassenden Wahrheitsermittlung im Strafverfahren kann ein legitimer Zweck sein. Eine *allgemeine* Prüfung der Verhältnismäßigkeit der Videoüberwachung ergab die *Geeignetheit* der Maßnahme. Ob die Überwachung mit Bodycams zum Schutz des Lebens bzw. der körperlichen Unversehrtheit tatsächlich das mildeste in Betracht kommende Mittel (*Erforderlichkeit*) darstellt, ist problematisch, da insbesondere die Kommunikation mit dem polizeilichen Gegenüber den Polizisten vor gewalttätigen Übergriffen schützen kann. Polizeiliche Videoaufzeichnungen können zur umfassenden Sachverhaltsermittlung beitragen, sind also erforderlich, da vor allem Zeugenaussagen keine gleich effektiven Maßnahmen darstellen können. Die *Verhältnismäßigkeit im engeren Sinne* ist aber jedenfalls bei einer Videoaufzeichnung zur bloßen Überwindung einer Beweisnot und zur umfassenden Wahrheitsermittlung vor dem Hintergrund des schwerwiegenden Grundrechtseingriffs der Videoüberwachung nicht unproblematisch.

Fraglich war des Weiteren, wem die Gesetzgebungskompetenz zur Schaffung einer Rechtsgrundlage für den Einsatz von Bodycams zusteht. Da Bodycams der Gefahrenwehr dienen, sind prinzipiell die Länder zuständig. Der Einsatz der Bodycam lässt sich aber auch unter die vorbeugende Bekämpfung von Straftaten subsumieren. Bodycams können aufgrund ihres prinzipiell vorhandenen Abschreckungs- und Einschüchterungseffekts die Begehung von Straftaten verhüten. Die Straftatenverhütung ist ebenfalls Teil der Prävention, sodass den Ländern die Gesetzgebungskompetenz zukommt. Überdies sind Bodycam-Aufzeichnungen eine Maßnahme der Strafverfolgungsvorsorge. Da der Bundesgesetzgeber diesbezüglich von der ihm zustehenden Gesetzgebungskompetenz bislang keinen Gebrauch gemacht hat, sind landesrechtliche Regelungen zur Strafverfolgungsvorsorge zulässig. Daher steht im Ergebnis dem Landesgesetzgeber die Kompetenz zur Regelung einer Rechtsgrundlage für die polizeiliche Videoüberwachung in Form von Bodycams zu.

Um festzustellen, ob der Einsatz von Bodycams in Bayern auf bereits bestehende Vorschriften gestützt werden kann, wurden hierzu verschiedene Normen untersucht. Unter anderem wurden Art. 31 Abs. 1 BayPAG, Art. 33 Abs. 1 BayPAG und Art. 21a Abs. 1 S. 1 Nr. 1 BayDSG analysiert. Diese Vorschriften sind jedoch allesamt als Rechtsgrundlage für den Einsatz von Bodycams nicht geeignet. Der Einsatz von

Bodycams kann zwar im Einzelfall nach Art. 32 Abs. 2 S. 1 Nr. BayPAG zulässig sein. Gleichwohl bedarf ein landesweiter Einsatz einer eigenständigen, vor allem aber hinreichend klar formulierten Regelung im BayPAG. Daher wird im 7. Kapitel ein konkreter Regelungsvorschlag (Art. 32a BayPAG-E) erarbeitet. Da Bodycams auch bei der Bundespolizei eingesetzt werden, wurden Vorschriften des BPolG auf ihre Tauglichkeit überprüft. Im Ergebnis sind jedoch sämtliche Vorschriften für eine (dauerhafte) Regelung des Bodycam-Einsatzes ungeeignet.

Während in Bayern eine entsprechende Rechtsgrundlage für den Einsatz von Bodycams fehlt, gibt es in anderen Bundesländern, wie z.B. in Hessen, Rheinland-Pfalz, Hamburg und im Saarland spezielle Ermächtigungsgrundlagen für eine Videoüberwachung zur Eigensicherung von Polizisten. Diese Vorschriften – § 14 Abs. 6 HSOG, § 27 rhpfPOG, § 8 Abs. 5 HmbPolDVG und § 27 SPolG – wurden einer genaueren Überprüfung unterzogen. Die Ermächtigungsgrundlagen sind zum Teil nicht hinreichend genau formuliert, sodass auch andere Überwachungsgeräte, wie z.B. Drohnen unter die Vorschriften subsumiert werden können. Ferner wird der Einsatz der Bodycam teilweise an bestimmte polizeiliche Maßnahmen geknüpft (vgl. Identitätsfeststellung nach § 14 Abs. 6 S. 1 HSOG), sodass ein umfassender Schutz der Polizisten nicht gewährleistet werden kann.

Bodycams verfolgen nicht nur präventive Zwecke, sondern dienen darüber hinaus der Strafverfolgungsvorsorge, sodass ebenfalls geprüft werden musste, ob bereits in der StPO geeignete Rechtsgrundlagen für den polizeilichen Einsatz von Bodycams vorhanden sind. Da der Bundesgesetzgeber bislang keine strafprozessuale Regelung diesbezüglich getroffen hat, bleibt die Möglichkeit zum Erlass landespolizeirechtlicher Vorschriften; eine strafprozessuale Vorschrift muss nicht de lege ferenda geschaffen werden.

V. Videoüberwachungsmaßnahmen und Polizeigewalt aus menschenrechtlicher Perspektive

Im 6. Kapitel wurden Videoüberwachungsmaßnahmen und die Polizeigewalt aus menschenrechtlicher Perspektive betrachtet. Im Fokus der Ausführungen standen hierbei die EMRK – insbesondere Art. 8, Art. 3 und Art. 6 EMRK – und die Rechtsprechung des EGMR.

Art. 8 Abs. 1 EMRK schützt mit dem Recht auf Achtung des Privatlebens unter anderem das Recht am eigenen Bild. Der EGMR hatte sich zwar noch nicht explizit mit Bodycam-Aufzeichnungen zu beschäftigen, dennoch konnte das Urteil in der Sache *De la Flor Cabrera* zur Orientierung herangezogen werden: Der Beschwerdeführer wurde, als er mit seinem Fahrrad unterwegs war, von einem Kraftfahrzeug umgefahren. Daraufhin verklagte er den Fahrer und die Versicherungsgesellschaft; er machte geltend, eine posttraumatische Neurose erlitten zu haben, die dazu führte, dass er Angst habe, mit Fahrzeugen zu fahren. Im Prozess legte die Versicherungsgesellschaft als Beweis Videos vor, auf denen zu sehen war, dass der Beschwerdeführer mit einem Moped fuhr. Nach Ansicht des EGMR haben die Erstellung der Aufnahmen und die Verwendung im Prozess Art. 8 EMRK nicht verletzt. Im Ergebnis überzeugten die Urteilsgründe jedoch nicht vollumfänglich, zumal bereits fraglich ist, ob der schwerwiegende Eingriff mit einer Beweisnot zu rechtfertigen ist. Ferner kann die Gefahr einer späteren Nutzung oder Veröffentlichung nicht gänzlich ausgeschlossen werden. Beim Einsatz von Bodycams war darüber hinaus die Verhältnismäßigkeit der polizeilichen Maßnahme fraglich, zumal Untersuchungen, Studien und Statistiken die vielfach proklamierte Zunahme der Gewalt gegen Polizisten nicht hinreichend bestätigen können. Jedenfalls nach *aktueller Rechtslage* kann der Eingriff in das Menschenrecht nicht gerechtfertigt werden, da sämtliche Rechtsgrundlagen, auf welche der Einsatz der Bodycam bislang gestützt wird, die Anforderungen an Bestimmtheit und Regelungsdichte nicht erfüllen.

Art. 8 Abs. 1 EMRK schützt des Weiteren das Recht auf Schutz personenbezogener Daten. Im Rahmen der Verhältnismäßigkeitsprüfung fand eine Abwägung der widerstreitenden Interessen stand. Dabei wurde festgestellt, dass durch den Einsatz der Bodycam personenbezogene Daten von zahlreichen – auch unbeteiligten – Personen erhoben werden. Zum anderen musste beachtet werden, dass die Erhebung der Daten stets *anlassbezogen* erfolgt. Welche Interessen im Ergebnis überwiegen, konnte dahingestellt bleiben, da der Eingriff aufgrund bestehender Ermächtigungsnormen jedenfalls nicht gerechtfertigt werden kann.

Auch das Freisein von ständiger Beobachtung gehört zum Recht auf Achtung des Privatlebens. Obgleich der EGMR in der Sache *Köpke* verdeckte Videoüberwachungsmaßnahmen zum Schutz des Eigentums des Arbeitgebers für zulässig erachtet hat, hob er hervor, dass die Entwicklung neuer Technologien auch zu einer anderen Gewichtung der widerstreitenden Interessen führen kann.

Da die unrechtmäßige Polizeigewalt ebenfalls Teil der Arbeit ist, wurde die Rechtsprechung des EGMR hierzu untersucht. Im Fokus standen die beiden Urteile in den Sachen *Dembele* und *Bouyid*. Dabei konnte gezeigt werden, dass der EGMR rechtswidrige Polizeigewalt – im Gegensatz zur teilweisen selektiven Strafverfolgung nationaler Gerichte – nicht „unter den Teppich kehrt". Auch die Prüfung einer Verletzung von Art. 3 EMRK in ihrem verfahrensrechtlichen Aspekt ließ erkennen, dass der EGMR, sofern eine Verletzung von Art. 3 EMRK glaubhaft geltend gemacht wird, eine unabhängige und unparteiische Untersuchung der Vorwürfe fordert.

Abschließend wurde geprüft, ob ein Strafverfahren, trotz Verwendung einer Bodycam-Aufzeichnung als Beweis, welcher nach nationalem Recht fehlerhaft erhoben und konventionswidrig erlangt worden ist, dennoch insgesamt als „fair" im Sinne von Art. 6 Abs. 1 EMRK anzusehen ist. Eine solche Beurteilung ist jedoch nur aufgrund einer Gesamtabwägung unter Berücksichtigung sämtlicher Umstände des *Einzelfalls* möglich.

Ferner wurde der Frage nachgegangen, ob der von der Überwachungsmaßnahme durch Bodycams Betroffene auf seine „Verhaltensfreiheit" hingewiesen werden muss. Eine „strafrechtlich erhobene Anklage" im Sinne von Art. 6 Abs. 1 EMRK liegt bei der Überwachung mit Bodycams jedenfalls nicht vor. Es stellte sich demnach die Frage, was dies für den konkreten Schutzanspruch des Betroffenen bedeutet. Das Schweigerecht als Teilbereich des fairen Verfahrens dient „der Freiheit einer verdächtigen Person, zu entscheiden, ob sie in ermittlungsbehördlichen Vernehmungen schweigen oder aussagen will."[2622] Ein Hinweis auf die Verhaltensfreiheit ist jedenfalls auch dann erforderlich, wenn eine Beschuldigtenvernehmung vorliegt. Die Begründung der Beschuldigteneigenschaft setzt einen Willensakt der Strafverfolgungsbehörde voraus. Die Ausführungen haben jedoch gezeigt, dass die jeweilige Funktionsweise der Bodycam – *Pre-Recording-Funktion* oder *keine Pre-Recording-Funktion* – darüber entscheidet, ob der Betroffene belehrt werden muss oder nicht. Dies würde zu einer „Aufweichung" des Beschuldigtenbegriffs führen. Um dies zu verhindern, müssten alle im Einsatz befindlichen Bodycams denselben technischen Voraussetzungen unterliegen.

§ 2 Ausarbeitung eines konkreten Regelungsvorschlags und Darstellung der tatbestandlichen Voraussetzungen

In Hessen, Rheinland-Pfalz, Hamburg und im Saarland gibt es besondere Rechtsgrundlagen für die Videoüberwachung zum Schutz von Polizisten bzw. Dritten. Im BayPAG fehlt eine solche Vorschrift.

Ausgangspunkt der nachfolgenden Überlegungen ist die Erkenntnis, dass sich alle in dieser Abhandlung diskutierten Normen nicht widerspruchsfrei auf den Einsatz von Bodycams anwenden lassen und damit der Eingriff in die Grundrechte der Betroffenen verfassungsrechtlich nicht gerechtfertigt werden kann. Für die Videoüberwachung, insbesondere für die Datenerhebung und -speicherung durch Bodycams müssen vielmehr bereichsspezifische Normen geschaffen werden.[2623] Das Datenschutzrecht darf nicht als Angelpunkt für jedwede Erhebung gemacht werden.[2624] Ferner muss von Beginn an ein klarer rechtlicher Rahmen vorhanden sein, um künftigen Fehlentwicklungen bereits im Vorfeld vorbeugen zu können.[2625]

I. Konkreter Regelungsvorschlag: Art. 32a BayPAG-E

Unter Berücksichtigung der gewonnenen Erkenntnisse soll im Folgenden ein konkreter Regelungsvorschlag erarbeitet und zur wissenschaftlichen Diskussion gestellt werden.

Der neue, nach Art. 32 BayPAG einzufügende Art. 32a BayPAG-E könnte folgendermaßen normiert sein:

2622 MAH Strafverteidigung/*Eschelbach* Teil E § 31 Rn. 140.

2623 So auch *Honnacker/Beinhofer/Hauser* PAG Art. 32 Rn. 13.

2624 Ebenso *von Zezschwitz* bei *Höfling* in: Videoüberwachung, S. 44 (*„Das Datenschutzrecht denaturiert in der gegenwärtigen Phase sehr stark zu einem ‚Warenkorb' von relativ unbestimmten Ermächtigungsnormen für jedwede Erhebung"*).

2625 So auch *Kipker/Gärtner* NJW 2015, 296, 301.

Art. 32a BayPAG-E
„Datenerhebung durch Bodycams“

(1) [1]Die Polizeibehörden können bei der Durchführung von Maßnahmen zur Gefahrenabwehr oder zur Verfolgung von Straftaten oder Ordnungswidrigkeiten von erheblicher Bedeutung an öffentlich zugänglichen Orten Personen durch sog. Bodycams mit Bild- und Audiofunktion offen beobachten und aufzeichnen, soweit dies nach den Umständen zum Schutz von Polizeivollzugsbeamtinnen und Polizeivollzugsbeamten oder Dritten gegen eine Gefahr für Leib oder Leben erforderlich ist. [2]Personenbezogene Daten über dritte Personen können erhoben und aufgezeichnet werden, soweit dies unerlässlich ist, um eine Maßnahme nach Satz 1 durchführen zu können.

(2) In Fällen des Absatzes 1 Satz 1 und Satz 2 ist in geeigneter Weise auf die Bild- und Tonaufnahmen und -aufzeichnungen hinzuweisen.

(3) Bild- und Tonaufnahmen oder -aufzeichnungen nach Absatz 1 Satz 1 und Satz 2 sind spätestens drei Wochen nach der Datenerhebung zu löschen oder zu vernichten, soweit diese nicht zur Verfolgung von Straftaten oder Ordnungswidrigkeiten von erheblicher Bedeutung benötigt werden.

(4) [1]Die Polizeibehörde hat die personenbezogenen Daten unverzüglich an die Treuhandstelle zu übermitteln. [2]Die Treuhandstelle ist für Maßnahmen nach Absatz 3 zuständig. [3]Werden personenbezogene Daten automatisiert verarbeitet, gilt für die Treuhandstelle Art. 7 Abs. 2 BayDSG unmittelbar.

(5) [1]Die Treuhandstelle hat dem Betroffenen auf Antrag über die zu seiner Person gespeicherten Daten Auskunft zu erteilen. [2]In dem Antrag sollen die Art der personenbezogenen Daten, über die Auskunft erteilt werden soll, und der Grund des Auskunftsverlangens näher bezeichnet werden. [3]Die Treuhandstelle bestimmt das Verfahren, insbesondere die Form der Auskunftserteilung, nach pflichtgemäßem Ermessen. [4]Im Übrigen gelten für die Treuhandstelle Art. 48 Abs. 2 bis Abs. 4 BayPAG entsprechend.

(6) [1]Personenbezogene Daten sind zu berichtigen, wenn sie unrichtig sind. [2]Erweisen sich personenbezogene Daten nach ihrer Übermittlung durch die Treuhandstelle als unrichtig, sind sie unverzüglich gegenüber dem Empfänger zu berichtigen.

II. Tatbestandsvoraussetzungen des Art. 32a BayPAG-E

Nachstehend werden die Tatbestandsvoraussetzungen des Art. 32a BayPAG-E im Einzelnen erörtert. Auch die Eckpunkte für die Errichtung einer Treuhandstelle werden in groben Zügen dargestellt.

1. *Art. 32a Abs. 1 BayPAG-E*

a) *Bild- und Audiofunktion*

Obwohl einer Audiofunktion nur marginale Abschreckungswirkung im Hinblick auf Beleidigungsdelikte zukommt, soll der Einsatz von Bodycams – unter den Voraussetzungen des Art. 32a Abs. 1 S. 1 BayPAG-E – mit Bild- und *Audiofunktion* zulässig sein.

Beleidigungen werden in der Regel aus einer Situation spontaner Erregung heraus geäußert. Selten erfolgen sie wohlüberlegt.[2626] Obgleich Tonaufnahmen- bzw. aufzeichnungen daher keine oder nur in Einzelfällen präventive Wirkung zugesprochen werden kann, können entsprechende Aufzeichnungen dennoch für Zwecke der Strafverfolgungsvorsorge geeignet sein. Ferner soll der Bodycam eine vollumfängliche Beweisfunktion zukommen, sodass eine Audiofunktion gesetzlich normiert sein muss. Nur durch eine Kombination aus Bild- und Tonaufzeichnungen wird eine gesamtheitliche Dokumentation des Geschehens ermöglicht.[2627] Auch vor dem Hintergrund des Gebots der Datensparsamkeit ist eine zusätzliche Tonaufzeichnung jedenfalls nicht unangemessen, da nur auf diese Weise verbale Provokationen dokumentiert werden können.[2628]

b) Bodycam als technisches Mittel der Datenerhebung

In Art. 32a Abs. 1 S. 1 BayPAG-E wird das Mittel der Datenerhebung präzisiert: Ein offenes Beobachten und Aufzeichnen ist nur durch sog. *Bodycams* zulässig. Während beispielsweise in § 8 Abs. 5 S. 1 HmbPolDVG lediglich der „Einsatz technischer Mittel“ normiert wird, soll in Art. 32a Abs. 1 S. 1 BayPAG-E das technische Mittel konkretisiert werden. Obwohl es in der gesetzgeberischen Diskussion bei dem Begriff des technischen Mittels lediglich um „unmittelbar am Körper getragene Personenkameras“ und „Videokameras in Streifenwagen“ geht,[2629] können unter den Begriff auch Überwachungsdrohnen subsumiert werden.[2630] Daher ist „[a]ngesichts der gebotenen Sensibilität bei Eingriffen in das Recht auf informationelle Selbstbestimmung [...] eine Konkretisierung angebracht“.[2631] Insbesondere auch vor dem Hintergrund des verfassungs- und menschenrechtlichen Bestimmtheitsgebots ist eine Konkretisierung des technischen Mittels erforderlich.[2632]

2626 So auch *Kipker/Gärtner* NJW 2015, 296, 297 f.; *Kipker* Stellungnahme SPolG, S. 13; *Zander* Body-Cams, S. 69 (die Tonqualität kann durch Umgebungsgeräusche beeinträchtigt werden. Dadurch können bedeutende Informationen eines Videobeweises verloren gehen).

2627 *Kipker* Stellungnahme SPolG, S. 13.

2628 *Kipker/Gärtner* NJW 2015, 296, 298 f.

2629 Beispielsweise: Entwurf des Sechsten Gesetzes zur Änderung des Gesetzes über die Datenverarbeitung der Polizei, Drs. 20/12895 v. 2.9.2014, S. 2 (Mitteilung des Senats an die Bürgerschaft der Freien und Hansestadt Hamburg).

2630 So auch *Plöse* Schriftliche Stellungnahme an den Innen- und Rechtsausschuss des Schleswig-Holsteinischen Landtages zu den Anträgen 18/3849 und 18/3885, S. 10, http://www.landtag.ltsh.de/infothek/wahl18/umdrucke/6000/umdruck-18-6087.pdf (Stand: Dezember 2016).

2631 *Kipker/Gärtner* NJW 2015, 296, 297.

2632 A.A. *Parma* DÖV 2016, 809, 812.

c) *Keine Pre-Recording-Funktion*

Im Gegensatz zur hessischen Regelung zum Einsatz von Bodycams (§ 14 Abs. 6 HSOG) soll in Art. 32a Abs. 1 BayPAG-E eine Pre-Recording-Funktion gesetzlich nicht normiert werden; die in § 14 Abs. 6 S. 1 HSOG verwendete Formulierung „kurzfristig technisch erfassen" findet sich in Art. 32a BayPAG-E daher nicht. Die Polizeibehörden können Personen jedoch mittels Bild- und Tonübertragungen durch Bodycams offen beobachten und aufzeichnen.

Eine Pre-Recording-Funktion soll in Bayern nicht zulässig sein. Eine derartige Zwischenspeicherung führt zu erheblichen rechtlichen und tatsächlichen Problemen. Zum einen stellt auch eine nur kurzfristige Speicherung einen Grundrechtseingriff dar.[2633] Zum anderen müssen Eingriffe durch Videoüberwachungsmaßnahmen in Form von Bodycams so gering wie möglich gehalten werden, sodass Bodycam-Aufzeichnungen stets offen zu erfolgen haben; die Betroffenen sind daher auf die Aufzeichnungen in geeigneter Weise hinzuweisen. Folglich müssten auch die von einer nur kurzfristigen Aufzeichnung Betroffenen auf die Videoüberwachungsmaßnahme hingewiesen werden. Da die Pre-Recording-Funktion jedoch zu einer faktischen Daueraufzeichnung führt, bedeutet dies, dass der Einzelne permanent auf die Überwachung aufmerksam gemacht werden müssten. Dies ist praktisch nicht zu bewerkstelligen.[2634]

Darüber hinaus ist es erforderlich, dass eine einheitliche Technik der Bodycam zum Einsatz kommt: Wie die Ausführungen zu Art. 6 Abs. 1 EMRK gezeigt haben, muss bislang hinsichtlich der Eigenschaft als Beschuldigter und eines hierfür erforderlichen Inkulpaktionsakts zwischen den verschiedenen Bodycam-Modellen differenziert werden.[2635] Da die unterschiedlichen Funktionen bezüglich der Speicherung – rückwirkend in Form der Pre-Recording-Funktion oder Aufzeichnung ohne Zwischenspeicherung – die Begründung der Beschuldigteneigenschaft wesentlich beeinflussen, sollte, um eine Aufweichung des Beschuldigtenbegriffs zu verhindern, eine einheitliche Funktionsweise angestrebt werden. Vorzugsweise sollten Bodycams nicht über eine Pre-Recording-Funktion verfügen.

d) *Durchführung von Maßnahmen zur Gefahrenabwehr oder zur Verfolgung von Straftaten oder Ordnungswidrigkeiten von erheblicher Bedeutung*

Nach Art. 32a Abs. 1 S. 1 BayPAG-E können Polizeibehörden *bei der Durchführung von Maßnahmen zur Gefahrenabwehr* oder *zur Verfolgung von Straftaten oder Ordnungswidrigkeiten von erheblicher Bedeutung* Bodycams einsetzen. Während

2633 So auch *Parma* DÖV 2016, 809, 811.

2634 Auch nach *Parma* ist es eine große Herausforderung, *„eine Befugnisnorm zur Bild- und Tonaufzeichnung zum Zwecke der Eigensicherung zu schaffen, welche zum einen das Pre-Recording erlaubt, gleichzeitig aber nicht zulasten des Rechts auf informationelle Selbstbestimmung eine anlasslose Daueraufzeichnung vorsieht"* (*Parma* DÖV 2016, 809, 818).

2635 Siehe hierzu nochmal S. 531 ff.

z.B. § 14 Abs. 6 S. 1 HSOG Bild- und Tonaufnahmen an das Erfordernis der Identitätsfeststellung knüpft und damit den Anwendungsbereich erheblich einschränkt, wurde § 8 Abs. 5 S. 1 HmbPolDVG wiederum weit gefasst („*bei der Durchführung von Maßnahmen zur Gefahrenabwehr oder zur Verfolgung von Straftaten oder Ordnungswidrigkeiten*"). Wie in Hamburg sollte auch in Bayern die Videoüberwachungsmaßnahme lediglich an die Durchführung von Maßnahmen zur Gefahrenabwehr oder zur Verfolgung von Straftaten oder Ordnungswidrigkeiten von erheblicher Bedeutung geknüpft werden. Auf diese Weise wird der sachliche Anwendungsbereich der Bodycam nicht von der Durchführung konkreter polizeilicher Maßnahmen abhängig gemacht. Die Zulässigkeit der Datenerhebung durch Bodycams wird aber mittelbar begrenzt, da die Voraussetzungen „*Gefahrenabwehr*", „*Verfolgung von Straftaten*" bzw. „*Verfolgung von Ordnungswidrigkeiten von erheblicher Bedeutung*" stets erfüllt sein müssen (*sachliche Begrenzung*). Ordnungswidrigkeiten von erheblicher Bedeutung sind solche, die das Sicherheitsgefühl in der Öffentlichkeit sowie sonstige bedeutsame Interessen der Allgemeinheit in besonderer Weise beeinträchtigen oder die mit einem hohen Bußgeld geahndet werden.[2636] Durch die Formulierung „*bei* der Durchführung" soll die Einschlägigkeit der Norm zudem zeitlich auf das Notwendige begrenzt werden (*zeitliche Begrenzung*).

e) *Schutz gegen Gefahren für Leib oder Leben von Polizeivollzugsbeamtinnen und Polizeivollzugsbeamten oder Dritten bei konkreter Gefahr*

Ein offenes Beobachten und Aufzeichnen soll nach Art. 32a Abs. 1 S. 1 BayPAG-E nur zulässig sein, soweit dies nach den Umständen zum Schutz von Polizeivollzugsbeamtinnen und Polizeivollzugsbeamten oder Dritten gegen eine *Gefahr* für Leib oder Leben erforderlich ist (*strikte Anlassbezogenheit*).[2637] Voraussetzung ist eine konkrete Gefahr, da die Vorschrift von der „Gefahr" als solcher, ohne weitere qualifizierende Merkmale spricht. Bei Standardmaßnahmen ist das Erfordernis einer konkreten Gefahr ohnehin der Regelfall.[2638] Eine konkrete Gefahr liegt vor, „wenn in einem tatsächlich bestehendem konkreten Einzelfall bei ungehindertem Ablauf des objektiv zu erwartenden Geschehens eine Verletzung der Schutzgüter der öffentlichen Sicherheit oder Ordnung, also ein Schaden eintreten wird".[2639] Die Beurteilung über das Vorliegen einer konkreten Gefahr erfolgt anhand einer einzelfallabhängigen Abwägung, wobei das Übermaßverbot Berücksichtigung finden muss. Aufgrund dieses Umstands sind Unsicherheiten hinsichtlich des Grads der Wahrscheinlichkeit des Schadenseintritts jedoch nicht vermeidbar.[2640]

2636 VollzB PAG v. 28.8.1978, Nr. 32.2 (MAbl. 1978 S. 629).

2637 Auch nach *Parma* müssen Befugnisse zur Bild- und Tonaufzeichnung eine präzise Umschreibung enthalten, wann die Aufzeichnung gestartet werden darf (*Parma* DÖV 2016, 809, 818).

2638 *Kugelmann* Polizei- und Ordnungsrecht, 5/145.

2639 Komm-PAG/POG/*Schmidbauer* Art. 2 PAG Rn. 11.

2640 *Kugelmann* Polizei- und Ordnungsrecht, 5/146.

Ferner dürfen personenbezogene Daten nur erhoben werden, wenn dies zum Schutz von Polizeivollzugsbeamtinnen und Polizeivollzugsbeamten oder Dritten gegen eine Gefahr für *Leib oder Leben* erforderlich ist. Liegt hingegen eine Gefahr für ein anderes Rechtsgut vor, kann der Einsatz der Bodycam nicht auf Art. 32a Abs. 1 S. 1 BayPAG-E gestützt werden; würde jedes Rechtsgut vom Schutzbereich des Art. 32a Abs. 1 S. 1 BayPAG-E erfasst werden, würde dies zur Erhebung personenbezogener Daten in nicht unerheblichem Umfang führen. Die Erhebung, Verarbeitung und Nutzung personenbezogener Daten und die Auswahl und Gestaltung von Datenverarbeitungssystemen sind jedoch an dem Ziel auszurichten, so wenig personenbezogene Daten wie möglich zu erheben, zu verarbeiten oder zu nutzen (§ 3a BDSG). Durch die Begriffe „Leib" oder „Leben" soll zum Ausdruck gebracht werden, dass eine Datenerhebung bzw. -aufzeichnung durch Bodycams nur zum Schutz eines hochrangigen Schutzgutes zulässig ist und nicht allein zu Zwecken der Dokumentation von Beleidigungsdelikten erfolgen darf. Dies insbesondere vor dem Hintergrund, dass die personenbezogene Datenerhebung einen schwerwiegenden Eingriff in die Grundrechte der Betroffenen darstellt, die nur dann nicht außer Verhältnis zum Ziel stehen kann, wenn der Zweck der Datenerhebung gerade im Schutz von Leib oder Leben liegt.

Das Gebot der Datenvermeidung und Datensparsamkeit steht im engen Zusammenhang mit der Thematik des geschützten Personenkreises. Ausweislich des Art. 32a Abs. 1 S. 1 BayPAG-E ist eine Datenerhebung bzw. -aufzeichnung durch Bodycams nur zulässig, soweit dies zum Schutz von *Polizeivollzugsbeamtinnen* und *Polizeivollzugsbeamten* oder *Dritten* erforderlich ist. Aufgrund der angeblichen Zunahme der körperlichen Angriffe auf Polizisten sollen diese besonders geschützt werden. Dass ein einseitiger Schutz der Polizisten das zum Teil angespannte Verhältnis zwischen Polizei und Bevölkerung jedoch weiter verschärfen und damit eine Deeskalation eventuell gar nicht erreicht werden kann, wurde bereits ausführlich behandelt. Anstatt einen bloß einseitigen Schutz voranzutreiben, sollte vielmehr „dualistisch" ein Schutz der Polizei vor körperlichen Angriffen *und* ein Schutz der Bevölkerung vor polizeilichen, rechtswidrigen Übergriffen angestrebt werden.

Unter den Begriff „Dritter" im Sinne dieser Vorschrift ist – allein dem Wortlaut nach – auch der *unmittelbar* mit dem Polizisten in Kontakt stehende Bürger zu subsumieren. Daher könnte auch das polizeiliche Gegenüber vor unrechtmäßiger polizeilicher Gewalt, sofern diese eine Gefahr für Leib oder Leben darstellt, geschützt werden. Der Schutz vor Polizeigewalt wird im Ergebnis weniger am Wortlaut der Vorschrift scheitern, als an der Verschwiegenheit des Polizeiapparats hinsichtlich polizeilichen Fehlverhaltens bzw. unrechtmäßiger polizeilicher Gewaltanwendung. Da Fehler seitens der Polizei nicht geschehen bzw. nicht an die Öffentlichkeit gelangen sollen, wird ein offenes Beobachten zum Schutz von Dritten vor polizeilichen Übergriffen gerade nicht erfolgen. Der Mangel an einer entsprechenden Beobachtung bzw. Aufzeichnung ist auch – und vor allem – dem Umstand geschuldet, dass Bodycams nicht permanent aufzeichnen, sondern der filmende Polizist – nach eigenem Ermessen – darüber entscheidet, zu welchem Zeitpunkt die Kamera aktiviert wird. Ein ununterbrochenes Aufzeichnen des gesamten Polizeieinsatzes ist aber mit Blick auf die Akkulaufzeit und den Speicherplatz der SD-Karte technisch nahezu nicht umsetzbar. Ferner würden dadurch Daten in nicht unerheblichem Maße erhoben und verarbeitet werden. Dies wiederum wäre mit dem Gebot der Datenvermeidung und Datensparsamkeit (vgl. § 3a BDSG) nicht in Einklang zu bringen. Diesbezüglich haben auch *Kipker* und *Gärtner* zutreffend ausgeführt:

> Eine Daueraufnahme des gesamten Streifengangs hätte zwar den Vorteil, dass die Polizei nicht durch selektives Ein- und Ausschalten der Kamera eigenes Fehlverhalten verbergen könnte, würde aber in massivem Umfang personenbezogene Daten unbeteiligter Passanten aufzeichnen. Der Umfang der Videoaufzeichnung muss daher genau festgelegt und auf Gefahrensituationen beschränkt werden, in denen tatsächlich ein erheblicher Nutzen als Abschreckungs- oder Beweismittel erkennbar ist.[2641]

Unter den Begriff des „Dritten“ im Sinne von Art. 32a Abs. 1 S. 1 BayPAG-E ist nicht nur das polizeiliche Gegenüber zu fassen. Vielmehr sollen davon auch unbeteiligte Dritte, die nicht mit den Polizisten in unmittelbaren Kontakt stehen, erfasst werden. Dieser Personenkreis kann durch den Einsatz der Kamera und einem damit einhergehenden Abschreckungseffekt vor Gefahren für Leib oder Leben geschützt werden.

f) Öffentlich zugänglicher Ort

Ein Einsatz von Bodycams sollte nur an *öffentlich zugänglichen Orten* zulässig sein. Auch in Hessen, Rheinland-Pfalz, Hamburg und im Saarland ist der öffentlich zugängliche Ort/Bereich/Raum Voraussetzung. Öffentlich zugänglich ist ein Ort dann, wenn er von jedermann betreten werden darf.[2642] Nach Nr. 32.3 der Vollzugsbekanntmachung sind öffentlich zugängliche Orte im Sinne von Art. 32 Abs. 2 S. 1 Nr. 2 und Nr. 3 BayPAG insbesondere Bahnhöfe, Fußgängerzonen, Parkanlagen, Einkaufspassagen, Fußgängerunterführungen und bestimmte Straßen und Plätze.[2643] Durch die Normierung des „öffentlich zugänglichen Ortes“ kann ein Grundrechtseingriff auf das Minimum beschränkt werden. Insbesondere wird dadurch ein Eingriff in die räumlich geschützte Privatsphäre[2644] ausgeschlossen (Art. 13 GG/ Art. 8 Abs. 1 EMRK).

g) Erhebung und Aufzeichnung personenbezogener Daten über dritte Personen nach Art. 32a Abs. 1 S. 2 BayPAG-E

Personenbezogene Daten über dritte Personen dürfen gemäß Art. 32a Abs. 1 S. 2 BayPAG-E *aufgezeichnet* werden, soweit dies unerlässlich ist, um Maßnahmen nach Art. 32a Abs. 1 S. 1 BayPAG-E durchführen zu können.

2641 *Kipker/Gärtner* NJW 2015, 296, 298.
2642 *Berner/Köhler/Käß*-PAG, Art. 32 Rn. 11.
2643 VollzB PAG v. 28.8.1978, Nr. 32.3 (MAbl. 1978 S. 629).
2644 Vgl. hierzu Jarass/Pieroth, Art. 13 GG Rn. 4.

Bodycams sind nicht ortsfest installiert. Die Überwachung mit Bodycams stellt vielmehr eine mobile Videoüberwachungsmaßnahme dar. Damit ist eine großflächige Videoüberwachung möglich, sodass zwangsläufig auch zahlreiche unbeteiligte Dritte von der Maßnahme erfasst werden. Um einen Eingriff in die Grundrechte unbeteiligter Dritter so gering wie möglich zu halten, kann die Aufzeichnung personenbezogener Daten jener aber nur dann zulässig sein, soweit dies zur Durchführung einer Maßnahme nach Art. 32a Abs. 1 S. 1 BayPAG-E unerlässlich ist. Die Speicherung personenbezogener Daten über dritte Personen ist nur dann unerlässlich, wenn diese eine notwendige und unverzichtbare Begleiterscheinung zur Maßnahme nach Art. 32a Abs. 1 S. 1 BayPAG-E darstellt. Im Rahmen einer Güterabwägung muss gerade das Interesse dritter Personen am Recht auf informationelle Selbstbestimmung gemäß Art. 2 Abs. 1 i.V.m. Art. 1 Abs. 1 GG hinter das Interesse der Polizeivollzugsbeamtinnen bzw. Polizeivollzugsbeamten oder Dritter am Schutz gegen eine Gefahr für Leib oder Leben zurücktreten.

Nach § 14 Abs. 6 S. 2 HSOG können personenbezogene Daten auch über dritte Personen *erhoben* werden, soweit dies unerlässlich ist, um die Maßnahme nach § 14 Abs. 6 S. 1 HSOG durchführen zu können. Im Zusammenhang mit der Pre-Recording-Funktion („kurzfristiges technisches Erfassen") führte *Parma* zur Zulässigkeit der bloßen Datenerhebung wie folgt aus:

> Das Erheben von personenbezogenen Daten mittels Body-Cam, also das Filmen bestimmter oder bestimmbarer Personen ohne Aufzeichnung, ist eine Vorstufe der weiteren Datenverarbeitung. Die technische Erfassung und die Aufzeichnung stellen im Gegensatz zur einfachen Erhebung eine Datenspeicherung dar. Beim Pre-Recording [...] entsteht ein unzertrennlicher Gegensatz in Bezug auf die unbeteiligten Dritten, denn Passanten, Zeugen, Angehörige von Feuerwehr und Rettungsdienst etc. werden unausweichlich fortlaufend technisch erfasst und somit personenbezogene Daten gespeichert. Zulässig wäre gegenüber Dritten jedoch nur eine Datenerhebung.[2645]

Auch wenn in Bayern eine Pre-Recording-Funktion vorzugsweise nicht zum Einsatz kommen sollte, ist der Auffassung von *Parma*, wonach ein kurzfristiges technisches Erfassen und ein Aufzeichnen nicht nur ein einfaches Erheben, sondern eine Datenspeicherung darstellen, zuzustimmen. Da unbeteiligte Dritte beim Einsatz der Bodycam – auch ohne Pre-Recording – unausweichlich erfasst und deren personenbezogenen Daten aufgezeichnet werden können, muss gerade auch die *Aufzeichnung* personenbezogener Daten über dritte Personen in Art. 32a Abs. 1 S. 2 BayPAG-E gesetzlich geregelt sein.[2646]

2645 *Parma* DÖV 2016, 809, 811.

2646 Zur unvermeidbaren Datenspeicherung über Dritte siehe bereits *Roggan*, Stellungnahme v. 20.9.2004 zu den Entwürfen der Landesregierung und der Fraktion der SPD für ein Achtes Gesetz zur Änderung des Hessischen Gesetzes über die öffentliche Sicherheit und Ordnung – LT-Drs. 16/2352 v. 8.6.2004 und 16/731 v. 13.10.2003, S. 182 ff., http://starweb.hessen.de/cache/AV/16/INA/INA-AV-023-T2.pdf (Stand: Dezember 2016).

2. *Art. 32a Abs. 2 BayPAG-E*

Nach Art. 32a Abs. 2 BayPAG-E ist in den Fällen des Art. 32a Abs. 1 S. 1 und S. 2 BayPAG-E in geeigneter Weise auf die Bild- und Tonaufnahmen und -aufzeichnungen hinzuweisen.

Der Einsatz von Bodycams kann unter anderem wegen der erforderlichen Hinweispflicht („*ist*") nicht auf die bestehende Vorschrift des Art. 32 Abs. 2 S. 1 Nr. 1 BayPAG gestützt werden. Nach Art. 32 Abs. 2 S. 2 BayPAG *soll* im Fall des Art. 32 Abs. 2 S. 1 Nr. 1 BayPAG in geeigneter Weise auf die Bild- und Tonaufnahmen und -aufzeichnungen hingewiesen werden. Art. 32 Abs. 2 S. 2 BayPAG ist eine verfassungsrechtlich nicht zwingende Vorschrift und enthält keine Rechtmäßigkeitsvoraussetzung der Videoüberwachung.[2647] Für den Einsatz von Bodycams ist hingegen die Normierung einer Hinweispflicht erforderlich. Auch nach *Kipker* und *Gärtner* ist „[u]nverzichtbare Voraussetzung einer rechtmäßigen Verwendung der Body-Cams [...] die deutliche Erkennbarkeit der Aufzeichnung. Sowohl dem potentiellen Störer, mit dem sich die Polizisten auseinandersetzen, als auch den im Umfeld miterfassten unbeteiligten Dritten muss deutlich gemacht werden, dass eine polizeiliche Videoaufnahme stattfindet."[2648] Nur durch einen ausdrücklichen Hinweis kann dem Transparenzgebot der Datenerhebung Rechnung getragen werden. Darüber hinaus würde eine verdeckte Videoüberwachung im Vergleich zur offenen Videoüberwachung einen weitaus intensiveren Grundrechtseingriff darstellen. Da Grundrechtseingriffe durch Bodycams so gering wie möglich gehalten werden sollen, ist eine Hinweispflicht unabdingbare Voraussetzungen für die Zulässigkeit der Datenerhebung nach Art. 32a Abs. 1 BayPAG-E.

Nach Art. 32 Abs. 2 BayPAG-E ist *in geeigneter Weise* auf die Bild- und Tonaufnahmen und -aufzeichnungen hinzuweisen. Durch die Formulierung „in geeigneter Weise" soll der filmende Polizist nicht an eine bestimmte Art und Weise der Hinweispflicht gebunden sein. Dadurch kann den jeweiligen Umständen des Einzelfalls Rechnung getragen werden. Beim Einsatz von Bodycams kommen verschiedene Formen einer Hinweispflicht in Betracht: Es ist ein verbaler Hinweis gegenüber dem unmittelbar Gefilmten möglich. Ein solcher kann aber vor dem Hintergrund, dass sich auch unbeteiligte Dritte im Aufnahmebereich befinden und diese einer Erhebung ihrer personenbezogenen Daten ausgesetzt sind, nicht ausreichen. Damit diese Personen auf (mittlere) Entfernung Kenntnis von der Überwachungsmaßnahme nehmen können, müssen die Polizisten mit entsprechenden Westen, welche auf die Videoüberwachung hinweisen ausgerüstet sein. Wie bereits im Rahmen dieser Abhandlung diskutiert worden ist, genügen Westen mit der Aufschrift „Videoüberwachung" der Hinweispflicht nicht, da Bodycams häufig an Orten eingesetzt werden, an denen sich fremdsprachige Personen aufhalten. Nach allgemeiner

2647 Komm-PAG/POG/*Schmidbauer* Art. 32 PAG Rn. 12; *Berner/Köhler/Käß*-PAG, Art. 32 Rn. 13 („Soll-Vorschrift", die keine subjektiven Rechte des Betroffenen begründet und deren Verstoß nicht zur Rechtswidrigkeit führt).

2648 *Kipker/Gärtner* NJW 2015, 296, 299 („*Transparenz für den Aufnahmevorgang*").

Auffassung ist eine Mehrsprachigkeit von Hinweisen überzogen.[2649] Wenn Bodycams an öffentlich zugänglichen Orten im Einsatz sind, welche häufig (auch) von fremdsprachigen Personen frequentiert werden, kann ein schriftlicher Hinweis auf die Videoüberwachung allein in deutscher Sprache aber nicht ausreichend sein, um nicht gegen das Transparenzgebot zu verstoßen. Eine Alternative zu mehrsprachigen Hinweisen auf die Videoüberwachung sieht *Scholz* in der „Verwendung von allgemein und international verständlichen Piktogrammen".[2650] Statt der Aufschrift „Videoüberwachung" sollten die filmenden Polizisten daher eine Weste mit einem entsprechenden Piktogramm, das auf die Überwachungsmaßnahmen hindeutet, tragen. Darüber hinaus kann „durch eine auffällige Aufnahmeleuchte, signalisiert werden, ob die Kamera gerade aufzeichnet oder deaktiviert ist".[2651]

3. Art. 32a Abs. 3 BayPAG-E

Art. 32a Abs. 3 BayPAG-E normiert, dass Bild- und Tonaufnahmen oder -aufzeichnungen spätestens drei Wochen nach der Datenerhebung zu löschen oder zu vernichten sind, soweit diese nicht zur Verfolgung von Straftaten oder Ordnungswidrigkeiten von erheblicher Bedeutung benötigt werden.

Die kurze Löschungs- und Vernichtungspflicht von drei Wochen soll hierbei an Art. 32 Abs. 4 BayPAG angelehnt werden. Durch das Gesetz zur Änderung des Polizeiaufgabengesetzes, des Bayerischen Verfassungsschutzgesetzes und des Bayerischen Datenschutzgesetzes v. 27.7.2009 wurde diese Frist von zwei Monaten auf drei Wochen verkürzt.[2652] Durch eine Verkürzung der Aufbewahrungsfrist sollte der Grundrechtsschutz gestärkt werden.[2653]

Nach § 14 Abs. 6 S. 3 HSOG sind die Daten, sofern sie für Zwecke der Eigensicherung oder der Strafverfolgung nicht mehr erforderlich sind, unverzüglich zu löschen. Diese Unverzüglichkeit führt jedoch dazu, dass der Betroffene praktisch keine Möglichkeit hat, seinen Auskunftsanspruch geltend zu machen. Daher ist in Art. 32a Abs. 3 BayPAG-E eine *Mindestspeicherdauer* gesetzlich festzulegen.

Des Weiteren legt Art. 32a Abs. 3 BayPAG-E eine ausschließliche Verwendungsregel fest. Die Aufnahmen bzw. Aufzeichnungen sind nämlich nur dann spätestens nach drei Wochen zu löschen, soweit sie nicht *zur Verfolgung von Straftaten oder Ordnungswidrigkeiten von erheblicher Bedeutung* benötigt werden. Der Begriff der Ordnungswidrigkeit wird in Art. 11 Abs. 2 S. 3 BayPAG legaldefiniert. Ordnungswidrigkeiten im Sinne des BayPAG sind rechtswidrige Taten, die den Tatbestand einer

2649 *Lang* Private Videoüberwachung, S. 312; Komm-BDSG/*Gola/Klug/Körffer* § 6b Rn. 24.

2650 Nomos-BDSG/*Scholz* § 6b Rn. 106.

2651 *Kipker/Gärtner* NJW 2015, 296, 299.

2652 Gesetz zur Änderung des Polizeiaufgabengesetzes, des Bayerischen Verfassungsschutzgesetzes und des Bayerischen Datenschutzgesetzes v. 27.7.2009, GVBl. Bayern, Nr. 14/2009, S. 380.

2653 *Honnacker/Beinhofer/Hauser* PAG Art. 32 Rn. 14.

Ordnungswidrigkeit erfüllen. Der Begriff der Ordnungswidrigkeit von erheblicher Bedeutung wird im BayPAG hingegen nicht ausdrücklich definiert, findet sich aber beispielsweise in Art. 17 Abs. 1 Nr. 2 BayPAG, Art. 32 Abs. 1 S. 1 und Abs. 2 S. 1 Nr. 3 BayPAG. Hinweise zum Begriff der Ordnungswidrigkeit von erheblicher Bedeutung gibt Nr. 32.2 der Vollzugsbekanntmachung. Ordnungswidrigkeiten von erheblicher Bedeutung sind danach solche Ordnungswidrigkeiten, „die das Sicherheitsgefühl in der Öffentlichkeit sowie sonstige bedeutsame Interessen der Allgemeinheit in besonderer Weise beeinträchtigen".[2654] Durch die Verwendungsregel sollen andere, weitreichendere Verwendungsmöglichkeiten ausgeschlossen werden. Insbesondere soll dadurch sichergestellt werden, dass Bild- und Tonaufnahmen bzw. -aufzeichnungen nicht für andere Zwecke, beispielsweise für zivilrechtliche Zwecke verwendet werden. Die Verwendung personenbezogener Daten soll vielmehr auf das Notwendige beschränkt werden.

4. Art. 32a Abs. 4 BayPAG-E

Die Polizeibehörde hat die personenbezogenen Daten unverzüglich an die Treuhandstelle zu übermitteln, Art. 32a Abs. 4 S. 1 BayPAG.

Das Übermitteln der Daten an eine Treuhandstelle setzt begrifflich das Bestehen einer solchen Einrichtung voraus.

a) Gewährleistung umfassender Datensicherheit und Transparenz durch Vorschriften des BayPAG?

Zu klären ist zunächst, ob nicht bereits die Vorschriften des BayPAG ausreichen, um eine umfassende Datensicherheit und Transparenz hinsichtlich Gewinnung und Auswertung des Datenmaterials zu gewährleisten. Dies hat vor allem vor dem Hintergrund zu erfolgen, als bereits das Bayerische Landespolizeigesetz Vorschriften enthält, welche dem Betroffenen einzelne Rechte bezüglich erhobener personenbezogener Daten einräumen. Beispielsweise gibt Art. 45 BayPAG das Recht auf Berichtigung, Löschung und Sperrung von Daten unter den dort normierten Voraussetzungen. Ferner sieht Art. 48 BayPAG einen gerichtlich einklagbaren Auskunftsanspruch des Betroffenen über die zu seiner Person gespeicherten Daten vor. Dem Auskunftsbegehren des Betroffenen ist lediglich dann nicht nachzukommen, wenn die Voraussetzungen des Art. 48 Abs. 2 BayPAG vorliegen.[2655] Eine Auskunft unterbleibt beispielsweise, soweit eine Gefährdung der Aufgabenerfüllung durch die Auskunftserteilung, insbesondere eine Ausforschung der Polizei zu besorgen ist, Art. 48 Abs. 2 Nr. 1 BayPAG. Auskunftsansprüche des Betroffenen können zur Herstellung der Transparenz beitragen. Auch das Bayerische Datenschutzgesetz

2654 VollzB PAG v. 28.8.1978, Nr. 32.2 (MAbl. 1978 S. 629).
2655 *Honnacker/Beinhofer/Hauser* PAG Art. 48 Rn. 1.

gewährt dem Betroffenen Schutzrechte (vgl. Art. 9 ff. BayDSG).[2656] Die Regelungen des BayPAG und des BayDSG sind jedoch zu allgemein und zu unbestimmt gehalten, um der speziellen Gefährdung, die aus dem Einsatz von Bodycams resultiert, ausreichend begegnen zu können.

Auch die bereits bestehenden Ermächtigungsgrundlagen in Hessen und Hamburg (§ 14 Abs. 6 S. 3 HSOG und § 8 Abs. 5 S. 3 i.V.m. Abs. 4 S. 4 HmbPolDVG) regeln zwar unter welchen Voraussetzungen ein Bodycam-Einsatz zulässig ist. Eine explizite Regelung zum konkreten Umgang mit den erhobenen Daten findet man dagegen nicht. Diesbezüglich können nur die allgemeinen Vorschriften Anwendung finden. Diese sind jedoch ebenfalls zu allgemein gehalten.

Damit gewährleisten die landesrechtlichen Vorschriften keine ausreichende Datensicherheit und Transparenz.

b) Eckpunkte für die Errichtung einer Treuhandstelle und Grundsätze zur Gewährleistung einer umfassenden Datensicherheit

Bodycams zeichnen das Einsatzgeschehen zur strafprozessualen Beweissicherung auf. Die Datensicherheit muss umfassend gewährleistet werden:

> In der jüngeren Vergangenheit hat es bereits verschiedene Situationen gegeben, in denen möglicherweise Polizeigewalt belegendes Videomaterial abhandenkam oder an entscheidenden Stellen Aufnahmelücken aufwies.[2657]

Eine Transparenz der Datenauswertung und eine Gewährleistung der Datensicherheit kann nur durch eine Treuhandstelle sichergestellt werden. Insbesondere soll durch die Errichtung einer Treuhandstelle gewährleistet werden, dass keine unbefugten Änderungen am Datenmaterial vorgenommen werden. Ferner soll sichergestellt werden, dass Betroffene ihre Rechte effektiv wahrnehmen können.[2658]

aa) Unabhängigkeit der Treuhandstelle

Die Treuhandstelle muss *unabhängig* sein. Das bedeutet, dass die Treuhandstelle den Polizeibehörden nicht institutionell zugeordnet sein darf. Ferner darf zwischen den Mitarbeitern der Treuhandstelle und den Polizisten der jeweiligen Polizeibehörde keine persönliche Nähe bestehen. Nur so kann eine vollumfängliche Datensicherheit gewährleistet und Probleme – wie sie zum Teil bei der Strafverfolgung polizeilichen Fehlverhaltens bestehen – im Vorfeld verhindert werden. Um die Unabhängigkeit der Treuhandstelle zu gewährleisten, scheint es sinnvoll zu sein, die Treuhandstelle

---

2656 Art. 30 ff. BayPAG enthalten bereichsspezifischen Datenschutz. Das BayDSG ist diesbezüglich subsidiär und findet nur dann Anwendung, wenn das BayPAG keine speziellen Regelungen enthält (*Honnacker/Beinhofer/Hauser* PAG Art. 49 Rn. 1; *Teubert* Datenschutz und Polizei, S. 25).

2657 *Kipker/Gärtner* NJW 2015, 296, 299.

2658 Auch *Parma* hält die Einrichtung einer Treuhandstelle für sinnvoll (*Parma* DÖV 2016, 809, 819).

in die Behörden der Datenschutzkontrolle einzugliedern.[2659] Die Treuhandstelle kann in die bereits bestehende Datenschutzkommission nach Art. 33 BayDSG integriert werden.[2660] Nach Art. 33 Abs. 3 S. 1 BayDSG unterstützt die Datenschutzkommission den Landesbeauftragten für den Datenschutz in seiner Arbeit. Dieser kontrolliert bei den öffentlichen Stellen die Einhaltung des BayDSG und anderer Vorschriften über den Datenschutz (Art. 30 Abs. 1 BayDSG).

Eine unabhängige Treuhandstelle existiert bislang in keinem Bundesland. Mitnichten kann es ausreichen, dass der filmende Polizist oder der Vorgesetzte über die weitere Verwendung der Daten – insbesondere über deren Sicherung – entscheidet.[2661] Da das Videomaterial unter Umständen auch für den Polizisten Belastendes enthält und innerhalb des Polizeiapparats eine Fehlerkultur nicht immer gewährleistet ist, können durch die bisherige Praxis Datenintegrität und Transparenz nicht garantiert werden. Die Daten müssen während der Verarbeitung unverfälscht und vollständig bleiben, da nur auf diese Weise das polizeiliche Videomaterial ein objektives Beweismittel darstellen kann. Daher ist eine vollumfängliche Unabhängigkeit der Treuhandstelle erforderlich.

bb) Zuständigkeit

Je weiter die Zuständigkeit der Treuhandstelle, desto mehr Ressourcen werden benötigt, um das Datenmaterial kompetent und effektiv bearbeiten zu können. Daher sollte die Treuhandstelle ausschließlich für die Datenverarbeitung der durch Bodycams gewonnenen Daten zuständig sein.

cc) Technische und organisatorische Maßnahmen der Treuhandstelle

Art. 7 Abs. 2 BayDSG ist auch bei polizeilicher Datenerhebung und -verarbeitung unmittelbar anwendbar,[2662] sodass hinsichtlich technischer und organisatorischer Maßnahmen der unabhängigen Treuhandstelle die zentralen Aspekte von Art. 7 Abs. 2 BayDSG heranzuziehen sind. Die Normierung des Art. 7 Abs. 2 BayDSG innerhalb des Art. 32a Abs. 4 BayPAG-E stellt lediglich eine sog. *deklaratorische Verweisung* dar. Sie gibt Hinweis auf eine Vorschrift, welche nach der geltenden Rechtslage ohnehin beachtet werden muss. Die Verweisung fügt dem geltenden Recht nichts hinzu und ist im Grunde damit eigentlich entbehrlich. Da aber durch eine entsprechende Verweisung die Norm leichter auffindbar ist, soll Art. 7 Abs. 2 BayDSG ausdrücklich normiert werden.

2659 So auch *Kipker/Gärtner* NJW 2015, 296, 300.

2660 Eine Möglichkeit stellt auch die Integration der Treuhandstelle in die entsprechenden Fach- und Dienstaufsichtsbehörden über die Vollzugspolizei dar (so jedenfalls *Kipker/Gärtner* NJW 2015, 296, 300).

2661 http://www.spiegel.de/netzwelt/gadgets/bodycams-fuer-polizisten-feldversuch-in-frankfurt-a-1041212.html (Stand: Dezember 2016).

2662 *Berner/Köhler/Käß*-PAG, Art. 49 Rn. 3; Komm-PAG/POG/*Schmidbauer* Art. 49 PAG Rn. 2.

Werden personenbezogene Daten automatisiert verarbeitet, sind Maßnahmen zu treffen, die je nach der Art der zu schützenden personenbezogenen Daten geeignet sind, die Kontrollarten des Art. 7 Abs. 2 BayDSG zu gewährleisten. Die Maßnahmen nach Art. 7 Abs. 2 BayDSG – Zugangs-, Datenträger-, Speicher-, Benutzer-, Zugriffs-, Übermittlungs-, Eingabe-, Auftrags-, Transport- und Organisationskontrolle – werden als sog. *Datensicherheitsmaßnahmen* bezeichnet.[2663] Nachstehend werden einige Sicherheitsmaßnahmen, die auch im Zusammenhang mit Bodycams von besonderem Interesse sind, dargestellt.

Die unabhängige Treuhandstelle hat dafür Sorge zu tragen, dass Unbefugten der Zugang zu Datenverarbeitungsanlagen, mit denen personenbezogene Daten verarbeitet werden, verwehrt wird (*Zugangskontrolle*). Das Datenmaterial muss gegen jeden physischen Zugriff von außen gesichert sein. Der Begriff des „Unbefugten" soll in diesem Kontext weit verstanden werden, sodass darunter sämtliche Personen zu subsumieren sind, welche keine Befugnis haben, auf die Daten tatsächlich zuzugreifen. Vom Begriff „Unbefugte" werden – im Zusammenhang mit den durch Bodycams gewonnenen Daten – auch Polizeibeamte erfasst. Auch ihnen ist ein physischer Zugriff zu verwehren. Das Datenmaterial kann belastendes Fehlverhalten des Polizisten enthalten. Da aber nur unverfälschtes und vollständiges Datenmaterial ein objektives Beweismittel darstellt, muss auch Polizisten der Zugang zu den Datenverarbeitungsanlagen versagt werden. Nur so wird verhindert, dass sie auf die Anlagen einwirken und/oder Kenntnis von den Daten nehmen können.[2664] Vor dem Hintergrund polizeilicher Übergriffe und einer diesbezüglichen Verschwiegenheit auf polizeilicher Seite, genügt es jedoch nicht, erst den physischen Zugang zu den Datenverarbeitungsanlagen zu verwehren. Das Datenmaterial muss bereits *während* des Aufnahmevorgangs vor äußeren Zugriffen geschützt werden. Um sicherzustellen, dass die Daten während der Aufnahme vollständig und widerspruchsfrei bleiben, bietet es sich an, „die Daten bereits auf den Aufnahmegeräten während ihres Erhebungsvorgangs mit einer Verschlüsselung zu versehen, die nur durch die Treuhandstelle rückgängig gemacht werden kann."[2665] Durch eine entsprechende Verschlüsselung wird gewährleistet, dass auf die Daten nicht eingewirkt werden kann. Insbesondere wird sichergestellt, dass für den Polizisten belastendes Beweismaterial nicht gelöscht wird. Nur so ist es möglich, dass Bodycams – zumindest in Einzelfällen – als Beweis für Polizeigewalt herangezogen werden können. Nach Art. 32a Abs. 4 S. 1 BayPAG-E hat die Polizei die personenbezogenen Daten unverzüglich an die Treuhandstelle zu übermitteln. Diese ist befugt, die verschlüsselten Daten zu entschlüsseln und zu verarbeiten.

Im Zusammenhang mit der Löschungs- bzw. Vernichtungsfrist der Treuhandstelle sind die sog. *Datenträgerkontrolle* und *Speicherkontrolle* zu erwähnen. Die

---

2663 Datenschutz in der Kommune, S. 51; siehe auch *Schieder/Ludyga* Art. 15 BayDSG Rn. 3 (*„Datensicherung"*).

2664 Datenschutz in der Kommune, S. 52.

2665 *Kipker/Gärtner* NJW 2015, 296, 300.

Treuhandstelle hat zu verhindern, dass Datenträger unbefugt gelesen, kopiert, verändert oder entfernt werden können. Ferner muss sie die unbefugte Eingabe in den Speicher sowie die unbefugte Kenntnisnahme, Veränderung oder Löschung gespeicherter personenbezogener Daten verhindern. Die Datenträger-und Speicherkontrolle ist sowohl bezüglich der körperlichen Angriffe auf Polizisten, als auch bezüglich polizeilicher Übergriffe von Bedeutung. In beiden Fällen soll verhindert werden, dass Datenträger, welche belastendes Beweismaterial enthalten, unbefugt verändert oder entfernt werden bzw. dass bereits gespeicherte personenbezogene Daten verändert oder gelöscht werden. Als Maßnahmen kommen hierfür beispielsweise die Aufbewahrung der Datenträger in Sicherheitsbereichen (*Datenträgerkontrolle*) und der Zwang zur Identifikation und Authentisierung der Benutzer (*Speicherkontrolle*) in Betracht.[2666]

Des Weiteren hat die unabhängige Treuhandstelle sicherzustellen, dass die Berechtigten Zugriff zu den Daten haben. Es ist jedoch zu gewährleisten, dass die zur Benutzung eines Datenverarbeitungssystems Berechtigten ausschließlich auf die ihrer Zugriffsberechtigung unterliegenden Daten zugreifen können und dass personenbezogene Daten bei der Verarbeitung, Nutzung und nach der Speicherung nicht unbefugt gelesen, kopiert, verändert oder entfernt werden können (*Zugriffskontrolle*). Auch hierfür empfiehlt sich der Einsatz eines Verschlüsselungsverfahrens oder eine benutzerbezogene Protokollierung von (Fehl-)Zugriffen.[2667]

Die Treuhandstelle muss überdies geeignete Maßnahmen treffen, um zu verhindern, dass bei der Übertragung personenbezogener Daten sowie beim Transport von Datenträgern die Daten unbefugt gelesen, kopiert, verändert oder gelöscht werden können (*Transportkontrolle*). Die Transportkontrolle ist auch im Zusammenhang mit Bodycams von besonderer Bedeutung, vor allem dann, wenn das Datenmaterial an die Staatsanwaltschaft übermittelt und als Beweismaterial in ein Strafverfahren eingeführt werden soll. Durch eine entsprechende Kontrolle soll verhindert werden, dass das Datenmaterial verändert oder gelöscht wird und damit kein taugliches, objektives Beweismittel mehr darstellt. Um zu verhindern, dass Unberechtigte die Daten verändern oder löschen, können die Daten verschlüsselt werden. Ferner kommt eine Duplizierung des Datenmaterials in Betracht.[2668]

Schließlich müssen von der Treuhandstelle Maßnahmen getroffen werden, die gewährleisten, dass nachträglich überprüft und festgestellt werden kann, welche personenbezogenen Daten zu welcher Zeit von wem in Datenverarbeitungssysteme eingegeben worden sind (*Eingabekontrolle*). Durch diese Form der Protokollierung wird nachvollziehbar gemacht, wer zu welcher Zeit auf welche Daten zugriffen hat. Dadurch wird die Authentizität der Daten sichergestellt. Ferner besteht die Möglichkeit, zu überprüfen, ob die Daten im Nachhinein verändert oder verfälscht worden sind.

2666 Datenschutz in der Kommune, S. 53.
2667 Datenschutz in der Kommune, S. 54.
2668 Datenschutz in der Kommune, S. 56.

c) *Unverzügliche Übermittlung an die Treuhandstelle, Art. 32a Abs. 4 S. 1 BayPAG-E*

Die Polizeibehörde hat die personenbezogenen Daten unverzüglich an die Treuhandstelle zu übermitteln, Art. 32a Abs. 4 S. 1 BayPAG-E.

„Unverzüglich“ ist hier im Sinne von § 121 Abs. 1 BGB zu verstehen, bedeutet also ein Weiterleiten der personenbezogenen Daten ohne schuldhaftes (vorsätzliches oder fahrlässiges) Zögern.[2669] Die Normierung einer konkreten Frist ist hingegen nicht erforderlich. Mit dem unbestimmten Rechtsbegriff „unverzüglich“ kann insbesondere den jeweiligen Umständen des Einzelfalls Rechnung getragen werden. Durch eine Verschlüsselung der Daten bereits während des Aufzeichnungsvorgangs wird ohnehin sichergestellt, dass die Daten nachträglich nicht verfälscht oder gelöscht werden.

d) *Zuständigkeit nach Art. 32a Abs. 4 S. 2 i.V.m. Abs. 3 BayPAG-E*

Die Treuhandstelle ist zuständig, Bild- und Tonaufnahmen oder -aufzeichnungen spätestens drei Wochen nach der Datenerhebung zu löschen oder zu vernichten, soweit diese nicht zur Verfolgung von Straftaten oder Ordnungswidrigkeiten von erheblicher Bedeutung benötigt werden (Art. 32a Abs. 4 S. 2 i.V.m. Abs. 3 BayPAG-E). Sowohl die Datenerhebung, als auch der Akt der Datenaufzeichnung stellen einen schwerwiegenden Eingriff in das Recht auf informationelle Selbstbestimmung nach Art. 2 Abs. 1 i.V.m. Art. 1 Abs. 1 GG dar. Um einen Eingriff so gering wie möglich zu halten, dürfen die Daten daher nicht für einen unbegrenzten Zeitraum gespeichert werden. Die Löschungspflicht von spätestens drei Wochen nach Datenerhebung ist bereits in Art. 32a Abs. 3 BayPAG-E geregelt. Zuständig für die Löschung muss die unabhängige Treuhandstelle sein. Nur so kann sichergestellt werden, dass die Daten vollständig gelöscht bzw. die Datenträger komplett vernichtet werden; einer möglichen Missbrauchsgefahr wird entgegenwirkt.

5. *Ansprüche der Betroffenen*

Art. 32a BayPAG-E gewährt den Betroffenen auch gerichtlich einklagbare Ansprüche. Die einzelnen Ansprüche werden nachfolgend erörtert.

a) *Anspruch auf Hinweis auf die Bild- und Tonaufnahmen und -aufzeichnungen in geeigneter Weise, Art. 32a Abs. 2 BayPAG-E*

In Fällen des Art. 32a Abs. 1 S. 1 und S. 2 BayPAG-E ist in geeigneter Weise auf die Bild- und Tonaufnahmen und -aufzeichnungen hinzuweisen. Die Polizeibehörden haben eine Hinweispflicht (*„ist“*). Die Muss-Vorschrift begründet – im Gegensatz zu bloßen Soll-Vorschriften – ein subjektives Recht des Betroffenen. Der Betroffene hat lediglich Anspruch auf *einen* Hinweis; einen Anspruch auf eine bestimmte Form

---

2669 BeckOK-BGB/*Wendtland* § 121 Rn. 6.

begründet die Norm hingegen nicht. Durch die Formulierung „in geeigneter Weise“ soll vielmehr den Umständen des Einzelfalls Rechnung getragen werden können. Insbesondere beim Bodycam-Einsatz reichen zur Erfüllung der Hinweispflicht ein mündlicher Hinweis auf die Videoüberwachung oder eine vom Polizisten zu tragende Weste mit einem entsprechenden Piktogramm aus.

b) Löschungs- bzw. Vernichtungsanspruch, Art. 32a Abs. 3 BayPAG-E

Nach Art. 32a Abs. 4 S. 2 i.V.m. Abs. 3 BayPAG-E ist die Treuhandstelle zuständig, Bild- und Tonaufnahmen oder -aufzeichnungen nach Absatz 1 Satz 1 und Satz 2 spätestens drei Wochen nach der Datenerhebung zu löschen oder zu vernichten, soweit diese nicht zur Verfolgung von Straftaten oder Ordnungswidrigkeiten von erheblicher Bedeutung benötigt werden.

Nicht nur die Erhebung personenbezogener Daten, sondern auch eine Aufzeichnung, sowie etwaige Folgemaßnahmen (z.B. Verwertung) stellen schwerwiegende Eingriffe in die Grundrechte der Betroffenen dar. Um diese Eingriffe, auf ein Minimum zu beschränken, dürfen die Daten nicht unbegrenzt gespeichert werden. Die Maximalspeicherfrist soll drei Wochen betragen. Durch die Formulierung „sind [...] zu löschen oder zu vernichten“ wird der gerichtlich durchsetzbare Löschungs- bzw. Vernichtungsanspruch des Betroffenen zum Ausdruck gebracht, sofern die Maximalspeicherfrist abgelaufen ist und die Daten nicht zur Verfolgung von Straftaten oder Ordnungswidrigkeiten von erheblicher Bedeutung benötigt werden (*Löschungs- bzw. Vernichtungsanspruch*). Dabei soll nicht nur dem polizeilichen Gegenüber und unbeteiligten Dritten, die sich (zufällig) im Aufnahmebereich befinden ein entsprechender Anspruch zukommen. Vielmehr muss auch der Polizist diesen Anspruch haben.

Die Daten sind gelöscht, wenn diese unkenntlich gemacht worden sind. Ein „Vernichten“ liegt hingegen dann vor, wenn der Datenträger mit den auf ihm gespeicherten Daten zerstört worden ist. Wird der Datenträger vernichtet, wird das Datenmaterial zwangsläufig auch gelöscht.[2670]

c) Anspruch auf Auskunft, Art. 32a Abs. 5 S. 1 BayPAG-E

Die Treuhandstelle hat dem Betroffenen auf Antrag über die zu seiner Person gespeicherten Daten Auskunft zu erteilen, Art. 32a Abs. 5 S. 1 BayPAG-E. Die Muss-Vorschrift begründet ein subjektives Recht des Betroffenen (*Auskunftsrecht*).[2671] Das Auskunftsrecht des Art. 32a BayPAG-E soll weitestgehend an das Auskunftsrecht nach Art. 48 BayPAG angelehnt werden. Obwohl das Bayerische Landespolizeirecht – unter anderem mit dem Auskunftsrecht nach Art. 48 BayPAG – durchaus

2670 *Berner/Köhler/Käß*-PAG, Vorb. Art. 37–48 Rn. 8; *Gusy* Polizei- und Ordnungsrecht, S. 157 ff.

2671 Ohne ein Auskunftsrecht wäre das Recht auf informationelle Selbstbestimmung nicht wirksam geschützt. Durchgesetzt werden kann das Recht mit einer allgemeinen Leistungsklage (*Schenke* POR, Rn. 220).

Vorschriften kennt, welche zu einer gewissen Transparenz beitragen können, sind diese Vorschriften nicht auf den Einsatz polizeilicher Bodycams und den Umgang des Datenmaterials zugeschnitten. Die besondere Gefährdungslage und die zahlreichen Grundrechtseingriffe erlauben es nicht, dass alleine die *Polizei* dem Betroffenen auf Antrag über die zu seiner Person gespeicherten Daten Auskunft erteilen kann. Die alleinige Befugnis der Polizei und die zum Teil mangelnde Neutralität dieser Behörde sind insbesondere auch vor dem Hintergrund der Verschwiegenheit bezüglich polizeilicher Fehler kritisch zu betrachten. Vornehmlich für Videoaufzeichnungen durch Bodycams darf, da das Material auch polizeiliches Fehlverhalten oder Polizeigewalt enthalten kann, die Polizei für die Auskunftserteilung nach Art. 48 BayPAG nicht allein zuständig sein. Vielmehr hat eine unabhängige Treuhandstelle dem Betroffenen auf Antrag über die zu seiner Person gespeicherten Daten Auskunft zu erteilen.

Die Erteilung der Auskunft setzt einen vorherigen Antrag des Betroffenen voraus, Art. 32a Abs. 5 S. 1 BayPAG-E. In dem Antrag sollen die Art der personenbezogenen Daten, über die Auskunft erteilt werden soll, und der Grund des Auskunftsverlangens näher bezeichnet werden, Art. 32 Abs. 5 S. 2 BayPAG-E. Art. 32 Abs. 5 S. 2 BayPAG-E ist als „Soll-Vorschrift“ zu formulieren. Durch die Förmlichkeit des Antrags soll verhindert werden, dass „der Auskunftsbegehrende ganz pauschal bei staatlichen Stellen anfragt, welche personenbezogenen Daten bei der Polizei über ihn gespeichert sind.“[2672] Solche Pauschalanfragen würden zu einem erheblichen Verwaltungsaufwand führen, der außer Verhältnis steht. Obgleich Art. 32a Abs. 5 S. 2 BayPAG-E als „Soll-Vorschrift“ ausgestaltet ist, soll der Betroffene dennoch seinen Antrag so weit wie möglich präzisieren. Dadurch soll erreicht werden, dass die Auskunftserteilung nicht unnötig erschwert wird. Die Auskunftserteilung darf aber nicht deshalb verweigert werden, weil der Antrag nicht den Förmlichkeiten der „Soll-Vorschrift“ entspricht.[2673] Der Auskunftsantrag kann formlos gestellt werden. Formvorschriften würden den Betroffenen in der Wahrnehmung seiner Rechte hemmen.

Die Treuhandstelle bestimmt das Verfahren, insbesondere die Form der Auskunftserteilung nach pflichtgemäßem Ermessen (Art. 32a Abs. 5 S. 3 BayPAG-E). Die Norm regelt damit das *„Wie“* der Auskunftserteilung. Den bei öffentlichen Stellen beschäftigten Personen ist es untersagt, personenbezogene Daten unbefugt zu erheben, zu verarbeiten oder zu nutzen, Art. 5 S. 1 BayDSG (*Datengeheimnis*). Daher obliegt auch der Treuhandstelle eine besondere Sorgfaltspflicht. Insbesondere muss sichergestellt werden, dass der Betroffene nur Auskunft über seine eigenen personenbezogenen Daten erhält. Wie dies im Einzelnen gehandhabt wird, hat die Treuhandstelle in eigener Verantwortung zu regeln.

2672 So für das BayPAG: *Honnacker/Beinhofer/Hauser* PAG Art. 48 Rn. 2; vorliegend muss eine Modifizierung dahingehend vorgenommen werden, dass die Daten nicht bei der Polizei, sondern bei einer *Treuhandstelle* gespeichert werden.

2673 So auch bei Art. 48 BayPAG: *Berner/Köhler/Käß*-PAG, Art. 48 Rn. 11; Komm-PAG/POG/*Schmidbauer* Art. 48 PAG Rn. 6.

Nach Art. 32a Abs. 5 S. 4 BayPAG-E gelten Art. 48 Abs. 2 bis Abs. 4 BayPAG entsprechend. Art. 48 Abs. 2 BayPAG legt einen Katalog von Versagensgründen für die Auskunftserteilung fest. Die Ablehnung der Auskunft bedarf keiner Begründung (Art. 48 Abs. 3 S. 1 BayPAG). Wird dem Betroffenen die Erteilung der Auskunft verweigert, ist dieser darauf hinzuweisen, dass er sich an den Landesbeauftragten für den Datenschutz wenden kann (Art. 48 Abs. 3 S. 2 BayPAG-E). Sofern dem Betroffenen keine Auskunft erteilt wird, ist sie dem Landesbeauftragten für Datenschutz zu erteilen, sofern dies der Betroffene verlangt und das Staatsministerium des Innern im Einzelfall nicht festgestellt hat, dass dadurch die Sicherheit des Bundes oder eines Landes gefährdet werden würde (Art. 48 Abs. 4 S. 1 BayPAG). Durch die Mitteilung des Landesbeauftragten dürfen sich keine Rückschlüsse auf den Erkenntnisstand der Polizei ergeben (Art. 48 Abs. 4 S. 2 BayPAG).

d) Anspruch auf Berichtigung, Art. 32a Abs. 6 BayPAG-E

Art. 32a Abs. 6 S. 1 BayPAG-E bestimmt, dass personenbezogene Daten zu berichtigen sind, wenn sie unrichtig geworden sind. Wie bei Art. 45 Abs. 1 S. 1 BayPAG soll es nicht bedeutend darauf ankommen, ob die personenbezogenen Daten bei Speicherung unrichtig waren oder erst nach Speicherung unrichtig geworden sind,[2674] z.B. aufgrund (schuldhaften) Verhaltens. Unrichtig sind die Daten, wenn die in ihnen enthaltenen Angaben nicht der Wirklichkeit entsprechen.[2675] Aufgrund des öffentlichen Interesses an Aktualität und Brauchbarkeit der gespeicherten personenbezogenen Daten zur Verfolgung von Straftaten oder Ordnungswidrigkeiten von erheblicher Bedeutung hat die Treuhandstelle die Pflicht zur Berichtigung unrichtiger Daten („*Muss-Vorschrift*"). Die Berichtigungspflicht der Treuhandstelle gibt dem Betroffenen zugleich einen Berichtigungs*anspruch*.

Erweisen sich personenbezogene Daten nach ihrer Übermittlung durch die Treuhandstelle als unrichtig, sind sie unverzüglich gegenüber dem Empfänger zu berichtigen (Art. 32a Abs. 6 S. 2 BayPAG-E). Im Zusammenhang mit Bodycams geht es hierbei vorrangig um die Übermittlung von Daten an die Staatsanwaltschaft für den Fall eines etwaigen Strafverfahrens. Erweisen sich die Daten nach Übermittlung als unrichtig, hat die Treuhandstelle die Pflicht, die Daten unverzüglich, also ohne schuldhaftes Zögern, zu berichtigen. Bodycam-Aufzeichnungen sollen ein objektives Beweismittel zur Aufklärung von Übergriffen auf Polizisten (und zur Aufklärung polizeilicher Übergriffe) darstellen. Nur mit richtigen, also der Wahrheit entsprechenden, Daten kann eine umfassende und korrekte Sachverhaltsermittlung stattfinden. Daher hat die Treuhandstelle – auch wegen des öffentlichen Interesses an der Brauchbarkeit der Daten zur Aufklärung des Geschehens – die Daten gegenüber dem Empfänger zu berichtigen, sofern sie sich nach Übermittlung als unrichtig erweisen. Auch diese Vorschrift gibt dem Betroffenen einen, mit der

---

2674 *Honnacker/Beinhofer/Hauser* PAG Art. 45 Rn. 1; *Berner/Köhler/Käß*-PAG, Art. 45 Rn. 3.

2675 *Berner/Köhler/Käß*-PAG, Art. 45 Rn. 3.

Pflicht der Treuhandstelle korrespondierenden Berichtigungs*anspruch* gegenüber dem jeweiligen Empfänger.

III. Verwertung von Bodycam-Aufzeichnungen im Strafverfahren (§ 484 StPO)

Nachdem eine konkrete Regelung zum Einsatz von Bodycams erarbeitet wurde, stellt sich in einem zweiten Schritt die Frage, nach welchen Vorschriften sich eine anschließende *Verwertung* von Bodycam-Aufzeichnungen im Strafverfahren richtet.

§ 484 StPO regelt die Zulässigkeit und den Umfang der Speicherung, Veränderung und Nutzung personenbezogener Daten aus Strafverfahren für Zwecke künftiger Strafverfahren.[2676] Der etwas verwirrend formulierte[2677] § 484 Abs. 4 StPO legt fest, dass sich die Verwendung personenbezogener Daten, die für Zwecke *künftiger* Strafverfahren in Dateien der Polizei gespeichert sind oder werden nach den Polizeigesetzen richtet. Ausgenommen davon ist die Verwendung personenbezogener Daten für Zwecke eines *konkreten* Strafverfahrens. Werden die Daten für ein konkretes Strafverfahren genutzt, gelten hierfür die Vorschriften der StPO.[2678] Unter § 484 Abs. 4 StPO fallen insbesondere auch „‚Vorsorgedateien' der Polizei, die nur ‚Repressivdaten' enthalten und nur der Vorsorge für die künftige Strafverfolgung dienen."[2679]

Fraglich ist, ob für die Verwendung von Bodycam-Aufzeichnungen in einem Strafverfahren die Vorschriften des BayPAG oder der StPO (§§ 483 ff. StPO) einschlägig sind. Hierbei muss zunächst zwischen den bereits bestehenden landesrechtlichen Regelung (z.B. § 14 Abs. 6 HSOG, § 27 SPolG) und Art. 32a BayPAG-E differenziert werden.

Nach den speziellen Ermächtigungsgrundlagen der Videoüberwachung zur Eigensicherung von Polizisten in Hessen, Rheinland-Pfalz, Hamburg und im Saarland werden die Aufzeichnungen für Zwecke künftiger Strafverfahren – *Strafverfolgungsvorsorge* – in den Dateien der Polizei gespeichert. Daher richtet sich ihre weitere Verwendung nach dem Polizeigesetz des jeweiligen Landes.[2680]

Personenbezogene Daten, die durch einen Einsatz von Bodycams gewonnen worden sind, in Dateien der Polizei zu speichern, ist jedoch nicht unproblematisch. Dies vor allem dann, wenn mit der Bodycam unrechtmäßige polizeiliche Gewaltanwendung aufgezeichnet worden ist. Würde eine Speicherung in den polizeilichen Dateien erfolgen, hätte auch der einzelne (mutmaßlich gewalttätige) Polizist die Verfügungsmacht über das Datenmaterial. Da Polizeigewalt teilweise

2676 BeckOK-StPO/*Wittig* § 484 Rn. 1.

2677 LR-StPO/*Hilger* § 484 Rn. 17; KK-StPO/*Gieg* § 484 Rn. 5.

2678 Siehe hierzu auch BVerwG, Urt. v. 25.1.2012 – 6 C 9/11 = NVwZ 2012, 757, 760 (offene Videoüberwachung der Reeperbahn).

2679 LR-StPO/*Hilger* § 484 Rn. 17; SS-StPO/*Ritscher* § 484 Rn. 12; SK-StPO/*Weßlau* § 484 Rn. 22.

2680 *Schenke* POR, Rn. 185 a.E.

vom Polizeiapparat verschwiegen wird bzw. nicht an die Öffentlichkeit gelangen soll,[2681] kann nicht ausgeschlossen werden, dass entsprechendes Datenmaterial gelöscht wird. Daher sollten nach Art. 32a BayPAG-E die gewonnenen Daten nicht in Dateien der Polizei, sondern in Dateien einer – vom Polizeiapparat unabhängigen – Treuhandstelle gespeichert werden. Eine Speicherung der Daten in Dateien einer Treuhandstelle ist erforderlich, um eine umfassende Datensicherheit und Transparenz hinsichtlich Auswertung und weiterer Verwendung des Materials gewährleisten zu können. Der Zweck ändert sich durch die Speicherung der Daten in Dateien der Treuhandstelle hingegen nicht: Die Aufzeichnungen sollen auch hier eine *Vorsorge* für eine *künftige* Strafverfolgung darstellen. Es stellt sich jedoch die Frage, nach welchen Vorschriften sich die Verwendung personenbezogener Daten, die in Dateien einer unabhängigen Treuhandstelle gespeichert werden, richtet.

§ 484 Abs. 4 StPO bestimmt ausdrücklich (und abschließend), dass die *Verwendung* personenbezogener Daten, die für Zwecke künftiger Strafverfahren *in Dateien der Polizei* gespeichert sind oder werden sich nach den Polizeigesetzen richtet. Nach welchen Vorschriften sich die Verwendung von Daten bestimmt, welche in Dateien einer *unabhängigen Treuhandstelle* gespeichert werden, regelt die Vorschrift hingegen nicht.

Die Verwendung personenbezogener Daten, die für Zwecke künftiger Strafverfahren in Dateien einer unabhängigen Treuhandstelle gespeichert sind oder werden, müsste sich *entsprechend* nach den Polizeigesetzen der Länder richten. Der Gesetzgeber wollte mit § 484 Abs. 4 StPO gerade bezwecken, dass „die Polizei nicht mit unterschiedlichen Regelungen zur ‚Datenpflege' […] [belastet wird]."[2682] Gründe, warum unabhängige Treuhandstellen hingegen mit unterschiedlichen Regelungen belastet werden sollen, sind nicht ersichtlich. Auch die Treuhandstelle speichert sog. „*Vorsorgedateien*", also Daten, die nur der Vorsorge für die künftige Strafverfolgung dienen. Im Grunde ergeben sich – rein formell betrachtet – keine Unterschiede, ob die Polizei oder eine Treuhandstelle diese Daten speichert. Hinsichtlich einer Verwendung personenbezogener Daten, die für Zwecke künftiger Strafverfahren gespeichert werden, kann es daher keinen Unterschied machen, ob die Polizei oder eine von ihr unabhangige Stelle die Daten speichert. Die Verwendung dieser Daten im Strafverfahren muss sich folglich entsprechend nach dem BayPAG richten.

IV. Ergebnis

Die vorhandenen Rechtsgrundlagen zur Datenerhebung (im Allgemeinen) sind allesamt nicht hinreichend genau ausgestaltet, um der besonderen Gefährdungslage des Bodycam-Einsatzes Rechnung zu tragen. Daher muss für einen landesweiten

2681 Zum Ganzen: *Behr* in: Neue Wege, neue Ziele, S. 25 ff.
2682 LR-StPO/*Hilger* § 484 Rn. 17.

Einsatz von Bodycams eine eigenständige, hinreichend klar formulierte Regelung im BayPAG geschaffen werden.[2683]

Die Vorschrift muss den Begriff der „Bodycam" normieren. Auf diese Weise kann ausgeschlossen werden, dass andere mobile, technische Mittel zur Datenerhebung (z.B. Überwachungsdrohnen) unter die Norm subsumiert werden können. Durch den Einsatz von Bodycams wird eine Vielzahl personenbezogener Daten erhoben und gespeichert; auch Daten unbeteiligter Dritte, deren Verhalten keinen Anlass zur Videoüberwachung gegeben haben, können gespeichert werden. Um dem Gebot der Datenvermeidung bzw. Datensparsamkeit (vgl. § 3a BDSG) gerecht zu werden, ist die Aufzeichnung auf das Notwendige zu beschränken. Daher ist eine strikte Anlassbezogenheit erforderlich (*„zum Schutz von Polizeivollzugsbeamtinnen und Polizeivollzugsbeamten oder Dritten gegen eine Gefahr"*). Ferner dürfen Bodycams nur zum Schutz hochrangiger Rechtsgüter (*„Leib"* oder *„Leben"*) zum Einsatz kommen. Dies muss insbesondere auch vor dem Hintergrund erfolgen, dass die Datenerhebung und -speicherung mit mobilen Kameras einen schwerwiegenden Eingriff in die Grundrechte der Betroffenen darstellt (*Verhältnismäßigkeitsgrundsatz*). Gerade auch wegen des schwerwiegenden Grundrechtseingriffs sind die Betroffenen auf die Videoüberwachungsmaßnahme in geeigneter Weise hinzuweisen. Zum einen kann nur eine offene Videoüberwachung den gewünschten Abschreckungseffekt entfalten und zum anderen stellt die offene Videoüberwachung im Vergleich zur verdeckten Überwachung den geringeren Eingriff dar. Ferner soll die Datenerhebung nur an öffentlich zugänglichen Orten zulässig sein. Bild- und Tonaufnahmen oder -aufzeichnungen dürfen nicht dauerhaft gespeichert werden. Dies vor allem deshalb, weil die Aufzeichnungen lediglich „vorsorglich" angefertigt werden und somit nichts weiter darstellen als Maßnahmen der Strafverfolgungsvorsorge. Eine dauerhafte Speicherung würde einen tiefgreifenden Eingriff in die Grundrechte der Betroffenen darstellen, welcher verfassungsrechtlich nicht zu rechtfertigen ist. Daher sind Aufnahmen bzw. Aufzeichnungen spätestens drei Wochen nach der Datenerhebung zu löschen oder zu vernichten, soweit diese nicht zur Verfolgung von Straftaten oder Ordnungswidrigkeiten von erheblicher Bedeutung benötigt werden.

Um eine umfassende Datenintegrität gewährleisten zu können, ist die unverzügliche Weiterleitung an eine unabhängige Treuhandstelle erforderlich. Die Treuhandstelle hat insbesondere sämtliche Datensicherheitsmaßnahmen nach Art. 7 Abs. 2 BayDSG zu treffen. Dem von der Datenerhebung durch Bodycams Betroffenen steht sowohl ein Anspruch auf Erteilung seiner personenbezogenen Daten als auch ein Anspruch auf Berichtigung unrichtiger Daten zu. Für die Auskunftserteilung und die Berichtigung ist die Treuhandstelle zuständig. Nur eine von der polizeilichen Institution unabhängige Treuhandstelle wird aufgrund der nötigen Distanz zum Polizeiapparat den Anforderungen an eine umfassende Sicherung der Daten und der Durchsetzung der Betroffenenrechte gerecht.

2683 Im Ergebnis auch *Honnacker/Beinhofer/Hauser* PAG Art. 32 Rn. 13; *Parma* DÖV 2016, 809, 816.

Da die Bodycam-Aufzeichnung eine Maßnahme der Strafverfolgungsvorsorge darstellt, die Daten somit lediglich für Zwecke künftiger Strafverfahren in Dateien der Treuhandstelle gespeichert werden sollen, muss sich die Verwendung der personenbezogenen Daten im Strafverfahren entsprechend nach dem bayerischen Polizeigesetz richten.

8. Kapitel: Ausblick

Abschließend wird ein Blick in die Zukunft geworfen. Dabei stellen sich die Fragen, ob sich Sicherheit und Freiheit ausschließen oder doch eher bedingen, ob die Sensibilisierung hinsichtlich einer Videoüberwachung abnimmt und ob Bodycams zur Steigerung der Sicherheit – oder zumindest des Sicherheitsgefühls – beitragen oder ob sie nicht vielmehr eine weitere Einbuße an Freiheit bedeuten.[2684]

In der heutigen Zeit wird viel von Sicherheit gesprochen. Aber auch viel von Freiheit:

> Bemerkenswert ist dabei, dass oft gerade diejenigen Personen, die als Freiheits-Missionare zu uns kommen, die schärfsten Möglichkeiten staatlicher Überwachung von Einzelpersonen fördern. Überwachung wird aus dieser Perspektive nicht mehr als Gefahr für die individuelle Freiheit dargestellt, sondern als ihre Grundbedingung.[2685]

Die wachsende staatliche Kontrolldichte ist der Preis einer modernen Sicherheitspolitik. Man muss sich dennoch die Frage stellen, ob ein großes Stück an Freiheit aufgegeben werden soll, darf bzw. muss, um ein kleines Stück mehr an Sicherheit zu erlangen. Oder: Kann durch die zahlreichen Überwachungsmaßnahmen tatsächlich mehr Sicherheit dazu gewonnen werden? Bedeutet ein Mehr an Kontrolle auch ein Mehr an Sicherheit? Bereits *Benjamin Franklin* war der Auffassung, dass ein Mensch, der bereit ist, seine Freiheit aufzugeben, um Sicherheit zu gewinnen, beides verlieren wird.[2686] Ehe man sich der frühen Erkenntnis des Benjamin Franklin widmet, sollte man sich fragen, ob das Bedürfnis der Bevölkerung nach Sicherheit tatsächlich mit Videobeobachtungsmaßnahmen gestillt werden kann oder liegt darin lediglich eine Inszenierung der Sicherheit?[2687] Und wo soll das alles enden? Vor allem und gerade in der Kriminalprävention besteht die Gefahr der Uferlosigkeit diesbezüglicher Maßnahmen, sodass man sich die Frage stellte muss:

> Ist die Videoüberwachung eine Errungenschaft oder ein Ärgernis, das mehrere Probleme heraufbeschwört, als dass es welche löst?[2688]

2684 *„Wer die Freiheit zugunsten der Sicherheit einschränkt, wird am Ende beides verlieren"* (bei *Schwarz* ZG 2001, 246, 267).

2685 *Klauser* in: Sicherheitsdiskurse, S. 61.

2686 Zitat von *Benjamin Franklin* (1706–1790).

2687 *Kreutzträger* und *Osterholz* sind der Auffassung, dass allgemeine Videoüberwachungsmaßnahmen weniger zur Bekämpfung der Kriminalität eingesetzt werden, als vielmehr zur Inszenierung von Sicherheit (*Kreutzträger/Osterholz* in: Sicherheitsdiskurse, S. 89, 97, 103).

2688 *van Elsbergen* in: Sicherheitsdiskurse, S. 116; ähnlich auch bei *Stolle/Hefendehl* KrimJ 2002, 257, 266.

Der Begriff der Sicherheit kann nicht ohne den Begriff der Freiheit diskutiert werden. Bereits der ehemalige Bundesjustizminister *Edzard Schmidt-Jortzig* war der Auffassung, dass Freiheit und Sicherheit keine Gegensätze (mehr) sind. Vielmehr bedingen sie einander.[2689] Auch nach *Wilhelm von Humboldt* sei Sicherheit erforderlich, zumal es ohne Sicherheit gerade keine Freiheit geben kann.[2690] Zutreffend ist zwar, dass es ohne ein gewisses Maß an Sicherheit keine Freiheit des Einzelnen geben kann. Doch hat die Abhandlung gerade auch gezeigt, dass der Einsatz der Bodycam zu erheblichen Grundrechtseingriffen der gefilmten Personen führt. Bodycams machen sich den Schutz der Polizisten vor körperlichen Angriffen zur Aufgabe; schränken aber zugleich die Grundrechte einer Vielzahl von betroffenen Personen ein. Daher muss man sich fragen, was künftig mehr wert bzw. wichtiger sein soll: Freiheit oder Sicherheit? Und schließen sich beiden Begriffe überhaupt aus? Darf die Freiheit der Betroffenen dermaßen eingeschränkt werden, „nur" um den Schutz eines eng begrenzten Personenkreises – den Schutz der Polizisten – zu erreichen? Im 3. Kapitel erfolgte eine ausführliche Darstellung zur angeblichen Zunahme der körperlichen Gewalt gegen Polizeibeamte. Die Untersuchung einiger Statistiken ließ jedoch den Schluss zu, dass es nicht vermehrt zu körperlichen Angriffen gegen Polizisten kommt. Vielmehr steigt die Sensibilität hinsichtlich der Gewalt gegenüber Polizeibeamten. Oftmals werden Handlungen unter den strafrechtlichen Gewaltbegriff subsumiert, welche nach der Definition gerade keine Gewalt im Sinne des Strafgesetzbuches darstellen. So wird beispielsweise in einigen Statistiken „freches Lachen" oder „Hinspucken auf den Boden" als Gewalt definiert. Obgleich in der Bundesrepublik Deutschland objektiv betrachtet Sicherheit herrscht, kann die subjektive Unsicherheit des Einzelnen zu einem Verlangen nach moderner Risikosteuerung führen.[2691] Da sich Polizisten vor körperlichen Angriffen besonders schützen wollen, ist der Ruf nach dem Einsatz von Bodycams laut. Bodycams stellen nach Auffassung des Polizeiapparats ein geeignetes Mittel dar, um das Sicherheitsgefühl von Polizisten zu fördern.

Videoüberwachung ist inzwischen so verbreitet, dass sie beinahe alltäglich geworden ist. Egal ob in Kaufhäusern, am Geldautomaten, an Tankstellen oder auf öffentlichen Straßen und Plätzen.[2692] Maßnahmen der Videoüberwachung sind gegenwärtiger denn je. Dies vor allem vor dem Hintergrund, dass es in Zeiten emotionaler Sicherheitsdebatten leicht ist, die Allgemeinheit von Videoüberwachungsmaßnahmen zu überzeugen. Die Angst vor Straftaten gegen die eigene Person führt dazu, dass der Drang nach Freiheit der Sicherheit Vorrang einräumt. Dies kann dazu

---

2689 *Schmidt-Jortzig* bei *Gössner* Überwachungsstaat, S. 67.

2690 *Wilhelm von Humboldt* (1767–1835), bei *König* Videoüberwachung, S. 222.

2691 So auch bei *König* Videoüberwachung, S. 232.

2692 *Bausch* Videoüberwachung, S. 6; *Czerwinski* in: Sicherheitsdiskurse, S. 73; *Kreutzträger/Osterholz* in: Sicherheitsdiskurse, S. 89; *Müller* in: Kameras gegen Gewalt, S. 81; Die Überwachung von öffentlichen Straßen und Plätzen ist in Deutschland – im Vergleich zu Großbritannien – eher eine Seltenheit (*Kloepfer/Breitkreutz* DVBl. 1998, 1149; *Müller* in: Kameras gegen Gewalt, S. 81).

führen, dass Aspekte der Videoüberwachung, welche dem Bürger unangenehm erscheinen – z.B. Speicherungs- und Zugriffsmöglichkeiten – verharmlost, verdrängt oder ins Gegenteil verkehrt werden.[2693] Einzelfallskandalisierungen führen dazu, dass nicht mehr das *„Ob"* von Überwachungsmaßnahmen hinterfragt wird. Stattdessen werden die Diskussionen nur noch über das *„Wieviel"* geführt.[2694] Videoüberwachung wird als Allheilmittel gegen jegliche Bedrohung der Sicherheitslage gesehen:[2695]

> War noch zur Zeit des sog. Volkszählungsurteils des Bundesverfassungsgerichts die Angst vor dem „gläsernen" Bürger ausschlaggebend für die Entwicklung des Rechts auf informationelle Selbstbestimmung als Abwehrrecht, so ist dem Bürger der Leviathan Staat in der Zwischenzeit abhanden gekommen; man sucht vielmehr die Nähe und den Schutz des Staates vor Gefährdungen und billigt ihm insoweit auch zu, zur Gewährleistung eines Grundrechts auf Sicherheit in grundrechtlich geschützte Positionen durch den Aufbau einer Überwachungsinfrastruktur einzugreifen.[2696]

Dieser Umstand wird dazu führen, dass auch in Deutschland die Videoüberwachung künftig deutlich zunehmen wird.[2697] *König* zufolge, geht die Gesellschaft aber viel zu leichtfertig mit der hart erkämpften Freiheit um. Seiner Ansicht wäre es grundlegend falsch, diese Freiheit aufzugeben, nur, um von Belästigungen bzw. fälschlich hervorgerufenen Unsicherheiten befreit zu werden.[2698] Das VG Karlsruhe stellte sich auf den Standpunkt, dass es nicht vorstellbar sei, dass sich Bürger aufgrund von Überwachungsanlagen in ihrer Freiheit eingeschränkt fühlen. Es sei vielmehr anzunehmen, dass die Bevölkerung das Mehr an Sicherheit schätzt.[2699]

Trotz aller gravierender Mängel wird, Propagandisten zufolge, das Gefühl der Sicherheit überwiegen.[2700] *Reuband* hat erstmals die Einstellung der Bevölkerung zur Videoüberwachung von öffentlichen Straßen und Plätzen untersucht. Dazu wurden Bürger der Städte Dresden und Düsseldorf befragt. In beiden Städten wurde die Videoüberwachung überwiegend positiv beurteilt, da nach Ansicht der Bevölkerung

---

2693 So *Czerwinski* in: Sicherheitsdiskurse, S. 76; *„Die Erzeugung von objektiver und subjektiver Sicherheit dient als eines der politischen Hauptargumente für den Einsatz"* (*Müller* in: Kameras gegen Gewalt, S. 102); Angst und Bedrohungsgefühl nach dem 11.9.2001 schafften auch in Deutschland Akzeptanz für die Verabschiedung von *„Sicherheitspaketen"* (*Kutscha* in: Innere Sicherheit als Gefahr, S. 32).

2694 *Müller* in: Kameras gegen Gewalt, S. 176.

2695 *Kreutzträger/Osterholz* in: Sicherheitsdiskurse, S. 89; kritisch hierzu: *Stolle/Hefendehl* KrimJ 2002, 257, 265.

2696 *Schwarz* ZG 2001, 246.

2697 *Müller* in: Kameras gegen Gewalt, S. 80 f. m.w.N.

2698 *König* Videoüberwachung, S. 235.

2699 VG Karlsruhe, Urt. v. 10.10.2001 – 11 K 191/01 = NVwZ 2002, 117, 118.

2700 So bei *Gössner* Überwachungsstaat, S. 32 f.; dagegen *Müller* in: Kameras gegen Gewalt, S. 159 (in Deutschland wird das subjektive Sicherheitsgefühl in einem nicht signifikanten Maße gesteigert).

Kameras zur Verhütung von Kriminalität beitragen können. Nur 8 % der Befragten in Düsseldorf und 5 % der Befragten in Dresden stuften die Videoüberwachung als „schlecht“ oder „sehr schlecht“ ein. Die Gefahr eines Missbrauchs wurde in beiden Städten niedrig eingeschätzt. Nur 22 % der befragten Dresdner und 30 % der Befragten in Düsseldorf glaubten an eine Missbrauchsgefahr der öffentlichen Videoüberwachung. Diejenigen, die eine Gefahr in den Videoüberwachungsanlagen sahen, dachten primär an datenschutzrechtliche Probleme.[2701]

Obwohl es keine mustergültigen Studien in Bezug auf die Akzeptanz von Videoüberwachungsmaßnahmen gibt, wird bei Betrachtung der bisherigen Studien und Interviews deutlich, dass die Akzeptanz in der Bevölkerung relativ groß ist, obwohl sich eine Steigerung des subjektiven Sicherheitsgefühls durchaus in Frage stellen lässt.[2702] Die Bevölkerung ist aufgrund der angeblich steigenden Kriminalität und des Terrorismus verunsichert. Daher wird sie versuchen alle möglichen Maßnahmen – Videoüberwachungsmaßnahmen inbegriffen – zu ergreifen, um die bestehenden Gefahren einzudämmen:[2703]

> [...] fordern Politiker verstärkte Videoüberwachung und versuchen den Menschen glaubhaft zu vermitteln, dass eine Videoüberwachung wenn nicht die Tat selbst, zu mindestens die Aufklärung wesentlich erleichtert hätte. Der Einsatz von Videoüberwachung wird vor dem Hintergrund dramatischer Einzelfälle, wie Vergewaltigungen, brutaler Raubüberfälle oder Tötungsdelikte diskutiert. Videoüberwachung wird in den Medien als multifunktionales Instrument zur Schaffung von Sicherheit präsentiert. Der Videoüberwachung wird dabei ein umfangreiches Problemlösungspotential zugeschrieben, denn sie soll Ordnungswidrigkeiten, leichte und schwere Straftaten bis hin zu Terrorismus verhindern können.[2704]

In der Videoüberwachung, insbesondere in der Videoüberwachung mit Bodycams, darf aber unter keinen Umständen ein multifunktionales Instrument zur Schaffung vollumfänglicher Sicherheit und kein Allheilmittel zur Eindämmung körperlicher Übergriffe auf Polizisten gesehen werden. Zudem stellen die zahlreichen Überwachungssysteme den Staat vor schier unlösbare Probleme.

Nicht nur die staatliche Überwachung des öffentlichen Raums – beispielsweise durch den Einsatz von Bodycams – wird in Zukunft Schwierigkeiten bereiten. Auch eine private Nutzung von Körperkameras wird den Staat vor große Herausforderungen stellen. Bodycams können aufgrund ihres selektiven Aktivierens lediglich Polizisten vor körperlichen Angriffen schützen. Der Schutz des Bürgers

2701 *Reuband* NK 2001, 5, 6 f.; vgl. auch zur öffentlichen Akzeptanz von Videoüberwachung: *Ott* in: Kameras gegen Gewalt, S. 26 f. und *Müller* in: Kameras gegen Gewalt, S. 113 ff. (dort auch weitere Studien zur Akzeptanz der Videoüberwachung).

2702 Studien zur Steigerung des subjektiven Sicherheitsgefühls bei *Müller* in: Kameras gegen Gewalt, S. 149 ff.; viele Menschen begrüßen die Einrichtung von Videoüberwachungen (*Leopold* in: Innere Sicherheit als Gefahr, S. 185).

2703 *Müller* in: Kameras gegen Gewalt, S. 170, 175.

2704 *Müller* in: Kameras gegen Gewalt, S. 173 f.

vor polizeilichen Übergriffen kann hingegen nicht gewährleistet werden. Wenn aber die polizeiliche Videoüberwachung mit Bodycams als erfolgreiches Mittel gegen Kriminalität angepriesen wird, dann wird auch der Ruf der Bevölkerung nach privater Nutzung dieser Technik laut, um sich vor zunehmender polizeilicher Gewalt effektiv schützen zu können. Infolgedessen steigen freilich auch die Beeinträchtigungen des Rechts auf informationelle Selbstbestimmung.[2705] Nicht nur das Bedürfnis der Bevölkerung nach Schutz vor polizeilicher Gewalt, sondern auch die immer schneller werdende technische Entwicklung wird dazu führen, dass sich die Überwachung vom staatlichen in den privaten Bereich verlagern wird.[2706] Mit Blick auf die Zukunft wird aufgrund der zunehmenden staatlichen und privaten Überwachung die Herausforderung in der Geltendmachung des Rechts auf informationelle Selbstbestimmung, des Rechts auf Anonymität, des Rechts am eigenen Bild und des Rechts am eigenen Wort bestehen.

Auch die zunehmende Privatisierung der Sicherheitsbranche, also die Privatisierung öffentlicher Aufgaben durch die Übertragung an private Personen, wird ungeahnte Probleme mit sich bringen. Stehen doch bei einer staatlichen Überwachung die Gefahrenabwehr, die Verhütung von Straftaten und die Strafverfolgungsvorsorge im Fokus, wird bei der Privatisierung nicht mehr das Gemeinwohl im Vordergrund stehen, sondern die Interessen des privaten Finanziers werden zum entscheidenden Maßstab.[2707] Bereits *Gössner* befürchtete nicht die Entwicklung eines *„Big Brothers"*, sondern die Entstehung mehrerer kleiner(er) Brüder, die in ihrer Gesamtheit dennoch eine Gefahr darstellen können.[2708]

Hat also die Polizei durch Bodycams ein zusätzliches technisches Instrument gewonnen, das auf innovative Weise in unterschiedlichen Situationen strategisch eingesetzt werden kann? Diese Frage muss aus zwei Perspektiven betrachtet werden: Zum einen aus der Perspektive der Polizisten und zum anderen aus Sicht der Bevölkerung. Wie im 2. Kapitel erläutert worden ist, zwingt die Technik der Bodycam den Polizisten zu einem individuellen Aktivieren der Kamera. Dies bedeutet, dass der Polizist selbständig entscheiden kann, wann aus seiner Perspektive ein strafrechtlich relevantes Verhalten droht. Nur wenn ein solches Verhalten des polizeilichen Gegenübers droht, wird die Kamera aktiviert. Dies hat zur Folge, dass das Verhalten entweder unmittelbar aufgezeichnet wird oder zu einer im Ergebnis rückwirkenden Aufzeichnung der letzten Sequenzen führt. Kommt es hingegen auf Seiten des Polizisten zu einer unverhältnismäßigen Gewaltanwendung, wird der Polizist das Aktivieren der Kamera wohl unterlassen. Es liegt in der Natur der Sache, eigenes gewalttätiges Verhalten nicht auf Video aufzuzeichnen.

2705 Die Stimulierung einer privaten Nutzung der allgemeinen Videotechnik auch bei *Püschel* in: Sicherheitsdiskurse, S. 133; Zulässigkeit und Grenzen der Videoüberwachung durch Private: *Stöber* NJW 2015, 3681.

2706 So auch *Horst* NZM 2000, 937; *Kloepfer/Breitkreutz* DVBl. 1998, 1149.

2707 Auch *Gössner* spricht in diesem Zusammenhang von einer *„privat-kommerziell dominierten Überwachungsgesellschaft"* (*Gössner* Überwachungsstaat, S. 17).

2708 *Gössner* Überwachungsstaat, S. 18 f.

Bodycams greifen in Grundrechte der Bürger ein, können jedoch aufgrund eines Abschreckungs- bzw. Einschüchterungseffekts dazu beitragen, dass Gefahren abgewehrt und Straftaten verhütet werden und schützen somit den Polizisten. Bürger wiederum werden gerade nicht vor unrechtmäßiger polizeilicher Gewaltanwendung geschützt. Straftaten seitens der Polizisten können folglich nicht im Vorfeld verhütet werden, sodass lediglich der Polizeiapparat ein zusätzliches technisches Instrument erhalten hat, das seinem Eigenschutz dienen kann. Da aber lediglich der Eigenschutz der Polizisten bezweckt wird, ist das innovative Merkmal bei Bodycams ganz klar zu verneinen. Warum sollen Polizisten vor körperlichen Angriffen besonders geschützt werden? Und warum genießen Bürger keinen besonderen Schutz vor Polizeigewalt, obwohl diese gerade kein Einzelphänomen (mehr) darstellt? Dies erweckt den befremdlichen Eindruck, dass die körperliche Unversehrtheit bzw. das Leben des Polizisten schützenswerter und folglich mehr wert sei, als das Leben eines „normalen" Bürgers. Dies kann dazu führen, dass die Distanz zwischen dem Polizeiapparat als solchen und der Bevölkerung wächst, was die Gewalt gegen und durch Polizisten erneut vorantreiben könnte. Bodycams, welche Gewalt gerade verhindern sollen, können aufgrund ihres einseitigen Schutzzweckes zur Steigerung der Gewalt zwischen Polizei und Bevölkerung führen. Daher muss man gezwungenermaßen darüber nachdenken, wie auch der Schutz der Bevölkerung durch Bodycams erreicht werden kann. Dasselbe Problem stellt sich aber nicht nur im Rahmen der präventiven Wirkung der Bodycam. Da regelmäßig lediglich Gewalttaten gegen Polizisten aufgezeichnet werden, wird es auch in Zukunft an einem verwertbaren Beweismittel mangeln, wenn der Vorwurf von Polizeigewalt im Raum steht. Dass sich Vorwürfe von Polizeigewalt aufgrund der bestehenden Mauer des Schweigens nur sehr schwer aufklären und beweisen lassen, wurde im Rahmen der Abhandlung ausführlich erörtert.

Auch wenn die Bemühungen dahingehen, absolute Sicherheit zu erreichen, sollte dennoch der Mut aufgebracht werden, sich einzugestehen, dass es absolute Sicherheit wohl nie geben wird. Insbesondere kann eine absolute Sicherheit für die Bevölkerung nicht durch den Einsatz polizeilicher Bodycams erreicht werden. Ob Bodycams Polizeibeamte tatsächlich vor körperlichen Angriffen schützen können, wird die Zukunft zeigen müssen.

Literaturverzeichnis

Ackerschott, Stephan / Müller, Nico / Ott, Florian Philipp, Kameras gegen Gewalt – Wie effektiv ist die öffentliche Videoüberwachung?, Science Factory, Norderstedt, 2013

- *Ackerschott, Stephan,* Die präventive Wirkung von Videoüberwachung im öffentlichen Raum (zitiert: *Ackerschott* in: Kameras gegen Gewalt, S.)
- *Müller, Nico,* Videoüberwachung von öffentlichen Plätzen als Instrument zur Steigerung des subjektiven Sicherheitsgefühls (zitiert: *Müller* in: Kameras gegen Gewalt, S.)
- *Ott, Florian Philipp,* Vorbeugende Überwachung. Über Voraussetzungen für, Formen von und Erfahrungen mit präventiver Videoüberwachung im kommunalen Bereich (zitiert: *Ott* in: Kameras gegen Gewalt, S.)

Aden, Hartmut, Polizeipolitik in Deutschland – Eine interdisziplinäre Studie über die Polizeiarbeit in Europa am Beispiel Deutschlands, Frankreichs und der Niederlande, Westdeutscher Verlag, Opladen/Wiesbaden, 1998 (zitiert: *Aden* Polizeipolitik in Europa, S.)

Ahlers, Henrik, Grenzbereich zwischen Gefahrenabwehr und Strafverfolgung, Band 18, Peter Lang, Frankfurt a.M. (u.a.), 1998 (zitiert: *Ahlers* Grenzbereich, S.)

Albers, Marion, Die Determination polizeilicher Tätigkeit in den Bereichen der Straftatenverhütung und der Verfolgungsvorsorge, Band 842, Duncker & Humblot, Berlin, 2001 (zitiert: *Albers* Determination polizeilicher Tätigkeit, S.)

Alberts, Hans W. / Merten, Karlheinz (Hrsg.), Gesetz über die Datenverarbeitung der Polizei – Kommentar, Mauke, Hamburg, 3. Auflage, 2002 (zitiert: HmbPolDVG, S.)

Amelung, Knut, Strafrechtlicher Grundrechtsschutz gegen die Polizei – Das Konzept des frühen Liberalismus und seine Umsetzungsprobleme im geltenden Recht, in: KrimJ 4. Beiheft 1992, 168

Amnesty International, Täter unbekannt – Mangelnde Aufklärung von mutmaßlichen Misshandlungen durch die Polizei in Deutschland, Berlin, 2010 (zitiert: *Amnesty International* Täter unbekannt, S.)

Arnd, Heiko, Einsatz von Körperkameras bei der Polizei, in: Kriminalistik 2016, 104

Artkämper, Heiko, Polizeibeamte als Zeugen vor Gericht, in: Clages, Horst / Neidhardt, Klaus (Hrsg.), Lehr- und Studienbriefe – Kriminalistik / Kriminologie, Verlag Deutsche Polizeiliteratur GmbH, Hilden, 1. Auflage, 2007 (zitiert: *Artkämper* in: Lehr- und Studienbriefe, S.)

Artkämper, Heiko / Clages, Horst (Hrsg.), Kriminalitätsbekämpfung – ein Blick in die Zukunft, Richard Boorberg, Stuttgart, München, Hannover (u.a.), 2015

- *Neumann, Andy,* Ermittlungsbeamte und Strafverteidigung im Konflikt (zitiert: *Neumann* in: Kriminalitätsbekämpfung, S.)

- *Schulz, André,* Polizeiarbeit heute – Mehr und mehr eine Frage der Legitimität (zitiert: *Schulz* in: Kriminalitätsbekämpfung, S.)

Arzt, Clemens, Stellungnahme zur Anhörung des Innenausschusses der Bürgerschaft der Freien und Hansestadt Hamburg am 18. November 2014, Entwurf des Sechsten Gesetzes zur Änderung des Gesetzes über die Datenverarbeitung der Polizei (Einführung so genannter Bodycams) vom 2. September 2014, Drucksache 20/12895, http://www.hwr-berlin.de/fileadmin/profpages/arzt/Downloads_Varia/Bodycam_GE_HH_2014_Stn_Arzt.pdf (Stand: Dezember 2016) (zitiert: *Arzt* Stellungnahme, S.)

Atzert, Michael / Franck, Lorenz, Zulässigkeit und Verwertbarkeit von Videoaufzeichnungen durch Dashcams, in: RDV 2014, 136

Bachmeier, Werner, Dash-Cam & Co. – Beweismittel der ZPO?, in: DAR 2014, 15

Balzer, Thomas / Nugel, Michael, Minikameras im Straßenverkehr – Datenschutzrechtliche Grenzen und zivilprozessuale Verwertbarkeit der Videoaufnahmen, in: NJW 2014, 1622

Barczak, Tristan, Die Kennzeichnungspflicht für Polizeibeamte im Lichte des Verfassungsrechts, in: NVwZ 2011, 852
- Die Kennzeichnungspflicht für Polizeibeamte in Berlin und Brandenburg, in: LKV 2014, 391.

Bäumerich, Maik, Aufnahmen von Dashcams als Beweise im Zivil- und Strafprozess, in: JuS 2016, 803

Bausch, Stephan, Videoüberwachung als präventives Mittel der Kriminalitätsbekämpfung in Deutschland und in Frankreich, Tectum Verlag, Marburg, 2004 (zitiert: *Bausch* Videoüberwachung, S.)

Beaucamp, Guy / Ettemeyer, Ulrich / Rogosch, Josef Konrad / Stammer, Jens (Hrsg.), Hamburger Sicherheits- und Ordnungsrecht SOG/PolDVG, Richard Boorberg, Stuttgart, München, Hannover (u.a.), 2. Auflage, 2009 (zitiert: SOG/PolDVG § Rn.)

Beck, Martin, Markige Worte – Polizei und Gewalt von Heiligendamm bis zum 1. Mai, in: Bürgerrechte & Polizei 2010, 15

Beckmann, Martin / Mann, Thomas u.a. (Hrsg.), Umweltrecht Kommentar, Band I, C.H. Beck, München, 80. EL, Mai 2016 (zitiert: UmwR/*Bearbeiter* Art. Rn.)

Beck'sche Kompakt-Kommentare, Datenschutz-Grundverordnung, Pauly, Daniel A. / Paal, Boris P. (Hrsg.), C.H. Beck, München, 1. Auflage, 2017 (zitiert: DSGVO/*Bearbeiter* Art. Rn.)

Beck'scher Kurzkommentar, Strafrechtliche Nebengesetze, Erbs, Georg / Kohlhaas, Max / Häberle, Peter (Hrsg.), C.H. Beck, München
- Bundesdatenschutzgesetz, September 2016 (zitiert: Erbs/Kohlhaas/*Bearbeiter* § BDSG Rn.)
- Versammlungsgesetz, September 2016 (zitiert: Erbs/Kohlhaas/*Bearbeiter* § VersG Rn.)

Beck'scher Online-Kommentar, Bürgerliches Gesetzbuch, Bamberger, Heinz Georg / Roth, Herbert (Hrsg.), C.H. Beck, München, 1.8.2016 (zitiert: BeckOK-BGB/*Bearbeiter* § Rn.)

Beck'scher Online-Kommentar, Datenschutzrecht, Wolff, Heinrich Amadeus / Brink, Stefan (Hrsg.), C.H. Beck, München, 1.8.2016 (zitiert: BeckOK-BDSG/*Bearbeiter* § Rn.)
- Einleitung zum BDSG, 1.8.2016 (zitiert: BeckOK-BDSG/*Bearbeiter* Einl. Rn.)
- Grundlagen und bereichsspezifischer Datenschutz, Verfassungsrecht, 1.8.2016 (zitiert: BeckOK-BDSG/*Bearbeiter* Verfassungsrecht Rn.)

Beck'scher Online-Kommentar, Grundgesetz, Epping, Volker / Hillgruber, Christian (Hrsg.), C.H. Beck, München (zitiert: BeckOK-GG/*Bearbeiter* Art. Rn.)
- Art. 1 GG, 1.9.2016
- Art. 2 GG, 1.3.2015
- Art. 3 GG, 1.9.2016
- Art. 11 GG, 1.3.2015
- Art. 19 GG, 1.9.2016
- Art. 20 GG, 1.9.2016
- Art. 73 GG, 1.6.2016
- Art. 74 GG, 1.6.2016
- Art. 103 GG, 1.3.2015

Beck'scher Online-Kommentar, Informations- und Medienrecht, Gersdorf, Hubertus / Paal, Boris P. (Hrsg.), C.H. Beck, München, 1.11.2015 (zitiert: BeckOK-Info-MedienR/*Bearbeiter* Art./§ Rn.)Beck'scher Online-Kommentar, Strafgesetzbuch, von Heintschel-Heinegg, Bernd (Hrsg.), C.H. Beck, München, 1.9.2016 (zitiert: BeckOK-StGB/*Bearbeiter* § Rn.)

Beck'scher Online-Kommentar, Strafprozessordnung mit RiStBV und MiStra, Graf, Jürgen-Peter (Hrsg.), C.H. Beck, München, 1.10.2016 (zitiert: BeckOK-StPO/*Bearbeiter* § Rn.)

Beck'scher Online-Kommentar, Urheberrecht, Ahlberg, Hartwig / Götting, Horst-Peter (Hrsg.), C.H. Beck, München, 1.10.2016 (zitiert: BeckOK-UrhR/*Bearbeiter* § KUG Rn.)

Beese, Dieter, Sicherheit und das Ethos der Polizeiarbeit – Zugleich eine Analyse berufsethischer Aspekte des Verhältnisses der Polizei zu privaten Sicherheitsdiensten, in: Kriminalistik 1996, 653

Behr, Rafael, Cop Culture – Der Alltag des Gewaltmonopols – Männlichkeit, Handlungsmuster und Kultur in der Polizei, VS Verlag für Sozialwissenschaften, Wiesbaden, 2. Auflage, 2008 (zitiert: *Behr* Cop Culture, S.)
- Korpsgeist oder Binnenkohäsion? – Ein Essay zur Organisationskultur in der deutschen Polizei –, in: Die Polizei 2010, 317
- Vorwort, in: Reuter, Jana, Polizei und Gewalt, Eine handlungstheoretische Rekonstruktion polizeilicher Konfliktarbeit, Verlag für Polizeiwissenschaft, Frankfurt, 2014 (zitiert: *Behr* in: Polizei und Gewalt, S.)

Belina, Bernd, Sicherheit durch Technik? Zur Videoüberwachung öffentlicher Räume, in: E-Government und Stadtentwicklung, Hatzelhoffer, Lena / Lobeck, Michael / Müller, Wolfgang / Wiegandt, Claus-Christian (Hrsg.), LIT Verlag, Berlin, 2010 (zitiert: *Belina* in: E-Government, S.)

Benjamin, Walter, Zur Kritik der Gewalt und andere Aufsätze, Suhrkamp, Frankfurt a.M., 1965 (zitiert: *Benjamin* Zur Kritik und andere Aufsätze, S.)

Berner, Georg / Köhler, Michael / Käß, Robert, Handkommentar Polizeiaufgabengesetz, Jehle, Heidelberg, München (u.a.), 20. Auflage, 2010 (zitiert: *Berner/Köhler/ Käß*-PAG, Art. Rn.)

Bihari Vass, Katharina, Minikamera am Pkw zu Beweiszwecken – rechtliche Einordnung!, in: DAR 2010, 504

Bleckmann, Albert, Verfassungsrang der Europäischen Menschenrechtskonvention?, in: EuGRZ 1994, 149

Bock, Dennis, Zur Antizipation künftiger Strafverfolgung als Teil einer modernen Strafrechtspflege, in: ZIS 2007, 129

Börner, René, Das Recht auf Akteneinsicht gem. § 147 StPO im Lichte der EMRK, in: MenschenRechtsMagazin 2010, 97

Bosold, Christiane, Polizeiliche Übergriffe – Aspekte der Identität als Erklärungsfaktoren polizeilicher Übergriffsintentionen, Nomos, Baden-Baden, 1. Auflage, 2006 (zitiert: *Bosold* Polizeiliche Übergriffe, S.)

Braun, Frank / Albrecht, Florian, Polizei-Compliance – Regelkonformität der Polizei- und Sicherheitsbehörden –, in: DÖV 2015, 937

Bredel, Frank, Polizei und Presse – Rechtprobleme der polizeilichen Öffentlichkeitsarbeit, Springer, Wiesbaden, 1997 (zitiert: *Bredel* Polizei und Presse, S.)

Brunhöber, Beatrice, Die präventive Wende in der Strafgesetzgebung – Gebotene Akzentverschiebungen in der strafrechtswissenschaftlichen Entgegnung, in: Asholt, Martin / Kuhli, Milan / Ziemann, Sascha u.a. (Hrsg.), 3. Symposium Junger Strafrechtlerinnen und Strafrechtler, Frankfurt a.M. 2013, Nomos, 1. Auflage, 2015 (zitiert: *Brunhöber* in: 3. Symposium Junger Strafrechtlerinnen und Strafrechtler, S.)

Brusten, Manfred, Strafverfahren gegen Polizeibeamte in der BRD – Empirische Anmerkungen zur Theorie der „Schwarzen Schafe“, in: KrimJ 4. Beiheft 1992, 84

Büllesfeld, Dirk, Polizeiliche Videoüberwachung öffentlicher Straßen und Plätze zur Kriminalitätsvorsorge, Richard Boorberg, Stuttgart, München, Hannover (u.a.), 2002 (zitiert: *Büllesfeld* Polizeiliche Videoüberwachung, S.)

Burghard, Waldemar, Aufgaben, Erwartungen und Handlungsbedingungen (Editorial), in: Kriminalistik 1994, 227

Busch, Heiner / Werkentin, Falco, Die soziale Produktion polizeilich registrierter Gewaltindizien – Ergebnisse einer Anzeigenstudie in Berlin-Neukölln, in: KrimJ 4. Beiheft 1992, 69

Calliess, Christian / Ruffert, Matthias (Hrsg.), EUV/AEUV, Das Verfassungsrecht der Europäischen Union mit Europäischer Grundrechtecharta, C.H. Beck, München, 5. Auflage, 2016 (zitiert: Calliess/Ruffert/*Bearbeiter* Art. Rn.)

Collin, Peter, Die Videoüberwachung von Kriminalitätsschwerpunkten, in: JuS 2006, 494

Cornelius, Kai, Anmerkung zu OLG Stuttgart, Beschl. v. 4.5.2016 – 4 Ss 543/15, in: NJW 2016, 2280

Cremer-Schäfer, Helga, Skandalisierungsfallen. Einige Anmerkungen dazu, welche Folgen es hat, wenn wir das Vokabular „der Gewalt" benutzen, um auf gesellschaftliche Probleme und Konflikte aufmerksam zu machen, in: KrimJ 1992, 23

Däubler, Wolfgang / Klebe, Thomas u.a. (Hrsg.), Kompaktkommentar zum BDSG, Bund-Verlag, Frankfurt a.M., 5. Auflage, 2016 (zitiert: Kompaktkommentar-BDSG/*Bearbeiter* § Rn.)

Denkowski, Charles A. von, Individuelle Kennzeichnung uniformierter Polizeimitarbeiter: Eine Chance zur Professionalisierung der Polizei?, in: Polizei & Wissenschaft, 2011, 31

Deutscher, Axel, Strafprozessuale Verwertbarkeit der Aufzeichnungen von „Dashcams", in: StRR 2015, 185

Diederichs, Otto, Never ending story – Kennzeichnung von PolizeibeamtInnen, in: Bürgerrechte & Polizei 2009, 58

Dietel, Alfred / Gintzel, Kurt / Kniesel, Michael, Kommentar Versammlungsgesetze – Kommentierung des Versammlungsgesetzes des Bundes und der Versammlungsgesetze der Länder, Carl Heymanns, Köln, 17. Auflage, 2016 (zitiert: VersG-Kommentar/*Bearbeiter* Teil Rn.)

Dolata, Uwe, Whistleblowing, ein Stück Compliance, in: Kriminalistik 2013, 616

Dolderer, Michael, Verfassungsfragen der „Sicherheit durch Null-Toleranz", in: NVwZ 2001, 130

Dölling, Dieter / Duttge, Gunnar / Rössner, Dieter (Hrsg.), Handkommentar Gesamtes Strafrecht, StGB, StPO, Nebengesetze, Nomos, Baden-Baden, 3. Auflage, 2013 (zitiert: HK-GS/*Bearbeiter* § StGB Rn.)

Dörr, Dieter, Anmerkung zu EGMR von Hannover/D, 24.6.2004, ECHR 2004-VI, in: JuS 2005, 160
– EMRK: Video als Beweismittel im Zivilprozess, in: JuS 2015, 661

Dreier, Thomas / Schulze, Gernot / Specht, Louisa (Hrsg.), Kommentar Urheberrechtsgesetz, Urheberrechtswahrnehmungsgesetz, Kunsturhebergesetz, C.H. Beck, München, 5. Auflage, 2015 (zitiert: Dreier/Schulze/*Bearbeiter* § KUG Rn.)

Drescher, Falko, Polizisten außer Kontrolle? Zur Diskussion über die Notwendigkeit einer Überwachung der Polizei, disserta Verlag, Hamburg, 2014 (zitiert: *Drescher* Polizisten außer Kontrolle?, S.)

Duden – Wörterbuch medizinischer Fachbegriffe, Das Standardwerk für Fachleute und Laien – Der aktuelle Stand der medizinischen Terminologie, Kilian, Ulrich (Hrsg.), Bibliographisches Institut GmbH, Mannheim, Zürich, 9. Auflage, 2014 (zitiert: Duden, S.)

Dürig-Friedl, Cornelia / Enders, Christoph (Hrsg.), Versammlungsrecht – Die Versammlungsgesetze des Bundes und der Länder, C.H. Beck, München, 1. Auflage 2016 (zitiert: Versammlungsrecht/*Bearbeiter* § VersG Rn.)

Ecker, Gerhard / Pfister, Bernhard / Höhn, Udo (Hrsg.), Der kommunale Datenschutzbeauftragte in Bayern – Datenschutz in der Kommune, Richard Boorberg, Stuttgart, München, Hannover (u.a.), 2002 (zitiert: Datenschutz in der Kommune, S.)

Ehlers, Dirk (Hrsg.), Europäische Grundrechte und Grundfreiheiten, De Gruyter, Berlin (u.a.), 4. Auflage, 2014 (zitiert: *Bearbeiter* in: Ehlers, EuGR, § Rn.)

Ehresmann, Andreas, Straftaten gegen Polizeibeamte, Dr. Kovač, Hamburg, 2015 (zitiert: *Ehresmann* Straftaten gegen Polizeibeamte, S.)

Eisenberg, Ulrich, Kriminologie, C.H. Beck, München, 6. Auflage, 2005 (zitiert: *Eisenberg* Kriminologie § Rn.)

– Beweisrecht der StPO, C.H. Beck, 9. Auflage, 2015 (zitiert: *Eisenberg* Beweisrecht Rn.)

Ellrich, Karoline / Baier, Dirk (Hrsg.), Polizeibeamte als Opfer von Gewalt – Ergebnisse einer Mixed-Method-Studie, Verlag für Polizeiwissenschaft, Frankfurt, 2014

– *Baier, Dirk / Ellrich, Karoline,* Vertrauen in die Polizei im Spiegel verschiedener Befragungsstudien (zitiert: *Baier/Ellrich* in: Mixed-Method-Studie, Vertrauen, S.)
– *Baier, Dirk / Ellrich, Karoline,* Vorstellung des Forschungsprojekts und der kriminalistischen Ausgangslage (zitiert: *Baier/Ellrich* in: Mixed-Method-Studie, Vorstellung, S.)
– *Ellrich, Karoline / Baier, Dirk,* Posttraumatische Belastungsreaktionen bei Polizeibeamten nach Gewaltübergriffen – Eine Untersuchung zu polizeispezifischen Einflussfaktoren (zitiert: *Ellrich/Baier* in: Mixed-Method-Studie, S.)
– *Ellrich, Karoline / Baier, Dirk / Zietlow, Bettina,* Zusammenfassung und künftige Forschungsideen (zitiert: *Ellrich/Baier/Zietlow* in: Mixed-Method-Studie, S.)
– *Prasse, Stefan / Pfeiffer, Hartmut,* Gewalt gegen Polizeibeamte in Niedersachen – Analyse der Strafverfahren nach Übergriffen auf Polizeibeamte mit schweren Folgen der Jahre 2005–2009 (zitiert: *Prasse/Pfeiffer* in: Mixed-Method-Studie, S.)

Ellrich, Karoline / Baier, Dirk / Pfeiffer, Christian, Polizeibeamte als Opfer von Gewalt – Ergebnisse einer Befragung von Polizeibeamten in zehn Bundesländern, Nomos, Baden-Baden, 1. Auflage, 2012 (zitiert: *Ellrich/Baier/Pfeiffer* Polizeibeamte als Opfer von Gewalt, S.)

Elsner, Erich / Laumer, Michael, Gewalt gegen Polizeibeamte in Bayern – Langzeitanalyse der Polizeilichen Kriminalstatistik und Auswertung von Strafverfahrensakten, Projektbericht der Kriminologischen Forschungsgruppe der Bayerischen

Polizei (KFG), München, 2015 (zitiert: *Elsner/Laumer* Gewalt gegen Polizeibeamte in Bayern, S.)

EMRK/GG Konkordanzkommentar zum europäischen und deutschen Grundrechtsschutz, Band I, Kapitel 1–19, Dörr, Oliver / Grote, Rainer / Marauhn, Thilo (Hrsg.), Mohr Siebeck, Tübingen, 2. Auflage, 2013 (zitiert: KK-EMRK-GG I/*Bearbeiter* Kap. Rn.)

Erhard, Denninger / Marlis, Dürkop u.a. (Hrsg.), Alternativentwurf einheitlicher Polizeigesetze des Bundes und der Länder, Hermann Luchterhand, Neuwied, Darmstadt, 1979 (zitiert: AE PolG, S.)

Ertl, Kilian, Die Kennzeichnungspflicht für Polizeibedienstete auf dem Prüfstand – Eine verfassungsrechtliche Bewertung der Kennzeichnungspflicht für Polizeibedienstete –, in: DÖV 2016, 23

Esser, Robert, Anwendungsbereich der Grundrechtecharta – Konsequenzen der Bindungswirkung, in: Jahn, Matthias / Radtke, Henning (Hrsg.), Deutsche Strafprozessreform und Europäische Grundrechte – Herausforderungen auch für die Rechtsprechung des BGH in Strafsachen? Referate und Diskussionen auf dem 5. Karlsruher Strafrechtsdialog am 12. Juni 2015, Carl Heymanns, Köln, 2016 (zitiert: *Esser* in: Strafrechtsdialog, S.)

Falk, Ekkehard, Widerstand gegen Vollstreckungsbeamte – ein praxisbezogenes Forschungsprojekt, Fachhochschule Villingen-Schwenningen, Hochschule für Polizei, Öffentlichkeitsarbeit, 2000 (zitiert: *Falk* Widerstand gegen Vollstreckungsbeamte, S.)

Feltes, Thomas (Hrsg.), Neue Wege, neue Ziele. Polizieren und Polizeiwissenschaft im Diskurs, Verlag für Polizeiwissenschaft, Frankfurt, 2009

- *Ammermann, Helge,* Die Akademisierung der Polizei und die Missachtung von vorhandenen Wissensressourcen im Veränderungsprozess der Polizeiorganisationen (zitiert: *Ammermann* in: Neue Wege, neue Ziele, S.)
- *Behr, Rafael,* Warum Polizisten oft schweigen, wenn sie reden sollten – Ein Essay zur Frage des Korpsgeistes in der deutschen Polizei (zitiert: *Behr* in: Neue Wege, neue Ziele, S.)
- *Schwalbe, Anja,* „Die Anerkennung des Wach- und Wechseldienstes" – Selbst- und Fremdbild von Streifenbeamten (zitiert: *Schwalbe* in: Neue Wege, neue Ziele, S.)

Feltes, Thomas / Rebscher, Erich (Hrsg.), Polizei und Bevölkerung – Beiträge zum Verhältnis zwischen Polizei und Bevölkerung und zur gemeindebezogenen Polizeiarbeit („Community Policing"), Felix Verlag, Holzkirchen/OBB., Band 1, 1990

- *Busch, Heiner / Funk, Albrecht / Narr, Wolf Dieter / Werkentin, Falko,* Gewaltmeldungen aus Berlin-Neukölln – Erfordernisse und Schwierigkeiten gewaltgeographischer Untersuchungen (zitiert: *Busch/Funk (u.a.)* in Polizei und Bevölkerung, S.)

– *Feltes, Thomas,* Einstellungen von Polizeibeamten zu gesellschafts- und kriminalpolitischen Problemen in Deutschland – Ergebnisse einer Befragung (zitiert: *Feltes* in: Polizei und Bevölkerung, S.)
– *Feltes, Thomas / Rebscher, Erich,* Polizei und Bevölkerung – Zur Einführung in diesen Band (zitiert: *Feltes/Rebscher* in: Polizei und Bevölkerung, S.)
– *Hofmann, Frank,* Die deutsche Polizei zwischen Bürger und Staat – Versuch einer Neuorientierung am Gemeinwesen (zitiert: *Hofmann* in: Polizei und Bevölkerung, S.)
– *Murphy, Christopher,* Gemeinwesenorientierte Polizeiarbeit in Kanada: Anspruch und Wirklichkeit (zitiert: *Murphy* in: Polizei und Bevölkerung, S.)

Fischer, Thomas, Strafgesetzbuch mit Nebengesetzen, C.H. Beck, München, 63. Auflage, 2016 (zitiert: *Fischer* § StGB Rn.)

Frowein, Jochen / Peukert, Wolfgang, EMRK-Kommentar, Engel, Kehl am Rhein, 3. Auflage, 2009 (zitiert: Frowein/Peukert/*Bearbeiter* Art. EMRK Rn.)

Fuchs, Daniel, Verwendung privater Kameras im öffentlichen Raum – Datenschutz bei Dash-Cams, Helm-, Wildkameras & Co., in: ZD 2015, 212

Füllgrabe, Uwe, Der Sherman-Report – Oder: Voraussetzungen für eine erfolgreiche Kriminalprävention, in: Kriminalistik 2000, 181
– Die „Broken-Windows-Theorie" – Oder: Wann wirkt die Strategie der Null-Toleranz?, in: Kriminalistik 2000, 383

Funk, Bernd-Christian, Einführung in das österreichische Verfassungsrecht, Leykam, 14. Auflage, 2011 (zitiert: *Funk* Österreichisches Verfassungsrecht, Rn.)

Gallwas, Hans-Ullrich / Lindner, Josef Franz / Wolff, Heinrich Amadeus, Bayerisches Polizei- und Sicherheitsrecht, Richard Boorberg, Stuttgart, München, Hannover (u.a.), 4. Auflage, 2015 (zitiert: Bayerisches Polizei- und Sicherheitsrecht/*Bearbeiter* S.)

Geiger, Andreas, Verfassungsfragen zur polizeilichen Anwendung der Video-Überwachungstechnologie bei der Straftatbekämpfung, Duncker & Humblot, Berlin, 1994 (zitiert: *Geiger* Verfassungsfragen, S.)

Gemmer, Karlheinz, Erscheinungsformen der Gewalt – Blickfelder eines Großstadt-Polizeichefs, in: Kriminalistik 1994, 17

Gerson, Oliver Harry, Das Recht auf Beschuldigung – Strafprozessuale Verfahrensbalance durch kommunikative Autonomie, De Gruyter, Berlin, 2016 (zitiert: *Gerson* Recht auf Beschuldigung, S.)

Globig, Klaus, Grenzen des informationellen Selbstbestimmungsrechts für Amtsträger, in: DÖD 1991, 217

Gola, Peter / Klug, Christoph, Videoüberwachung gemäß § 6b BDSG – Anmerkungen zu einer verunglückten Gesetzeslage, in: RDV 2014, 65

Gola, Peter / Schomerus, Rudolf (Hrsg.), Kommentar Bundesdatenschutzgesetz, C.H. Beck, München 12. Auflage, 2015 (zitiert: Komm-BDSG/*Bearbeiter* § Rn.)

Gola, Peter / Wronka, Georg (Hrsg.), Handbuch Arbeitnehmerdatenschutz – Rechtsfragen und Handlungshilfen, Datakontext, Heidelberg (u.a.), 6. Auflage, 2013 (zitiert: *Gola/Wronka* Arbeitnehmerdatenschutz Rn.)

Goodall, Martin, Guidance for the Police Use of Body-Worn Video Devices, Police and Crime Standards Directorate, London, Home Office, Juli 2007 (zitiert: *Goodall* Body-Worn Video, S.)

Gössner, Rolf, „Big Brother" & Co. – Der moderne Überwachungsstaat in der Informationsgesellschaft, Konkret Literatur Verlag, Hamburg, 2001 (zitiert: *Gössner* Überwachungsstaat, S.)

Gössner, Rolf / Herzog, Uwe, Der Apparat – Ermittlungen in Sachen Polizei, Kiepenheuer & Witsch, Köln, 1982 (zitiert: *Gössner/Herzog* Der Apparat, S.)

– Im Schatten des Rechts, Kiepenheuer & Witsch, Köln, 1984 (zitiert: *Gössner/Herzog* Im Schatten des Rechts, S.)

Götz, Volkmar, Polizeiliche Bildaufnahmen von öffentlichen Versammlungen – Zu den Neuregelungen in §§ 12a, 19a VersammlG, in: NVwZ 1990, 112

Grabenwarter, Christoph / Pabel, Katharina, Europäische Menschenrechtskonvention, C.H. Beck, München, 6. Auflage, 2016 (zitiert: *Grabenwarter/Pabel* § Rn.)

Grabitz, Eberhard / Hilf, Meinhard / Nettesheim, Martin (Hrsg.), Das Recht der Europäischen Union, Band I, EUV/AEUV, C.H. Beck, 5. EL, Juli 2016 (zitiert: GHN/*Bearbeiter* Art. Rn.)

Gras, Marianne, Videoüberwachung in Großbritannien, in: NK 2001, 12

Graulich, Kurt, Strafverfolgungsvorsorge, in: NVwZ 2014, 685

Greger, Reinhard, Kamera on board – Zur Zulässigkeit des Video-Beweises im Verkehrsunfallprozess, in: NZV 2015, 114

Groeben, Hans von der / Schwarze, Jürgen / Hatje, Armin (Hrsg.), Nomos Kommentar, Europäisches Unionsrecht – Vertrag über die Europäische Union, Vertrag über die Arbeitsweise der Europäischen Union, Charta der Grundrechte der Europäischen Union, Band 1, Nomos, Baden-Baden, 7. Auflage, 2015 (zitiert: Nomos-Kommentar/EU/*Bearbeiter* Art. Rn.)

Grof, Alfred, Anmerkung zu EGMR Bouyid/B v. 28.9.2015, in: NLMR 5/2015, 403

Gröpl, Christoph / Windthorst, Kay / von Coelln, Christian, Studienkommentar Grundgesetz, C.H. Beck, München, 2. Auflage, 2015 (zitiert: Studienkommentar GG/*Bearbeiter* Art. Rn.)

Groß, Hermann / Bornewasser, Manfred / Frevel, Bernhard / Liebl, Karlhans / Ohlemacher, Thomas / Schmidt, Peter (Hrsg.), Polizei – Polizist – Polizieren? Überlegungen zur Polizeiforschung, Festschrift für Hans-Joachim Asmus, Verlag für Polizeiwissenschaft, Frankfurt, 2010

– *Behr, Rafael,* Intimität oder Abschottung – warum Polizisten am liebsten unter sich sind. Ein Essay zu den Ambivalenzen im polizeilichen Selbstverständnis (zitiert: *Behr* in: FS für Asmus, S.)

– *Frevel, Bernhard,* [Politik] Polizei als Beruf – Ein Essay mit Anleihen an Max Weber (zitiert: *Frevel* in: FS für Asmus, S.)

Grützner, Thomas / Jakob, Alexander (Hrsg.), Compliance von A – Z, C.H. Beck, München, 2. Auflage, 2015 (zitiert: *Grützner/Jakob* Compliance, Stichwort)

Gusy, Christoph, Polizei- und Ordnungsrecht, Mohr Siebeck, Tübingen, 9. Auflage, 2014 (zitiert: *Gusy* Polizei- und Ordnungsrecht, S.)

Haag, Claus Peter, Datenschutzkonforme Videoüberwachung durch Kommunen, in: Kommunalpraxis. Ausgabe Bayern, 2014, 202

Hammarberg, Thomas, Opinion of the Commissioner for human rights – concerning independent and effective determination of complaints against the police, 12.3.2009, CommDH (2009) 4, Original version, https://wcd.coe.int/ViewDoc.jsp?p=&id=1417857&direct=true (Stand: Dezember 2016) (zitiert: *Hammarberg* Opinion of the Commissioner for human rights, S.)

Harbort, Stephan, Polizeibeamte im Visier des Strafverteidigers – Zu speziellen Taktiken der Verteidigung bei der Befragung von Polizeibeamten in der Hauptverhandlung, in: Kriminalistik 1996, 805

Hauf, Claus-Jürgen, Kriminalitätserfassung und Kriminalitätsnachweis auf polizeilicher Ebene – Eine Problemanalyse, Godesberg, Bonn, 1991 (zitiert: *Hauf* Kriminalitätserfassung, S.)

Hauser, Bodo H., Gewalt und die Verantwortung der Medien – Plädoyer für eine gemeinsame Medienethik, in: Kriminalistik 1994, 28

Heesen, Dietrich / Hönle, Jürgen / Peilert, Andreas (Hrsg.), Bundesgrenzschutzgesetz, Verwaltungs- und Vollstreckungsgesetz, Gesetz über den unmittelbaren Zwang, Kommentar, Deutsche Polizeiliteratur GmbH, Hilden, 4. Auflage, 2002 (zitiert: *Heesen/Hönle/Peilert* § BGSG Rn.)

Hefendehl, Roland, Die neue Ermittlungsgeneralklausel der §§ 161, 163 StPO: Segen oder Fluch?, in: StV 2001, 700

Heidelberger Kommentar, Strafprozessordnung, Gercke, Björn / Julius, Karl-Peter u.a. (Hrsg.), C.F. Müller, Heidelberg (u.a.), 5. Auflage, 2012 (HK-StPO/*Bearbeiter* § Rn.)

Held, Cornelius, Intelligente Videoüberwachung – Verfassungsrechtliche Vorgaben für den polizeilichen Einsatz, Duncker & Humblot, Berlin, 2014 (zitiert: *Held* Intelligente Videoüberwachung, S.)

Hermanutz, Max, Polizeiliches Auftreten – Respekt und Gewalt, Eine empirische Untersuchung zum Einfluss verbaler Kommunikation und äußerem Erscheinungsbild von Polizeibeamten auf die Gewaltbereitschaft von Jugendlichen und jungen Erwachsenen, Verlag für Polizeiwissenschaft, Frankfurt, 2013 (zitiert: *Hermanutz* Polizeiliches Auftreten, S.)

Hermanutz, Max (Hrsg.), Gewalt gegen Polizisten – sinkender Respekt und steigende Aggression? Eine Beleuchtung der Gesamtumstände, Verlag für Polizeiwissenschaft, Frankfurt, 2015

- *Hermanutz, Max / Grünbaum, Bernd / Spöcker, Wolfgang,* Fragen und Antworten zur anhaltenden Gewalt gegen Polizeibeamte (zitiert: *Hermanutz/Grünbaum/Spöcker* in: Gewalt gegen Polizisten, S.)
- *Hermanutz, Max / Henning, Laura-Marie / Niewerth, Ricarda,* Statistische Erhebungen – Status quo (zitiert: *Hermanutz/Henning/Niewerth* in: Gewalt gegen Polizisten, S.)
- *Hermanutz, Max / Heyn, Silvo,* Befragung von betroffenen Beamten nach einem Angriff (zitiert: *Hermanutz/Heyn* in: Gewalt gegen Polizisten, S.)

Herrnkind, Martin / Scheerer, Sebastian (Hrsg.), Die Polizei als Organisation mit Gewaltlizenz – Möglichkeiten und Grenzen der Kontrolle, LIT Verlag, Münster (u. a.), 2003
- *Behr, Rafael,* Polizeiforschung als Kontrolle der Kontrolleure? (zitiert: *Behr* in: Organisation mit Gewaltlizenz, S.)
- *Behrendes, Udo,* Zwischen Gewaltgebrauch und Gewaltmissbrauch – Anmerkungen eines polizeilichen Dienststellenleiters (zitiert: *Behrendes* in: Organisation mit Gewaltlizenz, S.)
- *Herrnkind, Martin,* Möglichkeiten und Grenzen polizeilicher Binnenkontrolle – Eine Perspektive der Bürgerrechtsbewegung (zitiert: *Herrnkind* in: Organisation mit Gewaltlizenz, S.)
- *Pinheiro, Paulo Sergio,* Die Polizei: ein Risiko? (zitiert: *Pinheiro* in: Organisation mit Gewaltlizenz, S.)
- *Ullrich, Andreas,* Äußere Kontrolle – Innere Führung (zitiert: *Ullrich* in: Organisation mit Gewaltlizenz, S.)

Heuking, Christian / von Coelln, Sibylle, „Public Compliance“ – Maßnahmen zur Regelkonformität im öffentlichen Sektor –, in: DÖV 2012, 827

Hilger, Hans, Neues Strafverfahrensrecht durch das OrgKG – 1. Teil –, in: NStZ 1992, 457

Hof, Clemens, Polizeizeugen – Zeugen im Sinne der StPO?, in: HRRS 2015, 277

Hofmann, Rainer / Boldt, Nicki (Hrsg.), Internationaler Bürgerrechtepakt, Nomos-Kommentar, Nomos, 1. Auflage, 2005 (zitiert: *Hofmann/Boldt* Art. IPbpR Rn.)

Hömig, Dieter (Hrsg.), Handkommentar Grundgesetz für die Bundesrepublik Deutschland, Nomos, Baden-Baden, 11. Auflage, 2016 (zitiert: HK-GG/*Bearbeiter* Art. Rn.)

Honnacker, Heinz / Beinhofer, Paul / Hauser, Manfred (Hrsg.), Polizeiaufgabengesetz – PAG – Gesetz über die Aufgaben und Befugnisse der Bayerischen Staatlichen Polizei, Richard Boorberg, Stuttgart, München, Hannover (u.a.), 20. Auflage, 2014 (zitiert: *Honnacker/Beinhofer/Hauser* PAG Art. Rn.)

Horst, Hans Reinold, Der Nachbar als „Big Brother“ – Grenzen zulässiger Videoüberwachung, in: NZM 2000, 937

Humanistische Union e.V. (Hrsg.), Innere Sicherheit als Gefahr, Schriften. HU-Schrift 23, Berlin, 2002
- *Gössner, Rolf,* Kontrolldefizite und Sanktionsimmunität – Zur Notwendigkeit einer unabhängigen Kontrolle der Polizei (zitiert: *Gössner* in: Innere Sicherheit als Gefahr, S.)

- *Kutscha, Martin,* Mehr Innere Sicherheit durch weniger Freiheit? (zitiert: *Kutscha* in: Innere Sicherheit als Gefahr, S.)
- *Lehne, Werner,* Die begrenzte Aussagekraft der Polizeilichen Kriminalstatistik (zitiert: *Lehne* in: Innere Sicherheit als Gefahr, S.)
- *Leopold, Nils,* Videoüberwachung – Technologien der sozialen Kontrolle und Menschenrechte (*Leopold* in: Innere Sicherheit als Gefahr, S.)

Hunecke, Ina, Polizei und Gewalt, in: KritV 2014, 267

Ingerl, Reinhard / Rohnke, Christian (Hrsg.), Markengesetz – Gesetz über den Schutz von Marken und sonstigen Kennzeichen, C.H. Beck, München, 3. Auflage, 2010 (zitiert: *Ingerl/Rohnke* MarkenG § Rn.)

Jaeger, Rolf, Rainer, Nicht die Polizei ist für Kriminalität verantwortlich, sondern die Kriminellen – Gegendarstellung zum Beitrag „Polizeistärke und Kriminalitätsverlauf“ in Kriminalistik 11/2013, S. 659–668, 2/2014, in: Kriminalistik 2014, 103

Jager, Janine / Klatt, Thimna / Bliesener, Thomas, NRW-Studie: Gewalt gegen Polizeibeamtinnen und Polizeibeamte – Die subjektive Sichtweise zur Betreuung und Fürsorge, Aus- und Fortbildung, Einsatznachbereitung, Belastung und Ausstattung, Abschlussbericht, Kiel, 2013 (zitiert: NRW-Studie, S.)

Jäger, Joachim, Gewalt und Polizei, Centaurus-Verlagsgesellschaft, Pfaffenweiler, 1988 (zitiert: *Jäger* Gewalt und Polizei, S.)

Jahn, Matthias, Strafrecht BT: Räuberischer Angriff auf Kraftfahrer – Vortäuschen einer Polizeikontrolle als Angriff auf den Fahrzeugführer, in: JuS 2014, 1135

Janker, Helmut, 54. Deutscher Verkehrsgerichtstag 2016 – Empfehlungen der Arbeitskreise, in: SVR 2016, 78

Jarass, Hans (Hrsg.), Charta der Grundrechte der Europäischen Union unter Einbeziehung der vom EuGH entwickelten Grundrechte, der Grundrechtsregelungen der Verträge und der EMRK, C.H. Beck, München, 3. Auflage, 2016 (zitiert: Jarass-GRC Art. Rn.)

Jarass, Hans D. / Pieroth, Bodo (Hrsg.), Kommentar Grundgesetz für die Bundesrepublik Deutschland, C.H. Beck, München, 14. Auflage, 2016 (zitiert: Jarass/Pieroth, Art. GG Rn.)

Jungclaus, Martin, Ein Gesetzgebungsfehler bei der Neufassung des § 340 StGB durch das Verbrechensbekämpfungsgesetz 1994, in: NStZ 1995, 582

Kammler, Clemens / Parr, Rolf / Schneider, Ulrich Johannes (Hrsg.), Foucault-Handbuch, Leben – Werk – Wirkung, J.B. Metzler, Stuttgart, 2008 (zitiert: Foucault-Handbuch, S.)

Kampagne für Opfer rassistisch motivierter Polizeigewalt, Acht Schüsse sind keine Notwehr – Berliner Polizeibeamter verurteilt, in: Bürgerrechte & Polizei 2010, 62

Karlsruher Kommentar zur Strafprozessordnung mit GVG, EGGVG und EMRK, Hannich, Rolf (Hrsg.), C.H. Beck, München, 7. Auflage, 2013 (zitiert: KK-StPO/*Bearbeiter* § Rn.)

Karpenstein, Ulrich / Mayer, Franz, EMRK, Konvention zum Schutz der Menschenrechte und Grundfreiheiten, C.H. Beck, München, 2. Auflage, 2015 (zitiert: Karpenstein/Mayer/*Bearbeiter* Art. EMRK Rn.)

Keller, Christoph, Video-Überwachung: Ein Mittel zur Kriminalprävention – Zum Stand der rechtlichen und taktischen Diskussion in Deutschland, in: Kriminalistik 2000, 187

Kersten, Joachim, Perspektiven der Polizeiausbildung und der -wissenschaft, in: NK 2014, 52

Kindhäuser, Urs, Strafprozessrecht, Nomos, Baden-Baden, 4. Auflage, 2016 (zitiert: *Kindhäuser* Strafprozessrecht, § Rn.)

Kindhäuser, Urs / Neumann, Ulfried / Paeffgen, Hans-Ullrich (Hrsg.), Strafgesetzbuch Kommentar, Nomos, Baden-Baden, 4. Auflage, 2013 (zitiert: NK-StGB/*Bearbeiter* § Rn.)

Kipker, Dennis-Kenji, Stellungnahme zur öffentlichen Anhörung des Innenausschusses des Hessischen Landtags am 10. September 2015 zum Gesetzentwurf der Landesregierung für ein Gesetz zur Änderung des Melderechts, des Hessischen Gesetzes über die öffentliche Sicherheit und Ordnung und des Hessischen Glücksspielgesetzes vom 19. Mai 2015, Drs. 19/1979, https://www.eaid-berlin.de/wp-content/uploads/2015/11/Stellungnahme-Dennis-Kenji-Kipker-LT-Drs.-19-1979.pdf (Stand: Dezember 2016) (zitiert: *Kipker* Stellungnahme HSOG, S.)

- Stellungnahme zur Anhörung des Ausschusses für Inneres und Sport des Landtags des Saarlandes am 21. April 2016 zum Gesetzentwurf zur Änderung des Saarländischen Polizeigesetzes vom 10. März 2016, Drs. 15/1734, https://www.jura.uni-bremen.de/uploads/IGMR/Stellungnahme_Dennis-Kenji_Kipker_LT-Drs._15-1734.pdf (Stand: Dezember 2016) (zitiert: *Kipker* Stellungnahme SPolG, S.)

Kipker, Dennis-Kenji / Gärtner, Hauke, Verfassungsrechtliche Anforderungen an den Einsatz polizeilicher „Body-Cams", in: NJW 2015, 296

Király, Andrei, Whistleblower in Deutschland und Großbritannien – Lehren aus dem Fall Heinisch, in: RdA 2012, 236

Klann, Thomas, Zur Zulässigkeit der Verwendung privater Verkehrsüberwachungskameras zu Beweiszwecken, in: DAR 2013, 188

- Aktualisierung: Zur Zulässigkeit der Verwendung privater Verkehrsüberwachungskameras – Dashcams – zu Beweiszwecken, in: DAR 2014, 451

Klar, Manuel, Datenschutzrecht und die Visualisierung des öffentlichen Raums, LIT Verlag, Berlin, 2012 (zitiert: *Klar* Datenschutzrecht, S.)

- Anmerkung zu EuGH, Urt. v. 11.12.2014 – C-212/13, in: NJW 2015, 463, 464

Kloepfer, Michael / Breitkreutz, Katharina, Videoaufnahmen und Videoaufzeichnungen als Rechtsproblem, in: DVBl 1998, 1149

Kniesel, Michael, „Neues" Polizeirecht und Kriminalitätskontrolle – Eine Betrachtung des polizeilichen Handlungsraumes, in: Kriminalistik 1996, 229

Knyrim, Rainer/ Trieb, Gerald, Videokameras in Autos – vom Teufelszeug zum Beweismittel, Vereinbarkeit von Dash-Cams mit datenschutzrechtlichen Grundsätzen, in: ZD 2014, 547

Koehl, Felix, Anmerkung zu VG Ansbach, Urt. v. 12.8.2014 – AN 4 K 13.01634, in: SVR 2015, 235

Kolmer, Johannes, Ein Tatsachenbericht: Ohrfeigen auf dem Polizeirevier und ihre Folgen, in: Die Polizei 1994, 306

König, Robert, Videoüberwachung – Fakten, Rechtslage und Ethik, Verlag Österreich GmbH, Wien, 2001 (zitiert: *König* Videoüberwachung, S.)

Kopp, Ferdinand /Ramsauer, Ulrich, Verwaltungsverfahrensgesetz, C.H. Beck, München, 17. Auflage, 2016 (zitiert: *Kopp/Ramsauer* § VwVfG Rn.)

Koranyi, Johannes / Singelnstein, Tobias, Rechtliche Grenzen für polizeiliche Bildaufnahmen von Versammlungen, in: NJW 2011, 124

Korell, Jürgen / Liebel, Urban, Polizeiskandal – Skandalpolizei – Demokratiemangel bei der Polizei?, Verlag Westfälisches Dampfboot, Münster, 1. Auflage, 2000 (zitiert: *Korell/Liebel* Polizeiskandal – Skandalpolizei, S.)

Korfes, Gunhild, Zum Einstellungswandel ostdeutscher Juristen und Polizisten bei der Reorganisation des strafrechtlichen Kontrollsystems, in: Soziale Probleme: Zeitschrift für soziale Probleme und soziale Kontrolle, 1995, 232

Korinek, Lásló / Finszter, Géza, Polizei und Menschenrechte – Ein Beitrag zur europäischen Polizeikultur, in: Kriminalistik 2000, 521

Kramer, Bernhard, Videoaufnahmen und andere Eingriffe in das Allgemeine Persönlichkeitsrecht auf der Grundlage des § 163 StPO?, in: NJW 1992, 2732

Krämer, Hannes, Das gefährliche Spiel mit der „Dashcam", in: SVR 2016, 23

Krehl, Christoph, Die Erkundungspflicht des Zeugen bei fehlender oder beeinträchtigter Erinnerung und mögliche Folgen ihrer Verletzung, in: NStZ 1991, 416

Krenberger, Benjamin, Anmerkung zu AG Nienburg, Urt. v. 20.1.2015 – 4 Ds 520 Js 39473/14, in: SVR 2015, 348

Krey, Volker, Deutsches Strafverfahrensrecht (Band 1), Kohlhammer, Stuttgart, 2006 (zitiert: *Krey* Deutsches Strafverfahrensrecht I, S.)

Kudlacez, Dominic, Akzeptanz von Videoüberwachung – Eine sozialwissenschaftliche Untersuchung technischer Sicherheitsmaßnahmen, Springer, Wiesbaden, 2015 (zitiert: *Kudlacez* Videoüberwachung, S.)

Kugele, Dieter, Kommentar zum Verwaltungsverfahrensgesetz mit Kommentierung zum VwVG und VwZG, Luchterhand, 2014 (zitiert: *Kugele* § VwVfG Rn.)

Kugelmann, Dieter, Polizei- und Ordnungsrecht, Springer, Berlin, Heidelberg, 2. Auflage, 2012 (zitiert: *Kugelmann* Polizei- und Ordnungsrecht, Kapitel/Rn.)

Kühl, Kristian / Heger, Martin / Lackner, Karl u.a. (Hrsg.), Strafgesetzbuch Kommentar, C.H. Beck, München, 28. Auflage, 2014 (zitiert: Lackner/Kühl/*Bearbeiter* § StGB Rn.)

Küpper, Georg, Strafrecht Besonderer Teil 1 – Delikte gegen Rechtsgüter der Person und Gemeinschaft, Springer, Berlin (u.a.), 3. Auflage, 2007 (zitiert: *Küpper* Strafrecht § Rn.)

Lachenmann, Matthias, Anmerkung zu EuGH, Urt. v. 11.12.2014 – C-212/13, in: ZD 2015, 77

Lachenmann, Matthias / Schwiering, Sebastian, Betrieb von Videokameras in PKW – Datenschutzrechtliche (Un-) Zulässigkeit des Betriebs von On-Board-Kameras in PKWs, in: NZV 2014, 291

- Anmerkung zu AG Nienburg, Urt. v. 20.1.2015 – 4 Ds 520 Js 39473/14, in: CR 2015, 400
- VG Ansbach: Datenschutzrechtliche Unzulässigkeit von Dash-Cams, in: ZD-Aktuell 2014, 04300

Lang, Markus, Private Videoüberwachung im öffentlichen Raum – Eine Untersuchung der Zulässigkeit des privaten Einsatzes von Videotechnik und der Notwendigkeit von § 6b BDSG als spezielle rechtliche Regelung, Dr. Kovač, Hamburg, 2008 (zitiert: *Lang* Private Videoüberwachung, S.)

Lec, Stanisław Jerzy, Unfrisierte Gedanken und neue frisierte Gedanken (in der deutschen Übersetzung von Dedecius Karl), Carl Hanser, Wien, 2000 (zitiert: *Lec* Gedanken, S.)

Leupold, Andreas / Glossner, Silke (Hrsg.), Münchener Anwaltshandbuch IT-Recht, C.H. Beck, München, 3. Auflage, 2013 (zitiert: MAH IT-Recht/*Bearbeiter* Teil Rn.)

Lewerenz, Maik, Pass auf dich auf! – Gewalt im Polizeialltag, in: Bundespolizei kompakt 2011, 4

Liebl, Karlhans, Defizite in der polizeilichen Aus- und Fortbildung – Oder: Die Notwendigkeit einer Polizeiwissenschaft, in: Kriminalistik 2000, 377

Liebl, Karlhans (Hrsg.), Empirische Polizeiforschung V: Fehler und Lernkultur in der Polizei, Verlag für Polizeiwissenschaft, Frankfurt, 2004

- *Büttner, Christian,* Fehlverhalten und der „code of conduct“ in der polizeilichen Begegnung mit „ausländischen Mitbürgern“ (zitiert: *Büttner* in: Empirische Polizeiforschung V, S.)
- *Füllgrabe, Uwe,* Fehler bei der polizeilichen Ausbildung und im polizeilichen Handeln (zitiert: *Füllgrabe* in: Empirische Polizeiforschung V, S.)
- *Herrnkind, Martin,* Übergriffe und „Whistleblowers“ – Betriebsunfälle in der Cop-Culture? (zitiert: *Herrnkind* in: Empirische Polizeiforschung V, S.)
- *Kess, Reingard,* Mehr Fehler – mehr Sicherheit!? (zitiert: *Kess* in: Empirische Polizeiforschung V, S.)
- *Lehne, Werner,* Aus Fehlern lernen oder Fehlverhalten kontrollieren und sanktionieren? – Die Erfahrungen der Hamburger Polizeikommission (zitiert: *Lehne* in: Empirische Polizeiforschung V, S.)
- *Mensching, Anja,* Fehler als retrospektive (Un-) Sinnzuweisung innerhalb der Polizei oder: über die Unentscheidbarkeit dessen, was ein Fehler ist (zitiert: *Mensching* in: Empirische Polizeiforschung V, S.)

- *Neidhardt, Klaus,* Anmerkungen zur empirischen Polizeiforschung aus der Polizei-Führungsakademie (zitiert: *Neidhardt* in: Empirische Polizeiforschung V, S.)
- *Peters, Helge,* Zur Soziologie des Fehlers (zitiert: *Peters* in: Empirische Polizeiforschung V, S.)
- *Volkmer, Tanja,* Fehlerkulturen – Irren in Maßen ohne Sanktion (zitiert: *Volkmer* in: Empirische Polizeiforschung V, S.)

Lindenmeyer, Johannes, Lieber schlau als blau, Beltz, Weinheim, 9. Auflage, 2016 (zitiert: *Lindenmeyer* Lieber schlau als blau, S.)

Linssen, Ruth / Kammigan, Ilka / Pfeiffer, Hartmut, Korruptionsrisiken in der niedersächsischen Polizei – Vom Wissen, Wollen und wissen wollen – eine repräsentative Dunkelfeldstudie, in: Kriminalistik 2014, 18

Lorei, Clemens, Zur Schießausbildung der Polizei – Einstellungen von Polizeibeamten zum Schußwaffeneinsatz, in: Kriminalistik 2000, 44

Lorei, Clemens (Hrsg.), Studien zur Eigensicherung: Polizei im Jagdfieber, Band 18, Verlag für Polizeiwissenschaft, Frankfurt, 2014
- *Lorei, Clemens,* Folgen der Zielsetzung des Einsatzes für das polizeiliche Jagdfieber (zitiert: *Lorei* Beitrag 3 in: Polizei im Jagdfieber, S.)
- *Lorei, Clemens,* Zusammenfassung der Studien zum polizeilichen Jagdfieber und Fazit (zitiert: *Lorei* Beitrag 11 in: Polizei im Jagdfieber, S.)
- *Lorei, Clemens / Stefan, Meyer,* Der Einfluss von Handlungsalternativen auf das polizeiliche Jagdfieber (zitiert: *Lorei/Meyer* in: Polizei im Jagdfieber, S.)
- *Lorei, Clemens / Stefan, Meyer / Gerhard, Wittig,* Polizei im Jagdfieber – Eine kognitive Annäherung (zitiert: *Lorei/Meyer/Wittig* in: Polizei im Jagdfieber, S.)

Löwe-Rosenberg, Die Strafprozeßordnung und das Gerichtsverfassungsgesetz, Großkommentar, Erb, Volker / Esser, Robert u.a. (Hrsg.), De Gruyter, Berlin (u.a.), 26. Auflage (zitiert: LR-StPO/*Bearbeiter* § Rn.)
- Band 2, §§ 48–93, 2008
- Band 3, §§ 94–111p, 2014
- Band 5, §§ 151–212b, 2008
- Band 9, §§ 449–495; EGStPO, 2010
- Band 11, EMRK; IPBPR, 2012 (zitiert: LR-EMRK/*Bearbeiter* Art. Rn.)

Lüdtke, Alf / Reinke, Herbert / Sturm, Michael (Hrsg.), Polizei, Gewalt und Staat im 20. Jahrhundert, Verlag für Sozialwissenschaften, 1. Auflage, 2011
- *Davis, Belinda,* Polizei und Gewalt auf der Straße. Konfliktmuster und ihre Folgen im Berlin des 19. und 20. Jahrhunderts (zitiert: *Davis* in: Polizei, Gewalt und Staats, S.)
- *Fürmetz, Gerhard,* „Besondere Gefährdung der Polizeibeamten“ – Alltägliche Gewalt gegen Polizisten im frühen Nachkriegsdeutschland (zitiert: *Fürmetz* in: Polizei, Gewalt und Staat, S.)
- *Gebhardt, Helmut,* Die Rolle der Polizisten und Gendarmen im Wandel der österreichischen Staatssysteme des 19. und 20. Jahrhunderts (zitiert: *Gebhardt* in: Polizei, Gewalt und Staat, S.)

– *Lindenberger, Thomas,* Vom Säbelhieb zum „sanften Weg“? Lektüren physischer Gewalt zwischen Bürgern und Polizisten im 20. Jahrhundert (zitiert: *Lindenberger* in: Polizei, Gewalt und Staat, S.)
– *Lüdtke, Alf / Sturm, Michael,* Polizei, Gewalt und Staat im 20. Jahrhundert – Perspektiven (zitiert: *Lüdtke/Sturm* in: Polizei, Gewalt und Staat, S.)
– *Ohlemacher, Thomas,* Gewalt gegen Polizeibeamte in der Bundesrepublik Deutschland, 1985–2000: Entstehungskontexte, Reaktionen, Paradoxien (zitiert: *Ohlemacher* in: Polizei, Gewalt und Staat, S.)
– *Sturm, Michael,* „Unter mir wird alles weich“ – Eine Geschichte des Polizeischlagstocks (zitiert: *Sturm* in: Polizei, Gewalt und Staat, S.)
– *Weinhauer, Klaus,* Staatsgewalt, Massen, Männlichkeit: Polizeieinsätze gegen Jugend- und Studentenproteste in der Bundesrepublik der 1960er Jahre (zitiert: *Weinhauer* in: Polizei, Gewalt und Staat, S.)

Luczak, Anna, Dunkles Feld – Polizeigewalt in Deutschland, in: Müller-Heidelberg, Till / Steven, Elke u.a. (Hrsg.), Grundrechte-Report 2014 – Zur Lage der Bürger- und Menschenrechte in Deutschland, S. Fischer GmbH, Frankfurt a.M., 2014 (zitiert: *Luczak* in: Grundrechte-Report 2014, S.)
– Freispruch aller Liebigstrasse-Aktivisten – Polizeiliche Konstruktion von Anklagevorwürfen, in: RAV Informationsbrief # 110 Januar, 2015 (zitiert: *Luczak* in: RAV Infobrief, S.)

Magnus, Dorothea, Der Gewaltbegriff der Nötigung (§ 240 StGB) im Lichte der neuesten BVerfG-Rechtsprechung, in: NStZ 2012, 538

Mahr, Manfred, Kontrolle der Polizei muß sein! Thesen und Grundsatzpositionen „Kritischer Polizisten“, in: KrimJ 4. Beiheft 1992, 116

Mai, Klaus / Köpcke, Ulf, Polizeibeamte als Zeugen – Das Training der Zeugenrolle für die gerichtliche Vernehmung: Psychologische und rechtliche Aspekte, in: Kriminalistik 1995, 263

Maier, Stefan / Percic, Marcus, Aus der Rechtsprechung zur Verletzung des Beschleunigungsgebots aus Art. 6 I 1 EMRK – 1. Teil, in: NStZ-RR 2009, 297
– Aus der Rechtsprechung zur Verletzung des Beschleunigungsgebots aus Art. 6 I 1 EMRK – 2. Teil, in: NStZ-RR 2009, 329

Manglkammer, Fritz, Der Widerstand gegen Vollstreckungsbeamte – eine kriminologische Untersuchung mit besonderer Berücksichtigung Bayerns, Wiegandt, Leipzig, 1938 (zitiert: *Manglkammer* Widerstand gegen Vollstreckungsbeamte, S.)

Mangoldt, Hermann von / Klein, Friedrich / Starck, Christian (Hrsg.), Kommentar zum Grundgesetz, Franz Vahlen, München, 6. Auflage, 2010 (zitiert: von Mangoldt/Klein/Starck/*Bearbeiter* Art. GG Rn.)
– Band 1, Präambel, Art. 1–19

Manzoni, Patrik, Gewalt zwischen Polizei und Bevölkerung – Einflüsse von Arbeitsbelastungen, Arbeitsunzufriedenheit und Burnout auf polizeiliche Gewaltausübung und Opfererfahrungen, Verlag Rüegger, Zürich, 2003 (zitiert: *Manzoni* Gewalt zwischen Polizei und Bevölkerung, S.)

Marks, Erich / Steffen, Wiebke, Neue Impulse und Initiativen für Präventionspraxis, Präventionspolitik und Präventionsforschung – Bericht über den 19. Deutschen Präventionstag, in: Kriminalistik 2014, 419
- „Mehr Prävention – weniger Opfer" – Bericht über den 18. Deutschen Präventionstag am 22. und 23. April 2013 in Bielefeld, in: Kriminalistik 2013, 363

Martini, Mario, Das allgemeine Persönlichkeitsrecht im Spiegel der jüngeren Rechtsprechung des Bundesverfassungsgerichts, in: JA 2009, 839

Maske, Rainer, Nochmals: Die Videoüberwachung an öffentlichen Plätzen, in: NVwZ 2001, 1248

Matt, Holger / Renzikowski, Joachim (Hrsg.), Kommentar Strafgesetzbuch, Franz Vahlen, München, 2013 (zitiert: Matt/Renzikowski/*Bearbeiter* § StGB Rn.)

Maunz / Dürig – Grundgesetz Kommentar, Herzog, Roman / Scholz, Rupert u.a. (Hrsg.), C.H. Beck, München, 77. EL, Juli 2016 (zitiert: Maunz/Dürig-GG/ *Bearbeiter* Art. Rn.)
- Band I, Art. 1–5
- Band III, Art. 16–22
- Band V, Art. 54–85

Meier, Bernd-Dieter, Strafrechtliche Sanktionen, Springer, Berlin (u.a.), 4. Auflage, 2015 (zitiert: *Meier* Sanktionen, S.)

Meireis, Torsten (Hrsg.), Gewalt und Gewalten – Zur Ausübung, Legitimität und Ambivalenz rechtserhaltender Gewalt, Mohr Siebeck, Tübingen, 2012
- *Behr, Rafael,* Rechtserhaltende Gewalt als Zentrum polizeilicher Organisationskultur? (zitiert: *Behr* in: Gewalt und Gewalten, S.)
- *Bock, Wolfgang,* Justiz als staatliche Gewalt – Ein Beitrag zu einer allgemeinen Rechtslehre (zitiert: *Bock* in: Gewalt und Gewalten, S.)
- *Meireis, Torsten,* Einleitung (zitiert: *Meireis* in: Gewalt und Gewalten, S.)
- *Schiewek, Werner,* Hat die Polizei „Feinde"? Die „Freund-Feind-Untersuchung" und die polizeiliche Arbeit (zitiert: *Schiewek* in: Gewalt und Gewalten, S.)
- *Wagener, Ulrike,* Heroismus als moralische Ressource rechtserhaltender Gewalt? Ethische Reflexionen zu heroischen und postheroischen Elementen in der polizeilichen Organisationskultur (zitiert: *Wagener* in: Gewalt und Gewalten, S.)

Meixner, Kurt / Fredrich, Dirk (Hrsg.), Hessisches Gesetz über die öffentliche Sicherheit und Ordnung – HSOG –, Richard Boorberg, Stuttgart, München, Hannover (u.a.), 12. Auflage, 2016 (zitiert: *Meixner/Fredrich* HSOG § Rn.)

Messer, Sebastian, Die polizeiliche Registrierung von Widerstandshandlungen – Eine kriminalsoziologische Untersuchung, Nomos, Baden-Baden, 1. Auflage, 2009 (zitiert: *Messer* Widerstandshandlungen S.)

Messner Evelyn, Erfahrungen der österreichischen Volksanwaltschaft beim Schutz von Grundrechten, in: Matscher, Franz (Hrsg.), Ombudsmann in Europa – Institutioneller Vergleich –, N.P.Engel, Kehl am Rhein (u.a.), 1994 (*Messner* in: Ombudsmann, S.)

Meyer Jürgen (Hrsg.), Charta der Grundrechte der Europäischen Union, Nomos, Baden-Baden, 4. Auflage 2014 (zitiert: Meyer/*Bearbeiter* Art. GRC Rn.)

Meyer-Goßner, Lutz / Schmitt, Bertram, Strafprozessordnung mit Gerichtsverfassungsgesetz, Nebengesetze und ergänzende Bestimmungen, C.H. Beck, München, 59. Auflage, 2016 (zitiert: Meyer-Goßner/Schmitt/*Bearbeiter* § StPO Rn.)

Meyer-Ladewig, Jens, Der Europäische Gerichtshof für Menschenrechte und der Kampf gegen Terrorismus und Separatismus, in: NVwZ 2009, 1531

Meyer-Ladewig, Jens / Nettesheim, Martin / von Raumer, Stefan (Hrsg.), Europäische Menschenrechtskonvention, Handkommentar, Nomos, Baden-Baden, 4. Auflage, 2017 (zitiert: Meyer-Ladewig/*Bearbeiter* EMRK Art. Rn.)

Meyer-Mews, Hans, Die „in dubio contra reo"-Rechtsprechungspraxis bei Aussage-gegen-Aussage-Delikten, in: NJW 2000, 916

Mielchen, Daniela, Verrat durch den eigenen PKW – wie kann man sich schützen?, in: SVR 2014, 81

Miller, Lindsay / Toliver, Jessica, Implementing a Body-Worn Camera Program – Recommendations and Lessons Learned, Washington, DC: Office of Community Oriented Policing Services, 2014 (zitiert: Body-Worn Camera Program, S.)

Mletzko, Matthias, Schießausbildung – Neue Impulse für das polizeiliche Übungsschießen, in: Kriminalistik 1992, 721
- Schießausbildung – Interaktives Training in der polizeilichen Aus- und Fortbildung, in: Kriminalistik 1995, 509

Möller, Klaus Peter / von Zezschwitz, Friedrich (Hrsg.), Videoüberwachung – Wohltat oder Plage?, Nomos Verlagsgesellschaft, Baden-Baden, 1. Auflage, 2000
- *Höfling, Wolfram,* Grundrechtliche Anforderungen an Ermächtigungen zur Videoaufzeichnung und -überwachung durch Verwaltungsbehörden (zitiert: *Höfling* in: Videoüberwachung, S.)
- *Zezschwitz, Friedrich von,* Begrüßung und Einführung (zitiert: *von Zezschwitz* in: Videoüberwachung, S.)

Möllers, Martin H.W., Grundrechtsschutz bei Polizeimaßnahmen – Kurzlehrbuch, Verlag für Polizeiwissenschaft, Frankfurt, 2013 (zitiert: *Möllers* Grundrechtsschutz, S.)

Molthagen, Julia, Das Verhältnis der EU-Grundrechte zur EMRK – Eine Untersuchung unter besonderer Berücksichtigung der Charta der Grundrechte der EU, Hamburg, 2003 (zitiert: *Molthagen* EU-Grundrechte und EMRK)

Müller, Eckhart / Schlothauer, Reinhold (Hrsg.), Münchener Anwaltshandbuch Strafverteidigung, C.H. Beck, München, 2. Auflage, 2014 (zitiert: MAH Strafverteidigung/*Bearbeiter* Teil § Rn.)

Müller, Kai, Polizeibeamte als Zeugen im Strafverfahren – Vom Ermittler zum Beweismittel, Richard Boorberg, Stuttgart, München, Hannover (u.a.), 2012 (zitiert: *Müller* Polizeibeamte als Zeugen, S.)

Müller-Glöge, Rudi / Preis, Ulrich / Schmidt, Ingrid (Hrsg.), Erfurter Kommentar zum Arbeitsrecht, C.H. Beck, München, 16. Auflage, 2016 (zitiert: ErfK/*Bearbeiter* §/Art. Rn.)

Müller-Heidelberg, Till / Steven, Elke u.a. (Hrsg.), Grundrechte-Report 2016 – Zur Lage der Bürger- und Menschenrechte in Deutschland, S. Fischer GmbH, Frankfurt a.M., 2016
- *Bosch, Alexander,* Abu Ghraib in Hannover? – Polizeigewalt in Hannover (zitiert: *Bosch* in: Grundrechte-Report 2016, S.)
- *Klinggräff, Ulrich von,* Polizeikomplott gescheitert – Opfer von Polizeigewalt wehren sich erfolgreich gegen Kriminalisierung (zitiert: *von Klinggräff* in: Grundrechte-Report 2016, S.)
- *Plöse, Michael / Eick, Volker,* Die BodyCam am RoboCop – Peacemaker, Eskalationsfaktor oder Transparenzmaschine? (zitiert: *Plöse/Eick* in: Grundrechte-Report 2016, S.)

Münchener Kommentar zum Strafgesetzbuch, Joecks, Wolfgang / Miebach, Klaus (Hrsg.), C.H. Beck, München, 2. Auflage (zitiert: MüKo-StGB/*Bearbeiter* § Rn.)
- Band 3, §§ 80–184 g StGB, 2012
- Band 4, §§ 185–262 StGB, 2012
- Band 5, §§ 263–358 StGB 2014

Münchener Kommentar zur StPO, Knauer, Wolfgang / Kudlich, Klaus / Schneider, Hartmut (Hrsg.), C.H. Beck, München, 1. Auflage, (zitiert: MüKo-StPO/*Bearbeiter* § Rn.)
- Band 1, §§ 1–150 StPO, 2014
- Band 2, §§ 151–332 StPO, 2016

Münchener Kommentar zur Zivilprozessordnung mit Gerichtsverfassungsgesetz und Nebengesetzen, Rauscher, Thomas / Krüger, Wolfgang (Hrsg.), C.H. Beck, München, 5. Auflage, 2016 (zitiert: MüKo-ZPO/*Bearbeiter* § Rn.)

Musielak, Hans-Joachim / Voit, Wolfgang (Hrsg.), Kommentar zur Zivilprozessordnung mit Gerichtsverfassungsgesetz, Franz Vahlen, München, 13. Auflage, 2016 (zitiert: ZPO-Kommentar/*Bearbeiter* § Rn.)

Nack, Armin, Glaubwürdigkeit und Glaubhaftigkeit – Kriterien zur Prüfung, ob eine Auskunftsperson lügt, in: Kriminalistik 1995, 257

Narr, Wolf-Dieter, Prozess im Griff der Polizei – Das Verfahren um den Tod von Oury Jalloh, in: Bürgerrechte & Polizei 2009, 73

Narr, Wolf-Dieter / Funk, Albrecht / Busch, Heiner, Werkentin, Falco u.a., Alle Vorwürfe widerlegt? Statistiken über Beschwerden und Strafverfahren gegen Polizeibeamte in Berlin, in: Bürgerrechte & Polizei, 1981, 158

Noli, Marco, Kennzeichnungspflicht für Polizeibeamte, in: Freispruch 2015, 15

Normann, Alexander von, Die Polizeigewalt, Göttingen, 1916 (zitiert: *von Normann* Die Polizeigewalt)

Notzon, Heike, Zum Rückgriff auf polizeirechtliche Befugnisse zur Gefahrenabwehr im Rahmen der vorbeugenden Verbrechensbekämpfung – Gefahren für die Geltung der StPO und die Verfahrensherrschaft der StA bei der Strafverfolgung?, Peter Lang, Frankfurt a.M. (u.a.), 2002 (zitiert: *Notzon* Rückgriff auf polizeiliche Befugnisse, S.)

Nowak, Manfred, Die UNO-Konvention gegen die Folter vom 10. Dezember 1984, in: EuGRZ 1985, 109

Ohlemacher, Thomas / Rüger, Arne / Schacht, Gabi / Feldkötter, Ulrike, Gewalt gegen Polizeibeamtinnen und -beamte 1985–2000 – Eine kriminologische Analyse, Nomos, Baden-Baden, 1. Auflage, 2003 (zitiert: *Ohlemacher/Schacht u.a.* Gewalt gegen Polizeibeamte, S.)

Ohlemacher, Thomas / Werner, Jochen-Thomas u.a. (Hrsg.), Empirische Polizeiforschung XIV: Polizei und Gewalt – Interdisziplinäre Analysen zu Gewalt gegen und durch Polizeibeamte, Verlag für Polizeiwissenschaft, Frankfurt, 2012

- *Aden, Hartmut,* Polizeikennzeichnung – Konfliktlinien und Akteurskoalitionen in einer jahrzehntelangen Debatte (zitiert: *Aden* in: Empirische Polizeiforschung XIV, S.)
- *Baier, Dirk / Ellrich, Karoline,* Welche Einsätze sind für Polizeibeamte besonders gefährlich? (zitiert: *Baier/Ellrich* in: Empirische Polizeiforschung XIV, S.)
- *Behr, Rafael,* Die „Gewalt der Anderen" oder: Warum es bei der aktuellen Gewaltdebatte nicht (nur) um Gewalt geht (zitiert: *Behr* in: Empirische Polizeiforschung XIV, S.)
- *Ohlemacher, Thomas / Werner, Jochen-Thomas,* Polizei und Gewalt: Für einen sachlichen Diskurs statt reflexartiger Reaktionen (zitiert: *Ohlemacher/Werner* in: Empirische Polizeiforschung XIV, S.)
- *Prasse, Stefan / Pfeiffer, Hartmut* Gravierende Gewalt gegen Polizei im Hellfeld von Polizei und Justiz in Niedersachen (zitiert: *Prasse/Pfeiffer* in: Empirische Polizeiforschung XIV, S.)

Orwell, George, 1984 (in der deutschen Übersetzung von Kurt Wagenseil), Ullstein Verlag, Berlin, 44. Auflage, 2011 (zitiert: *Orwell* 1984, S.)

Otto, Harro Sitzdemonstrationen und strafbare Nötigung in strafrechtlicher Sicht, in: NStZ 1987, 212

Parma, David, Rechtsgrundlagen für den Einsatz von „Body-Cams", in: DÖV 2016, 809

Peters, Anne / Altwicker, Tilmann, Europäische Menschenrechtskonvention – Mit rechtsvergleichenden Bezügen zum deutschen Grundgesetz, C.H. Beck, München, 2. Auflage, 2012 (zitiert: *Peters/Altwicker* EMRK § Rn.)

Petri, Thomas, Der bayerische Landesbeauftragte für den Datenschutz informiert die Öffentlichkeit, 26. Tätigkeitsbericht, Berichtszeitraum 2013/2014, München, https://www.datenschutz-bayern.de/tbs/tb26/tb26.pdf (Stand: Dezember 2016) (zitiert: *Petri* 26. Tätigkeitsbericht, S.)

Pewestorf, Adrian / Söllner, Sebastian / Tölle, Oliver, Praxishandbuch Polizei- und Ordnungsrecht, Carl Heymanns, Köln, 1. Auflage, 2013 (zitiert: Praxishandbuch POR/*Bearbeiter* S. Rn.)

Pfeiffer, Christian, Offener Brief an die Justiz- und Innenminister des Bundes und der Länder sowie an alle Abgeordneten des Bundestages und der Landtage, die Innen- und Rechtsausschüssen angehören, Kriminologisches Forschungsinstitut Niedersachsen e.V., http://wwwedit.kfn.de/versions/kfn/assets/offenerbrief.pdf (Stand: Dezember 2016) (zitiert: *Pfeiffer,* Offener Brief, S.)

Pfeiffer, Gerd, Strafprozessordnung – Kommentar, C.H. Beck, München, 5. Auflage, 2005 (zitiert: *Pfeiffer* § StPO Rn.)

Pichl, Maximilian, Zur Entgrenzung der Polizei – eine juridische und materialistische Kritik polizeilicher Gewalt, in: KritV 2014, 249

Pieroth, Bodo / Schlink, Bernhard / Kingreen, Thorsten / Poscher, Ralf, Grundrechte Staatsrecht II, C.F. Müller, 32. Auflage, 2016 (zitiert: *Pieroth/Schlink* Staatsrecht II, Rn.)

Pieroth, Bodo / Schlink, Bernhard / Kniesel, Michael, Polizei- und Ordnungsrecht mit Versammlungsrecht, C.H. Beck, München, 8. Auflage, 2014 (zitiert: *Pieroth/Schlink/Kniesel* POR, § Rn.)

Plath, Kai-Uwe (Hrsg.), Kommentar zum BDSG und zur DSGVO sowie den Datenschutzbestimmungen des TMG und TKG, Dr. Otto Schmidt, Köln, 2. Auflage, 2016 (zitiert: Kommentar zum BDSG/*Bearbeiter* § Rn.)

Polizeiliche Kriminalstatistik, Bundeskriminalamt (Hrsg.), Wiesbaden 1963–2015 (zitiert: PKS BKA Jahr, S.)

Post, Christian, Polizeiliche Videoüberwachung an Kriminalitätsbrennpunkten – Zugleich eine Untersuchung des § 15a PolG NW – Dr. Kovač, Berlin, 2004 (zitiert: *Post* Videoüberwachung, S.)

Puschke, Jens, Gewalt und Widerstand gegen Polizeibeamte – Befunde und Diskurs, in: NK 2014, 28

Pütter, Norbert, Polizei und Gewalt: Opfer und Täter – Halbe Wahrheiten – falsche Debatte, in: Bürgerrechte & Polizei 2010, 3
- Viele Daten, wenig Klarheit – „Gewalt gegen PolizistInnen“: wenig Licht im Dunkelfeld, in: Bürgerrechte & Polizei 2010, 70

Pütter, Norbert / Neubert, Randalf, Gewalt gegen die Polizei – Wenig Klarheit zum Berufsrisiko von PolizistInnen, in: Bürgerrechte & Polizei 2010, 21

Putzke, Holm / Scheinfeld, Jörg, Strafprozessrecht, C.H. Beck, München, 6. Auflage, 2015 (zitiert: *Putzke/Scheinfeld* Strafprozessrecht, Rn.)

Quambusch, Erwin, Das Villingen-Schwenningen-Syndrom – Analyse eines neuen polizeilichen Begriffs, in: Kriminalistik 2000, 304

Randhahn, Wulf, Polizeiliche Videoüberwachung: Mittel der Kriminalprävention für die staatliche Sicherheitsgewähr auf öffentlichen Straßen und Plätzen, Bonn, 2006 (zitiert: *Randhahn* Polizeiliche Videoüberwachung, S.)

Reuband, Karl-Heinz, Was die Bürger von der Überwachung halten, in: NK 2001, 5

Reuss-Ianni, Elisabeth, Two cultures of policing – Street Cops and Management Cops, Transaction Books, New Brunswick, New Jersey, 1983 (zitiert: *Reuss-Ianni* Two cultures of policing, S.)

Reuter, Jana, Polizei und Gewalt, Eine handlungstheoretische Rekonstruktion polizeilicher Konfliktarbeit, Verlag für Polizeiwissenschaften, Frankfurt, 2014 (zitiert: *Reuter* Polizei und Gewalt, S.)

Richter, Roland A., Dashcam, Datenschutz und materielle Gerechtigkeit vor Gericht, in: SVR 2016, 15

Richthofen, Dieprand von, Notwendigkeit und Möglichkeiten der Vermittlung eines Berufsverständnisses der Polizei, in: Die Polizei 1994, 90

Robrecht, Michael P., Polizeiliche Videoüberwachung bei Versammlungen und an Kriminalitätsschwerpunkten, in: NJ 2000, 348

Rogall, Klaus, Informationseingriff und Gesetzesvorbehalt im Strafprozeßrecht, J.C.B. Mohr (Paul Siebeck), Tübingen, 1992 (zitiert: *Rogall* Informationseingriff, S.)

- Der Beschuldigte als Beweismittel gegen sich selbst – Ein Beitrag zur Geltung des Satzes „Nemo tenetur seipsum prodere" im Strafprozeß, Duncker & Humblot, Berlin, 1977 (zitiert: *Rogall* Nemo tenetur, S.)

Röger, Ralf / Stephan, Alexander, Hausarbeitsfall: Die Videoüberwachung – 1. Teil, in: NWVBl. 2001, 201

Roggan, Fredrik, Die Videoüberwachung von öffentlichen Plätzen – Oder: Immer mehr gefährliche Orte für Freiheitsrechte, in: NVwZ 2001, 134

Roos, Jürgen, Fußball und Recht, in: Kriminalistik 1994, 674

Roos, Jürgen / Lenz, Thomas (Hrsg.), Polizei- und Ordnungsbehordengesetz Rheinland-Pfalz – POG –, Richard Boorberg, Stuttgart, München, Hannover (u.a.), 4. Auflage, 2011 (zitiert: *Roos/Lenz* rhpfPOG § Rn.)

Roters, Jürgen, Der Umgang mit Kriminalitätsopfern bei der Polizei – Schlaglichter aus dem Alltag der Polizeiarbeit, in: Kriminalistik 1996, 169

Rupprecht, Reinhard, Anspruch des Polizeibeamten auf Schutz seiner Grundrechte bei Einsätzen, in: Schreiber, Manfred (Hrsg.), Festschrift zum 70. Geburtstag von Rudolf Samper, S. 51, Richard Boorberg, Stuttgart, München, Hannover (u.a.), 1982 (zitiert: *Rupprecht* in: FS für Samper, S.)

Ruthig, Josef / Storr, Stefan, Öffentliches Wirtschaftsrecht, C.F. Müller, Heidelberg (u.a.), 4. Auflage, 2015 (zitiert: *Ruthig/Storr* Öffentliches Wirtschaftsrecht, Rn.)

Sagel-Grande, Irene, Die Amsterdamer Kommission zur Behandlung von Beschwerden über Polizeibeamte – Ein Beitrag zur Kontrolle polizeilichen Verhaltens in den Niederlanden, in: KrimJ 4. Beiheft 1992, 153

Satzger, Helmut, Verwertbarkeit der Aufnahmen einer Dashcam-Aufzeichnung im Strafprozess, in: JURA 2015, 1394

Satzger, Helmut / Schluckebier, Wilhelm (Hrsg.), Strafprozessordnung mit GVG und EMRK, Kommentar, Carl Heymanns, Köln, 2. Auflage, 2016 (zitiert: SS-StPO/*Bearbeiter* § Rn.)

Satzger, Helmut / Schluckebier, Wilhelm / Widmaier, Gunter (Hrsg.), Strafgesetzbuch, Kommentar, Carl Heymanns, Köln, 2. Auflage, 2014 (zitiert: SSW-StGB/*Bearbeiter* § Rn.)

Sauer, Wilhelm, Kriminalsoziologie. Zugleich eine systematische Einführung in die Weiterentwicklung und in die Hilfswissenschaften des Strafrechts, Band I, Dr. Walther Rothschild, Berlin-Grunewald, 1933 (zitiert: *Sauer* Kriminalsoziologie, S.)

Schäfer, Herbert, Cliquengeist und Kameraderie – Ein Seminarbericht über Gemeinsinn und falsch verstandenes Wir-Gefühl, in: Kriminalistik 1995, 205

Schenke, Wolf-Rüdiger, Polizei- und Ordnungsrecht, C.F. Müller, Heidelberg (u.a.), 9. Auflage, 2016 (zitiert: *Schenke* POR, Rn.)

– Neuere Rechtsprechung zum Verwaltungsprozessrecht, (1996–2009), Mohr Siebeck, Tübingen, 2009 (zitiert: *Schenke* Rechtsprechung, S.)

Schieder, Hans / Ludyga, Hans Joachim (Hrsg.), Bayerisches Datenschutzgesetz – Kommentar, Deutscher Gemeindeverlag, Köln (u.a.), 2. Auflage, 1983 (zitiert: *Schieder/Ludyga* Art. BayDSG Rn.)

Schiemann, Anja, Polizeiliche Handlungspflichten bei Ingewahrsamnahme – Der Fall Oury Jalloh, in: NJW 2015, 20

Schmid, Carola, Korruption, Gewalt und die Welt der Polizisten – Deutschland, Chile, Bolivien und Venezuela im Vergleich, Vervuert Verlag, Frankfurt a.M., 2007 (zitiert: *Schmid* Korruption, Gewalt und die Welt der Polizisten, S.)

Schmidbauer, Wilhelm / Steiner, Udo (Hrsg.), Kommentar Bayerisches Polizeiaufgabengesetz und Bayerisches Polizeiorganisationsgesetz, C.H. Beck, München, 4. Auflage, 2014 (zitiert: Komm-PAG/POG/*Bearbeiter* Art. PAG/POG Rn.)

Schnabel, Christoph, Das Recht am eigenen Bild und der Datenschutz – Die richterrechtliche Dogmatik zur Einwilligung vor dem Hintergrund europarechtlicher Einflüsse des Datenschutzes, in: ZUM 2008, 647

Schneider, Hans, Joachim, Polizei-Forschung – Empirische und experimentelle Studien, in: Kriminalistik 2000, 362

– Polizei-Theorie – Polizei als Institution und Polizei-Arbeit als Sozialkontrolle, in: Kriminalistik 2000, 290

– Polizei-Wissenschaft – Begriff, Aufgaben, Entstehung und Methoden, in: Kriminalistik 2000, 218

Schnorr, Stefan, Big brother zur Verbrechensbekämpfung?, in: ZRP 2001, 291

Schoch, Friedrich, Rechtsschutz gegen polizeiliche Maßnahmen – Eine Problemskizze zum Grenzbereich von Gefahrenabwehr- und Strafverfolgungsmaßnahmen in: Küper, Wilfried / Welp, Jürgen (Hrsg.) Beiträge zur Rechtswissenschaft – Festschrift für Walter Stree und Johannes Wessels zum 70. Geburtstag, C. F. Müller, Heidelberg, 1993 (zitiert: *Schoch* in FS für Stree und Wessels, S.)

Scholz, Rupert, Sitzblockade und Verfassung – Zur neuen Entscheidung des BVerfG, in: NStZ 1995, 417

Schönke, Adolf / Schröder, Horst u.a. (Hrsg.), Strafgesetzbuch Kommentar, C.H. Beck, München, 29. Auflage, 2014. (zitiert: S/S/*Bearbeiter* § StGB Rn.)

Schröder, Georg F., Datenschutzrecht für die Praxis, dtv, München, 2. Auflage, 2016 (zitiert: *Schröder* Datenschutzrecht, Kapitel)

Schwan, Eggert, Datenschutz, Vorbehalt des Gesetzes und Freiheitsgrundrechte, in: Verwaltungsarchiv 1975, 120

Schwarz, Kyrill-A., Die staatliche Videoüberwachung der Öffentlichkeit, in: ZG 2001, 246

Schwarze, Jürgen (Hrsg.), EU-Kommentar, Nomos, Baden-Baden, 3. Auflage, 2012 (zitiert: EU-Kommentar/*Bearbeiter* Art. Rn.)

Schwiering, Sebastian, Anmerkung zu LG Memmingen, Urt. v. 14.1.2016 – 22 O 1983/13, in: ZD 2016, 179

Schwind, Hans-Dieter, Zur „Mauer des Schweigens" – Gedanken zum sogenannten „Hamburger Polizeiskandal" aus kriminologischer Sicht, in: Kriminalistik 1996, 161

Sessar, Klaus / Baumann, Ulrich / Müller, Josef, Polizeibeamte als Opfer vorsätzlicher Tötung – Eine Studie zur Eigensicherung –, BKA-Forschungsreihe, Band 12, Wiesbaden, 1980 (zitiert: *Sessar/Baumann/Müller* Studie zur Eigensicherung, S.)

Siegel, Thorsten, Grundlagen und Grenzen polizeilicher Videoüberwachung – Bestimmtheit durch Verhältnismäßigkeit?, NVwZ 2012, 738

Sielaff, Wolfgang, Bruchstellen im polizeilichen Berufsethos, in: Kriminalistik 1992, 351

Simitis, Spiros (Hrsg.), Kommentar Bundesdatenschutzgesetz, Nomos, Frankfurt a.M., 8. Auflage, 2014 (zitiert: Nomos-BDSG/*Bearbeiter* § Rn.)

Singelnstein, Tobias, Polizeibeamte schützenswerter als Bürger, in: StV 2015, Editorial
- Institutionalisierte Handlungsnormen bei den Staatsanwaltschaften im Umgang mit Ermittlungsverfahren wegen Körperverletzung im Amt gegen Polizeivollzugsbeamte, in: MschrKrim 2003, 1
- Körperverletzung im Amt durch Polizisten und die Erledigungspraxis der Staatsanwaltschaften – aus empirischer und strafprozessualer Sicht, in: NK 2014, 15
- Polizisten vor Gericht – Strafverfahren wegen Körperverletzung im Amt, in: Bürgerrechte & Polizei 2010, 55

Singelnstein, Tobias / Puschke, Jens, Polizei, Gewalt und das Strafrecht – Zu den Änderungen beim Widerstand gegen Vollstreckungsbeamte, in: NJW 2011, 3473

SK-StPO, Systematischer Kommentar zur Strafprozessordnung mit GVG und EMRK, Wolter, Jürgen (Hrsg.), Carl Heymanns, Köln
- Band II, §§ 94–136a StPO, 5. Auflage, 2016 (zitiert: SK-StPO/*Bearbeiter* § Rn.)
- Band VIII, §§ 374–495 StPO, 4. Auflage, 2013 (zitiert: SK-StPO/*Bearbeiter* § Rn.)
- Band X, EMRK, 4. Auflage, 2012 (zitiert: SK-StPO/*Bearbeiter* Art. EMRK Rn.)

Söllner, Sebastian, Videotechnik für die öffentliche Sicherheit, in: LKV 2016, 304

Sodan, Helge / Ziekow, Jan (Hrsg.), Grundkurs Öffentliches Recht – Staats- und Verwaltungsrecht, C.H. Beck, München, 7. Auflage, 2016 (zitiert: *Sodan/Ziekow* § Rn.)

Stadler, Max, Zwischenruf – Plädoyer gegen die Einführung eines Sondertatbestands der „Körperverletzung gegen Polizeibeamte", in: ZRP 2010, 157

Steffes-enn, Rita, Polizisten im Visier – Eine kriminologische Untersuchung zur Gewalt gegen Polizeibeamte aus Tätersicht, Verlag für Polizeiwissenschaft, Frankfurt, 2012 (zitiert: *Steffes-enn* Polizisten im Visier, S.)

Stober, Rolf, Compliance in der öffentlichen Verwaltung – Eine Anforderung zwischen moderner Governance und klassischem Verwaltungsethos –, in: DVBl 2012, 391

Stöber, Michael, Zulässigkeit und Grenzen der Videoüberwachung durch Private, in: NJW 2015, 3681

Stoklas, Jonathan, Datenschutzrechtliche Hürden beim Einsatz von Schulterkameras durch private Sicherheitsdienste, in: ZD-Aktuell 2014, 04388

Stolle, Peer / Hefendehl, Roland, Gefährliche Orte oder gefährliche Kameras? Die Videoüberwachung im öffentlichen Raum, in: KrimJ 2002, 257

Streinz, Rudolf (Hrsg.), EUV/AEUV, Vertrag über die Europäische Union und Vertrag über die Arbeitsweise der Europäischen Union, C.H. Beck, München, 2. Auflage, 2012 (zitiert: Streinz/*Bearbeiter* Art. Rn.)

Stührmann, Ralf, Widerstand gegen die Staatsgewalt § 113 StGB – Eine kriminologische und dogmatische Untersuchung, Dissertations-Druckerei Charlotte Schön, München, 1965 (zitiert: *Stührmann* Widerstand gegen die Staatsgewalt, S.)

Stürner, Rolf, Strafrechtliche Selbstbelastung und verfahrensförmige Wahrheitsermittlung, in: NJW 1981, 1757

Such, Manfred, Namen- und Nummernschilder signalisieren kein Mißtrauen gegen die Polizei! Plädoyer für die Möglichkeit zur Identifizierung von Polizeibeamten – vor allem in „geschlossenen Einsätzen", in: KrimJ 4. Beiheft 1992, 130

Tammen, Hans, Video- und Kameraüberwachung am Arbeitsplatz: Hinweise für Betriebs- und Personalräte, in: RDV 2000, 15

Taschenwörterbuch Englisch, Langenscheidt, Berlin, München, 2013 (zitiert: Taschenwörterbuch, S.)

Temuulen, Bataa, Das Recht am eigenen Bild – Rechtshistorische Entwicklung, geschützte Interessen, Rechtscharakter und Rechtsschutz, Dr. Kovač, Hamburg, 2006 (zitiert: *Temuulen* Recht am eigenen Bild, S.)

Terhaag, Michael / Schwarz, Christian, Filmen während der Fahrt – der rechtliche Umgang mit Dashcams, in: K&R 2015, 556

Teubert, Jürgen, Datenschutz und Polizei in Bayern – Für Studium und Praxis, Deutsche Polizeiliteratur GmbH, Hilden, 2. Auflage, 2014 (zitiert: *Teubert* Datenschutz und Polizei, S.)

Thinnes, Birgit, Wege aus der Anonymität des Staates – Ein kriminologisch empirischer Beitrag zur Kennzeichnungspflicht der Polizei, Verlag für Polizeiwissenschaft, Frankfurt, 2014 (zitiert: *Thinnes* Kennzeichnungspflicht, S.)

Thum, Cornelius, Videoüberwachung durch öffentliche Stellen in Bayern, in: Kommunalpraxis. Ausgabe Bayern, 2008, 330

Tillich, Karin, Polizeiliche Videoüberwachung öffentlich zugänglicher Straßen und Plätze in München und Barcelona – Ein Städtevergleich, Felix-Verlag, Holzkirchen, 2014 (zitiert: *Tillich* Videoüberwachung, S.)

Töpfer, Eric, Unabhängige Polizei-Beschwerdestellen – Eckpunkte für ihre Ausgestaltung, Deutsches Institut für Menschenrechte, Berlin, 2014 (zitiert: *Töpfer* Polizei-Beschwerdestellen, S.)

Trurnit, Christoph, Polizeiliche Datenverarbeitung zur vorbeugenden Bekämpfung von Straftaten?, in: VBlBW 2011, 458

Uhle, Arnd, Die Gesetzgebungskompetenz des Bundes für die Abwehr von Gefahren des internationalen Terrorismus, in: DÖV 2010, 989

Uildriks, Niels, Verfahrensregeln für Beschwerden über die Polizei – Institutionelle Kontrollen polizeilichen Fehlverhaltens in Großbritannien, in: KrimJ 4. Beiheft 1992, 136

Vahle, Jürgen, Rechtsfragen der Videoüberwachung und Videoaufzeichnung, in: DVP 2000, 396

- Das allgemeine Persönlichkeitsrecht als Schranke polizeilicher Ermittlungstätigkeit, in: Kriminalistik 2000, 63
- Vorsicht, Kamera! – Anmerkungen zur „Video-Novelle“ im nordrhein-westfälischen Polizeigesetz, in: NVwZ 2001, 165

Vedder, Christoph / Heintschel von Heinegg, Wolff (Hrsg.), Europäisches Unionsrecht, EUV/AEUV/Grundrechte-Charta, Handkommentar, Nomos, Baden-Baden, 1. Auflage, 2012 (Vedder/Heintschel von Heinegg/*Bearbeiter* Art. Rn.)

Viellechner, Lars, Berücksichtigungspflicht als Kollisionsregel, in: EuGRZ 2011, 203

Vogelskamp, Dirk, Polizeiübergriffe auf ImmigrantInnen – Gewollte Ungleichheit und die Normalität der Gewalt, in: Bürgerrechte & Polizei 2010, 36

Wächtler, Hartmut / Heinhold, Hubert / Merk, Rolf (Hrsg.), Bayerisches Versammlungsgesetz (BayVersG), Taschenkommentar, Richard Boorberg, Stuttgart, München, Hannover (u.a.), 1. Auflage, 2011 (zitiert: BayVersG Taschenkommentar/*Bearbeiter* Art. Rn.)

Wacquant, Loïc, Bestrafen der Armen – Zur neoliberalen Regierung der sozialen Unsicherheit, Verlag Barbara Budrich, Opladen (u.a.), 2. Auflage, 2013 (zitiert: *Wacquant* Bestrafen der Armen, S.)

Waechter, Kay, Videoüberwachung öffentlicher Räume und systematischer Bildabgleich, in: NdsVBl. 2001, 77

Walter, Bernd, Organisationskultur in der Polizei – Der Handelswert eines Begriffs zwischen traditionellen Führungspraktiken, Konformitätsdruck, sozialer Effizienz und Reformmanagement, in: Kriminalistik 2000, 109

Wandtke, Artur-Axel / Bullinger, Winfried (Hrsg.), Praxiskommentar zum Urheberrecht, C.H. Beck, München, 4. Auflage, 2014 (zitiert: Wandtke/Bullinger/*Bearbeiter* § Rn.)

Wehr, Matthias (Hrsg.), Bundespolizeigesetz Kommentar, Nomos, Baden-Baden, 2. Auflage, 2015 (zitiert: Wehr-BPolG § Rn.)

Welp, Jürgen, Anmerkung zu BGH, Beschl. v. 7.6.1995 – 2 BJs 127/93 – StB 16/95, in: NStZ 1995, 601

Welsch, Harald / Bayer, Werner (Hrsg.), Bayerisches Versammlungsgesetz (BayVersG) – Praktikerleitfaden für Behörden und Polizei, Richard Boorberg, Stuttgart, München, Hannover (u.a.), 2012 (zitiert: Praktikerleitfaden BayVersG, Rn.)

Werkmeister, Christoph, Anmerkung zu AG München, Beschluss vom 13.8.2014–345 C 5551/14, in: ZD 2014, 530, 532

Wieser, Bernd, Einführung in das Verfassungs- und Verwaltungsrecht, Verlag Österreich, Wien, 2. Auflage, 2014 (zitiert: *Wieser* Verfassungs- und Verwaltungsrecht, S.)

Wilde, Christian Peter (Hrsg.), Bayerisches Datenschutzgesetz – Kommentar und Handbuch für Datenschutzverantwortliche, Jehle, München (zitiert: Wilde Art. BayDSG Rn.)
- Art. 21a BayDSG, S. 1–2, 18. EL, Mai 2010
- Art. 21a BayDSG, S. 3–13, 24. EL, März 2015

Wilmink, Rolf G., „Was soll ich mit dem Ding?“ – Polizisten mit Video an der Uniform, in: Polizeispiegel 2014, 20

Wimmer, August, Unschuldsvermutung – Verdacht – Freispruch, in: ZStW 80 (1968) 369

Wirsching, Uwe, Dashcams – Datenschutz versus Beweisinteresse, in: NZV 2016, 13

Wolter, Jürgen, Verfassungsrecht im Strafprozeß- und Strafrechtssystem – Zugleich ein Beitrag zur Verfassungsmäßigkeit der Norm und zum rechtsfreien Raum „vor dem Tatbestand“, in: NStZ 1993, 1

Wörlein, Jan, Chronologie, in: Bürgerrechte & Polizei 2009, 89

Zachert, Hans-Ludwig, Erfahrungen der Polizei mit den Medien – Eine aktuelle Bestandsaufnahme und die Suche nach „besseren" Wegen, in: Kriminalistik 1994, 682

Zander, Jens, Body-Cams im Polizeieinsatz – Grundlagen und eine Meta-Evaluation zur Wirksamkeit, Verlag für Polizeiwissenschaft, Frankfurt, 2016 (zitiert: *Zander* Body-Cams, S.)

Zietlow, Bettina, Gewalt gegen Polizeibeamte – die Bewältigung belastender Erfahrungen, in: Marks, Erich / Steffen, Wiebke, Mehr Prävention – weniger Opfer, Ausgewählte Beiträge des 18. Deutschen Präventionstages 2013, Forum Verlag Godesberg GmbH, Mönchengladbach, 2014 (zitiert: *Zietlow* in: 18. Dt. Präventionstag, S.)

Zimbardo, Philip, Der Luzifer-Effekt – Die Macht der Umstände und die Psychologie des Bösen, Spektrum Akademischer Verlag, Heidelberg, 2008 (zitiert: *Zimbardo* Luzifer-Effekt, S.)

Zöller, Mark A., Möglichkeiten und Grenzen polizeilicher Videoüberwachung, in: NVwZ 2005, 1235
- Neue Straftatbestände zum Schutz vor Gewalt gegen Polizeibeamte?, in: ZIS 2015, 445

Zopfs, Jan, Das 44. Strafrechtsänderungsgesetz – ein „gefährlicher Eingriff" in § 113 StGB?, in: GA 2012, 259

Zurawski, Nils (Hrsg.), Sicherheitsdiskurse – Angst, Kontrolle und Sicherheit in einer „gefährlichen" Welt, Peter Lang, Frankfurt a.M. (u.a.), 2007
- *Czerwinski, Stefan*, Videoüberwachung und Alltagswelten. Ergebnisse einer qualitativen Studie in Hamburg (zitiert: *Czerwinski* in: Sicherheitsdiskurse, S.)
- *Elsbergen, Gisbert van*, (Video)- Überwachung und kommunale Kriminalprävention (zitiert: *van Elsbergen* in: Sicherheitsdiskurse, S.)
- *Klauser, Francisco*, Beschränkte Nachhaltigkeit der Videoüberwachung als präventives Instrument der Revitalisierung von Problemräumen (zitiert: *Klauser* in: Sicherheitsdiskurse, S.)
- *Kreutzträger, Ilka / Osterholz, Eva*, Videoüberwachung im öffentlichen Raum – Mittel zur Bekämpfung von Kriminalität oder Instrument zur Inszenierung von Sicherheit (zitiert: *Kreutzträger/Osterholz* in: Sicherheitsdiskurse, S.)
- *Püschel, Hannes*, Fünf Jahre Videoüberwachung im Land Brandenburg – eine Bilanz (zitiert: *Püschel* in: Sicherheitsdiskurse, S.)
- *Zurawski, Nils*, Einleitung: Von Unsicherheit, Angst und Gegenmaßnahmen (zitiert: *Zurawski* in: Sicherheitsdiskurse, S.)

25. Tätigkeitsbericht Datenschutz des Hamburgischen Beauftragten für Datenschutz und Informationsfreiheit 2014/2015, Hamburgischer Beauftragter für Datenschutz und Informationsfreiheit (Hrsg.), Hamburg, Februar 2016, https://www.daten

schutz-hamburg.de/uploads/media/25._Taetigkeitsbericht_Datenschutz_2014-2015_HmbBfDI_01.pdf (Stand: Dezember 2016) (zitiert: 25. Tätigkeitsbericht Datenschutz Hamburg, S.)

43. Tätigkeitsbericht des Hessischen Datenschutzbeauftragten, Hessischer Datenschutzbeauftragter, Wiesbaden, 31.12.2014, https://www.datenschutz.hessen.de/download.php?download_ID=330 (Stand: Dezember 2016) (zitiert: 43. Tätigkeitsbericht Datenschutz Hessen, S.)

Internationales und Europäisches Strafverfahrensrecht

Herausgegeben von Hans-Heiner Kühne und Robert Esser

Band 1 Sibyl Stein: Zum europäischen *ne bis in idem* nach Artikel 54 des Schengener Durchführungsübereinkommens. Zugleich ein Beitrag zur rechtsvergleichenden Auslegung zwischenstaatlich geltender Vorschriften. 2004.

Band 2 Friederike Charlotte Grube: Richter ohne Robe. Laienrichter in Strafsachen im deutschen und anglo-amerikanischen Rechtskreis. Eine rechtsgeschichtliche und rechtsvergleichende Untersuchung unter besonderer Berücksichtigung verfassungsrechtlicher Aspekte. 2005.

Band 3 Christiane Paul: Das Abwesenheitsverfahren als rechtsstaatliches Problem. Rechtsvergleichende Untersuchung deutscher, englischer, französischer, niederländischer und österreichischer Regelungen angesichts der Rechtsprechung des Europäischen Gerichtshofs für Menschenrechte. 2007.

Band 4 Kai Peter Hecheltjen: Der Richtervorbehalt im kartellrechtlichen Nachprüfungsverfahren der Europäischen Kommission. 2007.

Band 5 Martina Werwie-Haas: Die Umsetzung der strafrechtlichen Entscheidungen des Europäischen Gerichtshofs für Menschenrechte in Deutschland, Österreich, der Schweiz und im Vereinigten Königreich. 2008.

Band 6 Vera Warnking: Strafprozessuale Beweisverbote in der Rechtsprechung des Europäischen Gerichtshofs für Menschenrechte und ihre Auswirkungen auf das deutsche Recht. 2009.

Band 7 Christian Mülfarth: Grundlagen und Grenzen von Beweiserhebung und Beweisverwertung im spanischen Strafverfahren. Eine rechtsvergleichende Untersuchung. 2009.

Band 8 Daniel Joachim Hußung: Der Tatbegriff im Artikel 54 des Schengener Durchführungsübereinkommens. 2011.

Band 9 Johannes Stalberg: Zum Anwendungsbereich des Art. 50 der Charta der Grundrechte der Europäischen Union (ne bis in idem). 2013.

Band 10 Oded Friedmann: The Possibility of the ICJ and the ICC Taking Action in the Wake of Israel's Operation "Cast Lead" in the Gaza Strip. A Jurisdiction and Admissibility Analysis. 2013.

Band 11 Andreas Neuendorf: Bedeutung und Rezeption des Art. 6 Abs. 1 EMRK im deutschen und englischen Steuerrecht. 2013.

Band 12 Sandra Maria Beckert: Sachverständigengutachten im Strafverfahren zur Glaubwürdigkeit und zur Schuldfähigkeit im Falle der Untersuchungsverweigerung des zu Begutachtenden. 2014.

Band 13 Jennifer Pöschl: Recht des Angeklagten auf Vertretung. Menschenrechtliche Standards und ihre Auswirkungen auf den deutschen Strafprozess. 2015.

Band 14 Elmar Widder: A Fair Trial at the International Criminal Court? Human Rights Standards and Legitimacy. Procedural Fairness in the Context of Disclosure of Evidence and the Right to Have Witnesses Examined. 2016.

Band 15 Lena Donaubauer: Der polizeiliche Einsatz von Bodycams. Eine Untersuchung aus kriminologischer, verfassungsrechtlicher und menschenrechtlicher Perspektive. 2017.

www.peterlang.com

ntent.com/pod-product-compliance
Group UK Ltd.
ynes, MK11 3LW, UK
26
00026B/261
9 783631 727539